总主编 李其维 赵国祥

皮亚杰文集
Collected Works of Jean Piaget

（第一卷）
Volume One

皮亚杰自传、访谈及皮亚杰理论自述
（上）

Jean Piaget's Autobiography, Interviews, and Theoretical Synopses
(Part Ⅰ)

主　编　郭本禹
副主编　王云强　陈　巍　胡林成

河南大学出版社
HENAN UNIVERSITY PRESS
·郑州·

图书在版编目(CIP)数据

皮亚杰文集.第一卷/李其维,赵国祥总主编;郭本禹分卷主编.—郑州:河南大学出版社,2020.9

ISBN 978-7-5649-4473-5

Ⅰ.①皮… Ⅱ.①李…②赵…③郭… Ⅲ.①皮亚杰(Piaget,Jean 1896—1980)—文集 Ⅳ.①B84-53

中国版本图书馆 CIP 数据核字(2020)第 190631 号

责任编辑　赵海霞　程新晓
责任校对　张玉梅
封面设计　马　龙

出　　版	河南大学出版社		
	地址:郑州市郑东新区商务外环中华大厦 2401 号	邮编:450046	
	电话:0371—86059701(营销部)	网址:hupress.henu.edu.cn	
排　　版	郑州市今日文教印制有限公司		
印　　刷	河南瑞之光印刷股份有限公司		
版　　次	2020 年 12 月第 1 版	印　次	2020 年 12 月第 1 次印刷
开　　本	787 mm×1092 mm　1/16	印　张	128
字　　数	2728 千字	定　价	950.00 元

(本书如有印装质量问题,请与河南大学出版社营销部联系调换。)

李其维,1943年生,江苏滨海人,华东师范大学终身教授;享受政府特殊津贴;曾任上海市心理学会理事长、中国心理学会副理事长。现为中国心理学会会士、上海市心理学会名誉理事长。加拿大维多利亚大学访问学者(1990-1991)、瑞士日内瓦大学高级访问学者(1999-2000),并受聘为日内瓦大学"皮亚杰文献档案馆基金会国际委员"(International Associate of the Foundation of Archives Jean Piaget)。

曾任《华东师范大学学报(教育科学版)》副主编(1996-2015)、中国心理学会《心理科学》主编(2009-2017)。

发表的主要论文:《对研究形式运算的"组合系统"和INRC群的方法论探讨》(《心理学报》,1989),《"认知革命"与"第二代认知科学"刍议》(《心理学报》,2008),《心理学的立身之本——"心理本体"及心理学元问题的几点思考》(《苏州大学学报(教育科学版)》,2019)。出版的专著:《论皮亚杰心理逻辑学》(1990)、《破解"智慧胚胎学"之谜:皮亚杰的发生认识论》(1999);共同主编《皮亚杰发生认识论文选》(1991);主持翻译"皮亚杰发生认识论精华译丛"(2005)和"当代心理科学名著译丛"(华东师范大学出版社,1999年起);共同主持翻译《儿童心理学手册(第6版)》(华东师范大学出版社,2009),并获第二届中国出版政府奖图书提名奖(2010)。

获国家教委和国务院学位办授予"做出突出贡献的中国博士学位获得者"称号(1991)、中国心理学会终身成就奖(2015)、中国科协全国优秀科技工作者荣誉称号(2016)。

  赵国祥，博士、二级教授，河南大学、河南师范大学博士生导师。先后在华中师范大学、河南大学、华东师范大学获得学士、硕士、博士学位；1999年9月至2001年9月，在中科院心理所博士后流动站做研究工作。自2002年4月起，先后担任河南大学教育科学学院院长、河南大学副校长、河南大学常务副校长（正校级）、河南师范大学党委书记，第十三届全国人大代表。先后兼任中央组织部领导干部考试与测评中心专家组成员、教育部高等学校心理学教学指导委员会委员、教育部普通高等学校学生心理健康教育专家指导委员会委员、教育部中小学生心理健康教育专家指导委员会委员、中国心理学会候任理事长（2020）、河南省心理学会理事长、《心理研究》杂志主编；被评为享受国务院政府特殊津贴专家。

  学术研究主攻方向：管理心理学与人力资源管理、心理健康教育。在《心理学报》《心理科学》《AIDS Care》等国内外学术刊物上发表论文80余篇；在中国社会科学出版社、高等教育出版社等出版《心理学概论》《管理心理学》《领导者个性论纲》《领导艺术》《领导心理研究》《管理心理学高级教程》《现代大学生心理健康教程》等19部专著、教材；承担国家级、国际合作、省部级科研课题14项；获国家级、省部级科研、教学优秀成果奖12项。

《皮亚杰文集》编委会

顾　　　问	林崇德　缪小春
总　主　编	李其维　赵国祥
副 总 主 编	（以姓氏笔画为序）
	邓赐平　苏彦捷　吴国宏　张云鹏　郭本禹　桑　标　蒋　柯
总主编助理	（以姓氏笔画为序）
	朱　楠　张恩涛　蔡　丹　魏　威
编委会成员	（以姓氏笔画为序）
	丁　芳　王　美　王　蕾　王云强　王雨晴　王振宏　王晓辰
	方晓义　邓赐平　左志宏　叶晓林　朱　楠　朱莉琪　庄会彬
	刘　明　刘明波　刘俊升　刘振前　衣新发　孙志凤　苏彦捷
	李　清　李小诺　李永鑫　李其维　李梦霞　杨艳云　吴国宏
	邹　泓　辛自强　沈汪兵　张　卫　张　兵　张　坤　张　俊
	张　野　张云鹏　张向葵　张恩涛　张新宇　陈　巍　陈英和
	林　彬　林　敏　赵国祥　赵俊峰　胡卫平　胡林成　俞晓琳
	姜志辉　贾远娥　郭本禹　桑　标　曹宁宁　彭利平　蒋　柯
	程利国　傅丽萍　曾守锤　谢英香　蔡　丹　谭和平　熊哲宏
	潘发达　魏　威

《皮亚杰文集》出版委员会

主　　　任　赵国祥

副 主 任　（以姓氏笔画为序）

　　　　　　于华龙　马乾明　杜　静　李永鑫　杨国安　汪基德
　　　　　　宋　伟　张云鹏　赵海霞　袁凯强　程新晓

委　　　员　（以姓氏笔画为序）

　　　　　　于华龙　马　龙　马　博　马乾明　王　慧　王明辉
　　　　　　王恩国　史锡平　务　凯　朱建伟　任湘蕊　刘　鹭
　　　　　　刘金平　孙增科　纪庆芳　杜　静　李　云　李永鑫
　　　　　　杨风华　杨国安　时　海　时二凤　汪基德　宋　伟
　　　　　　宋小放　张　锋　张云鹏　张恩涛　陈　巧　陈　炜
　　　　　　陈林涛　陈建恩　陈荣重　范　昕　屈琳玉　赵国祥
　　　　　　赵俊峰　赵海霞　胡玲霞　姜　畅　袁凯强　索　涛
　　　　　　高冬东　郭　卉　谌洪波　董庆超　程新晓　靳宇峰
　　　　　　解远文　薛建立

谨以本文集敬献
中国皮亚杰理论传播和研究的先驱者

艾 伟、高觉敷、黄 翼、左任侠、朱智贤、刘 范、卢 濬、胡士襄、
曹传詠、傅统先、朱曼殊、李伯黍、吴福元、李 丹、吕 静
等诸位前辈

总 目

序 一（Marc Ratcliff）

序 二（Leslie Smith）

序 三（李其维）

第一卷　皮亚杰自传、访谈及皮亚杰理论自述

第二卷　皮亚杰思想的认识论与方法论

第三卷　心理发生及儿童思维与智慧的发展

第四卷　从动作到觉知——儿童对世界的认知及个体意识发展

第五卷　知觉与符号功能的发展

第六卷　智慧操作的建构过程

第七卷　皮亚杰心理逻辑学

第八卷　数、因果性范畴及时间与某些物理概念的个体发生

第九卷　可能性、必然性范畴及空间、几何（学）和概率概念的个体发生

第十卷　皮亚杰理论的应用——教育及其他

走近皮亚杰　继学有来者——代《皮亚杰文集》后记（赵国祥）

分卷卷目

第一卷

上卷
导读/1
皮亚杰自传/29
皮亚杰的理论/49
皮亚杰访谈/87
发生认识论——在哥伦比亚大学的四次讲座/197
发生认识论导论(第一卷)/233

中卷
发生认识论导论(第二卷)/461
发生认识论导论(第三卷)/667
心理发生和科学史/863
心理学与认识论——一种关于知识的理论/1061
心理学是什么/1147
精确科学的心理发生分析和认识论/1157

下卷
社会学研究/1175
心理学研究的主要趋势/1461
跨学科研究的主要趋势/1513
人文科学的共同机制问题/1565
采访皮亚杰/1591

附录
 皮亚杰的发展认识论/1629
 皮亚杰思想的历史渊源/1659
 皮亚杰的发生和发展观念的起源/1675
 《皮亚杰精华文选》：前言、序言、导论、回首/1685
 如欲成其事，理论需先行/1727
 对皮亚杰从发生取向研究认知的某些思考/1747
 皮亚杰的社会学理论/1763
 论皮亚杰的社会观/1789
 为皮亚杰理论而辩——对十种批评的回答/1811
 动态的发展——一种新皮亚杰的研究路径/1861

第二卷

导读
从生物学向哲学的过渡
心理学与哲学
论科学与哲学的关系
发生认识论对某些"哲学"意见的抗辩
皮亚杰与斯特劳斯的对话
心理学解释之形式的多样性
哲学的洞察与错觉
辩证法的基本形式
早年的生物学研究
适应与智慧：有机体的选择与表型复制
行为与进化
生物学与知识：论有机体的调节与认知过程之间的关系
生物学中的表型复制与知识的心理发展
结构论

附录
    皮亚杰与心理学解释的本质
    皮亚杰的生物学
    发展的因素：生物学和知识
    激进的建构主义与皮亚杰的知识概念
    皮亚杰建构主义的一种解释
    解构福多的反建构主义

第 三 卷

上卷
  导读
  智慧运算及其发展
  巴黎岁月:最初的儿童心理学研究
  从发生观点看语言和思维
  儿童的语言与思维
  儿童的判断与推理
  儿童心理学
  儿童智慧的起源

下卷
  智慧心理学
  儿童的道德判断
  六个心理学实验研究
  参访苏联心理学印象
  对维果茨基关于《儿童的语言与思维》及《儿童的判断与推理》之批评的评论

  附录
    皮亚杰、维果茨基:思想的社会发生
    道德判断和道德心理学:皮亚杰、科尔伯格及其他
    皮亚杰的道德发展理论
    理性认识的社会建构

第 四 卷

上卷
　　导读
　　儿童生命的第一年
　　儿童的世界概念
　　儿童与现实
　　儿童"现实"的建构

下卷
　　儿童心理学中的意识问题:意识的发展性变化
　　意识的把握:幼儿的动作和概念
　　成功与理解

　　附录
　　　　皮亚杰对意识科学的不朽贡献

第 五 卷

上卷
　导读
　知觉的机制
　知觉的发展与学习
　儿童的游戏、梦与模仿
　模仿在表征思维发展中的作用
　儿童的心理意象

下卷
　记忆与智力
　关于记忆与同一性的发展
　逻辑与知觉
　心理意象
　语言与学习：皮亚杰与乔姆斯基之辩
　回复布莱恩·萨顿-史密斯

附录
　　思维的象征性方面：知觉、想象、记忆

第 六 卷

上卷
导读
逻辑与平衡
儿童心理生理发展的平衡化过程
平衡(化)概念在心理学解释中的作用
认知结构的平衡化:智慧发展中的中心问题
反省抽象研究
关于"矛盾"的研究

下卷
概括化研究
为什么概念形成不能仅仅用知觉来解释
关于"对应"的研究
对应与转换
论对应与态射
态射与范畴:比较与转换
推理

附录
让·皮亚杰(1918)平衡化的第一理论
建构的过程:抽象、概括化和辩证法
皮亚杰认知发展的范畴论模型:一个被忽略的贡献
皮亚杰论平衡化
儿童在双序列任务中"对应关系"的建构

第 七 卷

上卷
    导读
    函数认识论与心理学
    公理方法和运算方法
    逻辑学与心理学
    儿童早期逻辑的发展——分类和系列化
    数学认识论与心理学
    论命题逻辑与类和关系"群集"之间的关系

下卷
    从儿童到青少年逻辑思维的发展
    与数理逻辑符号表达有关的心理活动
    运算逻辑试论
    论逻辑运算的转换——256个二值命题逻辑的三元运算
    走向一种意义的逻辑

附录
    形式运算理论——一篇评论文章
    形式运算思维中的真值函项逻辑
    一种批判的观点——皮亚杰的《逻辑通论》
    意义逻辑和有意义的蕴涵
    人类发展的规范与规范性事实
    皮亚杰逻辑的未来

第 八 卷

上卷
　　导读
　　儿童对物理量的建构和发展——守恒和原子论
　　儿童的运动和速度概念
　　力观念的形成
　　力的组合与向量问题

下卷
　　儿童的数概念
　　儿童时间概念的形成
　　理解因果性
　　儿童的物理因果性概念

第 九 卷

上卷
    导读
    儿童的空间概念
    儿童的几何学概念

下卷
    儿童概率概念的起源
    可能性与必然性

  附录
    论皮亚杰的必然性
    皮亚杰论变化和选择模型：结构主义、逻辑必然性与互动论
    可能，不可能与必然
    论必然性

第 十 卷

导读
教育科学与儿童心理学
理解即发明：教育的未来
智慧与情感：在儿童发展中的关系
程序与结构
对数学教育的评论
儿童和青少年的智慧发展阶段
从青少年到成人的智慧发展

附录

 儿童的世界
 学习与认知发展
 皮亚杰：知识的发展
 皮亚杰与教育：一种辩证的关系
 皮亚杰与教育：发生认识论的贡献和局限
 皮亚杰对早期儿童教育的影响
 智慧发展与学校课程
 皮亚杰理论中的年龄、能力与智慧发展
 认知发展阶段的理论问题
 心灵阶梯的改良
 "水平滞差"面面谈
 皮亚杰与情感
 结构、程序、启发式和情感
 皮亚杰与心理健康
 霍桑实验和皮亚杰理论引入美国工业心理学的过程(1929－1932)

出版说明

一、文集收录了皮亚杰公开出版或发表的著作、研究报告、演讲和回忆录,以及有关皮亚杰学术活动的采访记录。部分卷次在其附录中收录了少量其他学者对皮亚杰理论所做的述评。全部附录文本量占文集总量的3%左右。

二、文集对所循译的原初文本的选择方案是:原文为英文的或已有较成熟的英译版本的文本,从英文译为中文;原文为法文且未有英译本或英译本内容不完整的,从法文译为中文并保持文本的完整性。

三、曾经再版或经多次转载收录的文献,文集大多收录最近版本,并注明历次再版或转载的信息;少数文本虽有再版却没有实质性改动,为体现原始文献的完整性,酌情选择较早版本。

四、文集按照文本研究主题分别成卷,每一卷中各文本的排列顺序首先参照其主题之间的逻辑关联,并兼顾出版时间,综合考量以进行编排。

五、有少数英译本和法文原文标题不一致的文本,中译本参照所循译版本的表达。

六、原文引文部分、参考文献、脚注或尾注,在翻译时尽量保持原貌。

七、所涉及人名参照《世界人名翻译大辞典》(中国对外翻译出版公司,1993年版)做统一校订。已有中译本的文本,在收入文集时,也对其中译法不一致的人名、地名进行了统一校订。

八、原文作者的国籍按其当时所供职的学校、机构所在国家为准做标注。

九、文集校订并规范了一些学术用语的译法,如"格式"(schème, schèmes)和"图式"(schéma, schémas)在之前的英译本中被混淆为schema,在中译本中多被混淆为"图式",在文集中对这两个概念做了精确的区分和辨析;accommodation之前多被译为"顺应",文集中统一为"顺化",以与其同位概念"同化"(assimilation)及上位概念

"适应"(adaptation)有更好的对应和区分。

十、译者或编者勘校的原文笔误,统置页末脚注加以说明。

十一、对原文中的"主要人名索引"和"主要术语索引"做中英或中法对译,并尽量保持原貌。

《皮亚杰文集》虽未能收集皮亚杰的全部著述(所缺特别是皮亚杰用西班牙语和意大利语著述的少数文本,以及极少一部分无法获得版权的文本),但所收录文本覆盖了皮亚杰理论的各相关领域具有充分代表性的重要著作,这使得《皮亚杰文集》在体现皮亚杰理论体系的学术价值和整体性的意义上是完整的。

序　一

Collected Works of Jean Piaget（10 Volumes），Foreword-1

（照片由本人提供）

Dr. Marc Ratcliff
马克·拉特克里夫博士
皮亚杰基金会主席
皮亚杰文献档案馆
日内瓦大学心理与教育科学学院
Président de la Fondation Jean Piaget
Archives Jean Piaget
Faculty of Psychology and Science of Education
Université de Genève

《皮亚杰文集》（中译10卷本）

序　言

　　看到体量如此巨大的皮亚杰（Jean Piaget）文本译成中文，编选成优秀的《皮亚杰文集》在中国出版，真是历史的一个不小的反讽。它弥补了一块空白，或者说，去除了某些偏见，重新注入中国的智慧，描绘出这套丛书的轮廓。

　　去除偏见指的是，在皮亚杰去世后的几个月内，陆续有报刊文章介绍了皮亚杰及其理论。其中一篇文章指出，虽然运用了辩证法，该理论仍呈现出"一种明显的唯心主义倾向"，因为它侧重于"人自身的适应性，而不是社会和教育的作用"。这反映了部分东欧国家的解释，这些国家认为皮亚杰是一位唯心主义的思想家，尽管包含了马克思主义和辩证法的某些积极因素，皮亚杰主义仍被认为是一个严重的错误。如今，这种冷战时期形成的刻板印象不再通行，学术自由重新占据了上风，尤其是我们知道中国的教育水平在世界范围内处于领先，上述偏见也随之烟消云散了。可叹的是，与此同时，另一种偏见却侵入了西方国家发展心理学的领域，充满了成见和傲慢，偏见就像是球场清道夫,粗鲁地驱逐异己。皮亚杰被忽视,被扫到一边。这一类的视若无睹,会让人无从开始了解皮亚杰的理念——因为我们通常没有读过他的书——实际这和某些东欧国家对唯心主义的谴责没有什么不同,如今,这种无知已经成了主流心理学的思维习惯。在这一点上,某些社会文化流派的支持者,同认知心理学流派的观点一致,他们甚至把皮亚杰看作害群之马:皮亚杰被引用的次数越来越少,一些心理学家坦承,如果你想在期刊上发表文章,引用皮亚杰的话是不明智的。然而,这些批评几乎拿不出足够分量的论据来反驳皮亚杰所规划的理论,遑论反驳事实本身。这些批评意见所传达的只是一些陈词滥调,是对一个庞大而复杂的皮亚杰理论体系的妄自简单化。皮亚杰的理论之所以复杂,道理很简单:人类、发展和知识,这些议题都是复杂的。

　　幸运的是,此次新出版的这套文集弥补了某些空白。实际到目前为止,皮亚杰作品的中文译本不算很多。自1980年代起,有六七本皮亚杰中文译著陆续出版,李其维教授在著作翻译和传播方面发挥了极为重要的作用,他在1990年,同左任侠先生合作,出版了一部《皮亚杰发生认识论论文汇编》。不过,同世界范围内大规模翻译皮亚杰著作的工程相比,这还是很小的,皮亚杰的作品被译为多个语种(罗曼语系和日耳曼语系),自1920年代始,译入英语、西班牙语,二战后译入德语、葡萄牙语、意大利语等;1960年代以后,世界范围内又掀起一阵皮亚杰翻译热潮,出现了30多种语言的译本。再者,皮亚杰著作并不像我们想的那样,全部用法语写成,他有100多篇文章的初始版本是用其他语种发表的——主要有英语、德语和西班牙语。不少文本没有得到翻译,尤其是为数众多的论文,以及"发生认识论研究"绝大部分的内容。在译入东亚语言这一块,日本在20世纪50年代已经着手翻译,但直到晚近,东亚才出现了新一波翻译热潮,例如越南学界从2010年开始译介皮亚杰。

　　所以,如果让中国的读者有一个更好的机会接触到皮亚杰的著作,当前这部文集是最好的途径。李其维教授率领近百名翻译者,同出版机构合作,完成了这项浩大而重要的工程。这一版文集——虽然它还不是全集,但我要说它的意义是完整的——优点众多,其一是中国读者能通过它获得关于皮亚杰学说的全局视野,这一全局视野,虽然在今天的西方并没有消失,但已不再依靠标准的知识传播体系进行推广。如今的西方,皮亚杰的著述还在被人传授,但除了少数幸运的情况之外,这种传授通常是歪曲的、支离破碎的,这一块说的是婴儿(的认知),那一块是儿童的推理,还有一些涉及数字、空间、教育,甚至也有发生认识论等等。生物学家和社会学家则装聋作哑,对他的研究保持沉默。

　　因此,《皮亚杰文集》全新中译本的出版是一次值得喝彩的盛事,它让我们得以通过审慎的态度来重新认识皮亚杰的作品,认识其作为批判性思考,在心理学和一般认识论领域所具有的根本重要意义。《皮亚杰文集》出版的目的,不仅在于译介皮亚杰为数众多的作品,还在于将它们整编在一起,揭示其中的关联(pertinences),进而增进中国知识分子和学术界对皮亚杰的理解。李其维教授的选择表明,他对皮亚杰的著作有深入了解,各卷之间的连贯性和相关性很强。面对大量文本,有时我们难以辨别皮亚杰的思维线索,因此,以下我力求按照顺序,逐卷展示我们的中国同行所选择的主线脉络,以及连贯的关键线索,正是依靠这样的关联性,不同系列的皮亚杰文本得以汇编整合。

第一卷:皮亚杰自传、访谈及皮亚杰理论自述

第一卷涉及(皮亚杰)个人的和一般性的论述,以《皮亚杰自传》为引子,开启整部文集。也就是说,开篇叙事。自传包含一些粗略的纲要,自我参照的重构以及强有力的论述。在文中,皮亚杰充分表现出他的领导力和人文性:他视所从事的工作为自己的使命,意在建立一个有关知识的生物学理论体系。知识远非"离开了肉体的思想"那样简单,它是心理-生物系统活动的结果,知识处在人类系统当中,经由交互作用和新事物的建构,得以发展、演变和增长。在这篇简单的引导性叙述之后,紧跟着让-克劳德·布朗基(Jean-Claude Bringuier)与皮亚杰精彩的《皮亚杰访谈》——同样是一篇"人文性"浓厚的引文,引出文集后续的内容——和其他的文字采访,之后几部论著的主旨有所改变:包括几部发生认识论的综合性概述,以及皮亚杰在20世纪中叶启动的研究项目的基础导论丛书。1950年出版了三卷本的《发生认识论导论》,在其中,皮亚杰阐明了结构的发生、发展学术史和认知科学的相关知识等问题,针对科学哲学的问题,他提出了解决方案,避免了逻辑实证主义或朴素经验主义的理论困境。皮亚杰的方案雄心勃勃,旨在让认识论成为一项科学纲领,他在发生心理学科观照的思想(esprit)状态、学科方法和学术史之间建立联系,强调认知的时间性和阶段性——他的讨论方式和那些研究反应时的方法完全不同——即,他强调知识在儿童身上的演变,同它在学问当中的演变是一样的,它们是同样的建构过程。这也是皮亚杰和阿根廷物理学家和认识论学家罗兰多·加西亚(Rolando Garcia)合著的《心理发生和科学史》的基本观点,该书的核心观念是讨论认识论的主体,它不是通常人们所说的个别性主体,而是集合性质的主体,处在知识共同体当中,共享知识水平上的主体。除此之外,第一卷还收录了皮亚杰在心理学领域之外的著述,他的《社会学研究》作为一个论文汇编,于20世纪60年代出版,主要编入了皮亚杰写于20世纪40年代的文章,当时他在日内瓦和洛桑担任社会学教职,其中一些可能是结构论社会学的第一批文本,它们最早可以追溯到1941年。

第一卷的重点,是建立一个总体纲要,提供一幅全景,介绍皮亚杰研究体系的基本问题和研究动机。这是理论维度优先于实验维度的选择,也是皮亚杰研究的外延,旨在涵盖、阐明认识论、科学哲学、科学史和社会学,并提前给出了皮亚杰的跨学科方法。作为补充,本卷同样收录了部分关键的二级文献——其中包括,卡米托夫-史密斯(Karmiloff-Smith)和英海尔德(Inhelder)合作的文章"如欲成其事,理论需先行"——指明了皮亚杰研究的理论布局与重点。另有一篇由卢雷尼奥(Lourenéo)和马查多(Machado)撰写的杰出文章,回应了皮亚杰理论经常遭遇的批评,让我们得以感受到西

方心理学界承认的既定模式、刻板印象和拒斥所造成的影响。

第二卷：皮亚杰思想的认识论与方法论

第二卷主要探讨两个主题：皮亚杰与哲学的关系以及他的生物学哲学。开篇是一部记录皮亚杰生平史料的传记文本。长久以来，人们始终从史料出发，来解决以下基本问题：一位生物学者，是怎样变成了一位心理学、认识论学者？随后一系列文章介绍了皮亚杰与哲学的关系。第二次世界大战后，皮亚杰的研究转向科学认识论，在这一领域，他把自己看作一位乐团指挥，协调各学科之间的多样性，将某些统一的概念付诸实践，比如"科学界"这一概念——在不同学科的支持者之间主张合作，主张彼此尊重的学术交锋。早在1947年，他就希望将辩论置于各学科的历史性变化中，借由历史性的运动，科学脱离了哲学。皮亚杰针对维也纳学派——这是一个封闭的新实证主义圈子，其成员自诩为"知识总体的研究专家"——提出了抗辩，他指出，科学的、认识论的知识理论越来越受到广大科学家的支持。只是科学家们自行其是，极少考虑整体，他们只面对专门化的问题，缺乏系统性的指引。皮亚杰的研究计划正是为了实现跨学科互通以强。在认识论和科学的论述背后，是他对哲学的批判。1955年，发生认识论中心创立，集体性研究随之展开，一来迎合了学术研究的需求，二来集体性研究也成为这一新兴学科的主要研究策略。皮亚杰同哲学支持者或科学哲学支持者之间开始出现论战，这些人包括苏珊娜·巴什拉（Suzanne Bachelard）、费尔迪南-卢西安·穆勒（Ferdinand-Lucien Müller）和吉勒·加斯东·格兰杰（Gilles Gaston Granger）。作为回应，皮亚杰在1965年发表《哲学的洞察与错觉》，针对自己面对某一类的哲学教条主义不断增加的困扰，发展了自己的观点，捍卫了发生认识论。书中，皮亚杰坚定地指出，在知识的秩序领域，哲学的首要作用是启发人们提出问题，科学的首要功能则是基于经验为问题提供答案。

第二组文本阐明了划界的需求，逐一探讨某些问题，皮亚杰将这些问题视为常规的科学实践，并为之辩护。1967年出版的《生物学与知识》是这一系列生物学哲学伟大著作的开篇，它是第一本敢于将发展心理学成果与进化生物学成果进行比较的书。在华生（Watson）和克里克（Crick）发现DNA之后，皮亚杰继续为一系列非正统的论题辩护，如表观遗传学，又如交互作用建构了主体从而改造了基因组，又如遗传和（发展）程序的区别、表型复制假设，等等。这类话题一直到20世纪90年代都属于禁忌内容。当下，生物学和神经科学的研究者不再对此有忌讳，他们可以探讨表观遗传学，进行专题研究和实验，也可以讨论生物机制和认知过程之间的关系。反过来，他们未免忘得太快，竟不记得皮亚杰才是第一位从实验出发讨论表观遗传的学者——1929年，皮亚杰发表文章，记录软体动物的实验，成为首个专门研究基因转换现象（transgenèse）的学者——在解释生物学机制和认知过程的关系这个领域，皮亚杰至今仍是无可比拟的灵感来源。

最后,有两种著作的译本值得一提,一是《结构论》,这是一本综合性的小册子,另一本是《辩证法的基本形式》。前一本书写于结构主义在人文学科引领风尚的那几年,介绍了结构主义的诸多流派,包括同列维-斯特劳斯(Lévi-Strauss)交锋,为发生结构论辩护等。皮亚杰同列维-斯特劳斯立场针锋相对,列维-斯特劳斯的研究倾向于共时性,而皮亚杰则协调了人文科学研究的共时性与历时性两条轴线,将发生与结构两者整合起来。第二本书的学科专门性更强,皮亚杰在其中讨论了一种新颖的对偶模型,将心理建构的两个阶段相联结,一个是推理探索的阶段,在这一阶段,推理性习得得到增强,并实现概括化;另一个是形式辩证阶段,诸多全新的意义自发形成。如此一来,辩证法就构成了平衡化过程的推理特征。在这本书中,皮亚杰提出,人们面对某个情境,会产生某种必然性的意识,他探讨了这种必然性意识的辩证法起源。这项研究丰富了同化和顺化这两种适应性机制的初始意义,其中同化是概括化的一极(pôle),顺化则是创造性的另一极。

第三卷:心理发生及儿童思维与智慧的发展

第三卷收录著作的来源和发表时间相差很远。实际上,20世纪20年代初,皮亚杰在巴黎及日内瓦的让-雅克·卢梭教育科学研究所工作期间完成的两本书,《儿童的语言与思维》及《儿童的判断与推理》,是青年皮亚杰的早期著作。如果看不到皮亚杰这些早期作品给儿童表征研究带来的根本性转变,就不可能理解皮亚杰这两部书的意义所在。为了让孩子成为拥有特定心理、特定逻辑的人——而不是微型的成年人——皮亚杰给出了理解儿童、进一步尊重儿童的诀窍。通过这两本早期著作,他开创了一种新的研究方法——临床(访谈)法,这种方法让心理学家去中心化而直接面向儿童。心理学家开始倾听儿童的意见,而不仅仅是让他们接受测试,继而将被试按照能力或智力的高低进行等级排序。可以很明显地看到,皮亚杰认为逻辑结构优先于语言,这一论断,日后将在许多场合(例如1954年的文章中)阐发。同样在20世纪20年代初,还出现了一个新的概念,它昭示着一个光明的未来,同时也是人们理解心理运算建构的转折点:这就是思维的可逆性。1932年的《儿童的道德判断》则是另一个去中心化的举动。书中正面探讨了社会与个人的关系。皮亚杰认为,儿童的自我中心意识,只有通过结伴合作——去中心化的社会形式——才能得以超越,从而假定了一种"互相尊重"的社会机制。它的对立面是单向度遵从,而单向度遵从则是所有破坏平等人际关系的基本因素:信仰、神化、名望、虚妄,以及由上下级关系导致的其他各种不平等因素。与可逆性类似,"自我中心-去中心"的对应,作为一个基础概念,能解释发展过程中归因的各种变化——当代心理学家将其命名为心理理论,抛弃了建构论的框架——这是皮亚杰的一项发现。

第二组文本以《儿童智慧的起源》的译文开篇,在写给伊格纳斯·梅耶森(Ignace

Meyerson)的一封信中,皮亚杰称这本书是他第一部"严肃的"著作!该书是皮亚杰历时 7 年临床观察(patientes investigations)的结果,在妻子瓦伦丁·切特纳伊-皮亚杰(Valentine Chétenay-Piaget)的大力帮助下,皮亚杰随访了 3 名儿童,从出生到童年,前后历经 7 年。皮亚杰夫妇收集的数据,涵盖大约 10000 个观察和实验,数量相当可观,其中儿童的每一个行为,都被视为独特的行为,首先追溯其起源,然后考察它和其他行为的分界与交叉。实验重复几十次,找到不变量,并区分出所有的变量。皮亚杰夫妇所做的大量细心观察表明,他们的研究内容丰富,方法严谨——实验满足可重复性的标准——与之对应的是某些手册人云亦云的批评声音,批评者认为,皮亚杰只做了 3 个儿童的实验,竟敢提出所谓理论……在此书中,皮亚杰表达了一个基本论点,即智慧首先是适应,也就是主体与环境的互动,从而将人类同他们的生物学根源联系起来,并预见了生物学的哲学研究,从 20 世纪 60 年代开始,皮亚杰全面开展了关于生物学的哲学考察(参见第二卷)。此外,皮亚杰的前期工作也成为 20 世纪 70-80 年代间,英海尔德和她的团队开展的微发生研究和程序研究的先导。1937 年,亨利·皮埃龙(Henri Piéron)盛赞《儿童智慧的起源》,称它的出版,是载入心理学史的时刻,它和《纯粹理性批判》等书籍一样,抵达了人类思想的巅峰,成为探讨思维形成的典范。

围绕智慧这一主题,皮亚杰后续写了不少综合性文章,值得一提的是二战期间写成的《智慧心理学》,它是皮亚杰研究儿童发展理论的第一部综合性论著,覆盖了从出生到青春期(的发展),还讨论了形式运算,以及情感发展的问题。和皮亚杰的其他著作一样,这本书同主流的心理学理论形成对照,尤其是格式塔理论和学习理论。本卷收录的多篇文章,讨论了智慧运算、智慧发展,为日后类似的研究提供了综合性的进路。在此框架下,《六个心理学实验研究》一书就彰显了特殊的地位。该书由新的出版商迪诺埃·贡蒂耶(Denoël Gonthier)发行——新是相对于其他老牌出版社而言,如位于巴黎的法兰西大学出版社发行了皮亚杰三分之二的著作,位于纳沙泰尔的德尼(Delachaux et Niestlé)出版社同样发行众多——也是皮亚杰第一本已发表论文的文集,以作为对读者需求的回应,读者的需求自 20 世纪 60 年代以后,随着皮亚杰著作推广普及而日渐增强。而在皮亚杰身后发表的讨论因果的文章当中,有关因果性的论述方式得到了进一步修订。第三卷以两篇重要的文章收尾,体现了皮亚杰同苏联心理学家的交流:受卢里亚(Luria)和列昂节夫(Leontiev)邀请,皮亚杰访问过莫斯科,并撰写了文章;另一篇是皮亚杰对维果茨基(Vygotsky)批评的回应与评论,文章写作之时,皮亚杰已经明显超越了他早年文章所表述的观点,而维果茨基的批评仍停留在皮亚杰 1920 年代的几部作品。

第四卷:从动作到觉知——儿童对世界的认知及个体意识发展

第四卷开篇是一组全新的研究,串联了皮亚杰在不同时期的著作,阐明了与意识以及动作相关的议题。1927年①和1937年的两部著作,探讨了主体与世界的联系,显示了皮亚杰在这一议题上的思想演变。前一本是《儿童的世界概念》,其中,皮亚杰的研究旨在了解儿童如何理解和解释世界;就这一问题,他考察了儿童思维的内容,而不是思维的结构。为此,必须首先探索儿童的自发性思维,在该书"导言"中,皮亚杰详细地介绍他的临床访谈方法:和儿童进行半引导式的对话。为了分析儿童的心理特征,皮亚杰使用了一些概念,在后续研究中,这些概念极少再度出现,它们包括:"儿童的实在论",凭借它,儿童将(事物的)名称置入事物的内部;"人造主义",将万物起源归于人类的制造;"泛灵论",万事万物都有灵性。该书收录了诸多案例,节选了皮亚杰与儿童的对话,面面俱到地阐述了儿童如何表征这个世界。又过十年,《儿童"现实"的建构》问世,这本书同之前那本在研究方法上关联甚少。首先,被试是皮亚杰夫妇自己的3个子女,从出生开始考察直到2岁;其次,实验当中采用了非言语性观察的方法;再次,采用了康德意义上的范畴分类法,借助它,皮亚杰考察了(儿童)关于客体、时间、空间、因果关系等范畴的起源;最后,皮亚杰将该书的核心议题,同他在《儿童智慧的起源》倡导的适应理论相联结。我们在《儿童"现实"的建构》一书中,可以读到皮亚杰的两大发现,一是客体永久性,二是"是A则非B"谬误。此处皮亚杰探讨了范畴的感知-运动起源,后来他将这种起源称为"亚逻辑的"(infralogiques)。

接下来一组文本围绕意识而展开。早在20世纪20年代,皮亚杰就开始探索意识在早期发展中的作用。1927年的一篇文章中,他先对女儿杰奎琳做了一些初期的观察,然后指出婴儿没有自我意识,处于自我和世界尚未分化的状态。同那些赋予婴儿以先天意识的观点相反,皮亚杰认为,世界与自我之间的冲突能起到根本性的作用,只有通过适应性行动打下基础,才能区分自我和世界。这一主题后来在1953年的一篇文章中得到进一步拓展,又在20世纪70年代"认识论中心"承揽的一系列研究中被全盘改写,终成《意识的把握》一书。皮亚杰的研究显示,把握意识,其核心是动作格式,概括化的趋势也因此而得以实现。由此,意识的把握被解释为一种重构机制,它促进了动作向更高水平的(转换),尤其在冲突和不平衡的反应中,动作也因此获得了概念的意义。就这样,一个具体的动作,通过概念转变得到增强,参与到整体系统当中。皮亚杰重申,动作就是知识,动作是一项能力,它必定处在把握意识的源头位置。因此,意识的出现,并非来自简单的内部启发,而是来自切实的概念化过程,这一过程能带来新系统,且遵从发展的规律。米歇尔·费拉里(Michel Ferrari)在他的文章中也强调了这些问题。

第五卷:知觉与符号功能的发展

第五卷主题繁多,它们共同指向了运算性和对比:知觉、心理表象、记忆、模仿、游

---

① 这本书实际上是1926年出版,这里写作1927年,应为作者笔误。——译者注

戏、符号功能等，都是传统意义上和智慧相对的主题。皮亚杰对它们展开了不同程度的讨论。开卷是一篇鲜为人知的著作，《知觉的机制》，研究对象是儿童，研究项目持续了20年左右。知觉机制的理论是：动作以及结构的建构，让过程有了形式与意义，也让知觉过程有了形式与意义。这里，皮亚杰明确提出了知觉的规律。其他出版的著作也涉及这一问题，并将其与学习过程和逻辑相联系。《儿童的游戏、梦与模仿》是婴儿三部曲的第三卷，写于1938年前后，第二次世界大战打断了该书的出版计划。而在《儿童智慧的起源》中，皮亚杰运用符号学理论，展开了他的适应理论的讨论，该理论受到弗迪南·德·索绪尔（Ferdinand de Saussure）的语言学理论的启发。一方面，他解释了符号功能的起源；另一方面，他介绍了两种特定类儿童行为，即游戏和模仿的心理本质。针对符号功能——以多种形式来实现表征的能力——的研究，是在主体的格式化（schématisme）的视域内展开的，在主体与世界的互动适应关系中展开，与此同时，游戏和模仿则成了首选的表达模式，分别表达了同化（世界的变形）和顺化（格式的变形）。前运算阶段——3岁到7岁期间——的特点是游戏和模仿，这构成了符号功能的基础，同时也构成了必然的不平衡形式，标示出儿童正常发展的节点。另有几篇文章支持了以上观点。

20世纪60年代问世的几部著作，进一步深化了前期的研究。在《儿童的心理意象》一书中，皮亚杰提出，表象，例如知觉和记忆，并不是外部客体的复制或反射，而是与知识的工具性发展直接关联的活动的结果。表象不是存在于主体中的静态对象，同许多其他心理现象的元素一样，表象受到建构的约束。因此，表象具有认知特性，在前运算阶段，表象是源自模仿的复制图像，而在具体运算阶段，表象是预见性的图像。皮亚杰重新诠释了他过去的著作，以便将它们纳入更全局性的视野，他特别提出一项新的解释，即表象机制和运算机制的对立，分两个阶段予以讨论。

记忆，是皮亚杰和传统心理学处理方法完全不同的另一个对象。1936年，皮亚杰已经注意到，格式化的一项属性是再认，或者称为再认同化，也就是说，格式的属性就是识别任意客体——包括非实体性的客体，如声音——作为其特定的加工素材。1932年，巴特利（Bartlett）将记忆与格式相联系，同一时期，皮亚杰也在研究这类问题。对于皮亚杰来说，如果婴儿的手知道它抓的是什么，那是因为婴儿依照格式组织自身的运动，而格式的属性之一正是识别它的客体素材。而在《记忆与智力》一书中，皮亚杰得以将研究对象从婴儿拓展到4至9岁的儿童，从而提出，记忆的发展独立于主体的既有经验，在处理逻辑任务的时候尤其如此。记忆和知觉一样，都受到运算建构的约束——运算建构产生于主体的动作——不过，记忆受约束的程度明显比知觉更高。

上述著作探讨了意义单元的起源，在此基础上，皮亚杰只差一步，便可以推导出一系列理论结果，关系到语言的发展及其与知识生产的一般过程的关联。他早期的几部著作在探讨逻辑建构的时候，提出了其中的语言依赖性，其中许多观点在语言学领域引发了激烈的争论。其中，乔姆斯基和皮亚杰之间那次著名的论辩，收录在本卷临近结尾的部分。

第六卷：智慧操作的建构过程

第六卷开篇便切入皮亚杰理论的一个基本概念——平衡。它是运算建构过程的核心，也是总体知识建立的前提。皮亚杰对平衡的描述，最初见于他在 20 世纪 50 年代写作的文章，"平衡化的第一理论"的提出，表明皮亚杰能够利用新兴的控制论观点来思考有关概念，而此前他对这一概念的理论化工作还不完全。不过，正如 1992 年弗内歇（Vonéche）一篇文章所言，皮亚杰 1918 年出版的《探索》一书中，已经出现平衡观念的前身（préhistoire），皮亚杰在书中区分了平衡的几种形式，不平衡则主要表现为社会和人类的痛苦：不平衡即是恶。因此，平衡是道德的象征，是理想标准的象征，而不是认知的象征。"平衡化的第一理论"强调，调节主体与自然环境的适应性关系的功能与初级平衡理论的道德维度无关。平衡是一种理想（idéal），平衡化是一个过程。它是发展的支柱，支持了诸如逻辑结构、动态观察、认知功能机制等多种发展。1975 年著作的副标题写得很清楚：平衡化，是我们面临的"发展的核心问题"。这也是对建构的肯定，因为心理结构不是来自先天结构（成熟），也不是来自单纯应答性的学习型结构（社会的或语言的），而是依赖平衡化过程来决定上述不同因素的相互作用。皮亚杰的创新还体现在语言方面。例如，1957 年他受到控制论的启发，在策略和协调方面重新诠释了儿童在守恒测试中的行为。及至 1975 年提出的平衡化第二模型，皮亚杰认为，它比平衡化第一模型更富于动态：其对象是认知平衡，皮亚杰指出，第二模型更接近普利高津（Pregogine）的动态模型，也更接近生物学意义上的平衡，这就是第二模型的区分特征。此处皮亚杰复述了他在婴儿研究中提出的一个概念，即格式，它表明行动可以被概括化。皮亚杰还界定了各种形式的平衡，有简单平衡，也有高阶平衡（majorante），后者实现一个系统的再平衡，从而达到更稳定的平衡，以此揭示出心理建构的渐进性特征（heuristique）。

第六卷还专门讨论了另一组观点，所有研究都指向与平衡化过程相辅相成的认知机制的界定和分析。20 世纪 70 年代，日内瓦认识论中心对数学家艾伦伯格（Eilenberg）和麦卡恩（MacCane）于 1943 年鉴别为范畴理论的行为进行了研究，进而讨论了什么是可概括化的、可转换的。由此，这种范畴化数学理论同格式之间的关系超越了简单的类比。这里的范畴同心理学领域的，或康德所定义的、通常作为概念来研究的范畴无关，康德意义上的范畴将在本文集的第八卷和第九卷进行探讨。这里指的是程序数学意义上的范畴，保留了两个对象的结构，从而可以进一步讨论关系之间的关系，讨论概括化过程。他们的研究围绕某种认识论展开，将知识视为超越已知形式的形式，凭借知识，人们尝试去理解抽象对象的建构过程，依靠这些对象，人类得以面对未知的事物。人们建构起必然性的各种形式，逐渐将未知的事物纳入规范。进而研究各种态射(morphismes),包括比较、对应、关系、转换和抽象过程。皮亚杰区分了抽象的两种主要形式,一是反映性(réfléchie)抽象,源于主体对世界做出的行动;一是反省性(réfléchissante)抽象,源于行动之间的协调,后者从一开始就具备更高的灵活性,因为反省抽象已经接近运算。

第七卷:皮亚杰心理逻辑学

第七卷处理的内容尤为复杂,且富有争议,它就是皮亚杰的逻辑,及其与心理学的关系。

该卷收录了三部皮亚杰的逻辑著作,一部1949年的《运算逻辑试论》,一部《论逻辑运算的转换》和一篇短文《逻辑学与心理学》,文章是皮亚杰应迈克尔·波拉尼(Michael Polanyi)邀请,在曼彻斯特大学举办几次讲座的讲义汇编而成。这几部书,写于二战后的数年间,围绕相关问题开辟出一块新领域,以抗衡同一时期的符号逻辑和新实证主义,后两者的主要理论阵地是《符号逻辑杂志》。这是一本立场偏见极大的刊物。相关领域的研究基础,是确定主体的自然逻辑结构,并尝试将它形式化——皮亚杰不是逻辑学家,做这项工作遇到了不少麻烦。他从群理论(la théorie des groupes)借来一个概念,作为自然逻辑的核心构念,那就是群集(groupement),这是发展过程中特定的、基础性的数学结构,它可能作用于其他群集,但群集之间的联结是非连贯性的(non articulée)。由此,序列化(小于、大于)的群集使得前运算阶段的初级比较成为可能,在前运算阶段,序列化群集与类别嵌套相分离,后者也是一种群集,它让集合这一类初级运算成为可能。这几部书也将心理学观念"可逆性"同逻辑概念"群"相联系,后者出现在具体运算阶段:运算的可逆组合趋于稳定,原因之一是群集内部的协调,二是基本逻辑原则的协调,这些原则包括同一性、非矛盾律——也就是,成人正常思维会采纳的某些形式——稳定之后,儿童得以在此基础上形成全新的理解世界的方法。皮亚杰由此提出了基本的认识论假说,即自然思维和科学思维之间存在着功能的连续性。本卷收录的数篇文章从多个角度阐明了数学的和逻辑的认知基础的相关问题。其中,公理方法与探索自然思维的运算方法相对立,群集与命题逻辑相对立,而它们也同样拓展了各自的领域。1954年,皮亚杰将运算定义为可逆的内化动作,继而阐明,如果主体与世界的交互活动所形成的自然逻辑,确实成为符号逻辑某些基本形式的建构温床,那它也能建构更多别的东西。符号逻辑确实构筑了新的公理系统,但它在自然思维方面的缺陷被它的创立者无视了,这是因为,逻辑系统和思维平衡形式同构——成年人会据此认为,逻辑系统有它存在的必然性——与此相对的是,主体的自然逻辑则不拘泥于平衡,它也会描绘不平衡的形式。正是不平衡的形式促成了创造性的发展。如此一来,皮亚杰在自然逻辑方面的著作就有了一个特别的统称"心理-逻辑学"(psycho-logique)。

接下来几部中译文本,重在揭示发生心理学实验结果和逻辑之间的关联。前期的写作,由皮亚杰的主要合作者巴蓓尔·英海尔德共同完成,并在 1955 年归为一部《从儿童到青少年逻辑思维的发展》,书中英海尔德创新了方法论,皮亚杰则首次提出了"INRC 群"这一理念。INRC 群在形式运算阶段(即青春期前后)与主体的自然逻辑相对应,它将主体的经验纳入形式化轨道,自此,主体在一段经验当中,需要同时操控三个变量,而不再是具体运算阶段的两个变量。继而,在 1959 年出版的《儿童早期逻辑的发展》一书中,皮亚杰进一步探讨了序列化和类别化群集的问题,《函数认识论与心理学》则拓展了前运算阶段的逻辑问题——在这个阶段,平衡的形式尚未实现——同样在该阶段,普遍存在的等级关系导致了堪称系统性的错误。如此一来,构成化函数(fonction constituante)这一概念,成为前运算逻辑的特征,它表明两个对象的相互依赖性,比起简单的关联,它更复杂。它与具体运算阶段的构成性函数(fonction constituée)形成对比,后者能推导出运算和因果关系。

卷末收录了皮亚杰和罗兰多·加西亚针对运算和符号学关联问题的讨论,文章在皮亚杰身后发表。二人探讨了现实性的和推论性的符号学解释:主体在发展的不同阶段采用不同的解释,它们统称为"格式",格式在行为过程中是可重复、可概括的。由此,意义的各种形式得以集中在"格式"这一概念下,格式是同化过程的载体,其本质是交互的、多样化的。

第八卷:数、因果性范畴及时间与某些物理概念的个体发生

第八卷开启了发生结构论时期的研究。这一时期,皮亚杰研究了发展阶段的转换机制:从一个阶段到下一个阶段,追溯阶段的起源,又从下一个阶段开始,不断发展的思维结构得以走向形式化,形成了康德提出的主要范畴。本卷涉及多个议题,如差异、阶段、可逆性等,也涉及冲突的问题,在十几本著作的初版当中,皮亚杰集结了大量案例,参与实验的被试人数不少于 25000 人。此外,本卷还专门讨论了皮亚杰毕生运用心理学方法来应对的一项认识论问题,即因果关系。

《儿童的物理因果性概念》,这是 20 世纪 20 年代初在结构主义时期之前开展的一项大规模研究的结果,皮亚杰在儿童表述的类型学分析中,标示出不少于 17 种的前运算因果关系;这一议题在发生结构论时期,即 20 世纪 40—50 年代被弃置在一边,又在 20 世纪 60 年代末"认识论研究中心"开展的新研究当中被重新拾起。尤其《力观念的形成》和《力的组合与向量问题》两书所呈现的"发生认识论研究",是皮亚杰从自己在 20 世纪 60 年代功能主义时期的研究当中汲取了经验,而后展开的工作。就相关问题,皮亚杰与合作者共同完成了近百项研究。在"认识论研究中心",因果性似乎总是难以用足够精确的方法予以测定,为此,皮亚杰没有发表这近百项的研究报告,它们本应公布于众,但直到今天仍未发表。由于团队合作性质,皮亚杰并不是成书唯一作者。近 350 名科研人员同皮亚杰的署名列在一起,囊括了数代的合作者。以皮亚杰为旗帜,在

他指导下,科研工作者耐心收集了大量的研究数据。目前,让·皮亚杰档案馆保存着近10万份研究记录。这意味着,近10万名儿童曾经参与了各个种类的皮亚杰测试,他们主要来自日内瓦,研究材料首先提供给日内瓦大学让-雅克·卢梭学院的学员使用,之后是心理学和教育科学学院的学员,支撑他们撰写大量的论文和著作。皮亚杰的合作者构成一座社会意义上的金字塔,其中重要参与者均已署名。

同样,在20世纪30年代,围绕康德范畴,特别是数量、时间和空间,展开了几个新的研究项目。当时正逢日内瓦大学卢梭学院成立了一个新的心理学研究所,皮亚杰只能将他的研究向后推迟几年。其实在1933至1936年间,阿琳娜·斯泽明斯卡(Alina Szemińska)、伊迪丝·梅耶(Edith Meyer)、巴蓓尔·英海尔德等人已经成为他合作者当中的领头羊。说是领头,因为她们掌握了皮亚杰教导的整体图谱:从简洁的实验装置设计,到逻辑抽象的理论,以及临床方法的操作中与儿童的游戏互动,儿童表述的类型学分析。这种类型学分析的能力,由日内瓦学派传承,评估儿童所表述观点的结构类型的下限,从而将儿童安放在恰当的发展阶段。这些年轻的女性研究人员都是理想的合作者,她们基于准工业化的科研组织,培训学院里的学员开展皮亚杰式实验,她们负责学员培训的具体内容,也负责很大一部分实验。由艾德华·克拉帕雷德(Edouard Claparède)和皮埃尔·博维(Pierre Bovet)创立的这所卢梭学院,研究环境非常友好,在这里,皮亚杰逐步收获了科研组织的研究成果,并立即投入使用:海量的材料收集在此,支撑学员撰写报告和作业,皮亚杰耐心地重新分析和解释所有实验数据,也写了不少书。他与斯泽明斯卡共同完成的《儿童的数概念》成书于1941年二战中期,这是第一本主张数概念完全建构论的著作,同一年出版了第一本有关守恒的论著,与英海尔德合著。众多的经典实验,如砝码、蛋和蛋杯、物质守恒等,均有力地证明了康德提出的先验观念是特定的建构性客体。皮亚杰在此还区分了数理逻辑领域和亚逻辑领域,前者主要关注数量,后者涵盖了时间和空间。此外,皮亚杰实验的装置非常简明,设计巧妙,这使得他的实验结果直至今日依然具有可重制性,而在2015年以来,以诺泽克(Nozek)为首的"开放科学合作"(Open Science Collaboration)团体已经证明,超过百分之六十的所谓经典心理学实验结果无法重制……简言之,比起当下许多教条式的心理学实验研究,皮亚杰心理学的有效价值更为确凿。

另两本书的主题,分别是时间和速度,这是另一个项目的研究成果,同样开始于20世纪30年代。皮亚杰在前一本书中指出,时间范畴是建构出来的客体,时间可被还原为因果运算,第二本书探讨了运动与速度,是对前一本的补充。

第九卷:可能性、必然性范畴及空间、几何(学)和概率概念的个体发生

第九卷继续解析发生结构论时期的皮亚杰研究。二战期间,皮亚杰主要的合作者为多部著作贡献才智的科研人员,她们的人生走向了截然不同的道路。伊迪丝·梅耶

是德国犹太人,她移居美国,在皮亚杰举荐下,在阿诺德·格赛尔(Arnold Gesell)手下获得一个职位,后者是一名研究婴儿的心理学家。阿琳娜·斯泽明斯卡的命运更富戏剧性。她在1939年9月德国入侵前夕返回波兰,加入抵抗组织,后被盖世太保俘虏。1943年被关入奥斯威辛集中营,在解放时得以幸存。虽然她很快恢复了与皮亚杰的联系,但直到1967年,才得以返回日内瓦,重新开始发生心理学的科研工作。而瑞士国籍的巴蓓尔·英海尔德,跟随皮亚杰完成博士论文后,专注将智慧运算理论应用于弱智人士。1943年,皮亚杰任命她到日内瓦,作为他的主要合作者,继续她的研究生涯,两人共同署名的书目共有十余本。例如皮亚杰的空间研究,属于康德范畴研究项目之一,开始是同斯泽明斯卡和梅耶合作,后来与英海尔德合作,将研究继续。成果是两部著作的问世,即《儿童的空间概念》和《儿童的几何学概念》。在前一本书中,两位作者证实,空间表征的基础是运动和知觉,空间表征依靠动作在表征和运算层面上得以重构。皮亚杰研究了仿射的、连续的几何转换群,受到20世纪30年代数学思潮的影响,他尝试揭示布尔巴基(Bourbaki)集合论的母结构与空间表征建构之间的平行性。后一本书是前者的补充,考察了一系列几何问题的起源,诸如长度、测量、距离、直线、角度、曲线、表面积、体积。

另一项研究开始于1944年前后,延续并拓展了有关数和数学的议题,旨在探讨随机观念是如何形成的。此书与英海尔德合著,出版于1951年,探讨了不同维度上的随机观念,从熵值混合(mélange entropique)开始——动态集合中的无序性的增加;随后探讨了分布——尤其是高斯分布,歪曲素材情况下的取样;以及概率的量化、组合问题等。最终,这一研究的衍生论著,晚些时候,在皮亚杰故世后,以两卷本《可能性与必然性》的形式出版,从而引发了国际发生认识论中心1970年代开启的一项雄心勃勃的研究计划。这部书从平衡化模型的成果中获益良多,将格式的观念重新引入推理过程的考量与解释。谈到格式,就要提到同化和顺化,书中考察的适应机制表达了它们与语义对的联结。同化用来处理相似性,顺化则用来处理差异性。皮亚杰提出了一项可观察的问题,即,什么导致了可能性,什么导致了必然性。如果将它们归并为主体的活动,这两种观念逃离了可观察到的范畴,因为它们均产生于主体建构的演绎模型。皮亚杰区分了分化的因素与整合的因素,前者表达为可能性,后者表达为必然性:它们构成了格式化一般过程中的两个互补的方面,其根源可以追溯到实在、可能性、必然性三者尚未分化的笼统状态。随着主体发展,三种模式各自分化,格式化构成的速度不断加快,同化和顺化彼此分离,主体的推理能力也随之倍增。可能性和必然性分别被表达为同化(相似与整合)和顺化(差异和分化)这两个端极(pôle),两者又在发展过程中互相结合,缺一不可。本卷收录的其他中译文章也支持了这些观点。

第十卷:皮亚杰理论的应用——教育及其他

皮亚杰文集的第十卷,也是最后一卷,突出了两个特征:一方面,介绍皮亚杰理论的应用;另一方面,集结皮亚杰以外学者的部分文章,他们当中的一些人是日内瓦学派的拥趸。教育的议题占这一卷的比例最大。开卷是皮亚杰的《教育科学与儿童心理学》,是一篇长文的再版,介绍了 1935 年以来,全球公共教育状况的比较研究,文章于 1965 年由皮亚杰为《法兰西百科全书》所撰写,1969 年再版。文章体现了作者高水平的专业素养,自 1929 年皮亚杰担任教育部国际司司长以来,他事实上已经成为国际教育舞台最重要的一位参与者。文章还体现了进步与平等思想——例如,它坚持不同性别人士受教育的权利平等——皮亚杰从比较的视角出发,基于世界各地教育系统的概况和组织状况进行科学调查,撰写成文。《理解即发明:教育的未来》一书包含两篇文章,一篇写于 1949 年,一篇写于 1972 年。前者讨论了第二次世界大战后世界教育民主化的问题,而在后一篇中,皮亚杰更直接地表露出在实践中应用日内瓦学派研究理论的旨趣,举例包括皮亚杰本人的数学科目教学、初等教育实验以及有意推进跨学科教学的实验。这些议题在他的文章《对数学教育的评论》中做了深入探讨,皮亚杰主张以自然思维而不是公理思维作为数学教育的基础,尊重儿童发展的步伐。教师与其说是教育者,更应当是情境的组织者,借助适当的方案设计,鼓励科学提问,创设教学情境,增进儿童的探索活动。同类研究还包括金斯伯格(Ginsburg)的文章,作者尝试在教育领域建立发生认识论的有效场域。此外还有三篇文章,作者分别是阿尔米(Almy)、洛威尔(Lovell)和西格尔(Sigel),三篇均讨论皮亚杰对教育系统的影响。第一篇探讨了幼儿教育,强调皮亚杰研究得出的尊重儿童心理和游戏的观点;第二篇考察认知发展与学校教育的关系;最后一篇文章更接近于哲学的思考,探讨皮亚杰著作中,心理学与教育学思想的关联,作者认为,这种关联具有辩证法的形式。

本卷的第二项议题是皮亚杰理论在临床实践和情感心理学中的应用,包括撰写于 20 世纪 50 年代的《智力与情感》,文中皮亚杰将智慧与情感二者并行讨论,索科尔(Sokol)和哈蒙德(Hammond)对此做出评论文章,沃尔夫(Wolff)则进一步探讨了临床实践中对皮亚杰理论的应用。

第三项议题与应用间接相关,探讨了皮亚杰用来界定认知观念发展阶段的类型学标准,以及发展阶段与观念差异之间的关系。皮亚杰始终认为,比起某些观念能被超前预测的(个别)现象,各阶段先后次序的稳定更为重要,尤其是美国心理学家纷纷提出要通过强化学习技能来更新概念,其代价是认识论层面的反思变得松懈,这使得他们的实验结果往往无法与日内瓦学派系统调查的研究结果相媲美。后者的调查恰好覆盖了概括化过程和观念差异两方面的内容,仅在被试反应出现整体性结构的情况下,上述两者才起到作用。强化学习、孤立地训练某项技能,从而使人产生掌握某一观念的错觉,这是一种方式;整体结构的表达,则是另一种方式;两种方式的差异,正是《学习与认知发展》一书的主题。该书由英海尔德、辛克莱(Sinclair)和博维(Bovet)合著,她们三位都是皮亚杰在 20 世纪 70 年代的重要合作者。三位作者强调指出,在观念尚未掌握的阶段,依靠强化学习来传授观念,也许儿童能够掌握这一观念,但不会形成概括化,而概括化才是整体结构出现的一项标志。本卷中,凯索林(Kesselring)、布雷纳德(Brainerd)的文章,蒙坦戈罗(Montangero)与莫里斯-纳维尔(Maurice-Naville)合作的论文,都谈到了这些问题,还讨论了许多同皮亚杰智慧发展理论有关的议题。卷末收录了一篇心理学史领域的文章,作者薛烨(Yeh Hsueh)讲述了一个有趣的案例,即皮亚杰思想在美国的应用,他的临床方法在20世纪30年代美国工业领域中得到了运用。

以上是关于《皮亚杰文集》中译本总体框架的简要介绍,指出了它的优势所在。这部文集投入了大量的心血,译者和编者完成了海量的工作。对此,由让·皮亚杰本人创建的"让·皮亚杰心理和认识论研究基金会",怀着深切的感激之情,热切地关注着这一项非凡的学术工程,感谢李其维教授和他的团队为这项艰巨的工程付出的努力,并祝贺他们所取得的卓越成就。

2020年3月15日
译者:朱倩兰 蒋 柯;审校:朱倩兰

Oeuvres de Jean Piaget en 10 volumes- traduction en Chinois
Préface
Marc Ratcliff
Président de la Fondation Jean Piaget
Archives Jean Piaget
FPSE-Université de Genève

Ce n'est pas une mince ironie de l'histoire que de voir paraître en Chine une quantité aussi importante de textes de Piaget éditée grâce à cette belle collection que sont les *Œuvres de Jean Piaget* traduites en mandarin. Il y a là une manière de combler un vide, et, peut-être, de vider un plein, pour reprendre une image tirée des livres de sagesse chinoise.

Vider un plein, car quelques mois après le décès de Piaget, on avait vu plusieurs articles de journal portant sur la théorie piagétienne, dont l'un soulignait que, malgré la présence de la dialectique, la théorie présentait "une tendance évidente de l'idéalisme", car elle mettait "l'accent sur l'adaptation des êtres, et non sur le rôle de la société et de l'éducation". Ce genre d'affirmation s'est retrouvé dans la manière dont les interprétations de certains pays de l'Est ont stigmatisé Piaget comme penseur idéaliste, un péché considéré comme sérieux malgré quelques éléments positifs de marxisme et de dialectique. Aujourd'hui, cette monnaie forgée lors de la Guerre froide n'a plus cours et la liberté académique a repris le dessus, notamment lorsqu'on sait que le niveau d'éducation en Chine est parmi les meilleurs du globe. Ce plein a ainsi été vidé. Mais c'est, hélas, une autre monnaie, un autre plein qui a envahi l'espace de la psychologie du développement en Occident, un plein de stéréotypes et d'arrogance par lequel Piaget y est négligé et balayé d'un regard hautain au moyen de formules d'excommunication telles que *l'homme des stades*. Procédé d'ignorance qui permet de ne pas entrer en matière avec ses idées-car souvent on ne l'a pas lu-étant au fonds un équivalent de l'anathème idéaliste de l'ancien bloc de l'Est, aujourd'hui entré dans les mœurs d'une psychologie *mainstream*. Certains tenants du courant socio-culturel, d'accord en cela avec le courant cognitif, en ont fait leur mouton noir : Piaget est de moins en moins cité et certains psychologues confient qu'il ne fait pas bon citer Piaget dans un journal si l'on tient à être publié. Cependant, dans ces critiques, il est peu d'arguments de poids qui s'opposent aux thèses-et aux faits-du programme piagétien. Ces critiques diffusent en les répétant des simplifications et des clichés relatifs à une œuvre vaste et complexe. L'œuvre est complexe pour une raison bien simple : l'humain, le développement et la connaissance sont complexes.

Heureusement, avec cette nouvelle édition, il s'agit surtout de combler un vide. En effet, d'une part et jusqu'à présent, les traductions en chinois des textes de Piaget n'existaient qu'en fort petit nombre. On compte quelques six ou sept ouvrages publiés à partir des années 1980 et pour la diffusion desquels le professeur Li Qiwei a d'ailleurs joué un rôle significatif par une traduction, faite en collaboration avec Zuo Renxia et parue en 1990, d'un recueil de textes de Piaget relatifs à l'épistémologie génétique. Toutefois, cela représente peu de chose en comparaison de la masse de traductions des travaux de Piaget dans les diverses langues romanes et germaniques-en anglais, espagnol dès les années 1920, avant d'être traduit en allemand, en portugais, en italien après la Seconde Guerre mondiale, donnant lieu à un boom de traductions dans une trentaine de langues à partir des années 1960. D'ailleurs, l'œuvre intégrale de Piaget n'est même pas disponible en seul français, comme on pourrait le croire, du fait que près d'une centaine de ses textes ont parus en version originale dans d'autres langues-anglais, allemand et espagnol pour l'essentiel. Et une multitude de textes ne sont pas non plus traduits, en particulier de très nombreux articles de Piaget et la plupart des *Etudes d'épistémologie génétique*. En ce qui concerne les traductions dans les langues d'Asie de l'Est, les Japonais s'y sont aussi mis dans les années 1950, mais ce n'est que récemment qu'on relève un nouvel engouement pour la traduction, par exemple par les vietnamiens à partir des année 2010.

S'il y a donc un vide dans l'accès du public chinois aux écrits de Piaget, celui-ci va être nettement comblé par la présente collection, d'autant plus vu l'immensité du projet entrepris et mené à bien par le professeur Li Qiwei, réunissant autour de lui près d'une centaine de traducteurs et de traductrices. Une de conséquences et un des avantages de cette édition-certes non complète, mais je dirais *significativement complète* – est que le public chinois aura désormais à sa disposition une *vision d'ensemble* de la théorie piagétienne, vision d'ensemble qui, si elle n'est pas perdue aujourd'hui en Occident, n'y repose plus sur des formes standard de transmission de ce corpus de connaissances. En Occident, lorsqu'elle est encore enseignée, en effet, l'œuvre de Piaget est en général-avec heureusement quelques exceptions-déformée et morcelée, ici pour les bébés, là pour le raisonnement chez l'enfant, ailleurs pour le nombre ou l'espace ou pour l'éducation voire l'épistémologie génétique. Et les biologistes comme les sociologues font un silence assourdissant sur ses travaux.

Cette nouvelle collection des *Oeuvres* de Jean Piaget en chinois est donc un événement qu'il faut saluer et dont il faut prendre la mesure à la hauteur de l'importance fondamentale que revêt l'œuvre de Jean Piaget pour la psychologie et l'épistémologie en général, en tant que pensée critique. L'ambition de ces *Oeuvres* n'a pas seulement été de *traduire* nombre de textes de Piaget, mais de les *regrouper*, d'y détecter certaines pertinences de manière à favoriser leur compréhension par le public intellectuel et académique chinois. Les choix qui ont été fait par le Professeur Li Qiwei révèlent une profonde connaissance de l'œuvre de Piaget et reposent sur une forte pertinence pour ce qui concerne la cohérence des volumes. Face à la masse de ces écrits et parfois aux difficultés de cerner la pensée de Piaget, j'ai donc cherché ci-dessous à faire émerger, volume par volume, les clefs de cohérence et les lignes de forces choisies par nos collègues chinois pour regrouper avec pertinence diverses séries de textes de Piaget.

Volume 1: **Jean Piaget's Autobiography, Interviews, and Theoretical Synopses**

Le premier volume traite des *personalia et generalia*, par une entrée en matière qui a l'intérêt d'ouvrir la collection des œuvres avec l'autobiographie de Piaget. C'est-à-dire par une narration. Certes, il y a de l'approximation, de la reconstruction auto référencée et du discours convainquant, et Piaget apparaît ici comme plein d'humanité et de direction : il se présente comme étant au service de sa mission, à savoir l'établissement d'une théorie biologique de la connaissance. Loin d'être une affaire d'idées désincarnées, la connaissance est le résultat de l'activité des systèmes psycho-biologiques, elle se développe, se transforme et s'accroît dans les systèmes humains, par l'interaction et la construction du nouveau. Mais à ce morceau narratif, facile, d'autant plus introductif qu'il est suivi par les élégantes *Conversations libres* de Jean-Claude Bringuier avec Piaget-qui demeure l'introduction la plus "humaine" à ses travaux -, et d'autres interviews, suit une série de textes d'une toute autre ambition : les travaux de synthèse de son épistémologie génétique, ainsi que l'ouvrage de base qui, au milieu du siècle, lance ce projet piagétien. Parus en 1950, les trois volumes de l'*Introduction à l'épistémologie génétique*, où Piaget articule la genèse aux structures, l'histoire des sciences au développement et la connaissance scientifique à la cognition, proposaient aux problèmes de la philosophie des sciences une solution autre que les impasses hautaines du positivisme logique ou de l'empirisme naïf. Le projet était ambitieux et consistait à se donner les moyens de faire de l'épistémologie une discipline scientifique, en mettant en relation l'histoire des sciences avec la méthode et l'état d'*esprit* psychogénétique, en mettant l'accent sur le temps et les étapes de la cognition-dans un esprit tout autre que l'étude des temps de réaction – , c'est-à-dire les processus communs à la construction des *savoirs qui se transforment* chez l'enfant comme dans les sciences. C'est ce sur quoi revient l'ouvrage de Piaget et du physicien et épistémologue argentin Rolando Garcia, *Psychogenèse et histoire des sciences*, qui met au centre la notion de *sujet épistémique*, sujet collectif prenant en compte le *niveau de connaissance partagé* d'une communauté de savoir et non sujet individuel comme on le dit trop souvent. A cela s'ajoute le résultat d'une excursion de Piaget en dehors de la sphère psychologique, ses travaux de sociologie réunis dans un volume paru dans les années 1960. Ils recueillent des textes écrits pour l'essentiel lorsque Piaget a été, dans les années 1940 professeur de sociologie à Genève puis à Lausanne, et parmi lesquels figurent probablement un des premiers textes de sociologie structuraliste datant de 1941.

Si une chose frappe dans ce premier volume, c'est le plan général, qui fournit un panorama pour comprendre les problèmes fondamentaux et les motivations des programmes de recherche développés par Piaget. C'est le choix de la dimension *théorique* primant sur la dimension expérimentale, mais également l'extensivité du projet piagétien, cherchant à couvrir et à articuler l'épistémologie, la philosophie des sciences, l'histoire des sciences et la sociologie, et préfigurant sa démarche interdisciplinaire. De manière complémentaire, des traductions de textes de la littérature secondaire, parfois capitale-on pense à l'article de Karmiloff-Smith et Inhelder "If you want a get ahead, get a theory"-vient compléter ce volume qui fait office de plan de repérage où la palette des problèmes théoriques du projet piagétien est clairement exposée. On y trouve aussi l'excellent article de Lourenço et Machado qui vient répondre aux lieux communs des critiques faite à Piaget et qui fait sentir à quel point la psychologie peut aussi fonctionner par modes, cliché et exclusion.

Volume 2: **Philosophical Epistemology and the Methodology of Biological Analogy and Structuralism**

Le volume 2 porte principalement sur deux objets : les rapports de Piaget avec la philosophie, et sa philosophie de la biologie. Il s'ouvre par un texte de nature biographique de l'historiographie piagétienne qui a longtemps été la base pour traiter une des questions fondamentales : comment un biologiste devient-il un psychologue et un épistémologue. Le rapport de Piaget à la philosophie est ensuite présenté à travers une série de textes. Après la Seconde Guerre mondiale, Piaget se dirige vers une épistémologie scientifique où il se voit en chef d'orchestre pour concilier la diversité des sciences, mettant en pratique certains concepts unificateurs comme le cercle de sciences-et toujours, au moyen d'une collaboration, d'une confrontation respectueuse entre tenants de disciplines différentes. Dès 1947 il veut situer le débat dans le mouvement historique des sciences par lequel elles se sont détachées de la philosophie. Il se confronte aux thèses du Cercle de Vienne, à un néo-positivisme fermé comme à des philosophes "spécialistes de la connaissance totale" et constate que la théorie de la connaissance scientifique ou épistémologie est de plus en plus prise en charge par les scientifiques de métier. Mais ceux-ci procèdent différemment, sans vouloir penser la totalité, en sériant les problèmes et sans système posé d'avance. C'est, démultiplié par l'interdisciplinarité, le projet piagétien. Derrière le discours sur l'épistémologie et les sciences pointe une critique de la philosophie. Après la création du Centre d'Épistémologie Génétique en 1955 et le travail collectif qui vient remplir les besoins et participe d'une des méthodes de cette nouvelle discipline, des polémiques commencent à émerger entre des tenants de la philosophie ou de la philosophie des sciences et Piaget : ce sont Suzanne Bachelard, Ferdinand-Lucien Mueller ou encore Gilles Gaston Granger. En réaction, Piaget vient défendre l'épistémologie génétique et développera ses idées dans ce qui ressortit d'un agacement progressif face à un certain dogmatisme de la philosophie, dans *Sagesses et illusions de la philosophie*, en 1965. Il y soutient, entre autres, l'idée que, dans l'ordre des connaissances, le rôle de la philosophie serait avant tout d'inspirer des questionnements, alors que celui des sciences est d'apporter des réponses empiriquement fondées.

Un second groupe de textes vient illustrer l'exigence de délimitation et le traitement des problèmes un par un que Piaget a défendu comme pratique régulière des sciences. Ce sont les grands textes de philosophie de la biologie, à commencer par

Biologie et connaissance qui paraît en 1967, le premier ouvrage à oser confronter les résultats de la psychologie développementale à ceux de la biologie de l'évolution. Piaget y défend, d'autant plus suite à la découverte de l'ADN par Watson et Crick, des thèses non orthodoxes, tels que l'épigenèse, la modification du génome par les constructions du sujet issues de l'interaction, la différence entre hérédité et programmation, l'hypothèse de la phénocopie, etc. Aujourd'hui les biologistes et les neuroscientifiques n'ont certes plus de tabou, comme jusqu'aux années 1990, à thématiser et à expérimenter sur l'épigenèse ou à mettre en relation mécanismes biologiques et processus cognitifs. En revanche, ils oublient un peu trop facilement que Piaget a non seulement été le premier à en parler sur base expérimentale,-il est le premier à avoir mis en évidence des phénomènes de transgenèse par ses expériences sur les mollusques publiées en 1929-mais encore qu'il constitue aujourd'hui encore une source d'inspiration sans pareil pour comprendre les relations entre mécanismes biologiques et processus cognitifs.

Enfin, deux autres ouvrages sont traduits, la petite synthèse sur *Le structuralisme* et *Les formes élémentaires de la dialectique*. Le premier, rédigé aux temps de la *mode* du structuralisme en sciences humaines, décrit les divers courants du structuralisme et vient également plaider, dans une confrontation avec Lévi-Strauss, pour un structuralisme génétique. Contrairement aux positions de Lévi-Strauss qui privilégient l'axe synchronique dans l'enquête, il s'agit de coordonner entre eux les deux axes diachronique et synchronique de la recherche en science de l'homme, c'est-à-dire d'articuler genèse et structures. Dans le second ouvrage, de facture plus spécialisée, Piaget discute un nouveau modèle duel, reliant deux phases dans les constructions mentales, une phase d'exploitation discursive où l'on accroît et généralise les acquis inférentiels d'un stade et une phase proprement dialectique où se construisent des significations nouvelles. Ainsi la dialectique constitue-t-elle l'aspect inférentiel du processus de l'équilibration. Il étudie aussi, à cette occasion, l'origine dialectique du sentiment de nécessité qui apparaît face à une situation. Il y a là une recherche qui vient enrichir les significations initiales données aux deux mécanismes adaptatifs de l'assimilation et de l'accommodation, pôles respectifs de la généralisation et de l'innovation.

Volume 3: Psychogenesis and the Development of Children's Thinking and Intelligence

Le troisième volume mêle des travaux d'origines et d'époques forts différentes.

S'y trouvent en effet, les premiers travaux du jeune Piaget au début des années 20, réalisés à Paris et à l'Institut Jean-Jacques Rousseau des sciences de l'éducation de Genève,*Le langage et la pensée chez l'enfant* et *Le jugement et le raisonnement chez l'enfant*. Il est impossible de comprendre la portée de ces premiers ouvrages de Piaget sans voir les inflexions fondamentales qu'ils apportent aux représentations de l'enfance. Faisant de l'enfant un être à la mentalité propre, à la logique spécifique-et non un adulte en miniature-Piaget fournit les clefs pour le comprendre et mieux le respecter. Ses deux premiers ouvrages, en plus d'inaugurer une méthodologie nouvelle-la méthode clinique-font œuvre de *décentration du psychologue* vis-à-vis de l'enfant. La psychologie se met *à l'écoute de l'enfant*, au lieu de lui faire passer des tests pour le placer plus haut ou plus bas dans une échelle d'aptitudes ou d'intelligence. Avec cela, bien évidemment est illustrée la thèse piagétienne du primat des structures logiques sur le langage, qu'il développera à de nombreuses occasions-par exemple dans l'article de 1954. En parallèle apparaît au début des années 1920 un concept nouveau, promis à un bel avenir et charnière pour comprendre la construction des opérations mentales : la réversibilité de la pensée. Puis, c'est un autre acte de décentration encore que l'ouvrage *Le jugement moral* de 1932. Ici, abordant de front les rapports entre le social et l'individuel, Piaget montre que l'égocentrisme de l'enfant ne trouve son dépassement qu'à travers la *coopération* entre pairs-forme sociale de la décentration-supposant ainsi de fonctionner au moyen d'un mécanisme social : le respect mutuel. Ceci, contrairement au respect unilatéral qui permet, lui, d'expliquer à l'inverse tout ce qui détruit l'horizontalité des rapports humains : les croyances, les mythes, le prestige, le faire-croire et toute forme issue d'un rapport d'autorité verticale. De même que la réversibilité, le couple égocentrisme-décentration, fondamental pour expliquer les modifications de l'attribution durant le développement-et que les psychologues contemporains ont retrouvé en le baptisant *theory of mind*, en se passant toutefois du cadre constructiviste-est une des découvertes de Piaget.

Un second paquet de textes est ouvert avec la traduction de*La naissance de l'intelligence chez l'enfant*, premier de ses ouvrages que Piaget considérait, dans une lettre à Ignace Meyerson, être "sérieux" ! Il est le résultat de sept ans de patientes investigations réalisées avec l'aide substantielle de son épouse Valentine Châtenay-Piaget, sur leurs trois enfants, de la naissance jusqu'à l'enfance. Le recueil de données du couple Piaget est constitué d'un nombre impressionnant, environ 10'000 observations et expériences, où chaque conduite de l'enfant, considérée comme spécifique, est retracée dans sa genèse, croisée ensuite avec d'autres lignées de conduites. Et les expériences sont reproduites des dizaines de fois pour atteindre l'invariance et y distinguer toutes les variables. L'immense quantité d'observations minutieuses faite par Jean et Valentine Piaget est un signe de la richesse et de la rigueur méthodologique de leur recherche-où la répétition des expériences est le standard-ce qui contraste avec les clichés de certains *handbooks* qui font circuler l'idée à connotations négatives, que Piaget n'aurait fait sa théorie que sur la base de ses trois enfants… Dans l'ouvrage, Piaget y exprime la thèse fondamentale que l'intelligence est avant tout adaptation et donc interaction d'un sujet avec le milieu, reliant ainsi l'humain à ses racines biologiques et anticipant sur les préoccupations de philosophie de la biologie qu'il déploiera pleinement à partir des années 1960 (cf. volume 2). De puls, son enquête préfigure les travaux sur la microgenèse et les procédures qui seront développés par Inhelder et son équipe dans les années 1970-1980. Salué en 1937 par Henri Piéron comme un *moment* dans l'histoire de la psychologie, *La naissance de l'intelligence chez l'enfant* participe de ces textes qui, comme la *Critique de la raison pure*, ont atteint des sommets de la pensée humaine et demeurent des modèles de formation de la pensée.

Sur ce thème de l'intelligence, des textes de synthèse vont suivre, notamment*La psychologie de l'intelligence*, écrit durant la Seconde Guerre mondiale, qui est le premier texte où Piaget effectue une synthèse de sa théorie du développement chez l'enfant, de la naissance jusqu'à l'adolescence, incluant les opérations formelles. Il y traite aussi du développement de l'affectivité, et se confronte là, comme dans d'autres textes, aux grandes théories psychologiques, notamment la *Gestalt* et les théories de l'apprentissage. Nombre d'articles de ce même volume, sur les opérations intellectuelles, sur l'évolution intellectuelle, offrent une approche synthétique, à des époques postérieures, de ces mêmes travaux. Dans ce cadre, le texte *Six études de psychologie* a un statut spécial. Publié chez un nouvel éditeur, Denoël Gonthier-autre que les classiques Presses Universitaires de France à Paris qui font paraître les deux tiers des ouvrages de Piaget ou encore Delachaux et Niestlé à Neuchâtel -, ce texte constitue la première collection d'articles republiés de Piaget et répond donc à un besoin, émergent dans les années 1960, de vulgarisation de son œuvre. Quant au texte sur les raisons, posthume, il retravaille les modalités de l'argumentation causale. Enfin ce troisième volume se clôt avec deux textes importants qui concernent les relations entre Piaget et les psychologues soviétiques : son compte rendu d'une visite faite à Moscou à l'instigation de Luria et Leontiev et ses *Commentaires* aux critiques de Vygotski rédigées à une époque où Piaget a nettement dépassés les idées exprimées dans ses premiers textes, alors que les critiques de Vygostki ne touchent que ses travaux des années 1920.

Volume 4: From Action to Cognizance: Children's Cognition of the World and the Development of Individual Consciousness

Avec le quatrième volume s'ouvre une nouvelle série de recherches qui articulent, à des moments différents de l'œuvre de Piaget, les problématiques de l'action avec celle de la conscience. Deux ouvrages portent par ailleurs sur le rapport du sujet au monde, dans leur version de 1927 et de 1937, en montrant l'évolution de la pensée piagétienne sur ce point. Dans le premier de ces ouvrages, *La représentation du monde chez l'enfant*, Piaget poursuit un programme orienté par la question de savoir comment l'enfant comprend et explique le monde : il y étudie les contenus et non pas les structures de la pensée enfantine. Devant pour cela accéder à leur pensée spontanée, Piaget consacre l'*Introduction* du livre à une explication détaillée de sa méthode clinique de conversation semi dirigée avec les enfants. Pour caractériser la mentalité enfantine, il utilise des conceptions qu'il n'emploiera que peu par la suite : le réalisme enfantin, par lequel les noms sont situés *dans* les choses ; l'artificialisme, théorie enfantine de l'attribution de l'origine des choses aux humains, et l'animisme selon lequel les choses sont animées. L'ouvrage est coloré par les nombreux exemples tirés des conversations avec les enfants en réponse aux questions sur tous les aspects de la représentation enfantine du monde. Le second ouvrage, *La construction du réel chez l'enfant*, de dix ans postérieurs, n'a plus grand chose à voir avec la démarche du premier. D'abord par l'âge des sujets qui ne sont autres que les enfants du couple Piaget de la naissance jusqu'à l'âge de deux ans ; puis, par la méthode qui articule l'observation non verbale à l'expérimentation ; ensuite par l'approche catégorielle au sens de Kant, où Piaget étudie la genèse des catégories d'objet, de temps, d'espace et de causalité ; et enfin par l'articulation de cette problématique à la théorie de l'adaptation défendue dans *La naissance de l'intelligence chez l'enfant*. C'est dans la *Construction du réel* que l'on trouve deux de ses grandes découvertes, relatives à la permanence de l'objet et à l'erreur A non-B. Piaget y travaille sur l'origine sensori-motrice des catégories qu'il a par la suite nommées infralogiques.

Une autre série de textes concerne la question de la conscience. Dès les années 20, Piaget se demande quel est le rôle de la conscience au sein du développement précoce. Dans un article de 1927, suite à ses premières observations sur sa fille

Jacqueline, il conçoit le bébé comme n'ayant pas conscience de son moi, étant dans un état d'indifférenciation entre soi et le monde. Contre ceux qui attribuent une conscience innée au bébé, il établit le rôle fondamental des résistances du monde au moi, qui, moyennant l'action adaptative, donnera les fondements de la distinction entre son moi et les choses. Le thème est développé plus tard dans un article de 1953 puis entièrement refondu dans une série de recherches entreprises durant les années 1970 au Centre d'Épistémologie qui ont abouti à l'ouvrage *La prise de conscience*. Ces recherches montrent que le centre de la prise de conscience est encore le schème d'action, dont un des potentiels de généralisabilité est ainsi réalisé. La prise de conscience est alors interprétée comme un mécanisme de reconstruction qui pousse spécifiquement l'action vers le haut, notamment en réaction à des résistances et des déséquilibres, en lui attribuant un statut de concept. Une action concrète est ainsi augmentée d'une transformation conceptuelle, participant dès lors d'un système d'ensemble. Piaget y réaffirme que l'action constitue bien un savoir en tant que tel, un savoir-faire qu'il faut situer aux sources de la prise de conscience. Celle-ci ressortit donc, non pas d'un simple éclairage interne, mais d'un véritable processus de conceptualisation, susceptible d'apporter du nouveau et soumis aux lois du développement. Ces questions sont aussi mises en lumières dans l'article de Michael Ferrari.

Volume 5: The Development of Children's Perception and Symbolic Function

Dans ce cinquième volume, l'accent est mis sur des thèmes qui tous ont pour point commun de *contraster avec l'opérativité* : perception, image mentale, mémoire, imitation, jeu, fonction symbolique sont autant de thèmes traditionnellement opposés à l'intelligence, que Piaget articule entre eux à des degrés divers. C'est d'abord le texte peu connu sur *Les mécanismes perceptifs* étudiés chez l'enfant, résultat d'un programme de recherche qui a duré deux décennies. La thèse des mécanismes perceptifs est que l'action, et donc la construction de structures, informe des processus aussi encapsulés que ceux de la perception. Piaget y formule des lois de la perception. D'autres publications abordent cette question, en rapport avec l'apprentissage et la logique. La *Formation du symbole chez l'enfant* est le troisième tome d'une trilogie portant sur les bébés, rédigé vers 1938, mais dont la publication fut interrompue par la Seconde Guerre mondiale. Piaget y croise la théorie de l'adaptation développée dans *La naissance de l'intelligence chez l'enfant* avec une théorie *sémiotique* inspirée de la linguistique de Ferdinand de Saussure. Il s'agit d'une part de décrypter l'origine de la fonction symbolique et, d'autre part, de comprendre la nature psychologique de deux classes spécifiques du comportement enfantin : le jeu et l'imitation. La fonction symbolique-la capacité de représentation sous ses diverses formes-est étudiée à la lumière du schématisme du sujet dans ses relations d'adaptation interactive avec le monde, tandis que le jeu et l'imitation deviennent les modes d'expression privilégiés, respectivement de l'assimilation (déformation du monde) et de l'accommodation (déformation des schèmes). Traits caractéristiques de la période préopératoire, de 3 à 7 ans, le jeu et l'imitation, qui sont à la base de la fonction symbolique, sont alors autant de formes de déséquilibres nécessaires qui rythment le développement normal de l'enfant. Quelques articles viennent d'ailleurs étayer ces questions.

Les travaux qui suivent, réalisés durant les années 1960, approfondissent certaines de ces enquêtes. Ainsi dans *L'image mentale chez l'enfant*, Piaget montre que les images, comme la perception et la mémoire, ne sont pas des copies ou des reflets des objets extérieurs, mais bien le résultat d'une activité directement liée au développement des instruments de connaissance. Soumises à la construction comme bien d'autres éléments du psychisme, les images ne sont nullement des objets statiques chez le sujet. Elles sont dotées de propriétés cognitives, en tant qu'images reproductrices issues de l'imitation et donc préopératoires, et images anticipatrices qui apparaissent au stade opératoire concret. Réinterprétant toujours ses précédents travaux en vue de les intégrer en une vision d'ensemble, Piaget propose notamment ici une nouvelle clef d'interprétation, sous forme de l'opposition entre les mécanismes figuratifs et opératifs, répartis également entre deux stades.

La mémoire est un autre de ces objets que Piaget traite d'une manière complètement différente de la tradition psychologique. Il avait déjà noté en 1936 qu'une propriété du schématisme était la récognition ou assimilation récognitive, c'est-à-dire la propriété du schème à identifier un objet quelconque-y compris un objet immatériel tel qu'un son-comme son aliment spécifique. Il travaillait sur ces questions au même moment où Bartlett reliait en 1932 la mémoire au schéma. Pour Piaget, si la main du bébé *sait* ce qu'elle prend, c'est que ce qui organise son mouvement est de l'ordre d'un schème dont une des propriétés est de reconnaître ses aliments. *Mémoire et intelligence* va donc fournir à Piaget l'occasion de prolonger cette enquête non plus sur le bébé, mais sur des enfants de 4 à 9 ans, en montrant que la mémoire, notamment pour des tâches aux composantes logiques, se développe indépendamment de l'expérience faite. Comme la perception, mais à un degré nettement plus élevé, la mémoire est donc soumise aux constructions opératoires issues de l'action du sujet.

De ces thèses portant sur l'origine des unités de signification, il n'y a qu'un pas à déduire une série de conséquences théoriques sur le développement du langage et ses relations avec d'autres processus généraux de production de la connaissance. Depuis les premiers écrits de Piaget qui montraient les zones de dépendance du langage face aux construction logiques, nombre de ces idées ont suscité d'intenses débats dans ledomaine de la linguistique. Un exemple clair des problèmes suscités dans ce domaine se trouve dans le célèbre débat entre Chomsky et Piaget, inclus à la fin de ce volume.

Volume 6: **Constructionist Process of Intelligent Operation**

Le sixième volume entre immédiatement en matière avec une notion fondamentale de la théorie piagétienne, celle d'équilibre qui est au cœur des processus de construction des opérations et des outils qui permettent la connaissance en général. Piaget l'égrène d'abord à travers les textes des années 1950, concernant la première théorie de l'équilibration, qui montrent qu'il a su tirer profit des apports de la cybernétique naissante pour penser une notion qu'il thématise encore peu jusqu'à ce moment. Mais comme le montre Vonèche dans son article de 1992, il y a une préhistoire de la notion d'équilibre qui apparaît dès l'ouvrage de Piaget *Recherche* de 1918 où, s'il distingue plusieurs formes d'équilibre, le déséquilibre apparaît surtout comme souffrance sociale et humaine : il est le mal. Aussi l'équilibre y est-il une figure morale, idéale, plutôt que cognitive. Avec la première théorie de l'*équilibration*, la fonction de régulation de la relation adaptative du sujet à son milieu physique n'a plus rien à voir avec cette dimension morale de la théorie de jeunesse de l'équilibre. L'équilibre est un idéal, l'équilibration est un processus. C'est la colonne vertébrale du développement, que ce soit des structures logiques, d'observables dynamiques ou des mécanismes du fonctionnement cognitif. Le sous-titre même du livre de 1975 ne laisse aucun doute : avec l'équilibration, nous sommes face au "problème central du développement". C'est aussi l'affirmation de la construction, car les structures psychologiques ne proviennent ni de structures innées (la maturation), ni de structures apprises (sociales ou linguistiques) qui en seraient seules responsables, mais sont dépendantes de l'équilibration qui conditionne les interactions de ces divers facteurs. Piaget innove aussi sur le langage. Inspiré de la cybernétique, il réinterprète par exemple en 1957 les comportements des enfants dans des épreuves de conservation en termes de stratégies et de régulation. Quant au second modèle de l'équilibration, de 1975, il le conçoit comme un modèle bien plus dynamique que le premier : l'objet en est les équilibres cognitifs, et il s'agit de le différencier en le rapprochant des modèles dynamiques de Prigogine et des équilibres biologiques. Piaget reprend ici une notion qu'il a surtout développées dans l'étude du bébé, la notion de *schème* désignant ce qui est généralisable dans une action. Il identifie diverses formes d'équilibration, simple et majorante, cette dernière étant chargée de rééquilibrer un système vers un équilibre plus stable, laissant alors voir une heuristique des constructions mentales.

C'est aussi à un autre ensemble d'idées qu'est consacré cesixième volume, l'ensemble des recherches venant déterminer et analyser les mécanismes cognitifs complémentaires au processus d'équilibration. Ces recherches sont menées durant les années 1970 au Centre d'épistémologie de Genève sur les équivalents dans le comportement de ce que les mathématiciens Eilenberg et MacCane avaient identifié en 1943 comme *théorie des catégories*, travaillant donc sur ce qui peut être généralisable et transférable. Il y a donc bien plus que des analogies entre le schème et cette théorie mathématique des catégories. Les catégories n'ont rien à voir ici avec les domaines psychologiques ou catégories kantiennes étudiés traditionnellement comme notions, traitées d'ailleurs dans les volumes 8 et 9 de la présente collection. Il s'agit de catégories au sens mathématique des processus qui conservent la structure de deux objets et fournissent ainsi l'ouverture vers des relations de relations, vers du généralisable. Leur étude prend place au sein d'une épistémologie qui réfléchit sur les connaissances comme formes du *dépassement du connu*, où l'on tente de comprendre les constructions d'objets abstraits grâce auxquels l'humain peut affronter des choses encore inconnues. Et peu à peu les normaliser en en construisant les formes de nécessité. D'où l'étude de ces morphismes que sont les comparaisons, correspondances, les relations, les transformations, ainsi que les processus d'abstraction. Piaget distingue deux formes principales de l'abstraction, l'abstraction *réfléchie*, tirée des actions des sujets sur le monde et l'abstraction *réfléchissante*, tirée des coordinations des actions, c'est-à-dire intégrant d'emblée une mobilité plus élevée due à la proximité avec les opérations.

Volume 7：**Jean Piaget's Psycho-logic**

Le septième volume des œuvres affronte un objet particulièrement complexe voire controversé, la logique piagétienne, et ses relations avec la psychologie.

Y sont traduits trois des ouvrages de Piaget sur la logique, son*Traité de logique* de 1949, son *Essai sur les transformations des ope rations logiques* et le court essai *Logic and psychology*, issu de conférences faites à Manchester à l'instigation de Michael Polanyi. Ecrits dans les années qui suivent la Seconde Guerre mondiale, ces travaux viennent délimiter une nouvelle zone de pertinence face à la machine de guerre qu'est la logique symbolique et le néopositivisme en plein développement à la même époque, concentrés dans le très partial *Journal of symbolic logic*. Cette zone de pertinence repose sur l'identification des structures propres à la logique naturelle du sujet, doublée d'une tentative de formalisation-par un non-logicien, ce qui vaudra à Piaget de nombreux problèmes. Au cœur de cette logique naturelle se trouve une notion que Piaget a tirée de la théorie des groupes, le *groupement*, structure mathématique élémentaire et spécifique susceptible, lors du développement, de fonctionner de manière non articulée à d'autres groupements : ainsi le groupement de la sériation (plus petit que, plus grand que) permet de faire des comparaisons élémentaires lors de la période préopératoire où il est dissocié de l'emboîtement des classes, autre groupement qui permet également d'effectuer des opérations élémentaires telles que les collections. Tandis que, lorsque ces deux groupements vont se trouver coordonnés dans une nouvelle structure d'ensemble, signant le passage à la période opératoire concrète, ils donnent lieu à la maîtrise du nombre. Ces travaux viennent également relier la notion psychologique de la réversibilité à la notion logique de groupe, situation relevant du stade des opérations concrètes : la composition réversible des opérations vient *stabiliser*, par la coordination des groupements entre eux, des principes logiques aussi fondamentaux que l'identité ou la non-contradiction-autrement dit, certaines des formes que prend la normalité de la pensée adulte-et permet donc à l'enfant de fonder une nouvelle manière de comprendre le monde. D'où la défense, par Piaget, d'une hypothèse épistémologique fondamentale, celle de la *continuité fonctionnelle* entre pensée naturelle et pensée scientifique. Différents articles de ce volume viennent illustrer et diversifier ces problèmes relatifs aux fondements cognitifs des mathématiques et de la logique. Ils opposent, ici la méthode axiomatique à la méthode opératoire venant explorer la pensée naturelle, là les groupements face à la logique des propositions, ou développent ailleurs encore leurs champs respectifs. Ainsi, à partir de la définition d'une opération comme une *action intériorisée réversible*, Piaget montre en 1954 que, si la logique naturelle élaborée par les activités du sujet en interaction avec le monde est bien le bassin de construction de certaines formes élémentaires de la logique symbolique, elle l'est aussi de bien d'autres choses. La logique symbolique permet certes l'élaboration de nouveaux systèmes axiomatiques, mais sa dette envers la pensée naturelle est toutefois effacée aux yeux de ses créateurs du fait que les systèmes logiques sont isomorphes à des formes d'équilibre de la pensée-et pourvus donc du sentiment de nécessité, étant élaborés par des adultes-tandis que la logique naturelle du sujet tente *aussi* décrire les formes de déséquilibre. Lesquelles sont fondamentalement responsables de la construction des nouveautés. D'où le fait d'employer l'expression *psycho-logique* piagétienne pour désigner ces travaux sur la logique naturelle.

Une autre série de textes est également traduite, où l'accent est mis sur l'articulation entre la logique et les résultats des expériences de psychologie génétique. Ce sont les travaux notamment impulsés par la collaboratrice principale de Piaget, Bärbel Inhelder, qui aboutissent en 1955 à *De la logique de l'enfant à la logique de l' adolescent*, fruit d'une rencontre où Inhelder innove sur le plan méthodologique tandis que Piaget formalise pour la première fois le groupe INRC. Correspondant à la logique naturelle du sujet au stade des opérations formelles, c'est-à-dire autour de l'adolescence, le groupe INRC formalise des situations d'expérience où le sujet doit manipuler simultanément trois variables, et non plus deux comme au stade des opérations concrètes. Enfin, dans *La genèse des structures logiques élémentaires*, paru en 1959, Piaget reprend la question des groupements de la sériation et de la classification, tandis que l'ouvrage *Epistémologie et psychologie de la fonction* approfondit la question de la logique préopératoire-où les formes d'équilibres ne sont pas atteintes-et où les relations d'ordre, étant prévalentes, aboutissent à des séries d'erreurs quasi systématiques. D'où le fait de qualifier cette logique préopératoire par la notion de *fonction constituante*, exprimant une dépendance entre deux objets et donc plus complexe qu'une simple relation. Ceci par opposition à la fonction constituée, responsables des opérations et de la causalité au niveau opératoire concret.

Enfin le dernier texte est un ouvrage posthume où Piaget et Rolando Garcia affrontent la question de l'articulation entre les opérations et la sémiotique. Ils y étudient la question de l'interprétation sémiotique du réel et des inférences employées par le sujet aux différentes étapes du développement unifiées par la notion de schème, ce qui est répétable et généralisable dans le comportement. Les formes de la signification sont ainsi ramenées au schème en tant que porteur du processus d'assimilation qui est fondamentalement interactif et diversifié.

Volume 8: Genetic studies of Kantian categories-number and causality; time and other physical factors

Avec le huitième volume s'inaugurent les recherches de la période à proprement dite de *structuralisme génétique* où d'un côté Piaget étudie les mécanismes de passage d'un stade à l'autre à travers ses genèses et de l'autre formalise les structures de la pensée en développement, ceci pour les principales catégories kantiennes. D'où de nombreuses problématiques telle que la question des décalages, des stades, de la réversibilité. C'est là aussi le plat de résistance, le corpus immense des faits réunis dans une dizaine d'ouvrage *princeps* pour lequel ont été testés pas moins de 25'000 sujets. Ce volume est, entre autres, consacré à un problème épistémologique qui n'a cessé d'être travaillé par Piaget avec des méthodes psychologiques tout au long de sa vie, celui de la causalité.

Le premier ouvrage traduit n'est autre que *La causalité physique chez l'enfant*, vaste enquête entreprise au début des années 1920, précédent la période structuraliste et où Piaget met en évidence par ses analyses typologiques des arguments des enfants pas moins de 17 types de causalité préopératoires : la question est laissée de côté durant la période de structuralisme génétique, c'est-à-dire les années 40 et 50, et reprises à la fin des années 1960 dans de nouvelles séries de recherches menées au Centre d'Epistémologie. Ce sont notamment les recherches des *Etudes d'épistémologie génétique* sur *La formation de la notion de force* et sur *Le problème des vecteurs*, entreprises au moment où Piaget a tiré des leçons de ses travaux de la période fonctionnaliste durant les années 1960. Une quantité innombrable de recherches faites avec ses collaborateurs et collaboratrices, presque une centaine, est menée sur ces questions. Au centre, la causalité semble toujours échapper à une détermination suffisamment précise au point que Piaget n'a pas publié presque une centaine de ces recherches, qui devaient voir le jour mais qui sont encore aujourd'hui inédites. A propos de travail en équipe d'ailleurs, Piaget n'est pas seul auteur de son œuvre. Avec lui se sont aussi illustrés près de 350 chercheurs et chercheuses, durant plusieurs générations de collaborateurs et collaboratrices. Suivant l'exemple de Piaget, et sous sa direction, ils et elles ont patiemment récolté d'immenses quantité de données de la recherche. Les Archives Jean Piaget conservent aujourd'hui près de 100'000 protocoles de recherches. Cela signifie que près de 100'000 enfants, principalement de Genève, ont passés des épreuves piagétiennes de toutes sortes, ce matériel ayant servi aux élèves de l'Institut Jean-Jacques Rousseau d'abord, puis de la Faculté de psychologie et des sciences de l'éducation de l'Université de Genève pour faire leurs nombreux mémoires et rapports, et à Piaget pour rédiger ses très nombreux ouvrages et articles. Il y a une pyramide sociale de la collaboration avec Piaget où d'importants noms se sont illustrés.

Ainsi, durant les années 1930, l'étude des catégories kantiennes donne lieu à plusieurs nouveaux programmes de recherche, notamment sur la quantité, le temps et l'espace. Mais c'est bien parce qu'une nouvelle *structure sociale de la recherche en psychologie* s'est mise en place à l'Institut Rousseau de Genève que Piaget peut démarrer, à quelques années de distance, ces travaux. De fait, il a trouvé des collaboratrices de premier ordre dans les personnes d'Alina Szemińska, d'Edith Meyer et de Bärbel Inhelder, entre 1933 et 1936. De premier ordre, parce qu'elles maîtrisent tout le spectre de l'enseignement piagétien : de la simplicité des dispositifs expérimentaux jusqu'aux abstractions logiques de la théorie, comme de l'interaction ludique avec l'enfant impliquée dans la maîtrise de la méthode clinique, jusqu'à l'analyse typologique des arguments des enfants. Cette compétence d'analyse typologique, transmise dans l'Ecole de Genève, permettait d'évaluer le type de structure sous-jacente aux arguments donnés par les enfants et, partant, de les situer dans les stades adéquats. Ces jeunes femmes sont donc des collaboratrices rêvées pour contribuer à former les élèves de l'Institut à l'expérimentation piagétienne selon une organisation quasi industrielle du savoir, et vont prendre en charge tant les aspects concrets de la formation des élèves qu'une bonne partie de l'expérimentation. Les conséquences de cette organisation, progressivement mise en place par Piaget dans ce milieu extrêmement favorable à la recherche qu'est l'Institut Rousseau créé par Edouard Claparède et Pierre Bovet, ne se laisseront pas attendre : récoltant énormément de matériel, qui sert aux élèves à faire leurs rapport et travaux d'étudiants, Piaget peut écrire de nombreux ouvrages, en réanalysant et interprétant patiemment toutes ces données. *La genèse du nombre chez l'enfant*, avec Szemińska, voit le jour en pleine guerre mondiale, en 1941, premier ouvrage à défendre une théorie pleinement constructiviste de la notion de nombre alors que paraît la même année le premier ouvrage sur les conservations, avec Inhelder. De nombreuses épreuves classiques, les jetons, les œufs et les coquetiers, la conservation de la substance, etc. —, amènent de fortes preuves que les notions présentées par Kant comme *a priori* font l'objet d'une construction spécifique. Piaget peut y distinguer le domaine logico-mathématique, qui concerne notamment les quantités, du domaine infralogique qui regroupe entre autres l'espace et le temps. De plus, les dispositifs expérimentaux, d'une simplicité et d'une ingéniosité remarquables, présentent leurs résultats, encore aujourd'hui facilement *reproductibles* alors que depuis 2015, le collectif *Open Science Collaboration* regroupé autour de Nozek a montré que plus de soixante pour cent des résultats prétendument classiques de la psychologie ne sont pas reproductibles… Bref la psychologie piagétienne demeure une valeur bien plus sûre que bien des recherches doctrinairement expérimentales en psychologie aujourd'hui.

Les deux autres ouvrages présentés, sur le temps et sur la vitesse, sont issus d'un autre programme de recherche commencé aussi durant les années trente. Dans le premier Piaget y montre que la catégorie du temps fait l'objet d'une construction, le temps étant réductible aux opérations causales, le second texte sur le mouvement et la vitesse est complémentaire du premier.

Volume 9: Genetic studies of Kantian categories-the possible and the necessary; space, geometry and probabilities

Le neuvième volume continue à égrener les recherches de la période de structuralisme génétique. Durant la Seconde Guerre mondiale, les destins des principales collaboratrices de Piaget, qui ont contribué à nombre de ces travaux, vont nettement diverger. Edith Meyer, qui est une juive allemande, émigre aux Etats-Unis où, avec les recommandations de Piaget, elle trouve une place auprès d'Arnold Gesell, psychologue qui travaille sur les bébés. Le destin d'AlinaSzemińska est plus dramatique. Retournant en Pologne à la veille de l'invasion allemande de septembre 1939, elle entre dans la résistance et est capturée par la Gestapo. Enfermée en 1943 au camp d'extermination d'Auschwitz, elle réussit à en sortir vivante à la Libération. Si elle reprend rapidement contact avec Piaget, ce n'est qu'en 1967 qu'elle pourra revenir à Genève pour reprendre ses travaux de psychologie génétique. Quant à Bärbel Inhelder, qui est suissesse, elle fait sa thèse avec Piaget en s'intéressant à l'application de la théorie opératoire de l'intelligence aux retardés mentaux. En 1943, Piaget la nomme à Genève où elle poursuivra toute sa carrière comme sa collaboratrice principale, signant avec lui une dizaine d'ouvrages. C'est par exemple avec elle qu'il poursuit le programme de recherche commencé avec Szemińska et Meyer sur l'espace, une autre de ces catégories kantiennes. Cela aboutira aux deux ouvrages *La représentation de l'espace chez l'enfant* et *La géométrie spontanée de l'enfant*. Dans le premier, les auteurs prouvent que les représentations spatiales, dont les fondements se trouvent dans le mouvement et la perception, sont reconstruites sur le plan représentatif et opératoire au moyen de l'action. Travaillant sur les groupes de transformations géométriques, affines et continues, et influencé par le courant mathématique des années 1930, Piaget tente de montrer le parallélisme entre les structures-mères de la théorie des ensembles des Bourbaki et la construction des représentations spatiales. Complémentaire au premier, le second ouvrage étudie la genèse les questions métriques-longueur, mesures, distance, droite, angle, courbe, surface et volumes.

Un autre programme commencé vers 1944 et qui prolonge les questionnements sur le nombre et les mathématiques consiste à se demander de quoi est faite la notion de hasard. Cet ouvrage cosigné avec Inhelder, paru en 1951, étudie différentes dimensions de la notion de hasard, à commencer par le mélange entropique, c'est-à-dire l'accroissement du désordre dans des ensembles dynamiques, les notions de distribution, en particulier la distribution gaussienne, le tirage au sort dans le cas de matériel faussé, la quantification des probabilités et la combinatoire. Enfin une dernière émanation de ce même programme est reprise tardivement avec les deux tomes posthumes du *Possible et* du *nécessaire*, qui donnent lieu à un ambitieux programme d'expérimentation au Centre International d'Epistemologie Génétique durant les années 1970. Travaux qui bénéficient des acquis du modèle de l'équilibration entre autres par la réintroduction de la notion de schème dans l'explication et l'intérêt pour les processus de l'inférence. Qui dit schème dit assimilation et accommodation, mécanismes adaptatifs considérés ici dans leur articulation avec des couples sémantiques. Ainsi le traitement des ressemblances relève-t-il de l'assimilation tandis que celui des différences, de l'accommodation. Piaget y pose le problème de l'observable, en demandant de quoi ressortissent le possible et le nécessaire. Ramenées aux activités du sujet, ces notions échappent aux observables car elles émanent de modèles déductifs construits par le sujet. Piaget y distingue les facteurs de différenciation et d'intégration, les premiers étant exprimés par le possible et les seconds par le nécessaire : ils apparaissent comme les deux facettes complémentaires d'un même processus général du schématisme, dont l'origine se trouve dans une indifférenciation générale entre réel, possible et nécessaire. Ces trois modalités se différencient avec le développement, au rythme croissant de la composition schématique qui, au gré de la distinction entre l'assimilation et l'accommodation, démultiplie les capacités inférentielles du sujet. Exprimant respectivement les deux pôles de l'accommodation (différence et différenciation) et de l'assimilation (ressemblance et intégration), le possible et le nécessaire sont donc solidaires l'un de l'autre au cours du développement, l'un n'allant jamais sans l'autre. Différents articles également traduits viennent étayer ces idées.

Volume 10: **Applications of Piaget's theory: Education and beyond**

Le dixième et dernier volume de la collection des œuvres de Piaget tranche par deux caractéristiques : le fait, d'une part, de s'occuper des applications de sa théorie et, d'autre part, de réunir une petite collection d'articles de signataires autres que Piaget, qui sont d'ailleurs, pour une partie d'entre eux, des tenants de l'Ecole de Genève. L'éducation occupe ici la plus grande part du volume. Lequel s'ouvre par le texte de Piaget *Psychologie et pédagogie*, qui est la republication d'un long article sur l'état de l'instruction publique comparée sur le plan mondial depuis 1935, rédigé par Piaget pour *L'Encyclopédie française* en 1965 et republié en 1969. Ce texte fait état d'une expertise de haute qualité sur la question répondant au fait que depuis 1929, par sa fonction de Directeur du *Bureau International de l'Education*, Piaget s'est trouvé être *de facto* un des acteurs les plus importants de la scène internationale de l'éducation. Le texte est de facture nettement progressiste et égalitaire-il défend par exemple l'égalité entre hommes et femmes dans le droit à l'éducation – , rédigé dans une optique comparative et en se basant sur des études scientifiques relatives à l'organisation et l'état des systèmes éducatifs dans le monde. *Où va l'éducation* reprend deux articles, le premier de 1949 et le second de 1972. Dans le premier, il est question du problème de la démocratisation de l'éducation dans le monde de l'après-guerre, tandis que dans le second, Piaget montre de manière plus directe l'intérêt des applications réalisées à partir des travaux de l'Ecole de Genève, en prenant ses exemples dans la didactique des mathématiques, dans l'expérimentation à l'école ainsi qu'en cherchant à favoriser un enseignement interdisciplinaire. Ces problématiques sont approfondies dans son article en anglais "Comments on mathematical education" où il plaide pour un enseignement des mathématiques basé sur la pensée naturelle plutôt que sur la pensée axiomatique, respectant ainsi le rythme de développement des enfants. Le maître y est alors moins un enseignant qu'un organisateur de situations favorisant l'activité de recherche des enfants au moyen de dispositifs adéquats favorisant le questionnement scientifique. A ces textes se joint l'article de Ginsburg qui tente d'établir le périmètre de validité de l'épistémologie génétique pour l'éducation, ainsi que les trois articles de Almy, Lovell et Sigel qui traitent tous de la question de l'impact de Piaget sur les systèmes d'enseignement. Le premier discute de l'éducation du jeune enfant et insiste sur les idées de respect de la mentalité enfantine et de jeu tirées des travaux de Piaget ; le second article interroge les relations entre le développement cognitif et le parcours scolaire ; le dernier porte une réflexion de nature plus philosophique pour comprendre dans l'oeuvre de Piaget, les relations entre sa psychologie et sa pensée pédagogique, que l'auteur identifie comme une forme dialectique.

Une deuxième thématique générale touche à l'application de la théorie piagétienne à la clinique et à la psychologie de l'affectivité, partant d'un texte des années 1950 sur *Intelligence et affectivité*, mis en parallèle par Piaget, et commenté dans l'article de Sokol et Hammond pour se prolonger dans celui de Wolff sur les applications de Piaget à la clinique.

Une troisième thématique, indirectement reliée aux applications, est la typologie des stades employée par Piaget pour délimiter les périodes de développement des notions en relation avec la question des décalages des notions entre elles. Sur les stades, Piaget a toujours déclaré que la stabilité de leur ordre séquentiel avait plus d'importance que le fait que certaines notions puissent être anticipées, notamment lorsque les psychologues américains se sont mis en tête de rajeunir les concepts au moyen de techniques d'apprentissage renforcé, ceci au prix d'un relâchement de la réflexion épistémologique qui rend souvent leurs résultats non comparables à ceux des enquêtes systématiques de l'Ecole de Genève. Enquêtes qui tiennent justement compte des décalages et des processus de généralisation qui ne sont à l'œuvre que lorsque les réactions du sujet manifestent la présence d'une structure d'ensemble. Cette différence entre l'expression d'une structure d'ensemble et le résultat d'une compétence isolée facilement soumise à un apprentissage intensif, donnant par-là l'illusion d'une maîtrise d'une notion, est l'objet de l'ouvrage *Apprentissage et structure de la connaissance* signé par Inhelder, Sinclair et Bovet, trois des collaboratrices importantes des années 1970. Elles mettent justement en évidence, lorsque la connaissance d'une notion est soumise à un apprentissage avec renforcement lors d'un stade où, en principe cette notion n'est pas maîtrisée, que, s'il y a bien maîtrise de la notion, cela ne donne nullement lieu à une généralisation qui est justement un des signes de la structure d'ensemble. Les articles de Kesselring, de Brainerd, les essais de Montangero et Maurice-Naville discutent de ces aspects et bien d'autres relatifs à la théorie piagétienne du développement de l'intelligence. Enfin un article d'histoire de la psychologie signé de Yeh Hsueh raconte le cas curieux d'une application des idées piagétiennes aux Etats-Unis où sa méthode clinique a été employée dans l'industrie américaine durant les années 1930.

Pour conclure, on peut mesurer, à cette rapide tentative de présenter quelques-unes des lignes de forces de la traduction en chinois de cette collection des *Œuvres de Jean Piaget*, l'ampleur du travail colossal qui a été effectué. C'est donc avec une profonde reconnaissance que la *Fondation Jean Piaget pour recherches psychologiques et épistémologiques*, créée par Jean Piaget lui-même, s'unit de la sorte à cette très importante réalisation en remerciant avec une ample gratitude le professeur Li Qiwei et son équipe pour cet énorme travail et cet accomplissement exceptionnel.

Le 15 mars 2020

序 二

Collected Works of Jean Piaget (10 Volumes), Foreword-2

（照片由本人提供）

Leslie Smith
英国兰开斯特大学荣休教授
英国心理学协会成员
四卷本《让·皮亚杰：精要之评》主编
《剑桥皮亚杰手册》主编之一
让·皮亚杰协会理事会成员以及日内瓦大学皮亚杰档案馆国际科学委员会成员

Leslie Smith, Emeritus Professor at Lancaster University, UK
Fellow of the British Psychological Society
Editor-in-chief of *Jean Piaget: Critical Assessment* (4 Volumes)
One of the editors-in-chief of *the Cambridge Companion to Piaget*
Member of the Board of Directors of the Jean Piaget Society, and the International Scientific Committee of the Jean Piaget Archives, University of Geneva.

《皮亚杰文集》（中译10卷本）

序　　言

让·威廉·弗里兹·皮亚杰（Jean William Fritz Piaget）于1896年8月9日出生在瑞士的纳沙泰尔（Neuchâtel），于1980年9月16日卒于瑞士日内瓦。他最初所受的训练是为了成为一名新教教职人员，1918年，刚获得生物学博士学位的皮亚杰发表了一部名为《求索》（Recherche [Search]）的教育小说（译者注：*Bildungsroman* 为德语中详细描写主人公成长历程的教育类小说），其中表达了他对生命和世界的见解。这标志着一次生涯的转折。这一转折部分是受到1914年到1918年发生在欧洲的世界大战的刺激，在这场战争中，交战双方借助同一种宗教的信条，调用相同的关于壕沟战、芥子气、机关枪和坦克的科学知识，共同造成了大约1600万人的死亡。在某种程度上，这种变化也是由人类思想中的一个重大疏漏引起的，即缺少一个完备的知识理论来解释知识从生物学起源一直到其在人类思想前沿的发展过程。

《求索》中包含了将支配皮亚杰余生的研究计划。皮亚杰一手缔造了一个弥补前述重大疏漏的理论模型，他将其称为"发生认识论"（épistémologie génétique）。在英语中，通常将之译为 Genetic Epistemology①，而我将其译为"发展认识论"（Developmental Epistemology）。② 这是因为 DNA 的遗传机制，在体现人类最高创造力的知识发展面前相形见绌，知识发展不仅在科学方面卓而显见，在童年期的表现亦能得以体现。五十年前，巴蓓尔·英海尔德（Bärbel Inhelder）评价皮亚杰关于知识的理论道："就我所知，是绝无仅有的将最基本的生物学机制与最卓越的人类思想成就联系在一起的理论。"③在我看来，它仍然当得起此评价。

发展认识论关注两大主要问题。一是探寻从其生物学源头出发，知识是以何种路径在新颖性、影响力和广度上取得不断的进展；另一个是要了解推动这些知识进步的机制是什么。这两大问题都需要对它们的原理进行批判性分析，既要经得起认识论的考验，也需要借助合乎规律的心理学证据来加以检验。由此可见，皮亚杰的认识论作为一种知识理论是与通常的专业"分工"不相容的。也就是说，它既不能是一种脱离了心理学的认识论，也不能是一种脱离了认识论的心理学。在太多关于皮亚杰著作的评论中，这样的专业割裂却大行其道。

充分考虑到这一相互依存关系，皮亚杰将智慧解释为创造力的核心认知机制。"智慧构成一种组织化的活动，其功能超越了生物学意义上的组织而精心设计出新结构"④。他用作曲来加以类比。几乎每个人都能哼出一首小曲，而在另一个极端，只有贝多芬和鲍勃·狄伦这样的大师才能谱写全新的音乐。智慧的组织活动在这两极的表现都是颇有创造性的，而额外的价值在于其具有客观的能力。尽管受到20世纪早期智力测验的先驱们尤其是比奈（Alfrèd Binet）的影响，在比奈看来，思想是心智的无意识活动。皮亚杰在此基础上将智慧解释为一种思维的自发性，从而构成人类心智的核心方面，因为"正是由于这一自发性，我才能自命为智识之人"⑤。这一对智慧的解脱束缚的构建是人类之所以能在结构化的系统中做出先验判断的基础。与用特定的智力测验分数作为智商（IQ）的糟糕定义相比，高下立显。

这也是我乐于接受李其维教授及其同事们翻译出版一套10卷本中文版《皮亚杰文集》（译者注：以下简称《文集》）这项宏大而令人敬佩的计划的原因所在。通过增加皮亚

---

① Piaget, *Genetic Epistemology*, Columbia University Press, 1970.
② Smith in *The Cambridge Companion to Piaget*, 2009, p.65.
③ Inhelder, *in Measurement and Piaget*, 1971, p.149.
④ Piaget, *The Origin of Intelligence in the Child*, 1953, p.407.
⑤ Kant, *Critique of Pure Reason*, 1933, B158.

杰著作和文章的中译本范围,该项目无疑将对传播皮亚杰思想做出可以预见的贡献。皮亚杰通常用法语写作,一生出版了大约60本著作和500篇论文,其中很多尚未见英译本出版。

《文集》的一大特点在于其翻译的作品兼收并蓄。既包含通常被认为对心理学有所贡献的皮亚杰著作,也包含对认识论有所贡献的文本。做这样的区分很重要。皮亚杰认为心理学是认识论的重要组成部分,但是,无论某一部分有多么重要,也不能代替全部。知识是如何发展的这样的认识论问题,与儿童是怎样发展的这样的心理学问题之间存在重要区别。皮亚杰赞同皮埃尔·迪昂(Pierre Duhem)的观点,认为真理和必然性是一个完备知识理论的两大支柱。这两大支柱确保人们能够觉察不可能为真的矛盾,以及在无限的逻辑含义领域中证明必然性。但这对于解释儿童的发展通常并没有任何贡献。

爱因斯坦(Albert Einstein)曾对皮亚杰的知识理论做过一个精妙的评价,"如此简约只有天才才会想得到"[1]。这一赞美之词很可能是他于1928年在达沃斯(Davos)与皮亚杰出席同一会议时相互交流后做出的,他们都是那次会议的演讲者。[2] 在其关于时间主题的著作前言中,皮亚杰提到了他们之间的这次邂逅交流。[3] 爱因斯坦也许还会说,这一简约之下蕴藏着巨大的复杂性,在心智的无意识到有意识的跨越中,找到了康德的心智自发性的表现。这些表现包含了在通往知识的道路上将信念与理由联系起来的意义蕴涵。诚然,蕴涵在科学等高级思想中是一种逻辑上的必然联系,但在成人与儿童生活中也有许多其他意义。皮亚杰理论的新颖性是双重的。他确定了将儿童蕴涵与科学逻辑中的逻辑蕴涵联系起来的顺序,并且提出了一个可供检验的机制,用来说明思维是如何从我们所认为的"我的"理由迈向其真值和必然性的理由的。

必须承认我完全不懂中文,因此我无法阅读皮亚杰文本的中译本,对此我感到遗憾。但至少我可以鼓励别人来弥补这一缺憾,并祝他们一路顺风。在皮亚杰浩如烟海的作品中,仍有很多洞悉与见解有待被重新发现,还有很多新视角有待被详细阐述。

2019年4月3日
译者:朱　楠;审校:吴国宏

---

[1] Einstein quoted in Papert, Jean Piaget. Time, 1999, 153 (12).
[2] https://en.wikipedia.org/wiki/Davos_University_Conferences#Presenters_4
[3] Piaget, The Child's Conception of Time, 1969, p. ix.

Foreword

Leslie Smith

Jean William Fritz Piaget was born 9 August 1896 in Neuchâtel, Switzerland, and died 16 September 1980 in Geneva, Switzerland. Initially training for a life in the protestant church, his doctorate in biology led in 1918 to the publication of *Recherche* [Search], a *Bildungsroman* or novel presenting his conception of life and the world. It marked a career change. In part, the change was motivated by the Great War in Europe 1914-1918, both sides invoking the support of the same religion and the same scientific knowledge for trench warfare, mustard gas, machine-guns and tanks leading to an estimated 16 million deaths. In part too, the change was motivated intellectually by a major omission in human thought, the absence of a comprehensive theory of knowledge dealing with knowledge from its biological origin through to its progression at the forefront of human thought.

Recherche contained the outlines of the research programme that pre-occupied the rest of his life. It became in Piaget's hands a model to remedy the major omission, and he called it an *épistémologie génétique*. Its usual English translation is Genetic Epistemology. I translate it Developmental Epistemology. This is because the genetics of DNA has lesser importance than the development of knowledge as a supreme kind of human creativity, notably in science but also during childhood. Fifty years ago Bärbel Inhelder remarked that Piaget's theory of knowledge is, "to my knowledge, the only theory which links the most basic biological mechanisms to the most superior achievements of human thought". In my view, it still is.

Two issues are predominant. One is the route taken by knowledge from its biological birth through to its continuing advances in novelty, power, and scope. The other is the mechanism responsible for these advances. Both issues require critical analyses of their principles that should be robust in standing up to scrutiny in epistemology, and as well should be testable and tested by reference to lawful evidence in psychology.

It follows that Piaget's epistemology is a theory of knowledge incompatible with a division of labour, i. e. incompatible both with an epistemology divorced from psychology, and with the latter divorced from the former. In too many commentaries on Piaget's work, this division of labour is rampant.

Mindful of this inter-dependence, he interpreted intelligence as a central epistemic mechanism of creativity. "Intelligence constitutes an organizing activity whose functioning transcends that of biological organization by elaborating new structures". He used the analogy of musical composition. Almost everyone can whistle a tune, and at the other extreme maestros such as Beethoven and Dylan create new music. The organizing activity of intelligence is creative in both respects with the added value of its capacity for being objective. Although influenced by the pioneers of intelligence testing in the early 20th century, notably Alfrèd Binet for whom thought is an unconscious activity of the mind, Piaget's interpretation 1presupposes this by identifying intelligence as the spontaneity of thought, and thereby as the core aspect of the human mind in that "it is owing to this spontaneity that I entitle myself an intelligence." This liberating conception of intelligence is the grounds of the human ability to make *a priori* judgments in a structured system. It is a far cry from that miserable definition of IQ as whatever is measured by a privileged intelligence test.

This is why I welcome the ambitious and admirable project of Professor Li and his colleagues in the publication of *The Collected Works of Jean Piaget*, a ten-volume Chinese translation of Piaget's writings. This project is a planned contribution to 'spreading the word' by extending in Chinese translation the range of Piaget's books and papers. Piaget typically wrote in French as the author or editor of *circa* 60 book and 500 published papers, too many still unavailable in English translation.

A distinctive feature of this project is that its translations are inclusive. They cover some of Piaget's texts usually regarded as contributions to psychology, and as wellPiaget's texts primarily being contributions to epistemology. This distinction is important. Piaget envisaged psychology to be an essential part of epistemology. But a part, however essential, is not the whole. Epistemological questions about how knowledge develops are importantly different from psychological questions about how children develop. Piaget agreed with Pierre Duhem that truth and necessity are dual poles of a coherent theory of knowledge. These poles enable the detection of contradictions that could not be true, as well as the demonstration of necessities in the infinite domain of logical implications. Neither usually makes any contribution to accounts of children's development.

Albert Einstein made an elegant comment on Piaget's theory of knowledge, "so simple only a genius could have thought of it". This tribute likely arose from his interaction with Piaget at a conference in Davos, 1928 at which both were presenters. Piaget referred to their exchange in the Foreword to his book on time. What Einstein could also have said is that this simplicity masks profound complexity by locating manifestations of kantian spontaneity in the cross-over from unconscious to conscious aspects of the mind. These manifestations comprise meaning implications connecting beliefs to reasons en route to becoming knowledge. Admittedly, implication is a logically necessary relation in advanced thought such as science, but it has a variety of other senses in adult life and childhood too. Piaget's novelty was twofold. He had identified sequences connecting children's implications to logical implications in scientific logic. And he did so in terms of a testable mechanism leading from "my" reasons for what I think to the reasons for their truthvalue and necessity.

I have a confession to make, that my knowledge of the Chinese language is virtually non-existent, and so I cannot read Piaget's texts in their Chinese translation. I say this with regret. But at least I can encourage others to remedy this omission as to which I wish them *Bon Voyage*. In Piaget's corpus of writings, there are insights still to be recovered and new perspectives still to be elaborated.

3 April, 2019

序 三

Collected Works of Jean Piaget (10 Volumes), Foreword-3

（照片由本人提供）

李其维
华东师范大学终身教授
中国心理学会会士
中国心理学会前副理事长
中国心理学会"终身成就奖"获得者
上海心理学会名誉理事长
日内瓦大学皮亚杰文献档案馆基金会国际委员

Tenured Professor of East China Normal University, Shanghai
Fellow of the Chinese Psychological Society
Former Vice Chairman of the Chinese Psychological Society
Recipient of the Lifetime Achievement Award winner from the Chinese Psychological Society
Honorary Chairman of Shanghai Psychological Society
International Associate of the Foundation of Archives Jean Piaget, University of Geneva, Switzerland

皮亚杰其人其说

——《皮亚杰文集》代序

目次

1 皮亚杰:心理学家眼中"一位既熟悉又未深交的同行"
2 发生认识论如是说
　2.1 认识论的核心问题和发生认识论的两大构成要件:知识与发生

    2.2 认识的个体发生与科学史:平行论与重演律
    2.3 发生认识论的康德烙印
    2.4 经典发生认识论勾略:特色"三论"
        2.4.1 相互作用活动论:两类动作、两类经验和两种抽象
        2.4.2 结构-建构论:知识的双向建构
        2.4.3 逻辑决定论:心理逻辑与发展阶段
    2.5 发生认识论的功能方面:"生物学化"的是与非
    2.6 发生认识论的跨学科本质
3   皮亚杰理论的"新发展":最后十年研究的主要指向
    3.1 对结构-建构过程及其机制的深化研究
    3.2 意义逻辑:心理逻辑学的新视角
    3.3 范畴论:刻画建构过程的新数学工具
4   发生认识论的主要贡献与当代意义
    4.1 发生认识论与第二代认知科学
        4.1.1 发生认识论:具身运动的先行者
        4.1.2 发生与生成:知识的双向建构与认知的结构耦合
    4.2 发生认识论的"心理本体"观
    4.3 意识研究的"活动"取向:对动作格式的觉知与对知识的概念化
    4.4 活动的主体性与实践论及其他
    4.5 丰富的教育含义
5   发生认识论的发展前景:永远在路上
    5.1 寻找结构-建构与心理逻辑更好的形式化工具
    5.2 与"新皮亚杰学派"合作的可能性:内容与方法
    5.3 与时俱进:超越理论生物学,携手神经科学
    5.4 有待加强的研究方向与课题
6   凡是过去,皆为序章

1 皮亚杰:心理学家眼中"一位既熟悉又未深交的同行"

著名学者皮亚杰(Jean Piaget,1896.8.9－1980.9.16),相信我们给他冠以各种名号,称其为哲学家、生物学家、逻辑学家,甚至教育家,他均可承接;心理学家更视其为同道中人。但我以为,说他是"一位发生认识论者"或更具体言之是"一位以独特视角研究认知发展的杰出科学家"乃最为恰当。然而正是在这一点上,多数心理学家对他又是陌生的。

皮亚杰是位百科全书式的人物,他曾入选美国《时代》周刊20世纪伟人之列。该刊在1999年曾分四期每期介绍25位20世纪"具有深远世界影响的哲学家、思想家、科学家"。沾上心理学边的学者只有两位,一位是弗洛伊德,另一位就是皮亚杰。

皮亚杰诞生于瑞士南部依山傍水、临近瑞法边界的秀丽小城纳沙泰尔(Neuchâtel)。瑞士在近代人文社科领域,英才辈出。如,机能主义心理学家克拉帕雷德(E. Claparède)、精神分析心理学家荣格(C. G. Jung)、罗夏墨迹测验发明者罗夏(H. Rorschach)、现象学和存在主义心理病理学家宾斯旺格(L. Binswanger)等,他们在各自领域,尽领风骚。当然,就对世界文化和思想的影响和贡献而言,也许他们尚不能与皮亚杰比肩。

认为皮亚杰的思想和理论将会影响人类数百年者也大有人在,甚至他被尊为与马克思、爱因斯坦齐名的思想文化巨人,也许这并非溢美之词。同样享有国际声誉的著名心理学家、"哈佛认知研究中心"的创立者杰罗姆·布鲁纳(Jerome Bruner),尽管他在教育方面,特别是在学习能否加速的问题上,与皮亚杰的立场有别,但他也曾公允地评价皮亚杰与弗洛伊德为"20世纪两位顶级心理学家(two towering figures in psychology)",堪为心理学界的双峰。① 在儿童(发展)心理学领域,皮亚杰更是一名大师级人物,这已是学界之共识。皮亚杰博得如此盛名乃实至名归,是他所创立发生认识论这一独特学科成就其伟业并使其饮誉世界。

应澄清一点:皮亚杰创立的是"发生认识论"这门学科而不是它所指向的领域。发生认识论指向的领域乃是客观存在,无论你是否注意到它,它都在那里等待合适的人去发现和开拓它。皮亚杰就是那位在合适的时间出现的发现者和首批开拓队伍的领军人物。并且,发生认识论因皮亚杰而兴,走过了一段辉煌之路。他为我们留下了等身著作和一座有待后人继续挖掘的富矿。

发生认识论应避免与"认知发展心理学"和"哲学认识论"相混淆。发生认识论既不是哲学认识论,也不是一般意义的认知发展心理学。心理学家易于接受前者;而对于后者,则可能要略费些口舌了。不过,只要我们不去探讨"科学知识作为一个整体是什么"之类问题,而只是问"知识是如何增长的"就能避免形而上学的纠缠。当然,每一门学科自身所提出的认识论问题,都可以通过各门科学本身概念的彼此协调得到解决,但又是不能离开认识论的基本立场的。

皮亚杰的研究不是从研究领域中形成课题,而是直接从哲学认识论中提出疑问并以儿童为对象的心理学研究予以回答,于是发生认识论某种程度上演变成为一门认知发展心理学了——正如皮亚杰在美国心理学会(APA)授予其"杰出科学贡献奖"的答词中所自称的,心理学成为其认识论思考的所谓"副产品"。

因此,皮亚杰不是纯粹意义上的心理学家,而是肩负某种认识论使命的、从个体心

---

① *Time weekly*, 1999, March 29.

理发生角度展开认知发展研究的发生认识论者。同时应指出,在此过程中,发生认识论并未演变为哲学认识论,更未成为某种形而上学。皮亚杰没有这样的兴趣和意愿。确切地说,他只不过是一位受认识论问题启发而对之感兴趣的生物-心理学工作者。

令人稍觉遗憾的是,皮亚杰在心理学家群体中的地位,自然有像布鲁纳那样的著名学者的高度评价,认可他为心理学的"顶级"学者,以及在《美国心理学家》杂志2001年评选"百名杰出世纪心理学家"时将其名列第二位;数年一版的《儿童心理学手册》中皮亚杰依然是出场频频的明星人物。毋庸讳言,总体而论,皮亚杰及其理论并未获得心理学界的足够重视,皮亚杰仅成了某些所谓学术论著的点缀而已——中外如此。皮亚杰可谓是我们"一位既熟悉似又未深交的同行"。究其原因乃在于:人们——恕我直言包括心理学家在内,并未真正读懂皮亚杰,甚至说不清"发生认识论"的真正含义!

2　发生认识论如是说

因此,还原一个比较全面、真实而准确的皮亚杰及其发生认识论,是我们编译这套《皮亚杰文集》的初衷。我们试图向国内学界,特别是心理学界提供发生认识论之较为系统的文本。从皮亚杰"如是说"中,呈现它的全貌,了解皮亚杰的探索之旅,真正认识这位虽知其名但又陌生的心理学同道中人。

皮亚杰发生认识论大致可分为经典皮亚杰理论和最后十年的"新发展"阶段。皮亚杰经典理论的成熟标志是三卷本《发生认识论导论》(1950)和皮亚杰自己执笔为《卡迈克尔儿童心理学手册》(*Carmichael's Manual of Child Psychology*,1970)撰写的"皮亚杰的理论"为形成标志。这是皮亚杰事业中的所谓结构主义时期。在这时期,发生认识论的基础概念和基本框架甫已底定。最后十年则是所谓结构-建构时期,其重点置于建构过程的深入研究。本文集将以不同章节对这两个时期的皮亚杰理论分别予以评说。综合而言,依我浅见,发生认识论可以如下之"十最"概括之:

(1) 最重大的贡献:深化了认识论的研究,使之从哲学的思辨成为具体的实证科学。

(2) 最主要的研究内容:康德知性范畴的个体发生——甚至可以说,你对知性范畴理解有多深,对发生认识论的评价就有多高。

(3) 最核心的概念:活动及其协调。"活动"概念可以对唯心的先验论和机械唯物论左右开弓又左右逢源,保留它们各自合理的方面又弥补相应的不足。

(4) 最具创造性的概念:逻辑数学经验。它是皮亚杰从人们整天嚷嚷的"经验"中所分离出的他人熟视无睹的东西。

(5) 最具特色的研究方法:临床-谈话法和逻辑分析方法。它们区别于认知主义的实验方法及信息加工解释。"对刺激进行反应"与"对刺激进行建构"两者有原则区别。

（6）最值得进一步研究的概念：反省抽象。它是真实存在的，但同时又沾有一点神秘性。它与心灵哲学关于意识的思考、心理本体的元理论分析和内隐学习研究都具有某种内在的联系。

（7）最具方法论价值的两大范畴："结构"（用于对"认知格式"的刻画）与"相互作用"（用于对"联系主客体之活动"的描述）。

（8）最大的实践意义：它既然揭示的是知识建构的规律，那么所有的学科都应该尊重这个规律，科学地利用这个规律。

（9）最有前景的研究方向：在不放弃临床-谈话法和逻辑分析方法的前提下，把传统的发生认识论问题、概念、范畴具体化为可操作、可量化的课题或任务，形成新的实验范式。

（10）最重要的再学习皮亚杰理论的理由：康德意义的范畴之研究目标没有完全实现；主体知识建构的奥秘远未揭示。

以上十个方面我们在以下章节会分别有所涉及。

2.1 认识论的核心问题和发生认识论的两大构成要件：知识与发生

抛开皮亚杰的本人因素，从更宏观的视野来看，发生认识论的诞生乃是西方近代百年以降的哲学研究的总趋势所致，即本体论研究逐渐让位于认识论研究（康德的批判哲学系列为其肇始）。发生认识论产生的这一历史大背景不应忽视。

阐明皮亚杰发生认识论的贡献不能离开认识论本身。认识论的核心问题是：知识从何而来？不言而喻，发生认识论聚焦的正是这一问题。

知识之源传统上存在两种对立的观点，即所谓经验论（"照相机隐喻"）和唯理论（"电影放映机隐喻"）。

经验论是一种知识"予成于外"的认识论。它认为脑之功能就像照相机拍照，在我们的头脑之外，存在一个完全独立于我们感知过程的现实世界。儿童的头脑像照相机一样拍下了外界现实的图片，而这些图片又储存在记忆之中。成人与儿童之间的差别被解释为前者较后者内存的图片较多而已。个体之间的差异则用照相机的质量（如精确度）、软片感光速率等做类比性的解释。

唯理论的电影放映机隐喻，则是一种知识"予成于内"的认识论。它认为婴儿带着内存的胶卷库来到世界，而且这些胶卷不是一张白纸，已有内容在录了。这些内容是其先天禀赋的一部分。个体后天对外界的学习就等于通过放映机放映这些胶卷，并在银幕上显示出图像来。这个银幕就是世界本身。对放映机理论来说，人们从来就没有学习什么新的东西，因为在我们自带的胶卷外，别无他物。整个世界只不过是我们自己心理过程的产物。因此，所谓认知上的年龄差异被说成是成人比儿童放映出的胶卷多。至于个别差异则用放映机的质量、胶卷的性质和内容的不同等予以解释。

皮亚杰则抛弃以上两种对立的观点，在一定程度上继承了康德调和经验论与唯理论的立场但拒斥其先验论，为认识论解决知识来源的核心问题提出了新的路径。特别是，它解决了构成知识（认识）大厦的基础——逻辑-数学范畴——从何而来以及如何而来这一认识论的更核心的问题。（关于康德是如何调和及皮亚杰又是如何"重塑这种调和"的，下面再议）。

皮亚杰何时建立"发生认识论"似乎存在不同的标志：如可以追溯其何时首先使用"发生"（Genetic）一词；何时提出"心理发生与科学史平行论"；何时在接受康德先验范畴为"知识条件"的基础上，确认发生认识论探讨的是"知识条件的条件"等等。依我浅见，以"活动论"的提出作为发生认识论诞生的标志似乎是更为恰当。因为活动论明确昭示着一条不同于唯理论和经验论的知识来源之路。

回到发生认识论上来。顾名思义，"知识（认识）"与"发生"乃是发生认识论的两个关键构成要件。

先说"知识"。发生认识论所指的"知识"是指什么知识呢？这看似简单的问题却大有意蕴，涉及对发生认识论的准确理解。

明确发生认识论所研究的对象（目标），澄清其中"知识"所指为何，这是事关发生认识论存在合理性的大问题。对一门学科的对象若模糊，它何以立足于学科之林？皮亚杰本人又何以博得如此盛名忝居大师之列？

发生认识论中的"知识"所指也经历过一个变化和明确的过程。

在最早期（主要反映在以自己孩子为对象所展开的观察），它指的就是儿童对外部世界的认识且与主客体的分化过程相伴随。后来《发生认识论导论》（1950）中所指的"知识"则是指"科学知识（认识）"，康德意义的范畴也在其内。而在同化-顺化的双向建构学说完善形成后，则这种"知识"又可以做更宽泛的理解，也包括所有的关于世界的广义物理知识。

因此，发生认识论更关注的"知识"当为那种具普遍必然性的、更为基础的所谓"逻辑-数学知识"。这种知识在皮亚杰理论中有多种不同的表述，如某种康德意义上的知性范畴、主体的知性装备和同化工具、认知格式（结构）等。我以为，最合适的表述还是"逻辑-数学知识"——它们可以应用于不同的经验领域，形成具体的关于物理世界某一特定领域的经验知识，即物理知识、化学知识、生物学知识，乃至人文社科各领域的知识，甚至关于人自身的心理学知识等。

正是在这两类不同知识的来源上，发生认识论划清了与经验论、唯理论的界限。由此，基于相互作用的活动论闪亮登场。特别是，活动论所蕴涵的"动作协调"的思想成为破解"逻辑-数学知识"发生之谜的钥匙。可见，发生认识论的高明和深刻之处尽在这"发生"二字。

在发生认识论中，"发生"既指人类科学知识的发生，也指知识的个体发生。发生认识论是一门研究"科学知识"成长之一般机制的学科，皮亚杰尤其慧眼独具，看到了传统认识论的一个重大缺陷,这就是传统认识论只顾及到作为结果的高级水平即成人水平的认识,却忽视了知识从儿童到成人的发生与发展以及解决"科学知识"在个体身上何以可能的大问题。

于是我们看到,发生认识论通过两条路径进入"发生"大门:一条是从宏观入手,从所谓"科学知识"的总体中取样数学、物理学等,研究它们的历史发展(科学史),然后去与个体关于这些知识的建构(心理发生)相比较,寻找或相互印证它们的同构性;另一条则是从康德意义上的知性范畴入手的微观路径。两条路径,纵贯皮亚杰学派的全部研究,但显然又主要以第一条路径为主。这也是我认为应对皮亚杰那段"我把康德的范畴拿来重新检验一番,于是形成发生认识论"著名自白审慎听之的原因。因为我觉得它可能是皮亚杰在某种特定情境下稍显夸张的表述。

为什么皮亚杰把自己的理论说成是"发生"认识论而不是"发展"认识论呢?

因为"发生"是皮亚杰关注的目标,某种意义上,"发展"研究是从属于"发生"研究的。皮亚杰是从"发生"的角度研究"发展的",发生贯穿始终,因为发生就是建构。建构是知识(认识)各层次的本质,它不只是从无到有的机制,也是各层级知识(结构的逻辑方面及其应用的经验方面)增长的机制。

西方有学者为了使发生认识论避嫌于生物遗传论而主张以"发展认识论"取代"发生认识论"。这似乎有点矫枉过正了。或许英语的 Genetic 易使人产生"遗传"之误解,而在中文中,"发生"一词并不必然有"遗传"的含义。

"发生认识论"之"发生",通俗言之,就是从"不变"中生"变"。皮亚杰一辈子都在关注着这种"不变中之变",或曰"变中之不变"。各种守恒研究以及著名的平衡化理论,都是派生于这种"变"与"不变"的辩证过程。

2.2 认识的个体发生与科学史:平行论与重演律

进一步分析"发生"势必又要引入发生认识论另外两个独特的视角。

发生认识论有一基本立场,即它认为认识主体在认知过程中建立的标准与科学史中科学思想建立的标准是类似的。这蕴涵着某种个体知识之心理发生史与科学史相平行的思想,于是开创了心理学与物理学等自然科学的跨学科研究路径,形成了发生认识论的独特视角。

为什么科学知识的形成问题可以通过儿童的认知研究来解决?这就不能不提及生物学中的"重演律"对皮亚杰的某种影响。

重演律的名声其实并不好。但如果完全拒绝"重演律",那么,发生认识论通过个体实现对人类群体知识成长机制的理解之途径也可能失去存在的基石;甚至,心理学对发生认识论研究的"工具"意义也要大打折扣。

最早的"重演律"或许可追溯到达尔文在《物种起源》中表述的观点,所谓"胚胎学的发展正好装备了进化论"。之后,海克尔(E. Haeckel)为捍卫进化论,明确提出了生物重演律,即所谓"个体发生就是种系发生的短暂而迅速的重演""胚胎发育是种系发育的简约化重演"之说。生物发生重演律目前日益受到怀疑,因为它不能完美解释进化和胚胎发育中的诸多问题。

海克尔对生物重演律与个体心理发生的联系多少有所涉及,但只是一般地指出个体心理发展受到遗传因素的影响、个体心理在表现上具有返祖现象等,并未系统而明确地指出个体心理的发生重演人类心理发生,因此算不上是心理发展的重演论。

在皮亚杰之前,还有一位提出心理发生重演论的著名人物霍尔(G. S. Hall)。霍尔是从"文化"而不是从"科学知识"的角度来谈重演的。他认为,儿童的个体发展重复了种族的生活史。例如,当儿童扮演牧童和印第安人角色时,他是重复着前文化期人的水平,进而提出心理发展的所谓"文化重演论"。"文化重演论"其实是经不住追问的:是否东、西方国家和民族都有类似的重演?如,中国古代就没有古希腊时代的物理学、逻辑学和形而上学。数学虽然有,但并没有一套表示数值的抽象符号。因此,重演关系似乎并没有普遍性,抑或不同民族有不同的重演关系?

皮亚杰显然走的是立足于"知识"的另一条重演之路。我们之所以说发生认识论难以完全拒绝重演律,乃是因为发生认识论原本要解决的问题是知识(认识)起源的问题,但由于有关原始人类思维和人类认识之资料缺失,于是不得不转向容易获得的对象——儿童身上。这就要求"儿童"在一定程度上能够代替史前人类,因而皮亚杰自然提出认识重演律的"基本假设",即儿童心理(认识、思维)的形成与人类认识与科学知识的发展具有某种"重演"关系,可通过前者"窥视"后者。他主张科学上的基本概念可以在儿童的思维中找到其萌芽状态,甚至认为各种学科的知识都可以如法炮制。

具体而言,皮亚杰重演论有三方面内容:一是个体思维(心理)的发展重演了人类认识(原始思维)的发展,如儿童最先掌握"一一对应"关系正如原始人类的以物换物也是一一对应的;二是指现代理论知识的推导的次序(公理化体系)重演了儿童个体心理发展的历程,它们都遵循的是从抽象到具体的演绎程序。如,布尔巴基数学基本结构(代数结构、序结构、拓扑结构这三种母结构)的公理化推导顺序与儿童个体思维(智慧)发生的顺序是一致的。儿童最早的结构(能做而非能想的动作水平)也是三种,一是与代数结构呼应的是处理"类及其组合"(归并和排除)的基本动作格式(结构);二是与序结构呼应的是顺序排列动作格式(结构)以及与拓扑结构呼应的是处理以闭合、包、边界等为内容的基础动作格式(结构);三是认为儿童个体认识的发展重演了科学历史发展的过程,但这种重演是逆方向的。因为科学认识发展遵循的是从具体到抽象的归纳式发展路径,即儿童心理上发生较早的概念在科学史上产生较迟,而心理发生较晚的概念在科学发展上产生较早——几何学史就是很好的例子:从科学史来看,科学几何学先从欧几里得的度量几何学开始,继而产生射影几何学,最后发展到拓扑学。但从理论上看,拓扑学乃是射影空间和普通度量学发展而成。而儿童个体几何(学)概念的发展则与理论推导顺序相反——这使人想起我国学者陈霖院士的有关"拓扑优先"的实验,其根源或许应从最早的感知活动中去寻找。

还有一例同样说明这种逆反性,即物理学中的速度和时间概念哪一个更基本的问题。众所周知,在经典物理学中,"时间"更基本,"速度"由时间和距离定义;而在相对论中,速度概念则是独立于时间的。但这一科学概念在儿童个体上的发生顺序是:前运算阶段(约6岁前)就已有了不以时间与距离之比为基础的"速度直觉"。这是一件了不起的重要发现,难怪受到爱因斯坦的极大推崇。

皮亚杰的重要贡献在于:其一,把科学知识分为"一般的人类科学认识"和"科学知识的公理化体系"。前者是归纳过程:从具体到抽象(如欧氏几何→射影几何→拓扑几何);后者是演绎过程,从抽象到具体(拓扑→射影→欧氏),它恰与儿童认知有对应的重演关系。从科学史的借鉴之识反映了皮亚杰的过人之处。其二,与前者的反向重演关系,有可能刺激其他知识领域的研究向儿童心理的发展规律的研究寻求启示,其结果也将丰富和深化各学科的认识论研究,如文化、宗教等学科。这方面皮亚杰几乎未曾涉猎而有待开发,前提是对人类的原始思维在文化人类学和考古学中获得更多的发现才能更好地适当运用重演论。

皮亚杰发生认识论思想在其与加西亚(著名科学哲学家卡尔纳普和赖辛巴哈的学生)合作撰写的《心理发生和科学史》(1983)中,对两者的平行论有极好的概括和描述,它同时也是一项充分体现跨学科特色的研究。此书构思于60年代,1980年完成。在此书中,皮亚杰主要分析儿童的心理发生和思维发展的阶段与顺序,加西亚则分析西方物理学、几何学和数学从古希腊到18世纪的发展过程,两方面的分析可谓珠联璧合。

因此,我们应该认真地把皮亚杰视为一位在科学认识论指导下具有特色的儿童心理学家,而不应把他当成什么科学史家。因为他的科学史的回溯并不研究科学本身的历史演变的规律而仅仅是为其科学知识的个体建构服务的。科学史印证了个体科学知识的成长史(获得史):平行或逆平行。因此,对发生认识论来说,心理发生的研究远比科学史研究重要。科学史的回溯对皮亚杰来说,起到了某种像路牌一样的途径指引作用。这种作用类似于康德先验范畴对皮亚杰的引导一样。把"康德先验知性范畴"换成"科学知识的发展史"同样也是合适的,因为这种引导并未使皮亚杰成为研究范畴本身的哲学家,也未使皮亚杰成为研究科学知识本身建构的科学史家。这一点很少有人指出。我以为,这在指明发生认识论的研究对象时不应该被忽略。而且,笼统地说发生认识论是研究"个体心理运算的成长与科学知识的个体发展",也是不甚妥当的。

如果说,人类早期科学水平或许可以找到相应的儿童(个体)阶段的对应物(对应的认知状态),但历史(人类的发展史)是发展变化的,也是不断积淀和延伸着的。今天的现实不断演变成明日的历史,那么,要在儿童身上,在其短短的(某种意义上也是固定的)成长史中,能否寻找到对应的清晰阶段呢?于是平行和复演将变得越发困难——如果不是不可能的话。

因此，也许我们应该退而言之：皮亚杰只是最初受到生物学训练的启发，于是从方法论的角度来应用重演律——尽管皮亚杰始终未曾言明严格平行关系的存在，但可以认为它是皮亚杰理论的重要部分，《心理发生和科学史》（1983）就是其关于这种平行关系存在的集大成之作。因此，合适的结论也许应该是：发生认识论虽然难以完全拒绝重演论，但应该淡化其传统内涵而致力于发掘新的重演事实。

2.3 发生认识论的康德烙印

对皮亚杰创立发生认识论产生过影响的前辈学者自然有多人，专著专文论及者众多。但我认为，其中最为重要的可以概括为"两人一派"，即康德、柏格森（Henri Bergson）和布尔巴基学派（School of Burbaki）。

柏格森的影响是深刻而明显的，下文还会涉及；如前所述，布尔巴基学派基于三个母结构建成了"全部数学"大厦，皮亚杰则建构了智慧运算理论。类、关系、一一对应，这三种关系是布尔巴基学派（结构主义数学大厦）和皮亚杰运算结构理论的共同基础。

本节主要谈康德。康德是发生认识论难以回避的一位先辈。康德"三批判"之一的《纯粹理性批判》对皮亚杰影响极大。心理学家至今对发生认识论的理解尚不得要领，可能原因之一在于未能深刻理解康德对皮亚杰研究的影响所在。有人戏称，"皮亚杰研究的儿童"就是"年幼的康德"，这句话把发生认识论的康德烙印揭示无遗。前面说到，皮亚杰自己也曾坦言，"我把康德的范畴拿来重新检查一遍，于是形成了一门学科：发生认识论"（转引自1972年版美国百科全书"皮亚杰"条目）。

尽管皮亚杰研究了诸如"力""速度"等物理学概念的个体成长史，其成果反映在《儿童"现实"的建构》（1926）、《儿童与现实》（1972）、《心理发生和科学史》（1983）以及本文集第八、九卷的诸多著作中，甚至在记录自己子女成长的著作中也不乏儿童关于早期世界的知识。所有这些著作，其中均直接或间接地指向康德意义的知性范畴，康德的影子隐约可见。不过，当提及发生认识论与康德，特别与其先验知性范畴之联系时，常有心理学家（国内尤甚）对之反应过敏。"过敏症状"有二：一是每见"康德"出现，就以为皮亚杰在研究哲学，于是不分青红皂白把发生认识论逐出心理学的范围；二是从康德立即想到"先验论"。其实，这又是一个巨大的盲区，因为正是在"先验"这一点上，皮亚杰与康德分道扬镳的。前述发生认识论的"发生"这篇大文章所针对的其实就是"先验"二字。我们在此稍作议论。

康德对皮亚杰的影响主要体现在两个方面：

其一，知性范畴研究为皮亚杰理论的重要构成。这里应区分发生认识论这门学科的知性范畴研究与皮亚杰由此所派生的其他研究之间的区别。皮亚杰的终身研究或许可以用几个直径不同的相套同心圆来界定，但其最内层的核心圆是知性范畴研究。

因此，一定意义上，知性范畴只是皮亚杰思考和解决认识论一般问题的最初入口，如在三个孩子的成长日记中虽没有与知性范畴建立起严格的对应,但儿童最初关于世界的认识显然隐含着知性范畴的萌芽(特别是"必然性"范畴)乃至逐步的发展过程。但以后多年皮亚杰研究的主体部分,显然并非是把知性范畴研究作为明确的目标,因为此时知性范畴研究之瓶已装不下如此多样化的研究硕果了。顺便指出:用另一瓶子来装皮亚杰的全部研究也是不合适的,即我们不能把皮亚杰的理论只简单化地塞在所谓"认知发展"的四个阶段中——这就显得如同强迫一名壮汉穿上窄小的童装那么可笑了!康德知性范畴的"原始性"要比人们所设想的早得多。

如果说皮亚杰"检验了康德范畴"而形成发生认识论,那我们不妨对这一"检验"再做一番检验以考察皮亚杰是在什么意义上使用"检验"一词的。有两种可能,一种是皮亚杰的所谓检验是把范畴作为工作计划,一个接一个地进行研究;另一种则只是把它们当作大致的蓝图或只是一个研究的出发点——至于在出发之后是沿着该范畴深入下去,还是由此继续寻找更感兴趣的问题进行研究那又当别论。看来皮亚杰似是后者,因为康德的知性范畴表并未被严格执行。导致这种局面之原因又可能有二:一是可能是难以厘清或隔离出单一的"纯粹"知性范畴并为之设计出相应的"纯粹"的实验情景:一些范畴在很早的认知活动开始之初,就是混合而共同发挥作用的,它们的分离或被分别论述,乃是哲学认识论的思考和分析之产物;二是皮亚杰所自称的"检验"之说本来就不是"逐一检验",是我们误解并苛求皮亚杰要为每一知性范畴本身定制某种对应的实验范式了。

对发生认识论的康德烙印应从积极方面而非消极方面来理解。

康德先验范畴的提出既脱胎于亚里士多德,更是其批判纯粹理性的自然结果,因为理性并不纯粹。这些范畴才是构成人的知识大厦的最底层基石。康德先验的知性纯粹范畴的确与所有的感性直观根本不同,不可能在经验中遇到它们。没有一个人会说,范畴,例如因果性,能通过感性被直观到。

康德强调了"知性范畴对感性材料的规范、组织作用",即所谓"知性范畴为自然立法"。人的具有普遍必然性的知识是由什么提供保障的呢?——知性范畴!当然康德在其体系中还有一些基础范畴并未提及,如"同"与"异","一致"与"反对","内"与"外","质料"与"形式"等(而皮亚杰的研究则在不同程度上有所涉及)。

经典作家对知性范畴的"非感知来源"之性质多有论述。如莱布尼茨(G. W. Leibnitz)说过:"感觉对于我们的一切现实认识虽然是必要的,但是不足以向我们提供全部认识。因为感觉永远只能给我们提供一些例子,亦即特殊的或个别的真理。然而印证一个一般真理的全部例子,尽管数目很多,也不足以建立这个真理的普遍必然性。"[①]黑格尔也指出:"我们认为两件事之间有因果关系,也是这样。感觉只告诉我们

---

① 北京大学哲学系外国哲学史教研室编译:《16—18世纪西欧各国哲学》,三联书店,1958年,第310页。

两件事依时间次序而相连续,但其中一为因,一为果,即两件事的因果联系,却不是感觉所感知,而只是思想所发现的。"①

重温恩格斯的以下名言,可能有助于我们加深对范畴抽象性和重要性的理解。他指出:"单凭观察所得的经验,是绝不能充分证明必然性的……不能从太阳总是在早晨升起来推断它明天会再升起。"②因为事实上对一个成年人来说,他认为太阳明天升起并不是纯粹的"观察"所得,其中有思维和推理的参与。这种思维和推理可以是他自己的,也可能是他人作为知识传授给他的,他并且接受了。或许,他尚没有获得"太阳升起这个具体知识领域"的必然性,但当他"推断它(太阳)明天会再升起"之时,说明"必然性"这个范畴他已经在别的领域获得了,只是把它应用于当下而已。你只能看见"太阳升起",但你看不见"必然性"范畴。其他范畴亦如此,看见的都只是具象的事物。

通过对感觉经验的归纳能否推出"必然性"的问题,或者,必然性的范畴能否通过归纳获得?众所周知,答案是否定的。因为会遇到休谟的归纳问题即所谓"归纳悖论":归纳自身的过程已经用到了必然性,即后一必然性(要推出的必然性)要以前一必然性为前提。可是前一必然性又从何而来的呢?这就陷入了循环论证,因此归纳的有效性问题是不可能得到非循环式的最终辩护的。感知经验的归纳不是知性范畴的出路,一言以蔽之,理性何以达成认识(综合判断),乃是其中含有先验之知性范畴。康德对理性之纯粹性的"批判",乃是对"理性"加以辨析和审视,归根结底是想为人类知识大厦如何建构寻找到完满的基石或蓝图。但由于仅落实在"先验"之上,可谓找对了病症,却开错了药方,因为正如皮亚杰所言"先验的天国不是出路"。正是在"发生"问题上,皮亚杰与先验论分道扬镳的。康德在回答"知识何以可能"时,虽明确指出了知性范畴的作用因而立下汗马功劳,却回避了显而易见的"发生"问题,或者我们可稍微责备一下康德竟然未能正视"范畴"的来源使"思维无内容则空,直观无概念则盲"这一堪称真知灼见的至理名言失却了"发生"的根基。因此,倘若有人把所谓唯心主义先验论的帽子戴在皮亚杰的头上是多么的不合适!

其二,也是更重要的,皮亚杰正是接受了康德的"知性范畴为自然立法""直观无概念则盲"的思想,把范畴理解为知识结构的理论基础,使之成为"认知格式"的直接来源。

皮亚杰继承了康德遗产中对认识中的主体性的强调。所谓"立法"之说是与皮亚杰整个认知格式的同化-顺化功能完全一脉相承的,且皮亚杰把主体性之旗举得更高。何为认知格式?实际上它们就是同化经验之物(康德所谓"感性杂多")的主体装备。两者的区别不过只是哲学与具体科学的不同表述而已。可以毫不夸张地说,没有这一思想的继承并且是创造性地继承,则根本就没有发生认识论大厦的建立。

对知性范畴来源解释还有一种所谓文化"积淀说"。我以为,正是皮亚杰以主体对

---

① 转引自李泽厚:《批判哲学的批判》,人民出版社,1979年,第155页。
② 《马克思恩格斯全集》,第20卷,人民出版社,1974年,第572页。

动作关系的协调所进行的反省抽象等一系列过程,才为这种积淀寻找到了落脚之处。否则,"积淀说"就只是一句空话——尽管是闪烁智者洞见的空话。

还应指出,康德的先验图式与皮亚杰的认知格式作用相似但又有大不同。相同者,它们都是主体的已有或已形成的认知装备,是用来实现和保证当前认知活动得以进行的必备工具(手段)和条件;不同者,先验图式"没有"动作之灵魂赋予,因而是僵化的、静止的,其根本原因在于先验的立场难以避免地使图式"来源"这一大问题、大缺陷被忽视了。

对康德"立法"之说的解读,人们可以从"高扬人的主体性在认知活动中的作用"这一角度展开,甚至可以泛化至强调人的主体性的所有说法之中。认识不是发生在白板之中。一般的"反经验"之谈都可以从康德这一思想引出,但皮亚杰的发生认识论无疑是由此而结出的最大硕果。

但"立法"之说乃是一种调和论,因为康德认为"知性范畴"是"先于经验而存在的",是"从先验自我中被经验地引出的"。这种"先验+经验"的来源之说充分体现了它的调和性。

总之,皮亚杰正是在"知性范畴是否为先验的"这一点上与康德相揖别的。皮亚杰只是一名"受先验论启示的非先验者"。皮亚杰认可所谓纯粹理性不纯粹(因有知性范畴),并把康德对纯粹理性的批判落到实处,且为这些知性范畴寻找到了真正的源泉:抛弃先验论的解决路线而创造性地从主客体相互作用的"活动"中找到了一切认知(自然也包括所谓"先验的范畴")最初的源头,即这些使理性不纯粹的知性范畴之产生乃奠基于主、客体相互作用的活动之中——下面我们将详加讨论。

皮亚杰对于范畴发生问题的解决说到底可以归结为主体的一组动作或运算。这时候,范畴就不再是"虚"的了,它们迈出了从哲学认识论向实证科学跨越的关键一步——尽管发生认识论的核心架构处处有康德之影。

2.4 经典发生认识论勾略:特色"三论"

一般情况下,"皮亚杰的理论"与"发生认识论"可不加区别使用。但严格而论两者并不等同,因为皮亚杰一生在溢出发生认识论之外的领域,也常有议论或见诸文字。

本节以介绍经典皮亚杰理论为主。皮亚杰最后十年所谓"皮亚杰理论新发展"相较于经典皮亚杰理论聚焦之点有所不同,但两者的基础与框架无有根本的改变。后者我们将专辟章节予以介绍。

经典皮亚杰理论是皮亚杰事业中的结构主义时期。该时期以鲜明的反对先验论和经验实在论的立场及提出主客体相互作用思想为特色,解决认识发展的基本观点已经系统成形。在形式化工作方面,皮亚杰以函数、群、格等代数模型以及以基于外延逻辑的心理逻辑作为刻画发展阶段的工具,其成果反映在《运算逻辑试论》(1949)、《从儿童到青少年的逻辑思维的发展》(1958)、《儿童早期逻辑的发展:分类和系列化》(1964)等著作之中。此时,动作-运算递进发展的四个阶段论也广为人知;平衡化、适应和同化与顺化等认知功能范畴也相继提出并在如何解释认知发展过程中发挥着重要作用。

下面,我们大致以皮亚杰生前同事并合作多年的日内瓦大学教授、"皮亚杰文献档案馆"(Archives Jean Piaget)前馆长弗内歇(Jacques Vonèche)所概括的特色三论:动作-活动论、结构-建构论、逻辑决定论为线索,较系统地评介经典皮亚杰理论。

2.4.1 相互作用活动论:两类动作、两类经验和两种抽象

活动(动作)论解决了主、客体分离的局面和面对认识发生问题的解释困境,以彼此的相互作用携手共同解决"发生"难题。皮亚杰批评经验论与唯理论具有共同盲点:似乎心理生活中除了感觉和理智之外,别无他物——它们竟忘却了动作!皮亚杰认为,知识的出发点既不是主体,也不是客体,而是联系主客体的活动(动作)本身特有的相互作用。

弗内歇在为中文版"皮亚杰发生认识论精华译丛"①所写的"序"中引用亚里士多德的名言"谁能掌握隐喻,谁就是天才"时指出:皮亚杰的根本隐喻就是"活动"。不解"活动"之妙,发生认识论免谈。对皮亚杰发生认识论来说,活动概念似乎超出隐喻的范畴,更确切地说:它是皮亚杰理论之根!"大道至简,衍化至繁",发生认识论的所有其他概念,都是从活动(动作)这一"至简"之根成长或结出的枝蔓和果实。换言之,"活动-动作"论为我们找准了营盖"发生认识论大厦"的正确地基,但如何盖还需要更具体、更详细的蓝图即一系列配套的概念体系。

令人称道的是,活动(动作)作为联系主、客体的中介和桥梁,人们对之熟视无睹但经皮亚杰的指点,特别是其相继提出的一系列的两元概念后,从而巧妙地厘清了它与经验论与唯理论的界限,又保留了后者各自对认识发生发展的贡献。我把它简括为"动作一元论"与"动作二分说"。

所谓动作一元论,其意是指:主体的一切知识都发源于动作,而所谓"一切知识",自然包括内源性的逻辑-数学知识(从知性范畴到复杂的逻辑推理规则)和外源性的广义物理知识。

动作一元论超越了唯理论和经验论,比康德的"综合"更为高明。它既克服了两者的不足,又保留了双方的作用,而且更重要的是还解决了发展的动力机制,即揭示了发展的直接源泉来自动作,来自主、客体相互作用的适应性活动,将神秘的目的论改造为实证的目的学。

动作的二分说更充分体现了皮亚杰的创造性贡献:皮亚杰提出了两类动作以及基于两类动作的两类经验、两类抽象、两类知识等一系列的两元概念体系。

首先,皮亚杰把动作分为两种,即个别动作和系列动作。继而又将动作从活动中获

---

① 李其维策划"皮亚杰发生认识论精华译丛",华东师范大学出版社,2005年。

得的经验分为两种,即物理经验和逻辑-数学经验。物理经验是关于客体本身的经验,它是经由个别动作,通过经验抽象而获得,形成有关客体的知识。这种知识又被称为外源性知识。所谓"外源性"指的是其内容乃是有关客体本身之性质的。在皮亚杰的前期著作中经验抽象往往被称为简单抽象。其实这种抽象并不简单(后文还会提及它在"伪经验抽象"形成中的作用,而递次的伪经验抽象又是广义物理知识不断深化的必要环节),所以皮亚杰后来明确放弃了"简单抽象"而代之以"经验抽象"的指称。

物理经验与逻辑-数学经验的划分,与莱布尼茨的事实真理与逻辑真理、休谟的事实情况与观念关系、现代分析学派的经验知识与形式知识有一定关系。认识到"活动"对认知(知识)获得有作用者,并非只有皮亚杰。列昂节夫的活动论与布里奇曼的操作主义都是重视动作作用的著名理论。皮亚杰、杜威和布里奇曼都认为思维本质上是一种动作,思维动作既可以是物质性的,运用物理工具在实物上进行;也可以是精神性的,运用符号工具在头脑中进行。但列昂节夫的活动论与布里奇曼的操作主义都未解活动之妙,因为皮亚杰从"活动"中之所见均非他人所能及的。

皮亚杰的真知灼见表现在认识到活动中的系列动作之间的关系。动作之间有"关系"的存在,就有动作的协调(coordination),有协调就会产生一种新的、不同于物理经验的逻辑-数学经验。系列动作之间的关系、关系的协调、逻辑-数学经验都使动作具有形式方面的属性,因而它们可以进一步概括和抽象,形成某种一般性的东西,即动作的格式(schème,schèmes);如果格式再经过更进一步地概括和抽象,就又可以形成更高水平的格式,认知的主体框架由此搭建而成。

因此,皮亚杰理论中哪一概念最重要?是动作!动作是一切知识的源泉。用"动作"这把总钥匙,可以打开以下所有概念之锁:矛盾、对应、转换、格式、平衡化、概括化、意识、反省、抽象、逻辑-数学经验、运算,可能性、必然性、自我中心思维的离中化;甚至同化-顺化的双向建构……它们全都依赖于动作!

总之,"动作"既是儿童智慧发育的胚胎,也是发生认识论整个理论体系构造的起点和灵魂所在。

有必要对逻辑-数学经验和反省抽象这两个皮亚杰相互作用活动论中至关重要的概念做进一步的阐明。

逻辑-数学经验不是反映客体本身的性质,而是反映主体动作间的某种关系的经验。它是经由动作系统,通过反省抽象所获得的。它最初的形式是动作的协调,但随后可以相对脱离动作,在运算水平上进行。

逻辑-数学经验是皮亚杰从"动作"这座宝藏中发现的珍宝!这一天才发现怎么评价都不会过高!

"反省抽象"这个概念是皮亚杰的创造。当然,这种创造只是对其所指现象"命名"的创造而非对反省抽象现象本身的创造。反省抽象在发生认识论中具有特殊重要性。反省抽象概念的提出,皮亚杰是要解决认知格式如何从"物理层面"向"心理层面"过渡的大问题。反省抽象中的"反省"指抽象的过程和机制,它可以一定程度上解决格式的生成机制问题。反省绕过了或曰超越了"感觉",因为后者永远无法解决这一问题。反省不是对静止的感觉画面而是对动作的协调关系进行反省。动作的连续性比感觉的画面更具生成性。

反省抽象一方面具有与物理学或几何学中的"反射"概念相类似的含义,即反省抽象意味着从较低活动水平转移到较高水平(如从行动到表象再到运算);另一方面,它又具有"心理重组"意义上的反思含义——这就使反省抽象具有不断建构的特征:不同水平的格式只有通过抽象出系列动作的形式并继之对这些形式做多次的抽象才能达到。

这种建构是内源性的,因为建构的对象是主体的动作或运算,而不是客体的性质。构造性和内源性是反省抽象的两大特点。

物理抽象与反省抽象的区别在"抽象什么",即"抽象对象"的不同:一个是物的性质或物的关系,一个则是主体动作之间的关系。前者产生关于物的知识,后者则本质上是无经验内容的,是主体动作之间的关系,这种关系可以应用于或容纳不同的经验内容。

在一定阶段,反省抽象需要具体化于外部客体之中。这种具体化所抽象的客体性质乃是由主体动作引入并赋予客体的暂时性质。皮亚杰把这种具体化在外部客体中的反省抽象称为"伪经验抽象"或"拟经验抽象"(pseudo-empirical abstraction)。反省抽象在其发展的高级阶段能够完全脱离与物质客体的关系而自由发展,即无须依赖经验抽象而发展。总之,经验抽象与反身抽象的关系是不对称的。

强调反省抽象概念之重要性是强调动作之间关系的协调作用的必然。没有反省抽象,知识建构之说无从谈起。皮亚杰对反省抽象的兴趣的起点可追溯到皮亚杰生涯发展的很早时期。皮亚杰对动作层面和表征层面(或概念层面)的区分在其20世纪20年代后的文章中变得常见,这意味着某种反省抽象的思想已萌芽其中。但直到1950年,"反省抽象"一词才首次在《发生认识论导论》中被明确地提及,成为发生认识论最基本的要素之一;后又在自撰的《皮亚杰的理论》予以较系统的阐述;更深入而系统的研究则在皮亚杰之生涯后期,其成果结晶于《反省抽象研究》(1977)一书,其要点我们稍后再予以介绍。

由逻辑-数学经验而进一步形成的知识不是有关客体本身的知识,而是超越客体的逻辑-数学知识,它成为主体自身的认知工具。"超越"意指逻辑-数学知识在形成后,具有相对的独立性,即它是某种能够运用于任何对象(客体)的形式。

皮亚杰经常以他一位数学家朋友小时候的经历为例说明逻辑-数学经验和逻辑-数学知识的性质。

他(数学家朋友)有一次在沙滩上玩耍,他把十个卵石排成一行。他发觉无论从哪端开始数都是十个;然后他又把它们排成另外的形状,数出来的数目仍然不变。他感到十分惊奇,并由此而产生对数学的兴趣。

皮亚杰认为,这件事也许对成年人极为平常,但对儿童来说却是一件了不起的发现。他证实了"加法交换性"的存在：石子的总数不依赖于计数的次序。这一认识不是由石子本身提供的,因为交换性与总数不变不在石子之中。它不同于关于石子的光滑、硬度等一类性质的知识,也不同于重量与体积关系那类知识。它不是石子本身所固有而是由儿童的思维-动作协调所赋予的。

两类协调中的内部协调即逻辑-数学经验的协调或推理协调尤为重要,它以反省抽象为基础。内部协调的内容与形式都来自反省抽象,它是对动作进行重组与重构。动作重组与重构本质上是对动作之间各种关系的重组和重构,动作之间的各种不同的格式由此而来。

而外部协调即因果协调,其形式来自反省抽象,但内容则来自经验抽象对客体信息的获取。外部协调从运动学或动力学的角度把客体在时空上纽织起来,其方式同使活动具有格式的方式相似;同时,这第二类的协调合在一起就形成那些因果性结构的一个起点,其往后的发展也是与第一类型格式的发展同样重要的。第二类协调是客体之间的外部协调。客体之间外部协调方向也就是形成广义的因果关系的方向,这种关系包含了空间结构和运动结构的形式在内。

内部协调(即推理协调)与外部协调(即因果协调)的发展是密切相关而又彼此补充的。就把形式归因于内容这个角度来说,逻辑数学运算的发展影响着因果关系的发展;就内容服从于形式难易的角度来说,因果关系的发展又影响着逻辑数学运算的发展。

内部协调形成主体认知格式,而外部协调形成关于客体的物理知识以至新客体的出现(技术发明)。

说"协调中有逻辑",或甚至说"协调就是逻辑(或逻辑之源)",这并不是说,某种协调与某一明确的逻辑-数学范畴(知识)相对应。准确地说,它(们)只是属于逻辑-数学经验,它(们)又为以后的进一步反省而形成逻辑-数学范畴(知识)提供材料。

两类经验之两类抽象进而产生两类知识是通过两类协调而实现的。所谓协调,实际上是在建构过程中"主体形成"与"客体形成"的系统化、整体化过程。内部协调与外部协调的配合就是我们下面将进一步分析的认识之双向建构过程。

或许有人问,动作也是一个个的啊,为何它不同于一个个感觉画面呢？这是因为动作构成动作系列,动作是系列的一个个连续的组件,是服从于一定指向的元素的集合。这个蕴涵的目的性也许是它们不同于感觉映象的本质所在。目的性是动作之间的黏合剂。主体行为是有目的的活动,其目的在于利用或者变革环境,以及保持或增进有机体影响环境的能力。主体必须作用于客体而使它发生变化,否则主体决不能理解客体的性质;但它并不改变个别客体原有的特性和关系,而是使各个客体结合在一个新的关系中从而具有原来没有特性。认识就是转变实在,从而理解某一状态是如何产生的。

既然皮亚杰如此重视"动作",视其为一切智慧的源泉(动作的协调实有从"知"向"慧"的超越的意蕴存焉),那么,对显而易见的智慧的另一侧面,即图像方面(心理学所指的感知映象、记忆意象、心理表象等)的作用不可能视而不见,必须对之做出合理的评价,确认其在认知活动中的作用。基于图像方面的形象思维指再现而不求转变现实的主体活动,它是对客体瞬间状态的模仿,既包括客观的模仿性动作,也包括主观的知觉与表象等。皮亚杰关于动作协调产生逻辑-数学经验是否包括知觉经验呢?换言之,吉布森的知觉与动作的互动(也是一种协调)与皮亚杰的动作协调思想是否能够统一呢?笔者认为,统一的前提似乎需要把前者纳入后者之中。

皮亚杰认为,形象思维和(逻辑)运算思维分别涉及事物的静止状态与动态过程。形象思维总是从属于运算思维的。任何状态只能理解为某一转变的结果或另一转变的出发点。换言之,思维的基本方面是运算思维而不是形象思维。不过,这种"从属性"在皮亚杰晚年又受到重新审视——当然不至于倒退为经验论。

此外,我们不妨再大胆地设想:动作之间的协调在神经加工层面一定有不同于感觉画面之间联系的模式存在。总之,感觉之间与动作之间关系一定是异质的,经验抽象与反身抽象的关系也是不对称的。只有以主、客体相互作用的活动为视角来阐述发生认识论,方为最切中肯綮!

2.4.2 结构-建构论:知识的双向建构

基于主、客体相互作用的双向建构论最能概括发生认识论的全部思想精华。一切知识都是主、客体相互作用中主体建构的产物,这种建构包括物质动作内化与精神动作外化两个方向:皮亚杰把动作分化的内向发展称为内化建构,把外向发展称为外化建构,两者合称双向建构。

结构-建构论的第一块基石是动作,然后是系列动作的协调,协调产生逻辑-数学经验,继而通过反省抽象形成动作的格式,格式的形成是主体认知装备形成的标志。以上从动作到格式的演变,均在结构-建构的统率下进行。

格式与动作有关,是动作经重复、协调、概括而形成的。它本身是静态性,但其在服膺于功能作用时却是动态的,且是在应用中进一步得到更精确的固化和发展的。顺便说到,格式与图式是有区别的。图式与动作无关,只是对外物的静态摄像、提炼,因而并不完全等同于物,也有一定的概括性,它被大量用于表象等象征活动中。皮亚杰的"格式"概念可能源自早年的"格式塔"思想,但关于格式本身的发展则可以说对格式塔真正做到"留下了婴儿而泼去了脏水"。

皮亚杰的工作更进一步:他对格式加以抽象、概括,并以结构的思想予以刻画,同时又从数学中、特别是抽象代数中,找到函数、群、格等形式化工具对这些结构加以形式化。

格式的功能作用是通过它与外物的同化与顺化这两个功能实现的。同化与顺化的平衡就是适应。适应功能支配同化与顺化功能,平衡随处可见,随时存在,因为功能何曾一日停止?除非生命结束。

所有的认识论理论都会以这种或那种方式去解释主体和客体之间的相互作用,但只有皮亚杰的解释包含着一种真正辩证的相互作用过程。双向建构描述的就是这一过程。

这一过程可粗略描述如下：

主体面对一个确定的情景，在其与客体的相互作用中，运用组织化了的格式（这些格式是在以前经历的情景中已建构成的）去解读情景（经验材料）。通过这些格式，经验材料成为可观察物，即它们被解释了（这意味着它们多少被组织起来了）。反过来，主体借助同化手段即组织化的格式逻辑，就能解释其他的情景。

早在《儿童智慧的起源》(1936)一书中，皮亚杰就已经提出了格式的内化与外化双向建构的概念；在《儿童"现实"的建构》(1937)中，双重建构的概念则更为明确、系统了。在《发生认识论导论》(1950)和以后的著作，如《发生认识论原理》(1970)、《意识的把握：幼儿的动作和概念》(1974)、《成功与理解》(1974)等书中，皮亚杰完成了系统的主体知识的双向建构学说。

前已述及，相互作用的活动中蕴涵着两方面的内容：一是动作（运算）之间的协调，二是客体之间的联系（协调）。而且后者从属于前者，因为只有通过动作（或运算），客体之间的联系才能在人的心理中发生。

外化建构是运用动作格式（内化的或尚未内化的）把客体或客体经验（物理经验）组织起来，从而建立客体的关系与变化结构，形成广义物理知识，亦即前称外源性知识。

皮亚杰的双向建构说是其结构主义方法论的直接产物。它赋予格式——对发生认识论而言即认知格式——以特殊的含义：认识主体的认知装备。

在此，我们对格式和结构这两个概念稍做说明。格式（schéme, schémes, 不是 schéma, schémata），它是主体自身的；它本身是处于发展、变化之中的。而结构（structure）则是研究者对这些格式所做的概括性描述，是研究者所赋予格式的。它本身没有发展，只存在作为描述某认知格式之工具是否适用的问题，这决定于研究者使用该工具的水平。如"群"这一代数结构，它既可以被用来刻画幼儿对"位移"格式的掌握，于是我们此时也可说形成了或达到了"位移群"的认知结构水平（它与儿童早期对稳定性客体、心理理论、空间与因果认知等关系密切）；也可用于形式运算阶段的运算转换所形成的认知结构（如 INRC 四元转换群）。

总之，对发生认识论而言，认知格式是主体自身的存在物，而认知结构则是作为他者（研究者）所使用的描述格式的工具。因此，某种意义上，我们也可以说"格式"具有本体论的意味，而"结构"只具有方法论的属性。这是"结构"概念在 20 世纪五六十年代被运用于众多领域而形成一股结构主义浪潮的根本原因。

美国著名皮亚杰研究学者戴维·埃尔金德（D. Elkind）称皮亚杰为"结构主义举大纛者"，皮亚杰所著薄薄的《结构论》一书被其誉之为"玲珑的瑰宝"。皮亚杰认为，结构主义在本质上是一种方法，把结构当成具有哲学意义的"实体"是结构主义所面临的"危险"，因为"结构本身是不属于可观察到的'事实'的范围的"。我们尊重皮亚杰的这一观点，因此本文集将其 *Structuralism* 一书之书名不用"结构主义"而用"结构论"译之。

皮亚杰不同于其他结构主义者的一个显著特点,就是他重视主体及其活动在结构中的作用。在皮亚杰看来,主体应当是科学研究领域中的认识论主体,而不是哲学领域中具有本体论意义的超验主体。结构则首先是并且主要是一束转换关系,它只代表这些运算的组成规律或平衡形式。动作或运算是结构的根源,同结构相比,动作或运算是第一性的。皮亚杰强调,他的《结构论》一书的关键,就是动作或运算的第一性。

皮亚杰应用于认知格式的结构论方法本质上是一种认知格式的结构-建构论。所谓"建构"就是指认知格式不断改变和更新的进化过程。结构-建构论具有以下重要特点:

格式的建构是一个不断从低级水平向高级水平过渡的无止境的发展过程。所谓建构过程即指不断地对现有格式进行再加工,使之过渡到更为高级的水平。

皮亚杰认为,不存在有作为"一切结构的结构",也就是说,不存在有本体论意义上的结构。那种企图从少数最简单的公理出发,构筑起包罗万象的完备体系的做法,已经被哥德尔定理所推翻。因此把某种结构当作实体,认为一切其他结构都由这种结构而产生的观点,也就不能成立了。但是,在认识论而非本体论意义上,其他所有学科领域的结构则是外化建构的产物。皮亚杰晚年在"心理学是什么"(1978)一文中所表达的关于"任何学科都有认识论问题,因而不能离开心理学"的思想,与他在《结构论》(1968)一书中关于心理结构的重要性之论述,立场是同一的。

皮亚杰在《意识的把握》(1974)一书中对双向建构过程进行了深入的分析,其中某些观点尤值得重视。他指出,内化建构的基本条件之一是对主体动作及其格式的意识与认知,而外化建构则是对客体的认知;对于主体动作的观察与对于客体变化的观察是相互作用的,对于主体动作的推理协调与对于客体的因果协调也是相互作用的。这也就是前面讲到的经验抽象与反身抽象、外部协调与内部协调之间的相互影响,即主体信息与客体信息的不断交流。

伴随着这种信息交流有两种类型的不对称关系。第一种不对称关系是,连接可观察特性(感性特性)的推理协调(即逻辑数学运算协调)只能在从主体动作到客体的方向上起作用,经验抽象产生的可观察特性可以由客体或主体提供。然而推理协调只能起源于主体动作。这又把我们引向第二个不对称关系。从客体中只能产生经验抽象,而主体动作则产生两种抽象:主体动作的可观察特性产生经验抽象;主体动作的协调产生反省抽象。由于这种不对称关系,尽管双向建构是主客体相互作用的产物,但主体动作较客体更为重要,对主体动作的研究也更值得重视。根据上述两种不对称关系以及前面讲到的经验抽象与反省抽象的不对称关系,可以合乎逻辑地推出内化建构与外化建构也是不对称的。

皮亚杰在《适应与智慧:有机体的选择与表型复制》(1974)一书中,受生物学中基因型与表现型关系的启发,对认识发展的内化建构又从另一个角度进行了研究,即主体相当于机体,客体相当于环境;外源的经验知识相当于表现型适应,而内源的逻辑数学格式则相当于基因型然而是非遗传的;经验抽象相当于表现型变异,而反身抽象相当于基因型变异;最后,经验抽象产生的外源经验知识被内源逻辑数学建构所移置,即所谓表型复制(phenocopy,又称"表现型模拟")。表型复制的基本原则也适用于人类的认识发展。

前面已经提到,格式学说是对认识的共时性研究,而建构学说则是对认识的历时性研究。区别不仅在于此。格式学说的重点是功能分析,即对格式的同化功能与顺化功能及其适应-平衡功能的分析。对于共时性研究,可以假定格式是不变的;建构学说的重点则是对格式的分析,但不是静态的格式分析,而是动态的格式分析,即建构分析。这种建构分析的基本出发点是格式进化而基本功能则持续不变。

在内外化双向建构过程中,同化与顺化功能始终在发挥着"功能创造结构"的作用。双向建构是一个格式的发生与发展过程,它的"每一次"进行都涉及同化与顺化功能。

内化建构本身体现了主体对客体(环境)的顺化,当然,这并不排除内化建构过程包含着一系列的同化作用。内化建构过程实际上就是顺化功能过程。

外化建构本身体现了主体对客体的同化。换言之,外化建构过程在某种意义上也就是同化功能过程。当然,这也并不排除外化建构包含着一系列的顺化作用。内化与外化的双向建构过程也就是顺化与同化的双向功能发挥作用的过程。上述理解把建构过程与功能过程联系起来考虑,有可能使人们更重视对功能进化(至少是具体功能进化)的研究。

英海尔德(B. Inhelder)曾言皮亚杰晚年似乎放弃了结构概念。"放弃"有点言过其实,只要"格式"存在,反省抽象的功能存在,结构就是不可回避的。认知结构没有了,主体性焉存?岂不是重蹈刺激-反应的老路。但皮亚杰晚年谈结构少了只是相对而言,因为他把研究重点置于建构过程之上而不是放弃了结构概念。只要承认同化工具的存在即承认主体认知格式是同化活动得以进行的必备条件这一基本立场没有动摇,皮亚杰就仍然是一名结构主义者。皮亚杰可能放弃的只是那种"静止的结构",即"不是结构的结构"。结构的灵魂是"支配整体全部元素的转换规则"。这一点并未被某些使用"结构"概念的研究者们真正理解。

结构的灵魂是支配结构元素的规则。没有转换的支配,结构失去灵魂。构成结构之元素的转换规则,对它的寻找与确定这是结构方法运用的头等大事。正如皮亚杰在其《结构论》一书中所批评的,如不能确定"转换的规则",那结构就仍不脱元素之"集合"或"堆砌"之窠臼。"结构"一词在心理学(不限于心理学)中常被滥用。某些使用者其实并没有透彻理解结构作为一种方法论而非哲学教义的最为核心的性质:结构是关于规则(转换规则)而形成的整体。没有规则就无所谓"结构"。规则存,则结构存;规则无,则结构就只是元素的堆砌。因此,你若想建立某种关于变量(因素)间的结构,你第一步的工作就是去寻找支配变量实现某种转换的"规则"。规则先于结构。

对心理动作或运算来说,它们所构成的结构是发生认识论追求的目标。当然,它们都是关于动作和运算的"转换"所形成的结构。这一点易于被人理解。但若继而再企图细致而精准地找到"转换"的规则,或者具体指出"规则"又是如何支配"转换"的,这就绝非易事了。如,迄今较成熟的形式运算"结构"形式,也就是 INRC 四元转换群而已!在此群中,同一的(identical)、反演的(negative)、互反的(reciprocal)和对射的(correlative)四种转换(transformation)之"转换"就是其"规则",反演可逆性(inversion)和互反可逆性(reciprocity)这两种可逆性就起着支配"规则"的作用。

结构由格式而来。格式是人的心理活动形式的抽象提取。没有这些格式作为认知的工具,任一简单的认识活动也不可能产生。因此,它们与客体的相互作用(同化于己,顺化于物)就是认知(心理)活动的过程。

如果说,这样的说法尚流于一般化,那么皮亚杰晚年的工作则完全是关于认知过程和机制的进一步细节的刻画。

用代数结构来刻画心理操作的形式特征,这不仅提升了我们对心理操作的形式特征的认识水平,而且也可能极大地丰富我们对发生认识论目标即科学知识与个体知识的发生发展具有同步性或逆同步性的认识。

就所有学科都是由人类整体(总体)创造而言,作为自然科学的心理学,它是由来自客观的材料和主体(总体、个体)自己通过与客体相互作用的活动而形成的(构造的)结构所建立起来的。这句话的要害不在于主体建立,而在于通过认知结构去建立,从而把认知中的主体性作用落到了实处,落到了心理学的肩上。

由此而必然会进一步得出如下观点:"由于心理学能说明一切科学在发展进程中所使用的观念和运算,所以它在那些科学中,处于一种关键的地位。"换言之,所有科学,从其为智慧产物的角度审视它,它们的形成和发展,不能离开心理学,因而,"不能把心理学与认识论割裂开来"。心理学是构成认识论与辩证法的知识领域之一。认识发生问题的最终解决,必然依靠心理学。因此,问题不在于是否依靠心理学,而在于依靠何种心理学。

但皮亚杰并未把自己的发生认识论变为具体的广义物理学(尽管其以研究科学认识的发生为己任)。他注重的仍是一般的、概括的,同时可用于诸学科的所谓逻辑-数学知识,即认知格式(形式、过程、结构)。

概言之,个体的所有知识均来自连接主客体的动作:作用于客体的单个动作产生物理经验,对其所进行的经验抽象进而产生所涉对象的物理知识;对系列动作之协调,则产生不同于物理经验的逻辑-数学经验,对此经验所进行的抽象也是不同于经验抽象的反省抽象。此抽象产生具有工具意义的逻辑-数学知识。两类知识源于两类抽象,两类抽象源于两类经验,两类经验又源于两类动作,两类动作都源于主客体相互作用的活动;前述"伪经验抽象"的递升和介入,通过双向建构机制,使人们关于对世界的认识,一步步由表及里、由浅及深;同时使关于自身的认知工具(逻辑-数学知识)也逐渐更为精细——所谓结构之可变性。以上过程,其中的每一步都有相应的功能方面的配合,特别是平衡化更起着引领作用——所谓功能之不变性。在功能实现中,结构既进化着自身同时又结构着(构造着)外物。皮亚杰的后期研究以深入的建构过程的研究丰富了结构论,而不是抛弃了结构论。

2.4.3 逻辑决定论:心理逻辑与发展阶段

阅读皮亚杰著作的人,一定对"逻辑"二字不陌生。但皮亚杰所言的逻辑在很多情况下与逻辑学家所指的逻辑含义有别。前者是心理逻辑,后者是公理化的形式逻辑,尽管它们都是思维形式。遗憾的是,但仍有些人,甚至"非常杰出的逻辑学家"们,就是因为不十分明了两者的这一根本区别而对皮亚杰的逻辑产生误解。对皮亚杰心理逻辑的责难,从根本上说,乃是以公理化的形式逻辑的框框硬套在皮亚杰的头上,于是造成"冤案":诸如为什么不使用函项逻辑等要求就莫名其妙地提出了。心理逻辑的形式化再精致,也不可能成为公理化的形式逻辑,它们是两股道上的车,不存在一体化的可能。

皮亚杰不认为自己是逻辑学家,逻辑学家也不认可他是圈中之人。当然,这不是说皮亚杰对逻辑(学)没有看法,皮亚杰有自己的逻辑思想。因此,你可以谈"皮亚杰的逻辑观",但不宜说"皮亚杰的逻辑学",因为他从未涉足过公理化形式逻辑学的研究。"逻辑学"与"逻辑观"一字之差,其义有别,不可不鉴。

因此,如果除了称皮亚杰为"发生认识论者"之外,还硬要把他与"逻辑"扯上关系,那勉强可以叫他一声"心理逻辑学家"。何谓"心理逻辑学"? 心理逻辑(psycho-logic)具有"心理活动之规律"的含义,"心理学"一词本身也是从"规律"这一意义而来的。心理逻辑学从属于心理学而不是形式逻辑的一部分。心理逻辑学在较窄意义上,也可称"运算逻辑"。因为在更宽泛的意义上,运算逻辑之前的动作逻辑也属于心理逻辑学范畴。

说到心理逻辑,特别是运算逻辑,一定要先对下面几个问题予以厘清。它们对理解皮亚杰理论至关重要。千万别被皮亚杰的那一大堆逻辑符号唬住了。他只不过在与逻辑学家们谈及某些逻辑概念(如蕴涵、析取、合取……)时,使用了同样的符号而已。

皮亚杰心理逻辑学为发生认识论的重要组成部分。它本质上是关于主体(特别是认知成长中的儿童)实际思维活动规律的概括。它不是以构造正确思维(推理)必须遵循之规律(公理系统)的逻辑学研究,不以构造一个由推理规则所组成的公理系统为目的。公理系统在三段论里即是所谓推理的正确式(有效式),在命题演算里为重言式(永真式),在谓词演算里为普遍有效式,它们表示的都是正确思维(推理)必须遵循的规律。而皮亚杰心理逻辑学中所概括的形式表示的是实际思维的可能运行的规律——它运用不同发展阶段的形式化了的认知结构来解释该阶段的主体(儿童)的认知活动,即不只是文字的描述,还用某种逻辑结构加以说明。概言之,形式逻辑学的目标是建立一个正确思维(推理)必须遵循的公理系统,而心理逻辑学的目标则是寻找"实际思维活动的规律"。

因此,一定要分清皮亚杰在"与逻辑有关的"著作中,到底是在谈自己的逻辑观——

这必然会涉及逻辑学问题,还是在谈逻辑的认识论问题。逻辑学问题与逻辑认识论问题两者性质完全不同,前者是逻辑学家的工作,皮亚杰有时客串其间,发表一些议论,但并非以此为业;后者则是皮亚杰所关心的问题。对皮亚杰来说,他试图通过心理学的研究来回答逻辑的个体发生问题——这又有别于哲学认识论的思辨研究。这一区分为什么非常重要,因为逻辑认识论的研究与其他领域的认识论研究具有同构性。也就是说,在其他领域,比如物理学,它也有"物理学研究"与"物理学认识论研究"的区分。同理,我们不能说皮亚杰是物理学家,尽管他研究了力、惯性、物理量的守恒、时间与速度等"物理学知识",但他与物理学家们的研究指向显然不同——他研究的是这些概念的个体心理发生,是发生认识论研究(至于这些知识的个体发生与科学史是否同构或平行,那是另一层面的问题了)。

那么,无主体的形式逻辑与有主体(尽管是抽象主体)的皮亚杰的心理(运算)逻辑之间到底是什么关系呢?仅指出它们的"不同":不同规律的概括、不同的研究对象、不同的研究目标以及分属于不同的学科领域等,那是不够的。我们似还应思考它们之间的联系——不只是对某些逻辑关系使用了相同的符号及其定义而已。能否说心理(运算)逻辑的成果为形式逻辑提供了构件、素材——即形式逻辑是对心理逻辑的成果进行公理形式化,它相对于形式逻辑来说只是"内容"?缺少了心理逻辑,则形式逻辑就成无源之水?反之,是否可以说形式逻辑的命题演算中的每一个永真式也都有一个心理(运算)逻辑的过程?例如,心理逻辑中的形式运算之四种类型的INRC群结构,它是对主体在发展到形式运算阶段时运用命题形式来进行思维和推理活动的一般规律,它具有普遍意义,是主体解决一大批推理问题时,实际思维活动的抽象概括。这一抽象工作是由作为心理逻辑学家的发生认识论者完成的,它与公理化形式逻辑规律无关。但它又比具体某一特定思维活动的实际思维较为抽象。自然地,这一抽象而提取出的结果——INRC群背后所隐藏的思维结构是相对静止的结构,但同时根据皮亚杰结构的要素分析,如前提,它又有明确的转换规则即运算的互反的、反演的、对射的及同一的转换。

因此INRC群所概括的规则,并不是对每一具体思维活动规律的描述,而是说每一个具体思维活动都"跳不出"它所概括的规律。INRC群比具体的实际的思维规律抽象,但又不及形式逻辑规律的抽象,它处于实际思维和公理化形式逻辑规律(思维)之中间地带。

《走向一种意义的逻辑》(1987)的共同作者加西亚(R. Garcia)认为皮亚杰研究逻辑的目的有两个(这也是"心理逻辑学"的研究内容):首先,是关于逻辑起源的认识论问题,更具体说,就是研究或解释逻辑关系和逻辑结构如何在认知主体身上逐步显现出来,乃至达于一个正常的成年人的自然逻辑水平的。这个自然逻辑是从儿童的前逻辑水平开始的。其次,第二个目的是关于逻辑在认识论中的作用,具体说,就是揭示逻辑关系和逻辑结构如何发挥其作为同化工具的作用,使之成为"任何种类知识的必要条件"。没有同化工具的同化活动,就没有认知。

以上两个过程相伴而行并以我们熟知的形式相互影响。加西亚予以深刻地概括为:"主体在结构他自己的结构手段即他的逻辑时,他就在结构其世界。"[①]用双向建构的语言表述则是:内化(向)的建构是使认知结构(工具)逐渐发展和提升,外化(向)的建构则形成(获得)关于外物的广义物理知识。

个体的逻辑水平如何达于正常成年人的自然逻辑的水平,这一问题与"最基本的认识论问题之一",即"逻辑的必然性从何而来"问题密切相关。有人将其视为所有知识论的阿基里斯(Achilles)之踵。各位哲学大师、各派哲学理论都有各自的回答。翻开哲学认识论史,充斥着这些回答。但发生认识论不同于所有这些回答之处在于:皮亚杰首次创造性地以科学的实证研究做出回答——它们是由儿童逐渐建构的,即既不是先验的,也不是经验的直接产物,更不是通过语言中介从经验中获得的。如加西亚所言:"逻辑关系是在经验世界被组织的同时建构起来的,它们是组织化过程的一个固有的内在部分。"(所谓内化建构)这一思想在皮亚杰的"当代科学认识论的发展趋势"和《逻辑与科学认识》[②]中也多有论述。心理逻辑学与此密切相关。在这个意义上,心理逻辑学承担着发生认识论的主要的同时也是核心的任务。

逻辑认识论研究是认识论研究的一个重要领域,而逻辑知识的获得是科学知识研究的一个部分。两者性质不同,但世人常相混淆。因此,对逻辑学问题和逻辑认识论问题的区分,或许有助于我们更好地把握皮亚杰的发生认识论之真谛。

心理逻辑在发生认识论中占有极重要的地位。发生认识论在打造认识发生发展的路径时,总是聚焦于心理逻辑这一评估认识水平的指标。它企图打通的是逻辑(具有必然性的理性认识)与生物学之间的通路。这一开山筑路的工程由心理逻辑实现之。

因此,所谓"逻辑决定论",即指:心理逻辑的水平决定着认知发展处于何种阶段。

认知发展的阶段是客观存在的,发展是阶段与连续的统一。既然阶段是客观的,那么必然有其独有的特征。这个独有的特征实质是儿童(主体)所使用的心理逻辑的水平不同。皮亚杰主要从心理逻辑的角度来区分儿童认知发展的不同阶段,这是逻辑决定论的本义。逻辑是思维的镜子——逻辑水平决定思维水平,因而决定认知发展的水平。众所周知的皮亚杰关于儿童认知发展的四个阶段,其实就是根据不同的心理逻辑水平而区分和定义的,即,动作水平;从动作向运算过渡的"前运算"水平;运算水平——它又分为具体运算水平和形式运算水平。

心理逻辑也面临着形式化的问题。说到形式化,首先要澄清:皮亚杰的心理逻辑可以有或只有形式化的任务而没有或不可能有公理化的任务——因为实际思维活动是无

---

① J.皮亚杰、R.加西亚:《走向一种意义的逻辑》,李其维译,华东师范大学出版社,2005年,第10章,第108页。

② 参见同上第109页脚注。

法公理化的。而形式逻辑则不然,它有公理化的任务而且必然也是形式化了的,否则它就无用。换言之,形式逻辑既是形式化的,也是公理化的。而皮亚杰的运算(心理)逻辑则只是借用了形式逻辑符号和代数工具,把文字的说明用简明的形式表示而已。因此,皮亚杰的形式化和形式逻辑的形式化不是同一回事。

对于心理逻辑,皮亚杰并不止步于一般的概念描述,还努力与数学、形式逻辑学合作,把它们加以形式化(亦算是对马克思关于任何学科只有使用了数学才是真正的科学之精神的落实吧!)。数学在发生认识论中的双重价值体现为:一是其本身也是认知(识)发生研究的对象(个体心理发生和数学史);二是它为认知结构的形式化提供了某些可用的合适工具(函数、群、格、范畴论等)。

皮亚杰对心理逻辑的形式化也可进一步划分为早期和最后十年新发展时期这两个阶段:以修改后的《运算逻辑试论》(1972)出版为分期标志。早期皮亚杰心理逻辑学的主要形式化成果(或曰能成功进行某种形式化的心理逻辑学的成果),主要有形式运算的 INRC 四元转换群和具体运算的八个"类"和"关系"的亚群(皮亚杰名之为"群集")。它们是对形式运算和具体运算的自然思维活动进行概括的产物。最后十年新发展时期则以注重内涵的意义逻辑为特色。

但阶段发展水平的先后,与刻画心理逻辑的数学工具的复杂性和抽象性无关。如,前述感知阶段的空间"位移"可以用"群"来描述,形式运算的运算转换也可以用"群"来描述;具体运算则改造了群的条件,以"半群"的形式概括了有关类运算和序列运算的八个运算结构。

值得一提的是前运算阶段,皮亚杰使用了最为简单的数学"函数"概念来表示其心理逻辑的"半逻辑"特点。所谓"半逻辑",即指思维只能朝向一个方向而不能逆反或互反。这种半逻辑含有数学家们所描述的 $y=f(x)$ 这种函数的特点。它代表着有序的一对东西或一种应用。而这种应用总是倾向于一个方向,皮亚杰以"传导(transduction, transductive)推理"名之,即它是一种从个别到个别的推理。如,处于这一阶段的儿童可根据某些突出特点给事物分类,并假定如果 A 在这一特点上类似于 B,那么 A 就会在其他方面也类似于 B,于是轻易地实现了从 A 到 B 的"传导"。传导推理反映在因果关系的理解上,表现为儿童常常认为只要是一起发生的事物就存在因果关系;儿童仅理解共变关系而未达守恒理解。例如,把一根线的一端固定在墙上,另一端悬挂着一个砝码,线跨在一个可以水平移动的滑轮上。当滑轮沿着水平方向移动时,这根线的水平部分和垂直部分将随之发生变化。前运算的儿童知道这两部分存在着依存和共变关系(所谓函数的单向从属性),但不能理解这两部分之和是不变的(未达到"长度守恒")。

要理解具体运算的心理逻辑的形式化,必须先理解皮亚杰理论的一个极其重要的概念:可逆性。存在两种可逆性,即反演可逆性(inversion)和互反可逆性(reciprocity)。皮亚杰是根据两种可逆性、对称性和非对称性、加法性和乘法性这三个维度来建构具体运算的"类"和"关系"八个群集结构("半群结构")的。皮亚杰坦承:具体运算的形式化是"很粗糙的",它们似乎"缺少代数学的趣味",但他仍坚信"这类结构是真实存在的",因为"它们简明地描绘着每一分类,每一序列等等中所出现的东西"①。

可逆性是皮亚杰建构心理逻辑的功臣:与其说这些思维活动背后存在四元群,不如说形式运算的一个重要特征是"可逆"。因此,真正的结构功臣是可逆性。皮亚杰的创见是竟然能把反演与互反两种可逆性结合起来,形成一种他称之为"对射"(correlative, correlation)的关系并使之成为一个大家庭(INRC 四元转换群)不可或缺的成员。对射之所以有如此重要作用,关键在于互反与反演在连续转换时,竟能够达于同样的结果,于是我们把这一结果视为可以对射的同一目标。从这一角度来说,对射有时被理解为"相关"也似有一定道理。每当两个不同的系统被组成为一个单一的整体时,这种"工具意义而非公理化意义"类型的 INRC 四元转换群就会出现。例如,以一个单一的运动兼顾两个不同的参照系时(表现为相对运动),它们之间就必然有此类四元转换的协调。

逻辑学家对皮亚杰的批评主要集中在"对逻辑的使用"和"儿童逻辑能力"上。不过,正如巴贝尔(S. Papert)在《走向一种意义的逻辑》(1987)"前言"中所说:"逻辑学家指责皮亚杰之处常常是(他)做得最好的地方。"因为"皮亚杰发明了对逻辑新的用法。具体言之,皮亚杰并不把逻辑视作有效推理规则或系统避免错误推理和无效推理方法"。概言之,皮亚杰的运算逻辑(心理逻辑)并不以追求正确推理规则为自己的宗旨。皮亚杰只不过是"运用逻辑的表示方法和某些概念作为描述儿童智慧发展的模型",这一思想皮亚杰在《运算逻辑试论》和《逻辑学与心理学》等著作中被不断重申。儿童智慧发展正是通过这些不符合规则的所谓错误推理而逐步实现的,儿童不可能生来就像逻辑学家那样使用公理化的逻辑形式思考。

皮亚杰这种从逻辑学中取可用之处为我所用——刻画智慧发展及随之相伴的认知发展的立场和思想,对皮亚杰来说是其思考认识发生之必然,有着深刻的认识论目的,即去解释儿童(主体)的逻辑推理,特别是关于数、几何和物理学的推理如何从动作中一步步产生其概念的。逻辑学家则没有这样的目标和追求,甚至还忽视皮亚杰与他们的这一重要不同之处。

《逻辑学和心理学》(1960)这本书也是体现发生认识论的平行论研究视角的重要著作,因为可以同样发现逻辑学家和心理学家的合作,甚至此书的共同作者埃弗特·贝丝(Evert Beth)与皮亚杰也是"不打不相识"。他们经历了从最初对对方批评的不以为然(主要是贝丝对皮亚杰关于逻辑的运算机制研究曾有所谓"严肃批评"),但在多年之后却走到一起,成为《数学认识论与心理学》(1961)一书的共同作者。他们合作的纽带是"从理论上了解到了逻辑所描述的结构和心理学所研究的实际思维过程之间存在着某

---

① Piaget, J. "Piaget's Theory." Section 23. (G. Gellerier & J. Langer, Trans.). In: P. H. Mussen (Ed.). *Carmichael's Manual of Child Psychology* (3rd Edition. Vol. 1). NY: Wiley, 1970.

种对应关系,尽管各自的目标不同"。逻辑学家给予心理学家鉴定某些结构的一种正确的方法,因为它们是从思维运算机制的分析中产生出来的。皮亚杰也不否认:"每一次我们要在思维发展的过程中去构造某种完整的结构时,我们总是在与逻辑学家或我们共同关心的该领域的专家们的合作之下,做出努力去把这一结构加以形式化。"①

根据心理逻辑水平的高低,于是皮亚杰又把相应的认识水平分为不同的认识发展阶段(这就是我们所熟知的四个阶段)。因此,一定要牢记,心理逻辑水平是发展阶段的根本,这就是皮亚杰所主张的逻辑决定论(logical determinism)。逻辑是思维的镜子。我们可以通过对儿童所达于(使用)的逻辑的研究,窥见其思维的水平。我们不能说思维是逻辑的镜子。这就是逻辑决定论的固有含义。

最后,我们也不应忽视形式逻辑与心理逻辑共同建立在思维之形式与内容可分的基础上。对形式逻辑学(公理逻辑)来说,似乎不是个问题。三段论的有效式、命题逻辑的永真式(重言式)犹如车轨,自然可以运行各种列车。车轨就是形式,列车就是内容。不同的内容可以行驶在同一条轨道上。

但公理化的逻辑形式对主体而言,可不是一蹴而就的,或者说,主体在很长时段可能是在"错误的"形式上运行的,但错误的形式也是逻辑形式,只不过是"心理逻辑"形式。皮亚杰的心理逻辑学是以这些实际进行的、可能为错误的(相对于公理化而言)形式作为研究对象的。因此,我们对心理逻辑的"形式"属性要有充分的认识,而且这有助于我们理解后面将进一步讨论的心理本体和思维之形式与内容的可分性。

2.5 发生认识论的功能方面:"生物学化"的是与非

生物学在皮亚杰发生认识论中的意义特殊。关于生物学与认知、心理与生理之间的关系,皮亚杰的兴趣完全不在传统意义的"生理机制"上。他曾直言宣称:这根本不是我的研究所要采取的路线。在"皮亚杰的理论"一文中,皮亚杰开宗明义说发生认识论的任务就是"从生物学出发构筑一座通向科学认识之桥"。因此可以说皮亚杰是一位"从生物学出发的认识论者",而不是"生物学的认识论者"。那么,是否可以说皮亚杰的"生物学路线"走的是一条"生物学化"之路呢?

皮亚杰的生物学在发生认识论中的作用可从"桥梁"和"类比"这两个角度来理解。"桥梁"意味着有某种实质的联系,"类比"则只是一种平行但可相互对照的关系。我以前侧重于把生物学在发生认识论中的应用视为类比方法论但也为"桥梁"之说保留某种可能性。

皮亚杰把知识与生物学这两个看似无关的领域联系在一起,《生物学与知识》(1967)就是典型,后又陆续有《生物适应与智慧》(1974)、《行为与进化》(1976)及"生物

---

① 转引自李其维:《论皮亚杰心理逻辑学》,华东师范大学出版社,1980年,第62页。

学中的表型复制与知识的心理发展"(1979)等著作延续着类似的立场。他坚持的是如下观点:知识与生命有机体都有结构与机能两个方面;它们结构可以不同,但功能表现(主要为与环境的关系和相互作用)却本质相同,即都要与环境相互适应才能得以发展。

皮亚杰认为生物学中的衍生发育的思想与认知发展理论之间具有同构性,从而把衍生论的适用范围从胚胎发育扩展至认知领域。认知的结构转换过程类似于沃丁顿(C. Waddington)胚胎学中的所谓"必经途径"(chreod)的概念。如同胚胎的发展进程中存在一些必由之路一样,在认知发展过程中的一些转换过程也是必须经历的。沃丁顿的"发生同化"(genetic assimilation)与皮亚杰的认知发展理论之间有着"惊人的可比性"[①]。

皮亚杰认为"认识机制的发展是衍生论的一部分",并且声称"对生物适应机制的探求和对作为更高适应形式的科学思维的分析,以及对它们的认识论的解释"一直是他的也是发生认识论的中心目标。[②] 皮亚杰在这些著作中,一方面对认知的智慧适应与机体适应做了系统的比较,既强调两个层次之间的差异,如前者更具稳定性和守恒性,预期能力更为丰富等;另一方面更突出二者之间机能发展的连续性:不仅认为它们都体现"适应"的最一般的本质属性,而且从信息的保持与预期、调节与平衡化等角度具体地分析了它们的机能连续性。生物学与知识看似不同的两个领域,却存在着各种平行关系。《生物学与知识》(1967)可被理解为一本论述平行论的专著。于是我们可见到一系列的平行:生物学的胚胎的发生、种系的演化,其相对的是知识的个体发生、知识的群体发生;基因型、表现型的改变相对的是认识(知识)的逻辑-数学知识、广义物理知识;生物体本身结构的可变性、生物体功能的不变性相对的是认知结构的可变性、认知功能的不变性,如此等等。

我们可以"适应"和"组织化"这两个机能为例稍作分析。所谓生物的适应,即指生物体的结构会改变,但适应本身没有变。变是为了更适应;所谓生物的组织化,即指生物体的组织功能使生物体保持自身的稳定与同一,"使生物体还是该生物体",它是维持生物体的完整系统,保证生物体总是演化成一种结构所必需的。

适应和组织化不可分割,是同一机制的两个方面:组织化是其内部方面,适应则是其外部方面。有内部的组织化才能实现对外界的适应。

相应的,正像生物体的组织功能保证生物体总是演化成一种结构一样,认知的组织功能也能使思维本身得以组织起来,保障"思维本身的一致"(accord of thought with itself),然后凭借这种"一致"把外界事物结构化,即建立广义物理知识(因果知识)系

---

① 参阅 B. 英海尔德、H. 辛克莱、M. 博维尔:《学习与认知发展》(*Learning and the development of cognition.*),李其维译,华东师范大学出版社,2005 年,J. Vonèche 中文版序。

② Piaget, J. "Piaget's Theory". Section 30. (G. Gellerier & J. Langer, Trans.). In: P. H. Mussen (Ed.). *Carmichael's Manual of Child Psychology* (3rd Edition. Vol. 1). NY: Wiley, 1970.

列。

上述适应和组织化这两种功能是引发结构建构的根本源泉。适应要求结构(生物体、认知结构)不断地丰富和发展;组织化功能则保证这一过程能够持续地进行下去;适应与组织化两种功能与生命永相伴随而不会消失;由于它们之间的作用,而使生物体的结构或认知结构处于不断地分化与整合(不断地协调和重组)过程之中。生物体的发育成长和认知的发展是功能不变与结构变化的统一。

如前所述,皮亚杰提出完整的同化-顺化学说以阐述适应的过程。同化与顺化是适应机能的两个次级功能,是全部适应活动的两个侧面。保持同化和顺化的动态平衡,才能实现主体对环境的良好适应。一切认识都离不开认知结构的同化与顺化功能,它们是"外物同化于认知结构"(同化于己)与"认知结构顺化于外物"(顺化于物)这两个过程的统一。同化与顺化是认知发展的功能双翼。功能方面反映的是主客体之间的内容联系,其本质在皮亚杰看来就是一种不断通过同化与顺化的功能作用,使主客体之间达到适应(平衡)的状态。

当然,功能方面与认知结构的形式方面关系密切。"同化于己与顺化于物"都要通过已有的认知格式实现的,并且在实现过程中,又使自身得到提升;认知格式通过同化和顺化的双轨,不断向前发展。当皮亚杰从结构的角度来谈其功能的时候,已经完全站在相互作用的立场上。具体地说,同化-顺化学说完全不同于刺激-反应概念。认识不是由"内"或"外"单方面决定的。

皮亚杰从主、客体相互作用以产生认识的立场出发,对理论生物学中的相关流派自然采取亲疏有别的立场:皮亚杰反对拉马克主义和新达尔文主义而推崇衍生论(渐成论、后成论)。因为拉马克主义强调"环境的独一无二的形成作用"(隶属经验主义传统),新达尔文主义则强调生物体内部的基因突变(隶属唯理论传统)。

皮亚杰信奉功能创造结构的原则,强调在生物以及智力进化过程中的功能连续不断变化与结构不断变化的共同特点,尽管他重视系统的结构差异分析明显胜于对系统功能差异的分析。

皮亚杰在借用生物学中的上述诸多概念时,如适应、组织、同化、顺化、平衡化等,若仅从方法论上视之为类比,这无可厚非,更何况我们似有理由相信:他在做出这样的类比之前,肯定已有某种超越心理与生物(理)的认识了!这表现在"具有超越性的趋同重构"(convergent reconstruction with over taking)概念的提出[①]。更重要的是,皮亚杰不仅完全赞同生物学中的衍生论思想,主张用衍生论观点来解释获得性遗传,而且还把它延伸至逻辑-数学知识产生机制的解释上,并且创造了一个新的概念:即所谓认知的表型复制(cognitive phenocopy)或曰认知心理发展的表型复制(phenocopy in the

---

[①] Piaget, J. *Biology and knowledge: An essay on the relations between organic regulations and cognitive processes*. Chicago: University of Chicago Press, 1971, p. 322.

psychological development of knowledge)。皮亚杰认为,他在发生认识论中"提出的问题及尝试性解释"与生物学衍生论的"提出问题和思考问题的典型方法之间存在着惊人的相似之处",就集中体现在"表型复制"(phenocopy)概念上。①

皮亚杰在生物学和认知这两个领域,对"表型复制"进行了具有说服力的实验研究。他把蜗牛分别放在微浪和激流两种环境生活,蜗牛的形态发生了改变。但随后把生活在微浪中的蜗牛再放回到静水中去时,它们的后代的表型又恢复为长而窄的体形。这说明其遗传物质较之静水中的蜗牛仅发生了一种暂时的改变,基因型并没有发生变化。但令人惊奇的是:当把生活在激流中的蜗牛再放回到静水中去,它们后代的外形仍保持(在激流中的)改变后的形态。皮亚杰把这一现象看作基因组的"反应"逐渐组织化的实例。所谓"逐渐组织化",就是指"某性状(如球形)最初与环境的变化联系在一起,随后当环境变化被抑制后,该性状作为遗传性状连续延传下去了"。也就是说,初始的外源的表现型被一种同型态的内源的基因型所取代,即环境变化引起的表现型变异逐步地以基因型的形式固定下来了。这就是所谓的"表型复制"概念。

皮亚杰将上述生物有机体的表型复制过程与知识的形成和发展过程进行全面类比,用以说明两者的"机能连续性"或"同构性"。相应于生物学上的外源变异(表型的变异)和内源性变异(基因型的变异),皮亚杰把全部知识也分为两类:从物理经验中得到的外源性知识和从主体动作的内部协调(这些协调是内部构造而非外源经验的产物)中导出的内源性知识。

皮亚杰认为,内源性知识的水平标志着认知结构发展的层次,因此所谓发展就是内源性的重构取代了外源性知识。换言之,认知的发展也是因为产生了"基因型的变化"即产生了内源性重构的结果。

认知的内源性重构就是认知的表型复制过程(类似于激浪条件下的蜗牛的基因组的"反应"逐渐组织化的过程)。皮亚杰又以实验说明外源性知识与内源性知识即"外源知觉与内源重构"之间的差异:在儿童面前放着 A、B 两个容器以及红、蓝两种颜色的弹子。B 容器的下半部分被掩盖着。要求儿童同时分别用左手和右手把红、蓝两色弹子放进 A、B 两个容器并回答两个问题:(1)当我们把一个弹子放在这里(指 A 容器),一个弹子放在这里(指 B 容器),两个容器是否得到同样数目的弹子?(2)如果我们一直做下去,做很长时间,两个容器中的弹子数目是否相等?

结果显示:4—5 岁儿童回答第一个问题没有困难,但对第二个问题却不能预估其结果。这说明他们不能理解:如果 $N=N$,那么永远可得出 $N+1=N+1$。儿童偶尔能猜对,但这是建立在先前动作或经验概括之基础上,而不是建立在"$N+1=N+1$"的动

---

① Piaget, J. "Phenocopy in biology and the psychological development of knowledge." In: H. E. Gruber & J. Jacques Vonèche(Eds.). *The essential Piaget: An interpretive reference and guide*. New York:Basic Books, 1979, pp.803-813.

作协调的逻辑必然性基础之上的。较大年龄儿童则达到了对等量和不等量可无限保持下去的正确理解。那么,"如果 $N=N$,那么 $N+1=N+1$"这一认知结构是如何形成的呢?

皮亚杰认为:仅靠对"放置弹子到容器"的简单的经验观察是不行的。儿童必须把这种经验观察在新的水平进行重构,也经历一个类似的"基因组反应的逐渐组织化"之过程,这样才能把外源性知识发展为内源性知识(外源的表现型的变异被同形态的内源的基因型所取代),使之获得内源性的必然性。这就是所谓的"认知的表型复制"。

因此,"认知发展"可以被理解为:外源性知识被内源性知识所取代,逻辑-数学经验协调成为格式或结构,获得逻辑-数学范畴水平的提高。而广义物理知识的增加仅为"表现型"的改变。一旦当这些广义物理知识的同化工具达到某种必然性,即说明这些知识背后的"基因型"——逻辑-数学知识发生了质的变化,从而使认知水平发展到更高层次。

皮亚杰的以上研究显然表明他的适应观实际上是一种"泛适应观",适应、组织、同化、顺化等原本属于生物学的概念系列都具有某种"超领域性"。我们甚至有理由设想,这与柏格森的生命哲学对皮亚杰早年影响也有一定关系:这些具有"超领域性"的概念也许可能直接来源于柏格森的"生命冲动"本体论假设。如平衡化过程就是与每一认知活动如影随形的,似乎沾了点"生命冲动"的味道。

因此,对皮亚杰而言,这些概念与其说可用于认知领域,不若把它们视为一种预设的存在,至少它隐含着认知发生的条件。

概言之,皮亚杰关于生物学与认知之间的联系有三个要点:首先,新生儿的纯生物学过程与其认知过程的开端,两者无断裂;其次,生物系统与认知系统两者结构不相同,但有共同的根源:以类似的同化、顺化功能实现对环境的适应;最后,两个系统的进化都是开放的,都是在与环境的相互作用中实现发展的开放系统,都服从类似的发展机制。

上述基本立场谈不上是还原论,也决不意味着是把生物学的"法则"推广去"解释"认知行为。而且我认为若据此批评其为"生物学化",这实在是把发生认识论的格局看小了!

真正的生物学化倒是来自当代一批激进的"某某神经科学"之类的研究者们,当他们企图从神经活动中寻找心理的因果解释而不是神经相关物(NCC)的时候,其实就已步上了还原论之路。至于服膺所谓彻底物理主义心灵哲学立场的研究者们则更不用说了。

因此,应该重新对皮亚杰的生物学类比方法论,特别对其所谓从生物学向认知做"肆意延伸"的批评予以重新审视。或许我们未能真正理解皮亚杰的生命观。以"生物还原论"的帽子扣在发生认识论的头上似乎有点不合头,因为自"适应"以降一系列源出自生物学领域的概念应用于发生认识论并不是所谓以"低"释"高"的还原,而是寻找更宽大的斗篷来涵盖"生"与"心",这何错之有?与其说是还原,不如说是溯源。不可否认,这种溯源,这种以扩大外延的方式来使用这些概念,是否仍未脱生物学化的干系,这可能是见仁见智且各有拥趸的事了。

皮亚杰发生认识论的生物学烙印,从生物适应出发并使之外延扩大至认知领域,甚至不满足于生物与认知的类比,而追求一种更具超越性禀赋的特性,这似乎有点从方法论向本体论倾斜,尽管还未至于发展成为柏格森生命哲学中的"生命冲动"本体论范畴的水平。

目前,对"生物学化"的批评或迎来新的"命运转折",这缘于当代心灵哲学关于"生命与心智的连续性",特别是其中所谓"强连续性"的立场。这或许使得扣在皮亚杰理论头上的"生物学化"帽子,变得不那么可怕了,至少不是"不可能"且或可从新的角度认真对待了。皮亚杰如仍健在,也许在其遇到如克里克(F. C. Crick)、科赫(C. Koch)、达马西奥(A. Damasio)、瓦雷拉(F. Varela)等人时亦可进行热烈而深入的对话了!

2.6 发生认识论的跨学科本质

发生认识论的宏大目标决定了它必然是跨学科性质的,其所涉学科表现在宏观、中观和微观三个层次上,即哲学认识论与心理学(宏观),结构主义方法论和生物学类比方法论以及对结构-建构的形式化工具:数学和逻辑(中观),发生认识论具体研究的知识领域:广义物理学(微观)——未来随着研究的深入,这个领域保持着开放的状态。

心灵哲学、科学史也是发生认识论的相邻学科,甚至系统论、控制论也在此列。

可以从以下五个方面简要概括发生认识论的主要内容及其跨学科性质:

第一,发生认识论通过实验、谈话等手段考查儿童认知的发生发展过程,其中又以康德先验范畴为主要研究内容和研究线索。第二,皮亚杰引入了结构主义的结构概念,把这些范畴归结为一组动作或运算所形成的结构,继而又将这种结构主义方法论发展成为结构-建构主义以强调主体的能动性。因此,皮亚杰的结构主义严格说来是一种结构-建构主义。第三,对动作或运算形成的不同水平的认知格式,皮亚杰从抽象代数中选择适合的模型对之加以形式化:早期使用的是半群(群集)、群、格等数学概念,晚年则运用态射(morphisms)、范畴(categories)等更抽象的代数概念重新刻画这些认知格式,使之成为一般所言的认知结构。第四,皮亚杰又从逻辑分析的角度描述认知格式的内部运转特征(即所谓"心理逻辑学")。他早年主要使用类逻辑、关系逻辑以及注重外延的命题逻辑;晚年则偏向运用注重内涵的意义逻辑——皮亚杰的儿童认知发展心理学不同于一般信息加工认知发展心理学的最重要特点正在于此。因此,皮亚杰的儿童认知研究是基于逻辑分析而不是信息加工的过程分析,两者是不同的研究范式。第五,从认知格式源自动作、运算这一基本立场出场,势必又会涉及格式产生与发展的功能方面。于是皮亚杰又从生物学(主要是理论生物学)中汲取大量概念来回答结构如何发展以及如何逐步使主、客体达至适应(所谓"同化于己,顺化于物"之和谐平衡状态)等问题,此即所谓发生认识论的生物学类比方法论或曰泛生物学方法论。

以上五个方面的研究,既是发生认识论之整体不可或缺的构成成分,同时也由此形成了一种全新的皮亚杰式的儿童认知发展心理学。在皮亚杰眼中,儿童心理学,特别是儿童认知发展心理学,只不过是其对认识论问题从事思考的"方法论插曲"。这意味着儿童(发展)心理学本身在皮亚杰理论体系中实际上也扮演了一个工具角色。为什么以儿童心理学为工具,乃是因为如皮亚杰所言,文化人类学的资料"稀薄"之故。之所以以儿童个体研究为研究把手,其根本原因乃是文化人类学研究之不足;但同时皮亚杰又坚持:心理的个体发生与科学史同构。皮亚杰有一本重要的著作,其题目就是《心理发生和科学史》(1983)。

因此,可以说:在范畴研究的核心目标下,结构主义方法、逻辑和数学工具、理论生物学类比,甚至儿童心理学本身都只是发生认识论解决认识的研究的方法、手段和途径。

完整地了解皮亚杰的发生认识论必须掌握以上的相关知识,不能使我们对发生认识论的了解只局限于儿童认知发展的四个阶段上。四个阶段只与逻辑分析有关,它们是儿童内在心理逻辑水平的外显反映。

跨学科的知识装备是推进发生认识论研究所必需的,其中特别是认识论、逻辑与数学(形式化重担的承接者)更为重要。

3 皮亚杰理论的"新发展":最后十年研究的主要指向

皮亚杰从写出"白化病麻雀"科学小品的十几岁的中学生到著作等身、誉满全球的国际大师级学者,其间漫长的七十余年的治学生涯,其思想自然会有变化甚至超越,这不足为奇。没有变化则是难以想象的,更何况皮亚杰是一位思想敏锐、兼容并蓄的学者。但平心而论,称得上重大变化的,还是集中发生在其最后十年。因此,有必要把目光聚焦于这一时间段内。这将近十年的时段正好是其新理论或新思想的勃发期。当然,把"新"字放在"理论"前,还是放在"发展"前,何者更为贴切以及皮亚杰是否在这一阶段经历了所谓"君子豹变",创立了堪称全新的"新理论",这是见仁见智的事。我倾向于以"新时期"名之似更宜。或者,更确切地说,这是他在前期播种后迎来的新成果收获期。

厘清皮亚杰理论发展的这一特殊阶段,并非要求在阅读本文集时特别地厚此薄彼,而是希望以发展的眼光来看待发生认识论。诚如皮亚杰自己所言,发生认识论本身将永远处在发展之中,保持着对各种发展可能性的开放。

非常荣幸《态射与范畴:比较与转换》(1987)、《关于"矛盾"的研究》(1974)、《心理发生和科学史》(1983)(其内容要比经典皮亚杰理论时期的《发生认识论导论》丰富深刻得多,因为它运用了下面我们将进一步分析的数学范畴论的某些思想)、《走向一种意义的逻辑》(1987)、《可能性与必然性》(1981)等"皮亚杰理论新时期"里程碑式的重要著作（大多在皮亚杰逝世后才出版）在我访学日内瓦大学(1999.5—2000.5)回国后得到皮亚杰文献档案馆(Archives Jean Piaget)资助以"皮亚杰发生认识论精华译丛"之名出版中文版(2005,华东师范大学出版社)。但我不认为皮亚杰的理论经历过什么颠覆性的变化,抛弃了经典时期的结构-建构的基本思想,更不会放弃活动论以及从活动（动作）中引申的两种经验、两种抽象、双向建构等核心概念,但似乎也不能因为皮亚杰的发生认识论的基本立场未有根本改变就否认其理论又有了重大发展。正如时任皮亚杰文献档案馆馆长的弗内歇教授为该译丛所写之"序"中所道:除被收录于"皮亚杰发生认识论精华译丛"中的以上5本书外,还有《反省抽象研究》(1977)、《概括化研究》(1978)、《关于"对应"的研究》(1980)等,均体现了皮亚杰晚年其思想有某种转变和创新,它们代表了皮亚杰"最后一个阶段的创造",是皮亚杰理论更为成熟的标志。因此,既然是"创造",在某种意义上说它是"新理论"也未尝不可。持有类似观点的学者似亦不少见。

令人遗憾的是,皮亚杰最后十年的几个较大的学术转向,其中有些方面并未引起人们足够重视。

概括地说,皮亚杰最后十年的研究方向偏重于建构过程的深入揭示,更注重和着眼于结构之建构的过程,并以此来深化和细化经典时期所提出的概念。当然,它是皮亚杰对早年结构论的深化与拓展。反省抽象、概括化、矛盾、对应、平衡化及可能性与必然性范畴等研究均属此列。他还提出自然思维的"辩证法的基本形式"(《辩证法的基本形式》,1980),为认知发展的过程解释提供了一种"另类"视角。

此外,皮亚杰这段时期对思维的运算（转换）方面和图像方面的关系重新思考,更加重视不同于转换的"对应"（比较）的作用,使我们对建构过程的理解更为全面。这方面的代表作有《关于"对应"的研究》(1980)以及"论对应与态射"(1975)、"对应与转换"(1979)等文章。这似乎扭转了其早年对非运算功能的轻视,但是否如某些人所言这是"当社会科学领域开始盛行以结构主义作为解释模式的时候,皮亚杰放弃了结构主义",这可以商榷,因为结构与建构不是对立的。没有结构在前,何来建构之说？皮亚杰晚年之作,一定意义上都是对较早成书的关于反省抽象研究的继续和深入(《反省抽象研究》,1977),因为它们都是立足于思维的过程和机制以及建构过程的刻画,可以说把反省抽象的建构特质之描绘,大大向前推进了一步。

至于"必然性"范畴则有其特殊的重要性。它一方面作为康德先验范畴之一有独立研究的价值,同时,另一方面它又贯穿于所有其他范畴（包括皮亚杰非常热衷的物理、数学知识之中）的逐步从可能性走向必然认识的获得过程之中。换言之,全部发生认识论的最终目标其实都经历这一"从可能走向必然"的过程。发生认识论就是关于必然性知识之获得和目标之实现的过程。而关于"科学概念的历史发生和心理发生之间的关系",则是发生认识论的恒久主题,也是皮亚杰终身的兴趣所在。

概言之,在上述诸多新的研究中,具有标志性和重大意义的新成果主要表现在对建构过程的深入研究及新的形式化数学工具("范畴论")的运用、提出新的心理逻辑("意义逻辑")这三个方面。我们分述如次。

3.1 对结构-建构过程及其机制的深化研究

谈及建构过程的深化,我们必然要重提"反省抽象"和"平衡化"这两个概念。它们共同形成一棵"建构"的合抱之树:前者主要指向内部的建构过程和机制;而后者则从功能角度阐述认知发展的机制以及与外部诸因素的功能联系,两者共同承担着结构和机能这两方面之"统领和综合"作用。《反省抽象研究》(1977)、《认知结构的平衡化:智慧发展中的中心问题》(1975)两书分别为它们的代表作。

皮亚杰对反省抽象的兴趣的起点可追溯到皮亚杰早年(20 世纪 20 年代)对动作层面和表征层面(或概念层面)的区分:这意味着反省抽象思想的萌芽。但首次被明确地提及是在《发生认识论导论》(*Introduction à l'épistémologie génétique*,1950)中。皮亚杰在批判那些有关数学概念起源的传统理论时,首次论证了使用经验抽象对建构序数的解释是不充分的而必须使用反省抽象,并使后者成为发生认识论最基本的概念之一。皮亚杰在 20 世纪 60 年代间对反省抽象更为重视。皮亚杰在其第二版增补的重要序言中将反省抽象称之为该书最主要的贡献。

他在稍早时出版的《生物学与知识》(*Biologie et connaissance*,1967)一书中,不仅强调了反省抽象的重要性,更将反省抽象划分为投射(反射)方面(réfléchissement)与反省方面(réflexion),将反省抽象严格地视为逻辑-数学知识的来源。在皮亚杰为 1970 年版的《卡迈克尔儿童心理学手册》(*Carmichael's Manual of Child Psychology*)自撰的"皮亚杰的理论"中,反省抽象占据了更明显突出的位置。但以上仍属经典时期的理论。

皮亚杰等人在 1971—1972 年间完成的反省抽象系列研究(《反省抽象研究》成书于 1977)对逻辑算数或者代数抽象(如"基本算数运算")、规则的抽象(如"排序实践活动")、空间关系抽象("循环运动系统中参照点的移动")等诸多领域或范畴的知识获得或产生的发展过程,尤其对其中反省抽象的发展过程展开了深入细致的实证研究。这意味着对反省抽象的研究进入了新阶段,如更清晰地厘清了反省抽象的三阶段:反射(réfléchissement),即将某个较低发展水平上的结构(如感知的动作协调)投射到更高的水平上(这里协调可能得到了有意识的、明确的理解);反省(réflexion),即在较高水平上对结构进行重组。如果儿童能够正确地辨别不同任务中共通的运算或动作协调,则认为他们进行了再反省抽象;三阶的反省抽象即对再反省抽象进行反省,皮亚杰将之称为元反省或反省思维(pensée réflexive)。

关于反省抽象出现的时期也有了新的变化。皮亚杰认为反省抽象可能并没有固定的位置。他最初把反省抽象与主要阶段序列间的准确关系视为一个经验性的问题。如,在《意识的把握》(*la prise de conscience*,1974)一书中,皮亚杰仍肯定地将再反省抽象限制于形式运算阶段的开始之际,并隐含着将反省抽象与具体运算相联系的意思。但在《反省抽象研究》(1977)中,反省抽象的准线被早早地设置在前运算的后期;再反省抽象则是在具体运算的后半段;只有元反省必须要到该阶段才出现。皮亚杰有时还将反省抽象纳入早期表现形式,如他将反省抽象假定在感知运动早期阶段(再反省则在具体运算后期)——这就意味着反省抽象在感知运动的较高子阶段就已存在了。所有这些有关反省抽象出现阶段的不同说法意味着皮亚杰反省抽象观有了重要发展。

皮亚杰在《反省抽象研究》(1977)中对反省抽象的特征已经用"从一个层面向另一个层面输送格式"对应于"在重构格式的过程中对其进行扩充",但似乎仍未对投射和反省进行明确的比较,也未对反省抽象(abstraction réfléchissante)与它更高水平上的衍生物再反省抽象(abstraction réfléchie)和元反省进行二次细致的对比。

此外,皮亚杰指出反省抽象并不总是带来意识知识,但反省抽象总是涉及获得对自身动作或自身知识性质的意识。

皮亚杰作为一名整体论的思想家,因此,只有将皮亚杰在反省抽象上的研究与其他同期的过程研究相联系,我们才能完整地理解皮亚杰有关反省抽象的思想,其中联系最为紧密的是不同种类的归纳概括化。每一次的抽象都会建立普遍性或强或弱的类;每一概括化则以一次抽象为前提。

皮亚杰假设在进行概括时,主体不是对外在环境中对象的性质,而是对自身的动作或动作之间的协调进行概括。例如,关于"公倍数的建构",当意识到无论任何时候,每次增加 3 个 15 筹码重复这一动作 2 次所得到的结果与每次增加 2 个筹码重复 3 次所得到的结果总是相同的,并且,如果再一次重复 3×2 和 2×3,也会再一次得到相等数量的筹码。那么,在以上的情景中主体所执行的抽象就不是经验性的而是反省性的了;而且当重复 2 次后能正确预测将会发生的结果时,此时的抽象就是再反省的;相应的概括化也就是建构性的而不是演绎的归纳。皮亚杰把这种相关类型的概括化称为是"建构性"的,因为它涉及在更高的发展水平上建构(重组)认知结构。1972—1973 年,皮亚杰与他的合作者们进行了一系列的研究并在后来出版了《概括化研究》(*Recherches sur la généralisation*,1977)一书。这本关于归纳的书也被视作《反省抽象研究》的续集。

意识的把握与反省抽象之间的关系也为皮亚杰所重视。皮亚杰认为反省性意识的对象是我们的动作或动作间的协调。这意味着反省抽象、意识的把握与我们意识到自身动作的性质有着密切的关系,也意味着在没有获得意识的情况下,只可能存在经验抽象。

但皮亚杰在《发生认识论导论》(1950)中对此观点是有一定保留的。他认为并非所有反省抽象都必然涉及意识。因此,在《意识的把握》(1974)、《成功与理解》(1974)两书中(这两本书所涉研究在 1971 年已完成,但直到 1974 年才出版法文版),皮亚杰对无须涉及意识的狭义的反省抽象,与必然涉及意识的再反省抽象进行了区分。

反省抽象与经验抽象关系密切,进而与主体动作分化新的可能并被主体将它们整合为必然性的过程相关联。皮亚杰从其学术生涯早期就已关注我们如何获得关于必然性的知识这一问题。但在很长一段时间里,他止步于基于具体和形式运算结构(尤其是它们的封闭性)的数学性质所得到的答案。然而到了20世纪70年代中期,皮亚杰开始关注以前对可能性与必然性出现过程之解释的缺失,因而在1975—1977年对可能性和必然性展开研究。结果表明反省抽象与两者密切相关。虽然可能性和必然性的发展与意识的把握之间应该存在着联系,不过这种联系似乎并未真正成为后期皮亚杰的研究焦点。

皮亚杰的反省抽象研究还面临某些问题,有些问题甚至是根本性的。如,除了被抽象的属性不同,反省抽象是否在质上与经验抽象相同? 它是否与经验抽象的过程相同而只是被应用在不同的内容上,或者它是一个完全不同的过程? 可能经验抽象选择了那些能够被感知到的性质(简单地说,因为皮亚杰认为从数值数据的抽象是"伪经验的");而反省抽象则选择那些主体协调动作的性质,但从一个动态的观点看这两者都是以相同的方式运作的。

如果反省抽象仅仅是应用于动作的抽象,那么皮亚杰偶尔地对反省抽象在发展早期的坚持①就非常有意义:反省抽象应该与经验抽象同样早地出现。另一方面,皮亚杰将反省抽象分隔为投射的和反省的两个阶段(经验抽象中不存在类似的情况)则意味着它与经验抽象是不同的过程。

类似的还有关于"层级"的问题。对反省抽象的结果可进行反省(再反省抽象),对再反省抽象的成果进行反省(元反省)等,而对之前的经验抽象结果进行经验上的抽象则不会产生类似的层级。

此外,如果反省抽象蕴涵于所有格式的同化的情景中,经验抽象就会沦为一个纯粹的适应性的角色。经验抽象是否像这一描述所说的那样无力呢? 并且任何同化发生的时候都有反省抽象存在,那么反省-再反省-元反省的层级,反省抽象对有关必然性的知识的归纳的作用,以及反省抽象与意识知识的联系又有何意义呢?

由于皮亚杰已经将经验抽象限制在可感知的性质上,并且在他看来知觉是不具有建构能力的,因此皮亚杰最后不得不更进一步地深入于经验主义领域。在皮亚杰的发生认识论中,每当某个维度必须被建构时——如数字和顺序就是明显的例子——观察或记录这些维度上的值后所进行的抽象并不符合经验的抽象,因为它们不是基于知觉得到的。皮亚杰替代地称之为"伪经验"抽象,认为经验抽象对每次增加的数字的抽象也需要被重新定义为伪经验抽象。② 这一区别同样使那些质疑皮亚杰什么是知觉(而

---

① 参阅 Piaget, J. *Studies in Reflecting Abstraction* (2 vols). Sussex: Psychology Press. 2001, Chapter 18.

② 参阅 Piaget, J. *Studies in Reflecting Abstraction* (2 vols). Sussex: Psychology Press, 2001, Chapter 2.

非建构)与什么是建构的划分标准的确使人感到困惑。这提示"伪经验抽象"的概念的正当性或内涵的特异性其实是有模糊之处的。而且,它与两类经验的划分这一发生认识论的基石密切相关,因此这是一个急需进一步澄清的问题。本质上,"伪经验抽象"是皮亚杰所持调和反省抽象和经验抽象之中道立场的产物。但如果调和不成而丧失其合理性,则会伤害双方,因而也就动摇了根本。

皮亚杰是时时处处不放过一切机会抨击经验论的,基本视感知经验对知识获得而言几为一无是处。但是,难道"物理经验"只限于单个动作与物理客体直接接触的界面,并且只能得到诸如冷、热、轻、重等所谓表面的物理性质的经验抽象吗?

皮亚杰有时在某种意义上又把具体运算视为较低水平的运算阶段,这似乎有一定合理性,因为皮亚杰只以"类"与"关系"这两种运算作为它的内涵。因此,作为一个独立的发展阶段的认知能力,尽管重要,但总给人以单薄之感。难道没有其他性质的能力入其法眼吗?我们不否认它们或许具有某种"基础性"存在的本体味道,但它们能涵盖这段漫长的发展时期吗?难道这一时期所有基于"物"的运算性思维活动均只与类或关系的八个群集有关吗?

皮亚杰对"经验的"和"伪经验的"所做的区分对于儿童来说似乎并没有功能上的意义;将这些抽象分别冠以"经验的"和"伪经验的"依据来自观察者对之前的发展水平上必须建构什么以及如何建构的知识。经验抽象与反省抽象则应该根据当前发展水平上的可观察量是什么以及是什么构成了协调来进行区分。

反省抽象总是使某个旧的认知结构被投射到毗邻的较高的发展水平中,被投射的结构因此被反省性地重组为某个新的结构,并且假定这些结构就是我们所熟悉的皮亚杰先前(或同期的)研究中的那些感知运动动作格式、表征格式以及前运算的函数、具体运算群集、形式运算的群、格等结构。但在 20 世纪 70 年代期间,皮亚杰受巴蓓尔·英海尔德、居约·塞勒里尔(Guy Cellérier)等人"日内瓦功能主义"研究项目鼓励,将他的认知论范畴扩充包含问题-解决"程序"。这是一个重大的变化。但如何把随时间发展的程序整合在皮亚杰视为非时间的结构中,这是一个皮亚杰始终在他的理论系统中未能解决的问题。《反省抽象研究》中没有直接提及程序,但程序概念隐含在所有皮亚杰关于实际成功(reussir)的讨论中,并且明确地参与了他在 1976—1977 年提出的可能性与必然性模型中,从程序角度说到了反省抽象。

在皮亚杰后期的思想中还有其他明显的发展,尽管没有被内在地与反省抽象相联系,但它们仍产生了重要影响。如 20 世纪 70 年代早期,皮亚杰对数字和不同物理量的守恒提出了一种新的解释。通过(粗略地)类比加法和乘法的交换性质,皮亚杰认为儿童依靠可交换性来理解数量的守恒。以两个一开始相同大小的黏土球为例,实验人员将其中一个做成香肠状,可以将这一变化作为一定量的黏土被从总量中的某一点上减去,继而又在另一点上被加还至总体进行分析。当然,减去的 n 单位的黏土通过增加 n 单位得到了精确的补偿(实际上皮亚杰似乎设想这些转移是同时发生的,这样每次减去一单位都将被精确地补偿以增加一单位）。如果儿童用这种方式将形状的变化与加减法相联系，他们就一定会得到形状的变化不对黏土总量产生影响的结论。换言之，他们会理解在形状的变化下量是守恒的。可交换性并不内在地与反省抽象相关，反省抽象只与其他这些关于守恒的解释兼容，但所有皮亚杰对守恒的讨论中都有关于可交换性的思想。①

下面，我们考察皮亚杰最后十年对平衡化概念的思想演变。

平衡化概念号称"日内瓦之谜"，它是发生认识论中被最早进入、新时期依然极受重视的最核心概念之一。它甚至与结构概念处于同等重要地位：平衡与结构是发生认识论的形式与机能的发展双轮。而且平衡化概念的演变史也可以很好地诠释皮亚杰的确是一位不断自我修正的"修正主义者"（弗内歇语）。

平衡化概念的最主要源头乃是生物学。平衡化过程与生物调节机制密切相关，甚至内涵相近。

皮亚杰理论新时期展开的研究领域尽管很多，但其实在它们之间存在一条居支配地位的红线，即"平衡化"。平衡化概念皮亚杰终其一生未曾言弃，他最后十年所做的一系列研究应被看作是对平衡化概念的深化。人们对它的迷惑或批评主要所指是皮亚杰的早期言论。随着其后期研究逐步被人们所了解，这样的稍带揶揄的批评之声会弱化的。

平衡化问题涉及发展的动力学，纠缠于目的论，还旁涉系统论、结构论、动力系统论等诸多理论，甚至有西方学者认为它与中国的道家学说都有某种联系。准确地说，其最早的思想来源是柏格森的生命哲学。不过，生命冲动之谜也是不逊于平衡化之谜的待解之谜，两者有得一比。因此是否平衡化也有某种本体论的意味呢？

皮亚杰早年受进化论影响颇深，但这未使他从经验论者转变为拉马克主义者或达尔文式的进化论者。他主要受到了柏格森的影响。柏氏可以说是信奉生命冲动哲学的进化论者。生命冲动具有本体意义，是一种统辖生物的、个体（心理）的、社会的乃至道德的组织原则。各种需求均源自生命冲动，生命冲动在各种进化系统中都趋向于某种平衡。于是，从生物学转向心理学以证实它是一种内在的过程就成了皮亚杰的必然转向。

平衡化与目的学有一定联系。在生物学中，目的学关心的是"有机体适应的本质和机制"。在心理学中，目的学进行的是有关"心理适应"的研究。除了本能和习惯之外，大多数适应活动都与智力有关。因此，"心理目的学"主要关注智力行为。皮亚杰认为，"智力"与"意图"甚至与"通过把自身所具有的各种方法加以重新组合，使其思维或动作适应于目标"的能力，三者几乎就是同义词。

---

① 参阅 Piaget, J. *Studies in Reflecting Abstraction* (2 vols). Sussex：Psychology Press，2001，Chapter 5、10、12。

在平衡化与适应的背后,都晃动着"目的学"的身影,它们都得求助于"目的学"的思想以消除各自的某种神秘性。当然追问仍可继续:"目的"何以成"目的"?

目的学试图在机能或目的方面对自我调节系统的行为加以解释和说明,简言之,即用目的来说明行为。

目的学与目的论不同,因为它只把"目的解释"限于行为领域。目的学并不认为所有的现象都有其机能和目的,只有那些由生物或心理系统产生的,或者由人设计的人工自我调节系统产生的现象,才具有自身的机能或目的,而且只有那些有意的行为才会为人所意识。[1]

总之,与人有关的系统才有目的,因此它把"目的"机能化了。目的就是人的某种机能,行动(动作)总以行动者的(即人的)存在为前提的。

皮亚杰甚至在其一生的最后著作《推理》(Reason,2004)中仍念念不忘平衡化思想,它与皮亚杰生平的第一部著作《求索》(Recherche,1918)中追求万物平衡的初衷可谓实现了完美的人生呼应!

皮亚杰在为《认知结构的平衡化》(1975)一书所写的"序"中坦承,这本书是对《逻辑与平衡(1957)》一次完整的重新修订(可对照两书书目深入分析),并认为后者"提出的平衡化模型是不充分的,所以必须对整个问题(指平衡化问题)进行重新检验",而且指出,认知结构的平衡化问题在知识发展中所引发的所有问题中"占据统治地位"。这提示我们,皮亚杰理论的新发展的确在多方面具有新意和创造,重视对这些新发展的学习与理解应成为我们阅读本文集的重点;但同时也说明皮亚杰理论的新发展与经典理论存在着自身的联系与传承关系。具体到上述两本书(以及其他类似的先后出版的同领域著作)而言,后书并不是对前书的否定,因为前书只是"不充分"而非"错误",没有前书也没有后书。皮亚杰对"平衡化"概念的坚守,可能与一个终身萦绕于怀的问题相关,即发展的动力究竟何在?对柏格森"生命冲动"引发的早年最初的思想冲击波延续至晚年也未有停息!

皮亚杰在此书中,全面修正了他对平衡化这一核心发展功能的论述。平衡化的机制与反省抽象一样,也经历了相当大的变化和细化。在其最终形态中,平衡化的理论被分为三种类型:最基础的是同化与顺化之间即格式与外部对象间的平衡;其次是总系统内相邻子系统之间的互反平衡,以及整合与分化之间即子系统与其所属的首要系统之间的平衡。而且,皮亚杰还特别强调了平衡存在于肯定与否定间的补偿关系中;不平衡则在肯定与否定无法完全抵消时发生。皮亚杰认为肯定的建构通常先于否定,并且"否定"的这种滞后在较早的发展水平(感知运动时期和前运算时期)最显著。《关于"矛盾"的研究》(1974)对此也有所述;在另一本稍后的皮亚杰晚期著作之一《辩证法的基本形

---

[1] 参阅 Piaget, J. *The equilibration of cognitive structures*: *The central problem of intellectual development*. The University of Chicago Press, 1985.

式》(*Les formes élémentaires de la dialectique*,1980)中更以较多篇幅重新审视了由肯定和否定间的不平衡而导致的思维中的矛盾。

如果说活动(动作)是发生认识论最核心的基石,然后格式、协调、反省抽象、概括化乃至结构等均可组成一列火车(我们也可称其为结构系列),那么平衡化则是这列火车发挥其功能的动力,是前行的引擎。结构何用?通过平衡化实现生物(广义的)适应目标。对火车而言,则可以理解(更具象地)为提供动力的燃料、电力等,它们是结构发展的动力方面,是功能作用的用武之地。

下面略述平衡化概念对其他同时期皮亚杰著作的统领作用。

先以矛盾研究为例。《关于"矛盾"的研究》(1974)一书在《认知结构的平衡化》(1975)稍早前出版,被认为是"国际发生认识论中心"(International Center of Genetical Epistemology)研究重点的一次重要的转移。以前的重点放在因果性问题上,致力于分析具体物理系统之结构建构的方式,只考虑因果解释,拘泥于特定物理问题的解决。而在《关于"矛盾"的研究》中,则将关注重点转移到"所有知识的创造过程",即找出心理发展的一般机制,而不再是发展的结构。

对皮亚杰来说,矛盾是肯定性和否定性之间的一种不完全的补偿。当肯定性和否定性之间出现不平衡或不能完全补偿,即所谓"去平衡"时,矛盾就出现了。一旦儿童明白了任何一种肯定都能被一种否定所补偿,他就能克服矛盾。这就是心理运算中最重要的可逆性原则。皮亚杰认为有三种类型的矛盾(三个阶段):完全只关注肯定并对否定完全忽视;对肯定和否定进行尝试协调;在整个可逆系统中超越矛盾。

矛盾能被超越意味着矛盾只是观察或推理过程中的暂时性错误,意味着它可以被肯定和否定之间更高的平衡之必然重构所抵消。在个体思维和科学知识的发展中都会经历这样的过程。那么,为何皮亚杰如此热衷于"矛盾"研究呢?这又与平衡化有关。皮亚杰认为,"认知的平衡化除了暂时的终点之外,永远也不会表明终点之所在,对此,我们没有什么可以哀叹的……相反,平衡状态总会被超越这一事实应该归因于一些非常积极的方面。所有的知识都是在解决前面一个问题的同时,又迎来了新的问题"①。

因此,在皮亚杰关于矛盾的新概念中,逻辑水平最为普遍一般的矛盾形式是"肯定与否定之间不完全的补偿"。整个《关于"矛盾"的研究》一书,集中讨论的就是矛盾与平衡化之间紧密的相互关系。因此,不夸张地说,破解"矛盾"之路亦即理解非可逆性如何转化为可逆性的通达途径。

并且,在处于前逻辑形式阶段面对有关守恒、可逆性和推论产物缺少必然性等问题时,上述三种情况所造成的"矛盾"过程是不可避免的。因而这一事实迫使我们更近地研究矛盾与去平衡的关系,并将它作为可逆性与平衡化之间关系的补充。因此有足够

---

① Piaget, J. *The equilibration of cognitive structures: The central problem of intellectual development.* The University of Chicago Press, 1985, p.19.

的理由认为《关于"矛盾"的研究》又使得皮亚杰建构发生认识论的工作向前迈出了重要一步。

不过要指出,皮亚杰"始终用平衡化和平衡的缺乏"即不平衡来解释实际矛盾在思维活动中的存在并断然拒绝视"矛盾"为第一动力的思想,但也肯定矛盾在智慧、知识和科学发展中的作用,特别通过实验证实"去平衡总是由肯定与否定之间不充分的补偿造成的",显示出这一普遍一般的特征也有不同的形式,即可分为逻辑-数学和物理学两种类型。①

一言以蔽之,如果肯定与否定之间补偿的缺乏持续了我们可以感觉到的任意时间(意即持续了相当时间),这不是因为它们之间的冲突的结果,而是因为肯定的特征具有直接性,压倒了对否定的理解。肯定与否定此时的非对称性产生的矛盾,在很长时间内不为主体所觉知,因为意识到它们的存在是以否定的建立为先决条件的。

关于《关于"矛盾"的研究》这本书,其目的是阐明"矛盾"与动作(或思维)的"去平衡"两者之间的相互关系。矛盾的运行与"可逆性"和"平衡化"有着对应的关系,但后者为主导方面。因此,皮亚杰反对布鲁纳认为"平衡化概念的提出无其必要,渐进的可逆性概念本身就足以说明问题"的观点。

但是,问题在于,所谓"渐进"的可逆是如何实现的?归根到底,要说明两种可逆性的本质属性"互易的相互关系"和"正反之间的转换"是如何发生的?

但是,一旦说到矛盾,情况会变得更为严重。为什么?因为在分析"去平衡"时,总能发现"矛盾"形影相随。那么,"矛盾"与"去平衡",谁是谁的来源呢?

根据皮亚杰,可逆性依赖于平衡化,是平衡化的最后产物。"运算的可逆性是一次未经打扰的、渐进调节的最终产物"。而且,基于此,我们可得出这样的反证:"是去平衡造成了矛盾,而非矛盾是去平衡的来源"。于是关键是要确定"去平衡是由什么构成的",即"一个去平衡可以随后成为一个矛盾,而不是以矛盾作为先决条件"。这是坚守"动作是认识之源"的必然立场。主体迟早将经历一种机能上的"矛盾",然后再接着"当有了一种对不同结果的比较,并且怀疑其同一性到底是真实的还是表面的时候",这时的"矛盾"就变成结构上的"矛盾"了。

《可能性与必然性》(1981、1983)也是皮亚杰晚年一本重要著作。皮亚杰早年关于可能性的著作《儿童概率概念的起源》(1951)主要描述从婴儿的唯我论开始,到儿童的自我中心,再到儿童中期的朴素现实主义,其间需要很长的一段时间(日内瓦儿童约是12年)才能发现现实性和可能性之间的关系。新的研究的着眼点则是考察儿童对可能性的理解如何随年龄而发展及如何与运算结构相联系的。可能性不能产生于逻辑运算,因为逻辑运算植根于必然性。皮亚杰坚持认为,可能性的发展为心理运算的发展做

---

① 参阅 Piaget, J. *The equilibration of cognitive structures: The central problem of intellectual development*. The University of Chicago Press, 1985, Chapter 4、5.

好了准备,而不是相反。因为只有当儿童在关于"关系"的时间系统中对"所有的可能性"进行组织的时候,相应的数理逻辑结构才会产生。

必然性的发展经历有三个阶段:(1)前必然性或伪必然性,即把现实与可能性等同起来,所谓"现实是唯一的可能,也是唯一的必然"。(2)有限必然性,即指某些必然性能够通过一些有限的方式引起另一些必然性。儿童此时尚无法考虑所有的可能性。(3)无条件的共必然性,即通过对所有可能性(现实或不现实的)思考,实现了无条件共必然性的条件而达于该水平。

应该指出,在思考某些可能性时,儿童会以"把它的否定性加以排除"的方式来达于必然性认识。这一点显然与《关于"矛盾"的研究》一书中提到的关于肯定和否定之间的平衡化理论有关。肯定与否定之互补的可逆性实际上把矛盾、平衡化、必然性和可能性等概念有机地联系在一起了。因此皮亚杰晚年在几乎同时或相近时间开展了这些方面的研究和探索,这不是偶然的。

总之,必然性并非如经验论者声称的那样从现实中抽取而来,而是产生于个体对可能性、可能性之间的关系及其达于平衡的必然性建构。

我认为可能性与必然性是皮亚杰最好的范畴研究,也是皮亚杰新理论的重要部分。它们属于模态范畴,自然地,模态逻辑不是皮亚杰的研究对象,因此同样也没有公理化的任务(不排斥形式化,但显然皮亚杰未能对两个范畴的心理运算实现了形式化)。

重要的是,皮亚杰在新阶段以这两个范畴为标志重启了范畴的研究,因而自然会广泛汲取同时期或稍前时间的研究成果,更好地达到对这两个范畴建构过程的揭示。因此,可以说它们是皮亚杰整个范畴研究中,把范畴研究与认知过程结合得最好的两个范畴。

皮亚杰关于发展最广义的解释是对平衡化的解释。但即使对平衡化进行了充分的细化后仍存在缺漏。基础的平衡化与其和物理环境的相互作用有关;更精细的形式则与认识主体内的内在调节和整合相关联。但它们都没能够解释我们是如何意识到自身的认知过程或动作协调的。比如,如何在旧的结构上建构新的认知结构的? 这说明平衡化依赖于反省抽象。皮亚杰还认为任何时候只要存在同化框架,就存在反省抽象。但是,在皮亚杰的理论中,儿童对任何事物的学习都伴随着对某一同化框架的使用。因此,如果使用同化框架就意味着进行反省抽象,那么反省抽象将不仅仅只是平衡化的一个方面,而是在所有任何发生平衡化的地方都能找到。

综上所述,反省抽象与平衡化在认知的内容与形式方面,各司其职,携手同行,共襄"认知发展"之大局。

3.2 意义逻辑:心理逻辑学的新视角

所谓心理逻辑学的新视角,就是从基于外延的心理逻辑转向注重内涵的意义逻辑。

为什么会发生这种转向,原因不外乎内外两方面。就心理逻辑学自身而言,它以实际思维为研究对象,因而必然是以更注重内涵即推理的意义联系的自然逻辑为取向的。自然逻辑之实际推理是意义联系而不是由外延引导的。因此,这一转向是迟早会发生的,是对象使然。另一方面,则是当代基于外延的形式逻辑的缺陷所致,心理逻辑与此为伴难免受累。

众所周知,自弗雷格(G. Frege)以降,现代逻辑总体而言都是外延逻辑。而且,自真值函项逻辑的引入,同时带来了所谓"实质蕴涵"的麻烦和析取三段论的困难。尤以前者麻烦为最,形成所谓蕴涵怪论:"一个真命题为任何命题所蕴涵,而一个假命题则蕴涵任何命题。"因为在外延逻辑中,实质蕴涵是作为一种真值函项定义的,即 $p \supset q$ 仅当 p 真而 q 假($p \cdot \bar{q}$)时,其为假;而其他情况下($p \cdot q$ 或 $\bar{p} \cdot q$ 或 $\bar{p} \cdot \bar{q}$),一律为真,甚至当 p 与 q 之间不存在任何意义联系时亦是如此。

当然,对命题的真假及命题间的关系的认知难免受限于个体经验和人类整体"科学"水平,因而实质蕴涵的运用至少也有一定的积极意义,即它有时可能有助于我们对未知世界的探索,因为它对未来保留着更多的可能性,尽管当下的思维与常识或与已知的知识相悖。

但逻辑是为经验科学服务的。这样的一种外延逻辑即便把"蕴涵"中通常的含义弱化而仅以所谓"条件"(conditional)视之,也不能避免运用蕴涵($\supset$)的真值函项定义在某些情况下与经验科学的科学理论的实际建构过程不一致——因为它会导致表示为 $p \cdot \bar{q} \supset q$ 的逻辑矛盾!它虽是命题形式之公理系统中的永真式,但却表示的是一个逻辑矛盾!因此,$p \cdot \bar{q} \supset q$ 这一真值函项是无效的,是难以充任经验科学的理论建构之合适的逻辑工具的。

所有这些,引起逻辑学家们对基于外延的真值函项的合适性产生思考和怀疑。于是,在20世纪50年代末,"内涵"的观点被重新引入现代逻辑。直至70年代,安德森(A. R. Anderson)和贝尔纳普(N. D. Belnap)的《衍推:相干与必然的逻辑》(*Entailment: the Logic of Relevance and Necessity*)的问世,新的相干(relevance)和衍推(entailment)逻辑的命题演算系统,把"实质蕴涵"($\supset$)改造为相干蕴涵($\rightarrow$),标志着另一种显著不同于以前外延逻辑的新的内涵逻辑的诞生。

在皮亚杰新的意义逻辑中,其核心概念是"意义蕴涵",即当 q 的意义被包含在 p 的意义之中,并且这种意义又是传递性的(transitive),那么就可以说 p 蕴涵 q($p \rightarrow q$)。皮亚杰认为在意义的逻辑中,其最重要的运算就是"意义蕴涵",即"如果 q 的一个意义存在于 p 的意义之中并且这种意义是传递性的,那么 p 蕴涵 q($p \rightarrow q$)"。皮亚杰意义逻辑显然与安德森等的内涵逻辑立场一致。

关于心理逻辑学本身的研究要区分皮亚杰早期(或曰经典时期)的心理逻辑学研究与后期(或曰皮亚杰理论新发展时期)的心理逻辑学研究,与它们相对应的是不同的外延取向和内涵取向的形式逻辑学。以皮亚杰的著作来划分,《论逻辑运算的变换:256

个二值命题逻辑的三元运算》(1952)、《从儿童到青少年逻辑思维的发展》(1955)、《儿童早期逻辑的发展:分类和系列化》(1959)以及《运算逻辑试论》(1949)等都属于经典外延阶段的运算(心理)逻辑研究范围,尤以《运算逻辑试论》为其标志。《论逻辑运算的变换:256个二值命题逻辑的三元运算》最为烦琐,但此时所对应的形式逻辑学仍是外延性的。后期的心理逻辑学的代表作是皮亚杰与加西亚合作撰写的《走向一种意义的逻辑》(*Vers une logique des significations*,1987/*Toward a logic of meaning*,1991)。皮亚杰为此书所写"导论"宣称,它是"沿着一种意义逻辑的方向,完善和修正了运算逻辑"。因此,它是皮亚杰继《运算逻辑试论》之后,对心理逻辑学的"二次革命"。它"在内涵意义上特别说明诸如'和''或'等逻辑联结词的运用",尤其指出"意义蕴涵"如何不同于"实质蕴涵"而避免了后者的"悖论"。

皮亚杰认为意义与意义蕴涵这两个概念又有所区别。他认为关于意义的形成与增加、它们的多样性及共同特点等研究属于"意义的意义"范围,是对"意义"的研究;另一类研究则是关于意义蕴涵的分析。

但意义同意义蕴涵又是不能分离的:一方面,它们具有某些共同的特征(例如,通过一种包含或相交而相互联系);另一方面(也是更重要的),它们处于一个圆的两极,即像螺旋一样发展。它们的关系更可从"任何可观察之物总是与一种解释相联系"[①]这一点来理解。因为在解释时,必然地不仅涉及意义,同时也涉及这些意义之间以及它们与先前意义之间的推理关系——这种推理只能首先由意义之间的蕴涵然后由动作格式之间的蕴涵所构成。概言之,一切后成的行为,它们的意义和蕴涵是通过工具(认知格式)的使用而为主体所构造的。

为什么说经典皮亚杰理论时期的心理逻辑学特别是形式运算阶段的运算逻辑是外延性的,盖因与皮亚杰所说的"运算逻辑"相对应的形式逻辑是外延性的逻辑;INRC四元群与16个二元命题的组合系统、256个三元命题的组合系统中的所有逻辑关系(又称"逻辑组件")都是基于外延来定义的。皮亚杰使用Venn氏图来表示16种二元命题运算形成的格结构,又借用"群"这种代数结构来描述命题运算的转换结构(机制),这一切都是建立在外延逻辑的基础上的。这特别反映在所谓形式运算的命题阶段。皮亚杰对析取、合取、蕴涵等逻辑关系的定义与当代数理逻辑相同,特别是INRC群和16个二元命题运算所组成的组合系统完全依据的是外延逻辑。

由于前述外延逻辑的局限(蕴涵悖论、析取三段论前提的相容性问题等),以及受安德森和贝尔纳普的《衍推:相干与必然的逻辑》的影响,皮亚杰晚年对心理逻辑学的探索从20世纪70年代间对现代形式逻辑中蕴涵(implication)的标准表述(由"如果"和"那么"联结的语句之间的关系)不满开始,因为他认为这不足以描述人的真实思维。于是

[①] J.皮亚杰、R.加西亚:《走向一种意义的逻辑》,李其维译,华东师范大学出版社,2005年,导论,第7页。

促使他与外延性的"实质蕴涵"分道扬镳,提出了另一个称之为"意义蕴涵"(meaning implication)选择,展开了关于对动作间、认知运算间、命题间的蕴涵关系进行研究的宏大计划(1978—1979),但直到他逝世仍未形成一个满意的意义蕴涵的心理逻辑体系。这些相关的研究最终被集中收录在其身后出版的《走向一种意义的逻辑》一书中。皮亚杰生前出版的《逻辑运算试论》(1972第二版),也由格里兹(J. B. Grize)根据意义逻辑而重新撰写,主要修改在运算逻辑中的命题逻辑部分。因此,该新版的运算逻辑被改写为运算逻辑′。运算逻辑′是运算逻辑与意义逻辑的融合。① 这一阶段的意义蕴涵,最初以系统化而产生的稳定的结构为特征,是一种动作之间的感知活动的蕴涵。随着符号功能的获得与完善,于是最终导致"语句陈述之间意义蕴涵"的出现。

意义蕴涵的出现成为皮亚杰理论新发展特别是新心理逻辑学的标志性成果。皮亚杰自认为,那些构成动作或运算之间的意义蕴涵,"如果我们没有说错的话,以前几乎还没有人讨论过"②。"我们观察到在动作背景中的不成熟的运算的形成,其中的每一运算都与命题逻辑中的16个二元运算中的每一运算同构。自然地,这些先行运算是孤立的,它们与具体特殊意义相关联,而不是已组织成为结构整体(如,群集等)";"重新发现这些动作协调水平的16种运算在演绎思维之前(毫无疑问,更在INRC结构被使用之前)就存在,这真是一个令人惊讶的富有启示的现象"。因此,揭示这种逻辑的构造构成了运算逻辑的一种自然的和必然的延伸。③

概言之,皮亚杰和加西亚的《走向一种意义的逻辑》是对早期有关运算逻辑的扩展和修正。这一目标是通过临床谈话中儿童对自己动作所显示的意义联系,运用一种内涵逻辑来予以说明(一定程度的形式化)。

皮亚杰试图"通过两个方面重新阐述运算逻辑":首先,构造一种意义逻辑,运算逻辑会自然地从这种意义逻辑中产生;其次,对命题逻辑进行新的形式化(以前这种形式化过于依赖于外延逻辑了)。

皮亚杰认为,应通过感知运动的动作之间的蕴涵来审视逻辑的根源。未形式化之前的逻辑也是逻辑,即心理逻辑或主体自认的此时-实时起作用的逻辑,推理就用到了逻辑。"动作之间的逻辑(主要是蕴涵)只能是意义的逻辑"。(注意"只能"二字!)"在这种逻辑中,蕴涵并不限定于语句陈述:根据主体的观点,每一动作或运算都被赋予意义"——主体赋予动作以意义或动作具有意义。这就既可以"在动作的意义之间"处理蕴涵的系统,也可以"在运算的意义之间"处理蕴涵的系统。④

---

① J.皮亚杰、R.加西亚:《走向一种意义的逻辑》,李其维译,华东师范大学出版社,2005年,第131页。

② 同上,导论,第7页。

③ J.皮亚杰、R.加西亚:《走向一种意义的逻辑》,李其维译,华东师范大学出版社,2005年,导论,第6—7页。

④ 同上,第4页。

推理的最初形式是动作的蕴涵,它是一种动作意义之间的蕴涵,是皮亚杰所开创的所谓"前逻辑"或曰"原始的逻辑"(protologic)研究对象。前逻辑是相对于运算逻辑而言的,此时内容和形式还较少分化。

那么,如何判定早期推理的存在呢?只要"对动作的意义和动作的因果性加以仔细地区分",通过主体关于动作之链的期望和预期就可以证明推理的存在。皮亚杰把"推理"回溯和推进到最基础的动作水平。因为一个包含着预期的动作蕴涵,从其开始之际,就与某种目的有关,并受其有效性或有用性的评价(即该动作是否达于主体的目的),因此它就构成了一种逻辑,即使是在最原始的水平。

最初水平的动作蕴涵是导致演绎工具形成的准备阶段。演绎工具的最终形成历时很长,它是一个艰巨的过程,其间反省抽象功不可没。例如,以容器-内容的格式为例。儿童首先通过把某物放在自己嘴里,于是先建立了"把什么东西放入一个人的嘴里"这一格式,然后再通过"反省抽象"建构了容器-内容的格式;再后来,他又把这一格式延伸至新的、多少有点相互协调的格式或亚格式,诸如放入和取出、注满和倒空,或者重复某种有趣的动作使原来作为"内容"的东西成为另一个更小东西的"容器",如此使业已建立的容器-内容格式得以巩固并成为一般而普遍的认知工具。

可能性概念的发展似与意义蕴涵的发展同步。正如皮亚杰所言:"我们最近的工作……是关于可能性和必然性的研究,随后是关于一种意义逻辑之构造的研究,它们提供了一种更清楚的证据支持建构主义的理论及其对新的概念和运算之个体形成的解释。"皮亚杰特别指出意义逻辑在其中的贡献,认为意义逻辑是一种描述"不断扩大的"平衡过程的自然工具。这显示意义逻辑与平衡化过程紧密相关,它可以作为后者的形式化手段和描述工具。不断平衡化就是不断建构,即"在发展的所有水平,都存在动作或意义之间的蕴涵,因而存在着辩证的联系,这种联系导致主体超越他已经获得的东西"①。

《走向一种意义的逻辑》一书可以说是皮亚杰的运算逻辑与《衍推:相干与必然的逻辑》的"会聚"之产物。当然,这一会聚并未使运算逻辑成为相干逻辑(尽管它们有共同的对意义的追求),因为根本上,相干逻辑不可能为运算逻辑提供形式化的工具,相干逻辑是公理化的形式逻辑;运算逻辑是实际思维运算,它有形式化的任务,却无公理化的义务。公理化的逻辑形式是不可能作为后者的刻画工具的。它需要的是另一种形式化,一如外延时代的形式逻辑与运算逻辑的关系一样。"内涵"时代的相干逻辑(LR)与运算逻辑(LO)的关系本质并未改变。

相干逻辑(LR)与运算逻辑(LO)的"途中巧遇"后,应该说,皮亚杰从巧遇中所获更大。这不仅因为《走向一种意义的逻辑》在《衍推:相干与必然的逻辑》之后才诞生,更在于皮亚杰在对意义逻辑的诸多解释中多有吸收相干逻辑的思想,是皮亚杰主动进入了内涵(意义)逻辑的新程。

---

① 参阅 J. 皮亚杰:《可能性与必然性》,熊哲宏等译,华东师范大学出版社,2005 年。

皮亚杰在《走向一种意义的逻辑》编者前言中,提出了相干(relevance)和内涵(intension)作为自然演绎的基础。因此,研究的中心问题就是"发现作为内涵之间一种联系的相干之动作起源,以及发现相干在自然逻辑之发展中的作用"。皮亚杰举了一个很好的例子予以说明内涵是如何相干的:

一个钩子在被一名婴儿用之钩起一只卷尾巴玩具猴时就与婴儿相联系了。因为,此时钩子的部分意义是:存在它可以进入玩具猴的尾巴圆圈的可能,于是可支持另一个物体或把这两个物体紧密联在一起。同时,玩具猴的卷尾巴的部分意义是:它能够把玩具猴与某种支持物相联结。于是,这说明这两个物体的内涵是彼此相干的,并且与想要得到玩具的儿童的意图也是相干的。

"意义"产生于主体把同化格式归属于客体,一个物体的意义"是对物体所能够做的东西"。这里的"做",既包括动作水平的操作,也包括运算水平的"语言描述"。

当儿童能在动作之间预期一种关系时,这就提供了其间存在逻辑的证据,因为预期需要推理,推理必然要求一种逻辑的关系,即蕴涵。此时的蕴涵是一种原始的动作蕴涵。

意义和同化作用不可分,因此与作为同化工具的认知结构(格式)也不可分。它们是相互依靠和互助的关系。"由于意义是在把客体同化于主体的结构之后发生的,因而互反地,全部的同化又产生了意义",并且"可观察时间的因果连续对意义之间的蕴涵来说是其充分条件"。当然,此处的"可观察条件"并非指知觉条件,而是与动作相连或更准确地说是主体连续动作所引起的。"可观察条件"可以发生得很早,其"最基本的水平甚至在新生儿形成整体的知觉形象的过程构造动作、客体和关系的格式之际就出现了。因为有'可观察时间的因果连续',就有了动作水平的蕴涵"。正是这一初始水平的蕴涵,逐步构造了新生儿关于自身动作、客体和关系的格式,形成了他们各自独特的世界。"儿童首先出现的认知努力只是通过可重复的动作去执行许多相对可分离的和稳定的元素(动作格式的起源)"。而且,所谓"客体"和"关系"就形成了,且可以作为意义蕴涵和动作推理或蕴涵的内容。这就是最初水平的蕴涵。

皮亚杰认为,16种二元命题组合在人类婴儿的动作中就已经存在了。皮亚杰立足于"意义",重新解释命题之间的组合,因为每一个元素都有意义,所以每一个元素都暗含其他的元素,这一现象体现在人类身上就表现为一些事物引起另外一些事物——这些事物可以是客体、行动或思维等。

加西亚(R. Garcia)在为《走向一种意义的逻辑》的1999年英译新版中添入了一段1987年法文原版中没有的文字,突出了相干与运算逻辑的三个共同的基石:第一,逻辑开始于推理,而推理主要是意义之间的蕴涵;第二,命题逻辑中的逻辑联结词是经由推理(即蕴涵)引入的;第三,真值函项逻辑只是命题间的非常多的可能联系中的一种特殊情况:其中某些联系可能较之另一些联系更合适于描述科学推理中命题之间的关系。

衍推逻辑以一种与运算逻辑′(基于意义蕴涵的心理逻辑)相类似的方式进行思考,

但它有不同的理由。

如果说，自然地从意义出发来看待动作之间的联系，这样所获得的推理或蕴涵肯定不可能是"纯"外延的，稍后在动作内化后的命题之间的蕴涵也肯定如此。但对衍推逻辑来说，则从一开始就是自觉地、主动地要避免外延性的困难。它在严格的形式基础上，通过精确设定的规则，从推理开始以及在推理基础上确定可接受的蕴涵（即衍推）。随后引入的各种联结词，它们与命题之间的大量可能的衍推相对应。联结词的这种多样化是十分符合在心理发生水平上所发现的情况的。这成为运算逻辑′的本质特点。《走向一种意义的逻辑》一书中的实例就是极好的说明。

具体说，衍推和运算逻辑′的相似之处首先表现在它们都对外延逻辑不满，但不满理由不同：运算逻辑′由认识论的考虑所指导；衍推逻辑其构造则是纯形式的。从发生认识论的观点来看，当一名儿童能够预期动作之间存在某种关系的时刻，逻辑就已开始了！当然，这种关系何时发生以及怎样发生，这是有待发生心理学回答的。动作的预期意味着推理。推理已经涉及一种逻辑关系：蕴涵动作之间的关系就是一种动作水平的蕴涵。命题之间的蕴涵则出现很晚。"纯"外延性一开始就被排除。其次，两者都把推理（inference）视为建造一个逻辑的开始过程。"在所有水平上，甚至在最原始的水平上，任何知识的形式都包含一种推理的（inferential）性质，不过它也许是内隐的或是原始的"。加西亚认为，"这种推理的性质是皮亚杰理论的基石……这一点怎么强调也不过分。我们坚持以下立场：这是一种建立在发生心理学的经验的发现之基础上的认识论的主张"[①]。因此，从发展的观点来看，逻辑在命题出现之前很久就已开始了。逻辑的关系不是建立在语言关系基础上的。

每一种类型的形式逻辑，每一种公理化的形式逻辑，理论上都存在一种相应的心理逻辑。或者，都可以在心理发生上来找到其根源。否则，这种形式逻辑对正确思维来说就是无用的。更"自然"的自然逻辑（心理逻辑）总是可能的，但形式化的路还很长。形式逻辑本身的未来和皮亚杰心理逻辑学的未来，两者是有区别的。应特别注意：皮亚杰的意义逻辑并不是形式逻辑中的相干逻辑。相干逻辑的目标仍是追求建构某种公理系统。皮亚杰的意义逻辑所描述的仍是"实际思维"，并不以建构公理系统为目的。皮亚杰对相干逻辑既顺应形势，为我所用，突出意义蕴涵的作用，同时又不盲从而迷失自己的主攻方向。按照弗内歇的观点，皮亚杰的"意义逻辑"，"某种程度上"超越了安德森和贝尔纳普的相干逻辑。皮亚杰的意义逻辑虽有形式化的期待与追求却无公理化的任务。皮亚杰并未使自己成为逻辑学家，心理逻辑学的新形式和新阶段也未使之变成纯逻辑学。

[①] J.皮亚杰、R.加西亚：《走向一种意义的逻辑》，李其维译，华东师范大学出版社，2005年，第112页。

3.3 范畴论:刻画建构过程的新数学工具

首先应澄清,此处所说的"范畴",不是康德意义上的先验逻辑的知性范畴,而是抽象代数范畴论之"范畴"。谈到建构过程的新数学工具,无法绕开范畴论之"范畴",就像早期的结构绕不开"群"一样。

皮亚杰终其一生都在追求对认知结构之建构过程进行精细化描述。早年仅局限于概念的描述,晚年则求助于一种具有更少限制、更高抽象(是否更高级另当别论)的形式化工具:抽象代数中的范畴论。对于皮亚杰应用范畴论之效果,似尚有待商榷。对此有兴趣者可参阅我为《态射与范畴:比较与转换》一书所写的长篇导读,我曾列出了几个思考的重点方向。至今立场无大变,有些新的想法,略陈于后。

《态射与范畴:比较与转换》所涉之大量研究完成于 1973—1974 年,成书于 1975 年,出版在 1980 年,是有关"对应"研究系列之一。它是皮亚杰与恩里克斯(G. Henriques)、阿希尔(E. Ascher)等皮亚杰学派的著名学者合作的一本极其重要的著作,是皮亚杰晚年对认知的图像方面的看法有重大变化之后的必然产物。皮亚杰以新的数学工具(态射与范畴)来分析和刻画认知结构的建构,其创新意义不言而喻。

美国麻省理工学院终身教授西摩·巴贝尔(Seymour Papert)在为该书所做的"序"中指出:"本书对皮亚杰以生物学和思想史来说明其关于连续性的观点之成熟立场有非常清晰的表达。同时,它也提供了一种最有趣的尝试,即充分描述应用连续性假设的一个非常复杂的形式作为实验指导。"[①]本文集的"序二"撰写者莱斯利·史密斯(Leslie Smith)教授也曾在为此书所写之书评中对该书给予高度评价,认为该书为知识建构提出了新的理论解释,是一项跨学科合作研究成果,显示了在范畴理论上颇具专长的数学家们的杰出贡献。

在此书中,皮亚杰的着眼点不再是阶段和结构,而是对其建构的过程、程序和机制展开讨论,并且试图以此说明现实性、可能性和必然性之间的关系。

范畴论在抽象代数发展史上是在群论之后而诞生的。何谓范畴?范畴是从数学的各个领域中概括出来的一种高度抽象的数学系统。"对象族"及其"态射"集合是范畴的两大要素,而尤以"态射"概念最为核心与根本。态射也是映射,但它是映射的复合,而非指单个的映射。"态"者,保留某种结构之态也。因此,对态射来说,重要的是使对象的原有结构保持不变;然后通过它,才可产生新的结构。在态射中,结构是守恒的;而范畴是对象及其所有可能态射的类。所以,在此意义上,也可以说范畴是结构的结构。若

---

① J. 皮亚杰、G. 恩里克斯、E. 阿希尔:《态射与范畴:比较与转换》,刘明波、张兵、孙志凤译,华东师范大学出版社,2005 年,前言,第 41 页。

此时的对象族是由"群"构成的话,那么由此而形成的"群范畴"就是比"群"更抽象的结构。

因此,归根结底,皮亚杰何以对数学范畴论感兴趣,何以要使用范畴论模型来刻画发展阶段,这是因为皮亚杰从范畴论中看到了对他的建构理论非常有用的东西:传统的群、格模型,都是对结构的静态的刻画,着眼的是建构的"结果",而态射产生范畴的着眼点则是"结果"形成的过程。这自然符合描述建构过程所需。如果说布尔巴基母结构模型为皮亚杰关于"类""关系"的具体运算的结构确立了"结构主义"的结构本质,那么对建构主义的建构本质予以刻画则有赖于范畴论。

我们已知,皮亚杰关于具体运算和形式运算的结构是基于某种规则的转换(运算)所构成的,且可用"群集"(半群)或"群"来刻画这些已成的结构。因此说到底,这种刻画仍是静态的,并没有涉及这些结构之建构的过程。双向建构论虽是对这一过程的描述,但惜乎过于一般化了。

范畴论正因为它强调了态射所导致的整体性("范畴"),所以它不仅成为数学学科的新的描述语言,促使数学本身的发展,而且它对其他学科也具有某种方法论的意义。皮亚杰的发生认识论就是受益的学科之一,因为皮亚杰孜孜以求的就是要为每一发展阶段找到这种整体性结构的建构程序。我们可以运用这些数学语言去组织其内容,分析其结构,清晰厘清它们之间的内在联系。因此,皮亚杰把范畴论拿来为己所用,乃是一件十分自然的事情。

应该指出,皮亚杰如此敏感地觅得新工具,这与皮亚杰晚年对所谓思维的"图像"方面的作用之重新认识、立场有所变化有关。如何实现从静态向动态的跨越,皮亚杰重新审视"对应"的概念。——对应的思想早已有之,但在皮亚杰理论新发展时期,它在与态射、范畴等概念相联系之后,获得了新的生命力。他把"反省""概括""对应"细节化、具体化,以态射、范畴这一新的数学工具解决了结构如何建构的问题。他在重视动作的基础上,又回过头来重新审视不含转换的"对应"的作用,从而更为准确地描述了"建构过程",也更为符合心理的实际,因而也使之成为更合适的工具。

理解皮亚杰对"对应"的细微分析,有助于我们对范畴论的把握,因为"对应"与"态射"其实天然就有联系。甚至我们可以进而对范畴论在皮亚杰理论中的应用,与其说是皮亚杰从范畴论中汲取了它如何建构范畴的思想与工具层面的技术,不若说他也许为数学中的范畴论寻找到了个体起源、为科学知识与个体发生的同构性或平行论提供了某种新例——就像当年为布尔巴基的三个母结构也在个体智慧发展早期找到同构物一样。

对应不是转换。简而言之,对应就是比较。对应以及比较也是重要的认知手段。随着对"对应"作用的再认识,如果说,以前对动作(运算)组织化成功后所形成的结构的描述,只用了群或经皮亚杰改造后的半群("群集"),它们已足敷使用的话,那么按照皮亚杰从"对应"角度的分析,则群的结构尚不涉及对转换的对应(态射);而一旦涉及对应或转换的转换(它首先要以态射为前提),则必然需要更合适的数学工具才能与之相配。于是,范畴论就自然而然地被皮亚杰拿来所用了。

根据皮亚杰,对应无处不在。发展的每一水平都存在对应。在感知-运动水平即已存在动作格式的同化,而每个向动作格式的同化都是一个对应。在新物体与他曾面对过的物体之间也会产生一种对应。每当他将一个新物体同化到一个已形成格式之际(即每当出现从一个新元素到已知事物的概括化之际),都有一个对应。

前运算阶段的函数水平的认知(协变或依存关系,即函数关系的发现)也是建立在一系列对应基础之上的。函数也可以映射来定义。当 x 转换成 x' 或 x'',或者 y 转换成 y' 或 y'' 时,它是一种转换。因此,在函数的例子中存在两个转换结果之间的对应,而且正是这种转换之间的对应导致依存关系观念的产生,成为函数 $y=f(x)$ 思想的基础。

年幼儿童的思维可以在较弱的范畴论公理下进行形式化。例如,传导(transduction)是有序对的组合的形式化,这是最早发展起来的函数概念。皮亚杰正是通过这种前运算的形式化模型,突出儿童能力的系统特性,而非强调其与运算思维相比之不充分性。这显然是一种从积极方面对前运算阶段的理解。

另一个非常简单的对应例子是有关把一个橡皮泥小球变成一根香肠状的守恒问题。这个例子部分更新了我们对这个皮亚杰学派至少研究了 40 年之久的守恒现象的认识。由于未达物理量守恒(橡皮泥小球变成一根香肠后其量不变),儿童缺少了一个在所有领域都需要的对应,因为他们将注意力都集中在了结果上。那些认为移动的棍子变长了的儿童同样也是没有考虑到在一端变长的那部分与在另一端变短的部分之间的对应。

运算水平"正向的"和"反向的"运算都是相互依存的。在调节或反馈的情况中,连续的调节之间就总存在一种对应。反馈调节本身包括后续修正之间以及一个干扰与抵消它的补偿性干扰之间的对应。此外,在任何给定的干扰及其补偿之间也总存在一种对应。因此,在动作和运算思维的每个水平都有对应。

对应既为转换做准备,也由转换所引发——因为它们有横向联系,它们可以将任意的两个运算结构连接起来进行比较。这就是为什么在现代数学中态射和范畴理论的概括性高于简单运算结构的原因。

对应可以有不同的层级。映射、态射、函子,本质上都是对应。函数中的对应是映射,因为此时的对象只是单个元素。如果对象是结构(达到了某种"态"的水平),那么对象之间则是通过态射相联系的。若在不同的范畴之间,它们的对象(范畴)就要通过函子(functor)相联系。函子也是对应,它把一个范畴的对象映射到另一个范畴的对象,同时把对象间的态射映射到相应对象间的态射。所以函子实际上就是范畴间的映射。自然变换则是函子间的映射,映射的作用就是对应的作用。总之,对应是最基本的。

综上所述,对应作为比较手段在认知发展中发挥着重要作用;另外对应与转换之间也存在密切的关系。它们是两个互补的系统。转换是以相互引发的方式来安排的:它可以被设想为是一个垂直的演替。另一方面,对应则是横向的。这里没有转换,因为关键是按其本来面目去比较这些项。你也可以比较转换,因为一个转换就是一个思维状态,不过仍是在不改变这些转换的情况下进行的。因此,这两个系统是互补而又可区分的。

对应和转换之间的关系存在三个可区分的阶段。首先是对应为转换铺路的时期。在能够比较转换或转换的结果之前,必须能够进行对应;其次转换和对应是相互作用的,也就是说,它们相互服务,彼此促进对方的有效形成;最后是新的对应即每个正向运算与其反向运算之间的必然的对应。

由于对应的普遍性,而且由于它们是横向的,因此它们可以连接所有结构。这就可以通过对应来对结构进行相互比较。在现代数学中,关于态射和范畴的研究使数学家们可以开发更为一般的结构。这一点意义重大,因为事关心理发生与科学史之同构可能性问题。

范畴论在发生认识论中的应用,是皮亚杰理论发展史上的一件大事,也是皮亚杰晚年理论新发展的标志之一。皮亚杰在结构-建构过程中运用范畴论,这不仅为"心理发生学资料的形式化处理提供逻辑-数学模型",也为代数(数学)工具的有用性提供了新的范例。而且,皮亚杰使用态射和范畴作为刻画建构过程之形式化工具,它们既可以用来说明科学史特别是数学知识和物理知识的发展,也可用来刻画个体认识的建构过程。这种同适性充分反映了两者的同构性和一致性。

为什么这么说?这与它的建构与不断抽象的可能性(开放)的本质属性有关,它极大地契合了人的思维之不断反省功能。如果说,"群"的提出打开了结构大门;那么,"范畴"则打开了建构之大门。"群"说明事物可以"成结构的",即用"结构"来统一事物(形成某种整体);"范畴"概念则更进一步,说明这种结构化处理乃是可以不断进行下去,即结构之上(后)再建结构可以不断进行(建构)下去。

总之,范畴论可实现对结构-建构过程更好的刻画,尤其可视为是对"反省抽象"的某种精巧的形式化。它与静态的结构相配合,可丰富我们对各个发展阶段特征的认识(从对应、态射和运算转换两个方面解释之)。

范畴是较群更上位的结构。但不能说因为皮亚杰是先运用群结构后运用范畴作为形式化的工具,就说后者的使用水平更为高级。群、范畴都只是工具,工具之高低并不决定工具使用对象之高低。工具可用于不同的对象,其间只有是否合适的问题,与两者本身的高低或发展水平无关。如同"加法"这种运算,如"2+2",它可以用于水果相加,也可用两棵树、两个人、两架飞机,如此等等。对象不同,工具(加法)无变化,都是"2+2"。

这种新的形式化理论目前鲜少得到认知发展心理学家的关注,尽管此模型潜在的价值应该在凡涉"结构之建构"之处都有用武之地。

发展心理学家在研究心理机制、探索心理结构时,实际是可以使用范畴论工具的

（这真正体现了学科数学化的方向），但迄今未见有人勇敢地涉足其间。关键在于研究者要有一双看出范畴适用性的慧眼，如同皮亚杰当年 20 世纪应用布尔巴基的母结构、50 年代善用群和格结构以及 60—70 年代敢为人先使用范畴论一样。这说难也不难，皮亚杰算是第三次在数学工具库中徜徉、觅宝了。对于皮亚杰范畴论在发生认识论中的应用，我以为，你可以说其"粗糙"，但不能说其"不当"。我们大可不必因此而为皮亚杰的"范畴"使用设障。

在皮亚杰看来，范畴与传统的代数结构差异很大，因为所有的范畴本质上是可以描述建构过程，而非仅仅是一种静态代数结构。对皮亚杰而言，范畴的定义能够跨越他之前所使用的群、格以及其他对象的共有结构。它拥有超凡的归纳能力以及对新的可能性的高度开放性。范畴论的核心概念"态射"则构成了发生认识论的独特的系统，它与转换或运算一样，对发生认识论而言是必需的也是基础的。在心理发展的研究中，皮亚杰假设建构对应（通过比较、分析等）独立于建构变换，甚至是建构变换的前提条件。某种意义上，皮亚杰所使用的传统代数结构可作为描述纵向的不同水平结构的工具；范畴则是对处于同一复杂水平的许多对象进行横向比较的工具，它为认知过程与认知结构的整合模型提供了一种可能性，因而对建构主义有着特殊贡献。

范畴论式的形式化可应用于反省抽象与可能性开放的过程，因而我们应该对新的认知建构的本质进行澄清。

阿希尔指出，范畴论的建构是"非常精彩的反省抽象的例证"。"反省抽象是一个自我返回到自感知运动阶段起就表现出的建构原则的过程"[①]。这段话明示：反省抽象体现和表现出建构的性质。因此，范畴模型可用来描述各种认知能力之发生，是描述这种发生的合适模型。

选择不同类型的态射，就会产生不同的范畴。（阿希尔举了由不同对应-态射所产生的三个不同的"群范畴"）所以，"我们必须根据所想达到的目标来选择范畴"。就像找到"规则"就可以成"群"一样，找到不同的（独特的）态射就可以形成不同的"范畴"。我认为"态射"之于范畴的重要性和生成性一如"规则"之于群！

"在这样达到了一种范畴的范畴之后，这时就再没有什么能阻止我们继续这一过程了。如果我们愿意，我们可以从一个水平到另一个水平继续下去。"（因为可以不停地继续，因而"水平"未必是指发展的层级，对"水平"的理解可能有歧义）但是否可用"泛建构"（universal construction）概念来解决结构"跃升"问题呢？[②]

阿希尔的基本看法是，范畴论是一种数学建构的宏观理论。它可在不同的"差别很大"的领域应用，尽管它们差异很大，但实际上存在内在的关系。故而他认为范畴论的

---

① 参阅 J. 皮亚杰、G. 恩里克斯、E. 阿希尔：《态射与范畴：比较与转换》，刘明波、张兵、孙志凤译，华东师范大学出版社，2005 年，第 14 章，第 192 页。

② 同上，第 14 章，第 197 页。

核心成分就是"泛建构",他的观点代表了那些对范畴本身不感兴趣但对"它能为数学所提供的东西"感兴趣的数学家们的立场。这个"东西"其实就是范畴的建构过程(工具意义的),所以有学者视范畴论为应用数学。

"由于范畴论的宏观特征,所以它能在没有太多细节的情况下,对人们所做的进行设定,这一点是非常有用的。"①

"范畴论反映了人们的认知工具的生成建构,也即从一系列的动作中分离出可迁移格式,然后对这些格式进行类似的运算,接着再对这些格式的格式再进行类似的运算,如此等等。所以,可把范畴模式作为人的认知能力的发生的一个重要方面,而且这个模式不是从外部强加于发生认识论,而是自然而然适合于描述由发生认识论所发现的建构。"②这一"自然"非常重要。发生认识论和认知发展心理学家们的工作正是在于努力补充这一"自然"的细节。

范畴论数学工具的运用,皮亚杰本人说得不多,以至于弗内歇甚至认为"《态射与范畴:比较与转换》这本书有些内容不是很清楚"。不过有研究者以"儿童在双序列任务中'对应关系'的建构"研究对具体运算则有很好的例释,它与结构建构成功后群的解释可谓相映成趣。③

不过值得指出,皮亚杰在运用态射时,又对之加以内、间、超态射的区分,这实际是一种对"态射"的改造使用,就像当年对"群"概念改变为"群集"(或"半群")概念所体现的改造一样。那么,这种对范畴论的改造是否兼顾了同水平的结构建构和不同水平结构的"跃升"呢?(对这一问题,我们将在"寻找结构-建构与心理逻辑更好的形式化工具"一节进一步探讨)

4 发生认识论的主要贡献与当代意义

评价皮亚杰发生认识论的主要贡献和当代意义,不在于从皮亚杰的著作中寻章摘句,找到一些与现代心理学有所勾连的片言只语。我们应从皮亚杰的完整思想中,分析和导出那些与当代主流心理学研究相通,甚至有可能在未来产生更紧密联系之处——不妨称之为"前瞻性的本质联系"。这才是真正的合作。

---

① 参阅 J. 皮亚杰、G. 恩里克斯、E. 阿希尔:《态射与范畴:比较与转换》,刘明波、张兵、孙志凤译,华东师范大学出版社,2005 年,第 14 章,第 197 页。
② 同上,第 197 页。
③ Berthoud-Papandropoulou, I. "Children's Constructions of Correspondences in Double Seriation Tasks." In: Frank B. Murray (Ed.). *The Impact of Piagetian Theory: On Education, Philosophy, Psychiatry, and Psychology*. University Park Press, Baltimore, Maryland, 1979, Chapter 3.

皮亚杰为我们开拓了一条区别于"一般的儿童认知发展研究"的道路,按发生认识论的说法,即研究科学认识之起源或发生发展。他的研究成果是这一研究道路上的闪亮坐标。

当前重要的是应了解并准确评价皮亚杰做了哪些杰出的工作,而不应从他没有解决或根本不在其视野中而未提出之问题的角度来责备他。这些批评者或许正如笛卡尔所指出的,他们只是"那些不满足于理解某个作者明明白白解释的东西,却去想从中找出他什么也没说,甚至根本未考虑的许多疑问是怎么解决的",这些人实际是在倒退,"他们比根本不搞研究的人还更难以成为学者"①。

以下我们将从发生认识论与第二代认知科学的关系、对心理本体研究的启示、意识研究的特色、活动论与实践论的统一及其丰富的教育含义等方面,进一步分析它的贡献与价值。

4.1 发生认识论与第二代认知科学

发生认识论的当代意义首先可从它与第二代认知科学的内在联系说起。学界共识:皮亚杰理论与梅洛-庞蒂(Maurice Merleau-Ponty)的知觉现象学、吉普森(James Jerome Gibson)的生态心理学等一起被视为第二代认知科学的思想源头之一。

众所周知,皮亚杰理论与第二代认知科学最大的一致性是放弃心理的计算隐喻,多采用与"表征-计算"完全不同的话语和概念体系,使心理回归到"人的心理",使心理学成为对人的心理的研究——是血肉之躯的而不是冰冷机器的心理研究。这是一种时代精神的转变而非偶然。

不过相当部分心理学家把这种回归视为是向"脑与身体"的回归。其实,回归于脑与回归于身体还是有所区别的,它们的着眼点是不同的,尽管他们在拒绝计算主义的立场上可以结成统一战线。皮亚杰的主要贡献体现在恢复了认识活动中或曰知识形成中的人的主体性作用。但这种对人的主体性的强调并未导致所谓"脑外学"的离身心智和"脑内学"的生理还原论。皮亚杰理论止步于在这两种貌似唯物实质唯心的悬崖之边。

相应地,第二代认知科学的兴起又必然反哺发生认识论,促使心理学家再次审视皮亚杰的研究。我们有理由预估:皮亚杰理论与第二代认知科学在研究"人之认知"的主导思想指引下,一定会同步前行,特别在"具身"(Embodied)与"生成"(Enactive)这两个第二代认知科学的核心内涵方面(Extend 和 Embedded in environment 实际上被包含其中),它们之间存在着密切的联系。以下摘其要者分述如次。

---

① 转引自〔苏〕奥布霍娃:《皮亚杰的概念:赞成与反对》,史民德译,商务印书馆,1988年,第6页。

4.1.1 发生认识论:具身运动的先行者

皮亚杰的发生认识论作为一种科学的实证研究,当年在高扬"主体性"的哲学旗帜下受宠,如今又受到强调"具身性"的第二代认知科学的青睐,这似为必然而非仅是"巧遇"。

瓦雷拉(J. Varela)等人认为,我们不可能离开经验来完全客观地谈论和研究心智和认知,因为心智是活生生的人之经验(lived human experience),而经验始终是第一人称的,始终是属于某个生物体的经验,当我们抛开心智的这一本性,心智的研究本身也就消失了——一个无经验的心智研究是荒谬的。心智不是飘渺而是具身的。

在对经验的理解和分析上,我觉得皮亚杰的两类经验说要比那些心灵哲学家们的观点更深刻,更有内涵。对皮亚杰而言,人类认知的具身特征很显然也体现在活动之中。皮亚杰的活动观与当代第二代认知科学中的具身思想有内在联系。

对"活动"概念要避免一种庸俗化的理解。活动不只是为主体提供接触客体的"机会",我们不能离开"动作"来说明其意义。活动是由动作所组成,只有谈及动作,才能进一步谈及动作之间的协调,协调是活动的本质属性。"动作及其协调"直接体现人的心理的具身特质。机器(电脑)没有协调,只有人的动作才会产生协调,才可能从协调中产生新东西。这个新东西就是逻辑-数学经验,就是逻辑。皮亚杰对动作协调产生"新东西"的洞见远在第二代认知科学兴起之前。

而机器(电脑)只是按设定的程序进行操作,它决不能产生逻辑-数学经验。这是人的动作与机器(电脑)操作的分野。发生认识论关于动作协调以及通过反省抽象而产生的逻辑-数学经验,完美地诠释了人不同于机器(电脑)或高于机器(电脑)的本质所在。而且,直接从脑中寻找对这种协调的单向因果解释也是不可能的,因为如果成功,则将陷入生理还原论的陷阱。

总之,由动作而产生的动作之间的协调以及后续的反省、逻辑-数学经验、建构这四大概念(新品质)是人所独特的、是人自身的而非被赋予的,是产生于主体存在的创造过程而非无"我"的预设或先存之物。但皮亚杰的高明之处在于他从它们背后发现了其产生之源:动作及动作组成的活动!

我们可以"表象形成"的机制说明皮亚杰理论与当代心理学具身运动的密切联系。

根据皮亚杰,表象的源泉乃是主体通过自身的动作对外物的模仿内化,是先有模仿的动作,然后才有它的内化,才有心理意象的出现。心理意象不同于单纯的感觉映象,后者是即时的、无内化过程。内化过程实际上已有了主体以往动作协调经验的参与,已在一定意义上重组了感觉的、动作协调的经验了。因此,皮亚杰的表象论(意象论)是完全不同于感觉经验论的。很可能,当代具身认知所强调的镜像神经元的"感同身受"功能中,也有模仿及其内化(意象)的深度参与。它们或许甚至是同一过程的两个侧面。

再如,皮亚杰的另一核心思想:主体的活动是以同化与顺化的统一实现对环境的适应,这也是完全基于人的观点。对环境的适应是人的研究的特有问题。机器和电脑都没有适应问题。

因此,在谈论心智具身性的时候,将涉及情境具身性(situated embodiment)的主题。严格而论,它属于生成认知的领域,我们这里只从个体活动的微观角度简单提及(不涉及人类总体认知与其所生活的社会历史条件相互作用,实际上,无论群体还是个体,它们的相互作用是同构的,而且都经历一个发展的过程)。

所谓情境具身性即指认知主体和其环境是彼此决定的。前面说到适应,为了适应,人的活动(包括借助工具实现的认知活动)必然扩展到生命机体赖以生存的环境,活动未及的环境不是真正的认知环境。因此,环境不是那种自然的存在,而是与认知主体不能分离的。上述活动和意象的关系鲜明而直接地体现了这种情境具身性——高级的语言水平的认知亦然,只不过此时社会的、历史的、文化的因素更多地纠缠于其中罢了。所有的认知都发生在主体与环境相互作用的活动之中,而且都既受制于"身",也受制于"情境"。或者,更准确地说,认知决定于主体和环境构成的一个整体系统之中。

关于情境具身性,特别有关群体情境具身性的社会的、历史的、文化的作用,应该承认这一方面皮亚杰谈的较少。但无可否认,他在论述平衡化的影响因素时已多少有所涉及。因此,对皮亚杰的活动论来说,将动作协调的内涵从个体内扩大到个体间势在必行。

但协调的发生之处最终必定还是要落实在个体身上,哪怕群体之间的协调归根结底也要反映在个体心理上,这是改变不了的。心理活动可以在"参与和影响因素"的意义上延展至环境及被使用、被操作的工具上,但心理本身不能延展至外。环境不能人格化,工具也不具心理属性,尽管它们都参与了个体心理的塑造。认为环境、工具也有所谓"灵性",那是小说家的文学语言。

4.1.2 发生与生成:知识的双向建构与认知的结构耦合

在第二代认知科学特征的 4E(Embodied、Embedded in the environment、Extended、Enactive)概括中,"生成认知"(Enactive cognition)也许内涵最丰富,也最为重要,因为其他 3E 都可在某种程度上被包融其内。发生认识论的诸多基本思想与生成认知的基本观念存在很大程度的契合,但两者又不具可比性,因为毕竟后者只是哲学思考,瓦雷拉、汤普森(E. Thompson)和罗施(E. Rosch)等人更是将其发展成为一种意识研究的"生成进路"或至少是一种关于认知理论的元理论;而发生认识论则是一门具体学科,它配合以一系列细化的概念和实证研究使"生成"思想落到了"发生"探索的实处,将原本用于破解"意识"难题的心灵哲学之"生成进路"体现在认知领域,于是自然成为"生成认知"。这时,意识、心理、认知三兄弟几乎是合体的。生成进路和生成认知也几乎可以互换使用。发生认识论则是与生成认知最相配的认知发展研究。

生成认知和发生认识论都从自组织进化的"生成"和感知-行动的"能动"这两方面的含义来理解人的认知,认为生物体(包括人类)以自己的行动产生它自身的认知域,即具有自主能动性(agency)的主体与环境的相互作用的活动(直接的或藉由工具实现的)

所及就是主体的认知世界。生成还因应着吉普森的动允性（affordance）概念和前述皮亚杰"动作协调中产生逻辑、双向建构产生知识"的思想，认为认知的结构和过程受耦合的动力系统调节与皮亚杰的渐进平衡化思想是相一致的，主体和环境是共同涌现、相互制约并同时发展着的。但两者对主观经验之意识处于心智的理解的中心地位并需要用一种精致的现象学（自然化现象学）方式加以研究，则未见立场一致。皮亚杰的意识研究有不同的取向（后述）。

生成进路志存高远，通过引入自创生（autopoiesis）和生命之心（mind in life）的概念，以一种生命自组织动力系统的机制对意识进行说明，试图消解"意识与物质""心理与物质""心与身"的二元对立，将原本的"心-身难题"转换为"身-身问题"，以跨越"解释鸿沟"。不过，这种"转换"，似有"躲避"之嫌。

因此，生成认知研究除了包含前述情境具身性思想之外，必然包含相互作用的生成机制，即迈特罗纳（H. R. Maturana）和瓦雷拉在他们的自创生理论中提出的所谓"结构耦合"概念。它强调有机体（organism）和环境之间存在协调（coordination）和共变（co-evolution）。这很容易使我们把"结构耦合"的概念与皮亚杰的"双向建构"以及吉普森的生态心理学的知觉与行动相互决定思想联系起来。

"结构耦合"的生成之环要避免只是平面的循环之环，其面临的问题是要跳出循环之环而成为螺旋上升之连接之环。认知结构（格式）的发展问题如果乞助于静止的画面那是无力解决的。要使"结构-建构"的演化、发展的问题得以解决，还得从功能上寻找路径。这就势必要回到适应、平衡化及同化与顺化等可以为发展提供动力的一系列概念上来。这些机能性的概念既适用于生物学，也适用于认知。它在皮亚杰的《行为与进化》（1976，又译《行为：进化的动力》）有明确的阐述。主体认知结构（格式）与认知对象的关系，既是同化"物"于己（"认知结构"），又是顺化（"认知结构"）于"物"；其中存在着多种相互促进和相互塑造的关系。

皮亚杰的相互作用论、同化与顺化的双向建构论以及体现生物学衍生论的平衡化思想，它们显而易见不同于基于变量独立之变差分析的交互作用观而完全与第二代认知科学所主张的动力系统理论相通。

动力系统刻画的变量彼此是非独立的，是相互塑造的。在整个发生认识论中，凡述"相互作用"之处，皮亚杰采取的立场都是"相互决定和相互塑造"的动力系统观点。相互作用的思想方法论是皮亚杰留于后人的珍贵遗产之一。

世间万物很少不是相互联系的，而且，这些联系又很少不是"相互决定和相互塑造"意义上的相互作用。皮亚杰的这一重要思想更鲜明地体现于动力系统理论之中，我预期它终将成为新的心理学研究范式——其根据乃是因为事实上心理学研究中所涉及的变量之间所存在的联系本质上是"相互作用"而非"交互作用"的。在很多情况下研究者实际研究的是相互作用现象却仍错误地使用交互作用的研究范式，却又以"相互作用"

一词来表述之。①

相互作用思想方法论的价值还在于它们的应用领域甚广,绝不限于心理学。它们可以惠及几乎所有的学科——因为事实上以"相互作用"的方式而彼此相关的变量较之相互独立的变量关系更为普遍。

令人遗憾的是,目前动力系统理论对心理学研究的革命性意义似仍未受到足够的重视,因而并未导致心理学研究的方法论变革,实现从变差分析到求解微分方程组的研究范式的改变;未认识到动力系统中两个或多个因素是如何在时间进程中实现(行)相互影响、彼此塑造的。其中,"方程"的作用在于它可以说明因素是如何相互制约的;"微分"的理解要点在于它提供了每一步相互制约的细微变化,这就有可能一定意义上对"发展"进行"时间"维度的思考。

生成认知认为之所以大脑、身体与环境能耦合成为一个动力系统(即"耦合结构")是因为"自组织过程"使其然,遵循着系统内局部与整体的所谓"循环因果性"(自下而上和自上而下的互惠影响)。我认为,既因循环而互惠,也因互惠而循环,体现着结构与机能的统一。动力系统的因果性都具有这种循环特征。生成认知还提出"涌现"概念,认为这种循环因果性就是心智产生于生命这个自治系统的自组织过程的涌现机制。用发生认识论的观点来解释,涌现也是平衡的实现,故,涌现机制也就是平衡化机制。从这个意义上而言,机能也许是第一性的。关键在于:"互惠""相互约束""共生""交互""生成""联姻""动力系统"或"动力联系"等等说法,把主观经验与神经的关系描绘得再紧密、再一体化,也改变不了两者仍是两种性质的,并不意味着两者的界线被突破,并未如两块泥巴黏合成了一块泥巴似的你中有我、我中有你。不要错误理解动力系统的二元或多元元素相互作用——尽管它比交互作用的描述深刻得多!因为即便你最终建立起了"主体经验"与"神经元活动"的实时的、互惠的动力联系而彼此约束,那也并不意味着彼此无界地融合为一体。如两人手握在一起,你的手型决定(于)我的手型,反之亦然。手还是各自的手。它们虽相互塑形但仍是两只手。再如,传统的关于智力的遗传与环境作用的双生子方法之所以有重大缺陷,乃因为它仍是一个变差分析的交互作用范式。但即便采用变量非独立的相互作用的动力系统方法,也不至于达到承认存在一个"环境与遗传的共同体"的程度。环境与遗传的界限依然存在,彼此相互作用并不等于自己一方的消失。

发生认识论"双向建构"的主体模式与动力系统理论(变量的相互塑造)异曲同工。当然,建构过程是皮亚杰及其学派的研究重心所在,这在前述皮亚杰最后十年著作的主题中充分反映出来。

皮亚杰的相互作用思想、双向建构理论,还有后成说的衍生论、认知的表型复制说,都一以贯之地体现着相同的立场。它们在神经现象学、生成(共生)等进路中大放异彩,

---

① 参阅李其维:《"认知革命"与"第二代认知科学"刍议》,《心理学报》,2008年,第12期。

似乎不难看到他们所见相同。

应该指出,无论生成认知的"涌现机制",还是发生认识论的一系列的"功能性概念",它们使发展的"方向"问题获得了某种程度的解决,但背后似乎都共同隐藏着一个"目的论"的影子。

生成认知认为:生命与心智之间存在深刻的连续性。似乎一切难问题、鸿沟之类都通过这扇门入内去寻找到合适的武器而解决之。皮亚杰的适应、平衡化观念等何尝不是如此!皮亚杰的发展观实际也暗含着这一思想。这种"连续性"又可用诸多带"自"的范畴如自组织、自创生性、自治性、自身内生、自我控制等予以描述。这就与某种对意识和意识体验的"目的论说明"有关了。这似乎说明发生认识论和生成进路(认知)遇到了类似的问题,共同走在向生物学方向求援的同一条路上,都要依赖于某种"目的论"!

但两者又略有差别:生成认知把它称为"自然目的论"的"内在目的性",以区别于带有设计论(实为一种预成论)色彩的"外在目的性";皮亚杰所持的是一种我们不妨称之为"衍生论的目的论"——它表达的是与"自然的目的性"同一含义。

内在目的论即指生命本身具有一种"特殊的内禀性"(用大白话简而言之,就是活的生命总要成长),包含着一种所谓自创生的"自然的目的性"。这个"自然的目的性"不同于上帝造物或人工造物的设计的目的性,而是一种作为自我生产和自组织的有机体的内在机制决定。① 它的特征是生命中"先在地"(注意:不是预设的)包含着意识和意识经验(有点类似皮亚杰的"意识在动作中的显现"的观点),包含着自我性和意义的生成,或者,其目的性是内禀的自我性和意义的自生成性(就像幼儿的身体终会成长为成人的身体一样)。

生成认知所主张的"意识和意识经验的产生不服从物理的因果律,而是通过有机体的自组织系统的部分与整体的互惠因果作用涌现出来"的观点,与皮亚杰关于部分与整体的平衡化机制相类似——这似乎也间接表明皮亚杰主张的递进的平衡化机制也具有某种因果解释的价值。因此,概言之,一个"自然的目的"就是手段-目的相互关联的一个整体。它的目的性不是外在的,不是为适应设计功能及其价值指向的。

但,生成进路这种独特的"生物自然主义"或"自然化现象学"的目的论解释,是否归根结底仍然要诉诸自然因果律解释?也许只要回答并解决好循环如何开始、其上行与下行如何协调;细化上行、下行的外力如何启动或加速循环等问题即可。我认为,皮亚杰的智慧适应观和平衡化机制对此可以有所贡献。

---

① 李恒威、肖云龙:《自创生理论40年:回顾与思考》,《西北师范大学学报》(社会科学版),2018年,第1期,第99页。

4.2 发生认识论的"心理本体"观

要谈发生认识论的"心理本体"观,首先要回答有关"心理本体"自身的问题。心理本体的存在需要辩护。这就涉及"心理是什么?心理是一种怎样的存在?"这一根本问题。它是关乎心理学这门学科存在之合理性的重大元问题——它又可分为心理本体"是否存在"和"以怎样的方式存在"两个次级问题。

先说"心理本体是否存在"这个较易回答的问题。我们可从"心理是否具有相对于身体与意识的独立性"和"心理形式与心理内容相对可分"这两个角度思考之。

在论述"心理是否具有相对于身体与意识的独立性"之前,又有必要先把意识与心理的关系做一辨析。"心理"不等同于意识,但"心理"也绝不是意识的旁观者、无关的第三方,而是深陷其中的当事者。因为身体(物质)-意识的关系与身体(物质)-心理的关系某种意义上是同构的。意识与心理都不是"物",但都需面对"物",因而心理可能面临与意识所面临相类似的困境。如果这种观点成立,那么心灵哲学上关于心-身("物")的思考都值得我们在讨论"心理本体"问题时有所借鉴。因此,即使"心理"可能冲在了"意识"之前直接面对"身"("物"),这些困境依然存在。

在心灵哲学中,"心"几乎等同于意识或至少与意识有关,并且它被以下问题所缠绕,如"心"指称的到底是什么?"心"有无本体论地位?它与"非心"之物到底是何关系?"心"是否有多种样式(相状)?各种"心"之样式有无共性?这种共性是否可以以"心理本体"名之?这些问题常与心理有关。

我们不否认当前心灵哲学家、脑神经科学家、人工智能专家们在涉及意识、心智问题时,其意所指有很大区别。"心理本体"的概念恐也未脱此境。如,心智/心灵(mind)一词所指究竟是形而上学对象,还是本体论对象;抑或如蒯因(Willard Quine)所说"作为理论实体"的"本体论承诺",甚至只是一种隐喻?又依里贝特(B. Libet)之见,感官觉知、思想、对美的感受、灵感、同情共感、自我觉知(awareness)等感受性,它们都是意识的主观体验,而且,"人们总想在内部隐喻的背后找出一个内部的实体,将心理属性归于大脑这个'内部实体'"。

"内部实体"说确有"新笛卡尔主义"之嫌。但承认"心理本体"未必非得要承认"实体"二元论。因为"心理"总是发生于身体-脑中的内部事件,且"心智或心理属性具有不可还原的独特地位"(这对"心理本体"太重要了)。这就为"内部实体"之说与"心理本体"之说和谐统一或把后者称为一种"亚实体"创造了可能。在一定意义上,各种功能主义、非还原的物理主义、涌现论的物理主义等各种自然主义立场,尽管令人感到扑朔迷离但与"心理本体"并非不可调和。

"心理本体"的存在地位之确立依赖于属性二元论。自笛卡尔以降二元论的名声似乎并不好。但二元论仍在顽强地迎战,出现了各种易装变容的二元论。其中属性二论是新二元论的重要代表,它主张心理具有独特的不同于物理的心理属性。查莫斯(David Chalmers)的自然主义二元论是一个极具代表性的非还原的物理主义和二元论的混合体,查莫斯认为意识体验的起源超出了物理理论所能解释的范围,它假定在物理属性之外还有基本的属性。这显然为心理本体预留了生存的空间。只要承认"心理背后有不能归为生理的东西",其实就是承认心理本体的存在。这种"承认"是心理本体的生命线。多数心理学家的心理观似乎都以这种属性二元论为基础。而属性二元论同样也是民间心理学(folk psychology)内隐的立场。在这一点上,心理学家不必羞于与民间心理学为伍。心理学家的心理学"庙堂"与民间心理学的"蓬屋"并无本质的不同。否则,心理学家根本无法工作,因为心理学家的工作是以这一属性假设为前提的。皮亚杰未曾明确对此表过态,因为皮亚杰在世的当年没有这么热闹的心灵哲学争辩场景,但基本也属此列当为不争。

有学者认为,就本体论而言,心性有多种样式。这些心理样式既相对于"身"(物)来说,它们是"第二性的、亚实在的存在";同时又在存在方式上有所不同,诸如自我、心理的行为和活动、心理过程、心理内容、心里对象或意象对象、感受性质、非普遍性心理现象等。① 这些观点对我们思考"心理本体"很有启发意义。我尤其赞同关于心性是一种"第二性的、亚实在的存在"的立场。但待解的问题是:"心性多样性"中的"心性"是否指的就是"心理"? 如果是的话,这是否意味着心理本体是多样的? 如果不是的话,那么我们能否从多样性的"心性"再做一次抽象,提取它们的共同的特性(内涵)而到达共性的"心理本体"?

另一方面,心理又不完全等同于意识。首先,对动物而言,它们有心理而无意识。它们的感官敏锐,记忆超人,行为系列之复杂程度绝不亚于人类,你能否认这些不是其心理活动使然? 例如,对动物来说(人亦如此),当其把对某一对象的色、香、味综合起来形成"吃"的欲望时,事实上它就已远离神经世界了! 其次,人在意识活动之前会频繁出现前意识或潜意识的活动,大量的"心理漫游"(mind wandering)事实足以为之佐证。

20世纪以后,心-身问题开始逐渐演变为心-脑问题。目前,在神经科学的大背景下,心灵"自然化"的程度超乎想象。有人认为,脑进行思考正如它是白色和柔软的一样……思维[意识、体验]的能力是物质的各部分以一定的方式组织起来的结果……我所谓的我自己(myself)是一个有组织的物质系统。② 我认为这就有点过分了,意识的性质竟与白色、柔软性质等同了;这类所谓"神经科学部分归属谬误"或许忽视了意识体验的作为人的本质特性。依我看,这种忽视早在意识诞生之前,当有"心理"出现时就已横亘在前了! 因为不是大脑具有心智,而是有意识地与世界打交道的、作为整体的有机体

---

① 参见高新民、刘占峰:《心性多样论:心身问题的一种解答》,《中国社会科学》,2015年,第1期。

② Strawson, G. "Consciousness Myth". *The Times Literary Supplement*, 2015, February, 25.

的、活生生的人,才具有心智能力。正如尼采所言"不是大脑进行思考,而是我们思考大脑",大脑只是意识(包括心理)的必要条件。当然,说"大脑不具有心智"并不等于"心智不需要存在居所",也不等于大脑"不是心智的存在居所"。器官是有区别的,是各有进化史的,因而对心智的条件作用也是不同的。例如,手、足可以没有而心智尚存,但大脑没有则心智何存?

那么,"心理"到底是不是神经活动(物质活动)与意识活动(精神活动)之间的一个"中间(介)"层次或过渡层次?它有没有独立存在的可能性,抑或它仅仅是"意识前"或"意识初"的一个意识准备状态?这里不可回避的问题是:它到底精神属性多一些,还是神经属性多一些?两字颠倒,含义可大不同。当然,站在"一元两视"论的立场,这样的隐含二元对立的问题或许是不成立、不该问的。[1]

我倾向于心理的"中介说"或其具有相对独立于意识活动和神经活动的"双独立性说",即它介于意识活动和神经活动之间,并且,这一"心理"层次已经脱离了神经层次("如何脱离的"这也是一个"难问题")而达于精神层次,只不过仍未进入更高的意识层次(当然它又需再次克服面临的新的"难问题"才能进入其中)。否则,"心理"的既非意识又非物质的身份如何获得?

下面我们再从心理形式与心理内容可分性的角度分析心理本体存在的正当性。心理的形式与内容是否具有相对独立性,能否分开并分别加以研究?如果是否定的,那么,心理的形式与内容是否将永远捆绑在一起"负重前行"?可否把"内容"隔离出来实现心理形式与心理内容的可分,这是关乎"心理本体"之大问题。在这一点上,我不太主张把"心理内容"也视为一种"心性",因为一旦涉及心理内容,由于其几乎无限的领域性,这就不利于对"心理本体"的抽象提取。

迪马西奥(A. R. Damasio)认为,"一方面,有一个客体;另一方面,有一个关于该客体的意识,客体与意识是可分离的,尽管与它有明显的联系。意识是另外一个'东西'而不是它所关于的客体,在当代的意识观中,这个关键分离常常被人们所忽略"[2]。这段话含有意识与意识内容的可分性,意味着有时我们谈及意识时实指的是"意识的形式方面",即所谓"意识形式"。这与心理的形式与内容相区分是类似的。心理的形式与内容之可分性乃是"心理本体"存在的前提。

无论意识的形式还是心理的形式,只要是形式,它(们)就可以再抽象为更高层次的形式。在此意义上,皮亚杰的贡献在于对反省抽象的再细分,对"反省的反省"显然拓展了上述迪马西奥的思想,似更多与埃德尔曼(G. M. Edelman)的意识阶次理论相契合。

在心理学史中,心理形式与心理内容可分的思想可追溯至布伦塔诺(F. Brentano)。

---

[1] 李恒威:《意识:形而上学、第一人称和当代理论》,浙江大学出版社,2019年,第250页。
[2] Damasio, A. R. *The Feeling of What Happens: Body and Emotion in the Making of Consciousness*. Harcourt Brace and Company, 1999, p. 346.

布伦塔诺以其"意动心理学"称得上是心理形式与心理内容可分的祖师爷。他被视为人文主义传统心理学先祖,有点给人错放庙堂之感。当近代所谓人文主义心理学逐渐走向以心理内容为主旨研究之际,实际已偏离了布氏当初把心理内容与心理形式相区分的睿智初见。① 哪怕所谓高级水平的"意向性"之意动,它也有非内容的"过程"一面。有过程就有形式,就有可载入不同内容的形式属性。詹姆斯的意识流思想也应被视为心理形式的源头之一。因为既然有所谓"动""流",那就必然有其"流型",流型即为形式的一面。这些形式它们不是心理本体又是什么呢?

退而言之,如果心理的形式与内容不可分或不加区分,那么,依此逻辑思考:所有的物理学(不限于物理学)的大大小小的物理理论,它们自然也是心理与心理活动了(物理学家们的主观体验),因为科学家们在思考各自的理论时也是心理现象啊! 如此,岂非心理学成了包罗万象的唯一学科了?

那么是否大脑的不同"活动模式"足以对应不同的心理内容呢? 参与认知活动的神经元当以千万计,若再细探至突触、神经递质等更微观层级,其复杂变化、多重组合所呈现的不同模式状态,或许足以表征不同的"心理内容"吧? 倘以此种思路来思考心理之内容与形式的一一对应,它的确可以不支持内容与形式的可分性。但海量不同"活动模式"的呈现,能否与"基于各种环境变量和受多种因素制约的真实世界"相联系的、同样是海量的不同"心理内容"一一对应,不免令人存疑。

固然心理内容不能离开形式而在虚无(空)中进行,但是,我们可以反过来设问:存在离开内容的形式吗? 如果存在,它们又是一种怎样的存在呢?"心理形式加工内容"与"机器加工构件"两者之间可否进行一种类比? 我认为这种类比并不恰当,因为机器与所加工构件之关系并不等同于心理形式与在其上运行的内容(社会的、经验的、人文社科和自然科学知识以及关于"自我"主体以外的所有内化于心理的东西)之间的关系,机器可以空转而心理形式却不能"空转"。心理形式在不操作时,它只是一种潜在的、隐形的存在,它的显现则必须有赖于内容的介入。

"心理本体"也可作一种"功能化"的理解,即把它理解为一种潜在的可实现的"功能",类似于意识的"感受质"之义。感受质不是真实的感知,而是如何表征心理活动(一阶心理状态)的高阶状态。它虽不是一阶状态,但肯定与一阶状态有关,它是与心理活动(一阶心理状态)相对应的前(先)存在或潜存在。这对心理本体的说明同样适用:心理本体在没有心理活动(一阶心理状态)之前,就是以潜能状态存在的。

根据以上分析,在"心理本体"的存在问题大致获得认可之后,那么它以何种形式存在就是就是我们需面对的后续问题了。我们应该为"心理"找到安身立命之所,不能让它成为居无定所的漂泊者。同时,这也是为说明意识、意向等含有主动成分的东西到底

---

① 李其维:《心理学的立身之本——"心理本体"及心理学元问题的几点思考》,《苏州大学学报》(教科版),2019年,第6期。

以何种形态表现为"心理"所需要的。这就要自然说到在心理学中长久以来占主导地位的认知主义了。表征与计算是认知主义的最核心概念。它认为具有心理内容的认知状态是表征的计算，认知过程无非就是系列的计算。表征与计算都是符号性的，是用来表示外部世界的，世界的"意义"在计算的过程之中。心智活动的方式就是符号操作，于是自然地得出"认知即计算"的结论。往前再走一步就是人类认知当然可以在数字计算机上同样运行，人脑与电脑由此成了"不分伯仲、能力相当的兄弟"。

此处我们不去详细评论认知主义的功与过——第二代认知科学以它为靶已射箭无数。我们可以不同意认知主义"计算的符号既是物理的又包含语义""基于表征的计算能在脑或机器中用符号编码的方式物理地实现，这种物理的实现就与世界建立了意义关联""物理符号系统具有产生智能行为的充分必要条件"（Allen Newell、Herbert A. Simom）；计算根本上就是语义的，计算机的句法已经反映或编码了语义，因此计算机具有意向性，计算就是消除语形和语义（物理与心理的）"解释鸿沟"的桥梁（Zenon W. Pylyshyn）；"心理意向的实现机制就是'符号化的思维语言'的计算"（J. Fodor）等大家们的观点——因为如果"意向状态之间的因果关系就是由纯形式的计算过程（符号序列的转换）实现的"，那么"计算的心理状态"和"主观意识经验的心理状态"之间是什么关系？我认为这是一种变形的"解释鸿沟"问题，因为把"心-身"问题变成了特殊的"心-心"问题。

尽管作为计算主义核心假设的"心智的计算-表征理解"正遭遇来自多方面的挑战，但视之为"不可接触者"则有点把它妖魔化了。认知主义至少在承认"内在的主观世界与客观的物理世界相分离，并且可以通过内在的表征再现客观世界"这一点上，仍值得我们予以肯定。至少不应把"表征"随"计算""符号"一起抛掉。"表征"是一个不应轻易抛弃的概念。关键是要对"表征"寻找到合理的解释。若不认为"心理"是以符号-表征形式存在的，但又不能否定"心理"现象的真实性，那么，它到底以什么形式存在且又存在于何处呢？生成认知也没有彻底解决"生"在何处、又以何种形态存在于"心"的问题。那种认为"认知活动所及的一切外部物质"都是参与"心理"塑造的认知工具，此言不虚，但它们只有恪守"工具"的本分才有参与塑造的资格，绝无可能因此而使自己也成为"心"的一部分——我把它称之为"心理外溢论"。心理主体说一定要谨防这种常在艺术作品才会出现的"心理外溢论"。因为不管怎样延展，怎样生成，怎样共生（有人把生成认知说成是共生认知），怎样自创生，怎样强调身体与环境的动力系统的循环机制，怎样突出主体间的相互作用，以下问题总免不了要受到追问：此时在"脑"中——准确地说在心理层面（所谓"亚实体"层面）到底发生了什么？无论这种亚实体是独立的（各种二元论所预设之前提），还是共时的（作为联合的、整体的动力系统的一个部分），个体心理到底是以何种形态存在或出现的？它依然是个待解的严肃问题。

最近我曾在一篇文章中提出如下观点：心理学应该进行自己的本体研究。而这个本体就是心理的加工过程和机制。离开心理的加工过程和机制，心理学作为一门学科将失去自己的安身立命之本。① "心理本体"以何种形态存在可以继续深入讨论。我个人认为,"心理本体"在"表征"概念的协助下,以心理的"加工过程和机制"方式存在是较为适合的选择。它们才是心理学的而不是其他什么学的研究对象。至于心理的"加工"又为何意,可能各家所见又有不同:侧重点不同,分析的维度不同。

目前可以区分的有两种取向,即:一种是静态的、图式性的描述其机制;另一种是动态的、格式性地刻画其过程。皮亚杰的研究早年偏于前者,后期的皮亚杰新理论则显然加强了后者的研究。这似乎反映在对"格式"概念的态度上。发生认识论的认知格式是"计算"的极佳替代概念,认知格式之说对心理本体提供了"栖居之所"。以上两种倾向都是建立在对心理做形式维度的思考之上的。

皮亚杰为心理学做了一件大好事,特别在当下脑科学占据引领地位之际。在心灵自然化的主流思潮冲击之下,发生认识论作为真正的心理(行为)层面的研究尤显难能可贵。皮亚杰对心理学的最大贡献是鲜明地突出了心理学行为研究的价值,皮亚杰理论对当代心理学研究的启示之一:从结构(静态描绘)向建构(动态的过程)的转变,使之更接近关于"心理本体"的研究,并把行为研究落实在心理的过程和机制上,从而突显了心理本体的存在,完成了为心理学正本清源的一大壮举。

也许皮亚杰有点"喧宾夺主"了,因为实际上他做的是心理学家应该做的工作,而且,甚至比心理学家做得更好,更具创造性。尽管这是在未改其认识论基本目标的情况下做出的。

一言以蔽之,与皮亚杰发生认识论相配合的心理学应是关于"怎么想"(心理形式)而不是"想什么"(心理内容)的心理学。发生认识论以立足"动作"的心理学(形式)去解决各类知识(内容)的发生发展过程。这就不能不谈及"认知格式"。

皮亚杰以对外显行为观察加上对语言背后的心理逻辑的挖掘,把心理学的行为分析方法做到了极致。行为研究永远是心理学家的基本功,其不可废。脑研究的数据本身显示的不是行为,而是行为背后的生理机制和神经相关物。它们若要发挥出对行为的说明价值,还要落实到心理层面上来。从这个意义上说,神经研究对行为研究而言,只是"锦上添花"。花不是果实,但可以结出"果实"来反哺心理学。研究如何反哺才是心理学家区别于神经学家的"本领"所在。皮亚杰的过人之处正体现在他能在"人所未见之处",见到"人所未见之物"上:这充分体现在"认知格式"概念上。它对心理学的本体论的贡献是毋庸置疑的。

从心理本体的角度来说,过程和机制不是"认知"的专利,那些"非认知"的或"类认知"的过程和机制也是存在的,因为心理学不只是认知心理学,各种心理学分支同样面临着"心理本体"的问题。这是"认知格式"概念对"心理本体"的重大启示之一。认知格

---

① 李其维:《心理学的立身之本——"心理本体"及心理学元问题的几点思考》,《苏州大学学报》(教科版),2019年,第6期。

式是形式,是动作之间逻辑-数学经验在心理层面的沉淀,也可以说是皮亚杰所内隐或预设的心理本体。至少,它们相对于历代与当代心理学家们的"心理"观更有资格充任"心理本体"这一角色。

认知格式以及研究者在其基础上抽象概括的认知结构,所反映的是动作之间及运算之间的关系,这种"关系"与客体不同,它们虽然是由主体反省而得(在反省之前,它们是不存在的,是不能成为认识对象的),是由主体赋予对象,但它们也是一种非实体的存在,或曰,是一种潜在意义上的心理本体。

"认知格式"具有既非物理(生理)也非"内容"的属性。它具有的是心理的属性。心理层面的操作(加工)即使不完全是离散的符号"计算",但肯定类似于计算,因而它们在都具有"形式"属性的意义上可被视为一类。我们不妨把"认知格式保持着对可同化之物的同化作用"视为某种"类计算"。

以认知格式(结构)为同化工具的皮亚杰发生认识论显然接触到了整个心理学大厦的最基础的部分,即心理学的真正研究对象:心理本体。因为这种格式(结构)具有非内容和超内容的属性。皮亚杰提出的认知格式(结构)就是心理本体——至少它对我们思考心理本体具有重要的启示。

4.3 意识研究的"活动"取向:对动作格式的觉知与对知识的概念化

在意识研究的舞台上,除现已被普遍拒绝的笛卡尔实体二元论之外,其他各种变体的非实体二元论,似乎也"家家有本难念的经"。因为它们都无力解决前面多处提及的所谓"意识难题"和跨越"解释鸿沟"。很佩服年轻的查莫斯当年能如此敏锐地提出意识问题的难易之分、意识现象和物理现象之间的解释鸿沟。国内意识研究同样年轻的著名学者李恒威基于"两面一元论"而提出"两视一元论"的意识观颇具新意[①],尤其在反对物理主义、物质主义和二元论的意识观上是有力的;修正了物质观(因为现实实体有两面:物理方面和体验方面),兼容了第一人称与第三人称视角(因为现实实体有两视),于是世上只有现实实体而再没有独立于主体的客体或独立于客体的主体了,自然地,意识难问题、解释鸿沟以及更广义的心-身之分和主-客之分都不再存在了!"两面一元论"好是好,但代价是否大了点?这很容易使人想到或者说召回了万物有灵论。因为意识有可能是物质的,不过不是粗陋的物质,而是发展到高级的精致水平的质料构成的——所谓一体的另一面而已。显然这是一种泛心论和泛体验(意识)论。它似乎避免了经验与先验两个极端,解决了人类意识的涌现问题,被一些顶尖的神经科学家视为可以建构意识研究科学的最佳框架。但其实意识难问题并没有真正解决,甚至把意识产

---

① 李恒威:《意识:形而上学、第一人称方法和当代理论》,浙江大学出版社,2019 年,第 17—33 页。

生之奥秘推向更为困难的境地,因为它只不过把难解的一个大问题分解为无数个同等难度的、实质上仍是大问题的问题了。不过,我的这些看法也许是一种对它未真正理解的妄议;我也不知道它是否被多数以属性二元论为预设工作前提的心理学家所接受。

毋庸讳言,从"泛"的角度而言,皮亚杰的适应观实际也是一种"泛适应观",那么皮亚杰的"泛适应观"是否走进了"泛心论"或"泛体验论"的同一阵营呢?

皮亚杰曾在关于适应的论述中,说到化学上的酸碱中和也是一种物质的相互适应,但即便皮亚杰时至今日会接受"泛心论"和"泛体验论",那也不能为后者增加其立场的正确性,仿佛问题自然解决了。只要有"泛",遇到的问题之严重程度是一样的。这不是一句简单的"它们是进化之产物"就能解答的。前述"目的论"仍然只是一种哲学层面的解答。

至于各种基于现象学理论(思想)的研究,即使做得再细致、精确、真实,其实仍不能跳出第一人称的藩篱。对意识在现象学和第一人称意义上阐明得越精细、越透彻、越重要、越不可或缺,那么,就越禁不住人们追问:它何以能成就如此模样、如此神奇?

当代与神经科学结盟而产生的所谓"自然主义现象学",说到底,它也只是使第一人称研究与第三人称研究联系得更紧密而已,并不能真正实现从物向心(意识)的跨越。本质上,两者的联系仍未跳出"相关"研究的窠臼。

当代意识研究的困境有助于我们更充分理解皮亚杰对意识研究的贡献。前面讨论心理本体时,谈及皮亚杰的心理观(自然也是意识观)基本为"属性二元论"与相互作用活动论的糅合,且后者更与当代意识研究的生成进路颇有勾连。

皮亚杰不是心灵哲学家,他对意识的本体论问题不感兴趣,但以其之博学足以与后者进行对话。因为在皮亚杰的理论中到处会遇到涉及心灵哲学的问题,皮亚杰的意识研究是站在科学家的立场而非哲学家的立场,以丰富的实证研究事实上做出了自己的回答。

皮亚杰在认可以下两种对意识的本质及功能进行典型的科学研究的方法"(1)研究个体意识的最早或最初始的形式;(2)研究我们在可以观察意识消失或再现的条件(这仍然是当代意识的科学研究所采取的方式)"[①]之外,又提出了第三种方式,即研究意识状态中的发展变化。他假设:新的意识状态的显现,可以通过它们对语言或判断变化的影响而得到科学的记录。

皮亚杰的意识研究有独到之处。对皮亚杰而言,与其说他注重意识的"产生",不若说是注重"发展"。他所说的意识发展不是指意识产生,而是一种特殊的"显现"。"显现"之场所就是"动作"这一平台。皮亚杰的意识研究始终着眼于"发生"之现实:鸿沟的

---

① Ferrari, M. "Piaget's enduring contribution to a science of consciousness." In: U. Müller, J. I. M. Carpendale, L. Smith (Eds.), *The Cambridge companion to Piaget*. Cambridge, UK: Cambridge University Press, 2009, p.288.

跨越在个体身上的表现乃是个体意识的发生（产生）问题。皮亚杰的《意识的把握》（*La prise de conscience*，其实该书名译为《意识的显现》也许更为贴切）、《成功与理解》、《理解因果性》都属于与意识的个体发生有关的一类研究。

皮亚杰把活动引入意识研究，也许为我们找到了意识所在的藏身之地，但并没有深挖下去。即便如此，其价值仍应受到肯定，有些学者甚至因此而评价皮亚杰对意识研究做出了"不朽贡献"[①]。

总体而言，皮亚杰没有正面地讨论意识的"现象质"，而是提出了更为重要的问题：主体如何发展出对于他们自身以及世界的有意义理解，即把意识问题变为意义理解的认识论问题。意识问题对皮亚杰来说实际上并不是主要的、独立的问题，皮亚杰在其一生中都在追求将意识问题作为整体心理学的一部分，它与认识论问题更为靠近。因此，皮亚杰的理论提出了在任何意识经验之理论中都居于核心的两个基本认识论问题：(1)在任何认知中都涉及的主-客关系；(2)在认知主体中的物理-精神关系（心-物关系）。皮亚杰采取的是："内在相互作用论"的独特形式（以适应、活动、平衡等超越生命跨度的一系列概念来讨论第一个问题）以及以精致的平行主义形式（用双向建构的平行与互反方向平行）来处理第二个问题。皮亚杰的最终目标是：提出源于神经科学、认知科学以及逻辑学信息的整体一元论，并有力地解释：为什么这种一元论总是有一种在生物机械因果性与心理意义之间的内置二元论。

关于从神经、生理等物质层面如何展开对意识的"易问题"（第三人称）研究，皮亚杰显然更未表现出多大兴趣，生理机制从未入过皮亚杰的"法眼"。

我们知道，整个皮亚杰理论立足之基础是动作及其协调，因此，这就自然引发一个极其重要也必须面对的难以回避问题：即所有概念水平的认识（它们自然是可以被主体意识到的），是如何从动作及其协调中上升而来的？这个问题的另一种表述就是：主体的意识是如何从动作及其协调中产生的？

为解决这一问题，皮亚杰发明了一个基于动作的"觉知"概念（cognizance）。考察皮亚杰的意识论同样不能离开发生认识论核心概念：动作。意识正是通过主、客体相联系的活动（动作）而逐渐显现的，它表现在主体方面就是渐进的对行动的"觉知"，即"将行动的格式转化成概念"，或者说"使格式成为意识"。我们不能说皮亚杰解决了"意识难问题"。实事求是而言，皮亚杰对意识难问题也无能为力，恐也无此野心。意识问题虽不是发生认识论的重点关注，但皮亚杰的意识研究却极具启发意义，似乎指出了某种解决的方向。至少，在皮亚杰有关动作协调、逻辑-数学经验、反省抽象等概念中依稀可见当代意识研究中"意识阶次理论"的影子，甚至两者或所指为同一现象。

[①] Ferrari, M. "Piaget's enduring contribution to a science of consciousness." In: U. Müller, J. I. M. Carpendale, L. Smith (Eds.), *The Cambridge companion to Piaget*. Cambridge, UK: Cambridge University Press, 2009, p. 287.

皮亚杰的"觉知"概念似乎与埃德尔曼的高级意识(higher-order consciousness)类似,即在清醒状态下意识到自己处于意识状态、重构以往情景和形成未来意图的能力。它是一种高级意识(higher-order consciousness),区别于仅能建构各种可分辨场景的能力即埃德尔曼所称的"记忆的当下"之初级意识(primary consciousness)的能力。高级意识只出现在人类身上,人类群体和个体都会经历从低级到高级的发展过程。

"觉知"概念的提出说明皮亚杰的意识研究具有明显的"自我意识研究"倾向。但皮亚杰是否也出自某种类似"科学史与心理发生同构"的自觉,即把意识产生问题成功改造为个体意识如何逐步在活动中显现的问题,我们不得而知。但似乎有理由这样推测。意识或自我意识,追根溯源产生于动作,这里,我们似乎又可隐见群体(人类)与个体的心理同构性,如同我们在"动作"与"实践"中所看到的。具体到意识问题:我们可以做出类似的表述:人类的意识产生于人类的实践活动,个体的意识则产生于个体主体的动作之中——其初始形态即对动作的自我觉知。自我的觉知,突出了意识的主体性,要求我们从第三人称去间接理解主体意识的秘密。离开了主体性(自我意识),意识无从谈起。它虽然不是第一人称研究,但似乎接近于第一人称研究。

我想起了图灵测试的计算机(电脑)的"几个永远不具备的"特性(能力),如仁慈心、幽默感、是非观、友好态度、内疚心情等等。为什么"不具备"?盖因为它们对"有一个主体"的要求更高(必要条件),即要求在它们之背后,需站着一个活生生的、具有自我意识的"人"!这个人是必须要有自我觉知感的!它们必然是属于与诸如"面孔识别"之类的弱认知不同的强认知的范畴。弱认知可以在"机器"的层面上完成,如同汽车在大街上行走(自动驾驶)——它在行走时,汽车本身是没有"我在行走"的自我意识的,它只不过完成了人所设计的一项任务而已。对人而言,它是纯第三人称的任务,而"美感"之类活动则是一种第一人称的感觉——我们所能了解到的至多是与之相伴的生理活动的外显相关物而已!

当然,皮亚杰的"觉知说"并未真正解决意识的产生(发生)问题。但在以前似乎还没有人选择具身的视角即动作的觉知来探讨意识问题。

我认为心理学的行为研究对意识产生的可能贡献,也就只能如此了。当我们说认识(无论是数理知识,还是广义物理知识)都产生于认知结构的同化-顺化机能活动,并继而指明它们的最初源头乃是动作及其协调时,这为我们的意识研究某种意义上指明了新的思考方向。皮亚杰关于个体意识即为"行动的觉知"即是沿着这一方向开始的第一步探索之旅。

但或许"觉知"之说也许只是让意识穿上了另一件马甲而已,因为我们会继续存疑:觉知又是如何产生的?它来自行动(动作)不假,但又是如何而来的呢?难问题依然存在。

皮亚杰的"觉知"概念有点类似迪马西奥的观点。后者认为认知主体的"我"之"感受"是对意识的"折射"。"折射"什么?折射的是对自身机体状态的知觉,也就是所谓

"自我感"。如此分析,显然"觉知"要比哲学家们的"感觉""自我感""感受质"距离意识更近些,因而也显得更为"纯粹意识"一些。皮亚杰似乎比迪马西奥还多出一部分,即皮亚杰具体指出这种"觉知"是对主体动作及其协调的觉知。纯知觉似乎难以最终通达意识。

皮亚杰的意识研究还有另一特色,即把对意识经验本质的认知与个体活动的概念化继而与理解、逻辑、必然性知识的获得相连。皮亚杰研究意识有一个特殊的目标:他是着眼于必然性范畴,着眼于知识如何在活动中逐渐成为主体所获取的——这个获取指的是主体的有意识的并认为它具有必然性的(合理性的)知识。当然,受制于主体的认知水平,这种合理性对客观世界而言是相对的;但对此时的主体而言,则具有意识层面的肯定性和必然性。

但是,皮亚杰不同于当代解释意识经验的科学努力的地方是:他很想要将神经生物学与逻辑意义整合到他的解释中。对皮亚杰来说,有意识经验徘徊在生物学与逻辑学之间,人们必须将逻辑与必然性意识的发展,解释为非常不同于物理因果性的东西。抽象知识的符号与其他形式,常常开始于通过身体活动类比去想象创造可能性的具身活动。在心灵的建构的最初和最终阶段(意识显现化的过程,它离不开活动),包含着物理因果性与精神意义的进程差异,而意识经验的发生认识论必然解释这种差异。

一些人会认为:皮亚杰没有直接提出意识的"难问题"——意识经验的主观本质,而是聚焦于作为"连续积极动态系统"的意识显现(la prise de conscience)。然而,经验的主观本质对皮亚杰来说不是"难问题";皮亚杰在这方面更接近詹姆士、柏格森或梅洛-庞蒂。对所有这些思想家来说,经验指的就是身体经验,它们必然是从我们对鲜活与具身参与中的世界中涌现出来的。对皮亚杰来说,(意识研究的)主要任务是:描述从不可阐明的、对于成功完成某种任务的实践知识(即知道怎么做),到可阐明的概念知识,最终到具有必然性的逻辑或数学知识的(即抽象意义)的转换,即描述从动作到概念的过程,把"意识实现"具体化。

例如,尽管儿童可以成功地用弹弓击中目标(实践知识),但他们仍然需要建构有关他们行为取得成功的方式和原因的清晰和连贯的理解。在《成功与理解》《意识的把握》中,皮亚杰探索了在更复杂的任务中,从实践成功到概念理解的过渡,即理解是逐渐得到建构的。在这两本书中,皮亚杰着手检查了意识显现发生的方式及原因。皮亚杰宣称:意识的把握(显现),是通过认知结构的成功平衡(即通过反省抽象的过程)而发生的。对此的最好把握是逻辑必然性的内在经验(它可以使关于实在的经验更为全面和一贯)。意识把握(显现)的原因,是皮亚杰所说的边缘到中心法则(指双向建构的内化建构一侧),即必须从经验的边缘(或表面),进到更为中心的、对于内在行动机制("主观极"或意识)和客体内在结构或本质特征("客观极"或对实在的客观知识)的理解。人们只有通过对客体的行动,才能获得对于自身认知之主观能力越来越精致和抽象的理解。这极好地说明了动作-活动对意识获得的重要性。

皮亚杰试图解释：在我们的意识经验确实存在并且确实发展到整合越来越一致的逻辑必然性理解的情况下，经验如何逐渐从外显行动中抽象出来。因此，皮亚杰的意识理论应该得到比过去更大的关注。

皮亚杰认为"逻辑必然性意识"的涌现，大约在 7 岁时以必然和一般守恒的形式（如，长度、数量、物质、重量）而出现。实际上，我们最好应该这样来解释逻辑必然性"意识"：这种意识是某种在 7 岁或 8 岁之前不存在的运算结构的表现。它们与可逆性一起进化，从来不是独立地发展，而总是在协调系统（如，加、减、等于，等等）中发展并遵从某种必然性意识组成的确定规则（如 $B=A+A_1$，那么 $B-A_1=A$ 等等）。① 这种立场从 1950 年代起毕生一直都没有改变。20 年后在《意识的把握》中，皮亚杰写道：生成意识"需要重构……意识到一个行动格式的过程，变成了一个概念；因此，生成意识在根本上包含概念化"②。实际上，正是这种能力使逻辑必然性得到了概念化，而且皮亚杰认为这种能力是从对世界的具身行动中涌现出来的，它只有在一个有关规范和逻辑必然性如何从连续的具身活动中涌现出来的全面框架中才能得到解释。奇怪的是，这个问题在当代意识科学中没有得到太多关注；其重点应是经验如何能以皮亚杰认可的非常具体的方式中被具身化与概念化的。③

对皮亚杰来说，理解意识既包括理解个人主体如何获得对抽象和物理客体的必然知识，还包括认知与物理系统如何彼此关联地产生这种知识。意识至少以对意识主体（知者）和意识客体（被知对象）的明确区分为前提。考察主体的知识，通常会引起传统的二分法：要么给予主体活动以特权（唯心主义），要么给予客体活动以特权（实在主义），要么倡导二者之间的某种交互。皮亚杰则通过创造性地提出内在相互作用论（internal interactionism）来避免这些传统的立场。

皮亚杰认为主体从来不是简单地记录存在于"外在世界"中的"客体"，而是通过行动将客体结构化和再建构；因此，意识（概念化）与实践行动相连并最终实现与对环境的最优适应。尽管这种主体与客体之间的内在相互作用完全是鲜活的具身经验，但它将最终超越经验的理解，于是使数学与物理客体意识中的主观方面与独立于我们而存在的物理世界的实在主义概念相协调。不过皮亚杰有关意识如何发展的内在相互作用论在当代意识科学中似乎并没有与之相匹配的理论，他关于"我们发展中的世界经验决定了我们对外在实在的理解"的思想，可能更接近于瓦雷拉等人的生成进路观。

但我们应该清醒地看到，包括皮亚杰理论在内的所有对意识的心理学行为研究取向之成果终是有限的，并未真正触及意识研究的难问题（hard problem）。行为的觉知、

---

① Ferrari, M. "Piaget's enduring contribution to a science of consciousness". In: U. Müller, J. I. M. Carpendale, L. Smith (Eds.), *The Cambridge companion to Piaget*. Cambridge, UK: Cambridge University Press, 2009, p.289.

② 转引自同上。

③ 同上。

反省抽象等概念的提出,某种意义上只是把意识难问题后推了。意识的鸿沟将会长久存在,甚至意识或许真的难以解决自身的难题——就像人自己不能提起自己的头发离开地面一样。

4.4 活动的主体性与实践论及其他

对国内读者来说,发生认识论与实践论的关系是其所面临的挑战之一。在这一点上,皮亚杰的活动论需要辩护。

主体活动的"个体主体性"是活动论让人诟病之处之一。皮亚杰自己在为"活动"概念不断注入新的内涵,其论比比皆是。深入地分析将涉及主体间性和主体性内涵变化等问题。我的基本观点是:无论对主体间性如何强调,主体性概念如何发展,都不意味着心理是可虚空存在的;它总是具身的、由物质身体承载然后才能"鲜活主体"化的!

众所周知,皮亚杰对主体性的强调直接来自康德,但现代西方哲学已从个体的主体性向交互主体性转变(实践论似内隐地持有这一立场),换言之,后者已超出了个体主、客二分的格局,进入了一种"关系"的模式,这就是主体间性。如何使皮亚杰传统意义上的主、客体相互作用以及如何使主要指个体动作协调的活动论与主体间性兼容,这亟待在理论上予以合理的说明。

当代哲学对主体性的研究经历了从"主、客体二分的主体主义"到"主体交互关系的主体间性"的发展,主体间性作为客体实践基础日益受到重视。主体间性聚焦于主体与主体之间,但既然仍被冠以"主体",那它又是相对于客体而言的。因此,主体间性实际仍是以主体性为前提的。主体间性是一种有别于传统主客体关系的"主体-主体"交互关系。我们不妨称"主、客体二分的主体主义"主体性为个体主体性,"主体交互关系的主体间性"是一种互反主体性。互反主体性是对个体主体性的超越。皮亚杰在其发生认识论中虽未曾专门提及后者,但其关于儿童"具有哥白尼式革命意味的去自我中心化"的系列研究富含着类似的思想,因为这种"革命"不仅指向"物",也是指向"人"的。

因此,我不认为存在所谓"社会性动作"或"群体间的动作",而只存在社会性因素(历史的、文化的、民族的……)的介入,使个体动作染上了以上各种因素的烙印。人自呱呱坠地起,这些因素就存在了,个体动作就染上了社会之色,人也成了社会的人。比如婴儿的非母乳喂奶,使用的是精致的奶瓶还是粗糙的碗,差别就已存在了。但这种差别在多大程度上影响到了个体动作及动作协调那又当别论了。我认为心理本体的"工具库"中,不同社会群体的人之"工具"种类虽有区别,但区别不大。因此,动作总是私人性的、个体性的——哪怕做团体操,尽管要协调保持一致,但这种协调最终还是要落实在个体动作协调上的。

与主体间性(交互主体性)相关的问题还可进一步细化:如何从马克思的名言"人的

本质不是单个人所固有的抽象物,在其现实性上,它是一切社会关系的总和"①去理解人的交往活动如何与个体活动统一?皮亚杰的认知活动中的个体主体性是前者纳于后者中,还是后者从属于前者?是把活动论改造为交互主体活动使之体现交互性和实践性,还是相反:以个体活动为主,添加群体多元的因素于其内?这在更一般的层面上涉及了活动论与实践论的关系。20世纪80年代国内学界对此有所议论,但未及深入。今不复当年,不知是否必要重启探讨?

毋庸讳言,任何当下的个体活动都打上群体的实践烙印,因此活动论与马克思主义的实践论本质上应是相通的,尽管两者分属于科学范畴和哲学范畴。皮亚杰似很少提及"实践"二字——因为活动与实践都要以主体为主-客体相互作用的一方。

实践不只是可以提供主体与客观世界的亲密接触,从而增加自身关于世界的知识,更重要的是,我们应认识到实践必然具有形式方面的性质。这些形式方面的性质必然会影响到个体的行动。

马克思与恩格斯的两段话也许有助于我们对"活动"概念的理解。

马克思与恩格斯分别说过:"从前的一切唯物主义——包括费尔巴哈的唯物主义——的主要缺点:对事物、现实、感性,只是从客体的或者直观的形式去理解,而不是把它们当作人的感性活动,当作实践去理解,不是从主观方面去理解。""由于人的活动,就建立了因果观念的基础。"②

列宁对实践之形式方面的性质则表述得更明确。他说:"对黑格尔来说,行动、实践是逻辑的'推理',逻辑的格。这是对的!……人的实践经过千百万次的重复,它在人的意识中以逻辑的格固定下来。这些格正是(而且只是)由于千百万次的重复才有着先入之见的巩固性和公理的性质。"③

皮亚杰的发生认识论不是哲学认识论,但肯定具有某种哲学认识论的倾向。不难发现,它与实践论两者的精神是一致的:实践论需要活动论。在研究具体问题时,必须要将实践论的思想落实在活动之上,不可能总是顶着沉重的哲学桂冠做科学研究的事——无论它本身是多么正确。活动论自然也离不开实践论。事实上,皮亚杰乃自觉不自觉地接受实践论思想的指导。实践论的精神实质完全被活动论所继承和落实了!

当然,我们应该充分认识实践论具有远比活动论更为丰富的内涵,应以超出认知范围的视野看待认知以外的领域。相对而言在这方面皮亚杰的确所涉既不深也不广,而且,即便有所涉及,也大多是从其与认知的关系以及如何影响与促进认知来阐述的。

因此,皮亚杰并不是一个纯粹意义的心理学家,我们似乎也不应以一名心理学家的标准来苛求他。即便如此,皮亚杰的某些"认知外"的观点也是值得认真对待的。试问:

---

① 《马克思恩格斯选集》,第一卷,人民出版社,1995年,第60页。
② 同上,第16页。
③ 列宁:《哲学笔记》,人民出版社,1974年,第203页。

难道儿童在成长过程中,与各类成人、伙伴每时每刻都在发生着的互动交往的活动,它们没有社会性的烙印吗?这些活动不是与此时儿童心理发展水平相应的、具有"实践"属性的准实践、类实践、前实践吗?难道只有直接的生产活动和科学研究(实验)这样的宏大叙事才够得上实践标准吗?皮亚杰的发生认识论似无必要时时把它们挂在嘴边。

对皮亚杰理论的批评还来自另一重要方向,即所谓"社会文化"学派,其中尤以维果茨基及其信奉者们为主力。本文集收录了相关文献。皮亚杰与维果茨基之争,研究者多有高论,此处不赘。不过在我看来,分歧似可挖掘得更深些或从一新的角度来审视。分歧根本原因也许在于他们的研究对象有别,甚至他们对"心理"为何物的看法也不尽相同。

维果茨基的历史文化之论,甚至荣格的所谓"集体无意识"之说等,似离不开"积淀说"。他们听上去很在理,但由于它们以群体研究为视角,注定难以揭示如何积淀的过程和细节(只能停留在非连续的、静止断面的描述上)。这一点皮亚杰比他们都要高明,因为个体研究的结果更令人可信。皮亚杰对群体的认识产生过程也是有兴趣的,但无奈如其坦诚的:由于"史前文化信息的稀薄",才转向个体(儿童)的。即使如此,皮亚杰也没有忽视社会文化因素对个体活动的影响,只不过未成为其研究内容而已。在早期重要著作之一的《智慧心理学》(1947)中,他曾专辟一章专门论述影响智慧发展的社会因素。《智慧心理学》也许是对智慧的适应本质讲得最早和最为详尽的一本著作,同时也是对"运算(包括动作)"是成结构的或曰"运算的整体性"阐述得最早也是最清楚的。

因此,皮亚杰与维果茨基作为两个同等重要的理论的研究者,我觉得他们(或他们各自的追随者)双方的言论多少有点"隔膜"的味道。原因在于皮亚杰理论是研究认知的,社会文化是作为"影响因素"出现的,自然点到而已或将之置于更宏观的背景之中即可;而维氏学派则不然,它本身就是研究社会文化如何影响心理(包括认知)的。

文化因素的确会影响到心理,但它们的不同究竟在多大程度上导致心理的过程形式(而非内容)有所差异?即使他们都承认这种文化的差异的确由于其"积淀"会影响到形式,但显然是有不同的指向。若对皮亚杰理论的批评把这种差异上升到"文化"的高度,我认为这实在是不得要领。经验的不同使心理年龄有异,如此而已。深层次的文化因素影响是否会导致心理形式变化;本土(文化)心理学的标准是什么?在此不做详细分析。①

当前大谈"文化"者,似并不把"科学"文化包含在内,而是把"文化"有意无意地与之对立起来。更恰当地说,他们实际沉溺于"人文"取向的文化中。在他们眼中,"人文"才是文化且是站在"科学"文化之对立面的。对此观点我不以为然。科学文化自然应注入人文因素,此乃自身发展的需要与必然,但它仍是科学文化,是更成熟的科学文化,但不

---

① 参阅李其维:《心理学的立身之本——"心理本体"及心理学元问题的几点思考》,《苏州大学学报》(教科版),2019年,第6期,第1—21页。

至于就成了某些人(如 C. P. Snow)所主张的成为一种新的"第三种文化"了。

如果在谈及皮亚杰的活动观时,处处还要同时提及实践论,这就有点佛头植发、画蛇添足的味道了!应避免借"思想正确"之名,说着空洞的、不具任何操作性和实际指导意义的无用大话。

4.5 丰富的教育含义

不必拔高皮亚杰为教育学家或教育心理学家。发生认识论的教育应用并非皮亚杰的初衷。教育学家的名号是别人加持并非皮亚杰自诩的。皮亚杰本人并未参与多少教育实践,但这不是说皮亚杰没有自己的教育理念以及未表达对他所处时代教育现状(从教材内容、教学形式到教师培训等)的不满。

皮亚杰理论与教育的关系是一篇大文章,教育界对皮亚杰理论的重视使之在西方(特别是美国)的被所谓"再发现"起到实质性的助推作用,其标志性事件就是 20 世纪 50 年代的"伍兹霍尔会议"。皮亚杰的理论虽不是直接的教学理论,但其对教育的影响是根本性和方向性的。因此,比较适当的说法是:它有丰富的教育含义(implication)。此后,大量的教育实践应用(从教师作用、教育课堂组织、教材的编撰、测验的编制等)如雨后春笋般呈勃发之势,皮亚杰理论中的建构性与创造性本质得到充分的张扬。可以说,成功的教学理论与实践,都自觉或不自觉地运用到了皮亚杰的理论和发生认识论的一些原则和规律。

皮亚杰的教育思想继承了他的瑞士前辈、著名的机能主义心理学家克拉帕雷德(E. Claparède)的传统观点:教育就是儿童心理学。皮亚杰更进一步:教师必须首先是一名进行研究的儿童心理学家,如此,才能"使教师的职业不再仅仅是一种谋生的手段"①。

心理学研究当(可)为教育实践服务,这形成共识并不困难。皮亚杰理论是真正关于儿童(主体)如何理解和掌握科学概念乃至科学知识的心理学研究。它坚守的是心理学层面的规律揭示。

当然,皮亚杰理论不能解决所有的教育问题,仿佛其理论可包治教育百病,视皮亚杰理论为万能。皮亚杰理论无涉"人的全面发展"这类宏大的目标;但也不必把皮亚杰理论对教育的指导意义降为一般的心理学或认知发展心理学的层次,甚至把皮亚杰理论在教育实践中的应用说成是"教育神话"。后者更是不可取的,是一种人设之靶。两种极端做法都应避免。客观地说,发生认识论对教育的影响,主要与"智育"有关,尤其在创造性培养方面给我们以深刻的启发。因此,不是学校走进皮亚杰理论——它包容不了学校育人的全方位工作;而是皮亚杰理论应走进学校——为知识的学习过程助力。

---

① 参阅 J. 皮亚杰著,傅统先译:《教育科学与儿童心理学》,1965 年。

以认知发展为实质内容,以知识获得过程为探索重点的发生认识论应该成为学习科学的重要构成成分。如美国学者柯普兰(R. W. Copeland)把皮亚杰有关数学、几何和物理量发展的一系列著作中精华部分汇集成《儿童怎样学习数学》(1979)一书出版,这就意味着皮亚杰的这些著作可被视为数学教学所必须依赖的心理(认知)规律。

皮亚杰本人直接撰写的有关教育的著作不多,以《教育科学与儿童心理学》(1965)、《教育的未来:理解即发明》(1972)为代表。它们实际分别回答了两个问题:前者主张教育必须与心理学合作而不能分离。皮亚杰认为教育就是应用心理学于教育过程,并应以儿童为中心。如有论证充分的心理学理论做支撑,那么教育学就会富有成果。在没有一种特定的心理学作为指导的情况下,任何关于教育的讨论都是徒劳的;后者实际回答教育需要一种什么样的心理学的问题。皮亚杰坚持认为只有建构主义的心理学才是合适的。不同的心理学某种程度上对教育都是有益的,都能磨亮刀剑。但再磨亮,仍还是刀剑,不能换成枪炮。皮亚杰的建构主义心理学与其他心理学有刀剑与枪炮之别。皮亚杰理论犹如一个武器库,教育者常从中寻找武器,但由于识辨之力不足常常拿错了或捡了芝麻丢了"主体建构"这个大西瓜。皮亚杰理论对教育的影响,不仅体现在皮亚杰对与教育直接相关及延伸问题所发表的著作和报告中,而且还大量反映在20世纪70—80年代涌现的同类著作中,如《皮亚杰在课堂》(*Piaget in the classroom*)、《皮亚杰谈教师》(*Piaget for teacher*)、《皮亚杰与教育》(*Piaget and Education*)等。皮亚杰还被称为幼教中的"巨人"(Giant)也许并非浪得虚名,甚至游戏活动在事实上也体现了皮亚杰理论关于动作协调是智慧(逻辑)之源的精神。① 国内也有反映,如《儿童心理学与教育科学》一书即为首批译为中文的皮亚杰著作之一。但总体而言,国内皮亚杰式的幼教实践和课堂教学并未如西方那样开展起来。原因是多方面的,应试教育的根深蒂固也许是最重要的制约因素。后来的建构主义教学就其教育思想而言,仍不离皮亚杰对学习主体性的强调,它的命运同样因水土不服而未能推广。

尽管皮亚杰并非教育改革者,但他所捍卫的对儿童思维发展的看法为今天的教育改革奠定了基础。他的思想受到一代又一代教师们的尊崇。可以说,皮亚杰是第一批认真看待儿童思维的学者之一。他发现儿童的思维方式与成人不同。在儿童可爱又看似不合逻辑的话语背后,隐藏着具有他们特定发展阶段和特殊逻辑的思维过程。爱因斯坦称之为"如此简单以至只有天才才能想到的发现"。与皮亚杰一样认真看待儿童思维的学者还有美国的杜威(John Dewey)、意大利的蒙台梭利(Maria Montessori)和巴西的弗莱尔(Paulo Freire)等人,他们的某些主张在学校迅速推行还较为困难,而皮亚杰对教育的影响却更为广泛、更为深远。

概括皮亚杰的教育观有三大要点:首先,强调教育关注的重点应在"学生如何学"而

---

① Elkind, D. "Giant in the Nursery-Jean Piaget". *New York Times Magazine*, 1968-5-26, p.59.

非"教师如何教"上;其次,在"如何学"中又强调必须调动学生自己的知识建构过程而非其他过程,如记忆;最后,强调在建构过程中,又特别注重新知识的"发明"和"创造"。三大要点又可简化为一句话:学生学到新知是学生自己主体建构的结果,他人(包括教师)所有的助力只有落实在学生主体的建构上才有作用。

皮亚杰反对所谓"感觉的教育",认为不应把"活动的"方法与知觉或直观方法相混淆。他认为所谓"看见"的东西至多产生了"物"的心理摹本,不可能获得灵活、可逆、稳定的理解。因此,皮亚杰不赞成曾风靡一时的斯金纳式的"教学机器"和"程序性教学",因为它们只是向儿童提供了"高度结构化的材料"——而儿童需要的是探索性的活动。只有感知运动的活动才能为逻辑运算做准备,而逻辑运算是建立在行动的一般协调基础上的。① 皮亚杰的这一观点在现今的网络时代更具有极大的现实意义。因此,凡阻碍儿童活动的教育都不是好的教育,智慧将从动作中产生,哪怕最初它可能是潜意识的。依此活动观,审视如今时髦的网上学习,它们的局限性显而易见。

发生认识论的主体建构思想、发展的本质就是不断创新的思想应该成为家长和教师指导儿童或学生学习的原则。

实际上,人从出生后睁眼看世界的第一眼开始,就处于终身的学习过程之中,学校的课堂学习只是其中一种类型的学习而已。无论何种学习,其核心都离不开主体建构,否则人无异于机器。不管当代学习科学对影响学习的因素分析得多么周详,使学习心理学演变成了内涵更为丰富的学习科学,但总离不开主体建构这一环节。主体建构适用于所有内容的学习。用皮亚杰的话说,它是"发明"而非"发现"②。我们要从一切知识的获得都是主体建构(即"发明")的角度来看待皮亚杰理论对学习的巨大而深刻的指导意义。皮亚杰学派也讲学习,但它既不混同于那种条件反射式的学习,也不是指教师灌输式的课堂学习,它是只与"结构阶段的发展"相契合的建构活动的学习。人类的一切学习,说到底,不过都是一系列的建构而已!

如何建构呢?这必然要运用反省抽象和动作及运算的协调等予以说明。无论是内源性知识,还是外源性经验知识,都离不开协调、离不开协调所产生的认知格式。没有协调,所有知识无从谈起。为协调提供机会,这就抓住了学习的龙头。协调的是动作之间、运算之间的关系。于是,有了协调,也就同时有了双向建构的开端。发生认识论对教育的最大启示就是:一切有效的教育(主要指智育及教学活动)不能脱离学习主体积极的心理(认知)建构,而且这种建构一定是发生在他们与客体相互作用的活动之中。因此,一切剥夺、制约、束缚学习者的环境、措施、规则都是不利于学习者对知识掌握的。因为活动不彰,学习者的动作就不能发展;动作不能发展,就在智慧和逻辑的源头上使

---

① 参阅 J.皮亚杰著,傅统先译:《教育科学与儿童心理学》,1965 年。
② 参阅 Piaget, J. *To understand is to invent: The future of education*. New York: Grossman, 1973.

知识建构停滞,失却了逻辑产生、发展的必然性。由于这种活动必须是由身体(主要是手)与客体直接地接触,因此学习者才有丰富的机会把弄客体,如此才能使活动富含动作及其协调。因此,束缚手脚就是束缚大脑;训练大脑不如活动双手。

皮亚杰主张教育必须从专注于教师如何教转变为侧重于学生如何学,这是一个极其重要的变化。过早进行"教",特别以教代替儿童的自己建构,这其实害了儿童。

皮亚杰认为,儿童并非是用来填塞知识的空的容器(传统教育理论所持有的观点),而是知识的积极建构者——是不断创造并检验自身世界理论的小小科学家。所有的创新和发明,说到底都经历了一个主体建构的过程。甚至,哪怕对人类群体而言,那些已成"旧知"的学问,对个体而言,它们如何被主体真正把握成为其知识装备的一部分,也是一个建构的过程(并非外部的灌输所能实现的)。建构就是创造,就是发明。杰出科学家为人类知识宝库增添新的思想和理论(以及根据这些新知而物化的发明和创造)更是须臾不能离开建构。因此,有利于建构,才能有利于创新。

学习是学习主体的主动建构过程,没有主体,何来创造?华生久去,遗毒尚存。学习必定从根源上有赖于主体的活动。为什么说束缚了手脚就是束缚了大脑,束缚了大脑创造的基础?这是由于活动中具有丰富的逻辑因素。无论新知的获得还是创造力的提升,都必须立足于主体建构的基石之上。

在新知识的获取中,最重要的影响因素是扰动或冲突,认知扰动或冲突起到创造性的作用。如果这种冲突情境得到系统化的运用,扰动就会被新的建构过程所克服。英海尔德、辛克莱和博维尔的研究发现①,某特定实验工具产生的冲突仅仅发生在特定发展水平上。这不是绝对形式的扰动,而是按照正在形成的结构被获得的程度的比例进行的扰动。这样的事实已经非常多地说明了建构过程和补偿之间的紧密联合。通过两个彼此冲突的不同知识的亚系统的相互作用,或是导致促进平衡化过程,或是形成远离平衡化的混乱,继之产生必要的顺化以趋向更高水平的平衡化。

如上这一平衡化的进程经过训练程序可以得到促进,但是这些训练不是发展的原因。以守恒为例,具体运算阶段伴随着各种"守恒"的到来。守恒的本质是变化中的不变性。以"发生"为要义的发生认识论为何又如此钟爱这种不变性呢?值得思索。英海尔德说,守恒性或不变性观念的普遍的重要性,就在于各种最基本的推理形式——逻辑推理、算术(数学)的、几何的以及物理的推理,都是建立在量的不变性原理之上的。而守恒性或不变性的基础是可逆性。②

下面谈谈思维训练的问题及皮亚杰理论对如何使训练有效的启示:正是"可逆性"

---

① 参阅 B. 英海尔德、H. 辛克莱、M. 博维尔:《学习与认知发展》(李其维译),华东师范大学出版社,2001 年。

② Inheld, B. "Memorandum for Woods Hole Conference". In: J. Bruner(Ed.). *The Process of Education*. Harvard university press. 1963, p.41.

在思维训练中起着重要的作用。

训练的首要问题是：训练什么？过程还是技能？不是说技能背后无过程，而是说如只着眼于技能，则过程本身往往未得到重视，所谓治标未治本。训练发散（思维）吗？当然发散很好，因为这样可以想他人所未想。但是否在发散中，也添加一些如何发散的规则则更好？可逆性从这个意义上说，不失为一条有效的发散路径。而在皮亚杰心理逻辑的递进层级中，它更是处于关键的"从动作向运算内化"的要点上！

因此，思维训练应以可逆性为有效把手。在坚持思维可训练性，坚持思维形式是后天衍生构造过程的基础上，充分认识可逆性在思维发展和创造力之提升以及创新发明中起着关键的作用，这是至关重要的。

"可逆性"乃智慧之魂。从最初幼儿能够进行有目的的重复动作，到"离中化"的"哥白尼式的革命"，再至有意识的"换位思考"，可逆性即便不能说明它们的全部内涵，那也是最基础的必备要素，甚其他一切内涵的说明也都是建立在其基础上的。INRC 四元转换群就是以两种可逆性为经纬线编织而成的结构。

皮亚杰赋予"可逆性"以重要意义。他认为每一种认识论的重大问题同时也是对于发生认识论来说，其首要问题是理解思维如何成功地构造"独立于时间"之必然联系的，而思维的工具就是心理运算，它们的建立（所谓"逐渐心理化"）历经时日，受"从非可逆性（动作）过渡到可逆性（运算）的基本法则"所控制。

那么，如何通过训练加速这种"过渡"呢？关于学习的加速问题，皮亚杰不同意布鲁纳等人关于加速的主张：认为所谓"通过一种智慧上诚实的方式，可教会任何年龄的儿童以任何内容，只要你方法得当"①。皮亚杰揶揄这种学习加速的主张是"心急的美国人特有的美国问题"。

加速只有在作为同化基础的认知结构（格式）能对外物（学习内容）具有某种顺化可能性的情况下才能适当进行，同时激发某种学习动机。在这个意义上，皮亚杰不反对存在学习最佳期的可能性，但再三强调何时为最佳，必须依赖于儿童本身的状态和学科（学习材料）的性质。提升智慧水平的最有效、同时也是最有针对性的途径是对认知格式（结构）的训练，没有认知格式，一切认知都是盲目而徒劳无益的，只是机械的识记，创造更无从谈起。俗云，工欲善其事，必先利其器。认知格式（结构）就是器；动作蜕变或进化为运算，其中内含的可逆性又是最为核心和关键的甚至起着枢纽作用。学习思维、训练思维、促进思维，甚至不断展现创造性，归根结底靠的是什么？——是可逆性的灵活运用！

所谓只要恰当的训练，任何年龄的儿童都能学会皮亚杰式的任务，那是荒唐的。此时他们能够完成任务时所展现的不过是记忆储存的东西或其他什么地方现有的东西，

---

① 转引自 R. W. 柯普兰著，李其维、康清镳译，《儿童怎样学习数学：皮亚杰研究的教育含义》，上海教育出版社，1985 年，第 379 页。

而不是源自其自身所创造的革新、发现和发明。因此,对固有内部认知格式(结构)耐心地建构,才是认知发展的唯一要津。成熟与学习只有在学习者处于这一要津之途,才能成为合法而有效的因素。因此"成熟和学习这两者并不是任何时候无端地就能结合在一起并能促进发展的,而是需要在它们之间加以系统的逻辑检验和权衡。只有在获得知识过程中所包含的诸因素之间已经达到一种新水平的平衡化时,这才有可能实现"①。

在皮亚杰的发生认识论中,可逆性有点"养在深闺人未识"的味道。人们疏离皮亚杰已属不当,竟然把其中最为珍贵的部分忽视了,这更令人惋惜!我的一位学生谭和平博士曾基于可逆性原理,编制过很好的思维训练程序,并获上海市优秀博士论文奖。同样令人遗憾的是,因某些原因,它并未得到很好的推广。

最后,关于皮亚杰理论的教育含义应该指出的是,虽然"教育"的实践活动最为鲜明地体现了"相互作用"和"主体建构"的思想,但如果把它作为某种思想方法论来审视与人有关的所有方面的成长,皮亚杰理论不仅可以扩广至智育以外(如性格的培养),也自然地适用于人的一切活动领域。它具有广泛的指导意义,即都应该避免一切形式的外在灌输,而应立足于主体自身的主动建构。我深信这一点将逐渐被人们重新认识。因此,新时代的类似"伍兹霍尔"的会议再次在国内外召开,这并非没有可能。

5 发生认识论的发展前景:永远在路上

严格而论,发生认识论的任务并未完成,人类对自身认知的认知尚有太多不明之处。这是发生认识论永远在路上的根本原因。

但令人较为遗憾的是皮亚杰与弗洛伊德同被尊为世纪伟人,但为何他的发生认识论未如弗洛伊德的精神分析学说产生同样的广泛影响呢?难道"心智的创造性"不及"精神的健康"重要?"皮亚杰是一位具有创新意识,并且终身都在创造新范式的思想家。他总是走在时尚的前沿,总是在引领潮流。"②我们不应让先行者过于寂寞。

如果皮亚杰只被视为一名儿童(发展)心理学家而已,他的某些具体研究只作为某种点缀留存在后人的著作中,而被人们忘记了这些研究深刻的理论意蕴,忘记了它们肩负的认识论使命,那么即使现在人们还记得皮亚杰,那皮亚杰在心理学历史长河中迟早会"泯然众人也"!这将是皮亚杰的悲哀。

---

① B.英海尔德、H.辛克莱、M.博维尔:《学习与认知发展》,李其维译,J.弗内歇中文版"序",第10页,华东师范大学出版社,2001年。
② B.英海尔德、H.辛克莱、M.博维尔:《学习与认知发展》,李其维译,J.弗内歇中文版"序",第10页,华东师范大学出版社,2001年。

皮亚杰的过人之处,或者,更确切地说,发生认识论的深刻之处在于他把人类科学认识何以发生发展这一核心问题置于科学的基础之上,用实证的心理学研究(主要是儿童认知发展心理学)破解其谜。

发生认识论的研究主题是康德知识范畴的个体发生,心理学家对这一问题的深刻性普遍认识不足,因而导致对发生认识论的意义认识不足。

继续开拓和延伸发生认识论的研究,相对而言,重回并坚持康德范畴研究似乎较为容易一些,尤其对于研究儿童认知发展的心理学来说。因为它可以暂时脱离认识论的宏大叙事,专注于每个范畴本身的个体发展。心理学家所要做的(尽管也需要创造性的思维)是把范畴问题演变为可操作的研究课题,使之具体化为儿童可进行操作的且心理学家可从中分析出规律并上升为某种发展理论的任务。在这方面,皮亚杰某种程度上似乎步伐走得不够坚定。而且,天不假年,皮亚杰没有时间重回范畴研究之路了。

不过,"失之东隅,收之桑榆",皮亚杰关于知识的结构-建构的系统而完整的学说足以载入史册。下面我们将从建构过程和心理逻辑的形式化前景、如何与当代认知发展心理学和认知神经科学合作继续推进皮亚杰的事业,说明深化认识论研究之重大意义及其永久的生命力。

5.1 寻找结构-建构与心理逻辑更好的形式化工具

皮亚杰在结构主义时期以函数及群集、群、格等代数工具,对认知结构加以形式化。而在深化的建构主义时期,继之以一系列关于对应、矛盾、概括化、反省抽象和平衡化等新研究为基础,其形式化工作则主要反映在态射-范畴论和意义逻辑上。以下我们分别从新代数工具"范畴论"和"意义逻辑"两方面略议皮亚杰的最新形式化工作面临的问题或可改进之处。

先说"范畴论"。皮亚杰把"范畴论"作为新时期的形式化工具,这继承了发生认识论跨学科研究的传统,更为重要的是,也彰显了皮亚杰的终生不渝的追求:从"知识的个体心理建构与学科公理体系或人类科学史"两者之同构或逆同构的角度解决认识的发展问题。这一夙愿,终其一生,未曾言弃。但我们难免会问:抽象代数中的范畴论所展现的范畴建构过程与实际的儿童心理建构过程真是一致的甚至故而范畴论是心理发生与科学史(此处为数学史)同构之又一新例吗?还是皮亚杰仅仅把它作为一个顺手的工具来使用?无论你是否为皮亚杰理论的服膺者,这都是一个值得探索的问题。如果得到正面的肯定,无疑将为发生认识论的研究主题和路径平添了一份有力的新证据。

多数数学家仅仅把范畴(论)作为工具来使用,还有人因其广泛的应用性、工具性而建议把范畴论列入"应用数学"之列,甚至视之为能一统数学江山的大利器;又或泛化至一种几乎万能的大容器,各种现象(人文的、物理的)之中的联系,用范畴棱镜一扫,于是都可以装入其中。这些数学家代表着对范畴本身不感兴趣但对其一般能为数学所提供的东西,即对范畴工具的使用过程、范畴建构的数学过程感兴趣的人群。

那么,范畴论使用范围的过于宽泛,是否反而降低了它的应用价值,以至于有学者认为,"范畴论最少建构主义的特性""范畴对范畴论来说只有最小的重要性";它的使用范围太广:小至婴儿,高至科学思维,这种过于广泛的普适性可能降低了它的价值?

有数学家说:给我一个范畴,我就能为你找到相应的态射。但问题在于如何根据所想达到的目标来选择范畴呢?这可是一个涉及各专门领域和专业知识乃至研究者独到目光的技术活。所以,关键还是如阿希尔(E. Ascher)所说:告诉我你要做出"何种建构",我就会告诉你应该使用什么范畴。看来,态射与范畴何者在先,有点类似鸡蛋与鸡的问题。不过他又说:"人们以什么作为其对象以及选择什么态射,这在具体的细节上是非常复杂的……一个范畴简而言之有其态射与对象,"①这似乎又意味着态射和对象某种意义上总是并行到来的。

对于皮亚杰寻找到"范畴论"新数学工具,评论也许两极。一是认为皮亚杰老而弥坚,从数学宝库中觅宝之精神不坠,令人钦佩;二是认为皮亚杰只是赶时髦,"捡到碗里都是菜",对范畴论作为建构之形式化工具的适用性太过牵强。不幸的是,后者可能占多数。

皮亚杰则坚持认为范畴论之范畴与传统的代数结构差异很大,所有的范畴本质上可以描述发生(建构)过程,而非只是一种静态代数结构。对皮亚杰而言,最重要的是将结构的传统定义,内在应用于一个给定的函数、群、格或其他对象,而范畴的定义可以跨越这些对象来分享它们所共有的内在建构过程。他强调,对于一个给定的结构,如函数通常是解释元素之间的"变换"(转换);而范畴的态射则可更自然地将我们吸引至模式(元素关系集)间对应的一种比较。因此,范畴是可以对同一复杂水平的许多对象进行横向比较的工具。

这样的讨论使得皮亚杰假设:态射或者结构的对应构成了认识论的独特系统,它与"变换"(转换)或运算一样,对认识论而言是必需的也是基础的。在心理发展的研究中,即假定建构"对应"(通过比较、分析等)独立于建构"变换"(转换),甚至是建构"变换"(转换)的前提条件。这与他早期的立场有所不同。他早期认为"对应"是在儿童"操纵"与"变换"(转换)对象的行动中衍生而来,而"变换"(转换)则是受单独的发展之力而形成。

范畴论在发生认识论中,皮亚杰主要将它运用于阐明各阶段不同水平的认知结构特别是形式运算的构造(建构)是如何进行的。它被用来建构各种结构的结构化,如皮亚杰所指的具体运算结构,其应用过程其实就是把运算结构的建构过程形式化,至少,它们是可以如此形式化的。至于是否存在不用范畴论工具而采用另外的数学工具充此

---

① J. 皮亚杰、G. 恩里克斯、E. 阿希尔:《态射与范畴:比较与转换》,刘明波、张兵、孙志凤译,华东师范大学出版社,2005年,第14章,第197页。

重任(既保证工具的适用性,又保证其数学属性)现在似乎还没有,还要等待数学家们的先期创造(有人并不看好,因为范畴论的可用领域实在太宽泛了)。

皮亚杰基于不同的发展阶段,提出内、间、超态射之分。我认为,这种态射之分仅是从"运算"角度而言的:内态射是前运算水平,间态射是具体运算水平,超态射则是形式运算水平,并非指已先有了各种态射,然后把它们细分为这三种类型的。内、间、超态射之分,可否说是皮亚杰对范畴论的活学活用——就像当年创造出半群(群集)结构对群结构的活学活用一样?我不知道。

与范畴论相关的另一重要概念是反省抽象。皮亚杰认为,范畴也是其自身的一个"反省的反省"或"二阶反省抽象",因为它们可以将对应的各种系统的形式作为内容。这表明,范畴论可以清晰表达出:在给定结构的水平上,可将其"形式"转换成更高结构水平上的内容。例如,守恒就可形式化为先前内在结构至后续结构保持"量不变"的态射。这是范畴论对反省抽象建模有效性的证明。

在皮亚杰看来,范畴的另一个重要的心理学意义在于:由于态射不受任何具体结构的内在规律的限制,因而它拥有巨大的归纳能力以及对新的可能性的开放——这是皮亚杰关于创造性思维的观点——具有超凡的潜在可能性。

皮亚杰对范畴论的使用也面临重大的问题。

如果说内、间、超态射分别表示前运算、具体运算和形式运算的态射,这是皮亚杰的创造,但如何使从"内"到"间"、再从"间"到"超"的过渡得以实现,这将涉及阶段的"跃升"问题。"跃升"就是阶段的过渡。

知识的发展实质上就是不同水平的结构的递进发展,那么对这个"发展"本身从结构生成的角度加以描述,甚至揭示不同水平结构之间的联系,从而进一步揭示发展的方向,本就是发生认识论的任务。不去揭示这种递进发展的机制,那么发生认识论无论如何都是不完整的。那么这一任务可否落在范畴论的肩上呢?

既然每一层级(相应的发展阶段)的建构可以通过范畴完美地解决,那么,层级之间的跃升问题是如何解决的呢?

于是我们因而会遇到一个范畴论应用于认知发展的大问题,即同层次的结构建构与不同层次结构之间存在的向更高层次"跃升"过程本身的建构这两类建构的异同问题。我认为,这两类建构似不可同日而语,此建构非那建构。层次(结构)的"跃升"是更具发展意义的建构,它与层级内的结构建构不同。"跃升"之建构之谜依然存在甚至更为紧迫。对发展来说,不言而喻,后者更为重要,因为后者必须基于范畴之上的范畴方可解决而且这时候的对象族和态射具有迥然不同的动态性质。范畴论不能解决"阶段"纵向升级的问题。只能在横向的、同水平之内的建构中发挥作用。

那么,范畴论到底能不能破解结构层级的"跃升"之谜,这是个问题。皮亚杰似乎未明确聚焦过这一问题。

前已述及,横向的(范畴内)态射可以由范畴之间的映射(也称函子 functor)得到进一步的充实，或许，函子使得跨越不同复杂水平的比较得以可能，所以大量的态射以及态射的组合都可应用于认知。可能性的创生正是涌现于这些潜在的无尽的组合中，因而范畴论也是描述创造力的合适工具——自然也是发展不同水平"跃升"的合适工具，至少应为范畴论保留这种应用的可能性。

　　函子概念能真正承担此任吗？它是否可以广泛应用于一切创新过程，而且甚至可以无限地将此过程一层层地进行下去？或许，人们寄希望于它具有这样的"功力"，乃是因为其对象既可以是静态的，也可是动态的。但是，无论是动态还是静态，它所刻画的仍是同一水平的横向建构，所以函子或"自然转换"似乎仍无法解决"跃升"难题。

　　当然还有另一种极端的"似是而非"的观点，认为正因为每一阶段的结构如何建构的问题完美解决了，于是阶段"跃升"的问题因而就事实上不存在了。如此，自然也就不存在"跃升"过程的形式化任务了。

　　不过应该指出，范畴模型虽好，但它并不是唯一可能用于"发生"的模型。其他如"形式系统的逻辑模型"与动态系统的突变论（catastrophe theory）亦是可用的模型（理论）——阿希尔甚至看好动力系统质性研究"有某种光明的前景"。至于逻辑模型，它与范畴论和动力系统两者的宏大理论特性不同，是从"基本的""基础的"水平上开始研究的，它本质上似乎是微观的理论。以上事实也许是阿希尔认为"范畴的模型并不是发生认识论唯一适合或有用的模型"的原因所在，其他模型在此也有用武之地。涌现论即为其中之一。它聚焦的是垂直的发展而不是横向的变化，所以才会有人提出它来用以弥补范畴论建构的局限性。我以为，它似乎不太或难以刻画形式化的细节，但它也是企图指导一条通达更高层次结构的蹊径。它与范畴论相比，也许它比不上范畴论能刻画结构之建构，但它能较好地说明不同水平结构之跃升以及更一般的创造过程，但我不知道涌现论之涌现过程最终是否可以实现形式化。总觉得它似乎离开空泛的外显性的描述并不很远，或只是在"影响因素"之类说法的外围打转，或甚至有意无意地把这一过程推向神秘化或神经化——这似乎就有点本末倒置、缘木求鱼了！同时也正如史密斯（L. Smith）所言（皮亚杰也有类似说法）：在"跃升"模型中，也许还得容纳更多的因素：既有属于形式化系列的反省抽象过程，也有机能影响因素，如适应、平衡化，甚至认知以外的情感、动机因素。这也许得乞求于函子论（是否可行，前景不明），或者，其他如涌现论（如 S. Papert 主张的）的范式也有用武之地。因为说到底，跃升问题的解决恐怕无法仅靠同一层级态射-范畴之数学工具所能解决的。纵向的建构总得最后要求助于机能系列的概念才能解决问题，如反省抽象和平衡化，特别是后者。分属两个系统的态射与转换，如何相互联系、彼此促进，共同参与到结构-建构的全过程，它们之间的相互作用，最终还得靠反省抽象才能得到层次的提升。因此，反省抽象何时及怎样介入范畴建构之中恐怕是关键。

　　对范畴论来说，"阶段的跃升"问题实质是新范畴的建构。而要建构新的范畴，就应先确定其拟纳入未来结构之中的要素，然后把要素对象化，再后则确定以何种态射去联系这些对象。态射确定了，范畴也就诞生了！

综上所述，范畴论只注意横向的结构之建构过程，要比结构主义只专注转换及转换所形成的产物"结构"，显然要更加高明（其中有对应-态射之功）。但对范畴论是否可用于解决不同水平的结构如何实现层级的"跃升"难题，依然难以确定。因此，用范畴论解决"跃升"难题或如何为"跃升"找到特定的"范畴"予以形式化应是发生认识论的当下范畴论应用的第一要务。而且，我们未来不排除有比范畴论模型更适合的新模型取代之。

下面谈谈心理逻辑的形式化问题。

皮亚杰从"外延逻辑"走向"意义逻辑"是正确的一步，但缺少心理逻辑学"形式化"的跟进步伐（不是要求公理化——那是逻辑学家的工作）。在相干逻辑的基础上，形式化运算逻辑的任务并未完成。因此，未来运算逻辑与相干逻辑应携手并进，沿着心理逻辑学的方向继续探索。

在解决意义逻辑的形式化之前，首先要继续消解对逻辑化的误解，真正避免"逻辑"恐惧症。皮亚杰的心理逻辑学，也许是整个皮亚杰理论中最具迷惑性的部分，往往使人望之却步。很遗憾，人们高估了它的难度；但也请不要轻易地给发生认识论戴上并不合适的"逻辑学化"的帽子。"逻辑学化"是对皮亚杰发生认识论常见的批评之一，其误解之源是皮亚杰对逻辑结构的持续关注。然而，关注并意味着发生认识论进行的是一种纯形式的逻辑研究。批评不应回避，误解需要澄清。

加西亚告诫我们，一定"牢记一点"：皮亚杰关心的是逻辑和数学的认识论起源。比如，在公理化形式逻辑中，先有命题逻辑随后才有谓词逻辑，这是公理化的复杂程度使然吗？为什么在发生认识论中，先有命题内的类运算的"类逻辑"和系列运算的"关系逻辑"，而后才有以命题为元素、以命题间的形式运算为内容的"运算逻辑"？这是否也是一种逆复演？

形式逻辑的公理系统实际存在着多样性。因此，当其他联结词通过衍推而被引入，当我们试图分析由此而产生的命题演算的时候，我们将面临一个问题，即实际可能存在许多公理系统。这些公理系统都可以在蕴涵的基础上建立起来。安德森和贝尔纳普仅描述和分析了在近年来已经提出的多种系统中的很少一部分，他们对这些公理系统进行了系统的研究，揭示了它们的内部联系和所能进行的演算类型。

加西亚认为，"当前应做的工作是要对运算逻辑'做出清楚的形式化'"[①]。这就是说，相干逻辑中，根据内涵的演算方式，它们已经形式化甚至公理化了，但它们需要某种形式的心理发生研究予以检验。这些心理发生的研究非常重要：它们将揭示某些逻辑关系从中出现之情景的复杂性，并且对这些运算逻辑的逻辑关系进行某种程度的形式化（不是公理化），而这目前显然是发生认识论的软肋之一。

[①] J.皮亚杰、R.加西亚：《走向一种意义的逻辑》，李其维译，华东师范大学出版社，2005年，第11章，第134页。

如我们可将当代决策研究与心理逻辑学的研究做一类比而从中引出某些对心理逻辑学的形式化研究的启示。

在当代决策研究中,有所谓完全理性决策和有限理性决策之分,人们的实际决策往往是非完全理性的。同理,人们的一般思维活动(不限于决策),也可以分为两种情况:一种是所谓逻辑思维,即严格按照公理化的命题形式(重言式、永真式、有效式)来进行;另一种则是非逻辑思维,指的是实际思维,它们多数情况下是不遵循那些重言式等形式进行的。但是,后者(实际思维)不见得是没有规律可循的。皮亚杰的发生认识论研究的就是后一种思维,并且它也企图将之形式化但非公理化地处理,这就是心理逻辑学。

那么,这种非公理化的实际思维活动规律的研究,除皮亚杰之外,还有哪些研究广义上也属于心理逻辑研究呢?在我认为,上面说到的有限理性决策,著名的四卡问题等都在此列。它们的共同特点就是都面对实际思维活动。

我们不妨把心理逻辑(实际思维、推理活动时所使用的或所显现出的逻辑)也称之为"有限逻辑"。这是借用决策活动中关于"完全理性"决策与"有限理性"的分析方法。因而可以说:心理逻辑就是"有限地"运用了公理化的形式逻辑中重言式(命题逻辑)、有效式(三段论推理),甚至这种运用可能是错误的(不符合公理化形式逻辑规律的)。

心理逻辑学的形式化的关键是它们能否表示实际思维的规律。皮亚杰对心理逻辑的形式化只是起步,但这一方向应该坚持。

比如,关于二元命题的组合系统和INRC群的确认,即判断其作为形式运算阶段的心理逻辑之"数学模型"的合适性,这不仅是一个理论问题,而且是一个实用性的、与实际思维相符合程度的问题。皮亚杰本人与格里兹(J. B. Grize)合作曾对从1949到1972年合著的《运算逻辑试论》多次修改,晚年再次修改还引入意义逻辑(衍推逻辑)。每一次修改其目的都是为了提高实际的推理或思维模型同形式逻辑模型之间的吻合程度。而且,我们现在无法把它与其他的形式化进行比较,因为事实上在心理学领域,还没有与皮亚杰工作相媲美的心理逻辑形式化成果问世。我自己30多年前做过实证研究并被当年的心理学光盘收录。这一问题似乎未得到国内外更多皮亚杰研究者的关注,因为后继者几无。①

皮亚杰心理逻辑的形式化的未来之路仍很长——甚至比为认知结构寻找适合的数学模型之路更长,因为它与人的思维活动联系更紧密,更不能失真。

遗憾的是,"公理化的形式逻辑总与一种非公理化但可以形式化的自然逻辑(心理逻辑)相对应"这一问题似乎除皮亚杰以外尚没有更多学者认真思考之。

---

① 李其维:《对研究形式运算的"组合系统"和INRC群的方法论探讨》,《心理学报》,1989年,第4期。

5.2 与"新皮亚杰学派"合作的可能性:内容与方法

所谓新皮亚杰学派,有时也指皮亚杰逝世后日内瓦大学以英海尔德为代表的所谓"教育"转向派。英海尔德坦承:"我们已从认识论主体偏离……我们已对心理学的主体进一步感兴趣了,即对儿童解决问题所使用的手段的逐渐多样性感兴趣",即不再以认识论的"抽象主体"为对象,而是恢复了该校所谓重视教育的传统,改而专注于"现实主体"①。从"抽象主体"向"现实主体"的转变,是对发生认识论的发展还是偏离,这是见仁见智的事。我个人倾向于后者。但也许是出于无奈,因为在皮亚杰逝世后,日内瓦再无皮亚杰式的领军人物能团结国际英才会聚麾下,从事深入的富于创见的基础性的研究了!

人们常说的新皮亚杰学派是指以罗比·凯斯(Robbie Case)的控制结构论(control structure)、帕斯卡-莱昂内(Juan Pascual-Leone)的心理智能论(mental capacity, M-capacity)、哈尔福德(Graeme S. Halford)的构图论(mapping)、费希尔(Kurt W. Fischer)的技能论(skill)、杜弥修(Andreas Demetriou)的经验结构论(experiential structure)、席格勒(Robert S. Siegler)的规则论(rule)等为代表。他们在皮亚杰生前已有所活跃。

对心理发展过程的关注是新皮亚杰学派的共同之处,采取信息加工的立场是它们的显著特色之一。但以何种认知单元来刻画这一过程又不尽相同,尽管采用的都是信息加工语言。在刺激反应之间加上内部的信息加工过程,并不自然地就与经验论划清了界限。

如何界定"信息加工"模式在皮亚杰理论基本框架内的运用,这是评价某理论是否仍属皮亚杰学派的关键标准。

新皮亚杰学派总体来说是不成功的。"新皮亚杰"理论以信息加工观点为基础,严格说来,它已不属于皮亚杰理论了。我曾评价它们总体而言是"新有余而皮(亚杰)不足"。如果缺少了像皮亚杰那样的认识论指导和使用皮亚杰结构-建构概念的诠释,那还是皮亚杰学派吗?

所谓"皮(亚杰)不足"是指新皮亚杰学派虽然保留了认知结构概念,也承认认知结构由儿童(主体)创造;认知结构有不同水平和普遍序列;先前的结构包含和融合在后继的结构之中;获得不同特征和不同水平的结构有大致的年龄阶段。但普遍缺少结构之"建构"之魂。另外,相互作用活动论的特殊含义(两类知识的建构之源)在所有新皮亚杰学派理论中已变得模糊,它们不再与两类知识问题保持紧密的联系,甚至对它们的划分也消失了。

---

① Mussen, P. H. (Ed.). *Handbook of Child Psychology*, 1983, Vol. 3, p. 232.

所谓"新有余",指它们全部采用信息加工的语言来取代皮亚杰认知结构同化与顺化学说。试问,没有知识的建构、动作的协调、认知的主体性等关键特征,何来自诩为新皮亚杰学派的底气呢?连皮亚杰自己都不敢贸然把晚年的理论发展说成是"皮亚杰的新理论",所谓"新皮亚杰学派"显然名不符实。

那么,什么样的研究才能(算是)皮亚杰式的研究和发生认识论的研究,或曰体现了皮亚杰理论特点且贯彻了皮亚杰思想的研究?是否要有最低限度的或标配的要求:平衡化、动作(具身)、反省抽象、主体认知结构(认知装备)等概念的参与?

如果说皮亚杰在20世纪末进入低谷,那么新皮亚杰学派则更是昙花一现,并没有留下更多印踪,消失得比皮亚杰更快。而且由于他们均没有实质性的自我体系,如浮云一般"人走茶凉",淹没在历史的云深之处了!

皮亚杰对信息加工的认知心理学(或认知发展心理学)多有微词,人所周知。不过要澄清皮亚杰到底反对的是什么。皮亚杰批评当代认知心理学以信息加工模型(无论是多么复杂的信息流)来代替心理逻辑的分析,本质上仍是刺激-反应的行为主义传统;一般地指出已有经验影响当前反应的说法不能与对主体性的强调(已有认知结构的同化作用)同日而语。

皮亚杰对当代认知心理学的不满(甚至扩大至新皮亚杰学派),主要集中于其指导思想,认为它们丧失了认识论的灵魂,使得其研究成为一种无认识论视野的、没有正确的宏观指导思想指引的琐碎研究,至于对它们的具体实验方法并没有明确的排斥。

帕斯卡-莱昂内是新皮亚杰学派的始作俑者,他所提出的"辩证结构论"也许是保留皮亚杰理论成分最多的新皮亚杰理论,因为他完全接受了格式、认知结构及同化、顺化等概念,正是这些概念体现了相互活动论的基本内涵。

他提出的"心理智能"(mental capacity, M-capacity)概念是对"格式"概念的补充,实质是一种机能对结构的补充。"心理智能"发展性增大的思想可以解决结构的转化机制(如何从量变导致质的转化)。它是一种单纯的机体过程,犹如计算机的硬件,是一种隐性算符(silent operators)。

帕氏在认知格式中又提出"情感格式"和"人格格式",但我们很难从中分析出动作因素,尽管它们会对动作产生影响。

罗比·凯斯的控制结构论认为在认知发展的每一阶段都有各自的控制结构。发展阶段的本质性差异是明显的事实,因此仅凭量变或过程的单方面说明会显得苍白;因此结构分析不能丢,应把过程的机能研究与结构的横断面研究相结合。凯斯的控制结构论也大量使用格式概念,但存在着泛化的趋势。他的控制结构的构成元素是否为"动作"也模糊不清,因而导致分析更为重要的建构思想也变得困难。而在"逻辑决定论"上,则所有的新皮亚杰学派都大大远离了皮亚杰。

话又说回来:不能要求每位心理学家在其进行每项具体研究时,都要口不离认识论,戴着沉重的哲学之冠,时时做一番发生认识论立场的声明吧!矫枉似不必过正。

新皮亚杰学派在推进皮亚杰理论在世界范围内的传播做了好事。对学习与发展做进一步区分；发展的重建一开始并非就是"全系统性的"；结构的系列存在一种"循环重塑"现象；认知结构被重新定义；认知结构的复杂性存在某种变异的"上限"；成熟因素普遍受到重视；各阶段结构变化的过程是研究重点。如此等等，这些还是值得称道的。

应重新审视新皮亚杰学派。新皮亚杰学派的确算不上真正继承了发生认识论的衣钵，但至少应算是友军而不是离经叛道者。在坚守发生认识论的基本指导思想和研究方法的前提下，保持皮亚杰理论的整体框架，即关注主体的认知结构，以新的概念和语言（信息加工的、认知神经科学的）来刻画诸如反省抽象、逻辑数学经验、双向建构、平衡化过程等关键范畴，同时又补充和丰富这些经典皮亚杰理论的内涵，如此我们才能不妨称之为某种"新皮亚杰学派"。

我们期待真正新的皮亚杰学派的出现。对皮亚杰理论的深化之路来说，不应丢失其特色和核心的立场：建构主体认知结构并以数学工具予以形式化。这种形式化的确迥异于信息加工模型。不过，虽然两者道不同，但仍可以相互为谋。信息加工心理学如何从皮亚杰理论中汲取营养，这不是我们所关心的。但皮亚杰理论似不应完全拒绝信息加工概念。因为我们应该深入挖掘在认知结构之前的过程是如何进行的？皮亚杰缺失的正是这一环节，特别以精巧的实验揭示其过程。

皮亚杰在《思维的发展：认知结构的平衡化》(1975)一书中，已经大量出现"信息""加工"之类的概念。平衡化模式本身就是对发展的微观动力机制的说明，这与认知心理学的过程研究应该说是志趣相同的。其次在研究方法上，应吸收新皮亚杰学派之长处，不必自设围墙，不敢越出所谓临床-谈话之雷池。

皮亚杰对自然主义方法的偏爱，似乎与他的瑞士老乡罗夏的墨迹产品分析方面异曲同工。因为对行为（包括语言）的自然反应的分析与对墨迹的解释，它们都是非严格设计的产物，都是极大地专注儿童（主体）的内在的心理过程，都是对原生的、不受更多所谓实验控制的间接推断。

临床-谈话法的长处在于它易于发现问题，形成进行研究的接入点。但在形成令人信服的证据方面，似乎严格的实验方法更可弥补其相对较弱的证明力。要善于将临床-谈话法与精巧的、可控的实验相结合，应重新思考与基础心理学的合作，严格变量控制的实验研究可使皮亚杰理论锦上添花，更具说服力。

皮亚杰的临床-谈话法研究方法，有时会遭到讲究严密实验方法的信奉者们（包括新皮亚杰学派成员）的非议，其对推论统计的回避而被美国的心理学家们所诟病。在赞同后者的价值，特别在揭示因果联系方面的作用的同时，我们应该秉持更客观的立场。临床-谈话法是有效可信的，否则难以说明皮亚杰及其学派的累累硕果。它的重复性及普遍性是无可怀疑的事实。精心设计数百个具体任务，以检验关于认知结构及其属性的高度抽象假设，其巨大的创造力不容忽视。在这方面，临床-谈话与近年来日益受到人们重视的所谓质性研究之间的联系值得进一步探讨。

皮亚杰钟情于临床-谈话法,算是主张和践行质性研究的成功大家。能否说皮亚杰的临床-谈话法是一种特殊类型的或甚至是典型的质性研究呢？可以结合质性研究的特征加以细致的对比。临床-谈话法的生态效度是任何方法无可比拟的。临床-谈话法对研究者的科学素养、专业知识的厚实、发现问题的敏锐观察力以及概括、分析能力是要求更高而非削弱了。但我们能不能把谈话做得更标准和规范些,在谈话的结构上多花些功夫呢？是否可以在谈话之后,继而再辅之为更精巧的、可重复的实验使之更具证据力呢？这些正是新皮亚杰学派所擅长的。总的来说,皮亚杰对心理加工的"机制"的揭示虽殊属难能,但仍不够深入和细化,还只是在粗略的水平上,经不住细节的追问。追问甚至可以全方位地展开。我觉得,这既可把皮亚杰的临床-谈话法和行为分析方法做到极致,同时也使我们有理由预期:精巧的实验方法可以成为携手作战的共同装备。倘若在此方面有突破,克服对信息加工方面的偏见,保留其较严格的实验方法,那么显然存在与"新皮亚杰学派"合作的可能性。

皮亚杰生前自己也在向此方向靠拢。如在《儿童逻辑的早期形成》一书的《前言》中,他也表明了对大量取样和统计处理的重视。不应排斥实验方法,比如可尝试运用内隐学习的研究范式或创立新的研究范式,深入探明和确证反省抽象、动作协调的过程或发展细节。

最后,我想强调一点:在谈及皮亚杰与新皮亚杰学派方法的异同时,把临床-谈话法与实验方法对立起来,其实并不完全对焦。相对于逻辑分析方法而言,它们都只是前期收集信息的不同手段而已。逻辑分析才是皮亚杰研究方法的真正特色所在,它也是新皮亚杰学派所普遍薄弱的环节。皮亚杰在儿童的行为和语言反应数据收集之后,接着就专注于对其中蕴涵的自然逻辑加以分析。这种分析乃是真正属于皮亚杰发生认识论的研究,即它的分析正是我们渴望知道的心理活动的机制,四元群、类包含、对数概念的掌握（获得）……都属于"机制"之类。精巧的实验方法只有服务于此,才体现其价值,才能构筑起皮亚杰研究与新皮亚杰学派的合作基础。

5.3 与时俱进:超越理论生物学,携手神经科学

发生认识论是否存在与当代神经科学合作,进而形成某种名曰"神经发生认识论"的可能？对此想法似不应一笑置之。依我浅见,在当今所处"心理与脑科学相恋的时代",在坚守心理本体研究的主体地位时,也应考虑各种有助于发生认识论自身研究深化的途径。

我们可以暂置本体论问题于一旁,仿效在自然化意识研究诸理论中现今颇为时髦的神经现象学,并吸收生成（共生）认知研究路径中的动力系统方法、交互主体性及循环与互惠因果论等诸多理论资源,创造一种新的有效研究模式,解答发生认识论中众多基础的、核心的概念之间确定性的关联。

当前我认为最易着手的两个极为重要的概念就是"反省抽象"和"认知格式":它们既不是纯思辨产物,更不能归结为神经活动单向决定之结果,它们属于心理之范畴,但是,若能找到它们的神经相关物(可被视为必要条件),不也是好事一桩吗?

皮亚杰以往为发生认识论所提出问题的解决之途大致可用"求助于行为(动作),止步于脑"来概括之。

当然,皮亚杰也曾在并非一般"生理机制"的意义上,把逻辑的根据追溯至生物学和神经生理学领域——尽管他认为"神经元的逻辑"与思维的逻辑没有直接的联系,但又认为他们是"部分同构的"①。

皮亚杰说过"意识思想的结构与神经系统的结构总是异质同形的"(The structures of conscious thought are always isomorphous with those of the nervous system)②,也许所有的数学运算都可以在神经结构的意义上得到某种解释。但这种因果决定还是不能解释在诸如 $2+2=4$ 这样的运算当中的推演必然性……只有在无疑问地从生理角度来看时,才存在着因果性。在生理性的、对视觉场景的视觉知觉中,皮层进程原因导致了这样的判断:没有量的不守恒。但是从相关意识陈述的视角来看,知觉不是判断的原因,而是判断的理由……因此,我们发现意义关系是两种意识状态之间的基本关系,而生理联系的特征是因果关系。③ 这说明皮亚杰那时就已经认识到脑不能解决他所提出的认识论问题了。但他稍晚的著作中仍然在强调认知和神经生理结构之间的异质同形外,还肯定在某些狭义和心理学的基本案例中(像注意的脑电研究),可能有更紧密的一致性(如此紧密,以至于可以把认知和神经生理结构看作本质上同一过程的两个方面)。更一般地说,皮亚杰相信:神经生物学与意识经验之间的一些关系,紧密到足以让人相信可观察并行主义的最终消解,从而支持当代意识科学生成进路所主张的整合一元论。但是,这到底是如何工作的呢?皮亚杰主张:精神活动和运算,使用与感觉运动活动一样的生物机制,但是因为它们包括结构化思维,所以它们不需要与任何明显行为相关联。而这就是让神经生物学和心理学解释的最终整合成为可能的东西。不过这一点很难与他所宣称的"神经生物学和心理学解释有本质差异"的观点相协调。④ 显然,对皮亚杰来说,抽象知识的符号与其他形式,开始于常常通过身体活动类比去想象创造可能

---

① Piaget, J. "Piaget's Theory". Section 20. (G. Gellerier & J. Langer, Trans.). In: P. H. Mussen (Ed.). *Carmichael's Manual of Child Psychology* (3rd Edition. Vol. 1). NY: Wiley,1970.

② 转引自 Ferrari, M. "Piaget's enduring contribution to a science of consciousness". In: U. Müller, J. I. M. Carpendale, L. Smith (Eds.). *The Cambridge companion to Piaget*. Cambridge. UK: Cambridge University Press,2009,p. 296.

③ 同上。

④ 参阅 Vonèche,J. "Action as the solution to the mind-body problem in Piaget's theory". In: W. F. Overton, U. Müller, & J. L. Newman (Eds.). *Developmental perspectives on embodiment and consciousness*. Mahwah,NJ:Erlbaum,2008,pp. 69-98. 在此文中 Vonèche 详细解释了这种由活动到符号思想的进程。

性的具身活动。皮亚杰主张:"在它的最初和最终阶段,心灵的建构包含物理因果性与精神意义的进程差异,"①而意识经验的发生认识论必然解释这种差异。

本质而言,皮亚杰对未来意识(包括心理)与神经科学整合的想象仍未跳出异质同形论。因此,尽管它们有基本的差异,皮亚杰仍然强调心理学和神经生物学的解释模式,或多或少是彼此异质同形的,因为意义关系与经验的生物学原因有同样的结构和功能元素(即吸收、适应、期待、反作用、均衡),并且意义关系就从生物学原因中发展出来。对皮亚杰来说,平衡化提供了一个案例:异质同形基本上是完整的;也就是说,它表明了"在平衡化的因果与序列进程中明显成立的并行主义"②。然而,仍然存在这样的差异:神经生物学平衡的因果序列进程,包括:生理节奏、调适或自我调适,而认知平衡的含义进程是现实或虚拟活动之间的补偿系统(它使转换的实际或可能可逆运算成为可能)。③ 怎么从生物学节律或调适,进到确立规范的认知运算呢?弗内歇认为:皮亚杰相信,在人类心灵的规则-搜索能力中,每个生物学(还可以扩展到认知)系统,都倾向于将其内在的平衡最优化。但为什么会这样呢?皮亚杰没有说——这又是一个日内瓦之谜。

皮亚杰在20世纪20年代,没有考虑如何将神经生物学整合到他对人类经验的解释中(他后来做了这些整合)。他说:神经科学与心理学最终可能相互吸收,以构成一个共同科学,正如生物化学与分子生物学那样。只有在我们发现身体与心灵的真正关系时,整个问题在实际上才会是:(心理学运算体现的)发生在这种生理学中的逻辑和数学,最终能否解释来自生理学的实验数据,或者说,反之亦然;吸收是相互的,而且这种相互吸收甚至会使得我们同时理解心灵与身体、主体与客体之间的关系。④。

费拉里(Ferrari,M.)指出,皮亚杰的生物系统研究,他对普里高津的长期兴趣以及他与加西亚的合作,都表明他在晚年相信:发展科学最终会围绕着动态系统中为研究物理和心理学发展提供共同语言与概念框架的自组织原则——这种思想今天仍然十分活跃。实际上,认知神经科学中的一些研究,例如迪昂(A. Dehaene,2007),奥利维尔(Olivier)和乌德(Houdé,2003),乌德和邹罗列-马泽耶(tzourio-Mazoyer,2003)所进行和描述的数学学习研究,至少它们在概念上走向了皮亚杰曾经期待的这种融合。

---

① Piaget,J. *Introduction à l'épistémologie génétique/Introduction of Genetic Epistemology*:Tome3. *La pensée biologique, la pensée psychologique et la pensée sociologique*. Paris:Presses Universitaires de France,1950,p. 160.

② 转引自 Ferrari, M. "Piaget's enduring contribution to a science of consciousness". In:U. Müller, J. I. M. Carpendale, L. Smith (Eds.). *The Cambridge companion to Piaget* . p. 298. Cambridge. UK:Cambridge University Press,2009.

③ 同上。

④ Piaget,J. *Introduction à l'épistémologie génétique/Introduction of Genetic Epistemology*:Tome3. *La pensée biologique, la pensée psychologique et la pensée sociologique*. Paris:Presses Universitaires de France,1950,p. 148.

任何想要将生物学整合到意识起源与发展中的完整分析，都立刻会遇到将大脑功能的结构与进程，与心灵的结构与进程相关联的问题；也就是说，要解释大脑如何使意识与无意识精神活动成为可能的问题。

近来将现象学自然化的努力为笛卡尔的心-身问题提供了清晰和有力的解答：将这个问题重塑为瓦雷拉、汤姆森(E. Thompson)等所说的"身-身"问题，即：为什么某些神经生理的身体进程，能够产生或支持现象意识，而其他进程不行？

尽管皮亚杰的学术生涯先于这些将现象学整合到神经科学中的努力（皮亚杰对现象学的早期形式持十分批评的态度），皮亚杰的进路似乎非常类似于近来将现象学自然化的努力。但是，他不像大多数当代学者，他的中心问题之一仍然是解释逻辑必然性如何从生成中涌现出来的认识论问题。

皮亚杰通过引入上述结构之异质同形概念（作为传统二元性理论与任何大脑活动及经验之间并行论的综合）来对"心-身问题"进行批判。

对皮亚杰来说，"异质同形（在剥离它们内容的结构一致的意义上），可以在两种互补事件（用本质上不同的语言来描述）之间找到，而这避免了两种类似系统（一种有用的，而另一种是中介复制品或其他东西的镜像）的不一致情感"。皮亚杰确实同意"实在"以及我们对实在"观念"之间的二元论；他还主张：二元论延伸到了"那些伴随意识的神经功能不同于没有意识的神经功能的领域"；然而，"在根本上来说，在二元论下存在着异质同形，而一个东西越来越从最初的普适(global)形式变成了更高的理性和美学"①。正如弗内歇(2008)所指出的，这是皮亚杰有关意识的观点中难以理解的一个悖论是：我们怎么同时拥有心与身之间的二元论和延续性？皮亚杰仍然想努力坚持这种立场。②

在他《发生认识论导论》(1950)中，皮亚杰提出了"意识及其组织成分之间的"恰当并行论，以及更一般的生物学与逻辑学（心理学振荡于这两个学科之间）之间的并行论（这两个学科都要求它自己的解释系统）。大脑与中心神经系统（即经验的生理方面）属于物理因果性的领域。物理进程 A（即触觉刺激）和生理进程 B（即神经触发模式）之间的关系，遵循物质（即物理的、化学的或电子的）决定论：即事件 A 产生事件 B。当代大多数意识科学，似乎都对意识经验的生物"伴随性"采取这种解释。

反省抽象亦可与神经科学携手合作，在此基础上形成自己的研究范式。可参考顿悟的神经机制的研究路径。反省抽象每一次都是一个创造的过程，可被理解为是或大

---

① 转引自 Ferrari, M. "Piaget's enduring contribution to a science of consciousness". In: U. Müller, J. I. M. Carpendale, L. Smith (Eds.). *The Cambridge companion to Piaget*. Cambridge, UK: Cambridge University Press, 2009, pp. 295-296.

② 参阅 Vonèche, J. "Action as the solution to the mind-body problem in Piaget's theory". In: W. F. Overton, U. Müller, & J. L. Newman (Eds.). *Developmental perspectives on embodiment and consciousness*. Mahwah, NJ: Erlbaum, 2008, pp. 69-98.

或小的顿悟。这一合作也许可迎来一片新天地。

极端的取消主义者丘奇兰德(P. M. Churchland)主张：要研究心智过程就应当取消常识心理学，代之以大脑神经科学的"科学心理学"。但人们目前通过对大脑神经活动的详细观察，不仅没有找到与意识和意识体验相匹配的具有相同质性的东西，更重要的是，取消主义无法回答心身因果作用问题。也许取消主义诉诸神经科学至多能解释人的身体的运动，却不能解释基于信念的人的行动。

正如心理学家汉弗莱(N. Humphrey)所言：如果人们继续以一种心智术语和脑机制术语两者明显不可通约的方式使用心-脑"同一性"概念，就别指望科学会取得成功。他认为，人的意识和意识的主观体验与物理运动和神经元的活动确实具有不同的质性，将其全部还原为物理学和神经科学是不可能、也是不恰当的。应该承认具有非物理属性的对象和事物的存在，并在讨论这些对象时也可以使用卓有成效的非科学的范畴。因此需要发展一种新的统一的认知理论：既肯定常识心理学的合法性，又避免过强的物理主义还原论的要求，使心身因果作用得到合理的解释。

当前认知神经新趋势是：神经科学实验(包括心理学)更加强调具身性和社会性维度；更加关注对认知的生物学和演化理论的说明，将意识问题看作"生命现象"，引入自创生性、自主性、自组织等概念，以动力系统理论理解认知；倡导复杂性理解，甚至借助量子力学等手段进行说明。加上一大堆"自"字是它们的特色，但也难以真正跨越解释鸿沟。

神经科学家既不能将人类活动的日常心理解释(包括用理由、意图、目的、价值、规则和习惯等语词来表达的日常心理解释)以还原的方式完全替换为神经学上的解释(我称之为"反向决定论")，也不能通过描述大脑或大脑的某部分的"感知"或"思维"来解释动物和人如何感知和思维(前者不是真感知和真思维，因为无主体)。这是因为，将这些心理属性归于"动物有机体"的任何一部分都是无意义的。进行感知的是动物有机体，而不是其脑的某一部分；进行思考的是人，而不是其脑。脑及其活动只是感知和思考、体验情感、制定并完成规划的必要条件而非充分条件。

一言以蔽之，发生认识论与神经科学可以深度合作，但不能彼此僭越！

5.4 有待加强的研究方向与课题

我在拙作《破解"智慧胚胎学之谜"》[①]一书中曾列举十个发生认识论的"不足"或"问题"，它们自然也是未来发生认识论的研究方向。显然，囿于彼时本人对皮氏学说的理解水平，它们未见十分准确，有些似乎有"小题大做、大题小看"之嫌。现重新整理并增加一些新问题如下。有些问题前文已有提及，此处不赘；但有个别问题，我自认为因

---

① 李其维：《破解"智慧胚胎学之谜"——皮亚杰发生认识论》，湖北教育出版社，1999年。

其重要而再列其中，有识者如不忍卒读，可自行跳过。

（1）发生认识论自身最大的问题是如何把"发生"演变为"发展"，如同当代儿童心理学演变为毕生心理学一样。由于康德"先验范畴"的基础性，必然对应于早期婴幼儿心理学（甚至可以通过比较心理学更早地溯源于灵长类的活动-动作）。从儿童到成年，我们不难觅得心理发生与科学史的某种对应。但成年后的理性知识是不断发展的，人类科学知识的大厦在不断增高，因而范畴也自然经历着发展。那么，这又如何从青少年之中、从成人之中，找到类似的对应呢？

（2）皮亚杰声称其发生认识论是围绕康德的范畴体系而展开，但综观皮亚杰的全部研究，康德的某些范畴皮亚杰并未涉及，因此，皮亚杰范畴研究的目标并未完全实现。我认为皮亚杰关于范畴的发生发展研究仍是一项未竟的事业。皮亚杰本人生前也并未回溯进行总结。从这个意义上说，皮亚杰忘记了回归范畴研究的归家之路！

（3）就皮亚杰的工作与每个具体范畴之间的关系而言，缺乏严格而清晰的对应。研究有待深入。如何继续将之引向深化，这既是揭示认识、理性产生奥秘之必须，同时也是发展心理学，特别是认知发展心理学不可推卸的任务和大展身手的平台。为什么这方面的研究国内外均属寥寥？

（4）将范畴之哲学认识论的理论思辨衍化成心理学的个体发生具体研究，考验的是心理学家的基本功。首先，应进一步使研究问题化和任务化，最好能细化为对单一范畴的研究以提高说服力；其次，应扩展康德范畴表，开展更多的基础性逻辑范畴的实证的发展发生研究；最后，考虑范畴发生发展中的社会性因素的作用。

（5）范畴研究分散于各个具体研究中，在皮亚杰早期的"娃娃日记"中范畴就已隐现。如何扩展康德先验范畴研究，并寻找更适当的研究范式？特别是，对守恒概念的分析，可否作为范畴研究新研究范式的具体入口？

（6）康德的先验意识理论（这是一种本体论论述）对皮亚杰有何实际的影响？范畴起源问题最后必然碰触到意识起源的问题，那么范畴问题解决中是否会同样遇到类似于意识研究的难问题和易问题？皮亚杰提出的"觉知"概念，它是否为换了一身穿戴的"意识"？因此，"觉知"的起源问题仍未得到解决。厘清范畴的不同的动作-运算水平之外显表现是容易的，揭示主体完成那些体现不同范畴的任务也是容易的，指出尚未达于范畴的所谓"前范畴"阶段存在也是容易的，甚至分别厘清与上述不同范畴水平相应的神经或其他生理指标也是容易的。换言之，"易问题"的解决自然可在深化的神经层面获得某种解决，但"觉知"如何显现的"难问题"依然未解。

（7）从"康德知性范畴"的角度，以其为纲，把皮亚杰及其学派的全部实验进行一次新的梳理，这也许会有意想不到的结果，因为可以大大拓展我们的视野，特别对认知发展的心理学来说，或许可从中发现更多更实在的研究课题，来个拾遗补阙。同时，也可间接地印证康德先验范畴的指导价值。如果康德的"知性范畴为自然立法"之论不过时，那么心理学家就有责任把这些范畴的主体发生研究之旗高高举起，并落在心理学研究的实处！仅此一项，研究儿童认知发展的心理学家们的担当就何其之重又何其有意义也，若一人穷其一生做成此事，当有所值了。

（8）皮亚杰以主体活动的形式方面所构成的格式作为知性范畴的基础，把范畴最终归结为一组运算及其格式（结构），这是皮亚杰对理性认识起源问题的解决方案。但是，我们同样不能从皮亚杰理论中获得各种范畴的不同的格式（结构）细节。皮亚杰的解释仍流于空泛。他从主体活动中概括出的具有普遍意义的抽象形式仅限于"对应""类包含"和"序列化"这三种类型，以此作为解释全部范畴的动作起源的基础是否充分？

（9）皮亚杰以对认知主体强调为核心，但皮亚杰专注的是个体主体性。第二代认知科学的主体性似乎溢出了个体范围。从生成认知的认知循环角度视之，传统的个体主体性似乎遇到了大问题。因此，对主体性的重新认识是一项紧迫的任务。互反主体性是一条必须走的新程。它与当代关于主体性的许多思考是一致的。皮亚杰如果身处今日之时代，他一定会热烈地参与到新革命之中的。

看来，认知发展并不纯粹局限于认知。认知发展不能离开社会性发展而独自前行。如何使主体性论述与时俱进，这如果处理不当，也许会动摇发生认识论的根本，好在我们从皮亚杰的诸多论述中不难发现他已在进行自我修正。如，皮亚杰对所谓个体间的动作协调、记忆格式的改变影响到记忆内容的再现——而这种改变显然不能排斥社会性因素的介入、对伙伴互学（peer teaching）的重视等的论述中已多有涉及。

皮亚杰提出的去中心化（离中化）的核心思想指通过活动（相互作用的主客关系）可实现哥白尼式的革命，但革命又遇到了新问题，或许，我们可称之为发生认识论必须面临的革命，即活动协调中要更多注入个体间的因素力量作用。当然，互反主体性并不意味着在个体认识获取意义上的主、客体不分，而是在主、客体相互作用意义上［耦合（coupling）意义上］的你中有我、我中有你的相互塑造。社会性一定会参与到这一相互塑造的过程中。

（10）从结构主义的基本立场出发，皮亚杰以同化-顺化学说取代刺激-反应之说，又以内化-外化建构的双向建构学说取代机械唯物论的反映论，正确回答了所有知识的生成和发展问题，尤其是高扬了认识活动中的主体性。这里有待阐述和深入揭示的是同化-顺化学说与内化-外化建构之间的关系以及建构学说与辩证唯物主义认识论（实践论）之间的关系等问题。知识是个体建构的，还是群体实践形成的？如果说群体实践也是一种建构活动，那么群体建构又如何与个体建构相统一和协调？

（11）皮亚杰结构主义与西方盛行一时的结构主义哲学流派的分野在于皮亚杰把客观性、主体个体性和历史发展性引入了结构概念之中。但是，皮亚杰运用结构主义方法所描述的是主体认知结构，它本质上是一种认知工具。而以列维-斯特劳斯（Claude Levi-Strauss，结构主义文化人类学）等人所描述的结构是客观事物的结构，本质上是一种认知产物。皮亚杰虽然深刻批评了后者的不足，但并没有揭示两者之间的区别和联系。

(12) 逻辑是思维的镜子是皮亚杰的又一著名论点。运用逻辑-数学方法构造认知结构的形式化模型是皮亚杰的主要工作之一,由此形成了"心理逻辑学"这一发生认识论的特有领域。心理逻辑学不是把心理问题逻辑化[如心理学史中赫尔(Clark Hull)等人所做的工作],而是用某种形式化语言去描述认知活动的规律,因而这不是"侵犯"逻辑而是"应用"逻辑。皮亚杰的这一正确的研究方向常遭世人误解。遗憾的是,皮亚杰在概括出具体运算的群集结构和形式运算的 INRC 四元转换群结构和 16 种二元命题的组合性系统之后,并没有沿着这一方向再有更多新的建树,因而其心理逻辑学的成果终显单薄。

(13) "以逻辑作为自然思维的参照物和形式化模型"是皮亚杰心理逻辑学的基本立场。但是,由于引入了"意义"而实现了从外延向内涵的转变,这就使得这一形式化的工作变得更为复杂和困难。皮亚杰晚年关于意义逻辑的论述应该说只是一般性和原则性的,似乎并未获得如经典皮亚杰时代的心理逻辑学那样的可与 INRC 群等相媲美的形式化成果。内、间、超态射,它们是数学工具,而非心理逻辑的形式化。因此,衍推与相干逻辑改变了外延逻辑的形式化面貌,这是逻辑学家的出色工作,如何选取具体而适合的逻辑-数学模型把属于心理逻辑学的意义逻辑加以形式化,无疑还有漫长的路要走。

(14) 皮亚杰理论中充斥着生物学的语汇。生物学的类比方法是发生认识论的一大特色,如关于认知的表型复制理论就直接派生于现代理论生物学中的衍生论(后成说)。如果仅从方法论的角度来看待这种类比,似无可厚非。但皮亚杰显然是把认知适应视作机体适应的延伸。因此,生物学与认识的同构论(或平行论,或异质同形论)是建立在后者是前者的"延伸"之基础上的。这就会引发关于不同层次现象之间能否还原等一系列复杂问题。就此而言,如何在神经科学和心灵哲学进入新时代的大背景下,为皮亚杰理论所受之"生物学化"的指责进行有力的辩驳有待加强。

(15) "具有超越性的趋同重构"(convergent reconstruction with over takings)是皮亚杰赖以把生物学与认知联结起来的最基础的概念,甚至比"适应""组织"等概念更为基本;而且,我们是否可以说它是当代生成认知或生成进路的"耦合结构"和"动力系统"的先驱?

类似的,"认知的表型复制"也是皮亚杰引以为傲的理论,因为它把类比方法运用到了极致。但仍不清楚在认知(心理)层面到底发生了什么可与生物表型复制相对应的细节(过程)。

(16) 根据皮亚杰,生物体或认知主体之所以能从低级结构向高级结构(直至认知结构)不断发展,其内在机制是自动调节的平衡化过程。皮亚杰一方面在各种场合,不厌其烦地阐述平衡化的作用,但同时也坦言,平衡化概念在认知领域的应用,目前还只是一种理论上的假设。那么,它是否属于波普尔(K. Popper)意义上的不可证伪的概念?如果不是,如何进行相应"超越简单描述"的、有具体指标的实证研究呢?平衡化过程的实证研究能否超越现有一些仍带有浓重抽象色彩的概念,进行更细化的过程刻画?皮亚杰本人似乎并不追求以一典型的实验统而贯之,使之成为某种经典范式水平的研究。

(17) 平衡化研究还面临一大问题:皮亚杰晚年研究似处处可见"平衡化"的身影,但显得有些头绪纷杂、概念频出而令人眼花缭乱,即难以从这些实验中,从主体此时所进行的认知活动中,清晰地辨识出、梳理出、多侧面和多层次地条分缕晰出所涉的概念来(以前这些概念只是分散研究的,背景不够净化因而难以突出实验的效度)。这项工作很有意义,如果能精巧设计出其实验范式的话,尤其对系统学习皮亚杰的理论会极有帮助。这一工作应由我们后人来替皮亚杰完成之。

(18) 认知发展阶段论似乎是皮亚杰理论中最引人注目的部分。心理学家们的工作大多围绕它而展开,因而从细节方面对皮亚杰理论提出质疑也在这方面最为多见。皮亚杰一方面坚持阶段论,一方面又提出"滞差"(décalage)概念以揭示不同个体间或同一个体不同认知领域间的差异现象。"滞差"概念是皮亚杰的发明。它是极具弹性解释力的概念。它本质上是与"阶段"概念相对立的,至少,是对阶段的修正。它所面临的最大问题:为什么会有滞差?不同领域显现的滞差根本原因何在?皮亚杰只指出了滞差现象,并未对其背后的原因做更深的解释。简单一句领域特殊性似不足以说明其机制。若一定要把阶段论与滞差说(特别是横向滞差)联系在一起,似给人以一种理论圆滑之感。皮亚杰没有很好地解决认知结构的整合和变异的标准问题,因而也就不能把阶段论置于坚实的基础之上。

(19) 形式运算之后的认知发展,是皮亚杰认知发展阶段论中又一不明之处。如果说,传统意义上的命题运算只是二元的,那么我们能否把三元以上的多元命题运算理解为形式运算阶段之后的认知发展阶段? 如果这些问题不能很好解决,势必导致皮亚杰的四个发展阶段会成为认知发展的最后的静止图画,这就意味着形式运算之后只有量的丰富而没有形式上的再发展。在这方面,无论皮亚杰本人还是后起的新皮亚杰学派似乎都没有真正理论上的突破。

皮亚杰为主体设定的最高认知结构层级是所谓"形式运算"阶段,它在12—13岁即已达到。试问,在此之后的认知发展,难道只有结构所运用之对象的区别,即只有外向建构的区别吗?如此,双向建构将处于一种渐次扩大的非对称的关系?因为主体的认知结构再无层级的提高了。如果有形式的变化,那是一种什么样的变化?如果说,辩证思维是所谓第五阶段,那么它与命题运算又有何种联系?难道辩证思维不以命题进行?命题运算已经是具体运算"之上"的二阶运算,那么在命题运算"之上"的运算又是何种运算?辩证思维是否堪称一种新的更高层级的形式结构呢?它们又是如何形式化的?更重要的,它与形式运算的联系(从后者发展的必然性)如何得到与前面四个阶段相继递进类似的解释呢? 这是一个未来待解的大问题。

(20) 从具体运算到形式运算又是如何实现的? 仅靠"内化"二字似难充此大任。

以《关于"矛盾"的研究》为例。该项研究的不足之处在于:皮亚杰对所谓"从非可逆性过渡到可逆性"的定义有点模糊不清。一方面,皮亚杰根据儿童组织的一般能力把儿童所经历的时期分为众所周知的四个阶段:感知运动是对活动的动作进行组织;最后两个阶段则是在不同复杂程度上对思维的组织,儿童的动作和思维变得逐渐具有可逆性。换言之,可逆性的发展路径是跨"阶段"进行的(心理的个体发生)。但另一方面皮亚杰又声称"从非可逆性向可逆性过渡发展是发生于各个发展阶段之内的",如感知运动阶段的动作,可以通过"去平衡"和"再平衡化",从非可逆变得可逆。另外两个思维阶段情况相类似(平衡化产物)。皮亚杰的实验对上述两种观点都能提供支持。如,随着年龄增长,矛盾的情况渐少,这就支持"心理发生说";儿童在短短的实验过程中,儿童便能纠正开始时的矛盾的答案,这似乎又提示过渡是平衡化的结果。因此,两种解释(心理发生与平衡化)的相互关系待解。换言之,矛盾的克服到底是一种历时较久的"心理发生",还是一种即时的"平衡化实践"呢?

(21) 逻辑-数学经验来自系列动作的协调。问题在于协调产生经验,还是经验导致协调?反省抽象何时介入其中?是先有反省抽象后有逻辑-数学经验,还是先有逻辑-数学经验,然后才有反省抽象参与其中,进而在一次次不断地提升成为"逐渐明晰和意识化的知识"中发挥作用?皮亚杰在《皮亚杰的理论》一文中持有的似乎是后者立场。经验和协调的先后之争有待澄清。因为"协调"的背后站着"反省抽象"呢!其间隐含着心-物关系的大问题。

(22) 对动作的协调、各种对应提供更多的细节,即对如何协调和对应提供各(多)层级的基因图谱式的关系,这既是丰富发展理论的需要,同时也具有重要的实践意义——因为你可以更有针对性地对其中缺乏的环节加以训练,以提供主体的整体智慧装备水平,这是一种授人以渔而非送人以鱼的训练。

(23) 认知结构及其建构过程的形式化是发生认识论的永恒主题之一,也是它的特色之处。没有形式化,就没有发生认识论。特别是阶段"跃升"过程的形式化。"跃升"问题,即发展阶段如何由低向高的提升问题,不是轻描淡写一句"新水平上重组"就能解决的。范畴论是发生认识论形式化任务可发力之处。另外,范畴论之于发生认识论,仅仅是形式化工具的运用还是揭示了另一种科学史与心理认知(概念)发展的同构性?这有待进一步的纵向和横向的探讨。另外,是抽象代数(范畴论)影响到了皮亚杰关于对应的思考及其层次分析,还是皮亚杰对对应与比较在认知结构-建构中之作用的重视启发了他对范畴论工具的使用?

(24) 心理发生与科学史的"同构"(平行)现象,在儿童心理理论、意义逻辑的发生和范畴论的应用等领域,似乎都遇到类似的情况,虽然"同构"(平行)表现得似乎不太严格。但我们可否适当弱化"同构"(平行)的标准,只要在文化人类学中找到一些吉光片羽就可以成立?我认为应该如此,因为正像胚胎学并非完全重复进化论一样。

(25) 皮亚杰常说,发生认识论要研究认识发展(人类群体维度),但由于文化人类学的资源不足才转向儿童心理学的。近年来,精神文化考古概念兴起(其中包括文字考古),尝试从有形的物质遗存解读无形的精神文化信息。我们或许可以把有古老象形传承的原始中文古文字视为文化人类学的特有分支。那么,是否可以通过考察其产生和早期演变,"透字见行",然后再"透行窥思",即透过内容("象")去了解形式("形"),揭示先民的思维形式呢?这不与西方的认知考古学和皮亚杰发生认识论的人类认知发展研究相契合了吗?其逐渐"脱形"的过程实际就是意识逐渐显现并有了更抽象的形式(音和形)相伴随。可以说,每一个汉字的形成-演化史都是汉民族的意识发展史。在此意义上,它就是一种"意识考古学"。其他民族意识的群体发生也许经历了类似的阶段,只不过没有如象形文字的遗存罢了。中国的早期象形文字(如甲骨文)是研究古代精神文化(自然包括发生认识论的研究对象"认知发展")的极佳材料,潜力无限。这是中国文化特有的珍宝(拼音文字则没有),我们应自我珍惜。

(26) 如何证实心理逻辑的真实性,就像决策研究中的有限理性被证实一样,心理逻辑完全可以借鉴决策研究中的"有限理性"的成熟的研究范式、解决路径为我所用。几乎可以肯定它们之间存在合作的空间,因为它们研究的都是真实的思维而非"必然正确的逻辑"或"完美的完全理性"。道相同,故可相为谋。

(27) 皮亚杰曾做过或拟去做一项工作,即在三段论中也可分析出各种不同类型的INRC四元转换群来,以证明以INRC群来描述形式运算内在特征的正当性。我本人的博士论文做的就是论证INRC四元转换群在实际思维中的存在。不过回头视之,它虽对INRC四元群结构之存在提供了某种支持,但使用的方法本质上是测量方法而非有控制的实验方法,因此我认为支持有限的——尽管测题的编制受到前辈的赞许(被认为"亦见巧思")。这方面更多、更具说服力的实证研究有待加强。

除以上我认为较大的问题外,另有一些问题未及深入思考(也可能大大超出我的能力所及),故仅列题目如下,盼识者赐教,如:

(1) 反省抽象的发展与意识的发展,两者的关系如何更清晰地厘定?

(2) 对活动指向(或承载)的对象意识是否为低阶的对象意识,还算不上真正的个体意识?

(3) 对活动的格式本身的觉知是否为高阶意识?如何把意识的阶次理论应用于反省抽象过程之中?

(4) 如何设计更好的实验任务展开各种二元命题的逻辑关系研究(按皮亚杰的"格"结构分析有16种之多)?

(5) 三段论的有效式与命题逻辑的重言式的逻辑认识论研究(不是逻辑本身的研究)如何进行?

(6) 皮亚杰的关于"概括化"的研究与一般的思维概括性及概念形成的研究有何不同?

(7) "意识现象学""人工心灵"与发生认识论的关系何在?

(8) 关于语言与逻辑的关系，皮亚杰学派的代表人物之一辛克莱(H. Sinclair)的研究是否可为"逻辑是思维的镜子"提供充足的证据？

(9) 每一种二元运算与怎样的动作协调相联系或相对应（这对训练逻辑能力关系重大），其细节如何？更复杂的逻辑关系呢？

(10) 怎样用康德知性范畴论解释各种守恒？

(11) 基于抽象代数之范畴的"泛工具性质"，它是否类似"中介效应"之功能（作用），也可能为心理学开辟一片研究天地？

以上27个较大问题和11个小问题，依笔者浅见，对发生认识论和发展心理学的研究者来说，不管你是否愿意，也许在很长时间内，在这些问题上你不得不还要回过头去与皮亚杰这位智者继续进行对话。若未来国内某单位有兴趣成立类似于"皮亚杰研究中心"之类机构的话，我建议可将它们纳于研究的题库。

6　凡是过去，皆为序章

所谓"皆为序章"，对皮亚杰而言，自然指他再无新著问世，也意味着皮亚杰理论某个阶段的结束，他不会再起身与我们对话或辩论了。

任何思想都不会超出其时代，就像有智者所言"任何人不能超出他的皮肤"一样。皮亚杰理论的产生有其必然性，我们之所以有其被再发现的如此期待，同样也是基于我们对我们所处时代的认知。

皮亚杰虽已作古，但他是否在其工作"已不再与当代心理学的关注之点合拍"的意义上，成为一名"历史人物"呢？多年前就曾有人发表过这样的观点。[①] 但时间能说明一切。问题不在于我们是否接受或拒绝皮亚杰的各种观点，他作为一名善于思考的、睿智博学的学者，事实上仍在不断与我们进行着交谈。上面粗略列举的一些问题，本质上是他在向我们发问。某种意义上，也是这位先行者留给后来者继续前行的坐标。没有皮亚杰在前面的攀登和开拓，我们至今对自身认识的认识未必能达到今天的高度。也许皮亚杰领着我们走过的这条路不是一条理想之路，但方向无疑是正确的。

今日应再学皮亚杰，还发生认识论以应有地位，还皮亚杰以公道。

皮亚杰与弗洛伊德之所以被列为20世纪的世纪伟人绝非偶然。因为"认识发生"和"精神分析"这两大主题与目前我们这个时代最急需心理学提供科学支撑的两大战略任务相对应，即创造人才的培养和心理健康的维护。心理学从未像今日一样，处于如此重要和突出的地位，心理学将成为新世纪的引领学科。但皮亚杰在中国实际并未取得如弗洛伊德那样的知名度，即使在最热闹的20世纪80年代，其理论也主要在哲学认识

---

① Cohen, D. *Piaget: Critique and Assessment*. London: Croom Helm. 1983, p.39.

论界受到重视。心理学家并未展开深入、系统的实证研究,成果稀少且只热衷于诸如守恒年龄差异之类细枝末节之处。

皮亚杰身后萧条,似乎皮亚杰自己也有一定责任。如有人对皮亚杰研究及著作作出三大批评:语言晦涩;概念层出;实验支离。这是事实。皮亚杰是一位伟大的思想家,但却似乎是一个不太顾及读者的作者。不过尽管皮氏的文字往往都是由"冗长的、几乎没有结尾的句子"组成,但在其"深奥问题的沉闷讨论"中,皮亚杰的杰出洞见正蕴涵在这些讨论所依据的具体实例中。

盖棺定论,皮亚杰的宏大目标"借助心理学实现从生物学到逻辑学(必然性知识)的认识论跨越",即实证的发生认识论的架构,或许只是开了个头。但随着新的时代精神的张扬,皮亚杰被再发现必是一种时代呼唤,是推进人类求知之旅的历史使命。转身回望,也许皮亚杰正在向我们招手呢!

皮亚杰离开我们已四十有年。他的名字我们已稍显陌生,至少他已离开当今心理学的舞台中央。斯者远去,哲人其萎,但他留下等身著作,如今我们心理学特别是儿童发展心理学的从业者中,认真、系统地读过它们,深刻、全面地把握其思想和理论精华者又有多少?越是不读,越是生疏,几成循环。放眼望去,后皮亚杰时代的儿童认知发展研究与其他心理学分支一样,乃是微理论充斥和盛行的局面。人们的研究眼光多局限在一个个小问题上,缺少深刻的理论大背景和宏观视野。

对皮亚杰及其发生认识论的深刻理解,当在全面而系统地阅读皮亚杰发生认识论的主要著作之后才能实现。不能在这之前仅凭想当然耳!

还发生认识论的本来面貌吧!从中摘取片言只语,找寻其微言大义,那是后人的事而不是皮亚杰的旨趣或愿望。重复皮亚杰式的实验而无发生认识论的格局,那么心理学家工作的作用真是很有限的,如此诞生的跨学科合作不是发生认识论的发展,最多也只能形成某种非发生认识论的新发展心理学而已。

以前,我曾对国内外某些《发展心理学》的教材或专著有所不满,认为皮亚杰的理论介绍太少,只剩下四个阶段了。现在想想有点释然,其实本该如此,因为不必把本不属于心理学只属于发生认识论的内容硬塞到心理学中。发生认识论应成为一门独立的学科。

无论对皮亚杰,还是对发生认识论,都宜既要近视之,也要远眺之。不近视,只觉得他是一位有独特思想特色的哲学认识论者;而若不以有深度和广度的长焦镜头对准他,他也就是一名以守恒研究名世的心理学家,发生认识论自然只剩下了人所周知的四个阶段了!

对待皮亚杰的遗作,首先该做的是应花些力气予以系统地整理,使之为进一步阐明其内在逻辑和形成发展过程,提供全面、完整的文本。这是一项"还皮亚杰理论"真实面貌的基础性工作。皮亚杰理论被低估、被曲解,这是原因之一,同时是我们编译这套《文集》的初衷。

其次应形成一支队伍，推进发生认识论的当代发展。我们应在尊重原著的基础上，客观地分析其不足，展望与时共进的未来前景，真正开拓发生认识论的新视野，为人类对自己认识的认识更上层楼。我们坚信，皮亚杰被再发现有其必然性，更期待发生认识论被"老调新弹，弹出新意"。

严格说来，"皮亚杰被再发现"之说并不准确，因为，首先，皮亚杰实际上并未走向历史，如前所述，他还在与我们进行现实的对话——以《儿童心理学手册》(2006年版)为证；其次，如果以"再红火来定义再发现"，那么，皮亚杰的再次红火也有必然，但这只不过重复了历史上曾经有过的再发现(20世纪五六十年代，主要在美国)，因此新的发现确切地说是被"再再发现"。

皮亚杰之后，重复进行皮亚杰实验的所谓研究举不胜举，它们在某些细节上做了一些补充和修订，如"守恒"的研究多达数千种之多，但并没有理论的更新，仍在皮亚杰的理论体系内进行，有的甚至连理论的分析都是缺失的。此类研究大多只是"跪着造反"，谈何超越！这从另一角度说明，皮亚杰理论仍具有强大的生命力，并未获得真正意义上的证伪。

在皮亚杰逝世20周年时(2000)，本人在日内瓦曾与时任日内瓦大学"皮亚杰文献档案馆"馆长的雅克·弗内歇教授交谈，那时他就对本人预言："请放心，用不了多少时日，人们会再次地重新热议皮亚杰，我对此深具信心。"①

荣幸的是十年之后，在2010年皮亚杰逝世30周年之际，本人时任中国心理学会主办刊物《心理科学》的主编，曾特为此刊撰写"寂寞身后事，蓄势待来年"的纪念文章，表达了对皮亚杰的敬意并期待其理论再遇知音重现辉煌。倏忽又一个十年过去了，今又逢皮亚杰逝世40周年之重要年份，本人再获荣幸与赵国祥教授共同主编十卷本两千余万字的《皮亚杰文集》。我期待文集的问世能为如上目标的早日到来有所助力。据闻日内瓦大学从今年起拟举办系列纪念活动，我们的这套《文集》权当一份中国学人的献礼，表达我们对皮亚杰的一份敬意吧！

参与主编这套《皮亚杰文集》，坦率地说，为我力所不逮。作为一名只接受过心理学基本训练而缺少哲学、数学、逻辑、生物学等其他知识储备的人，读懂皮亚杰已属大不易，遑论充任主编之职了。没有各位同人的积极投入和付出，难以想象《文集》能够面世。但，它是否有幸被置于学者们的书柜或案头，我心中无底，惶恐有加，谨怀一颗对学术的敬畏之心，等待并切望收获批评和指正。我想，所有参译的同志与我是持同样心情的。

我们编辑出版这套《文集》，就是企图使有志于学的同人走近皮亚杰并读懂皮亚杰。若能以《文集》的出版为契机，在国内逐渐形成一支真正对皮亚杰理论有认识、有兴趣、有坚持的人员组成的队伍，以科学认知的大视野和深层的历史发展的视角，继续开展发

---

① 参阅李其维：《皮亚杰理论、新皮亚杰学派及其他：Vonèche教授访谈录》，《心理科学》，2000年，第4期。

生认识论的研究,则至为所盼也!

当前对皮亚杰著作的翻译出版工作在对皮亚杰理论的把握上,在"准确""全面""系统"这三项标准中,似乎"准确"更为重要。准确与否,这具有一票决定权;"全面"我们尽可能努力达到,但事实上难以实现(因为皮亚杰的生前著作现在仍时被新发现);"系统"则更难,但细心的读者可以发现我们之所以将文集分为十卷还是基于某种内在逻辑的。

文集本可采用两种方式编辑:或是以年代为序,以某种事件为某一时期的标记,分别集辑该时段的著作,这样似乎更显发展意味。另一种方式,则以所涉领域或专题为分列标准,把同领域或同主题的文本集中于该卷。两种结"集"方式,各有利弊。我们尽可能两者兼顾,但以领域和专题为主。其缺点是对展现发生认识论总的历史发展脉络稍嫌不足,一定程度上这会影响到对文本内容的深度理解。文集十卷之各卷主题,如卷名所示,读者或许不难理解。

十卷中的每一卷都是皮亚杰理论的组成要件,不可或缺,所谓"手心手背都是肉"。当然,对不同学术背景和不同需求的读者来说,可相对把关注点聚焦于不同卷次。如果受限于时间和精力,可重点阅读第一卷和第六卷。这两卷都属于总论性质,区别在于第一卷收录的主要是经典时期或早期已成形的皮亚杰理论;第六卷则属于皮亚杰晚年(最后十年)对经典理论加以进一步深化的所谓理论新发展时期的重要著作。当然各卷所收录的著作,其归类未必准确,有的确实处于两难之间,如《态射与范畴:比较与转换》,若偏重于从建构过程理解,自然置于第六卷中是合理的;但若偏重于从形式化工具的角度视之,则似乎放在第七卷也未尝不可。

发生认识论是皮亚杰开拓的一座知识宝藏,它有待我们更深入的挖掘。

学习皮亚杰吧!心理学家,特别是儿童心理学家,更特别是研究儿童认知发展的心理学家和教育学家们,不去深入研究发生认识论,真是一件令人费解的事。"再发现"的最重要含义是应该从皮亚杰的研究得到启示,重塑行为研究对发生心理学、对整个心理学研究的核心地位。这与对皮亚杰个人的景仰与崇拜无关,这是基于对心理学学科性质的认识,是人类理性对自身的尊重,是理性自身发展的需要。

我们必须打破皮亚杰理论只与发展心理学或认知发展相关的狭隘屏障,充分认识到皮亚杰理论具有深刻的认识论内涵。在这一点上,皮亚杰志存高远,其眼光所及要远高于一般的心理学家。如把皮亚杰定位于心理学家,那肯定格调有点低了。但另一方面,我们也得承认,皮亚杰理论尤受发展心理学家关注,这也是事实。某种意义上,皮亚杰理论又居于广义的认知心理学和发展心理学之列,尽管它的研究从对象到方法显有特色。

如前所述,皮亚杰理论未来终会有被重新发现的理由之一是因为它是真正属于"心理加工的过程和机制"的研究——尽管它戴着的是"认识论"的帽子。但是,我们千万不应忘记在认识论的前面还有一顶"发生"的小帽子。正是这顶"发生"的小帽子,足以事实上使之成为心理学而非其他什么学,如生理学、社会学、管理学、教育学等的研究。因为只有心理学才会把"发生"置于"过程与机制"之上。同时,我们应把皮亚杰理论及其可能被再发现置于当今第二代认知科学的背景下思考之。当代心理学家对第二代认知科学的任何肯定和褒扬,其实都可加诸发生认识论之身。

当然,皮亚杰本人未必预期自己在离世三四十年后会再成"学术明星"。不管人们如何议论,这对皮亚杰的贡献在有识之士的认知中无损分毫。

我虽从研究生起,投师左任侠教授门下,开始研习皮亚杰理论至今已逾四十余载,但也尚未完全领悟皮亚杰博大精深思想的义理。诸多疑惑,仍在求解摸索中,似从未曾有过走出洞天的豁然顿悟之感。顺便说到,本人在以上权且当"序"的文字中,如有与其他同志所撰写之"导读"或"内容提要"中的观点相异之处,很可能错咎在我,当请读者明鉴。

人生有涯,学无止境。我现已步入望八之年,当应有一点"朝闻道……"的精神才是。古诗云:"嘤其鸣矣,求其友声;相彼鸟矣,犹求友声。矧伊人矣,不求友生?"(《诗经·小雅·伐木》)未来的希望在年轻的知识攀登者身上。学无先后,达者为师,我期盼在今后的求学问道途中,与你们——年轻的学友们,共勉且相携同行。

李其维

2020—8—17

华东师范大学俊秀楼"跬步居"

导　　读

皮亚杰传略、思想渊源及发生认识论概览

一、皮亚杰传略

（一）早慧少年

让·皮亚杰(Jean Piaget,1896－1980)出生于瑞士南部的纳沙泰尔(Neuchâtel)。瑞士位于中欧,北邻德国,西邻法国,南邻意大利,东邻奥地利和列支敦士登。全境以高原和山地为主,有"欧洲屋脊"之称。其旅游资源丰富,有着"世界公园"的美誉。阿尔卑斯山雄踞境内,可谓风光旖旎,山川绰约多姿。瑞士是自然风光与人文底蕴完美结合的国家。这里有被联合国人居署评为全球最宜居的城市之一、世界上最大的金融中心之一和全欧洲最富有的城市苏黎世,有因是联合国欧洲总部、联合国环境规划署、世界卫生组织和世界贸易组织等国际组织的所在地而享誉国际的日内瓦,有"奥林匹克之都"和"国际文化城"之称的洛桑……瑞士多元语言文化氛围浓厚,名家辈出,成就斐然。著名的启蒙思想家卢梭(Jean Jacques Rousseau,1712－1778)、杰出的数学家欧勒(Leonhard Euler,1707－1783)、著名的民主主义教育家和瑞士平民教育之父裴斯泰洛齐(Johann Heinrich Pestalozzi,1746－1827)、现代语言学理论的奠基者索绪尔(Ferdinand de Saussure,1857－1913)、精神病学家布洛伊勒(Paul Eugen Bleuler,1857－1939)、分析心理学家荣格(Carl Gustav Jung,1875－1961)、存在分析学家宾斯万格(Ludwing Binswanger,1881－1966)和鲍斯(Medard Boss,1903－1990)等均生于斯或长于斯。拜伦(George Gordon Byron,1788－1824)的长诗《西庸的囚徒》、玛丽·雪莱(Mary Shelley,1797－1851)的科幻小说《弗兰肯斯坦》、乔伊斯(James Joyce,1882－1941)的《尤利西斯》、斯比丽(Johanna Spyri,1827－1901)的儿童文学《海蒂》(别名《小

海蒂》)和托尔斯泰(Лев Николаевич Толстой,1828—1910)的《琉森》等不朽之作也诞生于此。爱好和平的著名心理学家和哲学家布伦塔诺(Franz Clemens Brentano,1838—1917)在第一次世界大战爆发后曾移居苏黎世。20世纪最伟大的物理学家爱因斯坦(Albert Einstein,1879—1955)更是在瑞士生活了近20年,提出了狭义相对论等重要创新性理论,伯尔尼成为他一生中最幸福和多产的地方,他在去世之前一直保留着瑞士国籍。

皮亚杰的出生地纳沙泰尔依山傍湖,德语称"诺恩堡",是纳沙泰尔州首府,位于瑞士最大的湖泊纳沙泰尔湖西北岸。小城历史悠久,11世纪建城,1214年设市。钟表、电机、食品(巧克力)、烟草、造纸和葡萄酒等工业发达。这里文化氛围浓厚,有纳沙泰尔大学、艺术展览馆和不少哥特式、罗曼式建筑。1762年,卢梭因《社会契约论》和《爱弥尔》的出版遭巴黎国会谴责和拘捕期间,就逃往于此,并于1765年居住在附近的比尔湖中的圣彼得岛。

皮亚杰的父亲是纳沙泰尔大学的中古文学史教授,被称为博物学家,富有批判精神,经常与皮亚杰一起探讨系统性研究的重要性。母亲是一名虔诚的基督徒,心地善良,聪明能干,但是有些神经质,精神状况比较糟糕,给家庭生活带来不少麻烦。皮亚杰因此曾一度对精神分析和病理心理学问题感兴趣。在父亲的影响下,皮亚杰很小就做一些"严肃"的工作。可以说,皮亚杰的童年没有游戏,甚至几乎没有童年。

皮亚杰很小就对生物学兴趣浓厚,并表现出难能可贵的创造欲望和创新精神。从7到10岁,他开始对力学、鸟类、二级和三级地层化石和海洋贝壳等感兴趣。10岁时,他进入拉丁学校学习。这一年,皮亚杰撰写了一本关于"我们的鸟类"的书——被他的父亲讥讽为一本汇编。虽然自尊心受到很大伤害,但他赞同父亲的观点,决定继续探究下去并让自己更加严谨。11岁时,他在公园里发现了一只患有白化病的小麻雀,随即进行了仔细观察并撰写了一篇有关鸟类生活的短篇论文,发表在当地一家名为《枞树枝》的自然科学史杂志上。因而,皮亚杰受到该杂志主编、瑞士软体动物学家、纳沙泰尔自然历史博物馆馆长保罗·戈代(Paul Godet)的关注。在写信求助后,皮亚杰成为戈代的兼职助手,给收藏的土生贝壳和淡水贝壳标本贴标签。由此,在戈代的影响下,皮亚杰开始了对软体动物的四年多的系统研究,并发表一系列关于瑞士、萨沃伊(Savoy)、布列塔尼(Brittany)甚至哥伦比亚(Colombia)的软体动物的文章。这些成就使得皮亚杰在软体动物学界小有名气,以至于日内瓦自然历史博物馆馆长莫里斯·贝多(Morris Bedot)想邀请他担任软体动物藏品馆的馆长。由于尚在读大学此事未成行,但是足见皮亚杰在此领域的学术影响。应该说,软体动物研究的经历奠定了皮亚杰一生科学研究的基调,深深影响了其科学的探究精神、生物学倾向的思维习惯和严谨的治学态度。

15岁时,皮亚杰遭遇到宗教信仰危机。母亲要他接受纳沙泰尔的"宗教教育",即一个为期六周、关于基督教教义基本原理的课程。但是,受父亲不去教堂做礼拜的影响,皮亚杰在完成"宗教教育"课程的同时,一直保持独立思考。他很快震惊地发现,许多基督教教义与生物学难以调和,而且上帝存在的"五"个证据站不住脚。在困惑之时,皮亚杰阅读了父亲藏书中的奥古斯特·萨巴捷(Auguste Sabatier,1839—1901)的《基于心理学和历史的宗教哲学》一书。在萨巴捷的教义可简化为"象征"功能等观点,以及通俗易懂语言的影响下,皮亚杰对哲学兴趣油然而生。同时,其教父科纳特(Samuel Cornut)开启了皮亚杰对哲学和认识论问题的真正思考。为了解决所谓的宗教困境,科纳特邀请皮亚杰与他一起度假,在散步、钓鱼和搜集软体动物过程中探讨哲学问题。正是在教父的引导下,皮亚杰接触到柏格森(Henri Bergson,1859－1941)的生命哲学和创造性进化思想,并认真阅读了柏格森的名作《创造性进化》。于是,认识论问题逐渐进入皮亚杰的视野,他开始思考如何架构生物学和知识分析之间的内部机制。

(二)求学青年

高中毕业后,皮亚杰顺利考入纳沙泰尔大学的生物学系,开始了自己的大学生涯。在此期间,他博览群书,广泛阅读了康德(Immanuel Kant,1724－1804)、斯宾塞(Edmund Spencer,1552－1599)、孔德(Auguste Comte,1798－1857)、富耶(Alfred Fouillée,1838－1912)、居约(Jean-Marie Guyau,1854－1888)、拉舍利埃(Jules Lachelier,1832－1918)、布特鲁(Émile Boutroux,1845－1921)、拉朗德(André Lalande,1867－1963)、涂尔干(Émile Durkheim,1858－1917)、塔尔德(Jean Gabriel Tarde,1843－1904)、勒·丹特克(Felix Le Dantec,1869－1917)、詹姆斯(William James,1842－1910)、里博(Théodule Ribot,1823－1891)和让内(Pierre Janet,1859－1947)等人的著作。在大学最后两年,他听过逻辑学家雷蒙(Arnold Reymond,1874－1958)开设的心理学、逻辑学和科学方法课程。雷蒙关于唯实论与唯名论的课程,尤其是"历史批判的"方法即通过考察观念的历史形成来判断其真实含义,对皮亚杰影响很大。

1915年,在获得学士学位后,由于身体原因,皮亚杰不得不在山区修养了一年多。在闲暇之余,他撰写了一部名曰《求索》(Recherche)的哲学随笔。小说中的主人公塞巴斯蒂安(Sébastien)正处于青春期,在追求科学与道德真知的过程中遭遇到各种迷茫和危机,并最终找到了解决方法。该书隐含了皮亚杰的平衡化理论,论及动作的重要作用,并体现出向格式塔理论的趋近。之后,皮亚杰再次进入纳沙泰尔大学攻读博士学位。1918年,他以题为"瓦莱·阿尔卑斯地区各种不同软体动物的分布情况"的学位论文获得生物学哲学博士学位。在研究中,皮亚杰以纳沙泰尔周围湖泊里的软体动物为研究对象,发现其贝壳结构会随环境的变化而变化。这使他深入认识到,生物的进化不仅依赖于遗传或成熟,而且还取决于环境,是一个主动适应环境的过程。

对哲学的兴趣和所受生物学的系统训练,使皮亚杰逐渐认识到,生物体与其生活环境之间、认识主体与认识客体之间似乎具有某种相似的关系,但是生物学与认识论之间却存在一段空白。而要把认识论和生物学真正结合起来,就必须要研究儿童智慧的发生和发展。于是皮亚杰的兴趣开始转向心理学。

1918年10月,怀揣着寻求心理学实验来验证自己理论构思的梦想,皮亚杰来到苏黎世大学。他先是加入了李普斯①和雷舒纳②的实验室。但是，几个月之后，皮亚杰感到不满意，认为实验方法无助于回答认识论的基本问题。于是，他又进入著名精神病学家布洛伊勒③的精神病诊疗所进行学习，同时阅读弗洛伊德的著作，并聆听菲斯特④和荣格的精神分析讲座。虽然后来皮亚杰并没有走上精神病学或精神分析研究之路，但是学到的临床谈话技巧对其后续研究具有重大影响。⑤

1919年秋，皮亚杰求学于巴黎大学文理学院。在研修心理病理学课程的同时，他还跟着拉朗德和布伦茨威格（Léon Brunschvicg，1869—1944）学习哲学和逻辑学。两年后获得法国科学博士学位。与此同时，经过博维⑥的热情推荐，皮亚杰有幸成为进入智力测验的发明者、法国心理学家比奈（Alfred Binet，1857—1911）的实验室，担任比奈的合作者西蒙（Théodore Simon，1873—1961）的助手。他的工作是在一所小学应用伯特（Cyril Burt，1883—1971）的推理测验对儿童进行测试，并将这一测验予以标准化。皮亚杰起初对此并不热心，但很快他发现这是一个绝佳的自主决定的研究机会。他对测验本身和儿童测验得分的多少并不感兴趣，而把关注点放在儿童在测验过程中做出的一些可笑甚至荒谬的回答上。他开始运用在苏黎世学会的询问技巧，向儿童提出不

---

① 李普斯（Gottlob Friedrich Lipps，1865—1931），德国哲学家和心理学家。1883至1887年，跟随冯特曾在莱比锡大学学习哲学和心理学。1888年毕业于莱比锡大学哲学系，先任教于中学，后来成为莱比锡大学杰出的哲学教授。1911年，他被苏黎世大学聘任为哲学和教育学教授、心理研究所所长。李普斯主要研究心理物理学、统计学和实验方法。

② 雷舒纳（Arthur Wreschner，1866—1932），波兰心理学家。1900年，获得柏林大学哲学博士学位后，进入苏黎世大学和苏黎世联邦理工学院工作。1910年，成为苏黎世大学哲学教授。他主要进行实验心理学研究。

③ 布洛伊勒于1881年成为执业医师，1883年被授予医学博士学位。1898至1927年，任苏黎世大学精神病学教授，兼任大学精神病院——布尔格赫尔兹利精神病院院长。1908年，首次使用"精神分裂症"一词。1911年，发表《精神分裂症中的早发性痴呆型》。他赞同弗洛伊德的精神分析理论，认为弗洛伊德所描述的许多见于神经症病人的机制也见于精神病人。他出版的《精神病学教材》（1916）被奉为精神病学的经典之作，曾多次再版。荣格曾经做过布洛伊勒的助手，二人同时也是弗洛伊德的精神分析学会的早期成员。

④ 菲斯特（Oskar Pfister，1873—1956），瑞士精神分析学家。他先后在苏黎世大学和巴塞尔大学学习宗教、哲学和心理学。1898至1920年，菲斯特在苏黎世州做牧师。他是瑞士现代心理学的先驱，曾经做过弗洛伊德的早期助手，属于以布洛伊勒和荣格为中心的苏黎世精神分析圈的成员。1919年，他创立瑞士精神分析学会，坚决捍卫弗洛伊德的非专业精神分析立场。

⑤ 皮亚杰曾说道："如果精神分析是唯一能够有效地称之为有'学派'的心理学领域，那是因为弗洛伊德等人为了专业原因想要组成独立的团体，以保证他们的专业技术的实施。"（Piaget, J. *Sagesse et illusions de la philosophie*. Paris: Press Universitaires de France, 1965, p. 199.）

⑥ 博维（Pierre Bovet，1878—1965），瑞士心理学家和教育家。1903至1912年，任教于纳沙泰尔大学。1913年，受克拉帕雷德之约到日内瓦大学领导卢梭学院。1920年，成为日内瓦大学艺术学院教育科学与实验教育学教授。他是新教育联盟国际运动的重要人物，曾任国际教育局局长（1925—1929）。

同的问题,对他们进行深入访谈,或者让他们完成具体任务,以此揭示儿童的思维过程。这是皮亚杰学术生涯的重要转机。从此,他"终于找到了自己的研究领域"①,开始致力于儿童心理学研究,从心理发生发展的角度来探究认识问题。

在接下来的两年内,皮亚杰持续采用临床法对儿童思维进行考察。在初步取得研究结果后,他很快写就了三篇研究论文。除了两篇在《心理学杂志》上发表外,他把其中一篇寄给了当时的著名心理学家克拉帕雷德(Ed. Claparède,1873—1940)。克拉帕雷德独具慧眼,对皮亚杰很是赏识,于是邀请皮亚杰担任日内瓦大学卢梭学院的研究室主任。

(三) 学术历程

不同研究者对于皮亚杰的学术生涯有着不同的认识和划分。比如,李其维先生在《皮亚杰文集》序三中指出,皮亚杰发生认识论大致可分为经典皮亚杰理论和最后十年的"新发展"阶段两个时期。有学者则提出了五阶段说:第一时期(1920年代到1930年代早期),重在研究儿童思维的具体特点;第二时期(1930年代中期到1945年),聚焦于知识的起源与智慧发展和生物适应之间的平行关系;第三时期(1940年代到1950年代末),运用结构分析研究思维"类型"的形成;过渡期(1950年代末到1960年代末),从运算结构为主到对发展机制感兴趣;第四时期(1970年代后),采用多种方法解释认知发展。② 笔者认为,为了更加清晰呈现和准确把握皮亚杰以儿童心理研究为切入点探究认识发生的研究逻辑,可以将皮亚杰的学术历程划分为三个阶段:儿童心理研究时期(1920年代—1940年代末)、发生认识论创立时期(1950年代—1960年代末)和理论开拓创新时期(1970年代)。

1. 早年播种:儿童心理研究(1920年代—1940年代末)

1921年,皮亚杰欣然接受了克拉帕雷德的邀请,由巴黎来到日内瓦,其"人类智慧"探究之路正式开启。克拉帕雷德和博维为其创造了完全自由自主的研究环境。1924年,皮亚杰被聘任为日内瓦大学教授。他以口头谈话为主要方法,致力于儿童思维特点的研究,成果集中体现为五本著作:《儿童的语言与思维》(法文版,1923;英文版,1959)、《儿童的判断与推理》(法文版,1924;英文版,1969)、《儿童的世界概念》(法文版,1926;英文版,1929)、《儿童的物理因果性概念》(法文版,1927;英文版,1972)和《儿童的道德判断》(法文版,1932;英文版,1968)。这些研究成果内容丰富,可读性较强,引起强烈的

---

① Piaget, J. "Jean Piaget." In: E. G. Boring, H. Werner, H. S. Langfeld, & R. M. Yerkes (Eds.), *A history of psychology in autobiography*, Vol. 4, 1952, 237-256.

② Jacques Montangero, J. Maurice-Naville, D. *Piaget or the advance of knowledge*, New York: Psychology Press, 1997.

国际影响。当然,皮亚杰这时更多关注的是发现与界定年幼儿童思维的局限性,而对逻辑思维的结构以及认识发生过程等则关注很少。

1925 至 1929 年,由于雷蒙退休,皮亚杰任教于纳沙泰尔大学。但是,他同时还承担日内瓦大学和卢梭学院的儿童心理学课程。1925 年和 1927 年,两个女儿先后出生。在妻子的协助下,皮亚杰对自己的孩子(包括 1931 年出生的儿子)进行了长时间的观察,并让他们完成不同的实验任务,最终形成了三本重要著作:《儿童智慧的起源》(法文版,1936;英文版,1977)、《儿童"现实"的建构》(法文版,1937;英文版,1971)和《儿童的游戏、梦与模仿》(法文版,1945;英文版,1962)。这是皮亚杰少有的对婴幼儿的研究,开始运用生物适应概念来解释认识的发展,将研究焦点由思维转向心理过程以及行为,体现出鲜明的机能主义色彩和一定的辩证特点。在他看来,认识的发展是主体与客体通过同化与顺化这两个机制相互作用的结果。不过,上述研究的确存在着未对婴儿与成人的互动进行具体分析,对婴儿如何"理解"置换群表述不明晰等问题。

1929 年,皮亚杰以科学思想史教授和卢梭学院副院长的身份再次回到日内瓦大学。同年,兼任国际教育局局长一职。1932 年,与克拉帕雷德和博维一起,共同出任日内瓦大学卢梭学院院长。自 1936 年起,他还在洛桑大学每周讲授一天实验心理学。1939 年,皮亚杰被任命为日内瓦大学社会学教授。1940 年,克拉帕雷德逝世后,他同时兼任日内瓦大学卢梭学院院长、实验心理学讲座教授和心理学实验室主任。其间,皮亚杰及其合作者基于结构主义观点,以智慧发展的一般阶段为核心线索,通过简单的实验任务或操作,对儿童的数、物理量、时间和空间等进行了系统而深入的研究。代表性著作有《儿童的数概念》(法文版,1941;英文版,1965)、《儿童对物理量的建构——守恒和原子论》(法文版,1941;英文版,1974)、《儿童时间概念的形成》(法文版,1946;英文版,1969)、《儿童的运动和速度概念》(法文版,1946;英文版,1970)《智慧心理学》(法文版,1947;英文版,1950)、《儿童的空间概念》(法文版,1948;英文版,1967)、《儿童的几何学概念》(法文版,1948;英文版,1960)和《儿童概率概念的起源》(法文版,1951;英文版,1975)等。应该说,皮亚杰在结构主义理论框架内详细论述了从婴儿期到青春期的心理发展进程。但是,这一阶段他并未阐明心理结构是如何建构的,即如何具体从一种低级结构形式发展成为高级结构形式。

自 1920 年代至 1940 年代末,皮亚杰潜心于儿童发展,富有创新性地开展了大量研究,逐步构建起世界上第一个系统完整的儿童心理发展理论,成为世人瞩目的发展心理学研究权威,并先后当选为瑞士心理学会主席和法语国家心理科学联合会主席。

2. 壮年耕耘:发生认识论创立(1950 年代－1960 年代末)

皮亚杰探究儿童心理发展的初衷在于通过心理学研究来架构生物学与认识论之间的关系。在皮亚杰看来,自己既然已经洞悉了儿童的认识发生规律,那么接下来就应该归正返本——专注于发生认识论研究。

1950 年,皮亚杰出版了发生认识论研究的经典之作——三卷本的《发生认识论导论》(法文版),系统阐述了发生认识论的含义、方法和基本观点,并且详细剖析了数学、物理学、社会学、生物学和心理学等学科的基本概念和原理的认识发生过程。1954年,皮亚杰当选为国际心理学会主席,随后又担任联合国教科文组织领导下的国际教育局局长。1955年,在洛克菲勒基金会的资助下,他召集许多著名的心理学家、哲学家、逻辑学家、语言学家、数学家、物理学家和教育家等在日内瓦创办国际发生认识论研究中心,并担任主任。该研究中心的研究成果集中体现为系列研究报告《发生认识论研究》(*Studies in genetic epistemology*)(1957—1979)。发生认识论的代表性著作有:(1)《数学认识论与心理学》(法文版,1961;英文版,1966),是皮亚杰与逻辑学家、数学家贝丝(Evert W. Beth,1908—1964)合作的结晶,将形式模型与现实思维相关联,认为主体的认识发生过程与科学思维的内部规范相类似;(2)《生物学与知识》(法文版,1967;英文版,1971),聚焦于生物机能与认识机能之间的一致性,以及生物结构与认识结构之间的同构性或部分同构性;(3)《发生认识论原理》(法文版,1970;英文版,1972),集中系统论述了认识的心理发生、生物发生和对古典认识论问题的重新审视;(4)《心理学与认识论》(法文版,1970),阐释了科学认识论的合理性和心理学对认识论的重要性;(5)《发生认识论》(英文版,1970),系皮亚杰于1968年在美国哥伦比亚大学的系列学术讲演的汇编,是发生认识论的概览之作。

这一时期,皮亚杰同时持续对逻辑运算(《论逻辑运算的转换:256个二值命题逻辑的三元运算》,法文版,1952)、思维(《从儿童到青少年逻辑思维的发展》,法文版,1955;英文版,1958)、运算结构(《儿童早期逻辑的发展:分类和系列化》,法文版,1959,英文版,1964;《知觉的机制》,法文版,1961,英文版,1969;《儿童的心理意象》,法文版,1966,英文版,1971;《记忆与智力》,法文版,1968,英文版,1973)和结构转换(《六个心理学实验研究》,法文版,1964,英文版,1968;《结构论》,法文版,1968,英文版,1970)等进行了深入研究。此外,他还出版发表了几部社会学论著,后以《社会学研究》(法文版,1965;英文版,1995)为书名结集出版。

至此,皮亚杰构建了较为完整的发生认识论体系,其研究初衷终得以基本实现。

3. 晚年求索:理论开拓创新(1970—1980)

1971年,皮亚杰退休,成为日内瓦大学的荣誉教授。但是,他并未停止探究的脚步,仍然担任国际发生认识论研究中心主任,积极开展多样化研究,在生命的最后十年开创了学术生涯的又一次理论飞跃。

大体而言,皮亚杰晚年理论的新发展主要集中在五个方面:(1)智慧发展的辩证法。在逻辑数学知识与物理知识之间存在辩证的交互作用。儿童推理中存在的矛盾不是逻辑矛盾,且就知识的发展而言,矛盾是一种积极的现象。辩证法的主要性质是,对以前被认为相互对立或者无关的领域或者子系统之间相互依赖关系的建构。其主要著作包括《理解因果性》(法文版,1971;英文版,1974)、《关于"矛盾"的研究》(法文版,1974;英文版,1980)、《辩证法的基本形式》(法文版,1980)。(2)认识发展的两个基本机制:反省抽象和平衡化。反省抽象和平衡化是皮亚杰最富创造性的两个概念。反省抽象揭示了认识发生的内部建构过程,有反省抽象(反射)、再反省抽象和元反省抽象之分,分别出现于前运算阶段的后期、具体运算的后期和形式运算阶段。平衡化体现了认识发生机制与外部因素之间的功能联系,涉及同化与顺化之间即格式与外部对象之间的平衡、总系统内相邻子系统之间的互反平衡,以及整合与分化之间即子系统与其所属的首要系统之间的平衡等多种类型。其代表性研究成果为《反省抽象研究》(法文版,1977;英文版,2001)和《认知结构的平衡化》(法文版,1975;英文版,1985)。(3)意识的把握。在皮亚杰看来,意识的把握是一种重构。通过分化与整合而进行的概括化过程在认识发展过程中互为补充、彼此丰富。必然性与可能性相似,它也不是来自客观事实,而是来自主体的建构与活动。主要著作是《意识的把握》(法文版,1974;英文版,1976)、《成功与理解》(法文版,1974;英文版,1978)、《概括化研究》(法文版,1978)、《可能性与必然性》(法文版,1981;英文版,1987)。(4)对运算逻辑的补充与修正。皮亚杰及其合作者系统研究了对应和态射,详尽描述了认识结构的建构过程;强调意义的重要性,并提出意义逻辑的观点,认为其基本运算是意义蕴涵。代表性著作是《关于"对应"的研究》(法文版,1980)、《态射与范畴:比较与转换》(法文版,1987;英文版,1992)、《走向一种意义的逻辑》(法文版,1987;英文版,1991)。(5)发生认识论的第三次整合。继《发生认识论导论》和《数学认识论与心理学》之后,《心理发生和科学史》(法文版,1983)是发生认识论观点的第三次也是最重要的整合,即将科学发展史与认识发生相关联,考察科学概念体系从一个时期到另一个时期的转变是否类似于认识发生从一个阶段到另一个阶段的转变。

1980年,皮亚杰在瑞士日内瓦去世,享年84岁。一代心理学巨擘,就此陨落。在其创新且多产的一生中,他获誉无数。1969年,皮亚杰获得美国心理学会授予的"卓著科学贡献奖",成为享此殊荣的第一个欧洲人。1972年,因其杰出的社会科学贡献获得荷兰伊拉斯谟奖(Erasmus Prize)。1977年,国际心理学会授予皮亚杰"爱德华·李·桑代克"奖,这是心理学界的最高荣誉。1979年,荣获巴尔扎恩奖(Balzan Prize)。皮亚杰曾先后被哈佛大学、索邦大学、巴黎大学、布鲁塞尔大学、芝加哥大学、麦吉尔大学、剑桥大学、蒙特利尔大学和耶鲁大学等30多所著名大学授予荣誉博士或荣誉教授的称号。

二、皮亚杰的思想渊源

皮亚杰在广泛吸收和借鉴哲学、生物学、逻辑学和心理学等多学科领域思想的基础上,创立领导独具特色的发生认识论体系。这里只略论对其思想产生具有重大影响的部分观点。

（一）哲学起源

众所周知，皮亚杰深受康德的影响，尤其是吸收了康德的知性范畴等理论并将其发展成为认知格式观点，但抛弃了其先验性。在本文集序三中，李其维先生对此已有深刻解读，因而不再赘述。

除康德外，对皮亚杰的哲学观念具有重要影响的是萨巴捷和柏格森。萨巴捷是法国新教神学家，著有《基督教教义的生命力及其进化的力量》（1898）和《宗教与当代文化》（1904）等。皮亚杰早年阅读过萨巴捷的《基于心理学和历史的宗教哲学》（1902）。萨巴捷认为，宗教信条能被归结为随时间而变化的纯粹符号。年轻的基督徒面临和解决科学与信仰之间的冲突的唯一方式是不依赖于信条和教会，而是培养起意识中的上帝存在的情感。① 这些哲学观点及其趣味性表述催生了皮亚杰对于哲学问题的好奇。

不久之后，皮亚杰阅读了其教父科纳特给他的柏格森的著作《创造进化论》②。柏格森是法国20世纪上半叶最著名的哲学家之一，早年在巴黎高等师范求学（与著名社会学家涂尔干是同班同学），1889年获得博士学位。后来长期在巴黎高等师范学院的法兰西学院任教，是法国科学院院士。他曾以外使节的身份，两次出访美国，力劝美国总统加入反对轴心国的战争。其主要哲学著作有《时间与自由意志》（1889）、《物质与记忆》（1896）、《形而上学导言》（1903）、《创造进化论》（1907）、《道德和宗教的两大根源》（1932）和《创造的精神》（1934）等。因其文笔优美，凭借《创造进化论》，他获得1928年的诺贝尔文学奖。柏格森的思想不仅深深影响了怀特海（Alfred North Whitehead，1861－1947）和詹姆斯等哲学家，而且极大地影响了普鲁斯特（Marcel Proust，1871－1922）等作家、让内等心理学家、索列尔（Georges Sorel，1847－1922）等政治理论家以及立体主义和野兽派等前卫艺术运动。在本体论上，柏格森主张"世界的本质是生命之流"。他继承并发展了狄尔泰的生命哲学思想，认为宇宙的本质不是物质，而是一种"生命之流"，即一种盲目的、非理性的、永动不息而又不知疲惫的生命冲动。它永不间歇地冲动变化着，称为"绵延"。柏格森提出，生命之流在永恒的运动或冲动中。生命向上冲，物质向下堕，而生物则是两者的结合。它们因生命冲动的强弱不同而表现为不同的物种。处于生命之流的漩涡中心而最有活力、冲得最高的是人的生命和意识，其外缘是各种高等动物的生命和意识，再外缘是低级动物的生命和植物的生命，而最外边脱离生命冲动漩涡而失去生命力，从而堕落的是物质。生命之流既是宇宙的生命之流，也是自

---

① Vonèche, J. "The origin of Piaget's ideas about genesis and development." In: E. K. Scholnick et al. (Eds), *Conceptual development: Piaget's legacy*, New Jersey: Lawrence Erlbaum Associates, Inc, 1999, pp. 248-249.

② Bergson, H. *Creative evolution*, New York: Henri Holt, 1911.

我的生命之流。在认识论上,柏格森坚持"直觉高于理性"。他认为,认识的对象不是物质世界,而应是作为物质世界的本质的生命之流:意识和精神。理性、科学的理智认识不能认识生命之流,只能获得作为假象的自然知识。若认识宇宙的本质,只能依赖于自我的内省,即用自我的生命深入到对象的内在的生命之中,以达到生命之流的交融。这就是形而上学的直觉的认识。① 在《创造性进化》一书中,柏格森提出,达尔文的进化论强调生命在生存竞争中发展着,由于环境的不同造成生物的各种物种不同,这种观点是肤浅的。生命的特征是无限的创造性进化,而创造的动力来自源于生命本身,并具有转换和变化特征的生命冲动。生命冲动是超越时空限制的,因而生命是自我启动和自我限定的。生命的绵延不是时间那样的量的多样性,而是质的多样性。生命的展现过程就是维持自身,而维持自身就是在自身范围内自我开放和自我展开。生命在其绵延中实现频仍的创造。柏格森的生命冲动观点、带有神秘色彩且蕴含能动性的直觉,以及创造性进化过程中创造、平衡及质变等,促使皮亚杰思考如何在生物学和知识分析之外揭示认识的发生机制。

此外,法国哲学家布伦茨威格的思想对皮亚杰具有方法论意义。布伦茨威格是20世纪法国大学唯心主义最重要的代表人物,因作为著名哲学家和数学家帕斯卡(Blaise Pascal,1623—1662)著作的编者和哲学(尤其是斯宾诺莎)史学家而闻名全球。他的核心观点是"批判唯心主义"②。在他看来,关于存在的断定是以作为已知的存在之决定为基础的,而不是存在本身。知识是通过对经验科学(即其历史和变迁)的逻辑分析而获得的。因此,相对的和互动的认识论依赖于两个不同且互补的方法:历史与心理学。科学史是知识学家的实验室,而对知识起源所进行的心理学研究是在共时层面进行的补充。这对皮亚杰意味着,对知识形成的历史机制的探究,必然包含对史前人类认识发生过程的重构,更不可避免求助于胚胎发生和心理的个体发生。③

皮亚杰的思想与结构主义哲学密切关联。结构主义是兴起于法语国家的一种哲学思潮或哲学运动,它不是一个独立的哲学流派,而是对共同持有结构主义观点和方法的社会科学家和社会科学家的统称。结构主义源于索绪尔等人的结构主义语言学。索绪尔在其名著《普通语言学教程》中区分了语言与言语、内部言语与外部言语,以及共时语言学和历时语言学。他反对将语言看作孤立的成分组成,认为语言是一个符号系统,具有内在的稳定结构。语言学不应该过多强调历史性的变化比较,而应该研究语言的内在结构。其后的乔姆斯基(Norm Chomsky,1928—)提出了"转换-生成语法"理论,指出语言具有表层结构(具体的语言形式)和深层结构(语言的内在意义),且深层结构具有

---

① 夏基松:《现代西方哲学教程》,上海:上海人民出版社,1980,第159—166页。
② 加里·古廷:《20世纪法国哲学》,辛岩译,南京:江苏人民出版社,2005,第47页。
③ Vonèche, J. "The origin of Piaget's ideas about genesis and development." In: E. K. Scholnick et al. (Eds), *Conceptual development: Piaget's legacy*, New Jersey: Lawrence Erlbaum Associates, Inc,1999,pp.248-249.

先验性。在结构语言学基础上,列维-斯特劳斯(Claude Lévi-Strauss,1908—2009)创立了结构主义人类学,将结构主义观点普遍化和哲学化。他主张,一切社会活动和社会生活都具有一种内在的、支配表面现象的结构,而人文社会科学的任务就是发现这种内在结构。皮亚杰生活于法语区的瑞士,长期浸润于结构主义哲学的影响。他一贯强调的整体性、运算结构、平衡在心理发展中的作用和共时态研究等,具有强烈的结构主义色彩。在《结构论》一书中,皮亚杰更是提出了结构的三个特征:整体性、转换性和自我调节性。甚至,皮亚杰自己就被看作新结构主义的代表人物。[1]

此外,皮亚杰也受到杜威(John Dewey,1859—1952)等人的实用主义和布里奇曼(P. W. Bridgman,1882—1961)的操作主义的影响。杜威和布里奇曼都认为,智慧是主体与环境的相互作用的产物,认识首先意味着对环境的实际改变,必须以行动来说明思维,这与皮亚杰认为思维在本质上是一种动作或运算的观点是一致的。然而,皮亚杰并不同意布里奇曼把物质操作和神经操作等量齐观,否认自己的运算概念与操作主义的操作概念相同,而提出用自己的运算理论来弥补操作主义的缺陷。

(二)心理学起源

在苏黎世的短期求学过程中,皮亚杰接触过精神分析。他读过弗洛伊德的著作和其他精神分析的著述,听过菲斯特和荣格的讲座,并在布洛伊勒指导下学习精神病学。1920年,皮亚杰在巴黎的一次学术会议上做了关于精神分析运动的报告。1922年,他与弗洛伊德共同出席了在柏林召开的精神分析大会。虽然他说精神分析让自己"感觉到独自冥想的危险"[2],但是自我中心和内化等概念是来自精神分析,并且很有可能受到弗洛伊德的启发而提出心理发展的阶段论。

到巴黎后,皮亚杰受到当时法国主流心理学研究的强烈冲击。比奈和西蒙的智力测验理论对皮亚杰有着深刻影响。在认知发展的基本观点上,比奈提出,认知过程通过同化和顺化而具有适应性,认知的自动调节是身体所有的遗传、形态、生理和神经控制的整体的一部分。皮亚杰对此持赞同态度。在认知发展的研究方法上,皮亚杰更是将比奈的标准化问卷法与精神分析的自由联想法相整合,形成了独具特色的临床法。此外,在知觉机制研究中,皮亚杰借鉴了比奈几何错觉分类(先天的和获得性的),提出了初级和次级视几何错觉。[3] 同时,当时的法国心理学之星让内对皮亚杰产生了重要的直接影响。让内是法国著名哲学家和精神科医生,并在母校巴黎高等师范学院教授心

---

[1] 高觉敷:《西方心理学的新发展》,北京:人民教育出版社,1987,第103页。
[2] Piaget, J. "Jean Piaget." In: E. G. Boring, H. Werner, H. S. Langfeld, & R. M. Yerkes (Eds.), *A history of psychology in autobiography*, Vol. 4, 1952, 237-256.
[3] Piaget, J. *The mechanisms of perception*, London: Routledge & Kegan Paul, 1969.

理学,著有《精神无意识行为》和《从焦虑到狂喜》等。他对皮亚杰的影响主要体现在两个方面:一方面,他与从约翰霍普金斯大学辞职到巴黎居住的鲍德温(James Mark Baldwin,1861—1934)密切往来,向法国学者推介鲍德温的心理学思想。皮亚杰对鲍德温理论的关注,显然受此影响。另一方面,皮亚杰的具体观点也受到让内的启发。他们均认为,心理学是行为的科学,儿童的内部表征表现为从外部到内部的可逆性,思维是内在的讨论,而情感是动作与思维的原动力等。皮亚杰的动作源于感知运动系统的思想也源于让内。

鲍德温和克拉帕雷德可能是影响皮亚杰的发生认识论思想的最为重要的两位心理学家。鲍德温是美国著名哲学家和心理学家,著有《儿童与种族的心理发展》和《心理发展的社会的和伦理的解释》等。他将达尔文的进化论与心理学相关联,认为在进化过程中有机体显示某种倾向——关于世界的"假说""信念"和"理论"。"个体的顺化"被假定为对未来"天赋变异"的暂时替代,允许用个体的、行为的、局部的和累积的自然倾向的适应形式对新情境进行或长期或短期的修补。心理学应该解释进化中个体的作用,而把握心智的最好方式就是研究它的发生。由此可见,皮亚杰的基本观点——认识论可以提出发展心理学问题,而发展的观察可以回答认识论问题——直接来源于鲍德温。同时,鲍德温主张,儿童的道德发展或价值发展以其逻辑认知发展为基础。逻辑认知发展过程是对主观和客观经验的连续分化过程。在发展早期,儿童处于"非二分主义的"状态,不能把内部的、心理的、主观的经验从外部的、物质的、客观的经验中分化出来。成长过程中连续的分化过程依次是内部与外部分化、心理与物质分化、主观与客观分化。在《儿童的道德判断》一书中,皮亚杰专门论述了鲍德温的道德发展观。柯尔伯格正是通过皮亚杰了解到鲍德温的道德心理学思想,并依此构建了自己的道德发展阶段理论。此外,皮亚杰的发生认识论中同化、顺化、非二分主义、自我中心或儿童心理的未分化特征等概念也都来自鲍德温的著作。①

克拉帕雷德的适应、蕴涵和意识的把握等观点极大影响了皮亚杰对智慧和认识的个体发生等方面的研究。克拉帕雷德是瑞士著名的精神病学家、儿童心理学家和教育学家,也是欧洲机能主义的代表人物。他于1887年获得日内瓦大学博士学位,其学术生涯主要在日内瓦大学度过,岳父为对尼采产生重要影响的新康德主义哲学家斯皮尔(African Spir,1837—1920)。1902年与其表兄、心理学家弗卢努瓦(Theodor Flournoy,1854—1920)一起创办了学术期刊《心理学档案》(*Archives de psychologie*),1912年组建了日内瓦大学的卢梭研究院及心理学实验室,后多年担任国际心理学组织的秘书长。克拉帕雷德曾是荣格组织的苏黎世弗洛伊德小组的成员,为弗洛伊德的《精神分析五讲》的首个法语版本撰写了序言。除经典名作《儿童心理学和实验教育学》(1909)外,他还著有《思维联想》(1903)、《机能主义教育》(1931)、《假设的起源》(1933)

---

① 郭本禹:《道德认知发展与道德教育》,福州:福建教育出版社,1999,第49—51页。

等。克拉帕雷德坚持机能主义立场，认为人类首先是一种"机能"，"对心理学现象采取机能主义的方法是，首先要从心理在生活中的角色以及它们在特定时刻在整体行为模式中的位置来看待它们"①。皮亚杰曾讲到，克拉帕雷德要他"随时考虑机能的观点和本能的观点，没有这两个观点，人们就会忽略儿童活动的最深源泉"。② 克拉帕雷德最早提出了适应问题。他认为，智慧是适应新环境的一种卓越形式。适应过程包括三个阶段：提问（寻找适应的方向）、假设（由实际试误或者内心试误组成）和控制（要么实际面对事实，即经验智慧；要么使用先前建立的表征关系来验证假设，即系统智慧）。智慧的基本机制是把握动作与目标之间的某种逻辑意义的蕴涵，即掌握动作与目的之间的必然性联系。克拉帕雷德把有机体看作"蕴涵的机器"，并且用蕴涵来解释条件反射。而皮亚杰代之以格式和同化来进行说明。克拉帕雷德指出，意识的把握表现为一种定律：对动作的觉察水平与动作的习惯性成反比。皮亚杰借用了这一概念，认为理性试图在理解对象的构成方式之前通过理解对象而把握经验。意识的把握概念是一个从（成功的）动作到理解的过程，而理解是对动作内化和外化的双重过程的结果。内化的最高形式是逻辑数学结构，而外化的最高形式是因果关系（即心理、逻辑和数学结构的现实归因）。③

同时代的格式塔心理学对于皮亚杰的理论建构也具有重要启迪。皮亚杰在自传中谈道，"如果当时（1913—1915）早了解韦特海默和苛勒的工作，我可能成为一个格式塔心理学家"④。他的中后期思想也深受格式塔心理学的影响。1939至1945年，皮亚杰研究了儿童到成年期的知觉发展，旨在考察知觉与智慧之间的关系，并借以验证格式塔心理学派的理论。在论及结构的特征时，他首先提到整体性，坚决反对原子论和还原论。

此外，皮亚杰时刻保持与信息加工心理学的互动交流。他一度感兴趣于布鲁纳（Jerome Bruner，1915—2016）等人的研究，但在双方研讨后，彼此之间分歧很大：布鲁纳认为皮亚杰的研究方法不严谨；皮亚杰则激烈批评了布鲁纳等人的著作《认知发展研究》（1966）及其所开展的知觉、表象记忆与语言方面的研究。后来，皮亚杰发现米勒（George Miller，1920—2012）与加兰特（Eugene Galanter，1924—2016）、普利布拉姆（Karl H. Pribram，1919—2015）的著作《计划与结构》（1960）是全美国与他自己的工作

---

① Hameline, D. *Prospects: the quarterly review of comparative education* (Paris, UNESCO: International Bureau of Education), vol. XXIII, 1/2, 1993, pp. 159-171.
② 皮亚杰：《儿童的语言与思维》，傅统先译，北京：文化教育出版社，1980，第11页。
③ Bennour, M. & Vonèche, J. "The historical context of Piaget's ideas." In: U. Müller, J. I. M. Carpendale, & L. Smith (Eds.), *The Cambridge companion to piaget*, Cambridge, UK: Cambridge University Press, 2009, pp. 45-63.
④ Piaget, J. "Jean Piaget." In: E. G. Boring, H. Werner, H. S. Langfeld, & R. M. Yerkes (Eds.), *A history of psychology in autobiography*, Vol. 4, 1952, 237-256.

最接近的研究。信息论、学习的随机模型和马尔克夫链的使用等均对皮亚杰在1950年代构建自己的平衡理论以及物理量守恒模型产生过影响。

（三）生物学和数学起源

生物学对皮亚杰理论的形成具有重要影响。皮亚杰是作为一名生物学家而开始其学术生涯的,并一直保持着对生物学的浓厚兴趣。他一直在探索如何架设从生物学通往认识论的桥梁。正如英海尔德(B. Inhelder,1913—1997)所说:"皮亚杰从青少年起,就一直在寻找一种能够说明生物适应和心理适应之间连续性的模式。他的这种努力可追溯到他的早期研究并且成为观察他的全部研究工作的'红线'。"[①]皮亚杰非常推崇著名的英国发育生物学家、古生物学家、遗传学家、胚胎学家和哲学家沃丁顿(C. H. Waddington,1905—1975)等人的渐成论。渐成论又称衍生论或后成论,强调胚胎发育过程中基因型与环境的相互作用。沃丁顿认为,胚胎发育从最初同一个受精卵开始,最后变成一个个形态各异、功能不一的细胞类型,一起共同组成了生物个体景观。他通过对果蝇的研究,把响应环境改变而产生的特征成为遗传决定性特征的现象,称为遗传同化(genetic assimilation)。随之,他提出了表观遗传(epigenetics)的观点:生物天性是由于适应环境而做出的基因表现变异。随着时间推移和自然选择,基因表现模式会通过遗传同化而固定下来,并传递给下一代,从而表现出代代相传的习性。皮亚杰认为,渐成论的胚胎发育理论与他的智慧及其结构的发展理论之间存在着明显的平行关系。皮亚杰一贯坚持关于生物学的机能和结构与认知的机能和结构之间具有同型关系的立场,并始终认为认知功能的发展是渐成的一个部分。他进而提出"表型复制"理论来解释认识的发生发展。再如,海克尔(E. Haeckel,1834—1919)的重演律。海克尔是达尔文进化论的捍卫者和传播者,早年在柏林、维尔茨堡和维也纳学医,曾师从著名学者缪勒(J. Müller,1801—1858),1862年起一直任教于耶拿大学。他先后出版《普通形态学》(1866)和《自然创造史》(1868)等著作向世人介绍达尔文的进化论,并以发展达尔文进化论为己任。在《人类的发生或人的进化史》(1874)一书中,海克尔明确提出"生物发生律",即重演律,主张个体发育是系统发育简短而迅速的重演。与心理学家霍尔(Stanley Hall)关注重演的内容不同,他更加强调重演的过程,即在胚胎发展中寻找进化的证据。皮亚杰受此启发,创立了智慧胚胎学来研究发展着的心智在征服现实过程中进化的机制。

皮亚杰的理论也受到数学的重要影响。布尔代数又称逻辑代数,是结合了集合运算和逻辑运算的一种代数结构,通过进行集合运算可以得到不同集合之间的交、并或补,进行逻辑运算可以对不同集合进行与、或、非。皮亚杰借用了布尔代数中的"格"

[①] 转引自高觉敷:《西方心理学的新发展》,北京:人民教育出版社,1987,第105页。

(lattice)和"群"(group)等概念来分析个体的认识发生。在其原本意义上,格是指非空有限集合都有一个上确界(并)和一个下确界(交)的偏序集合;群是指拥有满足封闭性、满足结合律、有单位元、有逆元的二元运算的代数结构。皮亚杰则在分析运算转换的结构时,认为形式运算系统由格和群构成,并提出了INRC四元转换群。他还采用符号逻辑来说明儿童逻辑的、数学的、物理的概念的起源,用符号逻辑中的运算概念作为认知结构的基本元素。数学家和物理学家庞加莱(Henri Poincaré,1854—1912)的几何以运动概念为基础,他将运动分为定位(placements)与位移(displacements)。皮亚杰运用庞加莱的位移群概念来描述客体永久性以及空间的概念。①

三、发生认识论

发生认识论是皮亚杰思想的主体和精髓。在皮亚杰看来,发生认识论"试图根据认识的历史、它的社会根源和它所依据的概念和运算的心理来源来解释认识,特别是解释科学知识"②。它有狭义和广义之分。前者是指所有以当时的知识状态为参照系,对知识的增长模式所做的发生心理学的或历史批判性的研究,而后者指的是参照系本身也被包含在了被研究的发生过程或历史过程中。也就是说,狭义的发生认识论关注的是个体认识的发生,而广义的发生认识论包括所有科学认识的发展。考虑到认识的本质及其有效性在很大程度上取决于其形成模式,而为了阐明这一模式,需要使用经过检验的历史批判分析、发生社会学分析,特别是发生心理学分析,并尽可能地使认识与形式化的要求相结合。即作为科学的发生认识论研究知识的增长,应综合采用历史批判方法和发生心理学方法。皮亚杰的发生认识论体系涵盖认识的心理发生、认识的生物发生、认识发生与科学思维以及认识发生与科学史等领域。

(一)认识的心理发生

皮亚杰发生认识论的基本假设就是,人类认识的发生和发展与儿童个体认识的发生和发展是平行的或相似的。从理论上讲,我们可以依循人类认识自然、改造自然所走过的历程去研究人类认识的发生和发展。但实际上正如皮亚杰曾经说过的那样,目前关于史前人类概念形成的资料是非常缺乏的,我们没有关于史前人类认识功能的充分

---

① Bennour, M. & Vonèche, J. "The historical context of Piaget's ideas." In: U. Müller, J. I. M. Carpendale, & L. Smith (Eds.), *The Cambridge companion to Piaget*, Cambridge, UK: Cambridge University Press, 2009, pp. 45-63.

② Piaget, J. *Genetic epistemology: A series of lectures at Columbia University*, New York, NY: Columbia University Press, 1970, p. 1.

资料。因此,皮亚杰认为,"摆在我们面前的唯一出路,是向生物学家学习,他们求教于胚胎发生学以补充其贫乏的种族发生学知识的不足,在心理学方面,这就意味着去研究每一年龄儿童心理的个体发生情况"①。这样,他独辟蹊径,从儿童心理的个体发生入手,去研究人类认识的发生和发展。

皮亚杰从许多方面揭示了人类认识和个体认识的平行或相似性。比如,他认为儿童与原始人在主客体分化上具有相似性。初生的婴儿处于一种既无主体也无客体的混沌不分状态,丝毫也不知道自己是独立存在的。早期儿童的活动没有区分出主体和客体,显示出强烈的"自我中心化"。随着年龄的增长,儿童在动作协调的基础上,逐渐学会区分主体和客体,逐渐意识到自我,并尽可能找到自我在世界中的地位。皮亚杰认为,原始人的思维发展与儿童的思维发展经历的是一个相同的过程。人为了生存而作用于自然界,但同时也为自然界的法则所制约。由于自身认识能力的局限,人类祖先最初很受这种制约的影响,认为自己是依附于大自然的。这样,人类缺乏主体意识,主客体也是不分的。随着人们实践活动的发展,人类逐渐获得和增强了主体意识,认识到认识对象的独立性,主客体也随之不断地分化。人类的实践类似于儿童的活动。

皮亚杰指出,传统的认识论只考虑高级水平的认识或认识的最后结果,对"什么是认识"等问题的分析是静态的,而近代和现代的认识论则仅仅进行认识的逻辑分析和言语分析,这些都还不够,需要用认识的心理发生的研究来加以补充完善。他根据自己对儿童心理发展的研究,提出了认识的心理发生论。

他认为,从心理发生的角度来看,认识既不来自客体,也不来自主体,而是来自客体和主体之间的相互作用。主客体之间的关系是一种双向关系:$S \rightleftharpoons O$,即在客体作用于主体的同时,主体也作用于客体。主客体的相互作用是通过动作这一中介实现的。因此也可以说,认识来源于动作。

动作是感知的源泉和思维的基础。动作的本质是主体对客体的适应。适应是通过两种形式实现的:一种是同化,就是把外界元素整合于一个机体的正在形成中或已完全形成的结构内。可以用公式表达为:$(T+I) \rightarrow AT+E$,公式中的 T 是一种结构,I 是被整合的物质或能量,A 是大于1的系数,AT 是 I 同化于 T 的结果,E 是被排除的物质或能量。另一种是顺化,即改变内部格式以适应现实。个体通过同化和顺化这两种形式来适应环境达到有机体与环境的平衡。如果有机体和环境之间失去平衡,就需要改变行为以重建平衡。这种平衡—不平衡—再平衡的过程,就是适应的过程,也就是认识发展的实质。

格式是认识结构的起点和核心。经过同化和顺化的各种动作,格式的内容越来越丰富,并不断产生新的格式,使得认识结构越来越复杂,最后达到逻辑结构。用皮亚杰的话来说,"每一个结构都是心理发生的结果,而心理发生就是从一个较初级的结构过

---

① 皮亚杰:《发生认识论原理》,王宪钿等译,北京:商务印书馆,1981,第13页。

渡到一个不那么初级的（或较复杂的）结构"①。

群、格和群集等复杂结构的形成需要运算的协调。运算具有以下特征：（1）它是内化了的动作。（2）它是可逆的，可以朝着一个方向进行，也可以相反。可逆性又可分为逆向性和互反性。（3）它是守恒的，一个运算系统的变换经常使整个体系中的某些因素保持不变。（4）它不是孤立的，能协调成为整个运算系统。

根据运算的特点，皮亚杰把儿童思维的发展划分为四个阶段②：

1. 感知运动阶段（sensorimotor stage）（0—2 岁）

这一阶段被认为是"儿童思维的萌芽"阶段。儿童仅靠感知动作的手段来适应外部环境，了解事物的最简单的关系，只有动作的能力而没有表象和运算的能力。该阶段是言语出现以前的时期。到这一阶段的后期，感觉与动作才渐渐分化，思维也开始萌芽。皮亚杰把这个阶段的发展又划分为六个亚阶段。

（1）反射练习时期（0—1 个月）：儿童出生后以先天的无条件反射，如吸吮反射和抓握反射等适应外界环境，并且通过反射练习使先天的反射结构更加巩固，如吸吮奶头的动作变得更有把握；还扩展了原先的反射，如从本能的吸吮扩展到吸吮拇指、玩具，在东西未接触到嘴时就做吸吮动作等。

（2）习惯动作时期（1—4、4.5 个月）：儿童形成了一些简单的习惯，如吸吮手指、移动头部等。这些简单的习惯并不是反射性的，而是适应性的，是儿童主动做出的。习惯的获得是通过两种感官即视和听的活动之间的联系实现的，如寻找声源，用眼睛追随运动的物体。

（3）有目的动作逐步形成时期（4.5—9 个月）：儿童在视觉与抓握动作之间形成了协调，智慧动作开始萌芽。有目的动作始于儿童开始领悟到对象与对象之间的关系，并能利用这种关系达到自己的目的。例如，这一时期的儿童可以抓住挂在铃铛上的一根线，拉动这根线使铃铛发出响声，这说明这个时期的儿童具有简单的有目的动作的能力，不过这种目的还只是初步的、笼统的。

（4）手段与目的分化与协调时期（9—11、12 个月）：这时儿童的目的与手段已经分化，智慧动作出现。此时的心理活动不再是利用单个动作去应付问题，而是通过动作的组合和协调实现预定的目的。例如，儿童拉成人的手，把手移向他自己够不着的玩具，或者要成人揭开盖着物体的布。这表明儿童在做出这些动作之前已有取得物体的意向。

（5）感知运动智慧时期（11、12 个月—1.5 岁）：儿童已不满足于把已有动作联系起来解决问题，而要积极地尝试可能的结果，去发现解决问题的新方法。例如，一个布娃娃放在毯子上，婴儿拿不到布娃娃，用手东抓西抓，偶然间拉动了毯子一角，儿童看到了

---

① 皮亚杰：《发生认识论原理》，王宪钿等译，北京：商务印书馆，1981，第 15 页。
② 郭本禹：《西方心理学史》（第 2 版），北京：人民卫生出版社，2013，第 134—140 页。

毯子运动与布娃娃之间的关系,于是拉过毯子,取得了布娃娃。这一通过尝试而发现解决问题新方法的心理活动是思维出现之前最高级的心理活动形式。

(6) 感知运动智慧的综合时期(1.5—2岁):儿童的心理活动开始摆脱感知运动的模式而向着表象智慧模式迈进。此时的显著特征是儿童的心理活动对具体的事物和具体的动作的依赖逐渐减少,而对表象的利用逐渐增加,他无须通过实际的尝试,而只要利用关于事物的表象就可建立解决问题的新格式。这标志着感知运动阶段的结束和新阶段的开始。

2. 前运算阶段(preoperational stage)(2—7岁)

这一阶段被认为是"表象或形象思维"阶段。在感知运动发展的基础上,儿童的各种感知运动格式开始内化为象征性或表象性格式。随着语言的出现和发展,儿童开始用语言和表象来描述外部世界和不在眼前的事物。但在这一时期,儿童的语词或其他符号还不能代表抽象的概念,思维仍受具体直觉表象的束缚,难以从知觉中解放出来。皮亚杰将前运算阶段分为两个亚阶段。

(1) 前概念或象征思维阶段(2—4岁):儿童开始运用象征符号进行思维,如儿童在游戏中用小棒当"枪"、用纸片当"菜"。此时儿童虽然也使用语词,但语词只是语言符号附加上一些形象而已。这种"概念"是具体的、动作的,而不是抽象的、格式的。因此,儿童既不能认识同一类客体中的不同个体,也不能认识不同个体变化中的同一性。例如,儿童看到别人有一顶与他同样的帽子,他会认为"这帽子是我的"。

(2) 直觉思维阶段(4—7岁):这是从前概念思维向运算思维的过渡阶段,儿童思维的主要特征是思维直接受知觉到的事物的显著特征所左右。此时儿童的思维判断仍主要基于直觉活动,还不能认识事物本身。不过,此时儿童的思维已开始从单维集中(如只关注杯子的高度或宽度)向两维集中(如同时考虑杯子的高度和宽度)过渡,这意味着运算思维就要到来。

在前运算阶段,儿童的思维具有以下主要特点:①具体形象性。儿童凭借表象来进行思维,他们依靠这种思维可以进行各种象征性活动或游戏(如用小石头做假吃的游戏)、延缓性模仿(模仿自己想起来的过去的事情)以及绘画活动等。②不可逆性(irreversibility)。可逆性意指思维反向进行的过程。前运算阶段的儿童不能这样思维。例如,问一名4岁儿童:"你有兄弟吗?"他回答:"有。""兄弟叫什么名字?"他回答:"吉姆。"但反过来问:"吉姆有兄弟吗?"他回答:"没有。"由于缺乏可逆性,这阶段的儿童还不能形成"守恒"的概念。③刻板性。当注意力集中在问题的某一方面时,就不能同时把注意力转移到另一方面,如儿童只能辨别自己的左右,而不能同时正确地辨别对面人的左右。④自我中心化(egocentric)。进入前运算阶段后,儿童能区别自己和其他物体,但此时儿童还无法从他人的角度考虑问题。他只能以自我为中心,从自己的角度观察和描述事物。例如,在"三山实验"中,皮亚杰请儿童坐在一座山的模型的一边,将玩具娃娃置于另一边,要儿童描述玩具娃娃看到的景色,结果儿童的描述和自己看到的相同。

3. 具体运算阶段(concrete operational stage)(7—12 岁)

这一阶段被认为是"初步的逻辑思维"阶段。儿童的心理活动具有守恒性和可逆性,掌握了群集运算、空间关系、分类和排序等逻辑运算能力。但是,该时期的儿童还离不开具体事物或形象的帮助,只能把逻辑运算应用于具体的或观察所及的事物,而不能把逻辑运算扩展到抽象概念之中。具体运算阶段儿童的心理活动有两个主要特点。

(1) 守恒性(conservation):所谓守恒就是指内化的、可逆的动作。皮亚杰认为,在前运算阶段的思维是以知觉或表象为中心,而在运算阶段的思维则以恒等性或可逆性(reversibility)(逆向或互反)为基础。守恒性是通过两种可逆性来实现,即逆向可逆性和互反可逆性来实现,例如$+A$ 是 $-A$ 的逆向,$B>A$ 是 $A>B$ 的互反。只有儿童的动作,既是内化的又是可逆的,才算是达到了守恒。换句话说,就是在头脑中,从一个概念的各种具体变化中抓住实质的或本质的东西,才算是达到了守恒。儿童 6—7 岁时获得物体守恒、长度守恒、数量守恒、连续量守恒的概念;7—8 岁时获得面积守恒的概念;9—12 岁时获得重量守恒的概念;11—12 岁时获得体积守恒的概念。当儿童在获得守恒概念时,也获得了可逆性的概念,于是动作上升为运算,儿童的思维深化了。

(2) 群集运算:对感知运动阶段和前运算阶段的心理发展,皮亚杰是以自我调节来加以说明的,而对具体运算阶段则以群加以说明。他认为,具体运算阶段儿童达到的可逆性和整体结构的协调依赖于群集的变化。这时的群集运算有五个特点:①组合性。在一个群集结构中,其两个元素或子类可以组合起来,产生同一结构中的新元素或新类。如,$A+A'=B$。②逆向性,是指相结合的两个类或两种关系可以被分开。如,如果$A+A'=B$,那么 $B-A'=A$。③结合性,是指运算可以自由绕道迂回,通过不同的方式和途径获得相同的结果或达到相同的目标。如,$(A+A')+B=A+(A'+B)$。④同一性,指的是能回到原出发点并发现原出发点不变,一个运算与其相反的运算相结合就抵消了。如,$+A-A=0$。⑤冗余性,是指同一的运算乃不加任何东西于自身。如,$A+A=A$。

皮亚杰认为,具体运算阶段的儿童通过群集运算,出现了分类、序列、关系、传递、数量、空间、时间和速度等一系列的逻辑概念。例如,对于传递的逻辑概念,儿童能做出如下的演绎:已知 $A=B,B=C$,就能推演出 $A=C$;已知 $A>B,B>C$,就能推演出 $A>C$。

4. 形式运算阶段(formal operational stage)(12—15 岁)

这一阶段被认为是"抽象逻辑思维"阶段。这时儿童根据假设对各种命题进行逻辑推理的能力在不断发展。儿童的具体运算思维经过不断地同化、顺化、平衡,就在原有具体运算结构的基础上逐步出现新的运算结构,开始接近成人的思维水平,达到成熟的形式运算思维。所谓形式运算思维,就是可以在头脑里把形式和内容分开,使思维从具体内容中解放出来,而表现出能进行抽象的形式思维。也就是说,可以离开具体事物,使思维超出感知的具体事物或事物的具体内容,朝着非直接感知的或未来事物的方向发展,根据假设来进行逻辑推理。例如,皮亚杰曾做过这样一项实验。给儿童 4 个贴有

1,2,3,4 纸条的烧瓶,分别装有 4 种不同的无色无味的透明液体;再给儿童一个装有另一种无色无味液体的小瓶子,贴上纸条 g。儿童的任务是混合这些液体,使之变为黄色。该问题的正确搭配应是第 1、3 和 g 瓶中的液体混合。实验之初,主试先进行示范:取两只玻璃杯,一杯装有事先备好的 1+3 的混合液,另一杯装有瓶 2 中的液体,然后将 g 瓶中液体分别滴入两只玻璃杯中,让儿童注意这两只杯子中的不同变化。接着,要求儿童运用液体 1,2,3,4 和 g,在试管中配制出黄色液体。结果表明,具体运算阶段的儿童仅仅将液体 g 分别倒入 1,2,3,4 号液体中,没有出现黄色后就再也没有办法了。而形式运算阶段的儿童在发现两种液体组合难以奏效后,会有理性和有计划地再做进一步的探究,常常先混合 1+2+g,再进行 1+3+g,1+4+g,2+3+g 等等,直至所有的可能组合全部完成。他们会运用各种各样可能的方法,严密地进行液体搭配实验。这是科学实验的思考方式。这个研究还发现,在儿童解决问题的过程中,形式运算阶段的儿童常常伴有诸如"如果/那么"之类的命题陈述,说明儿童在思维活动中,能够借助于假设-演绎的逻辑推理模式。

形式运算阶段儿童思维结构出现了新的变化,产生了组合运算结构和四元转换群结构。以后这两种结构又被整合为一个"结构整体",这是儿童思维发展的最高形式。随着生活实践的深入,思维还将进一步发展。

(二)认识的生物发生

皮亚杰认为,如果是在发生学的水平上而不是超验地解释认识的发生发展,"认识论问题都必须从生物学方面来加以考虑。从发生认识论的观点看来这是很重要的,因为心理发生只有在它的机体根源被揭露以后才能为人所理解"[1]。在批判了拉马克主义和天赋论等观点后,皮亚杰提出,如果要说明认知结构的生物根源,就必须不能只谈环境对认知结构的作用,也不能认为认知结构是先天预成的,而应强调趋于平衡的内在倾向的自我调节的作用。

为了说明认识的生物进化机制,皮亚杰提出了表型复制理论。在生物学上,基因型(genotype)指个体的遗传物质或基因结构,表型(phenotype)指个体的可观察的外显特征。所谓表型复制(phenocopy),是指初始表现型被表现同样明确特征的最后基因型所取代或置换。[2] 皮亚杰研究了两类表型复制的生物物种。一个是椎实螺。它在静水中身形会拉长,在激流中则会缩短。将沼泽地静水中长大的椎实螺放入时常有激流的湖泊中,受到冲击的椎实螺会将身体紧贴岩石。因此,随着身体的长大,螺壳的开口程度也随之增大,这会拉紧连在螺旋壳上的肌肉,导致它的身形比原来要短。如果把它们放

---

[1] 皮亚杰:《发生认识论原理》,王宪钿等译,北京:商务印书馆,1981,第 58 页。
[2] 左任侠、李其维:《皮亚杰发生认识论文选》,上海:华东师范大学出版社,1991,第 158 页。

入水缸里生长,它们的后代与在沼泽地中一样,身形拉长。这里,椎实螺在湖泊中的形状可能只是表现型。但是在湖泊的激流中生长的椎实螺,它们的身形就固定不变。即使把它们放入水缸里养殖,它们仍保持收缩的身形。另一例是景天。把一株普通的景天放在海拔1900—2000米的环境下生长,其身形会非常矮小;当把它移植到平原地区,它又恢复到正常的高度。但是,长期生长在高海拔地区的景天的矮小变形会定型。当被移植到平原时,它们仍保持着在高原地区的形状。

通过上述研究,皮亚杰认为表型是遗传和环境的相互作用,其本质在于强调机体内部的调节,这些调节本身又因通过与环境的相互作用而得到修正。人类的认识也同样如此,并且内部的自我调节在相互作用中发挥主要影响。他把生物学上的表型复制理论运用于认识发展,把内因(生物体)与环境的相互作用,来类比主客体之间的相互作用。相应于生物学上的外源性变异(表型变异)和内源性变异(基因型变异),认识也可分为两种:从经验中得到的外源性认识和从主体动作的内部必然协调中导出的内源性认识。内源性认识标志着认知发展的层次。皮亚杰认为,所谓认知结构的发展,就是内源性重构取代了外源性知识。换言之,认识的发展是因为产生了"基因型的变化",即内源性重构的结果。这也就是认识的表型复制过程。生物的表型复制和认识的表型复制最重要的相似性在于它们都具有自我调节的特征。

(三)认识发生与科学思维

根据其广义含义,发生认识论具有跨学科特点。在《发生认识论导论》这部经典理论的代表作中,皮亚杰阐明了发生认识论的核心观点和理论框架,尤其是详细剖析了多个学科的科学认识的发生。该书共有两个版本:1950年的三卷本和1973—1974年的两卷本。两个版本均包括"数学思维"和"物理学思维"两卷,且前后几乎没有变化。由于在出版的《生物学与知识》和"社会科学的主要趋势"系列报告等著述中,皮亚杰对生物学思维和人文科学等进行了重新阐释,因此1973—1974年的再版中删除了原来的第三卷"生物学、心理学和社会学思维"。

在"数学思维"部分,皮亚杰提出,数字的"心理经验"论和"内在经验"论均不能揭示其认识发生机制。他基于反省抽象,将重点放在动作与运算的关系上。在皮亚杰看来,无论是简单的数字还是更为一般化的负数、复数和超限数,均不是从客体提炼而来,而是取决于主体作用于客体的动作的协调。建构逻辑与数的相继结构既取决于对动作的抽象化,也取决于与集中、分类等动作有关的抽象元素的组合更为灵活,以及可逆运算的概括化。空间运算在生成上与完成上和逻辑-算术运算同构。心理意义上的空间开始既是物理的也是数学的,也就是说同时隶属于主体与客体,即直觉将主体与客体混淆成一个未分化的整体。但随着空间概念的发展,空间运算(即普遍上的、形式化的客体组合运算)与经验空间(即物理客体空间)二者之间逐步分离。根据发生认识论,数学存在的本质问题只有根据其发展及其与生物学的或者物理学的思维的发展作比较时才能被解决。数学存在先于由主体对客体进行的动作的协调,而动作的协调格式足以生成逻辑和数学的运算。逻辑-数学运算和真实的变化之间具有一致性,而这种一致性以主体本身的心理-生物结构作为中介。

对于物理学思维,皮亚杰认为,它主要是一种与现实相联系的思维,介于数学思维与生物学思维之间。一方面,客体融入主体运算;另一方面,运算服从于越来越深入的改变以便能够不断地重新适应变化着的客体。他集中考察了五个问题:(1)运动学和力学的概念。通过对时间、速度和力等概念发生过程的分析,皮亚杰得出三点主要结论:①认识发生与运动学及力学观念的发展史趋于一致。②逻辑-数学知识和物理知识最初是不可区分的,但随着不断的内化和外化,二者的分歧越来越大,且能彼此相容。③主体和客体之间的关系表现为三种不同的形式:第一个阶段是具有现象论特征的外部资料和具有自我中心特征的主体观念之间的不可区分;第二个阶段是推理和经验的平行;第三个阶段是经验超越了时空观察的范畴,推理脱离了直觉。(2)守恒与原子论。皮亚杰认为,作为物质守恒的第一种形式的客体恒常性是动作整体协调的结果。他呈现了各种形式的守恒,从动作和运算角度分析了重量和体积守恒出现较晚的原因,并揭示了儿童原子论的形成与守恒之间的关系。在皮亚杰看来,守恒概念的形成过程与人类思维发展过程中守恒基本观念的诞生过程是一致的。(3)偶然性、不可逆性和归纳性。作为对不可逆性的逐渐理解,偶然性与可逆的有序运算密切相关。物理学的不可逆事实可归结为混合现象,但混合本身只能通过可逆运算才能被理解。渐进的混合意味着非附加的组合,这种组合不能完全实现所有的可能组合。存在两种不同的归纳:作为演绎准备的归纳和作为部分补充的归纳。归纳可被看作关系的建构,但是不完善的、非封闭的,其中加入了偶然性。可逆性包括逻辑上的可逆性和心理上的可逆性,前者由颠倒任何运算和运算间的任何组合的可能性构成,而后者由在两个方向上进行同一思维轨迹的可能性构成。这两种可逆性总是相关的。热力学第一定律和第二定律在不同程度上都既是理性的又是经验的,前者表明所有守恒的运算,后者表明混合相对可能的运算,即揭示出物理顺序的运算构成的极限问题。力学现象是绝对决定论和因果可逆性的模范,是至少与客体性质相同的主体活动的产物。相反,统计学决定论通过建立在整体基础上的组合运算体系替代完美运算构成。概率的真正意义是标记主体的活动界限,这种活动是由可逆性构成决定的。(4)微观物理学的认识论启迪。实验方法与观念或思维结构的相互关联构成了微观物理学认识的新的基本事实。在微观物理学领域内,观察到的变化是由主体实验中度量的性质所牵动的,因此主体也不能从外部进行研究,必须通过连贯的数学运算重新建构度量体系。由此,可知的现实是由一个不可分割的关系复合体构成的:一个是客体,另一个是主体的操作干预,而主体的动作受到客体性质的限制。正是通过主体和客体的一种功能合并,可以获得整体认知。但是,主体的不同化可能是不可同化,回答认识所提出的最终问题需要从这个问题中而不是从可同化的现实获知。(5)物理现实性和因果性。通过对个体发展和科学发展过程中的因果性,以及孔德、迪昂、庞加莱和弗兰克等人的因果性和认识论思想的探讨,皮亚杰发现物理科学所假设的现实具有种种细微差别,而这些差别对应着一种真正的实在论或一种反映出数学所特有的内在客观性上的理想主义。物理思维力图将应验同化到主体的运算,但是与现实的专门动作相对的对现实的认识,从来没有完全被还原为动作的概括性协调。

  1950年版的《发生认识论导论》第三卷包括三部分:(1)生物学。皮亚杰首先探究了动植物学分类、类和关系"群集"以及种类的概念,从整体结构和"群集"的角度对比较解剖学中的逻辑运算进行了考察,论述了生物统计学的意义,剖析了生物学知识的生理学和胚胎学解释,并对物理学思维和生物学思维进行比较。进而他解读了适应的物种不变论、生物预成论、先验认识论、"突现"论、拉马克主义、经验主义认识论、突变论、实用主义约定论以及互动认识论,指出胚胎发育法则和个体智慧发展之间具有极高的相似性,生命和智慧的这种连续性赋予了生物学在科学中的真正地位。(2)心理学、社会学和逻辑学。皮亚杰认为,各种形式的心理学解释具有明确的认识论特点。当代心理学在两种极端的解释类型之间摇摆:基于生理学的和基于逻辑的。他厘清了社会学与生物学、社会学与心理学之间的关系,阐释了社会整体概念的多重含义,分析了社会学解释的三个维度:历时性和共时性、节律和调节以及群、实际解释和形式化重建,并研究了社会中心思维形式的社会学解释(从一般的意识形态到形而上学)和集体思维的运算形式的社会学解释(从技术到科学和逻辑)。(3)结论。皮亚杰总结指出,科学知识是一个循环过程:数学和逻辑更多地取决于主体的活动,所有的物理学解释都必须承认客体的存在,而生物学比物理学更加注重客观现实,实验心理学和社会学又丰富了生物学。科学思维涉及两个方面:一是客体的认识,即对外部现实的认识通过同化为主体的方法而构成数学和物理;二是主体的知识,即关于精神的生命组织的认识通过由主体到客体的反向还原,通过生物学的物理化学方法和心理学的有机方法得以实现。心理学本身处在这两种倾向之间:由生物学方向从主体到客体的还原,由数学和物理学概念运算的解释从客体到主体的还原。在所有认识的级别上,客体只有通过主体才能被了解,而主体只有通过客体才能了解自己。在逻辑学和数学领域,主体的运算活动似乎完全独立于客体的任何实验性因素。物理学知识体现了主体和客体之间的相互依赖性。生物学知识包含主体和客体之间的第三类关系:一方面,如果主体的活动降至最小,它仍然是真实客观的;另一方面,生命的有机体在其最广泛的意义上是心理和主体活动的来源。心理学和社会学领域的主体与客体之间的关系更加复杂:发生过程既是建构性的,也是反思性的,还可能会无限期地持续下去。因此,知识的发展意味着向更稳定和更具流动性的平衡迈进。这个科学循环体系可简约为:从物理学到数学的还原、从生物学到物理学的还原、从生物学到心理学的还原、从数学到心理-社会学的还原。总之,科学思维呈现出唯物主义和唯心主义两个方向。发生认识论是一个开放的学说体系,随知识的增加而日益丰富。

（四）认识发生与科学史

皮亚杰在构建了发生认识论的理论大厦后，并未停止探究的脚步，不断对其理论进行深入综合。特别是在学术生涯的晚期，他开始思考心理发生与科学史之间的关系，主张某些学科的个体心理发生是人类科学发展史的重演。上述观点集中体现在皮亚杰与杰出的物理学家罗兰多·加西亚合著的《心理发生和科学史》一书中。他们旨在通过对科学史发展的分析，来证明儿童的数学、物理的个体心理发生和自古希腊以来到现代西方数学、物理科学发展史之间，存在着一种平行关系。也就是说，科学概念体系从一个历史时期到下一个历史时期转变的机制，是否类似于一个发生阶段到下一个发生阶段转变的机制。

皮亚杰和加西亚首先分析了从古希腊时期到17世纪的力学的发展及其与心理发生的关系。他们发现存在三个特殊的"转变"：从假必然性和假不可能性到逻辑和因果必然性的转变，从属性到关系的过渡，以及从一种根据最后原因和共同原因的"物理解释"到一种动力学概念的转变。从亚里士多德到牛顿之间的物理学发展可以划分为四个主要时期：(1)最初时期，以亚里士多德的两种推动者理论为特征；(2)第二时期，主张运动的唯一原因是一种整体的动力；(3)第三时期，动量或"冲力"是由力产生的，并产生了运动；(4)最后一个时期，动量是由力引起的运动的结果，并迟早表现为加速度。这四个时期与四个心理发生阶段之间能够建立一种非常一致的对应。

几何学的发展史可以划分为三个阶段：(1)从古希腊到18世纪的几何学；(2)彭赛列(Jean-Victor Poncelet,1788—1867)和夏斯莱(M. Chasles,1793—1880)的射影几何学；(3)由克莱因(C. F. Klein,1849—1925)引入的几何学整体概念。笛卡尔和费马(Pierre de Fermat,1601—1655)的描述几何学，以及微积分提供了确保从阶段(1)到阶段(2)转变的工具，而群理论则提供了确保从阶段(2)到阶段(3)转变的工具。从拓扑学的直觉通过射影概念的形成到抽象的参照系的建立，几何学知识的关注点依次为图形内关系、图形间关系和图形外关系，这与儿童的空间和几何概念的心理发生极为类似：从外源，到外-内源，再到内源，即最终外源知识被内源重建所替代。

同样，代数学历史发展的运算内、运算间、运算外三阶段，与动作的"内"（前运算）、"间"（具体运算）、"外"（形式运算）三阶段，以及序列和分类的"内""间""外"三阶段都是对应的。他进一步提出，"内"(Ia)、"间"(Ir)、"外"(T)三阶段是辩证的连续。

牛顿以来力学的发展大体上经历了"事实内""事实间"和"事实外"三个阶段。在物理知识的心理发生过程中，同一个概念有时可能对应于一个可观察事实，有时可能对应于在主体看来不可能证实的一种推理的协调。由此，当知识的一个部分形成时，会出现基于实验事实的经验抽象和基于"推断出的"事实的反省抽象之间的交替。同一种普遍的关系可以有独立的但不能直接相互还原的应用领域或子领域。抽象导致概括，二者以建构、补充和归纳的形式出现在物理知识中，并通常伴随着对扩展的守恒定律中的变量的重新解释。

皮亚杰和加西亚总结认为，认识的发生是一种伴随着间断和飞跃、不平衡和再平衡的变化，人们能在科学史和心理发生中发现相似的知识获得模式。知识获得一般源于客体或事件在主体的以前格式或结构中的同化，而同化产生的认识工具是抽象和概括。不同的抽象产生不同的概括。经验抽象会导致外延的概括，即从"一些"到"全部"的转变，或从特殊规律到普遍规律的转变，不需要进行知识的重新组织。反省抽象能产生互补概括，甚至建构概括，在此过程中特殊规律得以获得新意义。知识获得工具的使用会引发"原因"研究、整合与分化的动态平衡、从以前的阶段转变到后面的阶段等一系列过程。心理发生和科学史共同具有的这些过程的整合机制主要有二：一是从"内"阶段到"间"阶段再到"外"阶段的转变（辩证三阶段 IaIrT）。"内"阶段使人们发现客体或事件中的所有属性，只需要局部的和特殊的解释。需确定的"原因"只能处于客体间的关系之中，也就是说，这些原因应该处于"间"阶段的"转换"之中。一旦发现这些转换，就需要在它们之间建立联系，因而导致具有"外"阶段特征的"结构"的建构。二是平衡化的一般机制。如果"内"阶段和"间"阶段能达到某种平衡，那么它们同时也是不平衡的起源。更完整的动态平衡形式只有通过稳定的结构才能实现，这还取决于转换之间的连接和与外部的交流，并表现出认知超越的基本特点，即一个有限的结构整合入一个更大的结构中。

四、发生认识论与跨学科视野

皮亚杰的学术视野广阔，在致力于发生认识论研究的同时，对社会学、学科发展趋势和人文科学发展等问题进行深刻思考，并提出了许多创新性观点。

皮亚杰的社会学思想集中体现在《社会学研究》一书中。该书是皮亚杰关于社会学研究的论文集，包括发表于 1928—1960 年的 9 篇代表性论文。其法文版出版于 1977 年，后由皮亚杰研究专家、英国兰卡斯特大学教授史密斯（Leslie Smith）主持翻译为英文版（1995 年）。《社会学研究》探讨的核心问题是人脑以何种方式获得真理。从内容上看，第一章"社会学解释"实为 1950 年版《发生认识论导论》第三卷中的社会学解释的相关内容。第二章到第八章分别为"论静态（共时）社会学中的质性价值理论""逻辑运算和社会生活""道德与法律的关系""发生逻辑与社会学""历史中的个性——个体与理性教育""儿童对祖国及外国关系观念的发展""自我中心思维与社会中心思维""儿童社会心理学的问题"。总体看来，有六个主题贯穿全书：(1)作为分析单位的动作；(2)匹配问题；(3)智慧自主；(4)普遍知识的发展水平；(5)交换模型；(6)规范性干预。学界对皮亚杰的社会学思想有着诸多激烈批评：无视知识的社会基础，只坚信物质世界上存在孤独的知者；所论及的社会经验缺乏实证验证；皮亚杰无法解释构成认识概念的某些元素的社会属性；维果茨基等人的理论可以替代皮亚杰的方案。① 但是，无论如何，人们要清楚：皮亚杰明确认为社会心理经验是智慧发展的必要条件，只是他把研究的焦点放在社会心理经验是如何被个体成功理解的。

皮亚杰基于科学发展历史和当前研究现状纵观学科发展趋势，撰写了《心理学研究的主要趋势》和《跨学科研究的主要趋势》，被收入联合国教科文组织编写的"社会科学的主要趋势"系列。在《心理学研究的主要趋势》一书中，皮亚杰以其广博的科学视野、精深的专业研究和敏锐的洞察力，以人类心理与生物和社会的关系、心理发展的静态性与建构性为主线，先对心理学独立于哲学的原因进行剖析，并简要回顾早期的经验主义研究，继而着重论述了心理学研究中的多个趋势：机体论、物理趋势、心理社会趋势、精神分析、记忆研究、心理发生结构主义和抽象模型。随后，他对心理学与逻辑学、数学和物理学等学科的关系进行了考察，认为心理学和精确科学（逻辑学和数学）、自然科学（物理学）的每一关系都具有认识论性质，而心理学和生物学、社会学以及其他人文科学之间存在互动交流。最后，皮亚杰分析了基础研究与应用心理学的关系，指出应用心理学不是作为一门独立学科出现的，而是作为心理学的分支。在心理学应用的具体领域上，差异心理学是心理学在教育领域的应用，但更应强调使教学方法适应思维发展规律；精神病学和心理治疗实践愈来愈需要心理学；职业指导和人因工程学体现了心理学在组织管理中的应用。《跨学科研究的主要趋势》则由自然科学的跨学科研究谈及人文科学、人文科学与生物学之间的跨学科研究，进而基于产生、调节和交换三个原则，以及结构、功能和意义三个基本概念，对人文科学的规则、价值和意义三个领域及其历时性和共时性问题进行了深入剖析。皮亚杰最后总结指出，人文科学的跨学科合作在认识论上是可行的，并且可以通过融合来重塑或重组知识领域。

皮亚杰还专门论述了人文科学的共同机制问题。在他看来，社会科学与人文科学领域内的跨学科研究与自然科学领域内相似的研究相比要逊色很多，这其中既有人文科学本身的缘由，也与当前学科的过度细化与割裂有关。每一人文科学均存在历时转变、共时平衡和交换等问题。当前面临着三大主要概念类型：组织的结构或者形式；功能，亦即质性的或者是能量的道德观念的源头；以及意义。它们要么是历时的问题，亦即进化或者构建的问题；要么是共时的问题，亦即平衡和规则问题；或者与自然进行交换的问题。

---

① L. Smith. Introduction to Piaget's *Sociological studies*，In：J. Piaget，*Social studies*，Hove & New York：Routledge，1995，pp. 1-22.

五、结　　语

皮亚杰是心理学界大师级的巨匠，其发生认识论研究对心理学、哲学和教育等诸多领域产生了重大影响。(1)对西方心理学的影响。①促进了儿童心理学的研究。皮亚杰既促进了儿童思维发展的研究，也促进了儿童品德发展的研究。②影响了认知心理学的发展。皮亚杰创立的发生认识论属于广义的认知心理学。它通过对儿童科学概念及心理运算起源的实验分析，探索了智慧形成和认知机制的发生发展规律。这些都对认知心理学的产生和发展产生了重要影响。③影响了学习心理学的发展。传统学习理论把人类的学习等同于动物的学习，忽视人类学习的社会性与主动性。皮亚杰反对这种观点，强调内因与外因的相互作用。这超越了传统的学习理论，对学习心理学的发展产生了重要影响。④开拓了新的心理学学科。皮亚杰创造性地使心理学、逻辑学和语言学相结合，构造关于儿童实际思维的运算逻辑，揭示语言发展与思维发展的关系，开拓了思维心理学、发展心理语言学和心理逻辑学研究的新领域。⑤影响了其他心理学领域的发展。例如，工业心理学家梅奥(E. Mayo)在了解了皮亚杰研究儿童的方法后，将这一方法运用于霍桑效应的研究之中，取得了突破性进展。(2)对哲学的影响。皮亚杰的理论促进了当代认识论向辩证思维的复归。主体与客体的关系问题是皮亚杰发生认识论的出发点和中心问题。皮亚杰总结了经验论和唯理论的争论，不仅为主客体统一的思想提供了大量的心理学依据，而且为主客体相互作用的机制提出了完整的、系统的观点，从而促进了当代认识论向辩证思维的复归。皮亚杰以发生认识论分析了数学、物理学、生物学和心理学等学科的认识论问题，对哲学认识论产生了广泛影响。(3)对现代教育的影响。皮亚杰在《教育科学与儿童心理学》和《理解即发明：教育的未来》等著作中，提出关于加强幼儿教育和早期培养、调动学生学习主动性、开发学生智力的深刻见解。他的认知发展阶段论和相互作用的学习理论等观点对现代教育产生了重要影响。①

爱因斯坦曾称皮亚杰为"天才"②！甚至，我们可以将爱因斯坦说过的"如果欧几里得未能激发你少年时代的科学热情，那你肯定不是天才科学家"，直接修改为"如果皮亚杰未能激发你少年时代的青春热情，那你肯定不是天才心理学家！"1999 年，美国《时代》杂志评选出"时代 100 人：本世纪最重要的人物"，皮亚杰入选其中的 20 位"伟大的科学家与思想家"之一(同时入选的另一位心理学家是弗洛伊德)。③ 2002 年，国际著

---

① 郭本禹：《西方心理学史》(第 2 版)，北京：人民卫生出版社，2013，第 145 页。
② Bennour, M. & Vonèche, J. "The historical context of Piaget's ideas." In: U. Müller, J. I. M. Carpendale, & L. Smith (Eds.), *The Cambridge companion to Piaget*, Cambridge, UK: Cambridge University Press, 2009, pp. 45-63.
③ Papert, S. "Kid's stuff." *Time*, 1999, 153(12).

名心理学期刊《普通心理学评论》(Review of General Psychology)对20世纪的著名心理学家进行排名,皮亚杰位居第2位。①

自20世纪50年代起至今,对皮亚杰理论的怀疑、挑战和责难从未间断,"新皮亚杰学派""后皮亚杰学派"和"反皮亚杰主义"相继出现,实证错误论、描述论乃至过时论不绝于耳。有研究者总结出对皮亚杰理论的十大批判:低估了儿童的能力、建立的年龄常模并未得到数据的证实、否定式地描述发展、属于极端的能力理论、忽视社会因素在发展中的作用、所预测的发展同步性并未得到数据的证实、只是描述而未做解释、因其通过语言来评估思维而成为悖论、忽视青少年时期以后的成年认知发展以及借助于不恰当的逻辑模型。②

应该承认,上述质疑的确有皮亚杰自身的原因。比如,他无法准确、简洁地表达其发现,其写作风格备受抱怨。他撰写了大量论著,而且在其六十余年的学术生涯中很多核心的理论假设发生了改变,难免在理论和研究的表述以及他人的解读上存在矛盾之处。

当然,有些批判可能是片面的。究其缘由,有的是误解,有的是断章取义,有的是忽视了皮亚杰理论的各种修正,尤其是1970年之后所做的修正。但更为重要的原因有二:一是皮亚杰的主要目标是研究个体认识发生发展的过程和必然性知识的建构。这迥异于许多发展心理学家认为的研究目标:应该研究特定年龄的儿童、青少年和成人的发展特点。二是皮亚杰所采用的研究方法是非实验性的、非统计分析的,是辩证的、建构主义的与发展性的方法。该方法与当前的主流心理学研究是相悖的。

但是,无论如何,如果我们想要探究心理学或智慧的奥秘,那么"去读皮亚杰吧。记住,他经常含糊不清且时有错误,对心理结构和过程的复杂性的那些依然朦胧的方面,他似乎有所觉察。然而,是的,去读皮亚杰吧"③。

郭本禹　王云强
2020年9月18日于南京师范大学

---

① Haggbloom, S. J., Warnick, R., & Warnick, J. E., et al. "The 100 most eminent psychologists of the 20th century." *Review of general psychology*, 2002, 6(2), 139-152.

② Lourenco, O. & Machado, A. "In defense of Piaget's theory: A reply to 10 common criticisms." *Psychological review*, 103(1), 1996, 143-158.

③ 玛格丽特·A.博登:《皮亚杰》,谢小庆、王丽译,北京:法律出版社,1992,第145页。

皮亚杰自传

〔瑞士〕让·皮亚杰 著
王 蕾 译
郭本禹 审校

皮亚杰自传

英文版　Jean Piaget: Autobiography, edited by E. G. Boring, H. S. Langfeld, H. Werner & R. M. Yerkes, *A History of Psychology in Autobiography*, Worcester, Vol. 4, MA: Clark University Press, 1952, pp. 237-256.

作　者　Jean Piaget

王　蕾　译自英文
郭本禹　审校

内容提要

该文是皮亚杰应约发表在美国心理学家波林(E. G. Boring)等主编的《自传体心理学史》第四卷里的自传。在已经发表的前四卷自传中，皮亚杰是最年轻的心理学家，足以可见皮亚杰的国际心理学学术影响。皮亚杰把自己50余年的人生历程划分为7个阶段：(1) 1896—1914年，幼时起对软体动物具有浓厚兴趣，并且在萨巴捷和教父的影响下逐渐对哲学和认识问题产生好奇；(2) 1914—1918年，阅读大量的哲学和心理学著作，尝试对动作与逻辑的关系进行理论思考，并获得博士学位；(3) 1918—1921年，先在苏黎世大学，后主要在巴黎大学研修心理学，开启了心理学实验研究之路，结识了克拉帕雷德；(4) 1921—1925年，任职于日内瓦大学卢梭学院，专注于因果推理理解与逻辑运算的初步研究；(5) 1925—1929年，担任纳沙泰尔大学的教职，开展许多关于智慧行为的发生、守恒和因果概念等研究；(6) 1929—1939年，回归日内瓦大学并担任卢梭学院院长，讲授科学思想史课程，系统进行儿童的数概念和物理量概念等儿童心理学研究，发现了运算的整体性结构；(7) 1939—1950年，陆续担任日内瓦大学社会学教授和实验室主任等多项事务，对儿童的知觉以及时间、运动和速度概念等进行了系列研究，并着手撰写关于发生认识论和逻辑论的著作。

郭本禹

皮亚杰自传

一篇自传,只有当它能有助于解释作者的工作时,才有科学的趣味。为了达到这个目标,我把我的自传基本限定在科学方面。

很多人认为,自传这样一种回顾性的解释,没有什么客观价值,它比自省报告更有偏私的嫌疑,我最初同意这种观点。但是,当我重新阅读那些可追溯至青少年时期的旧文时,两个明显矛盾的事实让我震惊。这两个事实可为我的自传提供一些客观性方面的保证。第一个事实是,我已经完全忘记这些相当原始、幼稚的作品内容;第二个事实是,尽管它们不成熟,但它们以一种惊人的方式,预示了我以后30余年努力的方向。

因此,柏格森(Bergson)的话可能有些道理:哲学思想通常由个人想法主导,个体努力在生活中以各种方式表达他的个人想法,却从未完全成功。即使这篇自传没有清楚地告诉读者我的个人想法是什么,但它至少可以帮助我自己更好地理解它。

1896—1914年

1896年8月9日,我出生在瑞士的纳沙泰尔。我父亲主要从事中世纪文学方面的写作,有时也写纳沙泰尔史。他是一位勤勉的人,有批判性思维,不喜欢急匆匆地总结或概括,当他发现扭曲历史事实来迎合可敬的传统时,他不怕开战。父亲教我很多,包括即使在小的事情上系统工作的价值观。我母亲聪颖能干、精力过人,她是一个心地善良的人。然而,她的性格却有些神经质,这给我们的家庭生活带来一些麻烦。这使我很早就不玩儿童的游戏,开始从事"严肃"的工作。显然,我这样做,一方面是在模仿我的父亲,另一方面是想躲在一个私人的、非虚构的独立空间。实际上,我讨厌任何背离现实的行径,这可能与我母亲糟糕的精神健康状况有关。由于我母亲糟糕的精神状况,在心理学研究之初,我对精神分析和病理心理学问题非常感兴趣。虽然这种兴趣帮我获得独立,拓宽我的文化视野,但我从没想在这个方向深入研究下去。与研究无意识相比,我更喜欢研究常态和智慧的运行方式。

从7至10岁,我开始对力学、鸟类、二级和三级地层化石和海洋贝壳感兴趣。由于我不能用墨水书写,因此我(用铅笔)写了一本小册子,与世界分享一个伟大发现:"自动蒸汽"——由蒸汽引擎提供动力的汽车。但是,我很快就忘了这个不同寻常的货车与火车头的组合。我写了(这次用墨水)一本关于"我们的鸟类"的书。这本书,在父亲讽刺性评论后,我必须非常遗憾地承认,它只是一本汇编之作。

10岁,我进入拉丁学校。一进入拉丁学校,我就决定要更认真。在公园观察一部分有白化病的麻雀后,我向纳沙泰尔《自然史杂志》投出一页纸的文章。《自然史杂志》发表了我这篇文章。接着,我给自然历史博物馆馆长保罗·戈代(Paul Godet)写信,请他允许我在办公时间后研究他收藏的鸟类、化石和贝壳。保罗·戈代是一位非常和善的人,恰好也是一位非常了不起的软体动物学家。他立刻邀请我协助他,每周见两次——正如他所说,就像浮士德的"助手"那样——帮他给他收藏的土生贝壳和淡水贝壳标本贴标签。我为这位认真而博学的自然科学家工作了四年,作为交换,每次工作结束,他都会给我几个稀有物种的标本,让我自己收藏。特别是,他还给我提供收藏样品的准确分类。每周在自然历史博物馆馆长私人办公室的这些会面激励着我,我开始将我所有的空余时间都用在收集软体动物上(在纳沙泰尔附近有130个物种,数百类)。每周六下午,我总是提前半小时等我的老师!

早期软体动物学的启蒙对我有很大影响。1911年戈代先生逝世时,我已对这个领域有了足够的了解,开始在没有帮助的情况下(这个分支领域的专家极少)发表一系列关于瑞士、萨沃伊、布列塔尼甚至哥伦比亚软体动物的文章。这给我带来一些有趣的经历,有些国外的同行想见我。然而,由于我只是一名学生,我不敢让自己现身,不得不婉言谢绝了这些盛情的邀请。日内瓦自然历史博物馆馆长贝多(Bedot)先生,在《瑞士动物学评论》上发表了我的几篇文章,还给我提供一个职位,做他软体动物藏品馆的馆长(拉马克藏品及其他藏品在日内瓦)。我不得不回复,我还有两年才能取得学士学位,还没有大学毕业。另一本杂志的编辑,因为发现我年龄这一令人尴尬的真相,拒绝发表我的一篇文章。后来,我将这篇文章发给贝多先生,贝多先生善良又幽默地回复道:"我还是第一次听说,一本杂志的主编通过作者的年龄来判断文章的价值。莫非他没有其他标准可供参考吗?"当然,我年轻时发表的这几篇文章,远达不到取得非凡成就的地步。后来直到1929年,我才在这个领域取得一些更大的成就。

尽管这些研究本身并不成熟,但对我的科学发展却有重大的价值。此外,我认为它们是保护我不受哲学恶魔侵害的工具,如果我可以这样说的话。幸亏有这些研究,我才在青春期发生哲学危机之前,能够一窥科学及科学所代表内容的概貌。我可以肯定,正是因为有这样珍贵的早期经验,我才在后来的心理学研究中,有了潜藏的力量。

尽管有这些有利条件,但我并没有默默追求自然科学家的职业生涯,虽然这对我来说,似乎非常正常和容易。在15至20岁,我经历了一系列危机。这些危机,既由于我的家庭问题,也由于那个多产年纪特有的求知欲。但是,我再重复一遍,幸亏早期与动物学接触形成的思维习惯,我才能克服这些危机。

这里有宗教的问题。在我大概15岁时,我的母亲,一名虔诚的新教徒,坚持要我接受纳沙泰尔所谓的"宗教教育",也就是一个为期6周关于基督教教义基本原理的课程。

但是,我的父亲并不去教堂做礼拜。我很快觉察到,对我父亲来说,信仰与诚实的历史批评精神是不相容的。因此,我带着浓厚的兴趣上我的"宗教教育"课,但与此同时,我又保留自由思考的精神。当时,有两件事让我感到震惊:一件事是,许多教义与生物学难以调和;另一件事是,上帝存在的"五"个证据站不住脚。我学的是五个证据,我甚至还通过了考试!尽管我从没想过否认上帝存在,但上帝存在的证据(我只记得自然不可改变和本体论的证据)如此薄弱,以至于任何人都应该会据此做出上帝不存在的推理。然而,我的牧师是一位智者,尤其是他还涉猎自然科学,因此上帝存在证据薄弱的事实,在我看来更加奇怪!

当时,幸运的是我在父亲的藏书中发现了奥古斯特·萨巴捷(Auguste Sabatier)的《基于心理学和历史的宗教哲学》一书。我带着巨大的喜悦,如饥似渴地阅读这本书。教义被简化为必要不充分的"符号"功能,并置于所有"教义进化"的概念之上。对我来说,终于有一种语言,更容易让人理解,也更令人满意。现在,一种新的热情占据了我,那就是哲学。

由此,第二个危机随之而来。我的教父塞缪尔·科纳特(Samuel Cornut)是一位有学问的罗曼什人。大概就在这个时候,他邀请我与他一起到安纳西湖度假。那次度假给我留下美好的回忆——我们一起散步、钓鱼,我搜集软体动物,并写了《安纳西湖软体动物学》一文。不久之后,我将这篇文章发表在《萨沃伊评论》。但是,教父带我来有一个目的,他发现我太专业化,因此想教我哲学。在搜集软体动物的间隙,他教我柏格森的"创造性进化"。(直到后来,他才将创造性进化方面的著作赠我留念)这是我第一次听到一位不是神学家的人讨论哲学。我必须承认,我感到非常震惊。

首先,这是一种情感上的震惊。我记得有一个晚上,我获得深刻的启示。用生命本身来证明上帝存在,是一种几乎让我狂喜的想法。因为它能让我理解生物学对万事万物和心灵本身的解释。

其次,这是一种理智上的震惊。认知的问题(或称认识论的问题似乎更为恰当),突然作为一种极为有趣的研究主题,以一种全新的姿态出现在我面前。它使我决定将我的一生奉献给知识的生物学解释。

仅仅几个月后,我阅读了柏格森本人的著作(我总是喜欢在阅读一个问题之前,先思考这个问题),这坚定了我的决心,但多少也有点让我感到失望。在柏格森那里,我没有发现如教父所言的最新科学成果。相反,我只看到一个没有实验基础的巧妙建构。在生物学和知识分析之间,我需要某些不同于哲学的东西。我相信,正是在那时,我才发现只有心理学才能满足我的需要。

1914—1918 年

正是在这段时期,正如我在引言中提及的,难以解释的现象开始发生。我不满于

(除软体动物研究和为获学士学位准备而进行的阅读之外,1915年,也就是我18岁那年,我获得学士学位)广泛阅读,开始在笔记本上写下我自己的想法。不久,这些方面的努力影响到我的健康。我不得不花一年多的时间,待在山区,用写所谓的哲学小说来填补我被迫闲暇的时光。这些内容在1917年被我草草发表。我已完全忘记这些内容,直到我为写这篇自传再次阅读它们。令人意外的是,现在,当我重新阅读这些标志我青春期危机和结束的作品时,我发现其中有两种观点对我来说仍然珍贵。它们在我努力的过程中,一直指引着我。这也正是为什么,尽管追寻这些早期概念,最初看起来似乎不值得做,但我仍设法追寻它们。

在接触柏格森哲学以后,我开始阅读手上的一切——康德、斯宾塞、奥古斯特·孔德、富耶(Fouillée)、居约(Guyau)、拉舍利埃(Lachelier)、布特鲁(Boutroux)、拉朗德(Lalande)、涂尔干(Durkheim)、塔尔德(Tarde)和勒·丹特克(Le Dantec),以及心理学的威廉·詹姆斯(W. James)、泰奥迪勒·里博(Th. Ribot)和让内(Janet)等人的著作。在大学最后两年,我上逻辑学家A.雷蒙(A. Reymond)开设的心理学、逻辑学和科学方法课程。然而,由于没有实验室,也缺少指导(在纳沙泰尔没有实验心理学家,即使在大学里也没有),我唯一能做的事就是创建理论和写作。即使只为自己,我也必须要写,因为不写的话,我便没法思考。尽管如此,我也必须以一种系统的方式来写作,就好像它是一篇将要发表的文章那样。

我从一篇相当粗糙的文章构想开始,煞有介事地以"新实用主义概述"为题开始写作。在这篇文章里,我提出一种观点,即动作本身包含逻辑(这与詹姆斯和柏格森的反智主义相反),逻辑起源于某种自发的动作组织。从此,这种观点便成了我核心的观点。但是,这种观点仍然缺乏与生物学的关联。雷蒙在"共性"问题领域内(请参考当代科学中概念的作用),关于唯实论与唯名论的课程,让我恍然大悟。我曾深入思考动物学中有关物种的问题,并在这个问题上采取彻底唯名论的观点。物种本身无现实可言,仅仅通过更强的稳定性,有别于简单的种类。但是,这种受拉马克主义启发的理论观点,在我的实证研究(也就是软体动物分类)中,有点困扰我。涂尔干和塔尔德对作为一个有组织整体的社会,是现实还是非现实的争论,使我陷入一种不确定状态。最初,这种争论并没有让我明白,它与物种问题的相关性。除此之外,唯实论与唯名论的普遍问题,给我提供了一个全面的视角:我突然理解,在所有水平上(也就是活细胞、有机体、物种和社会等水平,也包括良心状态、概念和逻辑原则等),我们可以发现同样的部分与整体的关系问题。因此,我确信我已找到解决的办法。在生物学和哲学之间,终于有了我曾梦寐以求的紧密结合。这里有一条通往认识论的路。对我来说,这条路似乎才是真正的科学。

因此,我开始写下我的理论系统(人们会想,我哪儿来的时间?不管在哪儿,只要能写,我就写,尤其在枯燥的课上)。我的解决办法非常简单,在所有生命领域(有机体、心灵、社会),都存在一个与部分有"完全"质的差别,并对部分产生影响的组织。因此,不存在孤立的"元素"。基本现实必然依赖贯穿其中的整体。但是部分与整体之间的关系因结构而异。因此,有必要区分出四种动作,这四种动作始终存在:整体对自身的动作(保留),所有部分的动作(改变或保留),部分对自身的动作(保留)和部分对整体的动作(改变或保留)。这四种动作在一个整体结构中彼此平衡。不过,可能存在以下三种平衡形式:(1)整体占主导,部分改变;(2)部分占主导,整体改变;(3)部分和整体相互保留。再给它加上最后一条基本定律:三种平衡形式中,只有最后一种平衡形式(3)是稳定的或好的,而另外两种平衡形式(1)和(2)是不太稳定的。尽管(1)和(2)趋向于稳定状态,但是否能达到稳定状态,取决于将要克服的障碍,以及(1)和(2)离稳定状态有多远。

如果当时(1913—1915)我知道韦特海默和苛勒的工作,我会成为一名格式塔学家。但是,对于只熟悉法国作品、尚不能设计实验来验证上述理论假设的我来说,必定将自己限定在理论系统的建构上。我发现,重读这些旧文非常有意思。因为它们是提前预见我后来研究的一个纲领性预告:对我而言,总体与部分之间稳定的平衡形式(第三种平衡形式),对应的是具有规范本质的良心状态——逻辑必然或道德责任,这一点已经很清楚。这种平衡形式与低级的平衡形式相反,低级平衡形式的特点是良心的非规范性状态(例如,知觉等)或有机体发生。

获得学士学位后,我到山区休息一段时间。正是在那段时间,我正式在纳沙泰尔大学理学部注册。所以,我回来后不久,就从自然科学部毕业。接着,我用一篇关于瓦莱州软体动物的论文(1918)获得我的博士学位。尽管我一直对动物学(福尔曼(Fuhrmann)、胚胎学[贝拉内克(Béraneck)]、地理学[阿尔冈(Argand)]、生理化学[贝尔图(Berthoud)]和数学(群论对我解决部分与整体的问题特别重要)课程非常感兴趣,但是我非常渴望到一所更大的、有心理学实验室的大学去,我希望能在那里做实验,以此来验证我的理论系统。

与动物学接触获得的思维习惯,对我在这个领域的研究起帮助作用。我从不相信没有严格实验控制的理论系统。我认为,我在法国国立高等学校期间为自己写的文章,没有发表的价值,因为它依然只是理论而已。对我而言,它的真正价值似乎在于,它促成了后来的实验。然而,在当时,对于它的本质我尚不清楚。

尽管如此,在山区度过的那年,我充满了创造的渴望,并且我屈服于这种诱惑。然而,在以科学为基础方面,我并不向自己妥协。通过为普通民众、而非专家写哲学类的小说,我回避了这个难题。小说的最后一部分包含我的一些想法(1917)。我的策略被证明是正确的:除了一两位愤愤不平的哲学家外,没有人谈论到它们。①

1918—1921年

获理学博士学位后,我带着想在心理学实验室工作的目的,动身前往苏黎世(1918)。我加入两个实验室,即G. E. 李普斯(G. E. Lipps)与雷舒纳(Wreschner)的实验室,也进入布洛伊勒的精神诊疗所。我觉得,那里有我要走的路。通过将我在动物学中获得的思维习惯用于心理学实验,我或许可以成功解决整体性结构问题,也就是我的哲学思考引领我发现的问题。但是说实话,最初我多少感觉有点迷茫。一方面,李普斯和雷舒纳的实验,对我来说似乎与基本问题无关;另一方面,精神分析的发现(我读了弗洛伊德的著作和《意象》杂志,偶尔也听普菲斯特、荣格的讲座)和布洛伊勒的教导,使我感觉到独自冥想的危险。随后,我决定忘掉我的理论系统,唯恐我会成为一名自闭症患者。

1919年春,我变得不安,并动身前往瓦莱州。在那里,我用李普斯的统计方法,进行一项陆地软体动物多样性随海拔变化的生物计量学研究。我需要回到具体问题,以免犯严重的错误。

1919年秋,我乘火车前往巴黎,在巴黎大学文理学院度过两年。我上杜马斯(Dumas)的病理心理学课(在这里我学会与圣安娜的精神病人面谈)以及皮埃龙(Piéron)和德拉克洛瓦(Delacroix)的课。我也跟拉朗德和布伦茨威格(Brunschvicg)学习逻辑学和科学哲学。因为后者采用历史批判学的方法,并且又涉及心理学的内容,所以对我产生极大的影响。但是,我仍然不知道,该选哪个实验问题领域去研究。接着,

---

① 这是从那部名为《求索》(Recherche,1917)的作品中摘选出来的一些引文。这是一个详细阐述"只考虑我们品质之间平衡与不平衡关系的品质积极论"问题(第150页)。"如果这些品质之间没有关系,如果它们没有融合成一个总体品质,既包含这些品质,又保留这些品质间的差异,那么你可能就意识不到这些品质,因此这些品质也就不存在了。举例来说,如果黑色和白色这两种品质没有在我的意识中结合成一个特定的单元,如果有这样的结合单元,但它没有保持白色和黑色的差异,那么我可能既意识不到这张纸的白色,也意识不到这滴墨水的黑色……在这里产生了品质间的平衡:不仅在分离的部分中有平衡(且只在物质平衡中发生),而且在一方为部分,另一方为整体中也有平衡,跟部分品质导致整体不同……(因此有必要从整体出发到部分,而不是如生理学家想的那样,从部分出发到整体)"(第151—153页)。因此,我们能区分出第一种类型的平衡,在第一种类型的平衡中,整体与部分彼此相互保留(第156页),并且也能区分出其他类型的平衡,诸如在整体和部分之间有协调地互动(第157页)。现在"所有平衡都趋向于第一种类型的平衡"(第157页),但是在有机体水平上,没有第一种类型的平衡,因此,我们将第一种类型的平衡称为理想的平衡,将其他类型的平衡称为实际的平衡,尽管每一种实际的平衡,不管它是什么,都预先假定一种理想平衡(第158页)。与此相反,第一种类型的平衡在思维水平上实现:它是"同一律的起源,从这里可以演绎出矛盾律"等(第163页)。

好运来临。我被推荐给西蒙(Simon)博士。虽然当时他住在鲁昂,但是他却可以自由使用巴黎格朗日奥·贝尔斯街道研究院比奈(Binet)的实验室。因为西蒙当时在巴黎没有课,所以这个实验室是闲着的。西蒙博士非常友好地接纳了我,并建议我应该采用伯特(Burt)的推理测验测试巴黎儿童,并对其进行标准化。最初我对这项工作热情不高,我只是想,不管怎样去尝试一下。但是,没过多久,我的态度发生改变了。在那里,我是自己的主人,整个学校都归我支配,这是一个意想不到的工作条件。

从第一次提问我就发现,尽管伯特测验以成功和失败的数量作为诊断的基础,肯定有其诊断的优点,但是尝试找出儿童失败的原因,则更为有趣。因此,我模仿精神病学提问的方式,同我的被试进行交谈,目的是发现他们的回答,尤其是错误回答背后的推理过程。我惊奇地发现,即使最简单的推理任务,如将部分纳入整体、协调关系或类的增加(找出两个整体部分相同之处),也给11岁或12岁的正常儿童造成困难,这是令人始料未及的。

在西蒙博士完全不了解我在做什么的情况下,我通过给正常儿童呈现不同的问题,让他们解决包含简单、具体的因果关系的任务,继续分析正常儿童的言语推理,这样做了约两年的时间。此外,我还可以研究萨尔裴德谢医院的异常儿童。在这里,我采用直接操作法和访谈法,进行数的研究。此后我跟A.斯泽明斯卡(A. Szeminska)合作,继续这项研究。

我终于找到了我的研究领域。对我来说,通过实验也就是分析逻辑运算背后的心理过程来研究整体与部分之间关系的理论,变得清晰起来。这标志着我理论思考阶段的终结和在心理学领域进行归纳和实验时代的开始。这是我一直想要研究的领域,但是直到那时,我还没在这个领域发现合适的研究问题。因此,我的观察,即逻辑不是天生,而是逐步发展起来的,似乎与我关于"朝心理结构进化的方向平衡"的想法一致。此外,可以直接研究逻辑问题,这与我之前的哲学兴趣一致。我的目标,即发现一种智慧胚胎学,与我的生物学训练一致。我在理论思考之初就确定,有机体与环境之间的关系问题,也可以延伸到知识领域。在知识领域中,该问题表现为动作或思想之主体与其经验对象之间的关系问题。现在,我有了从心理发生发展的角度研究这个问题的机会。

我取得初步结果后,立刻写了三篇文章。我特别注意不受理论偏见的影响。我进行心理学和逻辑学的数据分析,将逻辑-心理平行的原则用在我的分析方法中,用心理学解释因果方面的事实,当关注真正的推理时,用逻辑学来描述一种与理想的平衡状态①对应的形式(从此以后,我一直说,逻辑是自明的,与之对应的实验科学是思维心理学,以此来表达这种关系)②。

---

① 参见《儿童比较的口语形式》,《心理学档案》,1921,第18卷,第143—172页("Une forme verbale de la comparaison chez l'enfant", *Arch. de psychol*.,1921,18,143-172)。

② 《智慧心理学》,1947,第一章。

我将我的第一篇文章投给《心理学杂志》①。这篇文章被接收了,我感到很高兴。更让人高兴的是,我发现 I. 梅耶森(I. Meyerson)的研究兴趣与我非常相似。从此,梅耶森成为我的朋友,他让我阅读列维-布留尔(Lévy-Bruhl)的著作,并给我鼓励和建议,这激励着我。他还接收了我的第二篇文章。②

至于第三篇文章,我将它发送给艾德华·克拉帕雷德(Ed. Claparède)。我和克拉帕雷德只有一面之交,他将我的第三篇文章发表在《心理学档案》③上。然而,除了接收我的文章,他还提出一个改变我一生的建议。他给我提供日内瓦大学让·雅克·卢梭学院研究主任之职。因为他和我不太熟悉,所以他请我去日内瓦试一个月。我很喜欢这个提议,一方面是因为克拉帕雷德的名望,另一方面也因为这个职位可以提供极好的研究条件。此外,也因为我还不知道该如何开始一项研究!我接受了这个提议,离开巴黎前往日内瓦。到那里之后,我立刻发现,克拉帕雷德和博维(Bovet)是完美的赞助人。他们让我根据自己的喜好去工作。简言之,我的工作包括指导学生和协助他们研究(这是我自己提出要承担的工作,只要这些工作是在儿童心理学领域)。这是在 1921 年。

1921—1925 年

作为一种系统的思考(包括系统思考蕴含的所有风险),我做了一个计划。最终确定的计划是:我花两三年时间研究儿童思维,然后,我要回到心理生活的起源,也就是人生的头两年研究智慧的发生。因而,在(客观和归纳地)获得关于智慧基本结构的知识以后,我将着手解决总体的思维问题,并建构一个心理学和生物学的认识论。此外,至关重要的是,我必须远离任何非心理学的偏见,对思维发展本身进行实证研究,不管这可能将我引向何处。

根据这个计划,我在让·雅克·卢梭学院的小房子里开展我的研究,从更外围的因素(社会环境、语言)开始。但是,我牢记我的目标,即理解因果推理与逻辑运算的心理机制。此外,我也继续以日内瓦的小学生为研究对象,做我在巴黎曾做过的那类研究。

---

① 《论儿童子集观念发展的某些方面》,《心理学杂志》,1921,38,第 449—480 页("Essai sur quelques aspects du développement de la notion de partie chez l'enfant," *J. de psychol.*,1921,38,449-480)。

② 《论儿童的逻辑乘法和形式思维的起源》,《心理学杂志》,1922,38,第 222—261 页("Essai sur la multiplication logique et les débuts de la pensées formelles chez l'enfant," *J. de psychol.*,1922,38,222-261)。

③ 《儿童的象征思维与思维》,《心理学档案》,1923,38,第 273—304 页("La pensée symbolique et la pensée chez l'enfant," *Arch. de psychol.*,1923,38,273-304)。

在我前五本关于儿童心理学的书中,有上述这些研究的结果。① 对研究结论,我没有采取足够谨慎的态度,将这些研究结果发表了。我认为,没有人会读它们。它们对我来说,主要是作为书面记录,以备后续综合之用,以呈现给更多读者。[这些研究是学院中所有参与学生共同合作、努力的结果。其中,瓦伦丁·夏特奈(Valentine Châtenay)成为我的妻子和长期合作者。]出乎预料的是,这些著作被广泛阅读和讨论,就好像它们是我在该主题上的定论一样。有些人接受我逻辑发生的观点,也有人强烈反对它(尤其在受实证认识论或托马斯主义影响的圈子)。我受邀前往很多国家(法国、比利时、荷兰、英国、苏格兰、美国、西班牙、波兰等),向大学教师和其他教师介绍并讨论我的观点。然而,由于我当时没有孩子,因此我对教育学不感兴趣。这种意外的欢迎,多少让我有些不安。因为我清楚地意识到,我尚未整理我的思想,勉强算是进入初始阶段。但是,一个人不能对他的批评者说,"等一下,你还没看到接下来的事呢"——尤其当这个人自己也不知后面的事时。此外,在一个人年轻的时候,他毫不怀疑,很长一段时间人们都会用他的第一部作品来评判他,而只有非常认真的人,才会读他后续的作品。

这些早期的研究,有两个不足之处。其中一个不足,我在研究婴儿行为之前,并没有意识到。但是,另外一个不足,我心里却非常清楚。

首要的不足之处在于,我将我的研究限定在语言和表达性思维方面。我深知,思维来自动作,但那时我认为,语言直接反映动作。为了理解儿童的逻辑,研究者必须在对话或言语交流领域中寻找。直到后来,通过研究人生头两年的智慧行为模式,我才知道,为了彻底理解智慧运算的发生,必须考虑对物体的操作和经验。因此,在进行以言语对话为基础的研究前,必须对行为模式进行研究。的确如此,人们在年幼儿童的动作中,发现了在年长儿童的言语行为中观察到的所有特点。我最初关于言语思维的研究没白费。但是,如果当时我能发现直到后来才发现的内容,也就是,在 2 至 7 岁的前运算阶段,与 11 至 12 岁发生的,确立形式逻辑的阶段之间,存在一个(7 至 11 岁)有组织的具体运算阶段,那么我的观点可能更容易理解。尽管具体运算阶段尚未达到形式逻辑阶段,但其本质是逻辑的(例如,如果 8 岁儿童看到 3 个物体 $B>A$ 和 $B<C$ 时,他能得出 $A<C$ 的结论。但是,在纯粹的言语水平上,他们将不能执行同样的运算)。

第二个不足源自第一个不足,但我当时不太明白原因。我尝试找到与逻辑运算本身对应的典型的整体性结构(又是我的部分与整体理论),但是没有成功。因为我没在具体运算中寻找它们的来源。因此,通过研究思维的社会方面(我仍相信,它是这类逻辑运算形式的一个必要方面),我满足了自己解释整体性结构的需求。在这里,理想的

---

① 《儿童的语言与思维》(*The language and thought of the child*,1924);《儿童的判断与推理》(*Judgment and reasoning in the child*,1924);《儿童的世界概念》(*The child's conception of the world*,1926);《儿童的物理因果性概念》(*The child's conception of physical causality*,1927);《儿童的道德判断》(*The moral judgment of the child*,1932)。

平衡状态（整体与部分相互保存），属于个体之间的合作。正是通过这种合作，个体变得自律。以改变与整体有关的部分为特点的不完美平衡，在这里表现为社会限制（或年幼者被年长者限制）。以整体随部分而改变（且部分之间缺少协作）为特点的不完美平衡，表现为个体无意识的自我中心，也就是，像儿童的心理态度一样，尚不知如何合作，亦不知如何协调自己的观点。（不幸的是，自我中心这个词定义模糊——无疑是选错了词！对心理态度的概念也存在误解，通常并没给心理态度下一个清楚又简单的定义。）

尽管最初在寻找与社会交流结构对应的、典型的逻辑运算结构时，我失败了（至少我立刻感觉到思维可逆性的重要性）①。我注意到，一定程度的不可逆运算，与年幼儿童难以理解知识与社会的互反性相对应。但是为了将这个假设置于坚实的基础上，我必须研究具体运算。

在这几年，我已发现，格式塔心理学跟我整体性结构的概念如此接近。接触苛勒与韦特海默的工作，给我留下两个印象。首先，我发现，我之前的研究并不愚蠢，因为有人不但能在"部分从属于有组织的整体"这个中心假设的基础上，提出一个一致的理论，而且还能设计出一系列精美的实验，我很高兴得出这样的结论；其次，我觉得，尽管格式塔的概念非常适合低级的平衡形式（那些部分被整体改变，或那些根据该理论的专门术语，没有"相加成分"的平衡形式），但是它不能解释逻辑或理性运算所独有的那类结构。例如，整数序列 1，2，3…，明显是一个运算的整体性结构。因为数不能单独存在，而能通过形式本身的规律生成（1+1=2，2+1=3…）。然而，这种生成规律，本质上构成了一个"相加成分"。我考虑的是一种高级的平衡形式（通过整体与部分，相互保存部分与整体），因而不在格式塔学家的解释范围。由此，我认为，有必要区分平衡的连续阶段，用一种更为发生学的方法，整合对结构类型的寻找。

1925—1929 年

1925 年，我以前的老师阿诺德·雷蒙，辞去纳沙泰尔大学哲学教授的工作。尽管我只是一名理学博士，但他还是将他的部分工作职责分给了我。（从 1921 年起，我作为日内瓦理学院私人讲师，也教授儿童心理学）我当时的任务很重，包括在莱特雷学院教授心理学、科学哲学和哲学讨论会，同时也在理学社会学院讲两个小时的社会学。此外，我在让·雅克·卢梭学院继续教授儿童心理学。因为教学相长，我期望，这种繁重的工作安排，至少会使我更接近认识论。实际上，四年来我的科学哲学课主要用来研究思想发展，就如同在科学史和儿童心理学中可以观察到的思想发展那样。关于这个主

---

① 《儿童的判断与推理》，1928，第 169 页。

题①的公开讲义已经发表。

这几年,许多其他的事情充实了我的生活。1925 年我的大女儿出生,1927 年我的二女儿出生,1931 年我的小儿子诞生了。在我妻子的帮助下,我花大量时间观察她(他)们的反应,也让她(他)们做不同的实验。这些新的研究成果,已经分三册出版,主要讨论智慧行为的发生、客体恒常性和因果的思想,以及符号行为的开端(模仿和游戏)②。将这些书进行总结和概括是不可行的。头两本书没有以英文出版,但第三本书(后来写的)现在正被翻译成英文。

我从这些研究中获得的最大好处是,我以最直接的方式认识到,感觉-运动的动作(甚至在语言出现前)为心智运算做了准备。我总结一下:为了使儿童逻辑方面的研究取得进展,我必须改变我的方法,或者也可以这样说,通过将对话指向儿童自己可以操作的物体,来改变我原有的方法。

在实验的过程中(我与纳沙泰尔和日内瓦的学生合作),我发现儿童(直到 12 岁)不相信物质数量守恒。例如,一块可以变形的黏土,通过拉或压改变它的形状,但这块黏土的重量与体积保持恒定不变。我曾在自己的孩子身上观察到,6 至 10 个月大时,他们没有物体永久性的概念,即相信从眼前消失的物体(例如,将手表藏在手绢下面等)永远存在。在实存物体的恒常性或永久性概念之初,与最终掌握物理性质(重量、质量等)守恒的概念之间,存在守恒概念发展的连续阶段。守恒概念的发展可以通过具体的情景,而不是仅仅通过语言来研究。后来,我回到日内瓦后,我与斯泽明斯卡和英海尔德合作,继续对这个问题进行实验研究。

在离开纳沙泰尔前,我解决了一个困扰我多年的问题。该问题触及遗传结构与环境之间的关系这一基本的问题。我结束了对软体动物的研究。实际上,最后这个问题在我看来一直是重要的问题,不仅对有机体形式(形态发生)的遗传分类重要,而且对心理学习论(成熟 vs. 学习)和认识论也重要。因此,尽管用我在动物学领域获得的研究成果去研究形态发生这个重要的问题作用有限,但似乎值得我去做。我发现,在纳沙泰尔湖,静水椎实螺的种类特别丰富,而且它因对环境的适应而著称。它的球形形状来自波浪的作用,波浪总是迫使动物把自己紧紧钳在石头上,因此导致生长期开口大、螺纹小。这里的问题是,确定这些特质是否是遗传。我对 80000 个在自然环境中生长的静水椎实螺和数千个在水族馆中生长的静水椎实螺进行观察,得出如下结论:(1)这个物类只在大湖和水势凶猛的湖域存在;(2)这种特质是遗传的,并且在水族馆中经过五六代后,这种特征仍然存在。可以分离出一个纯粹的物种,这个物种可以根据孟德尔的

---

① 《心理学与认识批判》,《心理学档案》,1925,19,第 193—210 页("Psychologie et critique de la connaissance," *Arch. de psychol.*,1925,19,193-210)。

② 《儿童智慧的起源》(*La naissance de l'intelligence chez l'enfant*,1937);《儿童"现实"的建构》(*La construction du réel chez l'enfant*,1937);《儿童符号的形成》(*La formation du symbole chez l'enfant*,1945)。

杂交律繁殖。变种可以在湖外环境中生存。我将其中一些静水椎实螺放在池塘里，20年后它们依然茁壮成长。在这个特例中，不受环境刺激影响的随机变异假设似乎不成立。因为不管在何种湖域，都没什么能妨碍到这个球形物种的生存。[①] 这个经验教导我，不要用成熟本身去解释全部精神生活！

1929—1939 年

1929 年，我以科学思想史教授（理学部）和让·雅克·卢梭学院副院长的身份，回到日内瓦大学。1932 年，我与克拉帕雷德和博维一起，共任卢梭学院院长。自 1936 年起，我也在洛桑大学每周讲授一天实验心理学。此外，1929 年，在我的朋友佩德罗·罗塞洛（Pedro Rossello）的坚持下，我草率地接受了国际教育研究中心主任之职，罗塞洛成为研究中心副主任。我对这个现在正与联合国教科文组织（UNESCO）密切合作的国际组织感兴趣，主要是以下两个原因。首先，通过它的跨政府组织，能帮助改善教学法并让官方采用更符合儿童心理的技术；其次，可以这样说，其中有炫耀的成分。罗塞洛和我都认为这本质上是一个新的跨政府组织。但是，在签署条例那天，只有日内瓦州（代表瑞士政府，但未得到官方确定）、波兰和厄瓜多尔三个政府参与。此外，我们是合作智慧研究所压制的可怜者（我在对心理学家说），我们必须迅速行动并展开外交。几年后，瑞士政府召开年会，派出的政府代表有 35 至 45 人（现在，这个组织由联合国教科文组织和国际教育办公室联合赞助）。这项工作无疑花费我大量的时间，我本可以花更多时间研究儿童心理学，但是至少我从中学到相当多有关成人心理学的东西。

除了这些非科学的工作外，我还有其他的行政职责。特别是，我有重组让·雅克·卢梭学院的任务。卢梭学院不再是私有，而是有一部分开始隶属于大学。

1929 至 1939 年，我主要从事科研工作。回想起来，主要有三件事。

第一，我在日内瓦大学理学院讲授科学思想史。这使我对心理发展（既包括个体发生，也包括种系发生）基础上的科学认识论的思考，有了长足进展。在整整十年间，我仔细研究数学、物理学和生物学基本概念的产生及历史。

第二，我在让·雅克·卢梭学院继续儿童心理学研究，但比以前规模更大。我与最杰出的助手们，特别是斯泽明斯卡和英海尔德合作，英海尔德现在任儿童心理学主席。

[①] 参见《椎实螺的湖泊种族：研究遗传适应与遗传的关系》，《法国与比利时生物学通报》，1929，18，第 424—455 页 ("Les races lacustres de la Limnaea stagnalis: L. Recherches sur les rapports de L'adaptation héréditaire avec le milieu," *Bull. biol. de la France et de la Belgique*, 1929, 18, 424-455)；《瑞士法语地区湖泊环境中椎实螺的适应》，《瑞士动物学评论》，1929，36，插图 3—6，第 263—531 页 ("L'adaptation de la Limnaea aux milieux lacustres de la Suisse romande," *Rev. Suisse de zool.*, 1929, 36, Plates 3-6, 263-531)。

多亏有了他们，一系列新的、系统的研究动作（操作物体）问题的实验才得以进行。实验中，与儿童的对话只围绕儿童自己的操作行为展开。通过这种方法，我与斯泽明斯卡研究"数的发展"，与英海尔德研究"物理量概念的发展"，也与 E. 梅耶（E. Meyer）一起研究空间的、时间的和其他关系的发展。这些最新的研究成果在 1940 年左右陆续发表。① 当时，心理学家不再有跨国交流思想的机会，甚至常常没有跨国做研究的机会。因此，尽管这些书第一次详细阐述了很多我在第一本书中几乎没有触及的问题，但是这些书在法语区外，几乎无人阅读。

第三，具体运算研究最终使我发现运算的整体性结构，这是我一直在寻找的。我分析四到七八岁儿童部分与整体的关系（让他们将珠子加到一个预先规定大小的组里），不对称关系的顺序（让他们按预先规定的顺序建构一系列内容），一对一的对应性（让他们建立两个或更多对应的行）等。这些研究更让我体会到，为何逻辑的和数学的运算不能独立形成，除非儿童同时能以不同的、确定的方式（例如，反转）改变运算，来使运算相互关联，儿童才能理解某种运算。正如任何早期智慧行为表现的那样，这些运算预先假定迂回（与逻辑学家称之为"结合律"的词相对应）和返回（"可逆性"）的可能性。因而，运算总是表征可逆的结构，这个结构依赖一个整体性系统。就整体性系统本身来说，它可能完全是加法的。有些更复杂的整体性结构，一直在数学中以"群""格"之名被研究。这类运算系统对思维平衡的发展的确重要。我寻找最基本的运算的整体性结构。终于，我在守恒或恒定观念形成背后的心理加工中找到了它们。这类结构比"群"和"格"更简单，表征了部分-整体组织最基本的部分，我将其称之为"群集"。例如，一个分类（其中，相同等级顺序的类别，总是离散又独立）就是一个群集。

尽管我尚未彻底掌握，但是，在 1937 年召开的巴黎国际心理学大会上，我还是递交了我第一篇关于该主题的文章。同时，我尝试确定类别群集的逻辑结构，以及我分离出的 8 个相互依赖的形式之间的关系。我在 1939 年写了一篇关于该主题的文章。这篇文章被 P. 纪尧姆（P. Guillaume）和 I. 梅耶森发表在他们的《心理与哲学文集》中。②

1939—1950 年

在我们完全不清楚原因的情况下，战争在瑞士蔓延。一位像我这样年纪（43 岁）的学者，不管他多么关心战事，都不需要再去服兵役（我在 1916 年已获明确豁免），只能抱

---

① 皮亚杰、斯泽明斯卡：《儿童的数概念》（*La genèse du nombre chez l'enfant*, 1941）；皮亚杰、英海尔德：《儿童数量观念的发展》（*Le développement des quantites chez l'enfant*, 1941）。

② 《类别、关系与数》（*Classes, relations et nombres*）；《论思维的可逆性》（*Essai sur la réversibilité de la pensée*, 1942）。

着胳膊无所事事或继续工作。

当日内瓦大学的社会学教授在1939年辞职时,在我完全不知情的情况下,我被任命为日内瓦大学社会学教授。我接受了这种安排。几个月后,克拉帕雷德身患重病,我继任了他的职位。在1940年,我又被赋予实验心理学主席之职,并被任命为心理学实验室的主任[在那里,我发现了一位杰出的合作者——朗伯西尔(Lambercier)]。我继续负责《心理学档案》的编辑出版工作,最初是同雷伊(Rey),后来同雷伊和朗伯西尔一起。此后不久,瑞士心理学会成立,我接受学会头三年的主席之职,与莫根塔勒(Morgenthaler)合编一本新的《瑞士心理学评论》。还有很多其他工作要做。

从1939年到1945年,我进行两类研究。第一,负责实验室工作,该实验室因弗卢努瓦(Th. Flournoy)和克拉帕雷德的名望而著名。我跟朗伯西尔及几位助手合作,一起对儿童(直至成年)的知觉发展问题进行长期研究。这项研究的目的是,更好地理解知觉与智慧的关系,同时也检验一下格式塔理论的观点(在智慧问题上,格式塔理论尚未说服我)。这项研究的第一个成果,已在《心理学档案》①上发表。我们仍在继续这项研究。对于一种结构论来说,这些研究的成果似乎对我们很有益处。虽然逻辑结构只处理物体(类、数、大小、重量等)的一个方面,但是,仅就处理的这一个方面来说,它是完整的,而知觉结构在大多数情况下都是不完整的,因为它们只是统计的或概率的。正是因为这种概率的特点,知觉结构才不是加法的,而是遵循格式塔定律。这些结构在所有年龄阶段并不保持相同——与成人相比,儿童的结构更加不活跃,而成人的结构则更接近于智慧的产物。这些事实,如同几何光学错觉度随年龄、知觉稳定性量级等变化而变化一样,也是此类因素的结果。

第二,采用一种具体的实验技术和程序分析法,在多位合作者的协助下,我开始对时间、运动和速度观念的发展以及这些概念的行为进行研究。②

1942年,皮埃龙邀请我在法国大学做一系列讲座。这使我能给我们的法国同事带来来自外界朋友的不可动摇的情感之见证,此时是德占期。这些讲座的主要内容,在战后不久便以小卷本形式出版,现在有英文版③、德文版和瑞典文版等。

战争一结束,我带着全新的努力,重新开始社会交流。国际教育办公室在1939到1945年,从未彻底停止运转。特别是,因为需要为战犯发送教育图书,所以它一直起交流中心的作用。当组建联合国教科文组织时,国际教育办公室参与了筹备会议,后来还参与年度大会,年度大会主要决定两个机构将执行的一般政策和工作。在瑞士加入联合国教科文组织后,我被政府任命为联合国教科文组织瑞士委员会会长,代表瑞士参加

---

① 《研究知觉的发展》(研究1至12),《心理学档案》,1942—1950(*Arch. de psychol.*,1942-1950)。

② 《儿童时间概念的形成》(*Le développement de la notion de temps chez l'enfant*);《儿童的运动和速度概念》(*Les notions de mouvement et de vitesse chez l'enfant*,1946)。

③ 皮亚杰:《智慧心理学》(*The psychology of intelligence*,1950)。

在拜罗伊特、巴黎和佛罗伦萨召开的会议。联合国教科文组织派我做代表参加在塞夫勒和里约热内卢召开的会议,并委托我编《受教育的权力》小册子。我也担任几个月的临时助理总干事,管理教育部门。当 M. 托雷斯-博德(M. Torrès-Bodet)提议让我长期担任这个职位时,他将我置于一个颇为尴尬的位置。实际上,在国际任务与我未完成的研究的吸引力之间,并不难抉择——我只能短期担任这个职位。然而,最近,在佛罗伦萨召开的大会上,推举我担任联合国教科文组织执行委员会会员,我接受了它。

然而在国际关系方面,我要提到,1946 年我很荣幸接受来自巴黎大学文理学院的名誉学位。1936 年,在庆祝哈佛大学建校 300 周年的令人难忘的典礼上,我被授予同样的荣誉。1949 年,我接受布鲁塞尔大学荣誉博士学位。同年,我接受里约热内卢巴西大学荣誉教授头衔。当我写这些内容时,我不得不提的是,当我成为纽约科学院的一员时,我倍感喜悦。

战后这些频繁的社会活动,并没有让我忽视我的工作。相反,我很快就意识到,如果国际局势重新恶化的话,我恐怕就不能如意地完成我的研究了。这就是那个时期我拼命出了许多书的缘由。我出书并不是出于仓促应对,我出版的内容是经过长时间研究的。①

首先,在英海尔德的帮助下,我进行了大约 30 个关于 2、3 岁到 11、12 岁之间空间关系发展的实验②,由于知觉和动作因素总是相互干扰,因此这是一个复杂的问题。另一方面,对唯一可逆心理机制(与单向的知觉、运动成绩等相反)的智慧运算的研究,使我们去研究年幼儿童对一种不可逆的物理现象(例如混合或偶然性)的反应。③ 我也与英海尔德完成一项关于概率起源的研究,这个研究被扩展到包括更广泛的归纳法问题。

其次,我终于意识到,我还有写一本关于发生认识论著作的计划。④ 克拉帕雷德去

---

① 常常有人问我,我哪来这么多时间,除了从事大学工作并担任国际职务外,我还可以发表这么多作品。首先,我认为这是男人特有的品质,特别还是与我合作的女人和帮助我的人的特有品质所致,他们助我良多,此处难以赘述。最初,我在少数几名学生的帮助下,以提问的形式研究儿童。几年后,我有了助手和同事团队,他们不只收集数据,而且也积极参与研究工作。其次,我认为,这和我的特殊性格有关。我基本上是一个容易担忧的人,只有工作能缓解。我的确善于社交,也喜欢讲课或参加各种会议,但是我感觉我特别需要独处,也特别需要与自然接触。早上我跟其他人碰头。下午我要先散步。在散步期间,我静静地梳理自己的想法。然后,我回到乡下的家中,坐在桌前开始工作。假期一到,我就回到位于瓦莱州的山野中去。在愉快地散步后,我在一张简易的桌子上写作,一连几个星期。正是我这种作为社会人和"自然人"的分离(在这种分离中,狂喜以学术活动结束),使我能克服持续的焦虑,并将焦虑转化为对工作的需要。

② 皮亚杰、英海尔德:《儿童的空间概念》(*La représentation de l'espace chez l'enfant*,1948);皮亚杰、斯泽明斯卡、英海尔德:《儿童的几何学概念》(*La géométrie spontanée chez l'enfant*,1948)。

③ 《儿童危险概念的形成》(*La genèse de l'idée de hazard chez l'enfant*,1951)。

④ 《发生认识论导论》(第一卷:数学思维;第二卷:物理学思维;第三卷:生物学、心理学与社会学思维)(*Introduction à l'epitémologie génétique*. Ⅰ. "La pensée mathématique." Ⅱ. "La pensée physique." Ⅲ. "La pensée biologique, la pensée psychologique et la pensée sociologique."1949-1950)。

世时,我已经放弃科学思想史的课程,转而接手实验心理学。因为我有充足的关于逻辑-数学和物理运算背后的心理加工的实验数据,似乎这正是写综合想法的时候,我从研究之初就一直梦想这样做。我没有像1921年预期的那样花5年时间研究儿童心理学,我已经在它上面花了大约30年时间,它是令人兴奋的工作,对此我一点儿也不后悔。但是现在到了总结的时候,这也是我在整体研究中试图去做的事。它基本上是对学习机制的一种分析,但不是统计上的分析,而是从成长和发展的观点进行的分析。

最后,科林出版社要我写一本关于逻辑论①的著作,他们提出该著作一方面要准确呈现逻辑学(或者称现代代数逻辑)的运算方法,另一方面也要提出我自己在这个主题上的观点。最初我犹豫不决,因为我不是一位职业的逻辑学家。但是接着我又被想要建构一个逻辑学纲要的愿望吸引,一方面这个纲要与运算形式中的阶段对应(类的具体运算和关系-形式运算或命题逻辑),另一方面,这个纲要与我之前已经发现的心理重要性的基本结构种类对应。从那时起,我写了一个较短的作品,尚未出版,这个作品处理整体性结构(群、"格"和群集),它可以借助三个命题(256个三元运算的逻辑)来定义。

结　语

一直存在的一个想法是(哎呀!):智慧运算根据整体性结构进行。整体结构表示朝总体进化方向平衡的类别。同时,有机体的、心理的和社会的整体结构的根源,一直延伸到生物的形态发生本身。

毫无疑问,这个想法比普遍认为的更广泛。然而,它从未得到令人满意的证明。在进化高级方面进行30多年的研究后,我希望有一天能回到更原始的机制。这是我对婴儿认知感兴趣的原因之一。逻辑智慧运算的可逆性不是一下子获得的,而是在一系列连续阶段中做好了准备,连续阶段包括基本节律、越来越复杂的调节(半可逆的结构)和最后可逆的运算结构。现在,主导全部心理发展的进化律,无疑与某种神经系统的结构律对应,尝试用数量化的数学结构(组、格等)公式来表示将是有趣的事。② 至于格式塔结构,它们只是可能结构中一种特殊的类型,并且它们只属于调节,不属于(可逆的)运算。我希望有一天能证明心理结构与神经发展阶段之间的关系,并且得出普遍的结构论。对这个目标来说,我早期的研究只是一个序言。

---

① 《逻辑通论》(*Traité de logique*)[《运算逻辑》(*Logistique opératoire*,1949)的初稿]。
② 皮亚杰:《可逆运算中动作内化的神经生理问题》,《心理学档案》,1946,32,第241—258页(Piaget, "Le problem neurologique de l'interiorisation des actions en operations réversibles," *Arch. de psychol.*,1946,32,241-258)。

皮亚杰的理论

〔瑞士〕让·皮亚杰 著
左任侠 译
李其维 审校

皮亚杰的理论

英文版 Piaget's Theory, edited by P. H. Mussen, *Carmichael's Manual of Child Psychology* (3rd Edition), Vol. 1, New York, NY: Wiley, 1970, pp. 703-773.

作　者　Jean Piaget
英译者　G. Cellerier, J. Langer

左任侠　译自英文
李其维　审校

中文译文曾被收录于左任侠、李其维主编的《皮亚杰发生认识论文选》，华东师范大学出版社（1991年），现按原中文译文收录于本文集，有改动。

内容提要

本文作者系皮亚杰本人。原文为法文,后由日内瓦大学塞勒里尔(G. Cellerier)博士(日内瓦学派的主要理论家之一)和美国加州伯克利(Berkley)大学的兰格尔(J. Langer)教授两人译成英文。曾被美国心理学家缪森(P. H. Mussen)全文选载于他主编的《卡迈克尔儿童心理学手册》(*Carmichael's manual of child psychology*,1970)和《儿童心理学手册》(1983)中。本篇译自英文版。由皮亚杰本人来撰写"皮亚杰的理论",其权威性和准确性自当无疑。皮亚杰一生著述甚丰,这篇文章在一定程度上是他对以前发表的著作的浓缩、概括,是经典皮亚杰理论的系统论述。我们列出该文的目次,并希望读者能深入理解它们之间的内在联系,倘能如此,就可获得关于"发生认识论"的完整概念:一、主体与客体的关系;二、同化与顺化;三、发展阶段的理论;四、发展与学习的关系;五、认识机能的运转方面和图像方面;六、发展的古典性因素;七、平衡化与认识结构;八、结构的逻辑数理方面;九、结论:从心理学到发生认识论。

李其维

皮亚杰的理论

下述的发展理论，特别是关于认识机能的发展，如果开始不详尽分析这种理论赖以产生的生物学的前提和它最终抵达的认识论的后果，就不可能理解。的确，作为本章各种观念基础的那个基本假设是：在下列三种过程中，都可能找到同样的一些问题和同样的一些说明：

（1）在生长进程中，有机体对于环境的适应是同相互作用和自动调节连在一起的，从而表现出一种"后成性的系统"特征["后成说"或"衍生论"（epigenesis）在它的胚胎学的含义上总是由内部和外部双方决定的]。

（2）智慧的适应在其本身结构形成的进程中，既依靠不断的内部协调，同样也依靠通过经验所获得的信息。

（3）认知关系的建立，或更广泛地说，认识论关系的建立，既不是外物的一种简单的复本，也不是主体内部预成结构的一种独自显现，而是主体和外部世界在连续不断的相互作用中逐渐构造起来的一些结构的集合。

我们从上列第（3）点谈起。在这方面，我们的理论是与大多数心理学家的观点和"常识"的看法有极大距离的。

一、主体与客体的关系

1. 在一般看法中，外部世界是完全与主体分离的，虽然外部世界也包含着主体本身。这样，任何客观的知识似乎是单纯地由知觉记录、运动联想、口头说明等组成的一个集合，它们总加起来对外物和外物之间的联系产生一种图像的复本或"机能的复本"[用赫尔（C. L. Hull）的术语]。智慧的唯一机能就是系统地将多种多样的信息集合进行编排、校正等等；在此过程中，关键性的复本愈真实，最后形成的系统就愈一贯。在这种经验主义者的视野中，智慧的内容来自外界，而组成智慧的协调作用只是语言和符号工具所产生的结果。

但是这种对知识的消极说明，事实上与发展的各种水平相矛盾，特别在感知运动和前语言阶段的认知适应的智慧发展的水平上。实际上，为了认识物体，主体必须对它们施加动作，从而改变它们：他必须移动、连接、组合、拆散和再集拢它们。

从最基本的感知运动的动作（例如推和拉）到精巧复杂的智慧运算，即在心理上进行的、内化的动作(interiorized actions)(例如把物体合并在一起,排成次序,排成一对一的行列),知识是经常与动作或运算联在一起,也就是与转化联系在一起的。

因此,主体与客体之间的界限是无法事先决定的;更为重要的是,这种界限是不稳定的。的确,在每项动作中,主体和客体都是融合在一起的。当然,主体需要客体的信息,以便明确自己的动作,但他也需要许多主观的成分。没有长期的练习,或者缺少构造精细的分析与协调的工具,他就不可能知道属于客体的是什么,属于自己(作为一个积极的主体)的是什么,以及属于从最初阶段到最后阶段转化的动作本身又是什么。因此,知识在本原上既不是从客体发生的,也不是从主体发生的,而是从主体和客体之间的相互作用——最初便是纠缠得不可分的——中发生的。

甚至这些最初的相互作用是如此紧密地交织在一起和不能分开,以至于如鲍德温(J. M. Baldwin)所指出的,婴儿的心理态度可能是"非二元论的"(adualistical),这就意味着他们不能区别独立于主体之外由客体所形成的外部世界和一个内部的或主观的世界。

因此,知识问题,所谓认识论的问题,是不能离开智慧发展的问题来单独考虑的。这一问题得归结为分析主体如何能够递进地和恰当地认识客体,也就是主体如何能具有客观性的问题。客观性并不是经验主义者所认为的一种初始的属性,而对它的赢得却包括为一系列连续不断的构造,直到最后接近完成。

2. 这就引导我们进入本理论中第二个中心观念,就是构造的观念,这是相互作用的自然结果。既然客观知识并不是从外部信息单纯的记录中获得,而是起源于主体与客体之间的相互作用,这就必然意味着存在两种活动:一方面是一些动作本身的协调;另一方面,是引入客体之间的相互关系。这两种活动是相互依赖的,因为只有通过动作,这些关系才能发生。结果是,客观知识总是从属于某些动作结构的。但是这些结构是一种构造的结果,不是给出于客体中,因为它们依赖于动作;也不是禀赋于主体中,因为主体须得学习协调他的动作(这些动作除了反射或本能之外,一般地不是按照遗传程序编制的)。

这些构造的早期(第一年的早期)例子,是 9—12 个月的儿童能够发现客体的稳定性。儿童最初是依赖这些客体在他的知觉场中的位置,后来便不依靠任何实际的知觉。在他头几个月的生存中,是不存在稳定性的客体的,他只有知觉的图像,这些图像有时出现、消失,有时再出现。一种客体的"稳定性"开始表现于当这个客体在视野 A 点消失时(例如,当物体的一部分仍可看得见或被一块布遮盖,但仍显示出物形时),儿童做出寻找的动作,但是,当这个物体后来在 B 点消失时,通常儿童仍旧在 A 点寻找它。这种非常有助益的行为,对主体和客体间所存在的早期的相互作用提供了证据。在这个阶段,儿童相信客体的存在是依靠寻找的动作,当这种动作第一次成功了,下次仍旧会成功。一个真实的例子是一个年龄 11 个月的儿童正在玩弄一个皮球,皮球滚到扶手椅子下面,他从此处取回了皮球。隔了一会儿,皮球滚到一张低沙发下面,他不能在低沙发下面去找皮球,他返身转向房间的另一头,仍旧往扶手椅子下面寻找。儿童这样做是因为他上次曾在此处成功地找到了皮球。

为了建立不依赖于主体动作的一个客体稳定性的格式①就要构造一个新的结构;从几何学的意义来说,那就是"位移群"(group of translations)的结构:如$(a)AB+BC=AC$,$(b)AB+BA=0$,$(c)AB+0=AB$,$(d)AC+CD=AB+BD$等等位置的位移。这个群的心理学的等价语义就是包含着回到原初位置或者围绕一种障碍进行迂回(例如b与d式)等等行为的可能性。这种组织(这种组织并不是在发展初期就已存在,它必须通过连续不断的新协调才能构成)一旦完成,则客体运动和主体自身运动双方的客观性的结构化旋即成为可能。客体变成一种独立的实体,它的位置就可能作为它的位移及其连续位置的一种函数而被追踪出来。这时,主体的自身就不被认为是世界的中心,而变成同其他客体一样的一个客体,因它的位移和位置与其他客体的位移和位置是相互关联的。

位移群是一个结构的构成——同时归因于主体动作的不断协调和物理经验所提供的信息——的一个例证,它最后为外部世界的组织构成了一种基本的认识工具。它同时也是如此重要的一种认识工具,以至于它有助于12到18个月的幼儿完成一次真正的"哥白尼式的革命"。在儿童没有演化出这个新结构前,他总是(无意识地)认为自己是宇宙的静止中心,由于稳定性客体和空间组织的获得(这还需另一平行的时间绵延和因果关系的组织),他自己就变成了在构成他的宇宙的各种运动性客体的集合中一个个别的成员而已。

3. 现在我们看出,即使对在感知运动阶段的婴儿研究中,人们也不可能仅仅从事心理发生的研究而不会引申出一种蕴涵的认识论;这种认识论既是发生学的,却也引起认识理论上所有的主要争论。构造位移群显然地包含着物理的经验和经验的信息。但是它还包含着更多的东西,因为它也依靠主体动作的协调。这些协调不仅是经验的产物,而且也受其他一些因素控制,例如成熟和随意的练习;更加重要的,是受不断的和积极的自动调节所控制。一种发展理论的要点是不能忽视从认识论意义上看到的主体活动。尤其是因为认识论上的词义还包含有深刻的生物学的重要意义。有生命的机体本身不仅仅是它的环境属性的单纯的映象。它总是在演化成一种结构(structure),而这又是在衍生过程中一步一步地构造起来,而不是完全预成的。

在感知运动阶段所说明的发展情况也在所有其他发展阶段和在科学思想本身中重新出现。但是,在有些阶段中,原始的动作已经转化为运算(operations)。这些运算是内化了的动作(例如加法,它既能用外部动作计算也能用心算),是可逆的(加法需要在

---

① 在通篇论文中,格式(schème,复数 schèmes)是指操作活动,代表动作中能重复和概括的东西,如用棍棒去推动一个客体。而图式(schéma,复数 schémata)是指思维的图像方面——企图去表现现实,而不去转变它。图式是一种简化了的意象,例如一个城镇的地图。

减法中达成一种反演),并且形成集合理论的结构[例如逻辑加法性群集或准群(grouping),或者代数群]。

依靠主体活动的这类运算结构化的一个显著例子就是原子论,它远在实验证明前就由希腊人创造出来了。同样的过程在四五岁的儿童到十一二岁的儿童身上可以观察到。在这一情况中,经验不足以说明这种结构的出现,而这种结构的构造蕴涵着一种依靠主体活动所产生的加法性群集的组成。实验包括:在一杯水中溶解几块砂糖,询问儿童有关溶解物质的守恒以及重量和体积的守恒。7－8岁以前的儿童认为溶解的砂糖没有了,它的味道消失了。而在这个年龄阶段,则认为砂糖是在很小和看不见的粒子中保存它的物质,但是它既无重量,也无体积。9－10岁的儿童认为每一微粒保持它的重量,而这些基本重量的总和相等于溶解前全部砂糖的分量。11－12岁的儿童能将这种想法适用于体积(儿童预见到,在糖溶化后,杯中水的平面将会保持原有的高度)。

现在我们能看到,这种自发的原子论,虽然是由于看得见的微粒在溶解中逐渐变小而提出的,但它已远远超过主体观察的范围,而且包括一步一步地构造,并与加法性的运算相互关联。这样,我们就有了关于知识的起源既不是单纯来自客体,也不是单纯来自主体,而是来自在两者之间纠结在一起的相互作用的一个新例子。这样一来,外部物质所给出的东西通过主体动作的协调,就整合于逻辑数理的结构之中。上例将整体分解为三部分(看不见的),又将这些部分重新合成为整体,实际上,是逻辑的或逻辑数理的构造结果,不是物理实验的结果。这里所叙述的整体不是知觉的"格式塔"[它的特征恰好是非加法性结合,正如苛勒(Köhler)所坚持的],而是一个加法性的总和,这样的结局来源于运算而不是观察。

4. 在儿童的思想和成人的科学思维之间,不可能存在着理论上的中断性,这就是我们要把发展心理学扩展到发生认识论的缘故。这种情况在逻辑数理结构的领域中特别清楚,这是就这些结构本身而言,而不是被作为结构化物理信息的工具来加以考虑。这些结构主要有:包含、序列和对应的关系。这些关系显然有其生物学上的起源,因为它们远在行为发展各阶段中出现并被重新构造以前,在胚胎发展的遗传(DNA)程序中和成熟机体的生理组织中早就存在了。随后,它们在出现于自发思想和反省思想领域之前,便成为最早期发展阶段中行为和智慧的基本结构。它们又为我们称之为逻辑和数学的更加抽象的公理化提供基础。假如认为逻辑和数学是所谓"抽象的"科学,心理学家要问:抽象从何而来?我们已经看到,它们的起源不仅仅是在客体,也只一小部分依靠于语言,而语言本身却是一种智慧的构造。乔姆斯基(Chomsky)甚至把它列入先天的智慧结构。因此,这些逻辑数理结构的起源应该在主体的活动中去找,即在主体的动作协调的最一般形式中去找,最后还要在他的机体结构本身中去找。这就是为什么在生物学的自动调节的适应理论、发展心理学和发生认识论之间存在着基本的联系,这种联系是如此地带有基本性质,如果它被忽视,则任何智慧发展的一般理论都不能建立起来。

二、同化与顺化

5. 以上所讲各点的心理学意义就是在发展进程中所生成的心理发生上的基本联系，不可设想为能还原于经验论的"联想"；宁可说，它们是由一些同化（assimilation）所组成，这种同化是既就生物学的也就智慧论的意义而言的。

从生物学的观点来看，同化就是把外界元素整合于一个机体的正在形成中或已完全形成的结构内。在一般含义中，食物的同化是化学的转化过程，它使食物掺入到有机体的物质组成中。叶绿素的同化是植物的新陈代谢循环中辐射能的整合过程。沃丁顿（Waddington）的"基因同化"是通过表现型的选择达到遗传性状固定化（表现型的变异在此处可认为是基因系统对环境所施加的影响的"答复"）。这样，有机体所有的反应都包含着一种同化的过程，可用下式表示：

$$(T+I) \longrightarrow AT+E \qquad 公式(1)$$

这里 T 是一种结构，I 是被整合的物质或能量，E 是被排除的物质或能量，A 是大于 1 的系数，它意味着这种结构的强化是借物质的增加或运算效率的增加①的形式表达的。根据这一公式，可以明显地看出，同化的一般概念不仅适用于有机体生活，也适用于行为。确实，没有一种行为，即使对于个人是新的，能构成一种绝对的开端。它总是嫁接在以前的格式之上。因此，这等于说，累进地把新的元素同化于已经构成的结构（先天的，如反射，或习得的）之中。甚至哈罗（M. K. Harlow）的"刺激饥饿"，也不能归结为单纯的对环境的屈从，而应更恰当地解释为一种探索，寻找"机能的输入"（机能元素），以便被同化到当前正在提供反应的格式或结构中去。

这里，我们正好趁此机会指出众所周知的"刺激-反应"理论被当作行为的普遍公式是如何地不恰当。很明显，一个刺激能够诱发一个反应，只有在有机体是第一次对这个刺激感受时才有可能[或者，具有对反应的"胜任能力"（competence），有如沃丁顿描述对特殊诱导物（inducers）诱发遗传的感受一样]。

当我们说一个机体或一个主体对某一刺激感受到了，并能对之产生反应，我们系指它已具有让这个刺激被同化进去（按前述定义，也就是被体现或整合进去）的一种格式或结构。这一格式正好具有对之做出反应的胜任能力。因此，原有的刺激-反应组织不应该写成单向的 $S \rightarrow R$ 公式，而应写成如下的公式：

$$S \Longleftrightarrow R \text{ 或 } S \longrightarrow (AT) \longrightarrow R \qquad 公式(2)$$

---

① 例如，令 T 为曾被分为二子集的某些物体（O）的一个集合之分类，令 I 为另一新的物体集合被加于原先的物体内，于是分类 T 就得扩大起来。在那样进行（I 被同化于 T）的同时，两个新的子集便产生了（整体结构便是现在的 AT），而那些新物体的属性（如，I 内元素的数目，或它们的形状、颜色）在这一过程中都被忽视而不论。我们就得出 $T+I \longrightarrow AT+E$，那么，$T=2$ 子集，$I=$ 一些新元素，$AT=4$ 子集，和 $E=$ 新元素的那些被忽视而不论的属性，也就是与分类准则无关的属性。

在这里,AT 是同化刺激 S 于结构 T。

现在我们回到原先提出的公式(1)$T+I \longrightarrow AT+E$。在这里,T 是结构,I 是刺激,AT 是刺激 I 被同化于结构 T 的结果,这就是对刺激的反应。E 是任何在刺激性境中被排除于结构之外的东西。

6. 假如在发展中单有同化的作用,那么,在儿童的结构中就不会有变异。因此,他不会获得新的内容,也不会再有发展。同化作用,在保证结构的连续性和把新的元素整合到那些结构中是必要的。没有同化作用,一个机体就好像与一些化学复合物的情况相类似,如 A、B 这些复合物,它们通过相互作用,产生了新的复合物 C 和 D(其公式就会是 $A+B \longrightarrow C+D$,而不是 $T \longrightarrow AT$)。

虽然如此,生物的同化如果没有它的对立面——顺化(accommodation),从来不会自身单独存在。例如,在生物的胚胎发展中,一种表现型同化某些由它的遗传型规定为其结构的保存所必要的物质,但是,随着这些物质的充裕或稀少,或者这些通常的物质由其他稍有不同的物质所替代,某些非遗传性的变异〔往往称为"顺化性"(accommodates)〕,如形状或高度的改变是会发生的。这些变异是受某些外部特殊条件的影响而具有的性质。同样,在行为的领域内,我们把同化性的格式或结构受到它所同化的元素的影响而发生的改变称之为顺化。例如,婴儿吮吸手指的动作是改变吮吸的格式,是对他过去吮吸母亲的奶头的动作所产生的不同的动作。同样地,一个 8 岁儿童把"糖在水中溶解"这一现象同化于物质守恒观念(即结构)时,他必须对与看得见的颗粒不同的那些看不见的微粒做出一些顺化。

因此,认识上的适应,也像生物学上的对应物一样,是由同化和顺化之间的一种平衡所组成。上面已指出,没有顺化就没有同化。但是我们必须强调:没有同化,同时也就没有顺化。从生物学的观点看,这种事实是由于存在近代遗传学家所说的"反应常模"而被证实的:一种"基因型"可能提供能被顺化的或多或少的全距,但是所有这些顺化总是限于一种统计学上称之为"常模"的范围之内。同样地,从认识方面来说,主体可能产生种种的顺化,但只限于为保存相应的同化结构的需要所确定的某些范围之内。在公式(1)内,在 AT 中的 A 项明确地规定着对顺化所加的限制。

曾经被从休谟(Hume)到巴甫洛夫(Pavlov)到赫尔(Hull)的各种联想论使用过并滥用过的"联想"概念,只是在人为地从定义为同化与顺化间的平衡的一般过程中隔离出一部分得来的。巴甫洛夫的狗是将声音联系到食物,从而诱发唾液反射。如果声音出现后,没有食物再出现,这种条件反应或暂时联系就会消失;它没有内在的稳定性。这种条件作用的持续与对食物的需要形成一种函数关系,那就是说,只有当条件作用是同化性格式及其满足的一部分,因而也是对某种情境的顺化的一部分时,它才继续存在。实际上,一种"联想"总是由一种同化于以前的结构伴随着,这是不可忽视的第一种因素。另一方面,只要"联想"整合某些新的信息,它就表现出一种积极的顺化,而不是一种单纯的记录。这种依存于同化格式的顺化活动就是不可忽视的第二种必要因素。

7. 虽然顺化和同化在所有活动中都出现，但它们之间的比率会经常改变，只有在它们之间存在着或多或少稳定的（即使经常是流动的）平衡，才表现出一种完满的智慧动作的特征。

当同化胜过顺化（就是说不考虑客体的特性，只顾到它们与主体的暂时兴趣相一致的方面），就会出现自我中心主义的思想，甚至表现出我向的思想。表现这种情况的最普遍形式就是"象征游戏"，或叫做虚构游戏；在这种游戏中，儿童运用所掌握的各种客体来代表他所想象的东西。这种游戏在表象开始阶段（在 1.5 岁到 3 岁之间）是最普遍的。在这以后，儿童趋向于构造性的游戏，这时对客体所起的顺化逐渐趋向确切化，直到在游戏与自发的认识或工具活动之间不存在任何的差别。

相反地，当顺化胜过同化达到它能忠实地仿效当时作为模型的物体或人物的形式和动作时，儿童的表象（当然，练习的动作、模仿，如反复发声是在先存在的）向着模仿的方向发展。通过动作从事模仿，即顺化于当时的模型，逐渐扩展到延迟的模仿，最后发展到内化了的模仿。在最后形式中，它构成意象的起源，也就是构成对立于思维运算方面的形象的起源。

但，只要当同化与顺化处于平衡状态（即是说，只要同化从属于客体的属性，或者说，从属于伴同着顺化作用的情境；同时顺化本身也从属于已存的结构，即情境必须被同化于它们的结构）之中，我们才能谈到认识行为与游戏，模仿与意象是相对立的，而达于严格意义上的智慧的领域。可是，这种在同化与顺化之间的基本平衡是或多或少难以达到与保持的，因这依存于智慧发展的水平和遇到的新问题。然而这样的一种平衡存在于所有的水平中，既存在于儿童智慧的早期发展中，也存在于科学的思想之中。

很显然，任何物理学或生物学的理论往往把客观的现象同化于有限数目的模型，而这些模型并不绝对是从这些现象中抽出来的。这些模型另外还包含有一定数目的逻辑数理的协调（Coordinations），而这些协调就是主体本身的运算活动。要把这些协调归因于单纯的"语言"（这是逻辑实证主义的立场），那将是肤浅的，因为，严格说来，这些协调才是结构化的工具。例如，庞加莱（Poincaré）对于相对论可说是"交臂失之"，正因为他设想用欧几里得（Euclidian）几何的"语言"抑或用黎曼（Riemanian）几何的"语言"表达（传译）外界现象不存在差别。而爱因斯坦之所以能够构成他的相对论，恰恰是因为运用了黎曼的空间作为结构化的工具，去"理解"空间、速度和时间的关系。虽说物理学同化现实于逻辑数理的模型中去，但它必须不断地顺化那些模型于新的实验结果。它不能免除顺化，因为这样它的模型就会变成主观的和任意的了。但是，每种新的顺化都是受着现存的同化所制约。每种实验的重要意义并不是单纯地从知觉记录〔（Protokollsätze），乃初期的"逻辑的经验主义者"（Logical empiricists）所提出的〕中推导而来，它不能与"解说"断绝关系。

8. 在儿童智慧发展中，存在着许多类型的同化和顺化的平衡，它们随着发展的水平和所解决的问题而有所变异。在感知运动阶段（在 1.5 岁到 2 岁以前），它们仅仅是一些涉及直接空间的实际问题,早在 2 岁期间,感知运动智慧就抵达一种值得注意的平衡状态,例如工具行为、位移群(参阅第 2 点)。但这种平衡很难达成,因为在初生的前数月中,婴儿的宇宙是以他自己的身体和行动为中心的,并且由于他的同化未经适当的顺化校正而受到歪曲。思想的开端引起了表象方面(它扩展到远距的空间而不止局限于近距的空间)的许多问题,也引起不仅只以实际成功来衡量的适应的问题;因此智慧要经过同化受歪曲的一种新时期,这是因为物体和事件是根据主体的动作和观点被同化着,而且可能的顺化仍然仅仅固执于现实的形象方面(因而固执于与转化相反的静止状态上)。由于两种原因——自我中心的同化与不完全的顺化,因而平衡未能达到。另一方面,从 7 岁到 8 岁,可逆运算的出现保证着同化和顺化之间一种稳定的和谐,因这时两者都能对转化和状态同样发生作用。

一般说来,这种同化和顺化间递进的平衡是认识发展中一种可用集中化和离中化来加以解释的基本过程的一个实例。由于没有伴随着恰当的顺化而固执于感知运动或初期表象阶段所表现出的系统性地歪曲同化,这意味着主体停留在集中于他的动作和他自己的观点上。另一方面,会在同化和顺化间逐渐出现的平衡,则是不断离中化的结果,多次离中化使得主体采纳别的主体的观点或客体本身的观点。我们从前曾仅借自我中心和社会化来说明这一过程,但是,这一过程对各种形式的知识应是更加普遍的和更加基本的。认识的进展不仅是对信息的同化,它还需要一种系统的离中过程,而这又是客观性本身的一个必要条件。

三、发展阶段的理论

9. 在前面内容中,我们谈到只属于主体的结构的存在,这些结构是构造起来的以及构造是一步一步的过程。因此我们必须做出结论,发展的阶段是存在的。许多作者同意发展阶段的看法,但对于划分阶段的标准和解释持有不同的意见。这就成了一个需要讨论的问题。例如,弗洛伊德(Freud)所主张的阶段彼此之间的差异仅只按照一种优势的生理特征(口腔、肛门等等)来划分,但是这种特征在以前或以后阶段中也有出现,因此它的"优势"可以认为是任意的。格赛尔(Gesell)所主张的发展阶段是根据近似排他性的成熟作用的假设,这些阶段保证着一种固定的连续性的次序,但是可能忽视了递进构造的因素。为了明确认识发展阶段的特征,我们需要统一两个必要的条件,同时不致引起彼此间的任何矛盾。这两个条件是:(1)它们必须定义为保证着一种固定的和连续性次序;(2)这定义必须估计到递进的构造,从而不致留下完全预成论的印象。这两个条件是必要的,因为知识显然地包含着通过经验的学习:这意味着除了内部结构之外,还要有外部的贡献,而且结构演进的方式并不是完全预定的。

发展心理学中阶段的问题与胚胎发生说中阶段的问题相类似。在后一领域中的发生的问题也是既估计到发生的预成说,也估计到偶然性的衍生论——就通过基因群和环境间的相互作用来实现的构造意义而言的衍生论——的问题。正是由于这个理由，沃丁顿引出"衍生系统"（Epigenetic System）的概念，并在基因型与"衍生基因型"之间做出区别。这种"衍生系统"发展的主要特征不仅是那些众所周知的明显地按照顺序的连续性和累进的整合（继之以被胜任能力决定控制的分段化，最后更继之以再整合）相结合的特征，而且还是一些正如沃丁顿所指出的比较不明显的特征。这些，一方面就是发展程序的"必经途径"①的存在，即每一必经途径各有其自身的日程表；另一方面是一种"演化性的调节"或"动态平衡"②的干涉。动态平衡按着这样的方式起作用：如果某一外界影响使发展中的机体离开某一必经途径，那么，马上就引起一种动态平衡的反作用，把它又导还到正常顺序里，或者，如果这样失败了，就把它导入另一新的但与原来相类似的途径里。

上述的每一特征在知识发展中都可以观察到。只要我们认真地区别开结构本身的构造和特定的学习程序（例如，宁可在某一年龄开始阅读而不在其他年龄）的获得，那就自然会提出这一问题：发展能否归结为学习程序的相加，或者学习本身依靠着某些自主的发展规律？这个问题只能通过实验给出答复，我们要在后面进一步讨论。不管答案怎样，区别主要的结构，如运算的"群集"和特殊的习得，仍然是可能的。如此再来讨论这些主要结构的构造能否借阶段来加以定义的问题，就是适当的。果真如此，那就可能决定这些主要结构与学习发展规律的关系。

10. 假如我们限于研究主要的结构，我们会明显地发现所有的认识阶段有一种连续的属性，就是说，它们按照固定的连续性的次序出现，因为每一阶段都是形成下一阶段的必要条件。如果我们考虑的只是主要的发展阶段，我们可以列举下列三大阶段：

（1）感知运动阶段。从出生到1.5岁左右，它又可以分成下列两个分阶段：

第一分阶段——从出生到7—9个月，其特征表现为对主体自己身体的集中化。

第二分阶段——从9个月到1.5岁，其特征表现为实用智慧格式的客观化与空间化。

（2）从表象的智慧到具体运算（限于实物的类、关系和数目）过渡的阶段。它又可分为下列两个分阶段：

第一分阶段——初期的前运算阶段，开始于1.5岁到2岁，这时，语言与意象的符号化过程开始出现（尚未表现可逆性或守恒，定向函数和质的同一性已在萌芽中）。

第二分阶段——后期的前运算阶段，开始于7岁到8岁，以具体运算的群集开始出现为特征，并表现出各种类型的守恒。

---

① Creodes 来源于希腊文 $X\rho\eta$（意指"必须"）和 $o\delta o\varsigma$（意指"途径"）两个字根，故译为"必经途径"。——中译者注

② Homeorhesis 来源于拉丁文字根 Homeo（意指"平衡"）和希腊文字根 $\rho\eta\omega$（意指"流动"），故译为"流动平衡"。——中译者注

(3) 命题或形式运算阶段。它又可分为下列两个分阶段：

第一分阶段——11岁到13岁，开始组织各种形式运算。

第二分阶段——13岁到15岁，能完成一般的组合性运算和有两种可逆性的INRC群的运算。

假如我们现在考虑上面的顺序，就很容易观察到每个阶段或分阶段对形成它的后继者都是必需的。先说第一个实例，为什么语言和符号的机能只能在长期的感知运动阶段——那时只有标志和信号，而无象征或符号——完毕之后才能产生？（如果语言的获得依赖于联想的累积，那么，它就早该出现了）研究结果指出，语言的习得至少需要满足两个条件。第一，必须存在一般情况下的模仿，以便可能进行人与人之间的沟通。第二，必须存在许多结构上的性状，以便构成乔姆斯基（1957）所谓的各种转换性语法中的独异群①。为了满足第一个条件，那便意味着除了掌握模仿的运动技能之外（这并不容易），还要掌握感知运动阶段第（2）分阶段中对客体、空间、时间和因果关系的离中化。为了满足第二个条件，心理语言学专家辛克莱（H. Sinclair de Zwaart）最近指出，乔姆斯基的转换语法的结构要利用从前感知运动格式的运转来促成，而这些结构的来源既不存在于先天的神经生理的预定表内，也不存在于操作性的或其他条件性的学习过程中。

各种阶段或分阶段的连续特性的第二个实例就是在2岁到7岁的那个分阶段，它本身导源于9-10个月间形成的一些感知运动格式，并为7岁到10岁的具体运算做出准备。这个分阶段的特征表现出某些消极方面，如缺乏可逆性和守恒概念，但是它也演化出某些积极的成就，如空间函数［即"映射"mappings。② 在映射中，函数 $y=f(x)$ 以单元1值代表任何 x 值，从而在质上可得出 $a=a$ 的同一性］。事实上，这类函数在前运算思想中已经占有广泛的地位。这些函数单程定向可从恰当的方面说明在此阶段中序列概念的首要地位；但是这也是系统的歪曲的来源（例如，长些被理解为走得"远些"；估计水的容量只以水平的高度为准）。这些初级函数不过是在动作格式中固有的一些联系（在具体运算以前，它们总是指向某一目标的），因此是从感知运动格式本身发生的。质的同一性（如儿童对水的数量有改变时仍然说：这是同一样的水）来源于稳定性物体的概念以及来源于主体自己身体（同其他主体的身体一样）在时间与空间上维持同一性的概念；以上所说，就是感知运动阶段的三大成就。另一方面，单程的定向函数与所包

---

① 最基本的语言学结构即他所谓的独异群（monoid）。正是这种最基本的结构才得以生成和储存一些规则以便分析和再认一个有组织的音序的无限集合。——中译者注

② 映射（$f:A \rightarrow B$）在集合论中同"对应"和"函数"都是同义词。设有两映射 f, g，$f = g$ 表示 f 的定义域 A 与 g 的定义域完全一致，且对所有的 $a \in A$（读为"属于 A 集合的 a 元素"）皆有 $f(a) = g(a)$。如果映射 $f:A \rightarrow B$ 对于任意的一个 $a \in A$，都有 $f(a) = b_0$；这里 b_0 为一个固定单元，则称 f 为以 b_0 为值的常值映象。若集合 $A \rightarrow B$，而且对于所有的 $a \in A$，$f(a) = a$，则称 f 为 A 的恒等映射，用 I_A 来表示。——中译者注

含的同一性组成未来运算的必要条件。因此,我们看到 2 岁到 7 岁的阶段既是感知运动阶段的延展,同时也构成未来的具体运算的基础。

在 11 岁到 15 岁之间出现的 INRC 群和一般组合性结构的命题运算,由运用于某些运算之上的运算和运用于某些转换之上的转换所构成。因此,事实很明显,这个最后阶段的存在必然地包含前一阶段,即具体运算或一次幂运算阶段。

11. 如上界说即指各阶段都按照同样的连续次序出现。这种情况也许会使我们轻率地设想某些生物学上的因素(如成熟)参与其中。但,它显然与本能的神经生理的遗传是不能相比的。生物学上的成熟只是为可能的构造铺平道路(或为了解释暂时的不可能),还有待于主体使其现实化。这种现实化如果是正规的话,须得依照"必经途径"的规律,即常定的和必要的进程开展下去,以便内因的反应能够找到环境和经验的支持。因此,把这些阶段的连续性的顺序看成某种先天预定的结果是一种错误,因为在整个次序中存在一种不断创新的构造。

上述论点最好的两个证明是常模离差的可能性(可借"动态平衡"来调节)和时间表上的变异(有可能加速或延迟)。离差有可能是由于儿童在活动中遇到意外的经验所引起,或是由于成人教学的影响。某些教学的影响能够加速,甚至充实自然的发展,但它们不能改变构造化的次序。例如,教学程序理应远在初级算术运算之后导入变量比例,虽然比例看来好似两个除法的等式,例如,4∶2=6∶3。但是有一些家长当儿童尚无任何数的概念的时候,过早地教他们的孩子数数字到 20 甚至到 50。在许多事例中,这些过早的习得并不至于影响儿童形成整数概念的"必经途径"。例如,有由 m 和 n 个部分($m=n$)组成的两行相等的线段,首先,各部分相互对应着地排在儿童眼前时,他们认为是等长的,后来,将构成两行线段的部分间的距离改变了,这一实况就不能免掉某一年龄的儿童硬说较长的那行有较多的组成部分。另一方面,即使教育的影响是成功的,或者儿童在某一运算领域获得部分胜利,但在各种"必经途径"的相互作用的问题上仍未得到解决。例如,在类别和关系事例中,加和乘的运算是同步——看来往往如此——进行,或是一种演算随着另一种演算之后进行,而其最后的综合依然不变呢?

12. 在考虑到阶段递续的时间或速度这个问题时,我们随时观察到,完成作业的平均年龄的加速或延缓依靠某些特定的环境(例如,可能的活动与自发的经验的多寡,教育的或文化的环境),但是递续的次序总是保持不变的。有些作者甚至相信无限制的加速是可能的和可取的。布鲁纳(Bruner,1960)曾经极端地主张,如果一个人处理得恰当,他可以在儿童的任何年龄教学任何东西;但是他现在似乎再不如此自信了。关于这个问题,我们可以引证格鲁伯(H. E. Gruber)所研究的两种情况。第一种是发育中的小猫的情况。他指出有些小猫在获得稳定物体的"概念"中也同婴儿一样经过同样的一些阶段,并且能在 3 个月中获得婴儿要在 9 个月中得到的成就。但是,以后他们不再进展了。因此,我们可以设想,儿童发展的较慢速度也许有利于最后更大的进展。格鲁伯的第二个研究是他认为达尔文的某些主要概念在他的理论中出现得特别晚,虽然它们是他以前一些观念的合乎逻辑的结果。这种创造的惊人的缓慢速度是否成为丰富多产的一个条件，或者只是一个可悲的偶然事件？这些都是认识心理学中尚未解决的主要问题。虽然我们愿意提出一个可取的假设。对一个主体来说，从一个阶段到下一个阶段的过渡有一个最佳的速率。就是说，一个新组织（或结构化）的稳定性，甚至它的丰富多产都是依靠一些联系，这些联系既不是瞬时发生的，当然也不是无期限地延缓的，因为这样它们就会失去内部组合的能力。

四、发展与学习的关系

13. 假如我们把学习解释为认识习得的任何形式，显然，发展就只是由一系列的学习情境的总和或连续所组成。一般说来，学习这个语词主要是限于表示外因的习得，这时主体或者平行于外因的次序重复反应（如在条件作用中），或者通过使用实验装置产生的规定好的顺序，发现一种可重复的反应：这都不须自己通过一步步的构造性活动去结构化或再组织那些外因系列，这就叫做工具性学习。假如我们接受那个学习的定义，将要发生这样一个问题：发展单纯是一系列学习的获得（这就意味着主体完全依赖着客体），还是学习与发展构成知识的两种特殊的和个别的来源。最后，当然还存在这样一种可能：每种习得实际上只能代表发展本身的一个任意由环境提供的方面（这可能引起一种违背"正常"必经途径的离差），但仍然服从于当前发展阶段的一般性的约束。

在审查实验的事实之前，我们愿意提出杰出的行为主义者赫尔的学习理论。为了简化这种理论，伯莱因（Berlyne）在1960年对赫尔的理论引进了两个新的概念。第一个概念是刺激-反应的泛化，这是赫尔早先预见到但未使用过的；第二个和更为基本的概念是"转换的反应"，它不限于重复，但是遵从可逆性的变换，有如"运算"一样，在讨论平衡化与调节时，伯莱因扩展外部强化的概念，引入"内部强化"的可能性，如惊奇、不一致或一致的情感等。虽然对赫尔理论的这些修改基本上改变了它的结构，但这还是不够的。主要的问题仍然存在着：这些"转换的反应"是对客体可观察的外部转化的简单复写，还是主体自身通过作用于客体来转变客体。我们理论的要点就是知识是从主体与客体之间的相互作用中产生的，这些相互作用比客体单方所能提供的内容要丰富得多。另一方面，赫尔的学习理论将知识归结为直接的"机能的复写"，这就不能丰富现实。为了说明认识的发展，我们必须解决的问题是创造的问题，而不是单纯的复写问题。刺激-反应的泛化和转换反应的引入都不能解释创新或创造的问题。对比之下，同化和顺化的概念以及运算结构的概念（它们作为主体活动的结果是被创造出来而不是被发现出来的），就被导向于这种创造的构造化，而这种创造的构造化体现出生动思维的特征。

在结束学习与发展关系的理论导言中，我们愿意指出如下非常奇怪的事：就是许多美国和苏联心理学家（他们都是两个以改造世界为怀的大国的公民），如赫尔、巴甫洛夫等曾经提出过的学习理论,都是把知识归结为对外部现实的被动复写;其实人类的思想总在变革和超越着现实。突出的数学分支(例如,包含着连续体假说的数学分支)就没有物理现实的对立面,而且一切数学的技术结局终归产生新的组合从而丰富着现实。要恰当地表达学习的概念,必须首先阐明主体如何悉心致力去构造和创造,而不是仅仅去阐明他如何去重复或复写。

14. 几年前,"发生认识论国际研究中心"研究了两个问题:(1)在何种条件下逻辑结构能够被学习到手?这些条件是否与学习经验的顺序相同?(2)甚至在后一种情况(概率的抑或任意的顺序)下,学习也蕴含着一种逻辑,类似于动作协调——这早在感知运动(格式的组织)中可以观察到——的逻辑吗?

关于第一点,有许多研究证明[例如,格雷科(Greco)、莫夫(Morf)和斯梅斯隆(Smedslund)1959年的研究],为了学习构造和掌握一种逻辑的结构,主体必须首先学习一种更加基本的逻辑结构,然后加以分化并使之完成。换句话说,学习不过是认识发展的一个方面,而这一方面是由经验促进和加速的。对比之下,在外部强化下的学习(例如,允许受试者观察,他应该得出的推论结果或者口头告知他)在逻辑思维方面只产生很小的变化,或者只产生一种明显的、顷刻的变化,而并没有真正的理解。

例如,斯梅斯隆发现让儿童运用黏土碎块来学习重量守恒的概念是容易的。这些泥土的形状经常变换,儿童可以在一定程度上观察到它们的固定的重量,这样多次重复这些观察,就能促进概括的形成。但是通过观察进行强化的过程还不足以导致获得在重量上等量的传递性:如果 $A=B$ 和 $B=C$,则 $A=C$。换句话说,守恒的逻辑结构(并且斯梅斯隆核对过传递性和运算守恒间的相关量)并不是以与这种守恒的物质内容获得的同样方式获得的。

莫夫在研究儿童学习量的包含的实验中,观察到同样的现象:如果 $B=A+A'$,则 $A<B$。每当儿童的注意被吸引到整体的那些组成部分时,儿童的自发趋势总是将部分 A 与其补充部分 A' 进行比较,而 B 就失去了被保持为整体的性质。

与此相对照,对类的交①接受过训练会促进对包含的学习。的确有这么一回事,荷

---

① 此处"类"意即"集合"。
暂借韦恩(Venn)的三个最基本的图解来说明数理逻辑、概率论、集合论、布尔代数等现代学科上的三个运算概念:①并,②交,③包含(以圆表示 A 和 B 两"集合"构成以上三种运算关系):

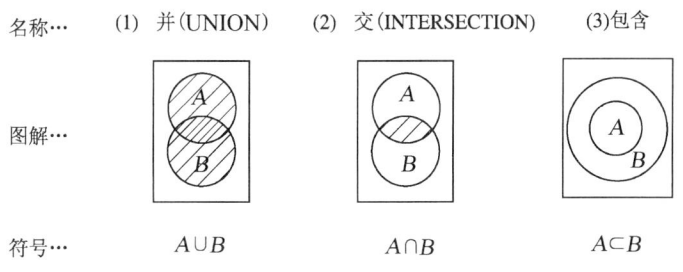

——中译者注

兰心理学家康司坦姆(G. A. Kohnstamm)曾经尝试去证明仅用说教和口头训练的方法有可能教会儿童学习整体对部分在数量上的优势($B>A$),因此,相信用教育方法能够在任何年龄教会儿童任何事物的那些教育心理学家就被认为是乐观派,而主张在任何情况下只有一种适当的自然发展才能使理解成为可能的日内瓦学派心理学家则被认为是悲观派。但是,洛朗多(Laurendeau)和皮纳德(Pinard)在蒙特利尔(Montreal)核对康司坦姆的实验时,发现事情并不那样简单,口头训练的儿童在对待 A 与 A' 的关系上会发生许多错误。传统学校的教师们把任何相信他们自己方法的人称为乐观论者;但是,按照我们的意见,真正的乐观主义应该存在于儿童具有创造能力的信念中。还要记住,每次过早地教给儿童一些他自己日后能够发现的东西,这会使他不能有所创造,结果也不能对这种东西有真正的理解。这样讲显然并不是说教师不应该设计实验的情境以便利学生的创造。

回到我们所提出的第二个问题,马特隆(Matalon)和阿波斯特尔(Apostel)已经证明,所有的学习,即使是经验论者的学习,都包含有逻辑。这就主体动作的一种组织——它是与外界张本(data)的直接知觉相对立的——意义而言尤其真实。而且阿波斯特尔已经开始对学习过程的代数学及其必要的基本运算加以分析。

15. 在"发生认识论国际研究中心"所进行的那些研究之后,英海尔德和他的同事们在日内瓦,以及后来洛朗多和她的同事们在蒙特利尔都进行过更加详细的实验研究。这些研究的目的是要隔离出各种可能利于运算习得的因素,同时要与在这同一些概念的"自然"构造中(例如,自然发展进程中的守恒)所包含的因素建立可能的关系。

试举一例,英海尔德、博维和辛克莱等设计了一种实验:让儿童看到几个透明的瓶子,里面装满了同样数量的液体。这些同样形状的瓶子、同样数量的液体通过瓶底水龙头慢慢地完全注入下面几层另外各自对应的不同形状的一些瓶中,最后又注于最下一层形状、大小相同的一些瓶中。中间各层瓶子的高度和宽度都不相同,但底层和最上层的是相同的。这种安排可使儿童进行水在容器内的高宽两维上的和数量上的比较,使之逐渐理解水在最初和最后两层瓶子中量的相等的理由。

他们在这个实验中发现,实验结果随着儿童最初认识水平的不同而表现出显著的差异,这些结果可按照儿童所利用的同化作用的格式来加以分类。在前运算阶段开始,没有一个儿童能够成功地学习作为物质守恒初级概念之基础的逻辑运算,只有少数儿童(12.5%)上升到中间的水平,大多数儿童(87%)甚至没有表现出任何真正的进步,经常地在守恒的肯定或否定之间摇摆。这种不定的情况可归因于这样一种事实,即集中或连续的离中状态的协调仍然是部分的和暂时的。显然,在一个封闭的物质变换的系统中,既没创造过也没有破坏过任何东西,这是一回事;但是,由此推论出守恒原理,又是另一回事。对于某些一开始就处于中间水平的儿童来说,结果是不同的。这时,只有23%的儿童不能达到守恒,而77%的儿童从练习中都有某种程度的得益,并且是在真正的运算结构的基础上获得守恒的概念。对于大约一半的儿童(38.5%)来说,这个结果包含有一种预先测验时就已开始的结构化的扩展,而在另一半儿童身上则很容易观察到守恒的逐渐构造化现象。他们的推理获得一种真实的稳定(后期两次测验都无消退现象),而且他们也能将守恒泛化,并把这个概念扩展到与这一实验很少相似的黏土圆球的转变实验情境上去。然而,把他们的论证与那些通过较慢的"自然"过程而获得守恒的主体的论证相比较,可以看出它们不是完全一致的。前者所构造的结构不曾利用过运算变换的所有可能性,这种运算变换的完备形式需要普遍的可逆性。事实上,他们多数根据在实验情境中所产生的同一性和补偿性加以论证,只有很少数的论证是根据相抵消的可逆性①提出的。

另一方面,对于一开始便处在初期运算水平的儿童(在实验中以数量守恒的获得为特征),在实验情境中的进步是比较普遍的和完全的,在自发的发展中,通常要在二三年以后才出现重量的守恒。但在这种情况中,进步是真实的,只要实验的情境不限制儿童处于被动的观察地位,而是包括一系列的操作上的练习(主要是比较多维而不同物体的重量,从而断定它们的等同或不等)。在接受了这种训练的程序之后,86%的受试者完成了守恒。其中,64%的儿童能够在重量上运用次序或等量这一类的传递性,并能运用全部可逆性的论证,表明他们感觉到这些特点在逻辑上是显然的。这种习得很明显与实用主义的解答有所区别。在这种解答中,处在前运算阶段的儿童只是服从于经验的证据(如在斯梅斯隆的实验中所显示的)。

这个实验主要说明,学习从属于主体的发展水平。如果他们是接近于运算的水平,就是说,如果他们能够理解数量上的关系,他们在实验中所做的比较足够引导他们达到补偿和守恒。但是他们离开运算量化的可能性愈远,他们运用学习次序达到守恒概念的可能性就愈小。

洛朗多进行的一个实验包含着尝试诱发递进的离中与平衡,并将取得的结果与斯金纳式(Skinner type)的操作性学习在外部强化下所取得的结果相比较。要一组受试者预先报告,一瓶水从一个瓶子倒入另一个不同形状的瓶子可能达到的水平,这样他们可看出自己的预先报告是否正确。再问受试关于守恒的问题,当他们否认时,就叫他们增加液体分量直到两个瓶子里的水平相等。然后对不同形状的水瓶这样重复做若干次,直至最后使用两个完全不同形状的瓶子,一个是宽而低,另一个是狭而高;显然,同样水平的两种瓶子里的水的量是不相同的。在实验的第三部分,采用12个逐渐增高和变狭的瓶子,中间的两个(6号与7号)其大小形状是相等的。由受试倒入他自己认为是相同分量的液体。这些液体又倒入5号和8号瓶子中,如此重复动作下去,6号和7号瓶子的液体又被倒入4号和9号等等。5岁与6岁之间的儿童在这些操作中可以观察到一定的进步,这种进步又在一周和3个月以后所进行的几次后期测验中加以证实。

---

① 指互反(reciprocity)演算的双重可逆性而言。——中译者注

在第二组中,要被试做出同样的预告,只是向他们问到仅与守恒有关的问题(约 20 个之多)时,对正确的答案给予适当的鼓励。事实上,儿童很快学会做出正确的答案,甚至在两三天以后还能这样做。但是后期测验显示这种学习带有更多的局限性和更少的稳定性。

总之,学习看来要依靠发展的机制,并且当它利用这些机制的某些方面时(例如,一些量化工具本身)才会变得稳定。而这些机制将会在自然发展中演化形成。

五、认识机能的运转方面和图像方面

16. 在前面所叙述的阶段只是有关智慧发展的阶段,在后面所讨论的学习方面仅与这些发展阶段有关。

如果要想获得心理发展的全貌,我们不但要考虑认识机能的运转方面,也要考虑它们的图像方面。我们把主体致力于转变现实的活动叫做运转的或操作的(operative)活动。它包括:(1)所有动作的集合(除开意在顺化环境,如模仿和制图等动作外);(2)运算动作本身。"运转的"这个词比"运算的"含义要广一些,运算只是与算符[或译"运算子"(operators)]有关。对比之下,我们把那些如实地表征现实而不去转变现实的活动叫做图像的(figurative)活动。它包括:(1)知觉,(2)广义的模仿,(3)在心理意象活动中栩栩如生的表象。

在讨论这些图像方面以及它们与知识的运转方面的关系之前,我们必须简略地分析它们与符号学的(semiotic)机能[一般叫做象征(symbolic)机能]的关系。在考虑符号机能时,皮尔斯(Pierce)曾在"标志"(知觉)、"形象"(意象)与符号(包括语言)之间划出区别。我们宁愿采用语言学上广泛使用的索绪尔(de Saussure)的一套术语,它在心理学上表现出如下特点:

(1) 标志(Indexes)是这样一种示义物(signifier),它与所示的意义无大区别,因为它是所示意义的一个部分或是其因由的结果。例如,对一个婴儿来说,听见一种语音就标志着有人来临。

(2) 象征(symbols)是这样一种示义物,与它所指示的意义是有区别的,但是象征与其意义保持一定程度的相似,例如儿童在象征性游戏中用一块白石头代表面包,或者用青草代表蔬菜。

(3) 符号(signs)是这样一种示义物,它与义之所指(significant 意义)也有区别,但是这种意义是约定俗成的,因而或多或少是任意的。象征纯粹是个人起源的,例如在象征游戏中或在梦中;符号则经常是社会起源的。

我们把儿童在两周岁进程中所获得的通过象征或符号(即不同于意义的示义物)去表征不在场的事物或没有亲知的事件这种能力叫做符号学的机能(或象征的机能,但"符号学的"意义要广泛些)。因此,这种符号学的机能包括(除了语言之外)象征的游

戏、图画以及延迟模仿(这种模仿是在没有榜样的情况下才开始的)。至于标志(包括在条件作用下的信号)在婴儿最初几周内已经发挥作用了。从标志到象征和符号的过渡,换言之,开始以符号学机能为特征的区别化,是与模仿的进展有密切关系,而它在感知运动阶段,则是通过实际动作来实现的表征。一旦模仿发生分化,并内化为意象时,它就会变成象征的来源和交换信息的工具,从而使语言的习得成为可能。

根据以上定义,符号学机能部分地包含着知识的图像活动,而图像的活动又部分地包含着符号学机能。于是,存在着这两个领域之间的相交,而不存在它们之间的等价或包含。实际上,知觉是一种图像的活动,但是它不属于符号性机能,因为它只应用标示,并不用表象性的示义物。语言属于符号学机能,但是它只部分地具有图像性(主要是在儿童的幼年阶段,等到年长些,特别是在形式运算的开始阶段就大为减少)。对比之下,模仿、意象与图画既是图像的,又是符号学的。

17. 这里对知觉的讨论是很简单的,西格里姆(Seagrim)已将作者(皮亚杰)的《知觉的机制》一书(1961年版)译出来了,不久就要出版。此处要适当地提出,在研究儿童的知觉发展中,我们倾向于区别"场的效应"(此处"场"是指视动觉集中化的场,而不是格式塔理论上的场)与就位置和定向而言的探索的知觉活动。

场的效应[有如,缪勒-利耶尔(Müller-Lyer)的几何图形错觉]随着年龄的增加在数量上减少,但是它们仍保持质的特点。结果,它们随着年龄的演化,并不产生一种阶段上的连续。例如,基于视觉集中化的概念[万邦(Vinh-Bang)关于眼睛运动的研究],我们有可能构造一个"遭遇"(encounters)和"对应"(couplings)的概率性的模型,为平面的原发性错觉提出一个通则,可用来计算每一种错觉的理论上正和负的最大值限。这些值限已用实验校对过。它们在各年龄阶段都是相同的,虽然错觉在数量上的总数逐渐减少。

对比之下,知觉活动随着年龄而改变,大致可区分一些近似的阶段。例如,对同一受试将缪勒-利耶尔错觉或菱形错觉(低估对角线的长度)呈现20或30次,就可观察出学习的效果,到7岁后随着年龄而增加。诺尔丁(Noelting)和贡海姆(Gonheim)的研究指出学习效应在7岁前没有出现过。这种(依靠自动调节或自发的平衡化的)知觉学习没有受到强化影响,因为受试者在他的估计中不知道有错误,这只是随年龄增加而效率提高的知觉活动的结果。

儿童从知觉上估计一条线(例如在一个装置的三角形中)的水平状态,我们[达格顿(Dadgetun)的研究]发现约在9到10岁时有明显的进步,这是同相应的空间运算直接相关的。同我们在研究知觉与智慧的关系中的许多情况一样,总是智慧在指挥运动——这当然不是在实验知觉的机制,而是在着重指出什么是必须考虑到的和对形成好的知觉估计有用的标志。

18. 我们同英海尔德(1966年)和其他同事广泛地研究过心理意象的问题,特别考虑到它们与智慧的关系问题(例如,叫被试在守恒试验中想象——在他们实际看到结果之前——将一瓶液体倒入另一个不同形状的瓶中可能有的结果)。我们第一个结论是：意象不来源于知觉(它仅仅大约在 1.5 岁同符号学机能一道出现)，并且它完全服从于不同的规律。它可能是模仿内化的结果。这种假设在儿童象征性游戏领域的初始阶段中(即想象性游戏，它显示出介于用手势和动作进行模仿性象征和内化了的模仿或意象两者间的过渡阶段的特征)似乎得到确立。

而且，在区别"再生"(reproductive)意象(想象一个物件或一件事情——知道的，但当时不在眼前)和"预期"(anticipatory)意象时(想象一种新的组合的结果)，我们得到下列结果：

(1) 在 7 岁前，只能发现"再生"意象，而且都是静止的。例如，受试在想象一根倒下时的棍棒开始垂直的位置和最后水平的位置两者间的那些中间位置便感到有系统性的困难。

(2) 在 7－8 岁以后，出现"预期"意象。但它们不仅限于应用到新的组合中，而且对于任何转变性(即使是已知的)的表象，它们也似乎是必需的，好像这类表象总会引起一种新的预期。

但是这种研究显示出在意象的演化和运转的演化之间存在着严格的相互依存性。预期意象只能在相应的运转存在的条件下才是可能的。在我们进行有关液体的守恒实验中，年幼的受试经过一个"假守恒"的阶段，这时他们想象在一个窄瓶中液体的水平和在一个阔瓶中的水平相等(当他们看到不是同样水平时，他们就否认守恒)。大约有 23% 的受试知道窄瓶中的水平面要升高，但是这种知识是经过经验在意象中产生的，并且他们得出结论，这里并没有什么守恒(当他们将同样数量的液体倒入两个瓶中时，他们将液体只倒到同样的水平)。

总之，虽然意象有时能有利于运转，但它们不能构成运转的来源。相反，意象作用一般是由逐渐出现的运转(或运算)所控制的。

19. 意象作用(imagery)的研究引导我们去研究记忆的发展。记忆有两个非常不同的方面。一方面，它是认知的，需要过去的知识，在这方面，它运用智慧的格式，后面我们即将举例说明；另一方面，意象作用不是抽象的知识，而是与物或事具有特殊的和具体的关系。在这方面，有些象征，如心理的意象，特别是"记忆的意象"对意象作用的运转都是必要的。意象本身能够格式化(schematized)，这有完全不同的意义，因为意象本身，虽然带有格式的意味，但还不是格式，因此我们把它们叫做图式(schéma)。一个图式是一种简单化的意象(例如关于一个城市的地图)，至于一个格式(schème)则代表着一种动作中可以重复的和泛化了的东西(例如，"推动"格式就是那种用一根棍棒或其他任何工具去推动的等等动作中的共同东西)。

关于这一点，我们研究的主要结果证明了如下这种可能性(不是普遍性)：记忆的进步受智慧运转格式的改进的影响。例如，我们向 3 岁到 8 岁的儿童出示按序排列的 10 根长短不同的小木棒(自 9cm 到 16cm)，我们只是叫受试注意看这种排列。一周以后和一个月以后,再叫受试将过去所看到的排列从记忆中画出来。

第一个有趣的结果是,在一周以后,比较年幼的儿童记不住这个有次序的元素的排列,但是改造了它,把它同化到相应于他们的运转水平的格式中去:(1)少数相同的元素;(2)一些短的和一些长的;(3)一组短的、一组中等的和一组长的;(4)一个正确的连续,但是太短;(5)一个完整的序列。第二个显著的结果是:在(没有重复显示过这个排列)6个月之后,在75%的儿童中记忆有进步。那些原在(1)水平的上升到(2)水平;原在(2)水平的上升到(3)水平,或者甚至到(4)水平;原在(3)水平的上升到(4)或(5)水平;等等。这些结果当然不像在其他试验中那样惊人。而且显出模型愈少被格式化,进步则愈少(这意味着,这时只是图式的水平而尚未同化于一种格式)。这些事实的存在显示记忆的结构是部分地依存于运转结构的。

六、发展的古典性因素

20. 我们已经看出存在着一些发展规律,而且发展遵循着连续的次序,每一阶段对于下一阶段都是必要的。但是这个基本事实还有待于加以说明。发展的三个古典性因素是:成熟、物理环境的经验和社会环境的作用。最后两个因素不能解说发展的连续的性质,第一个因素本身也不是发展的充分条件,因为智慧的发展不包含一种遗传程序的因素,如同本能依据的因素一样。因此,为了协调以上三个因素,我们将要增加第四个因素,这就是平衡化(equilibration)或自动调节(auto-regulation)。

显然,成熟在智慧发展中是有一定地位的,虽然我们对于智慧的运算与大脑之间的一些关系知之甚少。特别是发展阶段的序列性状对于了解它们部分的生物学上的本性是一个重要的线索,并且由此可对基因型和衍生论的作用提供出积极的论证。但这不意味着,我们能够设想有一种作为人类智慧发展基础的遗传程序的存在:没有"先天观念"[不管劳伦兹(K. Z. Lorenz)如何论证人类思维的先天性]。甚至逻辑也不是先天的,而只引起递进的、衍生的构造化。因此,成熟的影响主要是为发展开辟新的可能性,就是说,对结构提供门径;在这些可能性未被提供以前,结构是不可能演化出来的。但是在可能性与现实性之间,还需有一些其他的因素,例如练习、经验和社会的相互作用。

智慧结构中存在于遗传可能性和它们的实现化之间的空隙可由如下观察提供的一个实例很好地加以解释,这就是麦卡洛克(McCulloch)和皮茨(Pitts)于1947年在神经元联系中发现的布尔和逻辑的结构。根据这一见解神经元表现为好像一些按照规则加工信息的算符(运算子),类同于命题(语句)逻辑的算符。但,命题逻辑只出现于12到15岁间的思维水平上。因此,"神经元的逻辑"和思维的逻辑间没有直接关系。这一特殊情况,同其他情况一样,其过程必须被理解为非递进的成熟,而是一种构造化的序列,每一次构造化部分地重复着紧接的前一次构造化,但是在水平上提高了并在范围上扩大了。使神经元逻辑成为可能的,仅仅限于一种初始的神经活动。但这种活动反转来使行为水平上的感知运动组织成为可能。然而,这种组织,虽说保存着神经活动的某些结构而且与之部分地同构(也称偏同构),结局便一开始即成为一个行为间联系的集合,这一集合要比神经活动本身的联系集合简单得多,因这些行为必须同动作和客体相关联而再也不仅仅局限于内部的种种传导了。更进一步,感知运动组织又使思维和象征工具的形成成为可能,这又蕴涵着一种新的逻辑的构造化(部分地同构于前此逻辑),但这一新的逻辑会遇到新的问题,于是循环又重复产生。所以说,从12到15岁间构成的命题逻辑并非神经元逻辑的直接后果。它是一系列连续构造化的结果,而这一系列连续构造化并非在遗传性神经结构内预成的,但是这种初始的结构却为它们提供了可能性。所以我们绝不模拟一种不断成熟的模型,因为它不能借预成的机制来解说一切。必须用来代替这种纯粹内因性模型的是一系列的构造化,它们的顺序并不蕴涵着一种简单的预定性,而是包含着比它更多的东西。

21. 传统地用来说明认识发展的第二个因素是经验,这是通过与外界物理环境的接触而获得的。这个因素主要是异源的,至少有三种类别,其中我们将要区别两个相对立的极端。

(1) 第一类是简单的练习,包括对出现的物体施加动作的影响,但是并不必然地蕴涵着从这些物体中引出任何知识。实际上,已经观察到练习在巩固一个反射或一组复杂的反射(如吃奶的动作在头几天的生命中随着重复而有显著的改进)中有一种积极的影响。这种情况在对事物的智慧运算中也是如此,虽然这些运算不是直接从事物中得来的。对比之下,探索知觉活动的练习或进行试验的练习,在巩固主体的活动的同时,能够提供新的外源的信息。这样,在练习本身,我们能够区别相对立的两极:一极是顺化于客体,这是基于客体特性的习得的唯一来源;另一极是机能的同化,这也就是通过主动重复而巩固的。从第二极的远景看来,练习主要是一种平衡化的或自动调节的因素,也就是说,它依存于主体活动的结构化要多于从外界环境得来的知识增加。

通过对客体的操作(不是单纯的练习)来获得新知识,就这种严格意义上的经验而言,我们又可把它分为相对立的两极,这将在下面的(2)和(3)中说明。

(2) 有一种我们称之为物理的经验,即通过一种简单的抽象的过程从客体本身中引出信息。这种抽象作用是从客体的许多特性中分离出一种新发现的特性,而不去考虑其他特性。例如,儿童通过这种物理的经验发现客体的重量,而不去考虑客体的颜色等等,或者发现,在同类的客体中,它们的重量将随着体积的增加而增加。

(3) 除了在(2)中所提到的物理的经验,在(1)中所提到的简单的练习之外,还有本文尚未提到过的第三种基本的类别。这就是我们称之为逻辑数理的经验。当儿童的逻辑演绎和计数还是不可能时,这种经验在认识发展所有水平上都占据主要的地位,并且,只要儿童遇到新的问题需要他发现新的演绎工具时,它就又要出现。这种经验也包含着作用于客体的动作,因为没有动作作用于它的源泉(现实的或想象的),就不会有经验;因为没有动作,就意味着与外部世界失去接触。但是,那时从这种经验派生的知识并不是基于这些客体的物理特性,而是基于施加在这些客体上的动作的特性;这就完全不是一回事了。这种知识是从客体中派生出来,因为它的形成是通过把弄客体而发现某些被动作引入的特性,而这些特性在动作之前是不属于客体的。例如,一个儿童在数石子,将石子一排排地放着,忽然惊奇地发现,当他从右边数到左边,又从左边数到右边,总数都是一样的;再把这些石子排成一个圆圈,数起来总数也是一样的,等等。于是他从实验中发现,总数是独立于排列的次序之外的。但这是一个逻辑数理的实验,而不是一个物理的实验,因为不论是次序,或者甚至是总数,在他以一定的方式排列它们和聚合它们为一总体之前,都不是存在于石子之中的。他所发现的是一种排列成序和聚合一起的关系,这种关系对他来说是新的,而不是属于或仅仅属于石子的一种特性。

因此,我们看出习得经验的因素实际上是复杂的,经常包含着两极:从客体派生的习得和主体的构造活动。甚至物理的经验从来也不是纯粹的,因为它经常包含着一种数理逻辑的背景,不管它是多么原始(例如,知觉中的几何格式塔)。这就等于说,任何特殊的动作,例如其结局形成物理知识的"衡量"从来不是独立于动作的更一般的协调(如,序列、聚合等等)之外的,而这类协调就是逻辑数理知识的来源。

22. 发展的第三个古典性的因素是社会环境的影响。只要我们考虑到在前面所说明的发展阶段随着儿童文化与教育的环境得到加速或推迟,它的重要性立即得到证实。但是,发展阶段在任何环境下总是按照同样连续性的次序发生,这一事实本身就足以指出社会环境不能说明一切。这种常定的连续性次序是不能归因于环境的。

事实上,社会的或教育的影响和物理的经验在这方面都是建立在同一的基础上,它们对于主体能有某些影响,只要他能同化它们;他能够做这做那,只要他已经保持有适当的工具或结构(甚至原始的形态)。实际上只有当所教的东西可以引起儿童积极从事再造的和再创的活动,才会有效地被儿童所同化。

在语言与思维之间的关系中存在的困难问题为这种复杂情境提供一个绝好的例子。许多作者认为语言不仅在表象或思想构成中是主要因素,这就引起了第一个问题;而且语言是逻辑运算本身(如,分类,顺序,命题运算,等等)的来源,这就引起了第二个问题。

关于第一个问题,无疑语言在动作内化于表象和思想方面起着主要的作用。但是这种语言的因素不是唯一起作用的因素。我们必须把象征的或符号学的机能作为一个整体来考虑,而语言只是其中的一部分。表象的其他工具有延迟模仿、心理的意象作用(这是内化了的模仿而不仅是知觉的延展)、象征游戏、绘画(或图形模仿)等等;而一般性的模仿肯定地构成知觉运动和象征机能之间的过渡。因此,语言必须置于象征机能的一般格局中来加以考虑,不管它所占的地位是多么重要。例如,对聋哑者的研究揭示,当发声语言的发展受到损害后,另一种象征的工具可能达于多么远的境地啊。

再回到语言和逻辑运算的关系问题上来,我们始终认为逻辑运算的起源要比语言深远得多,发生得早;就是说,它从属于普遍的动作协调规律,这些协调控制着包括语言所有在内的活动。

在知觉运动格式的协调中已经存在着初级的逻辑(参阅位移群、物体守恒等等);它是以智慧形式存在着的,这种形式既非口语的,也不是象征的。但是,还需要进一步在内化了的思想的水平上更明确地建立语言与逻辑运算的关系。

辛克莱(Sinclair)近来在心理学的和语言学的水平上所做的一系列实验很有教益。她研究了5到7岁的两组儿童,一组很明显地处在前运算阶段,尚不能达到守恒的概念;而另一组已经持有可达到守恒概念的工具。她在实验中证明两组儿童的语言有显著不同。当实验者叫他们比较两个或更多的客体,例如比较一支长的、细的铅笔和一支短的、粗的铅笔时,处在前运算阶段的一组儿童只能运用一种没有关系尺度的语词:"这个是长的,这个是短的,这个是粗的,这个是细的。"对比之下,运算组的儿童运用"向量"的语词"这个是短些和粗一些"等。这就证明在语言与运算水平之间有明显的关系。但是,这一关系侧重哪一方向呢?为了弄明白这一点,辛克莱指导年幼一组儿童运用年长一组儿童所用的口头语言。这样做了以后,她再考虑他们的运算水平,发现只有将近10%的儿童有了进步。这一很小的比例甚至只能代表着中间水平的情况或者接近运算组的阈限。因此,我们观察到语言似乎不是运算进展的动力,不过是为智慧服务的一种工具而已。

总结前面内容,可以看出传统的因素(成熟、经验、社会环境)不足以说明发展。我们必须求助于第四个因素——平衡化。我们这样做有两点理由。第一个理由是,如果它们不是处于某种相互平衡的关系中,那三种异源的因素不能说明一种连续性的发展;所以必然存在第四个组织因素,协调它们成为一个一贯的、不矛盾的整体。第二个理由是,任何生物的发展,据我们所知,都是自动调节的,而自动调节的过程在行为水平和认识机能的构成中甚至更是普遍的。我们必须单独地考虑这个因素。

七、平衡化与认识结构

23. 发展学说的主要目的是在说明整合的总体或整体(在数学上称为"集合")的运算结构(structure opératoire d'ensemble)的构成;我们相信只有递进性平衡化(progressive equilibration)的假设能够说明这个道理。要理解这一点,必须首先简略地考虑一下运算的结构本身。

结构的概念在心理学中是有经典性意义的。当初格式塔学说为了同联想说及其原子论的思想习惯进行斗争而引入了这一结构概念。但是,格式塔学派认为只要有一种结构的类型便能够应用到心理学的全部范围,从知觉到智慧。他们不区别两种完全不同的特性。第一个是所有结构的共同特性,它们都具有从它们形成一个体系这一事实导出的一些整体规律,这些规律是同整体中各种元素本身的特性有区别的。第二个特性是非相加性的组合,就是说,整体在数量上是与部分的总和不同的,如在奥柏尔氏

(Oppel)知觉的错觉中。但在智慧的领域里所存在的一些结构只能证明第一个特性,而不能证明第二个特性。例如,整数的集合,有整体的特性("群""环"等等),但是其中的组合是严格地相加的,如 $2+2=4$,既不多,也不少。

我们曾经努力定义和分析有关智慧的特殊结构,这些结构包含着运算,即包含着内化了的和可逆性的动作,例如加法、集合论的并、逻辑的乘法,或同时加以考虑的种类或关系乘法的组合。这些结构在儿童的思想中有一种很自然的和自发的发展,例如系列化(即把外物从大至小地加以排列),分类,排成一对一或一对几的对应,建立乘法的矩阵,都是在 7 岁到 11 岁之间也就是在具体运算阶段的儿童中所出现的结构。到了 11、12 岁后,另一种结构出现了,例如四元群和组合性的运算过程(four-group and combinatorial processes),这些我们以后还要加以说明。

为了研究这些具体的运算结构的特性和确定它们的规律,我们需要用分类和关系的逻辑语言,但这并不意味着我们将离开心理学的领域。当一位心理学家计算一个样组的变差或运用因素分析的公式时,这并不意味着他的领域已变成统计学而不是心理学了。为了分析结构,我们必须做同样的事,但我们不是专门为了处理数量,我们仅只借助比较一般化的数学工具,如抽象的代数或逻辑。它们只是这样的一些工具,使得我们进入一些真正的心理(学)实体,例如作为内化的动作或者一般性的动作协调的各种运算。

像分类这样一种整体结构,就具有下列一些特性,它们使得受试活动中实际出现的运算明白地带有这类特征。

(1) 他将 A 类与 A' 类结合起来,求得 B 类,如公式 $A+A'=B$(也能照此进行下去,如,$B+B'=C$,如此类推)。

(2) 他能将 A 或 A' 从 B 中分离出去,如公式 $B-A'=A$,这样形成相反的运算(反演)。注意这种可逆性对于理解 $A<B$ 的关系是必要的。我们知道,在 7、8 岁前,儿童不易理解这一观念:给出 10 朵樱花 A 和 10 朵别的花 A',两种花之和 B 就应多于部分 A。这是因为要能够进行整体 B 对部分 A 的比较,儿童要先能结合 $A+A'=B$ 和 $A=B-A'$ 这样正反两种运算,否则,整体 B 就保持不住,而儿童就只得用 A 对 A' 进行比较了。

(3) 他将理解 $A-A=0$ 和 $A+0=A$。

(4) 最后,他能对下列公式进行结合:

$(A+A')+B'=A+(A'+B')=C$;但是不能对 $(A+A)-A=A+(A-A)$ 进行结合,因 "$(A+A)-A=0$" 不等于 "$A+(A-A)=A$"。

我们曾把这些原始的类似于群(groupoides)的结构叫做群集(grouping)①,它们比数学上的群还要原始些。它们是一些较多受限制和较少精美的结构,那是由于这一事实:它们的组成仅被邻近的元素所规定,缺少组合性的普遍特征,并且表现出有限的结合性(associativity)②。人们批评我们构造这样一些结构可能不符合心理的现实,但这类结构却真实存在着。首先因为它们简明地描绘着在每一分类、每一序列等等中所出现的东西,所有这些都是同时期出现的行为。再者,那些结构尚能在心理的水平上通过显示一种整体结构存在的一些更普遍的特性被识别出来:序列的传递性(transitivity)(如 $A<B$ 和 $B<C$ 则 $A<C$)和各种守恒概念的构成(相对部分而言的整体守恒、长度守恒、量的守恒等等)。

24. 现在的问题是理解智慧的基本结构如何出现和怎样演化的。既然它们不是先天的,就不能单用成熟来说明。逻辑的结构不是物理经验的一种简单的产物,在序列分

---

① 一个群集可认为是一种可逆的格。在一个格内,若得出 $A+A'=B$,式中 B 是 A 和 A' 的上限,则通过施加运算于 B 上,重新回复到 A,即 $B-A'=A$。但更加一般的情况,例如 C 为 A 和 C' 的上限,以及 $A\pm D-C'$ 的演算。换句话说,运算 $A+A'$ 仅当 A 和 A' 为相邻元素时才能进行逆转,这就意味着在 A,A',B 三个相邻元素之间,任何两个元素才能唯一地决定第三个元素。(参看图 a)

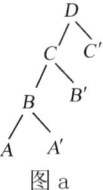

图 a

而对于 A,C',D 三个元素来说,情形就不同了。此时 $A+C'=D-B'-A'$。在这里,我们认为群集仅仅限于那种由相邻元素的结合,并且要满足特殊的恒等式 $A+A=A,A+B=B$ 的定义(因此,如果没有特殊的条件,则 $A+C'$ 就不可能被定义)。故而,一个群集只能定义为一组套入元素的序列,也就是一种分类。(参看图 b)

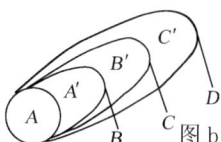

图 b

群集的组成由于(1)一种直接运算,(2)一种反演运算,(3)一种同一性运算 0,和(4)若干特殊的恒等式:直接运算 $A+A'=B$ 反演运算 $B-A'=A$ 同一性运算 $A+0=A;A-A=0$ 特殊恒等式 $A+A=A;-A-A=-A;A+B=B$。

② 结合性受这一事实的限制:群集只组合邻近的元素。$A+C'$ 只能通过最邻近的类 A,A',B' 直到 D 进行一步步地运算。前面的类包含有 A 和 C',那么 $A+C'=D-B'-A'$。同理,$A-C'$ 只能产生这一重复,即 $A-C'(D-C'-B'-A')-C'$,因式内 $(D-C'-B'-A')=A$,这些限制的结果是括号内的元素在未被预先"归结"好以前,结合性是不可能被肯定的:$(A+A')+B'=B+B'=C$,但 $A+(A'+B')$ 由于 $(A'+B')$ 就没有意义,而且它不是照这样定义的。(归结的详情请参阅皮亚杰 1959 年原著)。相反地,在整数的加法群内,任何一个数都可以直接加到另一数上,或从另一数中减去,任何一个整数是与"包含"着它的所有继续的数都是完全自由的。——英译者注

类、一对一的对应中,主体的活动对客体增添着新的关系,如次序和整体性。逻辑数理的经验从主体的动作中导出蕴涵着对这些动作的自动调节的信息。不能认为这些结构是社会的或教育的传递的结果。但是正如我们在前面所指出的,儿童必须理解所传递的是什么,要达到这一点,结构是必要的。况且,社会的说明只是在转移这个问题:社会团体中的成员又是如何首先获得这种结构的呢?

但是,在所有发展水平上,动作总是协调于多种方式之中,而这些方式已经包含着某些次序、包含、对应的特性,同时也预示着这样的结构(即,序列化取代次序,分类取代包含,乘法结构取代对应)。更重要的是,动作的协调包含着校正和自动调节。事实上,我们知道调节机制标示着机体生命各级水平的特性[对基因库(pool)是这样,对行为也是这样]。但是,调节是一种倒摄作用(负反馈)的过程。它蕴涵着可逆性的开端。这样,调节(借倒摄作用的半可逆性校正错误)和运算(它的完全可逆性允许预先校正错误,这在控制论意义上叫做完全调节)之间的关系就变得明显起来了。

因此,有很大可能是,结构的构造主要是平衡化的工作,它不是两种对立力量的均衡,而是一种自动调节的过程。这就是说,平衡化是主体对外界干扰所进行的一些积极反应的一个集合,这些积极反应在某种程度上可能是有效的,或预期的。这样,平衡就与可逆性词义相同。但是有人反对这种看法,认为如此一来平衡就变成多余的,因为可逆性本身就足够了(例如,布鲁纳就是这样)。其实他们忘记了,我们必须考虑的,不仅是平衡的最后状态,而且是这一事实:平衡化在作为自动调节过程引导达于这种最后状态中是首要的,并且在引导达于标示着须待解说的结构的特征可逆性中,也是首要的。

25. 平衡化具有解说性的价值,因为它是建立在一种递增的连续性概率过程之上的。我们可以通过一个实例来更好地了解它。我们怎样解释如下事实:当一堆球形黏土变成一根香肠形放在儿童面前时,儿童起先不承认在这种变化下黏土的数量仍保持着,后来在逻辑上断言有这种守恒?要说明这个问题,我们必须规定四个阶段,其中每一阶段逐次变成有更大的概率,不是先天的,而是作为当前情境的函数,或作为紧接前一阶段的函数。

(1)最初,儿童只考虑一维,例如长度。(比如说,约有 8/10 的机会)他会说,"香肠"含有更多的物质,因为它是更长些。有时(约有 2/10 的机会)他说"香肠"是细一些,忘记了它是更长一些。他得出结论,物质的数量减少了。他为什么这样推理呢?因为他只考虑一维的概率要多些。如果对于长度的概率为 0.8 和对于宽度的概率为 0.2,那么,对于长、宽联合概率是 0.16,因为只要补偿概念未被掌握,长、宽二者总是独立出现的。

(2)如果将"香肠"一次一次地做得更细长些,或者儿童对于"香肠"的上列论点感到厌烦时,他注意到另一维的概率就有所增长,而且他显示出在两者之间的摇摆。

(3)如果有动摇,受试注意到两种变化之间("香肠"越长,变得越细)的某种相关的概率变得更多起来,这是第三阶段。这种存在于变化之间的连带关系的感觉一旦出现,儿童推理获得一种新的特性,它不再仅仅停留于完形之上,而是开始关心转变。"香肠"

不仅是"长的",它能"变长"等等。

(4) 等到受试的思想考虑到转变时,下一阶段到达的概率变得更大起来,这时他理解到转变是可能相互逆转的,或者长度与宽度两者同时的转变可以进行补偿,由于他曾觉察到的连带关系。

这样,我们看出递进的平衡化有明显的说明价值。第(1)阶段(所有核对我们的研究的人都观察到)不是一个平衡点,因为儿童只注意到一维;在这种情况下,功的潜在组成部分的代数总和不等于0[引自达朗贝尔(d'Alembert)论物质系统的原则],因为另一个组成部分,即注意到另一维,尚未完全形成,而或迟或早地即将形成。就这个词的最经典的意义来说,从一个阶段过渡到另一个阶段就是一种平衡化。但是,既然这个系统的位移是主体的活动,而且每种活动都包含对前一种活动的校正,因此,平衡化就成为一个自动调节的序列,这些自动调节的倒摄作用过程最终表现为运算的可逆性。于是,后者就超越了简单的概率性质而达于逻辑的必然性。

刚才我们关于运算性守恒的实例的论述,也适用于每种运算性结构的构造过程。例如,序列(系列化)$A<B<C$,当它变成运算性的时候,就是协调<和>的关系(每一新的元素,例如 E 在其有序的连续体内具有既$>D,C,B,A$,又$<F,G,H\cdots$的特性),并且这种协调也就是以上描述的那种递增的连续性概率的平衡化过程的结果。对类的包含的情况来说,也是一样,如果 $B=A+A'$ 而 $A'>0$ 的话,则 $A<B$,也是通过同一类型的平衡化得出的。

所以,我们说平衡化是发展的基本因素,并不是一种夸张;平衡化甚至是协调其他三种因素的必要因素。

八、结构的逻辑数理方面

26. 我们刚才所提到的"具体的"运算结构都是以假定某些量的构造化为前提:类的延展为了分类(这就说明着量化类的包含的困难),差异的大小为了序列化、数量的守恒等等。但是甚至这些数量的结构构造之前,某些部分的和质的结构在前运算阶段里就可能观察到了。这是很有趣的,因为它们构成了可逆性运算逻辑的前半部分。这些就是定向函数(单向函数而没有相反的方向,只有后者才蕴涵着可逆性)和质的同一性。

那些单向函数是指在数学意义上的映射,它们没有相反的方向。就我们所知,它们在心理学意义上与动作格式关联着,后者带有目标指向性。设使一根绳 b 可在一个壁钉上滑动,令其 a 段固着在一个弹簧上,使之与另一段 a'(下面悬一砝码)成直角。4 到 7 岁的儿童都懂得拉 b 时 a' 段会伸长,a 段会缩短,但他们还没有整体 b 的长度($b=a+a'$)的守恒性,他们所进行的不是量化的运算,而仅仅是一种质的或次序的方程(长些=远些)。

对于同一性同样也是这样。我们注意到,几乎所有儿童都同意,当一个球形的黏土变成一根"香肠"时,这种不同形状的两堆黏土是"相同"的,即使没有保持量的相等。这些同一性是很早获得的,而稳定性物体的格式就是其中之一,布鲁纳在他的一本近著中,认为这些同一性是原始的数量守恒。在某种意义上,这是对的(同一性是一种必要条件,但不是一种充分条件),但还有一个中心的区别:质量(建立于质的同一性之上的)是能够通过知觉建立起来的,而数量却包含着一个长期的结构上的"意匠经营"(智慧加工)。它的复杂性我们在前面已经叙述过了。

事实上,这类函数(映射)和质的同一性组成逻辑的一半,这一半既是前运算的,又是质的,它会引导达于可逆的和量的运算的逻辑,但尚无力去说明那另一半逻辑。

27. 与前运算函数和同一性的质的本性相对立的这种具体运算的定量化,是特别在7到8岁儿童进行有关数与测量的运算中表现出来的。数与测量的运算彼此间是部分地同格的,但是含有不同的内容。基数的构造不能像罗素(Russell)和怀特海(Whitehead)所设想的那样,仅仅依据等价类之间一对一的对应来说明,因为他们所用的从质的抽象得出的对应(与具有同一特性的个别物体间的质化了的对应恰恰相反)蕴含地引入了单位概念,因而也就引入了数的概念,这就使他们的推理陷入一种循环论证。事实上,当我们对待有限集合时,基数是不能与序数分开的,而且它们从属于以下三个条件:

(1) 质的抽象,这使一些单个物体带有等价性质,从而 $1=1=1$。

(2) 次序的参与:$1\rightarrow 1\rightarrow 1\cdots$ 这是使一些物体间一个物体区别于另一物体的必要条件,否则,$1+1=1$ 可能是对的了。

(3) 一种包含过程:(1)包含于(1+1)内,(1+1)包含于(1+1+1)内,等等。

整数是从次序(序列化)和包含或集合套(nested sets)(分类)的综合中得出的结果,这种综合是质的抽象的必要条件。因此,整数是从纯粹逻辑的元素(序列和分类)中建立起来的,但它们是被重新安排在一个新的综合中,它才容许通过这样一种重复的过程:如 $1+1=2$,如此类推下去,而达成数量化的。

相似地,一个连续体(有如,一根线,一个平面)中的测量,就蕴涵着(1)将它分成片段,其中一个被选为单位元素通过迭合使之与其他片段相等,如 $a=a=a\cdots$;(2)将它位移下去成为某种顺序,如 $a\rightarrow a\rightarrow a$ 等等,使它得与其他片段相互迭合;(3)将这些单位变成相加的组成,如将 a 组入 $(a+a)$,将 $(a+a)$ 组入 $(a+a+a)$。通过集合套的分割和单位元素位移的顺序所进行的综合,这样就与标志着"数"的特征的次序和包含的综合是同格的,也就使之有可能将数应用到测量。

这样就很显然了,只需通过包含或次序关系的这种初级的群集性综合,主体便达于一种数目的或量表的数量化。其威力大大地超越了那种基于类的延展或仅基于"较多""较少"的估计差别系列化的原始的数量化(从部分到整体的关系)。

28. 具体的运算结构形成之后,两种新的结构在那些11到15岁的儿童认识里构造出来了,这就使他们可能掌握像蕴涵($p\supset q$)、不相容(p/q)、分取($p\lor q$)等的命题运算。这两种新的结构是四元群与组合性运算。在这个阶段的组合活动由分化各种可能的分类(正如排列是各种序列的序列化一样)aa,ab,ac,bb,bc,cc,等等组成;这并不构成完全新的

运算,而是基于别种运算之上的一种运算。同样,例如 INRC 四元群①是来源于反演(N)

---

① INRC 群是一个运算集合,这些运算都是施加于具有对合运算的另一种代数结构的某些运算或元素之上的。对合运算(involutive operation)是指该运算是它本身的反演运算,即如 $N^2=I$。对合运算的一个例子就是布尔代数中的狄摩根(de Morgan)定理(又名对偶性定理):$\overline{p \vee q}=\bar{p} \wedge \bar{q}$,此式亦可写成 $N(p \vee q)=\bar{p} \wedge \bar{q}$(式中 N 表示反演)。

若我们定义 C(对射运算)为作用于算符上的一种规则,它将 $\vee$ 改变为 $\wedge$(反之亦然,即将 $\wedge$ 改变为 $\vee$)。定义 R(互反运算)为作用于变元符号上的一种规则,它将 p 改变为 $\bar{p}$(反之亦然,即 $\bar{p}$ 变为 p)。因而我们相继运用 C 和 R(例如,作用于 $p \vee q$),则所得结果与运用 N 一样。下面的"静态图解"表示 N、R、C 三种运算作用于 $p \vee q$ 上时,它们三者之间的关系:

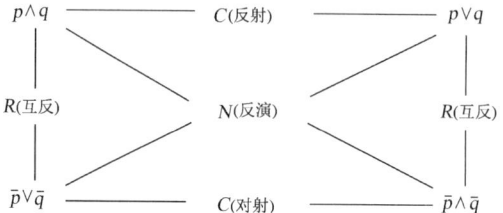

同一性 I 可定义为这样一种法则,它使得任何公式转换为它本身。并且下面几种性质只需"绕着静态图解"就可很容易地被证明的。

1. $RC=N,RN=C,CN=R$,

并且所有的对子都是满足交换律的,如 $RC=CR$ 等等。

2. $C^2=N^2=R^2=I$

(一切转换都是对合转换,即每个元素都有一个反演)。

3. $RNC=I$

由以上所述,我们现在可以指出:这一 (I,N,R,C) 集合连同其结合运算(此处结合运算是指通常的含义,即将一个转换运用于另一个转换的结果上),一起形成一个非循环的(noncyclic)四元群[即众所周知的克莱因(Klein)四元群]。

INRC 群也可以根据具有特殊结构(即可被分解成两个其他对合转换的一种对合转换的结构)的物理系统来定义。

皮亚杰在他进行的双重参照系的实验中,有一个实验用了一只蜗牛,它能在一块小木板上从左运动到右,或从右运动到左,而这块木板亦可在桌子上向左右运动。

我们可定义 C(对射)为这样一个法则,它反演蜗牛的运动,C(左,左,)=(右,右),[式中(右,左)的第一个坐标表示蜗牛向右运动,第二个坐标表示木板向左运动]。

我们可定义 R(互反)为这样一个法则,它反演木板的运动,例如 R(左,左)=(左,右)[即反演第二个坐标]。

此种实验的"静态图解"具有如同以前一样的结构,N 反演二者的运动,N 是 R 与 C 之积。

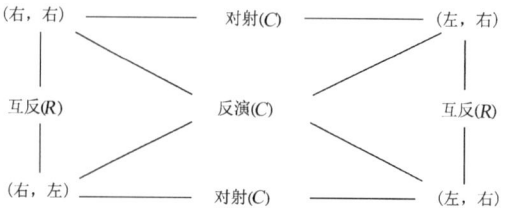

——英译者注

和互反(R)的结合而成为一个整体[因而得出互反的反演为对射(C):$NR=C$;同样结合下去,得出同一性(I)的运算:$RNC=I$]。但,反演早已存在于类的群集内,其表现形式如$A-A=0$;互反则存在于关系的群内,其表现形式是$A=B$,则$B=A$。故$INRC$群也是依靠于先前运算的一种运算结构。至于命题运算,如$p\supset q$等等,它们既包含有组合性活动也有四元群,它们在形式上是新的,但是在内容上它们也与类、关系、数等等间的联系打交道,因而也是建立于另些运算之上的运算。

总的说来,属于发展第(3)阶段[参阅第 10 小节第(3)阶段 11 到 12 岁]的运算是以具体运算为根本[第(2)阶段 7 到 11 岁]而加以丰富了的,正如具体运算的来源是在感知运动格式中[第(1)阶段 2 岁以前]一样。这些阶段的连续性质,从结构构造的观点看,是与我们现在要分析的一种机制相对应的。因为它太重要了,以至于我们不能仅仅称之为序列性的或递进的平衡化过程为止。我们必须要懂得导致创新的构造怎样发生的,这就是数学结构发展中的一个举世皆知的问题。

29. 我们回顾一下在逻辑演算以及演绎系统形成以前的阶段中,我们可能说是在进行逻辑数理的实验,它是从施加于客体的动作的属性中抽取信息,而不是从客体本身中直接抽绎出来的,这当然是另一回事。我们现在在本义的抽象外,又有了一种新的类型的抽象,它可以叫做"反省的抽象"(reflective abstraction),这是我们讨论问题的关键。从一个动作或一个运算中抽出一种属性,只是把这种属性从其他被弃置的属性中分离出来是不够的,即保留其"形式",而弃置其"内容";这种保留下来的属性或形式还必须另行转移于别处,就是转移到动作或运算的另一种水平上。在本义的抽象中,这个问题不会出现,因为我们所处理的是一个客体,而这一客体是被主体所同化了的。但在反省的抽象中,当受试从动作或在水平 P_1 运算中抽出一种属性时,他必须接着把它转移到更高一级的水平 P_2,因而这就是一种近似物理意义的反射(如同光线的反射一样)。但是,要使这种形式或属性被同化于 P_2 的新水平,它就必须在新水平上加以改造,因此也就从属于另一新的思维过程,而带有认识中的"反省"意义。所以反省的抽象一词要从以上两重意义来理解。

如果为了同化从水平 p_1 抽象的属性或形式,一种新的在水平 p_2 上的认识加工是必要的,那就意味着,在水平 p_2 上所进行的新的运算或动作要加在 p_1 水平的运算或动作之上,虽说所需的信息是从后者抽绎出来的。结果是,反省的抽象必然是构造性的,并以新的元素丰富着原有 p_1 水平所形成的结构,也就是说,它构造出新的结构。这就可以说明为什么建立在感知运动格式基础之上的具体运算比前者的内容更加丰富;同样地,建立在具体运算基础之上的命题或形式运算,其内容又比具体运算更加丰富。作为运算之上的运算,它们就增加着新的结合方式(如组合性的结合方式等等)。

反省的抽象是数学的普遍性构造过程,它曾经使得代数从算术中演化出来,成为一个运算之上的运算的集合。康托尔(Cantor)就是用同样方式构造了超穷数的算术:他将序列 1,2,3,4,…与序列 2,4,6,8…形成一对一的对应。这样产生了一个新数。① 它表示着一种"可数的势"(power),但不是以上两者任一序列中的一个元素。现代函数论同样地构造出一些"形态"(morphism)和"集合范畴"等等,并且布尔巴基(Bourbaki)学派也同样地构造出一些"母结构"及其诱导式。

这是一个可被重视的事实:我们观察到在儿童发展的连续阶段中和通过自动调节(通过高一级的反馈,也就是,可逆性运算的结果)在平衡化机制的发展过程中,结构构造的过程是与数学在充满丰富成果的发展中所采用的经常性构造过程一致的。这是对发展的问题的一种解决,发展既不能归结为对"现成的"外界现实的发现的一个经验过程,也不是一种预成或预定的先天性过程(两者都相信任何事物原初都是现成安排了的)。我们相信,真理在两个极端之间,就是说,存在于一种构造论之中,构造论表示这样一种态度:新的结构经常是被"意匠经营"(即智慧加工)出来的。

九、结论:从心理学到发生认识论

30. 我们所概述的理论必然是"跨学科的",除了心理学的元素外,它包含生物学、社会学、语言学、逻辑学和认识论的成分。它与生物学的关系是明显的,因为认识机能的发展是衍生论的一部分。从生物学中,我们主要坚持下列三点:

(1) 没有内源的组织因素,机体的转变或行为的转变是不可能的,因为表现型,它是在与环境相互作用中构造起来,是个体基因群对环境"应激"(Stress)的"反应"(或全人口的基因库的一个反应,个人的基因群仅是基因总汇的一个横断面)。

(2) 相反地,独立于同环境相互作用的影响之外的衍生的或表现型的转变是没有的。

(3) 这些相互作用包含着不断的平衡化或自动调节过程,存在于这种过程中的同化和顺化之间(生理的)平衡就是一个早期的例子。这种情况在感知运动的、表象的和前运算自动调节中也有出现。甚至在运算本身中也有,不过这时它们是预期性的自动调节和错误校正(再不仅只依靠反馈来校正已经铸成的错误)。

与社会学的关系也是明显的。即使认识结构的起源是动作的一般性协调,但它们既是个体的,也是人与人之间或社会的,因为个人之间的动作协调正如个人本身之内的协调一样,都服从于同一的规律。这一规律不适用于包含着强制或权势的一些社会过程,因它们导向于一种社会中心主义,近似于自我中心主义。但是,在真正协作[Co-operation 即协(同)(操)作]的合作(Co-operation)情境下,这一规律是能真正发挥作用的。认识的基本过程之一就是对主观错觉的离中过程,这种过程包括社会的、人与人之间的和理智的各个方面。

---

① 德文写成(ktantor)。——中译者注

与语言学的关系将只有很少的意义,如果语言学仍然同布卢姆菲尔德(Bloomfield)的立场一样抱着朴素的反心理论的态度的话。但是,我们可以采取一种——用米勒(G. A. Miller)的说法——"主体的行为主义"的立场;而在本义的语言学中,乔姆斯基和他的学派关于转换语法的当代著作是与我们自己的运算展望和心理发生构造论相接近的。但是乔姆斯基相信他的语言结构的遗传基础;相反,我们可以指出,感知运动格式的发展,可为满足语言学结构基本单位的构造提供必要的和充分的条件。这就是辛克莱现在所从事的工作。

与逻辑的关系是更加复杂的。现代符号逻辑是一种"没有一个主体的逻辑",而在心理学方面却不存在"没有一个逻辑的主体"。主体的逻辑不可否认的是拙劣的。特别是群集性结构缺乏代数上的趣味,除非这类基本结构确在事实上已引起数学家的兴趣。但是我们必须提请注意:在研究主体的逻辑中,我们已经在1949年能够提出命题转换的INRC四元群的规律,那时逻辑学家们方才开始从事研究它呢。另一方面,自从哥德尔(Gödel)的证明开始以来,关于形式化的极限的当前工作将要或多或少必然地使逻辑趋向于一种构造论,而从这一见地出发,同心理发生构造的平行趋向就具有一定的意味。一般说来,逻辑是一种公理化的系统。按我们的思想格局必定提出如下问题:公理化什么?当然不是对主体的意识思想过程的公理化,因为它们是不一致的和不完全的。但是,在有意识的思想过程后面存在着一些"自然的"运算结构,并且,明显地即使它(公理化)能够无限地超越它们(因为公理化这门学问是没有形式上的止境的),那些运算结构却通过一种"反省的抽象"过程,成为逻辑公理化的基础。

31. 最后,还剩下一个重大问题,即认识机能发展的理论与认识论的关系问题。当一个人采取一种静止而不是心理发生的观点时,当一个人研究成人的或某一水平的受试们的智慧时,把心理学的问题(智慧怎样起作用,或它的作业成就是什么)与认识论(什么是主体与客体的关系,和主体的知识可否恰当地达于客体彼岸)的问题区别开来,那是很容易的。但是,当一个人采取心理发生的观点时,情境就有显然的不同,因为这时一个人所关心的是知识的形成和发展的问题,有必要去考虑客体或"主体的活动"在其中所起的作用,这些论点必然地会引起一切认识论上的问题。事实上,那些把知识的形成排他性地归因于物质意义上的经验的人和那些把主体的活动引入必要的组织化中的人,将会转向于不同的认识论。正如我们在前面所做的,区分两种经验——一种是借助一开始就从客体抽象出来的物理的经验,另一种是借助反省的抽象得来的逻辑数理的经验就是在做一种心理学的分析,但这种分析的结局是很明显的。

有些作者没有认识到在发生的心理学与认识论之间的相互联系。这只表明他们正在从许多可能的认识论中选择了一种,同时表明他们相信自己的认识论是明显的。例如,当布鲁纳尝试用同一性和建立在语言与意象作用基础之上的象征化来说明守恒,相信自己能够避免各种运算和一切认识论时,他就实际上是在采取一种经验主义认识论的观点。同时,他却乞援于一种同一性的运算,而毫未注意到它(同一性运算)却蕴涵着其他运算。在给守恒以一种较多的运算性解释中,和在设想数量需要复杂的构造而非单纯的知觉活动这一事实中,我们事实上就在同经验主义断绝关系,转向于一种构造论(Constructivism);而且,这是极其靠近于生物学的趋势,这个趋势正在着重强调构造性自动调节的必要性。

如果我们现在转到认识论方面,我们发现它的内部趋势也是显著不同的,这要看它是采取一种静止的,还是一种历史的和发生学的观点作为它自然的内在趋向。当认识论单纯地向自身提问什么是一般的知识时,它就在相信自身能够做出抽象,认为不必求助于心理学,因为事实上知识获得之后,主体就退出舞台了。但是,实际上这是一个大错觉,因为任何认识论,即使它把主体的活动降到最低限度,它都要暗中祈求心理学的解释。例如,逻辑经验论试图把物理的知识归结于知觉的状态,并把逻辑数理的知识归结于一种理想语言(连同其句法、语义及其语符使用,但不提及转换性的动作)的某些规律。但,那是两种非常矛盾的假设,第一,因为物理的经验依靠动作,不只依靠知觉,并且它必须先假定一种逻辑数理构架的存在,而这又是从动作的一般协调中形成的〔这样,布里奇曼(Bridgman)的操作主义(operationalism)必须得用皮亚杰的运算理论来做补充了〕;第二,逻辑数理的知识不是同义反复,而是通过对我们的动作和运算之间的一般协调的反省抽象,形成一种结构性的组织。

但是,最重要的是,认识论不可能采取静止的观点。因为所有科学知识都处于不断的演化之中,包括数学和逻辑学本身在内。〔自从哥德尔的一些定理揭示一种自足的(即完满的)理论的不可能以后,数学和逻辑的构造论的面貌变得更清楚了——因此,有不断地构造"更较坚实的"理论的必要性;况且,何以能够达于最后不可避免的形式化的极限呢〕正如纳托普(P. Natorp)于1910年所说:"……科学不断在演进。递进,方法就是一切……一个结局,科学的事实可理解为因缘递嬗。只有因缘递嬗是事实。一切存在(研究对象),也即科学企图固定的东西,必将在转变的狂流中被冲击溶化得无影无踪。转变达于最最遥远的场合,而且仅在那种场合,一个人才有权利讲:那是'事实'。所以,我们可能和必须探索的,就是这类过程的规律。"

32. 这些无可争辩的声明等于陈述了我们的"发生认识论"的原则。为了解决什么是知识的问题,有必要用下列词句提出:知识如何成长起来？通过什么过程,一个人可从以往认为不足的知识过渡到当前认为较好的知识("不足""较好"都是从科学的观念加以考虑的)？这方面,历史批判的方法的鼓吹者是深刻理解的〔其中,可举出柯瓦雷(Koyré)和库恩(Kuhn)的著作为例〕。这些批判者,为了理解一个概念或一个结构的认识论的本质,首先去了解它们本身是如何形成的。

如果一个人采取一种动态的而不是静止的观点,这样,就不可能在认识论与认知机能的心理发生说之间还维持着传统的壁垒。如果把认识论定义为对确实有效的知识形成的研究,它就必须以解决确实有效性的问题为先决条件,而这又依靠逻辑和专门的科学;它也必须以解决事实的问题为先决条件,因为这个问题不仅是形式的,同样也是现实的:科学在现实中是如何可能的?一切认识论都被迫求助于心理学的先决条件,而且逻辑实证论真正是这样做的(以知觉和语言为先决条件),柏拉图也这样做了(以回忆为先决条件),同样,胡塞尔(Husserl)也这样做了(以直觉、意向、意义等等为先决条件)。看来现在唯一的问题是要知道:一个人是宁愿满足于一种思辨的心理学,还是更有效益地求助于一种可验证的心理学呢!

这就说明为什么我们由于共同努力导致了认识论的结论(这也是初始的目标),以及建立起"发生认识论国际研究中心",在这里根据要研究的问题,心理学家、逻辑学家、控制论学者、认识论学者、语言学家、数学家、物理学家等等,可在一起协作。这个中心已经出版了 22 卷刊物(另有若干卷尚在印刷中)。它从成立以来,研究了相当数量的认识论的问题,追求以实验的方法去分析为问题的各个方面所必要的有关心理学的资料。

我们的几位同事,从心理的发生和它们的形式的家谱这双重观点研究了一些逻辑结构的相互关系,这使我们在这两种方法之间发现了某些会合。我们曾经审查过逻辑经验论的〔伟大的逻辑学家奎因(Quine)嘲讽地认为〕"武断"的问题,即在分析与综合之间加以绝对区别的问题:逻辑经验论者宣称他们是根据了事实资料的,然而我们把这些资料放在实验的控制之下,则宣布这两种被他们错误地认为不可逾越的关系之间存在着许多中间关系。

我们也研究过数、空间、时间、速度、函数、同一性等等概念的发展问题,并且为这些问题获得了新的心理发生上的资料,同时让它们的注目点完全免受认识论结论的影响,使认识论也免受先验论和经验论的影响,并且还提出一个系统的构造论。关于经验论,最重要的是我们曾经分析了有关恰当解释经验的条件,并且在其结果上增加了一个数理哲学家所概括出来的一句话:"对经验进行经验的研究正好驳斥经验论!"我们还曾提到过关于学习作用的研究。

总之,认识机能发展的心理学理论对我们来说似乎建立起如下一种直接的甚至十分密切的关系,即内因与环境间相互作用的生物学上的概念和主体与客体间必要的相互作用的认识论上的概念两者之间的关系。决定心理发生学研究的结构概念和发生概念的综合,在自动调节和组织的生物学观念中找到了证明,并且接触到了一种认识论的构造论:这是与所有的现代科学工作相一致的,特别是与有关逻辑数理的构造和物理经验之间的契合相一致。

文献总汇

1. Apostel, L. *Etudes d'epistémologie génetique* Ⅱ: *Logique et équilibre*. Paris: Presses Universitaires de France, 1957.
2. Berlyne, D., and Piaget, J. *Etudes d'epistémologie génétique* Ⅻ: *Théorie du*

comportement et opérations. Paris: Presses Universitaires de France, 1960.

3. Bruner, J. *The process of education*. Cambridge, Mass: Harvard Universisty Press, 1960.

4. Chomsky, N. "Skinner, verbal behavior in language," *Review of B. F.* 1959, 35(1), 26-58.

5. Chomsky, N. *Syntactic structures*. The Hague: Mouton, 1957.

6. Greco. *Etudes d'epistémologie génétique* Ⅶ: *Apprentissage et connaissance, Les et* Ⅱ *parties*. Paris: Presses Universitaires de France, 1959.

7. Inhelder, B., Bovet, M., and Sinclair, H, in *Revue suisse de psychologie*, 1967.

8. Kohnstamm, G. A. "La méthode génétique en psychologic," *Psychologie francaise*, No. 10, 1956.

9. Laurendeuu, M., and Pinard, A. in *Psychologie et épistémologie génétique*. Dunod, 1966.

10. Morf. A., Smedslund. J., Vinh Bang, and Wohlwill. J. *Etudes d'epistémologie génétique* Ⅸ: *L'apprentissage des structures logiques*. Paris: Presses Universitaire de France, 1959.

11. Natorp, P. *Die logischen Grundlagen des exacten Wissenschaften*. Berlin, 1910.

12. Piaget, J. *Traité de logique*. Colin, 1959.

13. Piaget, J. *Les mécanismes perceptifs*. Paris: Presses Universitaire de France, 1961. (contains contributions of Vinh Bang, Gonheim, Noeling, Dadsetan)

14. Piaget, J., and Inhelder, B. *L'einage mental chez l'enfant*. Paris: Presses Universitaires de France, 1966.

15. Pitts, W., and McCulloch, W. S. "How we know universals: The perception of auditory and visual form. Bull. Math. Biophys.," 1947, 9, 127-147.

16. Sinclair, H., de Ewart. *Acquisition du langage et dévelopment de la pensée*. Paris: Dunod, 1967.

17. Waddington, C. H. *The strategy of the genes*. London: Allen and Unwin, 1957.

皮亚杰访谈

〔瑞士〕让·皮亚杰
〔法〕让-克洛德·布兰吉耶 著

王　茹　译
王云强　审校

皮亚杰访谈

法文版　*Conversations Libres avec Jean Piaget*，Paris：Editions Robert Laffont，S. A.，1977.

作　者　Jean piaget，Jean-Claude Bringuier

英文版　*Conversations with Jean Piaget*，Chicago and London：The University of Chicago Press，1980.

英译者　Basia Miller Gulati

王　茹　译自英文
王云强　审校

内容提要

本书为法国著名记者和电视采访者让-克洛德·布兰吉耶(Jean-Claude Bringuier)对皮亚杰的访谈系列汇编。全书记录了作者与皮亚杰的14次访谈(包括几次与皮亚杰各领域合作者的谈话)。布兰吉耶卓越的采访力和敏感度使谈话完整流畅地涵盖了皮亚杰及日内瓦学派的各研究主题,并将它们与生物学、物理学、逻辑学、哲学等其他学科联结起来;同时也力促皮亚杰在某些问题上做出自我阐明,呈现出其在学术与生活中鲜为人知的画面。

在访谈一中,皮亚杰认为"心理学不是意识科学,而是行为科学",并回答了"为何从研究生物学转向研究心理学"等问题,表露出对哲学猜想的质疑态度。访谈二围绕皮亚杰的《哲学的洞察与错觉》一书所持的观点进行探讨。皮亚杰肯定了"哲学反思"对学者研究的必要性,但排斥哲学的形而上学性,进而就"何谓知识"阐明了自己的观点。在访谈三中,皮亚杰明确了研究团体、跨学科研究和研究团体的重要性,回答了关于"如何做实验心理学与认知论"研究的问题,并进一步解释为何将儿童作为全部的研究对象。访谈四重点讨论了皮亚杰团队如何与儿童做实验以研究认知发展阶段的问题,并给出了三个"临床谈话"的实例。在访谈五中,皮亚杰回答了关于"结构与结构机制"的问题,他承认自己是结构主义者,解释了"同化"和"顺化"两个概念并以此来阐明主体认知结构与环境刺激之间的关系。访谈六就知识与情感两个问题展开了对话。访谈七分为两部分,第一部分聚焦于皮亚杰的因果性研究,第二部分则是记者分别对国际发生认识论中心三位成员间的采访。访谈八发生在1975年和1976年间,主要对"意识化"问题展开讨论。在访谈九中,皮亚杰谈及儿童认知形成与人类科学发展比较的问题,记者还分别对两位熟知皮亚杰的物理学家进行了采访。在访谈十中,皮亚杰阐释了"表型复制"这一概念,认为"认知的内源性的重构过程类同于机体发育的表型复制过程"。在访谈十一中,皮亚杰以自身婴儿时期的一个"伪"记忆为例,认为记忆是一种重建。访谈十二涉及皮亚杰对创造力的看法。在访谈十三中,皮亚杰谈到基础研究与应用研究的问题,认为基础研究极为重要却常被应用研究者忽视;皮亚杰与爱因斯坦的学术交流也在本次访谈中得以呈现。访谈十四发生在皮亚杰团队正在研究"主题脑海中产生的想法如何带来新的可能性和创造新的途径"即"新的可能性"这一问题之时,作者就此进行了采访。

王 茹

目 录

皮亚杰访谈/93
英译版前言/95
前言/97
序/99
英译者注/101
 访谈一 何谓心理学/103
 访谈二 哲学的洞察与错觉/110
 访谈三 儿童作为智慧发展的模型/115
 访谈四 关于儿童的实验：发现发展阶段/119
 访谈五 结构、结构的机制：同化与顺化/128
 访谈六 知识与情感/137
 访谈七（一） 因果性——我们如何解释世界的现象/141
 访谈七（二） 老板与团队（在发生认识论国际研究中心的三次谈话）/148
 访谈八 意识的产生（1975—1976）/159
 访谈九 儿童与学者的游戏：个体智慧与科学发展的历史比较/163
 访谈十 表型复制/174
 访谈十一 记忆：皮亚杰的绑架事件/179
 访谈十二 关于创造：三种方法/184
 访谈十三 学生、大学——基础研究与应用研究/189
 访谈十四 新可能性（1976年6月）/191
结语/196

皮亚杰访谈

吉尔伯特·瓦扬(Gilbert Voyat)作序
巴西亚·米勒·古拉蒂(Basia Miller Guliati)英译

"总的来说,本书最令人印象深刻之处莫过于其中的智慧、老练及魅力……本书极好地呈现了皮亚杰的工作及本人。"

——爱尔金德(David Elkind),塔夫茨大学

"访谈的基调总是从最平常的寒暄过渡到最深奥的交谈。书中对让·皮亚杰的访谈共有14次,其中有些发生在1969年,有些发生在1975年,还有几次是与皮亚杰在各领域的共同研究者之间的谈话……尽管布兰吉耶先生不是科学家,但在本书中,他以一种轻松愉快的方式向我们展现出他在探索皮亚杰各领域思想时所持有的老练和专业。皮亚杰的一些关于儿童的最著名的发现在书中逐一得到解释,布兰吉耶先生却也总能找出某一项心理学的工作与皮亚杰整个研究事业的关系,从而使我们对皮亚杰本人及其工作有了清晰的认识。"

——格鲁伯(Howard E. Gruber),《纽约时报书评》

"布兰吉耶对皮亚杰本人的访谈堪称访谈中的珍品……布兰吉耶温和地问出了我们每个人倘若有机会见到皮亚杰时都会提出的问题;所得到的回答也最清晰地呈现了皮亚杰他这个人、他的追求、他对毕生工作的专注以及他对周围优秀同事和同行们的影响。"

——特拉巴索(Tom Trabasso),《当代心理学》

"本书的重要之处在于,布兰吉耶能够进入主要问题的核心,并促使皮亚杰做出自我阐明,从而将皮亚杰在各个领域——如生物学、物理学、宗教、逻辑学、心理学、哲学和数学中的工作及思想主线联结起来。我们这些埋头苦读了皮亚杰的诸多晦涩难懂的著作,以及不断增加的、饱受质疑的二次文献的人所翘首企盼的,正是这样一本书。"

——劳森(Anton E. Lawson),美国生物教师

布兰吉耶(Jean-Claude Bringuier)，法国记者和电视采访节目主持人。除皮亚杰之外，他还采访过阿尔贝特·施韦泽(Albert Schweitzer)①、加斯东·巴什拉(Gaston Bachelard)②、英迪拉·甘地(Indira Gandhi)③、爱德华·泰勒(Edward Teller)④和瓦茨塞克(F. F. von Weisecker)⑤等人士。1962年，因电视纪录片《五个英国人的圣诞访谈》(*Cinq anglais pour noel*)获法国"文评人奖"(Prix des critiques)。

---

① 20世纪人道精神划时代伟人，1952年获得诺贝尔和平奖。——译者注
② 法国哲学家。——译者注
③ 印度第一位女总理，世界上第二位女总理。——译者注
④ 核物理学家。——译者注
⑤ 生物学取向的心理学家和哲学家。——译者注

英译版前言

《皮亚杰访谈》一书由让·克洛德·布兰吉耶著、巴西亚·米勒·古拉蒂英译。该书极为生动有趣,令人耳目一新又无比振奋。较之其他任何现有书籍而言,该书就皮亚杰这个人、这位学者和老师提供了更为深入的见解。我们看到皮亚杰深沉而轻松、严肃而诙谐;在书中,他呈现了一个真实的自我——与猫玩耍、抽烟斗、向大家敞开心扉。同时,我们也观察到他的个人魅力与专业影响,以及他作为一名认识论者的工作方式。

让-克洛德·布兰吉耶成功地推出了这组关于皮亚杰与日内瓦学派的访谈,内容覆盖全面、构架清晰。访谈被制作成一档法国电视系列节目,可见其重要性;皮亚杰同意为该节目做录制,并同意讨论的范围不只限于学术主题,也可包括个人话题;访谈结果所呈现的是一个真实的皮亚杰和他的学派;并且,由于第一组访谈发生于1969年,第二组直到1975年才录制,我们得以观察到日内瓦学派发展中至关重要的连续性,例如1975年,让-克洛德·布兰吉耶发现皮亚杰比1969年还要更致力于一些想法。简言之,《皮亚杰访谈》给大家提供了一个了解皮亚杰随时间变迁而发展的机会。

最后,我想说的是,在我与皮亚杰相识的20多年中,一开始他是一名老师,后来是我的同事和朋友,他性格中有一个方面始终令我印象深刻:皮亚杰总是按照自己的思维方式来写作。这就是为什么他的著作很难读懂的缘故。在《皮亚杰访谈》中,由于布兰吉耶极强的访谈能力和极高的敏感度,我们得以有这样一个难得的机会来克服上述困难。此外,本书的英文翻译也是非常不错的。

吉尔伯特·瓦扬(Gilbert Voyat)

前　　言

我们尽量避免对这些访谈做严格的编辑，我们只略微做了些整理，以便读者阅读，至于其他方面，我们几乎未做任何修改。我们项目的意义和价值恰恰在于其自发性。半个世纪以来，皮亚杰的理念和毕生事业的发展不断展现在世人面前，今天是他本人见证这一事实的时候。在我们对他进行提问之时，他给出了当下他对自身工作和思想的看法。

我们希望呈现出一个完整的皮亚杰，然而就目前而言，皮亚杰的呈现带有其自身观点的转变、遗漏以及他将工作视为生活的那种痴迷。在我们看来，这恰恰忠实地反映了皮亚杰的精神，他不断对过去的研究成果进行重新组合，并将它们纳入新的工作进展中，从植物学研究、动物学研究和他最初对人类动物行为的研究到现在吸引他关注的主题——对人类心智发展的描述性和理论性的阐述，他都自始至终地坚持这么做，并努力将研究结果的深度与年龄匹配起来。

访谈中的一些或大部分问题的提法都比较笨拙或略带天真，这一点还望读者谅解。我们选择事后不对这些笨拙和天真做任何隐藏或修正，是因为我们认为，也许恰恰是这些问题的笨拙能够鼓励读者；尤其是当读者对问题的领域不熟悉或不比我们刚提问时更熟悉时，这样非正式的访谈对他而言更容易理解。访谈的语言有时候是极为平常的，而有时候——特别是我们无法让皮亚杰用更简单的话语来表达他的思想的时候——又有些过于复杂了。

让-克洛德·布兰吉耶

(J.-C. B.)

序

让·皮亚杰既闻名遐迩，又鲜为人知。许多人都隐约知道，有一位名叫皮亚杰的学者住在日内瓦附近，而他所做的工作是基于对儿童的访谈，意义非凡。在瑞士的首都，人们都能认出这个身材高大又略微驼背的身影，他满头银发，总戴着一顶贝雷帽。他们也都认识他这辆古董自行车，就在昨天，他还骑着这辆自行车从郊区的家来到理学院；每周六，不论刮风下雨，他都会长距离骑行，来到附近的山区。

他的同事们都对他心生敬畏，不仅是因为他是一名儿童心理学家，还因为他是一名科学哲学家、一名生物学家和一名发生认识论者；作为哲学家，他将儿童作为研究认识的工具；作为生物学家，他早在1920年就对控制论有了基本的直觉，而今天，控制论渗透到每一个研究中心；作为发生认识论者，他每年举办的研讨会都吸引着来自各个国家、各个学科的科学家。

我第一次到访皮亚杰的家中，他迎接我的样子就像在画中一般，令人产生误解：一位孤独的学者，带有我们从19世纪继承的巴斯德风格。想象一下，一间正方形的屋子，阳光透过两扇窗户照射进来，窗外就是花园。扶手皮椅的四周满是堆积如山的书籍、文件夹和笔记本，有的靠墙堆放，有的静静地铺满了整个桌面，甚至还有些被塞在桌子底下。在这静止的"喧嚣"中，还能瞥见一把茶壶、一个马克杯、一罐烟草、几顶被山地空气吹褪色的帽子和一个看上去与周围不太协调的电话机。

英译者注

尽管本书对皮亚杰的专门术语数量尽量控制到最少,但这些术语仍给翻译带来了特殊问题,要解决这些问题,就需要具备皮亚杰学者的专业知识。在这方面,我很幸运能有伊利诺伊州精神病研究所医学博士特伦斯·布朗(Terrance A. Brown)在我身边。我非常感激布朗博士对书中许多术语和段落的说明以及他提出的许多有用的建议,这大大提高了本译作的可读性。

巴西亚·米勒·古拉蒂

访谈一　何谓心理学

（1969年5月至6月）

我走进书房，他正坐在扶椅上写东西，见我进来，便转过椅子面向我。

布兰吉耶：打搅了，您接着写完吧。

（皮亚杰笑着摘下眼镜）

皮亚杰：不要紧。写到一半停下来倒更好，这样就不用再费时间起头了。我写东西的时候，就经常在段落中间停笔。写书有个很大的好处，就是它得持续一两年的时间，但如果要写一封信，就非得从头开始动工不可。

（我打量着满屋子堆积如山的资料和成摞的文件夹。）

布兰吉耶：您这办公室很有意思——特别少见的那种。我还真得说一句，您这儿挺乱。

皮亚杰：你知道，柏格森曾经指出：世界上不存在无秩序的现象，而秩序不外乎两种——几何秩序和生活秩序。我的显然是生活秩序。就拿文件夹来说，它们都是根据我常用的顺序来叠放的，几乎都伸手可及。

布兰吉耶：可是，若要找一本10或15年前用过的参考资料，也是在这成堆的……

皮亚杰：不错。压在下面的文件夹找起来要费点功夫。但如果需要的话，你会去找。这比起每天将它们整理好要省时间。

布兰吉耶：那要是打扫屋子呢？

皮亚杰：没人在这儿打扫！

布兰吉耶：从来没有吗？

皮亚杰：从来没有！

布兰吉耶：那您太太是怎么……

皮亚杰：她特别好，这儿的东西她从来不碰。

（他第一次填充他的烟斗。屋子的门开着，就在我们谈话之初，他的家猫跑了进来，皮亚杰的一只手臂靠转椅扶手垂下，猫儿停在主人的手下方。）

皮亚杰：来，猫咪。

布兰吉耶：它不是很听话。

皮亚杰：它正在犹豫。

布兰吉耶：叫什么名字？

皮亚杰：就叫"猫"，为什么要取名字呢？

布兰吉耶：您叫一声"猫"，它就会过来吗？

皮亚杰：哦，不是的。(倾身向猫)来，猫咪！说"来"，它还听不太懂，但它能听懂你说"不"。不想让它进来的时候，只需要说声"不"。

布兰吉耶：它是个实实在在的同伴，还是只是个小玩物？

皮亚杰：它是只好猫。大家都喜欢它，争着和它在一起。

布兰吉耶：您工作的时候会让它进来吗？

皮亚杰：当然会。但不会让它坐在我腿上，只待在我旁边。来，猫咪。

布兰吉耶：这屋里样样东西都有一点，比如墙上玻璃橱内的昆虫、窗户上的植物。在您看来，生物生命从哪个层次开始有了心理学状态？

皮亚杰：我相信，生物体与心智之间或生物与心理之间并不存在什么界限。当有机体带着先前的经验去适应新环境时，就非常类似于心理状态了。

布兰吉耶：比如，向日葵朝向太阳，这就是心理学状态了？

(他微笑着，犹豫片刻，然后点点头。)

皮亚杰：我认为，事实上，这是行为。

布兰吉耶：向日葵和我们之间没有任何界限吗？

皮亚杰：没有。这是我《生物学与知识》(*Biology and knowledge*)这本书中的中心论题，在这本书中，我试图说明同构 (isomorphisms) ⋯⋯

布兰吉耶：就是类比？

皮亚杰：是的，有机体调节与认知过程(即知识形成过程)间的类比。我们有生物体结构和智慧结构，我试图说明后者源于前者。比如，逻辑思维是源于动作的一般性协调，而动作的一般性协调是基于神经系统的协调，神经系统协调自身又得到有机体协调的支持。

布兰吉耶：如果向日葵也有"心理上"的行为，那我们是否可以探入到生物界更低的等级，可以低到什么样的程度？

皮亚杰：低到什么样的程度？当你看到像生物学家保罗·维斯(Paul Weiss)拍摄的细胞内部活动的影片时，就会提出这样的问题。保罗·维斯有足够的理由说：行为语言最适合用于解释这类现象。与纯粹的物理或化学语言相比，它能更好地表达事实。所以，如果在细胞内部也能发现"行为"，这将大大扩大行为的研究范围，也因此大大扩展心理学的研究范围。心理学并不只是关于意识的科学，它在总体上应属于行为科学。

布兰吉耶：关于行为。

皮亚杰：关于行为。正如我的老师让内(Pierre Janet)教授过去常说的——"De la conduit"。生物有机体能够预见或预期。在生物界，存在着各种预期。你刚提到了植物，事实上，我正在研究植物。比如，花苞预示着花朵，正如胚胎发生的诸阶段预示着发育成熟的器官等等。

我想研究一个具有较大变异性，可以进行详细分析的预期实例，对各物种进行逐个分析。

这些植物，就是这些景天属，它们失去侧枝，枝条脱落，又在地上长出新株；枝条脱落、裂缝收缩等等，都是预备好的。任何一个物种都具有一系列预期，并因环境的不同而差别迥异。这些生物都没有神经系统，没有大脑。这点令我很好奇，我想去研究它。你在这里看到的只是少部分植物，是一些最脆弱的、需要被精心照料的植物，其他的我都养在院子里。

布兰吉耶：可是，难道这样的预期不是盲目性的吗？我是说，它们是否"知道"这些是预期？

皮亚杰：关于植物是否可能具有意识这一点，我们一无所知。

布兰吉耶：您认为没有？

皮亚杰：我对此一无所知。对动物的意识，我们也是一无所知，但是我们可以相信，它们是具备意识的。我们不知道婴儿或胚胎什么时候开始具有意识。这不是问题。（他看出了我脸上的惊讶）真的！心理学不是关于意识的科学，它是关于行为的科学。我们研究的是行为，在可能的情况下，我们纳入意识；但是，做不到的话，也不成问题。

布兰吉耶：您是说，当某件事显示出心理状态的时候，心理便开始产生？

皮亚杰：当有机体顺化外部环境来解决问题的时候，当问题解决不像本能那样受遗传控制时，它就是一种心理状态，和人类的心理非常相似。

本能是一门专门的动物心理学，就像其他任何一门学科一样。

（猫咪——"那没有名字的猫儿"——蜷在皮亚杰的腿上，低声咕噜咕噜叫着。）

布兰吉耶：动物界里是从哪儿开始有了意识？

皮亚杰：呀，这很难讲；没有什么标准。我猜想，在不同层次会有不同程度的意识——但是仅仅是一定程度上的。动物可以对某个动作产生意识，却不加以整合；我把这称为初级意识。就拿我自己来说吧，我完全不是视觉性的。我在外头散步的时候，会拿出表来看时间，有时候，我会把时间大声念出来，或者小声说一遍。如果我把时间说出来，我可以通过回想自己说话时的声音将时间记住；但如果我什么都不说，就纯粹凭视觉记忆的话……

布兰吉耶：您就忘记了！

皮亚杰：一分钟之后我又掏出表来，才意识到还是跟刚才同样的时间。第一次看表的时候，我是有意识的，但我完全忘记了；因为意识没有经过整合。看表的时候，我肯定是有意识的；但是，因为没能对其进行整合，不看的时候，意识就消失了。如果我把时间说出来,比方说,"两点零五分",我就能记住。①

布兰吉耶:但就这个词语通常的意义来说,意识意味着知道自己有意识。

皮亚杰:不是的,那是已经提炼过的意思。

布兰吉耶:这是我们赋予"意识"这个词通常的意思。

皮亚杰:这已是一种高层次的意识了。

布兰吉耶:只有人类才具备的吗?

皮亚杰:我不这么认为。

布兰吉耶:黑猩猩也具备?

皮亚杰:我猜想是的!

(一阵沉默。皮亚杰和我都各自抽着烟斗。猫儿正在酣睡。)

布兰吉耶:如果我说"我看到一本蓝黄色的笔记本",我永远没法知道你看到的蓝色和黄色是否和我看到的一样。

皮亚杰:那当然。别人脑子里的意识总是难以捉摸。

布兰吉耶:您是否认为这道障碍有一天能被打破呢?

皮亚杰:我们或许可以通过研究警觉状态来发现一些生理指标。

布兰吉耶:怎么说?

皮亚杰:我们并非完全被动。脑电波能标记出大脑注意力集中或警觉的状态,因此,我认为运用电子仪器设备来区分有意识和无意识的状态是有可能的。

布兰吉耶:但这是定量的,不是定性的。

皮亚杰:的确,如果这也适用于动物,将是非常有价值的。

布兰吉耶:我们刚才谈到细胞的行为。您难道从未想过要研究分子生物学吗?

皮亚杰:有点晚了。我20岁时就放弃生物学了,现在年纪大了,也回不去了。当然了,它对我还是有吸引力的。

布兰吉耶:那您当初为什么要放弃呢?

皮亚杰:一个很现实的原因是我当时老笨手笨脚的,用超薄切片机老用不好。

布兰吉耶:那您知道自己笨手笨脚的原因吗?

皮亚杰:哦,事实上,是因为我失去了兴趣。一个人若对某一领域有兴趣、想做系统的研究,就会去掌握必要的技能。生物学实验工作需要更多的耐心!心理学仍然是一个未知的领域,研究者能不断发现新事物,并且很迅速;而生物学的研究毕竟比心理学

---

① 皮亚杰的怀表就和他的贝雷帽一样著名。这块表是他制表的祖父赠送的。皮亚杰总是将它挂在毛衣口袋链子的一头,随身携带。在会议或讲座中,每当发言人跑题时,他会提醒式地看看表。不论是参加工作讨论、赴约还是搭乘飞机和火车,他总是准时到场——事实上,他总是提早赶到。乘坐飞机时,他习惯性地选择靠近出口的座位,以便航班抵达后第一个离开。对于这些习惯,皮亚杰解释说:"我出生的时间比预产期晚了三个礼拜,此后我从未将这些时间补上。"事实上,真正使他匆忙的,是那些有待完成的、进行中的、接连不断的工作。

早了一个世纪,要发现新事物就需要做更多的工作。此外,我喜欢思考,哲……(他立刻纠正自己)认识论。

布兰吉耶:您刚想说"哲学"。

皮亚杰:我刚想说"哲学",但这是一个危险的词语。

布兰吉耶:怎么危险呢?

皮亚杰:因为它太模糊了。我对知识问题感兴趣,是因为我们可以通过科学的方式来研究它们,就像生物学家所做的那样。为了能在生物学和知识理论之间搭建一座桥梁,我们有必要去研究心智发展、智慧发展和思想的发生……

布兰吉耶:是的,这就是您所说的"认识论":关于知识、认知的理论。

皮亚杰:我认为,要想客观、科学地研究认识论,就绝不能对知识简单地用一个大写的字母"K"来表示,只关注它较为高级的形态,而应该去发掘它的形成过程,即:人的知识是如何从少到多增长的,以及这一过程与主体的层次和观点之间存在怎样的关系。这种对知识的转换、对知识的渐进式调整的研究就是我所说的发生认识论。这是生物学家唯一可能持有的立场——至少对我来说是这样。

布兰吉耶:您早年是受到什么引导才去做这些研究的?是什么引起了您的兴趣?您父亲是做什么工作?

皮亚杰:他是一名历史学家。

布兰吉耶:所以,您成长在大学社区里?

皮亚杰:是的。他强烈建议我不要研究历史。

布兰吉耶:为什么?

皮亚杰:因为这不是一门真正的科学。他反对的理由是,历史的断言无法得到证实。

布兰吉耶:您之所以热爱事实,是因为受到了他的影响?

皮亚杰:当然。

布兰吉耶:您在少年时期是个什么样的人?

皮亚杰:我很早就开始研究动物学。我做了很多关于软体动物的研究。

布兰吉耶:您很小的时候就发现了一些值得注意的东西,对吗?或许您更愿意称之为"尚未被人注意到的事物"。

皮亚杰:我制作了目录,并研究了关于适应的问题。

布兰吉耶:关于某种小动物在某一特定的条件下变形,而在其他条件下则不变形……

皮亚杰:是的。比如,椎实螺的外壳因水流冲击力度不同而产生不同的变形。

布兰吉耶:这在当时来说是个全新的问题?在这之前,没人对此做过研究?

皮亚杰:倒是有些软体动物专家也研究过,但不多。

布兰吉耶:那时您多大?

皮亚杰：我很小就开始了，因为我当时在纳沙泰尔小镇念书，碰巧有一位年长的教师缺少助手，我就成了他的"私人秘书"，用他的话说，我是他的"奴隶"。我是跟着他学习了软体动物的知识。

布兰吉耶：他是生物学家吗？

皮亚杰：动物学家。他去世后，我开始独自工作，并发表论文。

布兰吉耶：当时，您只有十三四岁？①

皮亚杰：是的。

布兰吉耶：后来是怎么转为研究心理学的呢？

皮亚杰：我想要了解知识发生的条件；我原本对认识论就很有兴趣；但就思想的一般性问题而言，做软体动物研究不会有太大发展。而且，我当时正在读康德和柏格森的著作，想找出事实与反省的交叉点。

布兰吉耶：然后呢？

皮亚杰：当你开始着手研究心理学的某个主题时，会非常惊讶地发现已知的具体信息是多么稀少。一个问题会引出另一个问题，然后你对问题的研究会逐渐清晰。

布兰吉耶：您在巴黎和比奈（Binet）共事过吧，我想？②

皮亚杰：不，那时他已经过世了。我在他的实验室工作，与他的共同研究者西蒙（Simon）共事，但西蒙不住在巴黎，无法监督我的工作——这点倒值得庆幸！

布兰吉耶：所以不是正式地跟随他研究？

皮亚杰：完全不是，所以，我当时是一个人工作。

布兰吉耶：跟我说说。

皮亚杰：西蒙想让我把原本用英文设计的测验译成法文，并将其标准化。从逻辑结构的角度来看，这些测验是极好的，但我很快对儿童的推理方式、所面临的困难、所犯的错误、犯错的原因以及他们为寻求正确答案而想出的办法等问题产生了兴趣。从一开始，我所做的就是我一直以来所坚持的工作：我做的是定性分析，而不是准备一些关于对、错答案的统计资料。

布兰吉耶：您写过一篇类似于随笔的作品，名为《求索》（*Recherche*）③，里面的主人翁名叫塞巴斯蒂安。那时候您也很年轻吧？

---

① 《赫伦各软体动物》，《枞树枝》，1911，第45期；《纳沙泰尔湖与莫拉特湖的椎实螺》，《解剖学杂志》，皮亚杰发表的第一篇文章题为"白化麻雀"，《枞树枝》（1907）；当时，他11岁。

② 阿尔弗雷德·比奈（Alfred Binet）在心理学上的研究标志着智力测验（比奈-西蒙量表，Binet-Simon Scale）运用的开始。我们后面将会看到皮亚杰自己对测验的看法。

③ 皮亚杰所写的自传体小说《求索》是他年少时的哲学随笔。小说详述一位青年在追求科学与道德真知的过程中所遭遇到的迷惘与危机。其实，这本小说就是根据皮亚杰本人的实际哲学观点所写，文中记载了他自己的危机和解决过程，并展示了皮亚杰一些基本概念的萌芽（如同化、平衡化）。——译者注

皮亚杰：是的。

布兰吉耶：它使人联想到卢梭，属于一种哲学随笔。

皮亚杰：是的。我还算聪明，知道文章的观点会引起争议，会让人觉得有点怪异。如果想让大家接受，就得用虚构的方式。

布兰吉耶：当时您多少岁？

皮亚杰：20岁。

布兰吉耶：您自己后来有再读过吗？

皮亚杰：没有吧。但是，里面有些概念我仍没有忘记：平衡化、同化①。

布兰吉耶：塞巴斯蒂安就是您？

皮亚杰：是的，就是我。

---

① 皮亚杰思维上惊人的统一性：他从未停止过定期提炼这些早期的概念，尤其是关于平衡化的概念。距此60年之后，也就是在1976年研讨会的论文集（见后）上，皮亚杰发表了一篇新的关于平衡化的研究论文——"认知结构的平衡化"（L'equilibration des structures cognitives）。

访谈二　哲学的洞察与错觉

皮亚杰每天早晨都会来到书桌前,四十年如一日,埋首于需要完成的工作中,脑子里装满了关于这些工作的想法。

皮亚杰:对我来说,从来没有星期天——我每天都在工作。
布兰吉耶:工作多长时间?
皮亚杰:四到五页。
布兰吉耶:您以页数计算,而不是以小时?
皮亚杰:是的,多年来一直如此,哈!
布兰吉耶:您休假吗?
皮亚杰:假期里我也工作。这可是理想的工作时间,不会有任何干扰。
布兰吉耶:您晚上会外出,或是出游?比如说,您是否会出去看电影?
皮亚杰:不会,从来没有。哦……四次。总共就四次!
布兰吉耶:您一辈子只看过四次电影?
皮亚杰:一次是在远洋客轮上——这次很滑稽;一次是在布伦(Boulogne)①,当时外面正在下雨——电影很一般。还有两次,是去看雷米(Raimu)②——那两次很不错。后来就再没有时间去看了。
布兰吉耶:那书和诗歌呢?
皮亚杰:从不读诗。我对诗歌完全没感觉,或许我从未碰到能打动我的诗歌。小说我会读。
布兰吉耶:您读小说?
皮亚杰:我当然读。季奥诺(Giono)③的想象力实在是很奇特!
布兰吉耶:对像您这样的人来说,这难道不浪费时间吗?您什么时候读?

---

① 法国北部港市。
② 法国演员。
③ 让·季奥诺(Jean Giono,1895—1970),法国小说家。生于法国东南部普罗旺斯省马诺斯克城,家境贫困,父亲是鞋匠,母亲是洗衣女工。

皮亚杰：晚上。我晚上不工作，就是不停地阅读。普鲁斯特（Proust）①的小说，我从头到尾不知道读了多少遍。

布兰吉耶：我看不出它有什么地方能吸引您。

皮亚杰：什么？普鲁斯特？

布兰吉耶：是的。

皮亚杰：为什么呢，他的小说和认识论一样，非常棒！他从一系列连续的视角来塑造书中的人物！我们能够从多个角度来了解书中夏吕斯（Charlus）②这个角色……我常想，要是能把普鲁斯特的认识论写出来，一定很有意思，但我一直没时间。普鲁斯特的认识论与布伦茨威格（Brunschvicg）③的非常相近，他们俩曾是同学。

布兰吉耶：您一定要写，会令很多人惊讶的。

皮亚杰：或许吧。

布兰吉耶：咱们第一次聊的时候，您对哲学猜想表露出了某种质疑。哲学对思想的态度——尤其在您看来——是否与您一直所追求的科学家的谦逊和谨慎的品质相违背？而事实上，您也正是这样一位科学家。

皮亚杰：我认为，一个人若没有得到反思与思想的引导，是不可能在实验领域做出任何新东西的。

布兰吉耶：那您为什么对哲学家感到不满呢？他们不也有着类似的兴趣吗？

皮亚杰：听我说，如果我没有在纳沙泰尔大学教授四年哲学课，就不会对哲学家持如此反感的态度。但正是在教授哲学课的那段时间，我看到一个哲学家是可以多么轻易地发表……自己想表达的观点。

布兰吉耶：您刚是想说"任何观点"。

皮亚杰：我刚是想说"任何观点"。你可以将一个存在着根本缺陷的假设论证为一个正确的命题；你可以……事实上，我特别注意到了猜想的"危险性"，也被它所吸引。这是一种自然趋势。这么做也的确比挖掘事实要容易得多。你坐在自己的办公室，建立一个体系。这很好，但是，鉴于我在生物学上所受到的训练，我感到这种做法是极为危险的。这并不是说，我完全排斥哲学。事实上，我在理性主义者联盟（Rationalists'Union）与利科（Ricoeur）、让松（Jeanson）等人有过讨论，他们给了我一些很好的经验，也使我学会了该如何与哲学家交谈。因此，我为我写的《哲学的洞察与错

---

① 马塞尔·普鲁斯特（Marcel Proust, 1871—1922），意识流文学的先驱与大师，是20世纪法国最伟大的小说家之一，也是20世纪世界文学史上最伟大的小说家之一。

② 夏吕斯先生，《追忆逝水年华》中的男爵。《追忆逝水年华》（又译为《追寻逝去的时光》）是20世纪法国伟大小说家马塞尔·普鲁斯特的代表作，也是20世纪世界文学史上伟大的小说之一，是一部被誉为20世纪最重要的文学作品之一的长篇巨著。小说以其出色的心灵追溯描写、宏大的结构、细腻的人物刻画以及卓越的意识流技巧而风靡世界，也因此奠定了它在当代世界文学中的地位。

③ 布伦茨威格（Brunschvicg, 1869—1944），法国哲学家、思想家。

觉》(Insights and illusions of philosophy)这本小书的第二版加上了后记。在后记中，我清楚地陈述：我深蒙哲学启发。我研究问题的立足点归因于哲学；并且，我相信，哲学反思对学者是必不可少的、对研究也是必不可少的；但是，反思只是一种提出问题的方式，而不是回答问题的方式。反思是一个探索的过程，而不是一种验证的方式。你知道，这两件事情必须要被区分开来：反思，它是提出问题的过程；然后，是解答问题的方式——特别是控制与验证，缺少这两者，知识无从谈起。我谴责相信依靠哲学可以获得知识的看法，因为，在我看来，知识需以验证为前提，而验证又需要以问题的界定为前提，这种界定能使我们借助大家都认同的控制来共同进行验证。

布兰吉耶：我在想，您在哲学上所抨击的是否就是所谓的"形而上学"？

皮亚杰：是的，当然。

布兰吉耶：在您的《哲学的洞察与错觉》这本书里，您提到了一些哲学家，但是，有些人您没有提到。比如说，您没有提到海德格尔①。

皮亚杰：我谈到的是那些煞费苦心创立知识理论的哲学家，他们声称哲学本身能与科学一较高下。

布兰吉耶："形而上学"难道不是已经超越这些了吗？对存在的冥想……我不知道它是否属于一种知识模式，但如果是的话，它是一种完全不同的知识模式——与科学所允许的模式完全不同。您同意吗？（沉默）除科学知识外，是否还存在其他的知识呢？

皮亚杰：让我们说得更清楚一点。何谓知识？你是否认同一个问题很可能会有数个相互矛盾的解答？（他看出我接受这一提法。）很好！那你所谓的知识是什么呢？请举出两个观点相同但不是师生关系的形而上学者。

布兰吉耶：我认为，比如宗教人士有神学知识。他们称神学为知识。神秘主义者声称有"不可言喻"的知识。

皮亚杰：是的，我明白。这是用词和语义的问题。如果某一群人所认定的知识无法与他人共享，那么不管他们多么受人尊重，我也很难将他们的知识称为"知识"。这不是知识；从定义上说，这是信仰。当然，这种信仰可以是理性的、受人尊重的等等，你都可以说。知识始于它可传播和可控制之时。

布兰吉耶：以及可测量之时。

皮亚杰：我还不想谈到这么远。有些知识是定性的。在心理学和逻辑学中，并非所有的东西都是可测量的，但只有当大家通过逐次趋近的方式在控制与验证上达成一致时，知识才会出现。

布兰吉耶：趋近事实吗？

皮亚杰：趋近事实或思想！我不知道数学能否被称为事实。如果有人在证明数学

---

① 海德格尔(Martin Heidegger, 1889—1976)，德国哲学家，20世纪存在主义哲学的创始人和主要代表之一。

定理时犯了错误,这一错误会得到纠正,但形而上学就不存在这种情况。形而上学从柏拉图到海德格尔没有任何进步——既然你刚才提到了海德格尔。

布兰吉耶:科学家发明了"进步"这一概念。

皮亚杰:不只是发明了"进步"的概念,事实上也实现了一定的进步!

布兰吉耶:因为科学是建立在自身基础之上。

皮亚杰:每一科学理论都会很快过时,但随后出现的理论是得益于它,并意在对它加以完善。我在形而上学中看不到这种现象,所以我很难称之为知识。

(一阵沉默。)

布兰吉耶:人类心智是从什么时候开始按您刚才所定义的方式来对待知识的?

皮亚杰:为什么问这个问题?从希腊人开始!我说希腊人,是因为我对中国人和印度人不够了解。可能还有其他的起源。

布兰吉耶:在希腊时期,哲学是与科学探究结合在一起的。

皮亚杰:众所周知,希腊哲学家思维严谨,他们研究科学。

布兰吉耶:笛卡尔①也是。

皮亚杰:不错!我对研究科学的哲学家有很高的敬意。

布兰吉耶:科学与哲学是什么时候开始分家的?

皮亚杰:真正分离开来是在 19 世纪吧,我想。当时,一群具有某种科学心智的人趋于从科学中衍生出一种形而上学。"唯物主义"就是一个例子。由于他们的科学与形而上学之间没有足够明显的界限,反唯物论者便试图创建一种超越科学、高于科学并能独立于科学的知识模式。

(他陷入了沉思。)

从希腊哲学家到笛卡尔和莱布尼茨②,哲学一直试图在科学中寻求最大支持。19 世纪,出现了一种新的、超越科学的知识模式,它游离于科学的边缘,独立于科学并很快声称高于科学。我对所有这些现象感到很不安,但它们显然在当今学术界非常盛行。

布兰吉耶:但当今也有一些哲学家是紧跟科学的。

皮亚杰:的确如此,比如德桑蒂③、维耶曼④和他的团队、格兰杰⑤;我还可以列举出一些其他的名字,但这一运动与上一两代的存在主义相比还是比较新的;而且,现今有许多作者都将哲学称为我自己所称的"科学认识论"——比如,我刚提到的德桑蒂。科学研究不只是在一个单一的层面进行;它有实验研究的层面,有从研究结果中提炼出理

---

① 笛卡尔(René Descartes,1596—1650),世界著名的法国哲学家、数学家、物理学家。

② 莱布尼茨(Gottfried Wilhelm Von Leibniz,1646—1716),德国哲学家、逻辑学家、数学家和自然科学家。

③ 德桑蒂(Jean-Toussant Desanti,1904—2002),法国哲学家,对数学的认识论有贡献。

④ 维耶曼(Jules Vuillemin,1920—2001),法国哲学家。

⑤ 格兰杰(Gilles-Gaston Granger,1920—),法国分析哲学家。

论和概念的层面,还有基于科学方法和结果进行适合于该科学的认识论反思的层面。我愿意将德桑蒂的工作归于第三个层面。

布兰吉耶:宣告古典哲学死亡的不只是您一个人。现今整个社会科学运动不也是赞成您提出的看法,认为哲学已不能再维持它原有的地位和特权了吗?

皮亚杰:我想你是对的。事实上,这一观点正在盛行;但我不相信流行的观点,应对它们进行整理,并将思维严谨的作者和那些相互写著作评论的作者区分开来。

访谈三　儿童作为智慧发展的模型

每逢周六,让·皮亚杰都会背上他的帆布背包,去近郊的山间享受一段长途的单车旅行。

布兰吉耶:您是否觉得您是很典型的瑞士人?您在这里出生,您属于这个国家,这点对您来说是不是很重要?

皮亚杰:这么说吧,我认为小国家有它的优势,从这个意义上讲,这点对我来说很重要。与大的国家相比,小国家有一种思想上的自由。我是从科学工作的角度来说。

布兰吉耶:此话怎讲?

皮亚杰:这是因为人不会把自己看得太重,不太容易自以为是。所处的国家越小,人受到的诱惑就越少。

布兰吉耶:您经常旅行,而且常去美国,对吧?

皮亚杰:是的,但那边的思想潮流及学派的影响让我很失望。他们都会挤在某一个时期做同样的研究;一旦潮流发生变化,他们又都改做其他的研究,然后又重蹈覆辙。在苏联①也是如此。

布兰吉耶:您是否认为研究人员应该独立工作?

皮亚杰:哦,不;你必须与别人建立联系,尤其是得有人反对你的意见。你得有一个团队。我主张跨学科研究和集体研究。

布兰吉耶:但也需要灵活处理?

皮亚杰:对。

布兰吉耶:现在让我们来聊聊您的手艺。首先,您所做的是一门手艺吗?

皮亚杰:当然。

布兰吉耶:是门手艺?

皮亚杰:一旦你掌握了一项技术,你就有了一门手艺。

布兰吉耶:这样的话,请告诉我您是如何做实验心理学的——还有认识论,如果我没说错的话,您不愿意将这两者分开来谈。

皮亚杰:你说得对!譬如说,如果一个人只对成人的心智层面感兴趣,他就很容易把认识论和心理学割裂开来。一方面,我们有关于智慧如何起作用的问题,这涉及心理

---

① 访谈发生在苏联解体之前,故 Russia 在此译作"苏联"。——译者注

学;另一方面,也有关于我们所运用的智慧工具的价值问题——那则属于知识理论。

但如果你要研究知识的形成——也就是我做的这门手艺——你必须不断去识别一些介入因素——有些因素来自外部经验、社会生活或语言,另一些则来自主体思维的内部结构,这一结构是在智慧的发展过程中被建构起来的。你看,这些都是关乎认识论的问题,同时又与心理学研究相关。

布兰吉耶:您刚提到了外在因素——也就是环境因素,同时,也提到内在因素。哪种因素较为重要呢?

皮亚杰:二者完全同等重要,不可分割。知识是主体与客体间的相互作用。先验论者认为主体是被锁定在一个既定不变的结构中,仿佛人脑中所有的知识都被预先决定了,但我不赞成这样的观点。我认为,主体建构自己的知识、建构自己的结构,并且……关于这点,我们以后会谈到。

布兰吉耶:那是"自由"吗?

皮亚杰:是的,当然。我真正关心的是如何来解释知识从一个阶段发展到下一阶段时所产生的新的东西。人何以能够获得新知识?这可能是我关注的中心问题。

布兰吉耶:人是如何发生变化的呢?

皮亚杰:人如何在初始的、有限的知识基础上通过寻求新的东西来不断增长自身的知识;但新的东西必须要适应。

布兰吉耶:您主要是依靠儿童来从事您所描述的工作?

皮亚杰:是的。

布兰吉耶:是主要还是完全?

皮亚杰:完全。

布兰吉耶:为什么?

皮亚杰:从渐进式建构的观点来看,成人是理想的研究对象;但如果我们研究成人,就相当于把人类的思想史重构一遍。然而,从这个角度来看,最有研究价值的应该是我们知悉最少的阶段——史前人类阶段。

布兰吉耶:为什么呢? 我们周围不都是人吗?

皮亚杰:不,不;在我们周围的人身后,已经有了好多个世纪的训练和文化沉淀了。

布兰吉耶:所以呢?

皮亚杰:要研究我原本想研究的人类心智形成问题,就需要重构从猿到人的诸阶段、史前人的诸阶段、化石人的诸阶段;但我们对做这些所需要的技巧知之甚少。语言的起源、代代相传的技能——所有这些都非常不幸未能流传至今。

布兰吉耶:您刚似乎在说,文化——也就是当今世人、现代人身上所体现的文化——会妨碍我们对他进行了解,好像我们需要先把他清洗干净一样。

皮亚杰:不,不是这个意思。问题是,需要了解知识如何形成,智慧的结构如何形成;而当代人已经具备大量的结构,可我们对这些结构的历史一无所知。不论我们使用哪个词语来表示，它的背后都有着几千年的历史。那是无数代人集体提炼出来的概念。你无法掌握这些结构的建构模式，得到的只是成品。成品对我而言是不够的！因此，需要重构历史——我们最远可以追溯到古希腊时期，但即便那时……儿童的好处在于他总能让你接触到从零开始的个体，从他身上你可以看到这一切将如何发生。

布兰吉耶：儿童真的是从零开始的吗？他也有环境啊，文化环境。

皮亚杰：拿从出生到大约一岁半或两岁大的、刚开始学说话的婴儿来说，他并不是依靠文化环境来发现世界，比如客体永久性。

布兰吉耶："客体永久性"是什么？

皮亚杰："客体永久性"是指主体在客体从自身视野范围内消失后认为它仍继续存在这样一个事实。

布兰吉耶：脑子里会保留着它这个概念。

皮亚杰：不仅仅是有这个概念，还认为有再次找到它的可能。这绝不是与生俱来的。只有等到婴儿 9 到 10 个月大的时候，你把他要抓取的物体藏起来，他才开始能移去遮盖物，重新发现这个物体。

布兰吉耶：那就是说，直到 10 个月大之前，如果婴儿看不见他的母亲，就会认为母亲不存在了。

皮亚杰：他不相信任何事，因为他尚不具备思考的工具。只是母亲消失了，又被吸走了，唯一能使她回来的办法就是大声啼哭，但还没法定位母亲的空间位置。

举个最简单的实验。递给婴儿一个他喜欢的玩具，他会伸手出来抓取，你用手帕将玩具盖住，他又把手收回去——好像物体刚才并不存在一样。他不会想到要去把手帕掀开；但如果你把手帕盖在他脸上，他会很清楚要怎样把手帕摘下来。

布兰吉耶：这一现象会持续到婴儿多大的时候？

皮亚杰：8 到 10 个月大。物体继续存在并能再次被发现这一概念，是较晚才有的。这是我们对物理世界进行表征的基础，但婴儿需要历经数个月才能达到这一点。

布兰吉耶：您对"当代婴儿"的描述——如果我可以这样称呼他们的话——您从他们身上观察到的现象是否会同样发生在最早期的人类婴儿身上？

皮亚杰：我相信这也适用于最早期的人类婴儿，而且不仅限于他们。我的美国朋友格鲁伯（Gruber）用小猫做实验也发现了同样的阶段，只不过，小猫只要 4 个月就能达到婴儿需要 9 个月才能达到的水平。这很有意思，因为小猫此后就没有多大发展了，而婴儿会继续发展到文明人类阶段。

布兰吉耶：为什么会这样呢？

皮亚杰：你是指为什么人类的发展超过了动物？古典的回答是，语言和文化通过使传统代代相传而缩短了人类学习的时间；但这并没有真正解答这个问题，因为我们还是得问"为什么"。

布兰吉耶：您的解答呢？

皮亚杰：是本能的受挫，即在程序上过于局限。

布兰吉耶：人类断定它过于局限的原因是什么？

皮亚杰：是生态状况使然。以黑猩猩为例，它们一开始是爬树，以近乎直立的方式行走。你知道的，这会产生出一系列新的问题。这样一来，如果本能不足以应对这些问题，他们只得去寻求发展别的能力。

布兰吉耶：照这一标准，黑猩猩达到了哪个阶段？

皮亚杰：他们比一岁大的婴儿要好一点，但不会好到哪里去。

布兰吉耶：他们处于……

皮亚杰：处于符号功能的边缘，是的。曾有人做过一些有趣的实验。一些猴子经过训练后，知道如何在自动贩卖机上用代币买东西。你在猴子看不到贩卖机的地方给它一些代币，它会小心翼翼地把代币存起来。如果收到假的代币，它就会生气；如果隔壁笼子里的朋友饿了，它会递给朋友一根香蕉，或给它一些币去买点吃的。如果它在这些里头掺了个假币，它的朋友就会用那个假币去砸它的头。所有这些都表明，在周围没有贩卖机的情况下，它们也能理解代币的功能。

布兰吉耶：另外一只黑猩猩也必须要知道贩卖机的功能。

皮亚杰：当然，但从这个意义上说，这已经是符号性的了。

访谈四　关于儿童的实验:发现发展阶段

将一个盛有半瓶有色液体的瓶子放置在桌上,让儿童把他所看到的画出来,他照做了。

接下来,将瓶子倾斜,使其与桌面成一角度,让儿童再画,仍然是按照"他所看到的"来画。儿童画出了桌子和倾斜的瓶子,而表示瓶内液体高度的这条线却和刚才一样,与瓶身成直角。

每次做这个实验,都会出现同样的"错误"。

布兰吉耶:我们再回过头来谈谈您的实际工作、您的工作方法。您是怎样工作的?会发生些什么?

皮亚杰:哦!我有一些很好的工作伙伴。每年年初,我会提出一整套实验计划,小组成员总是会给计划添加新的构想,使它不断完善。学生们也会帮忙,他们能从中得到一些训练。各项实验相互协调、相互补充。

布兰吉耶:您得到的原始资料是一组谈话?

皮亚杰:是按照我们选定的主题与儿童进行的一系列日常谈话。从谈话中,我们导出一些初步的结论,写成书面报告。

布兰吉耶:一项研究要持续多久?

皮亚杰:通常为期一年。

布兰吉耶:您怎么来断定一项研究已经完成?

皮亚杰:我只有一个评判标准,当不能够再发现新东西的时候,这项研究就结束了,就是这样。当导出的新结论与之前已知的结论相重复时,我们就开始研究新的主题。

布兰吉耶:所以,您就是根据这些原始资料来写书的?

皮亚杰:是呀,啊哈。

布兰吉耶:为什么"啊哈"?

皮亚杰:我是说读者"啊哈"。

布兰吉耶:我们回过头来聊聊这些谈话的内容。它们是不是一种测试?

皮亚杰:不。测试是与成绩、结果相关的,而我们关心的是儿童如何推理、如何发现新的工具,所以我们采用直接的、日常的谈话方式。

布兰吉耶:测试都属于一种考试吗?

皮亚杰:是考试,没错,尤其是一种标准化。你预先提出、选择并确定问题,但我们凭借成人的想法怎么能判断出儿童会对哪些问题感兴趣呢？如果你跟随儿童的回答，来到它自发带领我们进入的各地带——而不是用事先准备好的问题来引导他——就能发现新的东西……当然，有三四个问题是我们每次都要问的，但在此之外，我们不会只守着固定的问题，而是力求能够探索整个领域。

布兰吉耶：但肯定有些问题是必须被纳入的，以获得统计数据。（皮亚杰皱了皱鼻子）这样做只是为了能获得前后连贯的信息。

皮亚杰：完全正确。整理和挖掘的工作一旦完成，即一旦发掘了新的事物和预期之外的东西，你就能开始对它加以标准化——当然，前提是你喜欢这么做——并能得出精确的统计数据，但是我还是对挖掘的工作比较感兴趣。

布兰吉耶：您不担心这些个体案例会过于个体化吗？

皮亚杰：为什么要担心，我不担心。特别值得注意的是，这些回答呈现出惊人的趋同性。就在你刚才为采访做准备的时候，我正在整理刚到的、新的谈话资料。25个小孩，我都不认识，他们都在说同样的事情！年龄都相同！

布兰吉耶：是因为他们来自同一社会阶层和同一个城市吗？

皮亚杰：我想不是。

布兰吉耶：因为他们处于同一个发展阶段？

皮亚杰：是的。

布兰吉耶：我想，这向我们展示了您的一个主要观点：儿童——不论处于何种社会环境和历史时期——其智慧的发展都会历经一系列相同的阶段。

皮亚杰：相同是因为每一阶段对后一阶段而言都是必要的，我们称之为"相继顺序（sequential order）"。

布兰吉耶：每一阶段都会允许下一阶段发生？

皮亚杰：没错。这一点是可能的，刚开始我们还不太确定；但现在，这一点在任何地方的儿童身上都能很容易得到验证。只不过有的会延迟，有的会加速。

布兰吉耶：顺序仍然是一样的？

皮亚杰：是的。

布兰吉耶：那么，发展的顺序是什么？主要有哪几个阶段？

皮亚杰：有几个不同的阶段水平。感知-运动智慧阶段，在会说话之前。然后有……

布兰吉耶：那是在婴儿时期。

皮亚杰：是的，婴儿时期。然后是符号功能的出现——比如语言、象征性游戏、心理意象等等，直至7岁左右——符号功能使思维表征得以发生，但这尚是一种前运算思维（preoperational thought）。还未出现我后面要定义的运算（operation）。我所说的"具体"（concrete）运算在7岁左右开始；这类运算直接用物体进行，被定义为"内化"了的运算，或者说具有可内化（internalizable）和可逆（reversible）的特点；也就是说，它们可以正反两个方向运行,加法和减法就属于这类例子。接下来是形式运算阶段(formal operations),这类运算不再直接与物体相连……

当皮亚杰在观察一名10个月大的婴儿玩耍时,一切便由此开始:

我看到他在玩球。当时,我自己的孩子还没出生。球滚到一张扶手椅底下,他过去找,并找到了。他又把球扔出去,球滚到一张有垂边的沙发椅底下,不见了,他找不到,然后又回到了他刚才找到过球的扶手椅边。

对他来说,客体尚不能完全被定位。它只是找球动作成功的一部分,还不是一个独立的运动实体;球是在沙发底下,而不可能在椅子下面。稍大一点以后,客体才成为独立的运动实体,儿童会根据客体定位去寻找球。然后,你才可以谈"客体稳定性"——这个我们前几天提到过。

球不在它原本"应该"在的地方。通过对这一平凡事件、这一日常生活中的小事的观察,皮亚杰进一步获得了智慧心理学的基本直觉。成人认为婴儿的行为"荒唐可笑",而婴儿正以某种特定的方式走向其预期的成人状态。门槛在哪里……这些门槛会在哪儿呢?

此刻,这位学者与他的合作研究者们正一起忙着做各种实验。他们都在发生认识论国际研究中心(International Center for Genetic Epistemology)的一间屋子里。一位年轻的女士①和一个金发小女孩儿正面对面坐着。

纳丁(Nadine,5岁)

——你的生日是什么时候?

——我不知道。

——你满5岁已经很长时间了?

——是的。

——瞧,我们要开始玩游戏了。告诉我这是什么。这是什么呢?我知道你以前肯定玩儿过——这是些小棋子。是什么颜色的呀?

——有些是绿色,有些是红色。

——绿色和红色。哪种更漂亮呢?

——红色。

——红色,那我就拿绿色的吧。看好接下来我要做什么喽。我要把绿色的棋子这样摆放。喏,看到没?我把它们排成了一行。现在,你来把这些红色的小棋子排在我的棋子下面。像我刚才那样哦。② 对,非常好。现在,来告诉我你的想法。红棋和绿棋一样多吗?它们数量是一样的吗?还是绿棋可能会多一点?你觉得呢?红棋更多?(纳

---

① 提问者是中心助手凯瑟琳·达米。

② 这是"交谈"时的一个技巧,即:要遵循小孩的说话方式,必要的时候要模仿。这样能尽可能减少孩子心理上与大人的距离感。

丁犹豫着。)那你先看看绿棋,然后再看看红棋,绿棋多还是红棋多呢?

——两种一样多。

——好的。它们一样多。你是怎么知道的呢?

——没有多出绿棋,也没有多出红棋。

——没有多出绿棋,也没有多出红棋!很好。现在,看好我要做什么。(她把红色棋子的间距拉开)现在,你告诉我绿棋和红棋的数量是不是一样的?不一样?哪个更多呢?

——红色。

——红色的更多。为什么呢?

——因为你改变了它们。

——我改变了它们,没错。但你怎么知道是红棋更多呢?

——因为绿棋挨得更紧。

——但是纳丁,假如我们数一数。如果我们伸出手指来数一数的话,会有多少颗棋子呢?红棋和绿棋会是一样多呢,还是不一样多呢?

——会是一样多!

——让我们把棋子摆回原来的样子吧。(她把棋子摆回原样)现在,它们的数量是什么样的呢?

——它们一样多。

——你再数数,看会得到什么结果。

——数量一样多。

——很好。现在,我们重新摆一下绿棋。现在怎么样?

——红棋比绿棋挨得更紧。

——是的。我们来数一数,看看是红棋多了,还是绿棋多了,还是一样多呢?

——不一样。

——我们会得到什么结果呢?

——因为绿棋铺得更开,红棋离得更近。

——是的。那么,我们现在得到的结果是绿棋多,还是红棋多,还是两边一样多?

——绿棋多。

——这次是绿棋多。我们要怎么做才能使它们再一样多呢?

——要把它们摆成原来的样子。

——要把它们摆成原来的样子。像那样,它们现在一样了吗?好了,现在我们再来玩儿点别的吧。

泰玛(Taïma,6岁)

——你知道自己是哪天过生日吗?

——已经过完了。5月1日。

——我是6月份,刚才我告诉过你啦。看到这两个球了吗?你知道它们是用什么做的吗?

——黏土。

——黏土,没错。那它们是什么颜色的呢?

——红色。

——另一个呢?

——白色。

——另一个是白色。现在,看看这两个黏土做成的球,告诉我它们是不是一样大。两个球的黏土是不是一样多呢?

——是的。

——它们是一样的?

——是的。

——你确定吗,还是不太确定?

——不太确定。

——不太确定是吗?你觉得其中一个比另一个大吗?是不是其中一个球的黏土更多一些呢?

(泰玛犹豫了一会儿,然后下定了决心。)

——不是。

——所以,两个球是完全一样的喽?知道接下来我们要做什么吗?我们把这两个球当作蛋糕——不是真的蛋糕哦,只是假装它们是蛋糕。你拿红色的蛋糕,我拿白色的。如果我们把它们吃掉的话,我们吃的会是一样多吗?

——是的。

——是的。好,现在看好了。我要拿我的蛋糕来做一件事情。告诉我,我现在做的是什么。瞧,这是什么呢?

——这是一根木棒。

——一根木棒。现在,跟我说说你的想法,如果我吃掉这根木棒,你吃掉你的黏土球,我们吃到的会是一样多吗?还是谁会吃到更多呢?

——你会吃得比我多。

——是吗?为什么呢?

——因为那个比这个长。

——好吧。假如我把它变得更长一点——你瞧,更长了——看到没,如果像这样呢?

——你会吃到更多。

——我还会比你吃到的多吗?

——是的。

——如果我再变一下,把它变回一个球,像刚才那样——就像刚开始那样——我们每个人会吃到多少蛋糕?

——同样多。

——同样多吗?

——是的。

——好的。现在我们来用你的球吧。瞧,我要把它像这样弄扁。我们可以把它叫做什么?就我刚刚做的这个。

——牛排。

——牛排是吗?行,好的。这块牛排的颜色挺好玩的。还没做熟,对吗?

——对。

——现在,你把牛排吃掉,我把我的球吃掉。我们吃到的一样多吗?还是谁吃得更多?

——是的。(泰玛微笑着指着自己。)

——你吃得更多?为什么呀?

——因为我的比你的肥。

——肥?但你的很薄啊。你看。

——它更大。

——更大。所以,你的确吃得更多,是吗?

——是的。

——是那样的吗?是对的吗?你确定哦?

——确定。

——但当你的黏土还是一个球的时候呢,当它像这样还是一个球形的时候,我们两个谁吃得更多呢?

——一样多。

——一样多?所以现在变喽?

——是的。

——要使它们变回到一样多,我们要怎么做呢?

——把它再变成一个球。

——把你的黏土吗?

——是的。

索菲(Sophie,6岁)

——告诉我,你想不想玩天平啊,索菲?

——想。

——好的。现在来看看,这两个球一样重吗?

——不一样。

——我也觉得不一样。哪个更重呢？
——这个。
——这个。我想让它们完全一样重。现在再看。
——这边比那边更低。
——我要再弄下一小块。是一样重了吧，现在？
——是的。
——是的。你怎么知道它们一样重呢？
——因为我从这里看到的。
——你观察了指针啊？
——是的。
——那说明两边一样重吗？我们把它们从天平上拿下来，把红色的球做成一根长木棒，你的球就维持原样。如果现在再称一下——如果把它们再放回到天平上——会看到什么结果呢？
——这头会更重。
——为什么呢？
——因为……因为你把它做成这样它就变轻了。
——你确定吗？像这样吗？
——是的。
——为什么说把它做成长条形状它就变轻了？我们还没称称看呢，不是吗？
——因为这个更瘦，这个更胖。
——哦，我知道了。那假如我再把这个揉成一个球形，它会怎么样？
——它会变重。
——假如我把两个都做成球形，然后再称称它们的重量，会怎么样呢？
——一样重。
——一样重吗？你确定？
——确定。
——你怎么知道？
——因为它们两个是相同的球。

我们继续在皮亚杰的家中做访谈。我们开始谈这些实验。

皮亚杰：是的，对年幼的儿童来说，黏土比之前更多，是因为它变长了。

布兰吉耶：或变短了！

皮亚杰：或因为变薄了，所以黏土更少了。他们看到了事物的一个维度，却没看到另一个维度，从来不会两方面都注意到；但是，当到了一个特定的阶段，他们就能同时看到两个维度以及它们之间的互补关系：物体变长了，也因此变细了，所以是一样的；但这必须以思维的可逆性为前提。

布兰吉耶：然后，他们明白物质是守恒的。

皮亚杰：一开始是物质；接下来，一两年后，相同的论证，是重量；最后是体积。在一杯水里放入一颗弹珠或一根黏土条，根据排水量来测量物体的体积。

布兰吉耶：但有意思的是，他们最先有物质守恒的概念。

皮亚杰：是的，这点很奇特，因为在缺乏重量或体积概念的前提下，是无法理解物质的。

布兰吉耶：就是一个纯粹的概念。

皮亚杰：这是守恒原理所必需的。是的，就是一个纯粹的概念。正如庞加莱（Poincaré）①所说："必须要有某样东西是守恒的，否则不可能进行推理。"但我们无法预知这样东西是什么。

布兰吉耶：在我们继续下一话题之前，我想先谈谈这些实验。您的研究伙伴告诉我，如果将黏土条继续拉长，小孩会给出相反的答案。

皮亚杰：没错。小孩会说"因为变长了，所以更多了"；但突然之间，这一推理又行不通了，又说"太细了，所以比刚才少了"！

布兰吉耶：但是他能很清楚地看到这是相同操作，继续先前的动作。

皮亚杰：当然！

布兰吉耶：这不合逻辑呀。

皮亚杰：是的，一点儿不合逻辑。这完全是前逻辑（prelogical）。② 再后来，我又在这些谈话中发现了很有趣的现象。儿童通常会说：量是一样的，没有变，因为你没有从中拿走任何东西。年幼的儿童也非常清楚，你没有拿走任何东西！但对他们而言，这不构成论据。而到了一定的年龄，又成为论据。这表明，结构发生了转换。这一转换是必然的。它类似于康德式先验论——但是是在最终获得的，并不是一开始就存在。必然性是在最终获得的，不是一开始就有的。

（沉默）

布兰吉耶：关于实验，我们就聊到这儿吧。至于这些结构，您是否认为儿童——这么多年您一直在研究的这些儿童——具有时间和地理空间上的普遍性？因为，事实上您主要是对瑞士的儿童做实验，并且其中大部分是来自日内瓦。

皮亚杰：这是个大问题，要求能做一些非常难的研究；因为，比较儿童心理学要求你进入偏远的社会，并掌握他们的语言——这是人种志研究者和人类学家的领域；而同

---

① 庞加莱（Henri Poincaré，1854—1912），法国数学家、天体力学家、物理学家、科学哲学家。

② 在讨论的结束之际，皮亚杰做出了这一评论，让我感到一扇门已被开启。或许，正是他评论时平静的口吻、实事求是的语调让这句话的含义直接呈现在我面前——使我恍然大悟。显然，儿童的推理不是建立在含混不清或词不达意的逻辑之上，它不是对成人逻辑的拙劣模仿，也与成人的逻辑毫无关联，而是建立于其他基础之上，属于另一个世界——皮亚杰对这一世界已经进行了相当长时间的探索。从他的话语中，我感受到他研究的维度和真实的观点——至少，我相信我感受到了。

时,你还必须了解访谈技巧,学会这些技巧需要花好几个月的时间。主试必须受过人种学的专业训练,以进入不同的社群;并且,还须具备心理学家的技巧,以了解如何对儿童进行访谈。到目前为止,我们看到,一方面,比如有些人类学家,他们认为他们在再现同样的实验,但事实上却做得相当肤浅;另一方面,也有一些训练有素的心理学工作者,他们不懂被试儿童的语言,因此,不得不通过翻译来完成访谈工作。所以,截至目前,我们所发现的研究结果大体上都呈现出高度的一致性,只是在时间上,有的儿童发展会提前,有的会滞后。这点我上回和你提到过。举一个滞后的例子吧。我有一名学生在德黑兰做这项工作。德黑兰儿童和日内瓦儿童在相同的年龄阶段所达到的水平基本相同;但是,农村地区没接受过教育的儿童在经历这些发展阶段上会表现出两三年或四年的滞后;主要是这样一个发现。

布兰吉耶:顺序是一样的?

皮亚杰:是的,当然。这些阶段之间存在着相继次序。年龄上会有所不同。但是研究者们已经做了相当多的比较研究工作。邱吉尔(Churchill)女士做了一些实验。我刚见过一位来自堪培拉的心理学家,她与澳大利亚阿兰达(Aruntas)儿童做了谈话实验——你知道,阿兰达人是澳大利亚中部的部落。她发现了同样的阶段,只是会有延迟(阶段差异)。然后还有一些加拿大学者——洛朗多(Laurendeau)、皮纳德(Pinard)和博克莱(Boisclair)——他们在马提尼克①做实验。马提尼克儿童在小学毕业之前是处于法国教育体系中。他们确实也经历这些阶段,但据我的运算和谈话研究显示,他们要晚四年。

布兰吉耶:是什么因素导致的呢?

皮亚杰:他们的社会比较懒惰。其中一个孩子的爸爸,刚盖了一栋房子。房子快要盖好了,他才意识到自己忘了在里面搭建楼梯了。

布兰吉耶:而且您的感想是,随着儿童年龄的增长,环境的因素变得愈发重要。

皮亚杰:当然!②

布兰吉耶:但是,如果是这样的话,当前,来自精神分析学的这一理论——所有的建构在人生的前三年都已完成——具有多少真实性呢?

皮亚杰:不!从认知上看,不是这样。不,不是的!他们在夸大其词。绝对不是!青少年时期还会发生新的建构。

---

① 拉丁美洲向风群岛中部法属岛屿。
② 此后,在英海尔德(B. Inhelder)的指导下,日内瓦的五六名心理学家在非洲展开了若干项比较研究。

访谈五　结构、结构的机制：同化与顺化

结构的发生问题是当今科学界的首要问题。
——伊利亚·普利高津(Ilia Pregogine)，物理学家，在发生认识论国际中心的演讲

结构在自身范围内以一种力求无限扩展其边界的方式进行自我调节。这点是否明确？
——皮亚杰，在中心研讨会上的说明

(结构)在不断动态的平衡过程中，一直徘徊在其自身变式的边缘。它存在于所有生物系统中，经过生物系统的抗拒与顺从，逐步完成整体的调整，这是生物体生存所必需的。
——某日本学生在中心研习结束后的来信

一旦知道如何将某两个数字相加，就知道怎么做所有的加法运算了。
——拉斐尔·卡雷拉斯(Rafel Carreras)，物理学家，在中心过道上的谈话

布兰吉耶：在谈及智慧的发展时，您多次提到"结构"这个词。您是否认为自己是结构主义者？

皮亚杰：也可以这么说吧。但是，在我看来，我的观点和流行结构主义之间有一个基本的区别。流行结构主义假定，结构是预先形成或被预先决定的，一经给定便一成不变——然后才有了主体对结构的意识。我认为，所有的结构都是建构而成的；关于结构，一个基本的事实是，它们的建构都需要一个过程，并且，在一开始，除了一些支撑其余部分的少数点之外，并没有更多的东西已被"给定"。但是，人类心智也好，我们所感知和组建的外在世界也罢，其结构都不是预先给定的，而是通过主体活动与客体反应之间的相互作用建构而成的。

布兰吉耶：对此，您的推理与对发展阶段的推理一样。您认为，它也有一个连续的顺序。

皮亚杰：是的，当然。每一阶段、每一发展水平都有一组相应的结构，所以，很自然地，运动是相同的。从生命出现的那一刻起……

布兰吉耶：有机体是否和心智一样，也有阶段和结构？

皮亚杰：怎么没有呢，有啊。在有机体的发育过程中，存在着多个阶段——这点是毋庸置疑的——这是胚胎发生学中一个经典、著名的观点。

布兰吉耶：甚至发育中的胚胎也有？

皮亚杰：对，任何物种都有。胚胎发育的诸阶段具有连续性，也就是说，每一阶段对后一阶段的出现都是必要的，同时又必须以前一阶段为前提。换句话说，不能跳过任何一个阶段。现在，我相信智慧认知功能发展的各个阶段也会出现同样的现象。

布兰吉耶：思维上？

皮亚杰：思维上。

布兰吉耶：但是，如果我没说错的话，两者之间还是有很大差异的：就有机体而言，它的发展阶段从一开始就由遗传系统预先决定了；但思维的结构并非如此，思想的演进也并非如此。

皮亚杰：是的，但我认为这只是程度上的差异，因为，在胚胎发育中当然会有遗传程序，但是环境的影响会逐渐增加。沃丁顿（Waddington）曾清楚地说明这一系统不同于遗传系统。他称之为"后成系统"（epigenetic system），该名称来自"后成说"（epigenesis）一词，它的观点是：胚胎会建构某些东西，但并非所有的东西都是预先形成的；并且，后成系统的建构是以主体与环境的相互作用为前提。它并不完全是被预先决定的。

布兰吉耶：胚胎的发育方式都是一样的！

皮亚杰：不完全一样，可以观察到个体间的差异。这么说吧，即使胚胎的发育在整体上是有规律的，但仍会与环境发生必要的相互作用——这是以营养的供给为前提；如果没有与环境间的相互作用，胎儿就会出现畸形；所以，这只是程度上的差异，绝不是种类间的差异。

布兰吉耶：动物也一样？

皮亚杰：当然。

布兰吉耶：但是，不是所有的一切似乎都是从一开始就被遗传密码、遗传系统所给定了吗？

皮亚杰：这一说法哪怕在本能领域也说不通，因为总会有一定程度的个体顺化。

布兰吉耶：我想说的是，鸟儿从未经过学习就知道怎么筑巢了。

皮亚杰：是的，当然。遗传程序的确存在，但环境却大不相同；将程序应用于不同的环境当中，就已经意味着有了一定程度的个体顺化，超出了单纯的遗传。

布兰吉耶：这不是群体自身的适应吗？

皮亚杰：新一代动物行为学家已不再提"先天行为"这个词，而说"曾被称作先天的行为"（behavior formerly called innate）；因为，遗传程序诚然一直存在，但同时也存在着实践的、实际适应的因素，这一因素会伴随着后天智慧行为的获得而大大增加。（沉默）并且，当我们谈到群体行为，它是……本能实质上是超越个体的；就是说，雄性本能与雌性本能之间相互关联；社会性动物之间，各种机能也都相互关联；等等。就我们而言,行为是个体的;当然,同时也与其他个体相互协作。①

布兰吉耶:但就您上述的分析,人类有哪些部分是由遗传密码决定的?

皮亚杰:这很难说,因为自初次探讨神经系统的成熟问题以来,还没有人能够确切地说出真正遗传的东西是什么。我们可以肯定的是:遗传自始至终都在发挥作用,并且,成熟作为一个因素也从头到尾一直存在着;但没有任何明确的依据能用以说明遗传发挥了什么作用。它提供了可能性。我们知道,在某个成熟度时期不可能出现的某一行为在后期有可能会出现;但我们不能说"这个是遗传,这个不是遗传"。

布兰吉耶:那么,从您所描述的观点来看,现在已经出现脱离早期生物决定论的现象了?

皮亚杰:我不说"决定论"(determinism),我倾向于说"预先决定论"(predetermination)。现今,"建构主义"这个词似乎普遍更受欢迎。拿知识领域来说,当你思考数学的发展史,毋庸置疑,它是一个不断创造的过程;当你看儿童智慧的发展,毫无疑问,12到15岁期间的结构与最初的结构也就是感知-运动结构相比,其更新和丰富程度非常令人惊讶。

布兰吉耶:此外,这是一个关于结构的悖论……

皮亚杰:当然。

布兰吉耶:因为结构是作为一个闭合的整体来呈现。

皮亚杰:是的,但同时它又是迈向新结构的出发点。真正的问题在于新结构的创造。

"发生"就在这里介入。"发生"是指结构的形成,但它是结构自身的一项潜能。如果不能认识到结构是一个不断转换(transformation)的系统——从较简单的结构过渡到较为复杂的结构——就无法理解从一个结构到下一个结构的转换,你刚才就提到了悖论这一点。"转换"一词意味着建构新结构的可能,初始的结构将自身嵌入一个更广泛的结构中,从而得到扩建。比如,一旦建构了数的结构,接下来就会发现负数,然后是分数。由于有了发生,初始的结构得以并入后来的各个结构中,因为结构是一个不断转

---

① 回顾所有的访谈,你会被皮亚杰顽强的斗争精神所触动。皮亚杰认为,先天的作用被高估了,他顽强地与预成论这一观点作斗争——或许他一直都在与其斗争。再仔细一想,这也是很自然的:寻找认知结构与生物结构间的相似性驱使他将可被认为是生物组织——即"遗传程序"的应有作用和影响降到最低——同时,反过来,他又力求在生物组织自身范围内尽可能地扩大动作的创造作用,在他看来,这才是演化的首要动力。同样,我们也能清楚地看到皮亚杰在两段访谈期之间观点上的巨大转变。1969年,他认为,个体发生(ontogenesis)富有成果的时期是青少年时期。1975年,他似乎更倾向于早期童年时期;但这是由于早期童年呈现出了动作(*in action*)的结构,这些结构出现在儿童会说话之前。我们更容易将这些结构视为不受有机结构干扰的发展;并且,由于儿童言语是在这些结构之后才出现的,如果我们发现它们有足够的丰富性,就不需要或不再需要将语言划入更高级别的范围内;在语言结构的范围之外,还有更高级别的意识结构会得到详细阐述。就今天的讨论而言,自然与文化间任何差异的缩小都能增加该体系的一致性。

换的系统。发生是以结构为前提的,因为它总是从较简单的结构出发,从没有绝对的起点。因此,这两者绝对是相互依赖、不可分割的。发生是各功能的形成,结构则是功能的组织。

布兰吉耶:在实验过程中,您是如何知道您在处理一个结构?它是以怎样的形式呈现呢?

皮亚杰:我们如何对它进行定义呢?它是个体意识中产生的新的感觉,一种必然性(necessity)的感觉;是个体必然经历的各种联系,这些联系可被简单地认作是给定的,也可被认为是主体通过观察而获得的。个体不会产生其他的想法。以传递性(transitivity)为例。如果 $A=B$,假使儿童又注意到 $B=C$,那么 $A=C$ 吗?比方说,可以让小孩将一根木条和一根相同重量的木棒作比较,然后再与一个相同重量的球作比较。处于前运算阶段的儿童尚未建构出相应的结构,无法得出三者之间的关系。他会说他不知道。他看到 A 和 B 相等,也看到了 B 和 C 相等,但他没看出 A 与 C 之间的关系;或者他会得出一个他认为可能的结论。结构已建构起来的儿童会发现,这当中的关系是显而易见的,也是必然的。当被问到这么简单的问题时,他会微笑着耸耸肩,说:"如果 $A=B$ 且 $B=C$,那么,显然,$A=C$。""必然性"是结构闭合的判定标准,它标志着新结构的建成。

布兰吉耶:这是否意味着——举个例子,比方说——只有当儿童开始会做运算时才表示有了结构?

皮亚杰:在运算之前——如果你接受我们的"运算是内化了的动作"这一定义的话——就已经有了动作的结构。在感知-运动阶段,具有语言能力之前,就已经有了结构,有些结构的发展程度甚至已经相当高了。比如,在感知-运动阶段,有一种结构叫位移群:婴儿能将物体从一处移到另一处。

布兰吉耶:在多大的时候?

皮亚杰:从 6 个月大开始。婴儿能将物体放回原处。一岁出头的婴儿能绕道到达目的地;当他开始学走路了,他能按照房间或花园的布局蹒跚而行;同时,还能进行位移的组合(compositions),能按原路回到出发点,能迂回绕道。迂回绕道代表位移群的结合(associativity),这是几何学家们熟知的一种几何结构。然后,他的这一学习阶段完成了,主体进一步向前发展,将感知-运动阶段内化于新的结构中,而这些结构才是真正的思维结构。这时,他便开始分类:序列、整数、测量空间的位移群以及一般的几何结构;这大概发生在 7 岁左右。

结构在心理上表现为不变量(invariants)的存在——也就是数学家们所称的"群不变量"。不变性(invariance)就是守恒。黏土球的质量,把一堆物体分散开来或将物体排列间距拉大,物体的总数不变……

布兰吉耶:但是,当结构出现时——如果可以这样措辞的话——"发生"是不是就停止了?结构是不是就固定不变了?

皮亚杰:完全不是。结构的功能是发生过程中的一个平衡阶段。这一功能会进一步导致其他结构的建构。对结构的需求与对内部稳定和组织的需求是联结在一起的;没有了诸结构,会出现内部混乱、无序、不稳定的状态。至于"发生",它是每当主体面对新环境时都会出现的一个问题。主体必须建构某些东西,以处理所面临的问题。智慧——从定义上讲——是对新环境的适应,所以结构的建构是持续不断的。

布兰吉耶:我们可以说,主体必须同化和顺化——借用您的词语。

皮亚杰:对,那是功能性语言。

布兰吉耶:您能否解释一下,什么是同化,什么是顺化?

皮亚杰:好的,同化正是结构存在的证明。它是指,外部世界的刺激——任何刺激物——只能根据它被整合到先前结构中的程度来对动作产生作用或进行调整。同化主要是一个生物学概念。通过消化食物,有机体同化了环境;这意味着环境服从了内部结构,而不是后者服从了前者。

布兰吉耶:比如我吃了卷心菜,但我没有变成卷心菜——是这个意思吗?

皮亚杰:是的。小白兔吃了卷心菜后并没有变成卷心菜;是卷心菜变成了小白兔——那个就是同化。在心理学层面也是这样。不论外部的刺激物是什么,它都会被整合到内部的结构当中。

布兰吉耶:那顺化呢?

皮亚杰:没有顺化就没有同化,因为同化的格式(schème)具有一般性,而一旦某一格式被应用于某种特定的环境当中,就必须根据该环境的具体情况进行调整。在每个层面、每一阶段都是如此。比如,当婴儿发现自己能抓取他看到的东西,那么,从那时候起,所有他看到的东西都被同化到抓握的格式当中,也就是说,都成为可以被抓取的物体,也是可以被看见或可以用来吸吮的物体;但如果是个较大的物体,需要他用两只手来抱住,抑或是个很小的物体,得用一只手的手指去捏,他就会调整抓握的格式。

布兰吉耶:他会做出不同的努力?

皮亚杰:他会做出不同的调整。这就是我所称的"顺化"——调整格式,以应对特定的环境。

布兰吉耶:他改变自己的动作来适应……

皮亚杰:客体——没错。顺化由客体决定,而同化是由主体决定。那么,正如没有同化就没有顺化一样——因为总是对某样东西的顺化被同化到这个或那个格式当中——同样,没有顺化也就没有同化,因为同化的格式具有一般性,必须总是顺化于特定的环境当中。我刚才举的是婴儿的例子,但对学者和科学家来说,也是如此。你有了某个理论,那是一个同化的格式。你可以把它适用到各种不同的情境当中,在力学中,相同的运动守恒定律被运用到截然不同的情境当中,根据这些情境对同化格式进行调整就是顺化。

布兰吉耶:这是适应(adaptation)?

皮亚杰：是的。但是我更喜欢把"适应"这个词用来解释同化与顺化之间的平衡（equilibrium）。因为适应总是包含着两极：一极是主体同化，另一极是客体顺化。我更喜欢这些术语，因为它们能更好地将主体与客体区别开来。总是存在着这样的两极。如果你只简单地说"适应"而不加以说明，会让人以为它仅指向客体、决定于客体。事实上，适应是一个整体，所包含的两极是不可分割的：同化和顺化。

布兰吉耶：那平衡化（equilibration）呢？您之前有将那个术语与这两个连在一起。

皮亚杰：它是指同化与顺化之间的特定关系；这一关系可能是稳定的。智慧活动中存在着一种平衡状态，因为这两者并不妨碍对方，而是相互支持。

布兰吉耶：为什么是"平衡化"而不仅仅是"平衡"呢？

皮亚杰：因为这是一个过程，而不是力之间的平衡状态。平衡指的是回到原先的状态。

布兰吉耶："平衡化"是动态的？

皮亚杰：是的。它就是我刚才谈到的"自我调节"。平衡化的系统内部的错误都得到了修正，超出的部分（excesses）都得到了补偿。它不是静态的平衡，与静止的平衡天平不同，它是动作的不断调节。

布兰吉耶：是不断试图自我完善的平衡。

皮亚杰：物理学家称之为"平衡的位移"（displacement of equilibrium）。因为它永远达不到完美的平衡，新的外界因素总会不断介入，并对它进行干扰。

布兰吉耶：它一直是一个反应的问题，并且那就是……

皮亚杰：正是。这一过程是通往平衡状态的。但是，由于平衡是永远达不到的——谢天谢地！——因为整个世界本来都需要被同化……

布兰吉耶：我们一直在追求它。

皮亚杰：我们一直在追求它，并且那就是科学的由来。一旦被追到了……这样，我们一会儿再谈这个问题吧，但我认为人类永远都做不到这一点。

布兰吉耶：永远？

皮亚杰：什么是"完成"（completion）？完成了的数学会是……（沉默）

布兰吉耶：但是，听您谈下来，我的印象是，儿童的智慧是突然发生变化的，就好像发生突变一样。

皮亚杰：不，转换是缓慢的。突然发生的是结构建构完成后的最终理解。在询问儿童的过程中，你会经常看到这样的顿悟。儿童经过一番茫然的摸索，突然间恍然大悟，"啊，现在我知道啦"，这时，他所说的话与在询问开始时所说的就毫不相干了。

布兰吉耶：那真奇妙！

皮亚杰：是的，当然，这也需要一系列的前期工作，是潜在的，儿童对此没有意识。但意识的产生是突然的。突然间，他就以一种全新的方式来看待外界的事物。突然的不是（结构的）建构，而是意识的产生——那才是突然发生的。

布兰吉耶：这就是您在您团队成员所提交的报告当中发现的东西？

皮亚杰：现在是这样，没错。当然，在此之前的很长一段时间里，是我自己来做询问的。

布兰吉耶：那您后来怎么不做了？

皮亚杰：我没有时间。要推进一项实验探究，就必须密切跟进。我的方法是：在实验进行过程中，拟定假设。那样会引发进一步的想法。但这些我得自己来操作，而那越来越占用我的时间。

布兰吉耶：想法……基于想法的实验，而这些实验本身又能为您提供进一步的想法？

皮亚杰：是的，没错。

布兰吉耶：您喜欢自己做询问实验吗？

皮亚杰：非常喜欢。这特别令人兴奋。而且，我有时候还是挺怀念做询问实验的。我曾在日内瓦的几所学校做了好几年，每个下午都做。在巴黎也做过，当时我还是比奈实验室的一名学生。那是在一所小学里头，每个下午，我都会去那里见一些7到12岁大的孩子。

布兰吉耶：您喜欢小孩儿吗？

皮亚杰：非常喜欢。

布兰吉耶：因为他们是用来做实验的小豚鼠？

皮亚杰：哦，不！他们是充满活力的，很奇妙。他们是崭新的。哦，不，他们是非常了不起的！

布兰吉耶：但他们几乎不能再给您什么惊喜了——您都知道他们会说些什么。

皮亚杰：不，不是这么一回事。一旦你开始了一套全新的实验，就能收到惊喜。我们的方法主要是：不断地询问儿童，直到我们看到某一过程自身呈现出来为止。

布兰吉耶：并且要跟随儿童？

皮亚杰：跟随他。跟进他的每一个回答。正是通过这样的方式，有时才会得到真正令人惊讶的发现。

布兰吉耶：问题的顺序重要吗？

皮亚杰：非常。非常，因为倘若你一不小心问了某些对后面的询问有提示或提供条件的问题，就不再能清楚地看到发生的过程了。问问题必须要讲究一定的方法，以避免言语上的"引导"。

布兰吉耶：所以孩子们不会猜到正确的答案。

皮亚杰：没错。但要做到这一点并不容易，需要经过好几个月的训练。

布兰吉耶：这需要特殊的天赋吗？

皮亚杰：需要很大的聪明才智。要能调动小孩的积极性，激发他们的兴趣，但又不能给他任何暗示。初学者常常不能引起小孩的兴趣——他们会弄得小孩打哈欠——或给提示催促他，告诉他要做出什么样的回答。

布兰吉耶：回顾我们之前的谈话，我有一个疑问：是否会有倒退的现象？我是说，当新的结构出现时，当儿童的意识发展出现了更高的阶段，前面的结构——不说拆毁吧——但是否多多少少会遭到些破坏？

皮亚杰：我不说"破坏"，而说"去平衡"（disequilibrium），它会导致暂时的倒退。这一点是毋庸置疑的。如果某一知识太新了，一时间难以被整合，那么在结构调整过程中，可能会出现暂时的倒退。但这不仅仅只发生在儿童身上。举一个很有名的关于德里施（Driesch）的例子。德里施在生物学上发现了囊胚阶段胚胎的发育规律。他发现，将卵子切成两半可以得到两个胚胎；对此，他十分震惊，认为这一现象无法用因果胚胎学（causal embryology）的格式来解释，于是，又回到亚里士多德的观点。他开始谈论生命的本原，并最终放弃了生物学，转做了哲学教授。以我的愚见，这是轻微的倒退。（他微笑着，并进行解释）不管怎样，对生命的本原产生兴趣就是一种倒退。德里施的发现正是通往整个因果胚胎学的出发点，但是德里施的理论很快就被放弃了。然后他们去寻找……

布兰吉耶：在某种程度上说，暂时的倒退是你所付出的代价……为取得新的成就。

皮亚杰：没错。当"再平衡"（reequilibration）没有迅速发生时，就可能会出现倒退，之后会有新的出发点。

布兰吉耶：我原以为结构重组总会伴随着一定程度的倒退。

皮亚杰：不。重组并不意味着倒退。重组……

布兰吉耶：但有必要丢弃某些东西。

皮亚杰：不，不一定。在物理学中可能会这样，有时某一滞后的理论被一较好的理论所取代——在这种情况下，有些东西会被丢弃。但数学领域里从来不存在这样的现象。非欧几里得几何学被发现后，欧几里得几何学并没有哪怕一丝一毫的"错误"，它只不过是作为一种特定的情况被整合到一个更广泛的结构中。错只错在人们之前认为它具有一般性；它成为一种特定的情形——是诸多结构中的一个特定的情形——但这当中没有丝毫的倒退，也没有任何丢弃现象；没有哪一条欧几里得的定理被丢弃了。

布兰吉耶：这正是进步的表现。

皮亚杰：数学领域的进步总是对理论的充实和丰富，而实验科学领域的进步常常需要丢弃一些错误的假设。

布兰吉耶：那么，关于结构，我还有一个方面不是很明白。您似乎是说，儿童的发展，儿童智慧——我不知道用下面哪个词恰当——可唤起了、或引起了、或复制了、或模仿了整个人类的发展过程。我说得对吗？您似乎一直在说儿童重复了人类知识发展史。

皮亚杰：我们绝不能过分夸大人类知识发展史与个人智慧发展过程之间的平行关系[①]，但大致上讲，肯定会有一些阶段是相同的。在发展史中，必须是先有物质技术，才有反省、表征和科学解释。在因果性领域——也是我们目前正在研究的领域——以苏格拉底之前的第一批希腊物理学家们为例，他们最初的解释与我们发现的儿童在开始理解物质守恒时所做的解释非常相似——如：当糖溶化时，微小的颗粒仍然存在于水中，那么如果所有的微小颗粒都重新聚集起来，就又形成糖了。

[①] 6年后，我再次见到皮亚杰，与此相反的是，他更加致力于这一相似性观点，并就此观点写书。"访谈九"(1975)就是关于这一主题的探讨。

访谈六　知识与情感

布兰吉耶：现在，您是严格从人类智慧发展的角度来研究人类进化及其各阶段这一问题，是吗？

皮亚杰：是的。

布兰吉耶：您的研究从不涉及情感层面？

皮亚杰：那只是因为我对它没有兴趣。我不是心理学家。我是个发生认识论者。（他笑了笑，好像和我开了个玩笑。）

布兰吉耶：但您还是会做实验心理学。

皮亚杰：因为我想要事实。

布兰吉耶：而您在情感层面没有找到事实？

皮亚杰：这个问题不足以作为一项科学探究来吸引我，因为它不是一个知识问题，而知识问题才是我的专长；并且，所有有关情感问题的理论在我看来都只是假定的，都有待生理学家提供精确的内分泌学解释。

布兰吉耶：那就是，事实。

皮亚杰：没错——事实。

布兰吉耶：但是当你对某个人——确切来说是对小孩感兴趣时，为什么是对他的智慧方面——并且单单只对他的智慧发展感兴趣，而不关注他的情感方面呢？这两者能分离开来吗？

皮亚杰：显然，智慧要想发挥作用，就必须受到情感力量的驱动。一个人要是对某个问题不感兴趣，就不会去解决这个问题。做任何事的动力都在于兴趣，在于情感的激励。

布兰吉耶：你喜欢一样事物，不喜欢另一样事物。

皮亚杰：那肯定会提供一些激励因素。但是，举个例子，比方说两个男孩儿一块儿上算术课，其中一个很感兴趣，进步很快，而另一个却认为自己学不懂，感觉自己没有优势，有着数学不好的人的各种典型焦虑情节。第一个男孩会学得更快，第二个则会更慢一点。但是，对他们两个来说，二加二都等于四。情感丝毫不会改变所获得的结构。如果研究的是结构的建构问题，那么，情感作为一种激励因素当然是极其重要的，但是它不能用于解释结构。

布兰吉耶：真奇怪，情感居然不出现在结构层面，完全不相干！个体是一个整体啊。

皮亚杰：是的，但在情感的研究中，如果你发现了结构，那一定是知识的结构。比如说，在相互喜爱的情感中，既有理解的因素，也有感知的因素，那都是认知性的。在行为中，有行为的结构，也有行为的驱动力——我相信所有的学者都认同这一点。一方面是激励，另一方面是机制。

布兰吉耶：而您是对机制这方面感兴趣。

皮亚杰：是的，没错。

布兰吉耶：但如果真如您所说，每个人都是遵循这些结构，那就忽略了个性，忽略了每个人独有的特性。

皮亚杰：你忘了我跟你讲过的顺化。结构有着丰富的多样性；而且，同样的结构，被蕴含在不同的个体当中……

布兰吉耶：每个人都有他自己的顺化方式……

皮亚杰：当然，顺化会带来无限的差异。相同的结构极具一般性。数字对每个人来说都是一样的，整数序列对每个人而言也都是相同的，但这并不妨碍数学家们都各自脱颖而出。结构就是这般具有多样性……

（"当然"，我心想，"当然……但，一个人能简单地用'顺化'来概括吗？即便这一术语的内涵——对其提出者而言——要比一位偶遇的采访者所能理解的要丰富得多、深刻得多……"这个词语——如此纯技术性的术语——停留在我的脑海中，使我还想与皮亚杰再次交谈……谈谈皮亚杰。）

布兰吉耶：您是否一直是一名无信仰者？

皮亚杰：是的……不是，青少年时期不是。

布兰吉耶：您有过宗教信仰危机吗？

皮亚杰：没有，因为我很快就开始相信内在性。

布兰吉耶：内心充满了对知识的热爱。

皮亚杰：与生活不可分割的知识。

布兰吉耶：您不曾怀念过他们所谓的"垂直"（vertical）情感吗？

皮亚杰：不，因为相信主体就是相信精神。从这个意义上说，我仍然相信内在性。

布兰吉耶：相信精神的人不需要信仰上帝？

皮亚杰：是的，并且他肯定不需要一个形而上学的关联系统（articulated system）。

布兰吉耶：但形而上学不也和思想的宗教转变或神秘主义一样，都表明人对统一性的渴望吗？我这么说是针对哲学。我们不能那么轻易地就对它嗤之以鼻，因为这个需求的确存在。人类需要追求统一性。

皮亚杰：但是，对我来说，对统一性的寻求远比对统一性的断定要务实得多；需要并寻求，以及为之努力的想法……

布兰吉耶：那就是科学研究。

皮亚杰：这么说吧，心理学——我研究的领域——试图从人的统一性而不是孤立地从其各具体行为来解释人这一整体。关于儿童的每项研究——智慧、感知、任一主题——都是对整体研究的一部分。我看不出这怎么不是对统一性的寻求。只不过，科学是一步一步艰难前行的，这一过程受到各种因素的控制。总之，它的发展要比建立一个系统慢一点。

布兰吉耶：而且也不那么起眼。

皮亚杰：不那么起眼。现在，你所说的这个系统很快就可以达到统一，只需要几年反思的时间；但是，这一系统只对于相信它的人而言才具备统一性。如果某个人不相信这一系统，它就不具备统一性，因为他有他的系统，这样一来，已经有两个不同的系统了。但科学是一项集体性工作，仅举一个例子来加以说明——比如，各个国家的学者都将自己这部分研究成果贡献到全世界心理学研究的整体中。

布兰吉耶：您说心理学是为了解释——或试图解释——人这一整体！

皮亚杰：是的，弗洛伊德曾说，"心理学中没有任何禁忌的话题"。

布兰吉耶：再者，听您谈情感问题，会感觉它在心理学上是微不足道的，因为它只是一种驱动力。

皮亚杰：怎么会呢，完全不是这样！我认为这是一个我们现在还没有能力去研究的一个问题。50年以后，我们或许能够明智地对这一问题进行探讨了，因为它的难度要大得多，而且我们现在还没有掌握神经学的数据。但是，用你的话说，科学研究本身就是对统一性的寻求：它每天都证实着人类精神的力量。

布兰吉耶：呀，您瞧……咱们聊了有一会儿了——对您来说时间有点儿太长了——我感觉，在我面前的这个人是被他的专业、他的工作所庇护的。您似乎不怎么与外面的世界接触。我说错了吗？

皮亚杰：不，你说得很对。你可以通过埋头工作来使生活中的小烦恼消失。

布兰吉耶：冒昧说一句，我觉得您的生活好像也没有多少烦恼嘛。

皮亚杰：或许吧。但是，我曾是遭受批评最多的学者之一，并且我早期的论著受到了猛烈的抨击，尤其是在美国。我记得是安东尼（Anthony）这位精神病学家，他曾经写过这么句话："皮亚杰真是太自恋了，他居然对这些批评毫无反应，只是一个人静静地按自己的方式做研究。"

布兰吉耶：他说得对不对？

皮亚杰：对的。前些日子，几位美国心理学家给我送了套纪念文集，里面有一条评论令我颇为得意。评论谈道："40年来，我完全不理会周遭的想法、时代的思潮、流行的趋势……"

布兰吉耶：广泛流传的东西，确实。

皮亚杰：而且——这位好心的学者还这样写道——因此，我现在被发掘出来了，我并不是一个古董，而是一个当代学者，甚至是一名先驱。确实，我有很多年都不关心时代潮流，因为我几乎不怎么读人家写的东西。

布兰吉耶:这样。从这个角度来看,您是独自工作的,现在可能好一点。

皮亚杰:从这个角度看是的,但是我一直需要在研究小组中开展工作。

布兰吉耶:是的,但是这个小组本身也是一个孤岛,不是吗?

皮亚杰:是,你说得没错。

布兰吉耶:我看到您戴了一个荣誉军团勋章。这是法国的……

皮亚杰:是的,这个非常管用。

布兰吉耶:为什么?

皮亚杰:在海关,甚至在餐馆。

布兰吉耶:但您并不是每天都需要过海关的。

皮亚杰:不,我要的,几乎每天都要过!从这里骑自行车,只要十分钟就能到边界。萨利夫山在法国境内,所以几乎每次骑车都得……有时我走进萨瓦(Savoy)的酒吧,身上还滴着雨。有一回,酒吧的服务员把我赶出来,后来他看到我戴着玫瑰花的勋章,又给我找了个座位。特别是在海关警官那儿也会少很多麻烦。

布兰吉耶:我刚在想,您会不会为自己获得的这些荣誉感到高兴?

皮亚杰:哦,这些荣誉都是极好的,但是我不会太在意。我对我最近要获得的博士学位感到十分高兴,因为这是第 20 个。我从没想过我能拿 20 个博士学位。

布兰吉耶:明年十月份授予?

皮亚杰:是的。

布兰吉耶:在哪儿?

皮亚杰:芝加哥洛约拉大学(Loyala University of Chicago)。届时,我将获得莫斯科大学的奖章以及耶稣会的博士学位。

布兰吉耶:真是包揽甚多!(笑声。)现在您几乎得到了全世界的认可!

皮亚杰:认可,你知道……(沉默)当然了,我为此感到高兴,但是当我看到人们是怎样理解我时,也觉得相当忧心。

布兰吉耶:您觉得自己被误解了吗?

皮亚杰:是的,总体上是。

布兰吉耶:是在教学法应用上,还是在对您的研究的理解上?

皮亚杰:不,不。是在对理论本身的理解上。我想这是一种普遍的现象。我的同事们完全理解我的理论;而且,人总在想,随着时间的推移,可以得到更好的理解。

布兰吉耶:您觉不觉得,用"对研究的热爱"来描述您这种情况会比较合适,当然,这肯定又是您不喜欢的一个词语。

皮亚杰:哦,是的。当然。这肯定。

布兰吉耶:您能谈谈这种热爱吗?它是怎么发挥作用的?

皮亚杰:这个嘛,很难讲清楚。发现了确凿的事实总会令人满心欢喜。

访谈七(一) 因果性——我们如何解释世界的现象

他每周六都要骑车,我们约好下周六等他骑好车后在花园见面。

布兰吉耶:您今天的骑行可好,皮亚杰先生?

皮亚杰:好极了。

布兰吉耶:骑得远吗?

皮亚杰:我骑到了菲林格尔桥(Filinger Bridge),在沃瓦龙山(Vorions)山后边的布尔斯(Pointe des Brasses)山脚下。哦,不是很远!

布兰吉耶:10 到 12 千米?

皮亚杰:差不多。

布兰吉耶:这些植物是您的吗? 在院子里边的这个角落。

皮亚杰:是的,有些是。冬天容易挨冻的,我都放在书房里,但是这些能耐寒。比如这株,来自海参崴,在日内瓦度过一个冬天肯定没问题。

布兰吉耶:那株呢,那边那株?

皮亚杰:那株来自法国南部,来自山区。这株来自落基山脉。

布兰吉耶:是别人带给您的吗?

皮亚杰:不,有些是买来的,有些来自康奈尔大学的植物园。专家都是少数,但是你只要找到一位,就会在他那儿发现很多东西。(他蹲下来,扔了什么东西。)蜗牛!

布兰吉耶:它们对植物有害吗?

皮亚杰:非常有害。它们会把植物吃掉。

布兰吉耶:这株植物是从哪里来?

皮亚杰:保加利亚。开着白花的这株来自德拉瓦(Delaware)河畔,那边那株来自采尔马特(Zermatt,位于瑞士瓦莱斯州)附近的山间,这株来自亚洲。开着黄色花朵的这株……哦,这有个故事。一次,我在加州的伯克利参加研讨会,会后在餐馆有个欢送晚宴,我在晚宴的餐桌上发现了它。当时,餐桌是用这种景天属植物的小枝条装饰着。

布兰吉耶:您当时问了它是什么?

皮亚杰:我把它们都带走了……我没问,我知道这个物种。

布兰吉耶:而且您现在还在用它们做实验,来研究那个脱落……

皮亚杰:是的,研究侧枝的脱落。这是一种形态发生的预期(morphogenetic

anticipation）。形态发生并非遗传的结构——或仅有一小部分是。我认为，它在很大程度上是一个迁移的问题，是生长过程中的适应问题——即人们所称的"后成结构"（epigenetic structure），而不只是遗传的问题。

布兰吉耶：您来花园主要是为研究这些？

皮亚杰：哦……是的。

（谈话停止。我感觉到皮亚杰心不在焉，颇不耐烦。）

布兰吉耶：这样吧，我们明天再见？

皮亚杰：明天可以的，谢谢。

布兰吉耶：不想再多占用您的时间。

皮亚杰：非常感谢。我这会儿手头有很多事要做，还请见谅。

（除每天抽少量的烟丝外，他几乎没有什么个人需求。那天，他的烟丝正好用完了，我给了他一点儿。）

布兰吉耶：觉得这烟怎么样？

皮亚杰：不算很浓。

布兰吉耶：您的烟草是哪里产的？

皮亚杰：肯塔基州吧，我想。但是，是在瑞士加工的，我从瓦莱州（Valais）买来。

布兰吉耶：您抽得多吗？

皮亚杰：每天大约12克。我试着少抽点儿，让我的医生放心，尽管他目前也没有发现任何需要担心的迹象。

布兰吉耶：我怕我们的谈话对您来说是个负担，因为这会占用您的工作时间。我常常感觉您时间紧迫，没有时间做访谈。

皮亚杰：有时候会。当我们研究因果性时，我感觉这项工作需要尽快完成。现在这个问题逐渐清晰了，我也就不再觉得那么紧迫了。①

布兰吉耶：但总的来说，我认为您会忽略掉任何妨碍您的事情。

皮亚杰：这无疑是个缺点！

布兰吉耶：是真的吗？

皮亚杰：是的，我一直是这么做。

布兰吉耶：在每件事上都这样？

皮亚杰：一个人如果想工作，就要分清事情的轻重缓急。关于这一点，普鲁斯特在《追忆逝水年华》中有一段很好的描述：每当他完成创作的时间所剩无几时，他就会思

---

① 对皮亚杰而言，可能和其他作者一样，也存在着时间的危机、紧张和放松感，这点很有意思，值得我们去研究。有一种时空拓扑，写作勇士们都会遵循这一路径。因果性给我们呈现了皮亚杰的这种危机和障碍。克洛德·列维-斯特劳斯（Claude Levi-Strauss，法国人类学家）曾在访谈中向我透露，在他完成并修改《神话学》的8年时间里，他也有过类似的经历；他对讨论进行删减和压缩，唯恐永远无法完成，永远被淹没在他所分析的大量的神话细节当中。

考,是先完成必要的工作还是处理一些其他的事务——这些事务都是相对次要的,因为别人也可完成——而自己所承担的工作却无人能够代办……至少人所持有的观点是这样……

布兰吉耶:昨天,您骑车回来后,并不是很乐意见到我,您在想事情。

皮亚杰:的确是!我得赶在这些想法从我脑海中消失之前用笔把它们都记录下来。这是两章内容之间的上下连接,从表面上看,这两章内容似乎相互矛盾。

布兰吉耶:就是您现在写的这本书吗?

皮亚杰:是的。目前正在进行的研究,因果性。做这项研究不容易;是的,不容易。

布兰吉耶:现在有多少章了?

皮亚杰:93章。我今天早上刚弄完。这不是一本书的所有章节,而是93篇研究报告的草稿,之后我会根据这些报告来编写著作。

布兰吉耶:会分成好几本书。

皮亚杰:是的。而且,在因果性研究领域,矛盾出现的概率比在内在逻辑数学运算(internal logicoarithmetical operation)领域中要大得多,因为,运算是主体的创造、建构;而因果性关乎的是现象与客体的世界;所以,当你从一种实验情境转到另一种实验情境时,会得到看似矛盾的实验结果,最后你才明白,哪些东西并不矛盾,但为什么看起来是矛盾的。昨天骑车回来,我正思考到这里。

布兰吉耶:所以,您现在正在研究因果性;或者说,您又在做因果性研究了,因为我记得,您曾经探究过这个问题。

皮亚杰:是的,那是在1928年还是1930年的时候;但当时我对这一问题的阐述很糟糕。现在,我又重新回到这个问题上来。

布兰吉耶:差不多时隔50年?

皮亚杰:可不,是的;而且我们这次的研究已经有4年了。这是个非常棘手的问题!

布兰吉耶:您说非常棘手是什么意思?

(沉默。他吸了一口烟,开始谈话。)

皮亚杰:科学是如何对现象进行解释的呢?首先要弄明白,对现象的解释是否是一种根本的需求?或者,是否如实证主义者所说,科学只是单单描述……建立定律?和梅耶森(Meyerson)以及很多其他人一样,我认为,对解释的需求才是根本;否则,我们就无法了解物理世界。那么,什么是因果性?科学解释有哪些步骤?

布兰吉耶:这次,您是否还是试图从与儿童做实验入手,来着手研究这个问题?

皮亚杰:是的,当然。

布兰吉耶:那为什么是现在呢?

皮亚杰:是这样的。我们首先研究了儿童的逻辑,这是智慧研究不可或缺的基础。接着,我们研究了数、空间、时间、速度等问题。所有这些花费了多年的时间,我们也取得了一系列的研究成果,写了很多书,但是这些都是只关乎主体的运算;后来,渐渐地,我们意识到,将运算应用到某个领域会比应用到另一领域更容易,因为毕竟会存在客体的排斥现象。那么……主体是如何看待客体的呢?他又是如何来解释客体的反应呢?于是,因果性的问题就成为继主体运算研究之后势必要探讨的问题。

布兰吉耶:您做了哪些实验呢?

皮亚杰:首先,让我们来看看一般性的假设。我认为,解释最终都是将类似于我们自己也就是主体的动作或运算(如:传递、聚物、位移等)归属于客体。因此,因果性应该是一种将我们主体的运算归之于客体的操作,可以想象成利用运算符号使客体间相互作用一般。

布兰吉耶:这也太神奇了吧?

(皮亚杰有些诧异,笑了笑。)

皮亚杰:不。你怎么会这么说呢?所有微观物理学使用的符号都是仿效代数的运算符号。

布兰吉耶:我的意思是,将似乎是我们的属性归于客体。

皮亚杰:这并不是把属性归于客体,而是认为客体的行为是理性的,并根据与我们数学运算同构(isomorphs)的结构相互作用着。若非如此,我们就无法理解客体。这称不上神奇,这是西方科学的信条。

布兰吉耶:同构……复制?

皮亚杰:是的,它们是相类似的;并且,当儿童逐渐对周围世界进行表征,即获得新的结构时,他才开始理解曾经完全未注意到的事情,比方说,我们之前提到过的运动的传递。

布兰吉耶:弹珠撞击的实验?

皮亚杰:如果你愿意以这个为例的话;但重点是,将几个弹珠挨个排成一排,用一个弹珠去撞击这排中的第一个弹珠,最后一个弹珠会被撞击离开。我们得弄清楚为什么是最后一个被离开。4到5岁的儿童认为,弹珠打过来后,绕到后边撞击了最后那颗弹珠,你看不到这个动作,但它肯定发生了。好吧。接下来是大约6岁的儿童,他们认为,第一颗弹珠被撞击之后会撞击第二颗,第二颗又撞击第三颗,于是,最后一颗就被撞击离开。弹珠会相继碰撞。7岁大的儿童也仍是这么认为,但是,他还认为有一小股力流从弹珠中间穿过,一股冲击力。

布兰吉耶:作用力……

皮亚杰:是的,冲击力——也就是作用力从一颗弹珠传递至另一颗弹珠,在弹珠间穿过。他还认为,排在中间的弹珠有轻微的移动。直到11岁左右,儿童终于不再认为每个弹珠都会移动以撞击下一个弹珠,而明白,是第一个弹珠的作用力穿过了所有的弹珠并被传递至最后一个弹珠。这时,我们已经达到了"逻辑传递"的阶段。如果 $A=B$ 且 $B=C$,那么 $A=C$。将这一逻辑运用到客体中,儿童会发现不变量,像在数学运算中一样。这里所体现的是运动的守恒。十一二岁,主体构造的运算已是我所说的"形式"

(formal)运算;这些运算不再直接建立在客体的基础上,而是建立在可能性和假设的基础上。

布兰吉耶:"形式"是相对于"具体"(concrete)而言的吗?

皮亚杰:是的,儿童不再认为中间的弹珠发生了位移,作用力即便在肉眼看不到的情况下也是存在的。这只是我们研究因果性的一个例子,但是现在,我们已经做了93个相关的研究了……在我们设法将它出版之前……但我的每一个同事都承担着其中一项研究,带学生一起参与。在这个过程中,学生得到了训练。

布兰吉耶:您一直没谈及40年前您所做的因果性研究。

皮亚杰:哦,是的,当时做得很不好。那时我还年轻。

布兰吉耶:不好在什么地方?

皮亚杰:有那么两三点可以提一提——对自行车机制及一些相关问题进行了解释,但我们忽略了很多问题,如传动本身,特别是矢量、方向的问题。作用力的方向是怎样的?我给你讲一个我刚写好的实验报告。给儿童一个装有水的 U 型试管,在试管的一端再加入一滴水,再将活塞推入试管施压,把水推向试管的另一侧。然后,让儿童回答加入的这滴水干吗去了。年幼的儿童会毫不犹豫地说:水滴通过试管,从另一侧出来。他们要经过很长一段时间才会明白:当活塞给水滴施压时,该水滴几乎没有发生位移,因为它已经融入周围的水滴中,成为其中的一部分,而且受力面会将作用力一层一层往下传递。当他们还处在认为水滴会通过试管这一认知阶段时,他们并不知道力是具有方向的;在他们的想象里,液体是由一些可以四处逃窜、随处可去、相互追赶等元素所组成的。整个矢量空间问题给我们带来了无穷的麻烦……

布兰吉耶:您经常像这样把以前的课题重新拿来研究吗?

皮亚杰:是的,是这样——那怎么做呢?我们花时间重新研究旧的课题。这是没完没了的,不是吗?

特别令人惊奇的是,我们现在有 400 名学生和 60 到 80 名助手,每个人都能分到足够多的研究工作,通常都是智慧结构的发展问题,而每个问题的解答又会产生出新的问题,开辟新的视角。

布兰吉耶:比如说呢,在因果性之后呢?

皮亚杰:哦,这个理论有个漏洞;我们在平衡化过程这一问题上尚未获得清晰的认识。

布兰吉耶:嗯。

皮亚杰:我认为,除去遗传或神经系统的成熟、外在物理经验、社会环境、语言等发展因素之外,我们曾提过的"平衡化"也发挥着主要作用:主体总会试图给予自己的观点以最大程度的前后一致性,以解释矛盾现象。以这样的方式来看,平衡化是发展必不可少的媒介,依照这一观点,这个问题就需要我们再次进行研究。这一理论还不完美。我希望这是我们继因果性之后所研究的问题。①

布兰吉耶：是在哪儿——我忘记您曾在哪儿提到过——有位科学家在发现自己提出的某理论能适用于所有情况时，便开始对自己的理论产生怀疑。您这是否只是一种聪明的说辞？

皮亚杰：不是的。当你提出了一个很轻易就能被应用的理论，你完全可以怀疑，这个理论太宽泛了，因此不能对问题做出充分的解释。

布兰吉耶：因为事实能很容易从其间通过。

皮亚杰：是的，事实很容易就从其间通过了。如果事实没有对该理论表现出任何抗拒，你就不可能对这一理论有十足的把握。

布兰吉耶：基本上，当您发现某一理论与事实相矛盾时，您会对该理论更为放心？

皮亚杰：不，不是相矛盾，而是当你发现将事实嵌入理论框架不那么容易的时候。

布兰吉耶：我想回到您的因果性研究和您最初的假设。您说，当主体将自身的运算归于客体本身时，就是主体使用自身的运算来解释现象。

皮亚杰：没错。存在于它们的动作、相互作用和双向动作。

布兰吉耶：现在我想问您一个问题——可能这个问题太小、太简单了——这是否是真的。我的意思是：客体是否真的具有我们所归予的属性？

皮亚杰：用数学的语言来表达，客体就是一个极限；我们不断地接近客观事实，但永远无法掌握客体本身。我们自认为所掌握的客体不过是主体智慧对客体的表征和解释。

布兰吉耶：这不是唯心主义吗？

皮亚杰：不，因为客体是客观存在的。客体客观存在，但你只能通过逐次逼近的方式来发现它的属性。这与唯心主义恰恰相反。你一直在不断地接近，但永远无法达到客体本身，因为，想要完全了解客体，你就得无穷尽地掌握它的属性，但有很多属性是你掌握不到的。

这与唯心主义相距甚远，我给你讲个小故事吧。有一次，我们给一位数学领域的专家发了一封邀请函，这位专家来自东柏林，主要从事数学认识论的研究。她告诉我，在她来日内瓦并获得签证之前，她需要证明自己是受到唯物主义者的邀请。于是，我说："啊，很好，那你在日内瓦找到的唯物主义者是谁呢？"她回答说："当然就是你呀！"我有些惊讶。

布兰吉耶：我相信。

皮亚杰：等等。我说："谁？我——唯物主义者？""怎么了，是啊。因为你和我一样，都认为物体是客观存在的；而且，你和我一样，都认为客体永远无法被完全掌握，因为它

---

① 《认知结构的平衡化》（*L'equilibration des structures cognitives*）于1974年由法兰西大学出版社出版。

只是一个数的极限。"我对她说:"是的,是的,如果那就是唯物主义的话,那我同意你的看法。"

布兰吉耶:但您还是挺惊讶?

皮亚杰:对什么?

布兰吉耶:她称您为"唯物主义者"。

皮亚杰:倘若人们谈及"唯物主义者"却不加以详细说明,就会引发朴素唯物主义,使人认为知识不过是对世界的复制。但是,对她以及对我而言,恰恰相反,知识并不是对世界的复制,而是主体概念对现实的重建,主体通过各种实验探索,不断地接近客体却又无法达到客体本身。

布兰吉耶:无限接近。

皮亚杰:无限,到极限……

布兰吉耶:基本上,您已或多或少回答了这种老问题——如:数学是存在于自然还是存在于人类心智当中。

皮亚杰:我很惊讶,你居然给了我两个这样的选项。作为生物学家,我认为,人类心智是自然中不可或缺的一部分。我倒觉得可以这样问:数学是存在于自然当中——包括人类心智,还是存在于自然之外……你可以说柏拉图主义?若按照后者,那么,数学就是一系列可能性的组合,而真实的——包括人类心智——只是其中一个极微小的部分,与无限的可能性相比,它是一个无限微小的部分。但对我而言,数学是处于自然当中的,而自然又包含着人类心智;人类心智利用身体、神经系统和周身一切有机体来发展数学——而这些都属于物理自然的一部分。这样一来,通过有机体,而不是通过建立于客体基础上的物理经验,数学与现实世界之间便保持着一种和谐关系。

布兰吉耶:所以人从一开始就是妥协于自然世界的。

皮亚杰:人一开始就妥协于自然世界。人类心智是生物组织的产物——是一种淬炼的、高级的产物,蒙受自然的恩惠,但仍是生物组织的产物之一。

访谈七（二） 老板与团队

（在发生认识论国际研究中心的三次谈话）

正如皮亚杰自己所言，他并非独自工作。他在发生认识论中心教授课程，是该中心的教授兼主任。在那里，他组建了一个工作团队，团队中，有助手、学生，还有学者，他们在与皮亚杰合作研究的同时，也有着自身的研究项目。团队的气氛、从事研究的方式、工作的独创性使我们觉得完全可以把和这几位充满热情的团队成员的谈话加进来。这也是皮亚杰生活－工作的一部分。

霍华德·格鲁伯（Howard Gruber）很年轻，面带微笑，头发灰白。他身穿嬉皮士衬衫，脖子上挂着一串印度项链。他说的法语夹带着明显的口音和不少语法错误。

布兰吉耶：霍华德·格鲁伯，你不介绍下自己吗？

格鲁伯：我是罗格斯大学（Rutgers University）的一名教授。在法国，他们称为"Rutgerse"。它是新泽西的州立大学，离纽约很近。我教授心理学课程，同时也做研究。

布兰吉耶：那应该是实验心理学方面的研究吧？

格鲁伯：是的，并且我还在做一项创造性思维的研究。研究是以科学史和一些主要学者——特别是查尔斯·达尔文①的生平为基础，现在，我准备对皮亚杰也做类似的研究。

布兰吉耶：是这项研究引发了你对他的兴趣？

格鲁伯：如果你将创造性思维视为一个长期的、并能带来新观点的发展过程，那么它就与儿童建构自身世界、思维、观点的过程非常相似，因为，儿童并不只简单地学习大人教给他的东西，他还会重新改造。这是一种创造力；而皮亚杰是对创造力理论的发展贡献最多的心理学家。

布兰吉耶：而且，他自己还是一个创造者。

格鲁伯：当然。

布兰吉耶：我的意思是，你从这两个角度来研究皮亚杰，一定很有意思。

格鲁伯：当然。我和他交谈，我查阅皮亚杰档案。我与他的团队交谈——我也是团队成员之一，我希望从某种意义上是这样。

---

① 见 Howard Gruber & Paul Barrett. *Darwin on Man: A Study of Scientific Creativity*. New York: Dutton, 1974。

布兰吉耶:你是在皮亚杰团队研究物理因果性的时候加入进来的。这项研究花费了他好几年时间。这是他曾经研究过的课题,那是很久以前了。这似乎是他的特点,回过头去做研究。

格鲁伯:他的特点是,一直在寻求所有研究的合体(synthesis)。合体不断发展,内容也不断丰富。因此,他做过的研究必须再重做。他会经常回过头去研究一些老问题。因果性就是一个很好的例子。这对他以及所有人来说都很有用,我是这么认为的,因为呢,大多数心理学家都没有这种耐心,也没有这个诚意再钻回曾经研究过的问题中去。

布兰吉耶:或许,还要有勇气。需要勇气来做改变。

格鲁伯:是的。特别是一个人能舍弃自己之前所做的工作,这一过程还是很值得我们去思考的。你做了研究,出版了研究结果。如果这些结果是全新的,大家都会持批评的态度,他们也有权利提出批评;而你也有一定的需要来使人信服。皮亚杰无疑也是常人,也有同样的需求。事实上,有些批评是正确的。认真听取他人的批评,而非拒之门外,这需要一种勇气。然后,再重做自己做过的研究,舍弃之前的观点——事实上都是好的观点,只是过时了——这就不容易。而且,这不仅仅是简单地舍弃一些观点、代之以其他观点的问题:整件事情需要重来。真的,要想建立新的东西,你决不能完全丢弃曾经所做的研究结果,也不能对它过于沉迷。要把它视为可以重建的东西。我相信,对有创造力的大思想家来说,最重要的决策是同时进行几项研究。我是说,同时进行好些年。

布兰吉耶:几项平行的研究。

格鲁伯:是的,一点儿不错。彼此间又稍相互独立。

布兰吉耶:但相互关联。

格鲁伯:相互关联,但各具特点,各自朝着自己的方向发展;研究者不时尝试着对各项研究进行整合;然后,他突然发现了两件事情之间的联系。这时,你已经真正地在建构了。但是,要同时开展几项研究,你得着手去做。每项研究都要做好,要能体现出它的研究价值,要确保能有好的研究成果。这样的工作不可能只由一个人来完成,它需要一个团队。皮亚杰向来主张与团队合作。当然,他是团队领袖,是老板,而且他本身也颇具领导才能,能合理地组织分配工作。但是,他也非常民主,会认真倾听助手和同事的观点,并采纳他们的建议。旁人可以向他提出批评,甚至是很严厉的批评。

布兰吉耶:他会听进去。

格鲁伯:是的,他会听进去。他很善于倾听。他之所以能与儿童一起做这些研究,是因为他非常尊重小孩的话语。每个人都会倾听小孩说话,因为他们说话很讨人喜欢。

布兰吉耶:是的,很感人或很好玩。

格鲁伯:很好玩。但是皮亚杰很尊重小孩,他是真真正正地想了解儿童本身。

布兰吉耶:儿童也是人。

格鲁伯:完全正确,儿童也是人。他需要被理解。要做到这一点,就必须给予尊重。

皮亚杰对儿童给予了充分的尊重。

布兰吉耶：这是一种礼貌。

格鲁伯：不只是礼貌。远远不只是礼貌！儿童需要成长，需要有自己的想法，就和伟大的思想家或和马路上任何一个普通人一样。一个人要建构哪怕是非常平常的观点，也是需要付出努力的，一旦完成了，就会感到很开心。儿童和大思想家一样，也有同样的感受；当第一次建构某项认知的时候，他会感觉仿佛收获了全新的发现，会很兴奋。从这个意义上说，当与儿童在一起时，你不会觉得无聊或没劲，因为儿童展示的就是真实的自我。

布兰吉耶：我想要回到你刚才说的问题，同时进行几项研究，并从中发现它们之间的联系。当所有的研究都得以完成，是不是就构成了一种对"统一"（unity）的追求。

格鲁伯：是的，"统一"或"和谐"。我们以为科学就是发现世界，但这并不完全正确。科学是人脑对世界的建构。人们追求的是一种美好、简单、和谐的建构。学者们时常会提到"美"这个词。他们认为，一个观点或一个理论是"美"的，而不仅仅是新的。从这个意义上讲，科学与艺术有很多共同点。毕加索曾经说过，画是一组毁坏的组合：你画了擦，擦了画，画了又擦，擦了再画。你停下来，不是因为这幅画已经完成了——这项工作永远不会结束——只是因为你在某一阶段做到了最好，可能若干年以后，你会把它拿出来重新再画。就这样，不断地擦、不断地画……但是，你仍然喜欢你所做的工作，因为它带有一种"美"。皮亚杰所做的工作得到了世界的称赞，但他仍然需要擦除，重头来过。要这样做，就需要对整体工作有全局的把握，需要审视镜子里的自己，而这也需要勇气，需要对自己有非常清楚和全面的认识。你明白吗？

我记得，在一个六月的早晨，阳光明媚，湖面上波光粼粼，我站在可以俯瞰湖面的主会场大厅里，那儿聚集着来自世界各国、各个学科的学者，他们每周都会因为皮亚杰而汇集到这里讨论工作，其中有两个年轻人，热情、友好，模样酷似学生。

会后，我们在理学院附楼的"楼底咖啡屋"见面。居约·塞勒里尔（Guy Cellerier）也已是发生认识论中心的主任；拉斐尔·卡雷拉斯（Rafel Carreras）为小孩以及其他一些有兴趣的人教授高等物理。

布兰吉耶：我想请你们二位说说你们是怎么认识皮亚杰的。

卡雷拉斯：可以说，我就像空降兵一样来到这里！之前，我在苏黎世综合理工学院学物理学，想再修一个生物学学位做补充，那时候生物学要求学心理学。我想现在还是这样。我去听皮亚杰教授的心理学课。我几乎完全听不懂，感觉自己迷失在一个我无法理解的世界——一个我完全不能掌握的世界。我认为自己是在浪费时间，所以就不再去听了。不过，为了应付考试，我拼命地看皮亚杰的书。到考试前几天时，我已经迷上了皮亚杰的著作。考试时，我完全跑题了，我写的是关于火星人的智慧问题；我讨论了火星人的智慧大概是怎样的。我当时想，我肯定挂了，但是他给了我很高的分数——事实上，是最高分。我跑去找他，对他说："这是我感兴趣的事情。"他说："礼拜一过来吧。"所以,我周一就过来了——那差不多是六年前了——后来我逐渐意识到,周一是发生认识论中心的会议日。从那时起,我就在这儿了。

布兰吉耶:居约·塞勒里尔,你周一也来吗?

塞勒里尔:我周一来。但是,我到这边的过程要比卡雷拉斯曲折得多。我那时正在写一篇关于国际公法基础的论文——这可以被看作是一个认识论问题。我把它看作认识论问题。我阅读凯尔森(Kelsen)的书,这位20世纪伟大的法学哲学家在他的著作中引用了皮亚杰的观点。在他的自传中……

布兰吉耶:而你当时还不知道皮亚杰是谁?

塞勒里尔:是的,我不知道。当然了,名字是有点儿熟悉,仅此而已。所以,我跑去听皮亚杰的课,获得了生物学学位,后来又读了他的心理学博士。

布兰吉耶:那现在呢?

塞勒里尔:哦……我现在研究控制论。我在美国学了一年自动化。我主要想在程序模拟方面将皮亚杰的研究成果转化为在机器上可编程的东西;但是这个想法完全是来自皮亚杰自己的直觉,那是在1920年,当时他还是生物学家。

布兰吉耶:请说明一下。

塞勒里尔:皮亚杰似乎很早——大约在1920年——就开始研究前控制论的问题。他认为,有机体、人类是在环境中活动的;他把智慧定义为那种适应能力、适应机能以及使这些适应得以发生的系统的总和。这正是控制论现在所研究的问题;你知道,生物学中有一个建构的问题——有机体的建构。在胚胎发育初期,有机体是不完全的;它并不是具备所有功能和所有现成器官、而只待长大的微小生物,它是一种建构,就和你在工厂里制造汽车一样。

布兰吉耶:在胚胎中建构?

格鲁伯:是的,在胚胎中。机器的制造是有计划的;你制造马达……不,这不是一个很好的比喻;但是,它仍然是实现一项设计。这点很重要。这项设计是逐步实现的,建构的结构,或建构的零件、器官开始相互作用,并通过相互作用被建造起来。

布兰吉耶:这个设计就是遗传系统?

塞勒里尔:没错。就是遗传程序。简言之,对皮亚杰来说——我的理解——胚胎基因发育是心理官能发育的模型。

布兰吉耶:但这与控制论之间有什么关系?刚开始你提到……

塞勒里尔:这正是当今控制论学者解决问题的方式!两者都包含着一个信息流过程。现代学者对胚胎发生过程的描述与对自动操作装置的描述基本一致。它的发生就和拥有预置程序的计算机的运作一样。它会遵循程序。所以,从这个意义上讲,我们可以将胚胎发生、生命视为一个信息流机器,与物理学家们研究的能量流机器正好是相对的。呵!研究人工智能的人是这样来看待思维的:他们把主体视为一个信息流机器;思维由操纵符号组成,遵循一定的规则。两者都有信息流机器;在这两者中,我们都试图发现信息流产物的管理规则。

布兰吉耶：但是，这两者的规则是怎么比较的呢？

塞勒里尔：我不认为两者的规则是完全可比的。在这一点上，我和皮亚杰的意见不同。我认为，胚胎发生的程序远不及人类大脑聪明。

布兰吉耶：就个体而言吗？

塞勒里尔：不，就群体而言，基因库！在进化中，个体本身作为一种物种，会集合所有相关联的基因；基因程序就是这一巨大系统计算的结果。我个人比较希望皮亚杰可以用"基因系统"这个词来替代"发生"也就是"胚胎发育"这个词。那样就太好了！

布兰吉耶：你应该告诉他。

塞勒里尔：我跟他讲过。我甚至还写了篇论文来告诉他这个问题。结果是我们同意各持不同意见。但事实上，将基因系统和人脑思维两个如此不同的事物联系在一起，提出它们有共同之处，况且是早在1920年，这实在是个天才之举。这在今天来讲，也仍然是革命性的。

卡雷拉斯：因为，从根本上讲，基因系统是解决问题的。譬如，当物种面临变化的环境，基因系统就可以解决适应的问题。这就是为什么在皮亚杰和这一方法之间有很大的连续性，因为皮亚杰将人类智慧定义为能够适应变化的环境的系统。

塞勒里尔：现在需要做的，就是将这一生物学的、一定意义上纯直觉的方法转化为人工智能研究者可以接受的形式系统。在美国，皮亚杰被认为是超现代的，因为，工程师们现在发现，皮亚杰早在40年前就已经提出了这些问题。

布兰吉耶：与儿童有关？

塞勒里尔：与儿童有关。与儿童受教育过程中程式化的自然系统有关。

布兰吉耶：拉斐尔·卡雷拉斯，你在中心做什么呢？

卡雷拉斯：哦，作为一名物理学家，我的主要角色是解释物理学中与发生认识论相关的某些问题，并为实验提供一些想法，做出解释——有时是荒谬的解释，但是能使其他人更容易获得一些观点。

布兰吉耶：你说的"其他人"是指……

卡雷拉斯：是指周一来中心的人，各个学科的来宾、学者。塞勒里尔刚才只提到了控制论学者，但是我们还有生态学家、生物学家、逻辑学家、物理学家——你可以说出的每个领域的科学家都有，因为有些人研究的领域会涉及2到3个其他学科。

布兰吉耶：到这里来的人思想都很开放，能接纳很多事物。

卡雷拉斯：他们思想开放。如果思想闭塞，就会感到一片茫然。一开始，大家都有这样的感受；而且，在这里，和皮亚杰在一起，会有一种危机——我们当中每个人都描述了自己的研究；当你周围都是著名的学者，当他们突然发现自己一时间什么都听不懂时，他们会比一般人更难以接受这样的事实。你必须有一定的变通能力，能理解各种观点，尤其是能理解不同语言的用词——词汇以及词语的含义——比如说"因果性"。这些对于生物学家、逻辑学家和物理学家而言都是非常陌生的。

塞勒里尔：它们是属于完全不同范畴的概念。我们需要试图让自己的思维更富有弹性。

卡雷拉斯：每个人都会试图去理解另一个人在使用同一个词语时所表达的意思，而那恰恰是……

塞勒里尔：不过，这些讨论还是被界定在一定的范围之内，因为讨论都有一个中心主题。今年的主题是"因果性"。大家的思考都是朝着这个主题展开。

布兰吉耶：每个人都从自己的学科角度来谈因果性？

塞勒里尔：没错。

布兰吉耶：物理学家谈论因果性在物理学中的含义，生物学家则会赋予因果性另一种内涵。

卡雷拉斯：可能最有意思的是，当物理学家听了生物学家的发言后，会得到他从未有过的观点，然后，他会突然打断生物学家，发表自己的评论。你会发现，他的评论中有四分之三是完全不合适的，完全荒谬的；但有时，他们会架起各学科间的桥梁，并给予一些说明。然后，生物学家会说："哦，坦白说，我从来没有想过那种方法。"这时，可能又会有个研究科学史的学者站出来说："哎呀，你建议的方法早在几个世纪以前某某某就已经尝试过了。某笛卡尔学派学者，或亚里士多德学派学者，或阿基米德学派学者早就开始了这个方向的研究了。"作为小组的领导者，皮亚杰话语不多，但却或多或少影响着每一个人。这时，他会说："某某先生，下下周你跟我们介绍一下这个学者吧。"处在这个环境当中，你自然会感到很高兴。

塞勒里尔：总之，你也可以说皮亚杰并未精通各门学科，因为这不是人力所能及的。

卡雷拉斯：但是，这样也带来一个好处——因为这样他就不会埋头于太技术性的问题中——他可以专注于自己的研究轨迹，也可以说是认识论方面；他突破问题的表层，剥离一切技术上的"繁文缛节"，予以摈弃。我不知道如何用法语来表达这个意思——你会有一种直入核心的印象。

塞勒里尔：他会回到中心问题上来。对他来说，这些才是关乎知识和知识获得的问题。如果你的评论细节偏离了这些问题，皮亚杰会挑出 4 到 5 个基本观点，把你拉回到讨论轨道上来。

卡雷拉斯：从一开始，他就专注于他所研究的各学科的一些基本问题。有时是该学科科学家都没有机会做的一些研究。

塞勒里尔：他总是会关注心理学的研究主体，与某些数学家不同，因为在他们看来，从事数学研究的主体最终自己也成为一种数学存在、一种抽象的存在。皮亚杰却能在他形式表达的背后，始终保有并遵循着一种自然思路。他将主体牢记在心。在物理学的背后，有物理学家；在数学的背后，有数学家。正是这一共同元素才使理解得以发生，也使他在各门科学之间游刃有余。

卡雷拉斯：如果是生物学或动物研究的问题，那么显然，它与磁场研究是完全不同的；但是，进行动物研究的大脑、对动物研究的思考以及对磁场研究的思考都具有相同的基础。我们回到儿童时期，回到守恒的本能、分类因素、运算——它们的基础都是完全一样的。有时，在我的"科普"课上，我喜欢讲现代物理学，并会说明它与儿童的行为在根本上有多么接近。我们常常可以用对当代物理学家科研的描述来对4到6岁儿童的行为进行描述。描述的文字是一样的。他们都是试图在混乱中找出秩序，他们运用相同的运算、相同的分类——我并没有贬低谁的意思——但他们的相似程度令人震惊；而我们必须注意到，他们的基本机制是一样的。这一点在皮亚杰之前可能还没有得到如此清晰的认识。表面上看，你觉得我们这群人像大杂烩一样聚集在一起，但所有这些人在研究知识增长方面都有一些类似的经历，一旦他们明确了自己所谈论的主题内容，他们就会设法在这一观点上找到共同的基础。

塞勒里尔：以物理学家研究因果性这一主题为例。物理学家会关心因果性（尽管他们从不想听到这个词语，他们认为这个词太偏"心理"层面了）——比如，他们会说："每当某事发生……则其他某事也会发生。"从某种意义上说，某种原因蕴含着某种结果。那么，在交流因某个词语而受到阻碍的情况下，该怎么办呢？例如，逻辑学家能怎么做呢？逻辑学家会处理原因与结果之间的联系，他会思考这一蕴含的逻辑联系与物理学家所说的因果关系之间是否存在某些对应关系。回到我们刚才说的控制论，控制论学者会问自己："因果性能用来做什么？"因果性可作为范畴。在古典哲学中——以康德为例——有时间、空间和因果性的范畴。它们能用来做什么呢？它们是为哲学家服务的；但是，对于想要制造机器人、想要制造能够到处移动、听从指令并能洗盘子、具有感官功能的机器人的科学家而言，他需要这些范畴吗？毫无疑问，他需要空间的范畴，以使机器人能够移动，至少需要部分该范畴。当然，他还需要时间的范畴，因为机器人的动作必须有一定的秩序。他需要因果性吗？他是否需要了解诸如……我想到一个著名的实验：我用所需的"正常"力气举起一个1千克重的物品；然后我又举起另一个看上去完全一样的物品，但该物品只有几克重，结果我的手一下子飞得老高。

布兰吉耶：因为在你的意料之外？

塞勒里尔：因为我不了解物质的属性——物质的因果属性不能简单地从其几何属性上来判断。想想在麻省理工学院机械手的实验。

布兰吉耶：一只眼和一只手？

塞勒里尔：是的，一只有关节的手和一只连接到电脑上的电视摄影机。我们常常看到的一个难题是，当这只手想要抓杯子时，都会使出好像要抓钢铁的力气——结果杯子就碎了。皮亚杰已经证实，这些实际上不可或缺的范畴是建构而成的，并非先验的。基本上，儿童学习空间、时间和因果性等知识，都是在建构。

布兰吉耶：这就是构建这些阶段的过程。

塞勒里尔：著名的各阶段。皮亚杰对康德的范畴建构十分着迷。他颠倒了这位哲学家的命题。康德学说认为,范畴作为人类理解的给定形式,是一开始就存在的。人只能通过预先给定的先验结构来解释世界。它们是从一开始就存在于机器中的过滤器。皮亚杰的观点正好相反。尽管与康德一样,皮亚杰也认为人只能通过这些结构来解释世界,但在他看来,这些结构是主体在解释现实世界时建构出来的。换种说法,外部环境与主体内在之间存在着相互作用的关系。我认为,所有的控制论学者都会同意这一点;所以,结构是建构出来的,并且只有在最后才具备康德所赋予的逻辑的和绝对的必要性。这是皮亚杰最深刻的观点之一:代数系统的对应物,数学结构在心理学上的表现,就是一种封闭的、完全的状态,它是一种必然的感觉——也正是结构的"抗拒";并且,这种必然性是在最后才出现的。

但是,回到刚才围绕某个词语来讨论的例子:你会看到,物理学家或控制论学者在操控因果性,而且他们自己或多或少都会意识到这一点,这正是在刚才卡雷拉斯提到的"大杂烩"里需要澄清的问题。

布兰吉耶:对你们二位来说,对这里所有的人而言,"理解"是不是意味着"使被理解"?

卡雷拉斯:这是毫无疑问的。因为人只有在试图交流思想的过程中才知道自己理解了什么,就像做临摹一样。这个实验每个人一生至少都应该尝试一次!或许可以在度假的时候做。你拿一张照片——一张人物照,图像要清晰——在照片上铺一张薄薄的临摹纸,再拿一支尖头铅笔,按照图像的主要轮廓描起来。然后,你描完了,很高兴,感觉描得不错。只要不把照片从后面拿出来,图画的效果还是不错的。你把临摹纸拿起来展示,通常都是个灾难!你可能忘记描鼻子、眼睛——这是有可能发生的!如果临摹纸非常透明,你会忘记自己描到哪儿。结果就临摹出了一个怪物。

你在试图沟通的时候,出现的就是这样的情形。在你的脑海里,会有一幅图、一组表达、一段经历,你试图用话语来描绘它,把它传达出去。传达的结果往往远不尽如人意。

布兰吉耶:你传递给别人的是临摹的图画。

卡雷拉斯:你传递的是临摹的图画,而你以为你给的是照片。这就是科学普及以及人与人之间的交流中普遍发生的情形。你往往忘记解释一些最重要的东西。皮亚杰的问题是,从你自身脑海中的图像出发,重构照片的血肉。完成图像的描绘,填充遗漏的部分。

布兰吉耶:那皮亚杰自己呢?以及他在传递自己的思想时,给的是描图还是照片?

卡雷拉斯:我没有恶意,但有时候,我感觉他给我们的是零星的描图!可能对他来说,描图是很难的,而且这可能也不是他的工作,不是他的职业。我们有足够多的人能互相帮忙来重构照片。

塞勒里尔:的确如此。我想补充一点,或许会有帮助,我认为皮亚杰的思想有很强的统一性。他不会……他做的是很小的改变。他对主要问题有自己的看法,但是他不会去为听不懂的人把问题划分成足够小的部分来加以说明。

我又和霍华德·格鲁伯见面了。谈话中,居伊·塞勒里尔也加入进来。

布兰吉耶:霍华德·格鲁伯,你刚才提到了平常人,也就是"普通"人。皮亚杰这样的人与其他的工作者有什么不同?

格鲁伯:他们有很多共同点,因为,正如我说的,每个人都要创造自己的世界;实际上,可以说,他们在根本上极为相似。这是我所了解到的大可使人放心的一点!天才的记忆与大街上普通人的记忆没什么差别,只不过在组织上有所不同,而恰恰是这种系统上的组织会造成差别。

而且,我们说,他的生活也与普通人不同。富于创造的人的生活会辛苦得多,他会做大量的、更多的工作。

皮亚杰总是在工作,总是在做。这并不意味着他不娱乐,因为,工作也是一种娱乐;但是他有一个目标。皮亚杰的目标是建构人类心智的逻辑、生命的逻辑,并发现这种生命逻辑的发生。这是他长期以来追求的目标。这个目标几乎引导着他所做的每件事情。平常人没有这种类型的目标,我想他们会花更多的精力去关注外部世界。皮亚杰也关注外部世界,但是他所关注的事物都是在这一目标框架之内的。

还有一点,"普通"人有自己的社交团队,而皮亚杰建立自己的团队,他所做的工作比任何人靠自己能做的都要多得多。他与团队密切合作。对于其他富有创造力的人来说,也是一样的,即使没有团队成员伴随左右,也仍然会建立与其他学者的关系,这也是一种团队。与大众观念相反,富有创造力的人与外部世界实际上有着紧密的联系;因为他需要借助外界来进行自我纠正并寻找新的观点。我想,与平常人相比,他更不容易觉得孤单。

布兰吉耶:你刚说"工作是一种娱乐"。

格鲁伯:是的。皮亚杰将娱乐寓于工作当中;娱乐总是伴随着他的工作。周一上午你来发生认识论中心,可以看到皮亚杰的一名助手,他去过 X's——日内瓦的大龄儿童商店,在那找到了一个玩具,并用这个玩具设计了一项实验。他拿这个玩具到处秀,我在达尔文身上也发现了这种素质——当然不是用这种方式,因为他研究的是动物不是儿童,但这种同样的娱乐精神贯穿于每件事情当中,哪怕是最严肃的事情。

塞勒里尔:我在思考格鲁伯对"目标"这一基本项目的评论。皮亚杰的思想高度统一,令人难以置信。当你去读他十三四岁时的文字……在《求索》这部小说中——应该是在他 20 岁的时候出版的——已经出现了"同化"和"平衡"。后来,他使用了其他的模型,他吸纳了旁人的观点,他整合了新的理论;但是,他总是坚持自己的思想路线。今年你跟他谈论一个你很感兴趣的问题,他会礼貌地回答说"这很有意思",但是谈话会很快终止。如果明年你再和他谈同一件事,而这正好与他当时的研究兴趣相关,他会说"应该这么做,应该这样来看待这个问题"。他关心的都是与他的研究有交集的事物,是进入他目标领域内的问题。

布兰吉耶:(对格鲁伯)你是美国人。他在美国不是很晚才得到认可的吗?

格鲁伯:是的,因为在美国,我们有大批量生产的习惯,这种观念也被应用到心理学的研究上。我刚才强调的这种观点——要创建,就必须摧毁,也就是要放弃之前所做的投入——这样做的代价是很高昂的,不合算。这不是美国人的作风。创建一个可以简单扩充的理论会更好。我们美国人总是在做补充。这样很有效,在各种"事儿"上都有效。我想这就是我们所犯的错误;这导致我们的心理学不富成果,没能解释儿童是如何发展的。因此,我们对皮亚杰的认同比较晚;但是,现在他的著述被广泛阅读,观点也经常被引用。我不能肯定地说他已经完全被理解了,但至少他会赢得他的位置。他从我们这儿得到了荣誉,一大堆的荣誉——这么多!(他比画着。沉默。)这与被理解并不完全是同一回事。

塞勒里尔:可能我对美国心理学的认识还不够,但我认为,事实上,许多心理学家对皮亚杰的理解都有失偏颇。我倒认为理论家——就是那些人工智能研究者——对皮亚杰有更好的了解。他在美国的成功是一个"悖论":皮亚杰的理论在计算机科学领域要比在心理学领域更有说服力。

布兰吉耶:皮亚杰被误解时,会是什么结果?

塞勒里尔:这么说吧,每个人都是为了自己才来批判或驳斥皮亚杰的。比如,有一个心理学家——我忘了他叫什么名字,皮亚杰在研讨会上提到过他,说:"他写了本书,想要证明我事实上是成熟论者!"也就是说,智慧在基因遗传中已经被编程好了,知识发展的各个阶段只不过是器官成熟的各个阶段。

布兰吉耶:都是预先设定的……

塞勒里尔:对。每样东西都已被编程好了。还有一个人也写了一本关于皮亚杰的书,说:"不,不,皮亚杰是新行为主义者,是新联想论者。"就会发生诸如此类的误解。

格鲁伯:我还想补充一点关于一个人整体工作中出现的自相矛盾的现象。有些人会发现一些矛盾的情况,他们把这样那样不一致的观点一条一条清清楚楚地列出来;但是,如果你去考察他整个工作的主体,以他几十年的工作为基础,会发现,这些通常是因为看问题的角度不同,而并非真正意义上的矛盾。你比方说达尔文,要发现进化论,就要有"物种"的概念,但一旦发现了该理论,对"物种"概念的关注就相对少了。我并不是说这其中没有任何真正意义上的矛盾,只是说,在你看到的那些矛盾背后,往往还有其他东西有待发现。

布兰吉耶:请告诉我,在皮亚杰之前,心理学的研究是怎样的?

塞勒里尔:我不知道怎么来描述。有种——我该怎么说呢——极度的混乱。我对皮亚杰引用索绪尔(De Saussure)和鲍德温(Baldwin)早期的著作总是很惊讶;但如果你去读那些人的著作,会发现有很多东西,已经有了很多东西,直觉性的东西——零星分散,但都很基础。再后来,皮亚杰出现了,你会看到条理变得十分清晰。他搭建了结构。从某种意义上说,几乎每样东西都已在那里了,从道尔顿(Dalton)起就已经有了。

道尔顿的实验与皮亚杰的很像。当然,都是他自己完成的,但这不是重点。

布兰吉耶:他进行了重组。

塞勒里尔:是的。这在心理学上是一次爱因斯坦式的革命,或许还更惊人;因为当时已经出现了牛顿这样思想前后一致的人,但那时,大多数心理学家都做不到这一点。心理学从哲学当中分离出来的过程非常缓慢;当时还没有这种要求,或者说,还没有现在这种对逻辑精确度的要求。

布兰吉耶:科学性。

塞勒里尔:是的。精确严谨。这使得心理学更引人注目。

布兰吉耶:的确,当你想到"心理学"这个词时,会隐约觉得这是偏哲学的,而不是科学性的东西。

塞勒里尔:至少在我看来,心理学是在有了皮亚杰后才开始从哲学当中分离出来,这完全是因为皮亚杰。

访谈八 意识的产生(1975—1976)

6年后,我再次拜访皮亚杰。他没有多大变化。如果状况允许,他比以前工作得还要多。今年,他将要过80岁的生日。

布兰吉耶:您还没把烟戒掉嘛,我看。

皮亚杰:没。

布兰吉耶:医生没有要求您戒烟吗?

皮亚杰:他们要我少抽点。

布兰吉耶:您还是抽海泡石烟斗?

皮亚杰:是的,一直都是。没有比这更好的了!

(沉默。我们安静地抽了一会儿烟。)

布兰吉耶:我刚刚才意识到,我对您饮食上的偏好一无所知。您喜欢吃吗?

皮亚杰:非常!我喜欢……(大笑,但他似乎不太愿意谈论这个。他这么做纯粹是出于礼貌。)我喜欢奶酪火锅,用我自己的食谱来做——放一整个蒜头,而不只是一片蒜瓣,加很多樱桃白兰地,还有很多葡萄酒,再加点奶酪。你可以喝掉一半,然后把另一半用来蘸面包吃。

布兰吉耶:您太太给您做吗?

皮亚杰:不,她不喜欢这个。

布兰吉耶:您自己做?

皮亚杰:当我们在山里的时候。

布兰吉耶:山里的小木屋?

皮亚杰:是的。

(他夏天会去那里,但现在是冬天。)

布兰吉耶:是我搞错了,还是您在过去6年里将书房整理过了?

皮亚杰:我就整理过一次;不得不整理,因为我的写字台都快要把我挤走了。

布兰吉耶:是这头吗?

皮亚杰:是的,就你那头。我都找不到一块放书写纸的地方。如果我要写东西,我得有个地儿,于是,在郁闷了整整三天之后,我终于打扫了我的书房。

布兰吉耶:您挪走了什么?就上面的部分吗?

皮亚杰:移置。清理书房——这是哲学里的方法,将问题转移。

布兰吉耶：噢，这样。现在您都能找到了吧？

皮亚杰：基本上都能。我一生当中只丢过一篇文章，是关于植物的——就是我现在还在研究的景天属，我写了篇小论文，然后就找不到了；我不得不重写。我与弗洛伊德在行为的过失与错误这一点上意见完全一致，这是少有的一次情况。我肯定是故意弄丢的；这篇文章写得不好。

布兰吉耶：您重写后就更令人满意了？

皮亚杰：哦，是的，当然。

布兰吉耶：为什么您说这是您与弗洛伊德之间"少有的一次"意见一致的情况？

皮亚杰：我是说，同意弗洛伊德对行为过失的解析，同意他对动作倒错（parapraxes）的解析。因为有很多动作倒错是无意识的，而且也并非都能用无意识来解释。在这个情境里，就有很明显的意图。文章不好，我又没有勇气烧掉它，所以索性弄丢倒是一个办法。

布兰吉耶：除行为过失这点之外，是否可以说您与弗洛伊德的看法大体上是一致的？

皮亚杰：哦，在压抑的主要观点和无意识的基本机制上当然是一致的；但是，对细节的解析就好比对历史进行重构。你在一定程度上不断还原事实，达到一定极限后，对事实的重构就多多少少具有任意性，这时在两者之间很难划清界限。

布兰吉耶：或许我说得并不对，但我认为您从未用到过他的研究工作。经常会听到有人说，您对此不够重视或不屑一顾。

皮亚杰：不，不，这完全是个误解。对于这一精神分析方面的指责，我的回答与对情感问题研究的回答基本是一样的。

布兰吉耶：对，我们之前提到过情感的作用，或者说，您的研究工作没有涉及情感问题。

皮亚杰：我当时可能说过，情感是行为的基本动机。如果某个人对一件事情不感兴趣，他自然什么都不愿意做；但这仅仅是一种动机，它并不是知识结构的来源。由于我关心的是知识，所以我没有理由要去考虑情感层面的问题；但这并不是因为观点不同，而是因为兴趣有别。这不是我的研究领域。总的来说——而且我这么说有点不好意思——我并非是对个体、个人感兴趣，而是对智慧与知识发展中一般性的问题感兴趣，而精神分析实际上是对个人情况、个人问题等等的分析。

布兰吉耶：说到底，人类作为不变量比作为个体更让您感兴趣，是吗？

皮亚杰：是的，没错，是这样。但我一直对精神分析很有兴趣。给你举个例子，我曾在美国精神分析协会做讲座，我想那是世界上最大的弗洛伊德协会。三四年前，我做过一场关于认知无意识和情感无意识的讲座，解释两者之间的关系，文章后来用法语在《当代理性》杂志上发表了。

布兰吉耶：也就是，讨论无意识智慧与无意识情感之间的关系？

皮亚杰：是的。

布兰吉耶：对此，有哪些说法？

皮亚杰：可以说，在个体的认知工作和寻求问题的解决办法过程中，大部分——很大一部分活动在行为动作达成时都是处于无意识的状态，动作完全结束之后才会有意识的产生。

布兰吉耶：也就是说，"意识的产生"只在主体对其有需要的情况下才会发生？

皮亚杰：是的，完全正确。

布兰吉耶：那在情感上呢？

皮亚杰：这样，在情感上，也有同样的情况，也有抑制；但就抑制而言，你也能在认知领域找到许多类似的情况：当个体——比如一个儿童，有时甚至是一名科学家——当他建构一个概念或一个理论，特别是建构理论的时候，会下意识地抑制无效的东西。

布兰吉耶：他选择那些……

皮亚杰：当然。这就是认知层面上的弗洛伊德式抑制，我在讲座中强调了这一点。

布兰吉耶：人不愿去认可不能很好地融入系统的东西。

皮亚杰：是的。

略聊了几句，谈话就直奔他的工作核心。我知道，"意识的产生"是他的一项新研究。谈到这个话题，是因为他提到了那篇丢失的、关于景天属的文章，但毫无疑问，任何开场话题都会一样很快把他带向他所关注的核心问题。正如我记忆中对他的印象：专注于当前的工作、一心一意扑在他手头的研究上，那是他毕生工作的一部分，不受旁物干扰。

布兰吉耶：我们聊聊您在过去几年中自因果性之后所做的研究。

皮亚杰：在发生认识论中心，我们做了一系列关于"意识的产生"的研究，对此，我还编著了一本小书。我跟你讲一个我们做的研究，很好玩。我们让孩子在地上爬，然后让他们描述自己的动作。我们发现了三个阶段。年龄最小的儿童给了很好笑的解释：他们告诉我们，他们先是两手向前，然后是两脚向前，再接下来又是两只手，等等——这显然是不可能的。第二阶段的儿童说：我先左臂、左腿向前，然后右臂、右腿向前——这倒是有可能，但不符合常理；即使马儿也不会经常这样行走。接着是第三组的儿童，他们很准确地描述了爬行的动作。

布兰吉耶：是对角交替式的。

皮亚杰：是的，左手和右脚，右手和左脚；所以，在年度研讨会开始之前——正好世界各地的嘉宾会来到这里讨论这一年的工作——我们做这项研究的同事想了个极好的主意，她邀请我们的嘉宾们也试一试这个实验；然后，她让他们做了四肢爬行。

布兰吉耶：在研讨会议室吗？

皮亚杰：不，不，自己做，这样别人就看不到他们做了——你明白的，各做各的。她请他们四肢爬行，然后描述出自己所做的动作。结果非常令人吃惊。物理学家和心理学家给出了准确的描述——他们处于第三阶段;但逻辑学家和数学家给出的是第二阶段的描述,这倒一点儿也不荒谬;就逻辑上讲,这是最为简单的方式,但他们可不是按照这个方式爬行的。换句话说,他们对自己的动作尚无意识,只是对其做了概念上的重构。多数情况下,意识的产生是对事件进行精确的概念化,但往往会发生类似于这样的曲解。

布兰吉耶:您如何解释这两组学者间的差异?

皮亚杰:这两组学者吗?心理学家与物理学家习惯越过自身去关注事实,而数学家则习惯于重新建构在他们看来最简单、最符合逻辑的模式。

布兰吉耶:但他们是错误的。

皮亚杰:在这个案例中,他们是错误的。这表明,他们对自己实际采取的行动并未产生意识,或许作为成年人,他们并不是每天都这样,但肯定有某次是这样。我们在理论层面上得到的结论是:意识的产生绝不是简单的灵光乍现,使我们一下子看到了之前没看到的事而未做任何改变。

布兰吉耶:使人看到自己所做的。

皮亚杰:是的,没错,事实上,意识的产生是对动作进行概念上的重构。

布兰吉耶:哦,那不是一回事吗?

皮亚杰:不,重构意味着有更多的东西。

布兰吉耶:多了什么?

皮亚杰:有联系的意识,有概括的意识,等等。

布兰吉耶:不同时刻动作之间的关系……

皮亚杰:正是如此。换句话说,动作自身会朝向一个目标,目标实现后,动作的初衷就达成了。它受到我所称的"成功"的支配。然而,意识的产生还包括理解:你知道你是如何成功的。我把这本关于意识的产生的书写得太长了——我经常这样——所以,我把它分成了两册,第二册的书名为《成功与理解》,但主题是一样的。意识的产生是对动作的解释。就动作本身而言,理解是聚焦于客体,而不是聚焦于使动作得以完成的机制。

布兰吉耶:您所说的"反省"也有用吗?我是说,它会准备其他的东西,还是会满足于现有结果?

皮亚杰:首先,它当然会引发新的行为;因为当人理解了自己所做的行为,就能开启新的可能。接着,作为一种解释模式,它又能成为迈向一系列其他概念化的出发点。

布兰吉耶:重复同一件事的欲望,重复并修改同一件事情的欲望,等等。

皮亚杰:是的,没错;但是,会伴随着一个广阔得多的概括领域。

访谈九　儿童与学者的游戏：个体智慧与科学发展的历史比较

> 学者的前仆后继就如同一个人在永无止境地学习。
>
> ——帕斯卡(Pascal)

布兰吉耶：所以，那是您在过去四五年间一直在做的一项研究？上回我见您时，您正在研究因果性。

皮亚杰：(他又点上烟斗)意识的产生：因果性研究结束之后，我们马上进入到了这项研究。当儿童达到运算水平时，"因果性"就成为归之于客体的运算，而在这之前，它只是归之于客体的主体动作。当然，这又提出了"动作在知识中的作用"这一问题。我们要将动作本身——即真正的动作——与概念化的动作区分开来。

布兰吉耶：所以，一项研究导致另一项研究。在快要完成的研究中，您又发现了还需要去做的研究。

皮亚杰：是的，这是一步一步的，但不一定是直线型的。一项研究往往会同时开辟出多项新的研究；在这种情况下，你就要做出选择。我们也会重拾一些课题——"因果性""平衡化"就是很好的例子——因为有时候，在工作的进展过程中——谢天谢地——它会不断充实、丰富旧的研究，提供新的事实，修改原有的理论。这时候，我们就会把旧的文件夹再抽出来。永远有互动。

接着，在实际研究的外围，某种观点会一点点逐渐成熟。这种情况可以持续很多年；然后，突然间，它自身就形成了一个独立的研究主题。我们对"儿童智慧发展"与"科学进步"二者间的比较研究就是一个例子；现在，我正与一位非常优秀的同行一起在写一本关于两者间共同点的书，这位同行名叫加西亚(Rolando Garcia)，是一名物理学家，他曾在布宜诺斯艾利斯科学院担任院长。

布兰吉耶：我们能在这儿稍微停一下吗？我很高兴您提到了这个问题。在您看来，看儿童智慧的发展成形与看人类从史前发展到当今时代几乎是同一件事。您这样思考有什么依据？

皮亚杰：我来解释一下。我以前对生物学以及知识的一般性问题都很感兴趣。作为一个生物学家，我要了解知识是如何成形的，它的发生是什么，细化模式又是什么。对这个问题而言，史前人类应该是理想的探究对象，这一点我之前有提到过；但实际上，我们对他们的智慧情况几乎一无所知。所以，当种系发生史无法再现时，我们就不得不做生物学要做的事情:研究个体发生(ontogenesis),即个体的发育,这显然是与系统发生相关的。此外,与鲍德温和弗洛伊德一样,我相信,儿童比任何成人都要原始,包括史前人;并且,知识的来源就存在于个体发生当中。无论你选择什么样的成人——穴居人也好、亚里士多德也好,他都要从孩童时期开始成长,并且,在其后余生中所使用到的都是他在人生的最早时期创造的工具。所以,在知识领域——我不想引申到所有领域——个体发生是基础性的。我要说,它比系统发生更原始。

布兰吉耶:现在,我要问第二个问题:当今的儿童是否不像史前儿童那么原始?

皮亚杰:我不知道。我想,因为文明与社会环境不可避免地发挥着重大作用,儿童的发展会加速,并且在今天,儿童发展得更加迅速。

布兰吉耶:因为社会环境的缘故?

皮亚杰:显然是!环境促进他的发展,并使他置身于原始儿童从未遇到的问题当中;但回到这个主要问题上来:看任一领域知识的起源,人们都能发现与儿童智慧发展相似的形成过程。

布兰吉耶:比如说?

皮亚杰:举个例子,让我想想……(他吸着烟斗,靠着椅背。)在科学发展的早期——也就是在物理学刚刚成形且尚未进入牛顿时代的阶段——历史所呈现的几个阶段与我从儿童身上观察到的阶段有着惊人的相似。以"运动的传递"为例——我们在研究因果性的时候研究了这个问题——当一个运动的物体触碰另一个物体时,运动是如何从前者传递给后者的?在牛顿之前——也就是17世纪以前——我们大致可以分出四个时期。

一个是亚里士多德时期,当时有"两个推动者"的理论,推动物体运动的是一股动力,它去碰撞被作用体,也就是静态的球,而这个球自身也具有力以及内在推动者。运动的传递就是由第一个运动体激发后一个运动体的内在推动者。这一时期还有"恰当位置"(proper place)理论,即每一物体都趋于一个特定的位置——这一位置在某种程度上似乎是预先设定的。

布兰吉耶:这些都是用来解释运动的传递现象?

皮亚杰:是的。抛射物离开器械后为什么不是直接落地,而是沿着自身的轨迹继续前进?亚里士多德提出了一个似乎非常复杂的理论——循环替换位移理论(antiperistasis),即运动物体周遭会产生反作用力,形成一股气流,从物体后方将其往前推送。这是第一时期。

第二时期介于亚里士多德与布里丹(Buridan)之间:这一时期已不再谈论内在推动者;所有运动都归因于外在推动者。外在推动者有能、冲力、力和功等等。然后,在第三时期——布里丹时期,有了推动力(impetus)的概念。所谓的推动力作用于因与果之间,它是一种力——由外在推动者提供,并传递到接受体即被动体身上。然后,在第四阶段,冲力变成了加速度,这时我们已经到了牛顿时代的前夕。

在研究因果性时，我们密切关注了运动传递的各种形式。在儿童身上，我们也发现了同样的四个时期。

布兰吉耶：介于什么年龄之间？

皮亚杰：介于四五岁到十一二岁之间。因此，我们有：第一时期，亚里士多德阶段。这一阶段，儿童用自己的语言提到了两个推动者——一个球在撞击另一个球时，自身具有力，被撞击的球也具有力；这两个力促使它们前进。不仅如此，儿童还提到"恰当位置"。譬如，一颗弹珠滚下斜面。它为什么会滚下去？一位7岁大的儿童告诉我："它要回到它的自然位置。"这个自然位置正是恰当位置；但更好的例子是"循环替换位移"。当你问儿童："你把球扔出去之后，为什么球继续前进而不是直接掉在地上？"他会说："我扔球的时候，会制造一阵风，把球往前推。"这实际上就是在说"循环替换位移"。对儿童而言，这一想法主要来云与风之间的关系："如果云动了，会产生微小的风；如果云动的力度加大，则会产生更大的风；如果更用力地推进……"

布兰吉耶：就会有永恒的运动。

皮亚杰：是的。这是亚里士多德的理论。接着，在第二阶段，内部推动者不再发挥作用，力不再做内外区分，而被视为一种来自人类活动的能量。然后是第三阶段：推动力。在七八岁时，儿童都会提到力。弹珠在撞击另一个弹珠时会对它施加一股力。当一排弹珠受到撞击时，则最后一颗弹珠会射出。这是因为这股力从其他弹珠间穿过，然而年龄较小的儿童不会这样告诉你。当他们到了十一二岁的时候，就不再提到力了，而会提到加速度："它在斜面上越滚越快。"

这是科学发展的早期；但在科学较为进步的时期——以几何史为例，加西亚对此有一章很好的论述——在其中，你会找到我所说的"共同的机制"。在几何学中，共同的机制指的是：在第一阶段，儿童建构的所有几何空间关系正如欧几里得所建构的一样，严格来讲都是图形内的（intrafigural）。

布兰吉耶：那是……

皮亚杰：那是指图形内部的关系。图形与图形之间没有空间。欧几里得从未得出一般性的空间理论，而只有图形理论。第二阶段是图形间（interfigural）阶段，表现为笛卡尔坐标系：一个点是两条坐标轴的函数；需要两个度量来确定平面上某个点的位置。第三阶段是几何学的代数化，从克莱因（Klein）及他的《埃尔朗根纲领》（Erlangen Program）开始，所有几何学都被简化为位移群或变换群。这就是科学史与心理发生的共同机制。儿童当然有图形内阶段；如果你和他们谈论图形与空间之间的关系，是不会有结果的，因为在他们看来这根本就不存在，他们对此也确实一无所知。等到了七八岁的年龄，他们就会发现：要确定某个点的位置——如果要在另一张纸上画出某个点原来所处的位置——就必须至少有两个度量，要有两个坐标值，不过，这一认识只是在行动层面。儿童不会提出理论，但你可以在他们的动作中发现理论，接着，再后来，就是代数化；也就是儿童的几何关系开始形成体系。同样，你又能在他们的动作层面发现与位移群、变换群或多或少对等的东西。（沉默片刻。）

由此，你可以看到知识形成的基本规律：由简单到复杂。图形内阶段给出各基本要素，图形间阶段开始看到诸事物之间的相互关系，代数化阶段则发现了结构。这一形成过程是不可能改变的。如果你从结构开始，以各要素的描述结束，就颠倒了我所说的"自然"顺序，因为这一过程可以说是事物本质的必然要求。

布兰吉耶：每一阶段都以上一阶段为前提？

皮亚杰：是的，没错。这些阶段具有连续性。

布兰吉耶：我在想，可能我对这还是不太理解，如果每个儿童最终都会在不自知的情况下走完这条路，那科学史为什么没有更快地向前发展呢？

皮亚杰：又回到这个问题上，因为儿童没有理论。你得在知识领域内对平面进行区分——有动作层面上的平面和概念上的平面。对儿童而言，动作是现实问题的一项功能，他看到现实问题摆在眼前，而不会透过问题去想到更多。

布兰吉耶：那理论化又是怎么回事？

皮亚杰：理论化是将通过动作发现的事物转化为概念和学说。

布兰吉耶：人理解了自己所发现的东西。

皮亚杰：是的。在任何领域都是先有活动，再有分类和概念化。在科学形成以前，人们先有了技术，正如埃瑟蒂尔（Essertier）所说：机械师就是尚未意识到物理学和理论的物理学家。

布兰吉耶：简言之，在人类进步与个人发展的这些类比当中，我们能再次找到动作与理论意识化之间的关系？

皮亚杰：是的，完全正确！这是两个机制间最突出的对应关系。在数学史的每个时期，以及在物理学史上的部分时期，学者、发明家和创造者都会用到自己尚未意识到的工具。欧几里得经常用到几何学家现在所说的"位移群"，但"群"的概念是到伽罗瓦（Galios，1811—1832）时期才出现的。欧几里得经常会用到它，只不过是在行动层面，在不自觉的情况下；而且，希腊人对代数嗤之以鼻，认为代数不像几何，它不是一门科学，而是某些人利用自己特定的步骤来达到发现几何学真理这一目的所采用的伎俩。然后，伴随着韦埃特（Viète，1540—1603）代数和笛卡尔（1596—1650）解析几何的出现，可以说，我们到达了将运算意识化的历史阶段，欧几里得也用到了这些运算，但未将这些运算按主题进行编排或将它们整合到理论当中。理论是从伽罗瓦……首先是从17世纪的笛卡尔和韦达开始，后面当然还有牛顿的几何定理和微积分；但是希腊人早就使用到了这些运算。在这个例子当中，动作远远要早于意识的产生。再举一个近期的例子，布尔巴基学派（Bourbakis）构建了非凡的数学结构理论，他们把这些结构分为三类母结构：代数结构、序结构和拓扑结构。你知道他们是如何建立这些结构的吗？不是按照格式——格式是后来才有的。他们通过一系列比较将这些结构建立起来；他们比较了各种不同的数学主题，努力寻找它们之间的共同结构，这个过程其实就是迪厄多内

(Dieudonné)所称的"归纳法"。在这一过程中,他们运用了一套技巧,但未将这套技巧理论化,因为这只是他们用来发现结构的工具。相关理论是后来才出现的,被称为"态射"(morphisms)和"范畴"(categories),是由麦克莱恩(Mac Lane)和艾伦伯格(Eilenberg)提出的。

布兰吉耶:而且您对这个也有研究。

皮亚杰:当然,我们用它来研究儿童,来发现态射作用与运算作用的对应关系。

布兰吉耶:态射?您可以定义一下这个术语吗?

皮亚杰:意思是"建立对应关系"。

布兰吉耶:是一种比较。

皮亚杰:一种比较,没错。我们通过比较来发现不同系统之间的共同形式。态射是保持结构的一种对应。我们说一个群与另一个群同构,是因为它有着相同的结构。直接的运算、逆反的运算、结合律……

布兰吉耶:这种比较是在术语之间进行吗?

皮亚杰:可以在任何东西之间进行:术语之间、关系之间、转换之间、结构之间——它是一整套比较。但是,在我们进行了多年的运算研究中,我们关注最多的是对转换的分析。比较并不会改变被用来比较的术语;如果这样的话,就不存在比较了;但转换是对一种状态的改变,把它带向另一种状态。

布兰吉耶:您对儿童做了态射研究?

皮亚杰:是的,我们关心的仍然是科学及一般知识的发展与个体知识形成之间的相似性。当大批当代数学家将态射与范畴作为自己研究的中心主题时,我开始思考是否可以从儿童发展中找到些什么,并发现其所起的作用。

布兰吉耶:您找到了吗?

皮亚杰:当然找到了。

布兰吉耶:是不是因为人总能找到自己想要寻找的东西?

皮亚杰:我们也有可能一无所获。

布兰吉耶:我原以为,现实世界极为丰富,足以对所有问题给出答案。

皮亚杰:不,但我们没有问"有没有态射"这样的问题。态射显然是有的,因为它是所有比较都需要采用的技巧。问题是:态射与转换之间的关系是怎样的?谁占主导地位?是比较的一方,还是我通常所认为的转换中的创造和形成的一方?我发现,在态射的演化过程中,它们会越来越从属于转换。显然,转换占主导地位。

布兰吉耶:您说的"转换"是什么意思?

皮亚杰:转换就是运算从一种状态转变到另一种状态,比如位移群中的否定运算或逆运算就是从 A 到 B 或从 B 返回到 A。返回就是直接运算的转换。

布兰吉耶:通过可逆性?

皮亚杰:是的。它也可以是组合、加法等任何形式。

布兰吉耶：您用到了"范畴"这个词。它与态射相似吗？

皮亚杰：范畴是态射的系统。

布兰吉耶：特定的系统？

皮亚杰：特定的系统。特定的、并且是更高级的系统，具有固定的属性，如我们所说的"自同构"（automorphism）——即在各子系统中发现相同的系统……

布兰吉耶：在其自身内部。

皮亚杰：正是。

布兰吉耶：一分钟前，我说了一句话，但您没有做出回应。我说："人总是能够找到自己想要寻找的东西。"我还补充说："因为现实世界足够丰富，足以对所有问题给出答案。"您显然不喜欢我的这种表述方式，那让我试着换一种说法："您不认为未知世界已被人类驯服了吗？"我的意思是：当我们对现实提出某个问题的时候，而且恰恰就在这个时候，事实就会呼之欲出。我们愿意满怀欣喜地去发现它，但这是据我们对其施加的标准。

皮亚杰：对这点，我不能确定。现实世界总是不断地邀请我们提出新的问题。错误……

布兰吉耶：但是是同一类型的问题？

皮亚杰：不一定。当代物理学的问题与牛顿时期物理学的问题相比而言还是相当新的。回答是否定的，我们对现实提出的问题，常常会得到意想不到的答案，从而又引发新的问题，问题与答案经常交替出现。

布兰吉耶：这么说吧，对您而言，问题和答案一般都存在于科学领域。

皮亚杰：同意。

布兰吉耶：现实不可能把超出人类科学思维以外的东西教给我们？

皮亚杰：我认为不可能。

布兰吉耶：那是因为您是西方人。

皮亚杰：怎么呢，是的啊。

布兰吉耶：您接受的是西方科学的训练。

皮亚杰：你要这么说也可以；但中国在它的科学发展上也走了很长的路。

布兰吉耶：但不如我们走得远。

皮亚杰：中国科学是完全不同的；它从辩证法开始发展，而不是向上发展到辩证法这样一个较高的阶段。

布兰吉耶：它从辩证法开始发展？您可以解释一下吗？

皮亚杰：不，不。我对此还不够了解。我对中国科学感兴趣，是因为我正在和加西亚一起写一本书。我们探讨的问题是：知识的发展是只有一条演化路线，还是可能存在多条不同的路线？当然，这些路线迟早都会通到共同的地方。喏，加西亚对中国科学非常了解，他认为中国人走了一条与我们截然不同的道路。所以，我决定看看是否可能设想出与我们不同的心理发生,也许是中国科学发展最鼎盛时期中国儿童的心理发生;我认为有可能。因为在认识的动作过程中,主体有可能聚焦于客体,也有可能聚焦于自身的调节之上,通过调节纠正不同的认知方式,从而对客体产生意识;在这种情况下,辩证的方式可能会比从一开始就聚焦于客体要更为原始。但是,不好意思,我这么说还太早了;我们还在写这本书,现在这么说的时机还不成熟,还缺乏足够的支持,尽管我本人对此是深信不疑的。

皮亚杰在个体发展与科学发展比较研究著作上的共同作者加西亚(Roland Garcia)是一名物理学家;我们也询问了他的观点。①

布兰吉耶:延展开来,这一理论似乎在暗示人类发展就像个体发展一样,也有从童年到成年的过程。

加西亚:不是。可以说是也可以说不是。譬如,如果你回顾亚里士多德时期,会清楚地看到他创造的逻辑统领着科学界直到19世纪;但如果你探讨亚里士多德的物理学——皮亚杰已经给了你一些例子——你会发现他的解释与儿童现在给出的解释非常相似。

布兰吉耶:那是相当于青少年时期还是童年时期?

加西亚:是经验科学的童年时期;但逻辑与数学科学的发展要早于经验科学,而且,即便像亚里士多德这样在思想史上赫然耸现的人物在物理学上也只是个儿童。从皮亚杰理论可以清楚地看到为什么逻辑与数学的发展会早于物理学的发展,并且为什么亚里士多德的思考是这样一种方式。我们可以看看亚里士多德对运动的解释——对抛射物或落锤的解释,会看到与儿童一样的观点。但对我们而言,重要的不是主体的问题,而是经验思维的机制,是归于现实的某些逻辑法则;而在这点上,儿童的观点与亚里士多德的观点是一致的。这并不意味着亚里士多德的思维像儿童一样!(沉默。)相同的是机制,而不是主体。在现代数学中,在代数几何学和量子力学阶段——尽管它处于较高的抽象层面,但仍可在动作中找到相同的机制——知识发展的过程或认知系统的建构也是遵循着相同的演化规律。我认为这是皮亚杰最重要的贡献。我所做的不过是确切地查找出科学史上的某些时刻,以证实皮亚杰提出的关于儿童和青少年的理论。

布兰吉耶:你不认为你们在这两者上——在科学史和人类心智形成的研究上——决定论的成分太多、选择太少、自由度太低吗?按你所描述的系统,或按皮亚杰的描述,对某个观点为什么会出现解释得还不够清楚。譬如,在科学史上,为什么出现了这一类型的探究而不是另一类型的探究。

加西亚:不是这样的,你要区别一点:系统可以被决定但无法被预测;一旦有了某一演化过程,就有可能解释为什么每一阶段是由前一阶段来所谓"决定"的。

布兰吉耶:要往前追溯?

---

① 加西亚接受过理论物理学的训练,主要从事流体力学和动力气象学的研究。

加西亚：但不是这个意思，系统演化到达某个特定点，人们就能预测后面的发展。后面的发展与先前的阶段有关联，但并不严格由先前诸阶段决定；还是有一些随机的因素使系统依照不同的格式发展，而这是无法预测的。

你知道，在很长一段时间内，我们都不能说物理学是解释自然的系统。可以说，自然可以用很多零碎的概念来解释，有时间的尺度、空间的尺度。我们可以选择一些现象加以解释，如果有某一特定的情形，就会产生某一特定的结果。但是，要找到涵盖一切自然的法则或对未来某些时候将要发生的现象做出预测——我们现在知道，这是不可能的。自然要远比牛顿时期的科学家们所想象的要复杂得多，尽管他们当时发现了伟大的自然规律。

布兰吉耶：但根据你的描述，皮亚杰所做的似乎是试图用一般的知识领域来涵盖所有的现实——这样不是纳入太多、涵盖太广了吗？

加西亚：不，我不这样认为。我对皮亚杰的这一构想非常赞同，因为在我看来，皮亚杰受到了普遍的误解。的确，这一抱负——我不知道这是否是皮亚杰的抱负——但发生认识论的目的是对知识进行一般性描述和概括性说明；但是，对知识进行概括性说明并不意味着要提出一个能够预测未来的理论，或左右人类认识领域各发展阶段的法则；而只是要找出人类作为生物体、儿童、"普通人"、科学家的统一性，找出发展上的统一性，但并非通过统一的、简单化的理论，而是通过发现共同的机制……

布兰吉耶：关于所有这些的？

加西亚：关于生物体、认知过程以及科学发展的，而且这意味着从生物学入手来解释知识本身的发展；换句话说，正是发展的生物体成为思考主体，甚至成为科学家，他能建构出解释自然的诸系统——注意，不是解释自然的一个系统，而是一些解释部分自然的系统——而且你知道吗，你所说的自由度是存在的，但是存在于两级之间：个体本身——受到其自身能力、神经系统的影响——以及现实本身，现实很顽固，就如研讨会上某位学者所言；也就是说，现实解释起来不是件容易的事。

布兰吉耶：建构起来容易？

加西亚：建构、掌握、结构等都不是件容易的事。若现实不能结构化，就不可能被建构；也就是说，你不能按照自己的意愿去建构它——你只能以某种方式来建构，而不能用其他的方式。正如皮亚杰所说，现实是否会抵抗取决于运算的好坏。

布兰吉耶：你是怎么与皮亚杰先生结识的？

加西亚：我是在持有完全不同哲学立场的情况下接触到了皮亚杰的作品。我当时是芝加哥大学卡尔纳普（Carnap）和加州大学洛杉矶分校赖欣巴哈（Reichenbach）的学生，信奉逻辑经验主义。

布兰吉耶：后来你"背弃"了。

加西亚：我第一次接触到皮亚杰的作品时是十分抵触的，我认为他的见解陈腐平庸。我太太是心理学家，她曾研究过皮亚杰的心理学，因为我太太的缘故，我才开始深入了解皮亚杰,并发现皮亚杰的解释远比逻辑经验论的解释要深入得多。后来,我进行了自我评估,并有机会来到了日内瓦。皮亚杰邀请我参加了发生认识论中心的会议,这对我来说,简直就像发现了一个全然不同的世界。可以说,这彻底改变了我的人生——改变了我的思考方式以及我对世界的看法——并解答了我曾经提出过的许多问题。

这是出自于另一位物理学家的证词。他对当代物理学的一般性问题和皮亚杰的结构主义的"反应"稍有不同,但却提出了相关且互补的观点。普利高津(Ilia Pregogine)是一名研究热力学不可逆现象的专家。与加西亚一样,他参加了1976年的研讨会,不过那是他的头一次。

普利高津[1]:现今,我们意识到经典物理学的格式是多么有限,越来越多的现象是如何被还原为游戏,而未成为经典定律的概念。我和你讲讲我的朋友兼同事艾根(Eigen),德国的一位杰出的物理化学家,他刚写了一本书,不久就会被译为法文,书名叫《游戏》(The game)。在他看来,游戏是最基本的,而所有的游戏都隐含在自由与选择的方式中。我们也发展出了全新的数学分支——分岔理论。该理论指出,系统发展到某一特定时刻会在诸多可能性中做出选择——这些可能性是决定论、宏观理论甚至是牛顿理论所排除在外的。

布兰吉耶:你提到"自由"。这个词通常是用在人身上的。

普利高津:当然,人类自由是更高级别的——事实上,它的层次要高得多,也复杂得多。不过,它也不是那么遥不可及,因为大脑里的机制、神经生理机制也有可能受到呈现这类分岔现象的非线性运算的支配。所以,事实上,这种自由层次或许并没有我们乍一想时那么遥远。我相信,这种进化是逐渐达到、逐渐形成的,而我作为物理学家来强调这一点并非偶然。

在结构研究层面——这也是皮亚杰高度关注的领域之一——要知道,结构问题在物理学上是较近期才有的,但在生物学和人类学上很早就出现了。那是因为:在物理学中,我们一直聚焦于平衡结构问题,传统物理学主要是探寻永恒存在的事物;但现在,物理学也越来越多地研究不平衡状态中的拟序结构(coherent structure),在这些结构中存在着大量的微粒,它们有着更为特定的时空行为——这种行为只有当系统与周遭环境相互作用的情况下才有可能发生。你可以看出,这与皮亚杰的理论是相关的。两者都有同样一个悖论:要获得严格意义上的结构,则所考察的系统必须从属于一个更大的世界。

布兰吉耶:一个元系统(metasystem)。

---

[1] 伊利亚·普利高津是新物理学最显耀的代表之一。作为热力学开放系统理论的建立者,他引入了耗散结构的概念,来描述远离平衡状态的、涨落的、不稳定的化学物理现象。这是一个宽广而基本的领域——从反应堆气体分子到远离平衡的宏系统,即人类。这位学者观测到的是一个动态且开放的世界。这正是最初把普利高津介绍给皮亚杰的原因。

普利高津：一个元系统。因此，显然地，我们回到了更直接的观察上：今天上午，在研讨会上，我举了城市的例子。显然，城市之所以作为一个时空结构存在，只是因为它被包含在整个国家当中。同样，如果你去看生物细胞，会看到有催化剂、有转换返回分子的分子；催化剂、酶都不是任意分布的——它们自身会按照一定的秩序排列，有点类似于工厂里的机械工具。那是一种功能秩序、结构秩序，在这种秩序中，功能与结构是对应的。譬如，在晶体中，你可能不会发现功能，但一定能发现结构；但它整体是死的，也不消耗能量。这就是为什么我们引入了"耗散结构"这类术语，因为这种结构与经典物理学的平衡结构是完全不同的。

布兰吉耶：现在我知道你为什么对皮亚杰词典里"平衡化"这个术语有点不赞同。①

普利高津：可能这只是一个用词的问题：在我看来，要谈及平衡化，就要设想预先能达到平衡。平衡化不可能被视为朝着尚不存在的事物发展。你可以假设一个较为静态的和谐状态，但我们没有理由认为这种预先设立的和谐状态是存在的。这就是为什么我偏向于用"创新"（innovation）这个词。面对某个非平衡状态（disequilibrium）——通常是由主体的活动引发的——人们会感觉主体在朝着新的认知格式发展。在这种情况下，你会说平衡还是说创新呢？

布兰吉耶：给出的答案是：新的问题出现，需要解决，从而带来了刺激和转换……

普利高津：但这些是干扰，还是内在的活动呢？不论你是谈远离平衡状态的分子系统、神经元系统，还是谈有机体内的细胞、社会中的个体——如果你要考虑创新的机制，就一定会有随机的因素。在我看来，皮亚杰这一用词有点太随意、太过决定论了。②

布兰吉耶：你是怎么认识皮亚杰的？

普利高津：我第一次见到皮亚杰是在哥本哈根的一次会议上。那次会议是我的一个朋友罗森费尔德（Leon Rosenfeld）组织的，会议结束后不久，他便去世了。罗森费尔德生前是玻尔（Niels Bohr）忠实的追随者，但也深为皮亚杰所吸引。他时常来到日内瓦，并时常和我提起皮亚杰的工作。我非常了解玻尔，现在我对皮亚杰也有了一些了解，可以很容易地找出他们两人之间的共同点。从根本上讲，是他们作为科学理论创建者所发挥的重要作用。就这方面来看，皮亚杰和玻尔的理论与经典物理学相比较，还是

---

① 这是针对 1976 年研讨会上的一次典型讨论［该研讨会内容已出版，题为《发生认识论和平衡化：皮亚杰研讨会纪念》（纳沙泰尔，巴黎：德拉绍和尼斯特尔出版社）］。说它典型是因为它清楚地显示了对某个用词及其内涵的误解，恰如塞勒里尔和卡雷拉斯在 1969 年谈到的"格式"（schèma）一词那样。［详见访谈七（二）］。这次讨论并非只是一次简单的例行讨论，它探讨了皮亚杰的一个核心观点。在将"平衡化"这个概念带入研讨会中热烈讨论之前，"老板"已经就该主题写了一本书——《认知结构的平衡化》，书名还带了一个响亮的副标题——智慧发展的中心问题。它（平衡化）是结构主义、皮亚杰专用术语中的开放系统以及主体目的性等问题的核心，是皮亚杰在撰写《求索》这本小说时首次提到这个概念后不断完善智慧发展理论的一部分。

② 针对这一争论，除皮亚杰在同一研讨会上（见注释 3）照常做出回应外，物理学家加西亚在访谈中（见英文版第 102—103 页）也做出了回答。

有较大区别的。经典物理学——也常被称为"伽利略理想化"——相信独立实体是真实存在的。

布兰吉耶：存在于自身？

普利高津：存在于自身，并且是我们能够达到的。

布兰吉耶：与柏拉图的观点一样。

普利高津：与柏拉图的观点一样，通过……或许是通过奇迹，通过人类数学与宇宙数学之间的巧合。事实上，对具体方式的定义非常模糊。下面是爱因斯坦所捍卫的观点：对于独立于人的现实存在、绝对存在，人们可以借助科学来达到。爱因斯坦与印度的伟大诗人和哲学家泰戈尔有过一次著名的讨论。泰戈尔问爱因斯坦："如果这种现实是存在的，我们怎样才能达到，我们怎样与绝对的存在进行交流？"而且，从根本上讲，玻尔和皮亚杰的努力是为了让我们了解我们是多么依附于我们对宇宙所做的描述，我们自身是如何被包含在其中。你问我"为什么我们不能知道一些事物会怎样发展"，但我们并没有把自己描述成上帝。我们以某一特定的方式来解释自然，从我们自身所处的特殊位置出发。显然，你可以对自己说，"上帝自己可能知道将要发生什么"，但这并不是我们的目标，我们不是想要仿效上帝的方式来研究物理学，而是要通过我们人类能够获得的某类信息来研究物理学；并且，我们具有特定的生物组成……①但这并不是主观主义。相反，这是对我们在自己所做的描述中所处位置的认识。

布兰吉耶：这本身就是现实主义？

普利高津：这本身就是现实主义；而且，从根本上说，我们的描述也成为一种自我恒定的事物。我们描述世界，我们描述世界中的客体，而我们自身也是处于这个世界当中的客体。

---

① 所有人都同意这一中心观点。皮亚杰是支持该观点的第一人，并且，他打造了这一系统的基石。我仍记得1969年我们的访谈快结束时他的话语："对我而言，数学是处于自然当中的，而自然又包含着人类心智；人类心智利用身体、神经系统和周身一切有机体来发展数学——而这些都属于物理自然的一部分。这样一来，通过有机体，而不是通过建立于客体基础上的物理经验，数学与现实世界之间便保持着一种和谐关系……人一开始就妥协于自然世界。人类心智是生物组织的产物——是一种淬炼的、高级的产物，蒙受自然的恩惠，但仍是生物组织的产物之一。"

访谈十　表型复制

> 总有一天，人们会看到思想现象与生命现象同源。
>
> ——恩格斯

布兰吉耶：事实上，您所有的工作可以用一个词来概括——这个词我曾经听您提到过，那就是"建构主义"。

皮亚杰：是的，完全正确。知识既不是对客体的复制，也不是对预先决定于主体内的先前构成产生意识；从生物的角度来说，它是有机体与环境间相互作用下的不断建构；从认知的角度来说，它是思想与客体间相互作用下的不断建构。

布兰吉耶：您刚用了"生物学"这个词，您又回到生物学上了吗？

皮亚杰：哦，我不是又回到生物学——我从未离开过生物学。

布兰吉耶：我知道它与这些研究是相关的……

皮亚杰：哦，是的，但是我又发现了新的事实。（沉默。他在想一种最好的方式来阐述这一点。）知识的主要问题——既然它不是对现实的复制或客体的复制——在于它重构现实的方式。换句话说，现实只能通过推理和内源建构的方式重新创建而获知。所以，在生物学上，主要的问题是有机体与环境之间的关系问题，这一关系在拉马克（Lamarck）看来很简单，因为他认为后天获得的性状能够遗传下去，这些性状的获得是由环境所引起的。

布兰吉耶：这一观点已经被摒弃了。

皮亚杰：因为没有找到任何事实来证明获得性遗传，新达尔文主义学派用随机变异、偶然突变等来解释一切，后来又加上自然选择，好像后面的自然选择足以解释动物器官如何恰当地适应环境似的。

布兰吉耶：您对这种解释并不满意？

皮亚杰：是的。首先，将这一解释用到心理学上对我而言似乎难以理解。这等于是说，每项知识都有偶然的起点，并且我们对知识的理解来自一系列随机的行动，在这一过程中我们保留成功的，淘汰失败的。这就完全排斥了知识的内在必然性。所以，就人类知识与知识理论而言——这也是我主要关心的层面，甚至就动物知识——也就是行为方面而言，我认为这一解释都是非常不充分的。

布兰吉耶：所以？

皮亚杰：已经从一些案例中找到证据证明沃丁顿所提出的"基因同化"，也有人称之为"表型复制":一开始的非遗传性变异——也就是他们所说的表现型变异——被基因型变异、遗传性变异所取代。

布兰吉耶:别告诉我您又开始研究椎实螺了,隔了50年!

皮亚杰:我对椎实螺重新产生兴趣是因为看了沃丁顿的新书《一个进化论者的进化》——他很友好,赠送了我一本,不久后就去世了——我碰巧在里头找到一整章都与我的椎实螺研究有关。在书中,沃丁顿引用了我的椎实螺研究记录,作为他所说的"基因同化"的最佳自然案例。该类例子我们常在实验室看到,但这个案例是来自大自然。大体上你可以看到,这一物种在静水中身形会拉长,在激流中则会缩短。当受到波浪的冲击时,椎实螺会将身体紧贴岩石,因此随着身体在生长过程中不断长大,螺壳的开口程度也随之增大。在这一过程中,椎实螺拉紧连在螺旋壳上的肌肉,导致它的身形比生长在沼泽地的椎实螺要短。他们所称的湖泊形状可能只是表现型:如果把它们放入水缸里生长,它们的后代与在沼泽地中一样,身形拉长;但在大湖泊的激流中生长的椎实螺——比如在莱曼湖(Léman)、纳沙泰尔湖(Neuchâtel)和博登湖(Boden)——它们的身形就固定不变了。如果把它们放入水缸里养殖,它们仍保持收缩的身形,若再把它们放入池塘——就像我在沃州高原所做的那样,它们也仍保持收缩的形状。所以,这就是一个典型的表型外形的案例,它只出现在非常特殊的环境下,如大湖泊中的激流,并会转变为同形的基因型;但我最主要还是研究了景天属……

布兰吉耶:园艺植物……

皮亚杰:寻找表型复制的案例,就像我刚刚讲的。举一个简单的例子:将一株普通的景天属放置在海拔1900—2000米的环境下生长,其身形会非常矮小;但这一矮小的身形不是遗传性的,当你把它移植到平原,它又恢复到正常的高度。然而,在两到三处高峰地带,这一矮小的变形会定型并稳定下来,当被移植回平原地带,它们仍保持着在高原地区的形状,我把它们种在这里很多年了,完全不变。

布兰吉耶:但这不是对传统生物学的挑战吗?这是获得性状的遗传。

皮亚杰:别急,等等!那要看你如何解释。如果你将它解释为环境对基因组的直接作用……

布兰吉耶:这是新拉马克主义!

皮亚杰:当然,这是拉马克主义,就是形状的拉长或变短。但如果你像沃丁顿那样用"基因同化"来解释,或以我将要尝试的"表型复制"的概念来解释,它就是一种选择性的重构,但这种选择在我看来是内环境所促使的选择。海拔高度的表型……

布兰吉耶:我们再来定义一下表型吧。

皮亚杰:表型是非遗传性变异。它是在某种特定环境下发生的变异,并可能随着环境的变化而发生改变。因此,表型不会直接作用于基因组——绝对不会,而是作用于内部环境。在成长过程中,你会看到内环境和所谓的表观遗传环境——所有那些……连续的生长阶段……

布兰吉耶：细胞环境。

皮亚杰：是的，但不完全是细胞；整个有机体都会受到表型的修饰。那么，如果出现了非平衡状态，如果内环境受到过强的干扰，并最终影响到了调节基因，那么新的变异、也就是遗传变异就会产生，由基因组产生。

布兰吉耶：因为基因本身受到了改变？

皮亚杰：不。只是因为它接收到了信息，觉得有哪儿不对劲。但这种信息并不像拉马克所认为的是确切消息；基因组不会得知体细胞内发生了什么，当然也不知道外界发生了什么。但若某种非平衡发生了，就会一点点产生新的变异。受到表型修饰的内环境将对这些变异进行选择。这仍然是选择，但不是简单的适者生存意义上的外部环境选择，而是与内环境间的和谐。内环境出现了新的设置，遗传变异通过内部选择对其进行适应。

布兰吉耶：但是这种"和谐"从生物学角度来看是一种进步。这几乎是目的论。

皮亚杰：是的，当然有目的。从莫诺（Monod）的目的性意义上谈，整个后成系统都受到计划的制约。当然，计划是有目的的；但有趣的是，它是表型变异所带来的新环境下的内源性重构，而不是环境对基因的直接作用。

布兰吉耶：是一种重新考量，通过……

皮亚杰：是一种重构。现在你很快就能发现这与我在认知领域所主张的观点是多么吻合；每一项知识、智慧的每一步发展和每一次转换都是对外源经验事实的内源性重构。

布兰吉耶：您对一致性的不断寻求总是令我印象深刻，您在研究的过程中总是将各事物联结起来，这种方式似乎……

皮亚杰：因为我一开始是生物学家，后来又是发生认识论者，所以没有理由不寻求一致。这两个领域并没有什么不同。它们会提出同样的问题。智慧是对外部环境的适应，就像所有其他的生物性适应一样。

布兰吉耶：这种一致的观点是否已被无序所取代？这是现在控制论与信息处理中常提到的：无序被称为一个多产的领域；在非学术性的领域，如在营销中，他们也做"头脑风暴"。您的思维方式是否允许有这种完全无序和漫游性的思维存在？您明白我的意思吗？

皮亚杰：差不多明白。但我不会用"无序"这个词，而是用"缺失"（lacuna）和"可能的矛盾"（possible contradiction）。如果生物发育与认识发展这两个系统完全不同，我会觉得它们带给了我一种无法逾越的无序状态。我总是寻求相关学科或不同学科间的联系，就是要避免这种不一致的现象。

布兰吉耶：您从未停止过这么做？

皮亚杰：显然没有。

布兰吉耶：您曾经对我提过一些事实：小猫的学习期。小猫最初发展得比婴儿要快,然后就停止了;所以发展得快对小猫而言没有什么好处。

皮亚杰:是的。

布兰吉耶:而人类会在漫长的生活中不断学习,获得知识。这会贯穿我们一生吗?我们的认知系统在我们死亡之前一直都是开放的吗?

皮亚杰:这是我个人努力争取的理想状态,自始至终做一个小孩。童年是一个人最富于创造的时期。

布兰吉耶:还有一种相关说法,说人类出生时比猿猴更"不完美",这种现象也使得人类比猿猴发展得更远。人类是否有认知建构上的缺口?

皮亚杰:请解释一下,我不太明白。

布兰吉耶:就是差距(gap)——正如你所说的,它促使人类不断寻求自身的平衡。

皮亚杰:哦,是的。当然有。

布兰吉耶:人内部的某些东西永远是开放的。

皮亚杰:我们对于某领域中发现的任何一项新的事实,都会促使我们很自然地去追问它是否会对相关领域产生影响。如果这是你说的"差距",我刚所称的"缺失",那么当然,我们是以这样的方式在做研究的。

布兰吉耶:那么,科学不也都是以这样的方式发展吗?将边缘的、不为人知或偶然的现象整合起来。

皮亚杰:当然,只有当你有勇气看到自身不足之处的时候才会发现新的事物。

布兰吉耶:对此,我们是需要别人来告诉我们"你错了",还是我们去发现?

皮亚杰:这不一定。通常,受到别人的批评是对自己有帮助的;但如果足够诚实,他自己也可以发现错误。

布兰吉耶:对您而言,批评会有帮助吗?在我看来,好像帮助不大。我说对了吗?

皮亚杰:人们认为我的思想很有系统……我在提出某个问题时,总是非常小心,以免提出后被推翻。

布兰吉耶:您是怎么来看待这样的评价?

皮亚杰:很正确。

布兰吉耶:所以您并没有从批评中受益……

皮亚杰:我当然能看到可能的、潜在的矛盾,但只是我自己知道。

布兰吉耶:您把这些问题留到后面。

皮亚杰:哦,我利用它们。(大笑)

布兰吉耶:我常常会想,您总是很泰然地回到自己或他人曾经研究过的领域。

皮亚杰:老在同一个圈子里打转?

布兰吉耶:是,但又不纯粹是这样……而是回到相同主题的不同层面,比方说行为层面。这个词或这一观点是您一开始就有的。塞勒里尔说:"在皮亚杰的整个理论中,真正起主导作用的是行为。"

皮亚杰:就在最近,我写了一本小书,提出了一个我坚信的观点,尽管这一观点有可能会令大多数生物学家感到奇怪:进化的主要原动力是行为。①

布兰吉耶:而不是什么?

皮亚杰:而不是生物化学层面的生理化学转换。莫诺对这一点的描述很准确。有机体的基本生理特性是保持相对稳定,变异只是一种扭曲,你也可以说是保持机制的失败之处。我认为这在有机体的基本生理机制上是完全正确的;如果可以适应就没有理由去更改。但行为是不断要进行自我完善的。行为的两个目的,当我们谈及目的,因为每个行为都追求某种目的……

布兰吉耶:生存的渴望……

皮亚杰:行为的两个目的首先是环境的扩展,寻求一个比现在更大的环境。原因各式各样,比如只是为了安全防范……为了能看得更远,看周围是否有敌人……

布兰吉耶:留些东西以作储备。

皮亚杰:留些东西以作储备等等。环境的扩展,这是第一个目的;第二个目的是提高、增强有机体对环境的驾驭能力,增强……

布兰吉耶:捕食能力。

皮亚杰:是的,捕食、运动等等。最具争议的一点是关于植物的行为,有些花会向着太阳转等等;但植物不能像动物那样移动,也无法对环境施加作用,使客体移位。换句话说,它们的行为极为有限。我认为,与动物进化相比,植物进化要少得多。苔藓与兰花间的差异就比蚯蚓与大猩猩之间的差异要小。

布兰吉耶:所以大量可能的行为加快了进化的速度?

皮亚杰:这是可能的,也是事实! 是的,你说得对。

---

① 《行为:进化的原动力》,巴黎:伽利玛出版社,"思想"丛书,1976。

访谈十一　记忆:皮亚杰的绑架事件

布兰吉耶:除了中心的工作以外,您还做其他研究吗?

皮亚杰:做的,我与英海尔德合作,继续我的研究;我们最近在研究记忆与智慧的关系问题。① 我们的问题是要去了解记忆究竟是一种对先前感知的或多或少的被动再现,还是对过往经历进行的部分概念性和部分推理性的重构,并且,在重构过程中,需要对被遗忘的部分进行补充和重组。

布兰吉耶:这不是和您所说的反省和意识的产生差不多吗?

皮亚杰:是的,当然。这是类似的问题,但记忆常被视为展现过去的忠实影像,是对过去的简单复制,是过去的现时表征。

布兰吉耶:记忆并不是这样。

皮亚杰:完全不是。在研究运算问题中的记忆阶段时,我们发现儿童是按照自己的理解来记忆展示给他的东西,而不是按照自己的所见、感知和经历的来记忆。有一个序列实验能很好地说明这个问题:给孩子一组按长短顺序由短到长依次排列的小木条,然后对他说:"看看这个,我们会给你看一会儿。好好看哦,看好后我们要拿走的,然后呢,你把你看到的画下来,画的时候就不能看咯,只能凭你对现在的记忆了。"他对着这组连续排列的小木条看了一分钟。十分钟或一个小时以后,我们让他把刚才看到的画出来。我们发现,孩子所画的——也就是他认为自己刚才所看到的——与他自身的序列建构完全一致。换言之,第一阶段的儿童完全没有序列的概念;他画成一对一对的——一根短的和一根长的,再一根短的和一根长的——但各对之间没有整合,结果就是毫无规则但成对的形式。接下来是画成三根一组——短、中、长,再又短、中、长——但各组之间也没有整合。再接下来是短的、不完整的序列,总共有十根小木条,但儿童只画出五根,按正确的顺序排列,剩下的就忘了。最后,则是画出的完整序列。所有这些都与儿童所处的序列建构阶段完全一致——而不是与他对序列的感知相一致。在这些案例中,记忆是为了复制某一模型而回想自己当时可能做了或应该做的事情。

布兰吉耶:也就是说,他是忠实于现在而不是忠实于过去。

---

① 英海尔德是皮亚杰的弟子,现为皮亚杰的合作者,她参与了理论阐述中一整部分的工作,对策略和功能问题尤其感兴趣;在与辛克莱(H. Sinclair)一同研究儿童与青少年的逻辑以及学习的问题时,她发展并阐述了新的临床实验形式,并发明出一套技术装备。

皮亚杰：你说对了！重构过去，以实现现在的某种功能。接下来发生的事情非常有意思：隔了 3 到 6 个月之后——当然，期间从未再给他们展示过实验时的情景——我们问他："还记得我上次给你看的东西吗？"他回答"当然啦，是一些小木条"等等。"给我画一下当时给你看的东西吧。"然后，你会发现，3 到 6 个月之后儿童的记忆比当时 10 分钟之后的记忆要好很多。换句话说，"记忆"这时成为对格式的记忆或影像而不是对客体的记忆——动作格式使他建构出客体；由于格式在这 6 个月中有了发展，儿童重新建构了呈现给他的物体，而当时他在看到物体之后对物体的复制却不佳。在我们所研究的儿童当中，75% 的儿童的记忆在间隔一段时间之后都较短时记忆有所改进。我们不只在序列中发现了这一现象，在很多其他运算格式中也发现了同样的现象。

布兰吉耶：这些儿童是什么年龄段的？

皮亚杰：5 到 8 岁。到了 8 岁，他们就能在很短的时间间隔之后给出完整的系列了。

布兰吉耶：这是否也能为其他的记忆做出解释？比如说，情感记忆。

皮亚杰：当然。你之前问过我关于对弗洛伊德的保留意见。我特别不相信心理分析家运用的童年记忆，因为我认为这些记忆大多是重构的。下面我来向你证明一下我所说的……

［这里有必要提到，让·皮亚杰与他出生在法国的祖母一起在巴黎度过了他的部分童年时光。他们当时住在安廷大街（Avenue d'Antin），也就是后来的富兰克林·罗斯福大街。他继续说道：］

皮亚杰：我自己有过一段儿时的记忆，如果这段记忆是真实的话，那绝对是很精彩的，因为事情发生在我非常小的时候，通常对那个时候是不会有儿时记忆的。当时我还是个婴儿，躺在婴儿车里，被保姆推出去玩。她把我带到香榭丽舍大街附近的广场。我被试图绑架小孩的人盯上了。有个人试图把我从婴儿车里抢走。我被牢牢地拴在车内，保姆和那个人厮打起来，额头也被抓伤了，幸亏警察及时赶到，要不然一定会发生更糟糕的事情。我现在还记得那个绑匪的样子，好像事情就发生在昨天一样。那时候，这些人都是穿着到这个位置的（用手在身体上比画位置）小披风，手里拄着白色的小拐杖等等。后来，绑匪逃跑了。这就是事情的经过。作为一个小孩，我能非常清楚地记得自己曾经差点被绑架的经历。然后，等到我 15 岁的时候，我父母收到了那位保姆的来信，信上说她不久前刚转变了信仰，现在想忏悔所有的罪过。她还说，绑架事件都是她捏造的，包括她的额头也是自己抓伤的；而现在，她想主动归还我父母当时答谢她的手表。换句话说，这段记忆中的经历压根儿就不是真的，可却在我的脑海里栩栩如生，甚至直到今天还记忆犹新；我甚至能指出它是在香榭丽舍大街发生的，而且我眼前还能浮现出整个场景。

布兰吉耶：但事实上这只是家里人讲的一个故事。

皮亚杰：我准是在我七八岁的时候听到的，哦，具体年龄我也忘记了。肯定是我母亲对别人说有人想要绑架我。我听到了这个故事,甚至很可能是听到她很小声地对别人说——因为大人通常都不会告诉孩子他被绑架这类事情,怕吓坏孩子——但不管怎么说,我无意间听到了,并且,从那时候开始,我对影像进行了重构——影像如此生动以至于到今天我还觉得这是我的亲身经历。

布兰吉耶:它刻在你的记忆里了?

皮亚杰:是的。现在,假设这段记忆是准确的,就算一切都如保姆所说,这也仍不属于直接记忆,而是重构记忆——通过我后来所听到的故事而重构得来的。所以,我对儿童记忆持非常怀疑的态度。我知道儿童重构记忆的方式或者成人重构儿时记忆的方式在精神分析上是有用的。但我自始至终认为这不是纯记忆,我不相信纯记忆,它们都或多或少带有推断的成分。

布兰吉耶:但如果我是精神分析学家,我可能会说精神分析的经历——排除后来生活中产生的一些扭曲——正是通过移情等现象来回忆、重温事件本身即实实在在所发生的事情。喏,这可以回答您的批评。

皮亚杰:不,这种运算所提供的是主体现在对过去的想法,而不是他对过去的直接认识。我赞同埃里克森(Erikson)的观点,尽管他不是正统的精神分析师,但我完全同意他的看法。他说,过去是应现时之功能得以重建,正如现在是通过过去得以解释一样。两者之间相互作用。然而,正统的弗洛伊德学派认为,过去决定了成人当下的行为。那么,你是怎么得知过去的呢?是通过记忆,而记忆本身是在一定环境下重构的,而这一环境是当下的环境,记忆也因此是现时的功能。

布兰吉耶:以及通过记忆的记忆,就像史诗一样。

皮亚杰:对。所以我并不是说儿时的记忆不重要;但我认为,精神分析远比简单地运用童年记忆要复杂得多。

布兰吉耶:事实上,大家认为,如果您对弗洛伊德学说抱有批评意见的话,您并不是认为这一学说有什么根本的、明显的错误,而是认为它不够精练。

皮亚杰:对,是这样。我认为弗洛伊德学说存在基本的真实性;但所有观点都仍需发展,并要经过当代心理学的重新检验。

布兰吉耶:精神分析从未吸引过您吗?

皮亚杰:但我接受过精神分析。

布兰吉耶:您接受过分析?

皮亚杰:拜托。人必须要了解自己所谈的事物。

布兰吉耶:您之前……

皮亚杰:我跟弗洛伊德的一个学生学过教育分析。每天早晨8点开始,学了8个月。

布兰吉耶:在这儿?

皮亚杰:在日内瓦。她是弗洛伊德的学生,来自东欧,接受过弗洛伊德的分析。是的,当然,我也接受过分析——如果没有的话,我就不会在这里谈分析!

布兰吉耶:那后来怎么不做了?

皮亚杰:我不做是因为我……其中的每样东西都很吸引我。发现一个人各种错综复杂的情结是很有意义的事情,但我的精神分析学家发现,我对这套理论完全不感兴趣,并且她从未说服过我相信这套理论。她告诉我,教我继续学下去是不值得的。

布兰吉耶:实质上,您一直在排斥这套理论,然后呢?

皮亚杰:是的,但只是理论上的排斥,完全不是在对分析的应用上。她曾被国际精神分析学会派去日内瓦推广这一学说,那大概是在1921年,而我非常愿意做分析的实验对象。就像我所说的,我发现精神分析很有趣,但是这一学说却是另外一回事。对于精神分析所提供的有趣事实,我并不认为有必要像她这样试图对事实强加解释。是她后来不要做了。

布兰吉耶:但对您的分析是如何对她造成困扰的呢?

皮亚杰:你知道吗,这既不是治疗也不是教育分析,因为我并不打算成为一个精神分析学家;从术语上讲,这顶多就是宣传,是学说的推广。她觉得每天花上一个小时的时间来分析一个不会接受这一理论的人是很不值得的。

布兰吉耶:本来您那时还想继续下去的,是吗?

皮亚杰:哦,是的,我很有兴趣。比如,我完全不是视觉型的,如果我不看着墙上挂着的东西,我就没法告诉你它们是什么颜色。那么多的视觉形象随着童年的记忆一同重现在眼前真是太奇妙了。

布兰吉耶:啊,是呀。还有颜色?

皮亚杰:颜色,以及所有的东西。在接受分析的时候,我是视觉型的,这实在让我感到很惊讶。我眼前能重现过去的场景,有一部分是重构的——正如我告诉你的——但是有完整的场景,包括形状和颜色——非常精确,这种精确是我在其他任何时候都做不到的。

布兰吉耶:您知不知道自己为什么会消除视觉的东西?

皮亚杰:我的心智是属于抽象型的。

布兰吉耶:那就是原因?为了避免有干扰……

皮亚杰:我不知道。

布兰吉耶:受到客体的干扰?

皮亚杰:我不知道。不,我是属于听觉型和运动型的。我能清楚地记得几年前听过的曲子——但在视觉上,就完全不行。

布兰吉耶:您喜欢音乐吗?

皮亚杰:非常喜欢!音乐能如此令人惊讶地刺激大脑。

布兰吉耶:您在解答问题的时候会听音乐吗?

皮亚杰:会的。

布兰吉耶：什么音乐都听？

皮亚杰：哦，不，当然不是。

布兰吉耶：那您听什么音乐？

皮亚杰：要么是结构高度严谨的音乐，它们的结构能刺激大脑——比如，巴赫所有的音乐；或者是歌剧篇章——比如，《唐·乔瓦尼》(Don giovanni)中的"司令官的到来"(Commendatore's arrival)，或者《诸神的黄昏》(Die götterdämmerung)中的"沃坦的告别"(Wotan's farewell)，①或者《鲍里斯·戈都诺夫》中的"鲍里斯之死"。

布兰吉耶：是什么地方吸引您——音乐表达出的单纯情感还是音乐本身？

皮亚杰：音乐本身！

布兰吉耶：因为瓦格纳和巴赫还是有很大的不同。

皮亚杰：是的，但是说直白一点，你知道我听两种音乐的情形是截然不同。歌剧场景是为了给我带来一般的情感刺激——是在你感到类似于情感"枯竭"或毫无动力的时候听的。

布兰吉耶：为了发动引擎？

皮亚杰：为了发动引擎。但是巴赫的音乐是我在重构的时候听的。巴赫是用来激活大脑，而瓦格纳是用来激活心肺。

布兰吉耶：那莫扎特呢？

皮亚杰：哦，两者都可以。两者都能兼顾！

布兰吉耶：但在这些过程中，您并没有仔细聆听音乐。您听到了，但您没有仔细聆听。

皮亚杰：这是个问题，但不管怎样，我想人总是能做到去听的。

布兰吉耶：它在人的脑海深处……

皮亚杰：不，不。这里存在一种结合。它仍然能够带来一种统一性。

---

① "沃坦的告别"是在歌剧《女武神》(Die walküre)中出现的，并未在《诸神的黄昏》中出现。事实上，沃坦这个角色在后一歌剧中自始至终都未出现。——英译者注

访谈十二 关于创造:三种方法

(他再次点上烟斗。我看着他。)

布兰吉耶:科学创造,比如您的创造与其他类型的创造——画家啊、作家啊——有什么不同?两者之间可以进行比较吗?

皮亚杰:我很难做出回答,因为我对其他种类的创造不太熟悉。

布兰吉耶:您之前有没有想过这个问题?

皮亚杰:没有,没有。从没想过。几年前,巴尔的摩市的约翰·霍普金斯大学的一些学生组织过一回关于创造力的系列讲座,并邀请我发言。我当然谈到了儿童的创造力;但是他们想了解我是怎样有了自己的观点。我完全不知道该怎样回答他们,因为我还从来没有真正考虑过这个问题;但是仔细想了想之后,我告诉他们,我有三种方法。

布兰吉耶:三种?

皮亚杰:(他笑了。)三种!方法一:当你在做某项研究时,先不要阅读该领域的任何资料;等做完了再去读。方法二:尽可能地多阅读相关领域的资料;拿智慧的研究来说,一方面肯定会和生物学相关,此外还和数学、逻辑学等相关,包括社会学——事实上,它与每个人的学科领域都相关。方法三:找一个替罪羔羊。我的替罪羔羊是逻辑实证主义。我很高兴看到这深受美国学生的欢迎,因为这证明该思想学派正在走下坡路。逻辑实证主义属于激进经验主义,它认为所有知识都来源于知觉,并且都来源于逻辑与数学领域的语言。

布兰吉耶:替罪羔羊是一个动机,用来推进……

皮亚杰:是的,当然。

布兰吉耶:我还是想听您详细阐述一下前面两点:不阅读自身研究领域的资料,但阅读相关领域的资料。

皮亚杰:不要阅读自身研究领域的资料,这点是毋庸置疑的。如果你一开始大量阅读你想研究的某一主题的资料,那么就很难发现新的东西;但如果你直接进入研究,之后再进行比较,就会发现,你要么是重复了别人的研究,要么是有了某些不同的地方,而这些很可能会产出成果。

布兰吉耶:并且,我猜想,当读到别人写的与自己的知识领域相关的文章,就不光只是读了,是直接拿来用。

皮亚杰:(大笑。)说"同化"会是比较礼貌的方式。是的。

布兰吉耶：但您自己是不会直接拿别人的东西来用的，您是拒绝的！

皮亚杰：对。

布兰吉耶：您在别人的路线和领域中辨认出自己的路线和领域——而这也是您所感兴趣的事情。

皮亚杰：如果你要这么说的话，是的。

布兰吉耶：照此，其他科学家的思维方式对您而言也真的不是很重要。

皮亚杰：不，挺重要的。哦，重要，这……

布兰吉耶：但不是他的方法重要。

皮亚杰：相反，如果存在不同的观点，将会非常有成效。当然是这样。如果你想知道谁是正确的，就得看你是否能提出更好的解决办法。

布兰吉耶：那您为什么要推荐阅读相关领域的资料？

皮亚杰：相关领域？因为我认为，任何领域的知识探究本质上都必然是跨学科性的。我们不可能把智慧的向前发展与逻辑学家和数学家们提出的公理化或形式化等割裂开来，也不可能将个人发展与社会环境分开来谈，等等。

布兰吉耶：但大学在教学中都把界线划得很清楚，有社会学、生物学，这个、那个。贴上了很漂亮的标签。

皮亚杰：问题是，这样做究竟是好事情，还是大灾难。

布兰吉耶：是大灾难？

皮亚杰：当然。

布兰吉耶：我们又回到了您曾经提到过的观点，每当我们试图教孩子某种知识，都是在阻止他们进行创造。这正是您现在所要说的。因为"创造"是在各学科间自由穿行。

皮亚杰：是的，当然。

布兰吉耶：那么，如果我们再进一步将它放到政治层面，从最广义的层面，我们会问，什么样的体制允许或能够允许教育这样发展？什么样的政府、国家或社会能在这一点上做到最好？

皮亚杰：你问的这个问题我没有资格回答。

布兰吉耶：可以说有，也可以说没有。您太谦虚了。比如有一年，我想大概是1952年，在默伦(Melun)①，当时您和利奇内罗维奇(Lichnerowicz)②一起，还有其他一些人——有迪厄多内(Dieudonné)③，我记得——

皮亚杰：迪厄多内，是的。

---

① 靠近巴黎的小镇。——译者注
② 法国数学家，1915－1998。——译者注
③ 法国数学家，1906－1992。——译者注

布兰吉耶:你们明确了数学教学改革的原则。

皮亚杰:不,不。

布兰吉耶:那次会议是关于什么?

皮亚杰:不,不。那次会议是关于心智结构与数学结构之间的比较。

布兰吉耶:那次比较没有得出任何教学方法吗?

皮亚杰:没有。

布兰吉耶:哦,我以为有。因为后来就有了数学教学的改革,不是吗?可能不是直接引起的,但所有的数学教学都很幸运地受到了影响,并且改变也都是在那些年发生的,不是吗?

皮亚杰:是的,你也可以这么说。

布兰吉耶:并且很可能是源于那次会议。

皮亚杰:部分是。我阐述了儿童自发建构的结构更接近于现代——或所谓的现代数学而非传统教授的数学;所以,现代数学教师当然可以借助心理学。但是,有一点要当心!教授现代数学必须同样运用现代的教学方法,而不是旧的方法。现在有一个很大的错误是……

布兰吉耶:否则就相当于是拼凑。

皮亚杰:对呀,当然。所以,有些人犯的很大的一个错误就是急于教授学生形式化的东西,而这些学生尚不具备这样的同化能力。现代数学的教学应该从儿童的心智开始,从他们已有的拓扑学、群论以及一般结构运算的根基——即运算的一般结构开始;如果急于越过这些,并试图以现代数学的方法来教授现代数学,也就是采用形式化和公理化的方法,那就万事皆空了。

布兰吉耶:并且,这又成了强加灌输……

皮亚杰:是的,成了强加灌输。当然。

布兰吉耶:您刚提到"发现儿童自身已具备的东西,根基。"这些根基是什么时候开始有的,儿童自身就有的最起码的东西是什么?

皮亚杰:这种根基甚至比语言还要早。我想人最富创造力的阶段是从出生到18个月之间。有非常惊人的……

布兰吉耶:从最初的反射……

皮亚杰:是的。到空间、因果性、时间的建构,客体稳定性等等。

布兰吉耶:人在这一阶段所学的东西比后面任一阶段都要多。

皮亚杰:从学习的速度和成果来看,我一直发现人在这一阶段是最富创造力的,认知创造。而且,别忘了,是在比语言还要早的动作方面!接着,在思维和表征层面,一切都要在概念上进行重建、重组,在概念层面。

布兰吉耶:这些阶段的进展速度能加快吗?

皮亚杰:加快没什么好处。

布兰吉耶:为什么没有？

皮亚杰:因为每个人都有自己的节奏,而要了解这个节奏并不容易。没有人认真研究过最佳节奏这个问题。

布兰吉耶:速度。

皮亚杰:速度,没错。我们曾经提过,小猫能比婴儿更早发现客体稳定性。婴儿至少要到9至10个月大才能发现,而小猫在4个月大的时候就发展到这个阶段了,但接下来就停止了。所以,婴儿需要更长的时间并不是没有原因的:他需要完成更多的同化,更深层次的同化。发展太快就减少了后期同化的果实。

（默然。他在思考。）

或许存在着普遍的节奏,有最佳的速度,但我不知道。每个人都有自己的节奏。当你写本书,如果写得太快,会写得不好；如果写得太慢,也不好。写书有一个最佳节奏,就如同观点的创新一样。

布兰吉耶:但仍然很多地方——比如可能在美国——会有人梦想着要加快速度。

皮亚杰:总会有。

布兰吉耶:为什么呢？

（他微微耸了耸肩膀,没有回答。）

布兰吉耶:我想要说一句:每次我提到这一理论的结果或应用的时候,您都表现出沉默。就在几分钟之前,我们提到默伦会议时,我也有同样的感受。而刚才也是如此,在提到教学法问题的时候……

皮亚杰:这样！我对教学法没有什么看法。我对教育问题很感兴趣,因为我感到有相当多的方面需要改革和转型,但我认为,心理学家的作用——最重要的一点——是提供事实为教师所用,而不是把自己放在教师的位置给他提出建议。如何来运用我们提供的事实是教师的工作。教学并不是简单的教学法应用,它是教育专家需要自己进行适当整合的一整套技巧。

布兰吉耶:那么,您是否感到您的理论工作影响了教学法？就这一点我们刚谈到了数学。

皮亚杰:是的,有一部分。

布兰吉耶:不是总体上？

皮亚杰:不是的。给儿童教授现代数学与我们在心理学上所发现的许多东西有惊人的雷同之处。在这种情况下,或许能够直接运用。但我们刚刚提到了一些困难！此外,非常显著的一点——我们没有教给孩子任何实验精神。他会上课,会看实验演示,但是看别人做实验与自己亲手做实验是不同的。我们可以给孩子提供实验器材,让他们自己去发现,我相信通过这种方式一定能发展出一种卓越的参与式教育法。当然,实验是在有引导的情况下。但事实上,现场实际操作的效果如何,还需要专业人士来看。

布兰吉耶:明白——现在我要说的不是教学法——您是在提议一种不太常见的特

定的教育理念。

皮亚杰:不,不是的。教育,对大多数人而言,意味着试图引导儿童模仿典型的社会成人。

布兰吉耶:成为社会所需要的那种人。

皮亚杰:没错。但对我而言,教育意味着培养创造者,即便创造者不会有很多,即便某个人的创造与其他人的创造相比相对有限。但我们必须培养发明家、革新者,而不是墨守成规的人。

布兰吉耶:您是否认为每个人都能成为创造者?

皮亚杰:在不同程度上,当然是这样;每个人总能在某个领域成为创造者。

布兰吉耶:您在说创新。就在刚才一分钟以前,您提到了自己的窍门。三个窍门。

皮亚杰:不是窍门,是方法。

布兰吉耶:方法吧,那就。但天赋并不是方法问题,是别的问题。什么是天赋呢?(沉默。相当长时间的沉默。)

皮亚杰:那是秘密。最神秘的秘密。

布兰吉耶:科学家做出这样的回答挺有趣的。

皮亚杰:不,这是智慧心理学中最不为人所知的问题。每个试图鉴定天才因素及条件的科学家都会碰壁,因为答案都不是很清楚。这不是有趣的回答。这是承认有缺口。

布兰吉耶:但总有一天我们会知道。

皮亚杰:希望如此。怎么不会呢?

布兰吉耶:这是否是您个人比较在乎的一个问题?

皮亚杰:哦,当然。我以前的一个同事,在美国的同事,名叫格鲁伯,他现在把所有的时间都用来研究科学家及天才思想的发生问题,他用达尔文来研究。这个问题的复杂程度简直令人难以置信。达尔文迂回探索了三四年才发现在自己四年之前所提出的观点中隐藏着的逻辑。这是一个非常棘手的问题。

访谈十三 学生、大学——基础研究与应用研究

布兰吉耶:您与学生们的关系怎么样?

皮亚杰:他们通常都非常优秀,但是,自从学生运动发生以后,你永远都不知道会发生些什么。

布兰吉耶:从1968年5月以后?

皮亚杰:从5月以后。譬如,就考试方面。7月份的考试进展顺利。后来,每个学生都要参与调查,给教授打印象分;他们评判我的考试……喏,不太标准,但很聪明。学生不是在抗议,你懂的。

布兰吉耶:您认为理想的大学应该是怎样的?

皮亚杰:哦,应该要有各层次的研究,以及基于各研究的研讨会。

布兰吉耶:还要设一些起码的课程。

皮亚杰:是的。

布兰吉耶:那么,当您授课的时候,您是在做与自己的观点相左的事情。

皮亚杰:是这样的,通常我讲了20分钟就会停下来,问一问大家有没有什么问题或不同意见。这种方法很管用。有些时候可能反应平平,但很多时候同学们都非常活跃,他们提出不同的意见;这很令人高兴。

布兰吉耶:您既是理论家也是实践者,因为您做实验。您大致上是怎样看待基础研究与应用研究之间的关系?

皮亚杰:我认为基础研究太经常被遗忘。

布兰吉耶:您的意思是拨给这方面的经费不够。

皮亚杰:不,是其他方面。基础研究相当重要;但从事应用研究的专家却不想去提高恰恰与其应用研究各阶段相关的理论基础研究。

布兰吉耶:因为基础研究是长期性的,而有决策权、管钱袋子的人只关注短期效应?

皮亚杰:没错。主要是基础研究所带来的实际应用完全无法预测;然而,如果你追求应用,致力于应用研究,就会造成问题上的限制,最终只会选择一些应用成效最小的问题。麦克斯韦(Maxwell)得出了对称方程组,他对技术应用的贡献比同时期只从事应用研究的人要多十倍。我们可以回顾一下,麦克斯韦得出的所有电动力学方程组都是为了方程式本身的优雅,为了完成一个体系、概括这个体系等等——所有这些都只是一个纯粹的数学家出于对对称性的关注而做出的工作,从而最终导出了非凡理论,这是

在学科层面;但就技术应用而言,它包含所有的电力和技术——无线电以及所有你能列举的种种!所有这些都源自麦克斯韦方程组!

布兰吉耶:您在普林斯顿待过一段时间。您与爱因斯坦碰过面?

皮亚杰:哦,是的,我们也会通信。他的非凡之处在于他的心智非常年轻;他几乎对任何事物都感兴趣,渴望聆听几乎任何领域的信息——比如,儿童心理学。

布兰吉耶:他是否觉得这还挺有意思的?

皮亚杰:刚开始觉得挺有意思;但当他理解了这些问题——我一说他就马上理解了——就立即看到了问题的全局。他会说:"这就是你在寻求的东西。"

布兰吉耶:这速度……

皮亚杰:简直不可思议!他能立刻发现隐藏在背后的东西。

布兰吉耶:他认为您工作中最有趣的问题是什么?

皮亚杰:有速度和时间的问题——他之前有向我推荐过这个问题;我们想知道儿童是否有速度的原始直觉;但当我再次在普林斯顿见到他时,最吸引他的是守恒问题。

布兰吉耶:什么守恒问题?塑性黏土?

皮亚杰:特别是液体转移。将水倒入某种形状的玻璃杯中,然后再倒入另一形状的玻璃杯中,水量不变。他很感兴趣的是,人要经过怎样迂回复杂的过程才能获得哪怕是最简单的一点知识。他会说:"这比物理学还要复杂。"

布兰吉耶:奥本海默(Oppenheimer)呢?

皮亚杰:我也认识,但交流的时间更少了——他很忙。

布兰吉耶:您见到他是什么时候?

皮亚杰:差不多也是那个时候,1953到1954年之间——在普林斯顿研究所,爱因斯坦也在那待过。

布兰吉耶:奥本海默一定因为原子弹事件而深受影响吧。

皮亚杰:是的,出了这件麻烦事之后,他内心非常悲伤。

布兰吉耶:您觉得他们制造这个对吗?原子弹。

皮亚杰:当然不对。不对。奥本海默也确信这一点。

布兰吉耶:他们害怕德国物理学家会制造原子弹,所以他们制造了。

皮亚杰:是的,当然。所以,不然那能怎么办呢?不管怎样,他们总归要制造的。

布兰吉耶:您?

皮亚杰:纳粹造成了那么大的威胁……

访谈十四　新可能性（1976年6月）

人如何获得新知识,这可能是我研究的核心问题。

——让·皮亚杰

皮亚杰:目前,我们研究的是"新可能性"的开启——主体脑海中产生的新想法是如何带来新可能性并开辟新的路径。

布兰吉耶:而又改变给定条件的?

皮亚杰:改变给定条件和所有其他的东西。改变问题的立场。

布兰吉耶:不过,主体是不是同样有可能是儿童,也有可能是学者?

皮亚杰:啊,这是科学史与智慧形成过程的共同问题。对科学史而言,这是摸索;对儿童而言,也是同一回事,只不过是小范围内的摸索……现在,我们做得很努力,并且发现了比我们最初预期要多得多的东西。我们担心之前对主体的限定不够。事实上,依照主体层次的不同,会存在巨大的差异。

布兰吉耶:儿童的层次?

皮亚杰:是的。首先,我来谈一下技术层面。我们设计的问题有:物体的组合;以各种可能的方式在木板上摆放立方体;或是找出从 A 点到 B 点所有可能的路径。比如,从一幢房子到一棵树,或者,将物体的一半藏入棉絮内,你只能看到上半部分,那么猜猜下半部分是什么,有哪些可能性等等。喏,令人难以置信的是,四五岁的幼童缺乏机动性,也十分缺少"新的可能"。再如,让他们用三根小木条搭出一个三角形。他们首先会搭出屋顶,然后想将开口闭合,但是底边的这根小木条太短了,他们需要做的只是稍微调整一下角度,将木条的位置移动几个毫米,就可以做成一个封闭的三角形了。他们想要做一个封闭的三角形,但却没有这个概念。这是一个例子。后来,大约在 7 岁时,儿童会先搭底边,并能展示所有三角形——等边三角形、等腰三角形和不等边三角形——都能搭建在同一条底边上。

布兰吉耶:所以,这就是一个丰富化的例子。

皮亚杰:有了很大的丰富。然后,那个半隐藏的物体下半部分是什么呢? 年龄幼小的儿童说是与能看到的部分对称的东西:如果你看到一个三角形,下面就还有一个三角形;如果是个半圆,那下面是另一个半圆;等等。但大约到了 7 岁的时候,他们会给出一些可能的变化。可喜的是,在几乎所有的这类研究实验中——这样的实验我们至少做了十几次——所有这些似乎在十一二岁的时候都立即发生了变化。比如,从 A 点到 B

点的可能的路径,年幼的会画一条直线,就结束了。随着年龄的增长,他们会试图把事情复杂化等等。最早要等到 7 岁的时候,他们才会开始给你一些少量的变化,可以是直线、弧线,或曲折线。但当他们到大约 11 岁的时候……我想到一个小孩,当我们要他找出 A 与 B 之间的可能的路径的时候,他说的第一句话就是:"为什么这样问呢?有无数条啊。你们要我怎么回答呢?这是无限的。""无穷"从理解的角度看很常见——也就是作为一种描述或断定——而另一方面,从数量扩展的角度,它是指无限的。因此,从每个被试身上,你能根据年龄层次的不同而发现惊人的演化。

布兰吉耶:当他说"无限"的时候,他是指……

皮亚杰:"无限"是我说的;他们直接说"这是无穷的",或"你想要多少条我就能给你多少条"。而对于在木板上摆放骰子——3 个骰子,也就是 3 个立方体,约 7 岁的儿童会做出同样的回答:"这是无穷的;你可以用各种方式摆放。"你接着问他:"那如果平面缩小一点儿?如果,不是一个这么大的正方形,是一个小正方形呢?"他会回答:"完全是同一回事;但你就得用毫米不能再用厘米来测量了。"因为在学小提琴,我刚提到的这个小孩还这样补充道:"这和小提琴是一个道理。音符在一端按一定的距离被隔开,靠近另一端则彼此间越来越近;但不管拉弦板有多长,都会……"

布兰吉耶:总能将音符隔开。

皮亚杰:是的。这也是个无穷数。

布兰吉耶:我们是否可以在这两者——即所谓的思维的发生和科学史——之间找到相似之处,因为这是您特别关心的问题。

皮亚杰:是的,完全可以。在这两种情况中,新的观点都是一方面源于问题的已知条件和问题情境,另一方面源于主体为解决问题而创建的程序。它是问题的已知条件和问题的解决程序的组合。这是一般性的机制。它提出的一个大问题——特别是针对科学史所提出的大问题就是:可能性是预先被决定于先前的事物当中,还是对新事物的真正创造?喏……

布兰吉耶:我能猜到您的答案。

皮亚杰:是的,答案是不言而喻的。假设它是被预先决定的,那就意味着客体内"存在"着一组可能性。但这组可能性是什么呢?第一,这并非是一个既定组合——它有很强的机动性;因为这一组中的每一个可能性都蕴含着其他的可能性,所以你不知道这一组合将如何发展。第二,如果你说是所有可能性的组合,这是自相矛盾的,就像是说一组所有可能性组合的集合一样,因为这一组可能性本身也只是可能性;那么如果它无限延伸下去的话,这一整个可能性的组合会是什么呢?第三,在依赖于程序的可能性中,我们有成功的程序,但也有错误的程序,而这些错误当然也会回归到可能性当中来;可能性是一组假设,而有些假设是错误的,有些是正确的。所以,这些错误,如果用预成论的语言来说……

布兰吉耶:您是如何处理它们的呢?

皮亚杰：有一个人对这一主题做过研究，其逻辑之严密令人钦佩，他就是伯特兰·罗素（Bertrand Russell）。罗素在其职业生涯早期是柏拉图主义者，他认为所有的逻辑数学观点都是以某种形式预先并永恒地存在的，而主体是通过自身之外的方式——概念——来获得这些观点，就与他通过感知来理解物理世界中的既定事实一样。那么应该如何来对待错误的观点呢？喏，伟大的逻辑学家罗素这样回答："错误的观点是一直存在的，就像伟大的观点一样，都存在于可能性的大杂烩中。"他还补充道："就像有白玫瑰也有红玫瑰一样。"现在，他自己宣布放弃了这一荒谬的观点，但这向大家表明，可能性的预成是不可能的；它的确是新事物的开启，并且这一开启需要一定的努力。大概在四五岁的时候，会开始看到这点。

布兰吉耶：这一研究完成了吗？

皮亚杰：是的，完成了，但还没有经过编辑。这周研讨会的来宾正对这一研究进行检验，他们来提供一些批评建议。

布兰吉耶：这将成为一本书的主题？

皮亚杰：哦，是的，当然。已经启动了。从这周日起，等研讨会一结束，我就会开始这项工作。

布兰吉耶：可能性——正如您所描述的——一定是存在于主体的认识当中，而不是"预先决定于客体之中"，借用您的说法。

皮亚杰：我的观点是：物理的可能性，即与无生命物体相关的可能性，只存在于物理学家的脑海中；它是一个演绎的组合，是一个模型，物理学家个人将现实世界投掷于这一模型当中；而现实世界也只有在这一状态下才能得到解释——嵌入一组可能的变化之中，这些可能的变化因必然的联系而紧密相连……

布兰吉耶：这是指物理学家还是儿童？

皮亚杰：物理学家；但不用说，对儿童也是一样，一些必然的因素除外，这些因素只在后期发生。但我认为——比如，在达朗贝尔（D'Alembert）著名的虚功原理中，系统在各虚功相互完全抵消的情况下处于平衡状态，也就是当物理学家所计算出的、系统可能的转换没有发生之时。如果系统处于平衡状态，那是因为所有的转换相互抵消了，其代数和为零。在这种情况下，虚功是物理学家的演绎，而客体本身是处于平衡状态；它是静止的，不动的。所以，对于客体，我会说它的可能性总是与主体对它的解释相关；而生物的可能性则提出了一个完全不同的问题。给出一个基因型或基因库，它包含一系列可能的表现型变异，这是基因型或基因库与环境间相互作用的结果；这一组可能的变异构成了所谓的"基因型或基因库的反应规范"，即：某些变异能与基因系统相容，而其他的则不相容，且不能发生或不能发育。所以"反应规范"这个概念就是可能性，这时它是与有机体本身相关的。那么，为什么在讨论生物学时，我们将可能性放入有机体、放入生物客体中，而在讨论物理学的时候，我们又将可能性转移到主体上而不是客体上呢？我的回答是，有机体就是主体；它是思维主体的出发点……

布兰吉耶：它不像其他的客体……

皮亚杰：不，有机体有目标趋向，它具有物理系统所不具备的目的性；它也会运用程序来实现自己的目标；而且，当时机出现时，它是知识发生的出发点。从所有这些观点来看，即使在只有形态变异的情况下，有机体也是积极利用程序，以达到自身守恒和繁殖等自身目标或内在目的的主体。

布兰吉耶：现在我们又回到了您的基本观点，也就是生物与知识之间没有缺口。

皮亚杰：当然。可能性源于有机体，但其结果是逻辑数学学科。

布兰吉耶：所以，在这一研究结束之际——因为你们的研究已经接近尾声，是否有另一个研究主题似乎正在成形？

皮亚杰：怎么没有，当然有。现在我们要研究必然性的阶段问题。必然性总是与可能性相连的。在你所处理的某一系统中，当它可能的变异是可推断并彼此间相互协调时，你就能在这些可能性中得出必然的联系。我们必须研究必然性，下一季度我们就会开始这项工作。但当我们最初开始研究可能性时，我们遇到了之前可能预料到的现象；我们仍为这一现象的普遍性感到惊讶，就是"虚假必然性"（pseudo-necessities）这一原初观念。比如，儿童认为，所有的正方形都是靠底边放置，而如果将正方形的某个角朝下放置，它就不再是正方形，而是两个三角形——还有许许多多像这样的虚假必然性。或者，就拿我前段时间问过的一个小孩来说，我问他："为什么月亮只在晚上才发光，而白天不发光呢？"他回答："这不是由月亮决定的。"所以，你看，在事实与标准之间，或在一般性法则与必然性法则或必然性关系之间存在着混淆，这些并不是同一回事。从可能性的角度来看，虚假必然性是极为有趣的，当然了，因为它是局限的来源。要开启新的可能性就是要将自身从虚假必然性中解放出来，并达到真正的变化。

布兰吉耶：所以，这是您的新领域。

皮亚杰：新领域是必然性的发展。

布兰吉耶：那在这之后呢——您还不清楚？

皮亚杰：我已经有了假设：虚假必然的现实起初是可能性、必然性和现实性之间尚未分化的时期；略往后，就出现了这三个模态的分化；最后，现实性就融合于这两极之中。每个真实的现象都是某个可能性的实现。另一方面，每一真实的现象都在一定程度上嵌入可能的变化系统当中，与可能的变化有必然的联系，并在相应程度上成为必然，组成可演绎的模型。最终，现实既成为可能性又成为必然性——它或多或少成为可能性与必然性的交叉点或介入点。这就是我的假设。

布兰吉耶：那么在这之后呢？听完这些，我们是不是能够猜到您后续的研究？

皮亚杰：恩，我想我们最终还会研究认知调节的机制问题，或可能研究互反性的概念问题。

布兰吉耶：您要做一个选择？

皮亚杰：是呀，有好几个可能的研究项目。但我感到很满意，我可以为明年做一个研究计划。

布兰吉耶:肯定要。我一直在想,您是否有过迷茫的时候,当在每项研究快结束时,您会看到自己面前摆着各种不同的研究主题。

皮亚杰:怎么会没有呢,有的,当然有。

布兰吉耶:那您是如何在这些主题中做出选择的呢?

皮亚杰:你可以选择最容易的那个,从最简单的主题做起。或者,选择从我们的一般理论角度来看引发问题最多的主题——也就是拥有空白最多的主题。

布兰吉耶:可能我说的不一定正确,但是您征服一个又一个领域的方式在我看来似乎就像一组中国套盒;一整项研究及其结果会一起被纳入新的研究领域,成为新研究领域的一部分。

皮亚杰:嗯,那是我们的梦想。(沉默)他们指责我是……

布兰吉耶:他们指责您是什么?

皮亚杰:是经验主义者,说我有一个体系。他们一直提到皮亚杰的"体系"。我从来就没有什么体系。我将事物根据事实依次整合在一起。我总是带着新的问题去面对未知的领域,并将得到的结论加到我们已有的发现上。当然,那样会构成一个体系,但这个体系并不是鉴于新的研究预先建立的。远非如此。

布兰吉耶:它有连续的次序,就像"阶段"一样。从根本上讲,您真是一个皮亚杰主义者。(大笑)

皮亚杰:我过去还不太是,但是现在开始是了。

结　语

皮亚杰在评价自身工作时这样写道：

我深信（或许只是我的幻想等等），我绘制了一幅非常清晰的、综合的概略图（只有未来会告诉大家哪些是事实，哪些不过只是我自以为是的固执己见），这幅图仍充满了空白，而要填补这些空白，就需要运用各种方式来区分各种关系，与此同时又不能改变系统的各条主线。

实验科学的历史在这方面充满了富有启发性的例子。当一个理论替代了另一个理论，给人的第一印象是新的理论与旧理论相矛盾，并推翻了旧的理论，然而，接下来的研究却出人意料地保留了旧理论的很多部分。我内心有一个抱负，人们最终会看到，反对我观点的假设与我的观点并不矛盾，它不过只是正常分化过程的结果。[《心理学档案》，第44卷，第1期(1976年6月)]

发生认识论
——在哥伦比亚大学的四次讲座

〔瑞士〕让·皮亚杰　著
傅统先　译
郭本禹　审校

发生认识论——在哥伦比亚大学的四次讲座
英文版 *Genetic Epistemology: A Series of Lectures at Columbia University*, New York, NY: Columbia University Press, 1970.
作　者　Jean Piaget

傅统先　译自英文
郭本禹　审校

内容提要

本书是皮亚杰于20世纪60年代末(1968)在美国哥伦比亚大学的一系列学术讲演的汇编,并于1970年在该校出版社出版。篇幅虽短,但它不失为一本可窥视发生认识论全貌的可读之文。

全书包括四讲。第一讲阐明发生认识论的核心主旨,即试图根据认识的历史、社会根源及其所依据的概念和运算的心理来源来解释认识,特别是解释科学知识,强调科学知识处在持续的进展之中;认识发展的研究必须求助于心理学才能得到解决。皮亚杰把我们应该"严肃地对待心理学"视为发生认识论的第一原理,同时指出发生认识论的根本假设是:"在知识之逻辑的、理性的组织和相应的心理过程之间有一种平衡状态。"第二讲重点考察在儿童语言充分发展以前,就可在主体的动作协调中发现逻辑-数学结构,而且它们还将逐步演变成心理运算及更高层级的结构。第三讲阐述逻辑数学结构与语言之间的关系以及与感知-运动活动之间的关系。第四讲详细介绍日内瓦学派所进行的有关儿童速度和时间概念发生发展的经典实验,揭示这两个概念的阶段发展特征。最后,皮亚杰总结指出:发生认识论的中心问题是关于新事物(认识)的构造机制,其中反省抽象和自动调节是最具解释意义的影响因素。皮亚杰认为,揭示这一构造机制的奥秘,未来尚有很长的路要走。

李其维

发生认识论
——在哥伦比亚大学的四次讲座

编者按：本书是皮亚杰于20世纪60年代末(1968)在美国哥伦比亚大学的一系列学术讲演的汇编，并于1970年在该大学出版社印行。皮亚杰另有三卷本的《发生认识论导论》(1950年，巴黎，法兰西大学出版社)系统阐述发生认识论的研究范围和对象。在这三卷本的经典之作未有中文本问世之前，这篇由讲演汇集成的小册子，也不失为一篇可窥视发生认识论全貌的可读文献。另外，皮亚杰所著《心理学与认识论》(1970)及皮亚杰与贝丝(E. W. Beth)合著的《数学认识论与心理学》(1961)亦可供参考。

第 一 讲

发生认识论试图根据认识的历史、它的社会根源和它所依据的概念和运算的心理来源来解释认识，特别是解释科学知识。这些概念和运算大部分是从常识中抽出来的，因此，这些概念和运算的来源能够阐明它们对于较高阶段的知识的重要意义。但是发生认识论，只要有可能，也要考虑形式化的问题，特别是要考虑应用于平衡的思想结构和在某些情况下应用于思维发展中从一个阶段到另一阶段的转变的逻辑形式化的问题。

关于认识论的性质，我们所做的这种描述碰到了一个主要的问题，即如何对待认识论的传统哲学观点。在许多哲学家和认识论者看来，认识论是对当前此刻存在的知识的研究；它是为知识而分析知识，是在本身范围内，不管它的发展，而分析知识。在这些人看来，追溯观念的发展或运算的发展，这也许对历史学家或心理学家有兴趣，而不是认识论者所直接关心的。这是对我在此地所概述的发生认识论这门学科的主要反对意见。

但是在我看来，对于这种反对意见，我们能提出以下的答案。科学知识处在持续的进展之中，它每天都在变化。结果，我们不能说：一方面有认识的历史，另一方面它又有今天当前的状态，似乎它的当前状态是确定的，乃至是稳定不变的。知识的当前状态乃是历史中的一瞬间，好像过去的知识状态那样迅速地变化着，而且在许多情况下甚至变化得更快些。于是科学思想就不是某一顷刻的事情，它不是一种静止的情况，它是一个过程。特殊一点讲，它是一个持续不断构造和重新组织的过程。这一点几乎在所有科学研究的支流中都是真实的。我们愿意引述一两个例子。

第一个几乎可被公认的例子是关于当代物理学领域的,或者,比较特殊地讲,是有关微观物理学的。在这门科学方面,知识状态逐月都在发生变化,而且肯定在一年的历程中就有重要改变。这些变化在某一个作者的著作中也时常发生,他在他的一生的事业中对他的题材改变了看法,我们不妨以巴黎的路易斯·德·布罗格里(Louis de Broglie)作为一个特殊的例子。几年前,德·布罗格里尚坚持尼尔·玻尔(Niels Bohr)的非决定论的观点。他随着哥本哈根学派相信:在微观物理事件的非决定状态背后,人们就不能发现决定的状态;非决定的状态乃是很深刻的实在,而且人们甚至能够提出理由来证实这种非决定状态的必然性。但是,后来发生了这样的情况,新的事实使德·布罗格里改变了他的想法,以致现在他采取了一种十分相反的观点。因此,这是科学思想转变的一个例子,这种转变不是经过了连续几代人发生的,而是发生于一个有创造性的科学家的一生之中。

让我们从数学领域中举出另一个例子。几年以前,布尔巴基(Bourbaki)数学家小组试图把所有数学的基本结构分隔开来。他们确立了三个母结构:代数结构、有序结构和拓扑结构,这三个母结构就是数学的结构学派所根据的基础,而且被视为一切其他数学结构所派生的基础。他们的这些有效的努力现在已经在一定程度下遭到了破坏或者说至少是受到修改了,因为麦克兰(McLaine)和艾伦伯格(Eilenberg)发展了范畴的概念,即许多元素聚合起来的集合以及根据这些集合所定义的一切函数的集。结果,今天布尔巴基小组的一部分成员已经不再是正统的了,而不得不考虑更新近的范畴概念。因此,这里又在科学思想的另一个更基本的领域内,有了非常迅速的变化。

让我们再重复一遍,我们不能说,一方面有科学思想的历史而另一方面又有今天的科学思想体系;只有一个连续不断地转变,继续重新组织的过程。在我看来,这个事实意味着:在这些变化中历史的和心理的因素对于我们试图理解科学思想的性质是有用的。①

还有一些领域中根据心理学和社会学的因素我们能更好地理解当代科学观念的起源,在这方面,我们愿意举一两个例子。第一个例子是康托尔(Cantor)的集合论的发展。康托尔是根据一对一的对应这样一个基本运算来发展他的理论的。具体而言,通过在整数系列和偶数系列之间建立一对一的对应关系,我们所得到的数目既不是整数,

---

① 时常在哲学界引用的另一种意见是:认识论主要是研究科学的有效性(效度)、有效性的准则和证明的问题。如果我们接受了这个观点,那就可以辩论说,科学研究本身作为一种事实,就根本是与认识论无关的。如我们所见到的,发生认识论最明确地反映着这种规范与事实、评价与描述的区分。我们相信,相反地,只有在科学的现实发展中我们才能发现,指导、启发和调节科学的内在价值和规范。在我们看来,任何其他的态度都会导致把一个孤立的观察者个人的观点任意地强加在知识之上,这一点是我们所要避免的。

也不是偶数,而是第一个超穷的基数,即 aleph 零。① 就是一对一的对应关系的基本运算使康托尔能够超过有穷数的系统,而这个有穷数系列是到那时为止唯一在运用中的系列。现在,追问一下这种一对一的对应关系的运算是从哪里来的,是有意义的。康托尔并未发明这一对应关系的运算,这是就一个人发明一个完全崭新的构造这一意义而言的。他是在他自己的思维中发现了它;甚至在他转向数学很久以前,这种一对一的对应运算早就是他的心理装备②的一部分,因为极初步的社会学或心理学观察就揭示出来了一对一的对应是一个原始的运算。在所有一切早期社会中,它是经济交易的基础,而在年幼的儿童中,甚至在具体运算阶段之前,我们就发现它的根基了。接下来的问题是:这种一对一的对应的基本运算的性质是什么?这立即导致另一个有关问题,在一对一的对应和自然数这个概念的发展之间有什么关系呢?一对一的对应的运算流传很广,这是否有助于证明罗素(Russell)和怀特海(Whitehead)的主题,即数是诸等值类的类(所谓等值即指诸类里面的各个单元是一对一的对应)吗?或者说,实际的数,除了一对一的对应以外,还根据某些别的运算吗?这个问题我们将在以后做比较详细的研究。现在根据这一鲜明事例来说,如果认识了一个概念的心理学基础,也就蕴涵着对这个概念在认识论上的理解。在我们研究儿童中数的概念的发展时,我们就能看出。这个概念只是以等值类的类为根据,还是包含有其他的运算?

现在我愿意继续讲第二个例子,而且提出这样一个问题:爱因斯坦怎样能够对于远距离的同时性给予一个新的运算定义?他怎样能够批评牛顿关于普遍时间的概念而不至于在物理学中产生深刻的危机?当然,毫无疑问,他的批评是根据实验发现的,如迈克尔森-莫雷(Michaelson-Morley)的实验。虽然如此,如果对彼此远离的事件有同时发生的可能性所重新下的定义和我们的逻辑根本是冲突的,那么在物理学中就会出现很大的危机。我们势必在两种可能性中接受其一:要么是物理世界是不合乎理性的,要么是人的理性是软弱无能的,不能掌握外界的实在。但是事实上并没有发生过这种事情,并没有这种混乱的情况。有少数玄学家(我对在场的哲学家们表示歉意),如柏格森(Bergson)或马利坦(Maritain)等人,曾为物理学中的这种进展所吓倒,但就大多数玄学家而论,在科学家们中间,这并不是什么巨大的危机。为什么事实上它不是一种危机呢?因为同时性并不是一个原始的概念,甚至不是一个原始的知觉。以后我将进一步讨论这个题目,但是眼前我只想申述一下,我们的实验发现已经显示出来,人类并不是明确地感知到同时性的。如果我们看到两个以不同速度移动着的对象,而它们同时停止下来了,这时,我们并没有确切地感知到它们是同时停止的。同样,当儿童对于同时性没有确切观念的时候,他们并不脱离对象移动的速度去理解同时性的。那么,同时性

---

① Aleph 是希伯来文第一个字母的读音,而 Aleph 0(即 $\aleph_0$)为自然数集合的势;$\bar{\bar{N}} = \aleph_0$。——中译者注

② 装备(equipment)一词被 N. 维纳(N. Wiener)用来指心理的生理基础。——中译者注

就不是一个原始的直觉,它是一种智慧的构造。

远在爱因斯坦以前,庞加莱(Poincaré)在分析同时性这个概念及揭示其复杂性时,已经做了大量的工作。他的研究事实上使他几乎已经到达了发明相对论的边缘。现在如果我们阅读他关于这个题目的一些论文(顺便讲一句,从爱因斯坦后来著作的角度来看,这些论文就更加有趣了),我们便知道,他的思想几乎完全是以心理学的论点为基础的。以后我将表明,时间的概念和同时性的概念都是以速度的概念为基础,而速度的概念乃是一种更为原始的直觉。因此,有各种各样的理由,包括心理学的理由,能够解释为什么相对论所带来的危机对物理学来讲并不是致命的。毋宁说,它是一种再适应,而且我们既可以在实验的和逻辑的基础上达到这种再适应,也可以找出心理学的途径去达到这种再适应。实际上,爱因斯坦本人也承认同心理学因素的关联,而且当我在1928年第一次有机会遇见他时,他曾向我建议,如果我能研究时间的概念,特别是同时性的概念在儿童中的来源,那将会是有益的。

以上所述可以暗示出,当我考虑知识的性质时,利用心理学上的数据可能是有所助益的。现在我想说,它不只是有所助益,而且是必不可少的。事实上,所有认识论者在他们的分析中都参照过心理学的因素,不过他们对心理学因素的参照大多数是思辨性质的,而不是以心理学的科学研究为根据的。我深信,所有的认识论提出了事实的问题,也提出了形式的问题,而且一旦遇到事实问题时,心理学的发现便是有用的了,必须加以考虑。对于心理学,极不幸的事情就是,每一个人都以为他自己是一个心理学家。在物理学或哲学领域内并没有这种情况,但是在心理学中确实存在这种不幸。结果,当认识论者需要考虑某些心理学方面时,他并不参考心理学的科学研究,也不去请教心理学家,而只凭自己的思考。他把一些观念和关系收集到自己的思想内,试图由自己去解决所产生的心理学问题。我愿意引述几个认识论上的例子,说明即使一些心理学发现初视之下似乎与讨论的问题无关,但这些心理学上的发现是能够和有关问题关联起来的。

我的第一个例子是关于逻辑实证主义学派(logical positivism)的。逻辑实证主义者在他们的认识论中从来不参考心理学,但是他们认定,逻辑实体和数学实体只是一些语言结构。这就是说,当我们进行逻辑或数理运算时,我们只是利用一般的句法、一般的语义学或莫里斯(Morris)所谓的一般性语用学,即一般性语言用法的规则。一般来讲,他们的主张是:逻辑的与数理的实体是从语言派生出来的。逻辑和数学只是一些特殊化了的语言结构。现在,在这里,这就与考查事实密切关联起来了。我们能够考查,在语言发展以前,儿童是否就有了逻辑的行为。我们能够发现,儿童动作的协调是否揭示出一种类的逻辑,是否揭示出一个序列系统,是否揭示出种种一对一的对应结构。如果在语言发展之前,我们在幼儿的动作协调中的确发现有逻辑结构,那么我们就不能说,这些逻辑结构是从语言中派生出来的。这是一个事实问题,不能用思辨,而只能用实验的方法及其客观发现去探索。

于是发生认识论的第一个原理就是严肃地对待心理学。严肃对待心理学的意思就是说,当发生一个有关心理事实的问题时,我们应该向心理学的科学研究请教,而不应试图通过自己的思辨去发明一个答案。

附带说一句,值得指出的是,在语言学本身的领域内,自从逻辑实证主义进入黄金时代以来,理论的地位已经颠倒过来了。布卢姆菲尔德(Bloomfield)在他的时代完全坚持逻辑实证主义者的观点——逻辑的语言学观点。但是目前,如你们所知道的,乔姆斯基(Chomsky)已经站在相反的立场上。乔姆斯基肯定,逻辑不是根据于和派生于语言,相反,语言是以逻辑为基础,以推理为基础的,而且他甚至认为这种推理是先天的。他主张推理是先天的,这也许走得太过了,这个问题又是需要参照事实,参照科学研究加以解决的。这是心理学领域内另一个需要决定的问题。在乔姆斯基今天所辩护的理性主义(根据这个理论,语言是根据于理性而理性又被认为是人类天生的)和实证主义的语言学观点(根据这种观点,逻辑只是语言学里面约定俗成的结果)之间还有一整套可能的答案以供选择,而要在这些答案中做出选择,就必须以事实为基础,即以心理学的科学研究为基础。这些问题是不能用思辨去解决的。

我不想给人们这样的印象,觉得发生认识论只是以心理学为基础的。反之,每当我们能够从事某种形式化的工作时,每当我们在思想发展过程中碰到某些业已完成的结构时,逻辑的形式化是绝对必要的;我们总是在逻辑学家和我们正在探讨的领域内的专家们的协助之下,努力使这种结构形式化。我们的假设是说,以心理学的形成为一方面和以形式化为另一方面,而在这两者之间存在着一种对应关系。但是即使我们承认形式化在认识论中的重要性,我们也明白,光有形式化本身也是不够的。我们正在指出,在一种领域内,要阐明某些认识论的问题,心理学的实验工作是必不可少的,但是甚至就形式化本身而论,仍然还有一些理由证明为什么形式化本身永远是不够的。我愿意来讨论三个理由。

第一个理由,不仅有一种逻辑,是有许多不同的逻辑。这就是说,没有任何单一的逻辑有足够的力量支持人们知识的整个构造。但是它也意味着,当所有不同的逻辑结合在一起,它们彼此间又不够充分地连贯一致,以至于不能用来作为人们知识的基础。于是任何一个单一的逻辑力量太薄弱,而把所有的逻辑结合在一起又太复杂了,以至于不能使逻辑为知识奠定一个单一的价值基础。这是第一个理由,证明为什么单有形式化是不够的。

第二个理由是在哥德尔(Gödel)定理中发现的。形式化是有限度的,这是事实。任何连贯一致的系统即使丰富得足够包含初等算术,也不能证明它自己内部是连贯一致的。因此,便发生了下列的一些问题:逻辑是某些事物的一种形式化,一种公理化,但到底是哪些事物的形式化、公理化呢?逻辑的形式化是什么呢?这是一个重大的问题。这里甚至还有两个问题。任何公理系统一开始就包含着一些不可演证的命题或公理,而其他的命题则能从这些公理演证明白;这种公理系统也包含有不可定义的、根本的概念，而其他的概念则是根据这些根本概念来定义的。那么，就逻辑而言，在这些不可证明的公理和不可定义的概念下面的又是什么呢？这是逻辑中的结构论的问题，而且这个问题表明以形式化作为根本的基础是不恰当的。它表明既要考虑公理化的逻辑系统，又得考虑思想本身的必要性，因为逻辑系统尚在发展而且仍然常有直觉性质的这一事实，正是来源于人类的思想。

形式化不够的第三个理由是，认识论开始解释知识时是按照它在科学领域内的实际情况解释的，而这类知识事实上并不只有形式的方面，还有其他的方面。与此有联系的，我愿意引用我的一位逻辑学朋友、已故的 E. W. 贝丝的例子。他强烈地讨厌一般的心理学并且反对把心理学的观察引入认识论的领域。因此，他也讨厌我的著作，因为我的著作是以心理学为基础的。虽然如此，由于学术对照的关系，贝丝参加了一次我们的关于发生认识论的座谈会，并且仔细地考查了我们所关心的这些问题。在这次座谈会后，尽管他害怕心理学家们，但他同意和我合写一本我们称为《数学认识论与心理学》的著作。这本书是用法文出版的，后来翻译成英文。他在本书的结论中写了下面几句话："认识论的问题是要解释真正的人类思想是怎样能够产生科学知识的。为了做到这一点，我们就必须在逻辑和心理学之间建立一种协调关系。"这个宣告并不暗示心理学应该直接干预逻辑——这当然是不真实的——但是它却主张，在认识论中对逻辑和心理学两者都应加以考虑，因而讨论人类知识的形式的和经验的这两方面都是重要的。

总之，发生认识论既研究知识的意义，也研究它的形成，我们可以用下列的表述来陈述我们的问题：人类心理是用什么手段从一个比较不足的知识状态转向一个较高的知识状态的呢？决定什么是较低水平的或不很恰当的知识和什么是较高水平的知识，当然有其形式的和规范的方面。决定一定的知识状态是否高于另一知识状态，并不是心理学家的事情，这是由逻辑学家或某一科学领域内的专家们所决定的事。例如，在物理学的领域内，要由物理学家去决定某一理论是否比另一理论有些进步。从心理科学的观点来看，从发生认识论者的观点看来，我们的问题是解释一个较低的知识阶段是怎样过渡到被判断为较高的阶段的。这种过渡的性质是一个事实问题。这种过渡是历史性的或心理学性质的或者有时甚至是生物学性质的，这一点我将试图在以后加以说明。

发生认识论的根本假设是：在知识的逻辑的、理性的组织和相应的心理形成过程之间有一种平行状态。好，现在，如果这就是我们的假设，那么我们的研究领域是什么呢？当然，最有成果、最显明的研究领域乃是史前人类的人类思想史。不幸，我们对于尼安德特人①的心理或泰亚尔·德·夏尔丹（Teilhard de Chardin）②的"北京人"的心理还没有很好的知识。既然我们还没有研究生源说这个领域，我们就将像生物学家一样行事，转向个体发生学。概念在个体中的发生是我们最容易研究的。我们所有的人周围

---

① 尼安德特人（Neanderthal man）是旧石器时代中期的"古人"。——中译者注
② 天主教神甫，曾在我国进行地质学和古生物学研究。——中译者注

都有儿童。在儿童身上,我们有最好的机会去研究逻辑知识、数理知识、物理知识等方面的发展。这些东西,我们将在后面研讨。

关于这个研究领域的导言,就讲这些。现在我愿意转向某些专题并从研究儿童逻辑结构的发展开始。开始时我将在思想的两个不同而又互相补充的方面加以区别。一个是形象的方面,而另一个我称为运转(算)方面。形象方面被认为是模仿瞬间的和静止的状态。在认识领域内,形象的机能首先是知觉、模仿和心理影像,事实上即内化的模仿。思想的运算方面并不研究状态,而是研究从一种状态向另一状态的转化。例如,它包括转化对象或状态的动作本身;它也包括智慧的运算,这种智慧运算实质上就是转化的体系。它们是动作,而这些动作是可以和其他动作互相比较的,可以逆转的,即它们能够向着两个方向进行[这就是说,动作 A 的结果能够被另一动作 B(A 的反演)所排除:A 同 B 的结局将导致同一性的运算,而未改变其状态],而且是能够内化的;这些动作能够通过表象而不通过实际动作进行。形象的方面总是从属于运算方面的。任何一种状态只能理解为某一转化的结果或另一转化的出发点。换言之,按照我的思维方式,思想的根本方面是它的运算方面而不是它的形象方面。

用另一种方式来表达同一观念,我认为:人的知识本质上是能动的,认识就是把现实同化于一些转化系统。认识就是转化现实,从而理解某一状态是如何产生的。由于这个观点,我发现自己是对立于把知识当作实体的摹本,一个被动摹本的观点的。实际上,这种把知识当作实体的摹本的观念是以一种恶性循环为根据的:为了制造一个摹本,我们就得去认识我们所描摹的模型,但是按照这种认识论的看法,我们认识模型的唯一方法就是去描摹它,于是我们便陷于循环之中了,而不能知道我们描出的摹本是否像那个模型。按照我的思想方法,认识一个客体并不意味着去描摹它——而意味着作用于它,这意味着构造转化系统,而这些转化系统能作用于这个客体或与其一起实现。认识现实意即构造着转化系统,而这些转化系统多多少少恰当地对应于现实。这些转化系统在一定程度上与现实的转化是同构的(isomorphic)。构成知识的转化结构并不是现实中的一些转化的摹本,它们仅只是一些可能的同构的模型,而经验使我们能够从中做选择。于是,知识就是一种转化系统,它逐渐变得更加恰当。

大家都同意,逻辑数理的结构是抽象的,而物理的知识——根据一般经验的知识——是具体的。但是让我们请问逻辑数理的知识是从什么抽象而来的。有两种可能性。第一种可能性是:当我们对于客体施加作用时,我们的知识就从客体本身派生出来了。这是一般经验论的观点,而且在实验的或经验的知识方面,这个观点大部分是有效的。但是还有第二种可能性:当我们对于客体正在施加作用时,我们也会考虑到这种动作本身,也可以说,会考虑到运算,因为转化工作能够在心里进行。根据这个假设,抽象不是从受到作用的客体中抽绎出来的,而是从这种动作本身抽绎出来的。在我看来,这就是逻辑的和数理的抽象的基础。

在包括物理知识的情况中,抽象是从客体本身抽绎出来的。例如,儿童能够在他手里举起物件并且知道它们有不同的重量——大的东西通常比小的东西重些,但有时小的东西比大的东西重些。所有这一切他是从经验中发现的,而他的知识是从物体本身抽绎出来的。但是我也愿意提出一个例子说明有一种情况和上面的情况是同样原始的,在这种情况下,知识是从动作,从动作的协调,而不是从物件抽绎出来的。这个例子,即我们曾对许多儿童相当彻底进行过研究的一个例子,它原是一位数学家朋友提示给我的,他曾引用这个例子作为他对数学发生兴趣的出发点。当他是一个儿童时,有一天他在数鹅卵石,他把它们排成一行,从左边数到右边,他得到 10。然后,他为了好玩,又从右边数到左边,看他将得到什么数目,他很奇怪他又得到了 10。他又把这些鹅卵石排列成一个圆圈,结果又是 10。他从另一方向,围着这个圆圈数,他又得到 10。而且不管他把这些鹅卵石排成什么形状,当他数它们时,数目总是 10。在这里他发现了数学中的所谓交换性,即总数与秩序无关。但是他是怎样发现这一点的呢?这种交换性是这些鹅卵石的本性吗?不错,似乎鹅卵石让他可以按照各种不同的方式排列它们;而对于水滴,他就不能这样做。因此,从这个意义来讲,他的知识有其物理的方面。但是秩序并不在鹅卵石之中,而是他这个主体,把鹅卵石排列成行,然后又排成圆圈的。此外,总数也不在这些鹅卵石本身之中,而是主体把它们联结起来的。这位未来的数学家那一天所发现的知识便不是从鹅卵石的物理性质中抽绎出来的,而是从主体作用于鹅卵石的动作中抽绎出来的。这种知识,我们称为逻辑数理的知识,而不是物理的知识。

从客体中抽绎出来的这种类型的抽象,我们将称为简单的抽象,而第二种类型我们将称为反省抽象(reflective abstraction),我们是从双重意义去使用这个名词。在这里,"反省的"一词除它在物理学中所具有的意义外,在心理学领域内至少还有两个意义。在物理学中,"反射"①是指一条光线从一个表面反射到另一表面的这种现象。按照心理学里面的第一个意义,[反省的]抽象是从一个等级转移于另一个等级(如,从动作阶段转移于运算阶段)。按照心理学里面的第二个意义,反省[的抽象]是指反复思考的心理过程,即在思维运算阶段发生了重新组织的活动。

现在我愿意在两类动作之间加以区别。一方面有个别的动作如掷、推、触、搓。这些个别动作产生于从对象中做出抽象的大部分时间。这是我在上面所说的那种抽象的简单类型。然而,反省抽象却不是根据个别的动作,而是根据许多协调的动作。动作能够在各种不同的方式中加以协调。例如,能够把它们联合在一起,我们称之为相加性协调。或者把它们按照时间顺序先后排列起来,我们称之为有序的或序列的协调。例如,当某些动作是达到一个目标的必要手段时,在我们把动作组织起来去达到这个目标的过程中,便有一个先、一个后。另一种类型的动作协调是在两个行动之间建立对应的关系。第四种形式是在许多动作中建立的交叉点。所有这些协调形式在逻辑结构中都有其对应的平行物,而且照我看来,当这些形式以后在思维活动中发展时,在动作阶段的

---

① "反射的"和"反省的"在英文语词上都是同样的写法(即 reflective)。——中译者注

这种协调便是逻辑结构的基础。事实上,我们的假设是这样的:逻辑思维的根源不单是在语言中发现的,即使语言的协调是重要的,而更一般的是在作为反省抽象基础的动作协调中发现的。说得完备些,我们可以补充说,在单个的动作和协调的动作之间的区别自然是一种逐渐发生的区别,而不是一种突然中断的区别。甚至推、触、搓也是由一些较小的细致动作所组成的一种简单类型的组织。

这只是回溯分析的开始,这种分析还能进一步做下去。像在发展心理学中一样,在发生认识论中永远没有一个绝对的开端。我们永远不能回溯到这一点上,在这里我们能说:"这里就是逻辑结构的开端。"一旦我们开始讲到一般的行动协调时,我们就会觉察到,当然,还可以更进一步追溯到生物学领域里面去。我们可立即进入神经系统和神经元网络内部协调的领域〔如麦卡洛克(McCulloch)和皮茨(Pitts)所讨论的内容〕。然后如果我们再寻找这些科学家们所讨论的神经系统的逻辑根源,我们就要做进一步的追溯。我们会发现更基本的有机协调。当我们再进一步进入比较生物学领域时,我们就到处发现具有依次包含的对应关系的结构。我不想进入生物学,我只想把这种回溯分析追踪到它在心理学领域内的开端,而且再一次强调人类逻辑的和数理的结构的形成并不能单用语言去解释,而是在一般的动作协调中有其根源的。

第 二 讲

我已经演证了逻辑的和数理的结构,即使在语言发展之前就已经在动作的协调中发现了。现在我愿意考察这些动作的协调是怎样变成心理运算的,而这些运算又是怎样形成结构的。我将开始用四个特征来定义我所谓的运算。

第一,一个运算是一种能够内化的动作,就是说,它能在思想中进行,如同在物质上进行一样。第二,它是一种可逆的动作,就是说,它能向一个方向进行,也能向相反方向进行,但并非所有动作都是如此。如果我从头到尾吸板烟,我们不能把这个动作逆转过来,只得重新再装吸同一堆烟丝;如果我还要再抽,我就得重新用新烟丝装满烟斗。另一方面,加法就是一个运算的例子。我能把一加一变成二,也能用二减去一得一。减法就是加法的逆转——只是在另一个方向进行同样的运算。在这一点上,我还要区别各种类型的可逆性。一种是反演的或否定的可逆性,例如 $+A-A=0$,或 $+1-1=0$。另一种是互换的可逆性。这不是否定,而只是秩序的互相交换,例如 $A=B$,它的互换也是真实的,$B=A$。第三,它总是假定有某种守恒性,某种不变因素。既然它是一种动作,它当然是一个转化过程,但是这种转化过程并不立即把所有的东西都转化了,因为这样就不会有可逆性了。例如,算术中的加法,我们能够转化我们结合某些部分的方式,如 $5+1$,或 $4+2$,或 $3+3$,但其总数却是不变的。第四,运算并不是单独存在的。所有的运算都是和一个运算系统,或和我们所谓的整体结构关联着的。现在我来为我所意指的结构下一个定义。

第一,一个结构是一个整体;它是在一些规则支配下的系统,这些规则是适用于这个系统全体而不是仅适用于这个系统的某一个或另一个元素的。整数系统就是一种结构的一个例子,因为这里有些规则可适用于这个系列全体。在一系列的整数中能够发现许多不同的数学结构。例如,有一种结构叫做加法群。加法中的结合律、交换律、传递律和闭合律在这个整数系列以内都是有效的。这些规则的第二个特征是:它们都是转化的规则;它们不是静止的。在整数的加法中,我们能够在一个数目上加上某些数目,就转化成为另一个数目。第三个特征是:一个结构是自动调节的;即为了运行这些转化的规则,我们无须超出这个系统之外去寻求外在的元素。同样,一旦运用了转化的规律之后,其结果并不生成于这个系统之外。再以加法群为例,当我们在某一数目上加上另一数目时,我们不必到整数系列之外去寻求任何不在这一系列以内的元素。而且当我们一旦把两个整数加在一起时,结果仍然在这个系列以内。我们也能把这种情况称为闭合。但这并不是说,作为一个整体的结构不能和另外一个结构或其他作为整体的结构关联起来。任何结构都能够是一个较大的系统中的从属结构(或子结构)。很容易明确,整数是一个包括有分数的较大的系统的一部分。①

现在我愿意来考察一下布尔巴基派数学家们的三个母结构并提出这一问题:这些母结构是对应于自然界和心理学方面的某些东西,还是仅只通过公理化的一种直接的数理的发明呢?②

如你们所已经知道的,这些布尔巴基派数学家的目的是在各种数学分支中发现同构的结构。在那时以前,这些分支,例如数论、微积分、几何学和拓扑学都在一定程度上分开而且互不相关的。布尔巴基学派打算要寻求所有这些分支内容所共有的形式或结构。他们的程序是一种回溯分析,从每一分支的每一结构开始,把它还原于它最基本的形式。在这里面没有一点先验的东西,它是就数学的现状进行一种归纳的探索和考察的结果。这种探索达成了三种互不相属的独立的结构。在这些结构中使每一结构进行分化或把两个或更多的结构结合起来,便能生成其他的结构。因此,前些结构被称为母结构。现在认识论的基本问题就是要问:这些结构像自然数那样的自然吗?或者它们完全是人为的,仅是理论化和公理化的结果呢?为了试图解决这个问题,我们不妨比较详细地看一看这三个母结构。

第一类是布尔巴基学派所谓的代数结构。这种结构的原型是数学中群的概念。有

---

① 在这里读者可以询问:"结构"是否现实的、客观的存在,或者仅是为我们分析现实时所采用的工具?这个问题是一个更普遍的问题——关系是否客观的独立的存在——的一个特殊事例。我们的答案是:如果不事先假定关系的存在,我们就几乎不可能理解和确证我们的知识的有效性。但是这个答案蕴涵着:"存在"这一字眼必须被认为具有多种意义的复杂性。

② 在这里我们将不分析这个问题,但业已提及的"范畴"这个比较普遍的概念同样有一个心理方面的对应物。有兴趣的读者可以阅读"认识论与机能心理",见《发生认识论研究》第23卷(1968)。

各种的数学群：如几何学中的位移群；我们已讲过的在一系列整数中的加法群以及其他方面的许多群。代数结构的特征是它们的可逆性，即如我们上述那种意义上的反演。这是用下面的方式表述出来的：$P \cdot P^{-1} = 0$，读为："运算 P 乘以其反演运算 P^{-1} 等于 0。"①

第二类结构是有序结构。这种结构应用于关系方面，而代数结构主要是应用于类和数方面。有序结构的原型是格，有序结构的可逆性特征的形式是互换性（互反性）。如果我们考察一下命题逻辑，就能发现序列关系的这种互换性。在命题逻辑里的一种结构中"P 和 Q"是转化的低限，而"P 或 Q"则是高限。"P 和 Q"（合取）先于"P 或 Q"（析取）。但是整个关系能够逆转过来表述。我们可以说，"P 或 Q"，是继"P 和 Q"之后的，这和我们说，"P 和 Q"是先于"P 或 Q"，是一样容易的。这就是我所谓的互换（互反）的这种可逆性的形式。它和反演或否定完全不是一回事。这里没有否定任何东西。

第三类的结构是拓扑结构，它是以邻近、边缘、接近极限这类概念为基础的结构。这不仅适用于几何学，而且也适用于许多其他数学领域。这三种类型的结构看起来十分抽象，但在年龄小到6、7岁的儿童的思想中我们却发现了类似这三种类型的结构。我愿意在这里讨论它们。然而，在讨论它们之前，我要讲一个小故事，试图表明：在这三种母结构和儿童的运算结构之间我引出一种平行关系而不是完全人为做作的。

若干年前，我曾在巴黎郊外出席过一次名叫"心理结构与数理结构"的会议。会议召集了许多心理学者和数学家共同讨论这些问题。当时我对于数学的无知更甚于我今天所承认的程度。另一方面，代表布尔巴基派的数学家迪厄多内（Dieudonné）对于任何与心理学有关的东西都是完全不信任的。在他的讲话中，迪厄多内描述了这三种母结构。然后在我的讲话中，描述了我在儿童思维中所发现的结构。我们两人都大为惊奇，我们发现在这三种数理结构和儿童的运算思维中的三种结构之间有一种十分直接的关系。当然，我们都给予了对方深刻的印象，而且迪厄多内甚至对我说："我这是第一次严肃地对待心理学。这也许是最后的一次，但无论如何，它确是第一次。"

在儿童的思维中，代数结构十分普遍，但在类的逻辑——在分类的逻辑——中最多。我将从简单的分类运算中提出我的例子，不过这种简单的分类运算是把许多对象根据它们的类似点分成若干小堆，而不是根据许多不同的变量同时进行各种分类的那种比较复杂的程序。儿童在7、8岁就能够在我所谓运算的方面进行分类。但是在前运算阶段，就有各种比较原始的分类尝试。如果我们让4、5岁儿童看各种不同的剪裁形状——像圆形、四方形和三角形这类简单的几何图形，他们就能根据形状把它们分别放在一起。年龄最小的儿童将进行我所谓的形象归类，即他们将所有的圆形摆成一个小的图案；把所有的四方形摆成另外一个小图案，而这种图案乃是分类的重要部分。他们

---

① 通常把代数结构定义为一个集合，而等值关系又根据这一集合来定义，这样的定义就导致和我们在这里使用的定义有相同的特性（具体地讲，每一个等值关系的理论都对应于一个类论）。

将以为,如果图案样式改变了,分类也就改变了。

稍大一点的儿童将放弃这种图形的方式,而是把形状相同的对象放在一起。但是,儿童虽然能够进行这种分类,他还不能理解类的包含关系。从这个意义讲,他的分类能力还是前运算阶段的。他也许能够在较小的子类中在数量上进行比较,但他还不能推论,例如总类比组成它的一个部分(子类)必然同等大或较大些。这个年龄的儿童将同意:凡鸭子都是鸟类,但并非所有的鸟类都是鸭。但是如果你问他:在树林外面是鸭子多,还是鸟类多,他将回答说:"我不知道,因为我从未数过。"这种类的包含关系产生了分类的运算结构,事实上,这种运算结构就类似数学家的代数结构。类的包含结构采取下面的形式:鸭子加鸭子以外的其他鸟类形成了鸟类;鸟类加鸟类以外的其他动物便形成了动物类;等等。或者,用另外的语词来讲,$A+A'=B, B+B'=C$,等等。显然可见,这种关系很容易反演过来。鸟类就是从所有的动物中减去鸟类以外的动物所遗留的结果。这就是我们上面讲过的通过否定的可逆性:$A-A=0$。这并不完全是群,如我们所知,这里有反演,而且还有冗余的重复,$A+A=A$。鸟加上更多的鸟等于鸟。这也就意味着,在这种结构中没有分配性。如果我写出 $A+A-A$,而加上不同括弧便产生一个不同的结果。$(A+A)-A=0$,而 $A+(A-A)=A$。所以它不是一个完全的群,而是我称谓的一个群集。它是一个类似代数的结构。

同样,在儿童思维中,有一种非常原始的有序结构,同分类结构一样原始。一个十分简单的例子就是系列化的结构。我们给儿童以下这个问题。首先把一堆长短不一的小木棒放在他们面前。木棒间长短的差别很小,因此,必须仔细比较才能看出这些差别;这一点在知觉上是不容易的。有些木棒长短的差别是在 1/8 和 1/4 英寸之间。一共有 10 根这样的木棒,最短的约 2 寸长。然后,我们要儿童按照从最小的到最大的顺序排列起来。前运算阶段的儿童在答复这个问题时没有显示出任何结构观念(按照我们所描述的那种所谓结构)。即他们拿一根大的和一根小的,然后再拿另一根大的和另一根小的,而在各对木棒中间没有进行任何协调工作;或者他们一次拿三根木棒——一根小的、一根中等的、一根大的,组成几个三根木棒一套的形式。但是他们并没有进行协调工作,把这些木棒排列起来成为一个系列。稍大的儿童在前运算阶段末期已经成功地把这些小木棒排列成为一个系列,但只是通过尝试与错误而后成功的;他们没有任何系统的探索方式。对比起来,7 岁左右的儿童就用完全不同的方法来解决这个问题。这完全是一种系统的探索方式。他们首先找到最小的一根木棒,然后在剩余下来的木棒中再找出最小的一根,这样继续找下去一直构成另一个完整的结构,一个完整的系列。这里所蕴涵的可逆性乃是一种互换的可逆性。当儿童在剩余下的所有木棒中寻找最小的木棒时,他同时也理解到,这根最小的木棒大于他以前所选出的所有那些木棒,而小于所有剩余下来的木棒。在这里他同时正在协调"较大的"关系和"较小的"关系。

关于这种结构的运算性质甚至还有更为令人信服的证据,即儿童同时已能根据传递性进行推理的这个事实。我们拿两根木棒给一个儿童看,A 根小于 B 根。然后,我

们把 A 藏起来,把 B 和较大的一根木棒 C 给他看。然后我们问他怎样把 A 和 C 加以比较。前运算阶段的儿童会说,他们不知道,因为他们没有把 A 和 C 放在一起看过——他们不能比较它们。另一方面,运算阶段的儿童便系统地把这些木棒加以系列化,立即就回答说:C 大于 A,因为 C 大于 B,而 B 大于 A。按照逻辑家的看法,系列化就是把不对称的、传递的关系汇集起来。在这里我们很清楚地看到:这里不对称的关系和转移性在年幼儿童的思维中已经协同地发展起来了。此外,在这里,结构的可逆性是互换而不是否定,这一点十分清楚。这种可逆性是属于下面的这一点:A 小于 B,这意味着,B 大于 A,这并不是一种否定,而干脆的是一种互换关系。

按照布尔巴基派的数学家的看法,第三类的结构是拓扑结构。这种结构出现于儿童的思维中的问题和一个很有趣的问题联系着。在几何学的发展史中,第一种形式上的类型是早期希腊人欧几里得的米制尺度的几何,其次便是投影几何,这种投影几何首先为希腊人所创始,至 17 世纪才达到完全的发展。更晚一些便是拓扑几何,发展于 19 世纪。另一方面,当我们考察一下这三类几何中的理论关系时,我们发现,最原始的类型乃是拓扑学,而欧几里得几何和投影几何都能从拓扑几何中派生出来。换言之,拓扑学是另外两种类型的几何学的共同根源。那么,在儿童思维的发展中,几何是遵循历史顺序还是遵循理论顺序的呢?这是一个有趣的问题。说得明确些,我们将发现,是欧几里得的直觉和运算是先形成而拓扑直觉与运算后来才形成吗?或者我们将发现,这种关系是颠倒过来的呢?事实上,我们所发现的是:首先的直觉是在拓扑学方面的。第一次的运算也是划分空间,在空间上安排顺序十分类似拓扑运算而不类似欧几里得的或丈量尺度的运算。

我愿意举几个在前运算阶段存在的拓扑直觉的例子。如比奈所显示的,前运算阶段的儿童当然能够区别各种欧几里得的形状——区别圆形不同于长方形、三角形等。他们在 4 岁左右就能按照他的标准这样做。但是让我们看一看在这个年龄以前他们做了一些什么。如果我们给他们看一个圆形,并要他们在自己的画图中来描摹这个图形,他们就会多多少少地画出一个封闭的圆形。如果我们给他们看一个正方形,并要他们描摹它,他们又会画成一个多多少少封闭的圆形。如果我们再给他们看一个三角形,他们又将画成一个几乎同样的圆形。他们画成的这些形象实际上是不可区别的。但是另一方面,如果我们要他们画一个十字形,描摹一个十字形,他们所画的形状和一个封闭的圆形就完全不同了。他们将画一个开口的图形,多少像一个十字形的或互相接触的两条直线。于是一般来讲,在这些图画中,我们看出,儿童并没有根据不同的欧几里得形状来保持欧几里得的形状区别,但是他们却保持了拓扑学上的区别,封闭的形状画成封闭的,开口的形状画成开口的。

从知觉上讲,儿童当然认识欧几里得形状的区别,但当他们再现这些形状时,看来并没有做出这种区别。人们也许认为,这只是一个关于肌肉控制的问题,儿童还不能画出正方形。但是我们可以对他们提出另一个问题,在这里仅似乎需要同样的肌肉控制。

我们可以给他们三个不同的图形,在这三个图形中都有一个大圆圈和一个小圆圈,但是在第一个图形中小圆圈在大圆圈里面,在第二个图形中小圆圈在大圆圈外边,而在第三个图形中小圆圈在大圆圈的边缘上,一半在里面、一半在外边。3岁的儿童还不会画一个不同于圆形的正方形,但是他们却正确地描摹出这些图形,至少保留了在内、在外、在边缘这样的关系。有些儿童甚至发现了能够描述第三个图形。例如,他们说:小圆圈一半在外边。这就是说,他们看得出它不在里面,也不在外边,而在边缘上。这些都是拓扑学的关系。

有些作者主张,在直线图形和曲线图形之间的区别和在内、在外、在边缘之间的区别是同样原始的。当然,在直线图形和曲线图形之间没有拓扑学方面的区别,它们只是欧几里得几何里面的区别。为了答复这些作者们,我愿意引述两位蒙特利尔的心理学家莫尼克·勒雷道(Monique Leurendau)和阿德里安·皮纳德(Adrien Pinard)的研究。他们重复了所有我们关于几何学和空间表象的研究,每个年龄选择了20个被试,对每一个被试都进行了所有的实验,这一点是我们从未做过的。他们对每个儿童的行为,在质量和统计两方面进行了非常透彻的分析。他们利用了古特曼(Gutman)所发展的序列统计学。他们的分析揭示,有时儿童的确似乎在区别直线图形和曲线图形,但是在每一事例中他们实际上都是利用拓扑关系做出这种区别的。这就是说,这些图形既在直线或曲线这种欧几里得关系方面,也在拓扑关系方面都不相同,但儿童是根据图形的拓扑特点做出判断的。

以上我试图证明,这三种数理上的母结构在个人思维发展中有其自然的根源。现在我愿意揭示:在儿童思维中其他的结构怎样能够从两种或更多的基本结构的结合中发展出来。上面我曾指出,这就是所有不同的数学分支中多种多样数理结构的根源。我将在心理学中采取的例子是数的概念,而这个概念并不只以三个母结构之一为基础,而是以两个这种原始结构的结合为基础的。

我曾经讲过康托尔在构造超穷数时所使用的运算,即一对一的对应的运算。现在让我们开始考察一下这种运算是怎样在儿童思维中发展的。我们进行过下面的实验。在儿童面前排列着8个红色筹码,然后给他们一堆蓝色筹码,并且要他们按照红色筹码数目拿出同样数目的蓝色筹码。在很早的阶段,儿童把蓝色筹码排列的和红色筹码的排列一样长,而不注意蓝色筹码实际上和红色筹码的数目是否相同。另一个略微复杂点的行为,就是根据一对一的对应关系进行运算,即把一个蓝色筹码直接放在一个红色筹码的下面。但这是我所谓光学上的对应,因为儿童会认为,这种一对一的对应是依靠每一红色筹码和每一蓝色筹码之间紧密的空间关系。如果我们改变一下空间上的安排而没有增减任何筹码,我们只是把这其中一排筹码隔得开一些,或挤得紧一些——儿童就会说,现在这些东西已经改变了,蓝色筹码再也不同红色筹码一样多了。如果我们数一排,有8个筹码,于是问他,隔得开一点的另一排有多少,他将回答说:"一定是9个或10个。"即使当他数一数这两排东西,在较短的一排是8个、较长的一排也是8个时,他会说,"不错,这一排是 8 个,那一排也是 8 个,但那一排的东西仍是多一些;那一排长一些"。最后,这种一对一的对应变成了运算性质的了,而且到这时候,对于数目才有一种守恒性,这就是意识到,仅由空间安排改变,数目是不改变的。在这个事例中,当儿童一旦在每一蓝色筹码和每一红色筹码之间建立了一对一的对应关系时,不管我们怎样改变形状,儿童既不计算,也不用力思考,便能够说,由于一开始已经建立了一对一的对应关系,数目必然总是相同的。于是一对一的对应看来乃是数这个概念的基础。

这立刻使我想到罗素和怀特海的著作《数学原理》,在这里他们把数定义为许多等值类的类——所谓"等值"的意思是指通过一对一的对应所建立的数量上的相等。例如,我们有一个包括 5 个人的类,有一个包括 5 棵树的类,又有一个包括 5 个苹果的类,而这三个类都有一个共同点,即这个数目 5。罗素和怀特海就是从这个意义来表述数就是许多等值类的类。关于数概念基础的这种看法看来是有道理的,如我刚才所说,因为事实上数看来是从一对一的对应中演化出来的。但是有两种不同类型的一对一的对应,而检查一下罗素和怀特海所使用的是哪一类型的对应,这一点在我们看来是重要的。

一方面,根据元素的质量而有一对一的对应。由于某些质量是这两个类所共有的,因此,一个类的元素便与另一个类的特定元素是对应的。例如,我们不妨假定,适才讨论的这些类(5 个人、5 棵树、5 个苹果)是用纸剪裁出来,并且用的是 5 种颜色不同的纸。所以我们便有 5 个纸人——红的、橘色的、蓝的、黄的、绿的,也有 5 个这些颜色的纸树,5 个纸苹果也是这 5 种颜色。把红人、红树、红苹果互相对应地放在一起,再把蓝人互相对应地和蓝树、蓝苹果放在一起,如此等等,这便是性质上一对一的对应。实际上,这是双重分类的程序,根据两个方面同时分类构成一个矩阵。

一对一对应的另一种类型便不是以个别元素的质量为基础。罗素和怀特海关于等量类的著名例子就是在一年的十二个月份、拿破仑的十二大元帅、耶稣的十二个使徒和黄道十二宫之间的相应情况。在这个例子中,并没有个别元素的任何性质是以在一类的某一因素和另一类的某一特定因素之间构成对应的状态。例如,我们不能说,圣彼得与正月对应,而正月与内伊元帅对应,内伊元帅与巨蟹宫对应。当我们说这四个类是彼此对应的时候,我们所用的这种一对一的对应是指任何元素能和任何其他的元素对应。每一元素都作为 1 来计算,而和它的特殊性质无关。每一因素只是一个单元,一个算术单元。

这种运算不同于那种在性质上一对一对应的运算;后者,如我适才所描述的,乃是用于分类并产生矩阵的。任何元素能与其他元素对应的这种一对一的对应乃是一种很不相同的运算,元素剥去了它们的性质之后,就变成了算术上的单位元。现在很清楚了,罗素和怀特海并没有使用在分类中所使用的那种质量上的一对一的对应。在他们所使用的对应其中的元素都已变成了一些单位元。所以并没有像他们所指望的那样使数的概念仅仅建立于分类运算的基础上。事实上,他们已使自己进入了一个恶性循环,因为他们试图把数的概念建立在一对一对应的基础上,但是为了建立这样一个一对一的对应,他们就不得不乞援于一种算术上的单位元,即引进一个无质量的元素和计数(枚举)上的单位元这样一个概念,以便实现这样一个一对一的对应。为了从类去构造数,他们已经反把数引进类里面去了。

于是他们的解决办法就变成不恰当的了。数这个概念的基础问题——这个认识论的问题还继续存在,而且我们必须寻求其他的解决办法。心理学的科研工作似乎可以提供解决的办法。当我们研究儿童思维中数这个概念的发展时,我们发现数不是单独根据分类运算,而是两种不同的结构的综合。我们发现,随同一些分类性结构——布尔巴基的代数结构的一种例证,数也是根据有序结构的:这就是说,数是这两种不同的结构的综合。分类肯定是包含在数的概念之内。类的包含也是被包含在数内的,这是指,2包于3之内,3包于4之内等这一意思而言。但是我们也需要次序关系,因为:如果我们认为类的元素是等值的(这当然是数概念的基础),那么,由于这个事实本身,就不可能把一个元素同另一个元素区别开来,也就不可能分开表述所有的元素。我们只有一种冗余的重复 $A+A=A$,我们只有逻辑上的冗余重复,而没有一个数的系列。如果我们只给出所有这些元素,而忽视它们的各自性质,我们又怎能区别这些元素呢?唯一可能的办法就是引进某种次序。例如,把这些元素在空间一个靠着一个排列起来,或者对它们在时间上一个接着一个的来考虑。序列关系是唯一的办法,可以把原来认为等同的元素互相区别开来。

于是我们可以总结说,数是类的包含和序列关系的一种综合。数同时既依靠代数型的结构,也依赖于序列型的结构。单独一个类型的结构是不恰当的。

数是以两种不同的类型的运算为基础的,我想,这一点即使不是老生常谈,也实在是十分明显的了。事实上,如果我们考察一下各种数的理论,我们发现在以序数为基础的数的理论中,总有包含的元素。同样,在以基数为基础的理论中,总有次序的元素。在我离开在儿童逻辑思维中所运用的运算结构类型的这种分析之前,我还愿意讨论一个最后的领域。在我们所考察的这个具体运算阶段,即从 6、7 岁到 11、12 岁之间,有两种类型的可逆性:否定和互换(互反)。但是它们从未在一个单一的系统中综合起来,以至于可能在同一系统中从一种类型的可逆性转向另一种类型的可逆性。在形式运算阶段,即如我曾说过的,开始出现于 11、12 岁的年龄阶段,新的逻辑结构已经构成了,而这种逻辑结构便产生了命题的逻辑,在这种逻辑中这两种类型的可逆性就同等地都有了。例如,我们能够考察一下这个蕴涵:P 蕴涵着 Q;它的否定是,P 和非 Q。它的互换是,Q 蕴涵着 P,便立即可从这个系统中很轻易地得出,而且同样有它的否定,Q 和非 P。最后这一蕴涵对初始的那一蕴涵而言具有一种新的关系,我们把这一新关系叫做对射。

当我们向儿童提出的问题包括有双重的空间参照系,例如相对运动的问题时,在论证里面便带进了一个更加复杂的结构类型。譬如说,在一块[放在桌上的——译者注]小木板上有一只蜗牛。如果它向右移动,我们就把它当作是直接的运算。而反演或否定就是蜗牛向左移动。但是这个蜗牛的向右移动的互换就是把这块木板向左的移动，而其对射就是把木板向右移动。如果从板外参照系来看，蜗牛在木板上向右边移动，同时这块木板向左移动，那么从板外参照系来看，蜗牛就完全没有移动。从板外参照系来看，有两种逆转蜗牛运动的方法：一种方法是让蜗牛再走回去；另一种方法是把木板转动过去。在儿童能够在同一系统中把两种类型的可逆性结合起来之前，即在11、12岁以前，他们是不能解决这类问题的，因为这里需要用两种可能的参照系把两种不同类型的运动协调起来。

第 三 讲

我已经讨论了逻辑数理的结构。现在我愿简单地谈一谈这些结构与语言之间的关系和这些结构与感知-运动活动之间的关系来处理我所提出的问题。反对逻辑数理结构单独起源于语言形式的这种主张的具有决定性的论证是：在任一个人的智慧发展过程中逻辑数理的结构存在于语言出现之前。语言出现于出生后第二年的中期，在这以前，在第一年之末或第二年之初，就已经有了感知-运动智慧，这是一种自有其逻辑——动作逻辑——的实践智慧。形成感知-运动智慧的行动是可以重复的而且是可以概括的。例如，当一个儿童已经学会了把一条毯子拉到他自己身边，以取得它上面的玩具时，他便能够拉这条毯子以取得放在它上面的任何东西。这种行动也能加以泛化，以至于他学会了拉一根绳子以取得系在它另一端的东西或能利用一根棍子去移动一远距离的对象。

凡能在动作中可以重复和概括的东西，我们称之为格式（schème），而且我们主张有一种格式逻辑。任何一个格式本身并没有逻辑成分，但格式之间是可以互相协调起来的，因此就蕴涵着有一个总的动作的协调。这种协调便形成了一种动作逻辑，成为逻辑数理结构的出发点。例如，一个格式可能由一些子格式或子系统所组成。如果我们移动一根棍子，在这个格式里便有一个在手和棍子间的关系的子格式，有一个在棍子和对象间的关系的子格式，有一个在对象和它在空间地位间的关系的子格式，等等。这就是包含关系的开端。这些子格式包含于总格式之内，正像逻辑数理分类结构中子类包含于总类之内一样。在较晚的阶段，这种类的包含关系便产生了概念。在感知-运动阶段，格式是一种实践的概念。

包括在格式间协调之中的另一类型的逻辑便是序列逻辑。例如，为了完成一个目的，我们务必得通过一定的手段。在这个例子中，在手段和目标之间便有一个次序。再一次表明，正是这样一种实践的次序关系，成为后来逻辑数理的序列结构。还有一个一对一对应的原始类型。例如，当一个婴儿模仿一个模型时，在模型和模仿之间便有一种对应的关系。即使在他模仿自己时，即在他重复一种行动时，在先做的那个动作和后做的那个动作之间也有一种对应的关系。

换言之,在感知-运动智慧中有一定的包含逻辑、一定的序列逻辑和一定的对应逻辑。我认为这些逻辑就是逻辑数理结构的基础。它们肯定都还不是运算,但已是后来运算的开端。我们还能够在这种感知-运动智慧中发现运算的两个基本特征的开端,即守恒性的形式和可逆性的形式的开始。

感知-运动智慧的守恒性特征表现为物体稳定性的观念。这个观念在婴儿近一岁末时才出现。如果一个七八个月的婴儿正在伸手去拿一个物体而我们突然在物体和他之间放上一层幕布,他动作时就像这个物体不仅不见了,而且也不再能拿得到了。他将缩回他的手,而不试图去推开这层幕布,即使这是一层好像手帕那样轻的幕布,他也不去拿。然而,靠近一岁末,他就会拉开这层幕布,继续去拿这个对象。他甚至于能够留意许多连续的位置变动。例如,把这个物体放在一个小盒子里,而把这个小盒子放在椅子背后,这个儿童将能追随这些连续的位置变动,于是物体稳定性这个概念就是后来在运算阶段发展的守恒观念在感知-运动阶段的等价物。

同样,在理解空间位置和地位变动中,即在理解当感知-运动智慧到达顶峰时儿童活动于其中的空间内的运动中,我们能够见到可逆性的开端。在第2年的开始,儿童便有了实践的空间概念,而这种实践的空间概念包含着几何学家所谓的位移群(group of displacement),即理解朝向于某一方向的运动能被朝向于另一方向的运动所抵消——理解我们能够通过许多通道中的任何一条去达到空间的某一点。这当然就是心理学家们在黑猩猩和婴儿中详细研究过的那种迂回行为。

这也是实践的智慧,它还没有达到思维的阶段,而且它丝毫也不存在于儿童的表象之内,但它能以这样一定程度的智慧在空间行动。此外,这类的组织是在1.5岁后期,在没有语言表达以前就已经存在了。这是我的第一个论点。

我的第二个论点涉及具有逻辑思维而没有语言表达的儿童,即聋哑人。在我讨论对聋哑儿童智慧的实验发现以前,我愿意简单地先讨论一下表象的性质。在1.5岁左右和7、8岁开始出现运算的时候,感知-运动智慧的实践逻辑已经经过了一个内化时期,在表象阶段形成着思维,而不仅仅是发生于实践的行动中。我在这里愿意坚持一个经常被人们遗忘的论点,即表象有许多不同的形式。动作能够用许多不同的方式表现出来,而语言只是其中的一种。语言当然不是表象的唯一手段。语言只是黑德(Head)所谓象征机能这个总机能的一个方面,而我宁愿用语言学家的术语:符号学的机能。这种机能就是用一个记号或符号或另外的事物去代替某种东西的能力。除语言以外,符号学的机能还包括特异的姿态或聋哑语言中的系统姿态。它还包括延迟的模仿,即当模型已不再出现时所发生的模仿。它还包括制图、绘画、造型。它还包括意象,在别的地方,我们称为内化的模仿。在所有这些事例中,都有一个义符,它表示着义之所指,并且所有这些方式都被个别儿童在他从行动智慧到思维智慧的过渡中所采用。语言只是符号学机能的许多方面之一,虽然在大多数情况中它是最重要的一种机能。

在聋哑儿童中,我们发现有思维而没有语言,有逻辑结构而没有语言的情况。这一事实证实了上述的主张。法国的奥莱龙(Oleron)曾在这个领域内做过有趣的工作。在美国,我应该特别提到汉斯·弗思(Hans Furth)的工作及其著作《无语言的思维》。弗思发现,聋哑儿童在逻辑结构方面的发展迟缓于正常的儿童。这并不奇怪,因为前者的社会刺激有限,但是除了迟缓一点以外,逻辑结构的发展是一样的。他发现了上述的那种分类,发现了上述的那种系列化,发现了对应关系,发现了计数的量,发现了空间的表象。换言之,即使在那些没有语言的儿童中,逻辑思维也得到了很好的发展。

另一点有趣的地方是,虽然聋哑儿童比正常儿童迟缓,但较之天生的盲童,却没有他们那样迟缓。盲童有很大的缺点,他们没有正常儿童在1、2岁时在空间所进行的那种协调,以致感知-运动智慧的发展和这个阶段上的行动协调在盲童中都受到了严重的损害。因此,我们发现,在表象的思维阶段他们的发展甚至更为迟缓,而语言不足以补偿他在行动协调方面的缺陷。当然,这种延宕现象最后是得到弥补的,但它是严重的,并较之聋哑儿童逻辑发展中的延宕情况要大得多。

在讨论我的第三个论点时,我愿再一次指出,乔姆斯基在逻辑和语言关系问题上把逻辑实证主义者的主张颠倒过来了。按照乔姆斯基的主张,逻辑不是从语言中派生出来,而语言是以理性的核心为基础。在转换语法的发展中乔姆斯基发挥了主要的作用。我对这种转换语法有很大的兴趣,因为它显示出和我们上述的智慧运算有显明的类似之处。乔姆斯基甚至说,语言法则构造于其上面的那种理性的核心是先天的,理性的核心不是通过婴儿的动作构造起来的,而是遗传的和先天的。我认为,至少这个假设是不必要的。就事实说,显然感知-运动智慧在一定程度上出现之前,儿童是不会有语言的。我同意,14个月或16个月的儿童所可能获得的结构是语言发展的智慧基础,但我反对说这些结构是天生的。我认为,我们已经能够看到,这些结构乃是发展的结果。所以把这种结构说成是先天的假设是不必要的。在乔姆斯基的主张中我所要强调的主要事情是他主张:语言是在智慧结构的基础上发展出来的,从而把逻辑起源于语言的这种古典的见解颠倒过来了。

我的最后论点将以埃尔米纳·辛克莱(Hermine Sinclair)女士的科研工作为基础。她所研究的是5岁和8岁之间儿童的运动水平和语言水平之间的关系。辛克莱在来日内瓦研究心理学以前,她是一位语言学家,而且当她第一次接触我们的工作时,她深信:儿童的运算水平只是反映他们的语言水平,即她是赞同逻辑实证主义的主张的。我建议她研究这个问题,因为这个问题还没有严格研究过,并且看一看儿童的运算水平和语言水平之间存在着怎样的关系。结果,她进行了下面的实验。首先,她建立了两个儿童小组。一组是守恒者,即他们明白:当一定数量的液体从一种形状的玻璃杯倒入另一形状的玻璃杯时,虽然表面看来不同,但数量并没有改变。另一小组是非守恒者,他们根据液体的表面判断它的数量而不根据高度和宽度之间的互相关系,也不根据既没有增加,也没有减小液体这一事实进行推理。然后,辛克莱给儿童一些简单的对象,要他们描述,从而研究这两个儿童组的语言。通常她给儿童的对象是配成一对一对的,这样,儿童便能够对它们做出比较,从而描述它们或者单独就每一对象进行描述。例如,她给儿童不同高度和宽度的铅笔。她发现,守恒者和非守恒者描述这些对象时所用的语言有显著的不同。非守恒者倾向于按照语言学家所谓标量①的方法去描述对象,即一次只描述一个对象,一次只描述一个特征——"那支铅笔是长的","那支铅笔是粗的","它是短的",而且他们的观察也是这样的。另一方面,守恒者则利用语言学家所谓矢量②的方法。他们一次考虑几个对象,一次考虑几个特征。他们会说:"这支铅笔比那支铅笔长些,但那支比这支粗些"这一类的句子。

到此为止,这个实验看来只显示出运算水平和语言水平之间的关系。但是我们还不知道从什么意义讲,这种影响在发挥作用。是语言水平影响运算水平,还是运算水平影响语言水平呢?为了答复这个问题,辛克莱便继续进行这个实验的另一方面。她负责对非守恒者组进行语言训练。她采取古典的学习论的方法教这些儿童利用守恒者所用的同样的字句去描述这些对象。然后对于这些过去是非守恒者而现在已经学会了更为高级语言形式的儿童再进行检验,以便发现这种训练对他们的水平是否已经发生了影响。(我要指出,她曾在几个不同的语言领域内进行过这个实验,不仅在守恒性方面,而且也在系列化方面以及其他领域内)在每一事例中他都发现,在训练之后仅有最小量的进步。只有10%的儿童从一个小阶段发展到另一小阶段。这个比例太小,以至于我们怀疑:这些儿童是否已经达到了中间地步,而正处于另一小阶段的边缘了。辛克莱根据这些实验所得到的结论是:智慧运算看来促进了语言的进步,而不是相反。

我想我们不再讨论语言和逻辑的问题,而考察一下这种思维的类型,即儿童在我所谓的前运算阶段(4、5、6岁的时候)亦即在逻辑运算出现或发展以前就能够进行这种逻辑推理。虽然在前运算阶段,逻辑结构还没有充分发展,但我们确实发现了可以称为半逻辑的思维。在我过去的著作中,我曾把它称为清晰的直觉。但是在这以后,我曾在这个领域内做过很多的工作。现在看来十分清楚了,半逻辑是儿童这个年纪的特征。这里所谓半逻辑是真正从文字上理解的,它是逻辑的一半。在这里,我们已经有了运算,但缺乏可逆性;它只是从一个方面运算。于是这种逻辑更包括有数学家们所理解的函数,如数学家们所描述的:$y=f(x)$。这样理解的函数代表着有序的一对东西或者一种应用,而这种应用总是倾向于一个方向。这一类的思维使人发现了依存关系或共变关系,即一个对象的变化和另一对象的变化是互相关联的。

关于这类函数的一件可引起注目的事,是它们并不导致守恒。这里有一个例子。我们把一根绳子系在一个小弹簧上,再把它横拉过来,通过一个枢轴,垂直悬着。当我

---

① 矢量:向量(Vectors)。标量:非向量(scalars)。标量是矢量的反义词,即非向量的意思。——中译者注

② 同上。

们在绳子垂直的一端放上一个砝码，或增加上面已有的重量，于是垂直的一段绳子就会从横拉着的这一段绳子移到垂直的这一段绳子上面，加长了垂直的这一段绳子。5 岁的儿童完全能够理解这种关系：重量越重，垂直的一段就越长，而横拉着的一段就越短；当垂直的一段越短，横的一段就越长。但是这并不导致守恒性。在这些儿童看来，垂直部分和横拉部分的总和并非保持不变。

从应用的意义来讲，这里还有函数的另一个例子。我们给儿童许多卡片，在每一张卡片上有一部分是白的，另一部分是红的；再给他们许多各种形状的剪纸。他们的任务是找出盖在卡片上红色部分的剪纸。这个剪纸无须和红色部分完全符合，但必须完全盖住这个红色部分。有趣的是这些儿童理解了"多对一"的关系，因为他们明白，大量不同形状的剪纸都能盖住红色部分，但是这一点不能帮助他们根据"一对多"的关系去构成一个良好的分类系统。这是逻辑结构的一半的又一事例。按照布尔巴基派数学家的语言，"多对一"是一个函数，但"一对多"却并不是一个函数。

更加一般地说，函数之所以如此有趣的理由是因为它们更加清楚地证明了前运算阶段序列关系的重要性。有许多在我们看来是属于度量性质的关系在儿童看来只是次序的关系；度量完全不在他们的判断之中。① 一个很好的例子便是上述长度的守恒。当两根同样长度的棍子平行放着并把一根棍子横着向前移动，我们仍然判断它们的长度相同，因为我们所考虑的是棍子的两端，而且我们明白：重要的是左端和右端之间的距离而不是两根棍子的相对距离。然而前运算阶段的儿童并不根据两个端点去下判断。如果他们看着这两根棍子的一端，他们对于长度的判断就是看哪一根棍子向着那个方向伸得远些。在许多情况下，儿童的反应是以次序关系为根据，而不是以数量关系为根据，而且在我看来，之所以发生这样的情况，那是因为儿童所用的是函数逻辑而不是完全的运算逻辑。

这种半逻辑的另一特征是：同一性的概念先于守恒性的概念。我们业已知道，在感知-运动智慧中已有某种同一性的概念，而且儿童明白，物体具有一定的稳定性。这并不是我们所谓守恒性的事例，因为物体并没有以任何方式去改变它的形式——它只改变了它的位置。但它是同一性的事例，而这种同一性乃是以后守恒概念的起点。我们也曾研究过 4 岁左右的儿童。我们发现，同一性的概念是最富于变化的了。在儿童智慧发展的整个过程中，同一性概念从来就不是始终不变的。所谓保持同一性的意义，是按照儿童年龄的变化和提出问题的情境不同而变化着的。

同一性是一个定性概念，而不是定量概念，这是首先要记住的。例如，当一个前运

---

① 我明白这一事实：并非所有的逻辑学家都是追随布尔巴基学派的，而在直觉主义者看来，对于一系列数字的直觉比集合或结构这个概念更加根本些。这一点在心理学上符合这样的事实：纯次序方面的作业有时被儿童转变为数量方面的作业。分析这两种类型的逻辑和这两种类型的行为之间的关系乃是将来所要研究的一个课题。

算阶段的儿童主张水的数量是按照容器的形状而变化时,他们就肯定水还是一样的,只是数量改变了。我的合作者布鲁纳(Bruner)认为:同一性的原则就足以作为守恒性这个概念的基础。在我看来,这种主张是有问题的。要主张同一性的原则,一个人只需要在一定转化过程中已经变化的东西和没有变化的东西之间加以区别。在倒液体的这个事例中,儿童只需要在形式和实质之间加以区别。但是在守恒这一概念中还需要更多的东西。如我们已知,数量化是比较复杂了,尤其因为最原始的数量概念乃是刚刚说过的那种次序概念,而这类概念在一切数量上进行比较的情况中是不恰当的。只有当儿童也发展了补偿性的和可逆性的运算时,这种数量上的守恒概念才能形成。

但我还想举几个新例子,说明同一性概念怎样随着发展而变化。我们曾经做过几个不同的实验,在进行这些实验时,吉尔伯特·博雅特(Gilbert Boyat)是一位主要的合作者。在这个研究中,我们发现一个初始阶段,在这个心理发展阶段上,同一性是准个别化的和准发生的。儿童将相信:当他能同样处理这些对象时,这些对象便是同一的。例如,他认为在桌上的一堆珠子和在项链上的一串珠子是同一的,因为他能把项链拆开来,变成一堆珠子,也能把它们再穿起来,变成一串项链。再如,人们认为一根弧形的铅丝,当它被拉直了的时候,仍是同一根铅丝,因为它既能被弯曲成为弧形,也能被拉直而成为直线形。稍晚的时候,儿童对于同一性的标准便要求更多一些了。对象能够同化于某一格式,这一点已经不够了。同一性变得比较个别化了。在这个阶段,他将说,当一根铅丝是弧形时,它就不再是同一根铅丝了,因为它不再有同一形式了。

这一类的一个有趣的实验毋宁说是在另一实验的过程中偶然产生的。儿童正在按照大小把正方形顺序地排列起来,而在这样排列时,有一个儿童并不是把正方形边靠边摆着,而是竖着一个角斜摆着,于是他就把这个正方形拿掉了,说它已不再是一个正方形了。于是我们便开始做另一个实验更加密切地探讨一下这个问题。在这个实验中,把一个剪纸的正方形摆成各种不同的位置,然后问儿童下面这一类的问题:它是同一个正方形吗?它仍然是一个正方形吗?它是同一张卡纸吗?这些边仍然有同样的长度吗?这些对角线仍然是一样长吗?我们所提的这些问题,对与我们谈话的儿童来说,当然都是可以理解的。我们发现,在7岁以前,儿童一直都在否认同一性:它不再是一个正方形了,它不再是同一个正方形了,它的边已不再有同样的长度了,它现在在这个方向已经变长些了;这些角已不再是直角了;等等。

在知觉方面,我们曾经做过类似的实验。关于似动现象或频闪运动现象,我们大家都熟悉。一个对象出现了,又不见了,而且当它不见的时候,另一个对象又出现了,而当第二个对象消逝时,第一个对象又出现了。如果在适当的速度上这样做,那么看起来,好像是同一对象在两个位置上往来移动。我曾偶然想到,如果用一个圆形的对象,一个正方形的对象,通过频闪运动的这种现象去研究它们的同一性的问题,这会是有趣的。当那个对象向一个方向移动时,它看起来好像是一个圆形,而当它向另一个方向移动时,它看起来又好像变成一个正方形了。它好像是一个单一的对象,当它改变了它的位置时,它就改变了它的形状。首先我应指出,儿童看这种似动现象比成人容易得多,阈限也宽广得多。几乎任何交替的速度,或者说一个很大的交替速度的全距,都能使儿童产生这种似动的印象,而在成人,这个速度全距的两端极限就狭窄得多。在我们的这个实验中有趣的事情是:尽管儿童在看这种频闪运动时有这样的便利,他们还是倾向于否认对象的同一性。他们将会指着说:"一直接近到达这里以前,它还是一个圆形,然后它就变成一个正方形了,"他或者说:"它不再是同一个对象——这个对象代替了那个对象。"另一方面,成人却只看见一个圆形变成正方形,而一个正方形变成圆形。他们觉得这一点很奇怪,但这却是他们所看到的:同一对象正在改变它的形状。所以,在这个实验中同一性的概念显然是随着年龄而变化的(即同一性的概念是年龄的函数)。在我们发现类似结果的许多实验中这只是一个事例。

我愿意谈到的最后一个实验乃是博雅特对于植物生长的实验。他开始是用一种豆科植物的生长做实验,但这样做需要很长的时间,于是他改用一种溶液中的化学药品,它在几分钟内就变成了一种树枝形状,看起来好像一种海藻。当儿童看着这个植物生长的时候,在各个阶段上实验者便要他画下来,然后要他用这些图画去回忆:在它生长的各个不同阶段上,它是否仍然是同一棵植物。我们姑且用植物一词来指儿童所用的名称——一棵植物、海藻、通心粉以及他偶尔用的任何名称。另一方面我们要他再画他自己还是一个婴儿时候的像,再画他自己长大一点时候的像,再画他自己长得更大点时的像,一直画到他现在的样子。然后我们问他同样的问题:所有的这些图画是否同一个人的像,这个人是否就是他。在较小的年龄,儿童否认他所画的各幅不同的图像是同一植物的表象。他会说,这是一棵小植物而那是一棵大植物——它不是同一植物。然而,谈及他自己的画像时,他就会说:所有的画像都是表示同一个人。然后,我们再回到植物的图像,这时候有些儿童受他对于自己的画像的想法的影响,现在他会说:他们明白了,在所有的这些画像中是同一棵植物,但其他的儿童继续否认这一点,坚持这棵植物已经变化得太多,以至它现在是不同的一棵植物了。于是这便是一个有趣的实验,它显示出:当儿童长大一点的时候,他们的逻辑思维便发生了变化,而这些变化甚至影响到同一性这个概念本身。甚至在这个转变和变化的领域内同一性也发生了变化。①

---

① 哲学家们时常询问"事物"或"人"在什么条件下是始终保持同一性的。我们要强调指出:在热烈的争论中不能持有严格的同一性(从逻辑或莱布尼茨的意义来讲的同一性)的命意。严格的同一性和语义学的事实是符合的:在一定的语言中一个概念或一个对象有几个名称。这一点被加以考虑后,显然,我们的实验所指的物理的和心理的同一性,仅是我们所能跟踪的那些演进关系,而这类关系又以这一事实为特征:在与数、空间、曲线等概念对比下,甚至就成人而言,它们(指关系)绝不会抵达稳定的平衡。这一事实,通过我们的发生分析的启发,可以解释英美文献中关于物理的和心理的同一性问题长期炽热的争论。

第 四 讲

　　现在让我们比较严密地考察一下速度和时间这两个概念的发展。传统的速度与时间的观点使我们陷入了一个恶性循环。速度被定义为时间与空间之间的关系,而时间又只是根据一种恒定的速度去衡量的。这就为发生认识论安排了一个研究的舞台,即试图发现:在这两个概念中,哪一个概念比较基本些;我们能否从更原始的概念中推演出不够基本的概念,从而逃避这个恶性循环。我在这里准备辩护的假设是:这个比较原始的概念乃是一个比较复杂而较未分化的概念,即运动的概念,运动便包含着速度。我试图表明:时间能被定义为各种运动或速度的一种协调,正像空间是位置的各种变化的协调一样。当然,位置的变化只是不考虑运动速度的运动。那么,空间便是不考虑速度的各种运动之间的协调,而根据我们的假设,时间则是包含速度在内的各种运动的协调。

　　这里,在空间和时间之间便存在着一种突出的平行。当然,这种古典的平行在牛顿、康德和许多其他的哲学家们的著作中,一直到相对论都可被发现,不过在相对论中这两个概念是部分地融汇在一起的。纵有这种平行论,时间和空间之间仍有三个重要的区别,而我愿意讨论它们。第一,时间是不可逆的。不幸得很,当我们一旦已经活过了一天之后,我们不能回头来再过一次。然而空间的运动是可逆的,我们能够从 A 点走到 B 点,再从 B 点走回 A 点。第二,空间能够从它的内容中分隔出来单独考虑。不错,空间的一个方面,即物理的空间,是和它的内容紧密相连,而不能从内容中分开。然而我们能够脱离它的内容,单独考虑空间。这门独立空间的科学就是纯粹几何学,纯粹的意思是指它是完全不受物理空间限制的。另一方面,时间是不能离开它的内容而独立考虑的。时间总与速度联系在一起,而速度不可避免地不仅有物理的现实,而且还有心理的现实。我们不能像创立一个纯粹几何学一样,创造一门时间科学,即纯粹测时学。从心理学上讲,最重要的是第三个区别,即我们能够感知一个完整的几何图形。让我们考虑一个简单的图形,例如一条直线——我们能够同时感知整个的一条线。然而,对于时间的延续,无论它是多么短促,我们也不能一次感知它的全部。一旦我们到达了它的末尾,我们再也不能感知它的开端。换言之,任何关于时间的知识都要以认知者的重新改造为先决条件,因为任何延续的开始已经消逝了而且我们不能从时间上再回过去找到它。所以从心理学的观点看,空间的知识比时间的知识要更为直接和更为简单。

　　我有这样一个设想:速度的概念比时间的概念基本些,而时间是各种速度之间的协调。我现在就先来考察一下速度的概念和速度的知觉二者的意义,然后据以进一步发展这个假说。但在这样做以前,我必须澄清一种区别。我们说有两种不同类型的时间概念。在这两种时间概念之间做出区别是重要的。第一种是时间次序或事情连续的概念(A 先于 B, B 先于 C, C 先于 D 等);第二种是两个事件之间的间距,即 A 到 B 的长度和 B 到 C 的长度。显然,时间事件的次序可以不注意时间的间距而加以考虑。我们将用延续一词指时间事件之间的间距,而用序列一词指事件的单纯顺序却不注意时间间距。

我们已经发现速度被当作空间距离和时间延续之间的一种关系这一古典的概念出现于儿童的发展的很晚阶段,在9、10岁时才出现。相反,在前运算阶段,即在6岁以前就已经有了不以这个比率为基础的一些速度的直觉。这种原始的直觉是以序列为基础,是一种顺序的直觉而不是以延续为基础的。这个不以时间延续为基础的速度的概念对我们试图避免恶性循环的工作是重要的。这种早期的直觉是以超过现象为基础。如果一个移动的对象赶上并且超过另一个移动的对象,甚至很小的儿童也将说:前一个对象走得比后一个对象快些。这种以超越为基础的原始的速度直觉[①]起源于顺序的空间关系和顺序的时间关系而无须任何测量。在时间的某一点上汽车 A 是在汽车 B 的后面,而在时间的后来一点上,汽车 A 已在汽车 B 的前面。这就足以说明儿童最早的速度直觉。我们很容易表明:这种速度直觉先于把速度当作空间距离和时间间距之间的比率关系的任何古典的速度概念。我们愿意谈一下我们所从事的、揭示这种直觉居先的两个实验。

在第一个实验中,我们有两条并排的玩具隧道,一条隧道比另一条长些,儿童可以毫不困难地看出这一点并指出那个较长的隧道。然而在每一条隧道上,我们有一个小洋娃娃。洋娃娃以固定的速度在轨道上移动着。在实验的第一个阶段,这两个洋娃娃完全同时进入隧道并且完全同时从隧道出来。显然在较长隧道中的洋娃娃走得快些,但是从我们的最年幼的儿童所得出的一致答复是:这两个洋娃娃是以同一速度移动的。这些儿童承认:这两个洋娃娃是同时进入隧道的,是同时走出隧道的,而且其中的一个要走过一个较长的隧道,但是他们仍然肯定地说:这两个洋娃娃是以同一速度移动的,因为他们是同时出来的。这纯粹是一种顺序的论证。在实验的下一个阶段,我们拿掉这个隧道,因而儿童可以看到洋娃娃移动。再一次,这两个洋娃娃在同一时间内走过那段距离,而其中的一个要经过一个较长的距离。这一次,同样这些儿童说,走过较长距离的这个洋娃娃走得快些,因为他们看见它超过了另一个洋娃娃。他们并不是把恒常的速度和不同的长度协调起来,而只是对一个洋娃娃超过另一个洋娃娃这一事实做出反应。在实验的第三个阶段,我们再把这两个隧道放到轨道的上面,重复第一阶段的实验。许多4、5岁的被试又立即回到第一阶段他们所讲的话,说这两个洋娃娃是以同一

---

① 为了表明在把某某东西质量化为"一种原始直觉"以前,我们必须多么小心谨慎,让我们暂时考虑一下"超越"或"超过"这个概念的意义。即使在这里,虽然我们没有什么测量过的空间和测量过的时间之间的协调,但我们仍旧可以说我们有一种时间顺序和空间顺序的协调。因为,"超越"或"超过"真正意味着什么呢?1. 在第一瞬间 m_1,对象 A 跟随着对象 B。2. 在第二瞬间 m_2,A 和 B 处于同一阶段。3. 在第三瞬间 m_3,A 先于 B。显然,时间系列($m_1 m_2 m_3$)是同空间系列(AB, BA)协调着的。

速度移动的,因为他们是同时出来的。即使我们提醒他们第二阶段的情况,即一个洋娃娃比另一个洋娃娃走得快些,他们仍然回答说:不错,他们记得这一点,但是现在这两个洋娃娃又以同一速度前进了,因为他们是同时出来的。

还有另一个实验,做起来很简单。在这个实验中,在两个同心的圈圈轨道上有两个骑自行车的人走动着。儿童知道,外边的轨道比里边的轨道有较长的距离。我们把这两个骑自行车的人沿着里外这两条轨道,并排地行走,结果,他们同时回到了出发点。儿童再一次说,这两个骑自行车者行走的速度是一样的,因为他们同时回到了同一出发点。外边的轨道有较长的距离,在外轨骑车的人走的路要多些,这些事实对儿童的速度判断并没有发生关系。与它们的速度定义唯一有关的东西只是超越现象,既然这两个人始终是并排行走的,那就没有发生超越现象。他们的速度判断显然不是以空间的长度和经过这一段空间所需要的时间长度之间的关系为根据的。在我看来,这一点就可指出那个恶性循环的由来,因为我们在这里所见到的速度概念,十分不同于那种根据时间长短的量数同一个空间长短的量数间的古典关系。

在我们讨论速度概念的其他方面和时间概念的某些方面之前,我愿意在这里先考虑一下速度的知觉。十分清楚,即使一个对象没有超越另一对象或被另一对象所超越,我们仍然能够感知到:这个对象走得快,还是走得慢。为了看出一辆汽车开得快慢,我们无须把这辆正在开着的汽车跟别的正在开着的汽车进行比较。这一类的判断是以什么为根据呢?为了试图解答这个问题,我们已经研究过速度知觉。我们既用了儿童,也用了成人,因为知觉随着年龄的变化,没有智慧的变化那么多。我将从引述美国心理学家布朗(Brown)的著作开始。他在过去曾经研究过这个题目,力图显示出:我们的知觉来源于我们的空间知觉和时间知觉之间的关系,即来源于我们主观的空间印象和主观的时间印象之间的关系。这当然和我们的主张是相反的,而我愿意告诉你们几个我们所发现的与这个辩论有关的事实。

我们有几个实验是以古典的错觉为根据的。被试看着一条直线,有一个对象以恒定的速度沿着这条线从左向右移动。这条线的左半段用一些垂直的短线加以划分,而右半段就是上面无垂直短线的。一般的知觉现象是,当一个移动的对象经过垂直画线的这一段时,它看起来比它在另一段移动时要走得快些。在这个实验中,我们能叫被试对一辆汽车在左边这一段时所需要的时间长度和它经过右边一段所需要的时间长度加以比较,从而不仅判断速度,而且也判断时间的长度,并且我们还能叫他判断这条线左右两段的长度。这条线的一半是用垂直线划分过的,而另一段没有划分;我们只要他们判断划分过的部分和没有划分的部分两者的长度。这样,我们便可以决定布朗的主张有没有道理。我们能够看出:某一个被试对于速度、空间距离和时间间距的判断是否和速度等于空间除以时间的关系连贯一致。我们对成人被试进行过这种实验,当然我们是在三个不同的时期观察他们的。没有一个被试在同一时期内做时间同速度或距离同速度的判断。然而,当我们比较一下每一被试所做的判断时,我们发现,60%的被试所做的判断是不一致的。例如,一个被试可能说,这个移动的对象经过左半段和经过右半段所用的时间是一样的。在另一个时期,他可能说,左半段比右半段的距离要短一些。在第三个时期,他可能说,汽车在左半段比在右半段走得快些。如果他是按照"速度等于空间除以时间"的这个关系运算的,那么这些判断显然都是不相容的。在儿童方面,这种不一致的情况尤其多:近乎有75%或80%的儿童是不一致的。无论如何,事情十分清楚,成人和儿童两方面的结果都和布朗的观点不符。

于是我们就不得不另觅其他的假设来解释我们的速度知觉。我们的假设是:速度知觉和速度概念一样以同样的序列关系为根据。我认为,我们能够在三种不同的情境下找到这种事例。

在第一种情境中,有两个移动的对象,一个超越了另一个。就事实而论,在我们的实验工作中,我们曾经发现,当一个对象超越另一对象时,在一个对象的移动速度中便引起一种加速的错觉。因此,超越现象看来不仅在我们的速度直觉中,而且在我们的速度知觉中发挥着作用。

在第二种情境中,只有一个单一的移动对象,这里看来难以发现超越现象的顺序关系是从哪里来的。但是在这种情境中,我们说,我们的眼睛是自由移动着的。所以事实上,这里面再一次有两个移动的东西——一方面是我们正在看着的对象,而另一方面是我们的眼睛。例如,在适才讨论的实验中,对象经过一条线时遇见了一些垂直的分划线。如果我们考虑一下这个实验,就知道,当眼睛随这个对象移动时,它在每一道分划线上就要停一会儿,而就在这停顿的瞬间,对象便向前移动了。因此,眼睛的运动看来总是要从后面赶上去。这就会解释为什么这个对象看来经过分划过的路线部分比经过另一部分要移动得快些。

在第三种情境中,又只有一个移动的对象,而我们的眼睛始终固定地看着一个固定点。例如,我们能够凝视着"禁止吸烟"这个标语,而不移动我们的眼睛;我们能够在一定程度上告诉你,在它前面走过去的那个人是走得快还是走得慢。在这里,我们看来再一次难以找到一个移动对象超越另一移动对象的事例用以作为我们判断速度的根据。在这个事例中,当移动的对象经过视野时,它同时刺激着许多网膜细胞。我们把任何一瞬间同时受刺激的这一批细胞称为刺激列车(train of excitations),而这就是在此情境中的两个移动对象的来源,即刺激列车中的第一个细胞和刺激列车中的最后一个细胞——如果你愿意的话,可以把它们称为火车头和贮备车辆。对象经过我们的视野时移动得越快,在第一个细胞和最后的细胞之间的距离就越大,就是这种距离的加大使我们判断速度增加。附带讲一点,这种解释同时也能解释这个事实,即在第三种情境中,当移动的对象经过我们的视野移动时,在它通过视网膜中央窝区域时,它看来正在加快速度。在这个区域中的细胞比较稠密,因此,当移动对象到达这个区域时,在刺激列车的开端和末尾之间有较多的细胞。这就使人产生这样一种印象,对象看来正在这一点上加快速度。

关于我们的速度知觉和速度直觉的序列性质，只有最后两点要讲的了。一点是关于麻省理工学院莱特文（Letvin）的生理学研究。莱特文除了别的问题外，还在研究青蛙的视网膜感受性而且已经发现有一种原始的速度知觉。然而，他并没有发现这种原始的时间知觉。

我要讲的第二点是关于两位法国物理学家的工作。他们试图建立一个新的物理学公理，用以作为物理学相对论的根据。除了其他问题外，他们还希望能够避免在速度和时间这些概念中的那种恶性循环。这两位物理学家有一个大的优点，他们考察了关于速度与时间的概念和知觉在心理学方面的研究，而且他们接触到我们的工作。他们在我们关于速度的序列概念的这个假设中发现了一条途径，把一个独立于时间延续之外的速度概念引进他们的形式结构之中，这样便使他们能够避免这个恶性循环。在这个途径中两个科学研究分支间的互相影响构成了一种循环状态。相对论的提出者启发了我们从事我们的工作，而我们的工作回过来对于其他的物理学家建立相对论的公理化基础又证明是有用的。

现在我想来考虑一下时间的概念。我们已经知道，有一种原始的速度直觉，但时间就绝不是这种情况；时间概念却是一种智慧的构造。它是动作——做某件事——和做完这件事的速度之间的关系。

我们很容易表明，在年幼儿童的时间概念的发展中，这种关系并不是一种原始的直觉。时间的判断或者以做完了多少事情为根据，或者以动作进行得多快为根据，而没有必要在这两者之间建立一个关系。例如，我们不妨考察一下同时性这个概念的发展。在我们的一个实验中，实验者展示出两个洋娃娃，一只手里一个，它们并排沿着桌子走着（它们实际上并不是走，而是跳跃的，它们在每次跳跃的末尾，就在桌子上轻叩一下）。儿童说：走。这两个洋娃娃同时出发，而且以同样的速度前进。儿童说：停。这两个洋娃娃就停下来了，且再一次并排走了完全同等的距离。在这个情境中，儿童毫无问题承认这两个洋娃娃是同时出发，同时停止的。但是如果我们略微改变一下这个情境，使一个洋娃娃每一次的跳跃比另一个洋娃娃要长些，于是当儿童说停时，一个洋娃娃比另一个洋娃娃便走得远些了。在这种情境中，儿童同意这两个洋娃娃是同时出发的，但是他否认他们是同时停下来的。他说：一个洋娃娃先停下来了；它没有像另一个走得那么远。于是我们就可能这样问他："当它停下来时，另一个还在走吗？"他答复说："不。"于是我们又问他："当另一个已经停下来时，这一个仍在走吗？"他又说："不！"于是这就不是一个错觉的问题。最后，我又问他："那么他们是同时停下来的吗？"儿童仍然说："不！它们不是同时停下来的，因为这一个洋娃娃并没有走那么远。"当同时性——两个事情同时发生——这个概念是指两种性质上不同的运动时，它对儿童看来是毫无意义的。如果像在第一种情境中那样，两个性质相同的运动是以同一速度进行的，这对儿童就有意义了，但是如果所包括的运动是两种性质不同的运动，它就没有意义了。儿童这时还没有原始的同时性直觉，这还得要求一种智慧上的构造。

稍大点的儿童将承认:这两个洋娃娃是同时停下来的。但是,对它们是否在同一时间长度中移动的问题,这些儿童还感到困难,即对于时间间距或时间的问题,他们还有困难。他们将说:洋娃娃是同时出发的,也是同时停止的,但是其中的一个洋娃娃走的时间比较长些,因为它走得远些。在这里,时间的概念显然是以行动的分量或行动的速度为根据的,但这两方面并未形成一种关系,以产生一个一致的时间延续的概念。一段时间尚不能和在一段时间内所完成的工作分开。

研究这类概念的另一个实验甚至还要简单些。我们用一个Y字形的试管,把管杆的一头和一个水龙头连接起来,因此,便有同样的水流出这两个分支。两个分支的水流入两个分开的容器。如果这两个容器有同样的大小和形状,而且当我们打开水龙头后,问儿童关于水流的情况,他们将承认:水是同时开始流入容器的,同时停止流动的,而且流进这两个容器的时间是同样长的。然而,如果这两个容器的形状不同,因而在一定的时间后在一个容器中的水比在另一容器中的要上升得较为高些。然后再问儿童同样的问题,他们将说:在水升得高一些的容器中水流的时间比较长些。在许多事例中,我们让儿童看表或其他计时器,并向他指出时间是有一致性的。但是我们这样做也无济于事,因为这些儿童还不理解量器时速的恒常性。当他们看到这个情境时,如果这只表在某一时候比另一个时候走得远些,原因很可能是因为它在那个时候走得快些。或者如果沙子通过两个计时的漏斗以同样长的时间往下漏,但儿童却真正认为这两件事占用了不同长度的时间,他以为沙子通过一个漏斗比通过另一漏斗要快些,或者以为沙子在同一个计时漏斗中一个时候比另一个时候漏得快些。其实,在这两个计时器中速度是恒定不变的,而儿童并没有这个概念。

最后一点是关于前运算阶段的时间概念。我愿意提一下,有些儿童以为快些就是时间长些的意思。例如,我们问他们走到学校要用多长的时间。一个儿童说,一刻钟。然后我们问他:如果他跑到学校去,他所用的时间长于一刻钟还是短于一刻钟。儿童时常将会回答说,长于一刻钟。因为他又是不能在所做的工作(功)的分量和完成这项工作(功)所用的时间长短之间建立正确的关系。他似乎是用同样的方式推论的:做得快些,事情就做得多些;事情做得多些,就要花费更长的时间。

再用一两句话说一下主观的时间或心理的时间也许是有帮助的。乍看之下,这似乎是一个不同的问题,因为我们似乎对主观时间具有直接的印象。但是仔细考察一下,我们就会看出:事实上在这里是同样的关系在发生作用。我们对于时间的主观印象一方面依赖于我们正在进行的行动或正在完成一项工作的分量,而另一方面依赖于我们完成这项工作的速度。例如,为什么当我们做一件感兴趣的事情时就觉得时间短些?答案很简单,杜威(Dewey)在很久以前,还有克拉帕雷德(Claparède)已经指出:兴趣增强了或加速了工作的速度。

在这方面,我部分地不同意(但只是部分地)我的同事、时间心理学专家弗雷斯(Fraisse)。他相信,对于时间的主观印象是随着主体所注意的事件的数量或变化的数量而变化的。换言之,我们的经验内容越是多种多样,它所占用的时间就似乎越长。这个假设看来忽视了事件的数量和时间的固定单位之间的关系,即事件频率的概念。我认为,频率这个因素是速度的一种形式,它是隐藏在弗雷斯的假设之中的。我们不妨看一下下面的这个实验。这个实验是弗雷斯先做,而后我们又重复做的。在一分钟的时间内,我们给儿童看多种多样的图画。在一种情境中,在一分钟内给他们看 16 幅;在另一情境中,给他们看 32 幅。7 岁以前的幼年儿童判断说,当他们一分钟内看 32 幅图画时比他们在一分钟内看 16 幅图画时,要用较长的时间,这一点似乎是支持弗雷斯的假设的,但是如果我们对稍大一点的儿童(7、8 岁的儿童)做同样的实验,我们发现他们的判断刚好相反。这些儿童似乎判断说:在一种情境中,当他们在一分钟内看 32 幅图画时,时间要短些。看来十分清楚了,在这里,这些事件的速度在对它们的判断中必然是发生作用的,而且事实上,似乎是发生着决定性的作用。

在我概括我对时间概念的陈述时,我说:时间概念需要一种构造——在儿童方面的智慧的构造,这种构造是根据某些运算的,而这些(智慧)运算则与逻辑数理思维中的运算是平行的。在时间概念中包括有三类运算。第一类运算是序列化的运算,按照时间顺序安排事件的运算:B 后于 A,C 后于 B,D 后于 C,等等。第二类运算好似类的包含运算:如果 B 事跟随于 A 事之后,而 C 事跟随于 B 事之后,则通过运算,我们必然结论说:AC 的时间间距长于 AB 的时间间距。在类的逻辑中,与这相应的概念是:整体大于部分或总类大于子类。第三,我们有时间测量的运算,即以上两类运算的综合,正像包含数的运算是序列运算和分类运算的综合一样。①

结　　论

这几个例子就可以说清楚,为什么我们认为发生认识论的主要问题就是去解释:新的事物怎样在知识的发展过程中构成的。从经验论的观点来看,一个"发现"对发现者而言是新的,但所发现的东西却是早已在外部现实世界存在的,所以并没有构成什么新的现实。先天论者或先验论者主张,知识形式是事先就在主体内部预定了的,因此,严格来讲,也没有什么新的东西。对比之下,发生认识论者则认为:知识是继续不断构造的结果,因为在每一次理解中,总有一定程度的发明被包含在内,从一个阶段向另一阶段过渡,总是以一些新结构的形成为标志,而这些新的结构在以前既不存在于外在世

---

① 有人也许会问:时间是不可逆的,对于一个用可逆的结构对智慧下定义的人来讲,怎么可能使得这个不可逆的时间概念(在智慧里)成为可理解的呢?我们的回答很简单:物理的时间是不可逆转的,而思想中的时间则是可以通过可逆的内化了的运算去逆转的(我们能够从现在到过去,从过去到现在,往来逆转)。

界,也不存在于主体的心灵之中。发生认识论的中心问题是关于新事物的构造的机制问题,而这种机制使我们需要有我们称为反省抽象和自动调节这类具有解释作用的因素。虽然如此,这些因素还只能提供一些笼统的解释。为了搞清智慧创造的基本过程,即从最早期的儿童的认识阶段发展到最显著的科学发明达于顶峰的认识阶段,那些认识阶段中所发现的智慧创造的基本过程,还有大量的工作要做。

发生认识论导论

〔瑞士〕让·皮亚杰 著

陈思艾 秦 丽 马 莎 杨 璟
曹淑娟 刘爱萍 黄梦龙　译

王云强 蒋 柯 郭本禹 **审校**

发生认识论导论

第一卷　数学思维

法文版　*Introduction à l'Épistémologie Génétique*, Volume Ⅰ: *La Pensée Mathématique* (2nd Ed), Paris: Presses Universitaires de France, 1973.

作　者　Jean Piaget

陈思艾 秦　丽 马　莎　译自法文

郭本禹 蒋　柯　审校

第二卷　物理学思维

法文版　*Introduction à l'Épistémologie Génétique*, Volume Ⅱ: *La Pensée Physique*, Paris: Presses Universitaires de France, 1950.

作　者　Jean Piaget

杨　璟 曹淑娟　译自法文

王云强 蒋　柯　审校

第三卷　生物学、心理学和社会学思维

法文版　*Introduction à l'Épistémologie Génétique*, Volume Ⅲ: *La Pensée Biologique, la Pensée Sociologique*, Paris: Presses Universitaires de France, 1950.

作　者　Jean Piaget

刘爱萍 黄梦龙　译自法文

王云强 蒋　柯　审校

内容提要

《发生认识论导论》是经典皮亚杰理论的代表作和纲领，集中体现了皮亚杰发生认识论的核心观点和理论框架。该书初版于1950年，共有三卷：数学思维；物理学思维；生物学、心理学和社会学思维。1973—1974年出版了第二版，其中第一卷和第二卷并无改动，第三卷被删除。由于皮亚杰在第二版的第一卷中撰写了一篇非常重要的序言，再次重申发生认识论的意义、目标和方法，并阐明第一版与后续研究之间的关系，因此在本文集中收录了第一卷的第二版（1973）、第二卷的第一版（1950）。同时，为了便于读者把握发生认识论研究的连贯性，清晰呈现皮亚杰发生认识论的发展历史，体现其文献价值，文集仍然把第二版删除的第三卷（1950）收录在内，以飨读者。

皮亚杰在《发生认识论导论》的"导论"中明确提出，作为科学的发生认识论研究知识的增长，其方法是历史批判方法和发生心理方法的结合。发生认识论的发生学方法基本不会对研究结果进行预判，但经验论、行知论或相对主义始终都以发生心理学或历史批判的研究来支持其论断。大脑发展和永恒规范之间联系的问题，是发生认识论特有的方法的核心问题。发生认识论有狭义和广义之分。前者是指所有以当时的知识状态为参照系，对知识的增长模式所做的发生心理学的或历史批判性的研究，而后者指的是参照系本身也被包含在了被研究的发生过程或历史过程中。

在第一卷"数学思维"中，皮亚杰认为，数字的"心理经验"论和"内在经验"论均不能揭示其认识发生机制。他基于反省抽象，将重点放在动作与运算的关系上。在皮亚杰看来，无论是简单的数字还是更为一般化的负数、复数和超限数，均不是从客体提炼而来，而取决于主体作用于客体的动作的协调。建构逻辑与数的相继结构既取决于对动作的抽象化，也取决于使涉及集中、分类等动作的抽象元素的组合更为灵活与可逆的运算的概括化。空间运算在生成上和完成上与逻辑-算术运算同构。心理意义上的空间开始既是物理的也是数学的，也就是说同时隶属于主体与客体，即直觉将主体与客体混淆成一个未分化的整体。但随着空间概念的发展，空间运算即普遍上的、形式化的客体组合运算与经验空间即物理客体空间二者之间逐步分离。根据发生认识论，数学存在的本质问题只有根据其发展及其与生物学的或者物理学的思维的发展作比较时才能被解决。数学存在先于由主体对客体进行的动作的协调，而动作的协调格式足以生成逻辑和数学的运算。逻辑数学运算和真实的变化之间具有一致性，而这种一致性以主体本身的心理-生物结构作为中介。

第二卷"物理学思维"集中阐述了五个问题：(1)运动学和力学的概念。通过对时间、速度和力等概念发生过程的分析，皮亚杰得出三点主要结论：认识发生与运动学及力学观念的发展史趋于一致；逻辑-数学知识和物理知识从最初的不可分到后来的分离且相容；主体和客体之间的关系最高阶段为经验超越了时空观察的范畴，推理脱离了直觉。(2)守恒与原子论。皮亚杰主张，作为物质守恒的第一种形式的客体恒常性是动作整体协调的结果。他呈现了各种形式的守恒，从动作和运算角度分析了重量和体积守恒出现较晚的原因，并揭示了儿童原子论的形成与守恒之间的关系。在皮亚杰看来，守恒概念的形成过程与人类思维发展过程中守恒基本观念的诞生过程是一致的。(3)偶然性、不可逆性和归纳性。在考察偶然性的起源、前科学思维和科学思维历史中对偶然性的界定的基础上，皮亚杰剖析了可逆运算和不可逆事实之间的关系，以及实验归纳法中的偶然性，并以热力学第一和第二定律为例阐明了同一性的模棱两可和运算组合的极限，最后得出结论：概率的真正意义是标记主体的活动界限，而这种活动是由可逆性决定的。(4)微观物理学的认识论启迪。实验方法与观念或思维结构的相互关联构成了微观物理学认识的新的基本事实。皮亚杰从空间和时间的微观物理学诠释入手，分析了客体与微观物理学的因果性以及算子的作用和互补性逻辑，认为可知的现实是由一个不可分割的关系复合体构成的：客体与主体的操作干预；回答认知所提出的最终问题需要从这个问题中而不是从可同化的现实获知。(5)物理现实性和因果性。通过对个体发展和科学发展过程中的因果性，以及孔德、迪昂、庞加莱、弗兰克、梅耶森、布伦茨威格、巴什拉和朱韦等人的因果性和认识论思想的探讨，皮亚杰发现物理科学所假设的现实具有种种细微差别，尽管物理思维力图将经验同化到主体的运算，但是与现实的专门动作相对的对现实的认识，从来没有完全被还原为动作的概括性协调。

第三卷"生物学、心理学和社会学思维"包括三部分：(1)生物学部分。在"生物学知识的结构"一章中，皮亚杰探究了动植物学分类、类和关系"群集"以及种类的概念，从整体结构和"群集"的角度对比较解剖学中的逻辑运算进行考察，论述了生物统计学的意义，剖析了生物学知识的生理学和胚胎学解释，并对物理学思维和生物学思维进行比较。"适应和进化论的认识论意义"一章解读了适应的物种不变论、生物预成论、先验认识论、"突现"论、拉马克主义、经验主义认识论、突变论、实用主义约定论以及互动认识论，指出胚胎发育法则和个体智慧发展之间具有极高的相似性，生命和智慧的这种连续性赋予了生物学在科学中的真正地位。(2)心理学、社会学和逻辑学部分。"心理学解释"一章展现了心理学解释的各种形式，它们具有明确的认识论特点。当代心理学在两种极端的解释类型之间摇摆，一种解释是基于生理学的，另一种是基于逻辑的。在"社会学解释"一章中，皮亚杰理清了社会学与生物学、社会学与心理学之间的关系，阐释了社会整体概念的多重含义，分析了社会学解释的三个维度：历时性和共时性、节律和调整以及群、实际解释和形式化重建，并研究了社会中心思维形式的社会学解释（从一般的意识形态到形而上学）和集体思维的运算形式的社会学解释（从技术到科学和逻辑）。

(3)结论部分。皮亚杰先阐释了科学知识的循环过程,探讨了相互作用和科学思维中的主客体,指出认识发生过程兼具建构性和反思性,且知识的演化向更稳定和更具动态性的平衡迈进;进而考察了四个主要领域之间的四个基本边界以及它们所展示的科学循环体系的特征:从物理学到数学的还原、从生物学到物理学的还原、从生物学到心理学的还原、从数学到心理-社会学的还原;最后总结出科学思维的两个方向:唯物主义和唯心主义,并指出发生认识论是一个开放的学说体系,随知识的增加而日益丰富。

王云强

目　　录

第一卷

第一版序言 /247

第二版序言 /249

导论　发生认识论的对象和方法 /253

第一节　作为科学的发生认识论 /253

第二节　认识论中的发生学方法 /256

第三节　费代里戈·恩里克斯的心理认识论 /259

第四节　多样的认识论解释与发生学分析 /264

第五节　心理发展与规范永久性 /269

第六节　平衡与"极限":科学循环与科学思维的两个方向 /271

第七节　狭义与广义的发生认识论 /276

第一部分　数学思维 /280

第一章　数字的运算性建构 /282

第一节　数字的经验论解释 /283

第二节　数字的经验主义理论 /288

第三节　质与量:基本运算所特有的"群集" /292

第四节　被还原为逻辑类别的基数和被还原为非对称关系的序数 /301

第五节　对数字的理性直觉 /304

第六节　类别、关系和数字 /306

第七节　整数的公理体系 /311

第八节　负数与零 /315

第九节　分数和无理数 /318

第十节　复数、四元数和算子 /321

第十一节　无限与数字的运算本质 /325

第十二节　结论:数字的认识论问题 /328

第二章　空间的运算建构 /336

第一节　空间认识论理论的分类/337
第二节　知觉空间(一):"先天论"与"经验主义"、遗传与感觉/342
第三节　知觉空间(二):几何形式的"格式塔心理学"理论/349
第四节　知觉空间(三):"知觉活动"与知觉发生认识论/354
第五节　感知-运动空间:关于群观念的"先验"特点与庞加莱论三维欧几里得空间的约定性质/361
第六节　希尔伯特的观点与几何"直觉"问题/368
第七节　表象直觉与"程度的"具体空间运算/373
第八节　通过外延的和尺度的量化来实现空间的数学化与测量性建构/380
第九节　形式运算与公理几何学/383
第十节　几何概括化与历史发现的相继次序/391
第十一节　贡塞斯的几何认识论/394
第十二节　结论:空间、数与经验——布伦茨威格的解读/402

第三章　数学认识与现实/409
第一节　运算的历史性意识通达(一)/409
第二节　运算的历史性意识通达(二)/414
第三节　数学推理(一)/419
第四节　数学推理(二)/423
第五节　数学推理的逻辑解释/430
第六节　卡瓦耶斯和劳特曼的论题/442
第七节　结论:数学运算与数学存在的本质/447

第二卷

第二部分　物理学思维/463

第四章　运动学和力学的一些观念的本质:时间、速度和力/466
第一节　问题所在/467
第二节　时间直觉的发生/470
第三节　时间运算/478
第四节　运动和速度/491
第五节　力观念的起源及其前科学形式/496
第六节　力学概念和世界体系的演变:从绝对的自我为中心到相对的去中心化/500
第七节　从"原始人"的世界到亚里士多德的世界体系/502
第八节　经典力学和宇宙的去中心化;力观念科学形式的演变和潜在问题/509
第九节　相对论和新的"绝对性"/515

第十节　结语/524

第五章　守恒与原子论/527

第一节　物理客体和动作的整体协调/529

第二节　守恒的基本表征形式/534

第三节　基本的物理学运算、从自我中心的同化到运算的群集以及在 E. 马赫和 M. 普朗克的观点中感觉在物理学中的作用/540

第四节　原子论的起源及阿内坎和巴什拉的观点/548

第五节　守恒的科学原理和梅耶森的阐释/552

第六章　偶然性、不可逆性和归纳/560

第一节　偶然性思维的发生/562

第二节　前科学思维和科学思维历史中关于偶然性的定义/566

第三节　可逆运算和不可逆事实：混合和非相加的历史整体观念/570

第四节　实验归纳法的问题/574

第五节　热力学第二定律的形而上学、同一性的模糊性和运算组合的局限性/581

第六节　物理学概率论的意义/586

第七章　微观物理学的认识论启迪/592

第一节　空间关系的微观物理学诠释/594

第二节　时间的微观物理学观念与叠加的时空关系/599

第三节　客体与微观物理学的因果性/602

第四节　算子的作用及互补性逻辑/607

第五节　微观物理学的认识论意义/611

第八章　物理思维问题：现实与因果性/616

第一节　个体发展中因果性的发生与演变/617

第二节　科学思维发展史上因果性的阶段与因果性解释的问题/625

第三节　奥古斯特·孔德论述的因果性以及物理学的实证主义诠释/631

第四节　P. 迪昂的唯名论与 H. 庞加莱的约定论/635

第五节　P. 弗兰克的新实证主义与因果性/640

第六节　E. 梅耶森的因果论/645

第七节　L. 布伦茨威格的因果论/649

第八节　G. 巴什拉物理认识论/653

第九节　G. 朱韦的物理理论/656

第十节　结语：因果性与物理现实/660

第三卷

第三部分　生物学思维/669

第九章　生物学知识的结构/671

　　第一节　动植物学分类、关系和类的逻辑"群集"/672

　　第二节　种类的概念/678

　　第三节　对应的逻辑"群集"和比较解剖学/682

　　第四节　遗传和变异理论中（生物统计学）测量的意义/685

　　第五节　生理学解释/691

　　第六节　胚胎学解释和个体发展/695

　　第七节　整体论和目的论/700

　　第八节　物理学和生物学/705

第十章　适应和进化论的认识论意义/709

　　第一节　生机论的物种不变论、智慧-机能理论和普遍知识/711

　　第二节　生物预成论和先验认识论/713

　　第三节　"突现"论与现象学/717

　　第四节　拉马克主义和经验主义认识论/720

　　第五节　突变论和实用主义约定论/724

　　第六节　生物学和发生认识论之间的交互论/728

　　第七节　认识和生命：生物进化及其发展原因/733

第四部分　心理学、社会学和逻辑学/738

第十一章　心理学解释/740

　　第一节　生理心理学解释及其局限性/742

　　第二节　心理学的伪解释/751

　　第三节　发生的和运算的解释/754

　　第四节　心理学-生理学平行论/760

　　第五节　逻辑的地位/766

第十二章　社会学解释/770

　　第一节　引言：社会学解释、生物学解释和心理学解释/770

　　第二节　社会整体概念的多重含义/776

　　第三节　社会学解释　（一）历时性和共时性/782

　　第四节　社会学解释　（二）节律、调节和群集/788

　　第五节　社会学解释　（三）实际解释和形式（或公理化）重构/794

第六节 社会中心论 /798
第七节 逻辑与社会:形式运算与合作 /806

结论 /816

第一节 科学的循环 /816
第二节 相互作用中的主、客体 /819
第三节 科学思维中的主、客体 /823
第四节 建构与反省 /828
第五节 知识的增长是一种好的发展方向吗 /834
第六节 "高级"与"低级"之间的关系 /840
第七节 科学思维发展的两个方向 /846

发生认识论导论

第一卷

第一版序言

一个写过大概 15 本关于儿童心智发展的著作的心理学家，现在来写认识论，这需要一些解释，而这一解释也很难以自述以外的其他方式来完成。

在我学习动物学的时候，对变异和适应以及对逻辑和认识论的两重兴趣曾让我梦想要创造一种只建立在发展这一概念之上的生物认识论。于是在当时，转向具体的心理学——特别是儿童智慧研究，这是以理性为对象的胚胎学（embryologie de la raison）——就是一种必然的选择。因此我就开始对儿童逻辑进行初步的研究，并以为最多只会花上四五年时间。结果这些初步的工作已经用了将近三十年，并且还没有结束……

然而，如果说我从一直尽量避免过于匆忙地把研究一般化，对于建立我现在终于要为之勾勒轮廓的发生认识论这一目标，我却始终也没有忘记。我特别努力地与科学自身的历史保持充分的联系。就像让内（Pierre Janet）说过的一样，大学的课堂就是让我们展示还不够确定的研究的地方。日内瓦理学院和曾在那里教授实验心理学的艾德华·克拉帕雷德（Édouard Claparède）思想上的自由，让我可以在超过十年的时间里一直负责一个关于科学思想史的讲席。现在的这部著作就是智慧运算的心理学发生机制和它们的历史发展之间的比较——我一直致力于这一对比——的研究成果。

在这一研究的尾声，我首先要感谢我在日内瓦大学的同事们。如果没有那些懂得心理学视角的精确科学的代表们和我持续对话，我将很难坚持下来。在此我特别需要提到早先一起共事的盖伊先生（Ch. E. Guye），接着还有瓦夫尔（R. Wavre）、魏格勒（J. Weiglé）、斯塔克伯格（E. Stuckelberg）、居耶诺（E. Guyénot）、费罗（L. Féraud）、阿曼（A. Ammann）以及数学助理沙畹（M. Chavannes）。

关于这部著作的写作还有一点需要说明。我始终面临着两个困难：既然是针对认识论学者的写作，那就不能假设他们很了解我对儿童智慧心理学的研究，因此就有必要在每个关键点上给出概要以保持与认识论讨论本身之间的联系。但另一方面，这本书也是面向心理学家群体的——他们也对纯粹的发生认识论感兴趣，因此也不能过分重复事实信息。所以我尝试在两者之间保持一种平衡，就像航行在卡律布狄斯和斯库拉之间的奥德修斯一样，并特别区分了大小字体以及多次给出了可做参考的其他资料。

同样的问题也出现在本书与我在别处出版的《逻辑通论》①相近的领域中,后者包含了许多逻辑推导,在这里同样不可能把它们详细列出。

至于本书的结构:在这本仅涉及数学思维的第一卷之后,读者还将看到讨论物理学思维的第二卷,以及研究在生物学、心理学和社会学中的科学思维的主要形式的第三卷。

让·皮亚杰

---

① 科林出版社,1949。

第二版序言

　　对于一个作者来说,当看到在自己的作品售罄之后读者和出版社要求再版,这总是一件乐事。可不幸的是,在我这里,我只能对我最近的著述,特别是正在完成或者准备书写的著述,感到满意。因为我始终深信我过去的解释和证明都不够充足,因此也就有必要借助新的事实和对初始理论的修改来重新解决相应问题。这对于读者来说自然是种令人烦扰的态度,尽管主观上看它是相当刺激的,因为它通过持续的完善工作而把终点不断地推后。

　　因此,我将试图脱离这种矛盾的视角而完全从读者角度出发,并以此来寻找人们期望再版这部《发生认识论导论》的头两卷以及结论部分的理由。很显然,主要的理由就是这部著作恰恰是一部导论,而如果它能起到相应的作用,也就是说"引导"人们进入新的研究领域,那么对于这些新的研究来说,重构使它们的展开成为必要的基本原则就不是一种无用功。而这些新的研究是一个团队,甚至是一组没有间断过的团队:"发生认识论国际中心"的成员和合作者们组成的团队。他们已经共同准备和出版了《发生认识论研究》的第一到二十九卷(另有即将完成的)。再版我的《导论》以及重申它的主线,实际上就是重温并解释启发着我们的集体信念,而从这个角度看,我也能更好地看到这种过去的重生所带来的益处;这是过去也不仅仅是过去,因为这是始终都在当下的尝试,并且是一个团队的尝试。

　　这部导论的两个主要观点分别是:认识的本质和有效性都极大地取决于它们的形成模式,而为了触及这一模式,我们需要使用经过检验的历史批判分析、发生社会学分析以及特别是发生心理学分析(针对属于基础阶段的内容),并要尽可能地把它们与形式化的要求相结合。针对这些指导原则常见的反对意见自然在于认为认识的有效性是一回事(它只取决于规范性的因素),而形成过程则是另外一回事(它只取决于事实条件),因此与评价行为并没有关系。假如我们参考自第一版出版后新的研究成果来重读这部《导论》的话,它的再版可以帮助人们消除一个根本性的误解。事实上,上述的反对意见假设在对任何认识行为的分析中都存在三个不同的环节或者角色:(1)认识的主体,通过其层次、信息级别等等按照自己的方式来思考;(2)历史学家、社会学家或者心理学家,研究的是让主体达到他目前的认识水平的过程;(3)认识论专家,依照自身按照某种特定的哲学所提出的规范来评价主体的认识。而我们很难让一些反对发生认识论的哲学家理解的是,角色二(心理学家等)丝毫没有企图扮演第三种角色(设立规范者),

而只是想把角色三的价值还给角色一（认识主体）。这当然会有十分令人不快的后果，即使角色三不再有用处，但获益的是角色一而不是角色二，后者把自己的任务限定为描述这个主动且负责的主体是如何用他自己的手段来解决他自己的问题的。

事实上，当人们对我们说，形成过程不是解释性的，也不能构成规范性评价的足够的渊源的时候，人们故意忘了三个关键的事实。首先，人们忘记了这一过程就是"主体"活动的发展过程，也就是说，这是设立规范的创造性活动的发展过程，而不是简单的意识状态的心理发展过程；其次，人们忘记了一个根本事实，即主体自身可以独立完成设立规范的活动：不管是一个刚刚发现了物体的恒常性的十个月大的婴儿，还是在建构他的复杂理论的爱因斯坦，主体既不需要哲学家（角色三）也不需要心理学家（角色二）来帮他思考，因为他能够自给自足（或是作为个体，或是作为或多或少社会化了的或集体化了的主体），并且自我纠错；最后，人们也忘记了，如果说主体在设立规范方面是完全独立的，他仍然需要一个发展过程以便能达到这个状态，因为他总是在不断地修改着自己的规范。在这个意义上，他是这一过程的产物。然而他自己只了解这一过程中极其微小的一个部分，这也是为什么我们需要通过一个外在于他的分析来重现这一过程。因此，角色二是十分必要的。让我们再强调一次，心理学家并不是要来设立规范，而只是要尽力去描述和解释作为拥有彻底的自主能力的建构者的主体在面对客体和所有的实在世界的时候所开展的活动。

这就是发生认识论的意义。我们也可以看出，如果说它试图挑战哲学理论的霸权的话——它们认为科学本身并不完整，因此试图让主体遵从外在于他的更高层次的主体所设立的规范，从而使主体丧失了自己富有创造性的自由——发生认识论并不希望用一种新的霸权来取而代之。恰恰相反，它只想研究发展中的思维实际上正在完成的工作，不管这一思维是科学工作者的还是那些在从生物状态过渡到基础行为的转变中就开始出现的大量前科学的认识活动中的思维。因此，发生认识论为自己提出了一个宏大的目标，尽管这一目标相对于它所给予自己的能力来说仍然是有限的，甚至是平常的。它不像哲学认识论那样绝对而抽象地询问"知识如何是可能的"。它问的问题仅仅是："知识是如何变成可能的"或者"知识是否变成了真实的"。然而，正如新康德主义者们（赫尔曼·科恩等人）强调的那样，由于所有的知识——科学知识也不例外——都在不断地变更，发生认识论提出的问题最终是这样的："知识是如何在内涵和外延上不断增长的？"所谓内涵和外延，也就是说在质和量两方面的发展。让我们再强调一次，对质与量的判断是由主体自身的规范性活动逐步完成的，而不是由发生认识论的研究者来确定的。后者的工作因此可以被比作那些研究"诗歌艺术"的人（我们在其他地方已经解释过这一点），他们不会尝试超越诗人本身并据此乱发议论，而只是去研究诗人自己是怎样工作的。相反，哲学认识论的专家们就希望能代替主体自身，也就是说代替诗人们去写诗。

在这个意义上的发生认识论必然要开展交叉学科的研究。对于每一种特殊的认识形式的分析都需要这一领域自身的专家、能追溯其社会源起的历史学家、能研究最初的基本概念是如何形成的心理学家、能够建立抽象模型①或者"人造"模型的逻辑专家或程序专家等人的大力合作。当然,假如每个认识主体都有着最完整无误的记忆,也就是说如果他能清楚地追溯到他刚出生不久之后的思维的发展,并且有着足够的内省能力能够看清自身思维的深层结构及其潜在的运行机制的话,上面说的这些专家学者自然都是多余的。但正是因为认识活动面对的挑战是如何解决现实提出的新问题,而不是保存和重现已经结束了的过去,因此也就没有一个科学创造者——无论他有多么聪明——能洞察他自身智慧几乎完全不为其所知的发展过程。这也就是对发生过程的研究要完成的重大工程:一级一级地追溯主体"完成"的活动,而不是简单地分析他意识到了的事物。

对交叉学科的要求指明了这部导论的缺憾,因为当时笔者是独自来尝试完成这部著作的。这也解释了此后为补充它而开展的大量工作。在数学-逻辑思维方面,值得一提的有《发生心理学研究》系列研究的第四卷、第九卷、第十一卷、第十三卷、第十六至十九卷、第二十三至二十四卷;对于更为一般的问题,读者可以参考第十四卷《数学认识论与心理学》,这是笔者非常荣幸地与逻辑学家贝丝(E. W. Beth)共同执笔完成的。在物理思维方面,认识论中心曾在与一些物理学家——如罗森费尔德(L. Rosenfeld)、苏里欧(F. Souriau)、哈伯瓦克斯(F. Halbwachs)和加西亚(R. Garcia)——以及理论家或者历史学家——如布日(M. Bunge)和库恩(Th. S. Kuhn)——的合作中,用了数年时间来系统地研究因果关系。我们针对大量极为不同的情形做了上百种实验(运动的传递、矢量的合并、作用和反作用等等),相关的成果发表在系列研究的第二十五卷到第二十九卷中。特别在第二十五卷《关于因果关系的理论》中,笔者和前面提到的专家中的四位一起探讨了如何理解因果解释。

在以上各方面,今天再版的《发生认识论导论》和后来完成的研究之间有着很强的连贯性。与之相反,笔者认为这次再版可以省去关于生物思维和人文科学的篇章,因为笔者刚刚彻底重写了这些内容:一方面是在罗斯丹先生(J. Rostand)主编的丛书("科学的未来")中出版的《生物学与知识》一书②;另一方面则是在联合国教科文组织关于"人文科学的当前趋势"(Tendances actuelles des sciences de l'homme)这份重要的报告中。笔者为这份长篇报告所写的三章——第一章涉及人文科学在科学体系中的情况,第二章涉及心理学,第三章涉及不同人文社会科学所共有的机制——被教科文组织选编成了一本小书,题目为《人文科学的认识论》,已由伽利玛(Gallimard)出版社出版。

当然,给发生认识论带来了最大问题的,是对数学-逻辑思维和物理学思维的解读。

---

① 这里需要说明的是,这些抽象模型并不是被强加给主体的规范,它们只是能够帮助主体理解自身规范的格式。

② 这本书刚刚被收入"思想"丛书再版。

这是因为,如果说任何有生命的存在——人是其中一种——都不可避免地处于变化之中,因此也就天然地和发生过程紧密相连的话,数学-逻辑思维所寻求的是永恒,而物理定律或物理原因也是不因时间而改变的。这部导论提出的解决方法——后来的研究似乎也证实了它们——一方面旨在借助运算结构的渐进的可逆性来消除永恒和发生过程之间的矛盾,另一方面则试图使用一种与亚里士多德式的抽象所不同的抽象模式:亚里士多德的抽象是从客体出发的,而反省抽象的根基则是主体对客体施加的动作——这和前者是截然不同的——而且特别是这类动作之间的协调。这一根本过程似乎就是设立规范的活动的中心,而上面提到的这些活动的特点就是主体活动在认识方面的核心特征。

皮亚杰

1972 年 5 月

导论　发生认识论的对象和方法

许久以来，实验心理学、社会学和逻辑学或者说代数逻辑——如果我们只举几个提供了最丰富的集体研究的学科的例子——已经成为真正的科学分支，并独立于哲学的整体讨论而存在。我们希望研究，在什么条件下，发生认识论——或者说建立在对认识本身发展过程的分析之上的关于科学知识的理论——也同样可以成为独立的科学。这就涉及我们是否可以区别出这样一门学科的对象，并建立起能应对其具体问题的特殊方法。

第一节　作为科学的发生认识论

哲学的研究对象是全部实在：既包括外在实体也包括精神，以及两者之间的关系。因为它包揽一切，它所特有的方法就只有思辨分析（analyse réflexive）一种。此外，正因为它不能忽略任何一种实在，它所建立的体系就必然会既有价值判断，又有事实认定，也就迟早会产生因人类意识所接触到的多元价值而不能被消解的矛盾。于是我们便看到，在形而上学的历史中反复出现的传统经典理论呈现出驳杂异质的特征。

与此相反，一门科学则选定一个有限的对象；对这一对象的成功限定甚至是其作为科学而存在的伊始。为了解答特定的问题，它为自己建立起一种或多种方法，以便在它预先设定好的研究领域内搜集新的事实，以及协调各种阐释性理论。如果说哲学不可避免地会碰到针对内在生命和宇宙的各不相同的整体构想之间的差异与矛盾，一门科学相对来说则更能使人们达成统一的意见，但这种一致也仅仅局限于解决有限范围的问题时，以及所运用的方法具有良好定义时。

虽然哲学与众科学之间没有绝对的界限，但是它们的精神却颇为不同。它们之间没有绝对的界限，因为前者涉及全部实在而后者则与实在的特殊方面相关。因此，我们永远不能先验地判定一个问题的性质到底是科学的还是哲学的。在实践中，从事后回顾，我们发现在某些问题上人们是可能达成一致的（比如一种现象的概率计算、遗传法则或者一种知觉结构），但在别的问题上就很困难（比如人的自由等等）。因此我们说前者是科学的而后者是哲学的，但这仅仅意味着我们成功地把第一类问题分离了出来，以便它们的结论不会牵连到整体，而后者则仍然是与极大量的先决问题紧密相连，因而需要对实在整体做出判断。然而这仅仅是一种实然状态；我们经常看到，传统上被认为是哲学的问题经由一种新的界定就变成了科学问题。这正是大多数心理学问题所经历过的变化：我们今天可以研究知觉的规律和智慧的发展，而不需要对"灵魂"的本质下结论。

然而，如果说在哲学和科学问题之间没有固定的界限，我们研究它们的态度却仍然是极为不同的，这是因为，在进行科学研究时，人们尽可能地避免对其他问题进行讨论；而在哲学讨论中，所有问题都被相互连接起来，人们不希望，甚至也没有权利进行限定和分割。我们几乎可以不带任何恶意地说：哲学家是一个不得不研究和讨论所有问题的理论家，而科学工作者则努力对问题进行划分排序，因此也给自己留下了时间以便找到解决每一个问题的特定方法。

这便是问题的关键。当一门学科——比如实验心理学——从哲学中分离出来以成为独立的科学时，它的支持者们的这一决定并不意味着，在某一时刻给自己贴上一个证明自己态度严肃或者价值更高的标签。它只是要求放弃一些使人争执不休的讨论，并通过协议或者君子协定（gentleman's agreement①）只对一些能够仅仅通过某些共同的或可交流的方法进行研究的问题展开讨论。因此，在一门学科的建立过程中一定有一个必要的舍弃、一种决心，即在尽可能客观地介绍研究所得的成果和正在探寻的解释这一过程中不再混入更多来自我们自身的忧虑，而是要求自己把它们放置在已选好的区域之外。这就是为什么人们之间是可以达成一致的，即使像在实验心理学这样的领域：无论是在莫斯科、鲁汶还是芝加哥，一个关于知觉的问题都有着相类似的解答；它独立于运用相似实验方法的研究人员自己认同的各种各样的哲学。

不过，如果说在一门科学建立之初，这样的舍弃看起来像是使它更狭隘了，事实上正是这样的限定让人类的知识得以进步。整部科学思想史，从数学、天文学、实验物理学直至现代心理学，是一部特殊学科逐渐从哲学分离出来的过程。而反过来，哲学最富有成果的更新都来自对已经独立的科学所带来的进步的思考：柏拉图、笛卡尔、莱布尼茨和康德是这一道理最伟大的证人。

如今，当我们考虑整体的哲学综述时，"限定"的问题已经直接涉及认识论本身；这一方面是因为它的某些特定方法的发展，另一方面是因为当下科学与哲学之间的关系所遇到的危机。

如果说专业学科之间不断变大的差异为科学带来了众所周知的成果的话，这也的确在某些时候导致了一个对哲学来说灾难性的后果：当许多出众的学者不能继续掌握专业研究的每一个细节时，他们便相信哲学不过是和其他学科一样的一门专业。然而，在过去的伟大时代中，是同一批人，既在他们的学科中持续地工作，又不时地提出一些影响了哲学史的主要历程的哲学综述。然而，今天的人们却相信，在缺乏大学里的实验

---

① 一般作"gentlemen's agreement"，此处原文如此。——译者注

经历和数学训练的情况下,一样可以成为哲学家,也就是说,在没有先期专业研究的情况下就进行综合概括,更确切地说,是把综合概括当作一种正当的、专业化的工作。笛卡尔——他的名字既让人想起哲学又让人想起解析几何——建议过在一个月里只拿一天来进行哲学思考,其余的日子则应该用来做实验或者计算。然而,今天人们却接受在没对科学做出贡献的情况下——哪怕是像博士论文中要求的那一点点发现——就可以发表哲学作品。

这种分工——研究特殊问题的人与一开始就认为可以对全部实在进行思考的人——所导致的结果完全不令人意外。一方面,我们看到哲学家们对"所有可知的事物"进行讨论,仿佛人们可以通过简单的"思考"达到一切真理。举例来说,对知觉进行分析,但从未在实验室中测量过差别阈限(seuil différentiel),或是在讨论自然科学的研究结果时,自己却从未了解过精确量化的研究技术。然而历史已充分地证明了,要想对别人的研究进行富有成效的讨论,自己就必须切实做过类似的努力——不管它是多么的有限。看到这么多深刻而聪明的人徒劳浪费自己的天赋,我们只能更加感叹,因科学与哲学分家而衍生出的大学的组织模式没能更好地分配用于事实搜集和纯粹通过思考进行分析的精力。特别是,如果哲学家们为实验心理学的任意方面做了更多贡献的话,人类的认识就将是现在的十倍了。然而,与实验室失去联系这一事实使许多最聪明的分析家们认为,即便不离开自己的图书馆或书桌,也可以研究关于大脑的事实。

而另一方面,与长久以来由对科学的思考而产生的哲学的传统相一致,越来越多的专业学者为当代的认识论提供了原材料。除了有一小部分精英哲学家们通过学习科学,像我们知道的那样有力地批评了简单的冥想之外,事实上是数学家、物理学家和生物学家给今天的科学思维,乃至思维本身,带来了最富成果的讨论。更有甚者,因为他们不确定学院哲学能给他们的帮助,他们有时也能在直至现在都共同属于哲学认识论和科学最普遍的部分中划出一片讨论与研究的特殊区域,比如所谓的数学的根基问题。

这就引出了今天许多群体都在思考的问题:认识论是否是与一种整体哲学密不可分的?还是说,我们能够不无裨益地对认识论问题进行分割,以便有助于寻找答案,无论其对传统形而上学的观点持什么态度?

所有哲学都需要一套认识论,这不言自明:为了能同时拥抱精神与宇宙,我们就必须先确定两者是如何相互联系的,而这一问题也是认识论的传统问题。反之则只有一种情况下认识论才需要一套哲学:当我们直接进入普遍意义的认识论或者认识本身;这样的问题——无须多想便可承认——既涉及关于展开认识活动的精神的哲学,也涉及关于有待认识的现实的哲学。

只不过,特殊科学的独特之处正是在于从不直接讨论牵连太过复杂的问题,而是把困难分割开来以便对其划分排序。因此,一门希望保证自身科学性的认识论绝不会直接问什么是认识,就像几何学不会一开始就研究什么是空间,物理学不会马上研究什么是物质,以及心理学在开始时拒绝对精神的实质进行解释一样。

对于科学来说，确实没有一种普遍意义上的认识，甚至没有一种普遍意义上的科学知识。只存在不同形式的认识：其中每一种都包含了无尽的特殊问题。即便是针对特殊科学知识的大类而言，现今也难以找到什么是数学、物理、生物知识等各自类别中统一的解释。相反，如果我们分析一项具体的发现并描述它的历史，或是一个特别的概念，并重构其发展过程，也并非不可能通过下述方式对讨论的问题找到一个人们都基本同意的答案：在所考虑的（并且经过一定限定的）情形中，科学思维是如何从知识较少的状态达到人们认为知识水平更为高级的状态的？

换言之，如果说普遍意义的科学知识仍是一个哲学问题，因为它必然与所有问题都相连，那么也许也有可能，通过置身于具体事物之中，限定出一系列带有复数形式的具体而特别的问题：各种知识如何增长？在这种情形中，关于这样多样的知识增长——人们把它们作为添加到原有事实的新事实，并用归纳推理加以研究——的共同机制的理论就可以构成一个通过连续的区分来尽量具备科学性的一门学科。

然而，如果这就是发生认识论的对象，我们很容易就可以发现，这样的研究——因现有的大量的专门研究——已经是多么的深入，但与此同时，人们也常常在这样的讨论中一不小心就滑回了传统认识论里过于普遍的观点之中。一方面是一系列相互之间并无联系的历史学和心理学的专著，另一方面是回到认识哲学本身，这两者都是我们要尽量避免的误区，而只有一套严格的方法才有可能达到这一目的。

第二节　认识论中的发生学方法

对知识是如何增长的研究，在方法上要求我们从在时间中的发展这一角度来考量所有知识，也就是说像一个我们无法触及其开端和结尾的持续过程一样。换言之，所有知识始终都应在方法上被看作与先它而在且从属于它的知识相联系，并且自身也有可能成为另一个更先进的知识的先期状态。即使是所谓永恒的真理，比如 $2+2=4$，也可以被解释为这样一个发生过程的阶段：一方面，因为并不是所有能思考的主体都拥有这一知识，因此我们需要考察它从更初级的知识中生成的过程；另一方面则是因为，即便它是确定不变的（不管它的本质是"实在的"、是"句法逻辑"上的，还是约定的等等），这样的知识——如果它进入到越来越丰富且形式化的运算系统中——也可以有后续的增长。于是，从通过算盘经验性地验证 $2+2=4$，到毕达哥拉斯学派对这一真理的解释，再到比如罗素和怀特海在《数学原理》中的构想，中间有一个非常复杂的发展过程。

换言之，发生学方法意味着从知识建构的实际或心理角度来考察它们，并把所有知识都看作和这一建构机制的某一水平相连。同时，相反于一个非常普遍的观点，我们将试图证明这样的一种方法并不会预判通过运用它而获得的研究成果；而且它甚至是唯一能带来这一保障的方法，但前提是我们要把发生学方法发挥到极致。目前的主流观点确实与此相反,也就是说认识论的学者常常怀疑心理发生型思考必将导致一定程度的经验论,尽管它可以引致先验的、甚至是柏拉图式的结论(如果事实允许的话)。这一针对发生学方法的偏见是由以下这一情况引起的:许多思想史中的重要理论——好比斯宾塞的进化论和更晚近的恩里克斯[1]的理论——事实上在运用发生学方法的道路上都停在了半路。

在思考这一方法的客观性条件之前,让我们先来描述它。如果说多样的科学活动分支中的各种知识都与生动的建构(constructions vivantes)相连,如果它们应该在这种多样性之上被单独研究且在分析过后被相互比较,那么我们从事这两重研究活动的时候就应该养成习惯,不仅是按心理学的方式来思考,也在一定程度上是按生物学的方式。

从这点来看,所有知识都含有一套结构和一种运行方式。对心理结构的研究构成一种解剖分析,而对多种结构的比较则类似于比较解剖学。另一方面,对运行方式的分析对应着一种生理学,如果涉及共同的运行模式,则是一种普通生理学。但在达到大脑的普通生理学之前,我们的首要任务应是对大脑结构的解剖比较。

然而,比较解剖学是如何确定机体的共通之处、"同源性"(homologies)或结构的发生学相似性的呢?有两种相互区别但可以相互组合的方法在持续地指导着这种探索。第一种是当结构的连续性明显地从成年类型中可以看出的时候,追溯结构间的演变关系:如果我们可以根据不同科属把脊椎动物的前肢,从鱼类的前鳍、鸟类的翅膀到哺乳动物的前肢等等,进行相互比较,在出现相对的不连续性的时候,杰弗里·圣伊莱尔[2]的"连接原则"(principe des connexions)能帮助我们通过一个器官和相近器官的联系来确立它们之间的同源性。但是这一类建立在对已成形的结构的分析之上的方法远不能满足系统性比较的需要,因为有的演变关系特别缺乏明显可见的连续性,从而超出了这类分析可及的范围。在这种情况中,第二种方法就变得必不可少,这就是"胚胎学"方法:它把比较的范围扩展到本体发生进程(développement ontogénétique)最基础的阶段。正是由于上述原因,有些固定的甲壳亚门蔓足亚纲生物,比如藤壶等,在很长时间内都被当作软体动物;但我们只需要发现它们是通过"无节幼体"(nauplius)的形式过渡到幼虫阶段的,就可以找到它们真正的科目,并重建起自然的世系和同源关系。另一方面,只有对胚胎发展的研究可以让我们确定一个器官的源头是来自中胚层还是内胚层等等。一些并不明显的世系关系,比如哺乳动物的一些耳小骨与鱼类的部分鳃弓(arc hyoïdien)之间的联系,也是通过对发展过程的研究而被逐步确定的。

而为了比较多种不同的心理结构——比如科学思维所使用的各种概念的结构——我们就必须使用相类似的方法;尽管智慧结构相比于节肢动物或者软体动物的解剖形

---

[1] Federigo Enriques(1871—1946),意大利数学家,因对代数几何的研究而闻名。——译者注
[2] Étienne Geoffroy Saint-Hilaire(1772—1844),法国博物学家。——译者注

态显得更高级，但在这些情形中我们涉及的都是进化过程中鲜活的有机体。

一方面，如果我们看一门科学所使用的概念在历史中的发展，我们可以很容易通过直接的连续性或通过确定所涉及的"关联系统"建立一些演变关系。正是通过这种方式，我们可以轻松地重构数字的概念和历史，从整数开始，到分数、负数，并直至由最初的运算不断推进的更一般的情形。此外，我们也不难比较各种测量的形式——空间、时间、多种物理数值等等——在它们各自的历史发展中的一些相对稳定的关联，比如寻找被假定为恒定的客体或运动与数字化的或属于数字的格式之间的联系。这种扩展至各种层级的多重的对比标志着发生认识论所特有的第一种方法。这种方法的一种更为广义的形式非常有名，而且可能还有待系统化，这种方法就是"历史批判"方法（méthode historico-critique）。众所周知，许多关于科学思想的历史学家和著名的认识论专家都曾精妙地使用过这种方法。

可是历史批判方法并不能满足一切需求。由于局限在科学历史这一领域中，它只涉及已经存在的思想——从社会传承角度看的学者自身的思想——所建构和使用的概念。能用历史批判方法分析的思想已经非常复杂，且或多或少地深植于科学合作自身的互动中。这种方法起到的巨大作用是把当下与一个充满了被人遗忘的财富的过去相连接；这一过去能通过对一种集体思想的逐个发展阶段的考量来部分地阐明和解释当下。但这仍然只涉及已经演进后的思想对其他仍在演进中的思想的影响，而非知识的发生过程本身。

这就是为什么，在第一种方法——它对应着直接的演变关系和连接，为比较解剖学所特有——之上有必要加上第二种方法，其功能是建构一种心理的胚胎学。针对这点，让我们重拾数字概念的历史。这段历史本身已包含了许多重要的启示：无理数是如何被引入以便模拟空间的连续性；虚数是如何从运算的一般化推广中产生的；超限数是如何体现某些与逻辑对应相近的"反身"对应①的类型的；等等。但是仅从这段历史出发，我们很难找到一个清晰的答案来回答核心的认识论问题：是否存在关于整数的、无法被还原为逻辑的初级直觉？又或者，数字是否来自更为简单的运算？这一历史批判型研究失败的原因大概在于，关于数字的理论家的心理结构是一个成人的结构——无论我们从康托尔②还是克罗内克③一直追溯到毕达哥拉斯，而在他们进行任何科学思考之前，数字的概念就出现在了他们的大脑中，因此我们确实需要认识数字的初始潜伏状态，也就是说能解释成年的藤壶的"无节幼体"阶段。而我们也看到，在此处要求运用一种可以与比较解剖学相类似的智慧胚胎学，并不是一件十分离经叛道的事。

---

① 也就是说使整体与部分相对应的。
② Georg Cantor（1845—1918），德国数学家，建立了现代集合论。——译者注
③ Leopold Kronecker（1823—1891），德国数学家，在整数方面与康托尔的观点相对。——译者注

而这一心理胚胎学已经存在,而且正是数学家们自己最准确地猜到,甚至是预见到了它可能的使用方式,比如当他们为几何上的发生认识论奠定基石的时候。我们都知道庞加莱是如何在物体运动的协调中、在对位置变化和状态变化的区分中找寻空间的起源,也就是说,借助诸多只能通过儿童——尤其是幼童——的心理发展的分析来验证的假设。而这一方法是可以被一般化的;我们可以探究所有思想中的关键概念或范畴的建构过程在个体智慧演进过程中的发生过程;在出生与成年之间,这一关于理性的胚胎学便能对发生认识论起到如机体胚胎学之于比较解剖学或其他进化理论所起到的作用。

儿童的发展确实始终受到社会环境的影响,它不仅起到加速的作用,而且传递了大量承载了集体历史的概念。正因为在发育中的个体从由数代过去的成年人所建构的过往那获得社会遗产,显然历史批判方法——以及延伸出的社会批判方法——会主导发生心理学的方法。但同样明显的是,即便儿童从社会环境中接受了许多已然形成的概念,他仍然会将这些概念改变,并将其按照他先后拥有的心理结构进行领会,如同他通过身边的事物来掌握环境一样;这些领会掌握的形式以及它们的承续关系(succession)便构成了社会学与历史学不足以解释的事实;而在研究它的过程中发生心理学的方法便会检查历史批判方法。

总而言之,发生认识论的完整方法是由历史批判方法和发生心理方法间的合作建构起来的,其根据是以下这条大概为所有机体发展的研究所共有的原则:一个活体的本质既不仅仅是由其初始阶段,也不是由其最终阶段,而是由其变化的过程本身所揭示出来的。初始的阶段确实只根据它所趋向的平衡阶段来确定;但反过来,达到的平衡也只能通过达到它的演变过程来理解。当涉及一个概念或一系列智慧活动时,重要的便不仅是起始点(此外它作为初始原点也是不可企及的),也不仅是最终的平衡(我们也并不知道它是否确实是终点);重要的是建构的法则,即运算系统逐步建构的一面。而对于这个逐步建构的过程,发展心理学独自提供关于基本阶段的知识,即便它永不能达到最早的阶段;而历史批判方法有时提供过渡阶段的、但无论如何都是属于高级阶段的知识,即便它并不包含最后一个阶段,因此唯有通过一种在起源和最终平衡间来回穿梭的方法(起源和最终阶段等术语只是相对的,并非绝对意义上的始与终),我们才能进入建构知识的奥秘之中,也就是科学思维的发展之中。

然而,这种方法会对它所达致的结果进行预判吗?我们现在应该通过一种近来同样建立在心理学上的讨论(第三节)以及对这一问题普遍情况的直接分析(第四节)来考察它。

第三节　费代里戈·恩里克斯的心理认识论

与我们刚建立的计划相类似的尝试自然并不罕见,因此也能让我们对这种尝试所获得的成功和遭遇的困难有所认识。两种情况都确实存在,而在困难中,我们希望立即讨论其中一种:即在一定的使用模式中,发生心理学的认识论似乎不可避免地引致经验论的结果,或者至少引致某种经验的实在论或一种自我封闭的实证主义。然而,由著名数学家恩里克斯所创造的理论这一例子表明,这些局限全然来自一种过于狭隘的心理学,而且该心理学本身可能就已经受到了一种先决的认识论的影响。

正如恩里克斯在1914年写到的一样:"我们看到一种关于科学知识的理论在发展;它试图将自身建立在坚固的基石之上,就像科学的一部分一样"①,这确实是这位学者试图达到的目标,即建立一种内在于纯粹科学本身的认识论,它在具体的科学之外不借助任何其他的命题或研究手段。如此的方法促使他从心理发生的角度出发:"科学建构中的武断之处似乎在科学概念的发生中日益减少;人们不是从逻辑的可能性角度来研究这些概念,而是从它们真实的发展来研究。"(前引书第4页)而对这一真实发展的研究可以让我们抛弃"一个今天已不再时髦的概念,即学者们只是被动地记录经验"(第4页)。相反,"我尤其注意识别创造科学的精神自身的功能"(第3页)。一方面,我们需要考虑经验,但也要考虑主体的活动:"经验的增长与人类精神的本性相结合,应能大体解释科学的发展"(第4页);"我做的分析让我确信有一种心理发展无处不在,其内部的原因是植根于人类精神的结构本身。"(第4页)

我们可以看出,恩里克斯的计划与我们在这里效法的是一样的。这位著名的数学家在20世纪之初通过在所有重要的领域——从逻辑与分析到几何、机械、热力学、光学、电磁学直至生物学——的细致研究,认为自己已经完成了这一计划,可是这个计划今天却还得从头再来。这可以算作发生认识论的失败吗?恰恰相反,这正是科学工作的标志,因为已获得的结论总得在从先前研究中获益的同时不断被重新检验,而且新的分析中可以加入通过对过往成果的重新阐释而获得的元素。

这一修订的必要性不仅在于科学自身无法预料的发展(比如微观物理的发展),关键也在于实验心理学的发展。由于它几乎完全建立在感觉、联想、基于感性特质的抽象等概念之上,恩里克斯的系统不可避免地会导致一种对事物在一定程度上静止的且封闭于自身的立场,因此便有了研究方法预判研究结果的感觉。但是让我们把这些感觉、联想的概念重置于当代心理学的框架之中——它否认感觉在心理中的存在,而只承认有组织的知觉,它质疑简单的联想,它尤其把意识状态还原到了与整体的活动和行为相关的相对位置之上:如果我们在这些新的基础上重新考虑抽象的问题,那么科学概念的心理发生机制就会显示出全新的面貌。

让我们先来看一个例子,在关于机械概念的讨论中(第四章),我们会更加详细地回顾这个例子。我们知道,力通常被定义为"加速的原因",因此一些物理学家倾向于把加速本身看作一个实证的事实,而把力的概念看作是多余的和含混不清的。对此恩里克

---

① 恩里克斯:《科学的基本概念》,巴黎:弗拉马里翁出版社,第3页。

斯回答道(前引文第114页),这一基于肌肉用劲与挤压的概念相反是一个真实的"物理"事实:"力根本不比运动或任何一种现象更加神秘或形而上;它们的实际定义在最后总是被还原为在特定的自愿引发的条件下出现的一组感觉。"不幸的是,"用劲的感觉"今天被许多心理学家(从鲍德温①到让内②等等)当作一种动作的简单标记,这种动作刚好构成自身运动的加速(或调节)活动! 加速的物理原因就被作为概念来考虑,其依据是这一概念对应一种"感觉",而这一感觉只构成意向性增强的信号……

我们看到一个以作为认识基础的"感觉"为出发点的阐释体系可能把我们带往何处。在他总结自己丰富而又精准的学术成果的精彩作品《感觉:生命的向导》(*La sensation, guide de la vie*,1945年出版)中,皮埃龙③总结道,感觉在所有领域中不过只是一个指标或一个信号:"感觉是作用于机体的外力的生物符号,但它们与这些外力的相似度,并不比感觉与在语言的象征系统中表达它们的词语之间的相似度更高。"(第412至413页)"在一个包含了时间的N维空间中,象征着事件连锁的相对论方程,比我们的直接知觉更加真实……"(第413页)

因此,与当前心理学知识相适应的发生认识论的起点并不是以感性特质为基础的格式化抽象(abstraction schématisante),而是在于处理整个动作(action)本身:思维最关键的机制——即逻辑与数学运算体系——来自动作,因此对基本动作的分析以及它们渐进的内化或精神化,方能帮助我们揭开这些概念的生发的奥秘。

另举一例:关于空间这一方面,在协调感觉和由生理-解剖条件决定的运动(mouvement)之间的问题上,恩里克斯批评"某些新康德主义哲学家们以为可以在空间直观的某些先验层面上看到这些结构性条件的反映,并以此在感觉提供了基本概念之后就把其公设赋予了几何学"(第44页)。然而,无论今天看来这里被批评的冯特④和海曼斯⑤的解释显得多么简陋,恩里克斯自己的想法——把肌肉触碰式的普遍感官感受作为拓扑概念的来源,把视觉感受作为射影概念的来源,把触觉作为欧式几何概念的来源——也同样需要在协调的条件这一方面获得进一步的补充,比如秩序或者顺序这个基本概念,是如何在不涉及协调我们运动的可能性的情况下——哪怕只是在同一运动方向上观察到一个线性序列中的元素——纯粹从感觉中生发出来的呢? 另外,观察的承继绝不等于对承继的观察,因为后者需要一个完整意义上的动作(acte)。在这里,感觉仍然同样是把客体同化为动作图式(schéma d'action);因此,如果我们想理解心理发

---

① James Mark Baldwin (1861—1934),美国心理学家,为早期心理学、精神病学等做出过贡献。——译者注
② Pierre Janet (1859—1947),法国哲学家、心理学家、精神病专家。——译者注
③ Henri Piéron (1881—1964),法国心理学家。——译者注
④ Wilhelm Wundt (1832—1920),德国心理学家、生理学家、哲学家,为实验心理学的奠基人。——译者注
⑤ Gerardus Heymans (1857—1930),荷兰心理学家。——译者注

生机制，同时避免用一个可以说是提前强加于其上的实在论使它变形的话，我们就应当回到这个同化过程与动作的格式论中去。

我们可以看出，一个比恩里克斯的理论更为功能主义的心理学可以达致这样一种认识论：它的结果并不蕴藏在发生方法本身之中。关于在20世纪初和在当下的认识论问题的心理学分析之间的区别，这尤其体现在普遍意义上的抽象及逻辑领域之中。在其用法语出版的重要著作《科学与逻辑学问题》(Les problèmes de la science et de la logique)的第一部分，恩里克斯说明了为什么"逻辑可以被看成心理学的一部分"(第159页)："在我们看来，组成所有理论发展的概念和演绎推理都应被看作是心理运算；我们把后者的整体称为逻辑进程。于是问题便是如何用心理学来解释逻辑进程。"(第177页)在我们看来，这大概是对当下心理学核心问题的最佳表述了。但为何恩里克斯没有解决这一个问题呢？这是因为他的答案——尽管与后来发现的概念联系紧密——仍与真正的发生过程相距甚远。

对于恩里克斯来说，到底什么才是催生逻辑的心理运算呢？"落入清晰的意识领域中的心理的联结与分割组成了基本的逻辑运算，并能创造出新的有别于给定客体的思维中的新客体"(第178页)。这大概是对的，但是在能清楚地按自己的意愿进行联结和分割之前，也恰恰需要培养这一能力，但恩里克斯似乎认为，在通过感觉接触到客体之后，心理的"联结"和"分割"都会自然发生，并使人能将客体排序、分类、建立对应关系和逆转顺序等等(第178页)。但有一个条件，这些客体应"满足一些——我们之后会看到——由逻辑原则表达的恒定性条件"(第179页)。的确，"从总体上看，原则会带给思维的客体一种独立于时间的心理实体，而且它们组成一种符号逻辑的预设，这种逻辑的目的是把逻辑运算的发生过程表示为一组当前的关系"(第188页)。但为了使这种构想是足够充分的，表示逻辑原则的公设就应该在现实中有其对应之物(第211页)。而"在由逻辑原则表达的恒定性条件下，客体的集合满足公设所提出的特性"(第212页)；逻辑在作为心理联结和分割的系统的同时也构成贡塞斯①后来所称的"任意物体的物理"。

同样地，"算术的基本假设在借助物理实在之前，可以用心理学实在或者说以下这一事实作为依靠：一些思维中的动作可以在从属于一般法则的情况下无限重复，从而通过数学归纳法——它作为心理上建构的序列的基本特性——建构一些能满足包括皮亚诺②自然算术公理所提出的条件……的序列"。(第196页)

最后，我们也应看到，恩里克斯很好地注意到了逻辑和数学的存在所引起的生物学问题；因为经验论对应着"环境主义"(拉马克主义等)，而先验主义对应着先成论。恩里克斯倾向于环境论，并通过神经元的摩擦和联结途径的稳定解释基本的心理联结与分割，它们是逻辑与算术的渊源。(第248页)

---

① Ferdinand Gonseth (1890—1975)，瑞士哲学家与数学家。——译者注
② Giuseppe Peano (1858—1932)，意大利数学家、逻辑学家和语言学家。——译者注

这里我们不能详尽地讨论这些观点的细节，但我们需要论证为何它们不会左右发生认识论的未来，也不是一劳永逸地把心理和生理解释与经验论对知识的解释聚合起来。所有认识论，特别是所有发生认识论的重要问题都是：如果思维的工具只是受进化影响且在时间中存在的心理活动的话，如何理解精神建立起看起来"独立于时间存在"的必然关联的呢？而一种简单的感觉和联想心理学对于解释这一变化是如此的无能为力，以至于恩里克斯不得不借助逻辑原则的帮助——只有它们才能使思维的客体"恒定不变"——来使本该解释一切的"联结"和"分割"稳定下来。但在一个心理学的解读中，逻辑原则自身就应当是有待解释的客体，而不是像天外来物一样忽然出现，而其具有稳定作用的动作本身就构成大脑精神运作的核心问题，且它不能仅被当作既定事实来处理。正是在这一点上动作心理学比起感觉心理学有着全面的优势：可能规制动作逐步心理化的根本法则实际上是从不可逆到可逆的过程，或者说通向由可逆性定义的渐进平衡的过程。如果说习惯和基础认识基本都是单向的，感知运动时期（或前语言期）的智慧已经有了转向和退后的行为，它们部分地预示了运算活动的可联合性和可逆性。在内化为直觉表象的动作层面上，儿童又是在开始的阶段不知道该如何把作为思考工具的图像组合的顺序倒置；随后，直觉的逐步结合却催生了不断增长的可逆性。这在 7 到 8 岁时变成了初步的具体逻辑运算：这些都是在长期演化过程中逐渐获得可逆性的合并、区分等活动。这个演化过程一直持续到 11、12 岁，此时可逆性活动自身也可以被表述为命题形式，也就是说纯粹的符号运算。在且仅在这个时候，借着一般化了的运算的可逆性，思维才能摆脱时间中的事件的不可逆性。但要解释这一点就必须用动作和可逆运算的说法来代替感觉相互联合的说法。

尽管如此，心理学带来的核心认识论问题大概是运算活动的发生性问题，以及它们在逻辑上的稳定化过程——这一过程是形式化原则的渊源而非结果。但这个同时由主体的活动和经验所决定的发生过程，提出了比简单的联想复杂得多的问题，因为运算的可逆性恰恰不能简单地从感官或者经验的信息中抽象得来；它们极少具有"可逆转性"，且严格地说，总是不可逆的（按照迪昂①使用的术语）。心理学研究的结果从这一点来看是彻底"开放的"，且能根据占主导地位的是内部的发育成熟、根据环境的习得还是受平衡法则控制的建构，达致先验论或经验论的结论，或是某种相对主义——在相对主义看来，主体和客体在认识产生的过程中的作用是不可分割的。

更有甚者，思维的运算的发展带来的心理学问题，最终是植根于一系列生物学问题，这些问题无疑比当年借着恩里克斯的功劳而被发现的那些问题复杂得多。的确，十分清楚的是，如果知识的增长不是只靠对外部信息的抽象——尤其是在逻辑和数学运算方面——那么就需要考虑存在一种从内部协调出发的抽象；这并不必然意味着运算是以一种先天的形式确定的，而是可被解释为一种部分受遗传作用影响且由新的建构

---

① Pierre Duhem（1861—1916），法国物理学家、科学史家和科学哲学家。——译者注

性组合不断重构的逐步抽象的过程。不管解决方法如何多样,认识的发生心理学问题一直深入生物适应的机制之中;可我们也知道,这一问题仍然是多么"开放"——所有的解释,比如先天论、突变论、突现论和新拉马克主义等等,今天都找得到支持证据。简言之,不论我们把认识的问题从机体和环境的关系这一生物学角度提出,还是从主体的运算活动与经验这一心理学角度提出,人们在 1949 年提供的答案之间的区别比 1906 年的要大得多;这也充分表明了发生性方法基本不会对研究结果进行预判。

第四节 多样的认识论解释与发生学分析

发生方法似乎确实会在至少一点上对它应当发现的认识论理论进行预判,因为它会预设一个起源。然而,对于柏拉图主义、先验理念论和现象学来说并没有现实的起源,也就是说认识工具的本质是与心理发展的过程毫不相关的。可是相反我们会努力证明,即便是面对着最反对发生方法的理论,发生方法也不会预判它们的对错,而是会在确认它们符合事实的基础之上来帮助检验它们。

为此,让我们来把可能的认识论理论分类,以便人们能看到这些理论中的任何一种都不仅不是与发生方法的运用相矛盾,而且是可以通过这一方法本身推导出来,因为这一方法只在试图确定知识增长的方式。

首先,我们需要区别两类假设:一种把知识理解为达到永恒的、独立于任何建构过程的真理,另一种则把知识作为渐进的对真实的建构。在第一类假设中,重心可以被放在客体上,主体就像是从外部理解它一样,主体自身没有主动性:于是理念以超越或内在于物体(柏拉图主义或亚里士多德的实在论)的共相形式独立存在。重心相反也可以被放到主体之上,他把自身的先验框架投射到现实当中,因此这一实在就永远不能以完全独立于主体活动的形式存在,因此也就有了按照各种可能的内外分量组建起来的形式各异的理念论。此外,主体和客体还可以被看作是互不可分的;真实直接被一种对这些眼下尚且没有区分的结构的直觉(不管它是理性的,还是有着不同程度的非理性因素)所了解到;这就是现象学的原则。至于认为知识确实是在不断建构的观点,我们同样也会发现作为印在被动主体上的客体的优先性(经验论),作为通过自身活动塑造真实的主体的优先性,根据这个活动包括不同的需要或只涉及纯粹的智慧建构,或是行知论(pragmatisme)或是约定论,以及两者之间不可分的情况(相对主义):

	非发生式理论	发生理论
客体优先	实在论	经验论
主体优先	先验论	行知论或约定论
主客不可分	现象学	相对主义

我们现在应当注意的是，在这6种理论中（也包括我们称为发生学的理论）——每一种都被当作一个整体来看——每一种都只能构成一种极限情况的理论，对于研究的（也许是无法企及的）终点来说是正当的，但是却在特定问题上需要一定的修饰。当我们用形而上学式的认识论来思考什么是知识本身，或者一个稳定存在的主体和同样以确定的方式给定的（实在的或想象的）客体间的关系时，先验论、经验论等才获得一个确定的和厚实的含义。如果问题是知识是如何增长的，那么相反我们则需要区分与特殊的思维进步相关的理论，以及被推广到所有知识之后的这些理论。从这两种视角的前一种来看——这是发生认识论在其相继的研究以及方法中的视角——被称为发生式的理论并不比其他理论更显得必要，由于它们要求启用极限状况，它们和其他非发生式的理论一样不成熟；另一方面，在特定知识的获得和增长方面，上述6种理论中的每一种都有可能在某一确定的领域内是成立的（比如柏拉图主义在数学知识方面，经验论在生物知识方面，等等）。从第二个角度来看——这是发生认识论的一般性结论的角度（假设它对所有研究的认识都获得了大家足够的认同），非发生论的假设就如其他假设一样更加具有正当性，也就不应该在开始阶段就因为与发生方法相矛盾而遭到舍弃。

因此我们认为，以自身为科学的认识论所特有的发生方法能引领以上6种理论中的任何一种，而不是提前认可其中一种。个体思维的发展以及科学的历史发展构成了给定的事实；每一种重要的哲学认识论都必须与之相适应，而不能预先把它们当作是与自己矛盾的。而发生方法恰好把自身限定于研究这些关于知识增长的、作为进程的给定事实。其中涉及的全部问题有二：这种知识增长是什么？这种知识的本质是什么？在第一个问题上，知识发展存在一个过程这一点不容置疑，且所有人都承认这一存在；但我们对这种发展和增长的内部结构的问题仍然一无所知。至于第二个问题，所有的反对意见都一起汇聚到了这里：这一增长机制是否反映了知识的本质本身？在这一问题上，发生方法做出了一个双重假设。一方面，作为从较少知识到较多知识的过程，发展机制能告诉我们相互承继的知识的结构；另一方面，尽管它不预判普遍意义上的知识的最终本质，它依然能为解决这一极限问题做准备（即便这样的结论也承认它本身并不能触及这一极限）。而证实这两个假设的唯一途径就是证明发展的事实能怎样肯定或否定上述的6种理论。

首先，没有什么能未经细致的分析就把如柏拉图主义或普遍实在论（réalisme des universaux）这样的观点排除：我们甚至可以不带任何矛盾地说，只有从发展的角度出发，一个理念才可以显示出它本身是独立这一发展过程而持续存在的。当一个数学家像埃尔米特[①]一样认为在他之外有诸如函数或数字这样的抽象存在的时候，我们可以很简单地回复他说，相信这类存在本身的独立性并不会给它们任何新的主观方面以外的特征，而且即使它们的存在被用别的方式来解释，它们依然会保持所有的数学特

[①] Charles Hermite（1822—1901），法国数学家，对数论等领域有着深入的研究。——译者注

征。同时，如果通过对发现或者发明的研究①人们能够证明，在一系列表明主体的创造性活动的逼近活动之后，这一主体将会通过一个直接的且独立于过往建构的直观而发现一个没有历史的实在，那么这显然是对"恒常存在的"理念的有力证实。只是我们马上看出这种证实应当既是心理的，也是历史的：心理的，即证明存在一种只思辨而不是建构的理性直觉；历史的，即证实从一种共同观念的特定阶段开始这一思辨都是越来越成功的，而不是逐步式微。而我们恰好重新遇到了这两个问题，一个是关于"理性直觉"和智慧运算之间的关系，另一个则是布特鲁瓦②的著作中提及的，数学家们相继表达的理智态度的历史（下文中我们会看到这些态度与运算意识间的联系）。

至于先验论，很显然的是，如果它是真的，那么发生研究在不跃出发展本身的情况下就可以发现其正确性。通过它不经由经验来建构，而是通过内部的逐渐成熟而对外作用这一事实，我们就可以轻松地辨认出一个框架的先验性。此外，在大脑精神方面与这一由行为分析揭示的生物心理成熟过程相对应的，是一个通过反省（réflexion）而从对自身机制的思考而来的突然的或递进的意识的通达（prise de conscience）。

相反，现象学似乎应该对发生认识论提出一系列更加激烈的反对意见，因为如果说康德的先验论不关注心理构造的话，它依然承认有一种先于所有经验的构造（我们刚刚也看到在发展的过程当中，这样一种构造明显地表明了它的存在）。然而，现象学所质疑的正是这一先验构造本身，并用一种对本质的理性直觉来取代它；其中没有关于思辨的主体以及外部对象的二元论，而是在同一个直接占有的过程中两者彻底的不可分离。针对这第三种理论，我们也就需要更具体地证明发生型方法并不预先假设对上述理论的批驳，而是相反能证实它们——假如它们是必然的。

现象学的核心论断中的第一条是胡塞尔在他的《逻辑学研究》中提出的：真理是具有规范性的，而不仅仅是简单的事实判断。相反，"心理学主义"的错误正是在于不恰当地由事实推演到了规范；规范——作为独立于其实现与否的一种义务——只能与其自身相关。这样的论断并不仅仅出现在现象学中，在所有出现"规范主义"与"自然"科学之间对立的情况当中我们都可以看到这种论断，而从这一点来看，逻辑学和心理学的冲突也与"纯粹法学"和社会学之间的冲突等相类似。可是，规范的存在不仅不会构成应用发生认识论方法的障碍，而且会在发展这一方面提出最为重要的问题，即关于规范和事实之间关系以及规范的起源问题。人们很容易在第一个问题上取得共识。一条规范是一种义务，而我们不能从观察中提炼出一种义务，这是清楚无疑的。然而，如果说承载规范的意识（逻辑学家的意识、学者的意识等等）是在立法或者执行规范，即不使用事实的语言而是用规范性真理的语言的话，只研究每个人可以控制的经验事实的遗传学家则在不对规范进行评判的情况下观察它对于承载其意识的影响。从这一点来看，规

---

① 参见瓦弗尔：《对实在的想象》，纳沙泰尔："存在与思想"丛书。
② Pierre Boutroux（1880—1922），法国数学家、科学史家。——译者注

范同样是一种事实;也就是说,它的规范特征表现为一种存在,它能在经验中被观察到,属于某种义务性的情操,或某种独特的意识状态:蕴涵了作为必然性的情感。一位杰出的法学家,彼得拉日茨基①,就曾建议使用"规范性事实"这一精妙的术语,来指代这些能确认一个主体认为自身受到规范的强制的经验事实(不管这条规范从观察者的角度来说是否成立)。我们因此就可以从规范事实的角度来描述整个规范体系,而如果《逻辑研究》的论断是真的,那么它肯定可以被一项真诚的发生学研究证实:这不意味着发生学家将取代逻辑学家,或者承载规范的意识来进行立法,而是说他将通过事实的语言来描述他所观察到的由规范的信念而激发的(内在的或外在的)表现。于是第二个问题就出现了:规范的起源问题。而同样在这里,如果说现象学的论断是真的,那么关于发展的研究也不会否定它。而这种发展——它从来不从观察中得出规范——让我们注意到规范的演进;儿童的规范不能不经检验就和成人的规范等同起来,就像"原始人"的规范也并不能先验地划归为现象学者的规范一样。规范的演化提出了一个溯及动作的源头以及意识和机体之间关系的问题。因此,从运算发展的角度来开展关于规范事实的研究并不意味着从一开始就排除了现象学的解释;对意识和机体之间关系的研究恰恰让我们承认,在跟和它同时出现的生理元素分离之后,意识或早或晚地构成一些蕴涵系统(systèmes d'implications);这些系统的必然性与解释实体性事实时所特有的因果关系有着显著的区别。

然而在现象学和由它产生的"存在主义"中不仅仅有这一条关于规范的论断。其中也有既是先验的又是直觉的认识(这与康德的理论相区别),以及用来描述各种可能的存在类型的纯粹结构。根据胡塞尔的说法,现象学认识论特有的对象,是弄清楚"思维到底包含了什么意图",也就是说它独立于最终实现过程的"意向性"到底是什么。在这一点上,发生学的事实显得最不同于存在的现实(réalité existentielle);现象学还原保证仅通过反思直觉就能理解后者的特征。只是在这里,我们仍需要引入不同视角之间的区分。作为系统性的和封闭的、试图达到知识本身的哲学,现象学自然停留在首先作为研究方法的发生认识论的框架之外。然而对于知识增长方式的发生心理学和历史研究绝不排除最后可能会证实某些现象学论断。许多发生机制的关键内容就在于朝向某些平衡状态演进,因此,我们不能从一开始就排除在关于这些发展方向的研究中找到证明胡塞尔的"意向性"的元素,即便这两种概念在开始的时候并没有任何关联。从这个角度看,联结点可以如下:胡塞尔把"结构"设想为纯粹的、先于所有实现的、由意识通过其不同的"动作"或者在思考过程中经历的直觉发现的可能性的体系。但是不管这种设想有多么形而上学,它都与发生分析在发展过程时遇到的问题,还有特别是历史分析在处理数学和物理的关系时遇到的问题有着或多或少的联系。胡塞尔确实步笛卡尔的后尘,想要建立一种不仅仅关于数学的,而且也是关于所有可能的"结构"的"普遍数学"

---

① Leon Petrajitsky(1867—1931),俄国法学家。——译者注

(mathesis universalis)。然而，从发生论的角度来看，可能与实在之间的关系并不仅仅是演绎与经验之间的关系；后者已经在很大程度上构成了科学思维的发展历史。而前者在凡是有平衡问题的地方都会出现，这种平衡牵涉到对于所有可能的变化的考量，比如力学原理中著名的"虚功"(travaux virtuels)，不仅仅涉及已实现的条件。这也是为什么现在的胚胎发展表现为在全部的、与实际生成的形式相比丰富得多的潜在形式之中做出的一种选择。同样地，所有大脑平衡（感官的、运算的等等）都以一种在智慧发展过程中越来越超越实际的活动或运动的可能性为基础。所以我们不能排除有一天关于平衡的发生学问题会与胡塞尔的直觉有交集，但这当然不是说这种交集一定存在。

此外，关于实验心理学，现象学也给出了一种十分著名的对于发展的解释："格式塔"(Gestalt)理论。它用同时在精神和现实中给定的"形式"的渐进抽象这一概念取代了结构的建构这一概念。这样的构想可以被扩展到认识论全体，同时也独自证明了，如果现象学是真理，那么它就应当可以通过对发展本身的研究得到证实。

至于把知识作为关于真实的渐进性建构的理论，发生学当然可以作为它们的试金石：事实上，经验论、行知论或相对主义（比如布伦茨威格①的相对主义）始终都以发生心理学或历史批判的研究来支持它们的论断。但在这些例子中，发生认识论依然不能从一开始就对这些前沿的理论进行判断，不论其中一致的判断有多少。这也是我们在上文第三节中已经研究过的恩里克斯的温和的经验论的情况。

事实上，正如所有非发生论的解释一样，以知识的变化为分析基础的认识理论也会引发关于规范与发展之间关系的问题，而且引发的方式更加尖锐。非发生学的理论的出发点在于它们假设，真理的基础是永恒的、存在于现实中的、在主体的先验结构中的或在他直接经历的直觉之中的规范。发生认识论所描述的大脑的或历史的发展，在这些非发生学的理论看来，就是由这些规范提前决定了的一种潜在事物的实现。如果这一假设是正确的，那么如我们刚刚看到的，这会是知识在大脑和历史中的变化的分析最后达到的结论。但是，如果对知识增长的研究证实了三种发生学解释中的任意一种（就是说，如果研究把这种增长归因于事物的压力、主体令人可喜的约定或是主体和客体之间的互动），对发展的分析如何才能从事实达到规范，更确切地说从概念的建构过程中特有的变化达到逻辑联结的恒久不变呢？这里问题不再是找到在进化中不变的规范，而是通过发展中动态的信息来生产规范。而这样一种提问方式——不管它看起来多么古怪——正是和当代科学的日常经历相适应的：我们的概念的内涵从来没有像今天这样处于动态之中，但我们也从没有像今天这样对这些概念的逻辑和推导根基念念不忘。大脑发展和永恒规范之间联系的问题，或者说持续修正的要求和扎根于稳固的基础之上的——无论是否有真实根据的——需要之间关系的问题，是发生认识论特有的方法的核心问题。

---

① Léon Brunschvicg(1869—1944)，法国哲学家，以支持理念论而闻名。——译者注

第五节　心理发展与规范永久性

发展的心理事实和永恒的逻辑规范之间的关系被两个问题主导,而上文提到的发生学和非发生学的理论为此提供了截然相反的答案。这两个问题分别是动作与思维的关系以及实在与可能的关系。

所有非发生学的理论(奇怪的是,有的发生学的理论——比如经典的经验论等——也一样)都认为思维是先于动作的,后者只是前者的应用与实践。由此,大多数关于认识的形而上学理论中都接受一种对规范的基于神的真理、超验的或者直接直觉式的思辨型理解。这种对规范的思辨解释也出现在许多认识论的流派当中,它们用句法唯名论(nominalisme syntactique)代替了不同形式的实在论,因此没有考虑到语言的本质中积极的一面:语言协调那些还不能说出无条件成立的真理的不同主体的运算。相反,从发生认识论的角度来看,动作先于思维,而后者是一个各类运算间越来越丰富和一致的组合;这些运算通过内化动作从而把它们延伸。从这个角度来看,作为真理的规范首先表达的是——个人的和社会集体的——动作的有效性,其次是运算的有效性,而最后才是形式化思维的协调一致。发生学方法不对达到了高级平衡的规范的本质——是思辨的还是运算的——做出判断,它从一开始就躲过了因忽视规范层面而产生的批评,因为从实际的动作到最为形式化的运算,它都紧盯着不断更新的规范的构成。

然而,关于动作和思维的关系只是一个更为深刻的冲突的一个方面;这一冲突将发生学与非发生学对立起来,并更直接地关涉时间性的发展和永恒的逻辑之间的关系。非发生学理论的核心特征正是用一个先于现实——不管是知识还是现实的运算——的可能来解释现实。比如,在亚里士多德的理论中,共相的实在性是与从潜能到现实的过程紧密相连的。至于先验论,它假设现实知识是首先在一个预定的虚拟格式的体系中形成的。胡塞尔的现象学也让这一现实的知识从属于对可能的"意向性"的直觉。简言之,反发生学的立场始终都在现有知识的起始点上设置一种有预先塑造能力的潜在物(un virtuel préformant)。而发生方法的独特之处却是把潜在的或可能的看作是当下的和现实的动作所不断追寻的创造:每一个新的动作在实现过往的动作所创造的可能性中的一种时,自身也在创造一系列从前无法想象的可能性。于是,解决恒定规范与发生过程之间对立的关键,应该在于作为原因的实在与由它打开的可能性之间的关系;这些可能性之间总是由一种潜在的且越来越接近逻辑推导的关联维系在一起的。

事实上,所有为运算塑形的动作——通过执行动作本身——都会产生两类潜在性,也就是说,通过"雇用"主体的活动,它打开了两类新的可能性:一方面是确实的重复可能性,或说在思维中重现的可能——与之相伴的是对动作至今为止都蕴涵的特征的确定;另一方面,一种新的组合的可能性,这些组合是潜在地由初始动作的执行所带来的。

让我们假设一个从 A 移动到 B 的运动,在它的初始形式中被简单地构想为一个朝向 B 的运动。这个运动首先带来了在物质世界中或在心理上重复它的可能性;此外,在这种情况中迟早也会出现以下发现:当移动物体接近 B 的时候,它也在远离 A,等等。于是就有了第二组潜在性:AB 间的运动可以被反转为 BA 间的运动(接近 A 远离 B 的运动);同样地,AB 和 BA 两个运动可以被组合成一个位移为零的运动,即停留在 A 处,等等。简言之,经由其执行过程本身,初始动作产生两类可能,亦即两类潜在的运算:一类通过指出它初始带来的效果,重复已经执行完的动作;另一类则将它延伸为通过它的逆转或通过它与其他动作的组合所产生的新的动作。

每一个实在的动作,都构成了由先前动作所开启的可能性的实现过程,与此同时,其本身也开启了更加广泛的可能性。由此可知,在方法上,发生学的分析应该让可能从属于现实,而不是反过来。它没有权利假设一种可能,以便解释实在,除非它已经在主体的思维里发现了某种确实把当前的实在放置于一个重构的可能性体系中的反省的过程,因此被迫用可能来解释实在。反之,每当一个动作通过它自身的执行而开启了新的可能性,并产生了一个潜在运算的系统时,它都有义务用实在来解释潜在。

然而,如果说有效的动作是一个变化中的现实并构成一个发生过程或者因果作用,由动作不断产出的可能世界却有着如下可观的特征,即是非时间性的,且本质上是一种逻辑蕴涵。在更一般性的意义上,可能性与现实之间的区别再次弥合了心理养成和生理养成之间的逻辑-数学关系的分裂,即在历史的或心理的发生与真值逻辑之间的关联性问题,也就是规范的永久性问题,本质上体现为潜在的和实际的之间的连通。逻辑世界构成可能性的领域,而发生过程表达了实际的养成;关于发生过程是否反映了事先定好的规范,或者关于这一过程能否解释规范的形成的问题就能被划归为潜在性的实现过程,或者由现实动作开启的可能性的创造过程问题。

一个机械力学体系可以被称为处于平衡状态,假如其中与连杆机构(liaisons)相匹配的所有虚功(也就是说力的移动是由被研究的系统的整体所决定的)构成一个整体价值为零的组合——也就是说正值与负值完全互相抵消,认为一个现实的系统处于平衡状态,实际上等于谈论一种运动或虚功之间的组合:谈论平衡,也就是把实在嵌入一整套仅仅是可能的变化之中。反过来,这些可能本身也是被系统的"连杆机构"所决定的。而这种情况也十分相似地出现在所有涉及建立一套智慧运算系统的发生过程之中。我们刚刚说过,每一个动作都会开启一系列新的可能性。动作最终将会帮助构成一个平衡状态,亦即它将产生出一个关系稳定的系统,如果说所有潜在的运算相互之间完全抵消,因此平衡的定义是可逆性,这种可逆性的心理学意义是反转已执行的动作的可能性。在这里,实在与可能在每一个平衡状态中也都是相互依赖的。

所有关于心理发展的研究都表明了这种平衡机制——其特征为不断增大的动作的可逆性——的重要性。只要一个动作是在孤立状态下完成的且没有可逆性,那么它所建立的关系就并不平衡,这也可以通过缺乏理性的保存这一点看出来。比如,当我们把

一组物体的集合 A 与另一组物体的集合 A' 合并为一个新的集合 B 时,年幼的儿童首先表现出不能理解 A 与 A' 两个部分的守恒,也不能理解作为整体的 B 的守恒(他会想象在分离的两个部分中可能会有更多的或更少的元素等等)。可是当被执行的动作($A+A'=B$)伴随着对所有潜在运算的意识时(比如,在把 A 与 A' 相连时,我们也把 A 从另一个整体中分离出来,$B-A$,等等),特别是可能的逆运算的意识时($B-A=A'$;$B-A'=A$;$-A-A'=-B$),潜在组合的体系才达到了平衡状态;我们可以通过对有层级的部分与整体的必然守恒(逻辑的必然性)这一点辨认出来。因此,从实在动作到关于可能的动作的意识这一过程构成建立运算系统的一个必要条件;这个过程的终点是达到可逆的组合。所有发生过程都倾向于一种动态平衡,其中实在的连接和可能的运算作为一个不可分割的整体起着作用。

这种作为每个平衡状态特征的实在与可能,已经能说明心理发展和逻辑与规范的永久性之间的关联。很明显的是,如果说实在的动作之间是由一种具有时间性和因果性的决定性关系相连接的话,可能性的简单转换和潜在运算则是非时间性的,它们只属于逻辑蕴涵。以 $A+A'=B$ 的形式把 A 与 A' 叠加或者以 $B-A=A'$ 的方式把 A 与 B 分离是两种切实可以被执行的动作,其条件是两者应是前后承继的;但是 $+A-A=0$ 则是把这些相互承继的运算集合到一个潜在的整体当中,也就进入了永恒的范围之中。把动作转化为运算的可逆性也就呈现出智慧所特有而实在动作所不具备的特征,即逆着时间线回溯,并且超越时间的限制以达到纯粹的逻辑蕴涵。这样的结果便是,实在动作越把可能的运算范围扩大,它所织就的潜在关联——也就是逻辑——的网络也就越紧密,它也更深入地嵌于其中。

不管是动作和思维之间关系的研究,还是实在和可能之间联系的探讨,都导向这样一个结论:先验地(a priori)将发生性与逻辑性(作为规范性)对立起来是徒劳的。所有发生过程都导向一个与规范性相连的平衡状态,因为时间性动作不断增加的可逆性,与体现根本性逻辑连接(肯定、否定等等)的顺运算与逆运算相互衔接。无论在最后是逻辑作为发生的基础(因为可能先于实在),还是发生成长为逻辑(因为实在动作的平衡构成一个潜在运算的组织),在两种情况中,发生学分析都迟早会接触到逻辑与规范的永久性,而且不会提前对它在构造与知识中的实际地位做出判断。一言以蔽之,在发生学看来,始终存在着一种指向平衡的倾向,而这种平衡把可能性带入实在之中:规范因此与拥抱可能性的整体系统的效率相连,尽管这样的系统来自作用于实在的具体动作(或者因为这些系统就是这样的)。

第六节 平衡与"极限":科学循环与科学思维的两个方向

假如我们接受像我们在上文中承认的那样,所有发生性序列都倾向于实现时间和非时间性逻辑之间某一个平衡状态,那么,一个新的问题又会出现在发生方法之前:我们能否认为,所有的知识的增长,不论是在科技史中还是在心理发展的过程中,都指向一种"极限"?同时,假如我们承认这是某些特定的或经过充分限定的序列的情形,是否可能从足够多的这类序列之间的相互比对出发,设法验证一个关于知识整体的普遍认识论的假设(当然,或者是数个相互补充的假设,如果结构本身是多元的话)?

所以,问题就是如何把对于特定知识增长的研究——起初这些分析都是独立的——嵌入一个或数个大型的序列中去?特别是如何设想一个关于这些序列的相互聚合的研究,直到我们能说已经接近极限的状况?当只是涉及知识的某一局部区域时,我们都可以轻松地确认,我们能够确定属于逻辑演绎的部分,属于直觉表象的诸多形式的部分,属于经验的不同方面的部分,属于动作的和知觉的部分,等等。但是,即便我们积累了大量这样的研究,我们如何才能得出一个普遍的结论,同时不掉入简单的哲学思辨之中呢?尤其当它充满诱惑地声称自己是在直接地和知识本身接触,并跳过了预先对所有不同知识的特定增长的归纳性研究这一过程时。

对一个概念的发展的分析能让我们一般性地确定所建构的相继层级,这些阶段的相继性本身就构成了一个初始序列,我们可以确定这种序列的构成法则。因此,对于大量的数学和物理概念,我们都能隐约看到一个发展的心理发生过程。其主要部分都在历史层面上有所展现;它由许多阶段组成,开始时是基础动作以及感官或想象的直觉,此外也有一个事后可以通过不同方式公理化的具体运算的确定体系:如我们刚刚看到的,相继性法则的特征便是从一个初始不可逆的和非组合的状态迈向一个可逆的平衡状态。如此,我们可以不带任何比喻地讨论发生序列以及它向某种极限的聚合——该极限被某种平衡状态所定义,也就是说某种整体组合的模式。

可是在这种情况中,我们始终只涉及一种局部的极限——因此也是暂时的极限,或者与知识的某个特定区域在某一时刻的切片相连的极限。通过发生学分析获得的在特定区域内的演化或许展现了主体智慧工具的变化以及——与这种新的工具的建构相连的——经验本身的变化,也就是说作为显现给主体的现实的变化。但十分明显的是,这些与思维和呈现的现实(即与这一思维的特定级别相联系的)密不可分的转换不能直接给出一个更一般化的形式,不管它们对于知识增长的机制来说是多么有意思;这是因为用来表达这种转换的形式自身也是与观察者——即从外部依赖自身的只是来研究这些的变化的心理学家或历史学家——所采用的参照系相连的。

这便是各类知识的演进过程中所特有的局部极限,与普遍极限——即通过上文第四节中的一条或数条假设对作为整体的知识进行确定——之间的连接问题的关键。事实上,发生学家或历史学家研究一系列阶段$(A, B, C, \cdots X)$并确立它们演进的法则以及可能的极限。可是,为了达到这个目标,他不得不选择一个参照系,这个参照系一方面由在分析时被使用的科学知识的发展水平所给定的实在情况所决定,另一方面则被这一历史时刻的逻辑和数学发展水平所提供的理性工具所限制。而这一个参照系自身就在变动之中……

于是，心理学家可以研究某些概念的形成过程，并从这个研究中获得一些能为我们解释这类知识的增长机制的建构法则。然而心理学本身就是一种发展中的知识，而为了确立特殊知识的形成法则，它也要借助由其他所有科学——从数学到生物学——组建起的参照系。这也是为什么，即便它可以研究某些有限的认识过程直至它们各自的极限，它却不能直接达到知识作为整体的普遍极限，因为它自己就是知识的一部分，不构成一个外部的观察点。它也更不能声称它通过自身的方法承认所有知识都有可能演进——即它所依赖的参考系的无限变动性。

如何超越这些发生学分析所必要的参照系所带给它的限制呢？如何达致不局限于某些领域而是逐渐可以扩展到所有知识、并以知识本身为极限的建构的法则呢？如果说发生学分析必须以当时的科学所构成的参照系作为基础的话，那么为了把发生学解释推广到知识整体，我们自然要解释这个参照系。但这样一来我们就必须面对下面两种情况中的一种：要么发生学分析不能解释自己的参照系，这样一来它在建立普遍认识论的过程中就失败了；要么它会成功，但这样的代价是一个明显的循环分析，因为此时发生学分析依赖一个同样依赖它自身的参照系！

可是，如果我们遵从科学思维发展所带来的教训，那么我们就必须选择第二种情况，因为所有当代研究都正在进入这样一个循环当中。然而，这样的循环——不管它有多么真切——并不是恶性的，或者说，它至少是事物的本性所决定的。事实上，它只不过构成主体和客体之间循环的一种特殊情况；这个循环不仅是所有知识无法避免的，甚至也是所有认识论所无法逃避的。知识以一个客体为基础；如果没有客体，主体将不受任何影响（不管是内在的还是外在的），因此也就不能认识自己，因为缺少自身的活动。而客体也只能通过主体而被认识，如果没有主体参与，那它对主体来说依然只是不存在的。霍夫丁①清楚地强调了这一初始循环：主体只能通过客体来认识自己，而主体认识客体也是靠着主体自己的活动。同样地，所有的认识理论，为了解释主体是如何受客体影响的（不管它是作为外在的实体，还是纯粹的表象，又或者是简单的"呈现"），必须同时假设主体和客体，并将它们作为自己研究的客体；新的主体则是知识的理论家。可是后者只能通过自身的思维（即自身的知识）来认识其客体（通过知识建立起的联系）；而主体自己的思维也只有在对客体的思考中才能为主体所知。即便为了逃避这个难题，主体把自己放于事物中间并借助对于针对作为其研究客体的主体与客体事先存在的信息，他也迟早都要把这些预设放回到自己的解释中去，而这时循环就又出现了。

不过，尽管它是不可避免的，这种循环却能够逐步扩大，就像科学上有些著名的循环一样，比如对时间的测量。事实上，为了能测量时间，我们必须拥有运动时长相等的钟以便作为测量基准；可是对于这种等时性的测量本身又要求对宇宙中的所有其他运

---

① Wassily Hoeffding（1914—1991），美籍芬兰裔统计学家。——译者注

动(等时运动就是要为它们计时)进行测量,如此类推。于是我们可以把递推无限延伸而又无法走出循环;但当循环不断变大时,我们观察到的趋同性让我们在不断增强的协调一致中,获得了这种循环并非恶性循环的保障。如果所有认识论都以一个循环作为前提,我们可以假设,当它不断扩大直至包含所有发生学分析所参照的学科以及这种分析自身时,循环的扩大化——与特殊的哲学体系相比——更是内部的协调一致性的保障。

事实上,如果我们从思维和特殊科学发展的角度来提出认识论问题的话,知识的或者主体和客体之间的循环很显然就得作为科学体系的根本结构被加以考虑。我们确实习惯把科学之间的关系想象成一个线性的序列:数学,物理(广义的),生物和心理-社会科学依照一条等级原则相互承接,就像孔德(Comte)设想的复杂性增加和一般性减弱的著名序列一样。不过这时会出现两个问题。首先,数学的根基是什么?就是它自己,是的,或者是以逻辑规则为根基,而它们同样是以自己为根基。如果这种解释从形而上学的角度或者仅仅从公理系统的角度来看是十分清楚的话,一旦我们开始寻找让公理系统成为可能的条件,这种解释就显得不足了。于是我们必须求助于人类精神的法则;而这也是明白地(庞加莱、布伦茨威格等人)或暗含地求助于心理学。其次——这也是在序列的另一端,发生心理学的研究获得的结果是什么?恰恰是为我们解释空间、数、秩序等等的直觉和概念——也就是说逻辑和数学演算——是如何建立起来的。一旦我们停止从纯粹规范性和公理化的角度来考虑问题,线性的知识序列就会变成循环的,因为它所呈现的轨迹——最初呈直线状——会缓慢地向自身闭合。

上文提到的认识论循环正是这一科学的循环的表现;正因为如此,它不仅仅符合事物的本质,而且本身也十分值得研究。为了解释知识的形成,心理社会学(psychosociologie)必须借助一个由其他科学当前拥有的知识所构成的参照系,但它也试图或迟或早地对这个参照系自身进行解释,因为这个参照系和其他系统一样(只不过,与其是在科学研究的过去或根基当中,它处在研究的前沿)都是由知识构成的。因此我们也可以看到,这一发生性循环恰恰体现了科学思维的范畴之间确实的承继关系所构成的循环:心理学的解释迟早会援引生物学的解释;后者则以物理化学的解释作为基础;而物理学的解释又以数学的解释为基础;而数学和逻辑学,它们只能以心理的法则作为基础,这些法则正是心理学的研究对象。此外,我们看到,这个循环的封闭性使得心理学和心理社会学延伸为发生认识论:数学确实不直接以单纯的心理学为基础——这样的表述是荒谬的,这样等同于把公设的基础放在对心理状态的经验描述之上,即用对事实的观察作为必然性运算的根基。数学依赖于一整套起组建(constitutif)作用的、为单纯的意识所简单注意到的运算,而批判思维——即"数学根基的理论"——则继续对其进行系统性的分析。而正是后者——它仍然处在科学的范畴之中,但其性质已经是认识论的——它以心理学为依靠。我们依然可以直接把起组建作用的运算以逻辑的形式公理化,这会给我们一个初始点的假象;但这实际上是把心理学的对象——也就是智慧运算本身——公理化,这并不脱离发生学循环。因此,为了解释知识的起源,如果说心理学必须要以外部的实在——正如它被生物学或物理学所认识的那样——以及逻辑与数学的规则为参考的话,这两重参考的系统最后都以帮助建构它们的、心理学通过发生方法来研究的智慧的实在(réalités intellectuelles)为基础,这个系统自身也就同样是一个发生过程和持续的动态建构过程的产物。这一过程的特征是构成一个不断扩大且会将心理学自身包含进去的循环。

从这些作为准备工作的思考中所得来的研究假设因此超越了简单的发生学和历史学分析的方法论,而可以构成整个发生认识论的起点。这个假设实际上认为科学思维总是处在两种互为补充的方向之间,这是由主客体之间的根本循环所决定的。通过数学和心理学,科学把实在同化到人类精神的框架中,也就走向了唯理论。的确,一方面数学把感性材料同化到空间和数字的格式中,从而把物质放入一套日益复杂和一致的运算系统中——这个系统使得演绎思维能掌控经验,甚至是解释经验。另一方面,心理学分析运算,并从此找出主体的活动;它们不能被还原为简单对外部实在的材料的服从。如果这是科学思维恒常性的两个方向中的一个,另一个方向也同样明显:通过物理学和生物学,科学表现出一种唯实论的倾向,它使精神从属于实在世界。生物学展现了知觉、运动和智慧本身与机体结构之间的联系,而物理化学则把这个机体放在一个与直接的意识状态越来越远的物质实在的世界里,从而把知识的中心放在了客体上。

依照我们走过科学循环的方向,要么客体被还原为主体,要么反之。因此科学既不是纯粹唯实论的,也不是纯粹唯理论的,而是同时指向这两个方向,而且我们没有充分的理由来预测这一过程的最终状况。然而,这一最终状态有被认识的必要性,以便我们能建立起一种确定不变的和封闭的认识论,而不是一种局限于渐进的有限成果的认识论——发生认识论正是这样一种理论,它因此也基本上是"开放的"。但这种要求必须假设科学中的循环是可以停止的。可是这个循环实际上绝不能完全闭合停止,因为每一个组成它的知识体系都在不断地变化当中;往一个方向的进展和往另一个方向的进展之间始终有着一定的距离,从而使得整个过程可以被想象成一种螺旋线。关于这种环形建构的整体的法则就构成了发生认识论所研究的所有特殊发展的普遍"极限"。

简而言之,我们可以看出发生认识论的双重任务。从初始的状态来看,它和智慧发展的心理学的一些方面重合:它试图解释特殊知识的形成,并解决在限定领域里的知识是如何发展的问题。只要它还停留在发生心理学的领域里,它就像心理学自身一样需要一种由当时所接受的科学知识所提供的参照系。可是,一旦发生心理学分析延伸为历史批判分析,至此一直被看作静止的参照系自身也会运动起来,而发生心理学的研究这时看起来就像是一个自我封闭的圆环上的一部分。这个过程所描述的螺旋线的最初几圈还属于历史批判分析,但随着我们不断接近最新近的知识状态,认识论的研究——始终是严格的发生学意义上的——就慢慢和关于各科学本身之间形成的关系的研究混合在一起了:通过揭示这些关系的循环性,发生认识论最终也就能帮助人们解释主客体之间循环的深层原因;这个循环被科学研究自身无限延伸,一旦它达到了使之闭合的最后极限——但这个极限可能是无法达到的,那么它就能揭开人类认识的奥秘。

第七节 狭义与广义的发生认识论

所谓狭义的发生认识论,在我们的理论中是指所有以当时的知识状态为参照系,对知识的增长模式所做的发生心理学的或历史批判性的研究。而当参照系本身也被包含在被研究的发生过程或历史过程时,发生认识论就是广义的。而我们的问题则是要找到一种始终是发生学和历史批判型的方法,也就是说它要能为研究提供客观的标准,它们应能有效地对抗建立简单的知识形而上学的危险的诱惑。

然而,把所有科学现有的知识都放入发生过程中,不仅仅意味着把所有真理——即使是今天我们承认的真理(其中也包括根本的逻辑真理)——都当作与思维发展特定阶段相关的一个产物,也意味着不提前对主体和客体之间的关系下结论。就狭义的认识论来说,这个问题并不突出,因为主体的活动和被研究的事物的表征的建构过程,都被认为是外在的、客观的和稳定的实在——它就是当下科学所认定的实在。但是从广义发生认识论的角度来看,并不存在拥有以上特征的实在。认识活动的主体的结构在其心理建构的过程中在不断演进,而这种演进是否有极限的问题也同样没有答案;另一方面,由于被假定为外在的实在也在这个过程中不断地改变面貌——也就是说有的所谓客观的特征实际上只是主观的——实在也就可以再相对于之后的思维形式进行改变,极限的问题也就同样应该是开放的。因此,一旦我们放弃了狭义发生认识论所依赖的参照系的话,我们就没有任何可靠的办法来解决主体和客体之间的问题。

然而,像这种广义发生学分析一样,运用一种彻底相对主义的方法的认识论研究仍然必须谈论主体和客体,因为认识的这两极也出现在上文第四节可能性表格中最极端的理念论和实在论之中:对于立场最为极端的先验论来说,也依然存在作为客体的不可预知的意识的材料,意识从内部确认它们,但却不能从任何表征的内容中推导出它们;而对于最为唯物主义的经验论而言,机体始终以日益复杂的方式回应外部刺激,这正是主体活动的本义。因此,在所有理论中,主体和客体的问题都依然存在。但是在完全没有参照系的情况下——也就是说当方法必须保持完全"开放"的时候,如何进行发生学研究呢?

正如不同知识所特有的建构法则从而建构了狭义发生认识论的研究客体一样,科学(每门科学被完整地加以考虑)的内在方向或者说"向量"(vection)就构成了广义发生认识论的研究领域。比如说,如果科学知识的发展可以被假设为一种螺旋或者循环的过程,且一种方向是将客体逐步还原为主体,而另一个方向是相反或互补的运动,那么我们就还要通过对认识运动的整体分析来确认这些方向是否存在。

不管我们今天必须承认的真理是多么的不稳定,且由我们现下的心理结构所限制,我们始终可以——在不进行任何对未来的预判预期的情况下——将当下的状况与曾经的情况进行对比,并从中得出已知的发展过程所呈现的方向。这种对演进的普遍法则的确定只构成对狭义发生认识论的一种推广,但它却似乎能提供在舍弃了狭义发生认识论所依赖的参照系之后所缺少的那个支点。因此,正是这样一种概括化,或说对于整体建构法则的研究,能让我们瞥见通往极限——发生认识论的目标——的道路;而且这并不会背离发生学和历史批判学的方法,因为这种研究知识对"狭义"问题做了延伸。

然而整体方向或运程的问题充满了陷阱,其研究要求至少在两方面格外谨慎,而这些谨慎又是与一个持续的危险相连的。拉朗德①——我们知道他曾多么深刻地解释过对这些向量的研究——以历史为切入点,并从事物中间(in medias res)开始,而不是从对初始状态的重建开始,通过对始终在演进中的"建成理性"(raison constituée)和指导演进过程的"构成理性"(raison constituante)进行区别,把这种研究似乎包含的发生学上的相对主义减弱了。在他的思想中,构成理性也被还原为多样性(le divers)逐步转变为一致性的过程;而建成理性则是由许多在历史中影响了一致化过程本身的原则构成的。很显然,这也可以是发生学分析给出的结果,尤其是埃米尔·梅耶森②在自己的研究中也发现了在每一个科学知识的发展阶段同样的一致化过程。只不过,从方法的角度来讲,区分由定向演进——其向量是我们的研究对象——所决定的建成理性和从一开始几乎就不受任何因素影响的构成理性,也是不无危险的。

从广义发生认识论的角度来说,首先需要注意的是不要认为智慧演进所特有的方向是因为存在着一个先验的要素把轨迹印在其上,从而事先就对可能的演进进行了限定。让我们再重复一遍,这种要素的存在也完全可以通过发生学分析最终确认。但它并不被包含在方法本身之中;而且即便我们基于建成理性和构成理性之间的一些事实(比如在科学的具体原则和一般的逻辑原则之间)不得不承认这种相对的二元论,两者也完全有可能都参与到持续的知识建构的过程当中去,但是两者参与的速度是不一样的。

由此也引发第二项注意事项。在科学思维的领域里可能发现的演进法则当然只能在科学现在达到的层次内部有效。回溯性的概括化是有风险的,而对未来进行延伸则必定是不合理的——除非我们接受一种简单的不可确证的可能性。从这个角度看,布伦茨威格的认识论("开放"认识论的代表)谨慎得甚至都不提有方向的演进,而是简单地确认知识的承续过程中有过的危机和转向。在笔者曾经对这位大师的一本精彩著作的评议当中③,我们曾经提出过可能可以让他的方法和对方向的寻求——或者像生物学家们所说的一样,一种"直向进化"(orthogenèse)——相互兼容。他对此回答道:"如

---

① André Lalande (1867—1963),法国哲学家。——译者注
② Emile Meyerson (1859—1933),法籍波兰裔哲学家、化学家。——译者注
③ 皮亚杰:《布伦茨威格关于人的经验与物理因果律的论述》,《心理学报》,1923。

果我们确实要说直向进化的话,那也是只能从事后来认识它。"我们完全同意这一建议,但也不需要矫枉过正。

在方法上不走先验的路,也不做预测,这就是我们的两条守则。但是,在实证学科的循环这一假设中,也就是说科学思维至少拥有两个方向的情况中,武断预测的诱惑也可能更弱,因为对科学的实在论或理念论的诠释更像是相互补充的,而不是给其中一种倾向以最高的位阶。这样的假设为什么能带来丰硕的成果?特别地,尝试确定我们在此研究的收敛序列(séries convergentes)所特有的"极限"有着怎样的意义呢?

在当前的认识论研究中,与科学的循环秩序这一观点相对的假设首先是在维也纳学派所阐述的逻辑学中,这也催生了相当成功的被称为"科学大一统"的运动。其中主要涉及对科学进行系统性的公理化,这既包括实验科学的原则,也包括演绎科学所特有的理论。从此得来的科学的模样自然是一种线性的秩序,它以逻辑化的阶段为标准(进行排列):逻辑学、数学、物理学、化学、生物学、心理学和社会学。另一方面,科学的结构也不受任何发生学分析的影响,不断演化的理念的体系由此也被一个永恒的定理所构成的系统所取代。然而,不管这种尝试多么有趣——我们会在之后的研究中多次与它碰面且达成一致,首先就是从脱离一切形而上学的方法开始——我们认为始终还是存在一个重要的难题,或许这特别是由这一运动的追随者所建立的有关逻辑和数学真理的"重言式观念"(notion tautologique),而不是其他的定理所导致的。这个难题就是,这种尝试达到"科学大一统"的努力最终产生了一种根本的二元主义:一方面,人们承认有真实的事实,它们早晚将会由一个主题通过观察来主动地检验;而另一方面,被当作有着"句法逻辑"的简单语言的逻辑数学定理仍然独立于一切经验而存在,并且构成一个封闭的世界。这种极端的二元论针对"单一型"的认识论提出来的第一个问题是,事实的真实性如何能够相互连接,或者像菲利普·弗兰克[①]所说的一样,如何跟把它们表达出来的语句相互"协调";持一元论的人对这个问题进行了非常微妙复杂的探讨。但这里还有第二个问题:如何把逻辑或数学逻辑的联系与使用它们的主体的实在的脑部活动"协调"起来?因为一种"句法",即便是"逻辑的",也需要一个能使用它的主体,而所有语言,即便是数学语言,不仅仅需要一个有着血肉之躯、能说话的主体,还需要一个使它产生的社会。因此,科学的循环又出现了——尽管它的形式有一点点改变:事实的真实性逐渐被当作有着句法的语句,但它们的基础是一个作为实然存在一部分的主体的智慧活动。

如果情况确实如此的话,我们马上可以看到发生认识论的任务以及这些初步的假设可能蕴涵的诸多成果:首先是能——让我们先这么说——让逻辑学和心理学不起冲突:逻辑学通往永恒的公理化体系,我们刚刚提及的理论可以让我们看出其重要性;而心理学则让我们研究构成科学和逻辑自身演变过程的实际活动。想要跳出时间和事物

---

① Philipp Frank(1884—1966),奥地利哲学家、物理学家和数学家。——译者注

有序的更替的尝试必然会导致认识的两极（不管是哪一种诠释方式，即便是"单一型"认识论，也不能否定这一点）。而今天我们已经拥有了良好的装备来研究逻辑数理的推论，而且从这个角度出发，整个现代公理系统已经是一个十分高效的工具了。另一方面，我们在把物理现象和逻辑数理关系相连接这一条路上已经取得了相当的进步。与这两组相当可观的进步相比，仍有两个巨大的缺憾使得我们不能取得一个受到所有人支持的科学认识论：一是从物理到生物的过程，现在已有大量的物理学家和那些最杰出的生物学家在研究这个问题，但还不能够把这个关键问题周围的迷雾驱散；二是心理生理领域或说精神（mental）领域和逻辑数理领域之间的联系，我们已经看到带有时间性的不可逆转的行为和可逆的、作为永恒关联的渊源的运算之间的联系，但它们仍处在初级和整体观察的阶段。我们知识的这两重缺憾并不阻碍我们从发生学的角度来参与科学认识论的集体研究的决心。恰恰相反，唯有在这一基础上我们才能避免那些忘记了生物和心理因素在认识论方面的根本作用的人可能会遇上的意外，才能更好地理解这些因素，并同时把它们放入到科学认识理论构成的整体系统之中。

第一部分　数学思维

一种严格演绎的且又完全和经验相适应的数学科学何以可能,这一直是认识论的核心问题。从发生学的角度来看,这个问题就更加让人感到不安。

一方面,数学和物理实在保持了最为精细的一致。无论一个物理学家在物质世界中发现的结构和关系是如何的繁复与多样,他都可以用数学语言对其进行精确的描述,仿佛在物理世界的所有角落以及几何和分析的抽象框架之间都有一种事先建立好的和谐。更有甚者,有时这种和谐并不仅仅是在物理定律发现之时或者之后出现,而是数学程式在多年以前就预见了后来出现的实验内容。几何和分析的形式当然可以在不考虑实在世界的情况下进行。然而,只要它们保证在演绎中是正确的,那么我们不仅不用担心经验会否定它们,而且——这也是充满悖论的一点——经验迟早会将它们填满,并会和它们保持一致。一个在数学演绎中建立起来的框架里填充了现实的精彩例子大概就是黎曼几何了。这是一个自由且勇敢的建构,它走在经典几何的边缘,甚至直接否定了欧几里得的假设——一个人们无法证明,便认为由直接观察所确认的假设。这就是不顾实在、自由创造的数学思维的一例。然而,在它挑战物理实在半个多世纪之后,物理学本身转而认为黎曼几何比起欧氏几何来说更能够描述引力现象:相对论直接使用这一提前准备好的框架,而且经验最终证实了这一天才的创见。再看另一例:在 1900 年,里奇(Ricci)和列维-奇维塔(Levi-Civita)为了获得独立于坐标的微分方程形式,从而创立了"绝对微分学"。而这一由严谨之至的数学家们完成的奢侈工程在数年之后变成了爱因斯坦的一个核心工具,因为如果没有张量微积分,相对论就会失去它特殊的技术。这类预见的一个经典例子是虚数:它们从代数运算的简单推广中得出(它们的名字就足够表明这里的"立法者的意思"了),但却在几何、机械论和复变理论中,乃至整个分析领域及其大量的运用中发挥着日益重要的作用。最后,我们可以在当前的微观物理学中找到大量的例证,它们在使用着先前建立好的各种各样的数学程式,从矩阵演算(我们在那里看到虚数的运用)直到"抽象空间",它与试验事实的衔接可能是当代研究中最引人好奇的悖论之一。

尽管它总是与物理实在的某个领域相连,数学却总是以更为一般的形式超越它们。尤其是在某个节点之后,它们就完全不再以经验为基础。的确,在刚开始的时候,婴儿需要在经验中检验,以便确定 $1+4=2+3$;埃及人通过丈量也发现了欧氏几何的轮廓。但是儿童从十一二岁开始、人类历史从古希腊开始,数学演绎的严谨性就超越了经验的确认。经验可以是发现新问题的契机，而且事实上它一直也都是，并把数学家引到了他自身的兴趣可能不会立即将他引到的地方。但是数学家们从来不像在物理上一样来引用经验，不把它们作为真理的标准。一个数学定理只有在被理性地证明了之后才可以被认为是真的，而不是在于它和外界经验相吻合：在这一点上，所有人的观点都是一致的。

　　这样一来，怎样才可以解释运算的神秘力量呢？它仿佛来自关于眼前经验的动作，但是，当它们相互联系起来的时候，它们却又远离了经验中的实在，直至可以支配它、超越它，甚至可以完全不理会它们从实在和有限的空间里所提供的确认。一方面，基础数学似乎来自其他动作：移动、结合或分离、重叠、关联。相反，高等数学的统治构成一个运算变换的世界，它从各个方面超越实在的或可实现的经验的界限。于是，开始时实在世界显得比刚起步的运算丰富得多，但是在发展过程中两者的位置却颠倒了过来：运算开始超越实际可观测的变换。由此我们可以看到数学运算的发展所提出的两个问题：第一个问题是演绎运算与物理实在之间永恒的一致的问题。由于这些运算在本源上是成功的动作，两者的一致似乎并没有什么神秘的（我们将在其他地方更具体地讨论这一表现）；但是这些运算最后变成了比实验变换更加丰富的、内在的和符号性的动作，它们之间为什么还可以保持一致呢？而这一问题又牵扯出第二个问题：数学思维的多产特性。既然几何与分析的世界超越了现实世界，同时又在与它共同的部分中相互关联，我们不仅仅需要理解这种关联，也要理解其超越性。从这个角度看，数学思维就表现出一种创造性（除非我们的研究让我们接受别的解释，比如柏拉图式的解释等等）。数学家们从数量极少且内容贫乏的公理还有一些定义出发，通过创造性的运算，建构了被称为抽象的存在之间的联系的宽广世界。数学思维因此显得是建构式的，不管这一表现最终是否会被发生学的分析证实或证伪：在所有别的科学领域中，演绎的方法只会产生空想的怪物，而且认识的发展始终需要依赖观察和实验，但是数学领域的演绎方法却是极其多产的。不管这样的多产性是逻辑上真实的或是纯粹的心理学假象，如何解释这种建构本身呢？

　　这就是我们希望在这第一部分中研究的两个经典问题——仅仅是从发生学和历史批判的角度。值得注意的是，即便我们不管所有哲学理论，不管这两个重要问题曾经催生过所有形而上学的认识论——从柏拉图到笛卡尔，从康德到胡塞尔，数学与实验的联系以及数学运算的建构这两个问题都是发生认识论（包括最为狭义的那种）必须面对的，因为它们对于智慧心理学，乃至知觉生理学来说都是必然的课题。如果我们不解释数字和空间的形成，我们就不能理解孩童的智慧发展以及知觉结构的构成。对它们的形成的研究必然会导致以下的选项：要么我们认为数字和空间在事物本身中，知觉在其中找到它们，而智慧则将它们提取出来；要么我们就要在事物和动作的关系中或者主体的思维和知觉结构中寻找它们的秘密。不论是何种解释，数学与实在之间的联系已经被作为问题提了出来，只看初生时的运算而不管它们长成之后的状况，或者只看高级阶段而忽视起点的话，都只会是不够谨慎的回答方式。

第一章 数字的运算性建构

很少有比整数更清晰和明白的概念,也很少有比基本算术的结果更明了的运算了:这是孩童也可以理解的科学,是没有任何人质疑其有效性的科学,是其初始的真理不断变得丰富且从没有因此而遭遇危机的科学……只是如果我们把"1+1=2"这个所有词项都清晰无疑的命题,和另一个命题"机体由卵生,经成长、衰老而死亡"——它的词项都有着很多的模糊之处——相比较的话,我们可以发现这两个真理所引发的认识论问题的简单程度可以说与概念本身的清晰程度成反比。事实上所有人都可以认同,第二个命题的来源是经验;即使一个哲学家以为能先验地演绎出卵、成长、衰老和死亡的概念,他也还是会先从观察当中得知这些现象的存在(生物学家们常被认为是这样的,外加上一些实验)。相反,数字的认识论含义却引发了最为多样也最为矛盾的假设,以至于分清楚问题并对它们进行排序已经是困难万分。"1+1=2"这个命题到底是一条真理,一份约定,还是一个循环的表述?它是否通过经验来使我们必须接受它,通过哪些经验?或者它是先验地建构起来的,或是直接的直观的客体,到底是哪一类客体?数字是否是一个基本概念,还是逻辑运算的综合?数字的技术和算术的真实性有多不容置疑,数字是什么的问题就能多深刻地揭示出,我们的思维是如何的难以直接把握它自以为完全理解且每天都在使用的工具。

数字作为工具的显然与数学家们自己制造的和它相关的认识论上的混乱之间的对比,单这一点就可以证明发生学研究的必要性:思维对于它自身机制中的关键环节没有意识,这是它们基础性在心理学上的标志;这也告诉了我们,它们的形成阶段有多久远。为能找到它们,我们必须追溯到这个阶段。

第一节　数字的经验论解释

一、通过"心理经验"来解释基数

我们知道，著名的克罗内克和赫尔姆霍兹①都支持数字的心理学阐释。特别是赫尔姆霍兹，一方面作为生理学家和知觉心理学家，另一方面作为物理学家和数学家，他不遗余力地支持：纯数字（与用于测量的数字相对）的建构基础在于"纯粹的心理实在"。我们在下一节中将探讨他把序数建立在意识状态的承续关系上的观点。马赫（Ernst Mach）和利亚诺②更强调外在经验而非内在经验，他们通过对实体的心理经验来阐释数的形成。马赫解释道，"心理经验在于"通过思维"来想象事实的变化"③。我们几乎可以跟着马赫的翻译者说：它是"关于事实的心理模仿"（第3页）。至少，"过往积累的经验的本质决定了心理经验过程的成败"（第206页）。因此，如果说数字的概念是由连接和区分、排列和关联的实际经验建构起来的话（第317页），人们只需要接着通过心理经验提及如此构成的不同类型的结集，并在想象中操纵它们，便能产生代数运算了。计算本身也只是思维对实际的数数动作所做的一种延伸，是一种"间接的数数法"而已（第320页）。这种用心理经验来解释数学运算的观点随后被利亚诺④以及沙思兰⑤大量地运用和推广。利亚诺认为，理性思维就是一系列的运算或者思考的经验。这似乎在强调运算构造所特有的动作方面，但随后重点则被再次置于对于事物本身的过往经验之上；这一经验由记忆唤起，并由简单的注意力来控制。似乎只有沙思兰选择了完全基于运算的阐释：他通过我们可以对算术对象所做的运算来描述它们的性质。

因此，通过对心理经验这一概念的讨论，我们应该能更好地理解数字的产生，并能去除对它的阐释中所包含的根本性的歧义。从对事实的描述这一角度看，没有任何因素阻碍我们使用这样一个概念。相反，它能很好地表述下述的一般观察：所有实际产生的经验都可以内化为一种表象的经验；更为重要的是，所有思维——不管它多么抽象——都以这种对可能的动作和经验的心理化（mentalisation）为基础。但这一心理学的观察却并不会一定导致经验型认识论，就像对经验在科学发展中的历史角色的确认也不会导致经验论一样。事实上，就如同在每个限定好的范围内我们都需要思考什么

---

① Hermann von Helmholtz（1821—1894），德国生理学家和物理学家。——译者注
② Eugenio Rignano（1870—1930），意大利哲学家。——译者注
③ 马赫：《认识与错误》，杜富尔译，巴黎：弗拉马里翁出版社，第200页。
④ 利亚诺：《推理的心理学》，巴黎：阿尔康与科学出版社，1913—1916。
⑤ Philippe Chaslin（1857—1923），法国心理医生。——译者注

是经验,以及主体的动作和客观的质料在经验形成中扮演什么角色一样,任何"心理经验"的存在都会提出所有的认识论问题,而不是解决它们。

从这点来看,我们首先要做一个区分。从认识论上讲,有的心理经验(Ⅰ)只是在想象一个外在于主体的实在,就像伽利略试图在任何现实实验之前想象加速度一样。①相反,另外一些心理经验(Ⅱ)则并不是在想象简单的"事实的变化"(马赫的用语),而是主体让事实发生变化的动作本身,这两者并不相同。如果涉及主体的动作,不管变换是实在地发生了还是"在思维中",这始终是主体内在固有的动作;反过来,如果涉及事物自身的改变,那么这就是一种外部的变化,即便是内部想象的。不管 $1+1=2$ 这一加法运算是通过实际的动作还是象征性的动作来完成的,还是通过实物的参与或仅仅以"抽象"的方式完成的,关键的事实都在于主体把两个个体合并到了一起,也就是说他在动作:即便这一动作是外在的,它也是由主体的活动所特有的内在机制所决定的。所以把内部想象的外在"事实的变化"和对可能的动作的想象混为一谈,只是一种文字游戏;动作的外在形式也已经反映了主体的内在活动。然而马赫和利亚诺却不停地在两者之间转换,这也使得他们能够简单地从心理经验的心理学存在推论到经验论。

我们接下来需要做第二种区分,这主要是从心理学的角度来考虑这一问题,但也有其认识论上的重要性。对于上述的分析人们可以反驳说:在针对实在的动作中,主体只是在众多的变化中添加了一种,并且在外部看到其结果(即便他是通过"心理观察"来表象它们),这样就可以支持经验论。而我们现在将要提出的区分乍一看来似乎会推出这个结论。如果说"心理经验"等于对主体自身的动作的表象(Ⅱ),我们事实上就需要进一步区分对区别不强、协调不足、因而必须以外界实在为基础以便能对其结果进行预测的动作所做的想象(ⅡA),和严格意义上的对运算的表象,即(根据我们的定义)可逆的、充分协调以至于能对其组合给出确切预测的动作(ⅡB)。这使我们更接近数字的起源,因为组成数字运算的动作首先给出两者中的前者,其形式首先是实体的经验,然后是心理经验(ⅡA),直至达到第二种类型(ⅡB)。

让我们以关联性的经验——不管是实际的还是心理的——作为例子(马赫和利亚诺着重强调了它们),并以我们刚刚引入的两种区分来研究它们在婴儿时期的起源。

假设我们给一个孩子6个排成一排的红色筹码,并让他在一个基数更大的筹码群中找出同样多的蓝色筹码。② 他会逐个把它们放在红色筹码的旁边,最终找出6个蓝色筹码。但是,如果我们把其中一排的间距稍稍拉大一些,5到6岁的孩子就常常会认为两个集合之间不再等价了("有更多红色的筹码"等等),因为在这种情况下已经没有了视觉上的规则联系,且其中一组所占的空间位置比另一组所占的更大。当筹码被重

---

① 参见柯瓦雷:《伽利略研究》,赫尔曼出版社,1939,第242页。
② 关于这个实验的细节和结论,参见皮亚杰、斯泽明斯卡:《儿童的数字概念》,巴黎:德拉绍和尼斯特尔出版社,1940,第三章。

新放回原位之后,我们是否能确定它们仍将与旁边一排的筹码一一对应呢?年纪最小的孩子们怀疑这一点(比如 6 个从鸡蛋杯中取出的鸡蛋不一定能找回它们在原来容器里的位置,仿佛空间的变化这一事实本身就能带来数量上的变化),而另外的孩子则认为一旦被放回原位,筹码是可以重新找回对应关系的,但是他们也不敢下结论说间距变大后的筹码仍然和相距更近的筹码是一一对应的关系。

在这些初步的例证之中我们可以看到一系列的实在的或"思维中的"经验,它们的多样性立即证实了心理实验的复杂程度,以及我们先前引入的区分的必要性。首先,当主体需要获得两个等值的集合时,他想象两者会在视觉上相互对应(每一个元素都在它对应的元素的旁边)。难道不能说,因为心理经验确确实实是"对事实变化的表象"(类型Ⅰ),理性思维就是在简单地模仿实在吗?我们可以马上回答道,如果真的是这样的话,这就已经能证明对外部事实的模仿根本不足以产生数字,因为两行排列之间视觉上的对应所带来的知觉情形既不建立两个集合之间持久的等值关系,也不能在直观形状发生改变的情况下保存每个集合。在这一点上,那些相信有可能恢复原始情形的孩子们的反应就特别有意义:他们想象这一还原,但却不下结论说两排之间有对应关系!因此,在建立对应关系的过程中,对建立好的对应关系的知觉或者想象并不是全部:事实上存在着一系列主体内在固有的动作。我们由此可以确定,孩童的这些经验属于前面区分过的第二类经验(类型Ⅱ):它们的实在的或在大脑中的经验过程,是解读主体的动作的结果,而不是直接解读事实的变化。

而此时则需要进一步做第二种区分:这些实际的或想象的动作仍不能产生一个精确的演绎的整体,因为它不能保存两个被操控的集合。儿童因此确实需要经验的帮助,以确认恢复到初始情形的可能或者理解从一种情形过渡到另一种情形的过程。于是他就停留在了上述第二种区分中的第一类心理经验中(ⅡA)。他是如何过渡到第二类经验的(ⅡB)?他所拥有的经验到底是怎样的?我们首先可以看相关事实:在比上述阶段更高阶的时段,也就是说在儿童达到 7 岁的时候,在不借助任何实际经验的情况下,儿童就已经能想象,两排筹码的所有空间或知觉水平的变化都不会改变 6＝6 这一恒定的等值;这一关系现在就被建立在一个独立于视觉对应关系的一一对应之上了。此外,他会认为在两组元素的位置变动之中,两个集合的恒定不变是显而易见的,并且建立在一种理性的必然性之上。他甚至会把这种持续的等值性以及这种恒定性当作一种先验的真理,但是这样的先验真理——就像我们随后会遇到的所有真理一样,出现在发生过程的末尾,而不是开头;它象征着发生过程最终的平衡,而不是它的形成过程。我们是否要简单地承认,主体在通过一系列的经验了解了始终能找回同一种对应关系的可能性之后,就在心理层面上想象这类经验直至把其结果当作是必然的?这些事实是否让我们从马赫和利亚诺的心理经验一直追溯到休谟的经验论,以及他把必然性归结为习惯的那个论点呢?

特征为我们提到过的两个阶段(ⅡA 与ⅡB)之间的承接的动作发展过程,是比简单的从实际的和犹豫的经验向内化为表象的经验的过渡更为复杂的过程。如果说心理经验的概念在描述ⅡA这一初始阶段时(也就是说主体仍然只是直观地想象某些可能的动作的时候)仍有充分的价值的话,在表达思维上实行一整套确定的运算(ⅡB)的能力的时候它就变得既过于简单又没有效率了。事实上在后一种情况中,心理经验来自于这些运算,或者说以它们为基础,但它却不能解释它们。比想象可能的动作重要得多的一种区别,在上述经验方面把5到6岁的阶段和6到7岁的阶段对立起来:第一个阶段(ⅡA)所特有的动作相互之间还不够协调,而正是因为缺少完整的协调,主体就必须不断地以想象为基础,甚至以知觉为基础。特别需要注意的是它们还不是可逆的,而当主体认为接受回到初始情形的可能的时候,这只涉及经验层面的一种回到原点的可能,而不是一种被当作有必然性的可逆运算。相反,在第二个阶段中(ⅡB),每一个动作都被认为是可以逆转的,而正是这种可逆性带来了对集合保持恒定的必然性以及它们之间的等值性的觉察。而把可逆性认为是一种想象的产物,知觉的产物,甚至是习惯的产物,这是十分荒谬的:想象以及知觉的承续依照的是一种不可逆的流变,这在我们两个阶段中的第一个仍是十分清晰可见的;逆转一种习惯则意味着获取一种新的习惯。事实上,即便他看到了或想象到了所有情形在倒转或者在回到原位,孩童在这个ⅡA的初始阶段中都不会认为关系本身是可逆的,恰恰因为他没有建立可逆的关系,或者说动作本身之间的逆转。我们因此需要在动作的协调过程本身之中,也就是说在它们的逐步构成的过程中,去寻找从经验动作到可逆运算的过渡,而不是认为经验动作简单地内化成了"心理经验"。

如果事实确实如此,我们就会看到在运算协调之前的第一阶段(ⅡA)所特有的经验是什么。正如我们将在所有的动作体系为数学概念奠定基础的情况中所看到的那样,这里更多涉及的是主体对自身动作所产生的经验,而不是对客体本身的知觉。当他在红色筹码和蓝色筹码之间建立联系的时候,这些物体实际上对于动作本身来说并不具有任何物理的角色——除非是从工具的角度来说,我们甚至可以说从摄取的食物的角度:它们被同化为这一动作的格式(schème),而非动作顺化于筹码,就好像是要研究它们的颜色、阻力或是重量一样。它们在动作的协调度尚不高的时候有着可观的价值,可是随着这一协调的发展,它们的重要性也逐渐消失,并可以越来越被象征性的因素所取代。因此,我们需要仔细地区分这种对于"任意客体"(贡塞斯所认为的逻辑的一种面向)的功能性经验以及针对特定客体的物理性质的实际经验。

这些初始的分析的结论便是,我们不能一般性地用简单的"心理经验"的概念来解释数字。如果我们区分其中重现"事实变化"的那些(Ⅰ)以及在思维中重现动作本身的那些(Ⅱ)的话,数字则是从后者衍生而来的;但此时真正的问题是要理解从动作到运算的过渡。从发生学的角度来看(这对空间,部分地对时间来说,就像对数字一样,都是适用的),初始的事实因此并不是对自身活动有了意识,而是这一活动本身——它作为渐进的组织以及主体对客体的改变。在数字的问题中,就像在逻辑概念和空间——它们和前者保有密切的联系——的问题上一样,这些基本动作都首先起到联合或分离、归位或换位等作用,简言之,它们在组建或拆解特定的联合。问题因此便是要把这些离理性运算还很远的初始动作的认识论特征揭示出来,并且理解导向这些运算的过程。

1. 一个动作总是与先前的动作有着连带关系的,并能逐步回归至最开始的思维以及遗传设置中(遗传本身也是一段可以无尽回溯的生物历史)。所有的动作首先都是要把它所涉及的客体同化为一个同化格式(schème d'assimilation),这种格式是由过往的动作和现在的动作之间的连续性所构成的。① 因此存在一种联系的格式,一种分离的格式,等等,而动作首先则呈现为把客体同化为这些格式,就好比判断把客体同化为概念——即运算的格式一样。因此,动作必然与一个在动作着的主体相连,就像思维总与一个在思考的主体相连一样。而另一方面,动作也与它的客体相连,也就是说,在每一种新的情况中,动作的图式(schéma)因它作用的客体不同而有所不同,这种改变可以是暂时的、偶发的,也可以是持续的。因此我们可以说,动作其次是对客体的顺化(accommodation),即相对于它的客体,而不是仅仅相对于主体。而这一同化与顺化是不可分割的,少了其中之一我们都无法构想动作;但在这两种倾向之间我们可以找到不同形式的平衡。在开始的时候,这个平衡是不稳定的,因为同化是起保存作用的,而顺化却表明了主体必须从客体那里持续接受的改变。

2. 接下来,当我们从感知运动的动作过渡到由直观表象构成的内化动作时,同化与顺化之间的平衡逐渐因为下列因素而倾向于稳定。借由大脑中的含义表达机制,同化不再是直接的;它超越了当下的动作,进而涉及更为广阔的时空距离,也就是说它们延伸成了判断。不管表象同化与动作同化之间的心理学承继关系有多么复杂,它们之间在认识论上的连续性却是显而易见的。至于顺化,它同样会内化,但却是以表象的能指(signifiant)的形式:心理的表象,作为客体的象征,是由一种内在的模仿而来;这种内在模仿,就像模仿本身一样,会延伸顺化。② 这双重内化因此可以让同化与顺化取得一种更广泛和持久的平衡,但它仍然不完善,因为这两种倾向仍然指向两个不同的方向:一个指向保存,另一个指向变更。然而直观的思维和基本的心理经验依然构成一个思维上完成的动作相互之间连接得更好的系统,它一边想象着知觉到的实在(模仿式的顺化),一边把它同化为内化了的格式。马赫和利亚诺却只强调了对实在的顺化这一点,这也是他们的经验论的来源;他们没有看到这一过程必然伴随着相对于行为格式的同化,也就是说主体活动的一部分(尽管这一活动还不是运算型的)。

3. 再次之便出现了具体运算。运算始终还是一种动作,不管它是像(1)那样在实在世界中还是像(2)那样只在心理中。与之前的动作相比,它却表现出——相互连带的——两个新特征。

---

① 更详尽的论述请见,《儿童智慧的起源》,巴黎:德拉绍和尼斯特尔出版社,1945。
② 参见皮亚杰:《儿童符号的形成》,巴黎:德拉绍和尼斯特尔出版社,1945。

首先,它是可逆的,而初始的动作是不可逆的;而整个儿童心理学都表明,对可逆性的获得——直至逆向的动作被认为是与直接的动作必然相连的——是多么漫长的一个过程:逆转一个顺序,与合并相对的分离,等等。于是我们看到运算的第二个特征:它永远不是一个单一的动作,而是与其他行动相协调的一个动作;这一连续动作之间的组合体已经因为可逆性而变得连贯一致了。事实上,这一可逆性和这一协调性就是最终达到的同化和顺化之间的平衡的体现:把所有的动作以可逆的方式协调起来,就是能同时让格式顺化于所有变换,且把每个变换都通过引起它们的动作的格式同化为另一种变换。但是最开始的运算仍然是具体的,因为它们仍与具体的或心理的操作相联系。

4. 最后,在具体运算组织的末尾,抽象的和形式的运算变得可能;其特征是以纯粹的假定(pures assomptions)而非可操作的实体为基础:事实上,这些新的运算客体是描述具体运算的命题,而不再是具体运算的客体。于是最终形成了一套命题的逻辑,它可以同时被应用于几个运算体系。但十分清楚的是,从心理学的角度看,每个命题仍然构成一个可协调的可逆的、但也是纯粹象征性的和假设性的动作。如此一来,从初始的动作到假设-演绎命题体系的整个联系便完整了。

让我们回到整数的问题上,想要用经验论式的经验——即便是心理的经验——来解释它们,只能是水中捞月。它们的确可能是动作的产物,但是这些动作从一开始就既是客体向主体的同化和主体对客体的顺化。因此,如果我们不考虑这种同化活动的话,我们就无法解释最终组成数字的运算,而且为了还给数字运算它们的可逆组合的本性,我们更应该一级一级地追踪在不断相互区别的同化与顺化之间建立起来的渐进的平衡。从心理学的角度来看,在这一发展过程的最初阶段所出现的经验并不能支持经验论,而是提出了一种运算活动(两者完全不同);这一运算活动首先出现在数字最初级的积极和直观的形式中,并在具体的运算系统和随后的形式化的及可公理化的运算系统中渐臻完善。

第二节　数字的经验主义理论

我们在上文中对通过心理经验来解释数字的观点所做的批判会带来下述结果:数字并不是从经验所涉及的物体或实在之中抽取而来的,而是从介入经验(不管是实在的还是心理的)之中的、并使经验成为可能的动作本身中来的。这难道不是仍然在支持数字的经验来源?只不过经验是内部的而非外部的?而且对动作的抽象难道不是与对客体的抽象有着同样的性质吗?只不过供抽取数字所用的经验的客体变成了对自己的经验性存在有着直接意识的主体?对赫尔姆霍兹的理论的讨论,既能让我们从与运算的关系这一视角来检视作为认识论概念的内在经验,也能让我们通过运算机制来区分两种抽象活动。

我们知道在他的短文《计数与测量》(Zählen und messen)中,赫尔姆霍兹试图证明,数字的起源在于对我们的意识状态的承续时间顺序的记忆直觉:"数数这一做法的基础是我们回忆起自身的意识状态的承续顺序的能力。"①换句话说,意识状态在时间之中以不可逆的发展方式相互承接,并构成一个序列,记忆则提供了对该序列的"内在直觉"。所以对这一序列中的各项以一种约定好的口头方式进行"编号",就能让我们获得有秩序的数字,从而能通过简单的承续关系来定义序数的增加以及两个序数之间的相等关系。赫尔姆霍兹的理论因此不仅仅以内在经验为基础,它同时也带有一种约定主义,这种约定主义涉及的是,时间序列是如何被转译为一系列通过运算而获得同质的个体价值(即序数的)"符号"的。

因此我们需要讨论赫尔姆霍兹理论的三个方面:关于数字的初始形式是序数的假设,数字编号的约定主义和数字起源的经验论。

我们现在不需要去强调序数理论的不足。一方面,布伦茨威格已经确切地证明了在有限世界中②,序数和基数互为前提:如果说相互承接的个体是严格同质的话,我们只能通过这一承续关系自身建立起的集合来区分它们的先后顺序(比如,1+1+1与1+1的区别只在于在最后一个1之前有两个1而不是只有一个1);反过来,基数的集合也只能在有序的情形下才能被研究——假如我们不想把同一个项连算两次的话。另一方面,在孩童身上看到的数字的心理学起源也十分清楚地确认了序数与基数这两方面的不可分离③;这一起源表明数字的一个前提是融合类别嵌套(emboîtement de classes)的运算(基数方面)和排序的运算(序数方面)。我们将在下文中讨论这一点。因此,正是因为没有对自发运算进行发生学分析,才导致了赫尔姆霍兹在一个看似是心理学的重构工作中只注意了序数方面。

至于赫尔姆霍兹的约定主义——人们有时这样称呼其理论——它是由同样的原因造成的。为了填补意识状态(不管是否有记忆)的质量上的序列与整数序列之间的鸿沟,人们确实必须加入一系列运算:由于没有通过发生学的方法来研究儿童是如何发展出数字的概念的,赫尔姆霍兹就用一系列有关编号的符号来代替了这些自发的运算。

所以赫尔姆霍兹的理论的问题最终还是在于其出发点有误,也就是说数字可以从内在经验中抽取而得这一观点的错误。而这一错误因为其作者的名声而显得更加意味深长;数字与时间之间的直接关系曾是许多伟大思想家的一个错觉,从康德一直到布劳威尔。④

关于时间——如同数字一样——构成一个线性序列的这一假设之所以让这些学者

---

① 引文出自斯帕耶尔:《思维与量》,第84页。
② 布伦茨威格:《数学哲学的诸阶段》,巴黎:法兰西大学出版社。
③ 此处原文作"独立"(indépendance),但依上下文意思,应是两者的不可分离(interdépendance)更为合理,故在译文中做此校正。——译者注
④ Luitzen E. J. Brouwer (1881—1966),荷兰数学家。——译者注

信服，是因为人们以为，让数字以时间为依据能给前者一个更加稳固的基础：内在的时长似乎是一种比对空间的认识或者空间上的承续关系更为直接的直观的客体。可是，一方面并没有什么能证明对内在时长的直观比起物理时间的直观来说更为原始，因为婴儿大概已经能在意识状态的承续之前（因为没有任何记忆能帮助他来辨识这一点）辨认出手段在时间上是先于目的的（比如，为了拿到一个毯子上的物体而去拉毯子）；另一方面，记忆本身也是一个主动的、部分为运算性质的重建过程，而不是简单的自动记录，尤其不是一种自发有序的记录：为了让我们的记忆有序，我们必须自己来设置这一秩序。要想让对时长的直觉产生一个与时间顺序相区别的概念，就必须在这一直觉之上附加上真正属于排序活动的运算（参见第四章第三节）。在儿童身上，时间承续关系的建立是在数字运算的关系建立之后完成的，或者至少是同时的，而绝不会先于它。①

简言之，在想要从内部经验提取序数或者单纯的有序序列的概念的时候，我们不可避免地会碰到从外部经验抽取这些概念时候的难题：在经验当中——不管是内部的还是外部的，都既没有质量上的排序运算，也更加不可能有带序数的编号活动。这些活动是附加到经验之上的，就像动作附加在客体上一样，不管这些客体是记忆的客体还是当下意识的客体；它们赋予直接经验以结构，而不是简单地从中衍生出来。

那么，为客观事物和记忆事件排序的运算，如果不是来自某种形式的内在经验，到底来自哪里呢？这正是行为和动作心理学革新了意识心理学的地方。这种运算来自动作，而动作自身是比它可能带来的内在经验更加真实的存在，因为这一经验永远只是对动作本身或多或少的不充分的体会。因此我们在任何一个发展阶段都不能从内在经验中寻找解释，而是要在动作发展的过程本身之中，尤其是在心理活动向实际动作过渡的阶段之中。

然而，如果我们重拾赫尔姆霍兹的例子，我们完全有理由将建立一组序列的活动（在承认该活动的动作属性而非经验或想象属性的前提下）与组织我们记忆的活动相提并论［同样地，这是在承认记忆的主动性的前提下，好比历史学家对过往事件的重构或者让内（Janet）所定义的"叙事行为"］。可是，为了从较低层次的活动（使对象重现的记忆活动大概随着语言的运用就开始了）中获取较高层次的活动（排序运算活动是在孩子大概 7 岁的时候才出现），我们必须进行一种独特的抽象活动。根据本节开头提及的区分，这种抽象活动的基础是动作，并与从客体出发的抽象活动相区别。正因为这样，建构序列的活动不仅能将自身的组成因素从记忆中抽象出来，也能将它们从一系列姿势的顺序中——简言之，从任意低层次行为的顺序中——抽象出来。但这种抽象活动的机制仍有待进一步的解释。

以内在经验为基础的解释的错误之处，在于相信我们能直接地从直觉或内在知觉（比如一种关于时长的知觉或运动的知觉）抽象出一种特性，并能将其直接放入高层次

---

① 相关的证明请见皮亚杰：《儿童时间概念的形成》，巴黎：法兰西大学出版社，1946。

的活动中,就像是我们从外部经验抽象出某种性质——比如不同对象共有的白色——从而建构出一种类别——白色物体——的活动一样。可是,这是两种截然不同的抽象活动,而我们也必须在本书的开端强调这一点,因为这一问题在所有特殊的认知论问题中(比如空间、时间、力等等)都会出现。对这一点的忽视似乎也导致一部分基于心理发生学考虑的理论——比如恩里克斯(参见导论第三节)的理论——陷入了谬误中。

让我们复述一下第一节中区分过的从动作过渡到运算的主要阶段:感知运动的动作、直觉思维、具体运算和形式运算。在建构序列时,我们可以在以上的每一个阶段指出准备和完成这一建构过程的行为。在感知运动的阶段已经出现了一些涉及实际承续的格式(比如,在某个动作之前先做另一个动作,并始终保持这一顺序)。在表象化的直觉层面,我们会找到另一些格式(比如某些记忆的顺序),在具体活动的层面也一样(比如把物体按照大小或重量来排列)。最后还有一些形式化的承续格式(比如对一些抽象的元素进行排序)。如我们在第一节中简要提及的一样,以上的每一个阶段都比它的前一阶段有着更高的平衡,这种更高级平衡的特征包括一种更强的可逆转性和更为一般的组建形式。因此,我们能显然看出,每一种格式都向更低层级的格式借用一些元素,并将之一般化,就比如在承续的形式上。正是这种借用构成了基于动作的抽象活动,而且我们能看到这种借用的切实存在——如果我们仔细地跟随每一层级的递进过程,而不是直接从基础行为直接跳到高级层次,与基于客体的抽象活动——在从外部经验开始建立概念的过程中这种抽象会起作用——相比,这种基于动作的抽象到底有什么不同呢?

最关键的区别在于,在外部经验的情况中,从客体中抽象而来的性质已经在抽象活动之前就在客体之中被识别出来了,并且带着同样的形式。比如,对白色的抽象让我们获得一个新的结果,即可以在不同对象之间进行比较(比如在确立一个化学或生物类别时),但是这种白色已经在抽象活动之前在每个客体上都已经被作为白色识别了出来。我们当然是在谈论一种物理属性,即通过对客体的认知、由主体加在客体上的性质,而不是由对客体的动作加在客体上的特性,比如建构某个数字的动作。但是,与这种物理性质的抽象正相反,针对给动作格式进行定性的心理特征的抽象,并使这一特征进入更复杂的格式(而不仅仅是进入一个只描述内在经验的简单概念)的这种抽象就是反省抽象(abstraction réfléchissante)。也就是说,这种抽象活动通过对行为进行区分,使该行为本身发生转变,并由此向经过抽象分离出来的性质中添加别的元素。举例而言,在一种感知运动活动中出现的在实践中的承续并不一定在该层级上被主体有意识地觉察到:将它从其动作环境中抽离会使之成为一种表征层面的承续,而不仅仅是经验中的承续。这需要在更高的层级上建构一种新的格式(比如在直觉思维层面,对这种承续在记忆中的重建)。再一次的抽象则使它成为真正的运算——如果涉及的是可逆的或可随意重复的承续关系(而不是只在某些特定的整体想象情境中)等等。同样地,将通过具体运算建立的序列抽象成形式序列的过程需要对这一序列以命题的形式进行重构。这也是为什么这些抽象活动的承续(从感知运动到直觉,再到具体的和形式的运算)在儿童1到12岁之间逐步展开,也就是说这贯穿了心理发展的整个阶段。

简言之,从动作出发的抽象,因为它是反省的,所以也必然是建构性的。当它只是被用于建立一个一般的类别或者一种普遍关系的时候(一种被观察到的法则),它不会导向一种简单的一般化,像对物理性质的抽象一样:它是建构性的,因为它与一种新的、比具有抽象特征的动作更为高级的动作的发展相连。所以其核心是区别化,并会达致一种一般化,这是一种新的、前运算或是运算型的组合,因为这里涉及一种通过从之前的格式中借取元素、并由区别化所产生的一种新的格式,这是一种更灵活、更可逆的格式,因此它也是更加平衡的。①

通过以上解释,我们充分地看到为什么发生心理学的解释不能被简化为对内在经验的应用。由于赫尔姆霍兹没有发现在排序行为中——并由此而达致的数字的实际建构——切实起作用的运算的角色,他只能使用假设的运算来填补他的内部经验论的不足。这些假设从公理化的角度来看是有意思的,但是从心理学的解释来看却是毫不相关的,因为对数字真正的重构要求那些被引以为据的运算是动作主体自身的运算。而这些运算是存在的,并足以证明概念是由主体积极地建构起来的,而不是在他的意识中作为成品一样给定的。内在经验要想成为认识的实际渊源,我们就必须承认有先天的、与生俱来的概念,主体只是在发展的特定阶段了解到它们而已。但我们刚刚看到,当一个主体通过反省意识试图对其之前行为中的某些元素(也包括遗传性反射中的元素)进行抽象的时候,这一反省是有建设性的,它并不满足于把完整的格式从一个层面转移到另一个层面,而是通过对其反思性的发现将它们扩大与重构。从动作出发的抽象,因此是新的动作的源泉,其终点正是运算活动本身。我们现在正应该来研究从动作到运算的这一过程。

第三节 质与量:基本运算所特有的"群集"

在他过于简短的对"数字的制造"的研究中②,德拉克洛瓦③没有认为数字是纯粹的质性④,但也写道:"数字是由纯粹质性上的元素构成的,它的所有成分都是质性的。"

---

① 当然,在物理世界中同样存在这样的抽象化,但它涉及的是客体的变化,而不仅仅是它们的性质。但这只是通过数学组合完成的一般化,也就是说这种抽象实际上是被同化成了主体心理动作所产生的一般化运算。
② 杜马:《心理学概论》(第20版),第5卷,1936。
③ Henri Delacroix (1873—1937),法国心理学家。——译者注
④ 此节中的"质性"均对应"qualité",或译作"性质"。——译者注

（第141页）与之相对，斯帕耶尔①则直接认为②"数字是一个质性的概念"（第125页），并把数量本身看作是"测量的结果"（第33页），也就是说"被测量的质性"（第33页）；而另一方面，测量则是把数字运用于质性……这样只是在循环论证：数量是一个被测量的质性，而测量本身又是借由质性完成的。至于数学家们，正如我们知道的，他们把数字的和测量的概念与质性的概念对立起来，并特别注意区分定性几何与度量几何。但问题是这样的数学上的质是否与逻辑上的质等同。

在当今的术语中，没有什么比质和量这样的用语更加模糊的了。而斯帕耶尔尤为夸张的表述更说明了在这样有歧义的语境中我们可能会得出怎样的结论：数字自身——我们都同意这是数量最为典型的例证——竟然变成了纯粹的质性。这也是为什么在我们看来，为了分析数字的认识论含义，首先需要找到界定两者的标准。

事实上，质和量是不可分割的，这既是从发生论的角度来讲也是从逻辑学或者公理系统的分析来看。此外，那些支持所有数字都是质性的论据都可以用来支持数量的一般性，因为如果我们能直接从质性中提取数量的话，这显然说明数量本身一直就在质性之中。只有一种不够形式化的哲学语言所包含的不精确性才会蒙蔽这一显然的事实，而发生学或者逻辑学的方法应该能让我们做出那些必要的描述。然而认为质和量是不可分割的并不意味着两者是完全一样的：只是从发生论的角度来看，它们是同样朴素的，而在它们运算平衡的状态中，它们已经凝聚得如此紧密以至于我们不能离开其中之一来定义另外一个。

从发生论的角度看，它们是同等朴素的，这是因为从感知运动的动作开始，它们就以相互关联的方式出现。比如，把相似的物体聚合在一起的动作是在引入一定的定性活动（按照相似度来同化），但聚合多还是少就是这个动作的量化层面了：在一个感知运动的同化格式中我们就已经可以区分蕴涵了量的外延和以质为基础的内涵了。同样地，摇动一个物件是一种有着一定质性的动作，但是我们也可以摇得多或少一些（或快或慢，或强或弱，等等；动作的这些不同的强度构成了不对称关系中所特有的量）。人们可以说，两个强度不同的动作的质量也是不同的：就算承认这一点，但这两种质量之间的关系恰恰就是一种数量！

因此我们可以假设，在质和量之间存在着一种类似于逻辑概念的内涵和外延之间存在的相互依赖的关系。事实上，我们在设想一个概念的内涵时不可能不谈及构成定义这一内涵的特征的基础逻辑项；而这些逻辑项正是这个概念的外延。反过来，我们不可能确定这样的一个外延，如果我们不对其中各项的属性进行限定，也就是说我们依然需要依靠内涵。而这种概念的内涵和外延之间不可分割的连带性对于质和量的关系更直接地显得重要，如果我们注意到质和量的最基本的形式正和逻辑上的内涵和外延相

---

① Albert Spaier（1883—1934），法国哲学家。——译者注
② 《思维和量》，巴黎：法兰西大学出版社。

互融合。

事实上,我们可以按照种类的角度或者关系的角度,用如下方法来描述质和量。针对种类来说,很显然质与概念的内涵相关,而量和其外延相关。一个聚合的系统——它定义一个种类的外延——主要构成一个数量体系,这与属性或谓语(即除了"所有"和"某些"之外的,对象的所有性质)相对,后者表达那些被量化了的质性。至于关系的角度[我们在别处曾经论证过①,所有的谓语大概都构成一种关系,即使是当它们是以一种绝对的方式被表述出来的,或只被归属到一个客体上的时候(比如,x 是"白"的,意味着它跟 y 和 z 有着"同样的颜色")],我们同样需要区分它们的外延和内涵。而一种关系的外延,也就是说由它联系起来的各项(领域,共同领域或者场域)正是一个种类,不管它们是否排列有序;不管它们间可能存在的顺序——它(顺序)就是内涵的层面,这个种类又是通过它的外延来描述一个可以被定义的数量。至于关系的内涵,我们需要区别两种情况,一是对称关系,二是不对称关系。对称关系表达了一种等值(比如,A 和 B "一样白"),或者相似性(比如 A 和 B "可以类比"),或者一种无序的差异(比如,A "不同于"B)。因此,对称关系传达的要么是共同属于一个种类(相似的项),或者是一种"他者"或说不属于同一种类(A 和 B 分属两个种类)。在两种情况中,这些种类的外延都决定数量,而质量则对应着关系本身的内涵(对称的相似性或相异性)。至于不对称的关系,它们表达的是有序的差异性,或是二元的(A 包含 B),或是三元的(外在于、内在于、在边界上),或是多元的(A 比 B 大,B 比 C 大,等等)。它们的质性就又是由关系的内涵所构成(比如,大、红,有德性的,等等),而它们的数量则由相应的有序种类的外延所决定。然而,在多元的关系中,我们也可以说数量是被差异本身所决定的,因为这些关系中包含了"多"或"少"(大得"多"或"少",红得"多"或"少",有德性得"多"或"少"等等)。但我们还要区分两点:说 A 比 B "更"如何(大、红等等),这还是在表达一种质量上的差异,因为这里的"多"或"少"是针对内涵中的一个性质来说的。只有在我们谈论的是外延上的序列(或者系列)时,我们才进入数量的领域;它是从 0 到 A 之间、0 到 B 之间、0 到 C 之间,或 A 到 B、A 到 C 之间等等,大得"多"或"少"的一个区间(或段落)。于是,由多元的不对称关系的有序差异所体现的数量就和种类的外延所表达的数量相吻合了。

一方面,不同种类之间的外延上的不等(比如在相互嵌套的种类中的包含关系)事实上是不对称关系的一种;另一方面,外延上的差异也被包含在一般的有序差异的关系当中。如果我们把一组元素按照同样的多元不对称关系来进行排列的话,元素之间如果差异越大,那么它们之间就会有更多的中间项;这反过来将区间或段落还原为外延间

---

① 《逻辑通论》,第 45 节。

的关系(即把每个个例还原为所研究的关系所占的或大或小的"场域")。①

我们现在发现,外延的关系(或者说有序的差异)可以有三种不同的情况,其中之一是简单的种类与关系逻辑的特质,而另外两种则是数学的特质。正是这三种关系构成了我们通常用不精确的词语如"质"或"量"关系所指代的内容;事实上这是数量的三种不同形式,它们都是有着特别性质的项所构成的集合的外延之间的关系。

1. 为了更好地解释我们的想法,让我们假设 A 与 B 两个种类,它们完全由各自的元素的性质来定义,并且所有 A 中的元素都是 B 的元素,但反之则不然(比如,所有的哺乳动物 A 都是脊椎动物 B,但所有的脊椎动物 B 并不都是哺乳动物 A)。正是这种包含的关系,或说部分与整体之间的关系,以其传递性构成了定性的三段论(syllogisme qualitatif)的根基,因为如果所有 B 都是 C 的话,那么所有 A 同样也都是 C。另外,让我们注意到,既然不是所有 B 都是 A,而且不是所有 C 都是 B,那么就存在一个 A' 的类别,它是 B 当中 A 的补充,也就是说 $A'=B-A$(比如 $A'=$脊椎动物 $B-$哺乳动物 A,即非哺乳类的脊椎动物),和一个 B' 的种类,才在 C 中是 B 的补充,也就是说

$$B'=C-B$$

(比如若 $C=$所有动物,则 $B'=$ 所有非脊椎类的动物),等等。

有了以上界定后,我们可以借助简单的外延关系来定义数量或说大小的第一种形式,我们遵从康德的说法②把它定义为程度的量(quantité intensive)。③ 我们称一种数量关系是程度的,如果我们只知道整体比部分要大($B>A$ 或者 $C>B$ 等等),但却无法确定整体的一个部分,比如 A 到底是大于、小于、还是等于它的补充部分 A'。事实上,不管 A 和 A' 中所含元素的数量的多少,"所有 A 都属于 B"和"所有 B 不都属于 A"都始终是真的:即便 A 中只有一个元素,而 A' 要多大有多大,或者反过来,$A<B$ 的关系始终独立于 A 与 A' 之间的关系而成立。同样地,B 与 B' 的关系并不影响 $B<C$。这就是为什么种类的逻辑只有三个量:一④、全部、没有("一个 A 是 B 的一部分","所有 A 都是 B 的一部分","没有 A 是 A' 的一部分")。

不对称关系的情况是完全相同的,它们由经过排序的项的质量所定义,并像我们上文中提过的一样表现它们质上的差异。比如,设有 a 关系 = "A 比 B 更轻",而 a' 关系

---

① 举例来说,如果 A 没 B 那么红,B 没 C 那么红,C 没 D 那么红,那么 A 与 D 之间的差异就比 A 与 C 之间的差异更大;或者 A 与 C 之间的也比 A 与 B 之间的大。因此,$ABCD$ 组成的种类就比 ABC 组成的在外延上更大,而后者又比 AB 组成的要大。

② 参见康德:《纯粹理性批判》;中文译本可见邓晓芒译,人民出版社,2004,第 297 页。这里需要说明的是"quantité intensive"也可以译作"内含的量"(邓晓芒先生译作"内包的量"),但这种译法更贴近于该词的逻辑意义,而"程度"则被用于更为广泛的语境当中,康德自己也认为这种量所涉及的是程度。——译者注

③ 斯帕耶尔认为这个概念是"模糊的"(前引文,第 15 页),但这是因为他自己混淆了数的所有形式,并且他自信可以"测量"所有性质,甚至包括他批评费希纳(Gustav Fechner)只敢间接测量的感受!

④ 即"同一"的意思,也就是说,所有元素都相同的集合(= 单元素集合)。

则意味着"B 比 C 更轻"。在 a 和 a' 这两个关系中,我们能通过合并 a 与 a' 得出一个 b 关系(="A 比 C 更轻"),$a+a'=b$(同样地,我们可以把这一序列延续下去,并运用关系 b'="C 比 D 轻",得出 $b+b'=c$,关系 c 也就意味着"A 比 D 轻",等等)。而我们只知道在 A 和 C 之间比 A 和 B 之间或者 B 和 C 之间,两者的重量差别更大,也就是说 $b>a$ 和 $b>a'$。相反,我们无法确定 A 和 B 以及 B 和 C 之间,哪个区别更大;我们也就无法得知两个局部关系 a 和 a' 之间的关系如何,而只是知道局部关系 a 或 a' 与包含了它们的整体关系 b 或者 c 等等之间的关系。①

2. 假设我们现在在一个整体的各个互为补充的部分之间引入一种新的数量关系,比如针对 B 集合是在 A 和 A′ 之间,针对 b 关系是在 a 和 A′ 之间;这种对各部分之间的外延关系的更精确的描述,正标志着从程度的量到外延的量(quantité extensive)的过渡,也就是说,从量化的种类与关系的逻辑过渡到真正的数学。这一外延的数量本身也可以呈现两个面向,一种是度量式的,另一种则是非度量式的。我们必须理解存在这两种可能,因为它们正好对应着数学家们称为数量或者"度量"的领域和"定性"的领域;所谓"定性"的几何实际上是有着"外延"的属性,而不仅仅是"程度"的,但却依然与度量无关,也就是说没有引入数字。

假设有一个互相嵌套的区间的序列,它们都聚焦于一点,因此每一段区间都比前一段要更短一些。用集合论的术语来说,我们认为,当一个区间包含"除一个微小的集合外的其他所有元素"时(或者"除了一个有限的数字之外的全部"时),这个区间就包含了集合上"几乎所有"的元素。聚焦于一点的所有区间因此构成一组"几乎全部"的关系。可是,我们立即可以发现,这种不需要计数活动介入的"几乎全部"的关系是不能被还原为简单的程度量的:如果 A 包含"几乎全部"B 的元素,那么我们不仅仅知道 $A<B$,而且还知道 $A>A'$(如果 $B=A+A'$ 的话)。即便是在日常话语中,如果我们说"几乎所有的哺乳动物(A)都是居住在陆地上的(B)",我们就不仅仅使用了一种逻辑关系,而是已经用到了一种数学的量化:纯粹的逻辑只在"全部"和"一些"之间做区分,而不会涉及这种中间级别的关系——这实际上是一种外延量意义上的分数,只是它仍是不确定的(在 50% 和 100% 之间)。

同样地,所谓的定性关系——我们在射影几何、仿射几何以及研究相似关系的几何学(当非调和的关系、相近关系、比例等等是从纯粹图形的角度而不是从测量的角度被研究时)会用到它——涉及的也是外延的数量(尽管不是测量式的),因为同一个整体的各个部分总是在被相互比较,而不是简单地和整体建立某种联系(这是逻辑学的做法)。比如,两条射线之间距离的变化是有规律的,而不是随意的。如果我们用 A, B, C 等来

---

① 因为"A 比 B 轻"这一关系,通过引入 A 和 B 之间的项,也可以再被分割为有着同样的构成特征的下级关系,它自身也同样地具有程度性:在"更轻"关系中的"更加"因此在没有新的特别化的情况下仍是一个程度的数量。

指代那些标记从射线的交点出发逐步增大的间距的平行线的话，我们不仅能获得一组程度意义上的排序（$A<B<C<D$ 等），而且可以获得它们的差之间的关系：$A'(=B-A)$，$B'(=C-B)$，$C'(=D-C)$ 等，且 A'，B'，C' 等和 A，B，C 等之间的关系是恒定不变的。这种与任何测量都无关的、只涉及图形建构的恒定性也会出现在一定年纪的儿童的透视画作中，这已经足以表明一定程度的外延的量化的出现。①

3. 最后，当一个整体 B 中，互补的部分 A 和 A' 能够被还原为同一个个体时，我们就称之为数字的或测量的量（quantité numérique ou métrique）。比如，如果 A 能够通过一一对应（双射）、迭代、合同等变换而变成与 A' 等价的集合的话，我们可以从这一新的关系中（我们可以把它简单地记为 $A=A'$）得出 $B=2A$，也就是说通过对个体 A 的叠加，我们可以获得 B。因此，数字或者测量的数量应该被认为是外延性数量的一种特殊形式，而正是这外延数量之下的两种不同类型被我们在数学上分别称作定性的和测量的。

基于上述分析，我们可以得出结论，质和量相互之间是不可分割的：在逻辑学上，各种质量是由程度性的数量关系联系起来的，而在数学上，这些关系则是外延性的，可以是非测量式的，也可以是测量式的。

这些基础的区分对于思维的实际运算活动的机制，尤其是它们的发生学演化来说，是至关重要的。很显然，与逻辑性质相连的程度数量比外延性的和测量式的关系要更为简单的，因为它们只涉及部分与整体之间的关系，还不处理部分之间的关系。因此，在形成过程中的思维自然把全部的精力集中在对第一类关系的建构之中；而在它们被完全构成后，这些关系可以通过已经形成的格式的推广而轻易得到延伸。同样地，从科学层级的角度来看，许多领域是不会超出程度量化的层级的，比如像植物和动物的分类。因此，为了能确定数字的形成相对于实际的逻辑运算所占的位置，我们有必要记得这些对应着不同发展阶段的区分。

那么，哪些基础的组合和分离的运算是与简单的程度量化相吻合的呢？它们有两种限制性的特征，这从思维心理学来看是十分可观的，但却会让习惯了更为强大的概括化变换（mobilité généralisatrice）的数学家们惊叹不已。

（1）程度量所特有的运算组合只能是二元的：如果我们只知道 A 全部属于 B，但反之不然，那么 B 中的元素就或者属于 A，或者属于非 A（属于 A'），这是第一种二元对立。如果我们只知道全部 B 都属于 C，而反之不然，那么 C 中的元素就或者属于 B，或者属于非 $B(B')$ 等等。因此我们有了种类之间的包含关系，$A+A'=B$，$B+B'=C$，$C+C'=D$ 等等。它们出自一系列的二元区分，就像我们在植物分类学的全谱系图中所看到的那样。

---

① 更多细节请参见皮亚杰、英海尔德：《儿童的空间概念》，巴黎：法兰西大学出版社，1947，第六章。

而刚出现的逻辑正好是以这种方式运作的:它们只通过一种性质的存在与否来建立种类(或者对称关系),并且只用"多或少"的语言来描述不对称关系,而不探讨作为部分的个体以及它们之间的关系。不管其中涉及的相似性(种类或对称关系)还是差异性(不对称关系),基本的逻辑运算都是通过二元区分来完成的,这体现了简单的部分跟整体之间的对比,而不是部分与部分之间的。

(2) 至于类别之间的组合($A+A'=B$)或者关系之间的组合($a+a'=b$),它们只能逐步地完成,或者说从相邻项开始,因为每一个类别或者关系都被嵌套在包含它们的类别或关系之中,我们不能忽视这些嵌套关系而把它们自由地与其他类别或关系进行组合。因此,为了在一个谱系中建立起两个个体间的世系关系,我们必须追溯到它们共同的先祖,并把从此生出的所有关系组合起来。同样地,在一个符合 $A+A'=B$ 和 $B+B'=C$ 的植物或动物分类系统中,我们只能把 A 和 B' 用 $A+B'=C-A'$ 的方式联系起来,而对于数字而言,我们可以在不考虑它们的嵌套关系的情况下把任意两个数字相加。①

然而,一旦我们接受了二元区分和相邻性这两条限制之后,只有程度量化的定性的逻辑运算可以给出精确的组合,并且依照的是在儿童身上容易追踪其发展过程——这从通过直观思维内化的动作开始——的结构。我们给这样的结构起名为"群集"(groupement)②,因为它们既与数学中的基本"群"(groupes)(在心理学上,它们是从前者衍生而来的)十分相近,但又因为二元性和相邻性这两条限制而与这些"群"完全不同。一个"群集"有着下列 5 个特征:

1. 两个集合的运算可以合并为一个新的集合的运算。比如:

$(A+A'=B)+(B+B'=C)=(A+A'+B'=C)$

这个我们初看起来并不带来什么新知识的两组运算的合并,实际上构成了包含关系所特有的传递性的基础:

$(A=B-A')+(B=C-B')=(A=C-B'-A')$

或者可以缩记为"所有的 A 都是 B,所有的 B 都是 C,那么所有的 A 都是 C",即 $A<B$,$B<C$,所以 $A<C$。这种传递性本身也体现了运算在心理上的协调。

2. 每一个运算都是可逆的。比如,$(A+A'=B)$ 对应且只对应一个逆运算:$(-A-A'=-B)$,我们从中可以得出 $B-A=A'$,或者 $B-A'=A$。这就是运算可逆性这一根本的心理学上的实在的体现,它与直接动作的不可逆性相对。

3. 三个不同的运算③组合在一起的时候是有结合性的:$(A+A')+B'=A+(A'+$

---

① 关于种类组合的限制,参见贡塞斯、皮亚杰:《群集、群和格》,《心理学档案》,1946;皮亚杰:《逻辑通论》,第 10 节。

② 参见皮亚杰:《逻辑通论》,第二、三、六章;维尔姆斯(Henri Wermus)通过"直接继承者"的概念所做的公理化(见《心理学档案》,1972,143 号)。

③ 不同的,因此与不断重复的相区别,也就是说与重言式不同;后者的结合体预设方程两侧的元素是完全相等的。

B')。这种结合律体现了从两种不同路径获得同样结果的心理学上的可能(在这个特例中涉及的是 C 种类,两种运算都会得到它)。

4. 所有运算和它的逆运算的组合最后都会得到"一般性的相等运算",它等于没有运算:$(A+A')+(-A-A')=0$,从而有 $X+0=X$。

5. 最后,所有跟自己的组合或者跟包含了自己的组合都不改变后加上的项("特殊的相等运算"):$A+A=A$,从而也有 $A+B=B$。这是逻辑学家们所称的重言式,这与个体的数字化相加($A+A=2A$)不同。

我们由此看出,一个"群集"构成部分与整体间的所有"程度的"关系(通过把相邻的补充部分相互嵌套以获得下一层级的整体):由部分到整体的嵌套过程在这种情况下构成系统的渐进的组合,而二元式的互补性(与随之而来的相邻性)保证了它的可逆性。"群集"看起来首先像是另一个结构,即"网"或"格"的结构。这种结构构成数学上为数不多的可以被应用于纯粹的程度数量上的形式。① 但是格无法在一个系统里表达所有的逻辑运算,因为它只有一种弱的可逆性。二元区分和相邻性这两条限制却保证了完整的可逆性,这表达了根本的逻辑运算②:

$A+A'=B$ 和 $B-A'=A$

(或者 $p \vee p'=q$,以及 $q \cdot \bar{p}=p$)。另一方面,我们只需要放弃 $A+A=A$ 或者 $A+B=B$ 这样的重言式,就可以只涉及关于分开的部分运算了,我们也就回到了布尔代数所特有的合并式的加法群里。③ 因此,"群集"构成网和群之间的一种结构,它是一种可逆的网。

从纯粹逻辑型的"群集"到涉及数学量化的"群"的过渡,标志着数量组合过程中的一个决定性阶段。正是从简单的部分与整体之间的关系发展到各部分之间的更一般的关系这样的做法,让一般化的过程从程度式的转到外延式的,再转到测量式的。

由此我们可以说,"群集"构成了通往"群",特别是通往整数的第一步(许多学科就停在了这一步,比如动物学和植物学中负责系统化分类的部分)。但是,即便"群集"的结构非常基础——它体现的是程度数量以及定性逻辑的最基本的组合,我们也不应认为它是从一开始就存在于大脑之中的。相反,从发生认识论的角度来看十分有意思的是,我们发现在儿童那里,建构最简单的部分与整体间的关系也是个十分艰辛的过程。它首先起始于主体犹豫的尝试以及对自己的动作的经验,先是表现为不可逆的动作,而直到很晚之后才变成可逆运算。

这一点上有一个典型的实验:我们让儿童观察一组物体 B(比如木质的珠子),它由

---

① 网是一个半规制化的系统,其中的任意两个元素在一个确定的最高值和最低值之间。上限是最小上确界(比如包含了所有所研究集合的最小的共同集合),下限是最大下确界(比如所研究的两个集合的共同部分)。

② 参见我们的《逻辑通论》,第 39 节。

③ 前引书,第 10 节。

两个互补的部分构成,其中之一(部分 A)有一种特定的颜色(比如褐色的珠子),它们几乎构成了集合 B 的全部,而另一部分 A' 则有着另一种颜色且只有两或三个元素(比如两个白色的珠子)。问题非常简单,就是到底在这一组物体里有更多 A 还是更多 B(也就是说,到底有更多褐色的珠子,还是更多木质的珠子。儿童可以同时看到所有的珠子,并且能检查并说出所有的珠子,A 和 A' 都是"木质的",也就是说属于 B)。然而,5 到 6 岁的孩子仍然给出如下的反应:他们能很好地分别描述 B 的特性("它们都是木质的")以及 A 和 A' 的特性("有很多褐色珠子,而且只有两个白色的"),但它们却没有办法同时思考作为整体的 B 和作为部分的 A,并给出 $A<B$ 的结论。这个现象的原因在于,建立于知觉之上的直觉思维是不可逆的:如果注意力集中在了 A 和 A' 所共有的性质之上,那么整个 B 仍然是不可分割的,主体也忘记了其中的各部分;相反,如果主体想着 A 部分和它特有的性质,那么整体 B 就被截断了,而在 A 的对面就只剩下另一个部分 A'。孩童就会做出 A 大于 B 这样的荒谬判断,因为他把被解构的 B 的特质加载了 A' 之上(比如孩子会说,"褐色的珠子比木质的珠子更多,因为只有两个白色的珠子")。他没有办法得出 $A<B$ 这样的程度关系,因为他还没有掌握以下的逆运算:

$A=B-A'$ 和 $A'=B-A$

只有它们可以保留 B 的全体。相反,7 到 8 岁的主体十分轻松地就可以得出 B 大于 A,因为他们把 B 的整体当作恒定的,不管其中的直接的或逆转的组合到底是怎样的;他们不再借助表象或者半知觉化的情态来思考,而是通过可逆的运算。①

一般来说,构成一个"群集"的心理学标准就是,不管各部分的关系是怎样的,整体都会被保留下来这一事实。比如,在上文第一节中提过的双射实验中(依旧是红蓝筹码),儿童甚至没有针对每个分开来的部分存留的概念(这相当于我们刚刚提到的无法保留 B 的整体概念的情况),而 7 岁的孩子们却可以有这种存留:他们之所以能达到这个结果,正是凭借着同时是可逆的和结合性的组合,这些组合使得每个元素和整体都有了同一性。在这种情况和许多类似的情况下,觉察到这种恒常性是必然的,是一个运算群集从最开始不可逆的且不可相互组合的动作到达最后彻底形成时的心理学标志。②

---

① 更多细节请见:皮亚杰、斯泽明斯卡:《儿童的数字概念》,巴黎:德拉绍和尼斯特尔出版社,1940,第七章。值得注意的是,在这个实验中出现的两个部分之间的关系 $A>A'$ 是通过观察确认的,而不是一种具有运算性质的外延式的量化。

② 关于保留的概念以及群集参见皮亚杰、英海尔德:《儿童数量概念的发展》,巴黎:德拉绍和尼斯特尔出版社,1941,第一至三章;以及皮亚杰、斯泽明斯卡,前引文,第一至四章。

第四节　被还原为逻辑类别的基数和被还原为非对称关系的序数

在上一节中做过的区分将会极大地帮助我们从发生学的角度对弗雷格、罗素和怀特海等人著名的把数字还原为简单逻辑运算的尝试进行研究。他们的尝试被大部分的逻辑学家和大量的数学家所接受，因为一旦我们承认了数字的经验论解释并不成立，把数字还原为逻辑的做法就是乍看上去最为自然的解释方式。这样的还原却引起了一些伟大的数学家——其中最著名的当属庞加莱和认识论学者——他们之中领头的则是布伦茨威格等人的怀疑。于是我们现在的问题便是要确定数字的形成过程是否与集合和关系的形成过程是一样的。在第三节中研究过的不同类型的运算整体也是为此才要进行划分的，因为我们引用过的逻辑学家们提出的问题只有从发生过程的角度出发才能通过实验得到解决。

诚然，逻辑真理是具有公理性的，而非实验性的，因此我们可以在数字和逻辑之间建立一种演绎的关系，即便实验并不支持它们实际上的演变关系。只是，如果说真实的运算始终不接受这样一种还原的话，在它们达到平衡状态之后，把它们转译为逻辑格式，并将它与罗素的图式相对比，这将是十分有意思的。而我们所做的实验①则使我们认为在发生学问题和逻辑学问题之间有着很强的一致性，而非两种方法之间的冲突。我们想在下文中简单地分析一下这两个方面。

我们都知道罗素的理论：两个集合（从外延上来考虑它们）中的元素如果可以构成一一对应的关系，那么它们会产生一个"集合的集合"，而这个集合的集合构成一个基数。因此，数字1就是单元素集合产生的集合，数字2是双元素集合产生的集合，数字3是三元素集合产生的集合，等等。然而，一一对应的关系只以逻辑上的同一为基础：" x 与 y 构成双射的关系"意味着，如果 x 对应着 y'，那么 y' 与 y 是一样的；如果 y 对应着 x'，那么 x' 和 x 也是一样的。因此，构成数字的等价集合的集合，它的建构只需要纯逻辑运算就可以完成。至于序数，它则是"相似的"不对称关系的一个集合，也就是说它依然是一一对应关系的产物，不过是在关系之间的对应。

这样的设想引起了两种反对意见：一种指责它是一种恶性循环，因为数字已经出现在相互联系的单一对象的理念之中了，而第二种则强调逻辑集合和数字的功能性差异。

庞加莱（布特鲁等人也都支持他的观点）特别强调了第一点。他认为，在"一个"人等这样的表达中，个体对象或者单元素集合已经包含了数字1。库蒂拉②回应道，逻辑

---

① 参见：《逻辑通论》，第二至四章。
② Louis Couturat（1868—1914），法国逻辑学家、数学家和语言学家。

上的"1"不牵涉到数字"1",而是只涉及同一性:一个集合 A 是单一的,当命题"x 是 A 的一个元素"和"y 是 A 的一个元素"中的 x 和 y 是相同合一的。同样地,"几个""所有""没有"等表达中也不涉及数字,而是仅仅表示个体是否属于一个集合。

只要我们还是抱着经典逻辑的原子式视角——它认为可以离开集合或关系来讨论单个的命题——这一轮讨论就不会有结果。对于这样一种原子论,很显然,"一个人"这一表达能分别指一个数量单位,或者有着特殊属性并因这些属性而与其他所有对象都不一样的某种客体,这赋予它作为单一集合的唯一元素的逻辑价值。不管是罗素(他借用同一性和隔离的集合来思考)还是他的对手们(他们跟着罗素在同样的框架下试图找到孤立数字的暗含的提示),他们都选择了一种没有确定的标准、可以支持各种各样的理论的人为构造的原子论,因为同一性既属于数学也属于"程度式"逻辑。对于罗素的理论来说,这种原子论是如此重要,以至于所有数字都是通过相互独立的集合(它们作为集合的集合)孤立地产生的,而不是通过一种包含了 0,1,2,3 等等逐步渐进的建构法则。

可是只有这些元素所在的运算整体的全部结构才能区分它们的本质——或者是逻辑的(程度量),或者是数学的(外延的或数字的数量)。当它所属的运算把它与"两个人"或"n 个人"拿来对比的时候,"一个人"这个词指向的是数字 1,因为这时"1"起到一个可迭代的单位的作用。但如果这个词属于一个只涉及个体与集合或者部分集合与全集的关系的运算体系的时候,它就是与数字互相独立的。很显然,起决定性作用的是"群集"或者运算的群,而不是元素自身的本质;而且严格来说的话,当这些元素被孤立起来考虑的时候,这个本质也是不能确定的。

因此有了第二种对罗素理论的反驳:它把集合的功能作用和数字的对立起来。像布伦茨威格所说的那样,群的功能是合一(identifier),而数的功能是多样化,因此这两者在根本上就是异质的。但是,针对这一论证,就像在上面的论证中一样,决定功能上的含义的自然应该是运算系统整体,而不是元素自身。

于是问题应该是,当罗素说"等价集合的集合"时,他为了获得等价关系而使用的一一对应的关系仍然只是简单的逻辑上的——也就是说,只涉及在有着特定性质的集合的形成过程中起作用的程度数量——还是说其中已经暗含了数字——不是指孤立的、被加在所研究集合之上的数字的,而是说这种对应的运算已经是外延式的,因此事实上超越了定性集合的逻辑这一范畴?

在我们看来,恰恰是这里,证明双射关系的基础是一种纯粹的同一性的做法是没有意义的。即使这是真的(但仍须证明对应关系本身不超出逻辑等值的框架),这也不是问题的所在,因为同一性可以来自一个数学"群"自身的运算(比如 $1 \times 1 = 1$ 或 $1:1 = 1$,以及更一般的,所有"同一性运算"),也可以来自(程度)逻辑"群集"所特有的运算。真正的问题在于一一对应关系本身,也就是说作为运算的整体,是一个群集还是群的特征。在第一种情况下,罗素所做的还原就会是有效的,因为数字只是由纯粹被"群集"联系在一起的集合中产生的。在第二种情况中，它则是一个恶性循环，因为它是在已经包含了数字的运算系统中过于轻松地提取出了数字。

在这里，对发展过程的发生学分析以及对科学思维不同层级不同表现的研究都给出了决定性的答案。事实上存在着两类十分不同的一一对应关系：一种是定性的或者逻辑的（因此其性质是纯粹"程度"的），另一种是"不定的"或者说数学的。而罗素并不是把第一种运用到了它的证明当中，而是第二种，这就是为什么他做的还原让人觉得并不完善。这种还原中包含了一个循环，因为在这种情况下，它并不能把数字还原为一个集合本身，而是一个事先已经被有着数字特性的运算所量化过的集合。

事实上，存在一种仅仅具有逻辑属性的一一对应关系，也就是说元素间的对应关系依照的是它们相异的性质，而不是作为任意的个体。比较解剖学上的"同形"（homologie）所体现的正是这种定性的对应运算，具体比如一个动物种类的骨骼中的一片与另一种类的动物骨骼的同一部分之间的联系。对这种运算的使用要广泛得多，比如当我们通过把两个客体之间的各个相似部分相互对应起来，以便研究它们之间的相似性的时候，我们就是在使用这种运算。从发生学的角度看，定性的一一对应关系是早熟的：它在儿童开始绘画的时候，甚至是在模仿活动出现的时候就已经以直觉的方式在酝酿了，而到儿童 7 岁左右就随着系统的对比活动（其基础是逻辑的乘法运算）变成了运算。

"任意的"一一对应关系则十分不同，因为它不需要依照性质上的相似来确定对应关系，而是把一个集合中的任意一个元素和另一个集合中的任意元素对应了起来（唯一的条件是每一个元素只能被使用一次）。当罗素建构数字 12 时，他就是把基督的十二门徒和拿破仑的十二名将军相互之间做了对应；使徒彼得跟内伊元帅之间并没有什么共同性质（但是，一个生物学家把哺乳动物的毛发和鸟类的羽毛做对比是与之不同的）。它们之间的联系只是在于，前者是第一个集合中的任意元素，而后者则是第二个中的任意元素。

因此我们可以看出，定性的一一对应关系还没有脱离集合逻辑以及程度数量。它甚至构成一个十分确定的"群集"——一个集合之间的双射乘积，以下是一个例子：

设 $B_1 = A_1 + A_1'$ 及 $B_2 = A_2 + A_2'$，那么 $B_1 \times B_2$ 就等于：
$B_1 \times B_2 = (A_1 + A_1') \times (A_2 + A_2') = A_1 A_2 + A_1 A_2' = B_1 B_2$
$A_1' A_2 + A_1' A_2'$

也就是说，是一个 2×2 的表格，其中行和列的元素都相互对应[①]：$A_1 A_2$ 和 $A_1' A_2$ 通过共同的特征 A_2 相互对应，$A_1 A_2'$ 和 $A_1' A_2'$ 通过 A_2' 相互对应；或者 $A_1 A_2$ 和 $A_1 A_2'$ 通过 A_1 相互对应，以及 $A_1' A_2$ 和 $A_1' A_2'$ 通过 A_1' 相互对应。

因此，定性的对应关系完全不需要整数的介入，而只需要共同的性质以及通过这些性质所定义的集合（单一集合自身只需要逻辑上的"一"，即性质的单一独特）。与之相

[①] 参见我们的著作：《逻辑通论》，第 15 节。

反,任意的双射是一个外延式的运算:仅仅因为它通过抽象去除了被研究对象所特有的性质,它就把它们变为了数字个体。

因此,如果罗素在构造他的集合的集合时使用的是定性一一对应关系,他就本可避免所有的恶性的循环,但是建立在定性对应之上的集合的集合恰恰不是数字。它们是纯粹的、有着乘法性质的集合的集合(比如说,所有脊椎动物的骨骼的集合,或者 B_1 B_2)。相反,通过使用任意的双射来完成他的还原,罗素事实上就在被联系起来的集合中引入了统一的个体的概念;我们也就毫不惊讶地发现这样建立起来的集合可以构成数字:事实上,一旦这些元素建立起了任意的联系,它们所在的集合就不再是简单的逻辑集合,而是个体组成的集合,也就是说,是数字集合。

至于作为一个"相似"关系的集合的序数,我们所面对的困难是一样的,只是转换到了关系的领域。这里提及的关系的"相似性"到底是什么?仅仅是一种质量上的相似,它使得把一组物体联系起来的不对称关系在两个相对应的系列中是完全一样的,而且不会把每一种部分关系当成一个个体,也不会仅从物体的序号出发来区别它们?或者这是一种一般化的相似性,因此又是一种"任意的"相似性,它不管关系在质量上的内容,并且只注意它们之间的承续关系,也就是说物体的序号以及把它们逐步联系在一起的关系的序号?在第一种情况中,相似性构成一种程度的"群集"(不对称关系的双射乘积的群集)。① 在第二种情况中,它产生一种纯粹顺序的数学承续,因此蕴涵了序数。

由于罗素没有做这些发生学的分析——它们能对运算本身的逻辑,而不仅仅是孤立的集合和关系,进行相应的区分——他所做的两种还原都陷入了恶性循环之中。

第五节　对数字的理性直觉

既然数字不能简单地被还原为类别的逻辑或者关系的逻辑,那么是否应当认为它们是不可被还原为逻辑运算的理性直觉的产物呢?这是许多数学家支持的观点,但其具体含义也是多种多样,比如有对数字的静态本质的直觉,有运算式的直觉。此处我们仅仅考虑后者。而庞加莱,尽管在他建构的数字的各种形式(同样地,在各种空间的关系这一问题上)的细节中他是彻底的约定主义者,认为整数的基础是一种理性的直觉,它既是运算性的,又是先验的(就像等距同构群相对于空间来说一样);这一直觉表现为最为典型的数学思维——数学归纳法。对于布劳威尔来说(他通过在建构性思维的细节中——否定无限集合中的排除律——把直觉主义与形式逻辑对立起来,从而更新了庞加莱的直觉主义),一个数学实体的核心特征不仅仅是没有矛盾(这一点在他看来不足以保证实体的存在),而是能够被切实地建构。因此理性直觉的范围就从先验的领域

---

① 前引文,第 21 节。

一直延伸到自由的运算建构当中,但这些不同的解释的一个共通之处在于都认定直觉与简单逻辑之间存在着不连续性。

然而,尽管这些伟大的思想家们有着极高的权威,我们却很难在对数字的直觉这一点上同意他们的观点,因为这不能调和发生学的事实——也就是说我们所知道的运算形成的特点,与数字不可被还原为逻辑运算这一假设。在罗素不太行得通的还原和庞加莱与布劳威尔的数字直觉之间,应该还存在第三种选项。庞加莱是如何描述对纯粹数字的直觉的特征的呢?不是通过对给定数字的直觉,而是通过对"任意"数字的直觉:是"设想一个个体可以被加到许多个体的集合中去的能力"①。因此,这不是对某一种发展完成的形式的直觉,而是对一种精神的能力、这种作为归纳法基础的能力的直觉。可是这样的话,以下两种情况必须择一:要么直觉这个词给运算本身并不带来什么,从这点来看,并非所有重复的运算都会牵涉到对个体的直觉,而我们需要解释的是在数字运算中这一个体的建构过程;要么数字运算来自一种从一开始就把它们和逻辑运算对立起来的直觉,因为这种直觉已经包含了单一个体的概念。而正是这第二种解释会在发生学角度碰到难题。

在这一方面我们有一个关于儿童数学概念之起源的让人印象深刻的结论,它要求我们重新检视通常在逻辑和直觉之间建立的联系。这个现象就是:几何学上所有外延性的和测量的概念(如上文第三节中所定义的),比如尺寸、比例等等,以及数字本身,要想成为运算的形式,都需要借助程度式的逻辑的"群集"。这些程度的群集不一定要在时间上先于外延的量化,也就是说后者可以在前者形成的那一刻立即完成,或者两种建构——程度的和外延的——可以互为依靠。在几何方面,就尺寸问题而言,程度的传递性的确十分明显地早于外延的和测量的量化:主体必须先懂得 B 根据格式($A=B$;$B=C$;故 $A=C$)可以作为 A 和 C 的共同尺寸,才会有能力把参加对比的项目还原为共同的单位。可是,在数字的情况中,并不是先有一个由逻辑结构作为特征的前数字阶段,再有一个数字阶段。只是说,在一定阶段(六七岁的时候)对数列的建构只有借助对逻辑结构的理解(它在之前的阶段中如果没有充分发展,就会使个体叠加的时间更晚)才是可能的。

逻辑和数字之间的这种相互依赖的原因受一个因素影响,而支持对纯粹数字的直觉的论者大概没有充分注意到它:作为或是逻辑整体或是数字整体的集合的守恒的概念,在直觉思维的开始时期并不是必然存在的。这一守恒观念应该要以运算的方式来构成。而正是在这个建构过程中,"群集"起到了必不可少的作用。事实上,在 6 到 7 岁之前,也就是说当孩子已经通过语言掌握了一部分概念,但还不知道怎么依照逻辑(通过可逆的组合)把它们归类的时候,当他已经知道数字最基本的名字,但是把它们与简单地归属于知觉到的形象的时候(一个客体,两个客体,三个客体等等),他还不能把握

---

① 庞加莱:《科学与假设》,第 37 页。

逻辑类别的守恒性（比如 $A>B$ 这一类）也难以把握数字集合，即使他能在这些集合的元素之间通过视觉自发地建立起一对一的对应关系。我们在第一节中（关于相对应的集合之间缺乏持续的等价关系）和第三节的末尾（关于部分 A 嵌套在整体 B 当中）已经引用过这些事实，这里不必赘述。而现在的问题则是要了解主体是如何从不能把握整体集合的守恒过渡到可以的状态的。

发生学分析在这一点上提供了一个决定性的答案：从知觉或表象的情态——它们不能被保存——过渡到必然可以保存的算术逻辑的集合，这是源于合并和排序活动中不断增加的可逆性。其结果既是嵌套集合以及不对称关系的序列组成的"群集"，也是作为整数序列特性的"集"。庞加莱认为对纯粹数字的直觉的特性——"设想一个个体可以被加到许多个体的集合中去的能力"本身也假设设想相互嵌套的、不变的集合的能力以及从一开始就整理"附加"元素的能力：因数列与集合的"群集"以及不对称关系的"群集"密不可分，它就不能享受一种初级直觉的特权，而对单一个体的概念的建构因此也就牵涉到一个不能简单通过这种直觉就得到解决的问题。

至于说数列建立之后，它会给出一种最终的而不是预先存在的理性直觉，也就是说数字会被精神直接地、不通过语言或"逻辑"的思维理解，这是另外一个问题。这一最终的直觉使我们对下棋的人的直觉——在我们将要使用的意义上，这和庞加莱的一样——不会有任何疑问：作为之前无数的（包括忘记了的）思维在一瞬间的集中，这一最终的直觉，就像布伦茨威格说的一样，只是智慧的理解力的表现，而不能给我们任何关于它的建构过程的信息。

简言之，我们不能简单地把对纯粹数字的直觉——人们希望以之来说明整数数列的特性——与一般化了的数字（分数等等）的人为的以及约定式的构造对立起来。对于单一个体自身的构造来说，它的性质除了复杂性上的差异之外是与其他不属于整数数列的数字的构造（比如分数、虚数等等）完全一样的。这就要求我们要么把理性直觉的概念同样用到后面这些数字之上，或者把约定的概念用来解释单一个体。因此奥秘就在于心理的一般性的运算能力——不管是逻辑的还是算术的形式；而在它距离具体动作最远的那些建构中，对于那些约定主义无法揭开的谜团，先验的直觉主义也不能通过在整体的逻辑数学运算分割与整数有关的和与逻辑集合和关系有关的部分来找到答案。至于像布劳威尔那样把运算建构作为一种超越了逻辑的矛盾律的实在，这种观点实际上忘记了，在构成一套公理系统的命题的形式变换之外，生命逻辑本身也需要这一运算特征，而实际的矛盾律也是建立在关于类别、关系和数字的建构性运算所固有的可逆性之上的。

第六节　类别、关系和数字

类别的群集、不对称关系的群集以及整数群的发生学发展过程体现了这三类建构之间的紧密联系。而我们则需要寻求这一现象的认识论含义。从某种意义上看，我们可以把这一含义理解为，逻辑类别和不对称关系来源于对数字蕴涵的运算之间的分割；也可以理解为类别与逻辑关系被综合成了一个运算整体。如果有还原的情况，那么它将是双向的，而我们可以找到许多关于作为这一现象的基础的发生学机制的例子。

从以实在为对象的最基础的动作开始，知觉会区分由相似性和差异性所联结起来的一系列不特定的元素。换句话说，从一开始，质和量是不可分割的，量简单地表达出因为相似和差异而有着特定性质的各项之间在外延上的关系。正是借着初始的合并和分离的动作的结合，智慧运算才能同时构成类别（通过把客体根据它们或多或少的一般或特殊的相似性归并到一起）、不对称关系（通过把同样的客体根据它们的差异性进行排序）和数字（把它们同时当作等值的和相互区别的客体归并到一起）。但我们必须明白，在这个演化过程的开端，既没有严格意义上的类别，也没有具有传递性的不对称关系，也没有数字。相反，逻辑群集和数字群是一个持续的过程的最终平衡的形式，这一过程的特征则是协调与可逆程度的不断提高。在起始点上只有与运动活动相连的知觉关系，也就是说从逻辑和算术的角度来看都是不能相互组合的关系，因为它们是非传递性的、不可逆的、非结合性的，甚至缺乏最基本的唯一能保证它们在可能的组合中保持恒定的同一性。① 至于它们的外延，也就是说定了性的元素而不是性质本身所组成的集合，它们只在特定时刻的知觉场域内部才相互区别，它们甚至都不立即构成"客体"——即在场域之外依然持续存在的元素。更有甚者，定义逻辑协调所特有的程度量的基本关系——即部分总是小于全部——在知觉层面甚至都不是恒定的。比如，在对重量错觉的研究中，我们可以给主体看一根金属棒 A，并把它放在一个同样尺寸的空木盒 A' 中：由 $A+A'$ 构成的整体 B 看起来似乎比单独的 A 要轻一些（这甚至对成年人乃至知道这一理论的心理学教授来说也还是如此！）

从这一尚未通过概念来分析的质和量的不可逆的运动②，直至同时达到类别、关系与数字的建构过程的第一步，就是用实践"格式"的形式来协调动作。这种格式是一种感知运动式的前概念（préconcept），它的特征是面对同样的客体时重复同样的动作的可能或者在有类似客体时把它推广的可能。正是这些导致物理客体最终固化的基础格式构成了相似、相异的关系和最初的量化；在其中我们可以找寻未来的逻辑和数字结构的渊源。但我们必须明白，如果这样格式化了的动作的最一般的形式，已经能合并和分离那些根据不同性质的目标通过上述动作被区分和保存的客体的话，这些合并和分离以及它们构成的前数字的形象（figures prénumériques）自身仍然以一种协调能力为基

---

① 参见下文第二章第四节。同样请见皮亚杰：《智慧心理学》，巴黎：科林出版社，第三章。
② 在他的著作《具体的思想》中，斯拜耳确实把概念结构加在了感知材料之上。但他使用的判定是否存在概念的标准（指示，dénotation 等等）是不可能足够精确的，假如我们始终不以一个整体确定的系统——比如各种各样的"群集"——作为参照系的话。

础；格式展示出它相继呈现的结构，但其运作方式却可以追溯到遗传组合中的那些不可知的根基中去。从发生学的角度来看，永远不会有最初的事实，而只有一系列阶段，只有它们的承续规律和过渡机制是可以被分析的。不过，这种承续和这些过渡都足以让我们了解集合、关系和数字最终的相互依赖，因为整个过程都指向在发育的第七年会达到的平衡状态。

　　随着词语和表象的表征化，上述动作会被内化为直觉概念；首先这些概念是前运算式的；但它们现在由思维多于由实际动作，所协调和实现的合并和分离会把它们在新的阶段里引至严格意义上的运算的群集和群。但在动作的心理化的开端，与到达具体运算阶段之间还是需要数年时间的发展的，因为就像前一阶段的实际动作一样，内化为思想的动作在能够适用于所有组合之前，在很长时间内也是不可逆的。在感知运动层面，只有移动这一优越的系统达到了可逆性的开端，从而达到实践客体的恒常性——即经验上回归的可能，而其他形式的动作仍然因为他们的目的的单向性而停留在分级化的状态。当动作被内化为表征时，这种相对的不可逆性还会在很长时间内主导所有附加在实践协调之上的心理协调，因为思维的客体总在不断增多，而且把它们和主体分开的时空距离也在成比例地增长。这种不可逆性的结果是标志着2到7岁的前逻辑思维的十分普遍的现象：由于以可逆的方式来在心理中结合和分离客体十分困难，而使得的整体不能守恒。这种不守恒（我们在上文第五节中已经提过它）可以类比为在初始动作中对象本身的不守恒，只是这种现象从动作层面到了思维层面，因此也是从建立实践的联系变为了建立心理的联系。只有在结合和分离作为大脑的同化和顺化的最一般的形式已经扩大到了所有思维的客体的时候，这两种功能之间达到的平衡才可以保证可逆性：可逆的运算这时就构成了动态平衡，所有的思维协调动作都指向这一平衡状态，因为这些动作已经超越了简单的表象直觉，并且要组织成越来越灵活的连接。表征标志着直觉思维的开端，表征并不是另一个事实，而是通过语言和表象回忆起多样的实际的动作，其形式仍然基本是物质性的，因此也是不可逆的。与之相反，运算虽然是同样的活动，但却是在思维中相互连接，可以双向发展，并以所有可能的方式连接，因为它们已经扩展到所有客体了，而不是像表象直觉一样，只涉及那些实体性动作所涵盖的客体。

　　在回顾了以上内容后，我们就能明白，在心理上对客体实现联合与分离动作——根据它们达到的可逆的和可组合的运算的程度，并通过同时作用于质性本身以及数量关系，是怎样必然地以不可分割的方式生产出类别、不对称关系和数字的①：

　　1. 我们首先可以把客体根据其相似性聚集在一起，或者根据这种相似性的缺失把它们分离开来，因此根据不断一般化的相似性就有了 A, B, C 等相互嵌套的类别，或者以下类别

---

① 关于下述的内容，请见皮亚杰的著作：《逻辑通论》，第26节；以及皮亚杰、斯泽明斯卡：《儿童的数字概念》，巴黎：德拉绍和尼斯特尔出版社，1940。

$B-A=A'$；$C-B=B'$ 等等

根据的是缺失的特殊相似性。这是我们在上文第三节中拿来当过例子的嵌套类别的加法"群集"(groupement additif)原则。如果我们把归类的方式推到极致，我们会得到一个单一类别 A，其中唯一的元素将具有 (A) 的特征，和一个单一类别 A'，其中唯一的元素不具备 (A) 的特征，但和 (A) 有着共同的特征 (B)，因此可以得出集合 $B=A+A'$。如果单一集合 B' 的元素没有特征 (B)，而 B 和 B' 又有共同的特征 (C)，我们就会得出集合 $C=B+B'$ 或者 $C=A+A'+B'$。以此类推。从这一完全质量的角度来看，A 和 A' 在 B 上是相互等值的(即互相可以替换)；A,A' 和 B' 在 C 上也是等值的或可替换的；等等。但 A 不是在 A 上与 A' 等值，也不是在 A' 上；B' 也不是在 B 上和 A 等值或可以互换，或者和 A' 等等。正是这些质性上的等值，或者越来越普遍的相似性构成合并的原则，而在越来越特殊的各类体系中共同特性的缺失则构成了类别分离的原则。

前运算的直觉阶段的特征是，儿童还只能完成某些合并，而且它们还不是可逆的(参见上文第三节末尾)，而具体运算则标志着这些简单嵌套的一般化。

2. 假设现在有一个集合中有元素 A、A' 和 B' 等等(我们暂时不把它们和与它们的单一类别区别开)，它们有着共同的性质，但其强度在增大(比如越来越重、越来越大等等)。我们因此可以根据这些区别来为它们排序。我们首先得到 0 和 A 之间的差异 a，A 和 A' 的差异 a'，A' 和 B' 之间的差异 b' 等等。由此我们也得出了为不对称关系排序的(加法)群集：$a+a'=b$；$b+b'=c$ 等等。其逆运算是对相逆关系的加和 $+(-a)$，这实际上等于减法 $-a$。

这种在具体运算层面表现为建构一组有序元素的基本动作的群集，在嵌套类别的群集出现前是不可能出现的：儿童只能通过配对或者小的经验组合来为不断增大的量级排序，其中没有可传递的或可逆的组合。

但是，当这一"群集"完成了的时候(如同嵌套类别一样，即在 6 到 7 岁的时候)，我们可以发现，如果它与上一层级的群集可以类比的话，它却不是在所有运算上都与之相同。事实上，如果 A 和 A' 的排列顺序是 $A \to A'$ 的话，这是因为它们互不相同，而如果它们都被聚集在了同一个类别中

$A+A'=B$，

则是依照它们的相似性。$a+a'=b$ 这一加法因此不是可交换的，而 $A+A'=B$ 则同样可以作 $A'+A=B$。① 简言之，因为类别的群集是建立在各元素的相似性之上的，它们就不包含把单一类别 A,A',B 等分别归类到 B,C,D 等整体之中的秩序，而只包含关于外延不断变大的嵌套类别 A,B,C,D 等的秩序。相反，由于不对称关系的群集的基础是元素间不断增加的差异性，在我们选定了一种作为排序原则的顺序之后(比如重量)，

---

① 这等于是说 a 和 a' 在 b 上是不等值、不可替换的；而 A 和 A' 是可以相互替换的，因为两者在 B 上是等值的。

这种群集就包含一种必然的秩序。

从这一点来看,这两个群集不能同时包含同一种客体:要么客体是依照它们多样的部分相似性被归类的,要么它们是被按照同一种性质被排序的,但它们不能被同时按照相似性和逐渐增大的相异性而被归类。因此这两种群集是"互补"的:如果我们把客体按照其性质归类,要么我们选择一种性质以使它们都各不相同(不对称关系和排序),要么我们越来越普遍的等值级别为依据(对称关系和嵌套类别),但我们不能通过同样的运算来实现上述两种群集。

3. 数字的特征到底是什么呢?它在于把元素变为单一个体,也就是说不是仅仅根据被知觉到的性质上的相似性和差异性来简单地把 B 上的 A, A' 等项或者 b 上的 a 和 a' 等关系嵌套在一起,而是获得在不论哪个类别或关系中(部分的或全部的)用 A 来替换 A', B' 等,或者用 a 来替换 a', b' 等的权利。而这种在各部分之间建立联系的做法实际上就把按差异来排序的原则和等值层级的原则合并为了一条原则,因为这时元素 A, A', B' 等等就同时变得可以自由替换和排序了,也就是说它们转变成了既等值又相互区别的单一个体了。但是这一运算的融合只有以一种根本的抽象为代价时才有可能,这种抽象在定性的群集的领域内是不可能实现的(这里所有的元素都被按照它们的性质被永久地嵌套和排序了):这就是对不同的性质的抽象。把这些性质去除掉确实意味着我们把失去性质之后的单个元素之间的等值性一般化了:A, A', B' 等元素就变得在任何类别中(甚至是在 A, A' 这一级别上等等)都可以互换了,而不是仅仅在一般的集合中。但同时让我们保留把这些元素分门别类的权利,这是我们唯一能继续区分它们的办法(因为它们已经变成等值的了)。只是,因为缺少了有区分度的性质,让我们通过推广差异原则,按照最为普遍的秩序来区分它们,就像我们刚刚推广了相似性原则(或者等值原则)一样,这样的结果是所有可能的秩序都会变得相互相似,因为在数列 A, A', B' 等或 A', A, B 等或 B', A, A' 等之中,总会有一个项没有前项,和一个紧随第一项的项,等等。我们把它称为"替代的"秩序(ordre vicariant)。在承认了这一点后,数字也就是一系列通过一般化的相似性而变得全部等值的元素,但它们依然借着替代的秩序或者一般化的差异性而保持了相互区别的状态。事实上,每一个这样的元素都同时构成了一个基数的(因为 $A=1$;$A+A'=2A$;$A+A'+B'=3A$ 等等)和序数的个体(因为不管所选的顺序如何,总会有一个初始项,这个初始的位置就是没有前项的位置,而接下来又有继承第一项的第二项,等等)。

整数组成的累加群因此是类别和不对称关系的定性群集之间的运算融合,其方式是对作为群集基础的差异性质进行抽象。因此对于类别和不对称关系这两者来说数字是它们的补充,就像它们自身也互为补充一样:事实上,要么我们考虑差异性质,那么我们只能根据越来越一般化的性质上的等值来进行归类或者根据性质的差异来区分;要么我们不管这些性质差异,那我们就只能同时进行归类和区分,因为,如果我们不区分,就不会有相互区别的元素,如果我们不归类,元素也就不能被作为等值的而被合并在一起。而同时进行归类和区分,这就是计数。

事实上,数字的实际发生过程的各个阶段都是这样的。一般来说,当直觉的性质关联被转变为"任意的"一一对应之时(参见第四节),数字就产生了;而这一转变过程同时需要外延不断扩大的类别之间的嵌套,即类别的加法群集和元素间的区分,即不对称关系的加法群集。

另一方面,这一建构的事实就解释了为什么序数和基数的概念在有限世界中必然是不可分割的,就像布伦茨威格曾清楚地阐述过的那样。从发生学的角度看,其原因如下:如果数字是同时由集合和不对称关系组成的话,这两个组成部分如果想产生相应的数字形式的话(集合对应着基数,不对称关系对应着序数),必须相互依赖。我们在接下来的第七节中也会马上再回到这个问题上。

总而言之,数字并不能被还原为作为可孤立的"群集"的逻辑存在,因为它是这些群集的补充部分,并通过在质量层面不能实现的一个整体表现出它们的运算融合。逻辑存在同样不能被还原为数字,因为它们源自数字的基数组成部分(嵌套)和序数组成部分(分类)借由不同的性质而完成的分离。但是,类别、不对称关系和数字三者构成一个严密的运算系统;基于它的运行机制,它是单一的,但它也因为三种不同的协调可能——根据相似性、相异性或者两者一起——而是有差别的。我们描述的建构过程因此代表了既有别于罗素的还原,又不同于直觉主义对整数的不可还原假设第三种解释。这种解释的优越性在于它既从互为补充的整体的角度把数字还原为逻辑运算(因为数字完全是由类别和不对称关系所构成的,只不过它们通过各自"群集"的融合被重新组合在了一起),也把逻辑还原为数字(因为类别和关系的"群集"可以被类比为机动性受到限制,而相邻性和二元性都更强的"群",参见第三节)。而通过相互同化而达到的相互还原正与所有我们知道的相邻领域的还原模型完全相符。我们在接下来会经常看到这一点。

第七节 整数的公理体系

至此我们共发现了两类发生学循环。一方面,整数以涉及类别和质性的不对称关系的逻辑运算为前提,但这些逻辑运算本身也以一种前数字的量化为前提——这种量化的形式是程度数量("一""没有""一些""全部"),一旦我们去除它们的质性差异,它们就会变成了数字;另一方面,基数以个体的有序性——这对它们的区分来说是必要的——为前提,而序数同样需要假设有序的各项之间的结合,否则 $n+1$ 就不能与 n 相互区别。可是,这些循环却丝毫不影响建立公理体系的人们:他们能够用严密和线性的理论——也就是说没有任何矛盾或恶性循环——重构各种各样的数字结构,就好像在建立了最初的公理、定义和无法定义的概念之后它们就以某种绝对的方式存在一样。

因此我们十分有必要通过一个特殊的例子来考查公理分析和发生学分析是如何相互接合的。这个问题以不同的形式不断地出现在心理认识论之中。

如果我们只看整数,已经有着与它相关的大量公理系统:希尔伯特的,帕多阿①的,朗多②的等等。让我们简单回顾一下皮亚诺的5条著名的公理,它在我们接受了3个根本概念后——0,n(任意的一个数)和后继数("+"这一根本定律,它能让我们从一个数过渡到紧接着它的下一个数)——就足以推导出所有数字:(1)0是一个自然数③;(2)每一个确定的自然数的后继数也是自然数;(3)两个数不能有同一个后继数(或者,如果两个数的后继数相同,则这两个数是同一个数);(4)0不是任何自然数的后继数;(5)如果一个集合包含0和任意一个自然数n,且n的后继数同样属于这个集合,那么这个集合包含全部自然数。(完全归纳法原则)

我们需要研究的问题就是如何确定这样一种公理体系与前面提及的发生学分析之间的关系:既关于它们的相似性和对立性,也涉及它们的方法和结果。

不管方法上有哪些差异,首先我们必须接受一种相似性:无论是公理化分析还是发生学分析,都不能追溯到一个绝对的起始点;它们如果不想依赖给定的质料的话——在公理系统中是不可证明或不可定义的质料以及最初的公理化定义在发生心理学中则是不可解释的质料——就都会陷入无限倒推(regressio ad infinitum)之中。事实上,关于发生学的倒推,我们可以说明集合和关系的运算如何为数字运算做了铺垫,它们如何通过可逆的组合构成了植根于感知运动协调的动作的"群集"。但是说这些协调是来自机体的协调,这就已经不再给数字的解释带来任何精确的解释了,而再往后倒推就更是进入我们完全不了解的领域,因此解释只针对更高级的阶段,并需要让这种解释成为可能的因素。而与这一倒推分析被迫的停止相类似的是,公理系统在一开始就给出一些定义和公理,但是却并不能完成全部定义,也不能确信已经获得了单独看来最为简单或是最为严密的公理。因此不仅仅是在开始的阶段,也是在预先组织公理系统运行所需要的概念时,我们会发现循环。

首先,在定义方面,我们都知道,对所有参与到一个抽象系统中的概念下定义是不可能的,因为我们只能用别的概念来定义一个概念。被使用的概念就构成了一个循环,而从形式的角度来看,我们只能通过区分可定义的和不可定义的概念来避免循环。可是,很显然我们不能说一个概念自身是可定义的或是不可定义的,而只能是相对于被使用的体系来说。因此我们总是可以自由地选择不可定义者和定义(也就是说我们决定要定义的概念和定义它的方法),但是总是会有不可定义者,且它们是和被定义了的概

---

① Alessandro Padoa(1868—1937),意大利数学家和逻辑学家。——译者注
② Edmund Landau(1877—1938),德国数学家。——译者注
③ 此处原文仅为"nombre"。但由于作者在段落开头已对数的范围做了限定,我们也可以更精确地译作:"0是一个自然数。"——译者注

念同样重要的,因为它们可以包含一系列取之不尽的运算蕴涵关系。不过,这一方面的规则(同时还有从事公理化的学者的艺术)恰恰要求在形式建构中只按照定义的方式来使用概念,并尽量把不可定义者减至最少,因此也就不用去探讨它们所涵盖的内容。这一点让我们可以只关注我们想要明确引入的序数(或者基数)概念,而不去管数字的其他方面;而这一方法也显然不允许我们中途又重新引入一开始被排除掉的部分。但是从认识论的角度,不仅仅是纯技术的形式角度看,问题自然就是这些被排除的概念是否真的被排除了,还是说它们始终存在于(因此也作用于)不可定义者之中。换句话说,公理系统停留在——也应该停留在——它的"唯名论定义"(définitions nominales)处,但是认识论就必须揭示哪些实际的概念或运算让我们能够给出它们。

  从这一点来看,皮亚诺的整数公理系统因为它所选择的三个基本概念而显得特别有教益。后继数这一概念到底是什么?我们可以把它还原为最简单的形式:它只是表达了"连续创造数字"的法则,而它的应用则以"+"来代表。但是,即使我们承认这种建构只针对简单的数字,且"+"只保留纯粹的序数意义,为了弄清楚这种建构的认识论含义,我们必须追问,两个数字之间的承继关系到底是什么,且如何区分 $n+1$ 和 n?然而,定义承继的概念(即便是在两个数之间)也显然需要整个不对称关系的逻辑,并会很快引入具有运算特性的不可定义者,这是由智慧(或者动作)建立一个秩序的能力决定的。至于产生序列(一个数字)+(一个数字)+(一个数字)等等的"+"运算,它的使用——它会体现出"后继数"概念中的不可定义者——总是需要遵守下面的条件:要么一个任意的号码与前一个号码的区别只是在于在它前面有一定基数的号码,要么每一个号码都属于一个特定的区别性符号(名字等等)。但这些区别性的符号自身的定义也只能依靠下面对 $n+1$ 与 n 两个号码的区别方式:$n+1$ 包含了在它之前的基数为 n 的号码,而号码 n 则只包含 $n-1$ 个。我们是否可以说,并没有必要以基数的方式计算这些号码,因为序数的承接关系本身就足够了,并且它只假设第一项没有前项而且从前项到后项的序列?但是缺少序数上的前项正表示了一个空集,或者说前项的基数为0,而且随后的前项构成的序数数列也以一定基数个数的动作为前提,它对于区分各项来说是必要的:与简单的逻辑序列——它的各项因为内在质性不同而相互区别(比如 $A<B<C$ 等等),而不需要通过计数来区别它们——相对,纯粹的序列数字只能通过各自的前项的基数个数来相互区分。如果要完全说清楚的话,数字运算"+"蕴涵了在序数背后的基数背景:这个基数也明确地出现在关涉数字集合的命题5中。因此,如果全部说清楚了,数字也就可以既在公理系统中也在发生学分析中被还原为集合和不对称关系的综合。但公理系统的研究者恰恰有权利不交代清楚,关于不可定义者和对引入的运算的在限定范围内的使用的一切问题,其代价是研究者在运用它们进行形式建构时需要更加小心谨慎。

  现在让我们来考查公理本身。对于公理系统来说,问题是它们是不是简单而严密的,也就是说,一方面是不是相互独立的,另一方面是不是不矛盾的。贡塞斯非常清楚地解释了①研究公理系统的学者是如何连带地满足这两个要求的;连带地,这是因为"一个系统的独立和严密性必须被同时考察"(第 207 页)。我们要通过逐步"建构"能够放弃本来需要用到的公理之一的公理体系,才能看到这条公理是不是独立的,因为这些建构可能会导致与被放弃的公理相矛盾的结果(第 37 页)。而只有通过这种间接的方式我们才能保证它的严密性,因为我们不能直接证明一条公理本身或者两条公理之间没有矛盾。为了证明一条孤立的公理没有矛盾,我们首先需要证明逻辑本身没有矛盾,因此我们看到同属于发生学分析和公理分析的根本循环又出现了,因为为了证明逻辑没有矛盾,我们又必须要使用逻辑不矛盾这一结论。至于公理之间的不矛盾,它只能通过公理的结果来证明,因为如果想要直接证明它的话,就必须追溯到公理涉及的所有预先存在的真理,这又让我们回到了逻辑的不矛盾本身。因此,一个公理系统所隐含的无数元素都是在一个无尽的循环中相互依赖;只有使用选定的作为建构的约定起点的公理,才可以把它们转变为一个线性的序列。

以上的分析让我们得出如下结论:公理化的建构与发生学的建构比我们想象的要相似得多,尽管后者被公理化的过程自由地重新整理过。其原因就是,如果说各种可能的公理体系是独立地发展出来的,一些基本的连接仍然是所有体系所共通的,因为它们恰恰反映了发生学循环。这些连接是什么呢?我们需要在此引入一种重要的区分。一方面,在一个公理体系中会出现许多由初始定义决定的明示的蕴涵关系——命题之间的蕴涵关系;而另一方面,就像我们刚刚看到的一样,特别是在不可定义的概念和运算之间同样有着许多暗含的联结。然而,与其简单地构成命题之间的蕴涵,这些联结代表的是运算之间的蕴涵,比如"+"运算——如果是同质个体之间的相加的话——同时蕴涵了秩序和联结的运算等等。因此,这些运算之间的蕴涵就和发生意义上的以先前的动作或运算为基础的特别抽象活动(见上文第二节)相互关联;它们因此也就依赖于运算组合的一般化,而不仅仅是简单地把特殊命题嵌套进包含它的一般命题当中。正是因为这个原因,公理分析和发生学分析实际上是相互补充,而不是相互分离的。事实上,一个公理系统并不是直接涉及运算本身,而是表达运算结果的命题。因此研究公理化的学者所考虑的只是这些命题之间的蕴涵,而不是运算之间预先的联结;在这些联结中,他们只会选取每一个特殊建构所需要的最少一部分。而对于发生学学者来说,正是这些运算本身的蕴涵会吸引他的注意,这也是为什么两种研究是互补的:一个涉及预置的蕴涵的联结——可能也是无法穷尽的;另一个则涉及形式化的解释,这大概也永远是局部的。这两种态度——运算的或形式化的——可以交汇在一起,这是历史不断证明了的;但是,历史同样表明它们之间可以在表面上并不一致,这是我们现在要在从正整数衍生出来的数字的例子中看到的。首先让我们从负数开始。

---

① 贡塞斯:《数学基础》,1926。

第八节 负数与零

负数的历史与正整数的历史之间的比较是特别有启发性的。从运算的角度来看，没有什么比在思维中给一个集合加上或减去另一个集合要来得更简单的，即便前者是暂时的或确定的比后者还要小；加和减的运算的可逆性似乎可以直接导致给顺向的正整数序列补充相反的负整数的序列的必然性——这些负整数来自 n_2-n_1 的减法，如果 $n_1 > n_2$。这样的运算的含义是如此广泛，以至于它完全不只局限于数字领域，而是在定性类别的合并和分离中就已经可见了。当我们的日常用语说"所有的哺乳动物，除了（在……之外，或其他类似连词）属于鲸目的之外，都有脚"，它表达了以下运算 $B(=$哺乳动物$)-A(=$鲸目$)=A'$（除了鲸目之外的哺乳动物）。鲸目因此会在这个句子的代数形式中带上一个减号（$-A$）。如果我们现在要建构没有脚的脊椎动物，我们要反过来说"所有哺乳动物都被排除在外，除了鲸目"，其转写形式也就是 $-(B-A)=-A'$ 或者 $+A-B=-A'$，也就是说上面的逻辑算式（$B-A=A'$）的符号反转了过来；而我们也获得了负类别 $-A'$ 的概念，它来自对比保留下来的部分 $+A$ 更大的整体 $-B$ 的排除（减去）。至于自发的数字运算，当它们被应用于经济交换或者路程计算时，所有人都明白，如果买的东西的价格高于支付的款项，那么我们就有一笔债务，或者当后退的距离比前进的距离更大时，我们实际上就在倒退。这就构成在动作中对负数的应用。

那么我们应该如何解释以下这一如此不寻常的事实呢？在数学上，负数直到丢番图（Diophante）的算术，特别是直到代数的开始阶段才被认可，并且完全不被常规的古希腊思想所接受。这是因为，不管任何公理化的体系，这两种运算和形式化的态度对应着两种不同层级的运算建构：一种是具体运算，它在于协调思维化了的动作；一种是形式运算，它把这些动作作为符号运算或者假说演绎推理来思考，并把它们转译为命题。虽然负数在第一层级上直接延伸了正数，但这并不会必然导致，试图把数的特点形式化的数学家会同样快速地意识到负数与正数；因为对于具体运算的思考会把它们的导向逆转，并且它是先从结果开始出发，然后才接触到这些运算的机制的（这是我们在第七节中关于整数的公理体系曾经看到过的）。这也是为什么具体运算的最简单的结果——正数，比负数早许多引起了人们的注意，这与运算系统的发展本身有联系。

但是更有甚者。在意识到这些运算的内在机制的困难之后（我们将在第三章中再次探讨它的一般形式），成形了的负数也引起了许多关于它的认识价值的疑问；这是因为整数的实在论，以及人们没有把正数的本质看作是运算性的。

正因为如此，达朗贝尔-缪勒在一本令人喜爱的书中重新描绘了他的哲学①——才

---

① 缪勒：《达朗贝尔哲学概述》，巴黎：帕约出版社，1926。

会觉得负数的概念是十分晦涩的,尽管经济模型(债务)和几何模型(方向的逆转等等)都给出了它的实际运用的合理性。我们有必要考虑一下这位提出了著名的机械原则——这为他带来了持久的声誉——的作者所给出的论据。他认为,代数,通过对基于感官的初始观念的推广,是或者应当是显而易见的。从这一点来看,正数的观念的价值来源于它是从具体集合中抽象而来的,而它只通过一种符号指代与这些集合相连。而负数则不能从任何感性的材料中抽象而来,因为它对应着某种不存在的事物;如果它指向这样一种缺失,其方式就与正数聚集一个存在的集合中的各项的方式相异:这种方式是相对于主体自身的期待而言的。在缪勒引用的其他评论中,达朗贝尔似乎改变了观点,并认为负的数量"与正的数量一样真实;它们之间的区别只在于前面的符号",但是"这个符号只被用来修改或更正一个错误的假设"(第83页)。这还是在说负的数量与正的数量相对于主体的期待来说是不同的(期待存在,却发现了缺失),前者不能像后者一样对应一个数学语言所指代的感性实体。

  伟大的达朗贝尔的这些犹豫特别能够说明负数——以及一般来说所有整数——的动态而非静态的本质。很显然,如果我们认为所有数学概念都应当来自知觉,那么负数是没有理由成立的,因为它对应着一种知觉的缺失,或者更成问题的是,对空的知觉是没有梯度的。但是令人吃惊的是,这种感觉认识论与数学实体之间的矛盾并没有促使达朗贝尔这样一个注重具体事物并且熟悉机械思维的人认为,数字的核心本质既不是静态的也不是感知的,而是动态的,并且与内化为运算的动作本身相连。从这个角度看,负数完全可以和正数相类比:它源自于同一种动作——在其最严格的意义上,但只是方向相反。添加一个个体就构成了正数+1,就像去除它就是负数-1一样。诚然,在一个已经成形的集合中去掉1(比如5-1)似乎并不给-1负数的性质,而只是把减法用在了数字1上;而在空集中再减1则似乎是一个不可能的、只能纯粹想象的动作(就像我们更晚一些在对-1开平方得到"虚数"时所说的一样①)。但这正是心理运算的特点:把实在的动作——也就是说当下的和实体的——延伸为未来的或过去的,单纯可能的,甚至是不可能实现的动作。这样的运算仍然是一种动作,因为在0的基础上减1——这是严格意义上的负数的开端——就是承诺,一旦现在为空的集合,即只有框架而没有内容的集合,有了正向的内容时,就要减去1。举例来说,这就是经济价值计算每天都在对空的股票或存折在做的事情。

  此外,因为负数和正数来源于同一种动作,只是方向相反,我们可以得出,从这些具体行为(添加或去除)到动作的空间和运动面向的过渡不需要使用新的约定便可实现;这不仅给数字本身,而且给所有线性量度的单位,正与负两个面向。比如,没什么比按照运动的直接或相反的方向来组合距离更简单的了。早在理解这些概念之前,儿童就可以把一个线性顺序 *ABC* 逆转为 *CBA* 的序列,这再次对应着+或-的运算。

---

  ① 按照字面翻译则为"想象数"(nombre imaginaire)。——译者注

但是关于作为负数源头的建构的自发特性，以及这个建构是与动作——跟知觉相对——相连这一事实的最好的证据，是"符号规则"负负得正的必然发生，它在具体运算逐渐达到平衡的时候（7到8岁）已经出现，随后则是在命题的一般逻辑中，也就是说，在这两种情况中都是比负数的代数规则要出现得早。在具体运算方面，举例而言，我们只需要呈现给孩童3个固定在一根棍子上的元素 ABC，七八岁的主体在明白把（屏幕后的）棍子转动180度后会使顺序颠倒为 CBA 之后，就可以预见接连两次旋转180度就会回到直接的顺序 ABC 上。因为颠倒顺序是一个负的运算，所以儿童自己就能理解两次反转将会重回正向的秩序，这正是$(-)\times(-)=(+)$运算的特质。① 而在命题逻辑的层面，这条规则以前数字的形式出现在双重否定的运算中（德摩根定律）。比如，"'这是假的'是假的＝这是真的"，或者"相反的相反"属于所有正常主体从形式运算阶段开始就能明白的关系。

这样的事实不仅清楚地证明了负数的动态性质，而不是知觉性质，而且同时也证实了正数自身的本质同样是运算性的。我们确实不能接受，把正数的根源归结到对客体集合的知觉上，也就是说认为它们是从客体中"抽象"出来的，而同时这种知觉的缺失却不妨碍负数的组成。对这种计数集合的知觉大概对动作的直觉上的轻易程度起到了一定的作用，因此也同样在意识到正数的过程中有作用，这也是我们可以和达朗贝尔达成一致的地方；但直觉上的轻易程度并不等于动作的协调本身，有了相关意识也不是建构，因为有时它甚至会颠倒建构的发生学顺序。比起如此原始的对正数的运用，而且还有对在动作中构成负数早先的等价物的逆向运算的运用，负数在历史上较晚被发现这一点并不支持经验论或者"感觉论"：它仅仅让我们从思想史发展的角度和发生心理学建构的角度，区分在运算动作中以及对它形成意识或者说它在思维形成过程中起作用的表象和协调的因素各自的作用。我们也许可以简单地认为，正数比负数早许多出现，这是因为一个顺运算比起逆运算来说要容易推广得多。但这个解释仍然是模棱两可，任何运算自身都不是逆向的，比如我们完全有理由认为分离或减法是顺运算，而合并或加法则是它的逆运算，在一个严格连续的世界里我们的确应该这样说。如果说我们运用的是相反的语言，而且思维上的发现的历史承续是从正数的发现开始的话，那是因为对行为机制的意识是从边缘过渡到中心的，它更依赖行为所涉及的客体，而不是它的阶段。因此，在不连续的领域里，思考聚集在一起的客体比起思考聚集动作本身是更容易的；这也解释了正数的优先性，因为分离的或负值的集合缺乏促成这种意识形成的边缘化表征。

简而言之，比起正数来说，负数更证实了数字的运算本质：我们不能从客体中抽象出对客体自身的排除，就像我们在只注意合并动作的外部结果时，想象我们可以从已经形成的集合中抽象出它们的正的多数（pluralité positive）那样。因此，负数就呈现为从

---

① 参见皮亚杰：《儿童的运动和速度概念》，巴黎：法兰西大学出版社，1946，第一章。

动作而非从客体出发的抽象的模范,这一结论也证实了我们在正整数中得到的结论。然而,比起负数来说,还有一个更能被我们单独用来作为决定性的标准的数字,那就是0:它同样是相应意识形成晚且不能从客体中抽象出来的情况的代表。把0作为一个数字的确是数学史上的一个重要发现,因为如果说逻辑上的0("没有")可能与语言一样古老的话(而且"不"可能还比"是"出现得更早),人们需要克服和在负数中遇到的同样的困难,才能意识到算术上的0。而其中的原因在此也十分清楚地体现了出来:如果说意识的形成是从边缘通向中心,那么这些阶段的最后一个应该就是注意到运算的缺失仍然是一种运算。只要我们是在客体中寻找数字,数列也就从1开始。把0作为第一个数字,则是相反地放弃从客体中抽取数字(逻辑上的0已经可以表示这种缺失)、并只从运算中获取它们。① 所有加法运算和它的逆运算的组合就会导致缺失运算这一根本运算,也就是说"同一的运算"0。

第九节 分数和无理数

就像负数一样,分数也涉及了运算动作和知觉表征之间的关系问题,因此也是两种抽象——对动作的抽象和对客体本身的抽象——之间的关系。尽管它比正整数出现得要晚,分数的形成同样得到了知觉方面的因素的帮助,具体在这里则是对连续客体和不连续的集合的分割的知觉。分割对于它的发现来说确实是决定性的,而人们常常给予对连续客体的分割——比如分割一块田地或一个蛋糕——的突出地位则使得一些学者认为,分数的起源更多是来自空间而不是纯粹的算术,来自(这与前面说的并非一回事)知觉而不是运算。我们因此需要研究,对一个整体中各部分的关系的思考如何加给了我们分数的概念:是基于可以与上文中正负整数的建构机制相类比的运算的协调,还是说知觉和直觉表征的介入在这里都是必要的,也就是说对于客体本身的抽象是必要的?

在他的一本著作中,布伦茨威格有这么一段有意思的话,其中他批评了里基耶②试图证明分数的算术基础是独立于算术-物理因素的努力:"对于我们来说,整数的算术已经是一门算术-物理学科,而这正是科学的价值所在。因此,如果我们希望保持这一价值,那么我们就必须在分数领域内也维持与在整数领域内一样的连接,并设想,作用于事物本身的变换对应着心理中作用于分数的变换。"③ 很显然,如果我们把"算术-物理"理解为能够"使事物本身发生变换"的运算的话,我们也同意布伦茨威格的双重论

---

① 按照原文,此处应译为"放弃只从运算中获取它们",但与作者意思似乎相左。特此校正。——译者注
② Charles Riquier(1853—1929),法国数学家。——译者注
③ 布伦茨威格:《数学哲学的诸阶段》(第二版),第492页。

断：在整数与分数之间的连续性与这些数字的运算本质。但从这里出发，我们不应该认定分数是从物理客体中抽象而来的——因为它们是作用于物体的动作或运算，因此是从动作本身的机制中抽取出来的——也不应该认为物理经验和数学运算有着同样的本质。尽管两种知识之间的过渡是如此不显眼，但涉及物理的经验除了包括从动作的一般协调中提取的运算之外，还要有对客体本身的抽象：物理知识实际上以一系列特殊的动作为前提；它们不仅限于合并、分离、通过结合来建立联系或者分割等等，也就是说不限于使用动作最一般的方面以及它们之间的协调，而是会涉及可以区分客体的特殊性质（速度、时间、力等等）。从这一点来看，分数很显然跟整数一样，仍然是与运算协调本身相连，而不涉及这些特殊动作。

然而这并不否认，在分数领域就像在正负整数领域一样，影响这个概念的历史演进的意识的形成首先是依附在知觉表征或者表象之上，随后它才找出构成这种数的一般化的真正动力的动态或运算元素。这就是为什么我们如此经常地把分数的起源一方面归结在分割的物理经验上（与分割的动作本身相对），另一方面归结在测量因素上的原因，于是有了分数更多是基于空间而不是数字因素的假设。

支持分数的空间来源的最常见的论据，是数字的个体单位的不可分割性；只有测量的个体单位可以被分割，因为测量是被应用于连续空间和连续的物理客体之上的。然而，这个个体单位可分性的问题恰好提出了一个涉及空间量度与数字之间关系的发生学问题，它也因此主宰着分数来源的问题。事实上，就像我们在第二章中还会再看到的一样，测量本身的形成模式和数字的形成模式是完全可比的，这种相似性此外还构成支持第六节中的解释的一个强有力的论据。没有人会怀疑，测量的个体单位的构成来自分割和移动之间的一种运算综合：用整体的一个部分来量度整体，意味着要把选出来作为单位的部分逐步移动到其他部分去，以便能够确认获得的是一系列全等的部分，并由此把被测量的整体还原为一系列叠加的个体。然而，我们立即看到，在连续数量方面，分割实际上等价于在嵌套集合中元素的相加，而接连的移动则等价于不对称关系中的分类。事实上，正如我们可以根据第三至第六节中我们描述过的定性的（或者"程度的"）"群集"，把不连续的客体用相邻的和二元对立的方式合并成一个类别，再把这些基础类别合并成一个更高级别的类别，如此等等，我们也可以把一个连续体上通过简单的分割获得的有限连续体（比如一条直线上的线段）加在一起，并组成在质量上相互嵌套的相邻的一对类别，其结构同样为

$(A+A'=B; B+B'=C;$ 等等$)$

不管是基础类别相互嵌套而变为更为高级类别，还是相邻部分合并为不断增大的整体，这两种运算都是相似的，且出现在儿童的同一个发生学阶段。唯一的区别在于，前者涉及的是不连续的元素的集合，而后者的结果则是一个连续体；作为类别组合原则的相似性也被相邻性所替代，因此我们可以把以客体为起点、最后形成集合的第一类运算称之为"逻辑"的，而把从元素或部分开始、最后完成客体的建构的第二类运算称之为

"亚逻辑的"(infralogique)。同样地，不对称关系的分类构成一种逻辑运算的"群集"，它会保存被区分之后的元素的顺序（直接的或逆转的），而移动则在发生学上首先（即在所有量度之前）表现为顺序或者位置的更改，也就是说作为构成一种新的顺序的亚逻辑运算。从这一质量的角度来看，儿童在还不能量度时建立的移动系统也首先构成一个简单的定性群集。而当主体同时运用分割和移动的时候，他就能（通过具体的全等性）使给定的部分与整体下的其他部分相等同，因而把这一整体还原为所选单位的倍数，就像他通过把类别的嵌套和不对称关系的分类融合在一起而获得数字一样。量度因此在发生学上是和数字以同样的方式出现的；这两种建构也是十分相似的，除了一个具有算术-逻辑性，而另一个具有亚逻辑性。

个体单位的可分性和分数的来源的问题到底变得怎样了呢？发生学分析在这一点上给出三类结果。首先，我们并不确定分数的概念是先在连续客体的亚逻辑领域中被发现的，然后再出现在算术-逻辑性质的不连续集合中的；这两种分数很可能是同时建构起来的。事实上，在具体运算的层面，个体单位仍然是相对于被数过和测量过的实在而言的，以至于当我们面前有几个台球或几个筹码时，我们既可以把个体单位认为是集合本身（一"堆"等等），也可以把它认为是单独的客体：儿童因此可以构想出简单的分数如二分之一、四分之一，甚至是三分之一，如果他决定把集合对半分或者四等分等等，这就像对半分或四等分一个蛋糕一样简单。如果在发展的一定阶段，他自己轻易地理解了两种情况中的分数，在达到这一阶段之前他遇到的困难在两种情况中是一样的，而原因（对二者而言仍是同一种）则是对被分割出来的部分和其他部分之间的关系以及部分和整体之间的关系的不理解。比如，在蛋糕或者在有待分割的集合的情况中，"一半的一半"会带来同样的初始犹豫，因为儿童还缺少一个嵌套及比较不同部分的格式。

其次，即使是在分数概念出现在连续客体和空间之中的情况下，亚逻辑运算和算术-逻辑运算之间的——即量度的形成和数字的形成之间的——高度的结构吻合去除了测量分数和数字分数之间在认识论上的对立：两者都需要从带有知觉的动作到具体的可逆运算的过渡；在两种情况当中，分解所体现的关系也只是构成数字本身的运算的一般化（不管数字的形式是量度的个体单位还是简单的个体单位）。

最后，在形式层面，亚逻辑和算术-逻辑运算之间的所有区别都将消失；两种运算都被转译成了命题的形式，分割、移动和量度的关系都因此而被还原为一般的逻辑或算术-逻辑关系。事实上，分数和整数完全的同质性在形式层面已经被维尔斯特拉斯[①]提出的有序对理论(théorie des couples)所证实了，汉克尔[②]把它推广到了复数领域：在这个格式里，所有数都是被一个有序对来表征的，因此也就不再有分数和其他类型数字之间的差别了。

---

① Karl Weierstrass (1815—1897)，德国数学家。——译者注
② Hermann Hankel (1839—1873)，德国数学家。——译者注

无理数的发现再次以新的形式提出了算术和几何运算之间表面的对立和实际的同构性的问题。不管这些数字的发现是与整数的根——它们是非整数的幂——的发展有关（人们通常追溯到西奥多罗斯①）还是与发现正方形的边与对角线之间无法通约（比如，当正方形的边长为1时，根据毕达哥拉斯定理②，对角线为$\sqrt{2}$，两者不可通约）。我们也都知道，这引发了毕达哥拉斯学派的危机。人们不得不宣告简单的数字关系和基本的空间关系之间的分裂：空间的连续性似乎不可以被还原为整数或"有理"的分数。这样的用语也充分显示了人们做出的价值判断，他们基于此认为只有某些关系才能完全代表数的本质。事实上，这个危机直至微积分的分析才渐渐停止，特别是在对连续体的几何和算术两方面的建构之后。一方面，维尔斯特拉斯给出了连续体的几何表达，并同时证明了有理数不可能覆盖所有的实数，它们不足以填补任何两个数字之间的间隔。另一方面，戴德金③和康托尔用切割和收敛的嵌套方法来研究几何连续体；他们对无理数的定义是相似的，但是前者是通过类比切割，后者是通过由无理数本身作为极限的序列。此外我们还知道，无理数有着不同的属性：有的是"代数数"，而有的则是"超越数"，比如 π 和 e——它们的几何含义都为众人所知，但它们却不是任何有限的代数方程的根（这属于阿贝尔和伽罗瓦指出的整系数方程的根并不是由简单的代数组合而成的情况）。因此人们也对下述结论达成一致：即使无理数的发现受到了几何分析的启发，尤其是即便以无理数为前提的算术连续是为了对应空间的连续而被建构起来的，无理数的建构依然是一个独立的过程。它们也就构成发生学上亚逻辑和算术-逻辑这两个相似的领域中的运算的接合点，并在这一功能中证实了数字建构和空间建构之间的同构性。

　　简言之，就像分数一样，无理数实际上也同时验证了算术运算和几何运算的独立性与相似性，尽管这种相似性在无理数的情况中并没有马上显现出来，而在分数的情况中则是格外醒目（而且尽管这种独立性在两种情况中都曾遭人质疑）。从发生学的角度来看，这两种运算体系——独立于导致了相关发现或促成了相关意识的形成的因素——所达到的同样的平衡充分表明了运算协调是独立于它起初适用的客体的，因为它们是来自主体的动作，而不是知觉材料或者表象直觉。

第十节　复数、四元数和算子

　　在虚数和复数的建构方面，与负数、分数和无理数这些古代就为人所知的数字的情

---

① 公元前5世纪左右的古希腊数学家。——译者注
② 即勾股定理。——译者注
③ Richard Dedekind（1831—1916），德国数学家。——译者注

况不同的是,我们所研究的数字的一般化从一开始就具备运算的形式,感性的,甚至是几何方面的偶然因素在初始阶段都没有介入。因此我们的问题就是要说明这些纯粹运算的含义:它们是停留在了简单的形式符号体系,还是说它们已经和几何的甚至是物理的思考接合上了(但是这次的接合是在后期发生,因此在初始阶段也是不可预见的)?

对负数开平方的运算(对二次方程的求解特别需要这种一般化),虚数 $\sqrt{-1}$ 提供了一个没有客体的"心理经验"的模型,因为没有结果为负数的平方运算,或者说这样的负值不属于或者被排除出了我们研究的经验的范围!经验论者提出的作为精神服从于实在的证据的心理经验在这里也就变得和我们在整数建构过程中所见到的一样,即在心理中对一种与承载它们的客体的特性相独立的动作或者运算的重构,因为虚数在开始时正是构成了一个没有客体的运算的格式。诚然,这一格式在虚拟世界中构成了作为它们根源的实际动作的延伸,但是如果运算从一开始就只是附加在客体上的事物,而不是从物体中提取或抽象出来的,一个起初是在现实世界中的动作,比如开方(这是除法的一种特殊情形),到底怎样才能在虚拟世界中延伸呢?也就是说,如果运算格式只是同化格式(根据定义,它是附加在客体之上的),而不是一种简单的顺化的话?当物理学试图把在我们的数量级上观测到的性质在抽象后所产生的概念运用到另一个数量级的时候(更大或者更小的数量级),这种缺乏合理性的推论会导致各种各样的问题(绝对时间的概念无法被应用于高速运动,恒定物体的概念不能被应用于微观物理,等等):这正是因为它们是对客体的抽象,不能被用在观察区域之外。如果开平方运算的来源是像对经验中获得的物理性质的抽象那样的活动的话,它的应用将会是荒谬的,因为已经超越了实在的界限。相反,作为一种把自身效果加于客体之上的动作(因此也可以独立于客体而存在)的一般化,$\sqrt{-1}$ 这个符号是完全可以被理解的,就像作为符号的 $+1$ 一样。所有"虚数",不管数字 $i=\sqrt{-1}$ ——它确实不能作为任何方程的实根——有多么"虚",它都意味着 $i^2=-1$。就像布伦茨威格曾经深刻地说过的那样,"把这一命题的基础认定为是武断的约定大概并不是矛盾的。但是我们需要解释的是,作为两个符号的乘积($i\times i$)的 -1 竟可以被等同为一个像 $1-2$ 这样的运算所给出的对于我们来说自然而又真实的结果 -1,而且这种等同不会影响科学体系的平衡和同质性"①。而维尔斯特拉斯和戴德金已经证明了复数的存在让代数获得它的全部外延这一点上是必不可少的,而高斯则把它们引进了数论本身。由此人们建立了一个复数的代数,其形式为($a+bi$),保留了交换律,也成为常规代数的一个补充部分。

更为可观的是,虚数这一最初没有客体的运算,不仅以最紧密的方式融入了涉及客体集合的算术与代数运算当中,它还获得了一种几何学意义,因此也就介入了构成客体本身的运算当中,因为客体的结构首先是空间性的。在几何之外,借着向量和四元数

---

① 布伦茨威格:《数学哲学的诸阶段》(第二版),第543页。

(quaternion)的运算,它甚至还参与到了"算子"(opérateur)的建构当中,这种算子的运用在后来变得十分广泛,并在现代物理中起着根本性的作用。因此我们可以说,"虚"已经重新与实相结合了,就好像一个没有客体的运算系统组建了一个之后可以被用在起初的实际运算所忽视的客体的特性之上的格式。

我们都在课堂里学过,解析几何的原则在于用正数来表达一条固定的直线的一个方向上的一段距离,而用负数来表达另一个方向上的距离。数字正负属性的几何表征的核心就在于方向,而数字本身——不论它前面的符号是什么——则表示距离。可是早在17世纪末,沃利斯①就提出,为了能够表示二次方程的不可能的根或者"虚假的"根——这是当时的说法,我们可以去到承载了实根的直线之外。由此可得,对于两条互相垂直的轴来说,在一个正向旋转的过程中(即逆时针旋转)$+1, \sqrt{-1}, -1, -\sqrt{-1}$ 这几个数值会接连出现。泰特②(他是汉密尔顿的学生)认为,"在这个序列里,每一项都是通过前项与 $\sqrt{-1}$ 相乘而得到的。因此我们可以认定 $\sqrt{-1}$ 是一个算子,其作用就相当于用把手把所有通过原点的且在 $x、y$ 轴构成的平面中运动的直线按正方向旋转90度"③。我们于是惊奇地发现,没有客体的运算——即那些虚根所使用的符号,一旦被当作给定直线"之外"的数量而表现出来之后,变得可以和让直线转动的把手的活动相类比了!从发生学的角度来看,最开始毫无内容的运算几乎可以与那些提前完成器官形成过程的初始胚胎相比较;这样的器官只在很久以后,在有机体的生命过程中,才开始运转。

更精彩的是,在棣莫弗④、阿尔冈⑤、瓦伦⑥和塞尔瓦⑦的研究基础之上,汉密尔顿⑧成功地把 $\sqrt{-1}$ 的几何用途一般化了。当他的前人都选择空间里的一个特定方向来代表所有实数而把其他方向称之为虚数的时候,汉密尔顿"毫无例外地把所有方向"都变为代表虚数的了⑨;这使得这些方向在几何上重新变为同质的,并能够建立起一种独立于坐标轴的计算方法。这就是四元数计算法,它把两组向量关系(biradiale,即有着共同起点的两个向量之间的关系)相乘,并涉及四个项:一个实数项,三个虚数项($Q = Q_0 + Q_1 i_1 + Q_2 i_2 + Q_3 i_3$)。因为一个向量同时代表了一定长度的直线和一定的方向(因此它涉及三个数字),两个平行向量之间的一个就可以被认为是另一个的代数倍数

---

① John Wallis(1616—1703),英国数学家。——译者注
② Peter G. Tait(1831—1901),苏格兰物理学家。——译者注
③ 泰特:《四元数简论》,巴黎:戈蒂耶-维拉出版社,1882,第2页。
④ Abraham de Moivre(1667—1754),法国数学家。——译者注
⑤ Jean-Robert Argand(1768—1822),法国数学家。——译者注
⑥ John Warren(1796—1852),英国数学家。——译者注
⑦ François-Joseph Servois(1767—1847),法国数学家。——译者注
⑧ William Hamilton(1805—1865),爱尔兰数学家、物理学家。——译者注
⑨ 参见泰特前引文,第7页。

（它们的长度之比，另外根据它们是否是同一方向的，前面分别加上＋和－）；如果它们不平行，那么把其中一个转变为另一个的变换所需要的乘数就是由四个数字组成的。这种四元数的运算，还有后来的格拉斯曼外代数的计算，都呈现出脱离了普通乘法的交换律的可观特质（因为球面相加不是可交换的，所以向量关系的乘积同样是不可交换的）。因此它们构成一种比复数代数更加复杂的新代数。

这种形式的计算的不可交换性和四元数以及其他后来出现的结构与它类似的建构所特有的算子的特征，都对物理学的发展施予了很大的影响。因为不可交换的代数在当下被应用于微观物理，而算子和矩阵则在对量子定律的描写中有着重要的作用（参见第七章第四节）。当代的微观物理学由此就在很久之前就建构完成的运算结构中汲取了一系列由数学家们准备好了的概念；这些概念的起源——与群论属于同一时期——很大程度上得益于受复数的影响而一般化了的代数。虚数当然也不仅仅在微观物理学中发挥作用，而是在所有涉及向量运算的变换中。比如，在对交流电相电流的描述中我们通常需要用到负数。更一般地来说，当我们需要标明一种外在于其他元素但又作用于它们的元素在此框架中所呈现的关系的时候，复数就有了用武之地。

初始状态中缺少客体的运算，在之后却获得了与空间上的方向和旋转相关的算子的意义的，并在最后出现在当代物理学上最为关键的算子运算之中，这种几何学上以及接下来物理学上的命运极为深刻地解释了运算在建构数字的过程中起到的作用。在整数和分数的情况中，合并或者分离的动作似乎是由感性实在直接提出的，这一实在通过聚合或者分割不断地模仿着人类相关的运算；与之相反，虚数是在完全没有感性经验支持的情况下就出现了。整数的逐渐变大或者分数的逐渐变小都在朝着 ∞ 或 0 的方向慢慢远离眼前的实在（这并不妨碍它们成为可以调适物理经验的工具），而虚数则是在与要求建立它的因素没有明显联系的情况下获得了这一调适工具的作用。那么$\sqrt{-1}$这一运算与实在的关系真实的、藏在互不相关的现象之下的连接到底是什么呢？

很显然，对 －1 开平方的运算作为孤立的动作而言是不可理解的，因为这是一个在物质世界中无法执行的动作。因此这样一种动作只有在数字运算的整体之中才有意义，也就是说它依赖于动作之间的协调，而不是一个可被孤立的动作。而我们正是需要在这一协调中寻找数学运算与实在相匹配的奥秘。如何解释一个在某种程度上为了对称性而被发明出来的运算（就像我们把假的窗户加在我们期待有真的窗户的地方一样），在某一时刻又和几何运算甚至物理运算接合在了一起呢？如果我们用除法来解释这种后来发生的接合的话——开平方只是除法的一种特殊形式，而除法是来自物理经验的，那么这等于说，在分田地或者分蛋糕时获得的匹配关系是足够精细的，以至于从这种动作中获得的规则预先就与向量和算子的运算相互匹配，即便是在——比如说微观物理领域——缺少了可确定的路径或者恒定的客体的情况下。相反，如果我们认为实在与虚数的接合——它发生在虚数已经存在很久之后——具有像正整数与基础现实之间的直接契合一样的性质的话——因为两者都依赖于运算整体之间的协调和基本物理变换之间的契合,这仅仅是假设群集和运算群达到的可逆组合的结构同时,表达了关于主体动作的协调的最一般的规则和主体与实在之间最直接的互动。这些在经验中不断分化的协调与互动因此应该被认为不是从外部经验衍生出来的——因为只有它们使外部经验成为可能,而是从生物-心理组织自身的条件中来的。

因此,关于虚数的思考带给了我们一个对数字的运算型解释特别优越的证明;这不仅是因为这种数字是与系统的整体协调相连的,也是因为它最终解开了远离具体实在的运算格式的本质:一种"算子"的本质。从这一点来看,我们必然需要思考,从什么时候开始数字构成了算子。这显然不仅仅是在超越了表达某些几何或物理变换的能力的时候,因为算子和矩阵的运算在应用过程中的一般性已经超过了几何学和(特别是)物理学。我们甚至可以主张,如果从技术角度看,算子这一术语应该被限定在高级的运算系统中——也就是说允许在全体附属的运算之上以抽象的方式运行的格式的话,那么最基本的数字运算也可以起到算子的作用。更确切地说,一个数字或者可以被当作一个运算的静态产物,或者凭着它在塑性方面的积极作用也可以被当作算子本身。比如,在 $n+1$ 这一算式中,我们可以把 n 当作一个以静态方式给定的数,而 $+1$ 则是算子,它把 n 变成它的后继数。一般来说,在基本运算和算子之间只有程度或者复杂性的差异,但前者已经变得如此自然而然,以至于它们看起来已经失去了自身的积极作用。因此只有在高级的算子中——也就是说足够抽象,以至于给定的质料和运算变换之间的差异在每一刻都仍能被感觉到——这个核心的概念才获得了它真正的意义。但是从发生学上来说,它只是证实了运算是数字的核心本质;这一本质在类别嵌套与不对称关系序列——它们的综合产生了整数——相互融合时就已经开始显现。

第十一节　无限与数字的运算本质

一直以来,在实无穷(infini actuel)的问题上数字的实在论解释和运算论解释总是以最彻底的方式相互对立。这并不是说设想一个有限的实在论是矛盾的——就像我们从毕达哥拉斯直到雷诺维叶①的理论中所见的一样;而是说,像实在论构想有限数字的方式一样想要把实无穷放在世界里——无论是实在世界还是理念世界,总是会引起一系列相同的问题。而只有明确地或暗含地借助运算的智慧活力——它是不同形式的无穷的唯一合理基础——才能避免这些困难,因为它用无限发展的潜在性代替了当下现实的实现。

我们都知道,微积分对于无限递减数列的运用在 17、18 世纪提出了无限的问题。一个像 $1/2+1/4+1/8+\cdots$ 这样的趋近于 1 的序列,由于它的无穷性,也就是说没有尽

---

① Charles Renouvier (1815—1903),法国哲学家。——译者注

头,真的能够达到=1这一相等关系吗?由于芝诺①思考的是在"切割"(opéré)实在而不是运算本身,他可以宣称箭永远无法射到目标,因为如果我们要把一段距离按照上面的数列来进行分割的话,那我们需要永恒本身那么多的时间。但是一个智慧运算的特征,比如等分,就是能把一开始现实的运算延伸到有效性只由可能的组合来决定的虚拟运算中去,因此我们能够合理地把所有这些无限重复的运算的组合合并到一个整体动作之中,并得出 $1/2+1/4+1/8+\cdots=1$ 这一等式。只是我们应把无限小放在哪里呢?我们可以给分数 x/n 一定的固态的数值,使它成为最靠近 0 的那个数,也就是说应该被加到上面的序列使其等于 1 的最小的数?换句话说,有一个实在的无穷小吗?很显然,从数字的运算解释出发,这样的假设是矛盾的,因为如果我们是要通过一个实在的运算——也就是说不同于上面的运算方式——来建构这个实在的无穷小,我们是不可能得到无穷小的;如果我们通过潜在的运算来建构,也就是说,还是那些可以被合并成为 1 的运算,无穷小依然也还是潜在的。这就意味着,严格来说,我们不能合理地从序列 $1/2+1/4+1/8+\cdots=1$ 中提取出这个潜在运算,因为它的有效性正是决定于序列这样的构造,如果我们想要把序列中的一个元素变成实在的,那么我们就必须把所有其他的元素同样变为实在的,而这会使我们陷入一个无止境的过程当中。因此,要把无限小以实在的形式隔离出来,我们只能以一种实在论的信仰或者说在运算之外的信仰为基础,而且这种信仰必须通过独立存在的理想数的实在性来补充始终是有限的物理世界的实在性。这一假设的武断使得许多学者都用实践中的成功这一论据来为微积分辩解,但对于这种辩解的需要大概也反映出了实在论是令人失望的,这可以与达朗贝尔寻找能与负数对应的实体的努力相对比。事实上,在用 dx/dy 的关系来取代有限数量 Dx/Dy 之间的关系的时候,微分的概念从来没有赋予无穷小一个固定的或实在的值,它只是两个无限递减的数量的关系。因此为了避免无穷小的实在论所面临的困境,我们只有一种办法:就是像莱布尼茨一样——布伦茨威格对此做过精彩的解读——把无穷理解为运算建构的动态属性的表达。

同样的问题也出现在无限递增的函数的分析中,也就是说无穷大的问题。在他对于函数的"一般理论"的研究中——这些研究反对把整数还原为格式,杜布瓦·雷蒙②试图找出各种无限运算的收敛和发散的共同条件。通过对递增速度的研究,他获得了一种定义无限递增序列或者递进秩序的"无穷计算"(calcul infinitaire)。但是运算的问题在这里再次出现:函数的层级达到了一个或几个实无穷——它们超越了用来达到它们的运算本身,还是说函数的层级只涉及运算的种类?

康托尔先从运算入手再到其结果,建立了一种针对集合对应关系的"超限"运算。

---

① 公元前 5 世纪的希腊哲学家,因提出了关于运动的悖论(如皮亚杰提到的"飞矢不动")而闻名。——译者注
② Paul du Bois-Reymond (1831—1889),德国数学家。——译者注

从这个角度出发，整数①的集合与其平方的集合或者和偶数的集合等等呈一一对应关系。所有这些集合的集合就构成了可数集合的集合。但是这个集合并不对应实数集（有理数和无理数），后者有着更高的势或者连续功率势（puissance du continu）。注意了这一点后，我们看到整数集仍然是无穷的，也就是说不可能为它确定一个终点，为它在集内找一个实无穷数作为这个序列的最后一项也是荒谬的。相反，我们可以给这个序列定一个根据定义就外在于它的极限，从这个极限开始将会是一个新的数列，因此第一个"超限序数"ω就是整数列之后第一个不属于它的数。重复这一流程我们会得到：

$\omega+1, \omega+2\cdots, \omega+n, 2\omega+1, 2\omega+2\cdots, 3\omega\cdots,$

$n\omega, \omega^\omega, \omega^{\omega^\omega}$

等等超限数。这些超限序数构成不同种类的秩序。至于超限基数，第一个就是所有可数集合的集合。另一个值得注意的超限基数是可以从 $\aleph_0$ 中通过其元素的组合获得的集合的集合。

这一种不断超越建构性的运算以达到一系列互相嵌套的实无穷序列的对极限的实现，有着一个重要的价值，那就是使得建构所特有的数字性质减弱，并标志着对数字的逻辑成分的部分回归。超限基数遵循的确实不再是迭代的算术规则，而是重言式和吸收式的规则：$\aleph_0 + \aleph_0 = \aleph_0$ 以及 $\aleph_0 \times \aleph_0 = \aleph_0$。这一点不言自明，因为这些数不再像有限数一样同时是序数也是基数，这里基数性和序数性已经相互分离了：所有可数集合的集合实际上是一个由"所有"可数的子集构成的逻辑集合，即一个通过把所有共同具有可数性的集合简单地合并在一起而获得的定性的集合。因此它产生过程中遵循的形成法则，与让我们能建构像整数这样的数列的法则是不可类比的。把子集中的一个元素和另一个子集中的特定元素联系起来的一一对应关系（比如每个整数都有它的平方数等等）事实上是一种"自反"的对应关系，即它可以允许让整体等同于部分（比如，所有整数与它们的平方数，后者只构成前者的一部分）：这种对应关系不会导致整体与部分在叠加上的等值性，而是乘法上的等值，这可以与根据一个 2×2 的表格的逻辑格式相乘的集合等值。比如，设有下面两个数列：

1	2	3	4	5	6	7	8	9	10⋯
1	4	9	16	25	36	49	64	81	100⋯

很显然，对于有限的 n 个元素来说，第二个数列不能被当作第一个数列的一部分，因为平方数已经超越了它们所对应的整数列：在前 10 个平方数中，只有三个最小的（1，4 和 9）仍然在前 10 个整数之内，其他的已经超越了这个从 1 到 10 的集合。因此，当我们说所有的平方数的集合是整数集的一部分的时候，我们也就选择了无限的角度，因为在有限的序列里，n 越大，n^2 也就超越 1, ⋯, n 这一数列越多。于是，在命题"所有平方数的集合既是所有整数集合的一部分（一个子集），又是与全集等值的一部分"中，"等

---

① 作者此处应是更确切地指正整数。——译者注

值"与"部分"这些词语的意义应该做下述理解。首先,这里的等值与两个拥有同样数量元素的有限集合的等值不可以相类比,因为这里不是涉及一个属于$1,\cdots,n$数列里的同一个"数字":这里涉及的是"所有"整数和"所有"平方数,也就是说两个不可穷尽的集合,可数但不能被数完的集合。因此它们之间的等值简单地意味着两个集合中的元素一一对应,因为它们都具有"可数"这一性质,即构成两个形式为$1,\cdots,n$的数列(每一个平方数被当作是一个个体来计算)。其次,平方数序列与整数序列之间的部分与局部之间的关系意味着平方数列$1^2,2^2,\cdots,n^2$不是唯一一个有着这种性质的集合;许多别的序列同样可以按照$1,\cdots,n$的方法来进行计数。如此一来,整数数列就在论证过程中出现了两次:一次是作为与别的序列(与平方数、偶数等等;简言之就是所有可数的子集)相对比的一种序列或子集;另一次则是表达所有这些集合所共有的特性,即所有序列构成的整体集合的特性。部分和整体之间的等值以及这一部分与整体的关系本身都有着乘法的性质(在逻辑乘法的意义上),因此也就可以和2×2的逻辑表格中的乘法格式所包含的关联与划分相比较。(比如,由哺乳动物骨骼构成的集合一一对应着由反刍动物的骨骼所构成的集合等等;这一逻辑关联本身也是"自反的",因为它是乘法性质的。①)至于超限序数,这只是不同种类的"秩序",也就是说不对称关系的乘法体系,就像超限基数是集合一样,因此有无数的序数与同一个超限基数相对,因为我们可以有无限种方式来排列一个无限集合里的元素。

简而言之,康托尔的超限数把逻辑类别和不对称关系这两种根本结构分离开来;他们在建构有限的整数时则融为一体。这正是为什么,有限序数与有限基数的数列一一对应——所有有限范围内的整数必然既是序数的又是基数的,这种对应关系在超限的领域里就不复存在了。然而整数的序数和基数面向的这种超限分离使我们回到了与不对称关系和逻辑类别分离了的运算格式中,因此也构成了第六节中关于有限整数起源的运算解释的最好的确证。事实上,我们只需要从构成无限序列$1,2,\cdots,n$的数字的形成法则过渡到对它们构成的整体的超限分析,通过"所有"这些数字建构起来的类别就自然地与服务于它不同阶段的建构的不对称关系分离开来了:对+1的叠加因此确实是类别嵌套与不对称关系分类的结合产物;如果这两个组成部分被分开了,那么基数也就不再叠加,也不再与序数一一对应了。

第十二节 结论:数字的认识论问题

从让儿童或者原始人能够计算小集合的数量的最为基础的动作,直到看起来与具体动作已经不再有任何关系的把数字一般化为负数、复数和超限数的动作,事实上我们

---

① 参见皮亚杰:《逻辑通论》,第21节。

都会在其中看到同一个运算机制:它按照内在逻辑以最连续、最平衡的方式发展着,尽管因为对它的意识的形成过程中遇到的困难常常使得这个过程看起来不太规律。

这是因为,从最初的动作开始,主体和客体之间的关系就表现出比经验论、先验论或约定论等常见理论所假设的关系复杂得多的交互作用。让我们重新从源头出发,以便能把它与我们在最终的动态平衡中可以观察到的走向联系起来。

计数的动作自然不能仅仅由客体来决定,因为它会按照一个运算格式来组织它们,即把事物同化为合并和排序两个动作;而同化意味着给客体加上在主体动作之前并不包含在它之上的新的属性,于是,基本的合并 $1+1=2$ 给每一个被当作个体单位 1、1 的客体加上了新的性质,构成一个整体 2。但这样的动作是只来自主体呢,还是也需要一种对客体的顺化;需要的话,是哪种顺化? 正是为了解决这种同化式建构与可能的经验之间的关系的认识论问题,我们才需要同时展开对数字一般化的根源的心理学分析以及对这一历史过程的研究。

从心理学角度来看,我们需要区分两个十分不同但又经常被混淆的问题:一是经验对于集合、分类、计数的运算或动作的组织来说是否是必要的;另一个则是确定客体在这种可能的经验中的作用。

观点如"经验对于儿童(和原始人)来说是发现基本算术关系的过程中必不可少的",在我们看来是与所有已知的信息相吻合的。不管数字的字面的或者约定的定义是什么,在儿童理解 $4-2=2$ 和 $4/2=2$ 之前,也就是说在他的动作还没有成为可逆运算之前,$2+2$ 始终等于 4(而不是等于 3 或者 5)这一点对于儿童来说并不是那么显然的。在经验上发现 10 块小石头顺着数或者倒着数都是 10 块曾经让我们的一个数学家朋友——他的认识论研究相当有名——在孩童时期惊讶不已,他也把他对数字的兴趣归结到了这一早年的经验之上。在对同一个集合中的元素计数的过程中,各种可能的顺序之间的相似性这一真理本身也只是跟着可逆性(逻辑分类的可逆性或者排序的可逆性本身)的出现而变成了演绎式的。因此在思维中有一个直觉的和前运算的阶段,在此期间经验对于算术真理的发现和证实来说是必要的;随后有一个运算阶段,从此以后演绎推理就完全可以独立运行了。

然而,如果说经验对于数字的建构来说在心理学上是不可或缺的,这却并不能证明数字是从客体中以这样或者那样的方式提取出来的,因为在经验世界里发挥作用与从客体中提取一种关系是完全不一样的:客体之间的关系可以是被动作附加在它们之上的,即便动作在开始时需要经历一个实验摸索的阶段。换句话说,一个在经验世界中动作的主体可以用客体作为简单的依靠或者动作的机会,但他是在对自己做实验,也就是说更多是针对他自身动作的协调,而不是针对动作依靠的客体。

那么当主体在把客体 $A, B, C \cdots J$ 数过一遍发现共有 10 个元素,又同时发现按照另一个顺序——比如 $J, I, H, G \cdots A$——来数的时候它们还是等于 10 的时候,客体 $A, B, C \cdots J$ 的作用又是什么呢? 首先,很明显的是,如果我们是要为 10 种颜色或者 10 种重量分类，客体的角色会很不一样，因为在这种情况下，起到分类作用的是客体的性质本身。相反对于简单的计数来说，客体恰恰是绝对任意的，也就是说它的特殊性质并不会介入，因为唯一需要考虑的顺序就是枚举的顺序。诚然，如果我们涉及的是离散的固体，计数就会更加容易，但我们也可以构想在连续固体上分割出 10 个元素，甚至是在液体或者气体中，定位会变得更困难，经验的完善也需要更多的时间，但是计数动作仍然是可能的，至少在某些瞬时的知觉场域之中。简而言之，在这种经验中客体只起到动作载体的作用。严格地说，它甚至只是一个指标：如果说经验可以是针对数字的，也就是说针对纯粹的符号或者关于客体的符号，它的实现则倚靠于实在的客体，但这一客体对于主体的价值只是为主体的计数行为本身提供一些知觉方面的指标，而不是提供数字元素本身。

因此，尽管它的直觉渊源是经验性的，数字依然是被加诸客体的，而不是从客体中提取而来。它完全处在同化的运算格式之中。至于顺化，它也是同样实在的，但它并不随着被研究的客体的特殊性质而变化：它简单地意味着，对于所有离散客体的集合或者人为地（在动作上或者在思维上）分离过的任意对象的集合而言，经验动作或可逆运算的组合会与客体本身相适应。正因为如此，在我们讨论的例子中，以一定顺序来计算的 10 个客体在另一种顺序里仍然是 10 个，客体本身并不会使动作之间的协调丧失价值。因此，在把客体同化为运算格式和让格式顺化于任意客体的动作之间有一种持久的平衡，但在我们研究的格式的最终结构中，并没有什么是从客体中"抽象"而来的。为了能从客体的集合中抽象出数字，我们需要知道如何给它们归类和排序，而这正构成了主体施加在这些集合之上的动作；而数字的格式恰恰就只是这些归类和排序的动作，只不过动作的组合方式是新的。

至于"内在经验"，我们已经说过（参见第二节），认为数字从中而来——就像曼恩·德·比朗[①]以为可以从对自身动作的意识状态的解读中提取完善的因果律那样——这是错误的。因为不论是分类、排序还是数字，它们都不是直接给定在内在意识之中的：它们源自相互承继的动作之间的协调，也就是说来自它们的群集。而这种群集既适用于内在经验的信息又适用于外在的，但并不从两者的任意一种中产生，因为我们涉及的是作用于这些经验的动作，而不是初始的直觉。简言之，即便我们用思维的协调来代替动作的协调，这一协调始终是一种活动，而且重要的不是它对意识产生的影响，而是这一协调的动态特征：这是所有经验的先决条件，也是让内在经验和外在实体都变得更丰富的变换的源泉。

正是数学中的动作或运算的这一特殊性质（先是经验式的，然后是演绎式的，但总是独立于客体的）解释了这样的动作和它们的组合可以被无限重复和一般化。在心理学上，我们已经证实了，在越过了具体运算的阶段后，当形式化的机制开始延长可能的

---

① Maine de Biran（1766—1824），法国哲学家。——译者注

动作时，11到12岁的儿童可以接触到的数列已经超过了所有的知觉范围，甚至所有的特殊表征的范围，而进入了纯粹建构中。比如，当一个11岁的主体说"我们永远不能到达数字的尽头"，这就已经发现了运算＋1的无定限的迭代可能；这与有限的可表征的格式——比如一个给定数字的格式，它可以把一个具体客体构成的集合中的各项合并起来——形成对比。换句话说，由于一个数字只是由作用于客体上的动作或者运算组合的系统，而并不由这些客体的特殊性质所决定，数字的就可以无限延展，直至超越对这些客体构成的集合的知觉的甚至是表征的边界，也就是说远超客体的边界。对于数论、解析法和几何学的研究者来说不可或缺的对各种极限形式的运用，每天都在见证着数字个体对客体的超越，因为经验中的客体必然是有限的。

　　至于数字往负数、虚数等方向的一般化过程，我们也看到了它们的心理学本质是如何更加显得像一个悖论：作为运算，它们越来越精细地作用于客体，但是我们无法设想它们是如何能是从客体中提取出来的。而对于它们与物理实在之间的契合的传统理论很难解释这两重性质。先验论认为数字是精神内部的结构（或者精神发展出来的一套约定的语言）并被套用在外部实在上，但它们不解释为什么数字能和实在相互吻合。至于经验论，它们不顾一切地认为可以从经验中直接提取出数字，但它们既不解释数字的丰富的成果，也不解释它的必然性。相反，认为数字来自运算或者主体施加于客体上的动作，而又不是从客体中提取出来的，这就让我们把各种不同类型的数字构想为渐进的协调的结果，而不会提前在精神中或在事物里去寻找给定的数字。尽管协调的源头是在主体的活动当中，但数字的各种形式并不是事先就在主体中已经存在了，而是构成在感知运动与知觉的格式开始组织的时候就出现的协调所达到的最终的和必然的平衡状态。而在这些初始的心理学格式的运作之外，这种协调可以追溯到基础的生物协调。在这种情况下，数字与实在的契合就既不是通过实在对于发展完成的精神的外在压力，也不是通过这一或"实在"或"潜在"的精神内部的先天组合来解释，而应该是通过以下事实：主导精神发展的建构性机制扎根于生命组织之中，因此根源就在物理实在之中。因此，我们只有通过机体和它的内部机制，而不是外界环境的直接压力的影响，才能理解算术-逻辑运算与事物的匹配。换句话说，我们应该在使动作成为可能的心理-生理协调中——这与哲学家们称之为思想的先验结构相对立——来寻找基本智慧建构（逻辑群集和算术群）与实在之间的结合的奥秘，而不是在外部经验甚或是内部实在的经验中去寻找。①

然而，这种解释的两个主要困难在于需要解释，依赖主体活动的渐进式建构是如何达致最终的必然组织，而同时又不要求这种必然组织预先就在精神中或者机体中已经形成了；以及从十分简单且为数不多的初始协调演变出来的这一建构，是如何分化为不同的、在某种程度上已经预先与客体匹配好的结构的。在这一点上，我们不能把数字的高级形式和它的低级形式割裂开来。克罗内克把正整数的创造归功于上帝，而其他的一切则是人类的创造。我们传统的术语把这些正整数称为自然数，也同样表达了这一观点，仿佛其他的数都不是自然的一样。事实上在产生整数的与产生后续数字结构的两种运算过程并没有任何对立关系。相反，只有这些数字一般化后的形式使得在最初的数字的建构中仍然只是暗藏的思维特点变得明确了：初始的数字和更高级的数字都是来自同样的、唯一的运算机制，它们逐步显现出的形态不过是渐进协调的各个阶段而已。于是便有了我们刚刚提过的两个问题：假如说它的根源仅仅回溯到基本的心理-生物协调之中，为什么这一协调可以达致一些必然的结构，而且我们应该如何解释它能带来如此众多的成果呢？再换种方式说，问题就是如何调和数字建构最终是必然的与这些形式在起初是缺失的这两点；如何调和它们富有创造力且事先就与事物相匹配的多样形态与它们在渊源方面的简单贫乏。

数字结构最终的必然性这一问题在两者中更容易解决。与按照先验结构的形式预先给定的必然性相对立，发生学分析能让我们看到一种终极必然性(nécessité terminale)：它是运算的、动态的和可逆的平衡状态的特征，我们研究的动作以它为发展的方向，但这种平衡的形态在一开始却不是已经存在的。在这一点上，对整数的解释——它是定性逻辑在孤立的群集状态中运用的运算（类别的嵌套与不对称关系的分类）相融合的产物——能让我们构想出最终的综合所带有的理性必然性以及把这一最末端的综合和其他更基础的、还不够形式化的协调联系在一起的连续性。一方面，逻辑群集只是动作的协调内化和平衡之后的产物；这些协调从它们最简单的形态开始就已经在试图联系起带领我们走向运算的组合、可逆性和结合性的相互承接的运动、后退与迂回。因此逻辑在感知运动活动和知觉活动的格式里已经出现了，尽管它们并不构成这些初始的协调最后的平衡形式。②另一方面，从大脑活动最低级的形式开始，我们就观察到一种

---

① 值得我们马上注意的是，这样的一种解释一点也不属于"实在论"，尤其不是唯物的（就教义学上的意思来说），因为当心理学试图把数字还原为智慧的协调，生物学试图把后者再还原为机体协调以及生物体自身的生理化学法则的时候，数学把物理实在带回了精神的框架之中。因此，主体与客体之间的循环总是存在的。但是，在数学的情况中，这一循环并没有只涉及外部经验，而是扩散到了所有科学整体的循环。因为这个科学的循环是全书的研究对象，我们不能在这里展开。我们只需要注意，由心理和生物协调所保障的精神和实在的结合只描述了这个循环的一半，另一半则在于反过来通过物理和数学把实在与精神相连。

② 参见皮亚杰：《智慧心理学》，巴黎：科林出版社，1946。

直觉式的和知觉式的计数活动;它预示了后期在分类与序列化之间的协调,并且已经来自作为驱动力的简单的分类格式和排序格式之间的基础协调。凯勒①正是这样证明了鸟类会对有着 2 到 6 个客体的集合进行分辨,以及我们可以把鸡训练到在有着十余粒米的一行里每隔一粒米啄食一次。这些直觉的或者形象的数字同样出现在还没有建构出整数的运算术列的低龄儿童身上。因此,我们在这里也可以通过渐进的平衡过程来解释非理性的基本协调是如何过渡到最后的必然形式上去的;这一过程把必然性放置在最后,而不需要依靠一种预先形成的结构:主动的与直觉的构形之间的渐进的连接,以及最后形成的可逆性已经可以满足这一不借助先验因素的解释的需要了。

至于和其贫乏的渊源相比之下数字概念呈现出的越来越丰富的成果问题,这一演进最引人注意的特征就是,在同时开展合并与排序动作的同时——这是主体直接施加在客体之上的动作,数字同时走向了两个不同的但又相互补充的方向:一方面,它越来越远离主体的实验行为,而进入到与这种直接的动作没有关系的运算组合中(无穷、虚数等等);而另一方面,它远离客体的经验性的形象只是为了在最后更好地获得它们内部变换的机制(比如,把无穷用于计算连续变量或者把虚数用在向量运算中)。

然而,这两种演化——一方面是内化主体动作,另一方面是进入到客体可能的改变当中——都不是以规律的方式发生的。对于运算的内化来说,数字的建构与理论的进步并不是由简单的直线式的演绎推导完成的,更经常出现的是偶然的发现和尚带犹豫的摸索,仿佛一个——由内部发现的,而不是作为外部实体的——客观法则的体系渐渐把自己加于精神之上。另外还有许多奥秘仍然没有被这一建构性的探索所发现,比如像素数的承继法则。另一方面,对于数字跟客体相匹配这一点,我们已经看到它跟精神对物理实在的逐步臣服相比是多么的不同,因为后者恰恰与之相反,总是让早就准备好的格式在后来与各种情况相遇——它们以不可预见的方式运用这些格式。因此,如果说数字的建构标志着相对于主体的直接动作与相对于客体的直接结构的双重解放,以及往主体的内部协调、客体的内在变化这两个方向的双重发展,这一双重演化对于前者来说表现为摸索,而对后者来说表现为预见;也就是说,在两种情况中主体都逐渐形成了对一种因素的意识,它或者是关于自身的协调的,或者是关于和实在的统一的,并且超出了当下实在的建构活动,因为它决定着这一活动。

换句话说,这一双重解放的实现是同时服务于一个普世化的主体和一个一般化的客体的:数字的奇迹实际上就在于,在它不断地远离使它产生基本动作的时候,它并不是像所有脱离了初始的实验语境并被毫无限制地一般化了的物理概念一样就进入了妄想的世界,而是在它们的发展过程中越来越与精神的运算相契合,并且在它不断地变换表面形式的时候也越来越适应于宇宙。而这一内部契合和外部适应在认识论上的特殊意义则是在于,尽管心理和历史的发展过程中有许多曲折和艰难,它们却似乎都是来自

---

① Otto Koehler (1889—1974),德国博物学家。——译者注

主体对客体的基础活动中已经包含了的互动。

那么如何解释像排序和分类这样简单的动作可以达到如此严密的建构与精确的匹配这一奇迹，而又不通过一种可以与卵子论或精子论的胚胎学相类比的先成论，把世界后来的发展中逐渐显露的一切认定为提前已在它们之上，或者不把这一发展归结到外在于初始动作的因素之上？

在我们看来，奥秘的关键首先在于数字不是从特殊动作中来的——也就是说从众多动作类型中的一种，而是以一种心理化了的（即内化了的）且达到了动态平衡状态的形式体现了动作之间的协调本身。合并与排序并能与其他特殊动作如思考、推动、举起等等相比较：它们是会自我协调的动作，因为它们从一开始就表达了协调的要求，也就是说，因为它们源自其他所有动作的协调。这些协调的实现和运用首先需要客体，但这并不意味着它们是从客体中得到它们的结构的。相反，它们逐步地建构了它们的运行方式，先从机体的和心理-生物的节奏开始，再到知觉和直觉的调节，最后直至算术-逻辑运算——这一平衡过程的具体的最后一项（也是后续形式化的起点），也是从心理-生物性的组织与同化开始的协调过程的终点。因此，数字——以及作为它的前提，由它进行综合的逻辑运算——就是智慧同化最为关键也最为核心的形式，因为智慧同化借助直觉的和感知运动的形式延伸了心理-生物同化。这也是为什么它可以从直接动作和眼前的实在中解放出来，同时又不会影响它和所有精神运算以及所有实在的变换之间恒久的契合。这种同化的一般形式所特有的顺化只能既是预告性的——因为它不是从客体的不同性质中得来的，又在形成之后是永恒的——因为动作的协调始终都会与实在相匹配，如果它们体现的不是具体经验的结果，而是这种经验的可能，即对于任意客体的动作。总而言之，数字的建构也就是所有数学都在实现的精神对实在的同化的原型，它把现实的变换加入到在现实中活动的主体的动作（实在的或是潜在的）协调之中。

其次，如果说算术-逻辑运算依赖于动作的协调本身而不是动作的特殊的细节，作为晚期的而不是先验的心理结构的数字结构所呈现的不断增长的多样性就属于这样一种建构模式：它的解释既不同于先成论，也不借助经验因素，而是一种"第三条路"；在这种模式中，动作的协调并不预先就包含了逻辑或者数字，而由于算术-逻辑运算是对动作而不是对客体的抽象的产物，这一协调提供了这些可能的分化所需要的元素。事实上，我们在上文中（第二节）已经看到过，对于动作的抽象和一般化是与对客体的抽象和一般化相对立的。换句话说，在对客体的特征进行抽象和一般化的时候，我们最后只能得到我们一开始从中拿来的东西，除非我们往里面加上从主体的活动中得来的运算特征。如果数字和逻辑只是客体的格式化，那我们就会很难理解它们是如何这么自由的超越客体的，就像算术-逻辑格式所表现的那样。相反，如果我们接受了这种作为功能性的先验成分（功能性的，而不是结构性的，即不包含任何先验的结构）的主体动作的协调（但是删除这一协调就等于让机体相对于环境的活动来说变成一张白纸，这与我们的生物学知识是完全相反的），逻辑和数字运算的建构就同时通过以感知运动组织为基础的抽象，和因为越来越平衡而变得越来越动态和可逆的位置来完成。

事实上，从重复活动中产生并在知觉和运动习惯的领域中构成主体最为简单的心理对实在的同化的感知运动格式，也是先从对思维和机体的循环的初步抽象中得来的；这种抽象能从循环中借来它们的重复以及一般化延伸的能力。至于感知运动格式，它们则会达到一种动作的逻辑，其特殊的严密性在于不同时做出一个与另一动作的目标相矛盾的动作，把同一个动作的格式运用到新的但仍然是可类比的情形中去，安排手段和目标，等等。而对这种感知运动逻辑的建构依赖于通过对排序或者建立实际类别的能力（有识别能力的区分以及通过转移而获得的一般化）的抽象而得到的先前的协调关系。然后，直觉思维会通过新的抽象，从感知运动格式中借来按照承继和归类这两种机制同化实在的能力；但这些格式在转化后变为表征，即能够做出更强大、连接更好的可以被预见与重建的内化了的动作。具体运算从直觉思维中抽取这些连接，但同时也把它们一般化为动态的和可逆的形式。最后，形式运算把这些运算从它们有限的背景中抽取出来，并把它们转化为独立于一切具体动作的命题。如此一来，逻辑和数学运算就是分阶段建构起来的，且在每一阶段中，它们都依赖于从上一阶段的协调中抽取出来的元素。正是这样，算术-逻辑结构才能扎根于最基础的协调当中，同时不需要预先成形，并且通过反省抽象（分化）与一般化——即包含了先前结构的元素的新组合——这两种进程不断发展。

最后，这种分阶段的结构化——加上与每一阶段相关联的分化与融合——的特点在于不仅仅使得协调的相继形式逐步地丰富与灵活，而且在某种程度上更是在不同阶段之间、在不同的时期不断扩大的对同一种塑形过程的重复。事实上，在感知运动阶段，我们已经能看见在运算阶段将会极大地展开的组织的同样的形式，虽然它们还只有一些区分度尚不高的轮廓。于是感知运动格式，从功能等值上来看，就包括了类别（对多样的情况适用同一种格式）、关系（在动作中用到的相异或相似的关系）甚至还有某种通过结合了相似性和顺序的动作所得到的前数字的数量关系（叠加的重复行为，比如根据要重复1—2次还是4—5次同样的动作而做出的有区别的模仿）。当我们从感知运动阶段往下走到直觉阶段，我们会发现有着更基础且更僵硬的类似的进程，并可以按照有机体和精神之间功能的完整连续性依次类推。

这就是为什么作为动作协调而不是特殊动作的产物，作为相互之间（无论再远）在功能上连续的每一个新阶段中的组合所依赖的反省抽象的产物，数字不仅与主体最根本的活动相连，而且又没有被预先包含在最初的协调当中，同时也不停地被这些协调与现实相接，但它也不是从客体本身中抽象而来的。

第二章　空间的运算建构

这些年来，对数与空间两者关系的数学分析越是推进，这两类现实（réalités）的平行性越是显现。这一发现的一致性令人惊讶，尤其是过去很长一段时间人们都认为纯理智性的数代表着纯数学，认为感觉的（sensible）和知觉的（perceptive）空间是隶属于应用数学的首要范畴。如今这种对立什么也没留下，但是它被淘汰的理由却对发生认识论非常有启发意义。

维尔斯特拉斯、康托尔、戴德金的研究，使得几何学的连续性（le continu géométrique）与被称为解析学的连续性（le continu analytique）或者实数（nombres réels）集（有理数 nombres irrationnels 或者无理数 nombres rationnels）之间的彼此解读具有可能性。"连续性的力量"，按照集合论（théorie des ensembles）的说法，是数的特征，等同于空间连续性（continu spatial）的特质。例如，正是通过建构收敛级数（séries convergentes），康托尔确定了构成几何学连续性的聚点（les points d'accumulation）[这些聚点中的每一个都被看作是嵌套区间级数（série d'intervalles emboîtés）的极限]，同时康托尔认为无理数填充了有理数之间的空隙。

另一方面，拓扑学的进步，从多个方面，与数相汇合。因此，多面体（polyedre）的拓扑理论研究发展使得拓扑学成为一种组合的、代数的拓扑学，与纯代数不再有区别；庞特里亚金（Pontrjgin）最近发展提出的某些离散对易群（groupes discrets et commutatifs）实现了对拓扑学和代数学的紧密综合，使得它们的元素既可以作为代数计算的材料（matière à calcul algébrique），也可看作邻近原则（principe de voisinage）连接的点。只要确定了邻近法则（loi de voisinage），抽象空间理论自身能够用空间语言探讨任一集合，但是邻近法则也会远远地脱离此词汇的惯常概念，例如"有理数的空间"①等等。反之，集合论谈论的是开放集、封闭集、边缘集、外部或内部等等，不论是从集合层面还是抽象层面。最后，一个约定的选择（惯例，un choix conventionnel）会决定我们在某些毗邻领域是选择采纳空间邻近理论还是集合与数的解析理论。

因此，一个年轻的数学家，B. 埃克曼（B. Eckmann）最近提出，数与空间的二元论，不是将有两个本质明显不同的事物对立的、静态的二元性，而是一个类似微观物理学层面上互补的实例，准确说即是观点的两元性，因为两个方面对于同一实在同样必不

---

① 见库拉托夫斯基：《拓扑学》。

可少。①

然而，人们心理上认为乍一看空间与数本质上是对立的，空间建立在最基本的知觉(perception)和运动机能基础上，数是后来运算的产物，并且很快形式化。这一表面的反差如此具有欺骗性，以至于例如康德把空间与时间看成是感觉的(sensibilité)先验形式，但同时，他也赋予了数在时间与知性(ententement)之间起联系格式(schème de liaison)的作用。

但是，我们刚刚大体了解了逻辑-算术运算源自行为最初的协调，肯定了这些内容，我们会发现，空间的发生建构，实际上，在各个不同的层面，确实与数的发生建构相平行，不论是知觉的(perceptif)、感知-运动性的、直觉的，还是运算的层面。唯一的区别是，逻辑-算术格式(le schematisme)来源于动作，动作以真实的非连续性要素和作用于连续性要素的行为空间格式(le schématisme spatial)为基础(两种格式之后会更紧密的汇聚)。的确，如果我们仔细研究儿童身上的知觉，而不是仅仅研究成人的知觉(la perception)[在成人身上，知觉会受到反馈(choc en retour)的各种形式的影响，这些影响来自理智运算本身]，人们会意识到，只通过自己的资源，知觉机制在建构一个严密空间方面，不比建构类别、逻辑关系、数方面更成功。如果人们关注形式化思维(la pensée formelle)发展形成之前的直觉思维(la pensée intuitive)中在具体运算(opérations concrètes)阶段建构空间的过程，人们会发现这一建构每一步都与逻辑-算术运算的建构相一致，只是前者是涉及客体(objet)自身或不同次序的客体们的生成的亚逻辑运算(opérations infralogiques)，而不是针对非连续客体(objets discontinus)集合的不同样式(类、序列关系或数)的逻辑或数的运算(opérations logiques ou numériques)。

发生性建构(la construction génétique)的论据因而与理论建构(la construction théorique)的成果不是互相抵触的，而是相一致的。与对原始空间为欧几里得度量结构(la structure métrique euclidienne de l'espace originel)的一般看法相反，二者一致认为，首先生产的是拓扑关系，从中产生了空间嵌套(les emboîtements spatiaux)(如同次序关系或位置关系)与逻辑分类(例如序列化任务)之间的平行性。

第一节　空间认识论理论的分类

空间的建构不仅依赖于每个阶段(palier)的整体思维发展水平，而且也可能依赖于整个生物集体发展水平，直到并包括生命形态生成(morphogenese)的基本进程。这一发展达到峰值时候，空间形成于几何学的演绎运算。但是在时间上，这些形式运算生成于具体运算之后，具体运算根基于以不同方式联结在一起的直觉。这些直觉来源于

---

① 埃克曼：《拓扑学与几何季报》，1944，第 26 页。

感知运动性的、知觉的空间,这些都依赖于轮廓的和反省性的空间(espace postural et reflexe),在未被知觉到、未被料想到之前动作就"发生"了。但是任何一个动物的本能都能构造一个几何结构(参考蜂群巢房或者蜘蛛网的规则形状),整个形态生成自身(本能部分地延伸了这一生成)也是与环境(milieu)联系在一起形成的"形式"的连续生成。因此,显而易见,每个阶段水平(palier)都能提出同样的认识论问题,并且解决方案同样具有多样性。对空间知觉的解释——在认识论层面上认为空间是一种"感觉形式"——之间存在如此多的差异,同样地,把空间看作一理解力活动的几何演绎理论的各种解释之间也存在如此多的差异。

解读空间的历史本身对空间解释而言就极其富有意义。人们可以说,从全局来看,现代几何学的诠释经历了从完全强调空间的知觉性的或"感觉性的"观念到化空间为一种逻辑的观念的发展变化。然而,在这两类极端的观念中,人们能辨认出在天赋观念的形式和经验论的形式之间的游移,同样努力去避免这种对立的夸张,努力去找到主体与客体之间的相互依存关系。

或许笛卡尔,以自己解析几何学方面的发现为基础,承认代数或几何之间的平行性,例如代数计算方程式(équations du calcul algebrique)与抛物线(figures constituées par les courbes)相对应,反之亦然。但是,这一平行,依据广延性(étendu)和思维之间的形而上学的二元性,在笛卡尔的体系中,没有形成一个空间直觉和运算性建构的真正的统一体。至于康德,被认作是"感觉"的先验形式的空间与逻辑知性之间的这一二元性与数的格式(le schématisme du nombre)得到了加强,并且,数的格式是建立在时间的进展上而不是空间的广延之上。几乎整个19世纪,空间的解读就这样停留在主体与实际客体的知觉关联上,要么在先天论或先验论要么在经验主义或发生主义的不同形式之间摇摆,并且,在更深层面,空间的感觉性的或直觉性的特点,解析与代数的逻辑性或组合性,二者之间的概念对比一直存在。然而,同样在19世纪期间,几何学危机已经在酝酿中,这一危机使得在当代,对空间的解读逐渐使空间从知觉直觉或表象直觉中脱离出来,并把空间作为一种演绎结构,不再仅仅适用于感觉到事先给定的形式,而这些形式是真正地生成(产生自任何片段或由于与实际客体发生感知-运动性关联之后出现的一种概括化)。

众所周知,这一危机根源在于非欧几里得几何学的逐渐生成。非欧几里得式几何学表明存在着多元模型,其中仅有一种模型直接对应我们知觉身边的、现实的空间的方式。这一基本发现导致的争论的成果代表就是两件关键性事件:相对论的提出和公理法的使用。两者一起把空间解读从感觉直觉(intuition sensible)中释放出来。一方面,实际上,爱因斯坦力学表明了物理世界的空间在某种条件(échelle)下经过某种速度时候,不再能欧几里得式几何化,证据就是我们直觉里的空间是与限制性的条件相关的,这些条件使这一空间不具备一般情况下客体合理表述或先验的框架;另一方面,空间模型的无限集(un ensemble indéfini des modèles spatiaux)的自由演绎建构表明直觉空间既不适合深入细致地研究主体建构空间的运算活动，也不适合穷尽研究空间化客体的特点。

如果想对有关空间所有不同的解读进行分类，我们就要按照重点强调的是解释知觉空间还是解释演绎建构空间，面对各层面上的异质性。但是赋予感官直觉的角色或赋予演绎的角色在不同的历史时期存在着很大差异，刚刚我们已经回顾过这段历史的提要。这里涉及的问题不是在空间知觉理论与几何演绎理论这两种理论之间得出截然不同的比照，而是在历史进程中，在不同认识论轮番探索的各个层面中，重新找到同样的分歧或同样的一致性，这些分歧或一致，有时候表述为感觉（sensibilité），有时表述为逻辑建构。然而，这些对比强调了这样的猜想，即各种学说的历史性继承，分别考察的各个阶段（palier），对应着空间的心理发展的各个真实的、实在的等级。实际上，于康德而言，空间是一种感觉（sensibilitée）形式，这样说并没有错。人人都同意存在着一个知觉的空间，这一空间本身就提出了各种认识论问题；难点就在于要知道他是否解释了现代几何空间。在这一点上，历史自己足以重建合理的视角。同样也存在组织性空间、轮廓空间、感知-运动空间、表象直觉空间、具体运算空间、形式运算空间和公理空间。关键在于不要使这些涉及某一层级空间的理论混在一起相提并论，而是阐明每一空间或大多数空间的认识论解读的可能演变。

在这一点上，有关空间的主要的学说，不论是历史上的还是当今的，要么参照直觉材料，要么参照演绎推理，要么二者都参考。因此，本质上我们主要根据这些极端情况对这些理论进行分类。然而，不论是基础知觉或基本运动机能，还是理智建构（construction intellectuelle），在这两种情况下，在借助内部因素和借助外部因素之间的可能的组合情况，这些组合情况数量有限，但是有望呈现所有的中介物。

在每一层面（sur chaque plan），把知觉空间或概念空间看成既成的实在，不会变化也不会建成的理论与把空间解读为逐渐生成的关系体系的理论相区分开来的基本区别，我们把这两类理论分别称为非生成论与生成论。因此，牛顿或克拉克看作"上帝的感觉中枢（sensorium dei）"的绝对空间，康德的作为人的感觉先验形式（sensorium hominis）的空间，都是非生成论的理论模型。然而，庞加莱、布伦茨威格、恩里克斯的空间，在本质上，先是活动和运动的，然后是理智的（intellectuelles）、质量的或度量的关系的渐进协调，因此是生成的现实。

另一种对立与前一种对立相互影响。要么人们认为几何空间是由外部实在确立的，也就是由与我们相独立存在于客体世界的物理空间，它构成了客体世界的网络，是客体世界的容器。要么把空间看作主体知觉、智慧的一种形式，自最基本的知觉接触就开始或随着主体的理性演绎而施于客体现象（phénomènes objectifs）。因此，非生成论当中，牛顿的观点基本上是现实主义的，而康德的观点则是内生发展的观点。同样地，生成论当中，恩里克斯的观点基于经验主义角度解读的物理世界，布伦茨威格的观点以主体活动（activité）为基础。

从中得出的双向行列对查表,维度之一就是非生成论与生成论构成的二分法分类。生成论也有多种等级。我们不能设想否认生成论与非生成论区别的观点,因为如果要想否定这一区别,我们会陷入否定生成自身的境地。相反,表的另一维度包含三种可能性:以客体为基础的理论,以主体为基础的理论,在这两者之间,拒绝外部因素和内部因素之间的任何基本的二元论的理论,要么表现为内外因自一开始融为一体(非生成论观点),要么表现为内外因与不可分割的互动体系相关联(生成论观点)。因此,我们有 6 种主要的可能性,其中,我们识别出了 6 种普遍认识论的立场,这些立场在引言第四节中我们写到过,但没有专门对于空间问题的讨论。

在知觉空间和感知-运动空间的层面上,一方面非生成论长期带有先验主义或"先天论(nativisme)"的标签,另一方面生成论带有"经验主义"的标签,但是每一类别中都应注意其间众多的差异。在这一传统分类框架下,最近十年出现了新的不可抗拒的观点。实际上,"先天论"这一说法,尤其包含(至少从认识论角度看)两种显著的看法:一种把空间知觉看成内生的"天赋(faculté)",直接从外部体会理解一个完全在外部世界构成的空间;一种把空间知觉演绎为一种对我们自己组织活动的意识,这一组织活动将外部数据同化为内部结构。只有后一种先天论形式可以看作康德的先验主义,是其心理、生理的再现,然而前一种先天论看作一种认识论现实主义。另外,最近几年,一种知觉性空间的非生成论在"完形理论"(与现象认识论相关联)的名义下诞生了,认为存在一个容纳内部因素与外部因素为一个整体的空间组织。至于长期以来所谓的"经验主义"理论,同样应当按照主体区分两种大不相同的主体类型,二者差异显著,有着明显的认识论区别;实际上,如果两者都是生成论的,只有第一种理论从认识(connaissance)上看是经验主义的,然而,第二种理论承认主体与客体之间相对互动的存在。第一种理论将空间建立在感觉基础之上,然而第二种理论空间建立依赖于发自感官、运动性的、知觉性的运动和活动的行为。最后,二者之间,还有在 19 世纪不太出名的约定主义的观点,其中,庞加莱力图将空间建立在分析基础上,这种分析同样可以一直追溯至感知-运动性协调。

总而言之,关于知觉空间的生成论要么客体优先(狭义的经验主义),要么主体优先(约定主义),要么通向主客体之间的互动(活动相对主义)。这三种观点从名称上分别对应非生成论中的客体优先(现实先天主义),主体优先(先验主义),主客体之间的互动(形式现象学)。这一对比如此显著,我们会发现每组中的两个观点之间有众多的过渡理论。例如,冯特的理论处于赫林的先天论与赫尔姆霍兹的经验主义之间;庞加莱的约定主义以近似先验先天论的"群位移"的感官—运动理论为基础;最后,从"完形理论"到活动、运动空间理论,人们会想到所有的联系静止论与动力论的过渡理论。

至于演绎空间的理论,尤其是不同形式的公理几何理论,我们同样也会发现 6 种可能性,只是名称上存在明显的次序调换。在知觉空间的情况中,主体是正在知觉的我,客体是由物体自身的形状或图形构成的;在演绎空间的情况中,特别是在当代公理学为特征的概括演绎情况下,主体表现为形式化的演绎活动,客体因而成为这一形式活动之外的、被判断的一切事物(或者,根据这些理论,与这一形式活动产生互动),也就是说它是被几何上所说的"直觉"空间,这一直觉现实要么被看作物理经验的表达,要么被简单看作公理化演绎之外的背景。从中产生了以下6种组合。

首先,(我们)应当区分几何公理学的非生成论与生成论。非生成论理论认为,几何演绎学的命题具有持续的可靠性特点,独立于它们的历史性发现,命题的生成独立于所涉及的心理运算;生成论理论认为公理学自身不断发展,不会变得独立于它自身的思维建构。

非生成论理论当中,我们也会发现客体优先、主体优先以及主客体互动对主客体的定义正如前文提到的。公理理论下,客体现实主义认为作为公理被承认的定律或由公理建构的命题表明了一种能力,这种能力可以直接理解其自身之外的存在(理性存在或实验性的存在)。因此,在古希腊人眼中,被看作是明显事实的公理表明了在我们之外的形式的存在。在胡塞尔看来,古希腊人用分析方法(没有经过主体的内在综合建构)先验地表达了经验的可能性,因此处于一种类似可以作为共相的即时知识的逻辑概念的情境中。① 相反,以主体优先性为特征的理论承认公理建构(除去任何的直觉)自给自足,并且只有作为思维或物质共有的必要背景时才与实在(直觉的或实验的)相符合。因此,D. 希尔伯特在一篇有关逻辑与现实关系的文章中,认为顺序公理与合同公理适用于实在(例如适用于生物学中的遗传学*),这并不是因为公理是物质的一部分,而是因为公理源自一种,按照他的称法,"预先建立的和谐",即既影响思考者的思想也影响着思考下的现实的先验的概括的预先生成。② 最后,思维与物质相分离的观点体现在现象学理论中,这些理论认为在几何建构中,不同级别的理性直觉的表达分级散布在普通直觉与被温特称之为"跨直觉"认识之间。

至于生成论理论,人们也会发现三种可能性:客体优先的、主体优先的、主客体二者互动的。三类观点中的客体优先论的主要代表者们从感觉素材和物理经验出发,通过渐进的抽象阐释公理学建构。恩里克斯开辟了几何哲学的道路。贡塞斯提出了一种图式理论,我们在后面(第十一节)将对其进行更进一步的描述。根据贡塞斯的观点,"图式"是公理体系的框架,既表明了主体的行为,也是对客体特征简化或概括性的看法,但更倾向于第二个方面。相反,主体优先性体现在约定主义理论中。其中,最具有决定意义的是庞加莱的理论,也有一部分体现在维也纳学派当中某些唯名认识论观念当中,约定这一概念便表现为逻辑的或"拓扑的""语言"。最后,主客体互动构成了空间演绎、几何演绎的运算理论的中心概念,这些理论部分地体现在恩里克斯尤其是贡塞斯的理论

---

① 罗素:《论几何基础》,剑桥出版社,1987。
* 我们表达的是生物学中的遗传学,而不是生物学或遗传学。——原文注
② 希尔伯特:《自然知识与逻辑》,穆勒译,《数学教学》,第30卷,1931,第22—23、27—30页。

当中(虽然这两个学者重点强调客体而不是动作),我们将在本章第二部分对其进行拓展。

重要的就是,对这些繁复观点进行分类之后,对照当下流行的主要假设类型与目前著名的发生心理学论据,分别研究(但不将它们掺杂在一起)知觉空间或感知-运动空间的问题与被称作运算空间的问题。

第二节 知觉空间(一):"先天论"与"经验主义"、遗传与感觉

我们在外部世界感知形状、有序的更迭、投影、相似性、距离(尤其是深度)、二维幅度或三维幅度等等,因此,空间似乎形成于知觉当中或被知觉到的客体身上,经验主义的观点最明白清晰。根据这一观点,只有将能被知觉的现实的空间性与其他特征区分开来,才能通过抽象来获得实验的、直觉的空间(关于表象延展性的感觉)。然而,在批判哲学的领域内,贝克莱的反思分析,在其著名的《视觉新论》中,得出了这样的结论:人们既不能直接"看见"空间,也不能直接看见空间中的客体。休谟的现象论完成了外部空间与实质载体的分离,之后,康德将空间列入主体自身的先验感觉能力之中,推翻了经验主义建立的知觉主体与物质的初始关系。

哲学上经验主义与先验主义的冲突能否在发生心理学范围内得到解决?当然,发生心理学只有主体与经验相联系的时候才会涉及对空间知觉,知觉的检验只能按照某种更迭次序完成来实现,并且从中产生一种有利于经验与渐进生成的趋向。但这只是一种现象,如果空间是在我们动用感觉器官之前,是在任何运动、知觉、理智的接触之前就存在的一种预先存在的先验形式,这一观点只能在动用感觉器官之时、在运动、知觉、理智的接触之时得到验证。生物学家习惯对某些变量进行推理,虽然这些变量只有在特定的场合才会发生,内生潜在的特点的现实化是变量产生的原因,知觉组织不是由经验强加给主体的,相反,而是源自主体自身。为了说明这一点,没什么能阻止一个类似的在纯思维层面的解释。毫无疑问,求助于遗传学,仅仅将这一认识论问题推得更远,当古老的机体与知觉到的环境之间发生第一次感知接触时就应当提出这一认识论问题。虽然不够确定,但是生物心理学的分析提供了一个有利于先验主义的、具有高度可能性的、归纳的证据,如果那是真的。相反,如果说反复积累的相同经验在具有不同智慧水平的主体身上(或更理想的情况是在同一主体不同发展更迭阶段)能呈现出非常不同的空间组织的知觉反应,那么先验主义就不占优势了。甚至可以因此假设先验结构是内在成熟的,那么内因与外因、成熟与应用的分离就可以理解,既然这种分离与发生心理学当前的任务之一相一致。

因此,穆勒、赫尔姆霍兹、赫林、昆特、帕纳姆、冯特以及其他很多人完全有理由将经

验主义与先天论之争引入生理心理学领域;"先天论"的某些分支也理所应当被看作是肯定了一种超验性的感觉"形式"的存在的康德论题在心理学和生理学上的版本。实际上康德也从未否认空间只有在经历的时候才被意识到:他只是肯定了这种经验不能解释空间,但是却引起了一种先于经验存在的虚拟形式的现实化(在古老的感觉中枢范畴内论证过程可能会一样)。先天论中的某些类理论只谈论这一点,但是正如我们在第一节中观察的先天论那样,在这一点上先天论理论之间并不都是一致的。穆勒和海林将天生固有的认识知觉距离与维度的能力归因于视网膜,这可以与康德思想相一致,但相反也可以假设存在一种遗传能力,使人们可以直接地(没有练习也没有经验)读取外部世界的资料。先天论的一个重要的反对者赫尔姆霍兹认为"先天论认为视界里的感觉定位是先天秉性,要么是因为灵魂对视网膜有直接的认识,要么因为特定的神经纤维受到刺激,通过先成的机制,引起了某些空间表征"①。而且他认为穆勒的理论是对康德观点的拓延,他援引了穆勒的一篇惊人文章:若没有空间与时间概念将不会存在任何感觉。但当我们谈论感受与感觉时,对于填充空间的,我们在空间中除了我们自己之外什么也感受不到;在客观上被充满的空间中,判断只是让我们识别我们自身的组成部分,我们的构成部分一直处在知觉和感受的状态中,同时我们也能意识到引发刺激的外部原因。在每一个视界中,视网膜也会在情感状态下看到自己的空间,等等。②但是其他生理学家,特别是赫林,将前辈康德笼统的观点变为详细分析这些"固有"机制中所涉及的生理调节,这样的话,空间知觉就简单地变成了一种直接学习理解外部资料的能力。

然而,除了上述先验或现实上的细微差别,先天主义也遭受到了经验主义的有力回击,经验主义坚持认为在知觉空间建构过程中,经验尤其是运动机能的使用(例如视知觉中的眼睛的运动等等)不可或缺。但认识论上,"经验主义"呈现出最多的理论形式,而且通常是远远不符合狭义认识论的理论形式。借助经验、借助运动机能,实际上会让人单纯以感觉(视觉的、触觉的等或运动的也就是肌运动感觉的)为基础的理论阐释或让人考虑两者的联合,通常是被动的联合,这样我们就能了解经验主义的经典思路。但是由于陆宰的"部位记号"、冯特的"联合部位记号",特别是,比如说在赫尔姆霍兹的作品中,部位记号一上来就被看作是无意识的推理,我们越来越偏离了认识论上的经验主义。

赫尔姆霍兹写到"感觉,对于我们的意识而言,就是些符号,解读这些符号,依赖我们的智慧"③,而且他认为每一种空间感知都离不开个体以前的、通常以运动机能为基础进行解释的全部经验,"智慧与运动机能二者相联合,这一联合规律性地反复地作用

---

① 赫尔姆霍兹:《视觉生理学》,贾瓦尔和克莱因译,巴黎:马松出版社,1867,第1010页。
② 译自约翰内斯·穆勒:《面部感觉的比较心理学》,第54页。
③ 赫尔姆霍兹:《视觉生理学》,贾瓦尔和克莱因译,巴黎:马松出版社,1867,第1001页。

于我们,这一联合越是经常地呈现给我们,就越强有力、必然地作用于我们"①变成了一句惯用语,这句话一直带着传统上联想主义的印记,也让人瞥见了除经验主义理论之外的其他理论的拓延。至于冯特,他声称既在先验主义也在经验主义的边缘,但赫尔姆霍兹把他归类到经验主义者之列。众所周知,冯特在伟大哲学家康德的"无意识的推理"范畴内,提出了一种感觉概括或统觉,其中一部分是视网膜的感觉(没有先天的定位,仅仅指明显著方位的存在),另一部分是与眼睛的转动相关的感觉。② 这一融合先于意识行为之前发生,被冯特看作是一种以复合感知-运动过程为基础的空间"生成";一种感觉遗传基础,但没有元素自身的空间意义;一种综合建构,与运动机能、前意识的使用相关联。人们会发现冯特的"经验主义",正如赫尔姆霍兹的经验主义,给认识论的潜在理论留下了相当广阔的空白。

"先天论"与"经验主义"之间这些历来存在的冲突,给我们提出两个基本问题,这两个问题正是知觉空间背景下的遗传问题与"感觉"的认识论意义问题,并且这两个问题是相关联的。实际上,首先还应当把两个问题区分开来:遗传形式的生物学生成问题与个体主体现有的知识(例如心理生成期间表现出来的知识)与先天的、潜在的结构之间的关系问题。正是对第二个问题的讨论引出了感觉的认识论角色问题。

求助于遗传学因此提出了两类不同的问题。然而至于遗传结构的生成,把遗传传递的能力归因于某些组织,这样说,从认识论角度看没什么决定性的意义:问题只是被转移了,所有问题都挪到了生物学领域。如果正如穆勒所想的那样,距离知觉来自视网膜与生俱来的直接觉察到距离的能力③,如果视网膜的任何表象都包含着,如同赫林补充的那样,对高度、宽度、甚至是深度的感觉(通过一个视网膜到另一个的对应点的组合,两两给予同样的定位,就被看作是"一致"的),那么,为了确定这些天生具有能力的认识论意义,问题因此就变成了要知道视网膜在动物一直到人类是如何生成的。如果偶然地随着习惯与环境的影响,器官会缓慢获取这些能力这一拉马克式理论是真的,经验遗传这一假设与空间的先天主义相结合,会最终证明认识论的经验主义,即使先天生于人体内的空间先验地出现在个体身上。只有使先天论倚靠在生物预生成主义或一种遗传变量纯靠外因的突变论基础上,求助先天性才会引起对认识论意义上的经验主义理论的否定。刚刚我们讨论的关于视网膜的内容,自然也适用于任何涉及空间建构的其他器官上,不论是眼部肌肉,根据陆宰、赫尔姆霍兹以及冯特的观点,其活动介入到对距离的评估(据陆宰看来,眼部肌肉由反射作用控制,反射作用遗传地与部位标记有关),还是涉及的由塞恩提及的平衡器官。

总而言之,如果把空间的形成与一种器官——不论是哪一器官——的内在结构,或

---

① 赫尔姆霍兹:《视觉生理学》,贾瓦尔和克莱因译,巴黎:马松出版社,1867,第1002页。
② 冯特:《生理心理学基础》。
③ 赫尔姆霍兹:《视觉生理学》,贾瓦尔和克莱因译,巴黎:马松出版社,1867,第1011页。

者是与整个有机体联系起来,那么这一认识论问题就不在于主体活动与经验中的客体的关系范畴,而是在于机体的或形态发生的活动与活跃的环境之间的关系。然而,我们在谈到生物认识论时已详细考察过这些问题,这些问题的迁移既不能消除问题也不能减少问题。同样的理论分类方法(本章第一节列举的 6 种组合方式或第一章中的第四节)也适用于有机进化论与有机变量理论范畴。不论追溯至多么古老的时代,甚至置身于有别于物理-化学现实,并以其为环境的第一个微生物体这一纯假设下,我们能够想象这一环境按照经验主义提出的外部影响作用于它;但我们也能够想象这一生物体使其他躯体具有由支配其生成的机制引起的内生结构(此种情况下,这一机制源自一些必要的关系,与后来的交换相比起一种先验的作用);最后人们可以将生成的这一有机体与他的环境纳入一个独一无二的互动体系当中,这一体系在解释了自身的生成之后也能解释其进化。求助于遗传学,仅仅简单地将这一认识论问题踢给了生物学,而不是回答了这一问题。

相反,借助生物学不仅没有提出问题答案,还将问题答案推得更远,在生物学进化与器官生成的问题解决之前,发生心理学有可能从现在起就在另一个问题的基础上提供了某些教训:就是要弄清楚一种遗传的空间生成结构如何施加于主体知觉或主体理智的。这第二个问题,上文中我们已经将其与遗传学问题区分开来,实际上非常不同,从某些角度看对认识论非常重要,与遗传学问题的解决一样重要:这正是器官的个体生成问题,它与种系发生问题不同,但同时如大家所知,前者部分地与后者相联系。

对先天论与经验主义的冲突进行回顾研究,并与这些问题的当代立场相比较,对第二个问题更具有启发意义。如果研读穆勒、赫林或最近的一些先天论者如斯特拉福、杜南的工作,(我们)会发现似乎空间知觉的遗传理论本质特点是要解释整个空间,如同这一内生性结构形成的平台构成了一种类似金字塔宽大而结实的底部,金字塔的层级在体积上和重要性上随着高度的上升而下降,一直到狭小、脆弱的塔顶,塔顶对应的是概念或演绎空间。因此,穆勒、赫林理论给出的、被欧式空间三维坐标轴组织的、作为遗传性的视网膜比的距离构成了一切后来发生的知觉,以及对长度等因素进行理性建构的基础。然而在空间理论领域,现有的发生心理学认识使我们联想到的表象是完全相反的。假设我们承认可以根据三个维度遗传而来的对距离的知觉(目前我们先做这样的假设),那么只会是涉及近距离空间这样一个有限领域:在这一最初始的平台,还需要再放置一个比感知-运动活动期间获得的距离更大的一个平台,然后距离的直觉表征所构成的一个更重要的层级在这一平台诞生。简而言之,人们会因此得到一个倒立的金字塔形状。塔顶在地面做根基,随着高度增加越来越宽,这意味着发展层级越来越远离遗传背景,更准确地说,应当援引一种类似螺旋的形状,螺旋越来越大,它纳着前一个螺旋,其中只有初始螺旋保持着与天生机体结构的联系。

举某个领域为例,遗传在这个领域中的作用,比在视网膜部位记号之间的感觉距离中起的作用更确定。存在一种姿态组织来控制特定躯体的位置,不论哪一种遗传机制,我们能够甚至提前让自己保持笔直或直立姿势，或保持卧式或水平姿势。婴儿在会行走之前就能够挺起上半身或抬起头，与其他系列的可能姿势相比，这一平衡姿势特别明显。因此，人们理所当然的可以讨论一个姿势空间来说明动作与位置之间存在的所有协调去描述这一有机活动形式（这一有机活动形式，正如瓦伦表明的那样，甚至在生命初期的思维中就扮演了一个重要角色），并且从这一点来说，对垂直与水平的实践认识可以被认为是可以遗传的。但是，因为人们承认存在一种天生的行为包含着对垂直与水平两方面的认识，难道从中就能得出其他水平阶段的行为也有这样的一种知识吗？就认为小孩子能够感知客体，然后就能借直觉表征想象这些客体，最后根据同样的垂直和水平关系组成运算活动？换句话说，遗传的笔直姿势，是否得出存在一种对垂直的天生知觉，然后引起了一种天生的直觉，最后产生了对垂直的天生的观念？观察表明完全不是这样的。孩子是半岁时起就会挺起上身、抬起头，自出生起就会躺着，但这都没有产生什么影响。要一直等到七八岁甚至更大些，孩子才能自己直觉再现水平与垂直，尤其是在一个运算参考体系中协调这些垂直与水平关系。比如，当人们让他在屋顶上画出垂直的烟筒、在山坡的一侧画出笔直的电线杆、斜口瓶的水平面等等（或仅仅是放置代表这些物体的卡片，不用画出来），人们会发现孩子不能根据知觉上给出的参考元素（如桌子、斜口瓶载体、卧室墙壁等等）将客体联系起来。因此，孩子的直觉空间尚未根据垂直的或水平的客体提供结构化的坐标轴。① 再说，如果我们观察孩子们 5、6 岁大小时候对斜度的知觉问题，我们也能发现在集合结构化方面（详见第三节）也有类似的缺陷。对自己笔直、水平姿势的实践认识完全不能在孩子身上一下子生成我们所期待的知觉的、直觉的和运算的结构。

一切就像存在无数依次相继的行为水平阶段，在这种意义上来说，每个水平阶段都是相对独立的，都有必要借助之前一个阶段的元素重新建构，并把它们纳入一个不是由其确定的整体当中：初始的遗传因素因此远远不能构成对各个水平阶段都有效的天生的直觉或概念；相反，这些遗传因素只有在一个特殊、有限的水平阶段，不是作为一个静态的基础，而是之后所有建构的跳板或起跳平台，才会导致向上一级的结构。如果从这回到涉及三个维度的距离的先天论的推测，视网膜是天生地估算长度的中枢，这并不意味着这一遗传的知觉核心能够单独地确立对距离的所有知觉、所有后来的直觉的建构。这至多意味着新生儿能够一下子区别某些非常不同的大小，但不会预先知觉到之后的发展，也尤其不能预料直觉建构与更其后才生成的大小概念的运算建构，后者因此在任何程度都不能被看作是一种天生的概念体系，只因为我们证实了与某一尺度的近距离空间有关的遗传性知觉核心的存在。

如果承认包含在婴儿诞生后的初步知觉与自 11、12 岁开始的形式建构之间的每一个发展水平阶段相继且依次在激活某几个遗传的机能后被启动，那就会自然而然地提

---

① 见皮亚杰、英海尔德：《儿童的空间概念》，第十三章。

出另一个完全不同的问题。因为，不言而喻，如果生成直觉或形式概念等的能力与某些遗传的神经功能有关，这并不意味着这些表象或这些观念的细节是与生俱来的。只有在谈及基础知觉与基础运动时，先天性的假设才会靠得住。但我们前文也刚刚认识到，这些初始元素它们自己并不能单独承载后来建构的重量：这些初始元素构成了初始跳板，但并不是水平阶段本身，这一水平阶段的结构提前决定了之后水平阶段的结构。

这引导我们思考引起经验主义与先天论历史性冲突的第二个认识论难题："感觉"的意义问题。今天如果重读赫尔姆霍兹、赫林等人的著名论点，人们会对这些学者们赋予基础感觉的角色感到惊讶，不论这是被看作纯粹的视网膜感觉的视觉还是视觉与机体运动觉的结合。在先天性的支持者眼中，遗传结构下的感觉控制着整个空间建构，对于"经验主义者"而言，感知-运动空间（一旦在经验帮助下建构之后）也囊括后来的、被看作是从知觉空间提炼出来的一种抽象的整个概念空间。换句话说，甚至是这些学者如陆宰、赫尔姆霍兹及冯特，站出来反对不合理地赋予视觉如此至上的地位，这些学者认为活动在空间结构中起一定作用，并且将这一活动限制在极其有限的范围（视觉空间的眼球范围运动等），如同整个躯体的动作与移动并不如后来庞加莱设想的那样是整体思量的。

在赫林的作品中，纯先天论与被称为感觉-复制理论联系在一起，视网膜上体验的感觉，由于天生的组织，具有直接解读各种各样的外部空间（两个视网膜的对应的感觉此时组合成一种感觉）。视网膜拥有能够直接意识到自己的空间的能力，这一能力的先天性因此也伴随着一种感觉的现实主义，与感觉主义表现出的现实主义不一样的地方就在于，前者多了在遗传的知觉空间的能力与知觉到的现实之间预先建立和谐的一种观念。

赫尔姆霍兹贡献在于用感觉-符号理论（符号交由智慧解读）对抗感觉-拷贝的现实主义。什么的符号？符号用来干什么？谈论符号的人认为被符号表明的事物可以被随便哪一种动作格式同化？当涉及"部位记号"或笼统地说涉及被看作符号的空间感觉时，到底指的是哪一种行为呢？

J. J. 安培在一篇非常具有启发意义的文章中借用了伟大的物理学家也就是他父亲 A. M. 安培的观点，观点如下：

感觉的表征意义（与情感意义相对立），并不意味着表征了外部客体，也没有表征外部客体的特点；因为实话说，感觉什么也表征不了；我们之外的一个原因发生时，我们产生了感觉；但这一原因是物质分子的某种布局，不能等同于我们灵魂接收到的印象，就像钟不能等同于钟声。现代哲学正确地摒弃了物质所谓的表象，这些所谓的表象脱离事物显现出来引起我们感官的注意，并给我们的灵魂产生了表象与事物一样的相似性感觉，这一相似性被卢克瑞称为假象或"膜"。因此我们的感觉作为原因的表象，完全不能代表我们感觉的原因；但是我们的感觉可以作为活动的符号表征我们感觉的原因。

将符号与被符号表征的事物混淆是不反思之人最经常犯的错误之一。像我父亲说的那样:"农民无法理解作为一种符号的名字并不为所代表事物所必然固有的,也就无法理解铁并不是必然的叫铁。"因此,我们可以把我们的感觉看作是存在现身的符号,存在产生了符号,但通常不能不区分存在与符号。①

但是对于安倍而言,与曼恩·德·比朗一样,任何活动都有可能借助这些符号被还原为"我"的一种有意识的努力,这带有双重的现实意义:作为直接原因被主体知觉的现实性,以及对抗的客体的现实性,并从中产生了以下概念:"内部因果律""迁移"至事物身上,我们视觉和触觉的"持续并列""相似迁移"至躯体身上,并因此通过类比"现象空间"诞生了"真实空间"②。更深入的是,于我们而言,活动导致了空间建构:活动指的是运动,运动的协调,首先是无意识的、自觉的,然后是有意的,运动的协调当然依赖由感觉经验构成的"符号",但却也为了将这些被符号表示的客体纳入到一个总是更复杂的网状系统,这一系统并能让人理解与复原这些客体。

然而,早期"经验主义"理论的不足就表现在此,不论这些理论建立所倚靠的事实多么准确,这些理论思考的是生理运动机能这一特别局限的领域。根据陆宰的观点,视网膜的特定点上的感觉印象,引起确定方位的反射运动,将图像集中在良好视觉的中心区域:正是这些与视网膜的多个点相连接的基础运动让学者们赋予它们"部位记号"的功能,并从中产生了空间建构的一般直觉。同样地,根据赫尔姆霍兹的观点,"神经支配感"与眼神经机能有关,能够根据神经支配传送给图像的位移,建立相对于躯体的客体位置。③ 根据冯特的观点,我们前文已经了解过,在视网膜感觉与眼睛转动相关的感觉之间,在意识之前,存在一种"融合",就是源自这一综合的基础感知构成了冯特所坚信的"复合部位记号"。艾宾浩斯就高度、宽度而言是一位先天论者,在涉及深度的时候也引用了类似建构理论。

不论来自视网膜的素材与眼睛运动之间的必要结合这一观念多么准确,在类似的局部机制下解释空间生成问题还有两个基本恒常性问题。这些恒常性问题让人们确立了由这一生成提出的认识论问题。

第一个恒常性问题,在感知-运动空间建构最活跃的时期,也就是生命存在的第一年期间,视觉离不开整体行为并且是其一个有限的元素。一个城里人,以前从未近距离见过阿尔卑斯山,有一天他盯着一座很规则的金字塔型的、但不是很尖的山脉,问道:从山上下来的游客们怎么能够在山顶上找到位置,怎么能只有一个人能坐在那儿,却很舒服的。任何一个爬过山,不论次数多么少的人,对山的知觉都会与这个主体不一样,于这个主体而言,这些客体不与任何一个具体行为模式相符。显而易见的,这同样更加适用于婴儿身上:婴儿周边的视觉图案,在知觉到的图形被转化成行为客体之前,在客体

---

① 《两安培生理学》(第2版),巴黎,迪迪埃出版社,1866,第34页。
② 同上。
③ 赫尔姆霍兹:《视觉生理学》,贾瓦尔和克莱因译,巴黎:马松出版社,1867,第1005页。

之间产生一个实践协调体系之前,并不能构成一种空间。其原因是仅一个知觉场域不足以确定一个空间,空间是一个场到另一个场的通道。至于具体的视知觉,比如对一个玩具、对一盏灯、对一个面孔的视知觉,都只是一系列的操作活动、位移活动等等,这些活动使它们能够在空间里自我生成;在这里,空间仍然不能只是来自即时知觉,也来自连续知觉的潜在协调,并且这种协调并不仅是由眼部肌肉运动保证的,而是由整个活动保障的。当然,在知觉层面上,已经存在控制眼神方向、进行比较、分析等的(我们会在第四节中继续谈论这一点)知觉活动,但是空间建构远远不只依赖知觉活动,而是要与所有其他动作都发生关系。

因此有了第二个问题。如果客体必然要到转过来才能保证其具有一种恒定的三维形式,如果为了实现客体引起的透视协调,这一固定客体周边的位移不可或缺,如果注视这一运动是评估长度等的条件,那么应当怎样描述运动或更准确地说感知-运动活动的基本认识论功能?从这点来说,是不是肌运动"感觉"、肌肉的印象、"神经支配感"(如果存在的话!)等就构成了重要的认识工具?答案显然是否定的,如果感觉是一个"符号"的话。运动"感觉",如同视觉等一样只是一个线索;把运动重新看作为感觉线索就会剥夺了它真正的认识价值,强调了通过信号表明活动发生或引起后果的信号价值。

感知-运动的活动本质有待在整体格式中寻找,这些整体格式预示了之后的、与表象的或符号的表征相反的思维运算。即使对动作产生的意识只有在动作结果之后才发生,然后再反向追溯动作的本来历程,但正是这一动作格式解释了其结果,因此与描述体貌特征的标记点相反,动作格式也构成了知识的运算元素。因此,简而言之,要找到一种知觉与感知-运动的理论来既避免将动作所涉及的客体还原为感觉线索,也避免将作用于客体的感知-运动性活动还原成表明感知运动活动发生的内部感觉。

第三节 知觉空间(二):几何形式的"格式塔心理学"理论

整个 19 世纪时期,进行实验心理学研究的学者们的论点,我们前文已经讨论过,这些学者,不论他们是"先天论者"还是"经验主义者",认定存在可分离(至少理论上)的"感觉"。并且所有人一致认为,在视觉空间理论中,视网膜图像特别重要;纯先天论者穆勒与海林,甚至提出了视网膜能意识到自己的空间,就像空间知觉是直接读取在视网膜图像上的距离、方向与形状。从完形(或格式塔)心理学发展而来的空间知觉理论正是从对可分离的知觉与视网膜被赋予的重要地位的双重否定起步的。另一方面,完形心理学用蕴涵认识论的语言提出并更新了知觉问题,具有显著意义。因此,非常有必要在此停下,对其进行批判性回顾,确定其在一般空间知觉的发生认识论立场。

人们已经比较清楚,完形心理学上,一种知觉并不是预先给定元素的组合物(也就是原子学说联想主义的"感觉"),但是知觉一开始就组成一个整体结构,因为知觉离不开整体观察的知觉场域的平衡。甚至是仅仅对一个单独的点的知觉也能形成一个这样的整体结构,因为这个点是一个"图形",在一个被知觉为三维空间的"背景"下突出显现出来。然而,这些整体结构或格式塔,可以是在知觉场域内被知觉的任何一个具体图形,表明了每个知觉场域的全体性特点,这些整体结构的组织是根据了几何本质规律:次序、对称、规则、比例等。完形心理学理论提供了自生命初期就给定的知觉几何的新理论,与先天论的假设无关,虽包含了运动机能但没有借助经验主义的经验。实际上,控制任何视觉的整体空间结构应归因于一种平衡,每种情况下,都是在知觉客体,客体发出的、然后引起视网膜注意的光线,由媒介物引发的神经流之间即时建立的平衡:视网膜仅仅是整个线路的一环,被知觉到的"完形"不会与视网膜图像混淆,一旦实现了上述平衡,就从不可分割的整体结构中形成。完形心理学同时脱离了先验主义与经验主义,在学者们一系列令人印象深刻的实验基础上得出了空间现象学。

在这点上,(我们)应当仔细区分理论与所引用的事实。从引用的事实上来看,完形心理学家们的关键在于发现"简洁"律,即任何结构化都是根据尽可能平衡的、尽可能简单的、"最佳"形式实现的。然而,其研究已深入推进至知觉结构化领域的"良好形式",由一系列的空间标准主要是欧几里得标准确定的。在各种逻辑上等效的、通过视线同时使被呈现出来的不连续元素彼此连接的方式中,知觉根据被观察到的各点的"接近性"(这一"接近性"观念)是知觉空间领域基本的观念,大多数完形心理学家将其理解为相对的欧式距离,而没有把它理解为拓扑学的"邻近性"建构图形。因此,对称图形比非对称图形更容易生成,具有简单度量比的图形比非规图形,成比例图形与不相称图形等更容易生成。因此,早期知觉可以理解基础的欧式图形,例如圆形、方形、三角形等,这些基础欧式图形直接被知觉为整体形式,而不是从预先就有的单独感觉逐渐组成的。还要注意的重要一点是,不同等级的动物身上(哺乳动物、鸟类甚至昆虫类)也存在对这些几何图形的认知,根据被观察动物种类的智慧发展程度,对特定的整体中的图形的"抽象"加工程度有深有浅。

另一方面,任何从透视或进深上被看见的客体,一下子就被按照某个一般的结构化所感知知觉,例如形式的稳定性(比如车轮透视上被看成一个椭圆形,但一下子就被认出是圆形)与大小的稳定性(远处的客体按照真实的大小一直到一定的距离被看见)。因此,各个水平都存在某种透视协调和某种知觉度量。任何客体被知觉时都参照其他客体或是参照客体的背景,知觉同样包含一套基本的坐标体系,坐标体系由垂线与横切面提供(长度和进深)。最后,形式的"转换"(对压缩或放大图形的认知)与对比例的知觉构成了相似性原则。简言之,知觉自一开始就既包含了某种欧式几何学也包含了投影几何学。

如果说对事实这样的描述毫不夸张毫无瑕疵的准确,那是不是就在各个智慧发展水平都存在一个已经组织好的知觉空间,这一知觉空间与康德、与最坚决的先天论者的知觉空间相类似,但却不是与生俱来的,而仅仅是由支配外部影响与神经流的全部流通的平衡法则决定的？这些平衡法则到底是什么？理论正是从这儿开始的。

任何知觉都是一个整体，而不是预先单独给定的元素之间的联结，鉴于这一（观察与实验）事实，完形心理学理论从中得出这一整体不能简化为各元素之和，因此也不兼容任何加法成分。然而，如果一个圆、一个方形、一个坐标系、一个比例集等都属于由几何群（位移群、旋转次群、度量、相似群等）构成的加法成分模型，那是因为，结构虽与几何学考察的理性存在相一致，但远远不能涵盖整个知觉空间，甚至严格地说，结构仅仅是所有平时被知觉到的"完形"或"格式塔"的个例。相反，在知觉组织领域，规则正是部分根据整体进行变形：这一领域，传统心理学错误地称之为知觉的"错觉"，准确地说，就是体现了图形整体对其某些部分进行的约束。那么，如果"良好形式"同欧式空间中的简单、规则的图形大体上混同起来，那绝大多数平时被知觉到的"形式"会是其构成了不符合几何规则的图形，这是一个值得强调的悖论。格式塔理论家一致把著名的"错觉"现象或知觉空间变形现象纳入到他们的事实概述中来，一致在论据中使用这些现象支持"整体"至上（奥培尔-昆特错觉），两条原本等长的线条，因两端箭头的朝向不同而看起来箭头朝内的线条比箭头朝外的线条要短些（缪勒-利耶尔错觉）；实际上相等的几个圆在大小不同圆环背景的衬托下，看起来面积是不相等的（德勃夫错觉）；知觉会高估锐角，低估钝角；等等。相邻的两个值只能以某一等价来区分，等价值本身与相比较的值成一定比例（韦伯定律）：这种情况下，知觉上的并列与比例会造成错觉而不是客观真实。同样，任何显著的区别实际上都通过对比效应而增强等等。

如果知觉空间是一下子就组织好的，那么，这将是知觉空间与几何空间的首要巨大差异，而几何空间，无论如何，是所有大量系统变形的对象。然而，再说一次，完形理论自相矛盾的目标就是试图根据非添加构成整体的原则，同时解释如实的几何形式与知觉空间的变形，然而这两类现实的对比，或许构成了最值得知觉认识论考虑的事实。

但是，在开始这样一个讨论之前，应当对建立完形理论所依赖的实验数据本身有所保留：这些实验数据在成人知觉能力发展过程中已实现的水平前无可争议，然而，它们在儿童知觉发展过程中却并不全面，甚至经常是不准确的。实际上，知觉恒常性的关键问题使完形理论提出了空间知觉结构，就此问题而言，大小的恒常性是独立于智慧发展单独生成的，这并未得到证实。① 同样地，形式的恒常性随着动手能力（如翻转物体等）的进步，在第一年就得以形成。② 客体永久性格式自身得以形成，正是按照这一建构，客体具有形式与大小的恒常性，这足够表明动作在这些建构中的作用。③ 就知觉场域的普遍组织而言，儿童与成年人在坐标系方面存在巨大的不同：如果说任何知觉必须以参照元素为前提，或许是正确的，但是参照元素完全不是根据普遍轴线一下子就组织而

---

① 见皮亚杰、朗贝西埃：《心理学档案》，1943，29；朗贝西埃：《心理学档案》，1946，31。
② 皮亚杰：《儿童"现实"的建构》，德拉绍和尼斯特尔出版社，第一、二章。
③ 皮亚杰：《智慧心理学》，科林出版社，第130—140页。

成的，而且，在这一领域，正如在其他知觉活动领域一样，人们会经历一个一直到 9—10 岁的、渐进的概括化过程。① 至于"良好形式"自身，其在动物身上和在儿童身上表现出的"抽象"的渐进性特点，还有对混杂的、不完整图形②认知的缓慢发展，足以表明，在这方面还有待发展。

如果我们从纠正对事件的描述转到解释这些事件，那么我们会面临一个问题，这个问题比前面的问题都要重要很多，这个问题不会脱离空间知觉这一特定领域，将大体上与知觉认识论问题重合。

对完形理论的心理学分析很快就发展到对整体的认识论观念，就完形理论而言，知觉的组织规律解释了一种几何，既是物理世界的几何，至少也是在它的某些方面上，也是有机体的几何："格式塔"，实际上，反映了支配所有非加法组合体系（也就是说，比如部分依赖于整体的结构）的平衡法则，如电磁"场"或神经流"场"③等。因此，既存在"物理形式"④，也存在生理学和心理学的"形式"，我们知觉几何的客观性秘密正存在于这些"形式"的普遍一致性中；力场的本质导致了非加法组合的存在，这与并列存在的客体之间产生的简单关系相反，在这些情况中，知觉几何的变形表明了真实空间的实有特点。

因此，本质上这样一种解决方案具有现象学的特色，起作用的平衡形式被认为是独立于任何建构的，同时，不论主体处于何种发展水平，平衡形势同时支配客体与主体。但这一理论激起两类反对意见，一类是从我们称之为"有限"发生认识论（引言，第七节）的角度反对的，另一类是从"普遍"发生认识论角度反对的。

从"有限"发生认识论来看，首先，非常明显的是，将知觉形式还原为具有普遍性质的平衡形式，只有在心理"形式"独立于智慧发展水平生成的情况下才有意义。相反，在发生建构介入时，完形理论下变得没有作用的主体活动又重新具有意义，这导致了一种不同于主客体关系根本上未分化的观念的诞生。反之，相应的知觉形式越由于主体活动而生成，"物理形式"的角色越是不重要。

"物理形式"的概念，从"普遍"发生认识论角度看，最具有争议。认为支配所有非加法组合现象的平衡法则使主体必然知觉到直线、圆形、方形等，实际上就是承认：(1)在物理现实中，与加法组合体系（例如，根据苛勒的理论，力的机械构成）相比，非加法组合体系的优先性（例如，根据苛勒的理论，电荷在同质绝缘导体中的分配）；(2)"物理形式"独立于物理学家的思维而存在于现实自身中。

然而就第一点而言，人们会想知道，作为"格式塔"理论建立基础的、加法的与非加

---

① 皮亚杰：《儿童"现实"的建构》，德拉绍和尼斯特尔出版社，第一、二章；乌尔斯滕：《儿童与成年人长度比较的演变》，《心理学档案》，1947，32，第 1—144 页。
② 奥斯特里耶：《复合图形的复测》，《心理学档案》，1945，30，第 205—353 页。
③ 西格尔：《发展心理学杂志》，1939，36，第 21—35 页。
④ 苛勒：《物理格式塔》，埃尔朗根出版社，1920。

法的两类组合的区分,是否依赖两类标准之间的混杂。一个标准是各部分与整体之间的相互依存性,意味着没有整体,元素将不会存在,反之亦然;但是这样一个整体的概念也可适用于加法组合体系,例如"群":在位移"群"中,如一次具体的位移只有根据整体才能被确定(也就是用10个参数来确定它),但并未因此得出两个位移可以一一加起来成为一个整体的位移,或者是一个减去另一个。① 第二个标准部分根据整体的变形。整体的这第二种概念,与"群"或运算的"群集"相反,与知觉的整体相一致,实际上应用于某些物理体系,但是主要应用于有混合也就是偶然的体系。实际上,当整体的不同构成部分之间发生混合时,那么整体就不再是简单的各部分的拼凑结果,而是一种纯粹现实,并有可能改变部分(参照交换能等)。整体的纯粹现实,就与潜在的补偿体系相关联,因此,没有一个局部的构成部分可以独立于整体体系不变地呈现出来。相反,作为加法组合的整体,例如几何群,各元素也同样与整体相互依赖,但是各元素不会如同元素在混合情况下被变形一样,被整体变形。

两类标准之间的混合使得完形理论,以同样的原则,既能解释实际上是加法组合产物的几何"合适"形式,也能解释与错觉特有的变形:如同我们与其作比较的"物理形式",这些变形源自非加法组合,但是有偶然性的介入(我们将在第四节中继续)。因此,所有情况下(意思是,不论是加法组合还是非加法组合),各部分与整体都存在着相互关联性,完形理论从中得出这一关联性自然而然导致了变形的可能性,完形理论因此可以轻易简单地从知觉空间来到几何空间或反过来也可以。事实上,问题一直存在,我们将在第四节中继续讨论。

至于物理结构,正如目前人们所知道的那样,普遍事实正是元素与整体的关联性,但这一关联性自己单独不能决定"物理格式塔"的存在,因为这一关联性既适用于加法组合也适用于非加法组合。然而,加法组合体系的代表是力学,非加法组合体系意味着混合元素,因此也意味着不可逆转性、意味着变形,表现为"非代偿转化",如人们在热力学中所描述的那样。引入到物理世界中的可逆现象与不可逆过程之间的巨大鸿沟,有待研究。不可逆过程,正如完形理论所期待的那样,与苛勒的"物理格式塔"相一致,因此必然不是原初事实,但是这一过程激起了偶然性与力学因果性之间关系的全部问题。② 然而,不论我们就这一问题提出怎样的解决方案,人们完全不知道非加法组合如何解释几何"合适形式"的生成:当一个简单、规则的形式,根据变形之间的补偿作用,由一次偶然的混合作用生成,这一补偿作用模仿但不产生几何规律。

但是,不论这一讨论是怎样进行的(就一般性知觉的讨论见第四节),完形理论的特有诠释引起的重要的认识论问题是弄清楚"物理形式"是否独立于物理学家的思维存在

---

① 在正整数与负整数的加法"群"中更清楚:一个数不能独立于其他数而存在,并且数与数之间可进行加法运算。

② 对于物理认识论,我们将专门用一个章节来研究这一问题(见第六章)。

于客观现实中。就此而言,应当区分两个问题,这又一次回到了加法组合与非加法组合的问题。如果整体产生于一种混合,为什么整体不能由各部分之和凑成?要么偶然性是客观存在的,要么表现了我们对原因细节的无知。但是,不论哪一种情况,肯定都只有在关于组合构成运算时问题才被提出。人们很难承认,应当首先物化非加法组合的物理结构,然后才再从中得出对我们思想的解释,而不是同时、相互解释这些物理形式与我们的思维结构形式。但目前我们感兴趣的是要明白,物化作为物质普遍的平衡形式的几何形式本身,从中得出对我们知觉特有的"格式塔"的解释,是否合理。但这里显然就是一个循环论证。赋予大自然对直线、圆形等其他具体的几何形式的所有权,到底意味着什么?可以肯定的是,这些形式并不以一种完整实现的状态存在,因为不管是能量发射还是物质的结构都是不连续的:表明平静水面水位的水平线在显微镜下一点儿也不像平面或直线等等。直线或椭圆等是由动力线或不具备简单几何结构的微粒运动线路构成的,但更准确地说,对空间的微观物理分析越前进一步,现实元素的几何越是复杂:这一几何学并不是阿基米德式的,也就是说,基本度量形式并没有在这一几何中正确地变现出来。简而言之,我们在大自然中发现的"简单"几何形式,如平面或肥皂泡形成的球形,由石英构成的多面体,等等,都与一定的观察尺度有关,既反映了观察者的几何学,也反映了被观察物质的性质。如果说通过"物理形式"这一假设来解释知觉形式已经引起了"有限"发生认识论方面的很多难题,那么从"普遍"发生认识论方面看,知觉形式的解释一直处在真正的循环论证中。

第四节 知觉空间(三):"知觉活动"与知觉发生认识论

我们在儿童知觉水平发展方面所做的研究让我们提出了不同于"格式塔"理论的另一套解释性概念体系,在此我们一方面希望能得出这一体系对于知觉空间的认识论意义,另一方面希望能大体上归纳知觉的认识价值。

任何知觉都是一个关系系统,没有一个元素是以独自的形态被知觉:这就是完形理论所强调的基本事实,也是我们接下来继续讨论的起点,与上一段提到的理论不同。

这一知觉固有的、最初的相对性(元素不能单独存在)指的是什么?这一相对性既很接近又很不同于智慧的相对性特点。很接近是因为相对性也是一项组合原则。很不同是因为,逻辑关系例如 $A<B$ 没有因为要就 A、B 两者进行比较就改变 A 与 B 的价值,与逻辑关系相反,知觉关系通常会改变发生关系的数值:知觉关系 $A<B$[①] 的一般结果会是略微高估 B,略微减小 A,换句话说,就是扩大了 $A<B$ 之间的差距,除非这一差距客观上很小;在后一种情况下,这一差距将被缩小,关系将会以错觉下的相等形式

---

① 例如,两条线或两根杆 A 与 B 之间进行对比。

$A=B$(与韦伯法则一致)被知觉。强调 $A<B$ 之间差距的知觉关系与 $A=B$ 的错觉关系,经过转换之后,会产生 $A<B$ 的准确知觉,既不扩大也不缩小 A、B 两者的不等性,但这一正确的知觉是特例,因为这是两个相反变形之间的过渡阶段或补偿阶段。

因此,知觉认识的这两个先决问题就是一方面要清楚这些系统变形的原因,另一方面要清楚建立在此类关系之上的知觉组合的性质。

然而,单单知觉的系统变形的原因自身就具有重大的认识论意义。运算或推理认识努力从观察客体所用的运算方法角度提供被分析对象的完整描述,这会将理解简化,因为这与某一运算性的、但正确的体系相关。相反,知觉本质上是概率性的,按类似抽样的模式进行(因此,将其与在第三节中我们强调的混合现象进行类比极其重要)。实际上,当知觉上对 A 与 B 两条线进行相互比较时候,根据目光聚焦的点或聚集在线段上(终点、中间等),对 A、B 分别进行的估量是不一样的,因为被聚焦的元素相对扩大了,未被聚焦的元素相对收缩了。然而,A、B 两条线中的任一条线的所有的点(或相等的线段)都能被选作眼神的聚焦中心,并与另一条线的所有的点(或相等的线段)联系起来。如果是根据所有可能的联结进行的、并且是同时发生的比较,那么这种比较会得出两条线的客观关系。但是某些点只能被固定在两条线上的一条之上,因此比较是按照从所有可能的固定点中随机选择进行的,如果被比较的线不相等的话(即使每一条线上的中心点处在相对均等的位置如中间等也是这样),这就会造成变形。

这样的随机选择遵循概率法则,概率法则大体上是以下这样的。一方面,任何聚焦①都会引起对聚焦区域的高估,对边缘元素的低估,因此,当不变的标准与变量进行比较时候,只要更经常地或更好地盯紧标准,甚至是单单作为标准这一做法就会造成高估。② 但是,另一方面,理所当然的是,鉴于随着目光的移动,处于中心的可以变成边缘的。反之亦然。当然,扩大的中心区域与缩小的边缘区域,两者也不停转换:去中心化,也就是说不同的、相继的中心相联系,也就成为更正与调节因子,这种更正调节依照我们在除知觉外的其他很多领域以其他形式呈现的普遍规律。人们从中会得出,如果进行比较的 A 线与 B 线相等,那么每一条线都轮流因为中心化而被扩大,如果没有任何理由能确定优先注视两条线中的哪一条线(例如被选作参考标准),去中心化活动会补偿交替发生的变形。如果相反地,两条线不相等,$A>B$,两者之间差距相当大,有最大概率被固定的点将会是 B 超过 A 的那一部分点,因此会强化 $A>B$ 的差距。③ 如果,另一方面,A 与 B 之间差距极小,在客观关系 $A>B$ 中(差距低于线 A 的膨胀系数,当这条线被聚焦的时候,会出现自相矛盾的交替视觉结果 $A>B$ 与 $A<B$),两条线差距越小,差分点越不可能被聚焦,并从中得出两者相等的错觉($A=B$ 结果来自 $A>B$ 与 $A<$

---

① 既包括触觉的也包括视觉的。
② 见皮亚杰、朗贝西埃:《心理学档案》,1943,29,第173页。
③ 这一强化可以根据"相对中心化"机制进行计算。

B 交替视觉之间的平衡),这一错觉是被称作差别阈限的显著特点。然而,因为这些概率随着被观察数值之间的关系而变化,差别阈限的范围因此与这些数值成比例:这一稳定的比例性表现在人们命名为韦伯-费希纳定律,这一定律是相对聚焦法则的特殊情况,与相对聚焦法则一样,包含了建立在计算可能的聚焦点(或线段)之间的组合基础上的概率性诠释。①

尽管如此,如果说一般地讲,知觉关系随其数据性质而变化,却并不与其表现出来的客观数据严格相符,那么,清楚的是,知觉关系并不是根据逻辑法则构成的,其构成来自可能的组合活动,而不是运算活动。我们首先研究知觉关系是如何构成的,然后我们会努力得出保证实现这一构成的知觉组合活动的性质。

如果我们为了描述定性逻辑运算的结构,参照了第一章第三节中写到的"群集",我们会发现,实际上,群集标准没有一则适用于知觉关系的构成,准确说这等于说生成理论一直坚持的原则:要知道知觉构成不是可"叠加"的。知觉关系确实是不可传递的,也就是说,知觉关系中的两种关系的构成不能决定第三个关系的构成。例如,如果 A 与 B 然后 B 与 C 按照韦伯法则混合在一起,我们能相继得出 $A=B, B=C, A<C$。知觉关系也是不可逆的,因为其变形自身总是意味着一种"非补偿性变换",因此一组递增的元素,根据降序或升序进行比较时,不会形成相同的知觉评价。知觉关系因此不再是联结性的,在一系列相继知觉中,最后的知觉依赖于所经过的路径。知觉关系不会把握任何的一般化的同一性,因为我们不会找到一成不变的知觉。例如,如果(我们)出去到冷的地方等待一会儿再返回房间,房间的温度貌似升高了或下降了。最后,知觉不会关注重言式与迭代之间任何明显的差别,因为同一知觉的重复也会改变这一知觉,而不是简单的数字关系。

一般而言,人们因此认识到,知觉认识即使限制在与客体直接接触的自身领域,不仅仅会变形,而且在其最基本的构成上完全不合理。在这些情况下,明显的是对几何中如圆形、正方形等"良好形式"的知觉,不是原初事实,而是特殊情况。在特殊情况下,知觉机制由于在这些图形中起作用的重要的客观联系能够获得与客体相一致的关系:如圆形的半径、正方形的四条边、直角等的相等,都是去中心化或完全补偿的结果,然而知觉一个长方形或知觉一个椭圆形时候,长会使宽变小。

剩下的问题就是要明白,知觉虽然存在变形、构成不合逻辑,但如何实现对结构严密的图形的认识的。然而,就这一点而言,发生学的分析发现了知觉机制中层次显著的二元性,当人们只在成人身上进行实验时这种二元性就不再存在。当人们对不同的相继年龄所特有的知觉进行比较时候,人们会发现某些效应只是随着智慧发展逐渐减弱,然而另有一些效应,与这些效应存在质的差异,稳定地增强甚至在发展过程中形成。

---

① 见皮亚杰:《论韦伯定律和相对中心定律的概率解释》,《心理学档案》,1944,30,第95—138页。

准确说来,随着年龄增长而变得越来越不重要的那些因子,正是我们刚刚提到的与简单的或相对的中心化联系起来的因子。因中心化造成的变形普遍上发生在任何年龄,但是这种变形会随着智慧水平发展而减弱,如同去中心化越来越重要并占据上风一样。这等于说(因为中心化效应表现为非补偿性转换),随着年龄增长因为去中心化造成的补偿越大,也就是说知觉开始朝着可逆运算方向发展。

但是,与中心化基本因子不同,也有大量效应随着年龄增长越来越重要,这是与初始知觉易于被主体接受的特点不一样的、严格意义上的活动呈现出的特点。并且易感性这一用语是相对而言的,因为中心化(视觉的、触觉的)自身也是一种动作,近乎一种探索性活动,同时要求选择包含尽可能多的关系的点。如果中心化已是有效的,但与其相比,从中心化开始的知觉活动更加有效,知觉活动包含分析、转移(空间的、时间的)、对比(在作比较的两项中的每一项上,把知觉到的性质赋予另一项身上的双重转移)、转换(=关系转移)、预测等等,也就是说由总是更容易嵌入到理智机制自身中的感知-运动活动组成。然而,正是这些严格意义上的知觉动作,构成了知觉序列的组合活动,这些活动使得形式得以构成,也就是说导致了依照严密程度不一的整体的关系结构化。①

简而言之,除了每一次当下知觉,我们还有必要区分所有依次相继的知觉动作,我们将所有这些动作集合起来称为"知觉活动"。如果我们将相对易于被主体接受的知觉与知觉活动自身的这一区别应用于知觉空间建构上,那么显然,与即时中心化一开始就产生基本关系不一样,空间的逐渐结构化属于知觉活动的范围。实际上,如果在知觉空间,与在运算空间中一样,我们将具有拓扑性质的关系(连续、邻近与分离、外在关系、内在关系、边界关系、线性或周期序列)、投影关系(透视等)、欧式几何关系(相似、距离与长度、坐标和计量)三种关系区分开来,那将会得出如下结论:(1)只有拓扑关系中最简单的关系是在知觉中心化一开始就出现的,因为这些关系是存在于中心化元素内里的,这些元素按照知觉的最初始因子渐渐地被知觉(接近性产生邻近性);(2)相反,投影关系属于依次视点们的协调,这意味着一种与概括化动作、与主体运动机能紧密联系的知觉活动;(3)最后,欧式几何关系需要对图形或客体进行协调,这种协调必须以与主体位移与操作有关的转换、换位等组合活动为条件。

如果从最后一条结论开始,很容易表明,我们已经知道的、不是一出生就具有的、而是逐渐直到8—9岁生成的知觉坐标(横向的、纵向的),取决于整个进行对比与建立关系(在被考虑的客体与参照元素之间)的活动,这一活动远远超越了仅仅易于被主体接受的知觉范畴。对随便某一元素的任何知觉都要求,确实如此,在各个水平阶段,一个由"场"中的其他客体提供或可能只是"背景"提供的参照体系。但是,准确地说,从这些

---

① 有关"知觉活动"的细节见皮亚杰:《智慧心理学》,第三章;皮亚杰、英海尔德:《儿童的空间概念》,第一章;皮亚杰、朗贝西埃:《心理学档案》,1944,30,第139页。

即时的参照体系到一个具有恒定横向轴与纵向轴的、稳定的参照体系,中间需要跨越一系列的阶段性水平,具有更丰富的、最终纳入智慧之中的知觉活动(见第五节)。同样地,大小恒常性或许是最具有知觉特点的欧式几何关系的典型代表,最终在 9－10 岁才获得,大小恒常性一开始就以具有调节或去中心化特点的知觉活动为前提。如果年幼的主体低估了深度数值,那么大多数成年人会因为过度补偿而高估这一数值!这就是证据,表明与纯粹知觉的相对负性不同,这里介入了一种调节活动。与大小的稳定性一样,形式自身的稳定性在第一年时候以初始的形式生成,这一生成遵循了客体永久性格式的建构,也就是说相对于完全的感知-运动性智慧,其知觉活动只是一个特殊情况。

至于知觉建构的投影关系,理所当然也要依赖一种复杂的知觉活动,因为投影关系与之前的关系相联系在一起:不论是从远处对大小数值的评估,虽然投影视觉会将其变小,还是不同投影变换中的形式守恒,实际上都要求欧式几何与投影的同时结构化,这种结构化与主体所有的动作(位移或操作)有关,也就是说既有主体的感知-运动性智慧也包含了知觉活动。

因此,只有某些拓扑关系是在即时知觉中生成的,而不依赖更复杂的活动。"邻近"与知觉的最基本因子之一"接近"相对应,"分离"与感觉差异相对应,连续与逐渐消失的差异相对应($A=B; B=C$ 但是 $A<C$)。然而这不等于说这些基本空间关系的形成不依赖任何活动,也就是说产生这些关系的、最易接受的知觉并不是完全被动的:只是与产生投影关系或欧式几何关系的更深入的活动相比,相对被动。实际上,相近、差异与连续性是基本空间关系的基础,取决于注视、触摸等中心化活动,这些也是初始性活动,因此是属于与感觉器官相关的现象范畴。所以,最原始的空间关系表明了主体与客体之间不可分割的互动,而不是纯粹地主体对客体信息的接收。

这把我们引向了概括性知觉的认识论。如果考虑最敏感的知觉与感知-运动层面的知觉活动之间的关系,我们必然会得出这样的结论:知觉完全不是一种自足的认识。另外要区别两种情况:一种是知觉所谓的"富含意义"(来自完形理论词汇)的客体,即具有外部意义的客体,客体的意义与某一种活动相关(例如,锤子或棒子);另一种是知觉具有外部意义的图形或形式,即尚未超出纯粹的空间关系范畴。

理所当然,第一种情况没有超出简单线索的水平:认识锤子或棒子,不是来源于这两个物体简单的知觉或感受图形,而是源自以这种或那种方式使用它们的动作,与这些动作相比,知觉仅仅担当线索的功能。知觉元素对行为所起的作用与表象对概念所起的作用是一样的,即能指相对于所指(相对于其意义)所起的作用。但是,如果是表象的话,能指是分化而来的,能指因此也是一种象征。然而如果是知觉的话,知觉元素与驱动元素分化较小,知觉元素因此属于易于知觉的、可使用的客体的同一格式:知觉因此仅仅是一种线索,而不是一种象征,这一线索可以被定义为相对未分化而来的能指,因其与被指示客体的某一方面相一致,只是这一客体格式的一部分。

然而,至于具有内部意义而不是具有外部意义的"形式",情况与安倍、赫尔姆霍兹所了解的一样（见第三节），两人把感觉当作一种"符号"，却没有从中得出这一说法所包含的全部结论。唯一的不同就是，具有说明意义的动作在这里不再是某一使用动作，而是一种知觉活动或感知-运动活动。与中心化联系在一起的简单知觉、与包含去中心化、转移、对比、转换、预测的知觉活动，如果人们承认二者之间的差异，显然这一活动主要旨在确保知觉之间的传递，换句话说就是在相继知觉到的关系之间建立相似或区别。它不会产生简单知觉，而是其他结果：引起"知觉格式"的建构，这些已经是一些转换格式，而不再简单地对一些稳定关系的阅读。然而，显然这些格式影响知觉自身，这样的话，超越与客体最初始接触①的任何知觉，都蕴涵一些潜在的关系，而这些潜在关系将补充当下的、真实的关系：平时的知觉因而是一种格式化的知觉，而不仅仅是客体的知觉，这些格式准确地说构成了全部潜在关系的集合，知觉活动在被知觉客体上能够重新找到这些关系或在活动发生时将这些关系实时化。

人们就明白在哪些方面知觉主要是一种线索：知觉是一种知觉格式的能指，因为这一格式是被知觉客体的意义，知觉是超越知觉元素的意义的能指，因为这一意义与知觉活动就知觉建构的潜在关系相关。

比方，当我们在一定背景下知觉到一个立方体的时候（并且只有在一定背景下才能知觉它），我们能"看到"立方体的各条边、各个面、各个角之间的均衡，而不需要将它们进行相互转移，也不需要一组一组地进行并列，也不需要移动这个立方体（或者我们绕着立方体移动，将每个面先后中心化）等等。对立方体的直接知觉立刻就能一下子提供所有潜在的关系，这是我们仔细观察过这个客体、通过相继连续的中心化、现时得出的关系，因此，知觉是一种线索（以一种类似部分使人想起整体的方式，既然这种线索是所指自身的一个方面），让人想起立方体的格式，这一格式正是主体的所有可能知觉的集合，也就是相等等关系能够被相继知觉。然而这一格式不依赖语言、表象，也不依赖狭义的表征：它仅仅根据知觉活动形成，是去中心化、转移、换位、认知等所有可能的活动。这就是为什么这种格式会随着智慧发展水平改变，这与简单知觉不一样，也就是说每次中心化简单知觉都是以现在形式呈现的。

与知觉格式相比，也如我们所回顾的那样，知觉越是一种简单的抽样知觉这一线索的特点就越是显著，与所有的点产生的不同关系相比，所有可能中心化的点中仅有某些点被中心化。认识论上，知觉远不是经验主义曾认为的客体的复制品；知觉甚至与完形现象学所认为的物理、生理、心理现实所共有"形式"差距甚远：与连接一个个被知觉到的形式的真正动作相比，也就是说与知觉活动相比，知觉仅是一个定位点。至于知觉活动，仅知觉按照格式进行这一个事实就足以说明知觉既是（客体之于格式的）同化，也是顺化、任一动作，并且知觉格式仅是感知-运动同化格式的特殊情况，在第五节中我们将

---

① 原始知觉接触自一开始就与反射有关，也就是又一次与运动性有关（见魏茨泽克：《画圆》，1941）。

研究感知-运动同化格式,知觉格式因此像它们一样,以主体与客体之间的互动为前提,而不是一个对另一个的简单拷贝。

简而言之,从认识论角度看,知觉就是一个线索体系,这些线索通过一种类似抽样的方式获得,这种抽样方式参照了因感知-运动活动而建立的关系,感知-运动活动通过赋予这些线索以格式化的意义而将这些提示连接起来。运动机能在与实在建立联系上是最关键的部分,与主动、运动的意义相比,感觉元素仅仅是能指,也就是说是对真实的、可能的变形的静态线索,感知-运动活动保证了这些变形。

这样的话,人们理解了知觉空间的真正意义,在这一问题上,常识充满了很多错觉,甚至某些数学家也会有这些错觉:远不如理智空间更真实,感觉的空间仅建立在事实的线索上,而不是建立在事实的即时表现上,这些线索只有通过感知-运动活动的中介才表现为认识,甚至仅仅表现为知觉认识,感知-运动活动借助运动机能一下子超越了感性,也就是说朝着一种准确说是智慧本身的方向发展。

实际上,这可能就是研究知觉空间所包含的最重要的经验,知觉空间建立的方式已经与智慧空间的建立方式相类似;但是有两点不同,这两点区别都是由于知觉是对当下客体的认识,是由于智慧在主体与不同客体之间多样的时空距离下起作用。第一点不同是知觉线索与运动意义代替了在更高智慧水平上的直觉性的空间表象,这种代替在知觉层面比在智慧层面区别更加明显,同时直觉空间表象是理性的具体象征,概念性关系是运动性关系的衍生。第二点不同是知觉空间本质上是不全面的,是歪曲的,而智慧空间则是更加全面、源自的认识歪曲较小。

因为知觉空间不能自足这一简单理由,知觉空间本质上是不全面的,也是歪曲的(也就是说,如同人们经常注意到的知觉空间,它是不相似的、异质的,不是相对的,而是与伪绝对值相关的)。面对一个复杂的客体、一张复杂的图画,知觉先是被固定在一个点上,然后被固定在第二个点上,依次等等。然而,每一次中心化一方面都能构成实在的一部分,另一方面也根据相对中心化机制固有的数字法则构成实在的变形。

但是,还有一点:为了使这些不同的中心化彼此联系起来,必然要超越知觉本身,因为这些中心化不是同时发生的,而是相继发生的,同时,这些相继知觉的活动不再是简单的知觉,而且以相互联系的活动为前提。知觉活动的存在自身就表明了知觉必然要像这样自我超越以使知觉彼此联系起来。但是,由于没有适应不同需求的符号体系,也没有严格意义上的运算机制,知觉活动是短暂的、不充分的。知觉的确朝着表征性直觉、运算性理智的方向发展。自感知-运动层面起,知觉活动就融入了实践的或感知-运动的智慧,这一点我们接下来会予以讨论。然后,空间变得更大、更灵活,这是动作体系的一个特点(最具代表性的表述方式是实际位移"群"),表征能力的出现补充了这一体系。同时,知觉空间最终会融入智慧空间,两个空间并不是叠合在一起,不像实在的表象与现实相加那样,而是如同完善的有机体继承了为其做好准备但不等于它的胚胎组织。

第五节 感知-运动空间：关于群观念的"先验"特点与庞加莱论三维欧几里得空间的约定性质

我们前文刚刚弄清楚了为什么知觉空间不能自足，而表征空间将会生成严格意义上的运算性组织。在知觉空间与表征空间之间，还存在着一种比知觉结构更广泛的空间形式，这一空间的知觉结构仅仅是一种特殊情况：这正是主要由主体自身的操作与位移构成的感知-运动空间。这些基本动作受知觉引导，其组织可以追溯至生命的前两年，这些基本动作也提供了对空间的实践性认识，但是这一认识超越了知觉并且构成了以后运算活动的亚结构。

我们（在第三节）已经发现，对大小与形式的知觉恒常性的建立意味着一种超越知觉的动作格式的生成：客体永久性的动作格式，这些永久客体可以存在于现有的知觉场之外，并且在知觉场之内保留着自身的大小维度与自身的形式。

然而，永久客体是"不变固体"的初始例证，所有几何学家都认识到了，对我们几何学的形成而言这些"不变固体"的重要性，永久客体是感知-运动智慧的最确定的产物，感知-运动智慧先于语言、先于表征产生，人们在类人猿与婴儿身上研究过这种感知-运动智慧。① 另一方面，我们刚刚表明知觉活动正是知觉建构本身的源头，显然这超出了知觉的范围，属于感知-运动智慧。感知-运动智慧与知觉一样指引运动，并在表征智慧生成之前，在年纪更大一些的儿童与成年人的感知运动生活层面继续存在，支配着整个活动。

如果说本质上知觉空间自身是不完整的，那是因为智慧内在地存在于知觉的每一个连续场，而这些知觉场域之间缺乏统一的协调，感知-运动智慧的作用因此就是使这些连续的知觉场域彼此连接，但这种连接还不是通过整体表征（只有在符号函数出现时才会发生），而是通过一种运动机制，这一运动机制控制着从一个场到另一个场的过渡，以保证动作的连续性。实际上，如果说，知觉格式（任一知觉格式都不能单独构成一个整体空间，即所有被知觉现象的共有媒介）通过主体的位移彼此连接，也就是说，知觉格式被感知-运动格式所补充完善，感知-运动格式不仅仅涵盖感觉器官的运动（眼部与头部的运动或手、胳膊等）而且也包括整个身体自身相对于被知觉客体的运动，在这一范畴下，以主体所有的感知-运动格式为基础，一个更广泛的现实空间因此得以生成。在这一感知-运动空间与知觉格式空间之间，同这两种空间与知觉之间明显存在着同样的连续性，但感知-运动空间并非因而就不是一个整体现实，其最终平衡只通过知觉法则

---

① 见苛勒：《人猿的智慧》，纪尧姆译，阿尔康出版社；皮亚杰：《儿童智慧的起源》，德拉绍和尼斯特尔出版社。

甚至是通过感知-运动法则都是解释不了的。

认识论必然包含感知-运动格式体系,这是一个单独的整体协调空间——所指的是全部相继性动作,而不是同时性表征——空间,作为行为客体与知觉客体共有媒介,自身是不能被知觉的;空间将知觉纳入一个系统,仅仅知觉是不能建构这一系统的,而空间自身也不能产生严格意义上的知觉。空间是一种行为"形式",而不是感觉形式。庞加莱的伟大功绩正是早一步指出了如今发生心理学一直在验证的事情:如果没有一个格式来引导感觉或经验,让感觉或经验在不同解读间做出选择(这一选择不是由知觉到的、经历过的数据一劳永逸决定的),那么感觉与经验都不足以构成空间。

这一格式是由什么组成的?就此而言,在庞加莱所有如此深入、如此决定性的理论之中,人们应当区分两类理论:被理解为行为或思维的真实起源范畴的、本质上的、不容置疑的理论;与被后世研究所超越的心理学相联系的理论或与被物理学发展反驳的约定主义相联系的理论。蕴涵通常是不易被发现的,在蕴涵方面没有比庞加莱相继做出的关于空间的陈述更加灵活、更加微妙、更加丰富的;庞加莱自己不断进行修改完善,这些陈述足以表明人们不能将他的几何哲学封闭在一种具体的唯名论主义的最终公式里,但是有人有时候会这样想过[1],尤其明显的是,在其有关数或数学推理的一般理论与其严格意义上的几何理论之间,存在某种平行性。就这两种情况,他采取了一种复杂的观点,至于数与数学推理很是接近先验主义本身,至于几何理论则指向约定主义。因此,在他眼中,"群的一般概念预先地、至少也是潜在地存在于我们的思维中"(见第90页),这一判断显然与其在"纯数"(见第一章第五节)的理性直觉有关的算术假设相一致:这极其合理,因为众所周知,所有正整数与负整数的集合就是一个群,这个群的元素就是+1运算。在这一先验直觉(从中庞加莱发现了明显的数学推理)的基础上建立的递推推理,与这一著名几何学家赋予群概念在渐进的空间结构化中的角色之间,存在着紧密联系。但是,直觉的基础被认为是一些预先形成的框架,在数与空间的这两种情况下,直觉也在后来具有更加自由地组合运算的能力:庞加莱的约定主义正体现在这一方面,庞氏约定主义虽然同数的理论一样以先验主义为基础,但谈到庞氏几何哲学更多提及的还是其约定主义。

不论是关于群观念的先天性假设,还是对于欧式三维图示的建构,庞加莱在其理论发展过程中借助的正是对感知-运动空间的分析。庞加莱做出的重大贡献是自19世纪就认识到,与纯知觉场域太狭隘不同(就知觉场域问题,先天论者与经验主义者在整个19世纪争论不休),感知-运动空间很重要;我们应当在感知-运动空间范畴讨论"群"概念的认识论意义问题,讨论经验或约定在欧几里得空间生成上的作用问题。

庞加莱使空间的心理认识追溯至位移的感知-运动组织上,而不是追溯至对延伸或形式的知觉上。主体的反应与外部环境发生的任一变化相一致,主体将会在改变之前

---

[1] 鲁吉耶:《庞加莱的几何哲学》,阿尔康出版社,1920。

的情境中复原或认出那些东西。然而,存在一个变化的集合使人们能够通过特定机体的一个简单位移就能纠正这些改变,因此,通过简单的转头动作,来自视觉场域一侧的一个运动物体就能被原样认出来;运动物体随着自身的远离其体积会发生明显变化,如果我们重新靠近它,就会重新获取它的大小。"位置的改变"形成了这样的变化。相反,与特定实体有关的运动并不能阻止形式的变换:正如一块木头的燃烧或一块糖在水中的分解。这是一些"状态的改变"。状态的改变与位置的改变之间的显著区别,被看作是一种初始事实,庞加莱将其认作是空间建构的开端。因此,作为位置改变体系,空间与最基础的感知-运动行为相关联。然而,尽管这一论述心理学上很难解释,我们还是发现虽然论述简单,但这一论述的优点是将问题一下子放置在移动或动作层面,而不是知觉层面上。"对于一个完全不会移动的存在而言",庞加莱着重指出,"不会有空间,也不会有几何"(第82页)。

但还有更多问题。主体如何成功地组织其移动以便纠正客体的移动? 庞加莱不仅认为运动性在认识中的作用非常重要,还在此引入了一个基础性假设:特定机体的位移本身就构成了一个"群"。实际上,两个"成组实体的位移"能被协调成一个;每一个位移都能被一个逆位移所抵消;一个顺向位移与它的逆向位移的结果是一个无效位移,并且这些位移是相互关联的。这一群概念的源头是什么?肯定不是外部经验,因为发现固体的移动构成一个群,准确说来就是根据一个这样的结构协调运动本身:在两类位移的相关性中,我们将"位置的改变"与"状态的改变"区分开来。同样的推理也反驳了建立在内部经验基础之上的理论,因为所涉及群的组成要素正是"成组实体的位移",也就是因与外部机体运动相关联而被识别出来的位移。庞加莱将空间的组织追溯至位移群,而位移群要被看作是我们活动本身的一种法则或是一个背景,根据上文引用的说法可以被看作是预先生成的,至少也是潜在的。总而言之,为了能够跟踪外部世界的移动,主体确实需要协调自身的移动,这一协调本身就以"群"结构为前提。

若承认上述观点,便会得出三条基本结论:特定实体的位移群依照一种相关模式通过经验的约定与使用使外部活动结构化,然后按照同样的步骤,使外部空间获得三个维度与一种欧几里得结构。

特定实体的运动群会引起客体自身的位移群的建构,这是理所当然的,因为两种结构是同时被组织形成的。但是一旦将位置改变与形态改变区分开来,一旦由这些外部变化中的位置变化构成的群结构化,根据庞加莱的观点,预先存在的形式,与约定和经验共同介入起作用,这三者的联合是庞加莱敏锐理论的特色。我们发现在大自然中存在"显著实体",它们被称为实在的事物,经验的作用体现在它们的身上,它们能够通过平移、转动等位移,同时保留着它们的形式与维度。这一实验性的结论并不完美。实际上,在现实中从不存在没有任何变形的位移,这只发生在理想的欧式固体身上:温度或重力使运动物体发生改变,我们因此应当通过一种约定的区分,分别思考构成一个群的完美位移与客体的物理变化。但如果这样一种约定可行的话,那是因为,正如刚刚我们看到的那样，我们自身拥有预先生成的能力去构成群观念。

此后，这一真实的空间按照三个维度进行结构化。众所周知，庞加莱反复思考这一问题，努力尝试、不停修改其论述以界定经验与约定各自的作用、特别是关于约定问题，以及两类预先存在的观念的作用：我们遗传而来器官的作用与我们思维的先验直觉。维度的概念首先由连续统与分划的拓扑论述引入：如果被本身不连续的分划分割的话（例如，一条线被点分割），一个连续统只有一个维度；如果被构成一个维度之连续统的分划分割，它就具有两个维度（例如，一个平面被一条线分割）；等等。假设承认这些的话，我们实践活动的空间具有多少个维度？首先应该要知道，知觉的连续或物理的连续是矛盾的（见第四节，韦伯定律的公式：$A=B, B=C, A<C$）；要知道，为了消除这一矛盾，数学用不可通约的无穷阶梯的梯级代替连续体，但这一数学连续性是不能被表征的："我们只能表征物理的连续性与完善的客体。"（第 98 页）另一方面，"绝对空间是一句废话，我们应当首先把空间转述成一个恒定地与我们身体联系起来的坐标体系"（第 99 页）。对一个客体进行定位，因此就是"想象靠近这一客体所必需的运动"（第 80 页），因为"我们直接认识到的事情就是客体之于我们身体的相对位置"（第 79 页）。自此之后，为了确定这一描述我们周围客体的空间的维度数量，似乎只需要读出身体经历的数据，只需要分析我们视觉、触觉等定位的方法与我们自身的位移，这就够了，并且将我们刚刚引用过的拓扑标准应用到每一种情况来帮助确定维度的数量。但是，我们注意到两类主要的情况：那就是我们的器官与经验都不能给我们一个决定性的答案。例如，如果我们的趋同感与顺化感并不总是一致的，那么视觉空间就会有四个维度。至于经验，它只是提供指示，而且也能满足很多其他的模型，这些模型与我们应用在经验身上的模型不同。简而言之，思维建构具有三个维度的数学连续统，但是"思维并不能独自建构它，它还需要有材料与模型。这些材料与模型都预先存在于思维中。但没有一个模型能强加给它，它可以选择；思维可以在例如三维空间与四维空间之间进行选择。那么经验的作用是什么？正是经验提供指示，它在这些指示下做出选择"。（第 132 页）

现实空间的欧几里得式结构包含一个相似的解释。首先，感知-运动空间由于"肌肉知觉系列在其生成过程中的作用"而具有"量的特点"。这些系列能够被重复，数就源自这种重复；正是因为这些系列可以无限重复，空间才是无穷的（第 133 页）。这一重复一方面决定了"空间的本质相对性"（第 118 页），另一方面决定了度量性。为什么我们自发的度量是欧几里得式的？在这个问题上，我们的思维仍然包含多种模型：它们甚至是对等的，所以这些模型可以彼此理解，既然我们可以借助欧几里得图形表达非欧几里得关系，反之亦然。但是还是在这一点上，一方面我们的经验，另一方面我们的器官，两方都提出各自的建议：自然实物以替换欧几里得群的方式得以形成，我们最简单的动作也呈现了同样的结构，然后选出最合适的模型将欧几里得格式应用在实在中，然而也没什么能阻止我们使用另一种语言。

因此，人们明白了感知运动空间一旦生成，根据庞加莱的观点，选择的序列和"改变"的序列就起作用了,庞加莱之后用这个序列的必然性来证明它的约定主义。然而,从另一方面说,位移群的感知-运动组织证明了同时"预先存在"于我们的器官中与我们思维里的预先生成的观念的作用。庞加莱的几何认识论因此提出一个三重问题:群观念的先天性问题、实践约定的性质问题、主体所拥有的遗传的或个体的活动与物理经验之间的关系问题。

就第一个问题而言,心理发生学的分析结果提供了一个详细答案。通过对从出生一直到表征(言语与表象直觉)出现这一整个时期的感知-运动空间的观察,我们已能确认庞加莱赋予群结构的主要作用[①]:主体的位移(不仅仅是"成组实体的位移",也有操作活动,例如针对客体的转动、相继位移等等)最终会获得一个群结构。例如,人们可以在孩子出生第二年的中期时候,观察儿童按照一个可逆组合的体系协调他的相继活动、从公寓的一个房间去到另一个房间或者从花园的一个位置到另一个位置的方式,或者观察儿童按照同样的结构形成一个客体以前的移动找到这个隐藏的客体的方法。人们于是认识到"群"概念完全不是一种数学家用以从外部分析主体行为的人工描述方式,"群"观念真实描述了一旦感知-运动协调完成就通过位移或作用于客体的动作而取得的平衡形式。位移能两个合成一个表明了这一协调能力本身,逆运算表明了可返回这一基本举动,结合性反映另一重要举动即可绕行,同一性运算等反映了往返组合起点的守恒。简而言之,群表明了一旦实现位移协调,主体就可以实现可逆的、联结的组合这一性质。

庞加莱就这样既从真实生成角度也从抽象数学角度深入地提炼出了空间最重要的形成结构,只是在我们看来,把群结构确定为感知-运动行为的起点是错误的,并且群结构仅仅是感知-运动行为的终点与最终的平衡形式。当然,人们不能要求一个天才数学家有时间让他的心理学推测去接受实验检查;庞加莱因此仅仅是逻辑上重建了,人们可以理解成(或者内省地)一种假设的发展,而不是描述真实的发展,因此他自然而然地假设位置改变与形态改变之间存在基本区分,然后在这一假设的前提下建构其理论。然而,儿童(尤其是婴儿)的动作总是比抽象的发生性重建更丰富、更超出预料。婴儿远远不能一下子就区分位置变化与形态变化,婴儿需要好几个月甚至是一年的时间才能实现这种分离,这其中的原因,不论是从几何学上还是从物理学上而言都是很基础的:他最初的宇宙完全不是由永久客体构成的,任何一个位移于他而言都是状态改变。实际上,非常明显的是位移群与客体概念有关:这不仅仅因为欧几里得群在物理上表现为不变实物的活动中,也是因为只有意味着能被重新认出的永久性客体才能保障可逆性的依据。因此,建构位移群与客体自身建构密不可分;没有客体,就只会有以自我为中心、变形的协调,即没有回应的动作体系。

但是,婴儿如何能够同时建成(自身的、被操作客体的)实际位移群与永久性客体的

[①] 见《儿童"现实"的建构》,德拉绍和尼斯特尔出版社,第二章。

感知-运动格式,使这一客体能在屏幕之"后"、其他客体之"下"重新被认出等等(不需要重新考虑这一客体形式与大小恒定的知觉格式)?

在这里就提出了所有这些问题,潜在、"预先存在"观念的作用、经验的作用、"改变"或实践约定与之前就被区分开来的两类抽象的作用:从客体与从动作或类似的协调出发的抽象。

然而,因为发生学数据向我们展示了对类别、关系及数的一种主动建构,我们不能理解庞加莱对一种"纯数直觉"的假设,同样地,我们很难承认群观念是预先生成的。庞加莱认为①,"这一观念是预先存在的,或者准确说来预先存在思维中的,实际上就是生成这种观念的能力。于我们而言,经验仅仅是施展这一能力的机会"。如果这仅仅是生成这一观念的能力,那把这一观念描述成是预先存在的就有点过分了,因为这一概念仅仅包含结果的必然,而不具有初始的必然(正如我们上文指出的那样)。相反,如果这不是预先存在的,而是实验的或经验的,人们从这得到什么? 或者,群观念被看作是先验的,但是群观念的发生发展就能予以反驳;1—2岁时还远远没有完成这一发展,因为虽然在实践行为阶段就能获得可逆组合,具体运算(7—8岁)与形式运算(11—12岁)阶段仍需要重新建构这些可逆组合;运算的可逆性因此是一种缓慢进展的产物,其中群观念只是最后的平衡形式。或者,群结构不是通过从客体出发的一种简单抽象从经验中提炼而来的,而是通过从行为协调本身出发的建构性抽象,在获取经验期也就是说施加于客体身上的行为期间被发现的。

发生学的分析让我们联想到的正是后一种理论,这完全与我们观察到的有关类别、关系与数的理论相似。实际上,庞加莱深入地观察到感知-运动行为包含一种空间组织,由于运动的作用,这一空间组织预示了运算的、狭义上智慧的空间。在感知-运动行为这一范畴内,人们应当深入理解,群格式论以非常有限的形式呈现出来,并且也没有超越代替了类、关系与数量的纯实践格式的这一水平阶段。

庞加莱从源自重复运动的"肌肉感觉序列"当中,换句话说就是从动作的重复当中,注意到了数量,甚至注意到了"数"。心理学上他是正确的,但是非常明显的是,运动量化与诸如行为等属于同一范畴,行为可以通过训练获得,一只母鸡可以在20个元素组成一排序列中,有间隔地啄偶数或奇数的谷粒:"数"因此与某一运动节奏有关。然而,在预先形成的状态下,这种感知-运动数字当然不包含整数构成的无穷系列(这里庞加莱提到肌肉感觉的无穷性多少有点夸张),不比感知-运动格式包含的类别逻辑或关系逻辑更多。但是,整个第一章中我们一直反复强调,类别、非对称关系与它们的数的综合是在动作施加于客体期间逐渐被建构的,但并不是通过对客体特点的抽象从客体出发提炼来的,相反,这取决于动作协调本身:通过对之前水平阶段特有的动作协调的抽象化,类别、关系与数得以生成,通过每一个新水平阶段都有特有的一系列建构,从基本

---

① 《形而上学与道德杂志》,1917,第647页。

的器官协调一直到更高水平的、更形式化的运算性协调。类别、关系与数,既不是预先形成的,也不是起源于经验,而是一系列协调的产物,这些协调的材料提取自之前的协调,但在之后的协调期间产生了新的组合。

客体永久性格式与实际位移"群"的同时性建构,这归功于一个完全相似的过程,对于之前发生的组织性协调或之后的运算性协调,实际现实群的处境和类别、关系与数的处境一样。一方面,实际上,即使庞加莱反对,自身运动的协调其本身并不足以构成一个"群",因为主体正是在对客体采取动作的时候,同时建构了客体观念、客体位移与自身位移的互补群,因此,为了在客体、在客体位移的世界中定位自身机体,从即时动作开始的一长串去中心化活动是必需的,相对客体位移,自身的运动也构成了群。但是,另一方面,这一或这些群不是从客体中提取的,即使经验向群提供了这样一种肯定:它们是从动作的协调本身抽象而来的,即使这些协调在动作应用于实在的过程中必然会实现。因此,客体永久性的格式,虽然应用于物理客体,却源自位移的组织化,这种组织由主体实现,虽然也应用于物理运动形成了协调的平衡形式,但是协调的材料来自自身动作。因此可以得出,位移的实际群不是由之前的组织化协调预先形成的,而是一种元素的新综合(或平衡形式),这些元素通过从动作出发的抽象、从协调自身中提取而来①;可以得出,实际位移群没有预先形成之后的运算性群,而是向运算性群提供了元素,运算性群在再现与概念性运算阶段,通过从行为出发的新抽象,向这一感知-运动群借来并重组这些元素。

这将我们引向"约定"问题,因为位移群一旦建立,庞加莱就让"改变"介入,区别位置改变与状态改变,因此也就能够赋予运动客体以"不变固体"的位移格式,虽然实际上运动物体总是有些许变化。那么这样一个"约定"到底意味着什么?它完全与实在对动作格式的同化过程混合在一起。施于客体动作,实际上就是赋予它新的特点。但是庞加莱也补充道,约定做出的选择总是由"便利性"决定。然而,明显的是,一个约定只有在它促进动作的成功的情况下才是便利的。因此,可以把便利的约定这一观念换成另一种观念:高效动作的观念。例如,不变固体的位移就是一个格式,我们把真实的运动比作为这个格式,这种格式是从施加于这些固体身上的动作协调得出的,而不是从它们自身得出的;这一个似乎应用于客体身上,使客体增加了新的特点,其中最显著的就是可逆性:主体对客体的这一给予,如果人们愿意的话,就被称为便利约定,但它首先表明了某一动作成功了。总之,作为其起点,"约定"可以还原为从动作出发的抽象。

对于实际空间的三个维度,特别是其欧几里得特点,约定这一用语获得了新的意义,庞加莱试图发明一种说明空间欧几里得特点的简单语言形式,能公认地等同于非欧几里得式"语言",但比非欧几里得式"语言"更"便利"。

至于空间的三个维度,即使庞加莱非常精明,也很难否定外部经验的重要作用。

---

① 这一发展详情见:《儿童"现实"的建构》,德拉绍和尼斯特尔出版社,第一、二章。

如果我们能把一个左手套变成一个右手套,不打开盖子从盒子里取出一个物体,不越过杆的顶端,不通过环的内开口,让一根杆穿过一个闭合的环,那么经验就会让我们相信存在第四个维度。正是通过经验,孩子认识到他盒子里的东西不能从盒子里消失,认识到一个环不能套住一根笔直的杆(我们观察到,一个婴儿将环紧贴着杆,试图用环圈住杆,或者4—6岁的儿童能想象到一根线上按照 abc 顺序穿过的三个物体,通过简单地旋转线,物体 B 能处于前头,要么 bac,要么 acb)①。因此,心理上,我们觉得很明显,经验表明有三个维度,然而经验不能立即产生位移群。经验的这一约束意味着什么?意味着一个简单的局限性:正是动作协调产生了维度,这种协调可以导向维度1,2,3…n。经验让我们停在了3上。在这样一个范畴,经验的力量局限在这一限定的、唯一的作用上面。至于遗传的组织可能产生的影响,与经验属于同一等级。

我们的实际空间与物理位移群的欧几里得特点问题,有一点不同,因为这里有经验与行为的紧密介入。我们生活在一个处于微观物理尺度与天文学尺度之间的中间尺度的微观环境中,我们的日常行为作用于客体,这些客体相对于被看作不动参考物的地球而言,速度极小。如果存在一个"原子内的观察者",正如路易斯·德·布罗格里想象的那样,或者存在着一些具有星际行为的机体,那么它们的行为应当按照与光速可比拟的速度予以考虑。我们可以接受所有不同动作共有的协调足以产生通用的度量。但是不同情况下这种度量作为欧式度量或者非欧几里得式度量区分开来。我们行为的尺度向我们提出了欧几里得式度量,但这并不意味着它是约定的,但是再一次,它是合适且高效的。爱因斯坦力学的尺度要求一种黎曼度量:这也不是取决于一种约定,而且人们知道正是庞加莱的约定主义阻碍了他发现相对论,毕竟他曾如此靠近。在这里,又一次,经验决定了一种选择,但是与维度数量计算这一情况不同,它没有按照限制性的排除进行,更多的是一种相对于我们日常活动的尺度思考:这一活动能够建构任一种度量,但是是根据行为的需求,按照逐次逼近的方法进行,如果说欧式度量满足了包含石器或燧石尖箭时代与汽车时代在内的行为,那么原子时代则要求其他度量。

以上就是我们关于知觉空间与感知-运动空间提出的几点发生学意见。为了引出表征空间的分析,我们将从提出"直觉"这一问题开始,希尔伯特的观点会作为讨论基础。

第六节 希尔伯特的观点与几何"直觉"问题

我们已经按照这个问题的一般常识回顾了大多数作者如何长期将逻辑-算术运算与对空间的知觉、直觉认识对立起来,这些作者认为前者是精神活动最真实的表述,后者与经验或"敏感性"有关系。但是,首先是对非欧几里得几何的思考,然后是相对论造

---

① 皮亚杰:《儿童的运动和速度概念》,巴黎:法兰西大学出版社,1946,第一章。

成的重力几何化与发现公理法的双重成就,使人们把空间分为两类明显的事实:一是代表了能量"场"的组织且不能与能量"场"分离的物理空间,二是智慧空间,即逻辑协调体系,它可以与任何一种抽象体系相比拟,例如数字的或分析的存在体系。但这样的话就提出了第三个问题:知道如何将物理空间与公理空间连接起来,这一智慧空间与感知-运动空间之间建立了何种关系,最后空间与逻辑-算术运算确定了何种联系。

庞加莱以自己的方式回答了这三个问题:演绎或公理空间,作为数的或分析的形式建构,是"约定"的自由建构,其起点依据实践活动或感知-运动活动然后从中脱离出来;至于公理空间与物理空间的协调性,取决于我们大脑的直觉与经验数据之间的逐渐调节。因此,便可以在理智空间与感知空间之间,在这两者与物理空间之间重新建立统一。并且,既然数也衍生自基础活动中来实现约定的生成,那也就保证了几何建构与数的建构之间的平行性。

然而,作为建立公理几何学作出根本性贡献的数学家之一,希尔伯特在这些问题上有自己的立场,但观点却截然不同。① 颠覆了将空间(直觉数据)与数、与逻辑对立起来的学者们的观点,希尔伯特认为公理几何学是一种纯粹的、逻辑的、先验的建构,但是却抛弃了物理学上的非公理几何。换句话说,庞加莱力图避免这种分离,希尔伯特则完全坚持了这种分离。

首先,"预定和谐"代替了思维与实在之间的互动。因此,实在遵守的法则与公理共建是一样的。一直到生物学领域,在曼德李恩的研究中,"实验中发现的数证实了合同的欧几里得公理与几何概念'位于之间'相关的公理;因此遗传似乎是一种线性合同公理的应用,即关于线段转移的基础理论"②。同样,按照希尔伯特的想法,用于描述宇宙与思维问题相似的词汇提出了有限与无限的问题。相对论表明,黎曼几何学与经验之间是一致的。

那么这样"预定和谐"源自何处?那是因为,除了经验与演绎,还存在第三种认识的来源:康德的先验。"我乐意接受,所有理论的建构必然要求某些先验的想法,而且这些先验的想法是任一认识的基础。我认为,在最新的分析中,数学认识也是建立在这样的直觉想法中,我认为某些先验直觉残余对于数的理论而言是一个必要的基础……我认为,在我对数学规律的研究中,本质也是这样的。这里,先验恰好是一种看待问题的基础方式,或表明了认识与经验必不可少的初步条件"③。

只是,希尔伯特与康德对先验与经验之间的界限划分不同:康德错误地把空间与时间纳入到先验范畴。"实际上,几何只是物理的一部分,描述在实在事物世界中固体之间彼此的位置关系。然而只有经验能使人们相信存在处于运动中的固体;断言三角形

---

① 希尔伯特:《自然知识与逻辑》,穆勒译,《数学教学》,第 30 卷,1931。
② 同上,第 24 页。
③ 同上,第 28—29 页。

三个角的总和等于两个直角这一命题或高斯承认的平行公理,要借助经验去证实或否认"①。"我们可以说高斯与赫尔姆霍兹关于几何的经验论性质的观点已经变成了科学的肯定答案。这些观点今天应当作为任何一个有关时间与空间的哲学思辨的支撑"②。

因此,人们看到,几何公理学的主要创立者之一赞同高斯的空间经验主义,然而却是为了将数与逻辑建立在排除了空间的先验之上!就这样,一方面,几何公理学变成了一种纯粹的逻辑学;然而另一方面,直觉、空间只与经验有关。因此,公理空间就成为逻辑-算术运算的一部分,但是,其代价是消除了真实的空间,物理学将其纳入,代价是切断了公理空间与知觉、感知-运动甚至是直觉空间之间的任何联系。或许思维与大自然之间存在着一种联系:"只有即从大自然角度也从智慧角度,研究形式元素,研究伴随这些元素的机制,我们才能明白大自然与思维、经验与理论之间的和谐"③,但是这一形式元素建立在一种先验之上,联系是以一种既定的"和谐"形式预先建立的,不再归功于我们的活动。

我们要寻求发生学答案的这些问题就这样被提出来了,数学家持有不同的意见,足以表明直觉空间与智慧空间、这两个空间与物理空间、这两个空间与逻辑-算术运算之间的关系这三个问题不只属于逻辑或是物理原则与逻辑所有的关系,而是要求准确分析智慧发展本身。

关于几何直觉的问题,提前说明两点并严格地坚持这两点,非常重要,否则就要陷入公理学与"直觉"空间二者关系相关的大多数讨论所面临的错综复杂的难题。

要清楚的第一点就是,正如数学家使用这一观念一般(特别是将其与形式或公理概念相对立),空间的或几何的"直觉"观念,是不能给出定义的,相反却涵盖了本质上的异质场,因此使用"直觉"这一用语就变得经常自相矛盾。这是可以解释的:数学家准确地定义一切事物,理性地认为直觉是形式严格性不足的领域;从这一合理的假设中,数学家们提出了这一不合理的结论:直觉领域是一个正性实体,就像人们可以用负性特点来确定甚至描述一个正性现实。这导致的严重后果是:人们以为将直觉观念与公理观念对立起来会很有意义,然而这一二分法只是将公理观念与非公理观念区别开来,非公理观念实际上包含一些遗传上明显不同的、甚至通常从质量上看相对立的现实。贡塞斯虽然非常重视在空间的初级直觉形式与公理格式之间可能加入的层次发展,赋予了直觉一个如此"扼要"(按照他钟爱的用语)的定义,而使直觉具有的帮助不大(见第十一节)。如果人们想研究知觉或感知-运动空间与公理空间之间的关系,因此必然要对真实的、历史的或发生的发展的相继阶段进行准确的类别化与序列化。缺乏这样一个对空间的有效心理结构的描述,使得希尔伯特坚持主张反命题,然而具体空间与公理学之

---

① 希尔伯特:《自然知识与逻辑》,穆勒译,《数学教学》,第30卷,1931,第29页。
② 同上,第30页。
③ 同上,第27页。

间关系的所有问题有待从进化论角度重新思考。在这一点上,我们在感知-运动空间与公理空间区分了三个阶段:(1)狭义上的直觉空间,特点是稳定的、表象表征,发生在2—7岁期间的前运算水平,并一直存在到成人身上,例如把点或线表征成小圆面或狭窄长条。(2)具体运算空间,组合可以是可逆、紧密的,但只是涉及可以操控的客体。这种表征形式针对的是由动作引起的变形,发生在7—8岁与11—12岁之间的智慧水平阶段。(3)形式运算空间,对应的是一种已经可以用演绎命题表达的几何学,但其内容依然包含了表象(这是11—12岁之后的智慧水平阶段的表征性空间,与欧几里得的几何原本中所使用的思考方式相一致)。当"直觉"与公理相对立时,感知-运动空间的这三个不同的水平阶段,对应了数学家们所谓的"直觉"。然而,当人们将直觉与演绎推理区分开来的话,我们会把前两个水平表征成直觉,并与感知-运动空间相结合。于我们而言,我们只把第一个水平阶段表述为表象直觉,并同时区分了感知-运动空间(第五节)与运算空间(水平2,3)。

在对几何"直觉"进行任何分析之前,必然要提出的第二个点是,所谓的"直觉"的发生水平,存在于感知-运动空间与公理空间之间,先后与表象直觉的、运算的逻辑算术形式相协调。并且,这一点与前一点同样重要。实际上,认为空间"直觉"专属于几何范畴,完全曲解了人们从不同角度考虑空间"直觉"的不同形式;因此,人们最终将一种空间"直觉"与数的或逻辑机制的"纯粹直觉"相对立,前一种直觉尤其是感觉性的或表象性的(除非当人们考查高等级与理性形式时候就会变成"跨直觉"),相反,后一种直觉一上来就是理智性的或运算性的。的确,没有比这一反命题更大的失误了,这一反命题几乎误导了整个19世纪的几何哲学。然而,对心理发展稍微准确的观察提供了三条补充经验,这三条经验对空间的认识论分析都一样具有意义。

1. 在简单表象直觉与形式运算之间插入的具体运算(也就是刚刚区分开来的三个水平中的第二个水平的运算),不是针对一个不依赖运算本身而存在的空间的运算,而是产生空间的运算(以成人直觉这一呈现形式为人所知)。人人(除了柏拉图主义者)都承认逻辑与数的运算不是针对预先给定的逻辑存在或数的运算,而是这些运算构成了这些存在(类别与关系)与这些数的来源。相反,当涉及空间运算时候,例如合并与划分、位置与位移、度量等等,人们进行思考就像这些运算应用于一个在它们之前就给定的空间一样。然而,这只是一个错觉,因为成人的"直觉"空间是完成的,我们像从外部对这一空间进行运算;相反,在儿童身上,是这些运算产生了"直觉"空间(数学家眼中的直觉空间),正如分类运算产生了逻辑类别,正如+1运算产生了后续的整数一样。

2. 作为数学家口中的"直觉"空间的真实基础,这些具体运算是同构的,与逻辑-算术运算同步发展(共时对应)。因此,划分对应类别的嵌套,位置与位移对应序列化,在空间层面与在逻辑层面一样,划分运算与次序运算一直是质性的(即程度的)测量。同样地,另一方面,类别嵌套与序列化的综合生成了数,划分与位移融合成了度量运算,等等。

3. 最后，在逻辑-算术运算生成之前，存在一种完全与前运算（水平1）空间直觉相平行的一种前逻辑、前算术的直觉。正是存在知觉空间，感知-运动空间、特别是表象的直觉空间能生成某些简单、静态的图形（尚不能变形），让人相信空间具体运算针对的是在这些运算生成之前就存在的一个空间：如果人们愿意的话，具体运算适用于这些知觉的、表象的形式，但这种"应用"实际上是把这些形式转变为新的结构，呈现出新的特点，在质性上不能被还原为之前的水平。逻辑-算术运算也是一样的情况：逻辑-算术运算之前，首先是（我们已经知道的）感知-运动格式代替了实践观念或运动数量，然后是真正的前运算"直觉"，其含义正如人们所说的表象直觉空间一样。因此，在能够借助+1运算建构数之前，孩子按照整体构型行事，整体构型导致了视觉的而不是理智上的一一对应，也就是说一旦视觉联系中断就没有了持续的对应。同样，在能够对可以产生嵌套的或逆向的解离的逻辑类别进行推理之前，他的直觉里有客体的集合，不是能够掌握整体性，而是赋予它们基础的直觉关系（相似性等等）。简而言之，在具体运算同时改变逻辑-算术与空间这两个领域之前，整个前逻辑、前算术思维在逻辑-算术层面与空间层面都是"直觉"的。然而，正如逻辑-算术运算没有局限在简单的"应用"这些直觉材料，而是完全重新建构这些直觉材料，使它们具有新的结构，同样地，空间具体运算在7—8岁时候生成，通过之前的知觉的与（表象）直觉材料，形成了一个新的空间，成年人将这一空间错误地解读成是知觉自身的结果；空间按照横纵坐标轴进行的结构化，是具体运算的作品，而完全不是知觉自己也不是表象直觉的结果，并且甚至直到9—10岁才完成！之后，这样的自然坐标运算系统与知觉空间被合并了，它们完全不是从中产生而来的。

发生学分析让人重新考虑希尔伯特关于形式与直觉两者关系的描述。希尔伯特的先验主义通过一种预置和谐使形式与经验协调起来，与这种先验主义不同的是，对智慧发展的研究展示了直觉空间与形式空间之间的所有过渡阶段：援引一种预成形成或一种先天的理性去阐释形式是徒劳的，因为理性形式与经验的一致性的解释来自动作的概括化协调——形式必然性的来源，在组合之后出现，组合从动作协调中提取材料——与构成经验的特殊动作相一致。贡塞斯清晰地注意到了从直觉到形式的渐进过程，但是他没有把"直觉"看成是感知-运动与理论之间的一系列的复杂过渡，而是一直将直觉放在了与经验、与形式一样的层面上。在其最近的出版作品中①，实际上，"几何学的这三个方面"彼此之间完全平行："这三个方面真实的对等，是基本几何学预先理论的支配观点。"②然而，如果人们站在一种心理发展的角度或历史演变的角度，也就是空间的有效建构这一角度看问题，而不是将进化的不同水平或思想智慧机制等级的不同水平混为一谈，那么毫无疑问，"直觉"领域随着这一建构的发展越来越小，然而，"经验"（物理

---

① 贡塞斯：《几何与空间问题》，纳沙泰尔：勒格里丰出版社，1946，第二章。
② 同上，第84页。

空间)领域与形式(公理空间)领域则更完善地共同分享"直觉"领域的残余:这很好地证明了"直觉"只是一系列的过渡终点,一个最初就未分化的复杂体。一方面,其分化会导致形式结构的自反组合,所依赖的基础是动作协调或运算;另一方面,借助提供经验的特殊动作会使物理客体自身建立联系。

第七节 表象直觉与"程度的"具体空间运算

要想弄清楚何为几何真实,即使是在纯公理形式下,跳过知觉空间或直觉来到形式化建构是不够的,重要的是逐步跟踪真实生成的阶段。因此,在第七、八节中,我们将描述第六节中区分开来的3个水平的生成:表象直觉水平、具体运算水平阶段与形式运算水平。

我们已经强调过(第四、五节中),知觉空间本质上是不完善的,因为知觉空间总是与主体当下的、临近的场域联系在一起,不可能将这些不同的场联结成一个普遍意义上的唯一空间。然后,感知-运动空间部分地提供了这种可能性,但是以一种单纯地实践、运动的方式,也就是说要借助一种短暂的预测,但却没有对所有位移或所有走过的路径的一种整体表征。作为整合的背景,"空间"为所有现象所共享,因此是再现智慧的一种获得,这对感知-运动而言是陌生的。因此,就要弄清楚空间组合生成的机制。

经验主义相信知觉-复制是对外部世界的表征,在表象中认识到知觉的直接后果;对于经验主义而言,直觉空间正是各种表象的集合,这些表象以相继知觉的回忆的名义保存下来。但是,正如知觉的感觉元素本身仅仅构成一个线索体系,给各种感知、运动活动充当能指,同样,空间表象(形式、长度等的表象)构成了符号,这些符号不仅意味着知觉活动或实际活动,而且也意味着针对客体可能的动作。表象空间直觉所特有的性质因此就复杂了:这一直觉的表现要具有象征意义,它的内容也要是有效的,它初始时候涉及的是一些短暂的、孤立的、尚未被紧密的可组合运算纳入群的一些动作。

首先,什么是一个心理表象?这是一种被内在化的模仿,给施加于客体的行为、给作为目标的客体充当简单的、具有象征意义的能指。内心里听到一个听觉表象,例如一个词或一段旋律,不是别的,仅仅是一种被内在化的模仿(一般意义上的"内部语言"正是这种情况),或是对歌词或歌曲的一种粗略模仿,但尚未外化。一个视觉表象也具有相似的性质;想象一个形式就是要能够复制这一形式,这不仅仅是因为这种复制依赖表象的回忆,也是因为这一回忆本身已是运动性复制的开端。① 然而,既然从本质上讲,模仿是感知运动格式顺化的后果,人们就会发现视觉表象怎样被看作是来自作为模仿源头的感知、运动活动,而不是源自狭义上的知觉。并且,正是因为表象归因于感知运

---

① 见皮亚杰:《儿童符号的形成》,德拉绍和尼斯特尔出版社。

动格式的顺化（模仿），而不是归因于整个活动，所以表象所起的作用是具有象征意义的能指，然而感知运动性同化反映了这一活动本质特征，当这种同化既能依赖表象符号，也能依赖口头化符号的时候，也就是概念性同化的起点。

虽说如此，但无可争议的是，与任一直觉的、前运算的思维一样，基础的空间直觉依赖表象。但是，仍然显而易见的是，单独这些表象自身没有任何意义，除非参照可能的动作，客体被同化为这些动作，这些动作因此赋予了客体以空间限定性。例如，我们若要求 4 到 6 岁的儿童去想象橡皮泥形成的立体切面（例如横切或纵切一个圆柱体），或者压平一个立方体各边所得到的平面，等等，或者简单地拉紧或稍微松开一个结后形成的形状等等，那么，就会发现小孩子在准备或开启真实动作之前，一直不可能有一丝的（通过）表象的预测，但是当切开圆柱体，准备展开一个立体或者拉紧、松开一个结的时候，那么，已预备的活动可以是想象的结果。换句话说，表象不先于动作，但真实的动作一旦开启，就能被延伸为表象。①

因此，几何直觉最初就是内化动作的一个集合，这些内化动作的表象只是由其模仿性顺化构成的符号。因为由初生直觉心理上实行的动作比感知-运动活动更丰富（动作起源于感知-运动活动），因为动作能象征地相互补充，所以能快速引发超越临近空间的协调，也就将提供作为多种现象共有背景的表征性空间的起点。但是，有趣的是，这些协调再次在这一新的、扩大的、由思维构成的层面，经历幼年时候、只在邻近场中被知觉空间跨越过的阶段。换句话说，最初始的空间是拓扑性质的，正如最初的空间知觉是拓扑的一样，然后投影直觉与欧式直觉随后同时建构，同样地由知觉活动发展的空间知觉也变成投影的与欧式的。

因此，如果人们考察画画的发展（在画画中，布伦茨威格观察到了几何形式建构的开始），人们会发现，儿童可以掌握的最初关系就是邻近与包含的拓扑关系（同时能区分开放形式与闭合形式，区分内部元素、外部元素或横跨边界的元素）。例如，在模仿正方形与三角形时只能添加圆形（也就是说简单的闭合曲线）的年纪，儿童完全能将一个小圆圈要么放在边界处，要么放在另一个图形的外部或内部。直觉的次序关系也是早熟的（但还是非运算性的形式，也就是说，既没有可能的逆运算，也不能理解互反的"位于之间"关系的对称性，等等）②。相反，欧式关系（大小、比例、特别是按照坐标轴进行的结构化）与投影关系（选择与透视协调，不同于视点混合）只能发生在稍后时候，彼此之间相互关联③：实际上，在表象直觉范畴里，与在知觉范畴里一样，拓扑关系仅仅意味着建立一种越来越近的关系，这一关系一直存在于给定的图形或形状的内部，然而，投影或欧式协调意味着确定每个图形相对于其他所有图形的位置，因此也就意味着空间的

---

① 见皮亚杰、英海尔德：《儿童的空间概念》，巴黎：法兰西大学出版社，1947，第四、九、十章。
② 同上，第三章。
③ 同上，第六至十四章。

整体结构化。但是,如果说在画画(例如画一个正方形或三角形)中所用到的最简单的欧式关系能够被表象直觉掌握(虽然,例如由于要建立斜度关系,画一个棱形呈现出更大的难度),一个坐标系或一个透视协调所必需的整体建构超越了简单直觉表象的能力。

概言之,空间直觉介于感知-运动空间与最初的具体运算之间(也就是平均 2—7 岁),空间直觉就是动作,这些动作在其后果中想象而来,但却是短暂的而且初期彼此之间是不能复合的。因此,空间直觉长时间内没有知觉活动与感知-运动活动的介入就不足以建构一个整体空间,这与相继的知觉也不能建构一个整体空间的原因是一样的。同样的现象也出现在更高水平的阶段,在另一层面也就是表征范畴,这与实际动作不同,但这一次正是具体运算起协调与结构化的作用。那么这些运算是什么?

不论是实际的还是心理的,动作都是空间直觉的根基,在最初的表象直觉阶段,一直被单向引向其目标,其构成也尚不可逆。这些动作本身的发展会使直觉愈来愈连贯,动作也就朝着可逆性方向发展。只要这些动作的协调达到了可逆组合水平,心理化的动作就立刻构成了运算:具体空间运算因此表征为灵活的平衡形式,初始的内在化动作(直觉)有助于这种平衡形式,这些内在化动作只有在获得了这一必要的流动性以及双向发展的自我协调能力之后才能实现这一平衡形式。然而,一旦到达可逆组合水平,也就是一旦结束了初期短暂、僵化的动作连贯,所有性质上的新特点将运算与前一水平阶段的单向动作对立起来:某种空间逻辑是基于事实的,或者更准确地说,空间就在成为客体的一种稳定再现之后,也就变成了客体的一种逻辑;空间不再是为了提升到变换系统之列而变为一种简单的状态描述。

这是一个极好的例子,它预示了度量的到来,这既能很好地展示直觉动作与空间运算的前后联系,又能表明这些运算群集性质上的新特点。当我们要求不同年龄的儿童建一座与位于不同水平面上且在一定距离外的模型一样高的塔,人们会发现最小的儿童满足于知觉比较,用视觉或棍子连起顶端(没有考虑地基的落差);然后,儿童先笨拙地试图将被比较的客体进行对照,再借助模仿活动回忆起高度(胳膊的姿势、特定躯体的定位点等)。之后,他们会想到建立第三座塔当作灵活的折中方案,最后(只有接近 7 岁时候)他们能够使用木棍或尺子作为通用的度量。然而,最后的这一种动作把之前的动作转变成了运算,由于这些运算变得有望传递、联想、可逆的,类似 $A=B$, $B=C$,因此 $A=C$。人们因此会明白为什么运算群从性质上区别于简单的知觉、直觉对比,同时将之前的直觉连贯起来后生成灵活的平衡形式。①

然而,认识论上对于直觉空间与形式化空间的关系,空间狭义运算上的初始结构最具有启发意义,因为初始运算群集的补充并取代通过一个理智变形体系知觉到或想象

---

① 见皮亚杰、英海尔德、斯泽明斯卡:《儿童的几何概念》,巴黎:法兰西大学出版社,1948,第二章。

而来的空间,与此同时,协调单个静态直觉直到将它们纳入到一个整体结构(以类似于感知-运动格式通过吸纳简单的知觉格式生成一个实践体系,参见第四节)。

就这一点而言,这个问题带给我们双重发现。一方面,空间不是一开始就以一个数学结构呈现,因为空间首先是借助"程度的"、质性的运算(见第一章第三节)而建构的,然后导致数学上的量化,也就意味着是"外延的"或"度量的"。从这一点上看,空间建构确实与数的建构类似:正如数的生成,逻辑的、尚还不是数的运算为其做了准备,只有数与逻辑运算的融合,作为新的综合才会生成代数运算。同样地,数学空间具有外延或数的特点,源自"程度"空间,这一空间质的变形之后合并成数学化运算。但是另一方面,首先组合运算空间的程度运算,与类别、不对称关系的逻辑运算不一样,后一种运算的综合会形成数;在具体层面,程度运算虽然与逻辑运算同构,但具有显著的特点——大家称作"亚逻辑"运算。程度运算只有实现形式化之后,也就是说程度运算可以由简单的假言演绎表达出来,属于形式的运算、而不再属于具体的运算体系,程度运算才变得与逻辑运算相似。相反,在具体层面,程度运算从中区别开来,亚逻辑运算与逻辑-算术的运算区分开来的重要性得到证实:一个具体空间生产唯一的一个格式,也就是说一整大块或一大片的,与一系列的整数或无理数不同,与类别、关系体系不同,后两者都不需要满足这一条件。长期以来,正是这一特点造成了这样一个错觉:空间比数更易感知,然而空间具有智慧力与运算的性质,也确实可以与数的性质相类比(在之前相似的、与准备阶段的直觉阶段),准确说来,只有一点区别,那就是组合运算具有"亚逻辑的"而不是"逻辑的"性质。

那么,是否是那些构成了亚逻辑运算的素材也构成了智慧空间,并且如我们所见,还构成了时间和基本物理学观念?这些运算与逻辑运算是同构的,逻辑运算是在不变的背景中,将客体集合起来(类别的加法群集和乘法群集)或是将客体进行分类(关系的加法群集和乘法群集),亚逻辑运算涉及的是客体的建构本身,其作用是将客体的元素而不是将客体进行联合与分类:一个客体与客体的集合是有区别的,准确说是由于这个集合构成了一个单独的体系,这就是为什么亚逻辑运算的基础不是相似性(比如"逻辑性的"对称关系和类别),不是区别(比如"逻辑性的"不对称关系),而是邻近关系或是位置差异。因此,正是客体的这些动作或生成运算构成了空间(与时间等等),空间不是别的,正是由所观察客体(从确定时间的位移速度而来的抽象化)的元素的位置变换决定的关系之和,然而,逻辑的类别与关系旨在使客体独立于这样的变换而彼此连接起来。但是,显然别忘记,这种区分局限在具体运算领域:在形式运算层面上,没什么能阻碍将一个"点的集合"看作一种逻辑的类,将一个迭代的次序看作一个不对称关系体系,等等。

另一方面,清楚的是,我们虽然将亚逻辑的具体运算与逻辑-算术的具体运算对立起来,但完全没打算演绎生成空间,因为当客体已经包含广延性之时,就存在一个明显的循环论证,即试图通过客体的内部变形去解释所有的空间结构。我们只是想描述事情是如何在心理生成的实在中发生的,想就这一点强调真实生成的两个方面:(1)因为亚逻辑运算针对的是客体变形,所以亚逻辑运算是客体的建构本身的结果,这种建构早已由知觉与感知-运动智慧开启(见第四节);(2)空间运算建构,被数学家们称为几何"直觉"与被他们看成是公理化的先决背景,实际上预示着这一形式化本身的到来,源自智慧组织法则与渐进平衡法则,这些法则与支配数的生成的法则类似。

虽说如此,发生学分析表明,渐进性连接的表象直觉(在 4 岁与 6—7 岁之间)构成了狭义上的运算,也就是说构成了以可逆生成为特色的群集,在这一时期要区分三个空间运算体系:第一个要生成的体系(6—8 岁)针对的是图形逐步的变换(拓扑关系);第二个(8—9 岁完成)涉及视点的协调,图像随视点变形(投影关系);第三个(与第二个相关,并且只有和第二个一起才能实现)涉及位移引起的、参考坐标轴的变形(欧式关系,包括相似性)。然而,每一个体系首先只是第一章第三节中定义的"程度"运算,然后才引起外延或尺度的量化。

这里我们就不再详细描述这些不同的亚逻辑运算,这样做只是具有发生学的意义,而不具有数学意义,既然我们在别处已经描述过。① 因此,我们就只举几个例子用以表明这些群的"程度性"特点,表明这些群与类群、逻辑关系群之间的同构性。

基础拓扑运算的两个基本群涉及的是分划与次序。分划意味着两种运算,二者互逆,一种是通过任意分割将一个知觉连续体(例如一条线或一个平面)的元素分开,另一种是根据它们的邻近性将分开的各个部分联结起来。然而,这两种运算,不论它们多么简单,在前运算的表象直觉中完全不可逆。相反,儿童认为,一个三角形或正方形不能被剪成更小的部分,它们的终极元素将一直是正方形或三角形;如果人们偶然地超越终极元素得到了"点"(意思是可知觉的小平面),那么,这些点集合起来也不会形成一个连续图形。这些分解与重组运算在 7 岁时以可逆形式实现维持空间整体(甚至更远)这一成果,但显然,另一方面,这还不是包含外延量化(如同有限、聚点、分割等这些定义)与尺度量化(通过有理数、无理数与线段对应)的无限变形,因此,划分与各部分之和长期一直呈现完善的"程度"运算状态,此运算"群集"与类别的嵌套运算是同构的:

$$A+A'=B, B+B'=C, 等$$

(见第一章第三节);唯一的区别就是元素 A, A', B' 等不再是按照它们质性相似归入类的客体,而是根据它们的邻近性归入更高等级的"部分"(一直到整个客体)。② ——至于被我们称为"置换"的次序运算③,也与基础直觉相呼应,但只有在 6—7 岁儿童才能实现群运算:从顺序到逆序的发展,能理解"位于其间"这一关系独立于反演,以及能假

---

① 皮亚杰、英海尔德:《儿童的空间概念》,巴黎:法兰西大学出版社,1947。
② 同上,第三章。
③ 见皮亚杰、英海尔德、斯泽明斯卡:《儿童的运动和速度概念》,巴黎:法兰西大学出版社,1946,第一、二章;皮亚杰、英海尔德:《儿童的空间概念》,巴黎:法兰西大学出版社,1947,第三章。

设可逆组合机制的存在,而且这些关系与非对称关系分类的逻辑群集是同构的(关系不可交换加法,与各部分加法或类别的加法不同,后两者都是可以交换的)。而且,位置运算不仅仅应用于线性系列的元素,也应用于连续覆盖(覆盖平面的封闭曲面,或空间中相互包裹着的盒子)。在这一点上,要知道正是覆盖这一概念,在坐标的任何欧式结构化之前,从心理上提供了空间维度的最简单的直觉。①

这些程度运算是基于拓扑关系,主体从这里过渡到投射空间的建构,这种过渡是在被当作运算的"视点"的函数中实现的,也就是在可能"视点"的协调的函数中实现的。在一点上,没有什么能比投影或点状直线的具体运算建构更具有说明意义。显而易见,在知觉空间中,一旦越过了只涉及邻近与分离关系的初始混合知觉水平,直线是最先能被辨别出的形式之一。虽然小孩很早就能知觉直线,但小孩在没有一个知觉参考体系,尤其是在其眼前还远远不能够一下子就在两点之间建构一条直线。例如,如果人们在一张矩形桌子的底部放置两个标杆,要求把其他的标杆直线放置在二者之间,孩子能轻松成功地建构一条直线,如果这条直线与桌边平行,但孩子在 4—6 岁时,如果要建构的直线与桌边相比是斜的,那孩子将面临很大的困难。人们最清晰地看到这里没有前运算的表象直觉,因此,当一条直线与知觉轮廓相冲突的时候,空间再现形式自身不能预测这条直线!这一问题在运算上得以解决(大约 7 岁),当这些标杆由主体放置在极限项之间,小孩位于一个底部,如果准确瞄准的话,孩子只能看见遮挡住其他标杆的唯一一个标杆。瞄准这一自发运算,产生了投影直线,因此便与柏拉图在《巴门尼德》中的著名定义相符:"如果一条线的中点位于其两个端点之间的路线上,我们将这一条线称为直线。"②投影直线因此是一条线,虽然拓扑上被组织,但却如同从某一"视点"(从"末端"角度)察看,全部元素彼此前后相继。然而,这些"视点"的作用表明了每一种具体投影运算的特点,尤其是在自发绘图中产生正确知觉的具体投影运算。其中最重要的运算或许就是根据视点的交互性调整视点(从中诞生了相对视点之间的对称概念),并因此产生了对前数学投影空间集合的质性协调。

欧式空间的构成与这一投影空间紧密相关,因此其显著的特点就是以自我为中心的(没有掌握自身的视点与其他观察者的视点之间的不同导致了这种最初的自我主义)初始直觉的去中心化,不同视点固有的关系实现一致性;这一空间不再取决于视点的协调,而在于客体本身的协调,每一个客体被看作是唯一一个总客体的各部分,这个总客体就是一个元素体系,其元素用坐标轴来表述。

因此,在具体运算层面,欧几里得式空间是运算空间的完成而不是其起点。这个论断看起来很奇怪,那是因为人们习惯上根深蒂固地认为从初始发生上说,欧几里得式度量关系是基本性的。两个原因造成了这一错觉,而且很容易发现这两个原因是错误的。

---

① 皮亚杰、英海尔德:《儿童的空间概念》,巴黎:法兰西大学出版社,1947,第四章。
② 布伦茨威格:《数学哲学的诸阶段》,第 2 版,第 504 页。

第一个理由,人们认为真实生成与反思发现的历史继承一致,然而这一生成经常颠倒反思发现的顺序,也就因此比看起来更接近空间的理论再建构、甚至是空间的公理再建构。科学中双向对应的概念出现晚(借助康托尔在集合论中对幂方的定义),虽然,正如布伦茨威格表明的那样,这一概念已经在构成实践数的一对一交换中起了作用,同样地,拓扑概念在发生学与公理学上的欧几里得式运算之后来到。第二条理由解释了为什么赋予欧式空间以优势地位,这一理由因直觉空间这一模糊用语混淆了知觉空间与表征空间,直觉空间比其他空间更让人们意识到,直觉空间包含的真实是如此异质,而且造成了那么多矛盾。在知觉上,欧几里得式关系实际上是早先发生的,但还不是最初始的,因为只有形成了对大小的知觉恒常性(一岁中后期),欧几里得式关系才稳定下来。但是,在表征层面(先是表象直觉,然后是具体运算),已经由知觉、由感知-运动智慧建构的格式(特别是客体恒常性格式,既与对大小的知觉恒常性有关,也与实际位移群有关)都有待重建,格式的新生成按照在初始层面上的次序进行:一旦拓扑-逻辑直觉在运算上生成与群化,欧几里得式运算就能在投影运算的作用下生成。

欧几里得式运算晚生成的最佳证据——也是表象直觉与具体运算机制之间质性的基本对立分离了这两者,具体运算机制以表征"直觉"的名义与表象直觉混淆在一起——2—3岁与6—7岁所包含的直觉思维的整个时期,主体不能想象距离、长度、面积等基本关系的必然性守恒;他认为一旦人们在两个客体之间(二者保持不动)加入第三个,二者之间的距离会改变;两根杆顶端对应长度一样,但当人们把其中一根杆向前移动几厘米时,两根杆就不再一样长了;一个表面积的总值会因人们改变其元素的排列方式而改变;当人们在两个面积相等区域去掉两个相等的部分,剩下的面积不相等;等等。只有在接近7—8岁时候,不同形式的守恒才被看作是必然的。①

但长度、面积等的守恒并不是测量的结果,相反,却是任何测量运算的先决条件;实际上,比较两个长度时候,如果运动改变了第一个长度,一旦元素被分开,通过并置观察到的相等没有任何意义,不可能通过将其中一个长度移动到另一个长度之上进行比较;如果用作中间项的米尺在途中变长或变短,也不可能通过公共尺度对这两者进行比较。因此,必然要承认欧式大小的守恒在任一度量建构之前、通过"程度"的亚逻辑运算这一位移方式建构的,这正是观察所得:大小恒常是在学习将部分联结为一个整体过程中获得的,借助一种仅以部分对整体的关系为基础的可逆组合(例如,$A+A'=B$,因此,$A<B, A'>B$②,但没有建立 A 与 A' 的数值关系);这之后才有望数学化,也就是说部分(A 与 A')彼此之间可以进行比较(形式是 $A>A'$,$A<A'$ 或 $A=A'$),也就是"外延的"或尺度的量化。

大小恒常的不同形式的先决建构的必然性,最能说明程度的亚逻辑运算在发生学

---

① 皮亚杰、英海尔德、斯泽明斯卡:《儿童的几何概念》,巴黎:法兰西大学出版社,1948年。
② 原文如此,应为 $A'<B$ 之笔误。——译者注

上的存在。在欧几里得式领域(也就是与视点协调相对立的客体协调),程度亚逻辑运算主要是将元素组成整体(相加或相乘),并将其按照相继顺序安排位置(或者同时排列位置),但这些联合或次序关系既针对不变的位置(与假定为固定的参考元素相比),也针对变化的大小。因此,在任一度量建构之前,首先建构基本坐标体系,以对应二维或三维的有序分划;其次组合"位移",在尺度量化之前出现次序或"位置"的简单改变。①

第八节　通过外延的和尺度的量化来实现空间的数学化与测量性建构

　　之前已经描述过,亚逻辑具体运算是数学家口中的空间"直觉"的最终形式,因此完全可以与涉及类别、关系的具体逻辑运算相比拟;唯一的区别就是具体逻辑运算针对的是客体变形而不是离散客体的类别与关系,因此,类别相加的外在形式是划分与部分之和,不对称关系相加的外在形式是位置运算与位移运算。然而,我们已经知道(第一章第六节)整数如何从类别与不对称关系的"群集"合并运算成为一个唯一的"群",这个群同时既有计数的也有序数的特点。因此,如果逻辑体系与亚逻辑体系相对应是准确的话,那么我们可以认为,度量(度量与空间领域等同于数与非连续集合领域)同样源自分划运算与位移运算的合并。人们同样可以料想"外延"量化源自"程度"运算在整体与各部分之间建立的关系的"概括化",这种概括化拓展至一个整体的各部分之间的关系。

　　首先,从发生学上看,一个长度的度量是什么?我们从一个直觉上最显著的、自欧多克斯起被称为阿基米德公设的公理之一谈起。也就是线段 AB 与在 B 之外的点 C,不论 C 的位置在哪,人们总是能够通过某几次重复 AB 长度超越点 C。现在我们想知道,如果一个主体,仅仅具有表象的、前运算的空间直觉,或仅仅掌握第七章描述过的"程度"运算,能够明白这样一个公理么?在表象直觉水平阶段,完全没有这回事:年幼的主体不仅认为移动的长度不会保持不变,而且,虽然想重复几次线段 AB,但他们通常会出于之前的线段被几次重复后得出的新的间隔会变得更长,从而建构出线段 $A'B'$>AB,然后 $A''B''$>$A'B'$。在程度的、具体的运算水平阶段,相反,主体能够通过叠加确认某任意两个长度(不是相继的)的叠合 $A_1B_1=A_2B_2$ 与 $A_2B_2=A_3B_3$,从中得出 $A_1B_1=A_3B_3$ 的结论。但是对叠合得出的相等与叠合传递性的双重发现,在心理上完全不足以建构度量:与逻辑的简单运算相比,这仍然只是"程度的"亚逻辑运算,这是因为一个单位的迭代没有像在阿基米德公理中那样起作用:$AB+AB=2AB$,$2AB+AB=3AB$,

---

① 皮亚杰、英海尔德:《儿童的空间概念》,巴黎:法兰西大学出版社,1947;皮亚杰、英海尔德、斯泽明斯卡:《儿童的几何概念》,巴黎:法兰西大学出版社,1948;皮亚杰、英海尔德、斯泽明斯卡:《儿童的运动和速度概念》,巴黎:法兰西大学出版社,1946。

等等。

某个年纪起能够使用一个质的"公共尺度"(叠合的传递性),翻倍一个线段-单位 AB,也就是将一个特定部分应用在同一个整体的其他部分上,选定的部分作为单位,那么整体就被看作是这个单位的倍数,然而经验表明这两者之间存在着显著的不协调性。

这是因为,在之前描述过的亚逻辑运算中,只有一种类型的量化关系起作用:从部分到整体的"程度"关系①,也就是 $A<B$ 且 $A'<B$ 如果 $B=A+A'$,但没有一个部分(A)与其他部分(A')之间关系的量化。自此之后,若只限于这些"程度"关系,那就只存在两种可能的初始运算(再加上从这些运算中直接获得的运算,例如通过乘法等等)。一是划分,把 B 分解为 A 与 A'(或者,联结 A 与 A' 重组成 B);二是置换,将 A 放置在 A' 之前或之上(或者将 A 放置在 A' 之后或之下的位移等等)。不存在能同时产生划分与位移的"程度"运算群集,因为部分相加就不用按照客体元素的相继次序将客体元素集合起来,准确地说,(在任一尺度生产之前)位移就是改变次序关系。相反,借助部分 A 来测量 B,将整体划分成元素(其中有部分 A),同时将部分 A 位移至剩余的部分 A' 之上,比较被选作单位的元素 A 与 $B-A$ 的差分,从中得出关系 $B=nA$(例如,如果 $A=A'$,$B=2A$),这一关系实际上既有一个划分,也有一个位移,二者被合成一个新的运算。这一新运算正是通过将一方置于另一方之上的位移比较部分 A 与部分 A',这样一种比较既不同于简单的包含关系 $A<B$,也不同于 A 相对于 A' 的简单位移,它们的特征是程度性的划分与位置。实际上,度量比较是一个部分单位的组成部分,是迭代的开端,不同于纯划分的静态嵌套与没有划分的位移;迭代自己本身就能证明这两类运算之间实现了综合,两种运算一开始就相互补充,但在之前又一直是相互区分的。因此,只是生成能迭代的部分充当单位,就废除了微分特点,之前彼此未产生联系的部分具有这些特点,这些特点是"程度"划分的结果。

因此,人们明白度量的建构从逻辑上、在发生学上多么类似数的建构,虽然度量的建构并不是简单地将数的建构应用于空间大小上的结果。这两种建构,首先都要生成程度的、质性的运算,一方面是类别的相加与非对称关系的相加,另一方面是部分的相加与位移的相加。因此,才有传递、可逆组合的可能性,在逻辑领域表现为具体、严密的初级演绎(所观察群恒常不变),在亚逻辑领域表现为借助中间项,通过简单合同进行比较($A=B$;$B=C$,因此 $A=C$)。逻辑群集一旦形成,群集综合产生的数字运算协调随之而来(与从 1 到 5—6 的直觉数字不同,直觉数字不能运算变换,因为它们依赖于简单的表象轮廓)。相反,在度量领域,从合同传递发展到迭代、到单位划分,准确说还需要一段时间要经过划分与位移的逐渐合并,完成狭义上的度量运算比生成实数的运算晚(1 到 2 年),这是因为直觉上很难将一个连续体看作其自身的某一部分的迭代生成而来,这一部分并没有被提前、被一个知觉区分所限定。实数与度量发展的最后阶段之间差

---

① 下文 A 代表一条线段,B 代表比 A 更长且包含 A 本身的一条线段。

距使生成机制的平衡性更令人惊讶,因此同时表明了它们的相对依赖性与最终趋同性。

但是,空间数学化不仅仅是一种尺度量化的建构。同一个整体 B 的部分 A 与部分 A' 之间可以进行比较,不用把 A 抽象成 A 的一个倍数。也就是说使 A 成为一个迭代单位。因此,仅仅需要建立联系 $A<A'$ 或 $A'<A$,A 与 A' 之间的差分可能叠加或规则变形,在下列嵌套中(C 内部 B 与 B 之间,D 内部 C 与 C' 之间,等等),此种情况,我们将讨论普遍意义上的外延量化(尺度量化是外延量化的一个特别案例)。

然而,发生学的分析表明,外延量化是与空间的尺度量化同时出现的,甚至通常在其之前出现(在程度群集完成与尺度生成之间)。最简单的例子就是画等高、等距、俯视的垂直线。在这种情况下,元素呈现出以下关系(如果我们将距离最远的一项称作 A、A 与 B、B 与 C、C 与 D 等之间的差分称作 A',B',C' 等等):$A<B<C<D\cdots$ 且 $A'=B'=C'$ 等或者 $A'<B'<C'$ 等(且例如差分之间的差分相等)。在同样的发生学水平上,面对菱形的相似性、仿射变换等问题的反应发展中,我们观察到了外延量化的诞生。①

运动(拓扑、射影与仿射几何、相似性)没有介入的、几何学的所有分支都是所谓"质性"的,因为涉及的关系可以不依赖任何尺度而独立地生成。实际上,只从逻辑或亚逻辑的运算意义上看,它们完全不是质性的,运算量化被抽象为部分与整体之间的程度关系,一个整体组成部分之间的关系引起的外延量化,我们前文回顾过其发生学生成,他们必然使外延量化起作用,不论是在投影几何中起作用的非谐调关系,还是仿射对应与相似或比例关系。显然,这些关系的纯图解建构,施陶特将质性图解方法与度量方法相对立,意味着各部分本身之间的准确关系。因此,在类似 $A_1B_1=A_2B_2$ 的比例关系中,只知道部分线段 A_1 与 A_2 比其各自的整体 B_1 与 B_2 小是不够的,还要知道具体差异是多少。要么,人们会把命题解读成尺度关系,要么人们会从 B_1 与 B_2 交点出发,建构线段 B_1 与 B_2,还有相继线段 A_1 与 $A_1'(=B_1-A_1)$、A_2 与 $A_2'(=B_2-A_2)$:线段 A_1 相对于 B_1 的关系,与线段 A_2 相对于 B_2 的关系一样,如果差分 A_1' 和 A_2' 也是均衡的,并且可以通过图解来察觉比例关系是相等的,由于连接 A_1 与 A_2 端点的直线与连接 A_1' 和 A_2' 的端点的直线一样,是彼此平行的。因此,比例图解建构自然而然地建立了部分 A_1 与 A_2 与其补充部分 A_1' 和 A_2'* 的关系,这恰好证明了比例的"外延"性质,而一个程度逻辑"关联"只认识部分对整体的关系,例如"法兰西岛属于法国,正如拉丁姆属于意大利"。显然,在拓扑学中缩合点的定义中也存在这种外延量化(在维尔斯特拉斯的设想中,"非常靠近"意味着越来越小的靠近);在康托尔嵌套的间隔设想中;等等。

---

① 在具体运算水平一旦实现程度运算,儿童就能自发发现这些外延关系。见皮亚杰、英海尔德:《儿童的空间概念》,巴黎:法兰西大学出版社,1947,第十一、十二章。

* 注:我们用 A_1' 和 A_2' 替换了 A_1 和 A_2。

第九节　形式运算与公理几何学

我们刚刚了解过（第七、八节），数学家们用空间"直觉"表明的这一定义虽然模糊，但却已经包含两个很清晰的事实：一个是不适合解读变形的表象表征，另一个是具体运算，也就是内化的动作，这些动作变成了可传递、可逆与可联想的组合，这一组合要么是逻辑与程度的（如同具体运算），要么是外延与尺度的。在空间认识的这两个水平阶段（一个是前运算阶段，另一个是运算但具体的阶段）与公理几何学之间，在现代意义上还存在第三个水平阶段，正如我们（第六节）所了解到的那样，对应的是古希腊人的演绎与形式几何学，但现在人们认为，它虽然处在更高一级层面上，但它的建构仍然保持在直觉水平上。这第三级水平阶段发生学上的特点是，与直到目前为止研究的"具体"运算不同，而是生成了"形式"运算。

具体运算直接作用于可操纵的客体或者作用于它们的表征符号，例如能够以不同程度画出来的或图示化的图形。具体运算仍然是主体的动作或运算，并且弄清楚具体运算中哪部分是主体本身，哪部分是经验，确认这一经验是否可以与物理经验相对比、是否包含主体与客体之间的其他关系（第十二节），这一认识论问题一直完全没有解决。但具体运算是所谓狭义上的动作，不论物质的还是心理的动作，这正是为什么赋予这种运算以"直觉的"这一不明确的限定词。相反，形式运算作用于命题也就是作用于假设，而不是客体，乍一看这似乎形成了一个极其明显的分裂，与从毕达哥拉斯到欧几里得、再到他的继承者的希腊演绎几何学与埃及测量员，与他们所谓的"经验"几何学之间的对立相呼应。

但是，不论发生学分析还是公理学分析，都弱化了具体运算与初始形式运算二者之间本质上的差别。因此，这种分裂如今变换了位置，将古代公理学与当代公理学从根本上区分开来。这样的视觉变换本身就能够预示着一种发生认识论，至于相反的关系的与运动意义，则被认为是终极性的，这正是我们即将要了解的内容。目前，我们应弄清楚的是，在具体运算与基本的形式运算之间重新建立的这一连续性的原因。从当代公理学角度看，欧几里得的形式演绎仍然是直觉的，原因非常简单，以元素名义加入到推理的演绎机制中的命题是根据它们的具体意义选择的，也就是说能够被转化成真实的或可能的图形的内容本身。现代公理学的创立者之一帕斯自1882年起就主张建立不同于几何概念意义的推理方法，起作用的只有这些概念之间的关系。古希腊人的演绎几何，虽然在运算机制上是形式的，但它首先是依附于概念意义本身，因此仍然具有半直觉的特点。

以发生论的观点，从具体运算到形式运算的连续过程不仅在时间上是显著的，而且也解释了之前的观点。第七节与第八节中观察过的每一种具体运算，实际上在童年末期(自 12 岁左右起)就变得有可能以简单命题的形式表现出来。也就是说,这些运算在具体(运算)体系阶段(从 7 岁到 11 岁)还是综合判断,通过命题的方式已经表达了外部可能的、但内化成简单的运算格式的动作。只是命题或综合判断,只有在真实的操纵、图解构成或使这些事实符号化的表象表征的情况下才起作用。相反,即将被运算影响的命题,从动作中、甚至是可能的动作中分离出来,或者更确切地说,开始无限超越动作,因此,在具体(运算)层面,一个连续体的划分会达到完备元素"点"到有限数等等。然而,儿童在接近 12 岁时,会意识到能够无限延续一个这样的划分,形式运算因此一下子看起来不可能实现,而且用假设代替可表征的客体。在形式运算层面,亚逻辑运算涉及连续客体,逻辑-数运算涉及非连续客体,被联结为类别,被分列为非对称关系。这就是为什么两种运算之间的任一区别都消失了:连续性变得可以进行逻辑-数的处理,空间关系被添加进了概括性关系当中。由具体运算构成的运算机制,由于纯演绎抽象而来的表达方式促成的新的流动性,一旦初始直觉足够连贯对接就在形式运算水平获得解放,一切正如这般发生。

要明白的是,自当下水平起与(亚逻辑与逻辑的)具体运算的逻辑相互补充的命题的这一逻辑是什么,因为正是命题的这一逻辑的自主发展最终引发了所谓狭义上的公理学。

然而,命题的这一逻辑与具体运算的逻辑不同,因为命题的这一逻辑是双重运算的,因此,也就是二级运算或是在其他运算之上实行的运算,实际上:(1)内容上,任何命题都是一种(命题内部的)运算,但是用言语陈述的或者是作为动作执行的背景①,例如欧几里得的公理,等量间彼此相等(公理Ⅰ);整体大于部分(公理Ⅷ);能够完全重合的两个大小是相等的(公理Ⅴ);等量减等量差相等;等等,都是孩子们在七八岁时通过具体运算发现的真理(在这之前,在最初的表象直觉水平阶段,孩子们不知道、甚至否认这些真理),形式思维只是以口头命题的名义简单地陈述这些真理,将其作为中介进行推理,因为具体运算推理将这些真理应用在实践之上,但却不能清晰地表述这些真理。(2)因此,这些命题在各自内容上已经是运算性的,然后根据命题内部运算(蕴涵、不兼容、交替等)彼此组合在一起。这些命题的内部运算不再是关于每个命题之下的类别与关系,而是关于命题彼此之间的联系,因此这些运算涉及的是由命题陈述的初始运算。

首先要注意命题间运算能够彼此还原,尤其是借助析取与合取方法,也就是说借助析取($\vee$)与合取($\cdot$)"范式"。另一方面,($p \vee q$)与($\bar{p} \cdot \bar{q}$)这两种基本运算构成了体系(二元法则)的顺运算与逆运算。此外,要想弄清楚什么是蕴涵,只需要发现两个彼此蕴涵的命题是等价的:如果 A 蕴涵 B 且 B 蕴涵 A,那么 A 与 B 是等价的。如果 A 蕴涵 B 且 B 不蕴涵 A,那么 A 与 B 部分等价:肯定 B,也就肯定 A 或另一个命题。把 B 得出

---

① 并且要区分命题的逻辑内容也就是涉及类别或关系的逻辑运算与逻辑内容所参照的外逻辑内容,这些可能的动作的类别运算或关系运算就是内在化的过程。

的另一个命题成为 A'：能得出 B 蕴涵 A 或 A' 且反之亦然 $[B\rightleftarrows(A\vee A')]$，也就是说 B 等价于"A 或 A'"，例如命题"x 是一个椭圆"蕴涵"x 是一个圆锥曲线"，但命题"x 是一个圆锥曲线"蕴涵"x 要么是一个椭圆，要么是一个不是椭圆的圆锥曲线"。命题间蕴涵因此意味着与命题间内容相对应的一种先决分类。不相容等与矛盾也是如此："X 既是 A 也是 A'"与 A 和 A' 将 B 分成两个互补的子类是相矛盾的。

从中得出的事实是，命题间彼此像逻辑的类别一样，也就是说被二分、相互嵌套。因此，一个命题体系以"群集"的形式呈现出来：A 蕴涵着一系列相互嵌套的命题 B，C，D…并且，与分别嵌套在 B，C，D…的互补命题 A'，B'，C'…不相容。一个命题体系因此构成了一个运算集合，其基础运算是蕴涵 $p\supset q$，总能还原为形式：$p\vee p'=q$。

因此，人们明白，反映形式思维的命题逻辑本身是一种运算逻辑，但却是二级的：命题逻辑所涉及的命题正是与具体运算同构的、由一个符号群来实现一般化的表达、而不是由动作执行的运算；命题的这种系统是运算的集合，也就是说，与能建构类别群集或关系群集的运算相类似的命题之间的运演将命题彼此联系起来。

形式运算机制以最不间断的方式延伸了具体运算机制，因此形式运算的机制能够长期作用于具有明显"直觉"意义的命题，这一机制如何最终导致了现代公理学所表明的那种反演？现代公理学使用的逻辑，我们不是在谈论古典逻辑（或理论家的逻辑），而是在说自发的、灵活的形式逻辑，实际上在本质上一点儿也不与形式运算的逻辑不同，数理逻辑以命题计算的名义阐明了形式运算的逻辑，我们刚刚确认了命题与具体之间的联系：充其量在列方程式上，也就是说在数理逻辑方法上有进步，但这一方法没有从运作本身上改变人类的推理。数理逻辑方法在其自身领域为推理提供了一种公立学表达，这是另一回事，因此大大地精炼了逻辑分析，也就是逻辑思维对自身的反思，数理逻辑与几何学者自发的形式推理之间的差距不比形式推理与具体运算之间的差距更大，那么形式运算如何最终生成如今的几何公理学？

与欧几里得、古典几何使用的形式的、伪公理的演绎相比，当代几何学的公理方法主要有这样一个新特征：当代公理学方法源自既基础的又可能的公理，必须用演绎法证明一切，必须采用难以限定的概念来限定一切，在从初始直觉上明显的命题开始逐渐发展的过程中不再局限于遵照蕴涵，但却力图逆根式地分析初始蕴涵，使被选作公理的命题们彼此更加区分开来。因此通过系统的自反分析，当代公理学方法追溯源头，促使提出自己的公理，不再遵循公理固有的显然性——显然性就是从之前思维水平继承而来的、最后的直觉剩余——但公理可以充当演绎建构的载体，使任何联系都不能避开方程式。因此，公理学思维不是自身形成的一个新的认识运算体系，公理学思维继承了形式运算的成果，但却按照另一个方向朝着源头去使用形式运算，而不只是单独的建构。

然而，就这一个问题，从思维心理学与发生认识论的角度看，还有一项重要的发现有待确认：这种研究对源头进行纯粹形式化的仔细分析，并没有避开心理上的初始内容，公理学表面看起来是人为的方法，欧式公理学建立在显然性之上，但实际上这一显然性是思维长期发展的产物,而不是真实起点。

一方面,实际上亚里士多德的逻辑(布伦茨威格有理由将其与欧式几何学作比较)与现代逻辑(在其自身领域,现代逻辑是一个真正的公理)相比,更加脱离了真实思维的步骤,因为亚氏逻辑只涉及言语观念,然而现代逻辑则触及了这些观念的形成运算。这就是为什么人们借助这些运算生成的群集法则,自具体运算水平阶段起同时也是思维的平衡法则,并且因此尤其可逆性也是如此,自感知-运动水平一直到各命题间形式运算水平,能够要求认识全面发展。

另一方面,对于几何学本身,欧式公理仅表明了在具体运算水平阶段获得的逻辑或度量真理,在之前的水平阶段不具有普遍意义,然而现代人真正的公理学触及空间的心理学根基,特别是在拓扑学范畴。例如,亚历山德罗夫与霍普夫在其关于拓扑学的著作中引入了一系列相继公理,这些公理按阶段把基本概念引向一个可协调的空间。然而,人们惊讶地发现,这一相继性与发生论次序相一致,因此首先引入的是"触摸点"或接触点,在其之后出现了"邻近",但却还不是"分离",后来才出现"分离"等等,这好比在知觉水平与之后的水平重构空间真实的生成。这一本质区别自然会一直存在,这些概念的外延量化立刻被引入(同时被引入的还有汇聚点的定义),但先不说这样的量化,这种公理学体系能够为发生学研究提供一条导线,然而欧式公理从心理学角度说最多用来表明自某一智慧水平起就变得明显的关系,这些关系却不是一开始就是显而易见的。

公理学分析与发生学分析理所当然地趋于一致,因为我们已经尝试着在前文(第一章第七节)表明过这一点,被选作不可限定的概念与被选作不可证明的命题(公理建构所依赖的公理)事实上构成了不可还原运算的核心,显示出运算间某些隐含的蕴涵(与命题间的蕴涵不同),因此,这可归因于从主体动作固有的协调出发而得来的某种抽象。在这一点上,希尔伯特的几何学公理与皮阿诺关于整数的一般公理一样具有说明意义。例如希尔伯特的次序公理,根据次序,公理如果 B 在 A 与 C 之间,那么 B 也在 C 与 A 之间,显然即使一点也不借助空间与时间的"直觉",只考虑"在之间"关系的抽象的形式对称性,与 AC 和 CA 相继关系的不对称性不同,次序公理本身意味着区分 ABC 这一系列的两种路径方向。然而,如果路径的一个方向,在时间上或在空间上不对应一个运动,至少它也意味着一种枚举逻辑运算,也就是说有所指向的动作,人们可以阐明动作的所有条件(与在第七节中我们了解过的、明确限定的某一具体运算相对应)。同样关于线段合同①的公理,例如(公理Ⅲ)承认与给定线段 AB 同余的线段 $A'B'$ 可以叠加,这意味着这种运算可以迭代;因此,这些公理也承认总线段 $A'C'$ 与 AC 相等,如果其中一个的部分线段 $A'B'$ 与 $B'C'$ 与另一个的部分线段 AB 与 BC 同余(公理Ⅳ),这意味着部

---

① 合同公理(axiom of congruence)是建立图形相等关系的公理,它是希尔伯特公理体系中的第Ⅲ组公理。亦称"全合公理""叠合公理""全等公理",是有关图形间"……与……合同"这种合同关系的公理。——译者注

分之和与点 ABC 与 $A'B'C'$ 可以二元对应，各个点之间包含的线段也是。当然理解各部分相加成一个整体，还理解将一个线段重复迭代（迭代在阿基米德公理中也有，同样被希尔伯特所选用），这显然是自己自一开始就掌握了的一个已经非常复杂的运算之间的蕴涵集合；这极其合理，而且一点也没有损及之后命题的严谨性，这种严谨性建立在命题之间的蕴涵上，但这足以承认公理之间的相兼容性通过直接的逻辑分析方法无法证明，既然这些公理已经意味着整个逻辑（顺序和各部分相加等于整体）还有迭代自身。因此，显而易见的是，几何公理学建立在一个先决运算循环之上，元理论的生成完全没有打破这一循环，既然元理论引入了含有它们自己所有逻辑蕴涵的新公理：这一循环就是一个运算间彼此蕴涵的集合（第一章第七节），因此意味着一系列从主体动作的最先协调出发的、不限定的抽象。但另一方面，这就是为什么公理学分析远比我们料想到的更加与发生论分析趋于一致。

虽说如此，人们明白，从发生论上用何种词汇提出公理几何学与数学家口中的"直觉"之间关系的核心问题，而数学家口中的"直觉"即包含知觉空间与初始形式运算之间全部的水平阶段。就这一方面而言，要注意数学家们本身就提出三种解决方案。对于公理法的独家支持者而言，公理法与直觉相悖，并且公理法完全不依赖直觉或者至少努力而且逐渐成功地脱离直觉（从中人们推出极限）。对于经验论者（如波莱尔）与直觉论者而言，公理学事后而且总是人工地表达了非公理学思维，也就是说由知觉或"纯理性"的"直觉"先决获得的成果。最后对于贡塞斯而言，公理学是一个"格式"，但呈现出在各个水平阶段，在直觉本身中已经是萌芽的这样一个特点。然而，同样在不同等级阶段，在整个公理学中这一格式还是隶属于直觉的（例如，至少在整个"高效"公理学中，这与完全没有类似对应的策梅洛公理学不同）。但是，一般而言，公理学与或多或少作为整体被考察的"直觉"相对，要么为维护公理学，要么为贬低公理学，要么将其定位为与直觉或经验的方法相对的"抽象"科学。而且，贡塞斯或许较少区分直觉的各个不同阶段，也完全没有充分指出对空间的非公理学认识的更高形式的运算特点（更多内容见第十一节）。

我们完全赞同贡塞斯的观点，之于真实对应的科学而言，任何公理都具有"格式"的特点（在第十二章中还会提到，在数理逻辑与思维机制之间关系上，我们也赞成这一观点）。但是如果格式这一用语的意思，完全是与方法论分析相关的，那么从发生学角度而言，这一用语反而涵盖了一系列问题。实际上，正如贡塞斯本人承认的那样，"直觉"中存在一系列不同的水平阶段，既表明各个阶段主体动作与这一动作的客体之间关系，同时也从同一角度分析使每一个阶段具有可能性的运算机制。然而，任何格式化都有两个极点，一个是主体动作的同化，另一个是针对现实的顺化。作为同化机制，其建构的关键取决于从动作协调出发的抽象；既是建构性的也是反思性的公理格式，也就是说追溯至其重构整体的源头，因此问题就是解释它与之前发生的协调的关系。另一方面，作为针对现实的顺化，空间格式化导致了越来越概括化的一致性：初始格式聚焦于主体活动,弄清楚主体如何成功地将这些格式去中心化,最终建构与任何可能的经验相一致的格式。

然而,要思考各个阶段之间的关系,在本章所观察的与接下来要观察的阶段中,人们会见证一个双重过程,这个过程中,每逢新过渡时都会发生周期性的自我更新。无论如何,准确地说,正是这一双重过程促成了公理"格式"的建构。一方面,任何格式体系都是一个彼此依赖的动作或运算循环,每当从一个特定水平阶段发展到之后的一个阶段时,之前更狭隘、更严格的圈子就会扩张,衔接会更灵活,并且这一连贯性逐渐往绝对可逆性发展,正是这一连贯性可以来解释初始格式的去中心化;另一方面,之前格式扩张时产生的新连贯也会影响初始协调,并将它们纳入到这个新圈子里,这就是为什么发展过程总是既是反思性的又是建构性的。

每个水平阶段(既然机体协调本身先于思维协调,那就从来没有绝对的开端)的起点总是由在所考察水平阶段、由动作与认识形成的循环所决定。循环的主体走不出循环,只能够扩大循环,或因循环同化新元素而使循环更加灵活。认识必然是客体对主体活动的同化,主体活动构成了一个如反射的、有机的组织一样的封闭整体,这一事实促成了这个循环。任何与环境(环境与整个认识论有关,不仅是空间认识论)的互动,从最简单的知觉到最抽象的重构,因此都与主体的一个动作有关,并且,正是这些能够重复产生、并且概括化的动作的格式化,形成了最初的空间格式,因此,分化经验材料从不只取决于这些同化格式的调节,虽然这一顺化越来越准确且普遍,但开始时几乎不能与同化本身区分开来。

因此,显然,初始格式的中心是主体自身,整个知觉的、然后感知-运动的空间一开始时就隶属于这一空间自我中心主义。但是,主体在把一切与自己的身体联系起来之后,终于能够将自己的身体置于一个越来越去中心化的空间"当中"。这种去中心化在感知-运动空间就已经开始,并贯穿了从空间关系一直到具体的、随后形式的运算的整个表征生成,是格式与标志着格式平衡的运算可逆性逐渐连贯衔接的成果。知觉格式本质上严格且狭窄;知觉格式因感知-运动格式而扩大与灵活,实现了最初的去中心化,建构了客体与实际位移群。表象格式更广阔,但在格式连贯衔接实现具体运算格式的灵活、可转移、可逆组合之前,在这些具体运算形成的有限循环最终促成形式运算循环,也就是在公理格式建立之前,表象格式仍然是静态的。

然而,如果这里我们借助整个相继性来解释抽象的或公理的格式建构,那是因为运算机制逐渐生成的各个水平阶段成组成对的联系在一起组成了一系列的比例关系,因为这个系列说明了去中心化、格式连贯还有每个水平阶段形成的循环逐渐扩大的这一普遍过程连续不断。实际上,人们可以说公理格式之于形式格式正如形式格式之于具体运算；具体运算之于表象直觉格式，正如表象直觉格式之于感知-运动格式等①，这些关系中的第二项构成了第一项代表的更狭窄、更严格整体的灵活、宽松的平衡，从一个水平发展到下一个体现动作的、后来又运算的机制的跨越，这一机制依赖之前水平的协调。

因此，如果说正如我们这一段开始料想的那样（还有第一章第七节），不能限定的观念与不能证明的命题充当任一公理学的起点植根于一个运算体系，这一运算体系的蕴涵不能用清楚的、完整的方程式复原，本身就以先前的协调（例如不能证明的相容性逻辑，要么自证的运算循环）为基础，那么，使公理学与具体思维连接的关系不应在其内容中，也就是说不应在"抽象"与当下的外部事实（与所观察理论相比）之间的对应中研究寻找：抽象与具体的联系存在于形式本身之中，也就是存在于主体内部，因此也就存在于公理化的形式协调与源自发生性的协调之间的世系关系中，因为此时"抽象"源自相对于动作协调的抽象化活动中，而不是源自相对于客体的抽象化活动中。

实际上，格式的去中心化过程朝着可逆、灵活方向发展，其真正意义正是关联阶段在"反思"范畴内，也就是说吸纳了之前水平阶段的格式，但却改动了自身联结，抽象了自身协调的可普遍化元素的范畴内，与我们刚刚回顾的发生学建构的阶段相对应。在这一点上，一个简单的、被看作是对实在的"概括性"适应的"格式"概念，与主体特有活动相关的格式体系之间的区别表现得最为显著，因为在每一个新的水平阶段，相对于经验性的适应而言，在必然性协调方面，活动的作用越来越大。然而，这一协调体现在建构的假言演绎的必然性上（这种必然性，唯心论者认为是先验的，然而并不是一开始就完备产生的，而是在发展过程中通过逐渐平衡化生成的），这正是主体动作所特有的协调，而且从最初始的同化起就起作用了，即使是最初的同化也已被去中心化或是通过之前提到的过程变得可逆且通过我们将要描述的过程变为"反省"的。

实际上，一个动作绝不是孤立的，之前的协调不起作用，主体就不可能把一个新的信息同化到其活动。就这一点而言，我们再次从希尔伯特为了抽象地重构空间而使用的两个公理类别出发：一个是次序公理，另一个是上文我们归入部分之和的公理（如果构成总线段 $A'C'$ 的线段 $A'B'$ 与 $B'C'$ 分别同线段 AB 与 BC 相等，那么总线段 $A'C'$ 也与总线段 AC 相等）。显著的是，这些公理，虽然在所观察体系中不可证明，也就是说确实被选作原始命题，本身依赖的基础是逻辑的形式运算，其中次序与部分集合为一个整体这两个概念是必要组成元素，这是由于"运算之间不明确的蕴涵"（我们将其与命题间蕴涵相对）起作用。然而这些形式运算本身的材料就是具体运算，通过从之前协调出发

---

① 如果只考虑当下生活在我们社会的主体的各自发展，从时间上看这些对比会比较奇怪，但只要考虑社会学的历史，就能发现同样长度的阶段：如果说严格意义上的公理学是新生事物，那么或许形式运算始自希腊人，诞生具体运算的文明与古埃及文明类似，"原始心智"的特征是表象直觉，言语诞生之前的社会，例如类人猿社会的特征是感知运动智慧。

的抽象化活动，同时在一种新形式下重新组织这些材料。至于具体运算，已经经历了次序组合和部分之和组合（见第七、八节），它通过从初始表象直觉借来的元素（同样通过从之前调节出发的抽象化活动）形成了次序和部分之和。初始表象直觉也没有创造它们，而是从感知-运动的与知觉的次序和划分借来材料（再一次按照不明确的抽象化模式）后重新生成的。至于感知-运动组合，实际上经历了在各系列动作中起作用的某种次序和某种知觉参与，在新的阶段重构源自反省协调的材料（反省协调的基础是不同程度的有机协调）。

次序与部分之和运算作为一种与希尔伯特公理一样抽象的公理而起作用，两类运算通过先决的蕴涵与从之前协调出发的抽象化活动植根于智慧的、最基本的有机生命运作。这正是希尔伯特通过一种不可复原的先验残余（见第六节）来表达的，但这仅等于是给这个难题起了个名字。事实上，没有任何发生学迹象让我们认为，次序和划分概念在心理生物学活动的最初时刻是预先形成的或预先存在的：这些概念是渐进地才生成的，而且我们已足够了解儿童建构这些概念的复杂性（见第七节）。但是这些概念不是什么也不靠就自我建构的，并且只是重组了材料（不可逆次序、不准确且不可逆的划分等等基本形式），而且仅材料也是提前提供的。此外，这些材料不是按照从客体抽象而来的已知特点的方式从之前的协调抽象而来的。正是在对当下客体的动作中，新的组合得以生成，新组合经过重新加工并使用之前的因此得以区分的格式，正是这种同化过程的连续性不断地使当下协调与之前的格式联系起来。因此，既有不是预先生成的建构，也有对过去的同化，过去在建构本身期间也重新生成，但却没有先验的、绝对的当下的开端。

因此，人们想象位于（目前的）阶梯顶端的公理学思维，怎么能既具有反思性的发展特点，也具有建构的流动性特点。并且人们明白为什么现代公理学追溯源头呈现两个相关联的特点：一方面重新发现基础空间关系，例如拓扑关系，从生成角度与公理角度看这些关系都是初始的；另一方面意识到逻辑协调以一个循环的形式产生，循环主体不能脱离这个循环，既然人们不能逻辑地证明逻辑公理相容性。在第十节中，我们将重新考虑回溯最初观念。至于逻辑循环，我们刚刚了解过，这个循环如何越来越依赖运动、有机协调循环本身。实际上，如果从结构上逻辑并不是天生的，而是一点一点建构的（正如儿童的整个成长发展所表明的那样），那么，这一渐进的结构化不是因为物理客体，而是因为涉及某一客体的主体活动，主体活动显示出在各个水平阶段不变的协调功能，这一功能伴随着有机体的形态生成与遗传的运动性协调，通过感知-运动与直觉的组织一直到具体形式运算得以继续。然而空间，在第七节与第八节中我们已经了解过，只是一个动作与亚逻辑运算体系，涉及的是本体，而不是非连续客体和逻辑的、数字的运算与动作同构的动作的类。存在一种必然的、永远不可能离开的逻辑，即使结构化能够仍然继续并且促成了新发展，因此这一逻辑的存在与主体活动状况本身的一种反省性关联。然而，这些活动形成了一个同化格式循环——一个通过相继扩大直接出自所有之前循环的循环。

第十节 几何概括化与历史发现的相继次序

空间建构具有建构性与反思性的双重过程，这可以解释我们口中的几何发生矛盾。的确，即使历史发现的相继次序不是完全相反的，至少也是朝着与心理发生阶段本身的相继次序的反方向发展。

我们首先要注意到，发生与历史之间的这一方向倒置，虽然在其他领域也会遇到，但还不是普遍的。例如，在数的范畴内，人们可以说历史建构始于正整数，然后才发现分数，再然后是负数，这与儿童建构自己的算术是一样的。一一对应观念是实数的源头，实际上很晚才成为科学反思的对象，这一点呈现出了与几何学历史相似的方向倒置。但在这里，这种方向倒置，涉及的是数的生成运算协调，而不是数本身；然而在空间范畴，不同的空间结构促成了方向倒置。在其他范畴，例如我们在第五章中讲到的物理守恒定律同样存在历史与生成之间的部分对应：这两种情况下，实体守恒发生在重量守恒之前，而重量守恒又发生在微粒体积守恒之前。

相反，我们已经注意到，在空间范畴，无论在知觉发展领域还是在思维形式领域，拓扑结构都优先于投影几何与欧式几何结构，后两种结构其次才出现，而且相互依存诞生。然而，历史上欧式几何远远早于投影几何的生成，投影几何又远早于拓扑学的诞生。

我们已经知道为什么欧氏空间在心理发生过程的末期才形成。在知觉领域，这意味着要构成某种建立在一个相对的（以质性的方式生成）不变量基础之上的知觉度量：即使远离对大小也感知恒定。然而，建构这样一个不变量，离不开客体建构和实际位移群的建构。在思维领域，欧式空间促成了测量，也就是说促成了一种划分与位移运算的运算性综合，这样就与实数与分数会合生成了一个与算术结构平行的完善结构。

在社会化的、促进集体科学研究进步的形式思维层面，欧氏几何的历史优先性归因于这些环境。但是对测量的思考并不能解释一切。显而易见，欧几里得甚至没有明确（也没有讲到邻近、次序、连续等拓扑概念）提出与位移、与赫尔姆霍兹口中的"图形自由流动性"有关的公理。这是因为古希腊人着眼于客体而不是动作，比起运算，他们更重视图形，也就是更重视建构结果，而不是建构本身。这就是为什么会与发生学次序颠倒。但在谈到欧式结构与拓扑结构关系时，对于度量思考的兴趣强化了这种颠倒：测量被认为是客体本身的表达。

古希腊人通过帕普斯的位置论已经模糊地注意到解析几何学，但理所当然，解析几何学只有随着代数的生成才最终获得它的系统形式。但至于代数本身诞生晚的这一特点，也引发了一个问题，这个问题超出了空间范畴，并将在第三章谈论普遍上的运算意识通达时会重新讨论这个问题。

至于发生学上离不开欧式空间的投影几何学,如果之前的讲述正确的话,古希腊人自己也本应当自己发现投影几何学,但实际上,阿波罗尼奥斯在进行关于圆锥曲线的研究中发现了投影几何学,但投影几何学的更晚创建离不开现代几何学(16世纪、特别是17—18世纪)的开始,这或许可归因于客体最初的优先性:透视出现时被认为是客体的一种取决于主体视点的畸形,很久之后与视点变化有关的变形才被看作可以进行一种对客体的研究。

这里仍然还有测量的问题,但在一种无论是角度还是距离都不守恒的几何学中,测量问题的影响是次要的。从发生学角度看,主体视点的协调提出了一个具体运算的问题,这一问题与客体协调问题一样重要。但在具体层面可掌握的投影度量的缺席,相反却方便了基础(程度的和外延的)投影关系的发现。

19世纪几何学获得了巨大发展,不论在历史与发生的次序倒置问题上,还是在历史发现的反思过程问题上,各个方面的观点发展都很显著(这一过程的后果,准确地说促成了当代公理学的诞生)。

首先,非欧几里得几何的发现历史常常被人们津津乐道,沃里斯(Wallis)(1663)的研究表明平行公设离不开萨凯里(Saccheri)的相似性理论,萨凯里力图通过建构一个四角形(具有三个直角,且他想证明第四个角既不能是锐角也不能是钝角)证明这一公设,继朗伯对同一问题的研究之后,高斯、罗巴切夫斯基与波尔约在1830年左右,然后黎曼都表明了欧几里得第五公设没有承认的几何学的严谨性。这些研究不论从科学认识论角度,还是从几何学本身角度,都引起了巨大反响,那么这些研究的动机是什么?这些动机有两种类型,二者的实际关联具有重大的发生学意义,第一类动机是对定律的逆根式反思,这是现代公理学的真实起点:尽管知觉的近似法尺度与不准确性很普遍的表象直觉,都使人承认第五公设,但第五公设不受证明,反思性倒置就是要发现一个将自身抽象化的建构会有什么结果。然而,正是按照这一方法,自此之后出现了众多发现,不仅淘汰了不可证明的公设,还淘汰了一些显然公理,例如韦罗内塞的非阿基米德几何学排除了一种基本的度量关系。高斯与罗巴切夫斯基遵循的第二类动机,以一种极具说明意义的方式完善了第一类动机,这些几何学家对平行公设连同我们知觉的某种近似尺度和我们表象表征之间的关系提出了质疑,思考是否存在一种由在山上进行三角测量的公度或由星际三角形测定提供的、更准确的尺度,来证实实在的欧式特点。这种想法自然完全不会使相对于现代物理学而言的非欧几里得数学提前到来,但足以表明对原理的反思性回归离不开一种对超越客体掌握的努力。

不同于古人的静态图形或仅用解析法表达,群几何理论的生成(F. 克莱因、S. 李等等)意识到位移与变形普遍具有运算的特点;而对连续的分析是拓扑学的起点,也是发现空间基础质性的起点。群几何理论的生成,特别是对连续的分析,以令人惊讶的方式证明了真实生成与发现的历史相继次序之间的反向。实际上不可能弄清楚,为什么群观念是空间真实运算建构的初始观念,但群观念的介入发生如此之晚;为什么拓扑特点不论是心理上还是公理上都是初始的,但却不是在发现投影关系与欧几里得式关系之前,而是在几个世纪之后才被发现;更不用说一个既是建构性的也是反思性的科学概念体系的生成过程,逆根意识都伴随着一个新的建构,但却与建构的顺序相反。有待解释的是,这一颠倒为什么在空间领域比在其他领域更重要,这是因为(我们在第九节中讲过)几何建构意味着对初始空间的自我中心主义结构的一种连续去中心化。然而,自我中心主义是不自觉的,去中心化意味着一种人工的颠倒方向,使不同视点彼此联系起来,将表面的、即时的关系加入到可能的变形体系当中,理所当然从初始错误的绝对发展到空间相对,在前文讨论过的发生学矛盾中起了特殊作用。

这就是为什么我们不能满足于一个发生学解释体系,这样一个体系与恩里克斯的解释一样建立的基础是感觉分析,是仅从感觉材料出发的智慧抽象化。如果正如恩里克斯所言,拓扑对应着一般的触觉肌肉感觉,度量对应着专门触觉,投影几何对应着视觉,那么人们不清楚为什么不论发生学上还是历史上这三类空间与几何学没有同步发展。相反,这可以按照动作与运算的连续生成来解释,这种发展同时具有建构性与反思性,而且每一个普遍化都离不开去中心化。

但还有更多。发生学思维重大阶段的历史相继表明了一个环形发生学过程的双重性质;运算格式更广范围的、更灵活的对接,按与其元素融入相反的次序、更深入地触及元素的反思,发生学过程使这两者结合起来。然而,既然分布在几何学历史上的发现的确源自相继的普遍化,在几何运算中起作用的普遍化过程,表明存在同样的圈子,这并不令人惊讶。

特别是庞加莱已经指出,仅借助欧式元素就能够建构非欧几里得几何学,但是,欧式几何学只是所有几何中的一个特殊例子。反之也是正确的,在凯利与克莱文二人研究的基础上,人们能够借助非欧几里得元素重建欧式空间。"这一悖论因此完美对称,例如贡塞斯讲道:任意两种几何学,每一种都可以被另一种包含或容纳另一种。"(第93页)然而,如此一个循环似乎不合逻辑,如果这个循环不能准确表达新生成的双重过程,也就是之前材料的建构性同化与追溯性纳入这一双重过程,这一双重过程也是运算建构本身的特点。不同于在更普遍的法则下包含一个特别法则的简单概括化,运算的概括化实际上是按照以下方式进行展开的。运算概括化首先生成一个初始体系,并借用这个初始体系的某些元素,通过新组合建构又一个体系。这一体系超出了第一个体系的范围,并且以特殊例子的名义包含第一个体系。反之亦是如此,既然借助第二个体系的某些材料,第一个体系的运算也重建第一个体系,因此,不是简单的命题间蕴涵彼此蕴涵的两个体系相互混合在一起,但是借助没有提前被纳入的元素实现的众多组合形成一个循环,使人们能够按照公理做出的选择,从一个体系过渡到另一个体系,彼此之间没有因为相互的包含关系而形成一种综合。

而且,如此一个运算循环最终会包容整个几何学。拓扑学的基本群(异物同形群)

实际上包含着作为子群的、投影几何的基本群(直线与交比关系守恒),这个基本群它又包含着作为子群的仿射群(平行守恒);仿射群包含着作为子群的相似性群(角度守恒),相似性群包含着作为子群的位移群(距离守恒)。欧式几何的这一基本群,我们刚刚提到过,与非欧几里得几何联系在一起,从这种汇集出发,人们能够追溯到直属于拓扑群的"一般性度量"群。所有组成空间的运算群因此形成了一个循环,人们可以,要么通过添加,要么通过消除子群的一个特色的不变量,从一个体系来到另一个体系。

因此,所有可能的空间变形之间存在一种完整的相互依赖性,且先决于任何公理建构的这种相互依赖性,体现在运算间蕴涵循环之外。然而这个循环本身我们已经讲过,是发生学分析可以触及的、公理学离不开的相继协调的最高级形式,但是从内部且通过初始运算概念形成。

第十一节 贡塞斯的几何认识论

以上论述等于说是把空间的生成,作为逻辑-算术运算本身归结于主体施加于客体的动作的渐进性协调。空间运算建立在相似逻辑格式与差异逻辑格式基础之上(或将类别与非对称关系集合为一个整体的数字化格式基础上),空间运算不是从客体的非连续系列建构开始,空间运算的起点确实是连续、邻近、次序差异(然后是集合了划分与置换的度量),或早或晚空间运算会结合逻辑的普遍形式运算,同时应用于数字的或逻辑的非连续与空间的连续。建立公理学建构的形式因逐渐从主体动作与运算中抽离出来,使几何空间脱离身体或经验空间超越通过各种中介与其联系在一起的直觉。

人们发现,这些结论部分与贡塞斯20多年前提出的一些观点相似。因此,我们有必要在得出结论之前,对周围数学家的几何哲学与整个认识论表态。同时指明一致之处与可能的分歧。这般讨论不仅仅帮助我们得出本章的结论,同时会启发人们去研究第三章中涉及的更重要问题,也就是分析数学连接特有的存在模式。

实际上,贡塞斯志在超越几何认识论的框架。一般而言,这是一种科学认识的理论,因此——如同过去的古典实证主义、马赫的实证主义等等,如同恩里克斯的知识论、维也纳圈子的"统一"认识论,如同我们这里所支持的发生认识论——单独自己置身于科学与科学发展领域,没有丝毫借助流派哲学或形而上学认识论的先决理论:"首先,在数学与应用数学的优先例子基础上,构想抽象关系与具体关系,然后再将这种构想扩展到思维的各个等级①",这就是概要。

至于方法,首先要摒弃两种偏见:对不可还原事实的偏见,因为物理认识的发展不断更新我们对客体的认识观(《数学与现实》,第375页);对绝对真理的偏见(《数学与现

---

① 《数学与现实》,巴黎:法兰西大学出版社,第337—338页。

实》,第376页),因为这完全不是本身就应受检验的真的标准。微观物理重塑我们最基础的直觉,布劳威尔开启数学真理的危机,二者因此是两个"课程",指引整个认识论的发展方向:整个认识论既要警惕经验现实主义,又要小心柏拉图式现实主义。

初始认识本质上因此是"概要性"的,认识增加就是一个从更概要到不那么概要的过程:只存在"从中变得"与"朝向未来"的概念(《数学与现实》,第28页)。因此,这一初始立场与布伦茨威格(更多请看第十二节与第八章第七节)的立场、与我们这里拥护的立场一致。但是令人不解的是,贡塞斯一边不断地诉诸科学史与儿童心理学,一边声称要脱离布伦茨威格的历史评判方法与纯粹的心理学方法,这是出于两个令人惊讶的理由,而且这两个理由相互矛盾。历史批评方法是不充分的,"因为存在一种历史准备与支持、但不能确定的即时元素……自然而然,要在面对历史之前,思考造就历史的相继瞬间如何形成的。然而,这正是历史方法没有解释的地方。"(《数学与现实》,第47页)但是,如果贡塞斯拒绝通过这些"瞬间"理解历史进展本身的产物,那么他也不会考虑只用心理学去解释它们:"实际上,心理学不仅只负责或多或少即时的思维现象,不仅只负责简单扼要的想法,心理学回避了重大心理建构中记录着富有成果的付出的整个过去"(《数学与现实》,第47页)。贡塞斯的方法因此就是以分析直觉知识为出发点,也就是说,如果我们理解正确的话,分析既不太及时又有一点及时的基础知识就是研究如何从中得出科学抽象活动。

因此,一开始最好就要区分贡塞斯认识论的两个方面,并且这两个方面各自的好处是大不相同的:一方面是研究数学与科学思维本身的依据,另一方面是分析自发的、科学认识前的思维机制,也就是分析直觉的原始资料。对直觉的原始资料的思考如下:"这整个一堆基本的、不完全的认识,所有这些大约准确的看法,作用于我们的心理活动的所有这些未完成的想法,我们愿意将其称为直觉认识元素。"(《数学与现实》,第15页)贡塞斯几何认识论的重要性正是讨论其有关心理发展本身观点的理由,因为在这样一个领域,一个数学家的所有建议,不论是何种心理接近程度,今天看来都是很宝贵的。因为在柏拉图式实在主义与数理逻辑唯名论的双重影响下,数学哲学远离了具体。

在其第一部作品[①]中,用于分析数学与物理-数学思维(这可能是他出版的最好的一本书),贡塞斯已经提出了其核心论点。一方面,数学源自经验:一个证明,例如证明定理,(平面上)一条直线有且只有一条垂线,是"一种简单描述,勉强理想化的、物理上可以实现的经验"(《数学基础》,第4页)。一旦反省,几何整体的经验性立刻就变得强烈起来(《数学基础》,第4页)。并且,"完全没有一种数学领域,不论这一领域多么小,公理学本身可以自足"(《数学基础》,第13页)。反过来,从来不能不借助一个"格式"去解释经验,在其他领域在数学上更是如此,"因此不可能用经验证明空间是欧几里得式的"(《数学基础》,第103页)。因为"如果没有先入之见,人们就不会有既成体验。

---

① 《数学基础》,高蒂耶-维拉尔出版社,1926。

同样，我们的身体只能根据记录在我们神经中心的直觉标准运动"(《数学基础》，第104页)，这些标准部分上就是庞加莱描写的经验位移群。总而言之，"在任意经验的基础上存在一个抽象提纲，在其之上形成了一个与世界相似的表象，但任何抽象建构中都有不可能消除的直觉残余"(《数学基础》，第105页)。

因此，"抽象与经验之间的区别是倾向上的，而不是本质上的"(《数学基础》，第107页)，因为"我们的直觉不是所有永恒规则的凝聚"(《数学基础》，第109页)，然而抽象化活动分阶段水平发展。这种发展是如何进行的？"任何抽象科学都只能通过公理学方法建立……另一方面，公理本身，如果我们追溯的足够远的话，避开了形式逻辑的统治"(《数学基础》，第204页)。解决方法，有待从分析作为公理化源头的格式化程序中寻找，但出发点是在直觉本身中已经起作用的"格式"。

《数学与现实》中所包含的分析始于这里，观察首先使我们面对一系列的相继等级。起点是基础的直觉判断，是"仍一直处在生成状态的开始"(第15页)，其"客观性标准最终是和自己目的契合与我们动作的成功"，因为"思维模仿动作，且动作实现思维"(第17页)。然后，思维会对初始认识进行反思，初始认识本身也变成了"认识的客体"(第18页)，就这样形成一个无止境的判断等级，但初始认识"部分地转化成为对效用或不精确直觉的判断，在每个人特有的动作范围条件下，人们不能对其有丝毫怀疑"(第23页)。这一发展所依赖的基础是什么？基础不是一种在我们之外给定的、现成的现实，因为"我们所观察到的现实，是一种我们思维的或多或少自主的建构，其本质意图是可能的动作"(第54页)。也不是思维的不变结构，因为思维一直在发展，而是生成结构的这些"心理过程"本身与"现实建构"有关(第53页)。

然而，这一心理过程就是一种连续的格式化，例如类似生成直线的格式化，直线作为从知觉一个晶体的棱边中得到的(用显微镜观察这些棱边会得出完全另一种视觉特征)"概要的、格式性的并临时的"表象(第59页)。

因此，要在格式化中研究寻找心理发展的关键。基础格式化本身由"直觉形式"构成，以下是贡塞斯如何解释"与空间概念相关的直觉形式"。假设有一种自动装置配有一个能记录光位的一切，与一个同这个视觉仪器相配的发动机，发动机能使手移动到光源位置。我们再给这个自动装置加上人类意识：我们能意识到光源在空间里的位置。视觉记录与肌肉运动一样，二者都被连接到一个"意识瞬间"场。这个场是一个心理整体，客体存在于某一结构中，都可归因于这个心理整体(第63页)。"换句话说……我们表征的空间是一个纯心理的现实：这正如留在我们意识瞬间虚拟场的当下意识中的痕迹"(第63页)。如此建构的"直觉形式"不是别的，正是所有与空间有关的、当下的或虚拟的意识瞬间的复合(第63页)。另一方面，与色彩现象相关的意识一瞬间的复合，从整体上看也可以被称为"与颜色有关的直觉形式"(第64页)。总之，直觉形式能够看成是"一种部分的、格式性的现实表征，并且现实只能这样呈现给我们。直觉形式给我们提供了建构任意实在的初始元素"(第65页)。

随后,"标记的引入表明从直觉发展到了经验"(第67页),多亏了这些标记,外部变量与知觉组织的变量相协调,只要机体能够"给这一组织相对于它所有的视觉状态的现在状态确定位置"(第70页)。那么,如此开启的"格式化过程"就可以获取实在:"具体从来不是作为自己产生的,现实只是借助理想与图解才能被掌握。"(第72页)这些格式化中最重要的就是产生基础几何的格式化:"这就是为什么我们将结果是几何概念的心理过程称为'公理格式化'。说是公理的,是因为我们首先意识到的这一格式的各元素之间的关系,正是几何公理。"(第77页)随后,"引入逻辑关系的正是一个新的公理格式化"(第77页)。源自直觉的点、线等概念,"只能因为公理化,也就是说,促成抽象格式生成的心理行为才具有理性形式"(第88页)。一般而言,"有理次序观与演绎法只能是格式化地模仿实在的某些具体联系,某些深入法则的理想关系"(第120页)。

贡塞斯按照同样的"心理过程"来解释整数思维与逻辑本身的法则。数意味着要将客体分为"类或子类"(第123页),也就是"某一相继次序,其中每一个客体只出现一次"(第124页),这与儿童进行观察后能得出的结论一样。正因为这样,贡塞斯向我们讲道,"数可以与任意可知觉的特点相类比,例如大的、黄的或重量特点,一个客体群具有数值为三的特点,比方说,正如这三个客体中的某一个具有红色的特点或者透明的特点一样。概括地说:不论是它的初始意义还是它的直觉作用,数都是客体群的一个物理特征"(第127页)。至于逻辑本身,逻辑是"任意某个客体的物理"(第155页)。贡塞斯随后的研究明确指出,逻辑只能是如此,而且也起规范等作用。但至于其起源,逻辑建立在客体之上。然而,儿童不能一下子就掌握客体概念,客体概念是"一种要格式化的抽象"(第162页),也就是说是认识的一种"初始形式"(第169页),这一初始形式是被建构的,但却没有最终确定(正如微观物理学证明的那样)。虽说如此,基础逻辑关系还是客体彼此间的关系:这些关系表明的"不是一种提前生成与形成的逻辑的抽象必然性,而是使物理客体世界呈现这些关系的必然性,并使其产生自然法则的普遍观念的必然性"(第170页)。但是,除了"客体、数和空间的数学形式"(第175页)与客体特点相关的直觉形式促成了有效客体的一种逻辑,亚里士多德类的逻辑的诞生形成了"一种存在与本质的抽象理论,但这一逻辑只是此类理论的一个格式性概略"(第190页)。

总之,数学的存在提出了以下"一个两难推理,要么初始概念与其关系通过它们的生成与发展来证明,要么数学必须要在抽象之上建立自主性",但如果人们在一致问题提出之际,也就是当引入基本概念时候,就系统地排除这一问题,这些难题虽然避开却没有解决,就会以另一种形式重新出现:在关系之外提出的这个问题没有答案,也只是让位于一个内部策略问题(第361页)。

我们坚持长篇幅讲述这一数学认识论,因为贡塞斯用发生学观点解释空间和数与物理实在的一致性,这理论上与我们在这里坚持的观点一致。因此,通过研究确定提出的格式化理论是否足以完成勾勒出的规划,特别是在空间形式上相当重要。

就这一点而言,最好分别考虑贡塞斯涉及普遍数学基础的反思与关于发生过程本身的概述。至于数学基础的反思,贡塞斯巧妙且有力地继承并发展了庞加莱与布伦茨威格二人关于初始科学概念的心理学性质,这既不同于柏拉图式的实在主义或者数理逻辑的形式主义,也不同于经验主义,人们只能认可这一方法。按照本质概念,抽象化活动与具体总是相互依赖的,正如一个格式化与对应的实在,二者中的任何一个在任何发展水平阶段都不能孤立地存在。按照这些本质概念,最精炼的公理学也只能是一个反思过程的结果,这个反思过程延续了心理格式化本身,这些本质概念明显地更新了被称为心理发生学在关于数学基础这一永恒问题上的伟大传统。

我们多次说过,完全赞同贡塞斯就这一问题的立场,完全赞同其本质上发生学的批判性与反形而上学的思维,这种思维使其认识论富有活力。但是,"直觉"来源本身这一问题,人们能否认为通过这一数学家所捍卫的、对格式化与直觉形式的独特设想就得到了解决?就这一棘手的问题而言,我们有点困惑,因为无论如何这不是贡塞斯的错,如果说在1926年与1936年分别出版了他的两部主要作品,他经常提及的儿童心理学没能为他提供他所期待的有关空间、时间、数、特别是逻辑运算方面的帮助。这非常有趣地记下了他在心理学对认识论的贡献方面思想的变动。1926年(《数学基础》,第105页),他写道,在直觉与抽象关系上,"这些问题部分基于心理学中,极其复杂"。1936年,或许是在此期间,由于缺乏经验心理学的精神指示而备受打击的贡塞斯说出了上文提到的那些幡然醒悟的话,就好像发生学研究避开了重要心理建构一般。1944年,相反经过认真检查了几个成果之后,贡塞斯心安定下来,把来自一个公理学专家的这一宝贵证书颁给了心理学:"发生论学家与认识心理学家之间的某种趋向一致性,某种看法平行性,因此成为——可能出乎意料——认识心理学系统化合理性的一个必要条件;发生论成为哲学真实性的法官。"①

因此,我们不能强调贡塞斯的初始心理学,尤其是因为贡塞斯明确地修改了自己最初的观点,且因为人们不能要求一个数学家同时又是一个经验心理学家(并且人人都知道,反之亦然),但是如果说贡塞斯是朋友,真理更是朋友,那么,至于科学认识论的方法与其未来本身,这里提出来的正是一个原则问题。

问题如下。对直觉思维、对知觉、对运动性、对调节"心理过程"促成抽象,因此促成"格式化本身"的一切分析,一旦离开数学与逻辑数理演绎的范畴,是否可以不按照神经学、发生心理学的准确方法进行,先不用说人种社会学与历史学?如果答案是可以的,我们不可避免地又回到了关于理念的纯粹讨论或简单的反思性分析中去,科学认识论声称要提防院派哲学,恰好变成了一种其他哲学(我们担心贡塞斯禁不住给他个人的体系命名时,就沿着这一倾向发展,因为理念主义②虽然没有任何体系,但却赋予它一个

---

① 贡塞斯:《皮亚杰近期著作中的逻辑心理学:类别、关系与数字》,《心理学档案》,1944,30,第199页。

② 这里所表达的是赞成贡塞斯所创的理念性的哲学研究方法。——译者注

危险的表象,通过它的名字本身就会激起对立者的怀疑)。否则,应该面对的只能是事件研究,而不是概念的建构,不论建构是具体的还是智慧的。然而,显然这种经验研究成为发生哲学的专业方向,不仅追求分析"重要的心理建构",即思维的个人与集体发展,而且尤其也同时包含"瞬时的"与发展的。并且这难道不是一种有点预批判性的态度,想分离出瞬时本身?一种"心理过程"真的是一系列相继的"瞬时"状态吗?如果人们在这里想说平衡状态,那么准确说这是发生心理学客体向我们呈现的其渐进性生成。如果人们只是想表达某一任意状态,现代分析战胜芝诺的论据,心理学也一样能做到。

虽说如此,至于贡塞斯提供给我们的心理发展以一种"格式性的"重建,首先必然得出的真相是,自一开始,贡塞斯实际上就提出了他使用的建构方式,这一建构方式更多的是逐渐解释暗含的基础内容,而不是一种真实建构。实际上,可能是整个格式化过程源头的"直觉形式"是什么?这是"意识瞬间的虚拟场在我们当下的意识上的痕迹"(《数学与现实》,第63页),这个场包含"全部的虚拟状态"(第70页)。相当具有天赋的人能将每一次知觉的整个虚拟知觉场域考虑在内,提前准备好要解决所有演绎法与公理化的问题。这一说法很有趣,因为显而易见,正是虚拟的介入标志着从纯知觉过渡到了(感知运动的或反省性的)智慧活动;只是这一过渡不是瞬间完成的,而是耗用了好几年时间,因为心理上要逐渐获得对虚拟的支配!例如,在视知觉的范围内很容易表明,5至7岁的儿童的知觉只能很有限地使用虚拟的功能,虽然他们有可能看见(而不是通过推理判断,看见,这里指的是严格意义上的知觉),间隔一定距离放置的三个客体,就好像三个客体同时呈现关系 $A=B, B=C$ 且 $A>C$;B 位于 A 与 C 之间,他们能清楚知觉到等价 $A=B$ 与等价 $B=C$,但直接比较 A 与 C,他们知觉到了关系 $A>C$,而不考虑虚拟位移中间项 B!至于贡塞斯认为这存在于视觉定位与运动性之间的协调,这与庞加莱的理论一致,当然,其认识论意义主要取决于其生成方式:按照协调是天生的(且要知道这种情况下,协调是否归因于偶然的突变,归因于环境的影响等等),还是只按照经验获得的,或者还是归因于先天与后天元素之间的一种互动,会引出完全不同于空间图式主义的另一种观念。因此,仅援引这种协调作为可认定的事实,并从中得出一种格式化理论,这是不够的,而应确定其发生机制。然而,在认识的现有状态下,一切似乎都能表明,在这样的协调中感觉方面主要起发信号的作用,而运动方面起决定性的作用:从运动过渡到运算就形成了空间直觉生成的真正问题,并且除非人们能准确描述这样一个发展的真实阶段的心理发生学分析,否则我们不能认为这个问题已经得到解决了。

接下来我们将探讨贡塞斯几何认识论的中心问题:"图式"的观念有什么意义?贡塞斯忠实于他的逐次逼近法,避免提前陷入一个定义当中,如果我们问他为什么从来没有有限地规定这一概念的使用范围,他可能会回答说他打算尊重格式主义本身不可预料的变化,也不打算从概念建构着手。但是只有在发展领域,我们才会有立场在这一重要用语发生学与认识论上极其不同的两种可能的意义中,要么寻求一种选择,要么寻求一种和解。这一用语几乎出现在贡塞斯作品的每一页中:要么实际上"图式"是一种"格式",意思是主体运动,知觉的或理智的活动共有的一种结构,图式要么是一个客体、一个客体集合、一个现实部分的一种图式化表象,要么二者兼有。但是,如果非此即彼,人们就不能从一个意思到另一个意思,如果二者兼有,那就要明白为什么同时具有这两种意思,并且,因此也就要得出其生成过程中相互影响因素之间的关系。

至于我们①,不论是简单动作(例如抓握格式)还是动作间的协调(例如集合与分类格式),我们将从感知运动活动到内化的运算,各种类型动作的运动产物,称为动作"格式"或运算"格式"。

因此,"格式"的作用根据主体活动而得以确定,主要是确保新客体对动作本身的纳入或同化,并且动作在更新的、普遍化的条件下不断重复,就能获得一图式化特点。格式必然应用于一种给定的物质,并且能够进行顺化,格式的相继顺化最终会使"概括性的"认识不断受到校对,正如贡塞斯说的那般。因此,这一同化性的图式主义能够展现贡塞斯赋予"图式"的所有内容,但前提是要明确整个"格式"针对外部现实的顺化以一种先决同化为基础。

然而,如果人们在格式中区分同化与调节这两极,一个是协调的源头,另一个是对经验材料的适应,那么人们面对的不仅仅是一种独一无二的典型,而是两种截然不同的抽象化活动,这些抽象化活动确实使我们能够辨别使"图式"(意思是一种可知觉现实的表象-提纲)与作为主体活动表达的"格式"二者相对立的一切。首先,从客体出发的抽象化活动旨在从客体中提炼出或多或少概括的特点(颜色等等),为由同化格式的或多或少深入的协调而来的、概括性的、格式性的认识提供材料;其次,还有一种从主体活动中发生的抽象化活动,这第二种抽象化活动旨在把某些普遍协调机制与所观察动作的特别方面区分开来,旨在借助因此从这样的动作中提炼(意思是区别开来)出元素建构的新的格式。

如此,人们就能理解这一区分对于空间建构的重要性了。因为贡塞斯的认识论特有的困难或许就取决于从其中一个意义要连续过渡到另一个意义,当要解释逻辑的、数的或专门空间的图式时,当贡塞斯告诉我们,例如基础逻辑学尤其是"任一客体的一种物理学",难道不应当明确指出,基础逻辑先是动作的协调,然后才有可能生成一种这样的物理学,换句话说,基础逻辑的确构成了"一种作用于任一客体之上的动作"?然而这还是相当微妙的,因为如果说客体观念是被建构的,而不是现成生成的,那么清楚的是,这一建构中动作间的协调构成了一个起点,于逻辑而言,这发生在组合客体之间关系之前,也就是在这一建构本身产生结果之前。客体是一种"图式化抽象",之后才处于"图式化",因此首先要提到的是把实在图式化为客体动作间的协调(这使我们回到上文提到的关于"直觉形式"生成的难题)。

但还有更多。显然由于没有区分相对于客体而言的抽象化与相对于动作而言的抽

---

① 见《儿童智慧的起源》,德拉绍和尼斯特尔出版社。

象化,贡塞斯将直觉的数类比成一个"物理特点",正如颜色、重量或透明。这种惊人的看法可以表明,贡塞斯的体系从一个与动作"格式"临近的"图式"观念开始,但没有充分强调任一格式(在所有的发展水平阶段)的动作性与运算性,逐渐把图式看成是对外部现实的一种简化图像或一个提纲。然而,如果心理学能够给数学家提供最少帮助的,那正是像数学家证明,集合还有分类成"类别或子类别"的动作,它们的性质完全不同于感知一种颜色或一个重量,贡塞斯援引这些动作解释数的建构:这些动作本质上是运动性的,这与可以给动作担当信号或符号的质性图像不同;与观看或掂量的动作从客体中提取颜色与重量不同,这些动作没有从客体中提取数,但这些动作强加给客体一个计数格式,这一计数格式变得可移动与可逆,生成了可公理化的运算。

清楚无误的是,至于运算空间本身,物理现实主义与演绎行为二者之间相对立,其本质会在"图式"观念内部重现,既然几何图式如同数与逻辑图式,可以依次被看作是客体的一种抽象的"概括性"图像,是一种基础的或公理化的运算图式,从施加于这些客体身上的动作协调提取而来。贡塞斯几何认识论给我们做出的重大贡献,是减轻了经验主义与形式主义之间的冲突程度,这种冲突能阻碍任何和解,也就是说在几何思维的高级结构范畴内。但这个问题只是被转移了而已,并且在"直觉"思维领域里,也就是说,实际上在公理化最后阶段之前的整个理智发展过程中,又会出现。

概括地说,我们眼中贡塞斯认识论一直面临两个难题。第一个难题是,由于"图式主义"没有一个相当清晰的发生学位置,在其中一直过于静态,因此错过了感知运动与智慧格式运作的本质:在可逆协调作用下,动作转变成运算。从中产生了第二个问题,稍显快速地把逻辑和数学与物理学相似对待,然而运算观点让人们把主体施加于真实的动作本身划分为两个不同的层面:生成逻辑与数学的一般的协调;由客体不同质性场区别而来、形成了物理认识的开端的、特别的动作。然而,人们不能避免这样一种区别的最佳证据,是贡塞斯自己不得不承认"数学形式"与物理特点之间的二元性(《数学与现实》,第175—176页),且特别是在演绎法则"类比"与因果性之间(《数学与现实》,第306页)。"要想使我们的介入在自然界中有效率,条件就是智慧固有的法则,有自然法则的意义作为外部意义"(《数学与现实》,第307页);承认一个这样的二元性,足以表明,必须要保证动作格式本身的形成一开始,就能解释这种二元性。完全赞同贡塞斯的认识论,只要贡塞斯将公理学的形式与整个心理发展中的法则联系在一起,我们相信能够在动作格式与动作过渡到运算本身的理论中解释这种发展,并且这种解释会更加与所追求的目标一致。然而,对问题的这种立场最终有可能会颠覆日常几何与真实之间建立的关系:只要基础协调,借助纯粹遗传的机制(贡塞斯一点也不否定其偶然性),逻辑-数学的运算与外部世界的关系首先能够从内部通过活跃的组织来保证,这一活跃组织从其最基础形式起,本身存在于与物理实在的互动中,不需要将逻辑与数学的经验与个体的物理经验相似看待。

甚至通过生命形态的最基础机制,建立大脑与宇宙之间的内在联结,唯有这种联结可以表明,逻辑-数学的认识比物理认识可能要提前,然而如果数学"图式"按照动作与物质存在的当下与外部接触仅仅后天才建立,这种提前将一直无法解释。

第十二节　结论:空间、数与经验——布伦茨威格的解读

正如我们在本章开始提醒的那样,常识上没有什么比空间和逻辑-算术的(Logico-arithmétiques)存在更加不同的,空间被自己放置在客体里面,类别或数似乎表达的只是人工建构的客体集合——发生学确认过,空间与客体有关,逻辑-算术的运算涉及的是所有客体。常识的重大错觉就是认为人们置身于客体里,或认为人们可以通过比建构客体集合更直接的方式掌握理解客体。然而,在发生学上,的确客体的一般概念与客体集合这两种情况下的生成,谁也不比谁更容易、更提前。如果没有知觉元素的整体性守恒,婴儿就不会形成客体恒常性观念;如果没有逻辑和数的运算结构,在严格意义上复杂客体的空间结构也不能形成。

在知觉层面,没有比连续集合具有更多的单一空间,非连续集合被或多或少的知觉为丰富的多元性,形成逻辑的类与数。在感知-运动层面,附属于知觉的位移有望实现某些协调,这些协调组织成一个邻近空间,同时客体实践恒定性形成了,但还没有形成超越动作界限的表征空间。同样地,感知-运动格式生成了逻辑观念的实践对应物,同时开始了数量化(不断地重复等,其节奏使动作中某些量的评估变得有可能),但同样没有表征。在前运算的直觉思维层面,生成了静止的空间表象,这是与客体可能的变形有关的某些动作的一种表象性,但没有守恒性,也没有可逆性;从逻辑和数的角度而言,同样出现了前概念的与前数字的直觉,但没有集合的守恒,也没有外形可能的可逆性。

在具体运算层面,可传递的、可逆的初始运算在空间领域中得以生成,方式完全与逻辑-算术的初始运算同构。最后,在形式运算层面,一种形式与假言演绎的逻辑同时包含空间与数的变形。

这种毗邻的发生学平行性引起了一种极其简单的解释:如果人们通过客体,按照客体元素的邻近性去理解观察到的一种单一整体性,那么空间就是客体内部的变形体系,然而逻辑与数构成了涉及客体集合的(或客体之间关系的)变形体系,客体被认为是不变的,其特点是不同于邻近性的相似性或差异性。因此,从基础动作开始,从数的角度看,几块石子就是由不同的个体组成,也就是说,这些个体彼此独立且没有变化,这些个体被数的运算既联合又排序(或者被类别简单地集合起来,或者被非对称关系排列起来);相反,从空间的角度看,同样的石子是单一个体的元素,石子们自身形成形状的内部关系,将这些元素连接起来:邻近、分离等,或距离、由参考轴得来的位置等等,或透视等等。即使人们移动石子,它们的数量仍然保持不变,但是石子组合的整个客体改变了形式或"图形",这些变形组合了这样的空间关系。自此之后,如果数作为逻辑-算术运

算的产物出现,也就是说要么涉及相似(类别),要么涉及差异性(非对称性),要么同时涉及这两者(类与非对称关系合成数的单位体系),那么空间就要同样地被看作是涉及本体变形的亚逻辑运算的结果。但这两种运算体系,尽管二者不同,尽管最后会表现为一个可公理化的命题的单一体系,却一直是同构的:连续的划分与拓扑覆盖的集合因此与逻辑类的嵌套一致,次序运算(位置与位移)与逻辑分类运算一致,度量前两种运算的综合与数平行建构,数是类别和非对称关系群集的综合。

然而,(我们)指出这一毗邻的发生学相似性完全与数学概念的相似性一致,具有重要意义。整数与空间连续二者构成了数学思维的两个极点,在这两个极点中间,一个增长的交换系列生成了一个错综复杂的对称性和交互性系列。数给空间提供了度量细节,但空间还以数以无理数,无理数用于在数字上建构与空间连续相对应的一种连续。解析几何学从代数这里学到了方程式变成曲线的方法,稍后微积分就受空间变形的激发而产生,数域借给拓扑学使用集合理论,但拓扑学用函数理论拓扑化的可能性回应。至于数学基础,从克罗内克到布劳威尔再到威尔这个流派的数学算术化,构成了理性环论。然而,空间连续被其他人认作是所有进步的源头。简而言之,连续与整数是两个独立的实在,但二者的关系导致了一种密切的交互作用。

因此,无论是从知识胚胎学角度,还是从知识的临时完成状态看,在我们现在经历的科学史阶段,存在一个基本的背景,既表明在同时掌握客体与客体集合时,数学思维的统一性也表明,同数的性质一样,空间的本质上具体运算与同化的性质。因此,这两类运算格式的平行性,本质上就是要方便,而且这是现在应当实现的,对于空间在主体与客体之间相互作用的情况,也就是说在运动或演绎的建构与经验之间相互作用中最后的讨论。

关于这一点,我们可以从布伦茨威格在其《几何真理的根基》中的著名分析得出的结论开始。直到现在,我们都很少参考这位哲学家所采取的立场,他的发生学与历史批判性穿透力,只有与他的数学穿透力可比。但这是因为我们如此赞同他的观点,以至于不曾从外部感受这些观点:我们的布伦茨威格让具体运算,例如生成客体轮廓概念与一般图形的画画实践、瞄准、确定直线、旋转与平移等等,在空间生成中所起的基础作用,其实在我们就儿童身上空间表征的发展所做的系统调查中并不小,他在这一点的看法与一个经验结果表现的惊人一致。布伦茨威格首先赞成道,"清楚的是,没有其他的空间有效知觉,除了填充空间的身体的知觉"(第498页),从中产生了动作的决定性作用:"正是我们的动作,构成了意识状态的客观性网络的基础。"(第499页)因此动作构成了一个与移动相关联的"感觉束",且"这一感觉束,由于它准确说是与动用的手段、与实施的主动移动相比之下命中的目标,就是客体"(第500页)。那么,这些形成空间的动作到底是什么? 这首先是画画,它决定了轮廓的不变形性,不论一个类似的陈述多么悖论,人们并不是通过凝视客体,而是通过为了人为重构客体外形的动作,而成功地提出了作为真理标准的轮廓的不变性。然后是瞄准,它生成了平直找正。如果正如孟德斯鸠所言，尤其是位移在画出圆之前圆的半径是相等的，仅仅是因为半径相等，母线旋转这一活动必然具有的是圆的构成部分。同样，通常平移一根杆的长度就会生成平行线等等。"现在我们知道，思维如何逐步地使自己能够生成算术-几何经验，这种经验使空间测量科学变成一种普遍科学的基础"（第507页）。

但这种"经验"是什么？"经验的提示对于空间生成是必要的，但是经验并不足以从自身带给我们一个生成的空间"。因为"我们所看见的，在空间之中，但我们看不见空间。任意直觉的地点，绝不是直觉客体。空间的根基在经验中；空间在理性中完善"（第514页）。因此，空间是"思维与物质之间合作的产物"（第520页），但这种合作"不能在合作成果之外想象合作者"（第521页）。

我们只能完全同意这些说法，只是布伦茨威格通过把几何经验完全比做物理经验来解释这些说法。正是在这一点上，要进行讨论，要弄清楚动作与空间的作用是否必然最终引起被人们偶尔称作布伦茨威格理想主义的这一现实后果。

在第一章中，我们最终承认，逻辑和数的结构不是按照物理关系的方式从客体抽象而来，而是源自施加于客体集合的主体动作的协调。同样地，在活动的各个水平阶段施加于客体之上完成的动作意味着一种在同化格式之间的先决协调，有机体能够同化外部环境，因此能反作用于自身，不用生成一个将自身形式赋予物质和与其互动的外部能量的周期过程。因此，从感知运动格式到可逆运算，正是这种协调有望生成分类、关系，并因此从这两种结构中生成了量化与计数。这完全没有说明逻辑与整数是作为主体心理生成当中的先验结构预先形成的：完全不存在先验结构，因为所有的结构都是被建构的。但任一结构化都暗含着一种先于这一结构化的运作，因为如果没有一种运作起点与生物组织本身有关的连续运作的话，任何动作都是不可能的（这一生物组织本身也提出了一个认识论难题，我们不会在这里而是在第九章与第十章讨论这一问题）。这种运作通过相继结构得以延续，每一种结构通过一种抽象化活动从之前的结构中提取自身的元素，同时按照一种更高级的平衡形式将这些结构集中起来。逻辑与算术存在从这种抽象化活动中提炼而来，因此这种抽象化活动是一种从动作甚至是动作协调而来的抽象化，并且应当仔细将其与从客体出发来的抽象化区分开来，因为从客体而来的抽象化不等于说把动作看成一种客体，而且局限于从动作中（通过同化程序的简单连续性）提取其运算元素，而不是提取任一特点，因此，高级的感知-运动格式，因为（反省性的和知觉的）初始格式得以进行预测和重建部分，也延续这些格式，将这些初始格式归类为初级行为与反馈行为；直觉格式保留了感知-运动格式的同化与顺化性调节，感知-运动格式在或多或少对接的表象表征中延续；运算格式从直觉格式中抽象出直觉格式的联结，使直觉格式在可逆组合中延续；等等。

简而言之，逻辑与数都取决于主体动作的协调，而不是从客体提炼而来，虽然只有在动作作用于客体时，这些协调才会表现出来；建构逻辑与数的相继结构既取决于一种从动作的以前运作出发的抽象化活动，也取决于使涉及动作（集中，分类等）的抽象元素的组合更灵活与可逆的运算的概括化。

相反，物理认识取决于不同于动作的普遍协调、区分化的特别动作：掂量、推、加速或减速等动作；因此，物理认识是从这些动作涉及的客体中提取元素（这些客体总是只有通过对特别动作的同化才为人所知），而不再是如逻辑与算术般，从这些动作的协调中提取元素。特别动作是根据对不同客体的调节区分开来，动作的普遍协调一直适用于任意某些客体，只是因为这些特别动作与动作的普遍协调总是被结合在一起，事实上也一直是不可分离的。因此，理所当然地，逻辑-算术运算以更加连续的方式与物理运算重新联系起来，且并未因此而与物理运算混淆。

那么，空间或几何结构从哪里来？

空间与几何结构也如逻辑与数一样取决于动作的协调，还是如物理认识一样，取决于动作的特别内涵？在这里，两个事实具有决定意义：一方面，空间发展与数的发展之间，尤其是空间的生成运算与逻辑-算术运算之间紧密的发生学平行性；另一方面，一种无限丰富的演绎几何的历史延续性，这不同于物理演绎一直受制于经验的管制。

从发生学角度看，动作与空间生成运算的性质已经足以表明，二者同逻辑-算术运算一样，属于与特别动作相对的动作的普遍协调。覆盖或次序的基础拓扑关系与逻辑的类别或数字之间仅有的区别就是，在后两种情况，与邻近不同，元素因此以非连续的方式被联系起来，然而第一种情况下，元素由于按照连续关系排序的邻近被连接成一个整体客体。然而，邻近性与连续性是动作与建立在相似或差异排序之上的嵌套的普遍特点，这是二者具有的最基础的同化特点。实际上，动作的发生以连续的方式越来越近，正如动作把动作所展开的非连续情景元素集合为整体，或把这些元素联系起来。邻近与非邻近特点，也就是说动作的空间与逻辑。数的特征迟早会彼此区分开来，实际上这只是始自可逆的具体运算水平阶段（7至8岁），然而所有的前运算的图像化直觉涉及的是部分空间外形，甚至是前逻辑或前数字的集合（见第一章第十二节）。一方面，拓扑的"异物同形"的心理来源有待在质的对应中寻找，质的对应，有望辨别与体积或形式本身的恒定性相对的形式相似性；然而，这些对应与逻辑的类别的生成同化密切相似。

对于投影集合的源头——视点的协调，对于几何度量的源头——活动的协调，都同样是概括性协调，虽然这比初始拓扑协调或同化更少。空间如同逻辑与数一样取决于动作最基础的协调，因此，空间通过从协调本身出发的抽象化按照相继的重新结构化进行，这就解释了为什么空间运算一旦形成后，就能够引起一种不确定的演绎。

历史上，几何学与物理学之间的相对独立，确实表达出一样的思路。然而，任一纯物理演绎引起必然要求借助经验的不定性，涉及客体抽象特点的简单普遍化早晚会导致一些幻想的、与事实不相容的理论，几何演绎无限丰富并且由其内在真理保证。

人们会争辩道：经验阶段发生在演绎前面，在几何学上与任何物理问题上一样，但我们也了解过（第一章第一、二节），经验并不必然表示从客体出发的抽象化活动，主体能够通过借助任意客体的自身动作获得经验，探索到第一种的必然性协调，这不同于第二种的特别特点。人们也会认为几何学长期与经验一致,这似乎赋予客体一种物理学特点,而且这一物理学特点高于物理学本身的特点。但这是因为,准确地说,动作最普遍的协调一旦能够实现可逆组合,最终会实现对随意客体的一种恒久调节。既然动作总是涉及客体,并且这种静止的调节与特殊调节不同,同样,动作之间的协调与多元化的协调不一样。

如果说空间因此也能与逻辑、与数相对比,然而只从它们与经验各自的关系角度看,逻辑-算术运算与空间运算之间存在重大的差异。但这种区别,准确说,只是取决于介入到空间关系里的邻近关系,这不同于不同个体之间的相似、不同于对等这些逻辑与数的特点。相对于某一观察尺度,物理客体,甚至是作为物体或多或少彼此间相邻,这的确如同客体或多或少相似、不同或普遍等等。虽然客体相似、不同或可数,但客体实际上只有在被主体分离、分列或计数之后,才生成类别、序列或清点的集合(甚至"可数"这一表达方式指出了客体具有计数这样一个潜在动作,但并未因此通过自己呈现出当下的数学特点)。相反,两个物理客体之间,能够独立于我们在作用于客体实践中建构的数学空间结构,呈现出作为物理的邻近关系(或者距离等等)。其中的原因,是客体根据邻近性越来越密切地彼此相互作用,然而相似与不同不能远远地相互影响(与神奇的因果性所承认的不一样),而形成独立于空间接触的类别等的延续。因此,在归因于主体自身协调的数学空间附近,还有一个物理空间或经验空间,涉及的是借自身特点而得以区分的客体。换句话说,在由于主体活动而生成的多种形式中间,有一些形式比另一些能更好地适应这样一个专门化的客体体系。专门客体由它们的物理特性,也就是说由应用于它们的特别动作所确定(相对的是动作的普遍协调)。

但是如果说,因此存在一个与数学空间不同的物理空间,然而却不存在物理的逻辑或数,那是因为邻近介入到因果关系内部,因为相似、不同与对等在远处不能起作用,所以完全不能从中得出物理空间与数学空间的一一对应。一方面,实际上,物理空间比主体建构的空间更贫瘠;另一方面,而且尤其是(第二个理由可能决定第一个理由)真实空间的任何特性都离不开其他物理特点。测量一段物理距离,就是要实际上,而不是思维上移动一米,因此这一位移取决于客体,取决于重力场等等,即位移能生成一个真实的活动,涉及时间与速度,所以物理空间不是不再可与空间背景分离的客体的一个特性:物理空间只是被分离出来且同质的一个容器,但却与其异质的容纳物成为一体。然而,因为描述主体行为特征的所有运算决定了客体可能有的变形,物理空间的特性能表现在数学空间上。但反过来却不行,数学空间比物理空间更丰富,因为任何逻辑上可能的变形在物理上不一定能实现。

因此,(我们在第七节中已经了解过)体积观念的发生按照覆盖动作出现,每一个覆盖体系都能使一个内部元素按照新的体积得以解放,随着这一元素跨过一个点、一条线、一个面等等变成外部的。然而正是物理经验让我们知道,我们尺度下动作的真实世界里,空间只有三个维度。实际上,人们不能从一个关上的盒子里取出一个客体,也不能把一个左手套变成一个右手套等等（这足以表明物理空间比数学空间更贫瘠！），但是这三个维度是我们的特别动作所施加的客体的一个物理学特性，而不是动作概括化协调的特性，此外，这里可能有遗传因素的介入，既然我们甚至是不能用（与知觉或想象不同）直觉生出一个四维空间。那么这就是"特别"遗传性事实，也就是说一个人类（或高级哺乳动物等）染色体特性，这与生命存在的普遍遗传性（细胞质遗传）不同。因此这相对于全部有机体共有的协调而言，又是特别的动作——同样，如果物理空间在我们一般动作尺度下是欧式的，那是因为对于我们日常的测量工具而言，一个三角形的三个角等于两个直角，但在另一个尺度下测量这些角，例如相对物理学中著名的 ds^2 * 测量，将最终会确定其他形式的空间物理学。尤其是，如果我们不得不每天在一个高速世界中动作，而不是生活在我们的低速下，我们的动作应当适应的时空内容的曲率，或许很容易为我们的机体所感知。

从主体活动与实在这二者之间的关系角度看，物理空间与数学空间之间的区别导致了以下结论：众多几何认识受到了物理经验的启发，也就是一种相对于客体与施加于客体之上的特别动作的抽象化活动，而不仅仅是相对于主体动作的概括化协调的抽象化活动。引人注目的是经验起作用，更多是启发，不是限制，也就是说，比起任意物理法则，对外部环境的适应更容易，既然我们能够通过我们自己重建这一经验启发给我们的内容。在一个著名片段中，庞加莱写道："数学思维的唯一自然客体就是整数。外部世界强加给我们连续性，或许我们创造了连续性，但也是外部世界强迫我们创造的。"（第149页）

并且我们不认为连续性的内部根基不在动作协调中，因为如果位移群从主体动作中生成，正如庞加莱他自己承认的那样，感知-运动层面本身没有连续性的介入是不合适的（另一方面，格式塔理论让我们知道感知-运动"形式"中连续的基本特点）。但是，如果庞加莱的话，在内容本身上相当具有限制性，但在很多其他情况下都有效：经验强迫我们实现众多的几何创造，即使我们本该能够从相对于动作协调格式中提取它们，在这些情况下，只是要说明的是，物理空间上实现的发现先于数学空间的发现，同时，在另外一些，但也很多的情况下，产生了反向进程。而且关键还不是那样的：关键在于两种结构的必然汇聚。然而这种汇聚是理所当然的，既然我们只能通过作用于物理客体的特别动作，才能了解物理客体（物理空间本身总是与这些动作的尺度有关），既然生成数学空间的动作的概括化协调也总是与特别动作相一致，但同时也超越了这些特别动作。

然而物理空间与数学空间的这种二元性和汇聚性，与逻辑-算术运算相比，在主体与客体之间的相互作用上，极其具有说明意义。我们已经将空间运算与逻辑-算术运算区分开来，空间运算也是客体的组成部分，而逻辑-算术运算涉及非连续客体之间的集合或关系。然而关于作为同质整体的客体，那么显然，空间涉及物理客体，同时空间表

---

* 即大地测量学中的投影变形修正（高斯投影修正）。——译者注

现了在其之上施展的动作的协调,既然这一物理客体总是按照应用于客体的特别动作而生成,特别动作与动作的概括性协调是不可分割的。逻辑-算术的建构也是同样的情况,如果客体集合元素之间的相似,不同或对等,表现的是一种独立于空间(因此也就是邻近、距离等等)的物理意义,但相似、不同或对等并不因此属于,至少因此不再属于现代物理学(与亚里士多德逻辑物理的本体论相比),那是因为不同级别(一直到被看成整个整体的整个物理宇宙)的物理客体,准确说,属于客体的组合运算而不属于独立空间的运算(除了我们会看到特别动作的极限,也就是说微观物理学)。因此,从中得出,虽然在生成上与完成上空间运算与逻辑-算术运算同构,但空间运算极其紧密地确保了主体与客体、物理客体与物理空间本身之间的接触,"客体组合运算",生成了隶属于主体动作协调的空间,物理空间本身隶属于主体,施加于客体之上的特别动作。

逻辑-算术运算、与其同构的数学空间与物理空间(各个方面都离不开物理客体),因此保证了主体与客体之间的亲密互动,这种相互作用以最简单的方式,同时解释了在演绎与经验二者关系上,空间发生上与时间上的发展。正如之前(第六节末)我们所了解到的,完全不能像贡塞斯那样坚持空间直觉的、演绎的、经验的这三个方面的平行性,因为在发生上与时间上,直觉空间首先包含一切,然后逐渐变小,分离成两个领域,这两个领域相对越来越重要,直觉空间越来越次要:形式化空间与经验空间。然而当人们提出有关特别动作的彼此关系、物理认识的来源(包括物理空间)与动作的普遍协调、逻辑-数学认识来源(包括几何空间)问题时,事情就明朗起来:从勉强分化的动作与最基础的协调之间的结点出发,心理生产的空间,开始既是物理的也是数学的,也就是说同时隶属于主体与客体(直觉将主体与个体混淆成一个不加分化的整体);但是空间概念的发展本身对一种发生认识论具有决定意义,相反,表明空间运算(也就是普遍上的客体组合运算,属于更凝练、更形式化的主体的运算协调)与经验空间(也就是物理客体空间,属于更加分化的动作适应各种客体,适应客体的各种物理特点,空间与经验离不开这些物理特点)二者之间逐步分离。历史上,情况的确也一样:欧几里得几何学既想成为一种逻辑的演绎,又想是一种物理学(并且亚里士多德的逻辑也是如此),而相反,希尔伯特的公理几何学与爱因斯坦的重力场几何学,标志着这种分离与部分汇聚,动作普遍或逻辑-数学的协调与物理认识的基础,即个别动作之间完成的分化保证了这种分离与汇聚。

第三章 数学认识与现实

在检验过数字和空间关系的发生之后，是探寻什么是数学认识的发展所遵循的思维方向的适当时机了。切忌一劳永逸地判定什么是精神和什么是现实，发生认识论事实上不在于研究数学与这样的现实之间的关系，而是试图整理出数学认识在其历史的变化中遵循的方向，并且仅仅是参考在它的主要进程中逐渐被科学思维承认的各类事实。然而，从数学的所有历史的检验之中得出的主要机制，肯定是对运算逐渐产生的意识。因为古希腊几何学者信赖没有运算的沉思，而现代的几何学以及分析则是一项有关"变换"的研究，于是产生出运算的实际角色的问题。这个问题将我们导向数学推理的问题，并且最终导向在数学存在（des êtres mathématiques）的运算结构中，主体与客体之间的关联问题。

第一节 运算的历史性意识通达（一）

一、古希腊数学

我们常常能注意到，在或多或少构成了反映共性的个人的哲学之外，或者，甚至可以说，经过一个又一个世纪，数学家的"集体意识"的本质和他们的科学的客体发生了巨大的改变。如此看来，没有什么是有启发性的，除了思考使古希腊的数学概念与现代数学概念分离的根本的对立。尽管柏拉图这位古希腊天才为了验证形状的真实性而构想的形而上学，仍时不时重现在历史长河中，不过，这种对立很可能是源于对运算作用的认识不充分，这种不充分认识的标志是古希腊的数学概念，以及自17世纪起思维的运算机制的意识通达。如果这个论题是准确的，古希腊数学史便构成了认识论的最有意思的经验：一种建构的思维经验，即便它因为忽视自身的建构性，而后停止了建构，这是由于它缺少对自身能力的认知。我们也知道，事实上，古代科学的归宿，在它的"奇迹般的"出现（如果有过奇迹）以及在一段高峰期满之后，神秘地停止了它的繁盛并堕入亚历山大时期的颓废中。然而，仅仅靠社会环境无法理解这条历史的曲线，除非指出与科技（除了建筑科技之外）缺乏足够的联系是如何鼓励古希腊几何学家倾向于沉思和反运算。许多作者都曾试图解释这最终的无结果的原理,因此,如果可以说,难道不是源于实在主义对于主体活动的否认,而现代科学的繁荣将通过意识到自身内部可能性的运算机制的活跃性来解释?

古希腊数学家涉及的问题是那么的多样化,在那些研究中我们仍能够找到几乎现代所有重大发现的起源,他们同意树立或者系统化的那一部分科学在它们的领域并没有少比现代数学更加局限:只有算术和我们今天称为欧几里得(相对于射影几何与拓扑几何)的几何变元有权被提及,更不必说阿基米德的静力学,其方法以多种角度阐明古希腊人的科学理想,但并不属于纯数学。不过,古希腊人认识一种代数(亚历山大港的丢番图运用简缩符号来表示乘方等等)和一种"逻辑"或者计算艺术,但是他们把这些看作是简单的实用技术而并非是科学(诸如大地测量学或者具体的几何度量)。一方面,他们通过安提丰和欧多克索斯的"穷举法"接近了微积分的运算,特别是通过阿基米德在他有关面积和容积的估算的研究中运用的精妙的程序,但他也曾想过依靠几何方法。同样,我们经常将芝诺提出的著名悖论与现代数学的有限级数的出现做比较。只不过,芝诺想要证明的是运动的理性的不可能性,或者仅仅是运动在不连续的多元化中的不可约性,他的意图事实上依然是消极的和批判性的,与现代无限(概念)的建构性作用相反。

此外,甚至连古希腊人的几何学都固执地受限。从最令人好奇的方式,到一定数量的概念以及几何学者实际上已知的那些最有限的图形。例如,人们知道那些被称为"机械的"曲线,比如希庇亚斯的割圆曲线、尼科梅德的蚌线、迪奥克莱斯的蔓叶线等等,都被列入欧几里得几何所考虑的形状中。就好像存在着一些理性的形状和其他在几何推理(以亚里士多德判断在"自然的"运动和"反自然的"或"暴力的"运动之间的区别的方式)看来是奇怪的形状。事实上,唯一被这种几何学承认的一些图形是那些人们能够通过尺和圆规建构的图形,即是通过直线和圆(或者围绕一条直线的回旋)。相对于其他形状,这些形状确切地从属于"机械的"进程,并且因此有不合理的嫌疑。出于同样的原因,我们无法在古希腊几何学中找到位移的理论,尽管欧几里得在图形的分解和重排中允许自己做这样的运算的实际运用。我们也不能对连续性进行系统分析,尽管所谓的阿基米德公理(暗示了他的穷举法)。这种连续性的困窘,在涉及所有形式的无限性时,限制了解析的以及几何的概括化。①

不论是怎样根本的对立将古希腊人的形式的思考与具象的运算相分离,在关系到埃及人的实用科学中,演绎推理于是乎对他们来说主要是静态的。因此,为了产生图形而排除其他可能的绘图手段,通过尺和圆规建构的这个选择,足够指出图形建构不与决

---

① 布伦茨威格正确地指出(《数学哲学的诸阶段》,第 155 页),康托尔在亚里士多德那里注意到的令人好奇的关于连续函数和无限的章节,都仅有形而上学的含义而并未在确实地科学的或技术的领域做出任何实际的应用。

定它的运算相关,且这种运算于是不具备使自身得到普及的逻辑能力;仅仅是图形建构了客观的数学事实,而建构仍是主体固有的,其结果便是没有科学认识的价值。同样地,那些通过求根运算(正方形边长为1的情况下,对角线长$\sqrt{2}$)的概括发现了无理数的毕达哥拉斯主义者们并未从中得出作为数的运算概括的这一概念的合法性的结论,却将它当作一种智慧的耻辱和一种亵渎而加以排斥:关于可公度和不可公度之间的关联应当用柏拉图主义来考虑,为了使不可公度获得能够被几何学引用的权力。然而,即便不将数概括到使其与空间连续性相符(从牛顿的广义算术以来的专属于现代运算科学的概念),古希腊人本应当能够从有关不可公度的考虑中得出几何图形的数量的学习。恰恰相反,就像布伦茨威格和布特鲁瓦指出的那样,他们总是试图使推理从属于质性,开展"关于量的质性研究"①,不仅避免具体的数量的计算,甚至避免那些抽象的数量的计算②,例如通过用保留着图形的质的形式的建构取代角的测量。③

总的来说,如同所有科学史的专家曾指出的那样,古希腊数学的准则主要是沉思式的,即是在客体至上的和不完全意义上的实用主义,抑或是对主体活动近乎刻意的忽视的。对于毕达哥拉斯来说,数存在于物之中。换言之,整数曾被看作是空间现实的准则(作为我们的最外界来理解),直到发现了不可公度。之后,它依然存在于理式(Idées)或形式(Formes)的世界,像那些美和内部的和谐即是理性认识的客体的图形一样。"定理"是一种理性的看法,从"问题"和令它的证明成为可能的建构中抽离。简言之,纵观其所有方面,古希腊数学家的质性的和静态的推理是悬挂于现实之上、独立于我们、只属于客体的。

然而,由于每个人都是这样看待它,正是这种技术完美的理想此后成为衰落末期的古希腊数学的弱点:在数个世纪的辉煌之后,它的终结证明了它的贫瘠源于内部而不是外部,即是它为自身所设的界限。是否该像雷蒙④在这重要的事实中看到一种比我们的更加苛刻的逻辑的表达,并放弃运动、无限的概念和对连续函数的不可穷尽的分析,因为认为它们由于埃利亚的芝诺的疑难而有矛盾的嫌疑?可是为什么伊利亚学派主义能够引出这样的抑制效应,而我们的时代就像无穷小的分析开始时那样,数学的"危机"只会引发对根本的讨论,从未使技术贫瘠?这样的事实相反地推动我们去探讨一种比现代的逻辑更简洁的逻辑,因为它更加静态,并且由于较少有意识地运算,不那么善于同化现实的数据。

古希腊数学的结构提出的心理和发生的问题便是要解释这样一种逻辑,一方面参考先前的"实用的"计算的具体运算,另一方面参考16世纪和17世纪的逻辑。然而,似

---

① 布伦茨威格:《数学哲学的诸阶段》,第155页。
② 布特鲁瓦:《数学家的科学理想》,第70页。
③ 同上,第75—76页。
④ 雷蒙:《古希腊罗马精确自然科学史》,巴黎:布朗沙尔出版社。

乎对于古希腊人和现代人来说,形式的运算都是相同的,并且先前层面(经验的测量和计算)上的具体运算以及具体运算在图形建构中的应用,对于前者与对于后者一样,都是区别的。换句话说,从形式结构的角度来看,古希腊数学家的逻辑毋庸置疑的是纯粹的演绎的蕴涵和命题①,与17世纪的几何学相同(独立于公理与前提的内容仍然是直觉的这一事实,与当代的公理体系相对立)。但一切的发生就好像古代人在他们的形式推论的发现中,仍对其运算的和构造的特点毫无察觉,也就是说,在客体和主体的活动之间,由于缺少对这一活动本身的思考,没有建立一条同微积分或者解析几何的创始者们所建立的一样的分界线。正是由于这种意识的缺乏和来自这一事实的实在主义所强加的限制,致使他们的形式化思维丝毫未达到人们有权期待的那种无限发展。

意识到知识构造的机制问题,以及由主体活动和其客体之间的自发思维所建立的界限的心理问题,对于整个认识论来说都十分重要。如果实用主义比理想主义更好地根植于常识中,那么毫无疑问,这取决于它有必要寻求实现的基本的心理机制。古希腊人的历史经验由此看来构成了关键的事实,适于用最大程度的可能的参考资料来进行分析。

不过,智慧发展的研究以令人满意的明晰表明,不仅主体和客体间共同承认的界线从一个层面到另一个层面都主要是变化的,而且它依赖于一种恒定的现象,或者恒定地被更新:对知识活动的内部机制产生意识的困难,特别是当它以近期获得的形式化呈现时。

不需要重申在知觉和感知运动性的层面上,实际客体的建构缓慢而又艰难地为自身假定了一段时期,在其中主体和客体之间不存在任何界线,因此没有任何永久的客体,并且没有任何主体以主体的身体意识到自己;宇宙于是成为"非二元的",就像詹姆斯·马克·鲍德温出色地说过的那样,即是说所有被感觉和被觉察的都被放置于同一平面上,不区分外部世界和内部世界。只有在客体建构时这个初始的无差别的宇宙才会开始分解成为一种固有的活动和其外界的客观,在思维出现之前的对这个固有活动的意识无疑仍然是相对而言的。

随着思维的开始,在它起始的和运算前的形式下,个人的(表象)或者集体的(动词符号)能指和由此而生成的意义的区别,自然而然地标志着同时在主体的内化和在客体的外化意义上的重要的进步。后者于是更多地与自我分离,由于它始终是思维的客体,即便是在缺少所有临近的动作的情况下。至于思维,它比感知运动性的智慧更加内在化,因为独立于即刻的动作,也因此远离这个动作和事物之间的摩擦面。但这种双重的进步的直接代价是实用主义的回归,如果我们将实用主义定义为主体和客体的混淆,且

---

① 但是应当注意到人们常常有这样的印象:在柏拉图的对话中,对话者拥有可以说是新鲜的和近期的形式推论的认识,当苏格拉底悉心向他们解释,例如一个兄弟总会是某个人的兄弟,或者,智慧在数字6大于4小于8中看不到矛盾!

它的回归恰恰就发生在思想重新征服的土地上,即是符号与意义的土地。因此,儿童和原始人才会想象名字都在事物之中,并且表现出一种独立于说话主体的外界的存在(从而有些与神圣的名字相关联的禁忌等等);梦都是物质实体呈现出的表象,我们看着梦就像"看着"客体一样;思维本身由呼吸和空气组成①;等等。简言之,主体和客体的辨别完全异于文明的成人。

在具体运算的层面,对基于类、关系和数的运算系统的征服标志着思想内化的新阶段,因为主体发现了分类、关联和计数的能力,也标志着外化的新进步,因为这样协调的现实更稳定也更客观。然而随之而来的是实用主义的新形式,主体和客体之间缺乏足够的分离;分类或者系列化像是被客体一蹴而就地强加的,没有足够的自由或者选择的留白,数依附于事物就好像在计数时,主体必须读出全部数过的数目,以人们验证现实内部的确切存在的方式。

最终,当形式运算(opérations formelles)出现的时候,没有理由不是这样的。事实上,还要能够通过翻译成蕴涵、选言命题、不相容性等形式下的运算连接起它们的判断或者假设的命题,且需要意识到相较于最初的概念和选择的公理所采纳的系统的这些连接的相对性,即是相较归因于思维的形式化活动的构造。正是基于这样的意识通达之上,作为反思的过程,建立了第二章指出的公理化的不同阶段(第九节),以及由于太过直觉性而不充足的古希腊人的公理体系和现代人总是更进一步的形式化之间的矛盾。在毕达哥拉斯主义者看来,整数在物中的投射,可以是具体运算层面的继承。但是后来的希腊数学家的思想的普遍实用主义,虽然是形式的,也包含最自然的解释,如果我们参考在先前层面上不同形式的实用主义的连续变化:作为主体和客体之间的未分化状态和其间的分化状态的实用主义,只能是渐次实现,当他到达智慧开发的新的阶段时,思考的主体不会一下子就感到是根据思维在动作,但在反思地捕捉到机制之前,他总是从意识到这种思维的结果起步。古希腊人的所有认知哲学都见证了客体的优先性,与开启了现代认识论思考的"我思"相对:从前苏格拉底哲学所谓的"唯物主义",到超感觉的(suprasensible)真理的柏拉图的不朽灵魂对理念的回忆,从亚里士多德的本体论逻辑到柏拉图的直觉,希腊的思维从未停止相信能够从现实中捕捉或沉思出所有的事物,没有发现其思维运行于这些事物之上。只有怀疑论者和诡辩者寄予了主体在认知过程中实际的动作,却局限于将思维的构造归因于走样的相对性或者错误,而不是必要的相容性或者客观性。

因此可以理解古希腊数学推论的静态特点的真正的心理原因,及在它们的创造者本人身上的原因,他们的知识的能动性以令人惊奇的方式突出了他们对所达到的事物的看法的稳定性。"逻辑"或者代数对于他们来说并不属于所谓的确切的科学,因为内在于主体心智的进程,而算术和几何的认识建立在与思维的建构过程相分离的理想的

---

① 参考我们的有关研究:《儿童的世界概念》,巴黎:法兰西大学出版社,1948,第一至三章。

客体上。几何的建构简化为圆和直线，因为正是如此那些客体才仿佛独立于这样的建构，就如同建筑家的主要作品一旦从允许平面设计实现的尺和圆规中解放，就进入了永恒的美的王国。相反地，机械的曲线因为在这样活跃的创作中仍是相对的而没有被记录的权利。芝诺的无限序列得不到积极的意义，因为它们所表现的运算的能动性毫不足以保证它们的客观性，缺乏对其客观性的普遍性的足够意识，而且连续体看起来甚至像是与这种能动性相异的客体的所有物。不可公约首先被看作是不合理的，因为与产生它的运算相对，当它与其相分离之后即合理了。运动不属于数学关系的世界，因为在主体动作的内部；映射的关系对于几何的存在来说仍然是奇异的，因为相对于人们看待客体的观点而不是将客体看作其本身。简言之，在知识构造的某些运算方面被觉察的情况下，被看作是运算的，是与客体相分离的，并且是被贬值的。然而在这种意识仍不完整的情况下，运算的结果与主体相分离，并且投射到一个作为它本身的替代而产生的客体上。

正是这样的二元性，内在于对属于形式化思维本身的运算特点的不充足的意识，既解释了古希腊数学在巅峰时期的静态的实用主义，又解释了它最终没落的原因。

第二节 运算的历史性意识通达（二）

二、现代数学

布特鲁瓦在他的杰作《数学家的科学理想》中，在属于古希腊数学家的"沉思时期"过后区分出了现代数学历史的两大时期：一个的特征是运算综合的胜利，而之后的则是在作者以富有启发性的方式称为"内在客观性"的，标志着向客体的某种回归。至于"综合的时期"，其特征是将代数看作理论科学，其特征还有解析几何学和微积分，我们赞同布特鲁瓦的只有这一点：这个时期的数学真理的理想，按照他的说法，实际上是一种不确定运算和独立运算的结构，这让我们能够将运算的历史性意识通达（问题），与古希腊人以沉思态度为特征的意识通达相对立。相反地，这位杰出的数学思想历史学家如此明确地分辨出三个时期中的最后一个的方法在我们看来也有所保留。这段时期，在19世纪就已经被区分，而那正是当代全力发展之时，其特点是可能的道路的日益复杂化，以及选择的必要性和适时的勘察。但问题在于数学现实对于简单的运算综合的这种稳定或者甚至是这种增长的抵抗力，导致了某种超运算（transopératoire）领域的介入，可以这样说，假如被这位数学家发现的存在的增长的复杂性，在没有更多不确定的变元时，便不会翻译可能的运算。然而，问题不只是用理论术语提出：它包含着某种历史批判的观点,因此,其显著性以布特鲁瓦所说的"分析时期"连接"综合主义时期"的方式出现。是否应当同这位作者一起考虑群理论的到来,以及逻辑的运动,或者作为实效的、直接或非直接的,"综合主义的"理想的"逻辑代数",抑或者是相反地,作为第三个时期的特点的"内在客观性"的揭示性表达?这正是要检验的,因为根据我们对这些方法的其中一个或另一个的理念的演变关系的决定,"内在客观性"可以作为一种向实用主义的回归,也可以作为将对运算的相对的无意识导向对它们的发现并最终导向它们坚实的全体性的协调的、广阔的历史发展的最终点,以与客观性相同的力量是精神承认一个完全组织过的和完全完成的现实。

代数承袭于东方,被古希腊人排除在科学之外,可以说自16世纪起且特别是在17世纪,当笛卡尔最终给予了它所应得的理论地位时,又重新被列入了科学中。然而,代数的技术当然没有被视为一门数学学科——与计算程序的简单集合相反——除非给予运算准确的知识价值。在古代的算术中,数是一种存在于自身的现实,独立于确保它的形成的运算,而加法、二倍和二分之一等等,都被认作相互间恒定的关系数据的表达。这些关系允许数学家重新找到并服从于一种建构的主观方法,这种方法类比于几何图形介入的方法。但运算不论如何都不被承认是有创造性的,在强烈的意义上:它在作为主体的活动时,是没有创造的建构,而作为客体之间的关联时,是没有建构的创造。相反地,代数通过某种符合任意数目的抽象的量代替了数,所有的重点因此都在这些量的变化上,即是在这样的运算上。代数方法的使用因此要求良好的运算意识通达;运算便不再被用作客体间的关联,而是独立于思维,作为思维的活动,又简单地达到并不改变它的客体:代数运算同时建构了两方,因为它是一种客观的关联,但是在相对于它们本身建构的客体之间。我们亦知道笛卡尔的反思哲学是如何认可这种对主体活动的意识通达。

但还有更多。分析几何的发现将运算机制扩展到了空间本身,凸显出代数量的和直线长度的绝对平行。古希腊人隐约看到了这种想法,正由于缺乏对运算价值的肯定,才没有系统地开发,相反地,笛卡尔设想代数在几何之前,而解析几何是一种从代数到几何的应用。几何构造自身得益于笛卡尔坐标系的系统,于是变成运算的,一下子就消除了希腊科学强加于图形的建构和有权被记入数学中的概念的界限的限制。特别是被定义为"物体从一个场所到另一个场所并逐渐占据所有它们之间的空间"①的事实的运动,不仅变成了重要的几何学观念,也成为笛卡尔梦想着简化整个科学的这种普遍数学(mathématique universelle)的两个基本概念之一。

如果笛卡尔以及古希腊人继续承认数学真理的直觉特征,这种直觉便不再是一种沉思,相反地,这涉及废除直觉提供的全体,将它们简化成由代数负责以运算重组的简单元素。布特鲁瓦说:"从此后科学不再如古人所相信的那样,是理想的客体的沉思,而

---

① 亚当、汤纳利:《笛卡尔全集》,第6卷,第39页。

将作为精神的一种建构。"(第109页)

至于帕斯卡所维护的卡瓦列里的不可分割的几何和莱布尼茨及牛顿的微积分,从某种意义上来说,布特鲁瓦肯定乐于从中解读为构成,另外还有牛顿本人、欧拉和拉格朗日,就像一种无限的代数延长了有限的代数。由此看出拉格朗日这篇文章的意趣:"函数表现出需要在已知的量上进行以便获得我们所求的量的值的各类运算,只有最后计算的结果才是恰当的。"(布特鲁瓦引用,第129页)但还需补充,通过重复代数计算的无限多种组合,这种变为无限级数的理论和微积分析的代数的延长,为对运算的意识增添了新的含义:即达到无限和连续的智慧能动性;在莱布尼茨看来,"最后的现实,是理性被看作某种被安排的发展的无限进步;伴随着这种想法,知性主义完成了对自己的意识"(布伦茨威格,《数学哲学的诸阶段》,第209页)。

然而,在缺乏运算的意识通达的情况下到达沉思的实用主义的和静态的数学,和一种其能动性甚至延伸到这个莱布尼茨期望概括他天才的发现的,关于一种普遍的组合分析的梦想的运算的数学之间,如果那些观点的颠覆就这样完整了,如何解释之后的数学的变化没有追寻这个在17世纪被明确提出的无限和有限的运算的进程所标志的简单的方向?这就是布特鲁瓦解释的有趣的问题,我们将乐于简短地讨论他就此给出的解决办法。

在理想情况下他称为"综合主义的",据此,这些数学将是一种本质是"代数逻辑的"运算构造的表达,布特鲁瓦逐步地连接起复数的发展,就像是从代数运算的形式组合中得出结果,代入群的发现、非欧几里得几何的发现、当代公理性的运动,最后是逻辑运动本身。只不过这些不同进程的历史结果在他看来不是百花齐放,而更像是一种衰落:"为了赋予数学理论一个坚实的结构,我们决定给予它逻辑系统的形式;不过,鉴于这些系统都是非自然的,另外能够无限地多样化,我们明白它们既不会建构整个数学,也不会建构这门科学的基本要点。在逻辑形式的背后,还有别的事物。数学思维不局限在演绎和构造。"(第170页)

根据布特鲁瓦,这另一事物的发现将标志着数学历史的第三大时期,其特征是一种"理想",其预兆的信号在19世纪被察觉,且其典型的表现都是当前的。可是,如果可以这么说,布特鲁瓦给这第三个典型的"超运算"的质量,对我们来说正是与运算现实的最决定性的表现相反的。

布特鲁瓦告诉我们,函数理论的发展已经达到了令代数分析为难的(例如,当收敛级数的无限出现时),并且不允许建构,"如果可以这么说,只有乘方可以"(第175页)的复杂性。与之前的时代相比,现今的数学已经失去了它美好的简单,走入意外的迂回和疆界的改变中。阿贝尔(Niels Henrik Abel)已经证明了用系数的代数函数表达五次方程的根式解的不可能性,于是有了由伽罗瓦(Évariste Galois)和阿贝尔自己给出的方程式理论,"跃入一个新的方向,且具备前所未有的重要性"(第186页)。同样地,在微分方程的领域,方法以最不明显的方式增多和多样化:"我们将在离微分方程很远的一部分数学中探寻一种新的计算工具：自守函数、富克斯函数或者克莱因函数"①，这个函数的存在于1881年被庞加莱证明，等等（第188—189页）。于是有了伽罗瓦所进行的是分析员的工作的想法："他们不进行演绎，他们组合、比较；当他们到达真相时，是碰巧撞上了。"（第191页）真相就是对现代分析者来说选择要比建构难（第192页）：数学现实反抗他们的努力，并且不再能被看到，根据布特鲁瓦，"就像简单而纯粹的它的作图的结果"（第193页）。

结论即是：为了解释"这种数学物质针对学者的意愿的反抗，我们被迫假设数学事件（faits mathématiques）的存在，它们独立于科学的建构，我们被迫给予数学概念一种确实的客观性，我们将其称为内部的客观性，为了表明它不与实验认识的相对客观性所混淆"（第203页）。

这样出色的分析，其结论肯定与大多数数学家的信念互相靠拢，当他们不趋于将他们的科学还原到一种简单的语言或者甚至是一种"句法结构"，却向我们揭露了一个重要的认识论问题：在运算的运用和选择中，"学者的意愿"所遇上的"反抗"是否在这些运算之上，就像布特鲁瓦相信的那样，或者就在运算的领域之内呢？我们说过对运算的意识通达构成了代数的结构、分析几何学以及在初始形式下的分析本身的特征。但这种意识通达的产生是分步骤进行的，通过从表面进入中心：首先是精神的动作的结果，结果独立于精神的动作被率先发现，它于是被分离了（参见：希腊的沉思）；然后是这种动作的最简单和最直接的表现都在它们的移动和自由中被发现：这些便是代数的建构的基本运算，以及将它延伸的无限级数。认为这些运算被感到受制于固有的"意志"，是因为它们仍停留在靠近运算领域的边缘，而不是渗透它的内部：证明它们没有被一下子构想成闭集的构成，并以"群"的形式被表达出来。但是，到了第二步骤，很正常就接续了第三步骤：即是对运算所建构的集合本身的系统的意识通达，也就是说在运算的变形之间必要的连接，与好像受制于简单的"学者的意志"的某些单独的运算相对。如果我们再收紧一点这个作家援引的标准，这第三个步骤就像是构成了布特鲁瓦所区分的运算的历史意识通达的第三阶段的特征。

为了描述其第三个时期开始的特征，布特鲁瓦实际上援引了伽罗瓦在超越四次方程的根式解中发起的革命，但这个解是以群理论为基础的；作者还注解到，这对于自守群也是同样的。然而，在群理论中，精神不再凭"意志"而构成，根据伽罗瓦的描述，而是在一种"内在客观性"的在场下探究和存在。根据布特鲁瓦最愉快的表述，这正是这个困难的领域的所有专家一致想要证明的。这样看来，重新阅读居斯塔夫·朱韦（G. Juvet）有关群内部的和谐的出色文章便足够了，这个概念对于他来说是作为整个数学的存在的底层结构："精神为了创建它的观念而找到的岩石，还是群，它甚至与数学存在的

---

① 自守函数也称为富克斯函数或克莱因函数。——译者注

原型很相似。"①

但是，为什么要将群理论的建构放在"综合主义的"时期，即第二个时期，而确认不是第三个？是因为高于四次方程的根式解被当作是第三时期出现的第一范例吗？正是这使我们猜想布特鲁瓦一定程度上是实用主义者：不可否认代入群的运算本质，他将这一发现归入第二时期，转而人为地将这次征服从对五次方程根式解的解决中切断，也就是从属于第三时期的，拥有内在客观性的"数学的事件"中切断。相反地，一切似乎指明，正是对变换群的存在的发现，开启了"内在客观性"的统治。对非欧几里得几何学的建构来说也是一样的，其内在客观性依然建立于已被定义的群之上。至于公理体系，都是在同一客观性的方向上特别发达的技术研究。居斯塔夫·朱韦也在其后期的一篇出色的文章里假设它们不相矛盾是以它们都从属于"群"为条件的："不存在不是某个群的表象的演绎理论。"②即使在逻辑上，我们也不能质疑某些学派（例如，波兰学派）曾相信它的内在客观性。然而，如果数理运算的最简单的和最纯粹的质（在密集的意义上）的形式已经向我们试着指出的那样（第一章第三节、第四节），构成了以它们可逆的组成为特点的、被很好地定义的集合系统，我们因此甚至在逻辑运算的领域都能找回那似乎是第三时期建构的共同机制：在集合系统形式下的运算协同，其严密性与"学者意志"相抵抗。特别是，我们曾在命题逻辑当中找回"四种变换"③里有名的"群"。

简而言之，在某些随意被支配的运算相信能够自由地构造整个数学之后，精神发现了运算的全体性存在，它们遵从着自身的法则并以一定的内在客观性为特征。布特鲁瓦没有说明这种客观性与精神活动的关系，是在运算的概念逻辑中引向这样一种客观性，因为全体性中的运算都是必要相互关联的，其精神并不直接通达于意识，却是艰难地通过渐进的反复试验从外部走向内部，也就是说根据所有产生意识通达的法则从结果走向了源头。

可是说这些全体性甚至构成了精神的结构并没有任何进展，因为没什么去证明主体的活动是否是完成的，或者，更确切地说，其活动只是在无限地汲取它自身已有的不可穷尽的资源。应当从这里总结，产生意识反而为自身建立了一种结构，我们只有发现某种内部机制，以通过它解释且发展的新形式出现时才对其产生意识，且所有思考的进程因此也与一种建构性进程并进，后者通过对前者的重构，延伸了意识通达的内部的机制。然而，这种重构不仅与我们用以阐释某种外部经验的活动相似，而且只能在主体活动与客体本身有关系的情况下才是可能的。

这就是为什么数学模式的内在客观性的问题那么难以解决。令它专注于运算的协同也同时允许了避免将这类客观性视作客体的经验主义减缩。但还要指出运算全体

---

① 朱韦：《新物理理论的结构》，1933，第60页。
② 《国际哲学科学国际大会论文集》，第6卷，巴黎：1936，第31页。
③ 参见《逻辑通论》，第六章，定律第31条。

性，它们严密的丰富性足以解释那些作为这种内在客观性的特点的阻力。它们是如何在没有预先存在（préexister）的情况下，以完整的形式建构了它们的反省规划，并且在这种构造没有那么任意，也没有在外部通过实验的方式被确定的情况下构思。

运算的概念的分析，也就是说从内在必要性的形式到运算的全体性，便是问题的重心。为了继续这个讨论，我们从此将要诉诸数学推理的研究，因为这种推理形式汇集的严密性和丰富性包裹着涉及抽离主体与客体之间的所有关联。

第三节　数学推理（一）

一、从庞加莱到戈布洛

实际上，严密和丰富性是数学推理的两个不可分割的方面，所有作者都致力于使它们一致。但是想要合理地使它们和谐而又不限于查证它们互相从属的危险在于，或者因为强调主体的给予部分而为了严密牺牲丰富性，或者因为诉诸客体的过度参与而将使严密依附于丰富性。可以说，数学推理的问题将所有与逻辑或者数学运算的本质相关的问题汇集于一身，因为运算包含动作的主体和它们相关联的客体。我们还可以从两个主要的观点来分析数学推理：它与非数学的逻辑推理的相似或者不同（庞加莱、戈布洛和数理学家都主要思考了这第一方面），或者是它在精神和真实的各自贡献之间干预的比例（梅耶森主要探讨了这个问题）。尽管首先研究了这两个问题中的前者①，我们在此将它作为第二个问题的条件而重新探讨。

1. H.庞加莱的解决方案。自1894年起，庞加莱用以下的术语使数学推理与非数学推理相对。后者分为两类：三段论，严密却贫乏，在其结论中只能发现亦包含在前提中的结果；以及实验的归纳，丰富却由于不完整而不严密。相反的，数学推理是既严密也丰富的，它得到的结论总是新的、比前提要丰富，并且都是确定的而非盖然的。原因是它以递推法来进行，根据马洛里克（Francesco Maurolico）开创的完整归纳原则：如果 $n=0$（或 $n=1$）中的一个属性为真，且如果我们以 n 的真推出 $n+1$ 为真，那么它对于所有整数都为真。由此罗素和戈布洛都一致推说通过递推法的推理本身是基于更简单的概念。根据前者，它是归纳数或者整数的定义的直接结果：确保属性从一个数到另一个数的转移的继承于是翻译了这些数的自然发生。另一方面，戈布洛提出异议认为通过递推法的推理假设了一种先决的证明（即属性的真从 n 转移到 $n+1$），并且这种证明是一种建构。但是庞加莱认为这种建构的介入是显然的；他甚至认为这是必要的，但是并

---

① 参见《逻辑通论》，第八章。

不充分，因为还涉及接下来通过一种确切地关于递推法的推理的形式化把这些建构逐渐连接起来。如同达瓦尔(René Daval)和吉尔鲍德(Georges Theodule Guilbaud)十分正确地表达的那样，他"将递推法看作一种对推理的推理，或者是推理的二次幂"①（归于我们在第二章第九节给出的形式化思维的公式：一个基于运算的运算系统）。通过递推法的推理即是一种关联于数的建构的运算的建构，从而以形式运算的方式反思便允许将这些建构压缩为同一的整体，并不强制在每个新情境中初步重构它们。数学推理的丰富在最后的分析中取决于纯数字的直觉，对于逻辑的类不能减缩，于是对于三段论亦不能减缩，且它的严密来自不管是初始的还是形式化的作图运算都是连贯的事实，而不是三段论的完结的联系，是一种三段论的无限（达瓦尔和古夷保以戈布洛的意愿观察到的，不是同一回事），也就是说重新通过一种重复的能力的直觉，超越了三段论，并且归结为纯数字的直觉。

庞加莱的解决办法的价值于是悬于对纯数字的直觉的假设的办法之上。然而，这种假设揭示了两个问题，它们确切地与数学推理包含的两个不同的问题相关：数字对于逻辑的不可减缩性问题，以及我们把握纯数字的动作的本质的问题，也就是说作为我们掌控其力量的无限迭代的产物的任意一个数。

关于第一点，我们已经给出了立场（第一章第六节）：在不对任何特殊的逻辑元素可约的情况下，数字却建立了它们的综合，也就是说数比起庞加莱构想的更加靠近逻辑元素。我们也可以认为，类和不对称关系是数字分解为它的成分的结果，整数本身真的就作为一种类和不对称关系的综合；但是，在两种情况下，没有一种与类的或者关系的，根本上不同的数的直觉。因此，为了理解数学推理基于什么比三段论更加丰富，需要将数的结构或者数学的存在与逻辑的类和关系的结构进行比较，然而，外延的和数字的量化仅向它自己解释了这种与后者强烈的量化相比的丰富性的差异（参见第一章第三节的量化的三种类型）：如果在一连串的接合中，部分能够被相互比较，与连续的整体性的比较一样，连接方式比起我们只考虑从部分到整体要更无限地多。递推提出的数字结构没有其他的意义。但原则同样适用于有着外延的特点的集合推理，有着同样的丰富性。

至于纯数字的直觉，作为表现出"一个单元总是能够被加入一个单元的集合"②的能力，显然它所指出的问题即是运算的模式本身的问题。由于起始的运算＋1，整数的加法群的元素，说明了我们有纯数字的直觉，并且肯定了群运算的接续建构了一种预见模式，且我们并不需要兑现连续运算的细节以捕捉可能的后续，不像一个完全的静态，而像是虚拟的运算产生的能动性。对纯数字的直觉的假设在这种意义下归结为另一个庞加莱提出的基本猜想，即是群的概念是先验地在精神中被给出的，因此它也建构了一种理性的直觉（空间的移动和数字的单元叠加）：这解释了在几何推理和分析推理之间

---

① 达瓦尔、吉尔鲍德：《数学推理》，巴黎：法兰西大学出版社，1945，第18页。
② 庞加莱：《科学的价值》，第22页。

的平行论,为了以严密和多产的方式对图形进行思考,不需要提及数的无限性。但为什么要讨论直觉或者先验呢?一方面,存在数字群的发生建构,就像移动的建构那样;而另一方面,则是智慧的动作,在其最重要的运算核心,被定性为直觉的,与单个运算的细致的进程相反。我们于是在这一点上进入了数学客体的本质问题的核心,并称直觉,这种对它们的内在客观性的控制,实际上掩饰了困难,而不是给予我们秘密。

2. E.戈布洛的解决办法。庞加莱给出的数学推理的阐释遇到了两类反对者:数理学家和戈布洛。前者的分析比后者的更加深刻,需要小心的检查,我们将稍后讨论(第五节)。事实上,他的阐释做到断然地为严密而牺牲丰富性,以至于它在今天已经过时,甚至在某些人看来除了仍揭示出推理的生产力的问题之外毫无意义。但是假设问题不是确切地针对推演的形式结构提出的,它马上就会在我们试图定义这种结构与现实的关系时再次出现。另一方面,为了重新承认特殊的数学推论和普遍具有双重意义的推演之间的差异,以运算的术语表达这样一种结构即足够了,即便是纯命题的运算。这就是为什么有必要再提及戈布洛的解决办法,即便其中有空缺,在有关完整的运算解法的要求上,也是有意义的:如果维也纳学派的数学家们事实上都为了严密而消除了丰富性,戈布洛的努力主要带给我们关于丰富性的解释,同时我们可以置疑他是否牺牲了严密。

演绎即是建构,E.戈布洛(他甚至精确到1906年2月的某个早晨,这一感悟对他来说多么具有决定性)再次发现。但是建构是:(1)实现具体的运算,比如格式的建构等等,在戈布洛看来它们建立了推理本身的要素;(2)合成命题,即是翻译这些具体的运算。那么如何解释建构是严密的而不是像实验科学的建构那样简单地近似?是因为这种建构是得益于运用三段论预先承认的命题而调整的,然而,在归纳法中,先前的命题或多或少留下了一段需要借助于经验的控制的不确定性的巨大空白。建构的规则不是逻辑的规则,没有它们的话,结论将会是在先前的命题中预先设想为已被包含的;规则还原为这些命题本身,不论它们的内容,还是作为内容指定的某些针对新的建构的限制性的条件。

两位才华横溢的作者达瓦尔和吉尔鲍德,不久前指出①戈布洛的建构概念仍未被足够地制定,并且一旦被分析,它没有在庞加莱的解法上加任何新的东西,这位后继者误解了他。事实上,在庞加莱的理论中,他同样介入了一种初始运算的建构,起始的推理来源,然后是一种第二阶的推理,在反思这种建构的同时,将它概括化。但是,在庞加莱看来,当这种第二阶的推理通过递推法的机制被建立,戈布洛的原创性是试图从初始运算自身当中找出对从专有的严密到演绎的解释:演绎推理只是将这些运算提交给通过"预承认命题"构成规则的集合。这样的确定是否足够?

我们把戈布洛毫无差别的"建构"称为具体运算,将不会有任何损失,不管这些运算

---

① 达瓦尔、吉尔鲍德:《数学推理》,巴黎:法兰西大学出版社,1945,第三章。

是在物质上还是心理上被实现的,还是通过某种动作来呈现这些命题。我们在第二章已经足够讨论过的,这就是同样重要的数学思维的两个连续的阶段①,且存在着一像是一种命题逻辑的具体运算的逻辑。确定了数学推理的丰富性取决于初始关系的建构,而不取决于将它们表达出来的命题的安排。某种意义上说,戈布洛甚至与某些近期的逻辑的论文意见相同,认为算术和递推法的推理对于命题的计算依然是不可还原的,并且以这个观点来看,它们使一种推论的逻辑之外的(extra-logique)机制介入。因此庞加莱的完整归纳和戈布洛的具体"建构"都同样揭示了类、关系和数的逻辑,而不是纯演绎的逻辑。换言之,同戈布洛可以合理地承认建构是被"预先承认的命题"的内容所规范的,而不是被作为命题演绎的形式结构的逻辑法则所规范。

但还存在一个关键的问题,而且似乎就是这个问题形成戈布洛理论中令人惊异的空缺。起始关系的"建构"的固有的运算是那么具体而自身假设了一种逻辑:不是像一般的命题那样的逻辑,确切的是命题的内容逻辑,我们可以说,是因为这种内容总会被还原为类、关系和数的系统。不论是物质的还是脑力的,事实上具体运算不是由任何外部的"预承认命题"校准,而是从内部,由一种还原到类、关系的组合或是空间的和数字的群的运算逻辑校准。戈布洛的解法缺少的正是这种运算内部的校准,而庞加莱的解法中,这中校准已被递推法的机制所保证,实际上也就是说,被构成了数字的连续的单元相加的迭代运算群所保证。

如果任何预先命题构成了新的构造的唯一校准,事实上,我们将会发现处于以下的选言命题之前:要么在预先命题中已经包含了获得的结论,因此有了完全的校准,但是这些结论都不是新的,而且演绎也不具创建性;要么结论都是新的,也就是不包含在预先命题内,但是这些结论只是不完全地校准了建构。更确切来说,预先命题只有在结果都不新的时候才会校准建构;相反的,建构是新的时,这些命题最多之构成外部障碍,不可被逾越,而建构在内部仍是盖然的,并且躲过了所有的校准。

然而,其实,最初的那些"既定命题",即定义和公理,确切地构成了一个运算规则的系统,它们决定了运算之间的组合方式。有关整数的皮亚诺公理(参见第一章第七节)便是如此引入了继数,或者"接数"、零和两个数之间相等的概念,因此能够产生以加法+1,+1⋯为特征的连续;建构于是被校准了,因为就连运算都被强制到不留任何浮动余地的合成中。因此校准是内部而不是外部的;是由合成法则构成了它,而不是任何一个预先命题的系统。且如此一来,起始的命题便是为这个目的而被选择的:因为运算+1,−1和0在它们之间形成一个"群",且都被它们自身的可递性和互反性校准,于是产生建构的公理都为了重新找到一种这样的结构并且明确地,而不仅仅是蕴涵了校准而被提出。

---

① "在数学上,且仅仅在数学上,我们说思维对自身的反思是一种数学运算",达瓦尔和吉尔鲍德这样说(第73页),我们只有在其中加上逻辑才能接受的论点。

简言之，即便是在具体运算的层面，如果产生推理的"建构"一下子就被校准了，是得益于作为运算的特征的互反的合成法则，并且是这种内部校准主导着起始命题的选择。由于否认了运算的互反的合成法则的存在，戈布洛的解法便不足以调和丰富性与严密，因为它将运算与任一物质的（或者脑力的）动作混淆了。

如果我们现在回到逻辑上看，我们发现它本身不以其他方式进行，而这已经是在命题的逻辑自身的形式化的介入之前了。通过三段论来演绎，即是"构成"（construire），也是数学地进行推理，这种建构的规则再一次的是运算的合成法则，而不是任一预先命题。其实所有的三段论都假设一个类的或者嵌入式关系的先决系统，且这个系统假设一种其法则为"群集"（groupement）法则的建构。自此，在庞加莱之后，由戈布洛提出的探究为何数学推理比逻辑推理更具丰富性的问题以以下方式重现，却转移到了内部校准的领域：为什么数学的校准合成比逻辑的更多？为什么一个逻辑群集只导向某些局限的合成，而代数的或者几何的"群"能够导向不可穷尽的合成呢？我们发现问题只有在同时确保了合成的可能性和严密的运算全体的结构中才成立，而不是在简单"建构"的太过模糊的概念里。

第四节　数学推理（二）

二、梅耶森的解释

梅耶森对数学推理的全部阐释算得上是一项特殊的测验。一方面，由于他的尖锐的分析的清晰度；而另一方面，则因为他不断将精神——通过认同来定义——和简化为"多样的"真实相对立的坚持。这种稍显"严格的"反题，就像他自己说的，呈现了建构一个简单和清晰的解法的巨大优势，从这个解法来看，心里宗谱的事实能够通过是或否来回答；尤其是梅耶森本人总是将讨论置于共同和真实的思维的，即"思维的路径"的基础之上，这便立即要求发生的验证。

轮到梅耶森提出问题，为什么数学推理即是严密的也是丰富的？我们能够将数学构想成先验的，这将解释它的严密，但是理性思维在它纯粹的和逻辑的形式下什么都不创造，因为它被还原为同一性：仅仅为自身，它始终是"静止的"。我们也能够将数学构想成是源于经验的，这将解释它的丰富性，但是与它的严密相矛盾。所以"结论似乎非得是纯粹的先验和后验都不能被引用作类别，而更应当涉及两者之间的某种中介，或者可能是一种混合体，很难将二者分开"（《思维的路径》[①]，第 328 页）。

[①] 参见《思维的路径》，阿尔康出版社，1931。

其实,"数是现实的一种抽象概念"(《思维的路径》,第 322 页),而介入方程中的数学等式不是纯粹的同一性,而是一种认同,即是一种仅仅是部分的同一性(第 333—335 页)。数的运算 7+5=12 是一个综合,像康德想要的那样,因为"新事物被创造了"(第 335 页);应该说"七加五等于十二","等于"的说法实际上表示"一个真实完成的动作"(第 336 页)。同样地,"代数符号是一个运算、一个动作的象征"(第 338 页)。所以与庞加莱相对,戈布洛在运算中发现推理的关键(第 339—341 页)是正确的,如果布拉德利(Bradley)曾经已经讨论过精神的运算,"戈布洛的理念,在他强劲的实用主义中,似乎非常充分"(第 341 页);其实它需要想象出来的真实的动作,就像冯特和科罗曼(Kristian Kroman)的思维实验(Gedanken experimente)是得益于预先的真实经验的记忆(第 346—347 页)。

但是,如果这就是数的建构的真实角色(且更不必说它至少在空间的建构中是相似的,第 308 页),那么经验便不是单独作用的,而恰好相反。在运算本身中,梅耶森承认了它的某些活跃性,"精神只有在抽象概念的帮助下才运行,且是它自身创造的概念;但就算是这种运算,它也只能在真实中被观察,将它代入真实。于是在思维中剩下的逻辑运算是一种运算的、一种真实动作的翻译,从开始、从基础起,就不是真实的客体,而是概念、理念"(《思维的路径》,第 349 页)。那就是谜题的关键,不论这种在真实与精神间的往复运动是多么"相悖的":(1)因此精神创造抽象概念,"当然,尽管借助了外部得来的,由感受提供的材料"(第 370 页);(2)"智慧拥有这种好奇的才能(它同时是一种几乎不可抗的倾向的条件)去在自身外界投射自己创造的存在……并如此将思维中的事物变成真实事物"(第 370 页),于是有了真实中的数的投射,因为数的概念也是真实的抽象(第 370 页);(3)结果,通过数字操作客体、石子,例如"要正确地处理事物,我们因此只能用数来操作……因为真实的客体、石子,都不只是抽象的概念的表象,这个概念即是数"(第 350 页)。简言之,"我们创造了一种类型"(第 351 页)数,并且将它以客体的名义投射:我们"实体化了(hypostasié)这种概念,将抽象转移到真实中,假如我们想,就假装它是真实的,以便能够以真实的方式表现它,观察它是怎样在真实中动作的"(第 353 页)。另外,我们在对一张沙发或任何物体的知觉中都不做其他事,例如(第 357 页)在知觉中某概念的投射,因为"生命中的每一刻,我们都只忙着探究我们知觉的外部的原因,即是首先把这些知觉建构成概念,然后建构成物体"(第 362 页,是我们强调)。"这种将某概念变为处于自我之外的真实的暂时变形,可定是神奇的、悖论的"(第 361 页)。

所有的数,从正整数到分数、负数、无理数,甚至是虚数(第 370—377 页),都同样地由无限延展的运算进行到抽象的概念,被重新引入到真实。其中甚至还有超空间(第 380 页),但是通过精神和真实的合作得以创造的存在"越来越不像常识所认识的那样"(第 386 页)。

最终我们学到,数学推理的双重本质:它是丰富的,因为建立于真实中总是抽象的类型,且基于这些类型,活动的运算(des opérations actives)便是可能的,但它也是严密的,因为从开始的抽象化直到最复杂的运算,都是同一性(identité)在运行。数学因此只是一种通过抽象化进行广泛的认同(identification),而后抽象概念的运算被转移到真实中。更确切地,严密是由于"我们能够在不受前因和后果之间的同一性的干扰下完成一个动作"(第396页)。这在空间的运算中是可见的,就像在用于具体数字的建构的起始的合并中那样,因为在这两种情况中"动作是一种转移(déplacement),所以它不改变被转移的客体的同一性"(第396页)。

现在为了检验这些不同的假设的价值,我们可以从最后开始,以便接下来只出现发生。事实上,在梅耶森的论题中一切都很好,以至于由心理发生有关客体的、空间的和数字的格式的假定形式的事实所施加的严密的保留,对应了我们在理性同一和属于数学推理自身的各类真实的综合中重新找到的困难。我们就是能够从这最后的观念出发去明确所有剩下的事物。

在逻辑同一性和实验现实之间的这种反论实际上以一种特有的明晰,赤裸裸地展现了我们刚才验证过的二者择一的理由(第三节),即是戈布洛的理论得出的:如果我们不确保推理的建构运算的内部校准,仅仅是因为在一个数学建构的新结论都提前包含在出发命题的情况下,这些结论都是严密的,而在结论都是新的时它们就完全避开了严密性。然而,梅耶森很好地承认了运算的内部校准,但是他将它简化成了单一的认同。其结果是问题向内部的移动,甚至是运算建构的问题,以及加强了在戈布洛的论题中已经存在的问题。一方面,运算都是严密的,且必须是在它们都限于从同一"转移"到从初始的抽象化延展到演绎最高点的逐渐变化的过程的情况下,但如果严密,即是运算的校准,取决于简单同一性,那么在运算机制中严密的事物就必然是不丰富的;另一方面,运算都创造新事物,因为12不包含在7和5中,因为斜边的平方不完全和另外两边的平方是"相同的事物",一个34维的空间不等同于一个三维空间。但是如果,得益于"部分的同一性",建构是部分地严密的,那也竟是部分地且只有在它不超越纯粹的同一性时,相反的,在有新事物的情况下,就说明存在与真实的联系,于是有"多样的"或者"无理的",但是再也没有严密。

当然,引用的机制更加巧妙,因为它在于真实和精神之间的永恒的来回穿梭:前者借给后者建构理想存在所需要的事物,后者将它们返还给前者,为了能在前者身上重新找到那些事物,等等。但是,在检验这种微妙的游戏的细节之前,首要的是先揭示两个主要问题:不论建构的组成元素是"被转移"到一个意义或另一个中,都涉及知道它们从何而来,以及它们在过程中是否会变得丰富。不过,如果严密靠简单同一性保证,那么它们只能属于这种严密之外的来源——真实——且仅靠牺牲严密而在过程中变得丰富。如果原因简化为认同,那么就无法解决了:要么数学推理是一连串纯粹的同一,那么它就是严密却贫瘠的;要么它就是丰富的,即是说它不只是一种简单的认同,且包含多样而不削减为纯粹的同一,但它就不是完全地严密的,并且在它只超越了同一的确切情况下终端了严密的可能。

梅耶森很好地发现了这种困难,因为他试图将数的运算本身简化为介入到合并或者单元的分解中的转移,并且转移是所有理性的解释的原则,因为被转移的元素的本质不会改变(《思维的路径》,第396页)。换言之,数学建构将它的元素借给真实,却还是严密的,因为这些元素只是"被转移"。只是,独立于探究是否所有运算都是可简化为转移的问题,剩下的是组成部分在转移本身的过程中丰富,以及严密的问题在精神和真实的往复过程中重现:如果7个靠近另5个客体,产生出新的事物,即数字12,那么只有在数字12的12个元素和被分解为7与5的集合的12个元素相同时才成立,这时这个数字12的建构是严密的;相反的,在数字12是有别于数字7和数字5的事物时,即是说转移将新事物加入元素的简单保存中,丰富性的这种起始已经躲避了严密性,因为它超越了纯粹的同一性(事实上,还需要理解为何12可以被2、3、4和6整除,而7和6的"位移"给出了数字13这个质数)。

为了使用一个没那么基本的例子,因此也更具讨论性,我们已知,非欧几里得几何能够通过欧几里得的材料被建构。然而,一旦被建立,它们即包含了简单的特殊情况下的欧几里得几何。因此应当说,如果严密不是由于认同,那么只有在变化过程中仍同一的欧几里得元素在确保严密性,而这些元素的新的组合仍是盖然性的。然而,如果情况是相互的,那么悖论实际上会更强烈:关系到的每个几何都能被其中的一个的材料所构成,而仍被包含在特殊情况中(参见此上,第二章第十节)。一个建构的结果因此从未同一与它起始的材料,认同显然不会单独确保严密性,因为它不断地被新事物所逾越。

更确切地说,如果有理性简化到同一,且多元出自真实,后者既是无理性的也多元的,那么数学推理的严密只能是近似的。梅耶森还承认,他的中心假设的明显的结果:"推理不会是完全理性的",他这样笼统地说(《思维的路径》,第180页,第169节)。但是,如果就是这样的,推理更丰富就更不严密,并且,正是丰富性和严密性间的反比关系构成了梅耶森论点的中心难题。第二个难题必然增加与前者之上:如果数学的丰富性取决于它向真实借来之物,思索的概念越是接近起始的经验,那么这种丰富性应当越大,且直接由于概念对初始经验的远离而减少。然而,真是这样吗?几何概括的例子由此看来确实是有教益的。根据梅耶森的描述,由此而建立的"类型"于是重新投射到它们都是抽象的现实中,然后进行一种运算的研磨,为了观察"它们在真实中是如何动作的";这些组合最终能够超越现实本身,能够绘制越来越抽象的图式。不过,我们越是远离真实,形式的图式就越贫乏,因为推理什么也不创造,局限于在"不扰乱前提和结果之间的同一性"的情况下传输某些运算过程中的初始数据:图式越"抽象",那么它包含的起始的真实数据越少。然而,最终的图式反而比起始图式更加丰富,因为后者重新回到简单的特定情况层面:这就是为什么运算运用距离创造新事物,而不是运用与真实的近似性。换言之,再说一次,运算不能简化为简单的识别性抽象(abstraction identificatrice)。

我们在此重新找到已经熟知的问题①:以我们相信能够从现实中提取整数或者几何形式等等的方法,我们是否可以将抽象归为一种从客体出发的简单抽象化?似乎,行知主义认识论通常的错误正是这样的确认,它由亚里士多德学说的关于"类型"的哲学所启发。然则,独立于我们将要再次讨论的发生事实,当我们将它置于以下形式时,问题可以在数学领域直接得到解答:一个抽象的概念比与其相符的现实更丰富还是更贫乏?回答似乎毋庸置疑:如果抽象观念通过否定其他观点而基于一个特殊的观点建立(比如,建立于形式的角度,远离重量、颜色等等),它在这种特殊的观点下反而直接地比具象的现实更加丰富,因为所谓的抽象化在于将某物加于某客体,而不是拿走,同时选择它基于的观点。面对几个球时,我们为它们之间添加了本来没有的联系,而不是从它们的集合中形成数字,我们通过抽象形成晶体边沿的棱,用一条原本不存在的理想的线将这条棱上零散的、不规则排列的微粒联结起来形成晶体。抽象化因此是某种衔接,或者如果我们愿意,可以说是某种与真实一致的构造,由尚未包含在具体数据中的新关联构成。这是为什么"抽象的"数学存在都无限地比具体的可数学化的(mathématisables)存在更丰富:后者是有限的,而前者以各类无限的一切力量超越了有限。

梅耶森还发现了真实中的"实体化"概念的巧妙的游戏与事物,它们在被从真实中抽取之后,除了能解释这种从客体出发最终达到所谓的"抽象化"的现实的丰富外不再有其他含义。只是,根据作者,由于精神带给真实的构造和新关联最终被简化为纯粹和简单的、与客体被提取的数据混合的同一性,从丰富性的角度来看,这种关系肯定是无用的,它只有在严密性的角度才有效。

我们刚刚看到的这些反而承认了在数学里(以及在逻辑里,但在显著较低的层次),运算同时是新事物和严密性的源头,后者不需要变为简单同一性。换言之,精神带给真实的东西超出认同的框架。逻辑代数思维的本质结构是类、不对称关系和数。类的特征是在内涵上通过它们共同的性质构成它的个体间的相似性:认同、定性等价的来源等等,正是作用于此。对称关系也是一样的,表达出对同一类的共同从属。但是不对称关系反而表达出客体间的有序差异,且由于这些简单差异(数量的、位置的等等)我们能够将它们分级。我们是否会说差异也是一种"类别",也就是说精神判断在各种差异中有何共性,为了从其中提取差异的概念?毋庸置疑,且因此差异也变成一个概念,并能够对类进行定义:被构思的差异的类成为它们之间等价的元素(作为同类的共同从属)。然而还有更多:差异在不对称关系和定性序列化的运算中,同在类或对称关系中,及在它们的接合中的相似性扮演一样的形式角色。不对称关系的加法和乘法的"组合"与类的"组合"甚至是同构的,唯一的差别是其中的加法不是可易的,确切地由于它集合的是有序的差异,而不是相似。于是我们是否会说相似性表达了精神的认同性的活动,而差异来自真实,因此得出梅耶森的反命题?但精神的区分功能同识别功能同样重要,这两

---

① 参见本书第一章第二节和第十二节。

种活动都假设它们可以适应的，一个即可统一又可多元的真实。这是清楚的，但是它们既是主体固有的，又平行地通过产生两种相互对应的形式结构来运行。

至于整数，像我们看过的（第一章第六节）类和不对称关系的综合命题，即相似和差异的综合命题，各单元组成一个即等价又有区别的数。因此我们是否会说这个数在存在等价的情况下是精神的产物，在各单元都不同的情况下是真实的产物？换言之，单元1会是精神的表达，而数字2(1+1)出自真实，因为单元在真实中被与自身叠加，于是在这两个单元之间存在差异？

从发生的角度，所有在客体间被建立的关系都源自一种既在于区别，也在于认同的精神活动，因此作为关系的"群集"的整个运算系统都是有创造性的，同时得益于它构成的组成模式而确保了自身的严密性。由此看来，梅耶森想要由同一性表现的功能的发生等价即是互反性（réversibilité）。然而，他屡次试图将它变为同一性的互反性不只是认同而已，它是一个往两个方向开展的动作，因此这个动作在具创造性的同时还通过重新找回出发点的保障，使其内部一致性得到确信：同一性因此是某反向顺运算的产物，不与互反性混淆。

精神即是活动，或者运算的能力，如果一切动作或者一切运算都在其出发点假设主体和客体之间某种不可分割的联结，将同一性单单归于主体与将差异单单归于现实，都是不自然的。毋庸置疑，当我们接合两个具体元素，如果这些元素不在真实中被给出，那么这样的加法是不可能的。但它们是否在有区别的情况下被给出，或是根据我们引入它们中的同一程度的区别？而且，如果是这样的，现实是否足以解释这种运算，或者它本身假设了一个联结的动作？但是，不管这个动作是分解的减法或是标记差异的序列化，其中，主体的介入与在认同中是同样必要的。

如果我们清楚明白地抛却纯粹的同一性，那么哪里才是主体和客体之间明确的界限呢？这里就重新出现了从发生学角度来看的必然性，它强调疆界的连续的修订，而整体的哲学想要一种固定的状态。其实，主体和客体之间不存在静止的或者一劳永逸的界限，因为精神是慢慢建构的，并且界限在建构的不同阶段都要重新划定（另外我们将看到，关于物理思维，它与"真实"完全相同，且梅耶森本人考虑到实用主义的某种替代物，已经给出了最好的论据）。在反射和最初的感知运动性的层面，我们可将"主体"称为先天的或是后天的运动，正是通过它们的中介，在活动视角下的主体活动才得以表现。但是，以与此活动相符的主体自身的视角来看，在主观和客观之间还不存在任何分化，因为在它生存的现实中的每个思考瞬间，既不存在外界客体，也不存在有差异的主体。在感知运动性的理解层面，最初的客体的建构与主体开始与它们相区分，是同时进行的。在直觉和运算的不同层面，这种真实的转化在继续着，但以与它同时的被加工的主观工具的方式进行，以至于在每个相继的阶段，需要修订主体与客体间的界限：主体的活动由于运算的延展而增加，而真实则通过自行安排来客观化。于是不能一劳永逸地为主体或客体指定一种静止态下的可定义的结构，以便同一会明确地属于一方而多元属于另一方。如果想要在每个层面都以一种可行的方式使它们对立,这种方式只能是功能的,而不是结构的。梅耶森的认同于是将会被客体向主体的同化代替,首先是感知运动性的同化,然后是表征的和运算的,但是包含着同等的同一和分化的运算;相反的,真实只在变化的调节之下才是可定义的,修改同化的格式但并不一劳永逸地简化到非理性的"多元"。

梅耶森的论题的困难的真正来源,便是他接受的反发生的立场,特别表现在他对基础概念(或"类型")的阐释中,首先就是永久客体的格式。我们已经注意到在这一节的开头(参看《思维的路径》第349页的注释)总结的推理核心惊人的复杂(甚至风格也是作者惯常地那样透彻的):精神将它们从真实中抽离,创造出抽象的概念;然后它通过特别的(sui generis)投射将它们重新转变成事物;之后只有它运用这些再次变为具体的抽象,从而得出运算不是基于真实本身,而是基于真实中实物化的"类型"。此进程最简单的例子将会是客体本身的概念提供的:由于感觉("类型")的认同导向实质永久性的观点,这一通过直接的和"悖论的"实物化而被重置到真实中的概念,在现实中构成了最重要的因果的黏合剂。然而,一旦我们将主体活动看作是认同,这个概括化论题在客体的概念上的应用便揭示出发生的最严肃的困难。

这些困难的原因是很清楚的。它在于梅耶森,连同所有我们被导向与我们分离的作者,将精神构想为感觉或者知觉的组成,一方面是一种完成的智慧,另一极端的方面,最多只有二者,一种记忆和某些记忆表象(des souvenirs-images),我们因此简单地忘记了动作和运动机能,然而庞加莱预感到了它们在空间的形成中主要的认识论的角色。除非出了错,运动机能在梅耶森的作品中几乎完全是缺席的(除了某些有关柏格森的发现),却有思想的最多样的视界的问题(其中包括一次有关形而上学的讨论)。然而,远非采用功利的行知主义、詹姆斯的或者柏格森主义的"激进经验主义",动作的介入只达成问题的转移,我们可以在一个较低的平面上重新找到它,因而更容易分析。动作是智慧的其中一种形式,而形式为思维做了准备,因为在知觉和反思的知识之间存在感知运动性的智慧、直觉的智慧,或者动作的表征的内化和整个被与具体运算的智慧相连接的运算系统。

不过,假如我们处于动作的领域,特别是在这个知觉机制在此之外便不可理解的感知运动性智慧的领域,事情就显著地简化了。于是我们发现梅耶森的格式,与被投射到真实中的抽象相关,且智慧基于这些抽象运作,符合主要的进程(像所有梅耶森的格式那样),但是允许省去哲学家想象的,真实与精神之间过于复杂的往返游戏。

事实上:(1)一切动作导向格式化,即被动作协同的运动和知觉构成了能够运用到新情境中的"感知-运动格式",这些格式是概念的或者与类别的活动等效,但这都是些实际概念而不是反省性的。(2)不离开基于客体进行的动作的领域,因此也不需要为了重新被投身于真实而局限于思维中,这些格式通过与主体动作同化来使得数据结构化;它们于是给客体印上某些形式,将它并入适合的活动中,由此以一系列新的关系来丰富它。(3)通过协调这些格式,动作还另外构成了稍晚将会出现的运算的平衡化;这些运算因此来自动作,并且,假如它们像梅耶森说的那样,基于在客体中被实物化的类型运作,而不是基于客体本身,那是因为客体从一开始就被先于运算的动作所建构和补充。因而,梅耶森在运算的练习中清楚地看到,运算不止是由现实构成,而是包括了主体和客体的互动,这种互动是一个连续的过程,是从最简单的动作到最形式化的运算的过程,从而没有必要采用一个表象的往复系统来修正因为单一认同而导致活动定义的不充分性。

特别是基于这种活动的模式,而不是思维的模式,构成了永久性客体。假如梅耶森的论题是真的,存在知觉之处应当处处存在客体,而作者真是这么理解的。然而,婴儿在 8—10 个月之前都没有客体的概念,而他/她能够很好地知觉和认出人和事物;但他/她只看得到图形或者知觉到图像,还不会给它们分配实质的永久性。追着野兔跑的狗也没有客体的概念,就算是梅耶森,在追逐的活动以及与它相关的视觉和嗅觉的知觉之外,也无法想象野兔,或者将它置于太空中的某个地方。不过,在起始的实践格式的延伸中,动作的更加复杂的协同允许构成客体的观念,从位移开始被赋予"群"的特征,即具有可逆性的集合系统。这个单独的事实表现出今后的空间运算的演变关系,相对于动作和感知运动性的智慧。不谈论这个问题的物理角度,我们将在之后回到这一点(第五章第一节),这个例子表明了这样一个论题的困难所在:由于动作的缺席,必须要用复杂的理性认同和有知觉起就介入的投射活动来替代运动机能,从而实现运算的过渡。

第五节 数学推理的逻辑解释

对公理剖析的,以及认识论批判的奇妙工具的应用,构成了逻辑计算,在有关数学推理的解释方面,形成了三种立场,对应于逻辑历史的三个不同时期。第一个第三情境都以技术的发现为特点,丰富了我们的逻辑知识,进而丰富了认识论的知识,第二情境主要由于它导向形成的逻辑-数学认识的理论而变得有趣,并且这种理论不必要与逻辑技术的应用相关联。

事实上我们可以说,在逻辑的第一时期,推理通过归纳给出了一种允许省去特殊原理的程式,像庞加莱援引的那样,并且该程式还连接起完整归纳的公理和归纳数的建构本身。我们可以用摩根(作为先驱者)、皮亚诺和罗素(围绕他最初的一些著述)的名字作为这第一阶段的特征。在第二时期,逻辑和数学的同化将维特根斯坦和维也纳学派导向数学推理的纯粹重言式的概念,数学推理变为旨在简单地表达"事实"(物理的或实验的)的语言的符号关系。第三时期,始于希尔伯特的证明论,命题逻辑的进步由于哥德尔而实现了对算术结构系统(其中包括通过归纳法进行的推理)和命题计算结构(二价的)之间的不可简化性的发现;也通过海廷及波兰学派(卢卡塞维奇、塔斯基等)实现了一项有关能够解答数学基础问题中多种立场的需求的多值逻辑和普遍逻辑的研究。不进入这三段时期本身的逻辑工作技术的展示,但从其中简短地分离出所谓的认识论相关的意义却很重要。

1. 罗素①写道:"在证明中应用归纳法曾经像是个谜团。人们不怀疑这是个有可行地说服力的方法,但没人知道它是怎么被创建的……庞加莱认为其中存在最高度重要的原理,根据这个原理,一个三段论的无限数能够被压缩成唯一的推论。我们现在知道所有这些视角都是错误的,数学归纳法是一种定义而不是一种原理。有些数是可以应用到其中,有些其他的数〔超限数〕抵抗这种应用。我们将'自然数'定义为能够通过数学归纳法定义的,即为拥有所有可归纳的属性的。接着,这些定义能够运用于自然数,不是由于神秘的直觉、公理或者原理,但它们表现为一种简单的字面上的属性。如果我们将'四足动物'定义为有着四只脚的动物,那么一切有着四只脚的动物都会是四足动物;正是同样地,数的情境屈服于数学归纳的体制。"

罗素这段意味深长的文字建立在"遗传的"类的定义上(例如,如果 n 是其中一员,那么 $n+1$ 也是其中之一),同时建立在后者或前者的概念上,零和"零的后代",等等(参见第一章第七节,皮亚诺最初的一些概念被罗素重拾并详解,为了他的从整数到类的变化)。这就重新说到数学归纳法的原理最后不另外产生整(有限的)数的建构,而这便是逻辑在其第一时期引入的主要的简化。不论我们是承认基数到逻辑类以及从序数到不对称关系的变化,或是我们同皮亚诺一样局限于将数学归纳的公理从属于决定了数的接续因素,递推法的推理因此成为这种有限整数的结构的表达。

但是,假如在此相较于庞加莱的阐释存在某种进步,罗素却通过比较数的序列和四足动物的类而稍稍夸大了……其实,对前者的"定义"在于以运算组合的法则的方法使其产生,这从属于一种群结构,而对后者的"定义"只假设个体的简单集合的介入,而不是迭代的单元。从此,不需要回到"纯数的直觉",完整归纳的特殊原理对于类的逻辑仍是不可还原的。这就是为什么通过递推法的推理比三段论更加丰富:它允许零的概括化,或者从一到"全部"、从未提前分配的属性到所有的数,而三段论局限于将一些类包含另一些,它们的部分和"整体"从简单的嵌入得出。并且,这种通过递推法的推理固有的丰富性也被大部分的逻辑学家自己承认和坚持。

2. 但是从数学存在的还原到逻辑关系和类的尝试,成功或缺失(参见第一章第四节),承载着统一的胚芽,达到了逻辑分析的第二时期。从被单独考虑(与我们在第一章第三节强调的"组合"相对立)的逻辑存在还原为同一的,以及从数学似乎本身对纯逻辑是可还原的,我们能够总结出所有逻辑-数学的推理都是"重言式"的特点。逻辑和数学因此局限于建构某种严格地旨在表达"事实"的语言符号关系,即实验的验证,且作为纯粹的符号关系,它们根本上都是不丰富的。

---

① 罗素:《数学哲学导论》,莫罗译,帕约出版社,第41页。

从我们所说的"基础命题"出发,例如"这棵树是绿色的",这个命题不包含任何概括,并且局限于分配给客体一种属性。我们甚至可以在这种命题的内部辨别出罗素所说的"原子命题"即不可分解为更简单的命题〔这都是维特根斯坦的斗争(Sachlagen)〕,其仅仅是某些直接已知条件("这不是红色的")的否定的应用的结果。因此将会存在"分子命题",或者由与原子命题不兼容的运算的应用产生的命题,而"基础命题"则会变为原子和分子命题的整体。就是说,一个基础命题能够被置于某种命题函数的形式下:"x 是绿色的"或者"$f(a)$"和"这棵树"能够适用于谓语 f 的其他客体。另外,"这棵树"本身能够包含 f 以外的谓语。从未离开"事实"的领地,我们便能够通过在命题内部一个个替换已知条件,生成类和关系的计算,并且,通过命题之间的组合,发展出命题的计算。

从此"类"在重言式的观念中成为满足了相同"给定条件"的"变元"的简单并列。在这方面来看,记录有关抽象存在的逻辑变换很有意思。还是在 1911 年,罗素能够关于"共相的世界"写一个章节,其理论模仿"柏拉图的论据,只是有时间所造成的必要的修改"(第 97 页)。他主张"所有真理都包含共相,且一切真理的认知都包含对共相的直接认知"(第 100 页),并且还承认通过"关系"而建构的共相的存在比通过名词和形容词表现的实体的存在更容易"严格地证明"(第 102 页)。他总结出一种如"在某某的北方"的关系"既不是在空间上,也不是时间上,既不是物质的,也不是心智的"(第 105 页):它"持存"(subsiste)而不是"存在"(exister)(第 107 页)。相反的,在 1919 年,他试图指出①"为什么类不能够被看作世界最后的陈设"(第 216 页),并且认为"如果我们试着将类和命题函数视为同一,我们将更清楚地接近一个充足的理论"(第 218 页)。

然而,命题函数是可能的给定条件的简单格式:$f(x)$ 或 $y=f(x)$。当它被两个变项饱和,即建构一种关系,而当它只有一个变项,将函数变为真命题的值即建构一个类。但是,在关系中和类中一样,只存在虚拟的给定条件,符合具体和直接可确认的已知条件:符合实验的"事实"。类和关系的计算便只是陈述事实的语言的符号系统。至于基数或者"类的类"、序数或者"关系的类",以及不同的数学存在,它们只在"事实"上添加逻辑存在,并且它们也一样,尽管表面上的复杂性,局限于重言式地在它们之间连接可能的验证模式。

对于在它们之间组合全部给定条件的命题的计算也是相同的。例如 $p \supset q$ 这样的蕴涵只是表示假如任一客体通过命题 p 表现这种给定的属性,那么它也会表现通过命题 q 给定的属性。经典逻辑要求的数量关系将"全部"与"某些"和"任何"相对,这些关系不被还原为事实,为了一个被变项的某些类饱和的命题函数"永远"为真、"偶尔"为真,或者"从不"为真。至于建立于真与假的组合的计算,它不引入任何真实的结构,并且根据数学推理或者预期的物理学的模式,同样地局限于完全重言式的组合性、二价的

---

① 罗素:《数学哲学导论》,莫罗译,帕约出版社,1928。

或者多值的组合性,但是仍会被还原为一个简单的形式符号系统。

逻辑-数学的结构都是相同的,没有任何丰富性,确切地说,与真相异。被带回纯粹的表达方式的行列,它们允许陈述真实的真,后者是丰富的,因为其物理性和实验性,但是这些结构只有在动作的语言迟早都会使用的一个符号系统建构了没有真正的给定条件的框架时才超越物理现实。这种符号系统确实是通过起始的命题和象征意义的游戏来安排。但是,据维特根斯坦看来,起始的命题显然是必要的,因为是可能的象征组合的竭尽的结果。至于象征本身,都是表象,即与其他事实"相像"的事实,这些"逻辑表象"的意义因此也是简单验证的结果。

因此,在将数学的丰富性支撑于一个近乎是柏拉图的普遍观点的世界上之后,逻辑认识论已经从根本上否定了这种丰富性:将逻辑-数学的符号论简化为广泛的重言式,它使真实认知的同化的唯名论重叠于感性给定的简单验证,最终达到了维特根斯坦自己所称的某种唯我论,这是"逻辑经验主义"不可避免的结果。

但很清楚的是,那么确切,且在某些角度看来无疑是决定性的,不论逻辑计算技术是怎样被发现的,这种计算的应用基于事实(ipso facto),而不采纳维也纳派的认识论。不论这种应用是否危及某些通过不适于所有程式的概念来思考的形而上学的模式,我们都乐意承认它,甚至完全地遵循维也纳学派的运动,当它将认知的有效模式局限在仅仅两种类型时:经验的和形式化的。只是,在物理现实和逻辑的演绎之间,有必要插入心智的事实。在我们放弃罗素的最初的柏拉图主义的确切情况下,就要将逻辑形式主义支撑于知识活动上,问题是在于探究维特根斯坦和维也纳学派的心理学是否满足这种联系。

首先需要以最清晰的方式强调,在他们的逻辑形式化的之外,维也纳学派的学者都接受或者建构了某种智慧函数的心理学:象征和"事实"之间的联系只能够确保产生两类证明,一类涉及认知(知觉和智慧),另一类有关象征的函数(符号的角色和"符号体系"或者广义的语言的角色)。然而,如果逻辑形式化是纯计算或者纯公理化的事件,这些心理学的证明反而只从属于经验,即心理学的实验本身,且任何逻辑的演绎事实上都不足以解决这些问题。于是在心理事实的领域上适于检验"维也纳的"认识论的价值,通过小心翼翼地将这个问题与逻辑本身的价值的问题进行分辨。

然而,如果我们试图决定哪些心理学的"事实"符合"原子"命题和不同秩序的形式结构列出的"给定条件",我们就必须承认,在简单验证的过程中,主体远不能在记录外部已知条件的同时保持自身的被动,我们总会重新发现主体的某种真实动作,在被给定的情况下运算,而不是就此接受它。因此,"给定条件"符合心理学的运算,同样符合物理"事实"的运算,所以从逻辑的"重言式"中脱离的运算机制应当,要么很好地融合于作为给定条件的真实本身,要么重新融入作为陈述方的逻辑的象征的阐释中。

什么才是对即时事实的阅读呢?如果与知觉有关,马上就会呈现一个中心的难点:就像我们试图在别处(参见第二章第三、四节)展示的那样,知觉对于一切逻辑形式都不可还原的，因为知觉的关系之间无法以传递的、不可逆的方式组合，对于整体和部分的守恒是不可联合的和不相干的。被每个对比修改，且只包含一种静止而非理性的组合模式，因此知觉的关系自身不提供任何逻辑建构的基础：为了给逻辑句法的组成的可能"给定条件"提供场所，它们首先被永久客体那样的感知运动式属性实现了结构化，然后通过融入某个象征性的和表征性的系统来实现概念化。然而，知觉的这两种变化都在可逻辑化的格式化水平上假设了动作或者运算。

关于客体的观念，对于最基本的命题的给定条件来说主要的，相信一旦知觉发生就一定存在客体，这是心理学的一个显然的错误：客体观念建构了最简单的守恒模式，但是这种守恒，远不是由于纯粹的知识认同（参见上一章），假设迂回和轮回的动作的协同和转移的空间的安排（宣告运算群的结构）。考虑到客体，知觉本身只扮演指标的角色，并且，通过视觉或者触觉承认某客体，我们不仅限于看见它或是感觉到它：人们看或者触碰的只是客体的一部分，这部分用作对整体的指标，因此所参照的是被构造的整体性格式，而不是给定的数据。最简单的逻辑"给定条件"，最"原子的"命题，比如"这……红色的"，等等，是陈述一系列虚拟的动作，而不是知觉的给定。其余的，维特根斯坦式的令人惊异的逻辑直觉要比他的心理学更加深刻：当这位作者用否定（"非红"，"非绿"，等等）作为最初始的"给定条件"的特征时，他以此承认了这些给定条件意味的所谓的"事实"隐藏的运算构造的存在。

如果我们现在说到最复杂的"给定条件"①，尽管总是以"基础命题"作为个体变元的特征，比如"这棵树是绿色的"，它却完全介入概念化和象征化中，在其中更容易发现心理上的运算特征，而不仅是"给出的"。我们从检验谓语开始："绿色的"（或者"白色的"等等）。在罗素还是柏拉图主义者时，他写道"一个人的思维动作必须是与另一个的思维动作不同的东西；一个人的思维动作在某个时刻必须是与这个人在另一时刻的思维动作不同的东西。所以，如果白色是与它的主体相对的，那么两个不同的人不能够想到同样的白色，而同样的人不能够想到它两次。不同的想到白色的思维的共同点是它们的客体，而这个客体与它们所有都不同。因此共性不是思维，但是，当这些思维都被认识，它们就是思维的客体"②。罗素的这些异议在关于知觉的白色时显然是不可反驳的，对白色的知觉即是不可交流的，同时又丧失了一切守恒或者心智的互反性。但是它们全力反驳了物理的白色的永久性，因为同样的光波永不会在同样的情境下产生两次。"想"白色或者绿色等等，即是构成了一个概念；如果我们想让它稳定和能够计入逻辑的"给定条件"，那就应当要么依赖柏拉图主义、神的智能等等；要么，如果我们不是形而上学者，承认思维有通过可逆的运算维持想法的能力，并且能够通过社会合作交换这些想法，也就是说再次通过可逆的但是与个人对应的运算。只有在这种情况下，"这棵树是

---

① 此处原文缺失右括号。——译者注
② 《哲学问题》，第 106—107 页。

绿色的"给定条件会拥有某种逻辑含义。

至于命题的主体或者变量，显然地，如果我们借予某客体作为一棵"树"的性质，就同样能将它并入运算的格式中，在此格式之外的给定条件即失去了所有的含义。我们以 $f(a)$ 表示"这棵树(a)是绿色的(f)"。然而，超过谓语(f)的稳定性，变元指示(a)假设一种构造。称客体(a)为一棵树，其实是参考别的可能同它一起确定一些命题函数的客体(b,c 等等)，即同它一起表现某些定义树的概念的共同性质（富有生命力、有躯干等等）。在这样的参考之外，暗含的或明显的，没有把客体(a)当成"树"的意思。这样的指示因此有必要超越实际存在的给定物，为了将它与其他互相比较的"事实"的整体相连。尽管这种比较或者这些关系在逻辑的角度简化成(b)或者(c)代替命题$f(a)$的变元(a)的可能性，却不在其中排除任何允许这种替换的心理动作的运算特征：并集的运算或者关联因此介入所有可能决定一个类或者一种关系的命题函数中，而一切基于概念化的客体的给定条件都假定这样的联系。

逻辑-数学结构的"句法的"或唯名论的阐释还有一个中心点：什么是符号，且简化为纯粹的符号语言的命题如何指示与其相符的真实？不论是像维特根斯坦那样将符号定义为"表象"，还是承认在表象中发现了"类似"(ressemble)其意味的事实的"事实"，都不剥夺符号所指示的心理能指——事实(fait-signifiant)主要的本质。甚至要承认逻辑仅仅是种语言，只剩下一种语言被构造，且不通过简单的外部验证被发现，也只剩下一种语言假设能够互相间讨论的心理主体，并能以由此得出的符号来表现某些事物。如果我们想的话，符号函数（或者以符号的和表象的表征能力）能解释思维，如果我们愿意，但是，它的假设是倒推式的：准确地说，只有在蕴涵了本质属性的条件下它的解释才有效，以及思维是语言化的，因为语言是概念化的工具。一个符号系统不是消解了运算，准确地说，是让运算倍增了：它表征了符号运算中的一个活动，不是现实实施的活动，而是运算的实在。这就是为什么，从简化逻辑-数学的结构到不排除它们的运算丰富性的符号系统。仍然特殊地存在着这样惊人的矛盾，想要使我们承认它的重言式的特征的数学自身的语言，比严格地逻辑的符号系统要无限多地丰富，因此为什么形式逻辑的"重言式"总是那么简短，而数论的"重言式"却在分析法或者几何上，为了被记录而要求全部容量，为了被发展而要求几个世纪不间断的发明。

总的来说，（我们）似乎不可能否认运算性建构，它在逻辑理论的历史第二阶段期间被维也纳的认识论从数学和纯逻辑中分离出来，在心理学的领域不必要再次出现，这就必须重新引入它的逻辑形式化的问题。在逻辑符号和物理"事实"之间，插入了主体的动作，因此运算以前者与后者间不可缺少的联系出现。另外，这正是"维也纳学派"部分地承认的，有关归因于意识的事物：逻辑上"重言式的"，数学在心理上被体验为建构性的和丰富的。但是否应该将这种感觉考虑为主观的幻觉，抑或者它是否在认知上必须给主体一个真实的活动，为了使"事实"与其"符号"统一？

三个原指定了这第二种看待方式。第一，是心理分析和逻辑分析间逐渐地汇合。

整个智慧的发展归结为从不可逆的动作到可逆的运算之间的过渡,这些运算定义了集合系统的形式在心理上的构成。然而,根据关系到的运算,这些系统要么符合数学的"群"(数的序列、在空间中的转移等等),要么符合我们已经看过结构的(第一章第三节)类和关系的最基本的"群集"。有生命的思维和具体的智慧的进程的这种发展,在构成它们的平衡形式并且直接可公理化为逻辑结构的系统的导向中,是认知的重要性不可被否认的事实:如果我们真的想要讨论某种"科学的统一",应当被记下的,是这些发生的数据,而不是满足"逻辑经验主义"的朴素心理学。

第二,从严格的逻辑的角度来看,我们只有在逻辑-数学结构中,所有相关的关系都可同化为纯粹的同一时,才能将数学和逻辑简化为广泛的重言式。否则,就什么都没有,而相反的幻象会从主要的原子说分析进程中产生。例如,当罗素将同一简化为从一个项到另一个的一一对应,他否定被看作整体系统的对应的可能的多种模式①(因此有基数作为类中的一类的同化)。如果我们相反地分析全体本身,并不是同一性建构了基本的逻辑关系,而是互反性,且同一就此简化为直接和相反关系的产物。但是,互反性是个主要的运算概念,并且我们刚刚才看到过,它与相关的心理进程的平衡形式趋向一样的结果。

第三,拒绝将逻辑和数学简化为纯粹和简单的重言式的原因是有逻辑工作的演变提供的,从我们这里认为的第二阶段开始。适于逻辑-数学"符号系统"的一般重言式的认识论猜想实际上假设了所有推论或者推理的进程可能被简化为纯粹命题计算逻辑格式的最小值。它至少包含重构作为唯一形式系统的数学的可能性。然而,这种唯一性正是被第三阶段的工作,特别是被希尔伯特和哥德尔的工作所动摇,我们现在将要看到这些工作的影响。

3. 逻辑的第三阶段标记着一次更新,即是从将数学简化为逻辑的角度,也是涉及不论重言式与否的个体或他者的本质。希尔伯特的关于算术公理化的工作为 1929 年哥德尔的发现引起的危机做了准备,这次危机迫使维也纳学派的老成员缓和他们的立场,直到使逻辑成为所有符号系统的符号系统(就如今天卡尔纳普支持的那样),与基本的语言相对,我们首先想要以这种基本语言的名义删除问题和"关闭"公理系统。

通过支撑于算术的几何,揭示了几何的非矛盾性(non-contradiction)之后,希尔伯特自 1904 年起就尝试算术自身的非矛盾。但是遇上的反抗使其对罗素最初的立场的两个关键点做了修改,由维也纳学派学者发展:(1)首先,他迅速地放弃了将数学简化为逻辑的纯粹而简单的转化。相反的,通过逻辑到达算术,又通过算术到分析,每次他都引入了新的变量和新的公理。为了使运算形式化,他举出命题计算、相等公理、加法和乘法的数学归纳公理和"选择公理"的相邻公理。因此不再有从高到低的简化,例如从数到类,或者从通过数学归纳的推理到不对称关系或者纯粹的包含逻辑的连接,却相反

---

① 参见本书第一章第四节。

地存在简单数学对"元数学"的从属,也就是说从属于同时重建逻辑和数学的学科,其目的是揭示非矛盾性和形式化数学的公理的完成。(2)其次,更不必说,希尔伯特放弃了一切对逻辑和数学的重言式阐释,就算是他,也重新投入到丰富性的问题里。实际上,他给所有完成的公理体系规定的三个标准是:公理的独立、它们的不矛盾和完备性,即我们能够从中得出的,所有结果的可推理性。然而,公理的独立表现得那么强大,即便在纯算术的领域,也无法推理不矛盾和完备性!这足以说明,在确实的公理体系本身的领域,我们不再会合法地谈论逻辑数学联结的重言式的本质:我们刚刚看到过的(见第二章)必须介于"事实"和逻辑给定条件之间的运算是那么的丰富,以至于算术公理体系本身的"独立的"公理在仍不能被证明为在它们之间是可相容的……①

事实上,希尔伯特提出的问题比数学方法的著名发明者意料之外的复杂得多。有关这一点总是一样的,这样开放的危机表现得比所有独断论都更加丰富。从1929年到1934年,为了证明算术的不矛盾,特别是完全归纳的一般公理的努力,实际上,都丰富了埃尔布朗、哥德尔和根岑的工作,他们在许多方面更新了问题而没有同等地达到提出的结果。

埃尔布朗的论文②在于将证明的运算简化为越来越简单的运算,直到找到直接地可验证的形式。通过项的最终析取进行,不再包含变量,直到决定这个析取是否是逻辑同一,由此达到证明某些相容性,但是在完全归纳的一般公理面前不成立,不可简化为所谓的标量场这种方法。

在1929年,哥德尔标志了决定性的转折,通过提供这些反抗的实证原因。从一个变得著名的、关于数学归纳关系的系统的定理出发,他推断这样一个主要的结果,即一个理论的不矛盾不会通过这个理论中的单个元素证明,也不会简化为某个更简单的理论的不矛盾。算术的不矛盾因此不是逻辑上可证明的,以及在认知的现状下,它只能通过使用超限工具的元数学证明而被支持。从中得出,数学归纳的推理的合法性不取决于逻辑,不仅缺少可能的直接简化,也缺少"饱和"算术真值系统的能力。换言之,一个验证过的集合性质的所有数的概括,对于0和对于一个已知数的接续,如果它对于这个数不为真,就不能被逻辑的简单援助证明是真或是伪。

1934年根岑通过与埃尔布朗相近的方法达到对算术不矛盾的证明,并且在其中合并了归纳的一般公理。但是在将超限并入他的推理的条件下,就像他自己说过的,依赖"超越了算术的办法"③。

然而,这些希尔伯特的元数学的发展充满了逻辑和认识论的知识。尽管不倚靠真

---

① 这不防碍某些当前的和已有成就的维也纳逻辑学者坚持他们的重言式概念。还是在1948年,波尔(M. Boll)(《科学逻辑手稿》,第523页)写到算术是被设想为重言式的逻辑和"逻辑的巨大延伸"。
② 赫布兰德:《关于证明理论的研究》,论文,1930。
③ 引自劳特曼:《发生的图式》,赫尔曼出版社,1938,第148页。

值高于算术的秩序(因此它必须以算术为前提),我们通过应用经典的标准($p \cdot \bar{p}=0$)不能证明算术的不矛盾,这恰恰证明了,或者是数学一致性的不充分,或者是逻辑形式化目前掌握的进程的不充分。不过值得注意的是,几乎没人会质疑数学内部的一致性,尽管目前不可能将数学简化为唯一的形式系统。于是剩下的只是进行逻辑的改善,因为以算术本身为特点的运算系统以单一经典逻辑的运算系统的办法被证明是不矛盾的。

逻辑的重新调整以三种方式被构想或者被着手实行,这三种方式未来某天可能会汇合。首先,我们试着把具有双重意义的经典逻辑看作具有三个值(通过承认未排除在外的第三项)、四个或者甚至无限的值的更普遍的逻辑的特殊简单情况,在多多少少明显的想法中,扩展的努力于是在于从被排除的第三命题的原则变为直到被排除的第 n 命题的原则,为了达到比有限集合的逻辑更好地适应于数学的无限的逻辑。其次,我们能够完善元理论,直到建立出越来越精确地模仿数学理论本身的形式系统,为了最终将数学变成它自己的逻辑。最后我们能够——但这第三个解决办法似乎还未被尝试——放宽不矛盾的原则:为什么 $p \cdot \bar{p}=0$ 这样的基于对 p 和 $\bar{p}$ 在论域中的简单互补性表达还不足以确保算术的不矛盾?这会不会只是一个可能确保完整归纳的嵌套系统,且基于实数的体(corps)和群的该系统不会被封闭在简单集合中的嵌套系统中,也就是说被纯粹的互补性所定义?这三种解决办法因此以三种不同的方式超越了二元逻辑的框架,承认其不足以接纳数学或者甚至是不足以供养数学,当逻辑和数学结构都简单地互相混合时,便形成了混合的不矛盾的标准。

针对二元逻辑的最初的攻击来自布劳威尔的直觉主义。决心只承认实际上构成的数学存在,布劳威尔被引向重新检验有关无限集合的推理的价值和悖论对证明的使用。于是将逻辑简化为有限集合的简单的词语分类,他通过承认第三命题(tertium)的可能性,彻底地怀疑被排除的第三命题在无限中应用:不可证明的或者实际上构成的,位于真和悖论之间。在瓦夫尔(Rolin-Louis Wavre)指出了形式化这种观点的可能性后,海廷实际地建构了能够适于直觉主义的三元逻辑。除了赖欣巴哈的多元或然性逻辑和一些其他论文(贡塞斯等等),波兰学派以及卢卡西维茨和塔斯基将这些尝试普遍化,直到建构出被排除的第 n 命题的原则和真值的无限逻辑。这些有着明确旨趣的努力,其实际的承载范围肯定还未竭尽。然而两种情况将它限制于此。一方面,如果看起来主要能够在将来与数学归纳法的问题相一致的新的框架如此被准备,那么任何决定性的应用都还不能完全证实这种扩大,而许多作者都保留着对从多元到简单二元可能的简化的印象;另一方面,有着无限真值的逻辑还不是无限逻辑,并且"一般逻辑"还未被排除,问题全部地继续于知道它是否是可能的。

逻辑在数学理论中影响力的扩大,在于独立于数的类和关系,以及由二元命题逻辑表现的纯粹集中的逻辑之外,我们能够设想一个由严格逻辑公理和从算术、分析,或者特别是从超限结构中借来的公理的混合所组成的数学逻辑。这种确切地作为元数学理论特征的集合体因而可能具有无限的改进,我们一般也正是在其中等待数学形式化的现实。但是,就算这样超越了纯粹的逻辑,且不重回将数学变为逻辑的简单还原的虚幻的理想,我们也只有像已经看到过的那样,依靠高阶序列的公理来证明算术系统的不矛盾;超过了罗素的从高到低的还原的失败,这种对形式化的"完成"的反抗于是展现了逻辑和数学的异质性。因此,存在更高阶段的相对的自治,和构成一个特殊逻辑的必然性,这个特殊逻辑总是更好地通过从新的陌生公理到纯粹逻辑的归并来适应更高阶段的要求。然而,这个混合的逻辑越在元数学的平面上发展,它就越来越模仿数学本身,直到通过增长的模仿(mimétisme)重复数学。如果我们可以谈论逻辑和数学逐渐的同化,这种同化是互相的,且总会重新以高级的方式丰富低级,同时将高级结构翻译到低级结构中。用一个例子来说明。希尔伯特依靠某些超限选择的公理证明被排除的第三命题的原则:$A(tA) \supset A(a)$意味着,如果属性A适用于被选客体(tA),那么它适用于所有(a)。在有限中给出的例子是以下这个:如果A易堕落的属性,且被选客体(tA)是人类中最不易堕落的,那么所有人类(a)都是易堕落的。然而,显然,通过给出在所有人类中重新找到他们中最不易堕落的那个人的可能性,我们由此把通过从可递的算术关系角度进行两两相较(或类和类相较)将所有人类分类的能力归于自己:"最不易(或最易)堕落的"。将同样的能力应用于超限接合意味着授予自己为它们全部排序的权力(不是必须根据"已排列"的关系,但是根据一个简单的顺序或者一个预先相交的游戏)。简言之,引入一个这样的公理,就是让自己绰绰有余地逻辑化一个特定的数学领域,但是,确切地,由于过多的富余,我们因此丰富了低级,而不是削弱它,这就是为何元理论扩大的逻辑被要求通过将逻辑放入元逻辑中来重复数学,而不是相反;而这要直到使数学自身变成它们的逻辑。同样在这种情况下,完整归纳的原则剩下的便是构想为特殊推论的一种模式,即不可被简化为一元的二元逻辑。

我们能够想象一种回到扩大不矛盾律本身概念的解决办法,直到属于二元逻辑的不矛盾律成为一种描述了一般可逆运算逻辑的不矛盾律的特殊情况。实际上,经典的表达$p \cdot \bar{p}$意味着什么,命题间的(inter-propositionnelle)矛盾的符号?很简单,这里的论域(我们将它成为z)被分成真值的两个类,一些肯定了命题p,另一些肯定了命题$\bar{p}$,这两种符合p和$\bar{p}$的类都是在z下补充的。于是通过定义,我们将得到:

(1) $p \cdot \bar{p} = 0$

(2) $p \vee \bar{p} = z$

(3) $\bar{p} = z \cdot \bar{p}$

(4) $p = z \cdot \bar{\bar{p}}$

如果,例如p意味着"x是有生命的",所有x将被分为有生命的和无生命的$(\bar{p})$,而不矛盾$(p \cdot \bar{p} = 0)$重新确认了任何x都不会是即有生命又无生命的,因为通过定义可知,无生命是有生命的补充。从中得出有生命的全都是非无生命的$z(4)$,而无生命的全都是非有生命的$z(3)$。

但是这样的标准只属于简单的互补性,也就是说纯粹内涵的①特点,且只假设部分在全部中的嵌套关系:在某一部分(与 p 相符)和另一部分(与 $\bar{p}$ 相符)之间已知的唯一关系,实际上是一种互补性的关系,即涉及全部的关系:$p = z \cdot \bar{p}$。那么是否该惊讶这样的非矛盾性的绝对内涵性定义不再足以察觉属于数和外延系统的协同? 相反的,显然这样的系统超出了内涵的框架,因而属于不矛盾的更加精细的标准。

我们假设,例如依据选择公理,但是保留数字 2、4 和 5 的一般性定义,我们在算术系统中得到 2+2=5 的命题。如果我们是 2+2 对应于命题 p,5 对应于命题 $\bar{p}$,问题便在于找出为什么它们是矛盾的? 是不是又简单地因为全体(无限的)整数分为两种补充的子集,一个包含关系 0+4=4;1+3=4;2+2=4;等等,于是另一个包含所有其他涉及 5,6,7…为真的关系,因此不存在一个等式同时包含在一个子集中的 2+2,和在另一个子集中的不是 4 的数字? 很显然,用这么简单的方式来推理,我们就不仅仅只能够证明,并且还能够直觉地保证系统的不矛盾。然而,这差不多就是我们通过将算术归入逻辑想要做的事。算术的不矛盾相反地在于正整数和负整数的生成函数的运算形成了一个群,使得顺运算 +1 会被逆运算 -1 取消,以这样的形式:+1-1=0。是这种顺运算 +1 和逆的 -1 恒等于 0 的构成,在整数的平面上,构成了逻辑等式 $p \cdot \bar{p} = 0$ 的真实对应。因此,所有顺向的和逆向的运算不互相消除的数的等式都会是矛盾的:即 +n-n $\gtreqless$ 0。结果,对比只属于互补性的,仅仅是程度的或者逻辑的不矛盾,算术的不矛盾包含另一个更加精细的标准。

但这两种不矛盾之间的关系是什么? 这确切地取决于顺和逆运算的活动,我们能够以一般的方法通过互反性定义它,同时根据以它们的互反成分为特点的所有运算系统的本质,区分不矛盾的不同阶段。特别地,逻辑不矛盾律 $p \cdot \bar{p} = 0$,就是通过它的逆(或者否定)运算取消顺(或者肯定)运算的,特殊的互反成分,等于恒等为 0 的运算。

实际上,像我们在别的地方②通过依靠熟知的二元性规则 $\overline{p \vee q} = \bar{p} \cdot \bar{q}$ 和 $\overline{p \cdot q} = p \vee q$ 说过的,一切命题逻辑都是可简化为唯一的"群集"(有关"群集"的概念,参见第一章第三节),其顺运算是析取 $p \vee q$,而逆运算是相连的否定 $\bar{p} \cdot \bar{q}$。一般恒等的运算是 ($\vee$) 0,特殊的恒等是 ($p \vee q = p$) 和 ($p \vee z = z$),我们可以提出从等式(1)到(4)的命题的全部逻辑:$p \cdot \bar{p} = 0$;$p \vee \bar{p} = z$;$p = z \cdot \bar{p}$ 和 $\bar{p} = z \cdot \bar{p}$。然而,构成一个可以同在整体的部分和补充性的包含的纯粹程度关系相兼容的互反组成的系统的"群集",得到的结果是逻辑不矛盾 $p \cdot \bar{p} = 0$ 仅仅表达了这样的系统固有的互反性。不言而喻,这样的互反性还不足以证明算术的不矛盾,因为这种证明又会将外延关系(从部分到部分),特别是数的关系(单元的迭代和完整归纳),简化为程度关系(互补性的和归纳的)!

相反的,如果一般不矛盾归结为一般互反性,每个群的整体包裹着它的不矛盾并包

---

① "程度"(intensif)和"外延"(extensif)的定义,参见第一章第三节。
② 《逻辑通论》,定律,第 39 页。

含矛盾的特殊标准,以系统的恒等运算为参考。仍然从这个角度出发,逻辑就被简化为数学结构本身。

4. 然而,从先前的考虑出发,有可能找出一种调解丰富和严密的数学推理的阐释,同时将其与简单地逻辑推理中相区分。

逻辑推理已然是丰富的,因为任意两种组成的逻辑运算在它们之间给出一种新的、不包含在这些组成部分中的运算。例如,合取($p \cdot q$):它简单地肯定了承认 p 和 q 同为真(例如,$p=x$ 是哺乳动物,而 $q=x$ 是脊椎动物)的量的某些组合的真。如果我们确认,另一方面($\bar{p} \cdot q$),我们便承认了 q 与非 p 的可能的合取(例如,如果 x 是一只鸟,它即是非哺乳动物,也是脊椎动物,即 $\bar{p} \cdot q$)。然而,($p \cdot q$)和($\bar{p} \cdot q$)在[($p \cdot q$) $\vee$ ($\bar{p} \cdot q$)]形式下的并集包含的内容比($p \cdot q$)和($\bar{p} \cdot q$)各自的内容更多,这个析取的并集意味着,实际上,q 可以独立于 p 的真或假而被确认。我们还需补充 $\bar{p} \cdot \bar{q}$ 的真(既不是哺乳动物,也不是脊椎动物)和否定 $p \cdot \bar{q}$ 的真(是哺乳动物和非脊椎动物);排除了($p \cdot \bar{q}$)的[($p \cdot q$) $\vee$ ($\bar{p} \cdot q$) $\vee$ ($\bar{p} \cdot \bar{q}$)]的并集于是意味着 p 蕴涵 q(即 $p \supset q$),即确认了 p 和 q 之间的主要关系,此关系不在($p \cdot q$)中,也不再($\bar{p} \cdot q$)中,同样不在[($p \cdot q$) $\vee$ ($\bar{p} \cdot q$)]中。因此逻辑的丰富性取决于一切演绎所假设的,这种演绎表面看起来其运算的组成是重言式的。

至于逻辑推理的严密性,它取决于可能的组成的互反性,因为(我们刚刚看到过)不矛盾的标准($p \cdot \bar{p}=0$)就是互反性本身。命题逻辑的严密因此来自这样的事实,它的组成不仅构成了网或者格,也构成了唯一的"群集",即一个通过它的等级的互补性而变得互反的格,其基本的"恒等运算"正是($p \cdot \bar{p}=0$)①*。因此严密性既不取决于简单同一 $p=p$,也不取决于被设想为独立静止的形式的不矛盾性,而是取决于整个系统的互反性,其不恒等的组成另外还解释了其丰富性。②

如果从逻辑开始,我们转向数学推理,将会明白为什么其丰富性是大幅倍增的,尽管严密在此基于相同的原则,但应用却更加精炼。

数学推理的丰富性远远超出了逻辑推理的丰富性,出于一个简单的原因。不是仅仅将部分嵌入整体中,或是只通过互补性或相交(这又是一种包含)使部分之间联系,数学推理在部分之间建构了总是更加丰富的关系,各部分通过它们自身来考虑,而不必通过整体的中介(积、一一对应等等)。如果被证明只通过逻辑资源无法"建立"完整归纳的一般原则,那么实际上,一切数的数学归纳都假设了目标整体的部分之间的直接关系,而排斥将这些关系仅仅被简化为部分与整体的关联(归纳和补充)。在数超出程度类的情况下,在同样的情况且出于同样的原因,通过数学归纳法的推理不能保持不可简

---

① *注:我们用($p \cdot \bar{p}=0$)代替了($p \cdot \bar{q}=0$)。

② 这样的事实于是遇上了现今所谓的辨证的逻辑的努力,为了超越同一或者简单的不矛盾的观点,以连接到整个系统的变化。

化为命题的二元逻辑的运算组成。逻辑通向数学的通道标记的丰富性的可观延展因此取决于,一切仅从"群集"(或者从部分到整体的关系的互反组成)中分离出建立在部分之间的直接关系上的,数的、代数的和几何的群的差异。

然而,正是群的基本结构确保了数学推理的严密(很快超越了集合理论中的从部分到整体的基础关系)。如果不矛盾基于互反性,我们将重新发现,从逻辑不矛盾出发,一系列的不矛盾阶段与因系统的区别而总是更加精炼的互反性的形式相连。就像 G. 朱韦坚持过的那样,只有发现了一个理论所基于的"基本群",才能确定这个理论内部的协调。① 可以说,数学推理的严密只能由它的丰富决定,更确切地说,丰富取决于运算组成的无限制度的特征,其互反性确保了严密。

因此,数学推理的分析准备和预见了解决抽象存在的问题的办法:在数学超出了逻辑的情况下,运算的存在被证明了其实更有实效,因此它更加的不可被简化为纯粹的重言式。

第六节 卡瓦耶斯和劳特曼的论题

在目前区分的三个时期的第三时期中,逻辑和数学之间的关系的演变将两位数学哲学家 J. 卡瓦耶斯和 A. 劳特曼导向了有关数学存在和运算的本质的整体思考。然而,这两位作者的两本著作②,出现于同一年(1938),非常有趣的比较是,一开始的趋向十分不同,事实上却互相靠拢,在关于数学生成的特点的主要确认上和有关这类运算的辩证法思考,一个在意识的发展层面被援引,或者另一个在柏拉图主义的实质和历史的相关层面被引用,为了通过"整体的"(globales)平衡的形式来解释发生结构的联结。

"如果丰富性是同真正的数学思维紧密汇合的,公理体系的方法能够建立它吗?作为一个运算进程的特征,系统的公理只是将它描述出来",卡瓦耶斯如是说(第 79 页),尽管在希尔伯特和逻辑主义之间有相似之处,完备性的问题上所遇到的抵抗,阻止了它们相认。"不论如何,公理化因此加倍引证一个已知条件:在外部,公理化借予系统的已知条件;在内部,公理化只是一个运算单元的已知条件的特征"(第 88 页)。只有在我们能够证明完备性时,这个内部的已知条件才是可简化的。不过,"我们在普通逻辑中察觉不到任何它的证明,并赋予它实际意义的方法;实际上它拥有的是,从以公理为特征的运算进程的单元直觉中借来的"(第 89 页)。

但是,自希尔伯特承认将算术简化为逻辑的不可能性,及只有达到"数学和逻辑同

---

① G. 朱韦:《公理与群理论》,科学哲学国际会议记录,第 6 卷,巴黎:赫尔曼出版社,1936。
② J. 卡瓦耶斯:《公理法与形式主义》,赫尔曼出版社,1938;A. 劳特曼:《论数学结构与存在的概念》,赫尔曼出版社,1938。

时的重建"的野心(第 90 页),卡尔纳普自己放弃了为了承认"数学要求总是更加丰富的无限连贯的语言"(第 166 页)的单一分析,人们再也不能期望从数学到逻辑的简单和纯粹的简化:"经典逻辑的规则的严格拘谨,只是以不方便的办法束缚了对公式的不可预见的经验……完整的形式化悖论地做到了删除运算的独立性,它本来是公理的方法要保存的。"(第 175 页)逻辑,像布劳威尔明确地建立的那样,根据卡瓦耶斯,仅仅关于推论,而不关于连贯。

特别地,不矛盾性的证明"都在完整归纳的一般公理面前失败了"(第 143 页)。根岑的结论(借助于超限归纳)同哥德尔的结论(第 164－165 页)都组织了逻辑"建立"数学。就算从对应卡尔纳普的逻辑主义新方法出发,"任何对基础问题的解决办法都无法期许"(第 169 页)。

因此,物理层面的经验和任何先验的逻辑都不能建立数学(第 179－180 页)。至于布劳威尔主义,"直觉主义者提出的运算意义上的问题出自偏见认为——本体论的,而不是批判的——客体应该在运算之前被定义,而它在其中却是不可分离的"(第 178 页)。那么,真实的基础在于什么呢?在于辨证,但与意识的一般生成相混淆,如果我们正确理解了,即是说混淆了运算史和发生本身。

这种发生不用在起始阶段的分析中寻找:"至于数学在'现实'中的应用,也就是说在人与物之间的活性互动的系统中。根据前述可见,现实不再对数学的基础问题感兴趣:在算盘面前的孩子就是数学家,他/她拿着算盘只可以做数学。"(第 180 页)应该求助于之后的运算史,例如"一般化的三重角色……将外在条件的运算从它们的完成中解放,对意外地汇合或者区分的进程的分离或者辨认,最后是新客体的位置当作被承认的自主运算的关联物。在所有情况中,实际工作的丰富性是通过在数学组织中的这些中断而获得的,一个理论的辨证的过程自身具有对于一个不承认它的更高级的理论的界限,且因为它出自更高级的理论"(第 172 页)。另外,"意识的扩大和叠合的经验的辨证发展,它们使客体在我们所称的主题域(champ thématique)发生了不定的生成,我们已经看过这些产生进程的某几个,不同类型的一般化,在其中加上所谓的主题化(thématisation)的形式化:一种运算变作更高级的运算领域的元素的变化——以拓扑变化(特别是从一般方法到群理论)的拓扑学为例。三种类型的辨证时机……一个客体产生的必然性只有通过对一种成就的验证才能被察觉;主题域中的存在只有实际动作的关联物这个意义"(第 177 页)。

"至于进程的动力,似乎躲过了一切研究。这就是经验的全部意义,作为服从于条件的尝试的能力的意识活动和这些条件之间的对话"(第 178 页)。"主题领域于是不位于世界之外,但是后者的变体:物的实际思维(要求更完整的意识)是它的客体的思维(与复数相符的思维是它的数的思维)。如果还剩下一个确信的不可消除的元素……它的动作不会向后,实际地完成的活动仍是有效的(给定条件的明确有效性),但会为了被提出物的变形(概念的修改)向前"(第 179 页)。

我们看到这个论题与发生学的立场多么接近。只有一点是我们要援引事实来反对卡瓦耶斯的,但是这对卡瓦耶斯本身也是有利的,如果孩子在算盘面前,已经是个数学家,是由于他/她同时要建构数和整个逻辑,这是因为他/她的主题领域已经是某个世界的变形。弗兰克在 1928 年写道:"我们绝对看不到原因,为什么形式算术的法则确切地对应着在算盘面前的孩子的经验。"(第 168 页)这个问题的回答不仅要在更高层次的运算史中寻找,它也可以在活动的最朴实的形式的分析开始就找到。唯一真的辩证方法因此是发生学的方法本身。

然而,尽管宣称自己是柏拉图主义者,劳特曼一点儿也不像布朗希维克不同于罗素(他仍相信共相的时期)那样,反对卡瓦耶斯的运算发生学,他只是在承认意识的生成这个问题上——重新被看作是运算的主要发生——加上平衡化形式的考虑;而由于不知道后者在发展的阐释中位于何处,他将它们依靠于某种超历史(supra-historique)的生成,而不是在发生进程的机制中寻找它们的解释,直到它们的次历史的根基。

数学的发展见证了某些现实的存在(第 7 页),布伦茨威格比任何人都更多地发展了这样一个观点,即这种"客观性……是智能的杰作,是为了战胜它所运作的事物对它的抵抗"(第 9 页)。然而布朗希维克的数学哲学,被劳特曼以最说明问题的方式援引,一点儿也没有简化为创造的心理学。它仅是不考虑一切先验的演绎。"在数学家的心理学和逻辑演绎之间,应当存在真实的内部特性的一隅。它应当同时参与智慧的和逻辑严密的运动,且互不混淆,试着做出综述,将会是我们的任务"(第 10 页)。这样被提出,问题便在于"发展一种数学现实的概念,使逻辑概念的固定和靠理论维持的运动相结合"(第 12 页)。实际上,"数学理论都能够接受双重特性,一个基于这些理论本身的运动,另一个基于在这种运动中成形的想法的关系。这就是两种不同的元素,在我们看来,其汇合构成了数学固有的现实"(第 147 页)。

这种二元性特别是通过形式化的问题现状被证明了。"为了形式化分析,应当能够应用选择公理,不仅是用于数的变量,也用于变量的最高范畴,在其中变量即是数的函项。数学于是表现为连续的综合,其中每个步骤都不可被还原为前一步。另外,主要的是,这样形式化的理论是不能够给自己提供内部协调的证据的;要在它之上叠加一种将形式化的数学当作客体的元数学,并且以不矛盾和完成的双重视角来研究它"(第 11 页)。但是,劳特曼坚持,"那只不过是种理想……并且,直到目前看来,我们很难实现这个理想"(第 12—13 页)。于是在数学和元数学之间存在二元性,后者考虑"某些完善的结构,通过实际的数学理论是可能实现的,且独立于知道是否存在具有问题属性的数学理论的事实"(第 13 页)。然而,在劳特曼看来,正是这种在生成的实效和高于它的理想之间的对立,解释了数学运动和逻辑静止之间的辩证关系。应当同时承认"数学对先验的逻辑的不可还原性和它们围绕着相同的逻辑格式的构造"(第 147—148 页)。"甚至可以说,参与到这些逻辑问题能够包含的解决办法的决定中的辩证法,将引起构成了一整套微妙的差异和推理的方法,数学将会模仿它们,以至于这种辩证法与数学本身相混涉。这就是逻辑在它们最近的发展中的命运。不可能在不彻底改变一切算术的情况下构思算术的不矛盾的问题,但是一旦我们试图建立算术的不矛盾的有效证明,就必须在其中应用丰富性来超越我们寻求用来保证有效性的理论的数学方法。这些结果,归功于哥德尔,以确定的方法指出,算术的不矛盾不会回到一个更简单的理论的不矛盾律,而在科学的现状中,一切算术的不矛盾的元数学证明都必须应用超限的方法。于是,这个问题似乎失去了所有的逻辑意趣,直到根岑以另一种角度来考虑它,他写道:'完全可以设想,我们以一些超越算术但却能够比纯算术自身的有争议部分更可靠的方法来证明算术的不矛盾性。'以这种方式便能发现不矛盾的问题如何有了一个意义,尽管我们将忽视为了解决它而采用的必要的数学手段"(第148—149页)。

劳特曼的阐释的基本格式是运算生成从属于一个超越了它的、理想的联结。但是,在将此归结为柏拉图主义之前,劳特曼致力于对数学"结构"的最普遍的角度的深入分析,正是这种结构特征将其真实的意义给予了这样的结论。

首先在将元素置于整体之前的"局部的"或者原子的方法和将整体置于部分之前的"整体的"方法之间的角度看来存在二元性。"整体的研究反而以显示出一个独立于组成它的元素的整体的特征;它一下子转为研究整体的结构,因此甚至在认识元素的本质前就为它们指定了一个位置;它主要试图通过数学存在的函数属性来定义它们,认为它们扮演的角色给予了它们一个比从部分的集合得出的更加可靠的单元"(第19页)。运算整体的角色于是在现今的数学思维中是基本的,在目前的数学思维中,这两个问题重新不断地从整体结构出发,为了决定元素,为了整合所需的条件,或者不断地从元素的属性出发,不断地试图"在这些局部的属性中发现元素能在其中排列的整体的结构。"(第29页)因此,在这两种情况下,体现了"整体的组织影响"(第29页)。劳特曼在这方面承认了一个非常有启发性的忧虑,同时有关他的体系的隐藏的蕴涵和在当代数学思维中的整体观念的角色:"我们将会在数学中遇到能够立即被发现异于数学的考虑,在其中表现得像某些属于生物学或者社会学的概念的反映。显然,我们构想的数学存在不是与有生命的存在没有相似之处;而我们却相信有关某整体的元素的某种结构的组织性动作的想法在数学上是完全可理解的,尽管转移到其他领域,它便失去了理性的明晰"(第29页)。这种"整体的及其部分的连带性"主要处在群和体的概念中①:"通过给出群或者体的元素服从的公理,或者甚至突然给出群的或体的元素的通常无限的整体。"② 这种情况下存在真正的"整体在部分中的蕴涵"(第30页)。

然而,运算整体的基本角色(以及一个数学存在的"内在属性"和从周围系统"归纳的属性"之间的区别)更新了逻辑和数学间的关系的问题,且可以明确地超越逻辑主义。"逻辑学家们总是想要(从罗素悖论的发现开始)禁止非谓语的定义,也就是说那些某元

---

① 一个体是两个群的系统:一个加法群和一个倍数群。
② 劳特曼:《试论数学科学的单位》,第9页。

素的属性都是与其所属的整体相关联的定义。数学家从未想要承认这种禁止的合法性,适当地指出,为了定义整体的某些元素,有时有必要召唤这个整体的全部属性"(第39页)。逻辑"实际上只是一个数学的其中一支,它所表现的发生都可以与我们在别处观察到的进行比较"(第83页)。

逻辑和数学之间的关系主要在劳特曼在以更确切的表述宣称的:"向完成的上升"(第14页)之后,称为"向绝对的上升"(第三章)的进程中变得明确。这涉及,例如按照伽罗瓦的代数群的次序,由于基础元素的"不完善",相较于已给出的体,还必须参考唯一完成了的整体的运算结构。然而,只有这些"结构性组织的试验……给予数学存在一个由此可以说明它们存在的向着完成的运动。但是这种存在不仅表现在这些存在的结构模仿与它们相比较的理想结构这一事实上;事实证明,一个存在的完成同时也是其他存在的发生,这便是实质和存在之间的逻辑关系,是新的创造的格式所属的场所"(第80页)。因此"数学理论通过自己的力量发展,在狭隘的互相连带性中,且不参考任何它们的运动接近的想法"(第139页)。其实"我们所描写的逻辑格式在一个理论中不是先于它们的实现的"(第149页)。"整体和部分的关系的问题的命运,外部属性成为内部属性的简化,从上升向完成,发生的格式的新建构依赖于数学自身的进步;哲学家既不用解除法则约束,也不用预见未来的变化"(第149页)。"一切试图先验地控制数学发展的逻辑企图便不会知道数学真理的主要本质,因为数学真理与精神的创造性活动相关,并具有时间的特性"(第147页)。

我们因此只能接受一种先验论:这是唯一可能体验到这种担忧尝试,即关于两个观点与现象学描述之间联结模式的担忧,这种担忧独立于在可计算与不可计算之间寻求联结的那些事实。但正是这里存在一种超越时间和运动的数学现实或者客观性。有关这个一般的论题,与布特鲁瓦达成一致,劳特曼却从其关键点分离出"数学现实的问题不在事实层面上被提出,也不是存在层面上,而是理论层面上。在此层面,真实的本质具有双重性"(第146-147页),通过基于理论的运动和由理论具象的想法的联系。但是,我们的回答是,这种具象化不是预成论的结果。

劳特曼的柏拉图主义在此渐渐清晰,某种程度上活跃的或者辩证的柏拉图主义:"在数学活动的时间条件之上,即便是在这个活动内部也出现了理想的现实的轮廓,这种现实是它所推动的数学质料的支配者,但若是没有这种质料,便无法揭露它的构成能力的所有财富。"(第150页)这种现实自身却不是没有完结的进步的基座:"在想法和数的生成中具象的元数学不会允许一种元-元数学的产生;一旦精神排除了根据它们而建构辩证法的格式,回归便会停止。"(第153页)

没有最后的停止,我们将能全盘接受劳特曼的表面的新柏拉图主义,它不仅很少与运算发生主义相矛盾,而且甚至还是时间建构观念的补充。其实很显然,一切发生的或者历史评判的分析都明释了平面的连续二元性,我们自开头就对其强调过(参见导论第五节),同样有关空间和数:运算的真实或者时间的发展和它倾向的对等形式,这种对等自身包裹着一个总是更加丰富的虚拟变化的整体。不论我们怎样描述这种理想的现实，只要我们尊重劳特曼自己强调的两个条件便可：相对于真实的发展，既不是先验地结构的，也不是在理想的外部的。

特别令人震惊的是，看到劳特曼将我们不断在发生自身中观察到的许多论据翻译成另一种语言：关于运算整体的双重角色。一方面，这些整体构成了逻辑数学运算的真实结构，因此在其中表现了必然的平衡形式，在所有层面和自具象的阶段起：这就是为什么数学中从部分到整体的关系和有机的整体的比较不只是一个简单的表象，而且表达了有生命的组织和运算组织之间的基本心理学关系。但是，另一方面，这些整体扮演着规范的角色：理想或虚拟的角色，其与真实的合并对它的完成来说是逻辑必然的。

所以，如果劳特曼的论题与发生分析（从最基本的层面直到元数学的形式化）向我们教授的如此相近，为什么在最后会出现唯一一部分与我们称为作者的发生柏拉图主义相混淆的形而上学柏拉图主义？两种基本的柏拉图主义学派是回忆（réminiscence）和分有（participation）。如果运算整体与有机整体相近，我们能够将回忆翻译到发生的语言中，从无尽的回归到总是更加原始的协调，运算抽象化了它们的元素；这正是劳特曼感受到的。但这种情况下的分有没有任何被静止的完成所限制的理由：相反，得益于一系列的构造性的、增长性的对称，能够孕育出向着理想的步伐。于是，完成只会同时是回归的和进步的结束，劳特曼太过突然地想要逃离的认知的循环。

第七节　结论：数学运算与数学存在的本质

按照发生认识论的原则，数学存在的本质问题只有根据它们的发展和将其与生物学的或者物理的思想的发展作比较时才能被解决。然而，我们能够跟随已经从这种变化和它遵循的方向的考察中学到的进行扼要重述。

1. 在起源上，逻辑-数学的运算先于我们能够对客体或者客体的集合进行操作的最普遍的动作：在于汇合或者分解、排列或者改变秩序、产生关联等等动作。然而，从起始层面开始，我们可以从这些动作中分辨出两个另外在主体自身看来依旧没有差别的极点。一方面，这些动作包含一种物理角度，多多少少根据客体自身而特殊化，于是便有汇合或者分解、排列或者改变秩序等等，一方面由真实的运动组成的，物质实体上实现的或者思维上想象的等等动作；另一方面这些动作同样使一般的协调介入，在其中连接了刚刚提及的动作：为了汇合或者分解客体、为它们排列或者移动它们等等，应用到这些客体的动作本身应当互相汇合，或者分解，应当排列、产生关联等等。应当在物理动作自身的协调活动的角度，找寻逻辑数学运算的根基，并且，如果动作的一般协调和特殊化的动作都从一开始就互不分辨，这并不能证明我们能够由前者得出后者。

2. 事实上，随着客体功能的越来越具体化，今后的发生发展阶段的物理操作之间的区别越来越大、越来越迅速；而随着主体通过最初的动作协调的抽象元素来确定这种规则,逻辑-数学运算的必要性越来越明显。因此在具象运算阶段(7—8年),逻辑群集和数与空间的结构已经都构成了与物理运算不同的推理系统,后者在直觉思维层面依然部分地无差别。

3. 自形式运算阶段起,逻辑-数学结构不仅继续与物理运算相区分,而且超出了所有实验现实。一方面,它们在没有直接具体的含义的情况下就引入了运算的一般化(数的一般化等等);另一方面,具象运算的延续,驱动了形式化的开端,这是一种无限的延伸,其标志是所有的活动都以一种最明晰的方式,通过与经验的匹配而释放了结构。

4. 最终这些一般化了形式结构的公理结构都独立于经验而被制定。特别是,它们摆脱了似乎由实验现实强加的运算的义务或运算的属性(例如,欧几里得的第五公设或者阿基米德的公理),以将通常的协调变成可能的协调的简单特殊情况的方式。然而,频繁地发生的是,这项纯化工作的结果达到这样的结构建构,不仅遇上了就像科学概念的制定之初那样表现的经验,也遇上了由于最完善的物理技术而不可预见和精细化的经验。

通过这四条范围决定,数学存在的发展曲线于是循着一个既清晰又悖论的方向：先于由主体对客体进行的动作的协调,它总是更加远离这个直接客体,但是不断地保留重新与它汇合的能力,而事实上,又在物理分析能导向的一切层面的深度或广度重新找到它。数学思维从此揭露了两个主要问题：为何这种思维是建构性的,且为什么即使不断地超越真实,它仍然与真实保持一致?

我们重新检验一下,为了试着解决这些问题,(1)起始的阶段,(2)以后的阶段,然后我们将分析(第三点)数学同物理与生物的关系。

1. 数学思维是丰富的,因为真实同化于动作的一般协调,它主要是运算的。

它是丰富的,首先是因为运算的组成构成了新的运算,而这些被数学推理从结构中分离的组成部分从源头就与动作的协调相混淆。值得注意的是,以此看来,由数学"群"和逻辑"群集"构成的抽象结构,与行为的心理协调的最基本形式相符。实际上,什么才是行为系统的平衡条件,不论是涉及由主体实施的真实运动,或是涉及任意作用于客体的动作?首先是能够将两种动作或两种运动组合为一种；其次是能够回到出发点(返回)；也要抑制动作(这种抑制与它的反面移动的产物相等)；要能够在一些导向同一目的的迭代之间做选择(迂回)；最终在累积的有效动作(例如,连续地走几步)和重复不对起始动作有附加的动作(例如,重读两遍报纸或者重说同样的话)。然而,显然动作最普遍的这五种特性的前四种构成了与群和群集相似的：将两种运算变为一种属于同一系统的新的运算群集,将顺运算变为逆运算的保留(返回),一般同一的运算(零运算),结合性(迂回)；至于累加的运算(特别是迭代)和重言式(特别是同一)之间的区别,这正是数学群与逻辑群集的相对性——特别是互反性,构成了运算的、数学的和逻辑的变化的最具特点的属性,另外还是将智慧与知觉或者习惯的基本运动技能做分辨的最主要平衡化发展。智慧的一切发展都以从原始动作的不互反性到标志着智慧进程的完成状态的运算的互反性的过渡为特点。将逻辑数学运算的机制置于它的真实的发生背景中是有巨大意义的，记录这些在动作的心理协调（与像平衡标准般的互反性）和主要的数学的与逻辑的结构之间的趋同。

  但是这样一种运算已经是一种主体的创造，因为它是通过主体对事物进行的动作。因此说数学思维的形成是由于从客体出发的抽象化是不准确的，就好像这种思维的材料已经是如同在外部现实中的内容那样，而只要将它们抽取出来就能产生数或空间的关系。动作，运算从出生就与其相关，反而在现实里加入了新的元素，数学的创造的开始便是关于这样的添加。将客体汇聚成一个集合或者将它们从中分解，是有动作带给客体的丰富，因为如果自然单独地建构了一些整体或者将它们拆解，并不是以像是那些描述了思维或者操纵的动作那样的、活动的、互反的和自由动作的形式（在布劳威尔将连续描述为一系列自由的选择的意义上是自由的）。同样地，建造或测量图形都是将某事物加入现实的动作，因为现实忽视其中最简单的元素，例如直线或者平面，并且在某种层面上，直到不连续性和起伏。

  只有外部现实总是顺化这些运算或者建构，且是它不断更新的自我一致性推动了实用主义的持续重生。这便是数学思维的第二特性：如果对于物理现实而言它是被创造的，它将某些抽象的或者从物理实体中抽取出来的东西加入到物理现实中，并且在它应用于现实的情况下，显著地（以任何形式，例如无限中介）超越了那些与数学格式相一致的经验。这种一致性于是提出了第二个，从最简单的运算开始就需要得到解决问题，如此才能理解之前的数学思维能够与数年之后的经验趋于一致，正是因为它们提供了一个预置的框架，这些经验的想法才能在思维中发芽。这些预想实际上表现了数学运算之间的汇合，而现实并不必然源于互相的调整，就像数学物理法则和实验数据之间的一致性那样。我们于是找寻在最基本的情况下它是由什么组成的，也就是说在相互的调整看起来似乎是显然的情况下，只能够作为一种表面现象。例如，有一堆石子，在不管我们数它们的顺序是怎样，都得到数字 10，或者一个在纸上画出的直角三角形，实际上都能得到斜边的平方和另两条边的平方的相等。

  哲学认识论的经典解决办法被闭锁在二难推论中：要么数学现实先验地强加于物理现实，要么前者后验地从后者中被提炼。大部分当代人，比如庞加莱或梅耶森，反而援引了第三种解决办法：混合从真实中的借物和源于思考的主体的建构。在这种立场的限定内，那些出身于维也纳学派的逻辑学家将主体带来的东西简化成了旨在表达真实的语言的单一句法，而一切超越纯粹重言式的都由现实的验证组成。然而，真实向运算的同化源自在我们看来包含第四种解决办法的假设，在于既不将数学关系归于单一主体（先验主义），也不归于单一客体（经验主义），也不归于主体和外在于主体的客体之间实际的互动，而是归于上述主客体之间的互动，这种互动发生在主体自身内部。

  一个表象将使我们理解处于这第四种可能性和另外三种之间的差异。假设客体，即物理世界,与它存在的样子不同,那么数学和逻辑是否还会和我们的数学和逻辑相同呢?根据先验主义,答案是肯定的;经验主义和第三类的解法反而给出否定的回答。但是为什么否定?因为物理经验,数学认知的单一来源(根据经验主义)或者部分来源(根据第三种解法),将会强加给后者一种不同的结构。第四种解法相反的在于承认这不是物理经验,因此客体的外部对于主体的动作将引发这种改变,因为逻辑和数学都是源自主体动作的协调,而不是特殊的,将它与客体连接的动作。然而,如果物理世界不是它存在的样子那样的,甚至这些协调在其中都会被改变,由于一种比每个主体进行的实际的物理经验的原因更加深刻的原因:是因为在一个不同的世界,主体的心理和生理的结构一般都会是不同的,而生命本身将源自一种不同于我们的物理化学的结构。因此是内部的,在主体通过它的生物学和物理化学的根基从真实中抽取它的机能的情况下,而不是在它的外部活动的展开过程中,主体与有关动作的一般协调的客体产生互动。因为这些协调总是与它们在起源就先于的真实相一致。但还要强调这样的事实,基本的协调不提前包含所有数学(我们将在之后讨论),特别是它们只是偶然介入对于客体的动作,也就是说在它们协调了它们之间的物理动作的情况下。

为了更好地理解第四种解法的含义,(我们)仍要回顾存在与只考虑感觉的问题的立场之间的巨大差异,一方面或是思维,另一方面是描述运算的和运动的适应的情况。如果可用的已知条件必须分划为感觉(或者表象-记忆等等)和思维,那么显然很难阐释一个概念的产生,比如空间连续的概念。例如,作为想法逐渐"抽象化"的材料,不援引像在最基本的知觉中给出的那样的感觉连续性,由于感觉只会在自己或者客体上暂停,于是有了这种感觉连续的知觉来自真实的假设。因此,许多作家都支持它,从赫尔姆霍兹、皮埃龙,感觉只是一种迹象或者一种象征,因此涉及决定它象征的是什么。然而,感觉或者知觉总是感知-运动性格式的一部分,比如在其中建构能指的感觉元素,而所指,即含义本身,由运动元素决定,或者说由感觉×思维的反论否定的动作的因素决定。结果是连续的实质,例如从主体来看,因为跟随客体的看或手的连续动作等等,是主体的动作,并且这种动作仅仅是顺化客体而不是直接地改变它。更有力的理由是,在汇合或者分解、放置(排列)或者移动等等动作中,客体像这样的知觉只提供了调度的线索,而动作本身的实质在于它的运算的互反性。

回想起这些,我们重新验证了逻辑-算术运算都确切的是不从客体细节借入它们的内容的动作。实际上,这不仅是描述"任意客体的物理属性"的变化,也是"作用于任意客体的动作",因为它们基于多种不连续(逻辑算术的)或者连续(空间的)的聚合,因此有可能由任意客体建构,包括它们的元素。就像庞加莱说的,几何以立场的变化和状态的变化的分辨开始,后者关于物理。然而,如果这种分辨应该被建立,因为动作的一般性协调不是一下子可分离出协调的特殊动作的,那么它标志着空间运算的特点,在主体能够区分什么来自其特殊动作,和是什么影响它们的协调的情况下,空间运算独立于客体的物理变化。更有力的理由是逻辑-算术运算也是一样的,它们同样独立于立场和状态变化(除非,再次地,它们通过保持不区分,以主体的角度,在一点点被分解之前,开始空间运算)。

(我们)还应该消除两个主要的歧义:一方面,总是在作用于客体的特殊动作的情况下,基本协调才从物理动作之间的并列的协调中表现,但是,这不意味着这些动作这样的协调从中而来,也不意味着客体通过它们的中间状态被协调;另一方面,因此,总是经验交给儿童最初的逻辑数学真相,但是经验的介入不意味着这些真相都是从客体中提炼出来的,因为一种经验的结果不是必须由从客体中提炼的属性的解读组成,相反,在逻辑数学经验的情境下,它被还原成了发现属于主体动作的协调的必然联系。于是涉及动作的一般性协调和通过它协调的,特殊物理动作之间的关系,或者是逻辑数学经验和物理经验之间,发生性分析在两种情境下向我们展示一种起始的无差别和一种总是在接下来更加深入的差别,但是元素首先是无差别的,然后被区分,互不衍生:逻辑数学的协调不先于物理动作,也不是相反的,且逻辑属性经验不来自物理经验,反之亦然。实际上很显然,在所有感知运动性和直觉的阶段(在我们已经说过的先运算的直觉的意义上),经验必须归于运算自身的形成。是通过经验儿童才能发现,在这些真相变成运算的和演绎的之前,6 个蓝色筹码对应于 6 个红色筹码,当我们移动两个对应几何之一的元素(将它们聚拢或是间隔),那么,如果集合 A＝集合 B,而如果 B＝C,那么 A＝C;这些经验假设了坚固和有重量的客体的移动,因此一项"做功"(＝力量的移动),即是在以某个万有引力的关联空间为特点的重力场中作用的物理动作。但是,这样子协调在所谓的经验中的物理动作,儿童没有发现,或者不限于发现客体和它们的场域的物理特点,他专注于理解自身动作的协调结果。因此经验,不论这种肯定多么矛盾,都不是由或者不仅仅是由从客体到主体的关系构成的,而是由在主体实际上作用于自身动作的尝试当中对客体的运用构成。客体主要教给他的,是运算的协调能够使 6 总是 6,且相等的关系是可递的,而在寻找,例如说,身体是如何在重力或者离心力的效果下动作的,儿童本可以真正地提炼出他对客体的知识。事实上,发现动作组成的成功和发现某种物理属性的存在的意义是截然不同的:这意味着现实与这种组成是一致的,而不是现实产生外在于动作本身的结果。回到 6＝6 的平衡,或者 $(A)=6(B)=6(C)$,主体只是发现他的动作计数(1,2…6),或者建立联系等等,丰富了客体顺化的新关系,这些关系能够被保存,甚至以独立于移动的可递方式被组建:经验于是将主体导向从客体的物理属性中分解它的动作的协调,而通过传递转动的快速动作到一批中等的量,应该找得到源于客体的物理效应。同样地,在一个屏幕后面连续转动 180° 穿过三个客体 A、B 和 C 的铁杆,儿童在推理之前通过经验发现,直接顺序 ABC 倒转成为 CBA,而顺序 CBA 也倒转为 ABC,特别是,如果 A 和 C 交替出现在前面,而 B 永远不会。于是再次地,经验教给主体那些他自 7－8 岁起用以下计算形式推理出的结果:逆运算的逆转必定带来顺运算,且如果 B 在 A 与 C 之间,它必定也在 C 与 A 之间。不过,这里也是,经验比起基于真实,更多是基于主体动作的协调,因为这种协调向客体添加了某些互反的组成的事物：真实实际上不是互反的，而仅仅是可推翻的，就像迪昂(Duhem)说的，它从来都不是必然的，而只是不同水平上被决定的。转动一根轴，需要用力，还有引起温度的轻微变化（比如一部分能量变为热量）等等，但是，其不互反性不是在物理学层面上带来的经验互反，而是来自主体动作的可逆性协调，真实大致与这种协调相符，以及在不太过于仔细地观察的条件下互反；且正是这种协调产生了通过它构成的关系的必然性，因为没什么比包围金属杆的坚固实体更具有必然性的了。这也就是，运算因此形成了在真实中的足够准确地适应特定梯度的同化格式，但是不源于真实。这也是为什么，接下来，物质的动作将变得对运算机制无用，后者将更精确地在符号上和思维上运转。

但是所有这些将认知还原为思维和感觉两极的认识论学家都会回答说动作是外在于思维的。而我们常说，已经属于感觉现实的动作是经验的一个已知条件，但这是一种与反思相异的，并且得益于内部的或者肌肉的感觉被认识的经验，也就是说像物理经验那样建立于纯粹的感觉之上。那就是问题的结点。如果我们不认识感觉符号的主要角色，以及思维的运算和机体运动之间给出的连续性，显然动作就位于实验现实中，而数学部分地属于这种现实。但如果我们承认思维的出发点在于感知运动性的动作，区分运动本身和它的运动觉的这个符号能指，不论我们的运动和它们的协调是否是主观地被我们认识到（同样地，逻辑智慧的心理机制无法为了校准它的正确功能而内省，且大部分仍是"无意识的"）：动作因此是认知主体的表达，而不是外在于思维的现实，而数学运算是主动同化的格式，只适应与真实，而不从中被提炼。

简言之，在它们的起源问题上，动作的协调格式足以生成逻辑和数学的运算，不从客体借来它们的物质实在。但它们都恒定地适应于真实，不过是通过主动的适应，而不是消极的，也就是说它们通过提供与物理现实一致而又不从其中而来的关系系统来补完这个物理现实。如果是这样的，那是因为逻辑数学运算在不改变客体状态的情况下作用于真实，因为它们局限于聚合或立场的改变（真实的或虚拟的），且保持独立于相关的物理活动，仅仅通过这样的运算被协调，而不是变得与这种协调相关联。

2. 这是说，逻辑数学或几何存在的构造以及它们与真实的一致性，这两个相同的问题重新出现在数学架构的发展的每一层面，而不仅仅是在出发点；但是，自某个层面起，它们以更加悖论的方式被提出，因为，一方面，这种构造一步步超越了真实；而另一方面，在通过推理的方法而产生的这些框架中，有些在物理经验之后的发展中重归真实，也就是说通过有关它的内容的框架通常值得注意的前瞻，任何外部事实都不能在最初的创造时刻作为模板。

首先，逻辑-数学存在是怎样超越真实的，如果它们的来源是我们的动作的最概括化的协调？我们直截了当地明白，因为，如果这些协调在它们之间连接着作用于现实的动作，这样的协调不向作为物理客体本身借来它的元素。无论经验是否必要，一开始，为了这些协调的发展向我们刚刚看到的那样，为了不证明这些动作的格式是从真实中提炼的：具象的经验实际上是必不可少的，正如一个图形可以帮助对证明的理解一样。

如果逻辑-数学的协调构成了对于实际现实有效的动作格式,比如我们一点点在感觉的表面下发现的,在这个角度上,应当推翻我们习惯建立的,建构一个"格式"的"抽象"概念,即能指,和作为这个格式相应的所指和模型的感觉现实之间建立的联系。实际上,是感性(在知觉、表象和直觉表征中)构成了符号,即能指,而从感性之上达到真实的运动的或运算的格式的,是所指本身。从此,自然而然地,已经达到转化的足够水平,运算系统能够在没有感觉符号系统的情况下允许,也就是说超越自身被知觉的现实。这是我们在个体的运算发展的每一阶段都看到在酝酿中的,也是数学史向其进程的新阶段所展示的。

但是,如何解释这样的运算转变的越来越被区分和复杂的细节?事实上,基本协调不提前包含在预形成状态下的逻辑-数学存在的整体,且我们不能使在心理-生理组织中呈现出的功能性核心等同于先验的超越,即某种预存的形式化结构,它只是一个渐渐显露的过程。动作的基本协调事实上只包含一种基于动作韵律的十分简短的量化,以及一种偏向群的形式的空间组织的实际格式论,运动的关系或概念的来源(如果我们能够以与表征的概念的相似来表达)。从这些感知运动性的元素,表征性思维于是体现出了类的和关系的格式论、整数和某些空间结构。但是,从感知运动到概念的过渡,远早于科学思维的形成,我们已经以最清楚的方式察觉到,更高阶的结构不会从之前的更低阶的结构中形成,与生俱来的思维从运动协调中提取出的,绝对是某些嵌套或顺序的函数关系,但是都未表达明白,且被用作新的构造的元素。因此,同时地存在于从更低阶结构中借来的物质实体的反省抽象化,和通过将它们说明和根据新的运算方法将它们概括化的某种结构性的转化。然而,始于动作的抽象化的,以及反省(真正意义上的)和组合构造发生的进程,确实符合了我们在数学本身的概括化的所有阶段中的发现。数的概括化不是预存于整数中的内容,而是来自运算的组织(＋和－对于复数,×和：对于分数,n^n和$\sqrt{}$对于虚数,等等),也就说来自我们通过将整数抽象化而构成的,某些通过反省性剖析而被发现的运算元素的新的结构化(过程)。整数本身就是这一被从聚合的类和关系中提取出来,而这三者都由感知运动性元素出发而被构成的。因此将复数($a+bi$)看作是在新生儿的反省练习中预先形成的,而反省抽象化和运算构造的连续进程将初始运动的协调与更高阶的逻辑数学结构化相连,这是荒谬的。在分析和数的领域看来这是一个悖论,即,在空间的领域更容易被接收,在那儿非欧几里得的一般化和维度的增加都确实地发生在初始的感知运动性组织的延伸中,不需要将超空间看作是在胎儿的运动或知觉中预先形成的。

简言之,数学不可竭尽地丰富构造取决于运算概括化的双重运动,它以先前的元素来创造新的结构,以反省抽象或者以从属于更低阶的运转来提取的运算的差别化。在它们的出发点上是基本的和相近的,这些源于思维的实际协调于是延伸至总是更加形式化和越来越抽象化的协调;因为描述它们的抽象化是一种自运算,甚至是自先前的动作出发的抽象化,而不是一种自客体出发的抽象化。自然地,事实是,总是在动作作用于客体时,最初的协调具有一定结构,而不是根据一种注定的展开,或者无根据的动作的接续,使得这种既是反省性的,也是概括化的发展得以完成。只是一旦科学构成,那么无根据的动作就是有可能的。并且,在数学史上,众多发现都是由于通过物理经验,或者甚至是化学、生物学和经济学的经验,向数学提出的具体问题。是这种在新的协调和实验动作间的频繁联系,导致了一种幻觉,即认为数学结构是由简单化的模型,或者已知现实的格式组成的,因为实际上理论有时是以构成这样的格式为确切目标而形成的。但是如果一个智慧的协调总是在它们中连接真实或可能的动作,这不是说这个协调是从经验中提出:我们从基本数学存在的发生中回想到的(在第一章)更适用于更高的格式。当数学家从物理学家那儿接收到一个问题并强迫自己找到一种适用于真实的变化的运算工具,似乎为了构造一个真实的复形,是以画家或者音乐家从现实中获取灵感的方式,但是,他是那样一位实用主义者,他只从中提取确确实实的"想法",也就是说,不录制更多的照片或者唱片,他通过与真实同化来重构真实。

这将我们导向第二个问题:这个在逻辑数学运算和真实的变化之间永恒的一致从何而来?在前者能够模仿后者这一点来看,而且在这些数学的框架超出实际的真实的情况,以及更多其他情况下,这种一致是怎么做到能够突然由于新的经验而被履行呢?尽管这种有关物理现实的逐渐释放,我们甚至可以说,由于这种释放,某些数学结构由于抽象概括化的演绎加工而被精致化,在没有任何实验考虑时,实际上突然重新加入了现实中:它们是"预适应的",就像生物学家说的那样,对于在它们的构造时刻不可能预见的经验的结果。是这个通过抽象的逻辑-数学的框架所预见真实的关键问题,如此相近于(从发生认识论的角度来看)古埃诺(Guyénot)的"先知功能"[①]问题,和库埃诺(Cuénot)的"未来的预先个体发育"的生物学问题,在我们看来构成了对数学存在的本质的一切阐释的点金石。

这个中心问题通常的解决办法在于说明数学在抽象存在的发生时向经验借来了某些元素,自然地,数学最终会在经验中重现。但是(我们)很难忽视这个问题的肤浅,因为它的确在开始和最后涉及的不是相同的经验。经验,在对其不知道的情况下被前瞻,突然补完了实际上与我们从中提炼原始概念的初始经验相矛盾的数学框架。因此,非阿基米德空间和某些微观物理学的事实之间的相遇,通过猜想只能解释阿基米德的或可度量化的连续是从感觉经验中提取的,正因为微观物理经验就这点与直接经验相悖:从委罗内塞能够通过避开阿基米德的公理而建构一个连续体(据此,通过将直线上的 AB 线段沿直线叠加多次,我们将总是可以在某刻超越直线上某个位于 B 之外的点 C),而这种模型被用作微观物理的表现,这只能归因于儿童或常识从物理经验(宏观物理)中提取想法,认为一切直线通过它的某条线段的迭代都是可度量的! 相反的,是通过摆脱已知现实,非阿基米德模型能够建构一个预适应于与这种惯常的现实相悖的经

---

① 古埃诺:《生命如发明》,载《发明》(国际综合第九周),阿尔康出版社,1938,第 188 页。

验领域的框架。

为了解释收敛性，在无意的前瞻之后，在数学和真实之间，因此应该假设在这两项之间某些比每个主体的物理经验所有的关系更加深刻的关系。使"获得性遗传"介入，又削弱了猜想，因为，假设蠕虫或软体动物的几何经验被传导给人类（通过在这种特殊情况下看起来很不像是真实的后天的遗传），它或许能够帮助我们构思一个只有二维的空间，却无法解释黎曼几何，也解释不了罗巴切夫斯基几何。在此，主体和客体之间的联系不可分解，内在与主体本身，在它们二者之间确保了一个比只归因于适应的联系更牢固的联系。为了只援引对动作或思维格式的真实的适应，与描述了它们的初始适应的知觉和表现的已知条件相悖的几何推理将会是相悖的，结束于建构对应一个比我们的周围环境与它们的有限近似的现实更加深刻和更加概括的外部现实。其实，空间格式的适应基于被某些量和速度的梯度描述的领域，那么如何解释它们的一般化，通过使它们出离这个框架，加入到由另外的梯度决定，并且在初始适应的时候没有预料到的另一种现实？相反，通过承认主体和真实之间的联系是从开始就被保证的，既不是由于个人经验，也不是由于祖先经验的遗传的盖然问题，但是因为主体的心理-生理结构将其根基延伸进物理现实的同时还处于感知运动性协调的起源，然后是达到逻辑-数学推理的智慧。心灵和思维确实能够想象与真实实际涉及的同样多的虚假的观念，同时通过生物学和物理化学的法则自我校准；然而，在涉及，不是思考特殊的客体，而是应用描述了一切运动的或心理的成分的协调的一般进程，一旦达到平衡状态，很显然这些协调将会更加概括化，且它们会更好地适应真实，因为它们以生物现实为中介而从物理现实中产生。

我们肯定会回答因此需要以下的抉择：要么这些通过主体的内部延伸进真实，且在每个单独的主体的外部活动中重新发现真实的协调，被还原为一种先验的推理，以及由希尔伯特在这个问题的解决办法中援引的"预置和谐"；要么这些协调不预先包含所有逻辑-数学运算，并且它们在这种情况下，不能比从个体适应到经验的猜想更好地解释数学和真实最终的一致。

回想（第二章第六节）希尔伯特在写下存在"在自然和思维之间的重要平行"（第26页）之后，是怎样通过预置和谐来解释它的：某个直觉的剩余于是将会为了思维建构一种先验，同时对应真实最深刻的法则："我们发现，例如在日常生活中，它已经使用方法和概念，这些方法和概念要求大量丰富的抽象化，并且像公理化方法的无意识应用那样是可理解的。"（第25页）换句话说，我们支持的关于同时建构了主体内部和"自然"的交点，以及逻辑数学构造的出发点的心理-生理的协调，难道不是确切地在那儿？当然不是，因为先验、预置和谐和公理方法的无意识应用的概念包含双重的静态实用主义：数学和逻辑既是内在于物理现实的，也是一切精神生活的出发点给出的已知条件。然而，在我们的猜想中，逻辑-数学运算在经验中应用于给定的真实，且在不成为它的内容的情况下丰富它，这些运算出自精神的和生理的协调，通过一种既是创造的，也是逆退的进程,并不在起点被预形成。

但那就又出现了抉择的第二分支:不是初始协调中的预成的,超越了低阶的知觉现实或想象的高阶数学概括化,怎样在更广泛的物理经验中汇入真实?事情似乎取决于三个相关联的原因,其中前两个已经在(第一章)中被检验过。第一个是产生基本逻辑-数学运算的精神协调,其本身出自于向元素的预先组织借来的原始结构,而这无定限地(这种连续性被它们本身的同化循环的连续性所确保),直到有机的形态发生和物理现实的基本互动:心理建构的有机出发点,如果它独立于个体经验,那么会延伸至物理世界中,只要中心性的生物学问题不被解决,我们就不会知道是根据哪种模态。第二个原因是数学建构总是显得既是创造的,也是逆退的,一切倚靠起始公理的重构的新的一般化,然而,这种反省性进程越是向上追溯,公理的重构越是与发生性分析趋向同一目的。因此以意料之外的方法同物理经验一致的新建构都归因于发生上越来越接近初始的运算元素的重新组合,而作用于直接现实的最简单的动作首先导向其他组织。因此,(我们)在前两个因素基础上加上了第三个因素。既是创造性的,也是反省性的,也就是说发展的和逆退的,逻辑-数学的观念或者运算的精致化通过接续的平衡作用进行,并且,如果某个通过高阶运算系统建立的平衡形式不是更加局限的和不够平衡的低阶系统的内容,那么从低到高的通道便要以将某些前者的元素融入后者的,以及实现更广泛和更多变,同时在元素的分析中追溯到更高的平衡的必然性为先决条件。每个新的运算系统因此都以更广泛的平衡形式为特征,包括新的虚拟运算(在我们讨论的"虚拟运动"的意义下),还有实际上被实现的运算:不需要这个事实在初始的系统中包含新系统的预形成,但它假设某条主线,由特殊情况下保存初始系统的必要决定,且这条线通过一般化建构和逆退的分析这两层意义。同真实的最终一致性因此是能够被某种"直生现象"所解释的,就像生物学中说的那样,但是它不可能提前被描述,除非是通过互反性的增加,因为唯一强加于新建构的共同规则在于通过相互性的关系(即互反性的)融合之前的建构,这构成了整个平衡的功能性条件。

因此,我们明白为什么逻辑-数学运算能持续地顺化于客体,同时将客体同化于主体:因为通过使这些运算开展的初始协调建立的同化循环处于有机体的最普遍的机能法则和客体最普遍的特性的交点。实际上,(主体)自己的身体同时和别的一样是一个客体,由真实的法则,和将其他客体同化为它的活动的同化中心所决定。自此,在它根据组成的最基本形式(嵌套、排序等等)动作的情况下,它的动作既表达出通过有生命的存在的构成,从内部决定了它的世界的需求,也表达出动作和思维强加于二者同化的世界的组织,而且,当这种运算组织被运用到外在于基于它所进行的动作的进程之外,这个世界的一般法则,即这个世界中的这些动作都是产品,都在内部通过动作的协调被分析,而不是在其外,通过客体的压力。这就是为什么逻辑数学的认知建构了单一的类别:一方面,客体与主体动作的协调性同化;另一方面,这种同化是对客体持续的顺化,因为主体动作的协调由与世界的任意变化趋于同一目的的概括性动作组成,有生命的身体与它的协调同化的法则产生于这样的世界。并且,由于同化的本义是将客体归并入实质上闭锁和连续的动作循环中,它不会存在于这个绝对的开始进程中,因此反省的或逆退的抽象化过程适用于一切的运算建构。另一方面,因为同化和顺化之间的平衡是心理互反性的来源,建构,在它的发展的视角下,是由互反性的要求所指导的,一切平衡的一般条件和建构的到达点与它们共同不断倒退的共同出发点之间的永久联系。

总的来说,数学与真实之间的联系问题可能有一种将它们的"内在客观性"与外部或物理客观性相连的解法,但是要通过主体内部的心理-生理协调为中介。如我们已经看到的(第三章第二节),对内在客观性这一概念的全盘接受与数学的运算阐释是毫不矛盾的。一个运算不是一个孤立的和独断的动作,它仅仅见证了个人主体的组合活动,但是它总是与整体系统相连,因此有着自己的法则和作为系统的客观性。通过延伸为运算系统的动作格式来解释数学发展,于是重新以其极端的限制遵守数学的所有部分的原则和定理的内在一致性。但这同时将这种内在客观性与平衡的某原则相连,即互反性,能够重新将具象和抽象的运算变化连接到心理发展本身,它的每一个阶段都由从不互反可逆性到互反逆性的过渡为特征。

3. 但是,为了在它真实的视角中解释这种数学与真实间的联系,通过主体本身的心理-生物结构作为中介,有必要同时分离三种可能的实在论,即数学的、物理学的和生理学的,都可能互相不能并存,却由于它们交替的动作使一切的整体阐释变得更为歪曲。因此,为了总结,有必要置身于科学的范围内,我们将继续在物理学和生物学的领域,在下面的章节中进行分析。

首先,当我们确认数学与物理现实的一致时,我们想要说什么?我们试图表达这样的事实,基于客体的立场的变化或者它们的聚合的动作能够互相组合,而这些组成不会被实验验证为矛盾的,且基于客体状态的变化的动作本身能够符合于转移或者集合的运算。然而,重要的事实是,这种一致性的建构,我们刚刚回顾过其越来越有预见的特点,总是伴随着真实本身的转变,实际上,在突然由于物质现实获得聚合这种状况下,早晚会产生一个我们必须回到其上的、与物理认知有关的主要进程上:运算机制如此紧密地顺化于它被要求提供的,它成为其组成部分的措施的现象;物理现象便表现得像是无法与在其中建立某种形态的运算机制相分离。因此,不仅仅存在智慧工具与客体的一致,即使前者是预先准备的,而后者被突然作为对其结构化的认识而被延迟发现时;并且越来越不可能知晓外在于这种数学组织化的物理现实是怎样的,产生了一种真实的如此完整的与运算格式的同化,使物理现实一点点转变为空间和度量的关系,而在动作能力的限制下(如我们将在有关微观物理的部分看到的),主体的运算变得与客体相关联。

尽管存在这种在数学意义下真实的恒定转移,大部分物理学家还是被物质存在(être)的客观存在(existence)说服:客体只有通过主体智慧的工具性作用才能被认识,但它依旧是客体。并且,如果实在论发生转移和变化,它会增强我们趋向化学和生物学的进路。实际上,如果存在某些理式主义的物理学家,在与天文学或微观物理学(让和爱丁顿)极度相关的领域,实在论在化学家的烧瓶中被巩固,我们将再也找不到任何生物学家去质疑有机体存在的现实。

不过,正是在活的有机体领域,似乎在连接主体和客体的曲线上产生了第二个重要的弯曲。同时表现一种与物理现实的外部客观性同化的恒定趋势。数学的内部客观性重新在主体中找到客体,如果可以说,在准确情况下,产生数学-逻辑存在的精神进程本身与作为生命组织特性的生理进程相连,且依附于感知-运动的功能。

我们在前面指出过数学存在的建构有多少总是与这些存在被提取出的运算整体的根性的意识通达相关。集合的理论将我们引向,比如原始人的、儿童的,甚是在感知运动性意义上也是动物的(参照例子:母鸡只啄食一列直线上的偶数或奇数个谷粒)已知的基本对应运算;拓扑几何提出的领域、边界、包围等等关系,都是动作或知觉最简单的认知,而群理论基于在最普遍的形式下对应动作最基本的协调的运算建构。数学进步总是既是反省的又是创造的,它包含逆退分析的因素,可以一直追溯到一切运算的感知运动型根基。然而,这些根要一直延伸到哪里?

在认识论上,发生论视角的特性是拒绝提前提出拥有完成的智慧结构的主体,且在自身中构成了出发点。正是相同的原因阻止接受在自身中提前出现的客体的存在,独立于主体的活动,且必须根据它们的发展和逆退的进程解释这些动作,这使它们所显现的原点不断倒退。然而,如果主体似乎构成了绝对起始,有关逻辑和数学的结构,只是在我们中断心理层面上的逆退分析,更确切地,是在我们对内省心理的幻想做出让步的情况下,而不是以行为的角度来看。实际上,精神生活不是悬空的。凭借动作,特别是运动,来解释逻辑-数学运算的发生,必须参考有机生命,于是进入一条在表面的或意识的主体内行进的线路,因为有机生命将它们的根伸入了物理现实自身。在更高的思维形式的分析似乎通过使客体关联于主体活动,进而赞同理式主义的确切情况下,智慧的来源的分析通过有机体的中介将主体引向客体。如果物理明确了主体与客体间的某一相交的区域,那么生物学便向我们提供了对称性的解释,即通过由客体出发,向我们解释主体的发生。同样地,通过像我们展示客体是多么同化于主体的运算,物理学与经验主义相矛盾;生物学通过连接运算与生理学进程而与先验主义相矛盾。因此看上去经验主义与先验主义都出自事物的静止视角,就好像主体和客体都一劳永逸地被给出了:根据发生学的观点,与实际的主体和客体由十分狭窄的侧面构成,与我们在智慧的和生物学的历史中勾勒出来的特征相反,且涉及完整地重构这个历史,包括完整的生命的历史,为了在一般形式下解决认识论的问题。

实际上,通过将运算的互反性简化为心理机制增长的互反性,我们解释了一个重要的生物学问题,这个问题足以说明关于有生命的不互反性和互反性观念的历史。无论生命是否避开第二热力学定律的支配,就像许多作者相信的那样,从赫尔姆霍兹到盖伊或者不论它是否像其他物理化学现象那样受其影响,都还要重新将心理互反性与神经机制相连。要么这种互反性的形式像是由最普遍的生命进程准备的，要么相反地，它表现得像环境与有机体之间特殊的平衡形式，不可能到达某些领域，但是由认知的协调实现。最后这种情况中，这些认知协调并不更少地与有机协调相关，它们表现出平衡作用的更高层面。在这两种情况中，于是能够提问，最普遍的运算结构是否都不是被某些属于一切有生命的组织的功能必然性所决定的。系列化的嵌套、组成或协调、迂回与回归等等，尽管在心理发展的多种层面区别地被建构，都不会更少地表达与所有同化作用的进行方法共同的特点：一切同化都假设一个自身不断在封闭循环中的维持，是在这样的，属于生命的机能中，也许支撑着心理模式的不限定建构的秘密，且最终是逻辑数学的，即劳特曼自己通过有机整体的概念强调的世系关系。

我们不认为通过这些发现解决了任何正面的问题，却仅仅展现出还需要完成的项目的一部分，在认识论能够在主体与客体间的关系中取得立场之前，当这些关系都内在于有机体，而不是仅仅在每个主体的外在动作中被给出。从这个角度来看，以互反逆群集为特点的智慧理解的动作和大脑神经机制和物理化学进程或在大脑物质中进行的微观物理间的关系，也必须要得到认识，为了处理主体与客体之间的关系，智慧的动作和外在于有机体的物理客体间的关系，此关系基于有机体产生。

但是如果我们有关智慧结构和生命本身之间的关系的认识仍然十分简陋，特别是涉及逻辑-数学结构的那方面，那里便存在着某些已经分析过的事实需要反思。于是人类心理学提供了巨大努力，为了简化空间的元素，从数或类和关系，到生命第一年的感知运动性活动，或者到知觉的结构等等。但是这些感知运动性的成分本身预先通过反射性的或遗传性的联结而存在，其在人身上的表现通过获得性建构而迅速整合，但是这些表现会在动物直觉中以一种更纯粹和更丰富的形式充分发展。然而，需要用到活动和直觉建构的逻辑算术分析和几何。从蜂场的蜂房、蛛网的多种图形，到排序关系、动作格式的嵌套，到所有直觉建造者的反射性动作的连贯所假设的量化本身，我们将会发现这些元素，不是逻辑数学运算的，而是一种具有特别高效的具有逻辑数学特征的遗传而来感知运动性的结构。从认识论的角度来看，什么都不会比直觉的前数学结构的研究更令人印象深刻。

然而，当智慧构成了各种运算形态的"形式"，这些形式在具体运算的行为中以纯粹象征的支撑点内化为形式结构的情况下，看起来是非物质的。但是，这些"形式"是本能的精致化的结果，同时也是行为的形式，是与有器官的结构本身相联结的"形式"。本能是器官的逻辑，并且，如果我们可以与它的逻辑数学结构化的主体对话，那就涉及器官的结构本身的延伸。因此爪、翅膀，或者鳍、口腔器具、生殖器官等等，都是由确切的解剖的结构来定义的，而如果我们想要分离出这些运动的几何学或者运动学，应当从这些结构本身的空间特性出发。然而，真实在这点上数学以最直接和最自然的方式与生物学相遇了，遗憾的是我们没有更多的生物数学的研究，除了我们为了被应用到变量或者遗传法则的研究中的生物统计学的需求而用到的那些。其中需要更加注意的是著名生物学家达西·汤普森①有关描述最多样的有机体结构的几何关系的出色研究，特别是物种的形式、种类或邻近的科。特别是在达西·汤普森的著作中我们发现，有关标志着从一个结构到另一个的过渡的几何变化的最有启发性的视角：拓扑的延伸或收缩，或者联系着度量上的差异，或者同胚的鱼形的仿射几何，等等。这样一种分析不仅仅被应用于解剖形式，也应用于遗传或者本能的行为的"形式"（运动或建构的行为），将为精神结构的生物来源研究提供主要入口，因此也包括认知的结构，和逻辑数学的结构。②

但是，如果有一种主体活动的逆退分析，一直追溯到在本能行为的领域，甚至是在一般的有机形态发生的领域，如果这种梦想不是虚幻的，那么我们肯定进入了一个循环之中。生物学事实是物理化学或物理学事实的特殊变化，且科学的全部章节在今天都书写了生物学的和微观物理学的关系。如果数学和逻辑学都恒定地与外在于主体的物理学现实一致，且通过总是将它更紧密地与自身同化来解释这种物理学现实，那么逻辑-数学结构就有一天能够被将自己的根延伸至如物理化学世界的有机功能所决定。假设生物学的解释迟早触及它几乎完全缺乏严密的理论构造和精细的特点，我们将因此面临真实的循环。

在目前的认识中，反而只涉及思维的循环，由于缺少掌控心理与生物学之间的关系，还有物理学与生物学之间的关系（两种能够在未来相互影响的关系）的能力。从认识论的角度来看，这个循环还剩下这个或这些缺失，对应至关重要的一点：主体与客体将相交的区域不仅位于数学和物理学之间的疆界的领域，并且对应地，还处于物理学和生物学（或者心理生物学）之间关系的领域。然而，这些关系能够包含主体与客体间最不同的组合。通过将生命本身的机能与智慧和认知的主要机制相连，我们只是将主体和客体间的关系的中心问题后推，变成有机体与环境间的关系的问题，但我们使可能的认识论解法（我们之后将会看到，它们一一对应于变化和适应的生物学问题的解法）的系列开放。实际上，在当今的生物学知识中，什么也不强制我们将有机体看作被动地屈从于环境的动作，并且什么也不限制我们将它看作目前已知的物理化学进程的直接表达。只有在我们会描述生命和无机物之间确切的关系的那天，一方面，外部环境和有机功能之间；另一方面，我们才能建构主体和客体间的"内部的"关系的精确的认识论（与运算活动和我们的进行动作的物理世界间的外部联系相反）。

我们在本书第一卷尝试的数学认识的分析，于是以不可或缺的补充形式要求一项关于物理学认识和数学思维之间关系的研究（第二部分），也需要对生物认识的认识论探究（第三部分），以再回到心理社会认识问题（第四部分）之前。

---

① 汤普森：《场域与形式》，剑桥，1942。
② 同样参见围绕数学形式和形态发生结构之间的趋向同一目的的主题，希尔伯特引发好奇的发现引自第二章第六节：有关线性全等的公理和遗传的法则。